MATEMÁTICA
ciência e aplicações

VOLUME 2
ENSINO MÉDIO

GELSON IEZZI
Engenheiro metalúrgico pela Escola Politécnica da Universidade de São Paulo
Professor licenciado pelo Instituto de Matemática e Estatística da Universidade de São Paulo

OSVALDO DOLCE
Engenheiro civil pela Escola Politécnica da Universidade de São Paulo
Professor da rede pública estadual de São Paulo

DAVID DEGENSZAJN
Licenciado em Matemática pelo Instituto de Matemática e Estatística da Universidade de São Paulo
Professor da rede particular de ensino de São Paulo

ROBERTO PÉRIGO
Licenciado e bacharel em Matemática pela Pontifícia Universidade Católica de São Paulo
Professor da rede particular de ensino e de cursos pré-vestibulares de São Paulo

NILZE DE ALMEIDA
Mestre em Ensino de Matemática pela Pontifícia Universidade Católica de São Paulo
Licenciada em Matemática pelo Instituto de Matemática e Estatística da Universidade de São Paulo
Professora da rede pública estadual de São Paulo

Atual Editora

Dados Internacionais de Catalogação na Publicação (CIP)
(Câmara Brasileira do Livro, SP, Brasil)

Matemática : ciência e aplicações, 2 : ensino médio / Gelson Iezzi...[et al.].
-- 8. ed. -- São Paulo : Atual, 2014.

Outros autores: Osvaldo Dolce, David Degenszajn, Roberto Périgo,
Nilze de Almeida
Suplementado pelo manual do professor.
Bibliografia.
ISBN 978-85-357-1961-1 (aluno)
ISBN 978-85-357-1962-8 (professor)

1. Matemática (Ensino médio) I. Iezzi, Gelson.
II. Dolce, Osvaldo. III. Degenszajn, David.
IV. Périgo, Roberto. V. Almeida, Nilze de.

14-07005 CDD-510.7

Índices para catálogo sistemático :

1. Matemática : Ensino Médio 510.07

Gerente editorial	M. Esther Nejm
Editor responsável	Viviane de Lima Carpegiani Tarraf
Editores	Fernando Manenti Santos, Julio Cesar Augustus de Paula Santos
Auxiliar editorial	Rafael Rabaçallo Ramos
Estagiário	Felipe Ferreira Gonçalves
Coordenador de revisão	Camila Christi Gazzani
Revisores	Albertina Piva, Aline Araújo, Daniela Uemura, Débora Milani, Luciana Abud, Raquel Alves Taveira
Coordenador de iconografia	Cristina Akisino
Pesquisa iconográfica	Mariana S. Valeiro, Danielle de Alcântara
Gerente de artes	Ricardo Borges
Coordenador de artes	José Maria de Oliveira
Design	Aurélio Camilo
Capa	Homem de Melo & Troia Design, com imagens de H. Noritake/Flickr RF/ Getty Images
Diagramação	Setup
Assistentes	Jacqueline Ortolan e Paula Regina Costa de Olveira
Ilustrações	Ari Nicolosi, Casa Paulistana de Comunicação, CJT/Zapt, Ilustra Cartoon, Luigi Rocco, Milton Rodrigues, Setup, [SIC] Comunicação Wilson Jorge Filho/Zapt
Cartografia	Mario Yoshida, Casa Paulistana de Comunicação
Tratamento de imagens	Emerson de Lima
Produtor gráfico	Robson Cacau Alves
575.942.008.004 **Impressão e acabamento**	Bercrom Gráfica e Editora

Atual Editora

SAC | 0800-0117875
De 2ª a 6ª, das 8h30 às 19h30
www.editorasaraiva.com.br/contato

Rua Henrique Schaumann, 270 – Cerqueira César – São Paulo/SP – 05413-909

APRESENTAÇÃO

Caros alunos,

É sempre um grande desafio para um autor definir o conteúdo a ser ministrado no Ensino Médio, distribuindo-o pelas três séries. Por isso, depois de consultar as mais recentes sugestões da Secretaria de Educação Básica (entidade pertencente ao Ministério da Educação) e de ouvir a opinião de inúmeros professores, optamos pelo seguinte programa:

Volume 1: noções de conjuntos, conjuntos numéricos, noções gerais sobre funções, função afim, função quadrática, função modular, função exponencial, função logarítmica, complemento sobre funções, progressões, matemática comercial e financeira, semelhança e triângulos retângulos e trigonometria no triângulo retângulo.

Volume 2: trigonometria na circunferência, funções circulares, trigonometria num triângulo qualquer, geometria espacial de posição, áreas das principais figuras planas, áreas e volumes dos principais sólidos, matrizes, sistemas lineares, determinantes, análise combinatória, binômio de Newton e probabilidades.

Volume 3: geometria analítica plana, estatística descritiva, números complexos, polinômios e equações algébricas.

Ao tratar de alguns assuntos, procuramos apresentar um breve relato histórico sobre o desenvolvimento das descobertas associadas ao tópico em estudo. Já em capítulos como os que tratam de funções, matemática financeira e estatística descritiva, entre outros, recorremos a infográficos e matérias de jornais e revistas, ou mesmo à internet, como forma de mostrar a aplicação da Matemática a outras áreas do conhecimento e ao cotidiano. São textos de fácil leitura, que despertam a curiosidade do leitor e que podem dialogar sobre temas transversais como cidadania e meio ambiente.

No desenvolvimento teórico, procuramos, sempre que possível, apresentar os assuntos de forma contextualizada, empregando uma linguagem simples. Entretanto, ao formalizarmos os conceitos em estudo (os quais são abundantemente exemplificados), optamos por termos com maior rigor matemático.

Tivemos também a preocupação de mostrar as justificativas lógicas das propriedades apresentadas, omitindo apenas demonstrações exageradamente longas, incompatíveis com as abordagens feitas atualmente no Ensino Médio. Cada nova propriedade é seguida de exemplos e exercícios resolvidos, por meio dos quais é explicitada sua utilidade.

Quanto às atividades, tanto os exercícios quanto os problemas estão organizados em ordem crescente de dificuldade.

Cada tema tratado no livro é encerrado com um desafio de raciocínio lógico que não exige conhecimentos matemáticos muito específicos e, propositalmente, não tem relação direta com o assunto abordado no capítulo. É uma ótima oportunidade para o aluno exercitar a reflexão sobre os mais diversos tipos de problemas.

A obra é ainda complementada por um Manual do Professor, no qual são apresentados, de forma detalhada, os objetivos gerais da coleção e os objetivos específicos de cada volume, além dos principais documentos oficiais sobre o ensino médio no nosso país, uma bibliografia comentada para o professor, sugestões de atividades e a resolução de todos os exercícios e problemas do livro.

Mesmo com todo o esforço feito para o aperfeiçoamento desta obra, nós, autores, sabemos que sempre existirão melhorias a fazer. Para isso, é importante conhecermos a opinião de professores e alunos que utilizaram nossa coleção em sala de aula, de forma que receberemos sempre, com muito interesse, qualquer crítica ou sugestão que seja enviada à nossa editora.

Os autores

CONHEÇA SUA OBRA

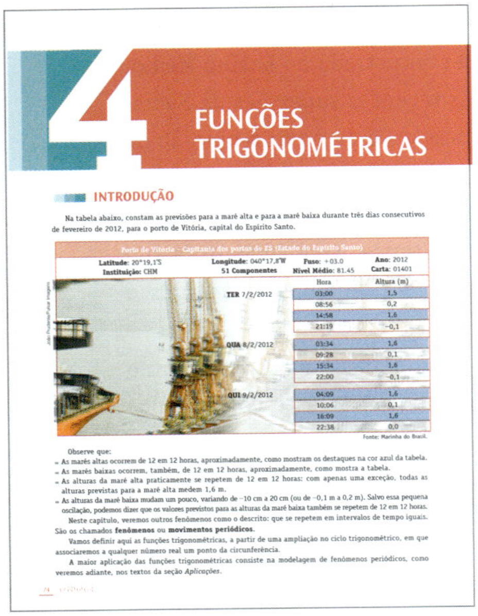

INÍCIO DO CAPÍTULO

Vários capítulos desta coleção têm início com problemas ou situações contextualizadas com o cotidiano.

OBSERVAÇÕES

Comentários sobre o conteúdo estudado são intercalados em meio ao texto, para ajudar o leitor na compreensão de conteúdos.

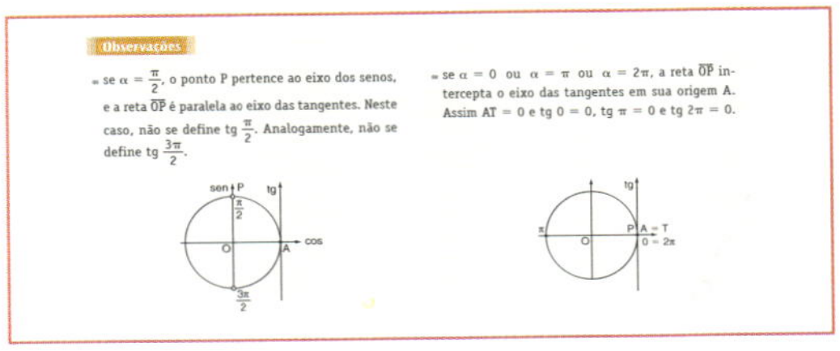

EXEMPLOS E EXERCÍCIOS RESOLVIDOS

Todos os capítulos da coleção apresentam séries de exercícios intercaladas em meio ao texto. Em geral, cada série é precedida de "exemplos" e "exercícios resolvidos". De modo geral, são exercícios que envolvem relações mais simples.

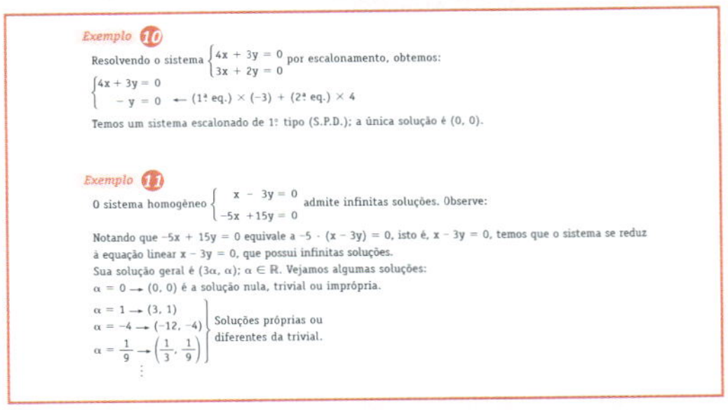

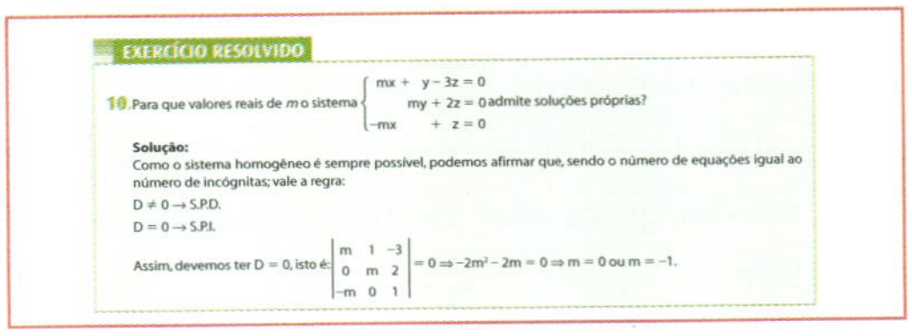

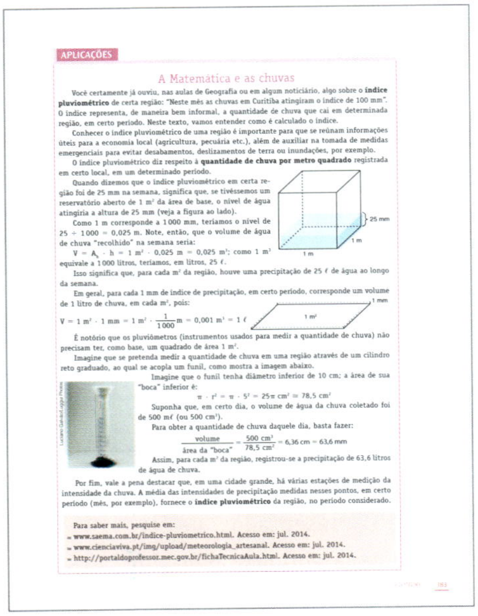

APLICAÇÕES

Incluem artigos que possibilitam empregar os conhecimentos matemáticos a outros campos, estabelecendo, por exemplo, um elo entre a Matemática e a Física ou entre a Matemática e a Economia. Os textos aprofundam alguns conceitos e auxiliam a construção de outros.

EXERCÍCIOS

As séries de exercícios contemplam uma grande variedade de problemas nos quais se enfatiza a contextualização.

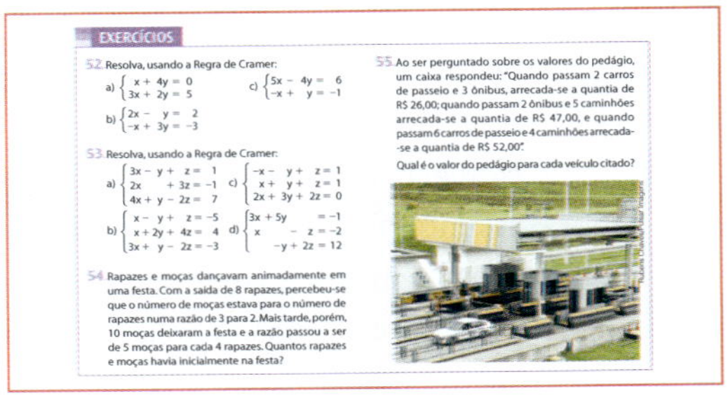

DESAFIO

Procura desenvolver o raciocínio lógico e ampliar a visão e a percepção geométrica, bem como o raciocínio quantitativo ou indutivo.

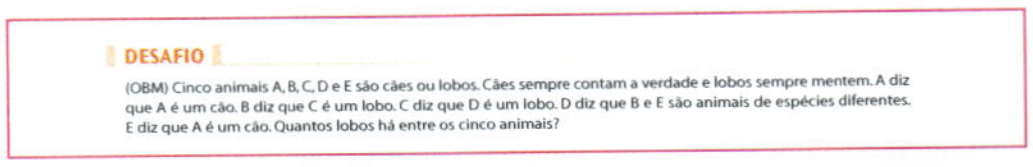

TESTES

Envolvem uma extensa e diversificada seleção de testes de vestibulares e do Enem, de todas as regiões do Brasil. Constituem excelente fonte de preparação para os exames que os alunos farão ao final do Ensino Médio.

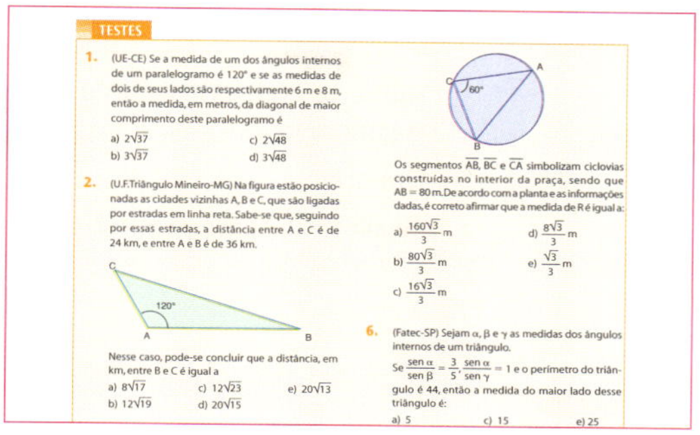

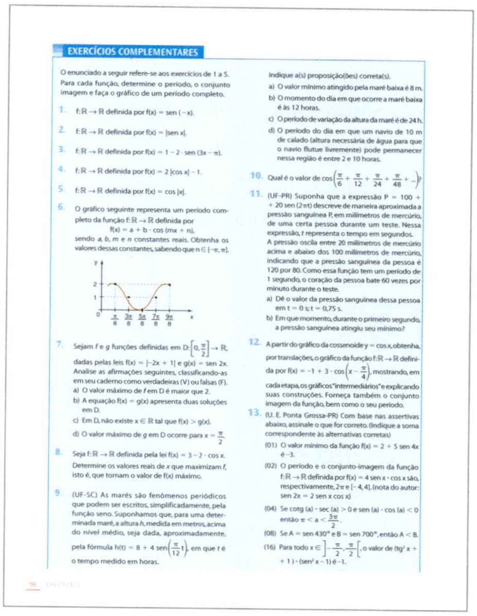

INFOGRÁFICOS

Situações de abertura de capítulo e textos das seções *Um pouco de história* e *Aplicações* podem ser apresentados em infográficos, tornando a leitura dinâmica e agradável.

EXERCÍCIOS COMPLEMENTARES

Ao final de cada capítulo há uma série chamada "exercícios complementares". Geralmente, eles requerem leitura e interpretação mais cuidadosa do enunciado. Com a série se pretende consolidar e aprofundar os conteúdos e conceitos.

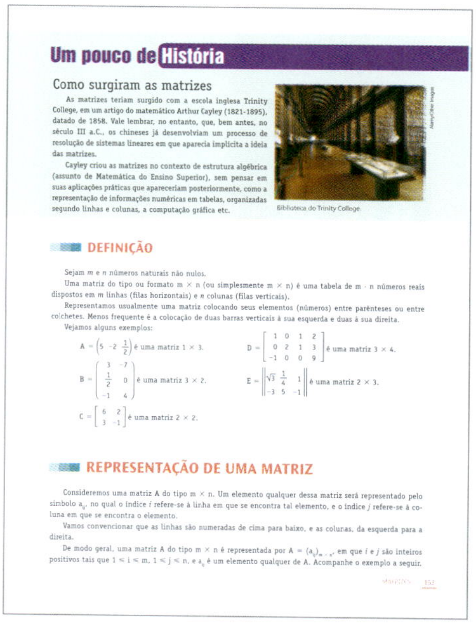

APÊNDICE

Alguns conteúdos podem ser complementados ou aprofundados a partir da leitura de textos adequadamente estruturados e abordados ao final de determinados capítulos.

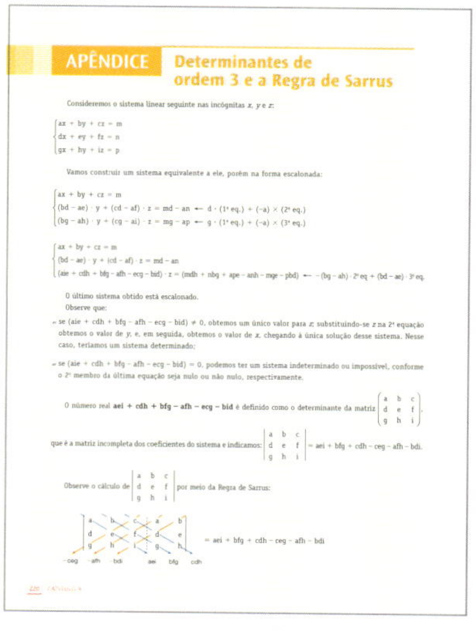

UM POUCO DE HISTÓRIA

O recurso à história coloca os alunos em contato com um processo do qual fazem parte o formular e testar hipóteses, o raciocínio indutivo, a analogia, a intuição e a criatividade na resolução de problemas enfrentados pela humanidade no decorrer do tempo.

SUMÁRIO

1 A CIRCUNFERÊNCIA TRIGONOMÉTRICA

2 RAZÕES TRIGONOMÉTRICAS NA CIRCUNFERÊNCIA

3 TRIÂNGULOS QUAISQUER

4 FUNÇÕES TRIGONOMÉTRICAS

5 TRANSFORMAÇÕES

6 EQUAÇÕES E INEQUAÇÕES TRIGONOMÉTRICAS

7 FUNÇÕES TRIGONOMÉTRICAS INVERSAS

8 MATRIZES

9 SISTEMAS LINEARES

10 COMPLEMENTO SOBRE DETERMINANTES

11 ÁREAS DE FIGURAS PLANAS

12 GEOMETRIA ESPACIAL DE POSIÇÃO

13 PRISMA

18 ESFERA

19 ANÁLISE COMBINATÓRIA

20 BINÔMIO DE NEWTON

21 PROBABILIDADE

1 A CIRCUNFERÊNCIA TRIGONOMÉTRICA

ARCOS E ÂNGULOS

Seja uma circunferência de centro O, sobre a qual tomamos dois pontos distintos, A e B. A circunferência fica dividida em duas partes, cada uma das quais é um **arco de circunferência.**

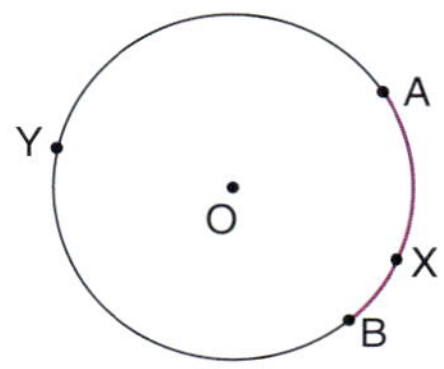

Observe, na figura, os dois arcos determinados por A e B. Para representar o arco de extremidades A e B, que contém o ponto X, usaremos a notação $\overset{\frown}{AXB}$.

Analogamente, o arco de extremidades A e B, que contém o ponto Y, indicaremos por $\overset{\frown}{AYB}$.

Quando não houver dúvidas em relação ao arco ao qual nos referimos, podemos escrever simplesmente $\overset{\frown}{AB}$ para representar o arco com extremidades A e B.

Vejamos agora dois casos particulares:

- Se A e B são simétricos em relação ao centro O, o segmento $\overline{AB}$ é um diâmetro e cada um dos arcos determinados é uma **semicircunferência**, ou um **arco de meia volta.**

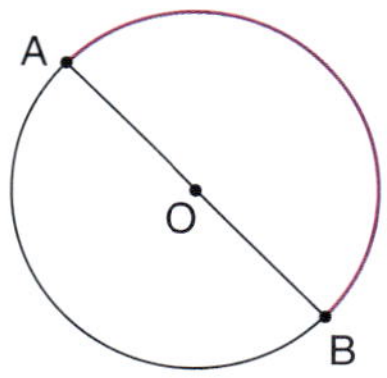

- No caso de A coincidir com B, os arcos determinados são o **arco de uma volta** e o **arco nulo.** Nas figuras seguintes, estão destacados o arco de uma volta e o arco nulo.

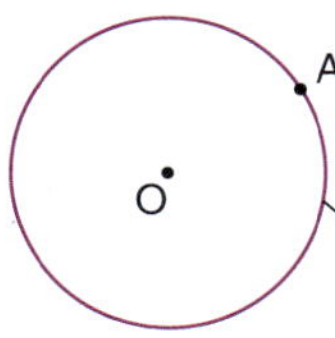

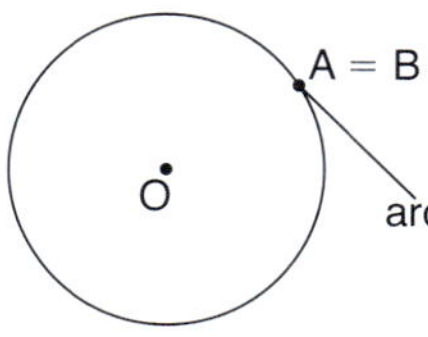

Devemos notar que, na construção de arcos, fica implícita a existência de um ângulo central (ângulo cujo vértice é o centro da circunferência), correspondente a cada arco tomado.

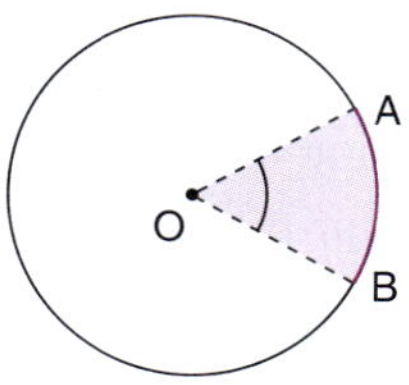

$A\hat{O}B$ é o ângulo central correspondente ao arco $\overset{\frown}{AB}$.

Medida e comprimento de arco

A **medida angular de um arco** ou, simplesmente, **medida de um arco** é igual à medida do ângulo central correspondente. Observe estes exemplos:

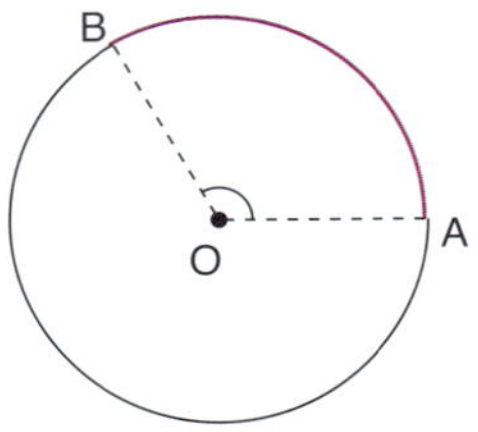

m(AÔB) = 120°

Dizemos que o arco $\widehat{AB}$ mede 120°.

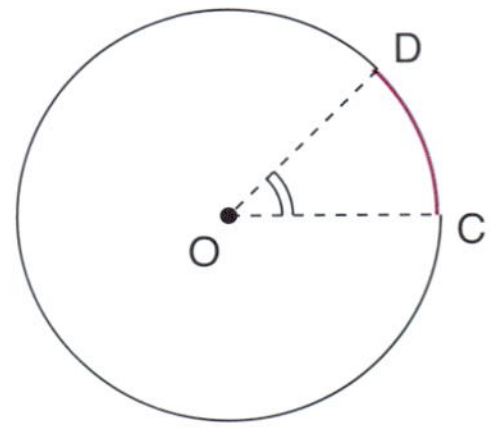

m(CÔD) = 45°

Dizemos que o arco $\widehat{CD}$ mede 45°.

A **medida linear** de um arco refere-se ao seu **comprimento**. É como se "esticássemos" o arco e medíssemos a distância entre as suas extremidades.

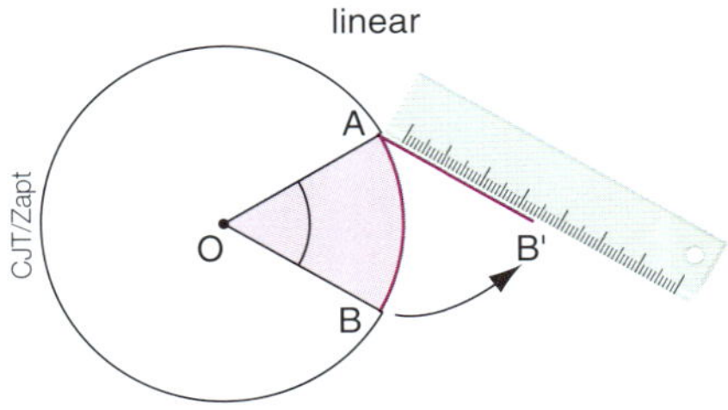

Unidades de medidas de arcos e ângulos

Ao tratarmos da medida de um arco, adotamos o grau (°) ou radiano (rad).

- **1 grau** é a medida de um arco igual a $\frac{1}{360}$ da circunferência correspondente.

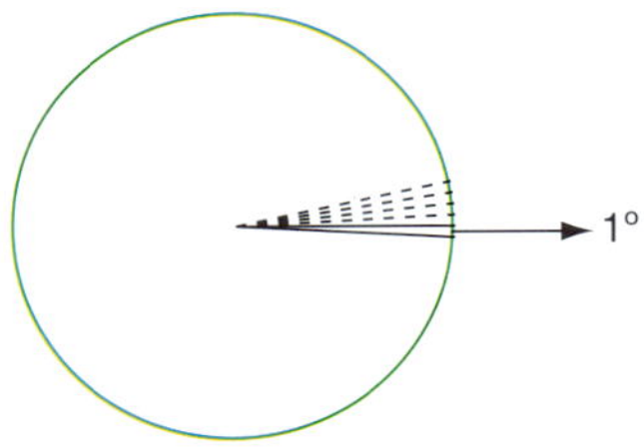

Como sabemos, o grau possui submúltiplos importantes, como o **minuto** e o **segundo**.

O arco de 1 minuto (indica-se 1′) corresponde a $\frac{1}{60}$ do arco de medida 1°; o arco de 1 segundo (indica-se 1″) corresponde a $\frac{1}{60}$ do arco de medida 1′.

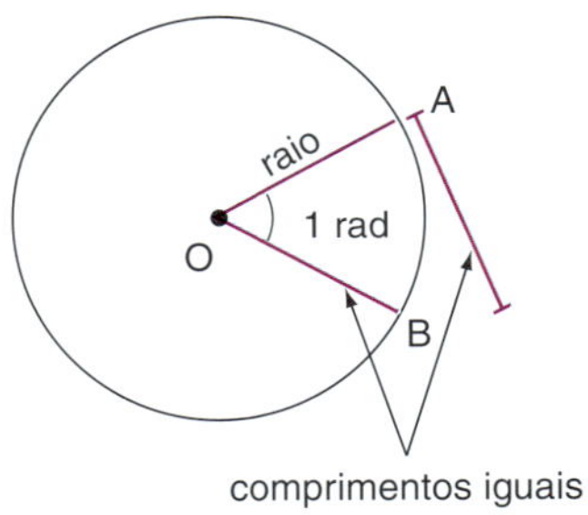

- **1 radiano** é a medida de um arco cujo comprimento é igual ao raio da circunferência correspondente.
  O arco $\widehat{AB}$, ao lado, bem como seu ângulo correspondente AÔB, mede 1 rad.
  Já o arco $\widehat{CD}$ abaixo mede 2 rad, pois seu comprimento é igual ao dobro da medida do raio.

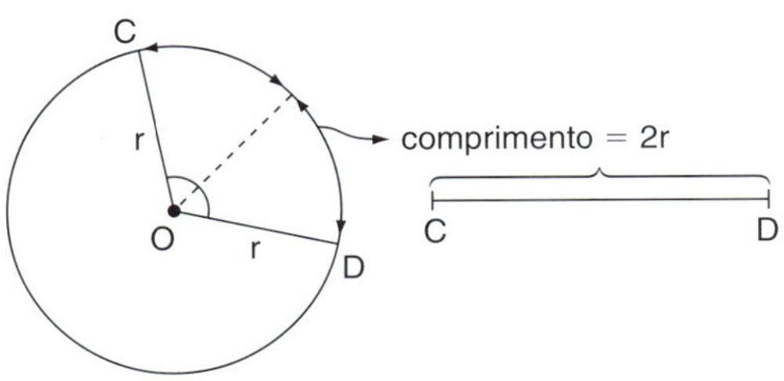

Como sabemos, o comprimento C de uma circunferência de raio *r* é igual a $2\pi r$. Isso significa que o raio "cabe" 2π vezes nesse comprimento (aproximadamente 6,28 vezes).

Assim, um arco de comprimento igual a *r* mede 1 rad; um arco de comprimento igual a 2r mede 2 rad, etc., então um arco de comprimento $2\pi r$ (volta completa) mede 2π rad. Concluímos, desse modo, que as medidas 2π rad e 360° são equivalentes.

Observe as equivalências no quadro seguinte:

2π rad	—	360°
π rad	—	180°
$\frac{\pi}{2}$ rad	—	90°
$\frac{\pi}{3}$ rad	—	60°
$\frac{\pi}{4}$ rad	—	45°
⋮		⋮

A relação "π rad equivalem a 180°" servirá de base para efetuarmos as conversões de unidades de medidas de arcos, como mostram os exercícios resolvidos a seguir.

EXERCÍCIOS RESOLVIDOS

1. Um arco mede 30°. Qual é a medida desse arco em radianos?

Solução:

Podemos estabelecer a regra de três simples:

$$\begin{cases} \pi \text{ rad} \text{ ——— } 180° \\ x \text{ ——— } 30° \end{cases}$$

Daí, $x = \dfrac{30° \cdot \pi \text{ rad}}{180°} \Rightarrow x = \dfrac{\pi}{6}$ rad.

2. Em uma circunferência, um ângulo central mede $\frac{\pi}{4}$ radianos. Quanto mede esse ângulo em graus?

Solução:

Podemos estabelecer a regra de três simples:

$$\begin{cases} \pi \text{ rad} \text{ ——— } 180° \\ \dfrac{\pi}{4} \text{ rad} \text{ ——— } x \end{cases}$$

Assim, $x = \dfrac{\frac{\pi}{4} \text{ rad} \cdot 180°}{\pi \text{ rad}} \Rightarrow x = 45°$.

3. Quanto mede, em graus, um arco de 1 radiano?

Solução:

Como π rad (ou 3,14 rad, aproximadamente) correspondem a 180°, podemos fazer:

$$\begin{cases} 3{,}14 \text{ rad — } 180° \\ 1 \text{ rad — } x \end{cases} \Rightarrow x = \frac{180°}{3{,}14} \Rightarrow x \cong 57{,}3° = 57°18'$$

Observação

Quando a unidade de medida de um arco vier suprimida, fica convencionado que se trata do radiano. Assim, por exemplo, quando dizemos que um arco $\widehat{AB}$ mede $\frac{\pi}{4}$, estamos dizendo que o arco $\widehat{AB}$ mede $\frac{\pi}{4}$ radianos.

O comprimento de um arco

Quando medimos o comprimento de um arco, a unidade de medida utilizada é a mesma do raio: metro, centímetro, milímetro etc.

Observe que na figura abaixo o comprimento de um arco depende da medida do raio considerado: os arcos $\widehat{AB}$, $\widehat{CD}$ e $\widehat{EF}$ medem, cada um, 45° $\left(\text{ou } \frac{\pi}{4} \text{ rad}\right)$, mas seus comprimentos são diferentes.

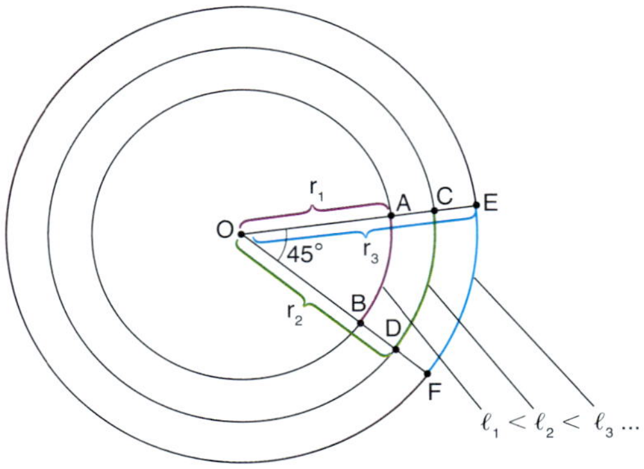

Vamos calcular os comprimentos ℓ_1, ℓ_2 e ℓ_3 dos arcos $\widehat{AB}$, $\widehat{CD}$ e $\widehat{EF}$, respectivamente:

- arco $\widehat{AB}$:

$$\begin{cases} 360° \text{ — } 2\pi\, r_1 \\ 45° \text{ — } \ell_1 \end{cases} \Rightarrow \frac{360°}{45°} = \frac{2\pi r_1}{\ell_1} \Rightarrow 8 = \frac{2\pi r_1}{\ell_1} \Rightarrow \frac{\ell_1}{r_1} = \frac{\pi}{4} \Rightarrow \ell_1 = \frac{\pi}{4} \cdot r_1$$

- arco $\widehat{CD}$:

$$\begin{cases} 360° \text{ — } 2\pi\, r_2 \\ 45° \text{ — } \ell_2 \end{cases} \Rightarrow \frac{360°}{45°} = \frac{2\pi r_2}{\ell_2} \Rightarrow 8 = \frac{2\pi r_2}{\ell_2} \Rightarrow \frac{\ell_2}{r_2} = \frac{\pi}{4} \Rightarrow \ell_2 = \frac{\pi}{4} \cdot r_2$$

- arco $\widehat{EF}$:

$$\begin{cases} 360° \text{ — } 2\pi\, r_3 \\ 45° \text{ — } \ell_3 \end{cases} \Rightarrow \frac{360°}{45°} = \frac{2\pi r_3}{\ell_3} \Rightarrow 8 = \frac{2\pi r_3}{\ell_3} \Rightarrow \frac{\ell_3}{r_3} = \frac{\pi}{4} \Rightarrow \ell_3 = \frac{\pi}{4} \cdot r_3$$

Mantido o ângulo central, o comprimento de um arco é diretamente proporcional ao raio da circunferência que o contém.

No exemplo, $\frac{\ell_1}{r_1} = \frac{\ell_2}{r_2} = \frac{\ell_3}{r_3} = \frac{\pi}{4}$.

Observe que a constante de proporcionalidade corresponde à medida do ângulo central, expressa em radianos $\left(\frac{\pi}{4} \text{ rad equivalem a } 45°\right)$.

Em geral, podemos escrever:

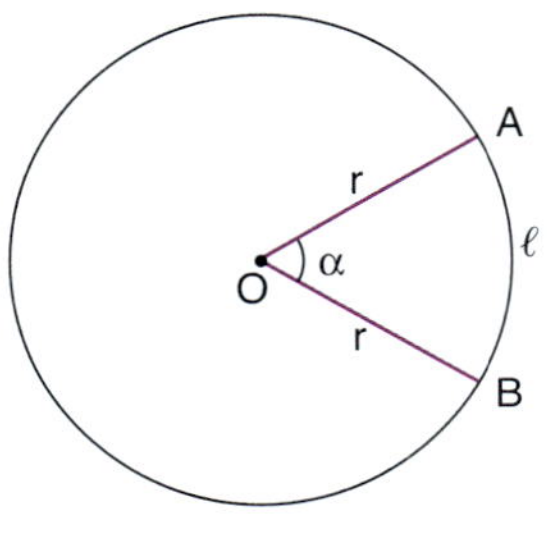

$$\alpha = \frac{\ell}{r}$$

Sendo $\begin{cases} \alpha\text{: medida do arco em radianos} \\ \ell\text{: comprimento do arco} \\ r\text{: medida do raio da circunferência} \end{cases}$

EXERCÍCIOS RESOLVIDOS

4. Quanto mede, em radianos, o arco $\widehat{AB}$, contido em uma circunferência de raio 3 cm, cujo comprimento é 4,5 cm?

Solução:

Podemos usar a relação $\alpha = \frac{\ell}{r}$, isto é: $\alpha = \frac{4,5}{3} = 1,5$ rad

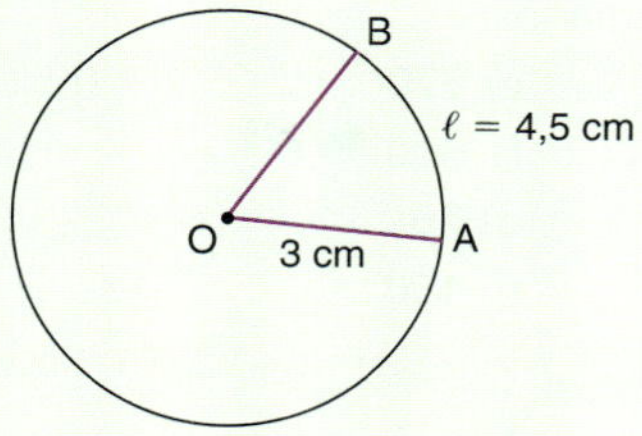

Uma solução equivalente consiste em usar a definição da medida de 1 radiano, comparando a medida do arco com o seu comprimento:

medida do arco — comprimento do arco

$$\begin{cases} 1 \text{ rad} \text{ ——— } 3 \text{ cm} \\ x \text{ ——— } 4,5 \text{ cm} \end{cases} \Rightarrow x = 1,5 \text{ rad}$$

5. Qual é o comprimento de um arco de 72° sobre uma circunferência de raio 8 cm?

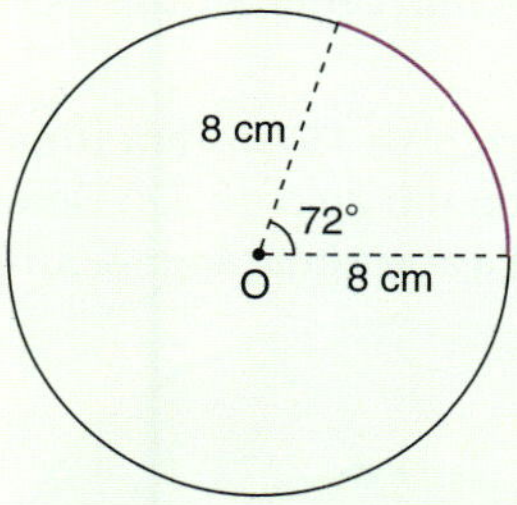

Solução:

1º modo:

- O comprimento da circunferência é $c = 2 \cdot \pi \cdot 8 = 16\pi$ cm.

  Podemos fazer:

  $$\begin{cases} 16\pi \text{ cm} \text{ — } 360° \\ x \text{ — } 72° \end{cases} \Rightarrow x = \frac{16\pi}{5} \text{ cm (ou 10,05 cm, aproximadamente).}$$

  Observe que $\frac{360°}{72°} = 5$; assim, o comprimento do arco corresponde à quinta parte do comprimento da circunferência correspondente.

2º modo:

- Expressamos 72° em radianos:

  $$\begin{cases} 180° \text{ — } \pi \text{ rad} \\ 72° \text{ — } x \end{cases} \Rightarrow x = \frac{2\pi}{5} \text{ rad.}$$

  Daí, usamos a relação:

  $$\alpha = \frac{\ell}{r} \Rightarrow \frac{2\pi}{5} = \frac{\ell}{8} \Rightarrow \ell = \frac{16\pi}{5} \text{ cm}$$

6. Determinar a medida do menor ângulo α formado entre os ponteiros de um relógio ao marcar 2h40min.

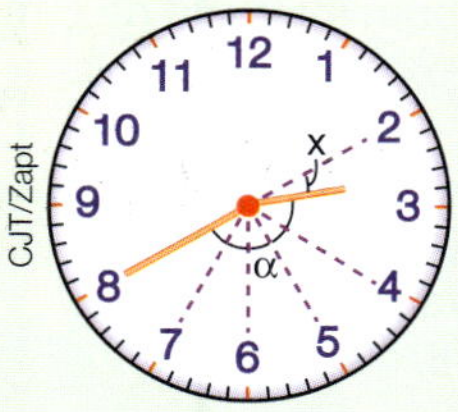

Solução:

O ângulo pedido mede α.

Observe que, entre duas marcas consecutivas de horas, forma-se um arco cujo ângulo central tem medida $\frac{360°}{12} = 30°$. Assim, considerando o deslocamento do "2 ao 8", temos que:

$\alpha + x = 6 \cdot 30° \Rightarrow \alpha = 180° - x.$

Em 1 hora (60 minutos), o ponteiro das horas percorre um arco de medida 30°.

Para calcular a medida *x* do ângulo percorrido pelo ponteiro das horas em 40 minutos, podemos estabelecer a relação:

$$\begin{cases} 60 \text{ minutos — } 30° \\ 40 \text{ minutos — } x \end{cases} \Rightarrow x = 20°$$

Assim: $\alpha = 180° - 20° = 160°$.

EXERCÍCIOS

1. Expresse em radianos:

a) 30°
b) 15°
c) 120°
d) 210°
e) 270°
f) 300°
g) 20°
h) 150°
i) 315°

2. Expresse em graus:

a) $\frac{\pi}{3}$ rad
b) $\frac{\pi}{2}$ rad
c) $\frac{\pi}{4}$ rad
d) $\frac{\pi}{5}$ rad
e) 0,5 rad
f) $\frac{3\pi}{4}$ rad
g) $\frac{2\pi}{9}$ rad
h) $\frac{11\pi}{6}$ rad
i) 3 rad

3. Uma semicircunferência tem comprimento 188,4 m. Quanto mede seu raio? Use a aproximação $\pi = 3,14$.

4. Calcule o comprimento de um arco $\overset{\frown}{AB}$ definido em uma circunferência de raio 8 cm por um ângulo central $A\hat{O}B$ de 120°.

5. Considerando que, na figura abaixo, $\overline{AB}$ está dividido em 12 partes iguais, qual o percurso mais curto sobre as semicircunferências: AMB ou ADCEB?

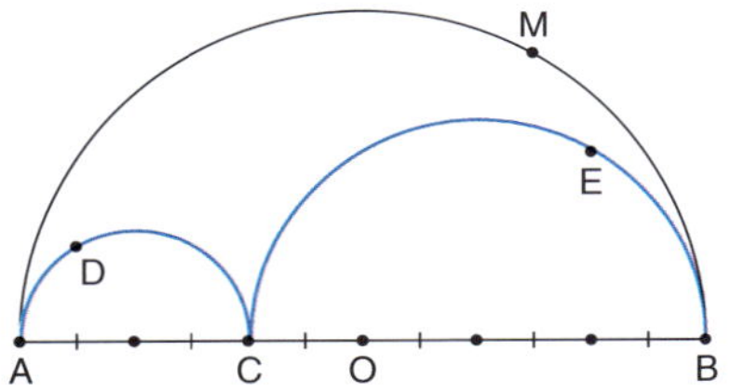

6. São dados dois arcos de 45°. Um está sobre uma circunferência de 3 cm de raio; o outro, sobre uma circunferência de 4 cm de diâmetro. Compare esses arcos:

a) quanto à medida angular.
b) quanto ao comprimento.

7. Um pêndulo de 15 cm de comprimento oscila entre A e B descrevendo um ângulo de 15°. Qual é o comprimento da trajetória descrita pela sua extremidade entre A e B? Use a aproximação $\pi = 3,14$.

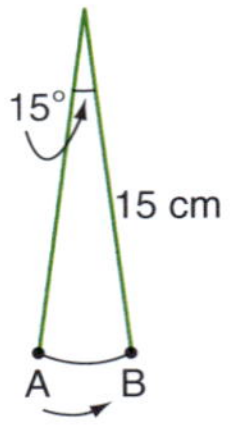

8. Um andarilho caminhou 7 536 m, em uma pista circular de 40 m de raio. Quantas voltas ele deu na pista? Use a aproximação $\pi = 3,14$.

9. Ache o raio da circunferência em cada caso:

a)

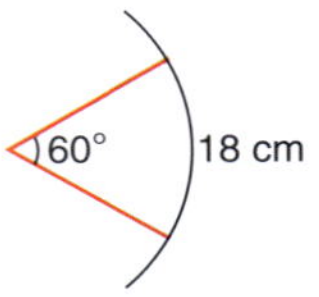

b)

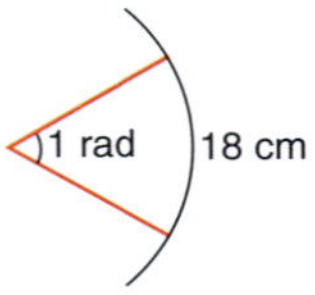

Use a aproximação $\pi = 3,14$.

10. Na figura, o triângulo ABC é isósceles de base $\overline{AC}$ e o triângulo CAD está inscrito em uma semicircunferência cujo raio mede 6 cm. Considerando o arco $\overset{\frown}{AD}$ que não contém o ponto C, determine:

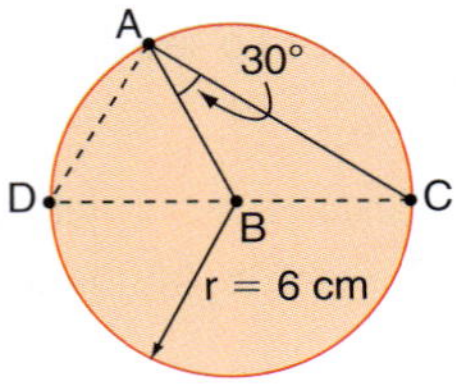

a) sua medida, em radianos;
b) seu comprimento, em centímetros.

11. Um automóvel percorre 157 m em uma pista circular, descrevendo um arco de 72°. Determine o raio da curva. Use a aproximação $\pi = 3,14$.

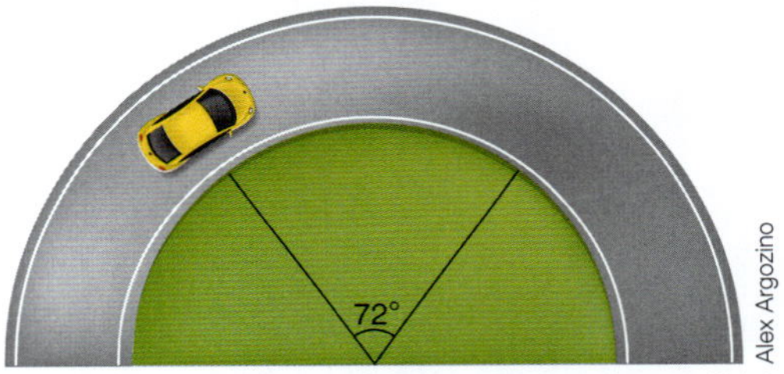

Ilustração sem escala ou em escalas diferentes. Cores artificiais.

12. Determine a medida do menor ângulo formado entre os ponteiros de um relógio ao marcar:

a) 3h
b) 8h30min
c) 3h45min
d) 5h40min
e) 9h35min

13. O ponteiro dos minutos de um relógio tem comprimento de 12 cm. Qual é a distância que a ponta do ponteiro percorre num intervalo de tempo de 20 minutos? Use a aproximação $\pi = 3,1$.

14. Na figura, as circunferências de mesmo raio têm centros em A, B, C e D e são tangentes exteriormente, como mostra a figura. Os pontos E, F, G e H são pontos de tangência. Sabendo que $AC = 10\sqrt{2}$ cm, determine o comprimento do trajeto $\overline{AB} + \overset{\frown}{BC} + \overline{CD} + \overline{DE} + \overset{\frown}{EH} + \overset{\frown}{HG} + \overset{\frown}{GF} + \overset{\frown}{FE} + \overline{EA}$.

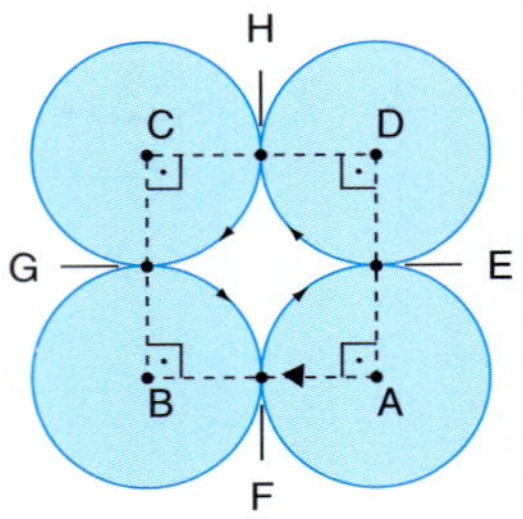

CIRCUNFERÊNCIA TRIGONOMÉTRICA

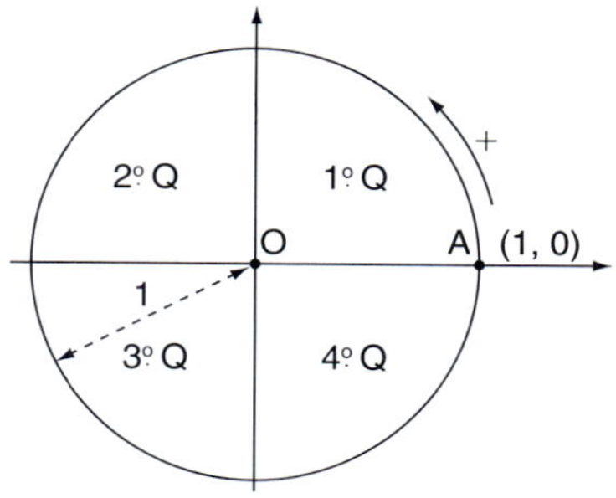

Fixemos dois eixos perpendiculares cruzando-se em O e orientados conforme as indicações: o vertical, para cima, e o horizontal, para a direita.

No sistema assim descrito, consideremos uma circunferência com centro O e raio unitário (isto é, raio de medida igual a 1).

O círculo limitado por essa circunferência fica dividido em quatro partes iguais denominadas **quadrantes** (Q) e indicadas na figura por 1º Q, 2º Q, 3º Q e 4º Q.

Vamos convencionar que todos os arcos tomados nessa circunferência têm origem no ponto A(1, 0) — interseção da circunferência com o semieixo horizontal positivo — e o sentido positivo é o anti-horário.

Construímos, deste modo, a **circunferência trigonométrica.**

É comum também nos referirmos a essa circunferência como **ciclo trigonométrico.**

Números reais associados a pontos da circunferência trigonométrica

Como o raio é unitário, o comprimento da circunferência trigonométrica é $2 \cdot \pi \cdot 1 = 2\pi$ (aproximadamente 6,28) unidades de comprimento.

Vamos associar a cada número real *x*, $0 \leqslant x < 2\pi$, um único ponto P da circunferência trigonométrica, de modo que:

- se $x = 0$, o ponto P coincide com o ponto A(1, 0);
- se $x > 0$, descrevemos, a partir de A, no sentido anti-horário, um arco de comprimento *x* cuja extremidade final é P.

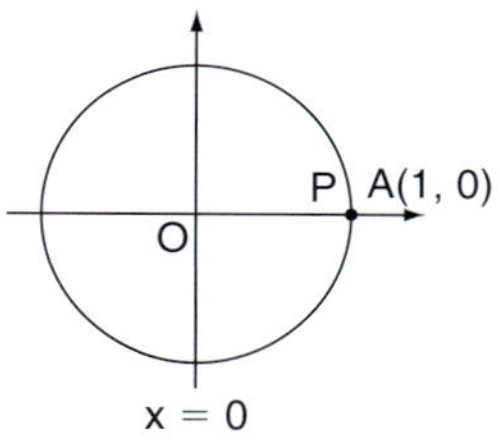

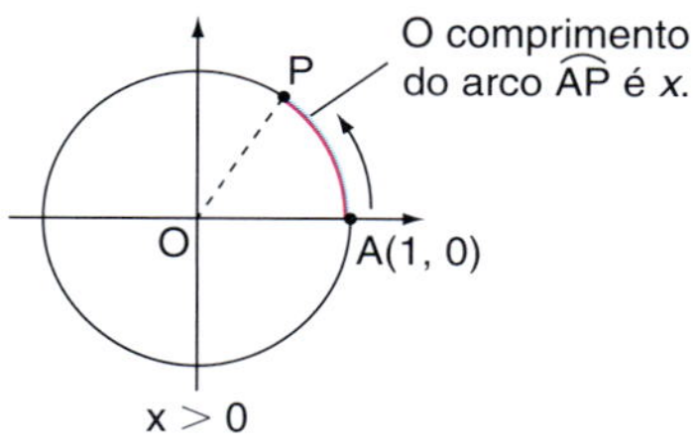

Observe a associação seguinte:

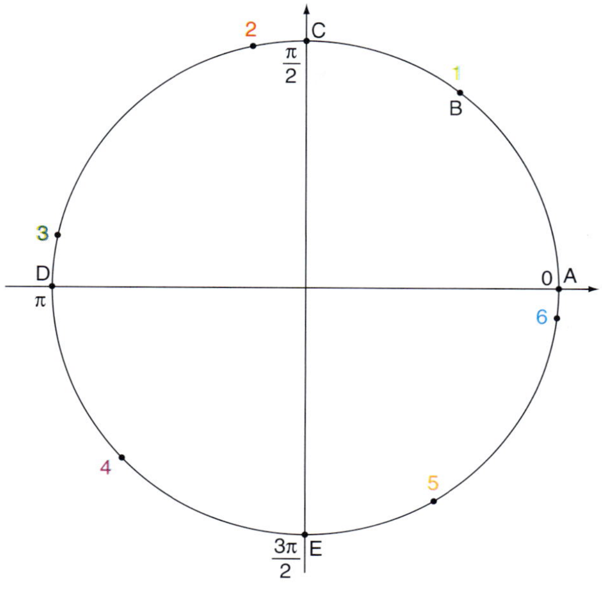

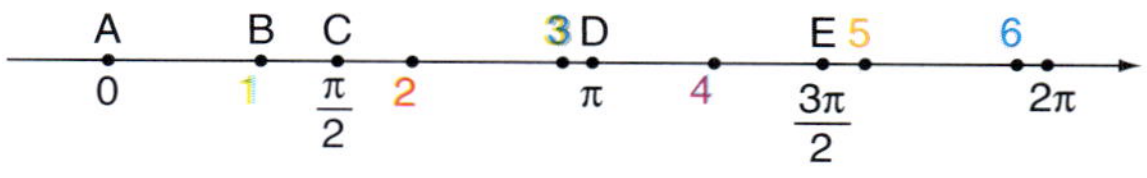

Temos que:

- O arco $\widehat{AC}$ corresponde a $\frac{1}{4}$ de um arco de uma volta completa.

  Seu comprimento é $\frac{\pi}{2}$ (aproximadamente 1,57), que é a quarta parte de 2π. Note, também, que sua medida é $\frac{\pi}{2}$ radianos (ou 90°). Dizemos que C é imagem do número real $\frac{\pi}{2}$.

- O arco $\widehat{AD}$ corresponde à metade de um arco de uma volta completa.
  Seu comprimento é π (aproximadamente 3,14), que é a metade de 2π. Observe que sua medida, em radianos, é π (180°). Dizemos que D é imagem do número real π.

- O arco $\widehat{AE}$ corresponde a $\frac{3}{4}$ de um arco de uma volta completa e seu comprimento é, portanto, $\frac{3}{4}$ de 2π, isto é, $\frac{3\pi}{2}$. Sua medida, em radianos, é $\frac{3\pi}{2}$ (270°). O ponto E é imagem do número real $\frac{3\pi}{2}$.

- O arco $\widehat{AB}$ tem comprimento igual a 1 e sua medida é 1 rad (observe que o comprimento de $\widehat{AB}$ é igual à medida do raio). O ponto B é imagem do número real 1.

  ⋮ ⋮ ⋮

  e assim por diante.

Ao fazermos essa associação, é importante lembrar que a medida (α) de um arco, em radianos, coincide, na circunferência trigonométrica, com o seu comprimento (ℓ), pois, como $\alpha = \frac{\ell}{r}$ e $r = 1$, temos $\alpha = \ell$.

Exemplo 1

Observe, no ciclo trigonométrico seguinte, as imagens A, B, C, D, E, F, G, H, I e J, correspondentes aos números reais $\frac{\pi}{6}$, $\frac{\pi}{4}$, $\frac{\pi}{3}$, $\frac{2\pi}{3}$, 3, $\frac{7\pi}{6}$, $\frac{4\pi}{3}$, $\frac{11}{2}$, $\frac{11\pi}{6}$ e 6, respectivamente.

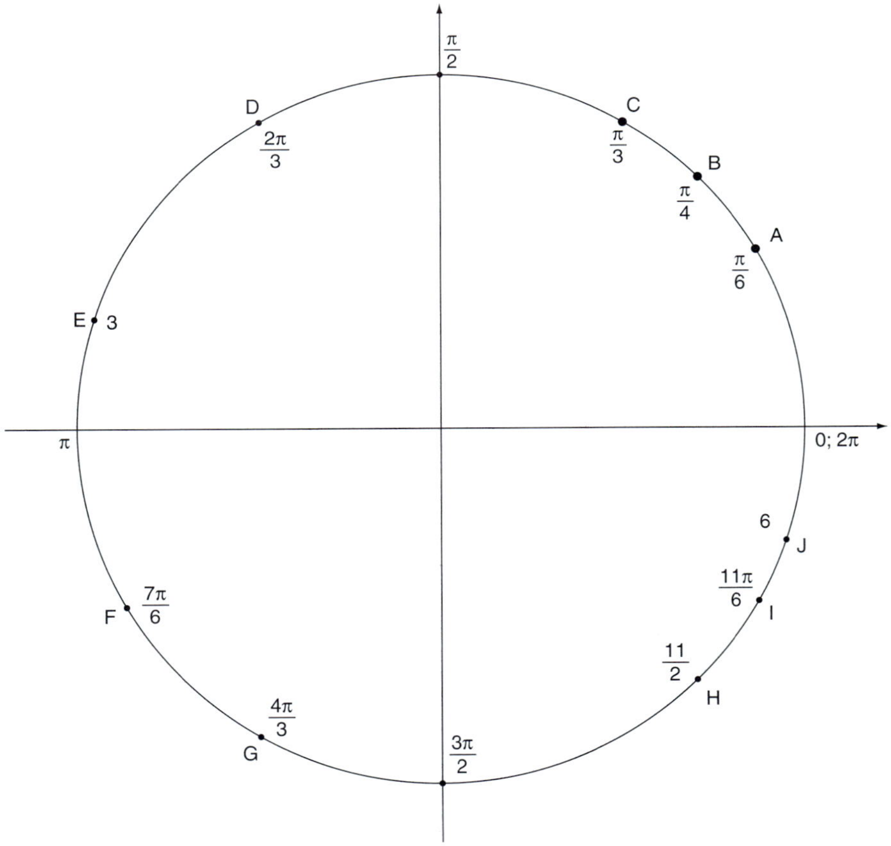

Observação

Estamos considerando, por enquanto, o intervalo $[0, 2\pi[$.

No capítulo 4, é apresentada a associação de um número real qualquer a um ponto da circunferência trigonométrica.

Antecipadamente, observe que a imagem do número real 2π é o ponto $A(1, 0)$: trata-se da extremidade final de um arco de volta completa, de medida 2π radianos (ou 360°) e comprimento 2π.

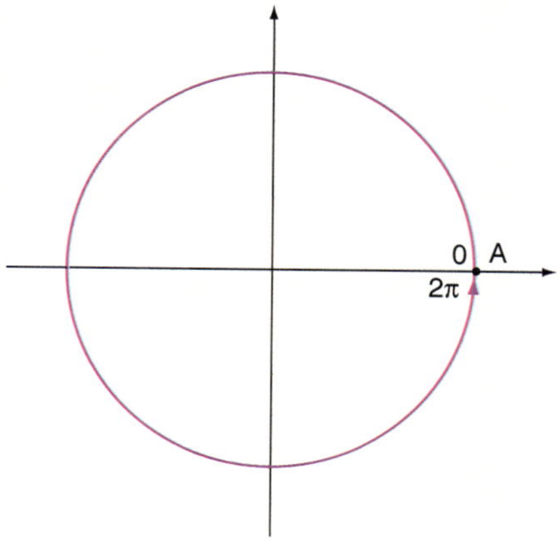

EXERCÍCIOS

15. Marque, no ciclo trigonométrico, os pontos correspondentes aos seguintes números reais: $0, \frac{\pi}{3}, \frac{3\pi}{4}, \frac{7\pi}{6}$ e $\frac{5\pi}{3}$.

16. Agrupe, por quadrante, os pontos correspondentes aos seguintes números reais: $\frac{\pi}{6}, \frac{2\pi}{3}, \frac{5\pi}{12}, \frac{4\pi}{3}, \frac{7\pi}{4}, 2, \frac{2\pi}{7}, \frac{3\pi}{5}, \frac{5\pi}{9}, \frac{4}{3}, \frac{7\pi}{12}, \sqrt{7}, \frac{15\pi}{8}, \frac{15\pi}{11}, \frac{10}{3}, \frac{13}{4}$ e 5.

17. Sejam os pontos P, Q e R da circunferência trigonométrica seguinte. Qual é o número real x, com $0 \leqslant x < 2\pi$, associado ao ponto P? E ao ponto Q? E ao ponto R?

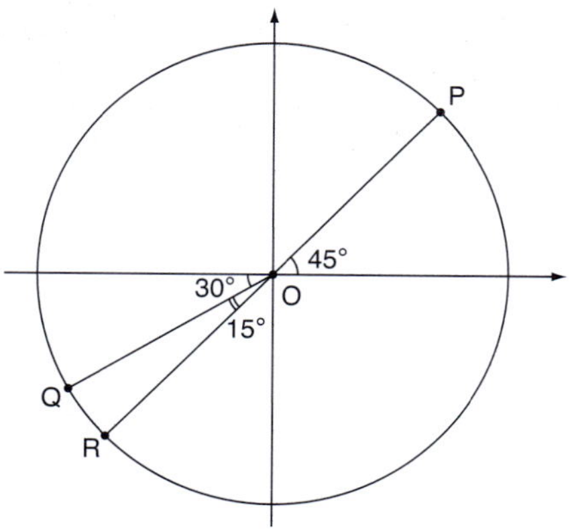

18. O quadrado ABCD está inscrito no ciclo trigonométrico. Determine, para cada vértice, o número real x, com $0 \leqslant x < 2\pi$, correspondente.

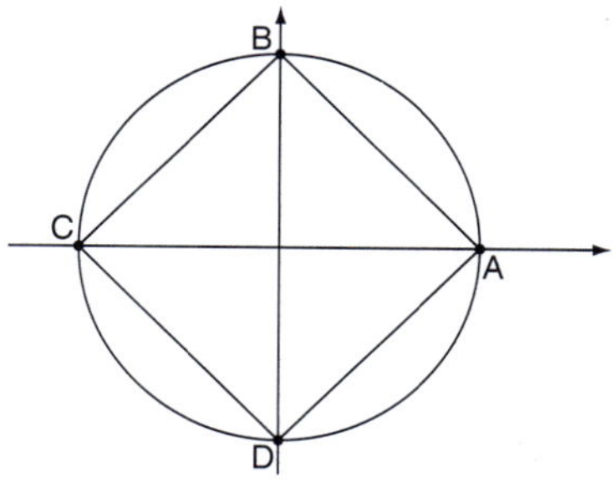

19. O triângulo equilátero ABC está inscrito no ciclo trigonométrico seguinte. Quais são os números reais x, com $0 \leqslant x < 2\pi$, que têm imagens nos vértices do triângulo?

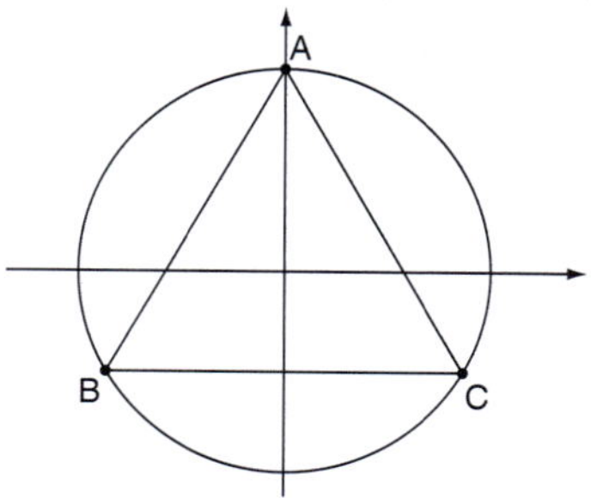

Simetrias

No ciclo trigonométrico, interessam-nos diretamente três tipos de simetrias: em relação ao eixo vertical, em relação ao eixo horizontal e em relação ao centro.

Para o estudo de cada uma delas, tomaremos um arco de medida a radianos, do 1º quadrante, correspondente ao número real a $(0 \leqslant a < 2\pi)$.

Simetria em relação ao eixo vertical

Seja P a imagem do número real *a*.

O simétrico de P em relação ao eixo vertical é o ponto P', imagem do número real $\pi - a$, visto que os ângulos centrais assinalados na figura são congruentes.

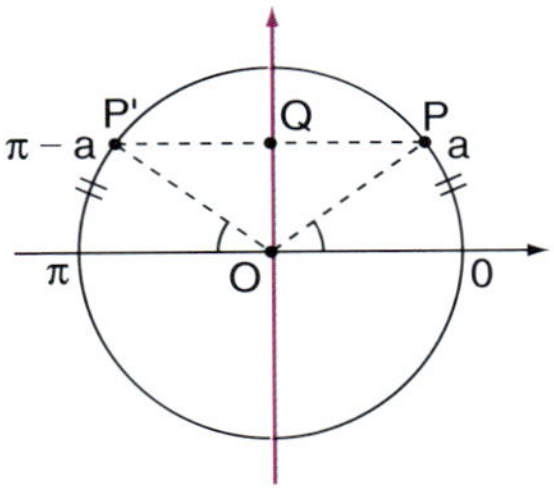

Exemplo 2

Os pontos P e P', imagens dos números reais $\frac{\pi}{4}$ e $\pi - \frac{\pi}{4} = \frac{3\pi}{4}$, respectivamente, são simétricos em relação ao eixo vertical. O mesmo ocorre com Q e Q', imagens de 0 e π, respectivamente.

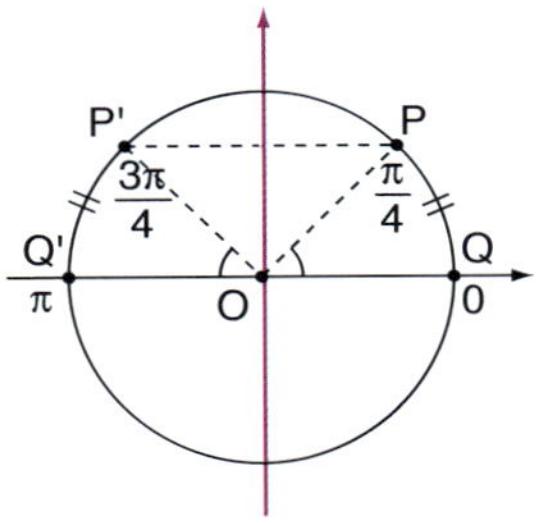

Simetria em relação ao eixo horizontal

Levando em conta a congruência entre os ângulos centrais assinalados na figura, podemos afirmar que o número real que possui imagem simétrica à imagem de *a* é o número $2\pi - a$.

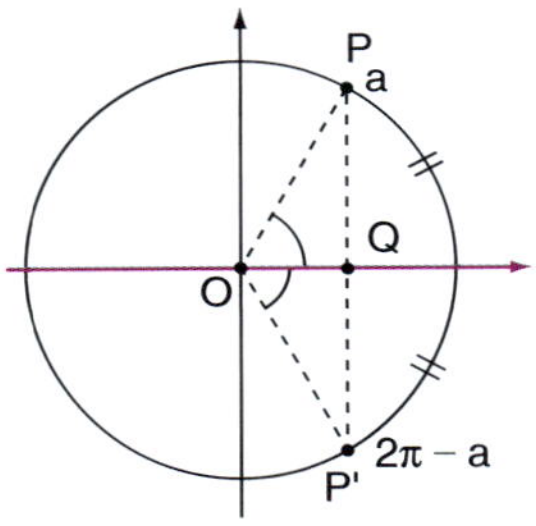

Exemplo 3

Em relação ao eixo horizontal, são simétricos os pontos P e P' (note a congruência entre os ângulos assinalados). Os pontos P e P' são as imagens dos números reais $\frac{\pi}{3}$ e $\frac{5\pi}{3}$, respectivamente.

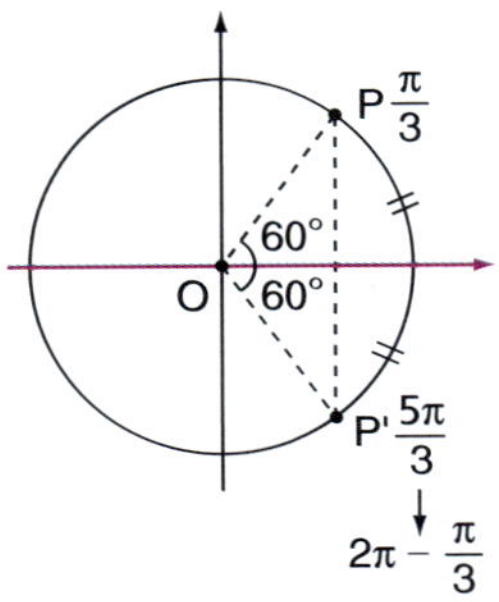

- **Simetria em relação ao centro do ciclo**

Quando dois pontos são extremidades opostas de um diâmetro, como P e P' da figura, é possível afirmar que o número real com imagem em P' é $a + \pi$, pois os ângulos assinalados na figura são congruentes.

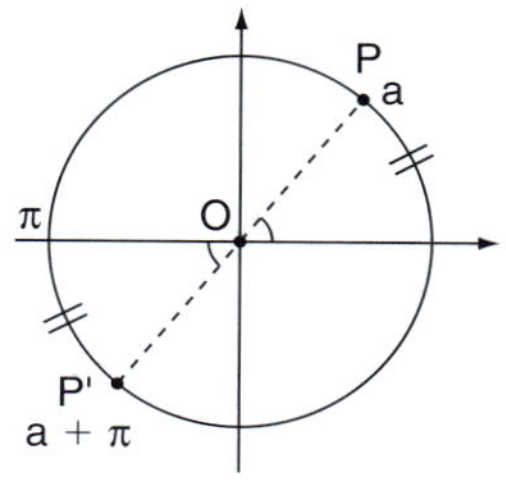

Exemplo **4**

Os pontos correspondentes aos números reais $\frac{\pi}{6}$ e $\frac{7\pi}{6}$ são simétricos em relação ao centro da circunferência.

Note que: $\frac{7\pi}{6} - \frac{\pi}{6} = \frac{6\pi}{6} = \pi$

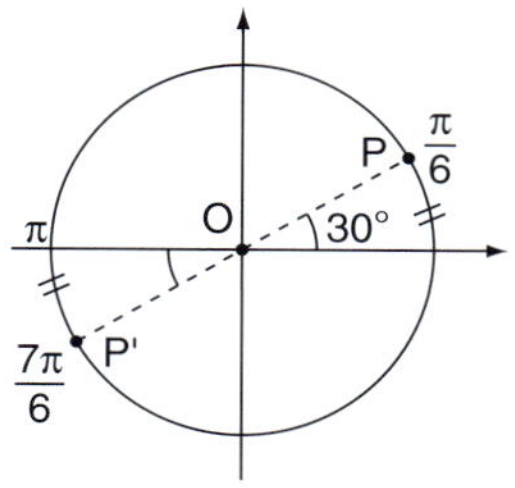

EXERCÍCIOS

20. Marque, no ciclo trigonométrico, os pontos correspondentes aos números $\frac{\pi}{3}$ e $\frac{2\pi}{3}$. Cite a simetria, se houver.

21. Proceda da mesma forma que no exercício anterior para:

a) $\frac{\pi}{6}$ e $\frac{5\pi}{3}$

b) $\frac{\pi}{6}$ e $\frac{11\pi}{6}$

c) $\frac{\pi}{8}$ e $\frac{9\pi}{8}$

d) $\frac{\pi}{2}$ e $\frac{3\pi}{2}$

22. Considere o número real $\frac{11\pi}{10}$.

a) Em que quadrante encontra-se a imagem P desse número?

b) Os pontos simétricos de P em relação ao eixo horizontal, ao eixo vertical e ao centro da circunferência trigonométrica são, respectivamente, os pontos Q, R e S. Obtenha os números reais associados a esses pontos.

23. Na figura ao lado o hexágono regular ABCDEF está inscrito na circunferência trigonométrica. O vértice A é imagem do número real zero.

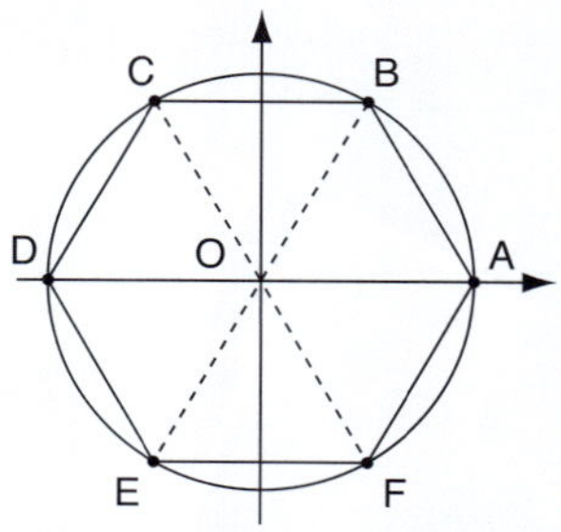

a) Determine a quais números reais pertencentes ao intervalo $[0, 2\pi[$ correspondem os demais vértices.

b) Obtenha o perímetro e a área do hexágono ABCDEF.

24. Divide-se a circunferência trigonométrica em 8 partes iguais, sendo A(1, 0) um dos pontos de divisão. Obtenha os números reais *x*, com $0 \leq x < 2\pi$, cujas imagens são os pontos de divisão.

DESAFIO

(OBM) Cinco animais A, B, C, D e E são cães ou lobos. Cães sempre contam a verdade e lobos sempre mentem. A diz que A é um cão. B diz que C é um lobo. C diz que D é um lobo. D diz que B e E são animais de espécies diferentes. E diz que A é um cão. Quantos lobos há entre os cinco animais?

Aplicações

Medindo distâncias inacessíveis

MATEMÁTICA E ASTRONOMIA

Na Antiguidade, os gregos exerceram um papel importante no desenvolvimento de diversos ramos do conhecimento humano. Movidos talvez pela curiosidade ou fascínio pelos astros, empreenderam incursões interessantes em assuntos de astronomia. Um deles foi Eratóstenes, que conseguiu medir o comprimento da circunferência da Terra a partir da observação das sombras formadas pela luz solar.

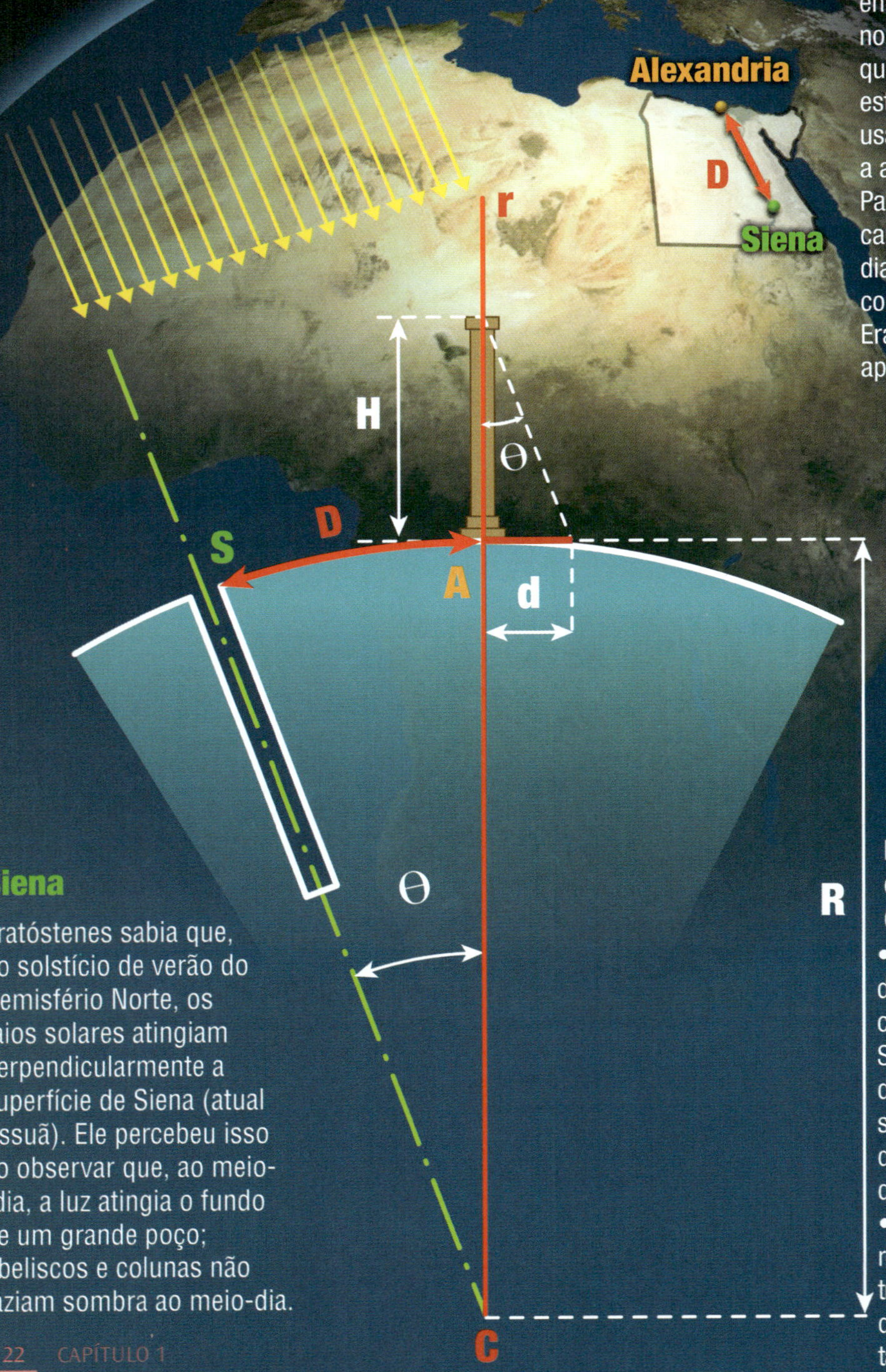

Casa Paulistana de Comunicação

O estádio

Eratóstenes calculou a distância entre Siena e Alexandria com base no tempo de viagem das caravanas, que percorriam a média de 100 estádios por dia. Estádio era a medida usada pelos gregos, que equivale a aproximadamente 157 metros. Para ir de uma cidade à outra, as caravanas levavam, em média, 50 dias e, ao calcular essa distância com a unidade de medida da época, Eratóstenes chegou a 5 mil estádios, aproximadamente 785 quilômetros.

Alexandria

Ele pensou em observar a inclinação dos raios solares em Alexandria, outra cidade egípcia ao sul de Siena, no solstício de verão do ano seguinte. Eratóstenes observou que um objeto, provavelmente uma vareta ou coluna fincada no solo, em área aberta, fazia sombra ao meio-dia.

Ele verificou que o ângulo formado entre a coluna e os raios solares (θ) era de 7,2°.

- Considerando o prolongamento das linhas verticais a partir de uma coluna perpendicular ao solo em Siena (S) e outro em Alexandria (A), deduziu que essas linhas deveriam se encontrar no centro da Terra (C), determinando um ângulo θ. Note que AC = SC = R.
- Considerando que os raios do Sol são retas paralelas interceptadas por uma transversal (reta *r*), ele pôde concluir que o ângulo θ formado entre elas também media 7,2°.

Siena

Eratóstenes sabia que, no solstício de verão do Hemisfério Norte, os raios solares atingiam perpendicularmente a superfície de Siena (atual Assuã). Ele percebeu isso ao observar que, ao meio--dia, a luz atingia o fundo de um grande poço; obeliscos e colunas não faziam sombra ao meio-dia.

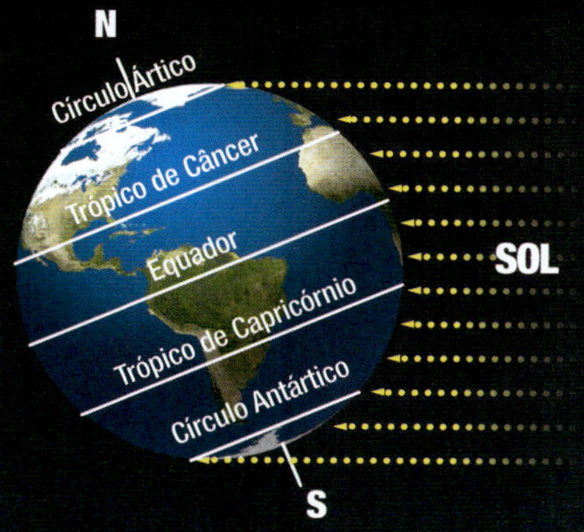

Verão no Hemisfério Sul

O solstício ocorre duas vezes ao ano, quando a luz do Sol atinge de forma mais intensa um dos hemisférios da Terra: em junho é verão no Hemisfério Norte e em dezembro é verão no Hemisfério Sul. Entre os dois solstícios há os equinócios de março e setembro, períodos do ano em que a luz solar atinge da mesma maneira os dois hemisférios, fazendo dias e noites terem a mesma duração. Cada um dos solstícios e equinócios marca o início de uma das quatro estações do ano: verão, outono, inverno e primavera.

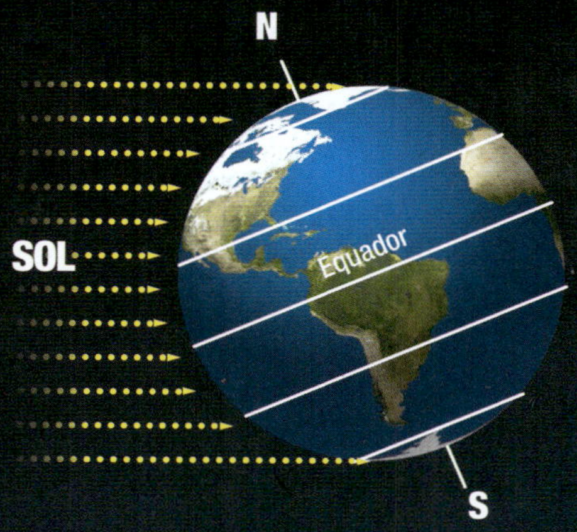

Verão no Hemisfério Norte

Eratóstenes

Eratóstenes (Cirene, 276 a.C. — Alexandria, 194 a.C.) era bibliotecário em Alexandria e aprofundou seus estudos na área da matemática. Nascido na Grécia, ele se dedicou também à gramática, à geografia e à astronomia. É considerado um importante colaborador para a Geografia, por ter criado e adotado um vocabulário próprio para esse ramo do saber.

Circunferência e raio da Terra

7,2º equivalem a 5000 estádios
aproximadamente 785 km

360º equivalem a 250000 estádios
aproximadamente 39250 km

Como 7,2º equivalem a $\frac{1}{50}$ de 360°, e sabendo que Alexandria estava a 5 mil estádios de Siena, concluiu também que a distância entre as duas cidades corresponderia a $\frac{1}{50}$ da circunferência da Terra. Multiplicou 50 por 5 mil e obteve o comprimento da circunferência terrestre de 250 mil estádios, aproximadamente 39250 quilômetros.

Como o comprimento da circunferência é dado por $2\pi r$, sendo r a medida do raio, para obter o raio terrestre, basta fazer:

$$\frac{39\,250}{2\pi}$$

o que daria um resultado próximo a 6250 km.

Medidas atuais da Terra

Hoje sabemos que, considerando o achatamento que existe nos polos, o raio polar terrestre é de aproximadamente 6357 quilômetros e que o comprimento da circunferência polar é de 39942 quilômetros.

Ou seja, podemos afirmar que Eratóstenes obteve com seu método medidas surpreendentemente próximas, considerando a precariedade dos instrumentos utilizados. Por exemplo, qual teria sido a precisão da medida angular feita inicialmente? Além disso, ele considerou que as duas cidades estavam sob o mesmo meridiano, o que hoje, sabe-se, não é exato. Na verdade, há uma diferença de cerca de 3°. Ainda assim, sua iniciativa é plena de méritos, como também seus outros trabalhos nas áreas de Aritmética e Geografia.

EXERCÍCIOS COMPLEMENTARES

1. A figura abaixo mostra parte de uma pista não oficial de atletismo.

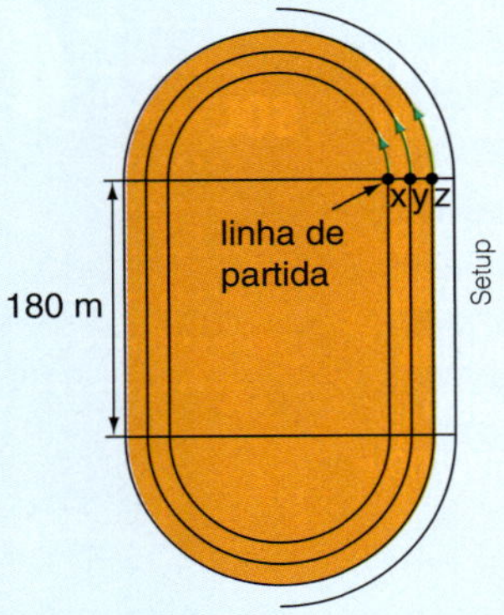

As raias têm largura constante de 120 cm e as partes curvas da pista são limitadas por três semicircunferências concêntricas, sendo 5 m o raio da menor circunferência. Imagine que três atletas *x*, *y* e *z* pretendem dar, em um treino, 30 voltas na pista, correndo sobre as linhas demarcadas que limitam as raias, como indicam as setas da figura. Considerando a aproximação $\pi = 3{,}2$, responda:

a) Quantos metros o atleta *y* terá percorrido a mais que o atleta *x* ao final do treino?

b) Quantos metros o atleta *z* terá percorrido a mais que o atleta *x* ao final do treino?

c) Quantos metros atrás do ponto de partida o atleta *x* deveria largar, na sua linha de corrida, a fim de que, ao cruzar o ponto de partida pela 2ª vez, ele percorra, em uma volta, a mesma distância percorrida pelo atleta *y* em sua volta?

2. Calcule, em graus, o menor ângulo formado entre os dois ponteiros de um relógio que marca 3h42min.

3. Um relógio foi acertado exatamente ao meio-dia. Determine o horário que estará marcando esse relógio após o ponteiro menor ter percorrido um ângulo de 42°.

4. Uma pista circular está limitada por duas circunferências concêntricas cujos comprimentos valem, respectivamente, 3 000 m e 2 400 m. Determine a largura da pista. Use a aproximação $\pi = 3{,}14$.

5. Calcule a razão entre os comprimentos das circunferências inscrita e circunscrita em um quadrado de lado 2 cm.

6. No contorno de um lago circular foram plantados 32 coqueiros igualmente espaçados de 3 em 3 metros.
Usando a aproximação $\pi = 3{,}2$, responda:

a) Qual é a medida do raio do lago?

b) Caso o espaço entre os coqueiros diminuísse 20%, quantos coqueiros a mais poderiam ser plantados?

7. (Obmep) Duas formigas partem do ponto A e vão até o ponto D, andando no sentido indicado pelas flechas.

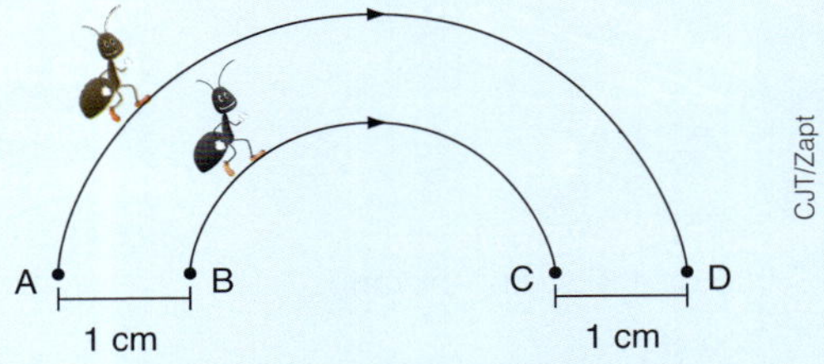

Ilustração sem escala ou em escalas diferentes. Cores artificiais.

A primeira percorre o semicírculo maior; a segunda, o segmento $\overline{AB}$, o semicírculo menor e o segmento $\overline{CD}$. Os pontos A, B, C e D estão alinhados e os segmentos $\overline{AB}$ e $\overline{CD}$ medem 1 cm cada um. Quantos centímetros a segunda formiga andou menos que a primeira?

8. A figura mostra parte de um equipamento industrial, composto por 3 polias idênticas, cujos centros são vértices de um triângulo equilátero de lado 2 cm.

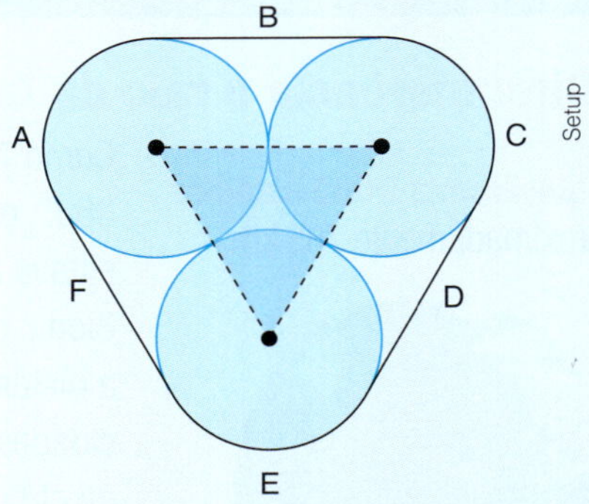

As polias são movimentadas pela correia ABCDEF. Qual é o comprimento dessa correia?

9. Em uma competição de ginástica rítmica, uma equipe faz uma apresentação com um aro circular cujo diâmetro mede 90 cm.

Seja P o ponto de contato do aro com o solo no início de um certo movimento, como mostra a figura. Admita que os diâmetros $\overline{PR}$ e $\overline{QS}$ sejam perpendiculares.

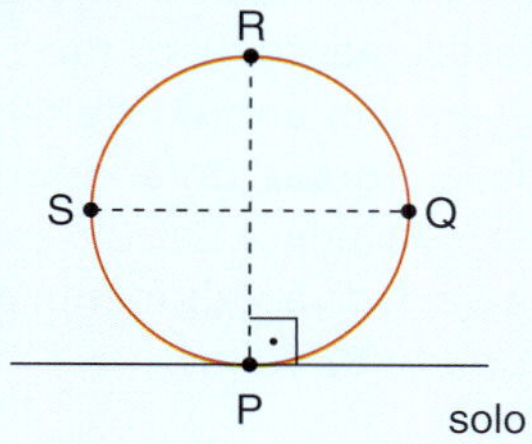

Na coreografia, uma ginasta rola o aro para sua companheira, por 16,56 m, continuamente, seguindo o sentido anti-horário.

Qual dos pontos estará na posição inicialmente ocupada por P (ponto de contato com o solo) quando o aro for pego? Considere desprezível a espessura do aro e use a aproximação $\pi = 3{,}2$.

10. As duas polias da figura giram simultaneamente em torno dos respectivos centros, por estarem ligadas por uma correia inextensível. Quantos graus deve girar a maior polia para que a menor dê uma volta completa?

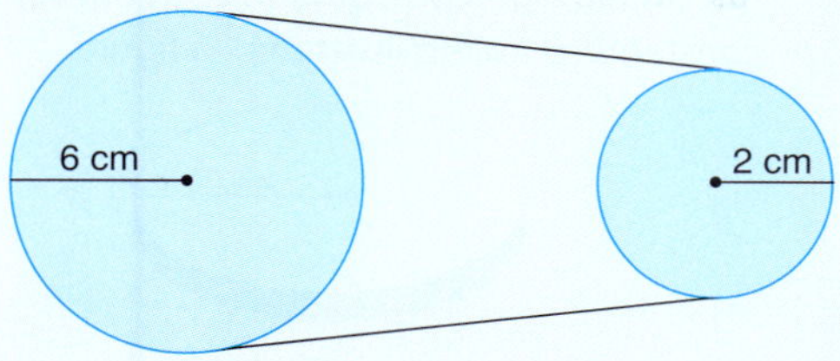

11.

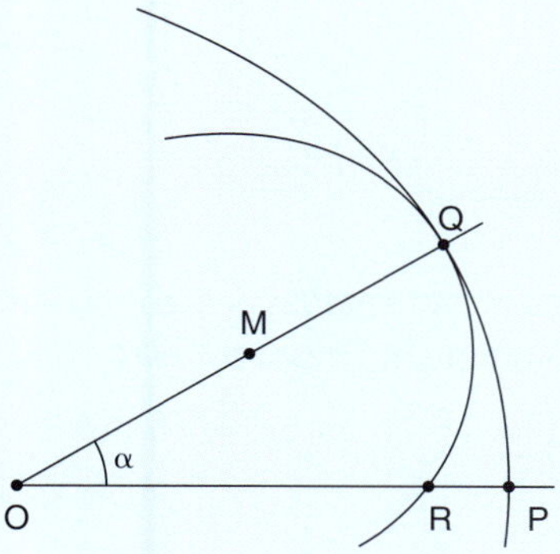

Na figura, o arco $\overset{\frown}{PQ}$ pertence à circunferência de centro O. Sua medida, em radianos, é α e seu comprimento é 5 cm.
Com centro em M, ponto médio de $\overline{OQ}$, traçamos uma circunferência que contém o arco $\overset{\frown}{QR}$ e tangencia internamente a outra circunferência no ponto Q. Determine o comprimento de $\overset{\frown}{QR}$.

12. Os arcos α e β, de medidas 2° e 2 rad, tomados na circunferência trigonométrica, possuem a mesma imagem? Qual é o comprimento de cada um desses arcos?

13. (Vunesp-SP) O planeta Terra descreve seu movimento de translação em uma órbita aproximadamente circular em torno do sol. Considerando o dia terrestre com 24 horas, o ano com 365 dias e a distância da Terra ao Sol aproximadamente $150\,380 \cdot 10^3$ km, determine a velocidade média, em quilometros por hora, com que a Terra gira em torno do Sol. Use a aproximação $\pi = 3$.

14. (UF-GO) Os diâmetros das rodas dianteiras e traseira de uma bicicleta medem 54 cm e 70 cm, respectivamente. Em um determinado momento, marca-se, em cada roda, o ponto de contato com o solo. Calcule a menor distância a ser percorrida pela bicicleta, em linha reta, para que os pontos marcados nas rodas toquem novamente o solo, ao mesmo tempo. Use a aproximação $\pi = 3{,}14$.

15. (UE-RJ) Observe a curva AEFB desenhada a seguir.

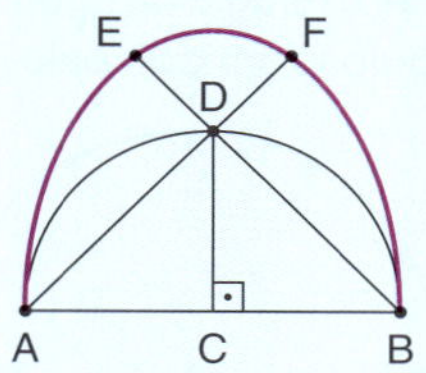

Analise os passos seguidos em sua construção:

1º) traçar um semicírculo de diâmetro $\overline{AB}$ com centro C e raio 2 cm;

2º) traçar o segmento $\overline{CD}$, perpendicular a $\overline{AB}$, partindo do ponto C e encontrando o ponto D, pertencente ao arco $\overset{\frown}{AB}$;

3º) construir o arco circular $\overset{\frown}{AE}$, de raio $\overline{AB}$ e centro B, sendo E a interseção com o prolongamento do segmento $\overline{BD}$, no sentido B para D:

4º) construir o arco circular $\overset{\frown}{BF}$, de raio $\overline{AB}$ e centro A, sendo F a interseção com o prolongamento do segmento $\overline{AD}$, no sentido A para D;

5º) desenhar o arco circular $\overset{\frown}{EF}$ com centro D e raio $\overline{DE}$.

Determine o comprimento, em centímetros, da curva AEFB.

16. (Unesp-SP) Paulo fabricou uma bicicleta, tendo rodas de tamanhos distintos, com raio da roda maior (dianteira) medindo 3 dm, o raio da roda menor medindo 2 dm e a distância entre os centros A e B das rodas sendo 7 dm. As rodas da bicicleta, ao serem apoiadas no solo horizontal, podem ser representadas no plano (desprezando-se os pneus) como duas circunferências, de centros A e

B, que tangenciam a reta *r* nos pontos P e Q, como indicado na figura.

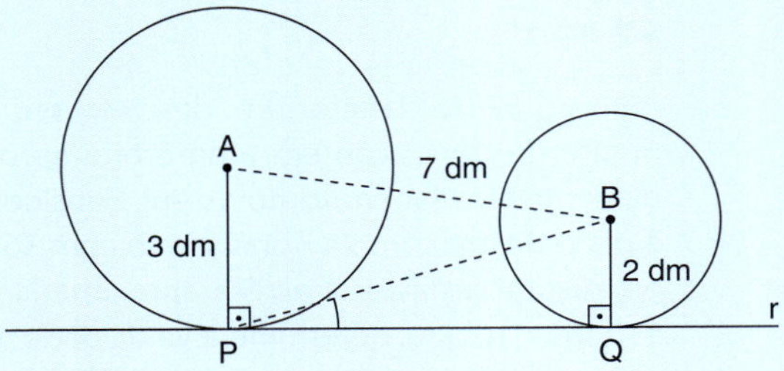

a) Determine a distância entre os pontos de tangência P e Q e o valor do seno do ângulo BPQ.

b) Quando a bicicleta avança, supondo que não haja deslizamento, se os raios da roda maior descrevem um ângulo de 60°, determine a medida, em graus, do ângulo descrito pelos raios da roda menor. Calcule, também, quantas voltas terá dado a roda menor quando a maior tiver rodado 80 voltas.

TESTES

1. (PUC-RJ) Em um círculo, um ângulo central de 20 graus determina um arco de 5 cm. Qual o tamanho do arco, em cm, determinado por um ângulo central de 40 graus?

a) 5 b) 10 c) 20 d) 40 e) 60

2. (Cefet-MG) Se o relógio da figura marca 8h e 25min, então o ângulo *x* formado pelos ponteiros é

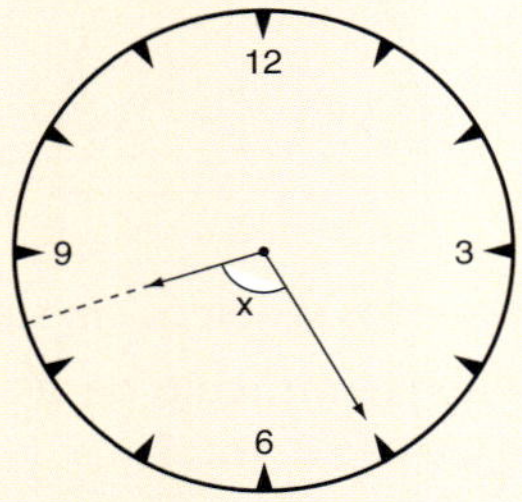

a) 12° 30'.
b) 90°.
c) 102° 30'.
d) 120°.

3. (IF-SP) Considere uma circunferência de centro O e raio 6 cm. Sendo A e B pontos distintos dessa circunferência, sabe-se que o comprimento de um arco AB é 5π cm. A medida do ângulo central AÔB, correspondente ao arco AB considerado, é

a) 120°.
b) 150°.
c) 180°.
d) 210°.
e) 240°.

4. (UE-GO) Considerando 1° como a distância média entre dois meridianos, e que na linha do equador corresponde a uma distância média de 111,322 km, e tomando-se esses valores como referência, pode-se inferir que o comprimento do círculo da Terra, na linha do equador, é de, aproximadamente,

a) 52 035 km
b) 48 028 km
c) 44 195 km
d) 40 076 km

5. (PUC-MG) Para percorrer certa distância, uma roda de raio R dá três voltas completas, enquanto que uma roda de raio *r* dá 10 voltas. Então, a razão entre os raios dessas rodas, $\frac{r}{R}$, é igual a:

a) 0,20
b) 0,25
c) 0,30
d) 0,35

6. (Obmep) Uma formiguinha parte do centro de um círculo e percorre uma só vez, com velocidade constante, o trajeto ilustrado na figura.

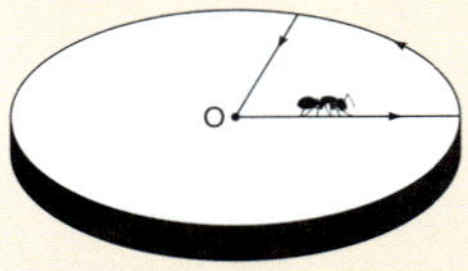

Qual dos gráficos a seguir apresenta a distância *d* da formiguinha ao centro do círculo em função do tempo *t*?

a)
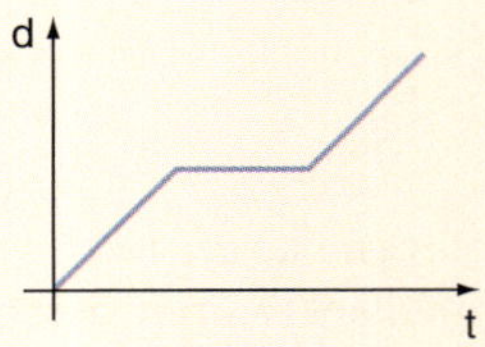

b)
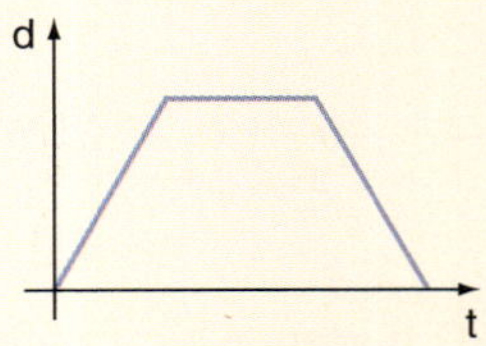

c)
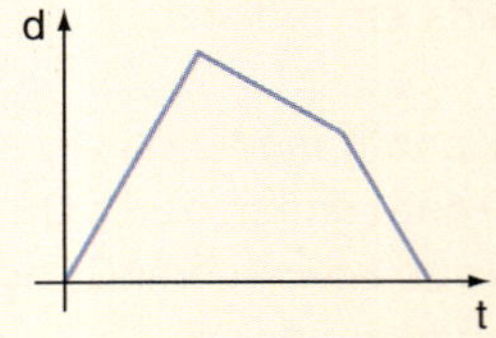

d)

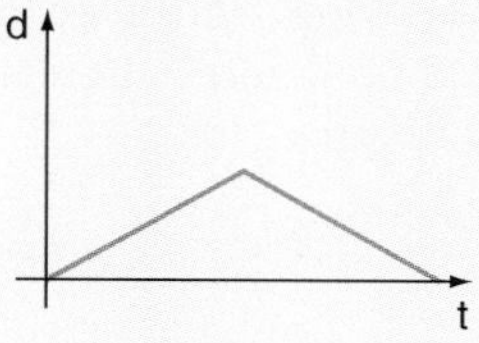

e)

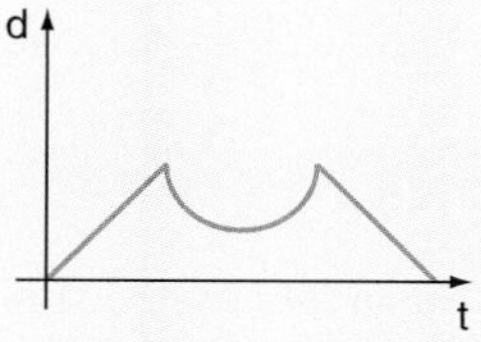

7. (UE-PA) Em Belém, George costuma levar Thales, seu filho, à praça Batista Campos. Certo dia, observando Thales brincar no balanço da praça, George, que é professor de Matemática, resolveu calcular a medida do arco $\overset{\frown}{AB}$ formado pela trajetória do balanço no momento em que descrevia um movimento pendular, como mostra a figura.

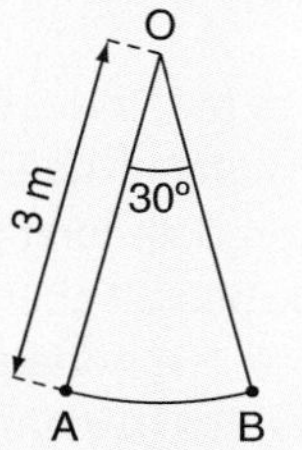

Considerando que o ângulo AÔB, observado por George, tenha sido de 30°, que a medida da corrente que sustenta o balanço era de 3 m e que o valor atribuído a π foi de 3,14, a medida de $\overset{\frown}{AB}$ calculada foi:

a) 1,35 m
c) 1,89 m
e) 2,31 m
b) 1,57 m
d) 2,15 m

8. (Enem-MEC) As cidades de Quito e Cingapura encontram-se próximas à linha do equador e em pontos diametralmente opostos no globo terrestre. Considerando o raio da Terra igual a 6 370 km, pode-se afirmar que um avião saindo de Quito, voando em média 800 km/h, descontando as paradas de escala, chega a Cingapura em aproximadamente

a) 16 horas.
d) 32 horas.
b) 20 horas.
e) 36 horas.
c) 25 horas.

9. (PUC-MG) Os moradores de certa cidade costumam fazer caminhada em torno de duas de suas praças. A pista que contorna uma dessas praças é um quadrado de lado L e tem 640 m de extensão; a pista que contorna a outra praça é um círculo de raio R e tem 628 m de extensão.

Nessas condições, o valor da razão $\frac{R}{L}$ é aproximadamente igual a:
Use $\pi = 3{,}14$.

a) $\frac{1}{2}$
c) $\frac{5}{4}$
b) $\frac{5}{8}$
d) $\frac{3}{2}$

10. (PUC-RS) Em Londres, Tales andou na *London Eye*, para contemplar a cidade. Esta roda-gigante de 135 metros de diâmetro está localizada à beira do rio Tâmisa. Suas 32 cabines envidraçadas foram fixadas à borda da roda com espaçamentos iguais entre si. Então, a medida do arco formado por cinco cabines consecutivas é igual, em metros, a:

a) $\frac{135}{4}\pi$
c) $\frac{675}{16}\pi$
e) $\frac{135}{32}\pi$
b) $\frac{675}{32}\pi$
d) $\frac{135}{8}\pi$

11. (UF-GO) Por volta de 250 a.C., o matemático grego Eratóstenes, reconhecendo que a Terra era esférica, calculou a sua circunferência. Considerando que as cidades agípcias de Alexandria e Syena localizavam-se em um mesmo meridiano, Eratóstenes mostrou que a circunferência da Terra media 50 vezes o arco de circunferência do meridiano ligando essas duas cidades. Sabendo que esse arco entre as cidades media 5 000 estádios (unidade de medida utilizada na época), Eratóstenes obteve o comprimento da circunferência da Terra em estádios, o que corresponde a 39 375 km no sistema métrico atual.

De acordo com estas informações, a medida, em metros, de um estádio era

a) 15,75
d) 393,75
b) 50,00
e) 500,00
c) 157,50

12. (UF-GO) As cidades de Goiânia e Curitiba têm, aproximadamente, a mesma longitude. Goiânia fica a uma latitude de 16°40', enquanto a latitude de Curitiba é de 25°25'. Considerando-se que a Terra seja aproximadamente esférica, com a linha do equador medindo, aproximadamente, 40 000 km, a distância entre as duas cidades, em quilômetros, ao longo de um meridiano,

a) é menor que 700.
b) fica entre 700 e 800.
c) fica entre 800 e 900.
d) fica entre 900 e 1000.
e) é maior que 1000.

13. (UE-CE) Para realizar os cálculos de um determinado experimento, um estudante necessita descrever a posição dos ponteiros de um relógio. Sabendo-se que o experimento se iniciará às três horas da tarde, é correto afirmar que a equação que descreve a medida (em graus) do ângulo que o ponteiro das horas forma com o semieixo vertical positivo (que aponta na direção do número 12 do relógio) em função do tempo decorrido (em minutos), contado a partir de três horas da tarde, é:

a) $\theta(t) = 3 + 30t$

b) $\theta(t) = 90 + \frac{1}{2}t$

c) $\theta(t) = 3 + \frac{1}{30}t$

d) $\theta(t) = 90 - 30t$

e) $\theta(t) = 30 + \frac{1}{2}t$

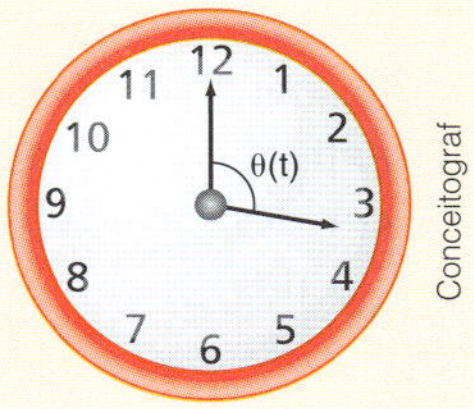

14. (U.E. Londrina-PR) Uma família viaja para Belém (PA) em seu automóvel. Em um dado instante, o GPS do veículo indica que ele se localiza nas seguintes coordenadas: latitude 21°20' Sul e longitude 48°30' Oeste. O motorista solicita a um dos passageiros que acesse a Internet em seu celular e obtenha o raio médio da Terra, que é de 6 730 km, e as coordenadas geográficas de Belém, que são latitude 1°20' Sul e longitude 48°30' Oeste. A partir desses dados, supondo que a superfície da Terra é esférica, o motorista calcula a distância D, do veículo a Belém, sobre o meridiano 48°30' Oeste.

Assinale a alternativa que apresenta, corretamente, o valor da distância D, em km.

a) $D = \frac{\pi}{9} 6\,730$

b) $D = \frac{\pi}{18}(6\,730)^2$

c) $D = \frac{\pi}{9}\sqrt{6\,730}$

d) $D = \frac{\pi}{36} 6\,730$

e) $D = \left(\frac{\pi}{3}\right)^2 6730$

15. (UE-RJ) Uma pista de corrida com 7,5 km de extensão tem a forma de uma curva circular fechada. Um ciclista é capaz de fazer o percurso completo em 20 minutos, enquanto um corredor o faz em meia hora. Considere que o ciclista e o corredor partam do mesmo ponto A da pista, no mesmo instante, ambos mantendo velocidades constantes ao longo de todo o percurso, porém deslocando-se em sentidos contrários. O tempo mínimo necessário, em minutos, para que ambos voltem a se encontrar é igual a:

a) 10 b) 12 c) 13 d) 15

16. (Vunesp-SP) Em um jogo eletrônico, o "monstro" tem a forma de um setor circular de raio 1 cm, como mostra a figura.

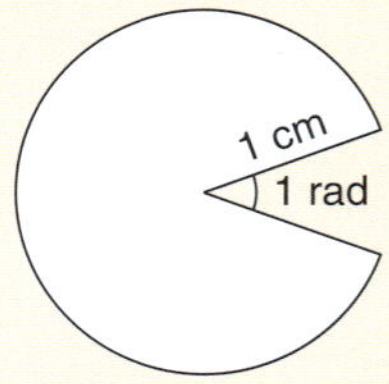

A parte que falta no círculo é a boca do "monstro", e o ângulo de abertura mede 1 radiano. O perímetro do "monstro", em cm, é:

a) $\pi - 1$

b) $\pi + 1$

c) $2\pi - 1$

d) 2π

e) $2\pi + 1$

17. (U.F. Juiz de Fora-MG) Testes efetuados em um pneu de corrida constataram que, a partir de 185 600 voltas, ele passa a se deteriorar, podendo causar riscos à segurança do piloto. Sabendo que o diâmetro do pneu é de 0,5 m, ele poderá percorrer, sem riscos para o piloto, aproximadamente:

a) 93 km.

b) 196 km.

c) 366 km.

d) 592 km.

e) 291 km.

18. (UF-GO) Deseja-se marcar nas trajetórias circulares concêntricas, representadas na figura abaixo, os pontos A e B, de modo que dois móveis partindo, respectivamente, dos pontos A e B, no sentido horário, mantendo-se na mesma trajetória, percorram distâncias iguais até a linha de origem.

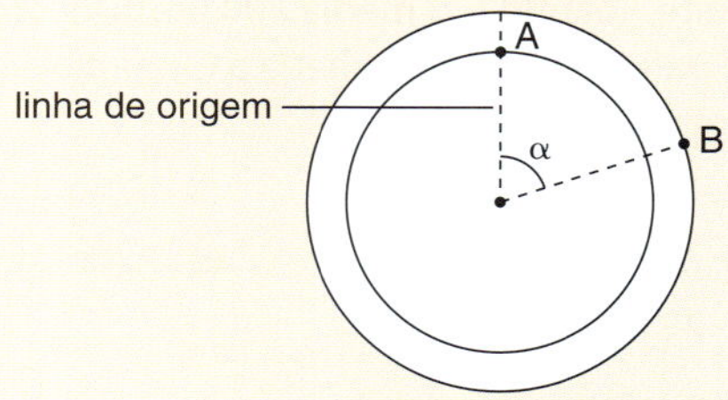

Considerando-se que o ponto A deverá ser marcado sobre a linha de origem a 8 m do centro e o ponto B a 10 m do centro, o valor do ângulo α, em graus, será igual a:

a) 30 b) 36 c) 45 d) 60 e) 72

19. (FGV-SP) O relógio indicado na figura marca 6 horas e

a) $55\frac{7}{13}$ minutos.

b) $55\frac{5}{11}$ minutos.

c) $55\frac{5}{13}$ minutos.

d) $54\frac{3}{11}$ minutos.

e) $54\frac{2}{11}$ minutos.

20. (FGV-SP) Duas pessoas combinaram de se encontrar entre 13h e 14h, no exato instante em que a posição do ponteiro dos minutos do relógio coincidisse com a posição do ponteiro das horas. Dessa forma, o encontro foi marcado para as 13 horas e

a) 5 minutos.

b) $5\frac{4}{11}$ minutos.

c) $5\frac{5}{11}$ minutos.

d) $5\frac{6}{11}$ minutos.

e) $5\frac{8}{11}$ minutos.

21. (UE-RJ) No esquema estão representadas as trajetórias de dois atletas que, partindo do ponto X, passam simultaneamente pelo ponto A e rumam para o ponto B por caminhos diferentes, com velocidades iguais e constantes. Um deles segue a trajetória de uma semicircunferência de centro O e raio 2R. O outro percorre duas semicircunferências cujos centros são P e Q.

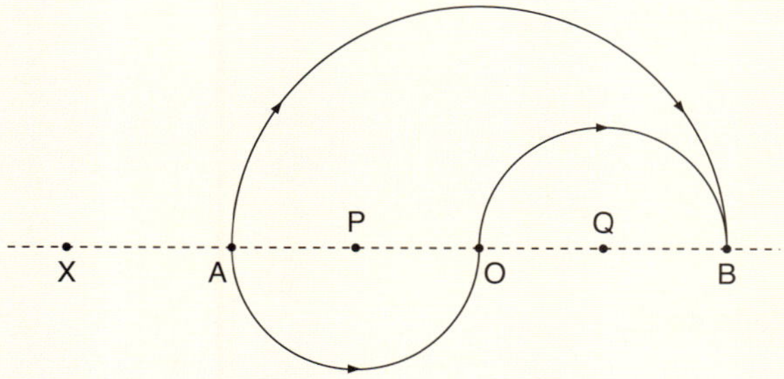

Considerando $\sqrt{2} = 1{,}4$, quando um dos atletas tiver percorrido $\frac{3}{4}$ do seu trajeto de A para B, a distância entre eles será igual a:

a) 0,4R b) 0,6R c) 0,8R d) 1,0R

22. (UF-AL) Considere que:

- Os raios de Sol incidem paralelamente sobre a Terra.
- O planeta Terra é uma esfera cuja linha do Equador tem 40 000 km de perímetro.

Na figura a seguir são representados os raios solares incidindo nos pontos P e Q da linha do Equador do planeta Terra e são indicadas as medidas dos ângulos que esses raios formam com as normais à superfície terrestre nesses pontos.

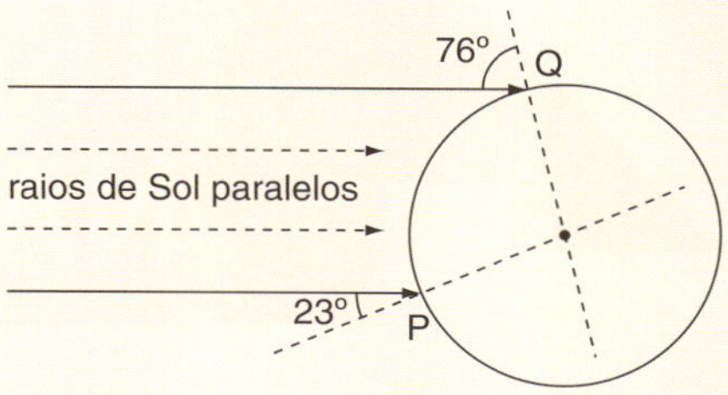

O comprimento do arco $\widehat{PQ}$, que corresponde à menor distância de P a Q, em quilômetros, é igual a

a) 11 000

b) 10 880

c) 10 666

d) 10 444

e) 9 000

23. (Fuvest-SP) Uma das primeiras estimativas do raio da Terra é atribuída a Eratóstenes, estudioso grego que viveu, aproximadamente, entre 275 a.C. e 195 a.C.

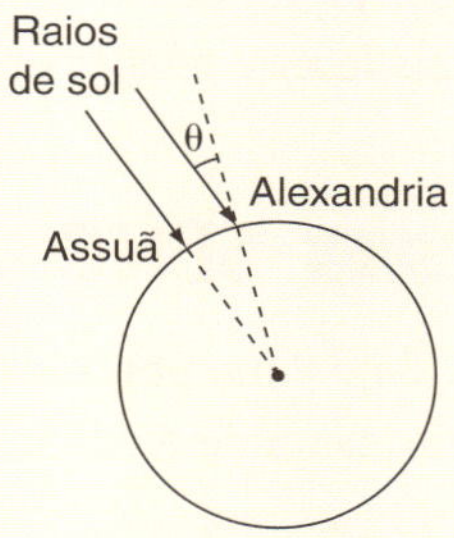

Sabendo que em Assuã, cidade localizada no sul do Egito, ao meio-dia do solstício de verão, um bastão vertical não apresentava sombra, Eratóstenes decidiu investigar o que ocorreria, nas mesmas condições, em Alexandria, cidade no norte do Egito. O estudioso observou que, em Alexandria, ao meio-dia do solstício de verão, um bastão vertical apresentava sombra e determinou o ângulo θ entre as direções do bastão e de incidência dos raios de sol. O valor do raio da Terra, obtido a partir de θ e da distância entre Alexandria e Assuã foi de, aproximadamente, 7 500 km. O mês em que foram realizadas as observações e o valor aproximado de θ são

a) junho; 7°.

b) dezembro; 7°.

c) junho; 23°.

d) dezembro; 23°.

e) junho; 0,3°.

> Note e adote:
>
> Distância estimada por Eratóstenes entre Assuã e Alexandria ≈ 900 km.
>
> $\pi = 3$

2 RAZÕES TRIGONOMÉTRICAS NA CIRCUNFERÊNCIA

No estudo das razões trigonométricas para ângulos agudos em um triângulo retângulo são definidos sen α, cos α e tg α para $0 \leqslant \alpha < \frac{\pi}{2}$.

Vamos agora estender o conceito de seno, cosseno e tangente para um número real α, com $0 \leqslant \alpha \leqslant 2\pi$. Além disso, vamos definir três outras razões trigonométricas na circunferência: a cotangente, a cossecante e a secante e estabelecer a relação entre elas.

SENO

Seja P um ponto da circunferência trigonométrica, imagem de um número real α, $0 \leqslant \alpha \leqslant 2\pi$; como vimos, P corresponde à extremidade final de um arco $\widehat{AP}$, de medida α radianos.

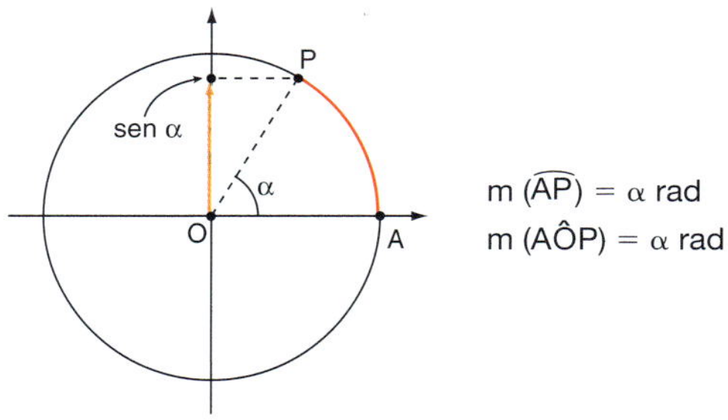

Definimos o seno de α como a ordenada do ponto P:

$$\text{sen } \alpha = \text{ordenada de P}$$

Observe que, projetando ortogonalmente o ponto P sobre o eixo vertical, obtemos o ponto P'. Considerando a orientação do eixo vertical (para cima) e tomando o segmento $\overline{OP'}$, é possível calcular o número real (positivo, negativo ou nulo) correspondente à diferença, nesta ordem, entre os valores da ordenada da "extremidade" (P') e da "origem" (0) desse segmento. A essa diferença damos o nome de **medida algébrica** do segmento $\overline{OP'}$. Desse modo, o **seno de α é igual à medida algébrica do segmento $\overline{OP'}$**. Assim, podemos escrever:

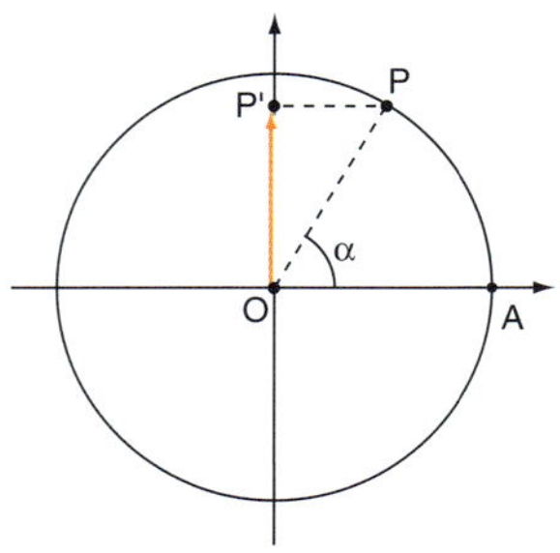

$$\text{sen } \alpha = OP' \quad \text{ou} \quad \text{sen } \widehat{AP} = OP'$$

Daqui em diante, o eixo vertical será chamado **eixo dos senos.**

Observação

Observe a circunferência trigonométrica e a definição a seguir, que faz parte do estudo da trigonometria do triângulo retângulo:

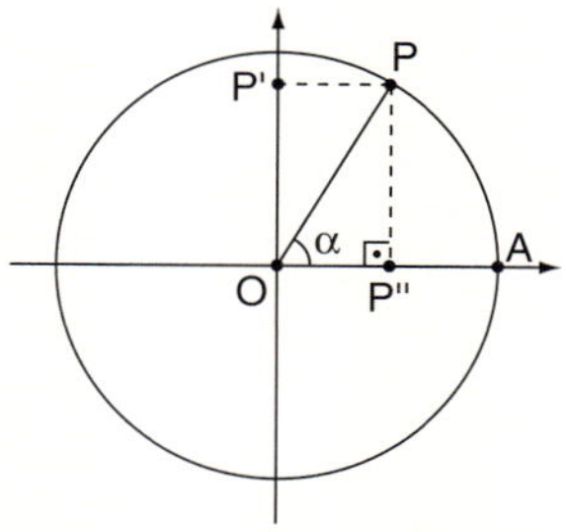

$$\text{sen}\ \alpha = \frac{\text{medida do cateto oposto a } \alpha}{\text{medida da hipotenusa}};\ 0 < \alpha < \frac{\pi}{2}$$

Traçando o segmento $\overline{PP''} // \overline{OP'}$, temos no $\triangle OPP''$:

$$\text{sen}\ A\hat{O}P = \text{sen}\ \alpha = \frac{PP''}{OP} = \frac{PP''}{1} = PP'' = OP', \text{ pois } OP'PP'' \text{ é um retângulo.}$$

O mesmo procedimento é utilizado quando P ocupa posições nos demais quadrantes. Considerando a orientação "para cima" do eixo dos senos, observemos o sinal do seno de um número real α em cada quadrante, à medida que varia a posição de P (P é imagem de α).

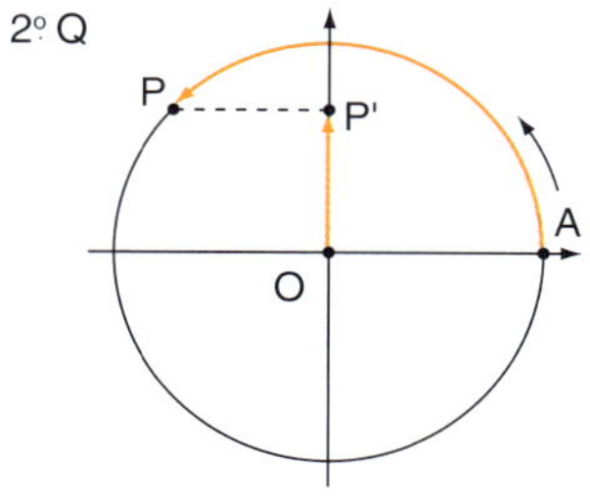

ordenada de P > 0
sen $\alpha > 0$

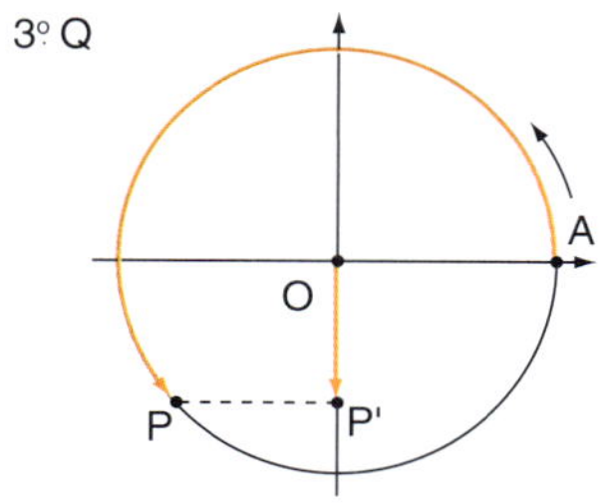

ordenada de P < 0
sen $\alpha < 0$

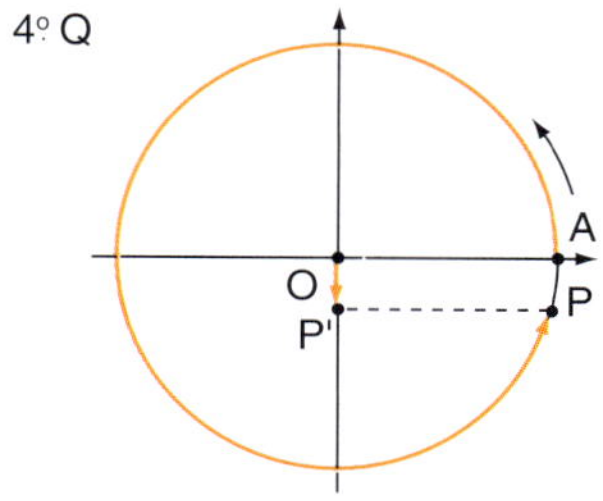

ordenada de P < 0
sen $\alpha < 0$

Observação

Como o raio do ciclo trigonométrico é unitário, temos que, para todo $\alpha \in [0, 2\pi]$, $-1 \leqslant \text{sen}\ \alpha \leqslant 1$, uma vez que o segmento $\overline{OP'}$ é sempre interno ao ciclo, qualquer que seja a posição assumida por P.

Valores notáveis

Já estamos familiarizados com o seno de alguns números reais, como $\frac{\pi}{6}$, $\frac{\pi}{4}$ e $\frac{\pi}{3}$:

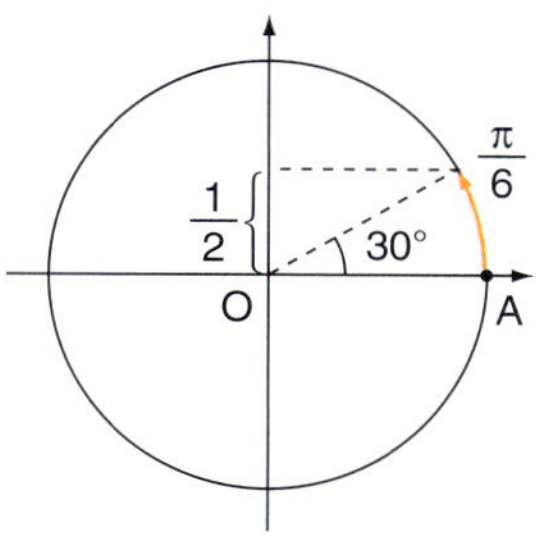

$\text{sen}\ \frac{\pi}{6} = \frac{1}{2}$

$\left(\text{sen}\ 30° = \frac{1}{2}\right)$

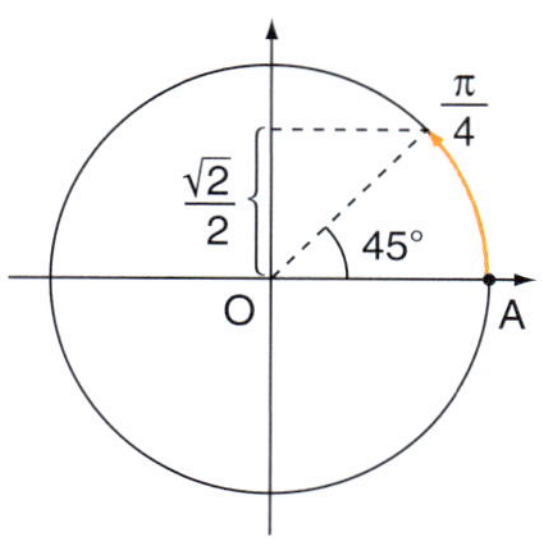

$\text{sen}\ \frac{\pi}{4} = \frac{\sqrt{2}}{2}$

$\left(\text{sen}\ 45° = \frac{\sqrt{2}}{2}\right)$

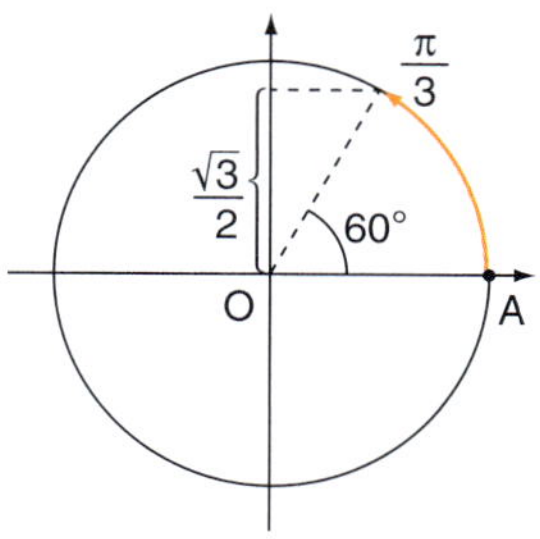

$\text{sen}\ \frac{\pi}{3} = \frac{\sqrt{3}}{2}$

$\left(\text{sen}\ 60° = \frac{\sqrt{3}}{2}\right)$

Usando esses valores, é possível obter, por simetria, o seno de outros números reais.

Acompanhe, na sequência dos quadrantes abaixo, os valores dos senos de números reais correspondentes a pontos simétricos de P, sendo P a imagem de $\frac{\pi}{6}$:

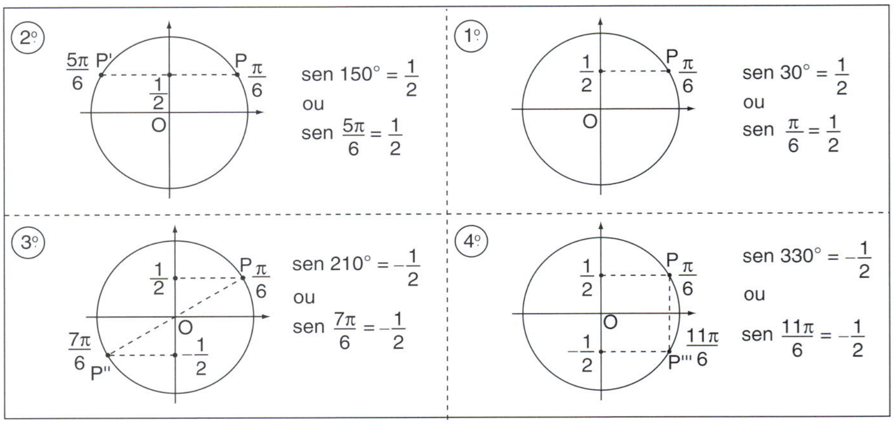

Observe que determinamos o valor do seno de um número real comparando-o com o seno de um outro número real cuja imagem pertence ao 1º quadrante $\left(\frac{\pi}{6}\right)$. Esse processo é conhecido como **redução ao primeiro quadrante**.

Também é possível obter o valor do seno de arcos cujas extremidades P coincidem com os pontos de interseção da circunferência trigonométrica com os eixos coordenados:

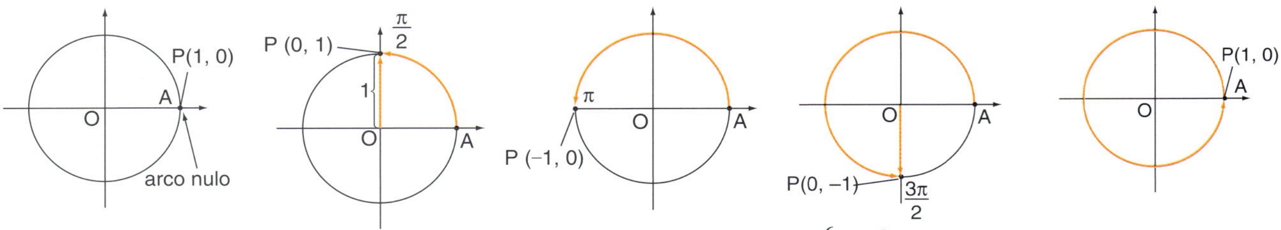

$\begin{cases} \text{sen } 0 = 0 \\ \text{sen } 0° = 0 \end{cases}$

A ordenada de P é 0.

$\begin{cases} \text{sen } \frac{\pi}{2} = 1 \\ \text{sen } 90° = 1 \end{cases}$

A ordenada de P é 1.

$\begin{cases} \text{sen } \pi = 0 \\ \text{sen } 180° = 0 \end{cases}$

A ordenada de P é 0.

$\begin{cases} \text{sen } \frac{3\pi}{2} = -1 \\ \text{sen } 270° = -1 \end{cases}$

A ordenada de P é –1.

$\begin{cases} \text{sen } 2\pi = 0 \\ \text{sen } 360° = 0 \end{cases}$

A ordenada de P é 0.

Na calculadora

Nas calculadoras científicas, é possível obter o valor do seno (e de outras razões trigonométricas, como veremos adiante) de um arco qualquer expresso em graus ou em radianos.

- Em graus, é preciso ajustar a calculadora na configuração DEG (*degree*, em inglês, significa grau) através da tecla MODE.

  Para obtermos o valor de sen 36°, por exemplo, é preciso seguir a sequência:

  MODE → DEG (ajustamos a configuração para "graus")

  sin → 36 → = → 0,58779 (a tecla sin fornece o valor do seno)

- Em radianos, é preciso ajustar a calculadora na configuração RAD, usando-se a tecla MODE.

  Para obtermos o valor de sen $\frac{\pi}{5}$ $\left(\frac{\pi}{5}\right.$ equivale a 36°$\left.\right)$, é preciso seguir a sequência:

  MODE → RAD (ajustamos a configuração para "radianos")

  sin → (→ π → ÷ → 5 →) → = → 0,58779

  Observe a importância do uso dos parênteses: se pressionássemos sin → π → ÷ → 5, a calculadora "entenderia" a operação: $\frac{\text{sen } \pi}{5}$, que é, obviamente, diferente de sen$\left(\frac{\pi}{5}\right)$ e obteríamos, como resultado, o número zero.

EXERCÍCIOS RESOLVIDOS

1. Qual é o valor de:

a) sen 240°? b) sen 135°? c) sen $\frac{5\pi}{3}$? d) sen $\frac{7\pi}{6}$?

Solução:

a)

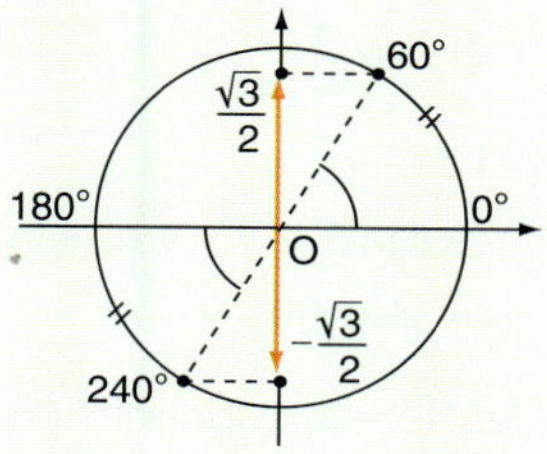

$$\text{sen } 240° = -\text{sen } 60° = -\frac{\sqrt{3}}{2}$$

b)

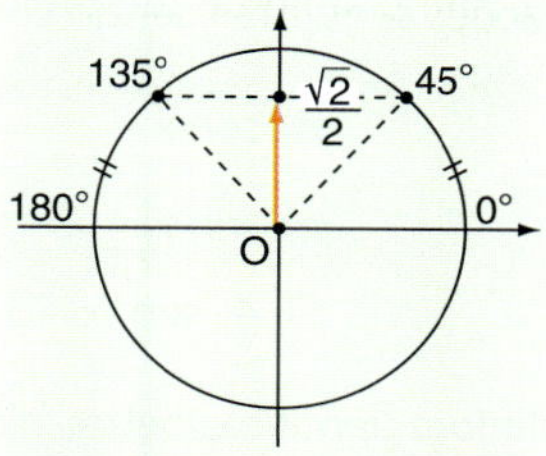

$$\text{sen } 135° = \text{sen } 45° = \frac{\sqrt{2}}{2}$$

c) Observe, inicialmente, que $\frac{5\pi}{3} = 2\pi - \frac{\pi}{3}$:

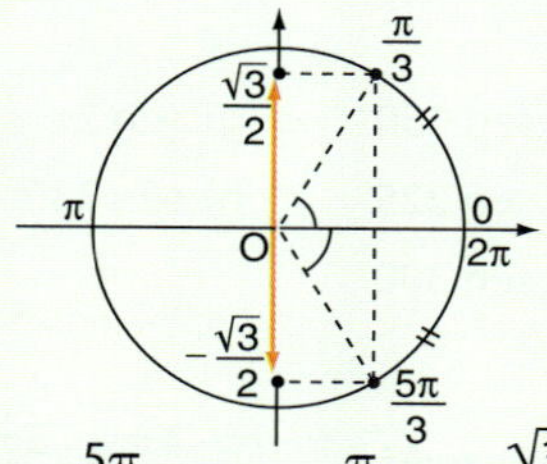

$$\text{sen } \frac{5\pi}{3} = -\text{ sen } \frac{\pi}{3} = -\frac{\sqrt{3}}{2}$$

d) Note que $\frac{7\pi}{6} = \pi + \frac{\pi}{6}$:

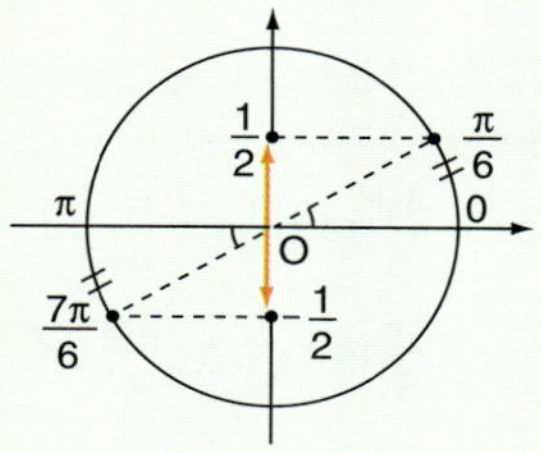

$$\text{sen } \frac{7\pi}{6} = -\text{ sen } \frac{\pi}{6} = -\frac{1}{2}$$

2. Utilizando a tabela trigonométrica, obter o valor de sen 200°. Conferir a resposta usando uma calculadora científica.

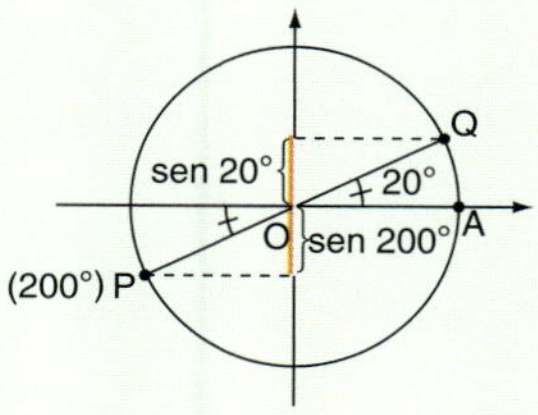

Solução:

No cálculo de sen 200° podemos traçar, a partir do ponto P, o diâmetro do círculo, obtendo o ponto Q do 1º quadrante.

Temos: m (AÔQ) = 200° – 180° = 20°.

Daí, sen 200° = – sen 20°.

Na tabela trigonométrica da página 149, temos: sen 200° = –0, 34202.

Na calculadora, basta pressionar sin → 200 → = → -0,34202,

desde que ela esteja configurada na opção DEG.

3. Resolver a equação sen x $= \frac{\sqrt{3}}{2}$, sendo U = [0, 2π[.

Solução:

Devemos determinar todos os números reais *x*, com $0 \leqslant x < 2\pi$, tal que sen x $= \frac{\sqrt{3}}{2}$.

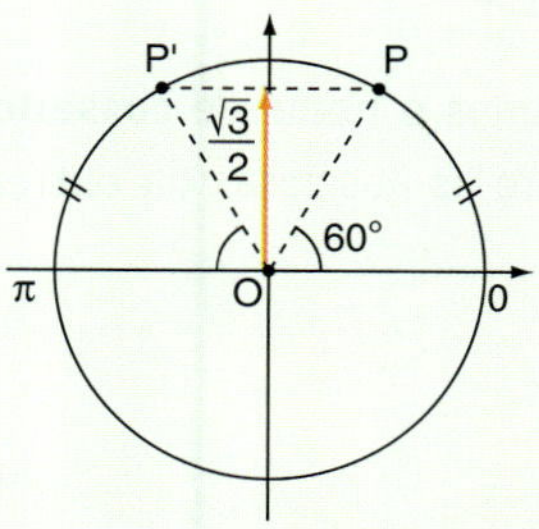

Marcamos no eixo dos senos a ordenada $\frac{\sqrt{3}}{2}$.

Observe que tanto P como P' têm ordenada $\frac{\sqrt{3}}{2}$.

Como sen $\frac{\pi}{3} = \frac{\sqrt{3}}{2}$ $\left(\text{sen } 60° = \frac{\sqrt{3}}{2}\right)$, temos que P é imagem de $\frac{\pi}{3}$, e P' é imagem de $\pi - \frac{\pi}{3} = \frac{2\pi}{3}$.

Assim, o conjunto solução da equação é $\left\{\frac{\pi}{3}, \frac{2\pi}{3}\right\}$.

EXERCÍCIOS

1. Calcule o valor da seguinte expressão:

$$y = \frac{\text{sen}\,0 + \text{sen}\,\frac{\pi}{2} - \text{sen}\,\frac{3\pi}{2}}{2 \cdot \text{sen}\,\frac{\pi}{6}}$$

2. Dê o valor de:

a) $\text{sen}\,\frac{3\pi}{2}$ d) sen 150° g) $\text{sen}\,2\pi$

b) $\text{sen}\,\pi$ e) sen 225° h) sen 330°

c) sen 120° f) sen 300°

3. Localize os números reais $\frac{\pi}{3}$, $\frac{2\pi}{3}$, $\frac{4\pi}{3}$ e $\frac{5\pi}{3}$ na circunferência trigonométrica. Em seguida, forneça o seno de cada um deles.

4. Identifique os pares de medidas de arcos que possuem o mesmo seno:

$\frac{2\pi}{3}$ rad $\frac{5\pi}{4}$ rad $\frac{4\pi}{3}$ rad $\frac{\pi}{4}$ rad

$\frac{5\pi}{3}$ rad $\frac{7\pi}{4}$ rad $\frac{\pi}{3}$ rad $\frac{3\pi}{4}$ rad

5. Sem consultar a tabela trigonométrica, compare os pares de valores seguintes:

a) sen 75° e sen 85° c) sen 260° e sen 250°

b) sen 100° e sen 170° d) sen 300° e sen 290°

6. Com auxílio da tabela trigonométrica da página 149, calcule:

a) sen 130° c) sen 320° e) $\text{sen}\,\frac{3\pi}{5}$

b) sen 230° d) $\text{sen}\,\frac{\pi}{5}$

7. Determine o sinal de:

a) sen 3° c) sen 5 e) sen 200°

b) sen 3 d) sen 100°

8. Sabendo que $\text{sen}\,\frac{\pi}{7} = a$, responda:

a) $a > 0$ ou $a < 0$?

b) qual é o valor de $\text{sen}\,\frac{8\pi}{7}$, em função de *a*?

9. Resolva as equações seguintes, sendo $U = [0, 2\pi[$.

a) $\text{sen}\,x = \frac{1}{2}$ d) $\text{sen}\,x = -\frac{\sqrt{2}}{2}$

b) $\text{sen}\,x = 0$ e) $\text{sen}\,x = 2$

c) $\text{sen}\,x = -1$ f) $4 \cdot \text{sen}^2 x - 3 = 0$

10.  Com uma calculadora científica, Joel desejava obter o valor de sen 4°, que ele sabia que era um número real positivo, pois 4° é um arco com imagem no 1º quadrante. Ao pressionar obteve:

sin → 4 → = → -0,756802

Explique a contradição encontrada.

COSSENO

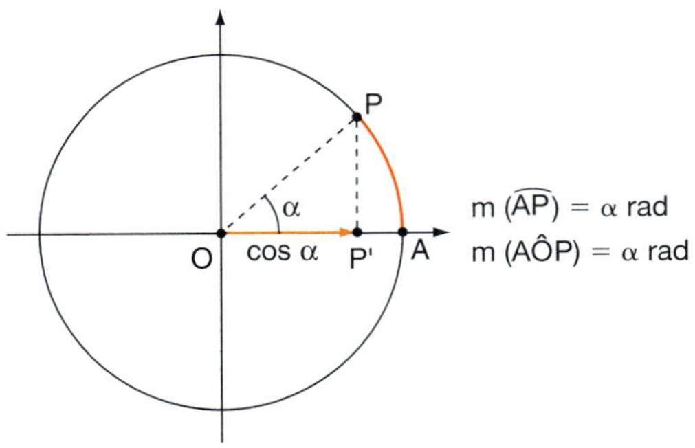

Seja P um ponto sobre a circunferência trigonométrica, imagem do número real α, $0 \leqslant \alpha \leqslant 2\pi$.

Definimos o cosseno de α como a abscissa do ponto P:

$$\cos\alpha = \text{abscissa de P}$$

Ao projetarmos ortogonalmente esse ponto P sobre o eixo horizontal, obtemos o ponto P'.

À medida algébrica do segmento $\overline{OP'}$, considerando a orientação do eixo, damos o nome de **cosseno de α**. Observe que a medida algébrica de $\overline{OP'}$ é dada pela diferença, nesta ordem, entre as abscissas da extremidade P' e da origem O.

Escrevemos:

$$\cos\alpha = OP' \quad \text{ou} \quad \cos\widehat{AP} = OP'$$

A partir desse momento, o eixo horizontal será chamado **eixo dos cossenos.**

Observação

Observe a circunferência trigonométrica e a definição a seguir, que faz parte do estudo da trigonometria do triângulo retângulo:

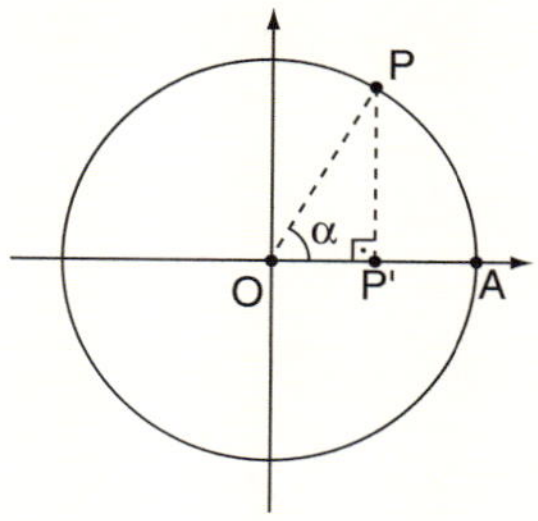

$$\cos \alpha = \frac{\text{medida do cateto adjacente a } \alpha}{\text{medida da hipotenusa}}, \text{ com } 0 < \alpha < \frac{\pi}{2}$$

No triângulo retângulo POP', temos: $\cos A\hat{O}P = \cos \alpha = \frac{OP'}{OP} = \frac{OP'}{1} = OP'$

O mesmo procedimento é utilizado quando P (imagem do número real α) ocupa posições nos demais quadrantes. Lembre-se de que o eixo dos cossenos é orientado para a direita.

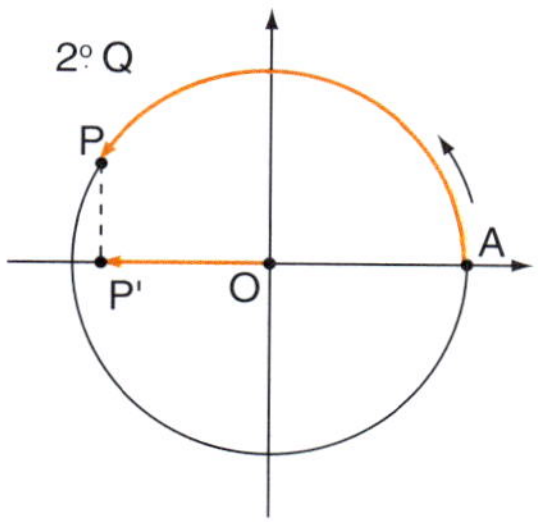

abscissa de P < 0
$\cos \alpha < 0$

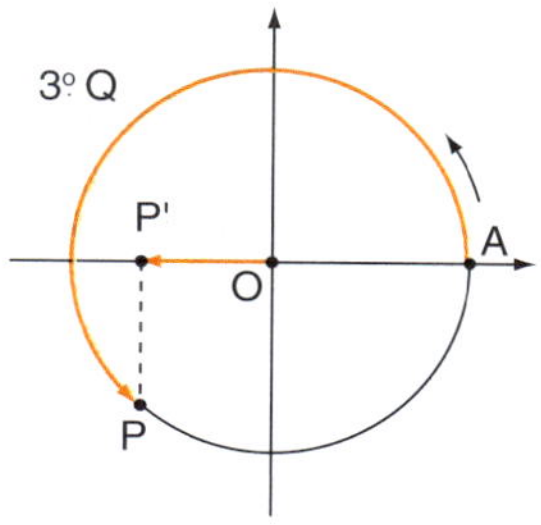

abscissa de P < 0
$\cos \alpha < 0$

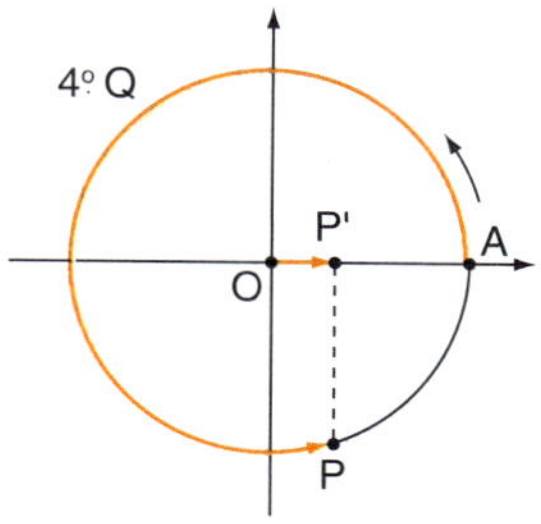

abscissa de P > 0
$\cos \alpha > 0$

Observe que o cosseno de um arco qualquer, no ciclo trigonométrico, está entre -1 e 1 (a exemplo do seno), isto é, $-1 \leqslant \cos \alpha \leqslant 1$.

Valores notáveis

Utilizando os valores dos ângulos notáveis, é possível obter, por simetria, o cosseno de outros números reais.

Exemplo 1

A partir de $\cos \frac{\pi}{4} = \frac{\sqrt{2}}{2}$ $\left(\cos 45° = \frac{\sqrt{2}}{2}\right)$, vamos obter os valores de $\cos \frac{3\pi}{4}$, $\cos \frac{5\pi}{4}$ e $\cos \frac{7\pi}{4}$.

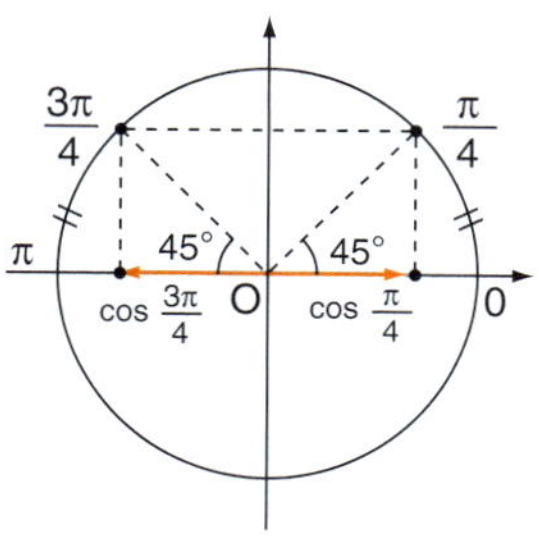

$\cos \frac{3\pi}{4} = -\cos \frac{\pi}{4} = -\frac{\sqrt{2}}{2}$

$\cos 135° = -\cos 45° = -\frac{\sqrt{2}}{2}$

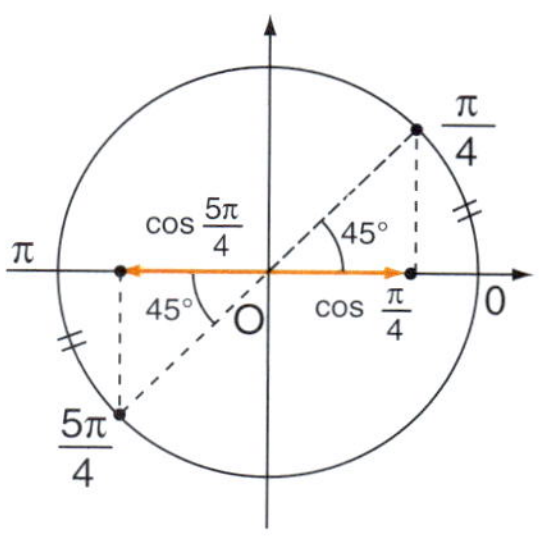

$\cos \frac{5\pi}{4} = -\cos \frac{\pi}{4} = -\frac{\sqrt{2}}{2}$

$\cos 225° = -\cos 45° = -\frac{\sqrt{2}}{2}$

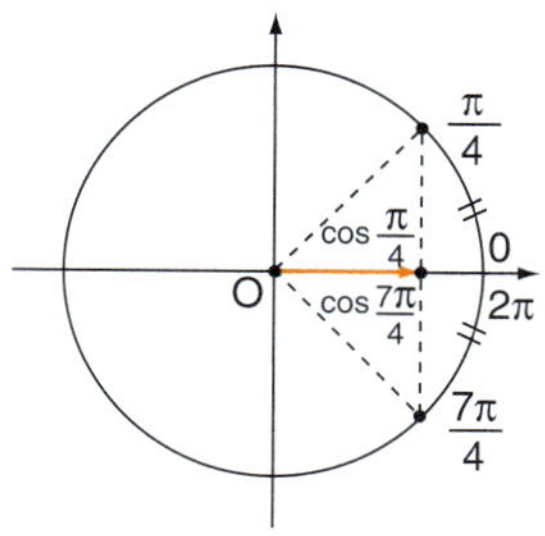

$\cos \frac{7\pi}{4} = \cos \frac{\pi}{4} = \frac{\sqrt{2}}{2}$

$\cos 315° = \cos 45° = \frac{\sqrt{2}}{2}$

Vamos, agora, obter o valor do cosseno de arcos cujas extremidades P coincidem com os pontos de interseção da circunferência trigonométrica com os eixos coordenados:

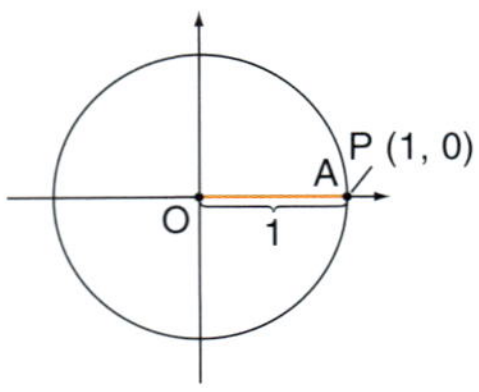

A e P coincidem ($\widehat{AP}$ é o arco nulo).

$$\begin{cases} \cos 0 = 1 \\ \cos 0° = 1 \end{cases}$$

A abscissa de P é 1.

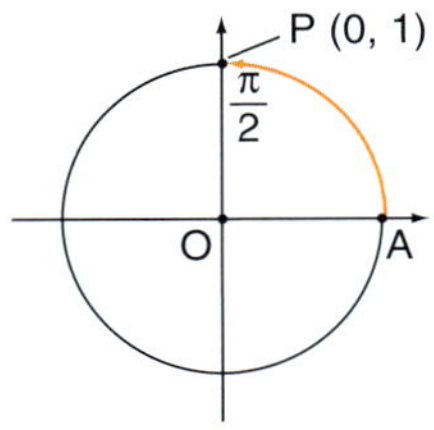

$$\begin{cases} \cos \frac{\pi}{2} = 0 \\ \cos 90° = 0 \end{cases}$$

A abscissa de P é 0.

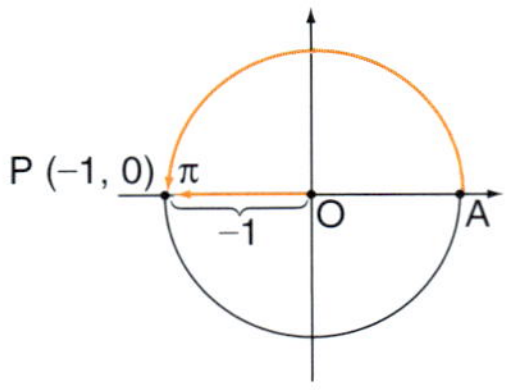

$$\begin{cases} \cos \pi = -1 \\ \cos 180° = -1 \end{cases}$$

A abscissa de P é –1.

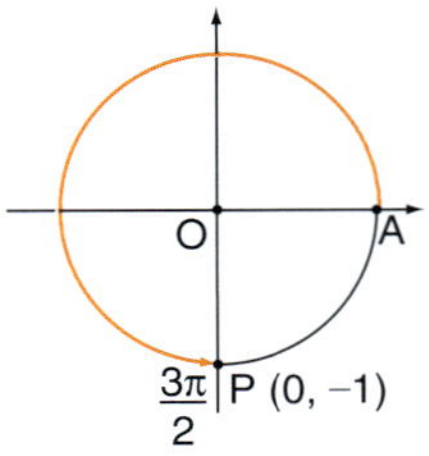

$$\begin{cases} \cos \frac{3\pi}{2} = 0 \\ \cos 270° = 0 \end{cases}$$

A abscissa de P é 0.

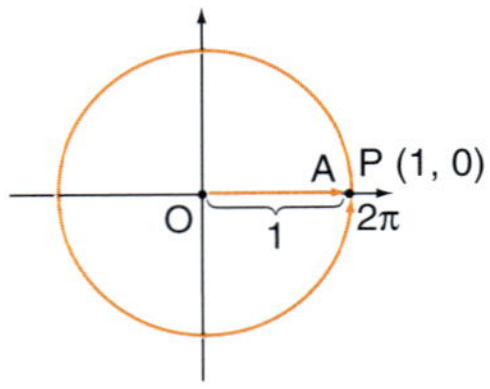

A e P coincidem ($\widehat{AP}$ é o arco de uma volta completa).

$$\begin{cases} \cos 2\pi = 1 \\ \cos 360° = 1 \end{cases}$$

A abscissa de P é 1.

Na obtenção dos valores do cosseno de um arco qualquer, medido em graus ou radianos, valem todos os comentários apresentados para o seno. Na calculadora científica, a tecla usada para obtenção dos valores do cosseno é cos.

Por exemplo, no cálculo de $\cos \frac{11\pi}{12}$ (lembre que o número $\frac{11\pi}{12}$ tem imagem no 2º quadrante), ajustamos a calculadora na configuração RAD e pressionamos:

cos → (→ 1 1 → x → π → ÷ → 1 2 →) → = → -0,96593

EXERCÍCIO RESOLVIDO

4. Obter, por redução ao primeiro quadrante, os valores abaixo. Quando necessário, usar a tabela trigonométrica da página 149.

a) cos 120° b) cos 210° c) $\cos \frac{4\pi}{3}$ d) $\cos \frac{19\pi}{10}$

Solução:

a)

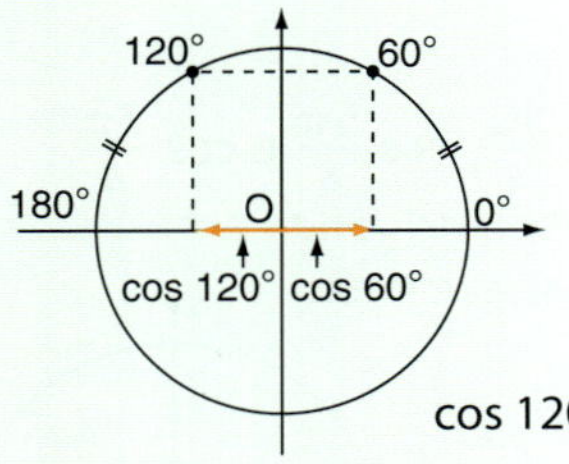

$$\cos 120° = -\cos 60° = -\frac{1}{2}$$

b)

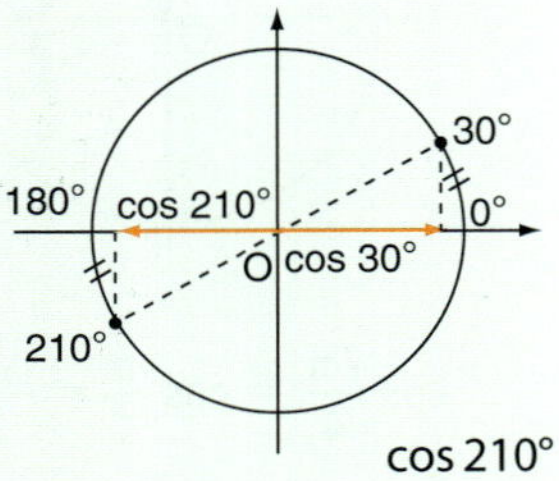

$$\cos 210° = -\cos 30° = -\frac{\sqrt{3}}{2}$$

c)

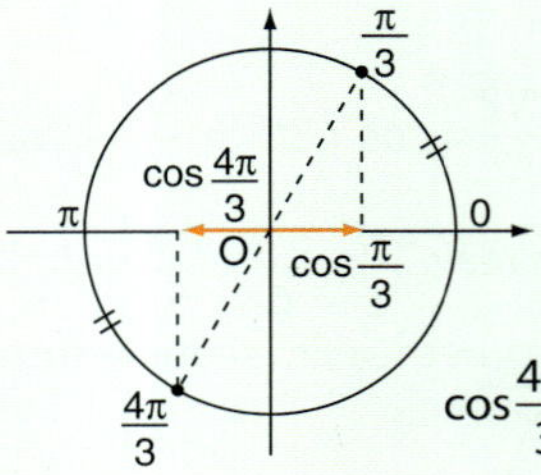

$$\cos \frac{4\pi}{3} = -\cos \frac{\pi}{3} = -\frac{1}{2}$$

d) Observe que $\frac{19\pi}{10} = 2\pi - \frac{\pi}{10}$

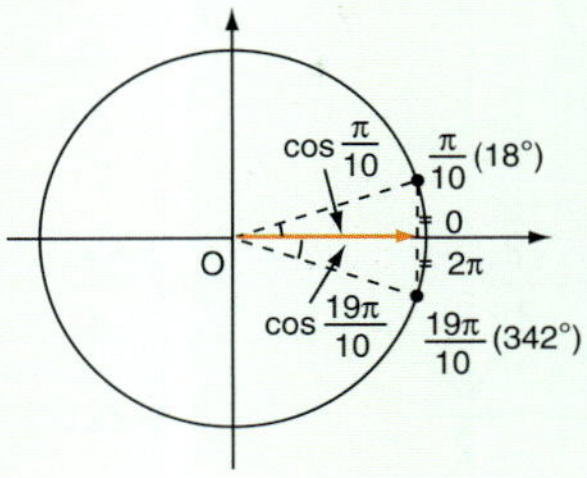

$$\cos \frac{19\pi}{10} = \cos \frac{\pi}{10}$$

($\cos 342° = \cos 18°$)

Conforme a tabela:

$\cos 18° = 0,95106$

$$\cos \frac{19\pi}{10} = 0,95106$$

Considerando em conjunto o eixo dos senos e o dos cossenos e levando em conta que os cossenos representam os valores das abscissas, e os senos, os valores das ordenadas, podemos construir a figura abaixo, a qual condensa todos os valores notáveis das razões apresentadas até aqui. Vale lembrar que cada ponto assinalado na circunferência corresponde à extremidade final de um arco, medido no sentido anti-horário, a partir do ponto A(1, 0).

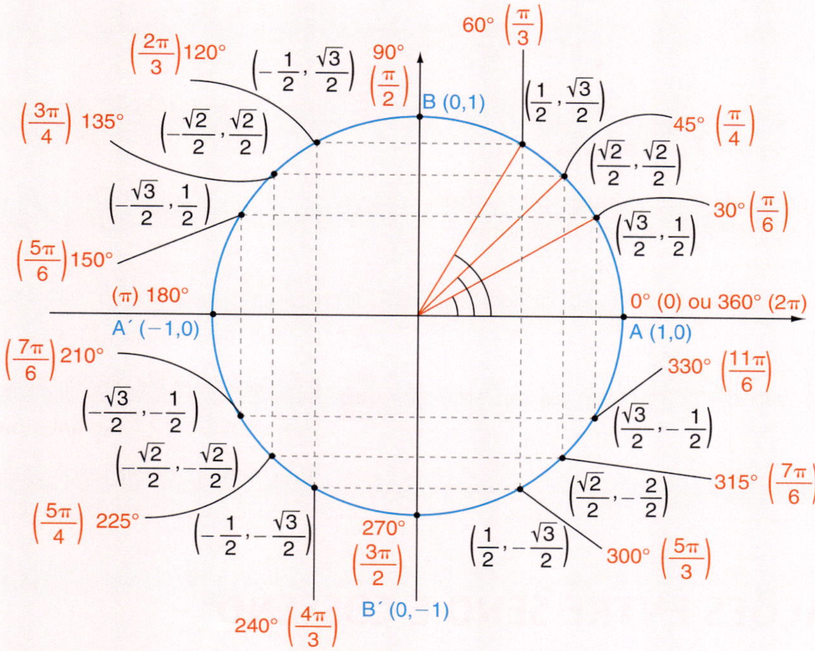

Exemplificando: $\cos 240° = -\frac{1}{2}$ e $\text{sen } 240° = -\frac{\sqrt{3}}{2}$

$\cos 300° = \frac{1}{2}$ e $\text{sen } 300° = -\frac{\sqrt{3}}{2}$

EXERCÍCIOS

11. Calcule o valor de cada expressão seguinte:

a) $y = \dfrac{\cos 90° - \cos 180°}{\cos 60° \cdot \cos 0° + \cos 90°}$

b) $x = \cos \frac{\pi}{4} \cdot \cos \frac{\pi}{2} + \cos \pi \cdot \cos \frac{\pi}{6}$

12. Localize os números reais $\frac{\pi}{6}, \frac{5\pi}{6}, \frac{7\pi}{6}$ e $\frac{11\pi}{6}$ na circunferência trigonométrica. Em seguida, forneça o cosseno de cada um deles.

13. Localize os arcos $\frac{\pi}{5}, \frac{4\pi}{5}, \frac{6\pi}{5}$ e $\frac{9\pi}{5}$. Em seguida, forneça o sinal do cosseno de cada um deles.

14. Calcule:

a) $\cos 330°$

b) $\cos 90°$

c) $\cos 120°$

d) $\cos \pi$

e) $\cos \frac{3\pi}{2}$

f) $\cos \frac{5\pi}{4}$

g) $\cos \frac{5\pi}{3}$

h) $\cos 0$

15. Sem usar a tabela trigonométrica, compare os seguintes pares de valores:

a) $\cos 65°$ e $\cos 85°$

b) $\cos 91°$ e $\cos 89°$

c) $\cos 50°$ e $\cos 340°$

d) $\cos 190°$ e $\cos 170°$

16. Se $k \in \mathbb{N}$ e $k < 4$, quanto vale a soma dos números da forma $\cos\left(k \cdot \frac{\pi}{2}\right)$?

17. Sabendo que $\cos \frac{12\pi}{7} = m$, determine:

a) o sinal de *m*;

b) o valor de $\cos \frac{9\pi}{7}$ em função de *m*.

18. Classifique em seu caderno como verdadeiras (V) ou falsas (F) as afirmações seguintes e corrija as falsas.

a) $\cos 90° - \cos 30° = \cos 60°$

b) $\left(\text{sen}\,\frac{\pi}{3}\right)^2 + \left(\cos\frac{\pi}{3}\right)^2 = 1$

c) $\cos 2 < \cos 1$

d) $\text{sen}\,100° + \cos 100° < 0$

e) $\cos 6 < 0$

f) Existe um número real *a*, tal que $\cos a = 2$.

19. Observando a figura abaixo, encontre o perímetro e a área do triângulo OAB situado no 1º quadrante do ciclo trigonométrico.

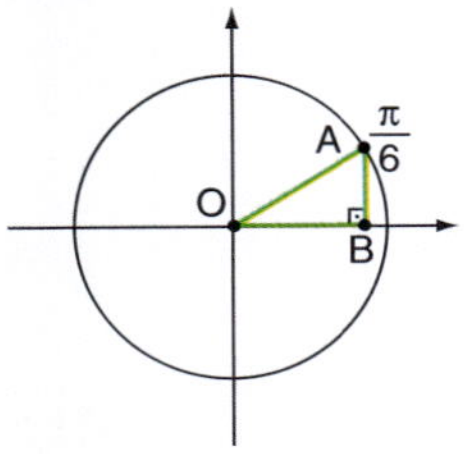

20. No ciclo trigonométrico ao lado, A é ponto médio de $\overline{OB}$ e B é a imagem do número real α. Encontre, em função de α, a área do triângulo ABC.

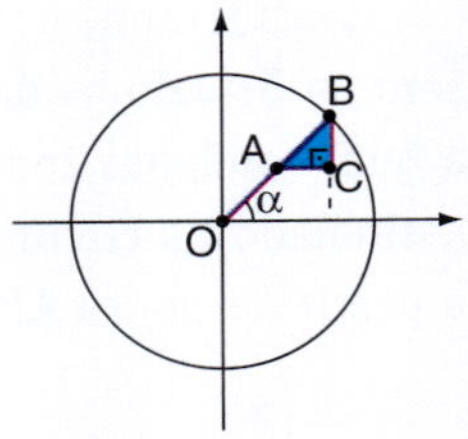

21. Resolva as equações seguintes, considerando $U = [0, 2\pi[$.

a) $\cos x = 0$

b) $\cos x = \frac{\sqrt{2}}{2}$

c) $\cos x = 1$

d) $\cos x = -\frac{1}{2}$

e) $3 \cdot \cos x + 6 = 0$

f) $4 \cdot \cos^2 x = 3$

22. Na calculadora científica de Juliana, a tecla 4 está quebrada. Ela deseja obter o valor de $\cos\frac{4\pi}{5}$, sem converter $\frac{4\pi}{5}$ radianos para graus. Encontre uma maneira de ela resolver esse problema.

RELAÇÕES ENTRE SENO E COSSENO

Relação fundamental da trigonometria

Do estudo da trigonometria no triângulo retângulo, temos a relação fundamental da trigonometria:

$$\text{sen}^2\,\alpha + \cos^2\alpha = 1, \text{ sendo } \alpha \text{ a medida de um dos ângulos agudos do triângulo.}$$

Vamos agora ampliar essa relação para a circunferência trigonométrica, mostrando que ela é válida para todo número real pertencente ao intervalo $[0, 2\pi]$.

Seja P a imagem de um número real $\alpha \in [0, 2\pi]$.

- Quando P pertence ao primeiro quadrante, temos que:

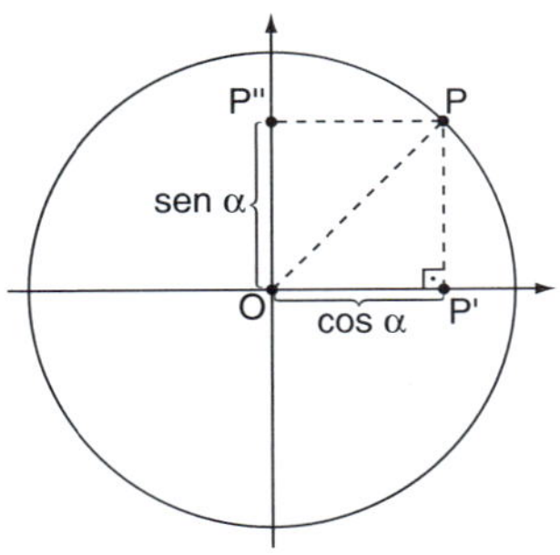

$$OP = 1; \quad OP' = \cos\alpha; \quad OP'' = \text{sen}\,\alpha$$

Aplicando o Teorema de Pitágoras no △OP'P, vem:

$(OP)^2 = (OP')^2 + (PP')^2 \Rightarrow 1 = (\cos\alpha)^2 + (\text{sen}\,\alpha)^2$, isto é, $\text{sen}^2\,\alpha + \cos^2\alpha = 1$.

- Quando P pertence a algum outro quadrante, a demonstração é análoga.
- Quando P coincide com algum dos pontos A, B, C ou D seguintes, temos:

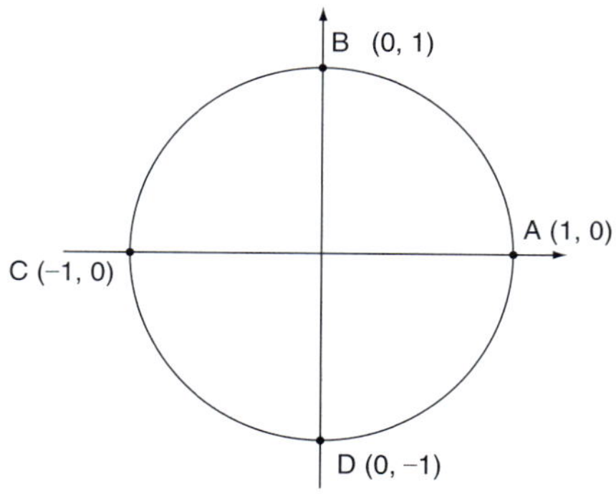

- P coincide com A(1, 0):
  $\cos \alpha = 1$ e $\operatorname{sen} \alpha = 0$ e $\cos^2 \alpha + \operatorname{sen}^2 \alpha = 1^2 + 0^2 = 1$
- P coincide com B(0, 1):
  $\cos \alpha = 0$ e $\operatorname{sen} \alpha = 1$ e $\cos^2 \alpha + \operatorname{sen}^2 \alpha = 0^2 + 1^2 = 1$
- P coincide com C(−1, 0):
  $\cos \alpha = -1$ e $\operatorname{sen} \alpha = 0$ e $\cos^2 \alpha + \operatorname{sen}^2 \alpha = (-1)^2 + 0^2 = 1$
- P coincide com D(0, −1):
  $\cos \alpha = 0$ e $\operatorname{sen} \alpha = -1$ e $\cos^2 \alpha + \operatorname{sen}^2 \alpha = 0^2 + (-1)^2 = 1$

Logo, $\operatorname{sen}^2 \alpha + \cos^2 \alpha = 1$ para todo $\alpha \in [0, 2\pi]$.

Essa relação permite obter o seno de um número real dado a partir do cosseno desse mesmo número, e vice-versa.

Exemplo 2

Dado $\operatorname{sen} x = \frac{1}{3}$, com $\frac{\pi}{2} < x < \pi$, para obtermos cos x, usamos a relação fundamental

$$\left(\frac{1}{3}\right)^2 + \cos^2 x = 1 \Rightarrow \cos^2 x = 1 - \frac{1}{9} = \frac{8}{9} \Rightarrow \cos x = \pm\sqrt{\frac{8}{9}} = \pm\frac{2\sqrt{2}}{3}$$

Como $\frac{\pi}{2} < x < \pi$, notamos que *x* está no 2º quadrante e, consequentemente, $\cos x < 0$.

Assim, temos $\cos x = -\frac{2\sqrt{2}}{3}$.

Arcos complementares

Quando estudamos os triângulos retângulos, vimos que, se α e β são as medidas dos ângulos agudos de um triângulo retângulo ($\alpha + \beta = 90°$), então $\operatorname{sen} \alpha = \cos \beta$ e $\operatorname{sen} \beta = \cos \alpha$.

Vamos agora estudar essa relação no ciclo trigonométrico.

Seja $x \in \mathbb{R}$, com $0 \leqslant x \leqslant \frac{\pi}{2}$.

No ciclo trigonométrico ao lado, P é a imagem do número real *x* (ou do arco de medida *x* radianos), e Q é imagem do número real $\frac{\pi}{2} - x$.

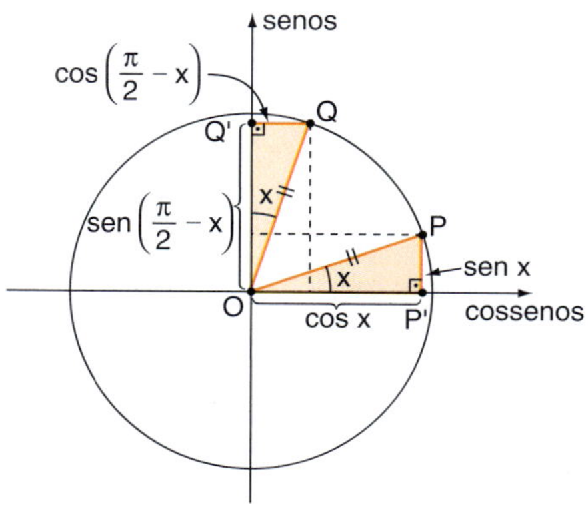

Temos:

$$\begin{cases} OP' = \cos x \text{ e } PP' = \operatorname{sen} x \\ QQ' = \cos\left(\frac{\pi}{2} - x\right) \text{ e } OQ' = \operatorname{sen}\left(\frac{\pi}{2} - x\right) \end{cases}$$

Observando que:

$m(P\hat{O}P') = m(Q\hat{O}Q')$

$OP = OQ = 1$ (medida do raio)

notamos que os triângulos retângulos destacados são congruentes. Daí, vem:

$PP' = QQ' \Rightarrow \operatorname{sen} x = \cos\left(\frac{\pi}{2} - x\right)$ e $OP' = OQ' \Rightarrow \cos x = \operatorname{sen}\left(\frac{\pi}{2} - x\right)$.

Essa relação pode ser estendida para qualquer arco de medida *x*, $0 \leqslant x \leqslant 2\pi$:

$$\operatorname{sen} x = \cos\left(\frac{\pi}{2} - x\right) \quad \text{e} \quad \cos x = \operatorname{sen}\left(\frac{\pi}{2} - x\right)$$

EXERCÍCIOS

23. Verifique a validade da relação fundamental para os seguintes números reais:

a) $\frac{\pi}{3}$ b) $\frac{\pi}{4}$

24. Sendo $\cos x = \frac{3}{5}$, com x no 4º quadrante, determine sen x.

25. Um número real $\alpha \in [0, 2\pi]$ pode satisfazer simultaneamente $\text{sen}\ \alpha = \frac{1}{3}$ e $\cos \alpha = \frac{2}{3}$?

26. Se $\text{sen}\ x = -\frac{12}{13}$, com x no 3º quadrante, determine cos x.

27. Considerando a aproximação $\text{sen}\ 74° = \frac{24}{25}$, calcule:

a) cos 74° c) cos 16° e) cos 164°

b) sen 16° d) sen 254°

28. Sabendo que $\text{sen}^2 \alpha = \frac{4}{9}$, $\alpha \in [0, 2\pi]$, obtenha o valor de cos α.

29. Determine os possíveis valores reais de m para que se tenha, simultaneamente, $\text{sen}\ \alpha = \frac{m}{2}$ e $\cos \alpha = m - 1$.

30. É verdade que $\text{sen}^2 20° + \text{sen}^2 70° = 1$? Explique, sem consultar a tabela.

31. Resolva as equações seguintes, considerando $U = [0, 2\pi[$:

a) $\cos^2 x - \text{sen}^2 x = 0$

b) $\cos^2 x + 2 - 3 \cdot \text{sen}^2 x = 0$

32. Sabendo que $\text{sen}\ \alpha = -3 \cdot \cos \alpha$, com $\frac{\pi}{2} < \alpha < \pi$, obtenha o valor de $y = \text{sen}\ \alpha + \cos \alpha$.

TANGENTE

Para estabelecer a tangente de um número real α, vamos acrescentar ao ciclo trigonométrico um terceiro eixo.

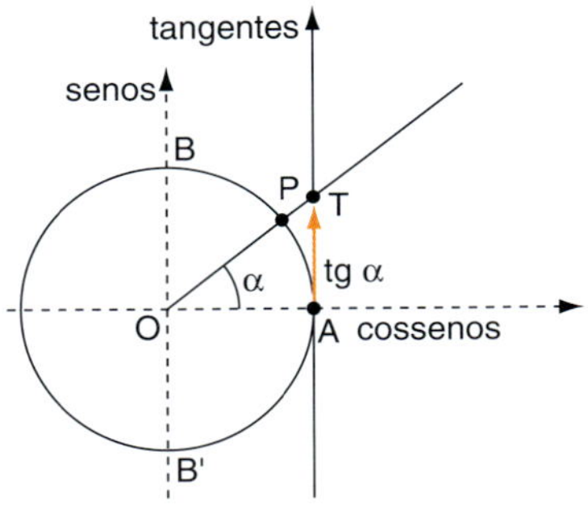

Esse eixo, denominado **eixo das tangentes**, é obtido ao se tangenciar, por uma reta vertical, o ciclo no ponto A(1, 0), origem de todos os arcos. O ponto A é a origem do eixo das tangentes, e sua orientação (para cima) coincide com a do eixo dos senos.

Unindo-se o centro O à extremidade P ($P \neq B$ e $P \neq B'$) de um arco de medida α radianos (P é imagem do número real α), construímos a reta $\overleftrightarrow{OP}$, que intercepta o eixo das tangentes no ponto T.

Por definição, **a medida algébrica do segmento $\overline{AT}$ é a tangente do arco de α rad** (ou tangente do número real α). Indicamos: $\text{tg}\ \alpha = AT$.

Considerando a orientação do eixo das tangentes, temos, para P pertencente ao primeiro quadrante: $\text{tg}\ \alpha > 0$.

Façamos variar a posição P nos demais quadrantes:

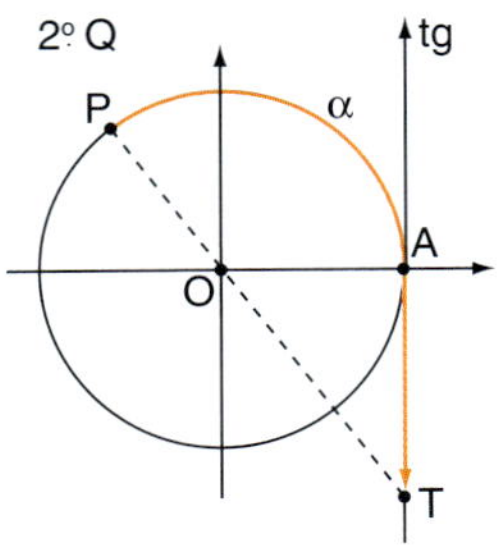

P é imagem de α.
T está abaixo de A.

$\text{tg}\ \alpha < 0$

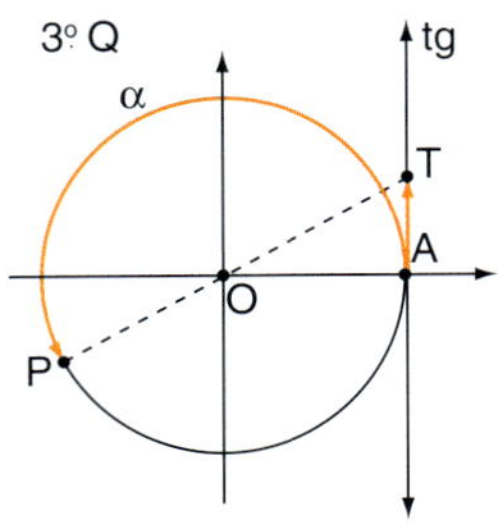

P é imagem de α.
T está acima de A.

$\text{tg}\ \alpha > 0$

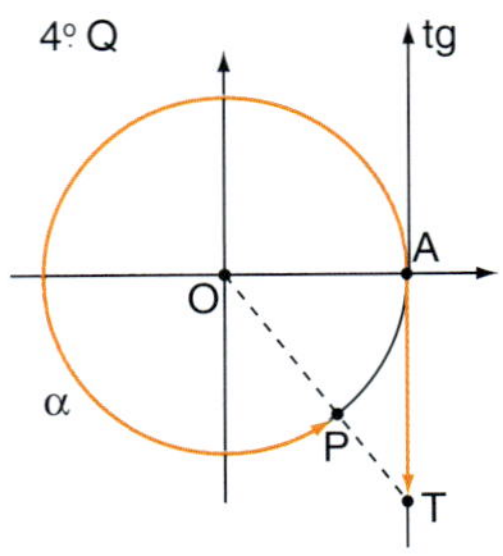

P é imagem de α.
T está abaixo de A.

$\text{tg}\ \alpha < 0$

- se $\alpha = \frac{\pi}{2}$, o ponto P pertence ao eixo dos senos, e a reta $\overrightarrow{OP}$ é paralela ao eixo das tangentes. Neste caso, não se define tg $\frac{\pi}{2}$. Analogamente, não se define tg $\frac{3\pi}{2}$.

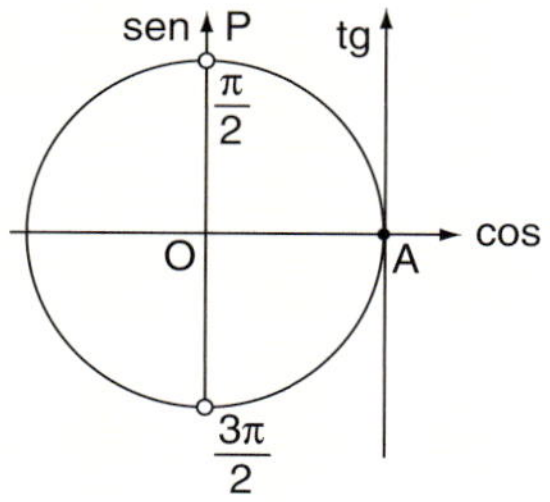

- se $\alpha = 0$ ou $\alpha = \pi$ ou $\alpha = 2\pi$, a reta $\overrightarrow{OP}$ intercepta o eixo das tangentes em sua origem A. Assim AT = 0 e tg 0 = 0, tg π = 0 e tg 2π = 0.

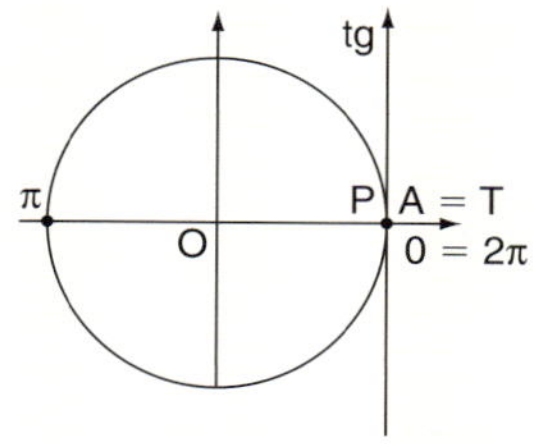

Valores notáveis

Já conhecemos os valores da tangente de ângulos notáveis quando estudamos a trigonometria do triângulo retângulo.

Observe esses valores dessas tangentes no ciclo:

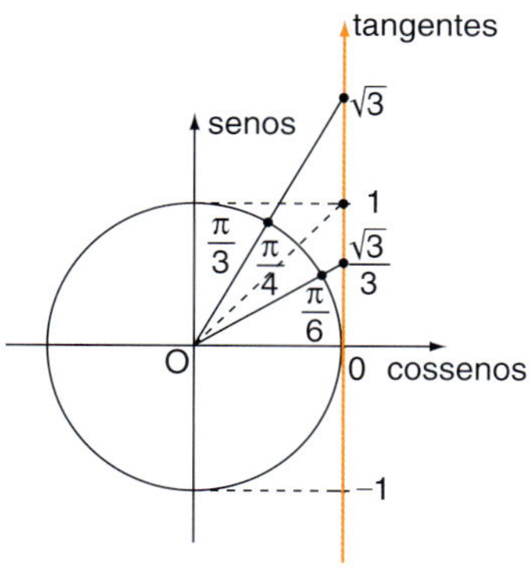

$$\text{tg}\ \frac{\pi}{6} = \text{tg}\ 30° = \frac{\sqrt{3}}{3}$$

$$\text{tg}\ \frac{\pi}{4} = \text{tg}\ 45° = 1$$

$$\text{tg}\ \frac{\pi}{3} = \text{tg}\ 60° = \sqrt{3}$$

Com esses valores é possível determinar, por simetria, a tangente de outros arcos.

Exemplo 3

No ciclo trigonométrico seguinte, a partir de tg $\frac{\pi}{4} = 1$, vamos encontrar os valores de tg $\frac{3\pi}{4}$, tg $\frac{5\pi}{4}$ e tg $\frac{7\pi}{4}$. Observe a congruência entre os ângulos assinalados.

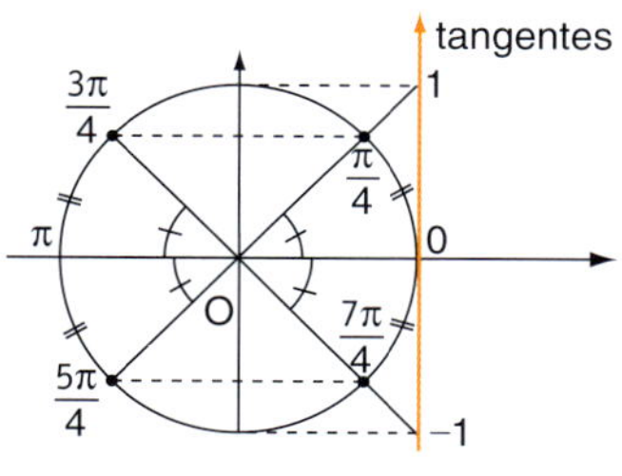

Assim:

$$\text{tg}\ \frac{3\pi}{4} = \text{tg}\ \frac{7\pi}{4} = -1$$

$$\text{tg}\ \frac{5\pi}{4} = \text{tg}\ \frac{\pi}{4} = 1$$

EXERCÍCIO RESOLVIDO

5. Com o auxílio da tabela trigonométrica da página 149, encontrar o valor de tg 290°.

Solução:

Da figura, concluímos que tg 290° = – tg 70°;

observe que 360° – 70° = 290°.

Consultando a tabela trigonométrica, vem:

$$\text{tg } 290° = -2{,}74748$$

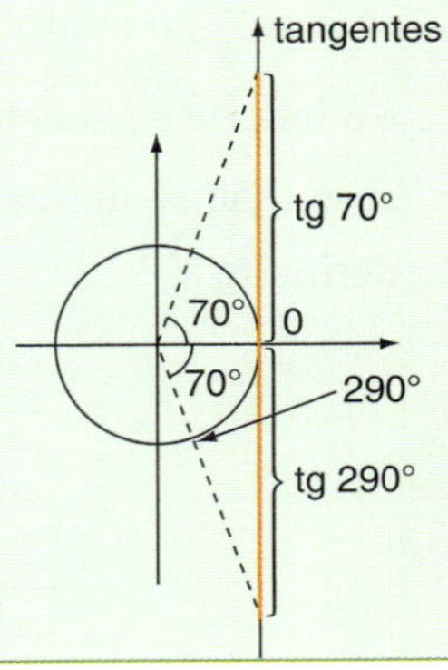

EXERCÍCIOS

33. Calcule, se existir:

a) tg 120°
b) tg 180°
c) tg 210°
d) tg 90°
e) tg 240°

34. Calcule, se existir:

a) $\text{tg } \frac{3\pi}{2}$
b) tg 0
c) $\text{tg } \frac{5\pi}{3}$
d) $\text{tg } \frac{3\pi}{4}$
e) $\text{tg } \frac{11\pi}{6}$

35. Sendo x = 30°, calcule o valor da expressão:

$$y = \frac{2 \cdot \text{sen } x - 4 \cdot \cos x + \text{tg } 2x}{\cos 4x - \text{sen } 2x}$$

36. Dê o sinal de:

a) tg 200°
b) tg 310°
c) tg 4
d) tg 2
e) tg 1

37. Classifique em seu caderno como verdadeiras (V) ou falsas (F) as seguintes afirmações:

a) tg 100° < tg 105°
b) tg 20° > tg 25°
c) Existem dois números reais no intervalo $[0, 2\pi[$ cuja tangente vale 3.
d) tg 80° < sen 80°
e) tg 250° > 0
f) tg 2π não existe.

38. Mostre, geometricamente, que $\text{tg } \frac{\pi}{4} = 1$.

39. Considerando a aproximação tg 22° = 0,4, obtenha os valores de:

a) tg 158°
b) tg 202°
c) tg 338°

RELAÇÃO ENTRE TANGENTE, SENO E COSSENO

Vamos estabelecer uma importante relação da trigonometria envolvendo as três razões apresentadas até aqui: seno, cosseno e tangente.

Seja α um número real, com $0 \leqslant \alpha \leqslant 2\pi$, $\alpha \neq \frac{\pi}{2}$ e $\alpha \neq \frac{3\pi}{2}$.

- Vamos supor que α seja distinto de 0, π e 2π. O número real α tem imagem em P, extremidade do arco de α rad.

  Observando a figura, temos:

  OP' = cos α AT = tg α

  OP'' = PP' = sen α OP = 1 (raio)

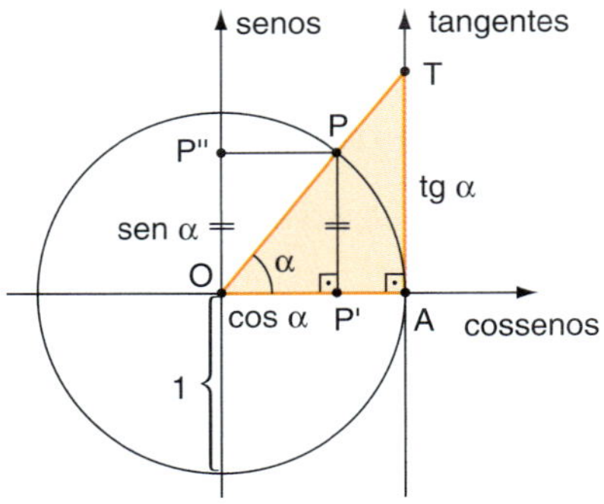

Os triângulos OP'P e OAT são semelhantes, pois possuem em comum, além de um ângulo reto, também o ângulo de medida α. Podemos, então, estabelecer a proporção:

$$\frac{OP'}{OA} = \frac{P'P}{AT} \Rightarrow \frac{\cos \alpha}{1} = \frac{\text{sen } \alpha}{\text{tg } \alpha} \Rightarrow \text{tg } \alpha = \frac{\text{sen } \alpha}{\cos \alpha}$$

Se o ponto P pertence ao 2º, 3º ou 4º quadrantes, chega-se à mesma relação, usando procedimento análogo.

- Se $\alpha \in \{0, \pi, 2\pi\}$, temos que $\text{tg}\ \alpha = 0$, $\text{sen}\ \alpha = 0$ e $\cos \alpha \neq 0$; daí $\text{tg}\ \alpha = 0 = \dfrac{\text{sen}\ \alpha}{\cos \alpha}$.
- Se $\alpha = \dfrac{\pi}{2}$ ou $\alpha = \dfrac{3\pi}{2}$, não se define a tangente.

Desse modo, se $\alpha \in \mathbb{R}$, $0 \leqslant \alpha \leqslant 2\pi$, $\alpha \neq \dfrac{\pi}{2}$ e $\alpha \neq \dfrac{3\pi}{2}$, vale a relação $\boxed{\text{tg}\ \alpha = \dfrac{\text{sen}\ \alpha}{\cos \alpha}}$.

Observação

Quando estudamos a trigonometria no triângulo retângulo, definimos, para um ângulo agudo α:

$$\text{tg}\ \alpha = \frac{\text{medida do cateto oposto a } \alpha}{\text{medida do cateto adjacente a } \alpha}$$

Note que essa definição é compatível com a relação apresentada anteriormente.

De fato, considerando o triângulo retângulo OPP' da figura anterior, temos:

medida do cateto oposto a α

$$\text{tg}\ \alpha = \frac{PP'}{OP'} = \frac{OP''}{OP'} = \frac{\text{sen}\ \alpha}{\cos \alpha}$$

medida do cateto adjacente a α

Exemplo 4

Os valores da tangente de ângulos notáveis e de outros ângulos podem ser obtidos usando a relação apresentada:

- Se $\alpha = \dfrac{\pi}{3}$, então $\text{tg}\ \dfrac{\pi}{3} = \dfrac{\text{sen}\ \dfrac{\pi}{3}}{\cos \dfrac{\pi}{3}} = \dfrac{\dfrac{\sqrt{3}}{2}}{\dfrac{1}{2}} = \sqrt{3}$.
- Se $\alpha = \dfrac{\pi}{4}$, então $\text{tg}\ \dfrac{\pi}{4} = \dfrac{\text{sen}\ \dfrac{\pi}{4}}{\cos \dfrac{\pi}{4}} = \dfrac{\dfrac{\sqrt{2}}{2}}{\dfrac{\sqrt{2}}{2}} = 1$.
- Se $\alpha = 40°$,
  então $\text{tg}\ 40° = \dfrac{\text{sen}\ 40°}{\cos 40°}$.

Consultando a tabela trigonométrica, obtemos:

$$\text{tg}\ 40° = \frac{0{,}64279}{0{,}76604} = 0{,}83910762\ldots$$

(compare com o valor da tabela trigonométrica).

EXERCÍCIO RESOLVIDO

6. Seja α um número real pertencente ao intervalo $\left[0, \dfrac{\pi}{2}\right[$. Sabendo que $\text{tg}\ \alpha = 2$, qual é o valor de $\text{sen}\ \alpha$? E de $\cos \alpha$?

Solução:

De $\text{tg}\ \alpha = 2$, podemos escrever $\dfrac{\text{sen}\ \alpha}{\cos \alpha} = 2 \Rightarrow \text{sen}\ \alpha = 2 \cdot \cos \alpha$.

Aplicando a relação fundamental da trigonometria ($\text{sen}^2\ \alpha + \cos^2 \alpha = 1$), vem:

$$(2 \cos \alpha)^2 + \cos^2 \alpha = 1 \Rightarrow 4 \cdot \cos^2 \alpha + \cos^2 \alpha = 1 \Rightarrow 5 \cdot \cos^2 \alpha = 1 \Rightarrow \cos \alpha = \pm\sqrt{\frac{1}{5}} = \pm\frac{\sqrt{5}}{5}$$

Como $\alpha \in$ 1º quadrante, temos $\cos \alpha > 0$ e, assim, $\cos \alpha = \dfrac{\sqrt{5}}{5}$ e $\text{sen}\ \alpha = 2 \cdot \dfrac{\sqrt{5}}{5} = \dfrac{2\sqrt{5}}{5}$.

EXERCÍCIOS

40. Sabendo que sen $\alpha = \frac{1}{3}$ e $\alpha \in \left]\frac{\pi}{2}, \pi\right[$, determine o valor de tg α.

41. Se $\frac{3\pi}{2} < \alpha < 2\pi$ e cos α = 0,2, qual é o valor de tg α?

42. Se $x \in \left]\frac{\pi}{2}, \pi\right[$ e tg x = −4, obtenha o valor de:

a) sen x
b) cos x

43. Considerando a aproximação tg 58° = $\frac{8}{5}$, determine o valor de:

a) sen 58°
b) sen 32°
c) tg 302°
d) tg 122°

OUTRAS RAZÕES TRIGONOMÉTRICAS

Cotangente

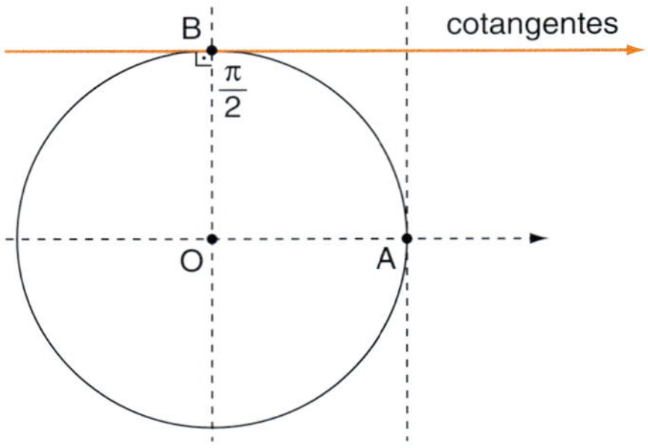

Assim como para as tangentes, também para a leitura das cotangentes é necessário acoplar ao ciclo trigonométrico um eixo chamado **eixo das cotangentes**, que é a reta tangente ao ciclo no ponto B, correspondente a $\frac{\pi}{2}$ radianos.

O ponto B é a origem do eixo das cotangentes e sua orientação (para a direita) coincide com a do eixo dos cossenos (eixo horizontal).

Unindo-se o centro O à extremidade P (P ≠ A e P ≠ A') de um arco de medida α radianos (P é imagem do número real α), construímos a reta $\overleftrightarrow{OP}$, que intercepta o eixo das cotangentes no ponto D.

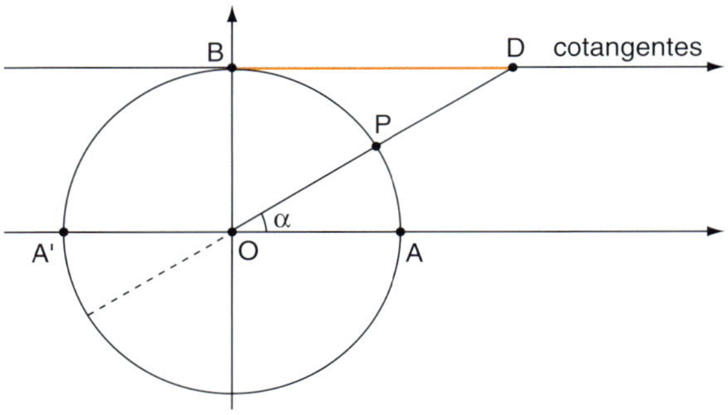

A medida algébrica do segmento $\overline{BD}$ recebe o nome de **cotangente de α** (indica-se: cotg α).

$$\text{cotg } \alpha = BD$$

Observe que:

- se P pertence ao 1º Q, temos cotg $\alpha > 0$.
- se P pertence ao 2º Q, temos cotg $\alpha < 0$.
- se P pertence ao 3º Q, temos cotg $\alpha > 0$.
- se P pertence ao 4º Q, temos cotg $\alpha < 0$.

Desenhe em seu caderno as figuras correspondentes e verifique a variação de sinal da cotangente no ciclo.

Quando o ponto P coincide com A ou A', a reta $\overleftrightarrow{OP}$ é paralela ao eixo das cotangentes e, deste modo, não se definem cotg 0, cotg π e cotg 2π.

Propriedade

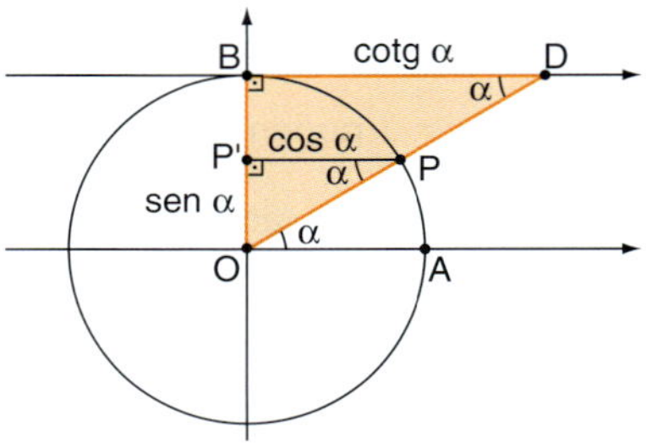

Observe na figura a semelhança entre os triângulos OBD e OP'P.

$$\begin{cases} B\hat{D}O \equiv P'\hat{P}O \\ O\hat{B}D \equiv O\hat{P'}P \end{cases}$$

Daí:

$$\frac{OB}{OP'} = \frac{BD}{P'P} \Rightarrow \frac{1}{\text{sen } \alpha} = \frac{\text{cotg } \alpha}{\cos \alpha} \Rightarrow \boxed{\text{cotg } \alpha = \frac{\cos \alpha}{\text{sen } \alpha}};$$

com sen $\alpha \neq 0$.

Cossecante

No ciclo trigonométrico a seguir, seja P a imagem de um número real α tal que $m(\widehat{AP}) = \alpha$ rad, com $P \neq A$ e $P \neq A'$. Considere a reta *s* tangente ao ciclo em P; *s* intercepta o eixo dos senos no ponto C.

Define-se a **cossecante de α** (indica-se: cossec α) como a **ordenada** do ponto C, isto é, cossec α = ordenada de C.

Observe que podemos também definir a cossecante de α como a **medida algébrica do segmento $\overline{OC}$**, considerando a orientação positiva, a mesma do eixo dos senos.

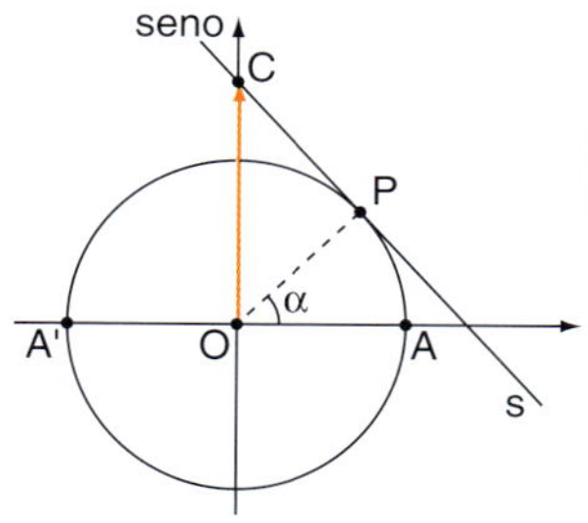

cossec α = ordenada de C

cossec α = OC

Observe que:

- se P pertence ao 1º ou 2º quadrantes, então cossec α é positiva.
- se P pertence ao 3º ou 4º quadrantes, então cossec α é negativa.

Desenhe em seu caderno as figuras correspondentes e verifique a variação de sinal da cossecante no ciclo.

- se P coincide com A ou com A', a reta tangente ao ciclo por A (ou A') é paralela ao eixo dos senos; assim, não se definem cossec 0, cossec π e cossec 2π.

Propriedade

Observe, na figura, que os triângulos OPC e OP'P são semelhantes, pois, além de um ângulo reto, possuem em comum o ângulo destacado em vermelho.

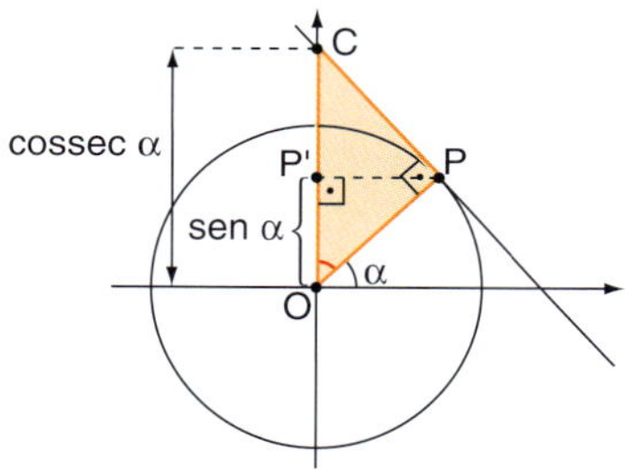

Assim, podemos escrever:

$$\frac{OC}{OP} = \frac{OP}{OP'} \Rightarrow \frac{\text{cossec } \alpha}{1} = \frac{1}{\text{sen } \alpha} \Rightarrow \boxed{\text{cossec } \alpha = \frac{1}{\text{sen } \alpha}}\text{; válida para sen } \alpha \neq 0.$$

Secante

A leitura da secante no ciclo é semelhante à apresentada para a cossecante.

P é imagem do número real α ($m(\widehat{AP}) = \alpha$ rad), com $P \neq B$ e $P \neq B'$.

Considere a reta *s*, tangente ao ciclo no ponto P; *s* intercepta o eixo dos cossenos no ponto S.

Define-se a **secante de α** (indica-se: sec α) como a **abscissa** do ponto S.

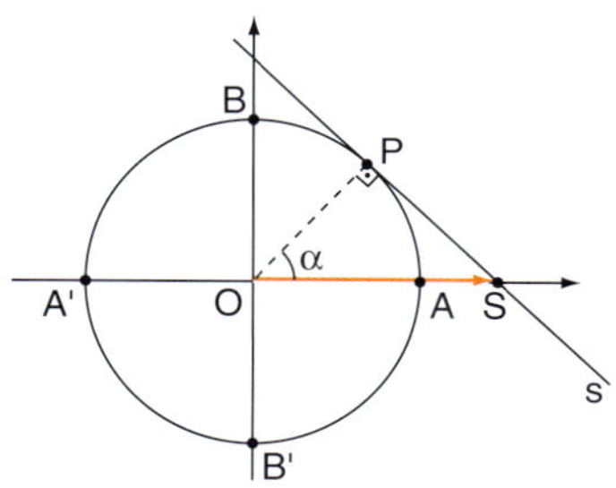

sec α = abscissa de S

sec α = OS

Observe que podemos também definir a secante de α como a **medida algébrica do segmento $\overline{OS}$**, considerando a orientação positiva, igual à do eixo dos cossenos.

Note que:

- se P pertence ao 1º ou 4º quadrantes, sec α é positiva.
- se P pertence ao 2º ou 3º quadrantes, sec α é negativa.

Desenhe em seu caderno as figuras necessárias para verificar a variação de sinal da secante no ciclo.

- se P coincide com B ou B', a reta tangente ao ciclo por B (ou B') é paralela ao eixo dos cossenos e, desse modo, não é possível definir sec $\frac{\pi}{2}$ e sec $\frac{3\pi}{2}$.

Propriedade

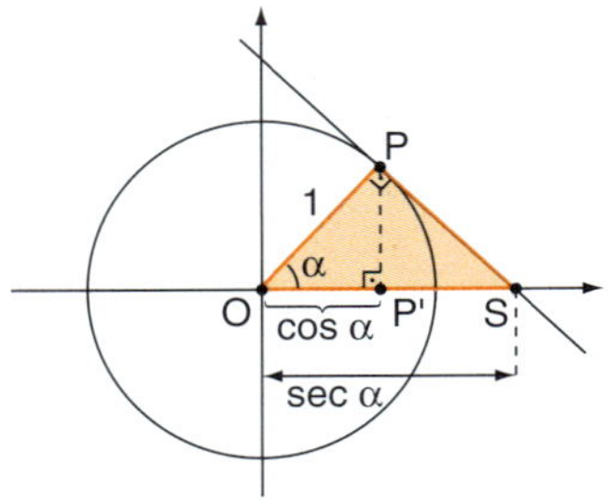

Na figura, os triângulos OPS e OP'P são semelhantes, pois $O\hat{P}S$ e $O\hat{P'}P$ são retos e α é ângulo comum.

Assim, podemos escrever:

$$\frac{OS}{OP} = \frac{OP}{OP'} \Rightarrow \frac{\sec\alpha}{1} = \frac{1}{\cos\alpha} \Rightarrow \sec\alpha = \frac{1}{\cos\alpha}\text{; válida para } \cos\alpha \neq 0.$$

Relações decorrentes

Por meio das relações apresentadas, envolvendo as razões trigonométricas, é possível encontrar outras relações decorrentes e que poderão ser úteis. Vamos apresentar três dessas relações:

1. $\text{cotg } x = \frac{1}{\text{tg } x}$; válida para $x \in [0, 2\pi]$ e $x \notin \left\{0, \frac{\pi}{2}, \pi, \frac{3\pi}{2}, 2\pi\right\}$

Demonstração:

$$\text{cotg } x = \frac{\cos x}{\text{sen } x} = \frac{1}{\frac{\text{sen } x}{\cos x}} = \frac{1}{\text{tg } x}$$

2. $\sec^2 x = 1 + \text{tg}^2 x$; válida para $x \in [0, 2\pi]$ e $x \notin \left\{\frac{\pi}{2}, \frac{3\pi}{2}\right\}$

Demonstração:

$$1 + \text{tg}^2 x = 1 + \frac{\text{sen}^2 x}{\cos^2 x} = \frac{\cos^2 x + \text{sen}^2 x}{\cos^2 x} = \frac{1}{\cos^2 x} = \sec^2 x$$

3. $\text{cossec}^2 x = 1 + \text{cotg}^2 x$; válida para $x \in [0, 2\pi]$ e $x \notin \{0, \pi, 2\pi\}$

Demonstração:

$$1 + \text{cotg}^2 x = 1 + \frac{\cos^2 x}{\text{sen}^2 x} = \frac{\text{sen}^2 x + \cos^2 x}{\text{sen}^2 x} = \frac{1}{\text{sen}^2 x} = \text{cossec}^2 x$$

Identidades

Observe as igualdades:

(1) $\text{sen}^2 x + \cos^2 x = 1$ (2) $\sec^2 x = 1 + \text{tg}^2 x$ (3) $\cos x \cdot \text{cossec } x = \text{cotg } x$

- Já vimos que a relação (1) é verdadeira para todo $x \in [0, 2\pi]$.
- A relação (2) é verdadeira para todo $x \in [0, 2\pi]$, com $x \notin \left\{\frac{\pi}{2}, \frac{3\pi}{2}\right\}$

- Já a relação (3) é verdadeira para todo $x \in [0, 2\pi]$, com $x \notin \{0, \pi, 2\pi\}$, pois:

$$\cos x \cdot \text{cossec } x = \cos x \cdot \frac{1}{\text{sen } x} = \frac{\cos x}{\text{sen } x} = \text{cotg } x$$

Identidade trigonométrica é toda igualdade envolvendo as razões trigonométricas que são válidas para os valores que satisfazem a condição de existência dessas razões.

Existem várias outras identidades que envolvem as razões trigonométricas estudadas neste capítulo.

Para provarmos que uma igualdade é uma identidade, geralmente "partimos" de um membro e o desenvolvemos a fim de transformá-lo no outro, como podemos ver a seguir:

Vamos provar que, para todo $x \in [0, 2\pi]$, com $x \notin \{0, \pi, 2\pi\}$, vale a igualdade:

$$(1 + \text{cotg}^2 x) \cdot (1 - \cos^2 x) = 1$$

Para provarmos que essa igualdade é verdadeira, podemos partir do primeiro membro, a fim de transformá-lo no segundo:

$$(1 + \text{cotg}^2 x) \cdot (1 - \cos^2 x) = \left(1 + \frac{\cos^2 x}{\text{sen}^2 x}\right) \cdot (1 - \cos^2 x) = \left(\frac{\text{sen}^2 x + \cos^2 x}{\text{sen}^2 x}\right) \cdot (1 - \cos^2 x)$$

Usando a relação fundamental da trigonometria, vem:

$$\frac{1}{\text{sen}^2 x} \cdot \text{sen}^2 x = 1, \text{ que é o 2º membro.}$$

Assim está provado que a igualdade $(1 + \text{cotg}^2 x) \cdot (1 - \cos^2 x) = 1$ é uma identidade trigonométrica.

É importante lembrar que existem inúmeras igualdades envolvendo as razões trigonométricas que se verificam apenas para alguns valores da variável e, portanto, não são identidades.

Veja a igualdade $2 \cdot \text{sen } x = 1$:

Ela é válida apenas para $x = \frac{\pi}{6}$ ou $x = \frac{5\pi}{6}$. Trata-se, portanto, de uma equação e não uma identidade.

EXERCÍCIOS RESOLVIDOS

7. Estabelecer o sinal da cotangente, secante e cossecante para cada um dos seguintes arcos:

a) 130° b) 250°

Solução:

a)

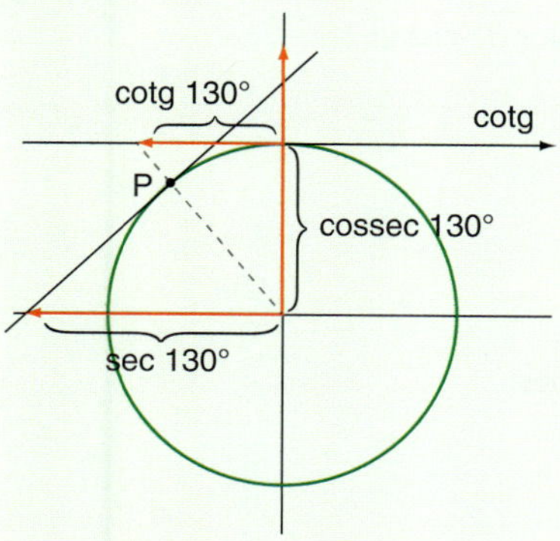

P é extremidade do arco de 130°.

cotg 130°: negativo

sec 130°: negativo

cossec 130°: positivo

b)

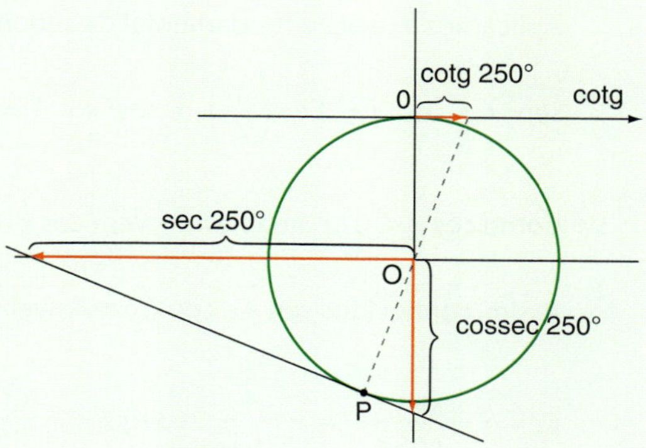

P é extremidade do arco de 250°.

cotg 250°: positivo

sec 250°: negativo

cossec 250°: negativo

8. Representar, no ciclo trigonométrico, a cotangente, a secante e a cossecante do número real $\frac{5\pi}{3}$; em seguida, usar as relações apresentadas para obter esses valores.

Solução:

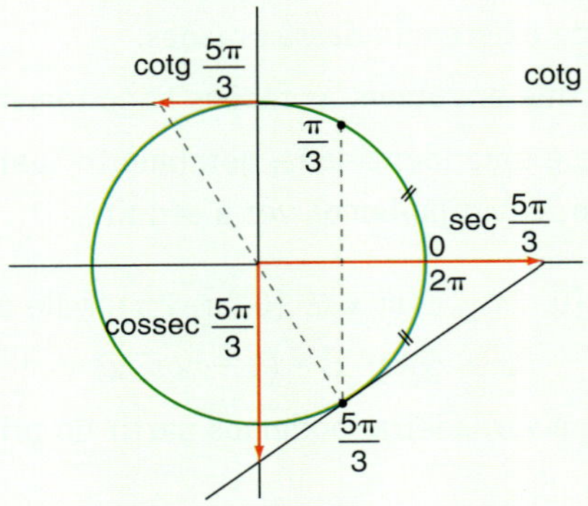

De $\text{cotg}\ \alpha = \frac{\cos \alpha}{\text{sen}\ \alpha}$, vem: $\text{cotg}\ \frac{5\pi}{3} = \frac{\cos \frac{5\pi}{3}}{\text{sen}\ \frac{5\pi}{3}} =$

$$= \frac{\cos \frac{\pi}{3}}{-\text{sen}\ \frac{\pi}{3}} = \frac{\frac{1}{2}}{-\frac{\sqrt{3}}{2}} = -\frac{\sqrt{3}}{3} \cong -0{,}58$$

De $\sec \alpha = \frac{1}{\cos \alpha}$, vem: $\sec \frac{5\pi}{3} = \frac{1}{\cos \frac{5\pi}{3}} = \frac{1}{\cos \frac{\pi}{3}} = \frac{1}{\frac{1}{2}} = 2$

De $\text{cossec}\ \alpha = \frac{1}{\text{sen}\ \alpha}$, vem: $\text{cossec}\ \frac{5\pi}{3} = \frac{1}{\text{sen}\ \frac{5\pi}{3}} = \frac{1}{-\text{sen}\ \frac{\pi}{3}} = \frac{1}{-\frac{\sqrt{3}}{2}} = -\frac{2\sqrt{3}}{3} \cong -1{,}15$

9. Sabendo que $\frac{\pi}{2} < x < \pi$ e $\text{cossec}\ x = 4$, obtenher todas as razões trigonométricas de *x*.

Solução:

Como $\text{cossec}\ x = \frac{1}{\text{sen}\ x}$, concluímos que $\text{sen}\ x = \frac{1}{4}$.

Aplicamos a relação fundamental da trigonometria para obter o valor de cos x:

$$\text{sen}^2 x + \cos^2 x = 1 \Rightarrow \left(\frac{1}{4}\right)^2 + \cos^2 x = 1 \Rightarrow \cos^2 x = \frac{15}{16}$$

Como $\cos x < 0$ (2º quadrante), vem $\cos x = -\frac{\sqrt{15}}{4}$

Assim, conhecidos sen x e cos x, é possível descobrir as demais razões:

$$\text{tg}\ x = \frac{\text{sen}\ x}{\cos x} = \frac{\frac{1}{4}}{-\frac{\sqrt{15}}{4}} \Rightarrow \text{tg}\ x = -\frac{\sqrt{15}}{15}$$

$$\text{cotg}\ x = \frac{\cos x}{\text{sen}\ x} = \frac{1}{\text{tg}\ x} \Rightarrow \text{cotg}\ x = -\sqrt{15}$$

$$\sec x = \frac{1}{\cos x} = -\frac{4}{\sqrt{15}} \Rightarrow \sec x = -\frac{4\sqrt{15}}{15}$$

EXERCÍCIOS

44. Dê o sinal de:

a) cotg 80°
b) cossec 220°
c) sec 110°
d) cotg 130°
e) cossec 320°
f) sec 290°
g) cotg 260°
h) sec 50°

45. Localize, na circunferência trigonométrica, os seguintes números reais: $\frac{2\pi}{5}, 3, \frac{11\pi}{10}, \frac{11\pi}{6}$ e $\frac{3\pi}{4}$.
Em seguida, obtenha, para cada um desses números, os sinais da cotangente, secante e cossecante.

46. Calcule o valor de:

a) $\sec \frac{\pi}{6}$
b) $\text{cotg}\, \frac{2\pi}{3}$
c) $\text{cossec}\, \frac{5\pi}{6}$
d) sec 210°
e) cossec 315°
f) cotg 45°

47. Dentre os itens seguintes, escreva no seu caderno aqueles que não existem:

a) $\text{cotg}\, \frac{3\pi}{2}$
b) $\text{cotg}\, \pi$
c) $\sec \frac{3\pi}{2}$
d) $\sec \pi$
e) $\sec \frac{\pi}{2}$
f) $\text{cossec}\, \frac{\pi}{2}$
g) cossec 0
h) $\text{cotg}\, 2\pi$
i) $\text{tg}\, \pi$

48. Seja *x* um número real com imagem no 3º quadrante. Qual é o sinal da expressão

$$y = \frac{\text{sen}\, x \cdot \cos x \cdot \sec x}{\text{tg}\, x \cdot \sec(x - \pi)}?$$

49. Sabendo que $\sec x = \frac{5}{2}$ e $\frac{3\pi}{2} < x < 2\pi$, obtenha as demais razões trigonométricas de *x*.

50. Sendo $\text{sen}\, x = \frac{1}{3}$ e $\frac{\pi}{2} < x < \pi$, calcule o valor de $y = \text{cotg}\, x - \sec x$.

51. Determine cotg α.

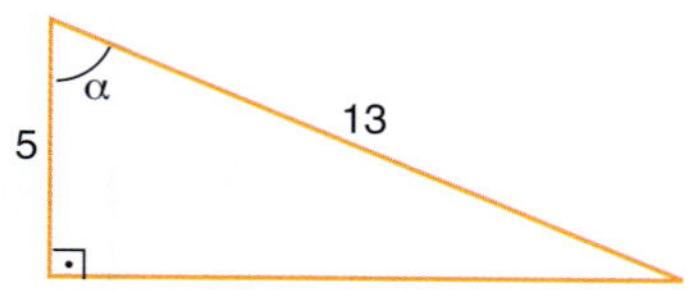

52. Na figura, o arco $\widehat{AP}$ mede α radianos e a ordenada do ponto Q é $\frac{10}{3}$.

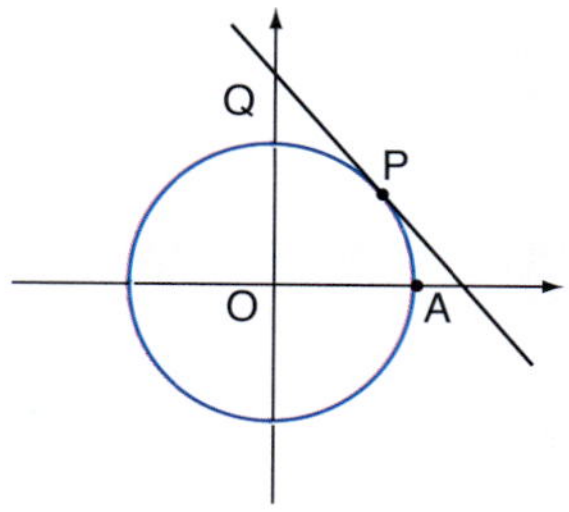

Encontre o valor de:

a) sen α + cos α
b) $\text{cotg}^2\, \alpha$

53. Classifique em seu caderno como verdadeira (V) ou falsa (F) as afirmações:

a) Existe um número real $\alpha \in [0, 2\pi]$ tal que $\sec \alpha = \frac{1}{2}$.
b) Se $\alpha \in \left[0, \frac{\pi}{2}\right[$, então $\sec \alpha \geqslant 1$.
c) Existe um número real $\alpha \in [0, 2\pi]$ tal que cotg α = 3 e cossec α = 3.
d) $\text{cotg}\, \frac{7\pi}{8} \cdot \sec \frac{7\pi}{8} > 0$

54. Determine a área do triângulo AOB seguinte:

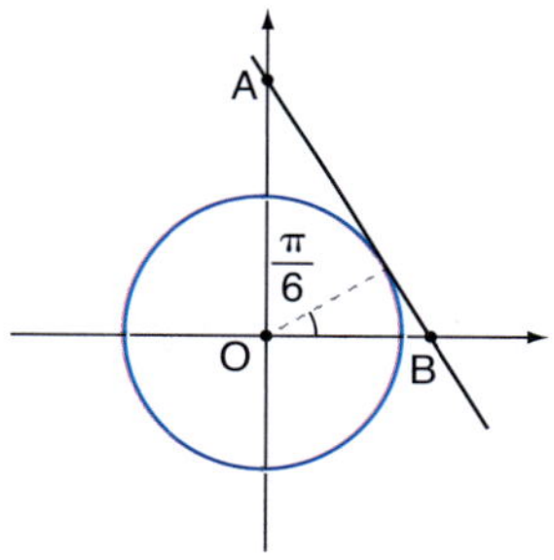

55. Seja $x \in [0, 2\pi]$, com $x \neq \frac{\pi}{2}$ e $x \neq \frac{3\pi}{2}$.
É possível que tenhamos:

a) $\sec x = \frac{5}{2}$?
b) $\sec x = -\frac{1}{2}$?
c) $\sec x = 0$?
d) $\text{tg}\, x = 150$?

56. Seja $x \in \left]0, \frac{\pi}{2}\right[$, com $\text{sen}\, x = \frac{1}{10}$.

Qual é o valor de $\text{tg}\left(\frac{\pi}{2} - x\right)$?

57. Localize α no ciclo trigonométrico, sabendo que:

a) $\text{sen}\,\alpha > 0$ e $\text{tg}\,\alpha < 0$

b) $\text{tg}\,\alpha > 0$ e $\sec\alpha < 0$

c) $\text{cotg}\,\alpha > 0$ e $\cos\alpha < 0$

d) $\sec\alpha > 0$ e $\text{cossec}\,\alpha < 0$

e) $\text{tg}\,\alpha > 0$ e $\text{cotg}\,\alpha < 0$

58. Demonstre as identidades seguintes:

a) $\cos^2 x = \dfrac{\text{cotg}^2 x}{1 + \text{cotg}^2 x}$

b) $\text{sen}\,\alpha \cdot \text{tg}\,\alpha + \cos\alpha = \sec\alpha$

c) $\text{tg}\,x + \text{cotg}\,x = \sec x \cdot \text{cossec}\,x$

d) $\text{tg}\,x + \dfrac{\cos x}{1 + \text{sen}\,x} = \sec x$

e) $\dfrac{\text{sen}\,x + \cos x}{\text{sen}\,x - \cos x} = \dfrac{1 + \text{cotg}\,x}{1 - \text{cotg}\,x}$

59. Sendo *x* um arco do 2º quadrante, qual o sinal da expressão $y = \dfrac{\text{tg}\,x \cdot \text{cotg}\left(x + \frac{\pi}{2}\right)}{\text{cotg}\,x \cdot \text{cotg}\,(x + \pi)}$? E se *x* for um arco do 1º quadrante?

60. Seja $x \in \mathbb{R}, 0 < x < \frac{\pi}{2}$. Sabendo que $\text{tg}\,x = 5$, obtenha o valor de $y = \dfrac{\text{sen}\,(x + \pi) \cdot \cos\left(\frac{\pi}{2} - x\right) \cdot \text{tg}\,(\pi + x)}{\text{sen}\,(\pi - x) \cdot \cos\,(\pi - x) \cdot \text{tg}\,(2\pi - x)}$.

61. Obtenha o valor de $y = \cos x - \text{sen}\,x$, sabendo que $3 \cdot \cos x + \text{sen}\,x = -1$.

62. Sabendo que $\sec^2 x = 4$ e $\pi < x < \frac{3\pi}{2}$, determine:

a) $\text{tg}\,x$

b) o número real *x*

63. Na figura, obtenha o valor de $\sec\alpha$. (Sugestão: determine a medida da altura relativa ao maior lado desse triângulo.)

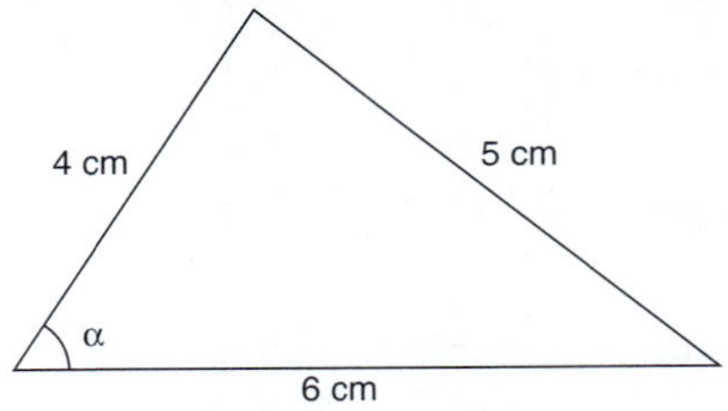

64. Obtenha o sinal de cada expressão:

a) $x = \sec\dfrac{9\pi}{8} \cdot \left(\text{tg}\,\dfrac{7\pi}{6} + \text{cotg}\,\dfrac{\pi}{7}\right)$

b) $y = \text{cotg}\,\dfrac{12\pi}{7} \cdot \left(\text{sen}\,\dfrac{5\pi}{11} + \cos\dfrac{23\pi}{12}\right)$

Nos exercícios 65 a 71, comprove as identidades.

65. $\cos x \cdot (2 + \text{tg}\,x) \cdot (2\,\text{tg}\,x + 1) = 2\sec x + 5\,\text{sen}\,x$

66. $\dfrac{\text{sen}\,x + \cos x}{\text{sen}\,x - \cos x} = \dfrac{1 + \text{cotg}\,x}{1 - \text{cotg}\,x}$

67. $(\text{sen}\,x + \text{tg}\,x) \cdot (\cos x + \text{cotg}\,x) =$
$= (1 + \text{sen}\,x)(1 + \cos x)$

68. $\text{sen}^2 x + \text{sen}^2 y - \text{sen}^2 x \cdot \text{sen}^2 y + \cos^2 x \cdot \cos^2 y = 1$

69. $\dfrac{\text{sen}\,a + \text{sen}\,b}{\cos a + \cos b} + \dfrac{\cos a - \cos b}{\text{sen}\,a - \text{sen}\,b} = 0$

70. $2\sec x \cdot \text{tg}\,x = \dfrac{1}{\text{cossec}\,x - 1} + \dfrac{1}{\text{cossec}\,x + 1}$

71. $(\text{tg}\,x + \text{cotg}\,x) \cdot (\sec x - \cos x) \cdot (\text{cossec}\,x - \text{sen}\,x) = 1$

DESAFIO

Quantos números de 6 algarismos existem cuja soma de seus algarismos é maior do que 52?

EXERCÍCIOS COMPLEMENTARES

1. Sabendo que $\text{tg}\,x = \dfrac{7}{24}$ e $\pi < x < \dfrac{3\pi}{2}$, obtenha o valor da expressão $y = \dfrac{\text{tg}\,x \cdot \cos x}{(1 + \cos x) \cdot (1 - \cos x)}$.

2. Sabendo que $\text{sen}\,\dfrac{3\pi}{20} = a$, calcule, em função de *a*, o valor de:

a) $\sec\dfrac{3\pi}{20}$

b) $\text{sen}\,\dfrac{17\pi}{20}$

c) $\sec\dfrac{7\pi}{20}$

d) $\text{cossec}\,\dfrac{37\pi}{20}$

3. Resolva, em $\mathbb{R}$, a seguinte equação de 2º grau, na incógnita *x*:

$$x^2 \cdot \text{sen}\,\alpha - (2 \cdot \cos\alpha)\,x - \text{sen}\,\alpha = 0$$

4. Dois observadores encontram-se nas extremidades de uma via de contorno retilíneo, distantes entre si 800 metros. Ambos avistam o topo de um edifício localizado nessa via, sob ângulos α e β, respectivamente. Sabendo que $\text{cotg}\,\alpha = 5$ e $\text{cotg}\,\beta = 15$, determine:

a) a altura do edifício;

b) a menor distância entre um dos observadores e o edifício.

5. Na figura, $\overleftrightarrow{CS}$ é tangente ao ciclo trigonométrico, e P é imagem do número real α, $0 < \alpha < \frac{\pi}{2}$.

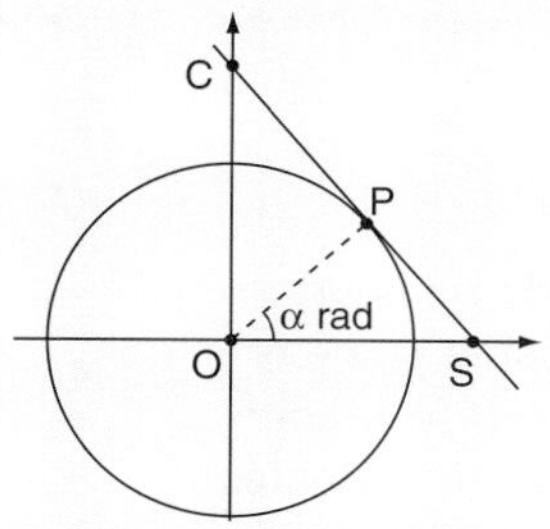

a) Mostre que a medida de $\overline{CS}$ pode ser expressa por $\sec\alpha \cdot \text{cossec}\,\alpha$.

b) Qual é o perímetro do triângulo POS, se $\alpha = \frac{\pi}{6}$?

c) Qual é a área do triângulo POS, se $\alpha = \frac{\pi}{4}$?

6. Calcule $m \in \mathbb{R}$ de modo que se tenha $\text{tg}\,\alpha = m - 2$ e $\text{cotg}\,\alpha = \frac{m}{3}$.

7. Sabendo que $x \in [0, 2\pi]$ e $2 \cdot \cos^2 x = 3 - 3 \cdot \text{sen}\,x$, determine:

a) os possíveis valores de sen x;

b) os possíveis valores de *x*.

8. Os números reais positivos *a*, *b* e *c* formam, nessa ordem, uma progressão aritmética. Sabendo que $x \in\,]0, 2\pi[$, $x \neq \frac{\pi}{2}$, $\sec x = \frac{5}{a}$, $\text{sen}\,x = \frac{b}{3}$ e $\cos x = \frac{a + c}{5}$, obtenha a progressão.

9. Sabendo que $\frac{\pi}{2} < \alpha < \pi$ e $\text{sen}\,\alpha = \frac{1}{10}$, qual é o valor da expressão:

$$y = \log_{100}(\sec\alpha \cdot \text{tg}\,\alpha \cdot \text{cossec}\,\alpha \cdot \cos\alpha \cdot \text{cotg}\,\alpha)?$$

10. Qual é o valor de:

$$y = \sec\left(\frac{\pi}{2} + \frac{\pi}{4} + \frac{\pi}{8} + \frac{\pi}{16} + \ldots\right)?$$

11. Sabendo que $\cos x = 0{,}25$, determine o valor da expressão:

$$\frac{\sec x \cdot \text{cossec}\,x - \sec^2 x}{\text{cotg}\,x - 1}$$

Nos exercícios 12 a 18, demonstre as identidades.

12. $(\text{cossec}\,x - \text{cotg}\,x)^2 = \dfrac{1 - \cos x}{1 + \cos x}$

13. $\dfrac{\text{tg}\,x - \text{sen}\,x}{\text{sen}^3 x} = \dfrac{\sec x}{1 + \cos x}$

14. $\dfrac{\text{sen}^3 x - \cos^3 x}{\text{sen}\,x - \cos x} = 1 + \text{sen}\,x \cos x$

15. $(1 + \text{cotg}\,x)^2 + (1 - \text{cotg}\,x)^2 = 2\,\text{cossec}^2 x$

16. $2 \cdot (\text{sen}\,x + \text{tg}\,x) \cdot (\cos x + \text{cotg}\,x) = (1 + \text{sen}\,x + \cos x)^2$

17. $\text{cotg}\,\alpha + \dfrac{\text{sen}\,\alpha}{1 + \cos\alpha} = \text{cossec}\,\alpha$

18. $(1 - \text{tg}\,x)^2 + (1 - \text{cotg}\,x)^2 = (\sec x - \text{cossec}\,x)^2$

19. Resolva, em $\mathbb{R}$, a seguinte equação do segundo grau na incógnita *x*:

$$x^2 - 2x \cdot \sec\alpha + \text{tg}^2\,\alpha = 0$$

20. Determine $a \in \mathbb{R}$ de modo que se tenha $\cos x = \dfrac{1}{a + 1}$ e $\text{cossec}\,x = \dfrac{a + 1}{\sqrt{a + 2}}$.

21. Obtenha tg x, sabendo que $\text{sen}^2 x - 5\,\text{sen}\,x \cdot \cos x + \cos^2 x = 3$.

22. (ITA-SP) Determine o valor de K para que as raízes da equação do segundo grau $(K - 5)x^2 - 4Kx + K - 2 = 0$ sejam o seno e o cosseno de um mesmo arco.

23. (UF-CE) Calcule o valor numérico da expressão:

$$\log\left[\text{tg}\left(\frac{\pi}{5}\right)\right] + \log\left[\text{tg}\left(\frac{3\pi}{10}\right)\right],$$

em que log indica o logaritmo na base 10 e tg indica a tangente do ângulo.

24. (FGV-SP)

a) Num triângulo isósceles ABC, em que AB = AC, o ângulo Â mede o dobro da soma dos outros dois. O lado $\overline{BC}$ mede 10 cm. Obtenha o perímetro desse triângulo.

b) Considerando que $\text{sen}\,x + \cos x = k$, calcule, em função de *k*, o valor da expressão $\text{sen}^3 x + \cos^3 x$.

25. (Unifesp-SP) Com base na figura ao lado, que representa o ciclo trigonométrico e os eixos da tangente e da cotangente:

a) calcule a área do triângulo ABC, para $\alpha = \frac{\pi}{3}$.

b) determine a área do triângulo ABC, em função de α, $\frac{\pi}{4} < \alpha < \frac{\pi}{2}$.

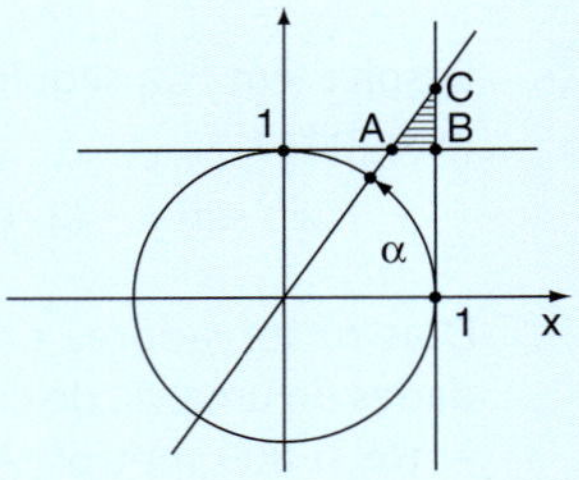

TESTES

1. (IF-SC) Se $\cos(x) = \frac{-12}{13}$, $\pi < x < \frac{3\pi}{2}$ e $x \in$ (3º quadrante), então é correto afirmar que o valor de tg (x) é:

a) $\frac{-5}{13}$.
b) $\frac{-5}{12}$.
c) $\frac{5}{13}$.
d) $\frac{5}{12}$.
e) 0, 334.

2. (PUC-RJ) Se $\text{tg}\,\theta = 1$ e θ pertence ao primeiro quadrante, então $\cos\theta$ é igual a:

a) 0
b) $\frac{1}{2}$
c) $\frac{\sqrt{2}}{2}$
d) $\frac{\sqrt{3}}{2}$
e) 1

3. (FGV-SP) Sabendo que o valor da secante de *x* é dado por $\sec x = \frac{5}{4}$, em que *x* pertence ao intervalo $\left[\frac{3\pi}{2}, 2\pi\right]$, podemos afirmar que os valores de cos x, sen x e tg x são respectivamente:

a) $\frac{4}{5}$, $\frac{3}{5}$ e $\frac{3}{4}$
b) $\frac{-3}{5}$, $\frac{4}{5}$ e $\frac{-4}{3}$
c) $\frac{-3}{5}$, $\frac{-4}{5}$ e $\frac{4}{3}$
d) $\frac{4}{5}$, $\frac{-3}{5}$ e $\frac{-3}{4}$
e) $\frac{4}{5}$, $\frac{-3}{5}$ e $\frac{3}{4}$

4. (UE-CE) Se *x* é um arco localizado no segundo quadrante e $\cos x = -\frac{3}{5}$, então o valor de $\cos x + \text{sen}\,x + \text{tg}\,x + \text{cotg}\,x + \sec x + \text{cossec}\,x$ é:

a) −2,3 b) −3,4 c) − 4,5 d) −5,6

5. (UF-PI) Seja α um número real satisfazendo $0 < \alpha < \frac{\pi}{2}$ e $\frac{\text{tg}\,\alpha}{2} = \sqrt{2}$. É correto afirmar que:

a) $\cos\alpha + \text{sen}\,\alpha = \frac{1 - 2\sqrt{2}}{3}$
b) $\sec\alpha = 3$
c) cossec α é um número racional
d) $\text{sen}\,\alpha = 1$
e) $\text{sen}\,\alpha \cdot \cos\alpha = 1$

6. (PUC-RS) Para representar os harmônicos emitidos pelos sons dos instrumentos da orquestra, usam-se funções trigonométricas.

A expressão $2\,\text{sen}^2 x + 2\cos^2 x - 5$ envolve estas funções e, para $\pi < x < \frac{3\pi}{2}$, seu valor é de:

a) −7
b) −3
c) −1
d) $2\pi - 5$
e) $3\pi - 5$

7. (UPE-PE) Na figura ao lado, estão representados o ciclo trigonométrico e um triângulo isósceles OAB.

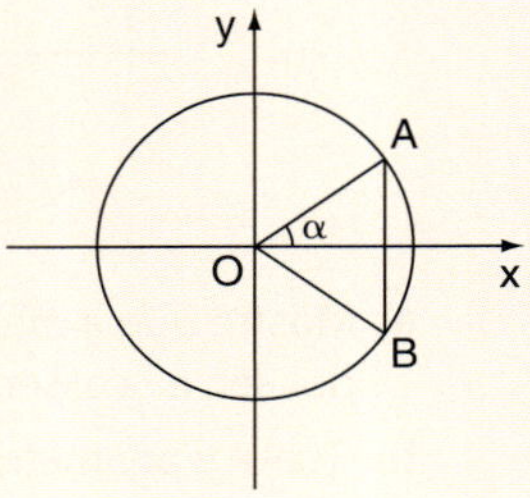

Qual das expressões abaixo corresponde à área do triângulo OAB em função do ângulo α?

a) $\text{tg}\,\alpha \cdot \text{sen}\,\alpha$
b) $\frac{1}{2} \cdot \text{tg}\,\alpha \cdot \cos\alpha$
c) $\text{sen}\,\alpha \cdot \cos\alpha$
d) $\frac{1}{2} \cdot \text{tg}\,\alpha \cdot \text{sen}\,\alpha$
e) $\text{tg}\,\alpha \cdot \cos\alpha$

8. (FEI-SP) Se *x* é um arco do segundo quadrante e $\text{sen}\,x = \frac{4}{5}$, então pode-se afirmar que:

a) $\text{sen}\,x + \cos x = 1$
b) $2\,\text{sen}\,x + 3\cos x = -\frac{1}{5}$
c) $\sec x = \frac{4}{5}$
d) $\text{tg}\,x - \cos x = \frac{4}{3}$
e) $\text{cotg}\,x - \text{tg}\,x = \frac{25}{12}$

9. (FEI-SP) Simplificando a expressão $\frac{1 + \text{cotg}^2 x}{3\sec^2 x}$, onde existir, obtemos:

a) $\frac{\text{tg}^2 x}{3}$
b) $3\,\text{cotg}^2 x$
c) $3\,\text{tg}^2 x$
d) $\frac{\text{cotg}^2 x}{3}$
e) $\sec^2 3x$

10. (PUC-RS) O ponto P (x, y) pertence à circunferência de raio 1 e é extremidade de um arco de medida α, conforme figura. Então o par (x, y) é igual a:

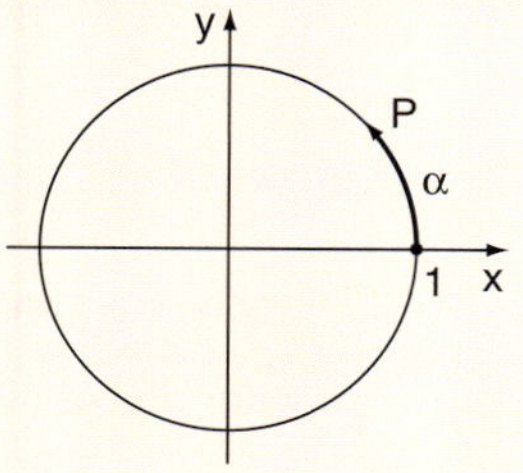

a) $(\text{tg}\ \alpha, \text{sen}\ \alpha)$
b) $(\cos \alpha, \text{tg}\ \alpha)$
c) $(\text{sen}\ \alpha, \cos \alpha)$
d) $(\cos \alpha, \text{sen}\ \alpha)$
e) $(\text{sen}^2\ \alpha, \cos^2 \alpha)$

11. (Cefet-PR) Considere as afirmações a seguir, em relação a razões trigonométricas no ciclo trigonométrico:

I) $\text{cotg}\ \frac{\pi}{6} = \text{tg}\ \frac{4\pi}{3}$

II) $\sec 60° = \text{sen}\ 90° - \cos 180°$

III) $\text{sen}\ 316° = -\cos 314°$

IV) $\text{cossec}\ 30° = \sec 120°$

Somente estão corretas:

a) I e II.
b) II e III.
c) I, II e III.
d) II e IV.
e) I, III e IV.

12. (UF-RR) Indique qual das afirmações abaixo é verdadeira:

a) $\cos 200° < \text{tg}\ 200° < \text{sen}\ 200°$
b) $\cos 200° < \text{sen}\ 200° < \text{tg}\ 200°$
c) $\text{sen}\ 200° < \text{tg}\ 200° < \cos 200°$
d) $\text{sen}\ 200° < \cos 200° < \text{tg}\ 200°$
e) $\text{tg}\ 200° < \text{sen}\ 200° < \cos 200°$

13. (Fuvest-SP) O dobro do seno de um ângulo θ, $0 < \theta < \frac{\pi}{2}$, é igual ao triplo do quadrado de sua tangente.

Logo, o valor de seu cosseno é:

a) $\frac{2}{3}$ b) $\frac{\sqrt{3}}{2}$ c) $\frac{\sqrt{2}}{2}$ d) $\frac{1}{2}$ e) $\frac{\sqrt{3}}{3}$

14. (Fuvest-SP) Sabe-se que $x = 1$ é raiz da equação $(\cos^2 \alpha)\, x^2 - (4 \cos \alpha\ \text{sen}\ \beta)\, x + \frac{3}{2} \text{sen}\ \beta = 0$, sendo α e β os ângulos agudos indicados no triângulo retângulo da figura.

Pode-se então afirmar que as medidas de α e β são, respectivamente:

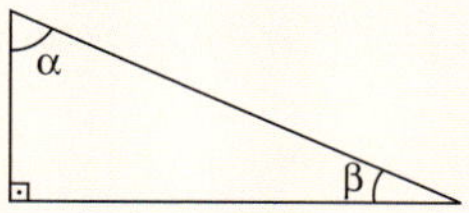

a) $\frac{\pi}{8}$ e $\frac{3\pi}{8}$
b) $\frac{\pi}{6}$ e $\frac{\pi}{3}$
c) $\frac{\pi}{4}$ e $\frac{\pi}{4}$
d) $\frac{\pi}{3}$ e $\frac{\pi}{6}$
e) $\frac{3\pi}{8}$ e $\frac{\pi}{8}$

15. (UF-MA) Considere uma circunferência de raio $r > 0$ e θ a medida do ângulo $M\hat{O}P$, como na figura abaixo.

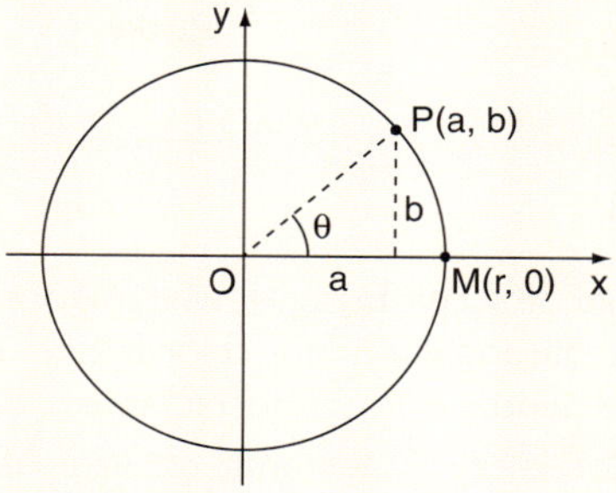

Assim, é correto afirmar que:

a) $r \cos (\pi - \theta) = b$ e $r\ \text{sen}\ (2\pi - \theta) = -b$
b) $r\ \text{sen}\ (\pi + \theta) = -b$ e $r \cos (\pi + \theta) = a$
c) $r \cos (2\pi - \theta) = a$ e $r\ \text{sen}\ (\pi + \theta) = b$
d) $r\ \text{sen}\ (\pi - \theta) = b$ e $r \cos (\pi + \theta) = -a$
e) $r \cos \left(\frac{\pi}{2} + \theta\right) = b$ e $r\ \text{sen} \left(\frac{\pi}{2} + \theta\right) = a$

16. (UF-AM) Se $\begin{cases} a \cos x - \text{sen}\ x = 1 \\ b \cos x + \text{sen}\ x = 1 \end{cases}$

então o produto $a \cdot b$ é igual a:

a) sen x
b) 4
c) 2
d) 1
e) cos x

17. (UE-PB) Dados $\text{tg}\ x = -2$ e *x* um arco do 2º quadrante, o valor de $\sec x + \text{cossec}\ x$ é:

a) $-\sqrt{5}$
b) $-\frac{\sqrt{5}}{4}$
c) $-\frac{\sqrt{5}}{2}$
d) $\frac{\sqrt{5}}{2}$
e) $\sqrt{5}$

18. (U. F. Santa Maria-RS) Calculando $x \in \mathbb{R}$, de modo que ocorram simultaneamente $\text{sen}\ \alpha = \frac{x}{x+1}$ e $\cos \alpha = \frac{x-1}{x+1}$, obtém-se:

a) 0 e 1
b) 1 e 4
c) 1 e 1
d) 0 e 4
e) 4 e −1

19. (UE-GO) No ciclo trigonométrico, as funções seno e cosseno são definidas para todos os números reais. Em relação às imagens dessas funções, é correto afirmar:

a) $\text{sen}\ (7) > 0$
b) $\text{sen}\ (8) < 0$
c) $(\cos (\sqrt{5}) > 0)$
d) $(\cos (\sqrt{5}) > \text{sen}\ (8))$

20. (Mackenzie-SP) O maior valor que o número real $\dfrac{10}{2-\dfrac{\text{sen } x}{3}}$ pode assumir é

a) $\dfrac{20}{3}$
b) $\dfrac{7}{3}$
c) 10
d) 6
e) $\dfrac{20}{7}$

21. (Insper-SP) O professor de Matemática de Artur e Bia pediu aos alunos que colocassem suas calculadoras científicas no modo "radianos" e calculassem o valor de sen $\dfrac{\pi}{2}$. Tomando um valor aproximado, Artur digitou em sua calculadora o número 1,6 e, em seguida, calculou o seu seno, encontrando o valor A. Já Bia calculou o seno de 1,5, obtendo o valor B.
Considerando que $\dfrac{\pi}{2}$ vale aproximadamente 1,5708, assinale a alternativa que traz a correta ordenação dos valores A, B e sen $\dfrac{\pi}{2}$.

a) $\text{sen } \dfrac{\pi}{2} < A < B$
b) $A < \text{sen } \dfrac{\pi}{2} < B$
c) $A < B < \text{sen } \dfrac{\pi}{2}$
d) $B < \text{sen } \dfrac{\pi}{2} < A$
e) $B < A < \text{sen } \dfrac{\pi}{2}$

22. (UF-RN) Considere a figura abaixo, na qual a circunferência tem raio igual a 1.

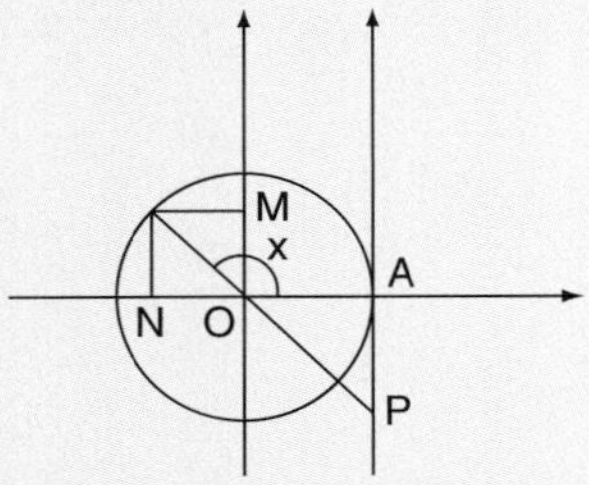

Nesse caso, as medidas dos segmentos $\overline{ON}$, $\overline{OM}$ e $\overline{AP}$ correspondem, respectivamente, a:

a) sen x, sec x e cotg x.
b) cos x, sen x e tg x.
c) cos x, sec x e cossec x.
d) tg x, cossec x e cos x.

23. (Enem-MEC) Considere um ponto P em uma circunferência de raio *r* no plano cartesiano. Seja Q a projeção ortogonal de P sobre o eixo *x*, como mostra a figura, e suponha que o ponto P percorra, no sentido anti-horário, uma distância d ⩽ r sobre a circunferência.
Então, o ponto Q percorrerá, no eixo *x*, uma distância dada por:

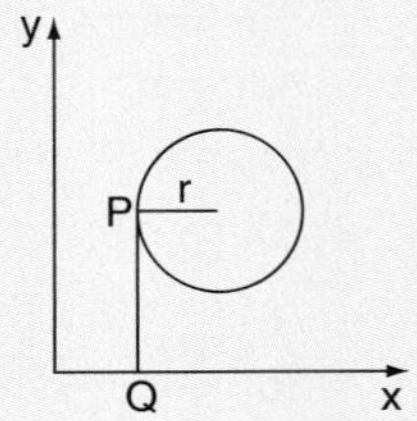

a) $r \cdot \left(1 - \text{sen } \dfrac{d}{r}\right)$
b) $r \cdot \left(1 - \cos \dfrac{d}{r}\right)$
c) $r \cdot \left(1 - \text{tg } \dfrac{d}{r}\right)$
d) $r \cdot \text{sen}\left(\dfrac{r}{d}\right)$
e) $r \cdot \cos\left(\dfrac{r}{d}\right)$

24. (Cefet-MG) Considerando-se a soma $S = \left[\dfrac{\pi}{2} + \dfrac{\pi}{6} + \dfrac{\pi}{18} + \dfrac{\pi}{54} \ldots\right]$, o valor de cos (S) é igual a:

a) $\dfrac{-\sqrt{3}}{2}$ b) $\dfrac{-\sqrt{2}}{2}$ c) $\dfrac{-1}{2}$ d) −1 e) −2

25. (FGV-SP) No círculo trigonométrico de raio unitário indicado na figura, o arco $\overset{\frown}{AB}$ mede α. Assim, PM é igual a:

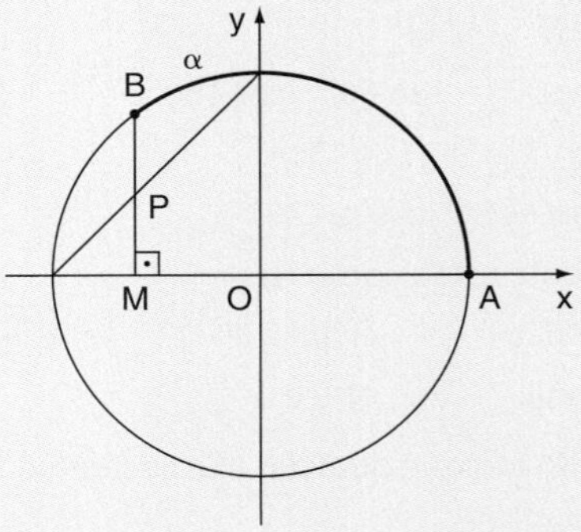

a) −1 − tg α
b) 1 − cos α
c) 1 + cos α
d) 1 + sen α
e) −1 + cotg α

26. (Vunesp-SP) Dada a expressão

$$f(x) = \log_{10}\left[\dfrac{1}{\text{sen }(x) \cdot \text{cossec }(x)}\right], \text{com } x \in \mathbb{R},$$

pode-se afirmar que:

a) $f(x) = \log_{10}(\text{cotg}(x))$
b) $f(x) = \log_{10}(\text{tg}(x))$
c) f(x) = 10, qualquer que seja *x*.
d) f(x) = 1, qualquer que seja *x*.
e) f(x) = 0, qualquer que seja *x*.

27. (Vunesp-SP) Se $\text{tg }(x) = \dfrac{2ab}{a^2 - b^2}$, em que $a > b > 0$ e $0° < x < 90°$, então o valor de sen (x) é:

a) $\dfrac{b}{a}$
b) $\dfrac{b}{a+b}$
c) $\dfrac{a-b}{a+b}$
d) $\dfrac{a^2-b^2}{a^2+b^2}$
e) $\dfrac{2ab}{a^2+b^2}$

3 TRIÂNGULOS QUAISQUER

No estudo dos triângulos retângulos, são definidas as razões trigonométricas seno, cosseno e tangente para ângulos agudos.

Com a definição de seno, cosseno e tangente na circunferência trigonométrica, é possível relacionar as medidas dos lados e dos ângulos de outros triângulos, como o acutângulo e o obtusângulo.

É com esse objetivo que estudaremos agora a lei dos senos e a lei dos cossenos, além de apresentar uma forma de calcular a área de um triângulo em uma situação particular.

LEI DOS SENOS

Introdução

Do entroncamento (E) de uma rodovia saem dois pequenos trechos retilíneos de estrada ("retões"), em um terreno plano, que levam às entradas de dois condomínios, indicados pelas letras A e B.

Deseja-se determinar a distância entre A e B, mas a medição direta é difícil, pois há uma região alagadiça entre esses pontos.

Observe, na figura, a vista frontal de A e B a partir de E. Com auxílio de um aparelho adequado, um topógrafo mediu esse ângulo, obtendo 65°. Em seguida, percorreu os 600 metros do "retão" $\overline{EA}$ e, a partir do ponto A, mediu o ângulo entre as retas $\overleftrightarrow{EA}$ e $\overleftrightarrow{AB}$, obtendo 38°.

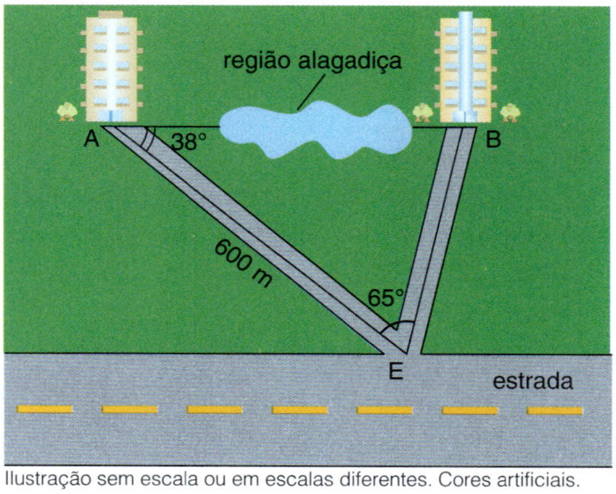

Ilustração sem escala ou em escalas diferentes. Cores artificiais.

Conhecedor de matemática, o topógrafo sabia que já tinha reunido informações suficientes para determinar a distância entre as entradas dos dois condomínios (distância entre A e B).

Por meio do teorema que apresentaremos a seguir, conhecido como **lei dos senos**, poderemos resolver esse e outros problemas.

Teorema

As medidas dos lados de um triângulo são proporcionais aos senos dos respectivos ângulos opostos, e a constante de proporcionalidade é igual à medida do diâmetro da circunferência circunscrita a esse triângulo.

Demonstração:

Dado um triângulo ABC, consideremos a circunferência circunscrita a ele. Sejam O e R, respectivamente, o centro e a medida do raio dessa circunferência. $\hat{A}$, $\hat{B}$ e $\hat{C}$ são os ângulos do triângulo ABC com vértices em A, B e C, respectivamente:

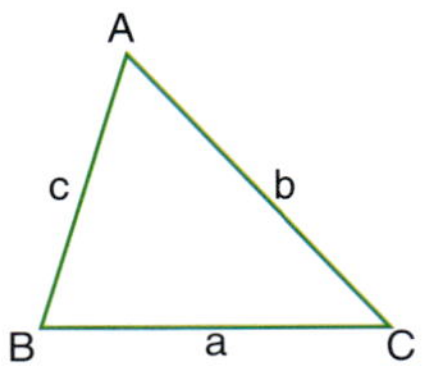

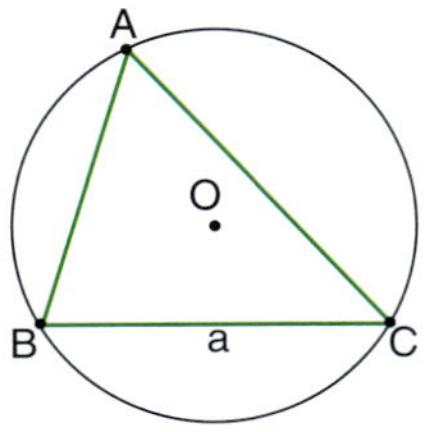

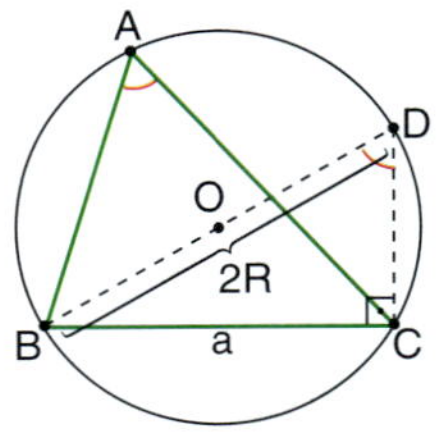

Traçando o diâmetro $\overline{BD}$, temos:
$m(B\hat{A}C) = m(B\hat{D}C)$, pois $B\hat{A}C$ e $B\hat{D}C$, como ângulos inscritos (isto é, seus vértices são pontos da circunferência), veem o arco comum $\overset{\frown}{BC}$ e determinam a mesma corda $\overline{BC}$ na circunferência.

Como o triângulo BDC é inscrito em uma semicircunferência, ele é retângulo em C:

$$\text{sen }(B\hat{D}C) = \frac{a}{2R} \Rightarrow \text{sen }\hat{A} = \frac{a}{2R} \Rightarrow \frac{a}{\text{sen }\hat{A}} = 2R.$$

De modo análogo, temos:

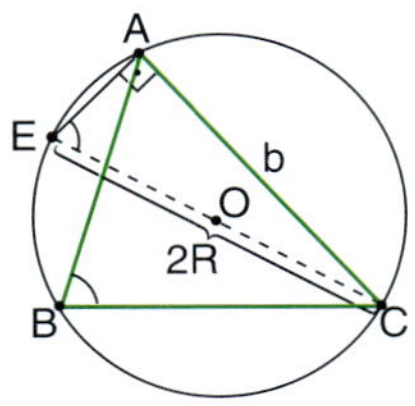

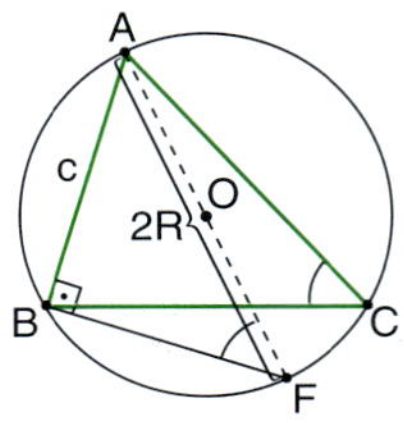

Assim: $\dfrac{b}{\text{sen }\hat{B}} = 2R$ e $\dfrac{c}{\text{sen }\hat{C}} = 2R.$

Segue a expressão da lei dos senos:

$$\frac{a}{\text{sen }\hat{A}} = \frac{b}{\text{sen }\hat{B}} = \frac{c}{\text{sen }\hat{C}} = 2R$$

Observações

- Quando um dos ângulos for reto ($\triangle$ABC retângulo), a demonstração é análoga; usa-se o fato de que sen 90° = 1.
- Quando um dos ângulos for obtuso ($\triangle$ABC obtusângulo), usa-se raciocínio análogo e a relação: $\text{sen }(180° - \hat{A}) = \text{sen }\hat{A}$.

Exemplo 1

Voltemos ao problema da introdução deste capítulo.

Vamos construir o modelo geométrico que representa a situação descrita:

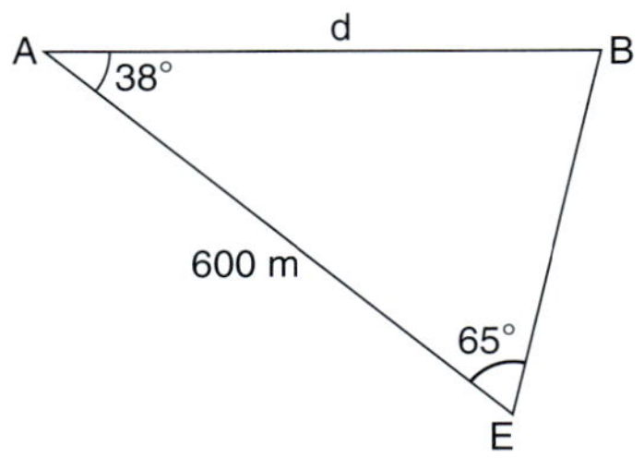

Temos:

$$m(A\hat{B}E) = 180° - (65° + 38°) = 77°$$

A distância *d* entre os pontos A e B pode ser obtida por meio da lei dos senos:

$$\frac{d}{\text{sen }65°} = \frac{600}{\text{sen }77°}$$

Consultando a tabela ou uma calculadora científica, obtemos os valores de sen 65° e de sen 77°:

$$\frac{d}{0{,}90631} = \frac{600}{0{,}97437} \Rightarrow d \cong 558 \text{ metros}$$

EXERCÍCIOS RESOLVIDOS

1. No triângulo ABC ao lado, determinar as medidas do lado $\overline{AB}$ e do raio da circunferência circunscrita.

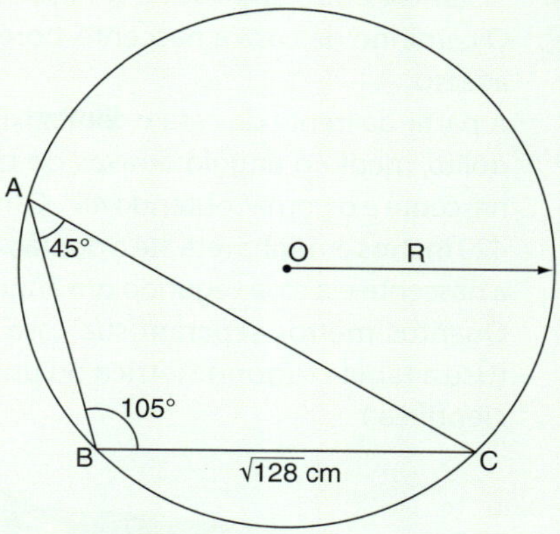

Solução:

$\hat{C} = 180° - (45° + 105°) = 30°$.

Pela lei dos senos:

$$\frac{BC}{\text{sen}\,\hat{A}} = \frac{AB}{\text{sen}\,\hat{C}} \Rightarrow \frac{\sqrt{128}}{\frac{\sqrt{2}}{2}} = \frac{AB}{\frac{1}{2}} \Rightarrow AB = \sqrt{64} = 8$$

O lado $\overline{AB}$ mede 8 cm.

Usando a constante de proporcionalidade:

$$2R = \frac{AB}{\text{sen}\,\hat{C}} = \frac{AB}{\text{sen}\,30°} = \frac{8}{\frac{1}{2}} = 16 \Rightarrow R = 8$$

O raio da circunferência circunscrita ao triângulo mede 8 cm.

2. Calcular as medidas dos lados $\overline{AB}$ e $\overline{BC}$ do triângulo, em função da medida *b* do lado $\overline{AC}$. Usar a tabela trigonométrica ou uma calculadora científica.

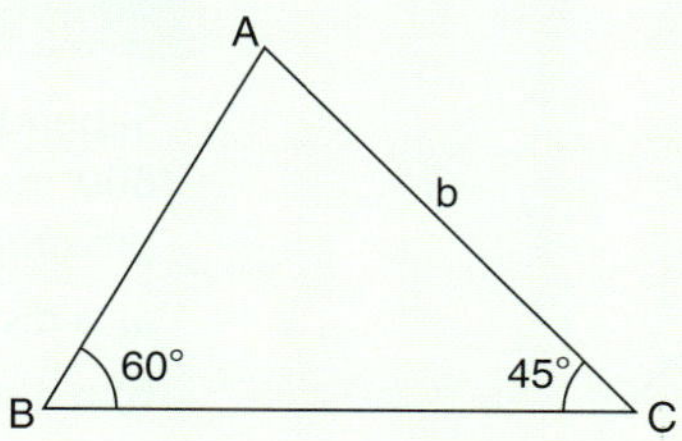

Solução:

Observe que $m(\hat{A}) = 180° - 60° - 45° = 75°$;

Pela lei dos senos:

$$\frac{b}{\text{sen}\,60°} = \frac{AB}{\text{sen}\,45°} = \frac{BC}{\text{sen}\,75°}$$

Consultando a tabela das razões trigonométricas ou usando a calculadora, vem:

$$AB = \underbrace{\frac{\text{sen}\,45°}{\text{sen}\,60°}}_{\cong 0{,}816} \cdot b \quad \text{e} \quad BC = \underbrace{\frac{\text{sen}\,75°}{\text{sen}\,60°}}_{\cong 1{,}115} \cdot b, \text{ isto é,} \quad AB = 0{,}816b \text{ e } BC = 1{,}115b$$

EXERCÍCIOS

1. Num triângulo ABC são dados $\hat{B} = 60°$, $\hat{C} = 45°$ e $AB = 8$ cm. Determine o comprimento de $\overline{AC}$.

2. No triângulo ABC da figura, determine as medidas de $\overline{AB}$ e $\overline{BC}$. (Use a tabela trigonométrica ou uma calculadora científica.)

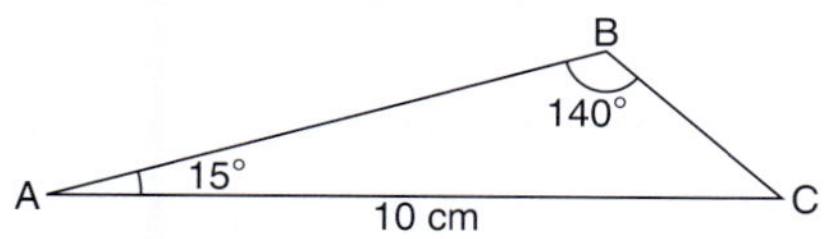

3. Dado $\text{sen}\,75° = \frac{\sqrt{2} + \sqrt{6}}{4}$, determine *x* e *y*, na figura abaixo.

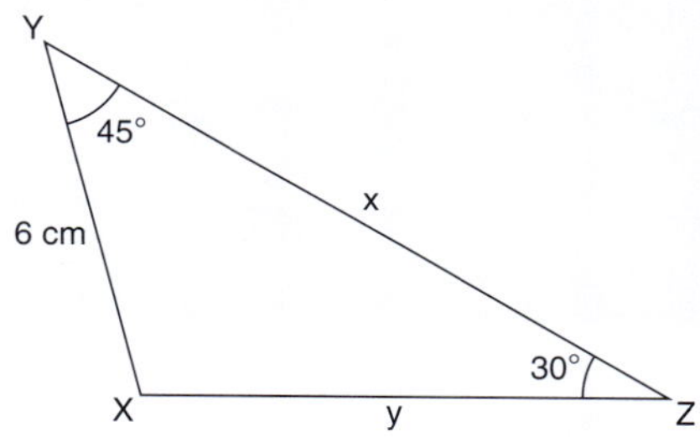

4. O proprietário de um terreno deseja conhecer a distância entre sua casa e a nascente de um rio. O caminho da casa à nascente, porém, é de difícil acesso.

A partir da frente da casa e com auxílio de um teodolito, mediu o ângulo através do qual avistava a nascente e o pomar, obtendo 48°. Caminhou, então, 420 metros em linha reta até o pomar, de onde mirou a nascente e a casa segundo um ângulo de 64°.

Quantos metros separam sua casa da nascente? (Use a tabela trigonométrica ou uma calculadora científica.)

Graphorama

5. Determine a medida do ângulo *x*.

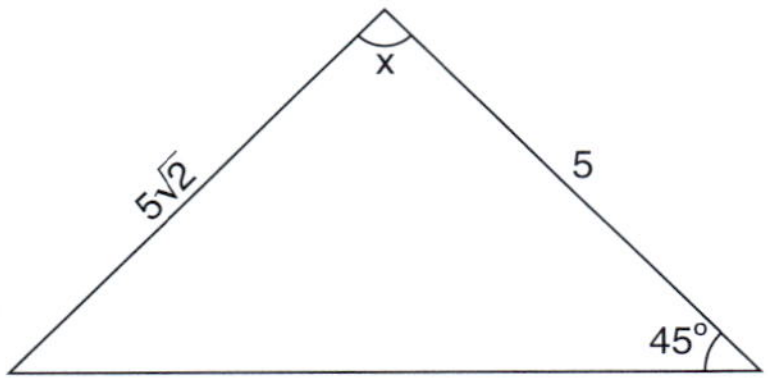

6. Determine a medida do raio da circunferência circunscrita a um triângulo ABC, sendo BC = 15 cm e m(Â) = 30°.

7. Entre os pontos A e B, extremidades do lado de um terreno, existe uma região plana alagadiça, cuja extensão deseja-se estimar. Um topógrafo, situado em A, avistou um posto rodoviário situado na estrada sob um ângulo de 40° em relação a $\overleftrightarrow{AB}$. Dirigiu-se, então, ao posto, situado a 1 500 metros de A, e avistou as extremidades do terreno sob um ângulo de 85°. Use as aproximações sen 55° = 0,82; sen 85° = 0,99 e sen 40° = 0,64.

Graphorama

a) Qual é a extensão da região alagadiça?

b) Qual é a distância entre o posto e o ponto B?

8. Um triângulo possui dois ângulos com medidas 30° e 70° e está inscrito numa circunferência de raio 12 m. Usando a tabela trigonométrica ou uma calculadora científica, determine a medida de seu lado:

a) menor.

b) maior.

9. Duas casas de veraneio X e Y estão situadas na mesma margem de um rio. De X avistam-se a casa Y e um clube particular na outra margem, sob um ângulo de 56°. De Y avistam-se o clube e a casa X, sob um ângulo de 42°.

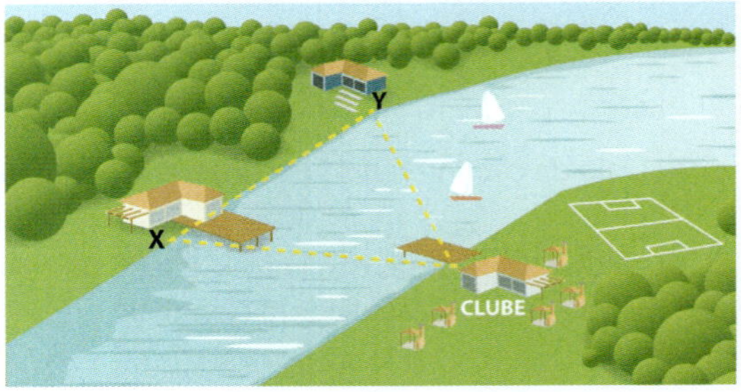

Graphorama

Sabendo que a distância entre X e o clube é de 600 metros, determine o número inteiro mais próximo que representa:

a) a distância entre o clube e Y.

b) a distância entre as casas X e Y.

c) a largura do rio.

Admita que, nesse trecho, as margens do rio são paralelas e use as aproximações sen 42° = 0,67; sen 56° = 0,83 e sen 82° = 0,99.

10. (Vunesp-SP) Cinco cidades, A, B, C, D e E, são interligadas por rodovias conforme mostra a figura.

Ilustrações sem escala ou em escalas diferentes. Cores artificiais.

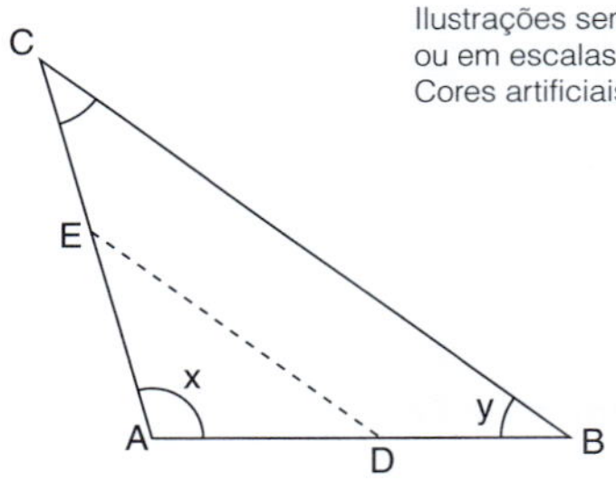

A rodovia AC tem 40 km, a rodovia AB tem 50 km, os ângulos *x*, entre AC e AB, e *y*, entre AB e BC, são tais que sen x = $\frac{3}{4}$ e sen y = $\frac{3}{7}$.

Deseja-se construir uma nova rodovia ligando as cidades D e E que, dada a disposição destas cidades, será paralela a BC.

a) Use a lei dos senos para determinar quantos quilômetros tem a rodovia BC.

b) Sabendo que AD tem 30 km, determine quantos quilômetros terá a rodovia DE.

LEI DOS COSSENOS

Introdução

Alberto De Stefano

A prefeitura de uma cidade litorânea está estudando a viabilidade de construir um túnel com traçado retilíneo para atravessar um trecho montanhoso. Esse túnel ligará diretamente as praias Brava e Mansa pela avenida Beira Mar, que está interrompida entre elas. Vamos supor que todo o terreno ao redor dos morros seja plano.

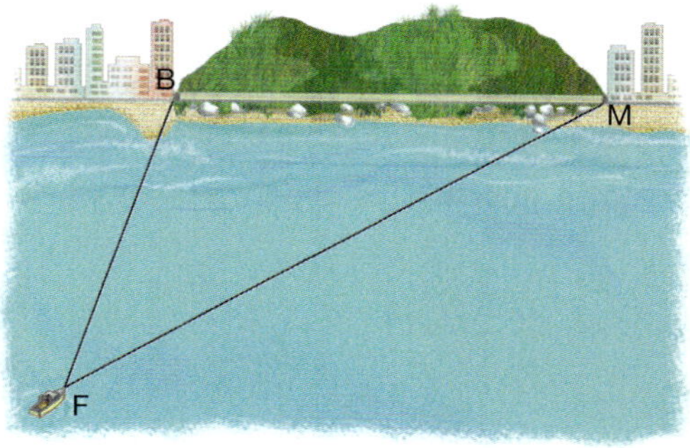

Alberto De Stefano

Em uma pequena embarcação e munido de GPS e aparelhos de medição, um funcionário especializado avistou, do ponto F, o último condomínio residencial na avenida Beira Mar, no final da praia Brava, representado pelo ponto B, e um outro condomínio, logo no começo da praia Mansa, na avenida Beira Mar, representado pelo ponto M.

Observe ao lado a vista frontal de B e M, a partir de F.

Feitas as medições, o funcionário verificou que, naquele momento, estava a 1,5 km de B e a 3,2 km de M; além disso, mediu o ângulo formado pelas retas $\overleftrightarrow{FB}$ e $\overleftrightarrow{FM}$, obtendo $m(B\hat{F}M) = 41°$.

Se o projeto for aprovado, quantos quilômetros de extensão terá o túnel de traçado retilíneo, considerando a medida do segmento $\overline{BM}$ como base para a determinação da extensão desse túnel?

Por meio do teorema a seguir, denominado **lei dos cossenos**, podemos resolver esse e outros problemas.

Teorema

Em todo triângulo, o quadrado da medida de qualquer lado é igual à soma dos quadrados das medidas dos outros dois, diminuída do dobro do produto da medida desses lados pelo cosseno do ângulo por eles formados.

Demonstração:

- Seja o triângulo **acutângulo** ABC, e CH = h, a medida da altura relativa ao lado $\overline{AB}$.

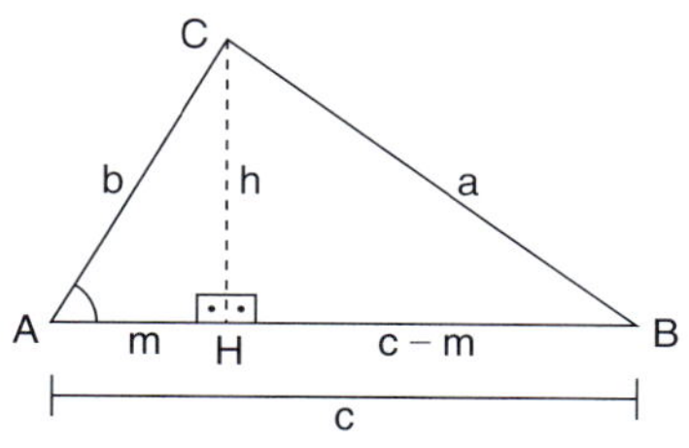

$$\left.\begin{array}{l}\triangle BCH: a^2 = h^2 + (c - m)^2 \\ \triangle ACH: h^2 = b^2 - m^2\end{array}\right\} \Rightarrow$$

$$\Rightarrow a^2 = b^2 - m^2 + c^2 - 2 \cdot c \cdot m + m^2 \Rightarrow$$

$$\Rightarrow a^2 = b^2 + c^2 - 2 \cdot c \cdot m \quad (1)$$

$$\triangle ACH: \cos \hat{A} = \frac{m}{b} \Rightarrow m = b \cdot \cos \hat{A} \quad (2)$$

Substituindo (2) em (1), vem:

$$a^2 = b^2 + c^2 - 2bc \cos \hat{A}$$

Analogamente, podemos obter:

$$b^2 = a^2 + c^2 - 2ac \cos \hat{B} \quad \text{e} \quad c^2 = a^2 + b^2 - 2ab \cos \hat{C}$$

- Seja o triângulo ABC **obtusângulo**, em $\hat{A}$, e CH = h, a medida da altura relativa ao lado $\overline{AB}$.

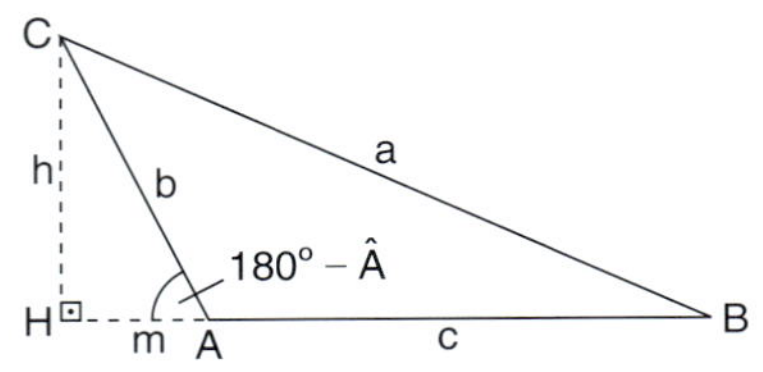

$$\left.\begin{array}{l}\triangle BCH\text{: } a^2 = h^2 + (c + m)^2 \\ \triangle ACH\text{: } h^2 = b^2 - m^2\end{array}\right\} \Rightarrow$$

$$\Rightarrow a^2 = b^2 - m^2 + c^2 + 2 \cdot c \cdot m + m^2 \Rightarrow$$

$$\Rightarrow a^2 = b^2 + c^2 + 2 \cdot c \cdot m \quad (1)$$

$\triangle CHA$: $\cos(180° - \hat{A}) = \dfrac{m}{b}$, isto é, $m = b \cdot \cos(180° - \hat{A}) =$ $= b \cdot (-\cos \hat{A}) = -b \cdot \cos \hat{A}$

$$m = -b \cos \hat{A} \quad (2)$$

Substituindo (2) em (1), vem: $a^2 = b^2 + c^2 - 2bc \cos \hat{A}$

Analogamente, podemos obter:

$$b^2 = a^2 + c^2 - 2ac \cos \hat{B} \quad \text{e} \quad c^2 = a^2 + b^2 - 2ab \cos \hat{C}$$

- No caso de o triângulo ABC ser **retângulo** (em $\hat{A}$, por exemplo), como $\cos 90° = 0$, verifica-se a igualdade $a^2 = b^2 + c^2 - 2bc \cos 90°$, que se reduz à expressão do teorema de Pitágoras. Para cada um dos dois ângulos agudos do triângulo ($\hat{B}$ e $\hat{C}$), a igualdade decorre também do teorema de Pitágoras.

Como pudemos perceber nos três casos, em qualquer triângulo ABC, temos:

$$a^2 = b^2 + c^2 - 2bc \cos \hat{A}$$
$$b^2 = a^2 + c^2 - 2ac \cos \hat{B}$$
$$c^2 = a^2 + b^2 - 2ab \cos \hat{C}$$

As relações acima são conhecidas como **lei dos cossenos**.

Exemplo 2

Considerando o problema proposto na introdução da lei dos cossenos, podemos construir um modelo geométrico para representar a situação descrita:

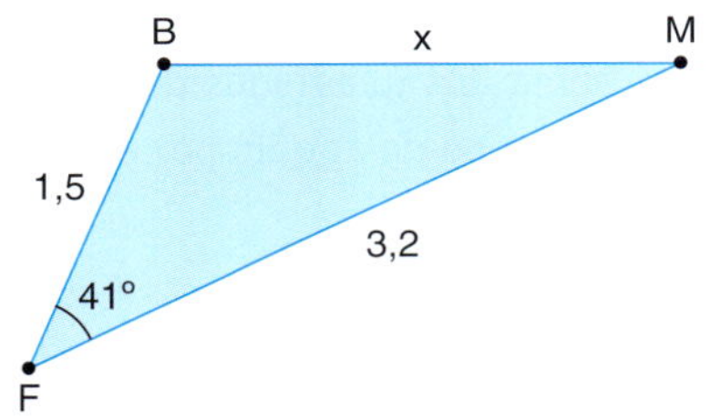

BF: distância entre o ponto F e o condomínio B.
MF: distância entre o ponto F e o condomínio M.
BM: extensão do futuro túnel.

Aplicando a lei dos cossenos, vem:

$$x^2 = 1{,}5^2 + 3{,}2^2 - 2 \cdot 1{,}5 \cdot 3{,}2 \cdot \cos 41°$$

Considerando a aproximação $\cos 41° = 0{,}75$, vem:

$$x^2 = 2{,}25 + 10{,}24 - 9{,}6 \cdot 0{,}75$$
$$x^2 = 12{,}49 - 7{,}2$$
$$x^2 = 5{,}29 \Rightarrow x = 2{,}3 \text{ km (ou 2 300 metros)}$$

Assim, o futuro túnel terá 2,3 km de extensão.

EXERCÍCIOS RESOLVIDOS

3. Na figura seguinte, determinar a medida do lado $\overline{AC}$ e a medida do ângulo com vértice em A. Usar a tabela trigonométrica ou a calculadora.

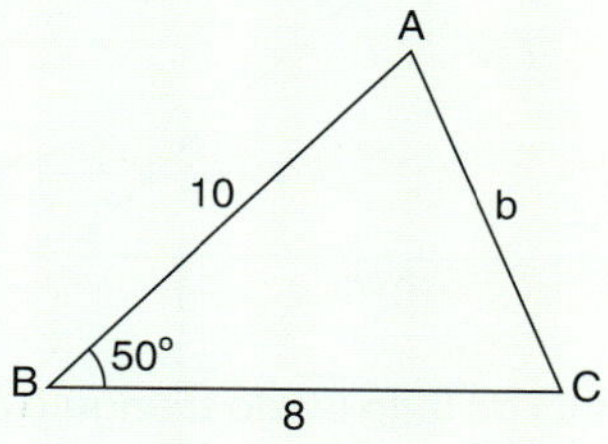

Solução:

Determinando AC = b:

$b^2 = 8^2 + 10^2 - 2 \cdot 8 \cdot 10 \cdot \cos 50°$

$b^2 = 164 - 160 \cdot \cos 50°$

$b^2 = 164 - 160 \cdot 0{,}64279$

$b \cong 7{,}82$

Para determinar a medida do ângulo com vértice em A, podemos usar:

- a lei dos cossenos:

$8^2 = 10^2 + 7{,}82^2 - 2 \cdot 10 \cdot 7{,}82 \cdot \cos \hat{A}$

$64 = 161{,}1524 - 156{,}4 \cos \hat{A}$

$\cos \hat{A} \cong 0{,}62$

$\hat{A} \cong 52°$

ou

- a lei dos senos:

$\dfrac{8}{\text{sen } \hat{A}} = \dfrac{7{,}82}{\text{sen } 50°}$

$\text{sen } \hat{A} \cong 0{,}7836$

Como $\hat{A}$ é agudo (pois opõe-se a $\overline{BC}$, que não é o maior lado de ABC), $\hat{A} \cong 52°$ (pela tabela).

4. Determinar *x* na figura a seguir:

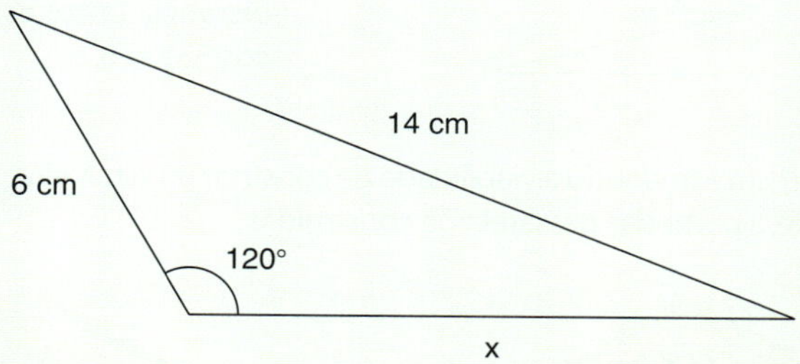

Solução:

Como o problema forneceu a medida de 120°, vamos usar o teorema dos cossenos, "iniciando" pelo lado de medida 14 cm:

$$14^2 = 6^2 + x^2 - 2 \cdot 6 \cdot x \cdot \cos 120°$$

Sabemos que $\cos 120° = -\cos 60° = -\dfrac{1}{2}$ (veja figura a seguir).

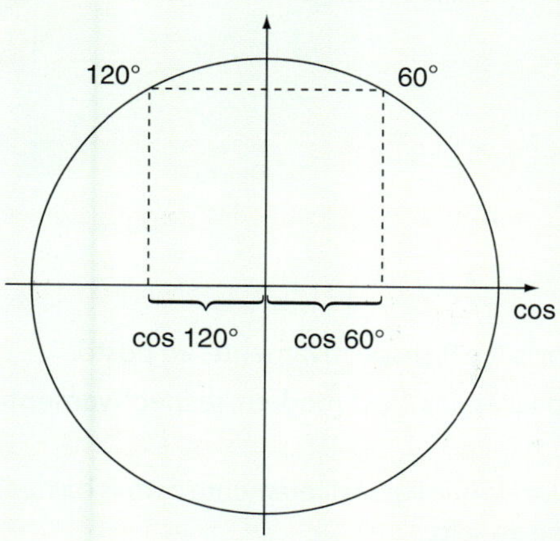

Daí, vem:

$196 = 36 + x^2 - 2 \cdot 6 \cdot x \cdot \left(-\dfrac{1}{2}\right)$

$196 = 36 + x^2 + 6x \Rightarrow$

$\Rightarrow x^2 + 6x - 160 = 0 \xrightarrow{x > 0}$

$\Rightarrow x = 10 \text{ cm}$

EXERCÍCIOS

11. Determine o valor de x em cada caso:

a)

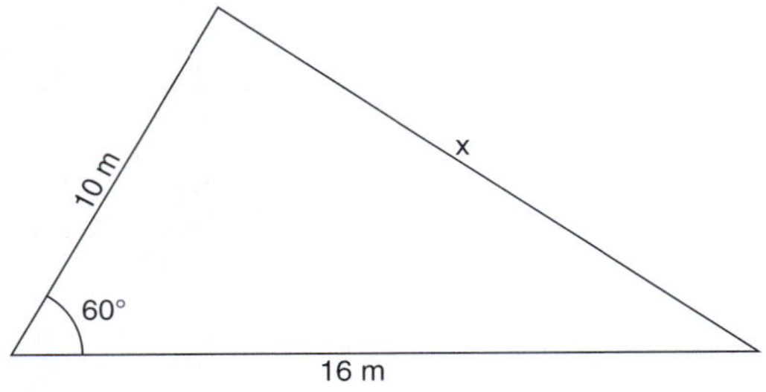

b)

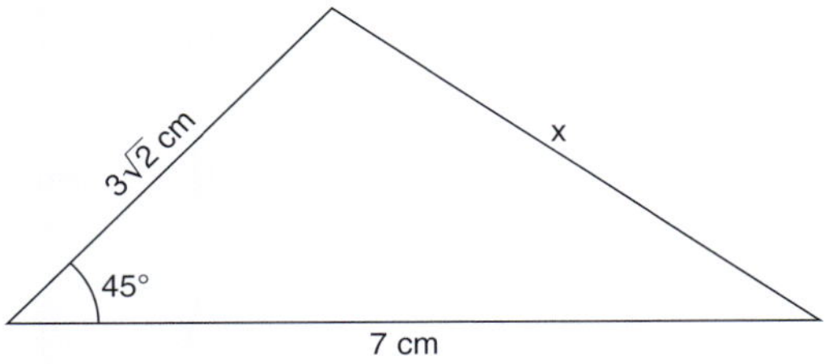

c)

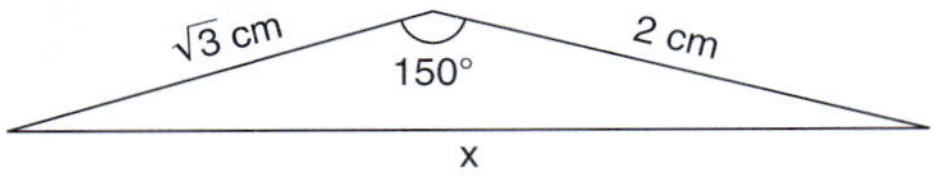

12. Obtenha o perímetro do triângulo RST.

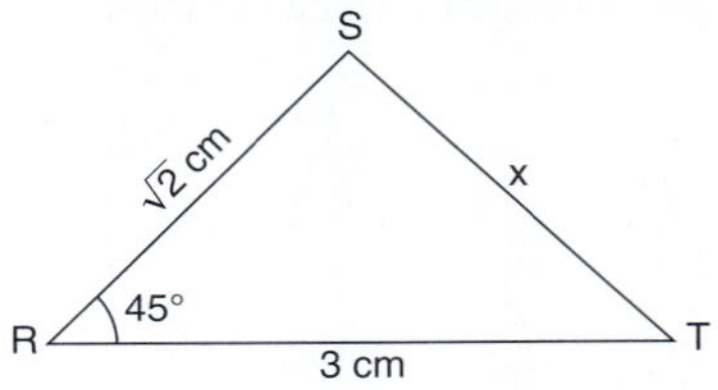

13. Calcule a medida do lado $\overline{BC}$ do triângulo abaixo.

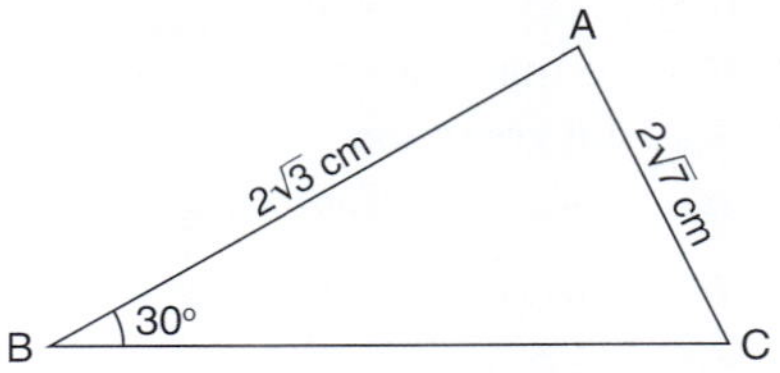

14. O acesso ao aeroporto de uma cidade é feito por duas vias de contorno retilíneo que se cruzam segundo um ângulo de 53°. A primeira tem 2,1 km de extensão, e a outra, 3,5 km de extensão. As vias têm origem em dois postos de gasolina. Qual é a distância entre esses postos? Use a aproximação $\cos 53° = 0,6$.

15. A prefeitura de uma cidade está estudando a viabilidade de construir uma terceira passarela sobre a rodovia, ligando os bairros A e B diretamente, a partir das passarelas já construídas.

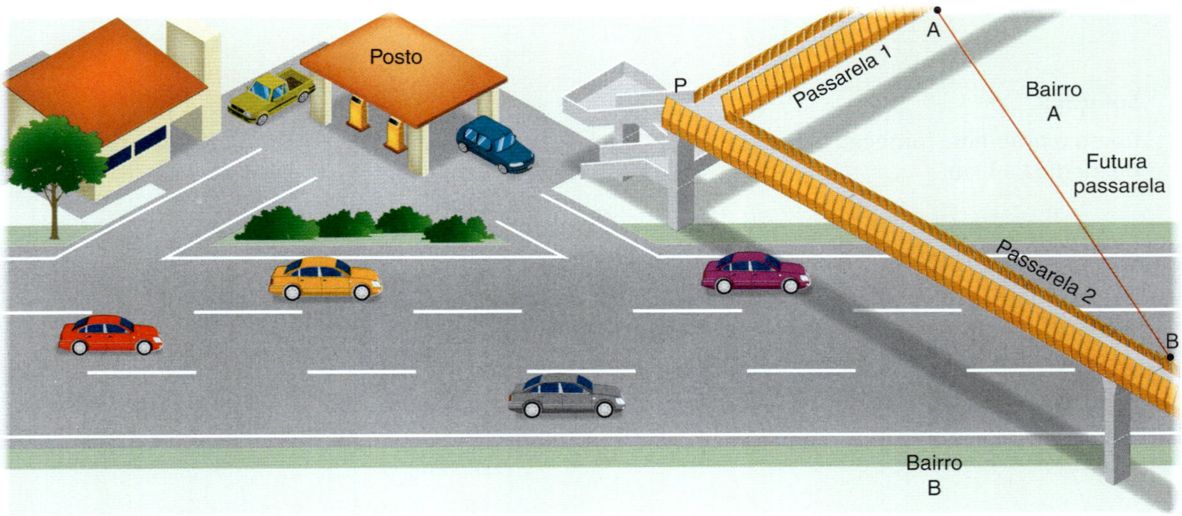

Alex Argozino

Ilustração sem escala ou em escalas diferentes. Cores artificiais.

O acesso atual é feito pelas passarelas 1 e 2 que ligam os bairros A e B, respectivamente, ao posto.

Medições feitas pela empresa contratada mostram que as passarelas 1 e 2 medem, respectivamente, 130 m e 220 m. O ângulo formado por 1 e 2 mede 60°.

Se o projeto for aprovado, quantos metros de extensão terá a passarela que ligará diretamente os dois bairros? Admita que as extremidades A, P e B estejam na mesma altura em relação ao solo.

16. Na figura, sendo m $(A\hat{B}C) = \alpha$, determine:

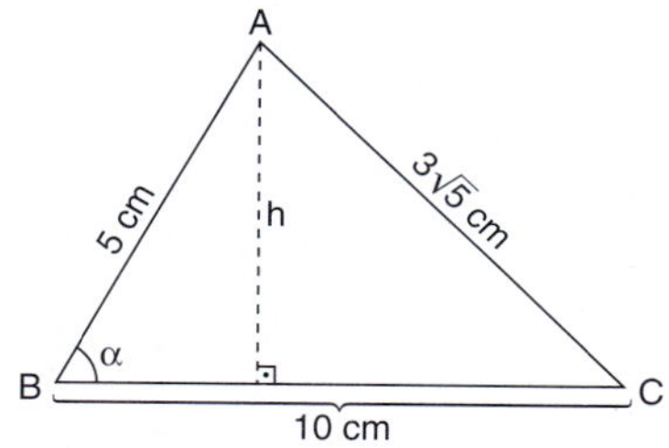

a) $\cos \alpha$.
b) o valor de *h*.
c) a área do triângulo ABC.

17. Encontre os valores de *x* e *y* na figura. O que pode ser dito sobre o triângulo ABC?

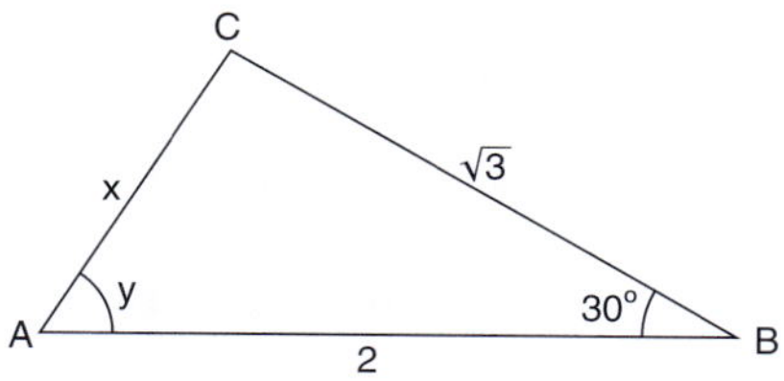

18. Um motorista de caminhão precisa fazer entregas nas cidades Alfa e Beta, distantes $10\sqrt{13}$ km (aproximadamente 36 km) entre si. Do ponto P em que se encontra, na bifurcação de uma estrada, ele sabe que a distância a Beta é o triplo da distância a Alfa.

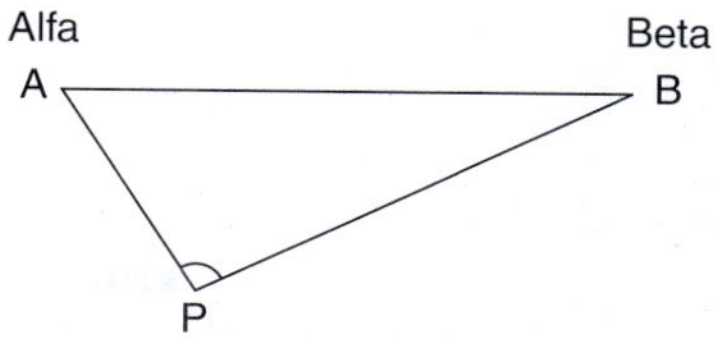

Sabendo que m $(A\hat{P}B) = 120°$ e que a velocidade máxima permitida no trecho de P a Beta é de 50 km/h, determine o tempo mínimo que será gasto para chegar a Beta, onde será feita a primeira entrega.

19. (FCMSC-SP) Considerando a figura ao lado, qual o valor de sen α?

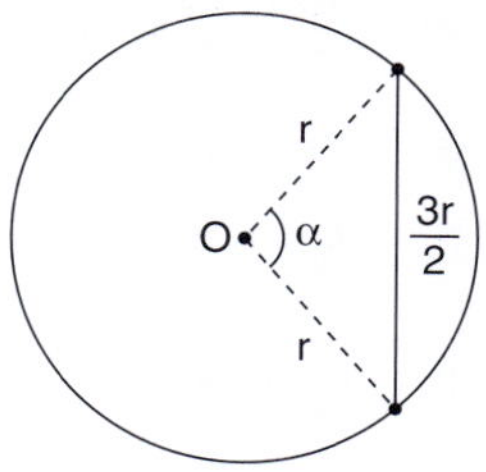

20. Na figura, o perímetro do quadrado ABCD mede 24 cm e o triângulo DEC é equilátero. Determine a medida de $\overline{AE}$.

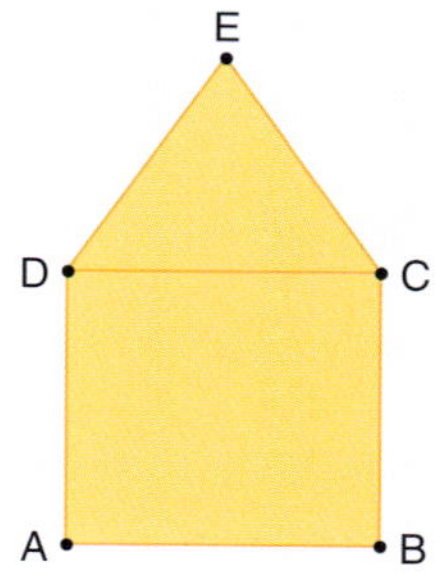

Área de um triângulo

Já sabemos da Geometria Plana que a área da superfície limitada por um triângulo (ou simplesmente, a área de um triângulo) é dada pelo semiproduto da medida da base pela medida da altura relativa a essa base, como mostra a figura:

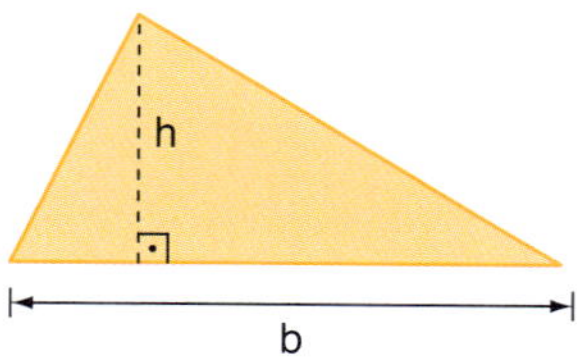

$$A = \frac{b \cdot h}{2}$$

Consideremos, agora, uma situação particular: são conhecidas as medidas de dois lados do triângulo e do ângulo formado por esses lados. Nesse caso, usando a fórmula anterior, vamos encontrar uma maneira prática para o cálculo da área do triângulo.

Propriedade: Em qualquer triângulo, a área é igual ao semiproduto das medidas de dois lados pelo seno do ângulo por eles formado.

Demonstração:

- Seja o triângulo ABC acutângulo.

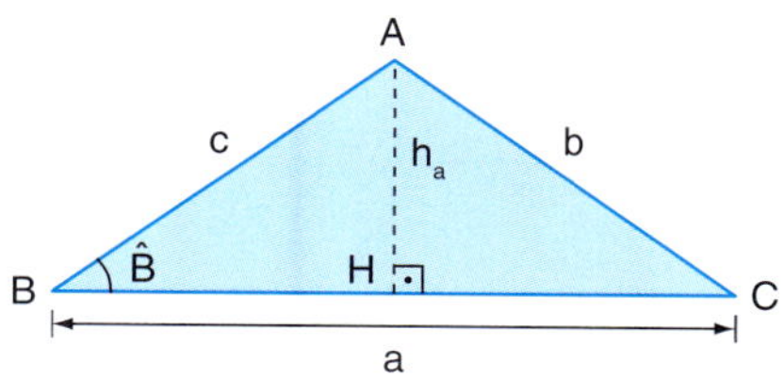

No ΔABH: $\text{sen } \hat{B} = \frac{h_a}{c} \Rightarrow h_a = c \text{ sen } \hat{B}$

Como a área A é dada por $A = \frac{a \cdot h_a}{2}$, vem:

$$A = \frac{a \cdot c \cdot \text{sen } \hat{B}}{2}$$

Analogamente, prova-se que: $A = \frac{a \cdot b \cdot \text{sen}\,\hat{C}}{2} = \frac{b \cdot c \cdot \text{sen}\,\hat{A}}{2}$

- Seja o triângulo ABC obtusângulo em B.
  Observe que a altura $\overline{AH}$ é exterior ao triângulo ABC.

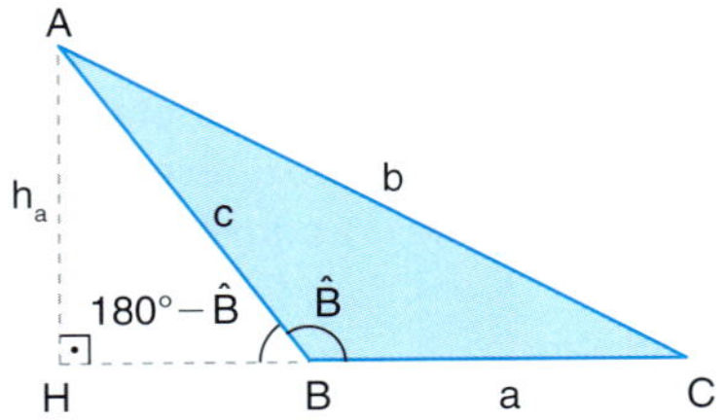

No ΔABH: $\text{sen}\,(180° - \hat{B}) = \frac{h_a}{c} = \text{sen}\,\hat{B} \Rightarrow h_a = c \cdot \text{sen}\,\hat{B}$

Como a área A pode ser expressa por $A = \frac{a \cdot h_a}{2}$, vem: $A = \frac{a \cdot c \cdot \text{sen}\,\hat{B}}{2}$

Analogamente, prova-se que: $A = \frac{a \cdot b \cdot \text{sen}\,\hat{C}}{2} = \frac{b \cdot c \cdot \text{sen}\,\hat{A}}{2}$

- No caso do triângulo ABC ser retângulo — em A, por exemplo —, temos que a área (A) é: $A = \frac{1}{2}a \cdot h_a$, com $h_a = c\,\text{sen}\,\hat{B}$ ou $h_a = b\,\text{sen}\,\hat{C}$.

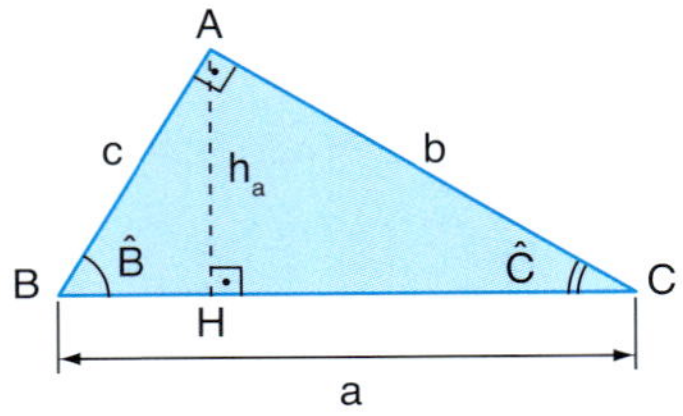

Daí, vem: $A = \frac{a \cdot c \cdot \text{sen}\,\hat{B}}{2} = \frac{a \cdot b \cdot \text{sen}\,\hat{C}}{2}$

Por outro lado, tomando-se um dos catetos ($\overline{AB}$, por exemplo) como base, o outro cateto ($\overline{AC}$) representa a altura relativa a essa base.

Temos:

$$A = \frac{AB \cdot AC}{2} = \frac{c \cdot b}{2} \quad (*)$$

Os catetos de medidas *b* e *c* formam entre si um ângulo reto ($\hat{A}$). Como $\text{sen}\,\hat{A} = \text{sen}\,90° = 1$, em (*) podemos escrever:

$$A = \frac{c \cdot b \cdot \text{sen}\,\hat{A}}{2}$$

Observação

No capítulo 11 deste volume, teremos a oportunidade de revisar o cálculo das áreas das principais figuras planas.

Exemplo 3

Calcular a área do triângulo ABC abaixo:

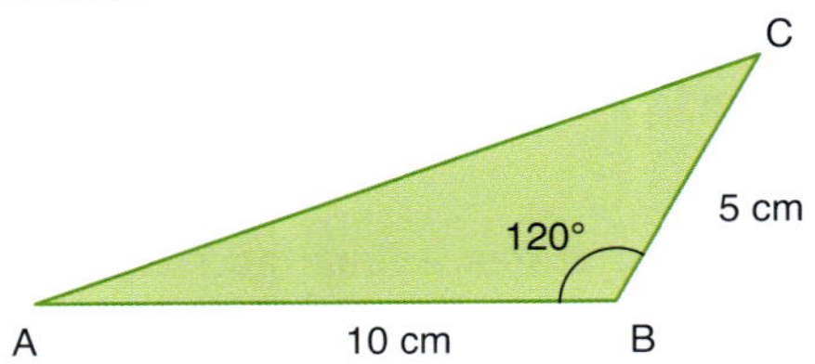

Podemos fazer diretamente:

$$\text{Área} = \frac{AB \cdot BC \cdot \text{sen}\,\hat{B}}{2} = \frac{10\text{ cm} \cdot 5\text{ cm} \cdot \text{sen}\,120°}{2}$$

Como $\text{sen}\,120° = \text{sen}\,60° = \frac{\sqrt{3}}{2}$ (veja a figura)

vem:

$\text{Área} = \frac{1}{2} \cdot 50 \cdot \frac{\sqrt{3}}{2} = \frac{50\sqrt{3}}{4}$; a área mede $\frac{50\sqrt{3}}{4}\text{ cm}^2$.

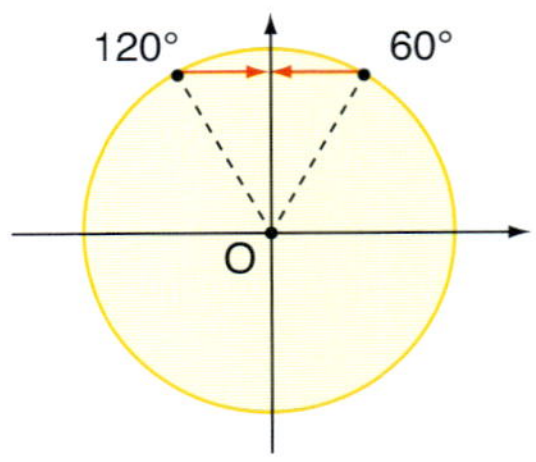

EXERCÍCIOS

21. Calcule, em cada caso, a área do triângulo ABC:

a)

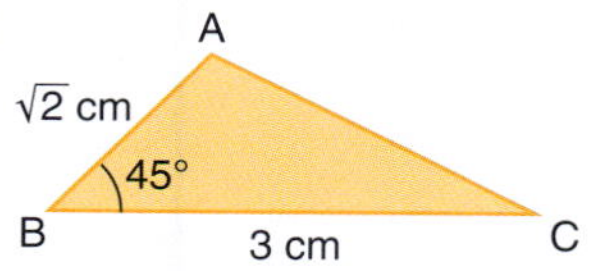

b)

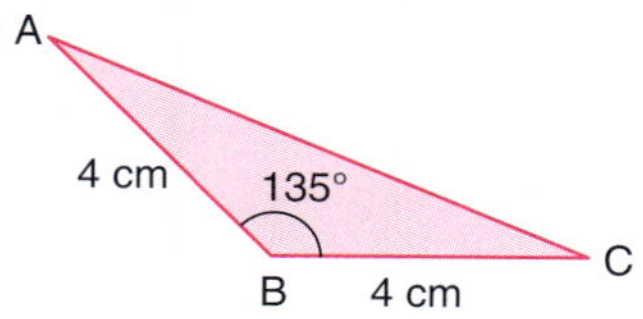

c)

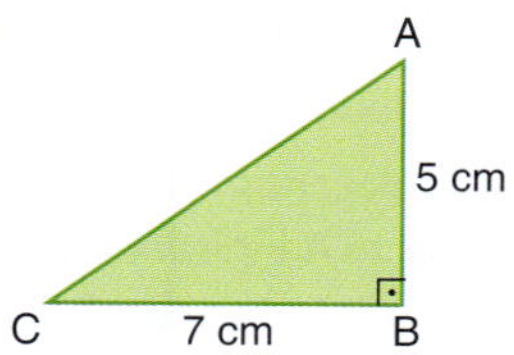

d)

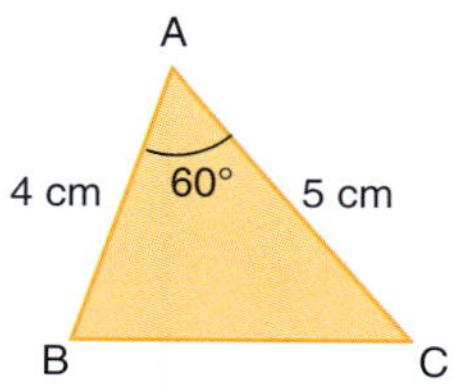

22. Dado o triângulo MNP abaixo, determine:

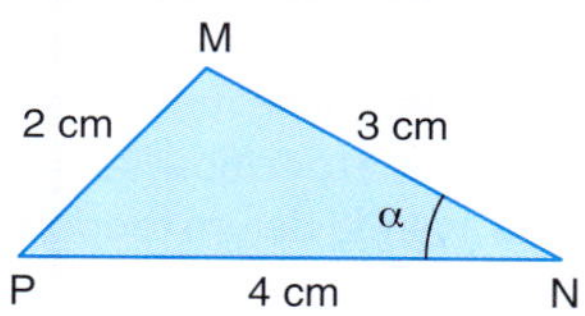

a) o valor de cos α, utilizando a lei dos cossenos;

b) o valor de sen α, utilizando a relação fundamental da Trigonometria;

c) a área do triângulo MNP.

23. Um terreno triangular tem frentes de 6 m e 8 m em ruas que formam entre si um ângulo de 65°. Qual é a área do terreno? Quanto mede o terceiro lado do terreno?

Considere as aproximações: sen 65° $= 0{,}9$ e $\sqrt{19} = 4{,}4$.

24. Na figura, O é o centro da circunferência cujo comprimento é 10 π cm.

Sabendo que m(A$\hat{B}$O) = 75°, determine:

a) a área do triângulo BOC;

b) a medida do ângulo A$\hat{B}$C.

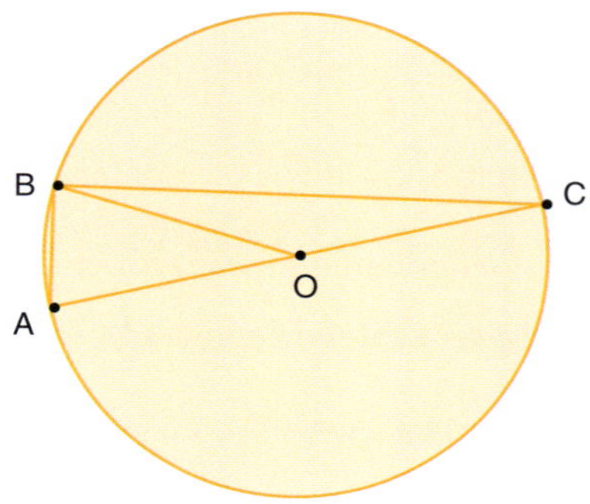

DESAFIO

(Obmep) Em certo ano bissexto (isto é, um ano que tem 366 dias) o número de sábados foi maior que o número de domingos. Em que dia da semana caiu o dia 20 de janeiro desse ano?

EXERCÍCIOS COMPLEMENTARES

1. Um triângulo acutângulo está inscrito numa circunferência de 5 cm de raio. Se o ângulo α do triângulo se opõe a um lado de 6 cm, quanto vale cos α?

2. O comandante de uma embarcação recebeu a orientação de que poderia aportar em dois pontos de um porto, P e Q, distantes 4 km um do outro, como mostra a figura. Sabe-se que, no instante em que recebeu a orientação, as distâncias da embarcação aos pontos P e Q eram, respectivamente, 2 km e 3 km.

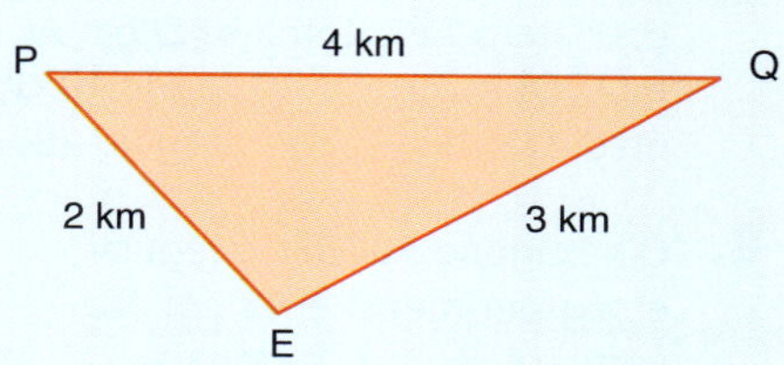

a) Qual é a medida do ângulo P$\hat{E}$Q? Use a tabela trigonométrica.

b) Qual seria a menor distância que a embarcação percorreria, se pudesse aportar em qualquer ponto de $\overleftrightarrow{PQ}$?

3. As medidas de dois lados consecutivos de um paralelogramo são 5 cm e $2\sqrt{3}$ cm. O ângulo formado por esses lados mede 30°. Quanto medem as diagonais desse paralelogramo?

4. Um teleférico de 3 km de extensão liga o ponto A até o topo de uma montanha, como mostra a figura.

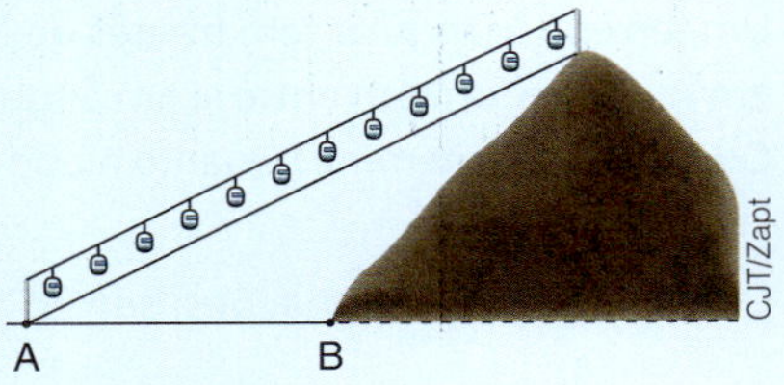

Ilustração sem escala ou em escalas diferentes. Cores artificiais.

Outra opção de ascensão à montanha é caminhar 2 km até sua base, no ponto B, e de lá iniciar a escalada. Sabendo que para cada metro percorrido sobre a montanha corresponde um deslocamento horizontal de 50 cm, determine:
(Use as aproximações $\sqrt{6} = 2,45$ e $\sqrt{3} = 1,73$.)

a) a distância total percorrida por um turista que, saindo de A e passando por B, chegou ao cume da montanha;

b) a altura aproximada da montanha.

5. No ciclo trigonométrico, as imagens dos números reais pertencentes ao conjunto $C = \left\{x \in \mathbb{R} \mid x = \frac{k \cdot \pi}{4}, \text{ para } k \text{ inteiro, com } 0 \leq k \leq 8\right\}$ são vértices de um polígono.

a) Qual é o perímetro desse polígono?

b) Qual é a área desse polígono?

6. Na circunferência trigonométrica ao lado, P é imagem do número real $\frac{2\pi}{3}$.

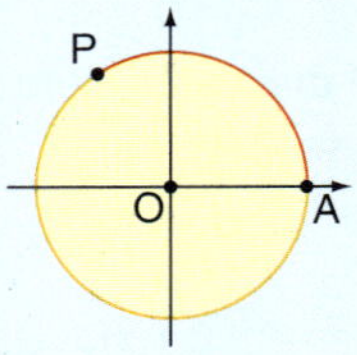

Determine a diferença entre o comprimento do arco $\overset{\frown}{AP}$ e a medida do segmento $\overline{AP}$. Use as aproximações $\pi = 3,1$ e $\sqrt{3} = 1,7$.

7. Seja P o ponto médio de $\overline{AB}$, lado do triângulo equilátero ABC. Toma-se Q em $\overline{AC}$ de modo que $m(A\hat{P}Q) = 75°$. Se $\overline{PQ}$ mede 10 cm, determine a medida da altura do triângulo ABC.

8. O hexágono ABCDEF é regular e seu perímetro é 48 cm. Do vértice A saem 3 diagonais. Qual é a soma das medidas dessas três diagonais?

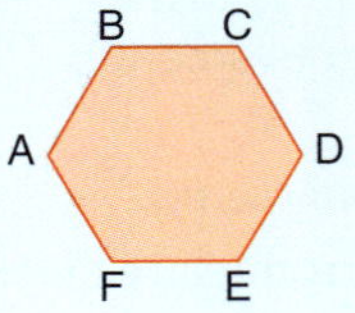

9. Calcule o perímetro do triângulo ABC da figura abaixo, cujas medidas estão em centímetros.

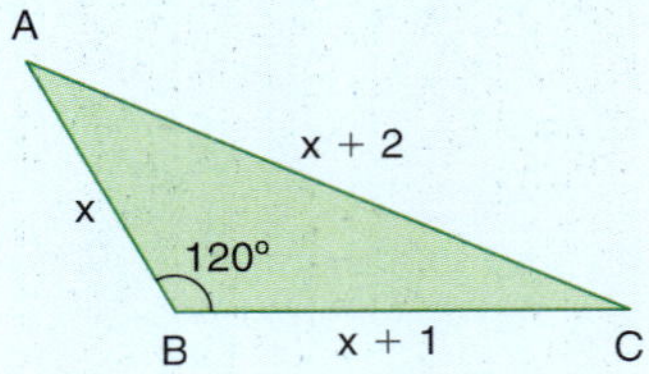

10. (UF-GO) Uma empresa de vigilância irá instalar um sistema de segurança em um condomínio fechado, representado pelo polígono da figura ao lado.

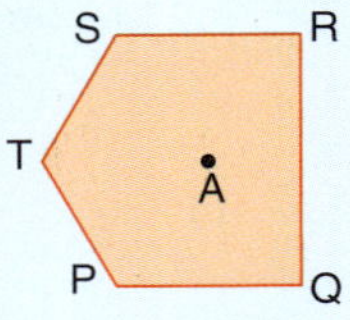

A empresa pretende colocar uma torre de comunicação, localizada no ponto A, indicado na figura, que seja equidistante dos vértices do polígono, indicados por P, Q, R, S e T, onde serão instalados os equipamentos de segurança. Sabe-se que o lado $\overline{RQ}$ desse polígono mede 3 000 m e as medidas dos outros lados são todas iguais à distância do ponto A aos vértices do polígono. Calcule a distância do ponto A, onde será instalada a torre, aos vértices do polígono.

11. (Unicamp-SP) Um topógrafo deseja calcular a distância entre pontos situados à margem de um riacho, como mostra a figura a seguir. O topógrafo determinou as distâncias mostradas na figura, bem como os ângulos especificados na tabela abaixo, obtidos com a ajuda de um teodolito.

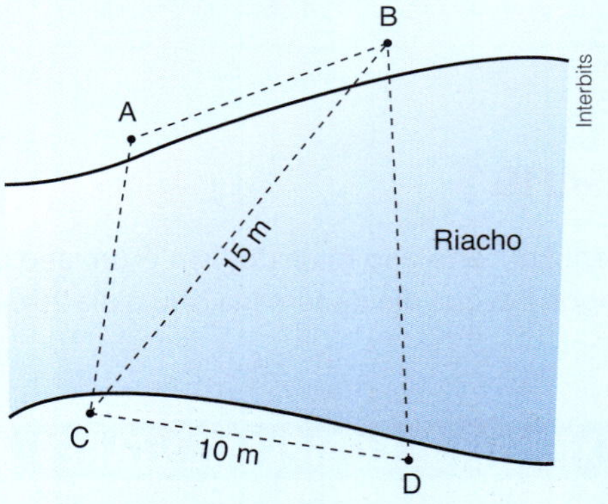

Visada	Ângulo
$A\hat{C}B$	$\frac{\pi}{6}$
$B\hat{C}D$	$\frac{\pi}{3}$
$A\hat{B}C$	$\frac{\pi}{6}$

a) Calcule a distância entre A e B.

b) Calcule a distância entre B e D.

12. (FGV-SP)

a) Determine o perímetro do triângulo na forma decimal aproximada, até os décimos. Se quiser, use algum destes dados: $35^2 = 1225$; $36^2 = 1296$; $37^2 = 1369$.

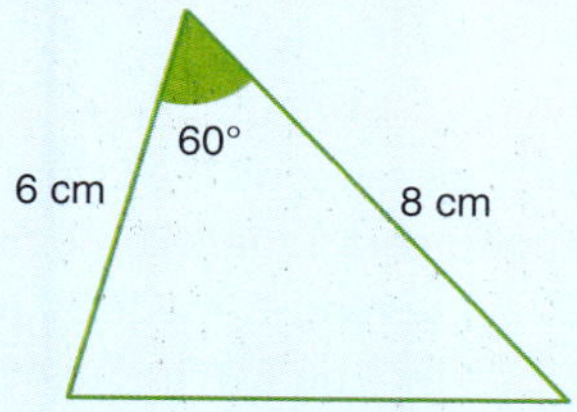

b) Um aluno tinha de fazer um cartaz triangular, em cartolina. Decidiu construir o triângulo com as seguintes medidas dos lados: 6 cm, 8 cm e 16 cm. Ele conseguirá fazer o cartaz? Por quê?

13. Determine a medida do ângulo *x*.

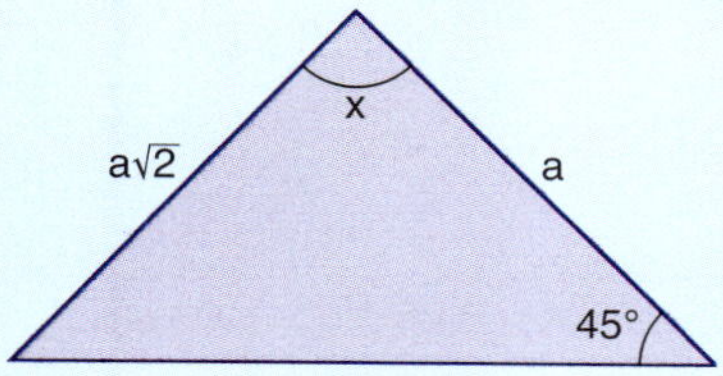

14. Ache o perímetro e a área de um triângulo que possui lados medindo 5 cm e 7 cm, entre os quais se forma um ângulo cujo seno vale $\frac{3}{5}$.

15. (U.F.Triângulo Mineiro-MG) Dado um triângulo isósceles de lados congruentes medindo 20 cm, e o ângulo α formado por esses dois lados, tal que $4 \operatorname{sen} \alpha = 3 \cos \alpha$, determine:

a) O valor numérico de sen α.

b) O perímetro desse triângulo.

16. A figura abaixo dá indicação sobre uma das centenas de provas do teorema de Pitágoras. Esta consiste em calcular as áreas dos quadrados construídos sobre os lados do triângulo ABC e comparar os resultados.

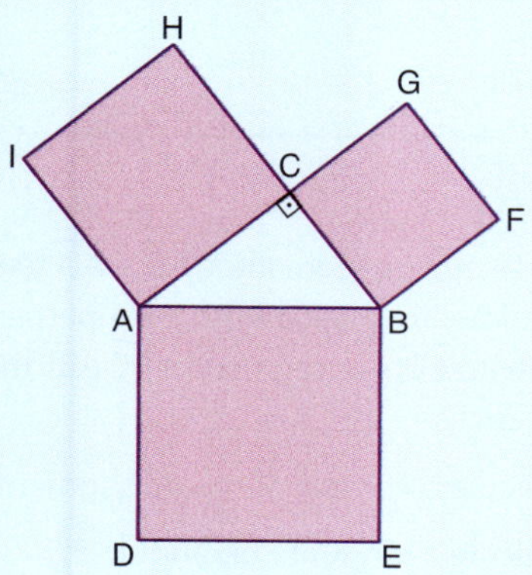

a) Se $\overline{AC}$ mede $3\sqrt{3}$ cm e $\overline{BC}$ mede 3 cm, quanto mede $\overline{BI}$?

b) Calcule a razão entre a área do triângulo BAI e a área do trapézio ABHI.

17. (Fuvest-SP) Na figura a seguir, O é o centro da circunferência de raio 1, a reta $\overleftrightarrow{AB}$ é secante a ela, o ângulo β mede 60° e $\operatorname{sen} \alpha = \frac{\sqrt{3}}{4}$.

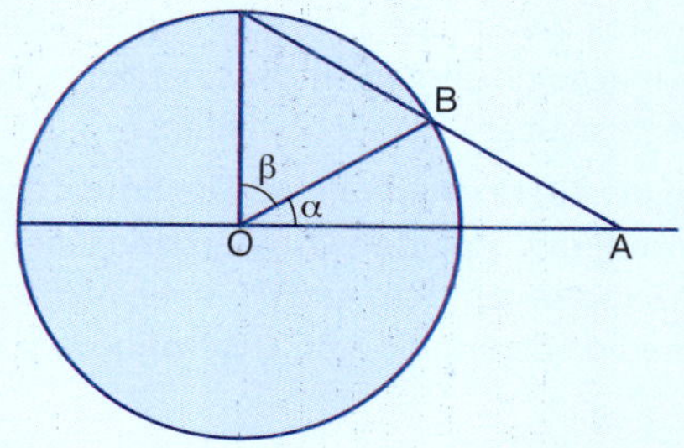

a) Determine sen $O\hat{A}B$ em função de AB.

b) Calcule AB.

18. (Unicamp-SP) Laura decidiu usar sua bicicleta nova para subir uma rampa. As figuras abaixo ilustram a rampa que terá que ser vencida e a bicicleta de Laura.

a) Suponha que a rampa que Laura deve subir tenha ângulo de inclinação α, tal que $\cos(\alpha) = \sqrt{0{,}99}$. Suponha, também, que cada pedalada faça a bicicleta percorrer 3,15 m. Calcule a altura *h* (medida com relação ao ponto de partida) que será atingida por Laura após dar 100 pedaladas.

b) O quadro da bicicleta de Laura está destacado na figura inferior. Com base nos dados da figura e sabendo que *a* mede 22 cm, calcule o comprimento *b* da barra que liga o eixo da roda ao eixo dos pedais.

19. (UF-GO) O mostrador do relógio de uma torre é dividido em 12 partes iguais (horas), cada uma das quais é subdividida em outras 5 partes iguais (minutos). Se o ponteiro das horas (OB) mede 70 cm e o ponteiro dos minutos (OA) mede 1 m, qual será a distância AB, em função do ângulo entre os ponteiros, quando o relógio marcar 1 hora e 12 minutos?

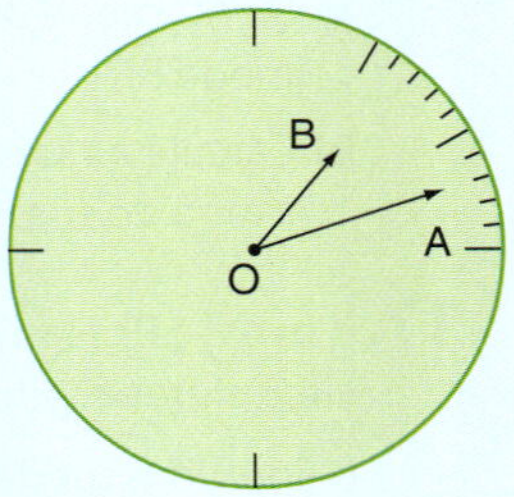

20. (Fuvest-SP) No triângulo ABC da figura, a mediana $\overline{AM}$, relativa ao lado $\overline{BC}$, é perpendicular ao lado $\overline{AB}$. Sabe-se também que BC = 4 e AM = 1. Se α é a medida do ângulo $A\hat{B}C$, determine

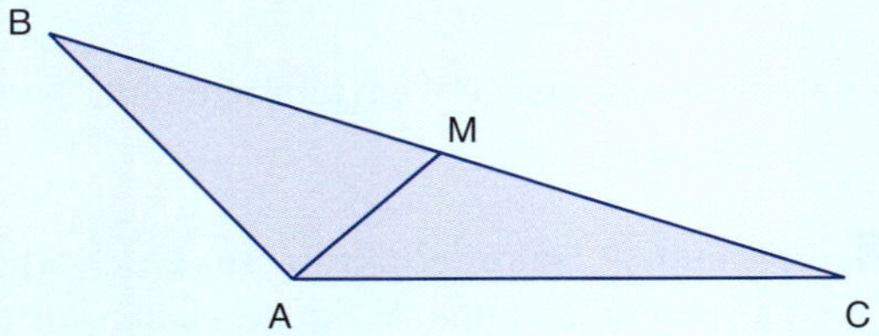

a) sen α.

b) o comprimento AC.

c) a altura do triângulo ABC relativa ao lado $\overline{AB}$.

d) a área do triângulo AMC.

21. Responda os itens a seguir.

a) Encontre o seno do maior ângulo do triângulo com vértices sobre os centros das circunferências – tangentes externamente duas a duas – de raios proporcionais a 3, 4 e 5.

b) Obtenha a área desse triângulo, sabendo que seu perímetro é 120 cm.

22. (Unicamp-SP) Um satélite orbita a 6 400 km da superfície da Terra. A figura ao lado representa uma seção plana que inclui o satélite, o centro da Terra e o arco de circunferência $\overset{\frown}{AB}$. Nos pontos desse arco, o sinal do satélite pode ser captado. Responda às questões a seguir, considerando que o raio da Terra também mede 6 400 km.

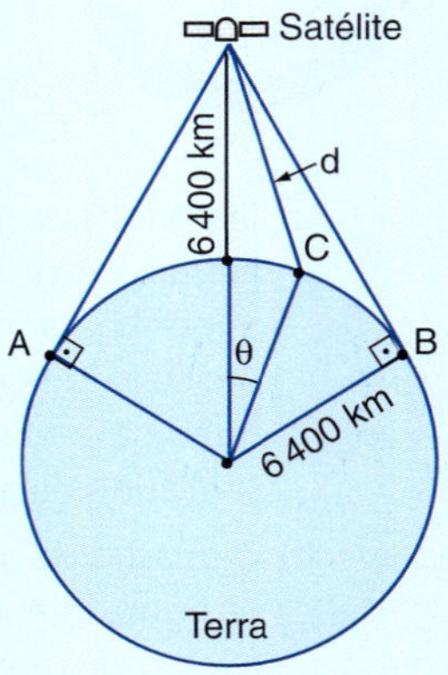

a) Qual o comprimento do arco $\overset{\frown}{AB}$ indicado na figura?

b) Suponha que o ponto C da figura seja tal que $\cos(\theta) = \frac{3}{4}$. Determine a distância *d* entre o ponto C e o satélite.

23. (Unesp-SP) Dois terrenos, T_1 e T_2, têm frentes para a rua R e fundos para a rua S, como mostra a figura. O lado $\overline{BC}$ do terreno T_1 mede 30 m e é paralelo ao lado $\overline{DE}$ do terreno T_2. A frente $\overline{AC}$ do terreno T_1 mede 50 m e o fundo $\overline{BD}$ do terreno T_2 mede 35 m. Ao lado do terreno T_2 há um outro terreno, T_3, com frente para a rua Z, na forma de um setor circular de centro E e raio $\overline{ED}$.

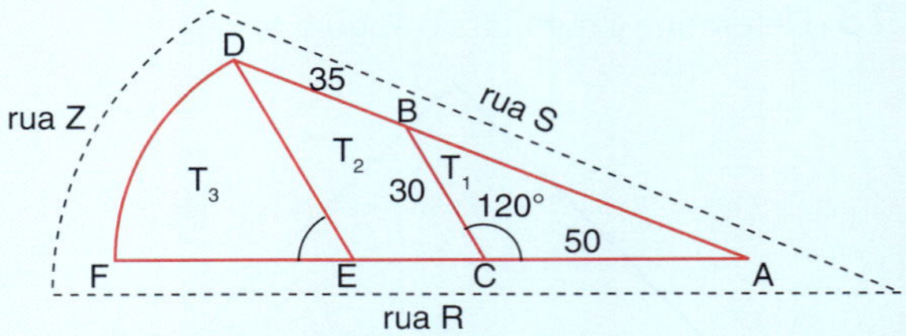

Determine:

a) as medidas do fundo $\overline{AB}$ do terreno T_1 e da frente $\overline{CE}$ do terreno T_2.

b) a medida do lado $\overline{DE}$ do terreno T_2 e o perímetro do terreno T_3.

24. (UF-MG) Nesta figura, está representado o trapézio isósceles ABCD:

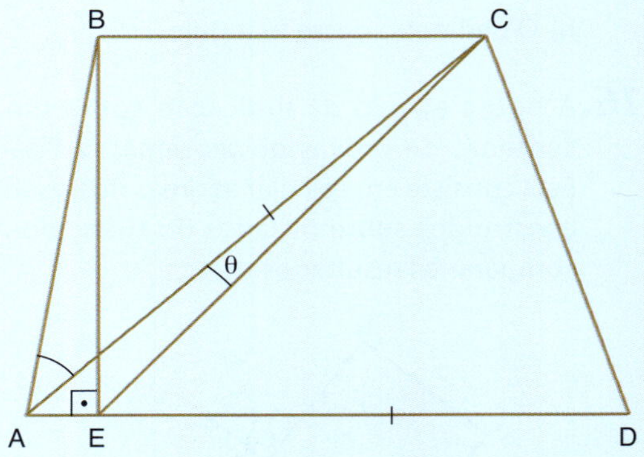

Sabe-se que os segmentos $\overline{AC}$ e $\overline{AD}$ têm o mesmo comprimento; o segmento $\overline{BE}$ é perpendicular ao segmento $\overline{AD}$; e os segmentos $\overline{BC}$ e $\overline{BE}$ medem, cada um, 1 cm.

a) Calcule o comprimento do segmento $\overline{AE}$.

b) Calcule a tangente do ângulo θ.

TESTES

1. (UE-CE) Se a medida de um dos ângulos internos de um paralelogramo é 120° e se as medidas de dois de seus lados são respectivamente 6 m e 8 m, então a medida, em metros, da diagonal de maior comprimento deste paralelogramo é

a) $2\sqrt{37}$
c) $2\sqrt{48}$
b) $3\sqrt{37}$
d) $3\sqrt{48}$

2. (U.F.Triângulo Mineiro-MG) Na figura estão posicionadas as cidades vizinhas A, B e C, que são ligadas por estradas em linha reta. Sabe-se que, seguindo por essas estradas, a distância entre A e C é de 24 km, e entre A e B é de 36 km.

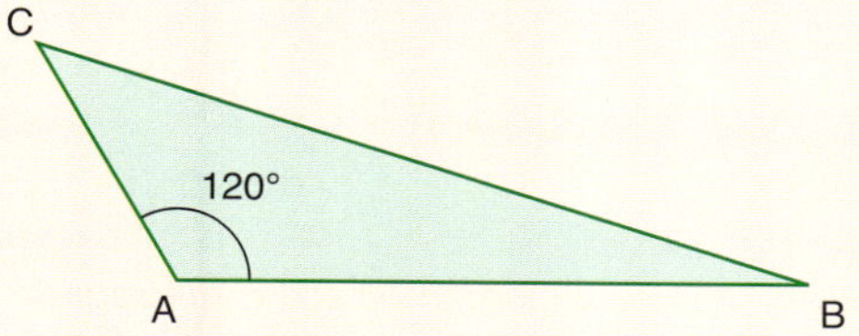

Nesse caso, pode-se concluir que a distância, em km, entre B e C é igual a

a) $8\sqrt{17}$
c) $12\sqrt{23}$
e) $20\sqrt{13}$
b) $12\sqrt{19}$
d) $20\sqrt{15}$

3. (UF-RS) Os lados de um losango medem 4 e um dos seus ângulos 30º. A medida da diagonal menor do losango é

a) $2\sqrt{2-\sqrt{3}}$
d) $2\sqrt{2+\sqrt{3}}$
b) $\sqrt{2+\sqrt{3}}$
e) $4\sqrt{2+\sqrt{3}}$
c) $4\sqrt{2-\sqrt{3}}$

4. (Unicamp-SP) Na figura abaixo, ABC e BDE são triângulos isósceles semelhantes de bases 2a e *a*, respectivamente, e o ângulo $C\hat{A}B = 30°$. Portanto, o comprimento do segmento CE é:

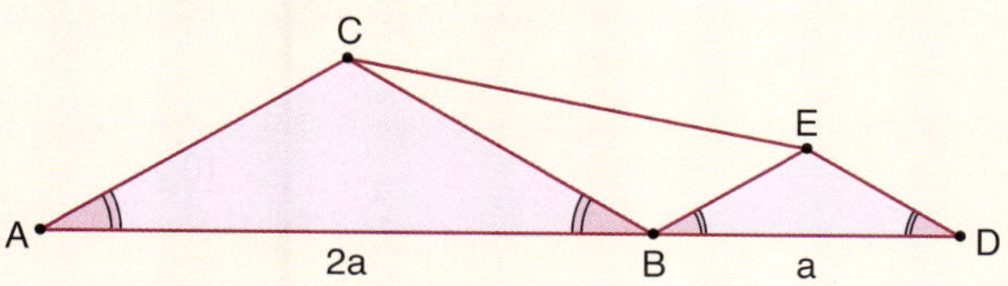

a) $a\sqrt{\frac{5}{3}}$
c) $a\sqrt{\frac{7}{3}}$
b) $a\sqrt{\frac{8}{3}}$
d) $a\sqrt{2}$

5. (U.F.Juiz de Fora-MG) Uma praça circular de raio R foi construída a partir da planta a seguir:

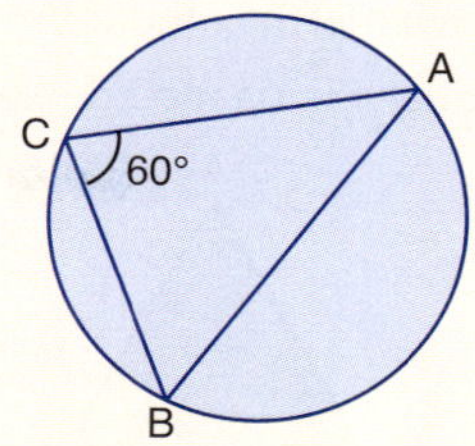

Os segmentos $\overline{AB}$, $\overline{BC}$ e $\overline{CA}$ simbolizam ciclovias construídas no interior da praça, sendo que AB = 80 m. De acordo com a planta e as informações dadas, é correto afirmar que a medida de R é igual a:

a) $\frac{160\sqrt{3}}{3}$ m
d) $\frac{8\sqrt{3}}{3}$ m
b) $\frac{80\sqrt{3}}{3}$ m
e) $\frac{\sqrt{3}}{3}$ m
c) $\frac{16\sqrt{3}}{3}$ m

6. (Fatec-SP) Sejam α, β e γ as medidas dos ângulos internos de um triângulo.

Se $\frac{\text{sen}\,\alpha}{\text{sen}\,\beta} = \frac{3}{5}$, $\frac{\text{sen}\,\alpha}{\text{sen}\,\gamma} = 1$ e o perímetro do triângulo é 44, então a medida do maior lado desse triângulo é:

a) 5
c) 15
e) 25
b) 10
d) 20

7. (U.F.Santa Maria-RS) A caminhada é uma das atividades físicas que, quando realizada com frequência, torna-se eficaz na prevenção de doenças crônicas e na melhora da qualidade de vida.

Para a prática de uma caminhada, uma pessoa sai do ponto A, passa pelos pontos B e C e retorna ao ponto A, conforme trajeto indicado na figura.

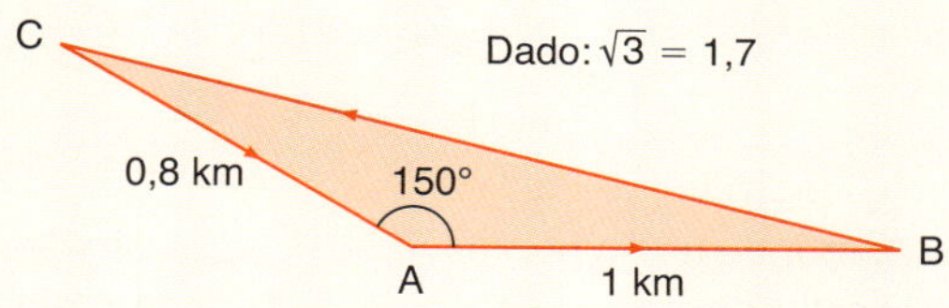

Quantos quilômetros ela terá caminhado, se percorrer todo o trajeto?

a) 2,29
c) 3,16
e) 4,80
b) 2,33
d) 3,50

8. (PUC-RJ) Seja um hexágono regular ABCDEF. A razão entre os comprimentos dos segmentos $\overline{AC}$ e $\overline{AB}$ é igual a:

a) $\sqrt{2}$
c) $\frac{1+\sqrt{5}}{2}$
e) 2
b) $\frac{3}{2}$
d) $\sqrt{3}$

9. (UF-RS) No triângulo representado na figura abaixo, $\overline{AB}$ e $\overline{AC}$ têm a mesma medida, e a altura relativa ao lado $\overline{BC}$ é igual a $\frac{2}{3}$ da medida de $\overline{BC}$.

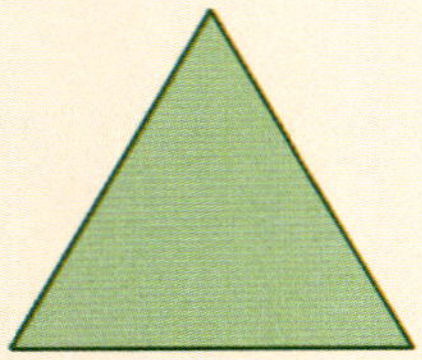

Com base nesses dados, o cosseno do ângulo CAB é:

a) $\frac{7}{25}$ b) $\frac{7}{20}$ c) $\frac{4}{5}$ d) $\frac{5}{7}$ e) $\frac{5}{6}$

10. (Unifesp-SP) Em um triângulo com lados de comprimentos *a*, *b*, *c*, tem-se $(a + b + c)(a + b - c) = 3ab$. A medida do ângulo oposto ao lado de comprimento *c* é:

a) 30°
b) 45°
c) 60°
d) 90°
e) 120°

11. (UF-RS) As medidas dos lados de um triângulo são proporcionais a 2, 2 e 1. Os cossenos de seus ângulos internos são, portanto,

a) $\frac{1}{8}, \frac{1}{8}, \frac{1}{2}$
b) $\frac{1}{4}, \frac{1}{4}, \frac{1}{8}$
c) $\frac{1}{4}, \frac{1}{4}, \frac{7}{8}$
d) $\frac{1}{2}, \frac{1}{2}, \frac{1}{4}$
e) $\frac{1}{2}, \frac{1}{2}, \frac{7}{8}$

12. (Cefet-MG) Um grupo de escoteiros pretende escalar uma montanha até o topo, representado na figura abaixo pelo ponto D, visto sob ângulos de 40° do acampamento B e de 60° do acampamento A.

Dado: sen 20° = 0,342

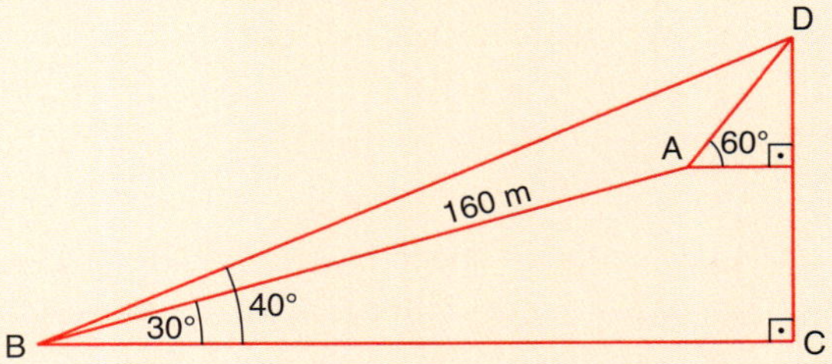

Considerando que o percurso de 160 m entre A e B é realizado segundo um ângulo de 30° em relação à base da montanha, então, a distância entre B e D, em metros, é de, aproximadamente,

a) 190
b) 234
c) 260
d) 320

13. (IF-AL) Num paralelogramo, cada ângulo agudo mede 30° e os lados que formam cada um desses ângulos medem $3\sqrt{3}$ cm e 5 cm. Calcule a medida da menor das diagonais desse paralelogramo.

a) $\sqrt{6}$ cm
b) $\sqrt{3}$ cm
c) $3\sqrt{3}$ cm
d) $\sqrt{7}$ cm
e) $15\sqrt{3}$ cm

14. (PUC-SP) Leia com atenção o problema proposto a Calvin na tira seguinte.

Calvin & Hobbes, Bill Watterson © 1987 Watterson/ Dist. by Universal Uclick

Calvin Hobbes, Bill Watterson © 1987 Watterson/Dist. by Universal Uclic

Supondo que o pontos A, B e C sejam vértices de um triângulo cujo ângulo do vértice A mede 60º, então a resposta correta que Calvin deveria encontrar para o problema é, em centímetros:

a) $\frac{(5\sqrt{3})}{3}$ b) $\frac{(8\sqrt{3})}{3}$ c) $\frac{(10\sqrt{3})}{3}$ d) $5\sqrt{3}$ e) $10\sqrt{3}$

15. (Unemat-MT) Na figura ao lado, o triângulo ABC é um triângulo equilátero de 3 cm de lado, e o triângulo retângulo BCD tem lados BD = 4 cm e CD = 5 cm e $C\hat{B}D = 90°$.

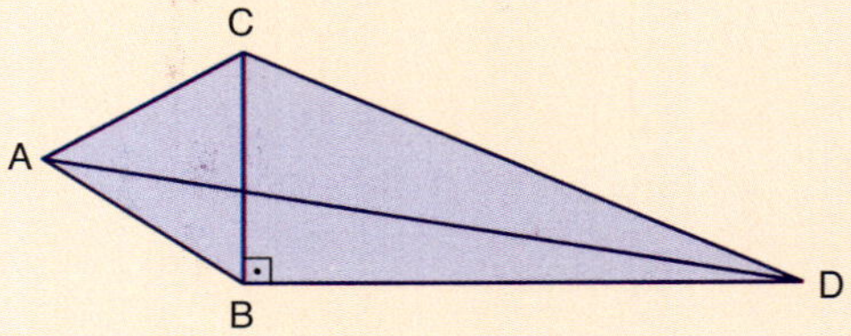

Qual a medida do segmento $\overline{AD}$?

a) $\sqrt{3}$
b) $4\sqrt{3}$
c) $\sqrt{100 + \sqrt{3}}$
d) $\sqrt{25 + 12\sqrt{3}}$
e) $2\sqrt{3}$

16. (Fuvest-SP) No losango ABCD de lado 1, representado na figura, tem-se que M é o ponto médio de $\overline{AB}$, N é o ponto médio de $\overline{BC}$ e $MN = \frac{\sqrt{14}}{4}$. Então, DM é igual a:

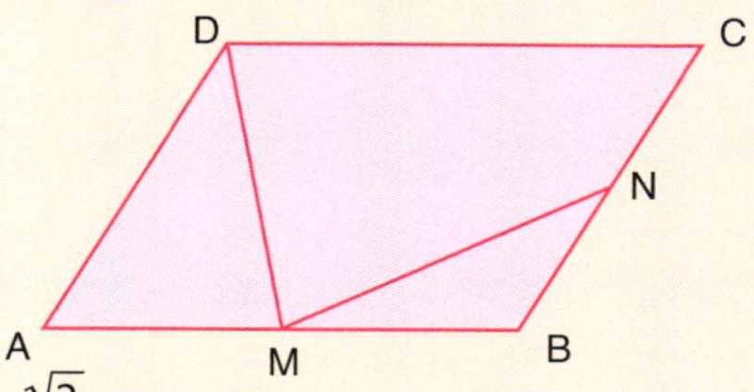

a) $\frac{\sqrt{2}}{4}$

b) $\frac{\sqrt{2}}{2}$

c) $\sqrt{2}$

d) $\frac{3\sqrt{2}}{2}$

e) $\frac{5\sqrt{2}}{2}$

17. (UE-PI) Se os lados de um triângulo medem *a*, *b* e $\sqrt{a^2 + ab + b^2}$, quanto mede o maior ângulo do triângulo?

a) 30°

b) 45°

c) 60°

d) 90°

e) 120°

18. (U.F.Santa Maria-RS) A figura a seguir apresenta o delta do rio Jacuí, situado na região metropolitana de Porto Alegre. Nele se encontra o parque estadual Delta do Jacuí, importante parque de preservação ambiental. Sua proximidade com a região metropolitana torna-o suscetível aos impactos ambientais causados pela atividade humana.

Image 2014 DigitalGlobe/Google Earth

A distância do ponto B ao ponto C é de 8 km, o ângulo $\hat{A}$ mede 45° e o ângulo $\hat{C}$ mede 75°. Uma maneira de estimar quanto do Delta do Jacuí está sob influência do meio urbano é dada pela distância do ponto A ao ponto C. Essa distância, em km, é

a) $\frac{8\sqrt{6}}{3}$

b) $4\sqrt{6}$

c) $8\sqrt{2} + \sqrt{3}$

d) $8(\sqrt{2} + \sqrt{3})$

e) $\frac{2\sqrt{6}}{3}$

19. (Unesp-SP) No dia 11 de março de 2011, o Japão foi sacudido por terremoto com intensidade de 8,9 na Escala Richter, com o epicentro no Oceano Pacífico, a 360 km de Tóquio, seguido de *tsunami*. A cidade de Sendai, a 320 km a nordeste de Tóquio, foi atingida pela primeira onda do *tsunami* após 13 minutos.

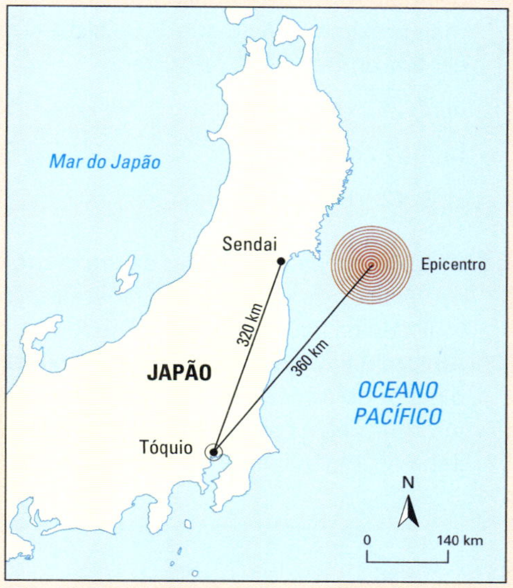

Mario Yoshida

(*O Estado de S.Paulo*, 13.3.2011. Adaptado.)

Baseando-se nos dados fornecidos e sabendo que $\cos \alpha = 0,934$, onde α é o ângulo Epicentro-Tóquio-Sendai, e que $2^8 \cdot 3^2 \cdot 93,4 \cong 215\,100$, a velocidade média, em km/h, com que a 1ª onda do *tsunami* atingiu a cidade de Sendai foi de:

a) 10

b) 50

c) 100

d) 250

e) 600

20. (Mackenzie-SP) Três ilhas, A, B e C, aparecem num mapa em escala 1:10 000, como na figura abaixo:

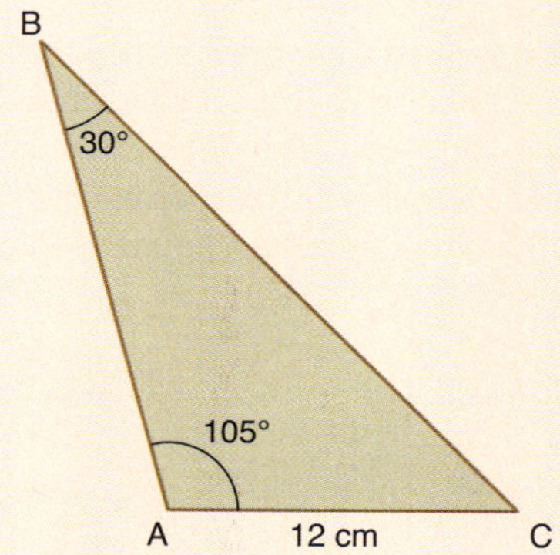

Das alternativas, a que melhor aproxima a distância entre as ilhas A e B é:

a) 1,7 km

b) 1,4 km

c) 2,3 km

d) 1,9 km

e) 2,1 km

21. (UF-ES) Duas viaturas policiais A e B perseguem um carro suspeito C numa grande cidade. A viatura A possui um radar que informa ao Comando Central que a distância dela até B é de 8 km e a distância dela até C é de 6 km. A viatura B possui um aparelho que informa ao Comando que, nesse instante, o ângulo $A\hat{B}C$ é de 45°. Sabendo que o carro C está mais próximo de A do que de B, calcule a distância, em km, entre B e C. A resposta é

a) $2(\sqrt{3}) + 4$
b) $4(\sqrt{2}) + 2$
c) $3(\sqrt{2}) + 2$
d) $3(\sqrt{2}) + 3$
e) $2(\sqrt{2}) + 4$

22. (PUC-MG) Quatro estações de um metrô ocupam os vértices de um trapézio isósceles, conforme indicado na figura. A linha $\overline{AD}$ mede 15 km, a linha $\overline{AB}$ tem 8 km e o ângulo entre as linhas $\overline{BC}$ e $\overline{CD}$, o maior do trapézio, mede 120°. Com base nessas informações, é correto afirmar que a extensão da linha $\overline{AC}$, em quilômetros, é igual a:

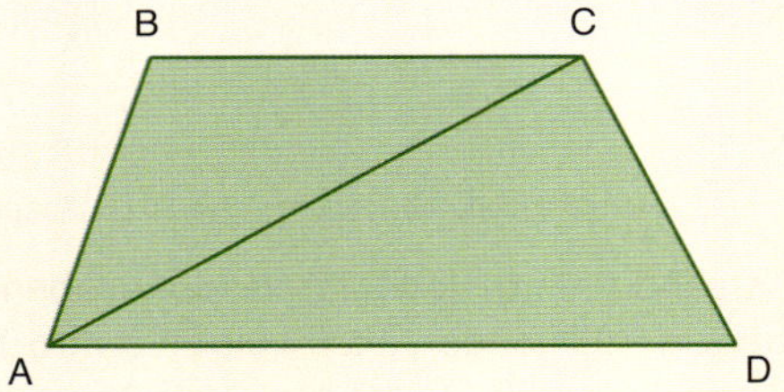

a) 11
b) 12
c) 13
d) 14

23. (Mackenzie-SP) Num retângulo de lados 1 cm e 3 cm, o seno do menor ângulo formado pelas diagonais é:

a) $\frac{2}{3}$
b) $\frac{1}{3}$
c) $\frac{4}{5}$
d) $\frac{1}{5}$
e) $\frac{3}{5}$

24. (UF-PB) Para explorar o potencial turístico de uma cidade, conhecida por suas belas paisagens montanhosas, o governo pretende construir um teleférico, ligando o terminal de transportes coletivos ao pico de um morro, conforme a figura a seguir.

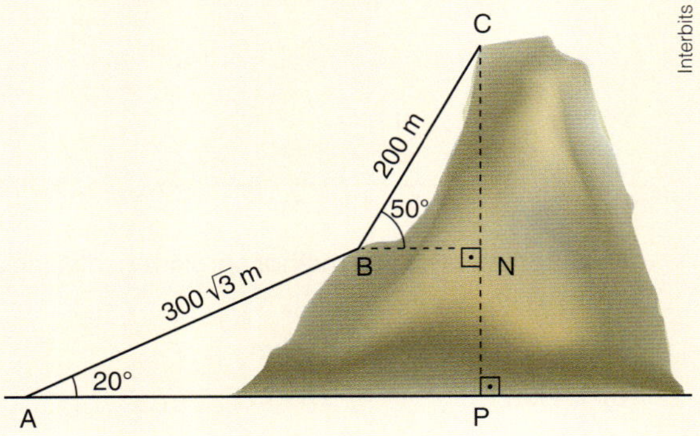

Para a construção do teleférico, há duas possibilidades:

- o ponto de partida ficar localizado no terminal de transportes coletivos (ponto A), com uma parada intermediária (ponto B), e o ponto de chegada localizado no pico do morro (ponto C);
- o ponto de partida ficar localizado no ponto A e o de chegada localizado no ponto C, sem parada intermediária.

Supondo que $\overline{AB} = 300\sqrt{3}$ m, $\overline{BC} = 200$ m, $B\hat{A}P = 20°$ e $C\hat{B}N = 50°$, é correto afirmar que a distância entre os pontos A e C é de:

a) 700 m
b) 702 m
c) 704 m
d) 706 m
e) 708 m

25. (UF-SE) No quadrilátero ABCD da figura a seguir, tem-se que:

- ângulo $B\hat{A}D$ é reto;
- BD = 3 cm e CD = 6 cm;
- $B\hat{D}C = 60°$;
- a tangente de $A\hat{D}B$ é o dobro da tangente de $A\hat{B}D$.

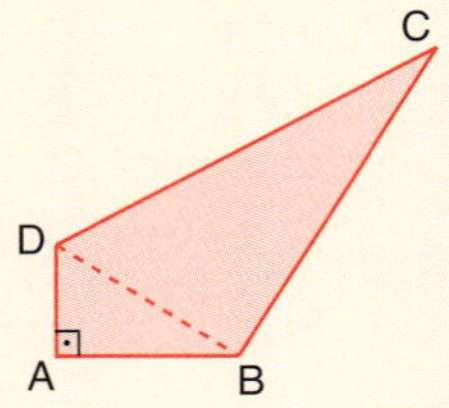

Utilize as informações acima para analisar as afirmações seguintes.

(0-0) $AB = \sqrt{6}$ cm.

(1-1) O seno de um dos ângulos agudos no triângulo ABD é igual a $\frac{\sqrt{3}}{3}$.

(2-2) $BC = 3\sqrt{3}$ cm.

(3-3) O perímetro do quadrilátero ABCD é igual a $(6\sqrt{6} + 4\sqrt{3})$ cm.

(4-4) $AC = \sqrt{33 + 6\sqrt{6}}$ cm.

26. (U.E.Londrina-PR) Uma cidade planejada foi construída com seu sistema de esgoto obedecendo à esquematização de uma malha linear representada no gráfico ao lado, onde cada vértice dista do outro de uma unidade.

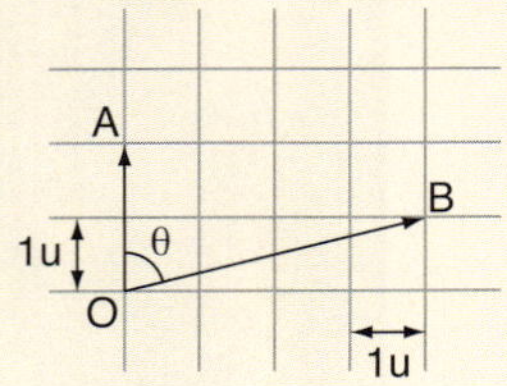

Os pontos A e B representam duas casas e o ponto O representa a origem de uma confluência de canos que necessitam de uma "luva de união". O valor do seno do ângulo θ que a luva de união em O possui é:

a) $\frac{1}{2}$
b) $\frac{\sqrt{2}}{2}$
c) $\frac{\sqrt{3}}{2}$
d) $\frac{4\sqrt{17}}{17}$
e) $\frac{2\sqrt{17}}{17}$

27. (Fuvest-SP) Numa circunferência, C_1 é o comprimento de arco de $\frac{\pi}{6}$ radianos e C_2 é o comprimento da secante determinada por esse arco, como ilustrado na figura a seguir. Então, a razão $\frac{C_1}{C_2}$ é igual a $\frac{\pi}{6}$ multiplicado por:

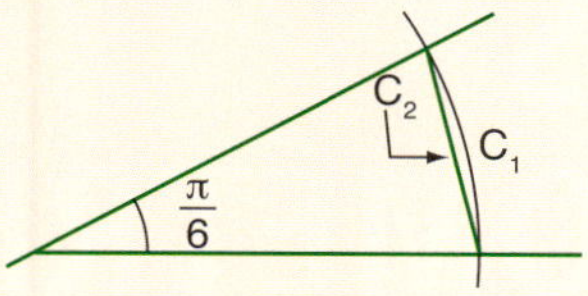

a) 2
b) $\sqrt{1 + 2\sqrt{3}}$
c) $\sqrt{2 + \sqrt{3}}$
d) $\sqrt{2 + 2\sqrt{3}}$
e) $\sqrt{3 + \sqrt{3}}$

28. (Unifor-CE) Na figura ao lado tem-se um octógono regular inscrito em uma circunferência de raio 2 cm. O perímetro desse octógono, em centímetros, é igual a:

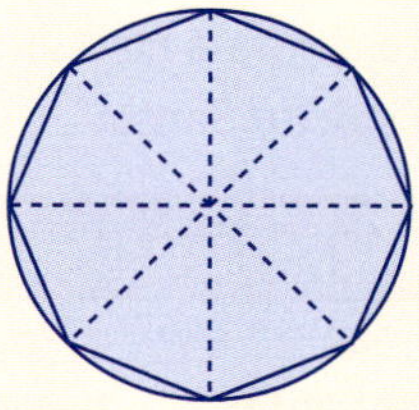

a) $16\sqrt{2}$
b) $32\sqrt{2}$
c) $32\sqrt{1 - \sqrt{2}}$
d) $16\sqrt{2 - \sqrt{2}}$
e) $16\sqrt{4 - \sqrt{2}}$

29. (UF-GO) Uma empresa de engenharia deseja construir uma estrada ligando os pontos A e B, que estão situados em lados opostos de uma reserva florestal, como mostra a figura abaixo.

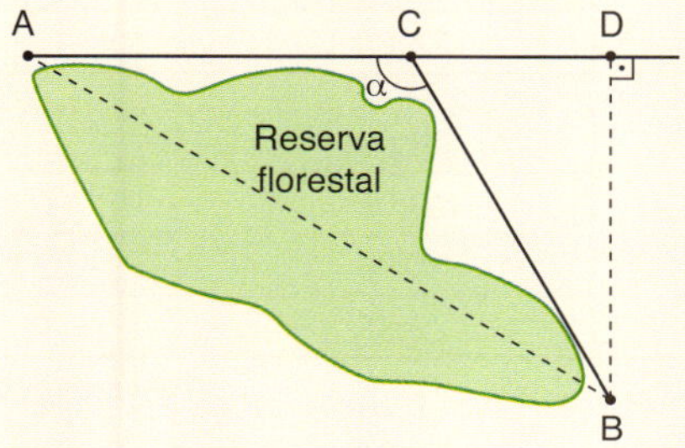

A empresa optou por construir dois trechos retilíneos, denotados pelos segmentos $\overline{AC}$ e $\overline{CB}$, ambos com o mesmo comprimento. Considerando que a distância de A até B, em linha reta, é igual ao dobro da distância de B a D, o ângulo α, formado pelos dois trechos retilíneos da estrada, mede:

a) 150°
b) 140°
c) 130°
d) 120°
e) 110°

30. (ITA-SP) Considere o triângulo ABC de lados $a = \overline{BC}$, $b = \overline{AC}$ e $c = \overline{AB}$ e ângulos internos $\alpha = C\hat{A}B$, $\beta = A\hat{B}C$ e $\gamma = B\hat{C}A$. Sabendo-se que a equação $x^2 - 2bx \cos \alpha + b^2 - a^2 = 0$ admite *c* como raiz dupla, pode-se afirmar que:

a) $\alpha = 90°$
b) $\beta = 60°$
c) $\gamma = 90°$
d) O triângulo é retângulo apenas se $\alpha = 45°$.
e) O triângulo é retângulo e *b* é hipotenusa.

31. (FGV-SP) Na figura, ABCDEF é um hexágono regular de lado 1 dm, e Q é o centro da circunferência inscrita a ele.

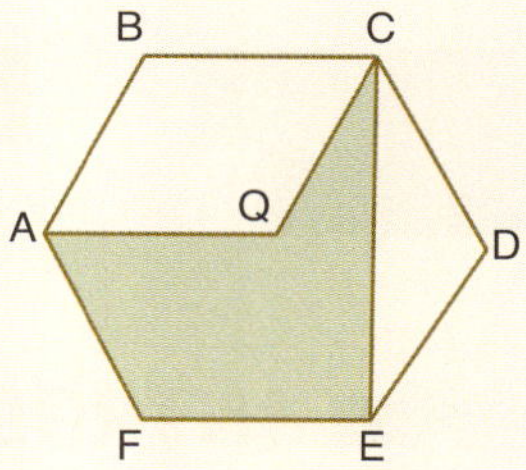

O perímetro do polígono AQCEF, em dm, é igual a

a) $4 + \sqrt{2}$
b) $4 + \sqrt{3}$
c) 6
d) $4 + \sqrt{5}$
e) $2(2 + \sqrt{2})$

32. (Unesp-SP) Um professor de geografia forneceu a seus alunos um mapa do estado de São Paulo, que informava que as distâncias aproximadas em linha reta entre os pontos que representam as cidades de São Paulo e Campinas e entre os pontos que representam as cidades de São Paulo e Guaratinguetá eram, respectivamente, 80 km e 160 km. Um dos alunos observou, então, que as distâncias em linha reta entre os pontos que representam as cidades de São Paulo, Campinas e Sorocaba formavam um triângulo equilátero. Já um outro aluno notou que as distâncias em linha reta entre os pontos que representam as cidades de São Paulo, Guaratinguetá e Campinas formavam um triângulo retângulo, conforme mostra o mapa.

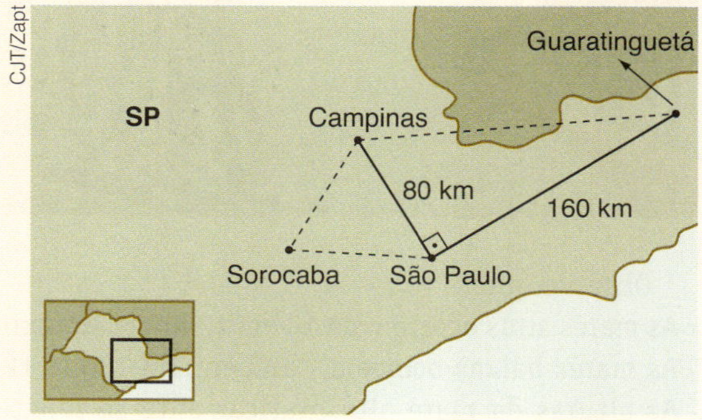

Com essas informações, os alunos determinaram que a distância em linha reta entre os pontos que representam as cidades de Guaratinguetá e Sorocaba, em km, é próxima de

a) $80\sqrt{2 + 5\sqrt{3}}$
b) $80\sqrt{5 + 2\sqrt{3}}$
c) $80\sqrt{6}$
d) $80\sqrt{5 + 3\sqrt{2}}$
e) $80\sqrt{7\sqrt{3}}$

4 FUNÇÕES TRIGONOMÉTRICAS

INTRODUÇÃO

Na tabela abaixo, constam as previsões para a maré alta e para a maré baixa durante três dias consecutivos de fevereiro de 2012, para o porto de Vitória, capital do Espírito Santo.

Porto de Vitória – Capitania dos portos do ES (Estado do Espírito Santo)

Latitude: 20°19,1'S	**Longitude**: 040°17,8'W	**Fuso**: +03.0	**Ano**: 2012
Instituição: CHM	**51 Componentes**	**Nível Médio**: 81.45	**Carta**: 01401

João Prudente/Pulsar Imagens

	Hora	Altura (m)
TER 7/2/2012	03:00	1,5
	08:56	0,2
	14:58	1,6
	21:19	−0,1
QUA 8/2/2012	03:34	1,6
	09:28	0,1
	15:34	1,6
	22:00	−0,1
QUI 9/2/2012	04:09	1,6
	10:06	0,1
	16:09	1,6
	22:38	0,0

Fonte: Marinha do Brasil.

Observe que:

- As marés altas ocorrem de 12 em 12 horas, aproximadamente, como mostram os destaques na cor azul da tabela.
- As marés baixas ocorrem, também, de 12 em 12 horas, aproximadamente, como mostra a tabela.
- As alturas da maré alta praticamente se repetem de 12 em 12 horas: com apenas uma exceção, todas as alturas previstas para a maré alta medem 1,6 m.
- As alturas da maré baixa mudam um pouco, variando de −10 cm a 20 cm (ou de −0,1 m a 0,2 m). Salvo essa pequena oscilação, podemos dizer que os valores previstos para as alturas da maré baixa também se repetem de 12 em 12 horas.

Neste capítulo, veremos outros fenômenos como o descrito: que se repetem em intervalos de tempo iguais. São os chamados **fenômenos** ou **movimentos periódicos**.

Vamos definir aqui as funções trigonométricas, a partir de uma ampliação no ciclo trigonométrico, em que associaremos a qualquer número real um ponto da circunferência.

A maior aplicação das funções trigonométricas consiste na modelagem de fenômenos periódicos, como veremos adiante, nos textos da seção *Aplicações*.

AS DEMAIS VOLTAS NO CICLO TRIGONOMÉTRICO

No capítulo 1, quando estabelecemos o ciclo trigonométrico, associamos a cada ponto da circunferência um número real pertencente ao intervalo $[0, 2\pi[$.

Essa associação possui caráter biunívoco, ou seja, além de a cada ponto da circunferência estar relacionado um único número real x, $x \in [0, 2\pi[$, também, reciprocamente, a cada número real desse intervalo associa-se um ponto sobre a circunferência trigonométrica.

Vamos estender essa associação:

A cada número real está associado um ponto da circunferência.

Isso permitirá a definição das funções **trigonométricas** (ou funções **circulares**), além de garantir o seu caráter cíclico (ou periódico).

Até o capítulo anterior trabalhamos apenas na primeira volta, ou seja, no intervalo $[0, 2\pi[$.

Com a inclusão dos números negativos e dos números maiores que (ou iguais a) 2π, poderemos trabalhar nas demais voltas do ciclo.

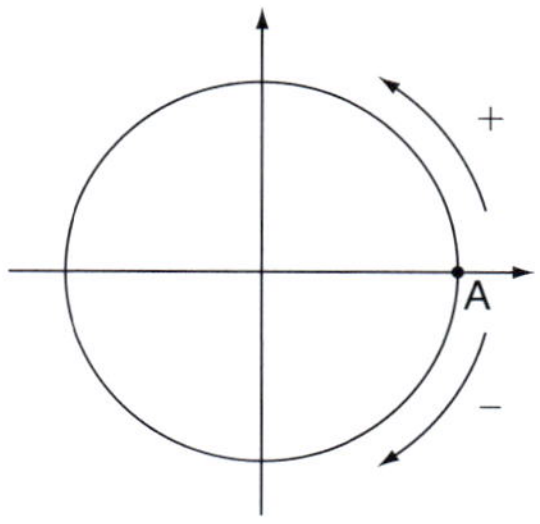

Seja $x \in \mathbb{R}$. Como podemos encontrar o ponto P, imagem de x?

- Se $x > 0$, partimos do ponto A(1, 0) e percorremos, no sentido anti-horário, um arco de comprimento x (e medida x rad), cuja extremidade final é P.
- Se $x < 0$, partimos do ponto A(1, 0) e percorremos, no sentido horário, um arco de comprimento $|x|$, cuja extremidade final é P.
- Se $x = 0$, a imagem P é o próprio ponto A.

Exemplo 1

$x = -\frac{\pi}{3}$

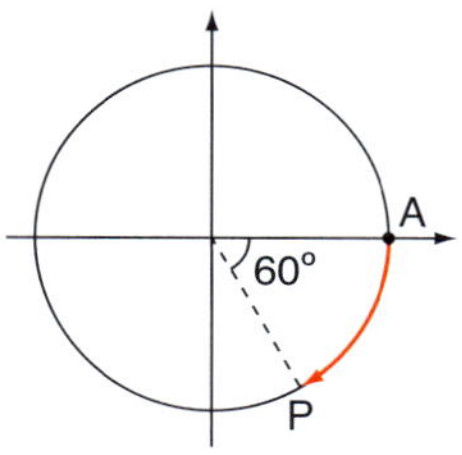

P é imagem de $-\frac{\pi}{3}$.

O comprimento do arco $\widehat{AP}$ é igual a $\left|-\frac{\pi}{3}\right| = \frac{\pi}{3}$.

Exemplo 2

$x = \frac{5\pi}{2}$

Observe que

$$\frac{5\pi}{2} = \frac{4\pi}{2} + \frac{\pi}{2} = \underbrace{2\pi}_{\text{uma volta completa}} + \frac{\pi}{2}$$

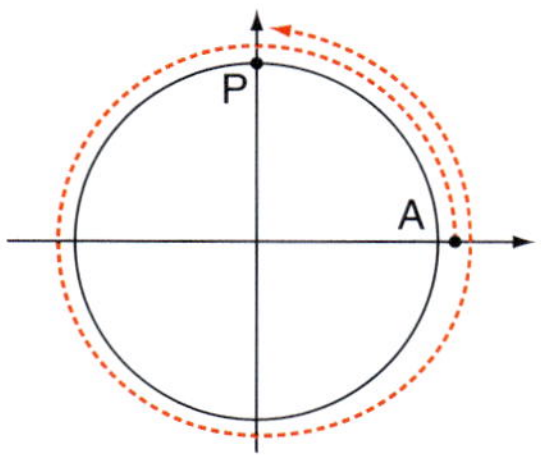

P é imagem de $\frac{5\pi}{2}$.

Exemplo 3

$x = -\frac{3\pi}{2}$

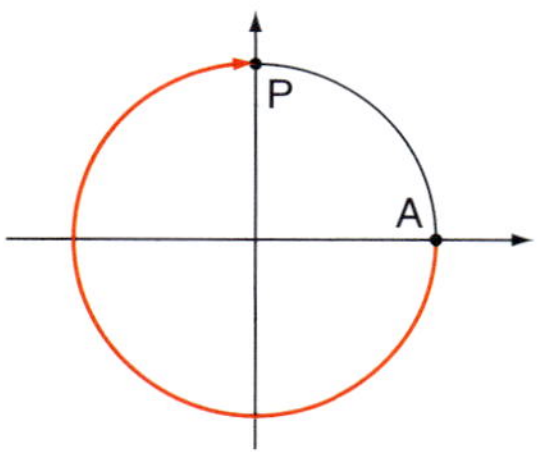

P é imagem de $-\frac{3\pi}{2}$.

O comprimento do arco $\widehat{AP}$ assinalado é igual a $\left|-\frac{3\pi}{2}\right| = \frac{3\pi}{2}$, que corresponde a $\frac{3}{4}$ do comprimento de uma volta.

Exemplo 4

$x = -3\pi$

Note que $-3\pi = \underbrace{-(2\pi + \pi)}_{\text{uma volta e meia no sentido horário}}$

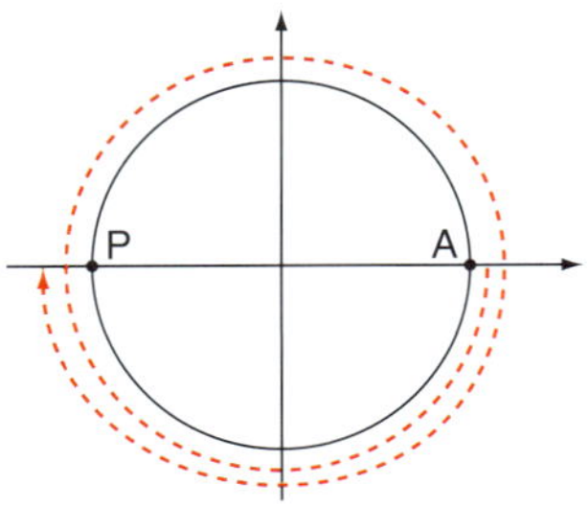

P é imagem de -3π.

Exemplo 5

$x = \frac{25\pi}{6}$

Observe que

$\frac{25\pi}{6} = \frac{24\pi}{6} + \frac{\pi}{6} = \underbrace{4\pi}_{\text{duas voltas completas}} + \frac{\pi}{6}$

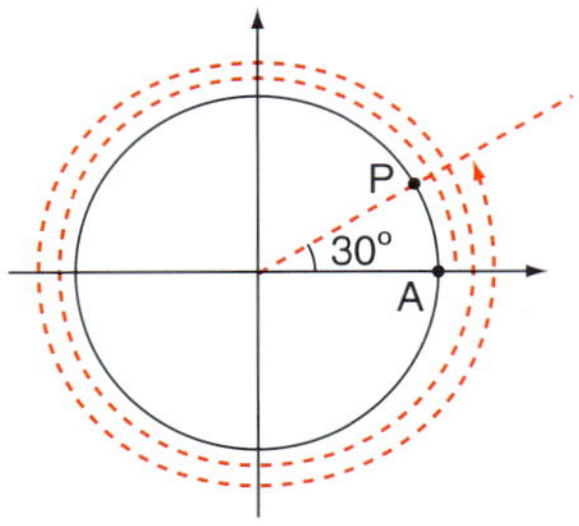

P é imagem de $\frac{25\pi}{6}$.

Não é difícil perceber que um determinado ponto da circunferência trigonométrica é imagem de infinitos números reais.

Veja, por exemplo, o ponto P nesta figura:

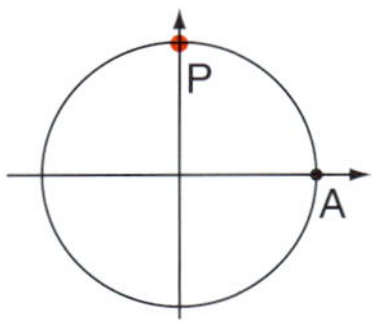

Sabemos que P é imagem de $\frac{\pi}{2}$. Para obter outros números reais cuja imagem também seja P, podemos fazer:

- $\frac{\pi}{2} + 2\pi = \frac{5\pi}{2}$
- $\frac{\pi}{2} + 2 \cdot 2\pi = \frac{\pi}{2} + 4\pi = \frac{9\pi}{2}$
- $\frac{\pi}{2} + 3 \cdot 2\pi = \frac{\pi}{2} + 6\pi = \frac{13\pi}{2}$

$\vdots$

(Percorremos a partir de A um arco de comprimento $\frac{\pi}{2}$ e, em seguida, demos 1, 2, 3, ... voltas completas, no sentido anti-horário.)

- $\frac{\pi}{2} - 2\pi = -\frac{3\pi}{2}$
- $\frac{\pi}{2} - 2 \cdot 2\pi = \frac{\pi}{2} - 4\pi = -\frac{7\pi}{2}$
- $\frac{\pi}{2} - 3 \cdot 2\pi = \frac{\pi}{2} - 6\pi = -\frac{11\pi}{2}$

$\vdots$

(Percorremos a partir de A um arco de comprimento $\frac{\pi}{2}$ e, em seguida, demos 1, 2, 3, ... voltas completas, no sentido horário.)

De modo geral, possuem imagem em P todos os números reais da forma:

$\frac{\pi}{2} + k \cdot 2\pi$, sendo *k* um número inteiro.

Todos os arcos assim construídos $(\ldots, -\frac{11\pi}{2}, -\frac{7\pi}{2}, -\frac{3\pi}{2}, \frac{\pi}{2}, \frac{5\pi}{2}, \frac{9\pi}{2}, \frac{13\pi}{2}, \ldots)$ têm origem em A e extremidade (final) em P. Eles são chamados **arcos côngruos**.

Exemplo **6**

Seja o ponto P imagem do número real $\frac{\pi}{4}$. Todos os números reais que possuem a forma $\frac{\pi}{4} + k \cdot 2\pi$, sendo $k \in \mathbb{Z}$, têm imagem em P.
Façamos *k* variar em $\mathbb{Z}$:

$k = 0 \Rightarrow x = \frac{\pi}{4}$

$k = 1 \Rightarrow x = \frac{\pi}{4} + 2\pi = \frac{9\pi}{4}$

$k = 2 \Rightarrow x = \frac{\pi}{4} + 4\pi = \frac{17\pi}{4}$

$\vdots$

$k = -1 \Rightarrow x = \frac{\pi}{4} - 2\pi = -\frac{7\pi}{4}$

$k = -2 \Rightarrow x = \frac{\pi}{4} - 4\pi = -\frac{15\pi}{4}$

$\vdots$

Os arcos de medidas (em radianos)..., $-\frac{15\pi}{4}, -\frac{7\pi}{4}, \frac{\pi}{4}, \frac{9\pi}{4}, \frac{17\pi}{4}$, ... são côngruos entre si, isto é, diferem por um número inteiro de voltas.

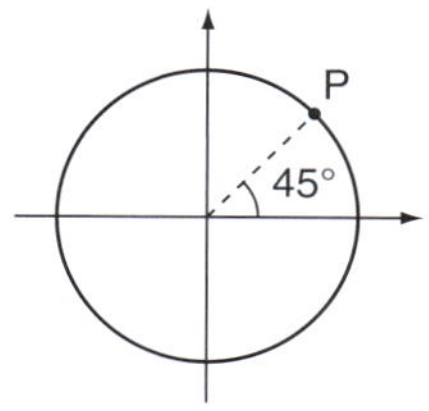

EXERCÍCIO RESOLVIDO

1. Representar, no ciclo trigonométrico, as imagens dos números reais *x* tais que $x = \frac{k\pi}{2}$, com $k \in \mathbb{Z}$.

Solução:

Atribuímos valores inteiros para *k*:

$\vdots$

$k = -2 \Rightarrow x = -\pi$; a imagem é C

$k = -1 \Rightarrow x = -\frac{\pi}{2}$; a imagem é D

$k = 0 \Rightarrow x = 0$; a imagem é A

$k = 1 \Rightarrow x = \frac{\pi}{2}$; a imagem é B

$k = 2 \Rightarrow x = \pi$; a imagem é C

$\vdots$

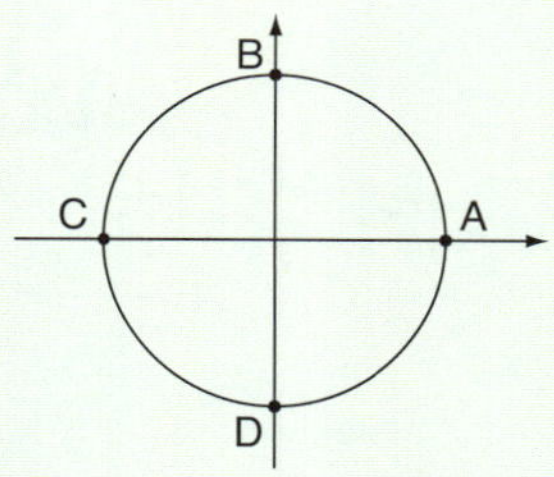

Assim, as imagens correspondentes aos números reais da forma $\frac{k\pi}{2}$, para *k* inteiro, são os pontos: A, B, C ou D.

EXERCÍCIOS

1. Agrupe os seguintes números reais de acordo com os quadrantes em que se encontram suas imagens no ciclo trigonométrico.

$-\frac{3\pi}{4}, \frac{22\pi}{3}, \frac{17\pi}{4}, -\frac{19\pi}{6}, \frac{26\pi}{3}, -\frac{5\pi}{4}, -0{,}5, \frac{41\pi}{5}, -\frac{11\pi}{3}, 10, -\frac{49\pi}{10}$ e $\frac{15\pi}{4}$

2. Indique, no ciclo trigonométrico, as imagens dos seguintes números reais:

$13\pi, -\frac{5\pi}{2}, 40\pi, \frac{7\pi}{2}, \frac{17\pi}{2}, -21\pi, -14\pi, -\frac{11\pi}{2}, -7\pi, -\frac{25\pi}{2}$ e 800π.

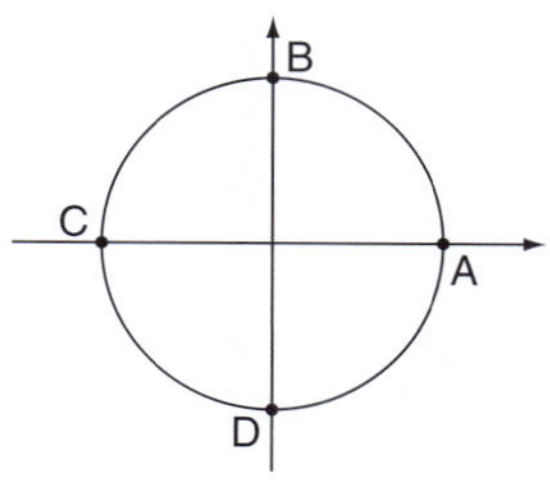

3. Represente, no ciclo trigonométrico, as imagens dos números reais que pertencem aos seguintes conjuntos:

a) $A = \{x \in \mathbb{R} \mid x = k\pi;\ k \in \mathbb{Z}\}$

b) $B = \left\{x \in \mathbb{R} \mid x = \frac{\pi}{6} + k\pi;\ k \in \mathbb{Z}\right\}$

c) $C = \left\{x \in \mathbb{R} \mid x = \frac{\pi}{5} + k \cdot 2\pi;\ k \in \mathbb{Z}\right\}$

d) $D = \left\{x \in \mathbb{R} \mid x = -\frac{\pi}{2} + k\pi;\ k \in \mathbb{Z}\right\}$

e) $E = \left\{x \in \mathbb{R} \mid x = \frac{2\pi}{3} + k \cdot 2\pi;\ k \in \mathbb{Z}\right\}$

4. As imagens dos números reais pertencentes ao conjunto $A = \left\{x \in \mathbb{R} \mid x = \frac{k \cdot \pi}{3};\ k \in \mathbb{Z}\right\}$ são os vértices de um polígono regular no ciclo trigonométrico.

a) Como se chama esse polígono?

b) Obtenha seu perímetro e sua área.

FUNÇÕES PERIÓDICAS

No dia a dia, é comum encontrarmos diversos fenômenos que se repetem após o mesmo intervalo de tempo:

- os dias da semana repetem-se de 7 em 7 dias, de 14 em 14 dias, de 21 em 21 dias etc.;
- os meses do ano repetem-se de 12 em 12 meses, de 24 em 24 meses, de 36 em 36 meses etc.;
- as horas cheias, em um relógio analógico, repetem-se de 12 em 12 horas, de 24 em 24 horas, de 36 em 36 horas etc.

O menor intervalo de tempo em que ocorre a repetição de um determinado fato ou fenômeno é chamado de **período**.

Outros exemplos de fenômenos periódicos são as fases da Lua, a altura das marés, o movimento dos braços (para a frente e para trás) dos praticantes de *cooper* em uma corrida, o fluxo de ar através da traqueia, durante a inspiração ou expiração, no processo de respiração humana etc.

Praia das Pitangueiras, na cidade de Guarujá (SP), com maré baixa.

A mesma praia, na maré alta.

Fotos: Fabio Colombini

Na Matemática também existem funções que apresentam um comportamento periódico. Vejamos os exemplos a seguir.

Exemplo 7

Seja f: $\mathbb{N} \to \mathbb{Z}$ definida pela lei $f(x) = (-1)^x$. Acompanhe na tabela alguns valores que *f* assume à medida que *x* varia em $\mathbb{N}$:

x	0	1	2	3	4	5	6	...
f(x)	1	−1	1	−1	1	−1	1	...

Não é difícil perceber que:

- se *x* é par, $f(x) = 1$;
- se *x* é ímpar, $f(x) = -1$.

Observe que:

- $f(0) = f(2) = f(4) = f(6) = f(8) = \dots$
- $f(1) = f(3) = f(5) = f(7) = f(9) = \dots$

Nos dois casos, quando *x* varia por duas unidades, o valor de f(x) se repete: $f(x) = f(x + 2) = f(x + 4) = f(x + 6) = \dots$

O menor valor positivo de *p* para o qual $f(x) = f(x + p)$ é 2. Dizemos então que o período dessa função é 2.

Observe o gráfico de *f*:

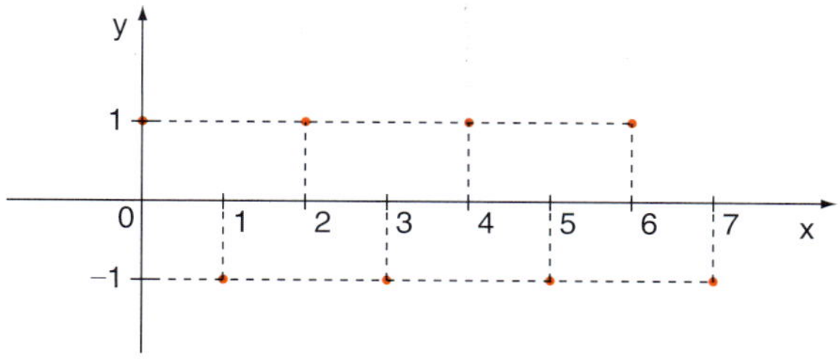

Exemplo 8

Seja $f: \mathbb{R} \to \mathbb{R}$ a função definida por $f(x) = x - n$, em que *n* é o maior número inteiro que não supera *x* (ou seja, *n* é o maior número inteiro menor ou igual a *x*).

Observe alguns valores assumidos por *f*:

I.

- $f(0,3) = 0,3 - 0 = 0,3$
  (0: maior número inteiro que não supera 0,3)
- $f(1,3) = 1,3 - 1 = 0,3$
  (1: maior número inteiro que não supera 1,3)
- $f(2,3) = 2,3 - 2 = 0,3$
  (2: maior número inteiro que não supera 2,3)
- $f(3,3) = 3,3 - 3 = 0,3$
  (3: maior número inteiro que não supera 3,3)

Observe que:

$f(0,3) = f(0,3 + 1) = f(0,3 + 2) = f(0,3 + 3) = \dots$

II.

- $f(-4) = -4 - (-4) = 0$
- $f(-3) = -3 - (-3) = 0$
- $f(-2) = -2 - (-2) = 0$
- $f(-1) = -1 - (-1) = 0$
- $f(0) = 0 - 0 = 0$
- $f(1) = 1 - 1 = 0$

Observe que:

$f(-4) = f(-4 + 1) = f(-4 + 2) = f(-4 + 3) = f(-4 + 4) = f(-4 + 5) = \dots$

Tomando como exemplos os cálculos feitos em I e II, é possível observar que, dado um número real *a* qualquer, $f(a) = f(a + 1) = f(a + 2) = f(a + 3) = \dots$

O menor valor positivo de *p* para o qual $f(x) = f(x + p)$ é 1; dizemos então que o período de *f* é 1.

Vejamos como escrever a lei que define *f*:

- Se $-2 \leq x < -1$, $f(x) = x - (-2) = x + 2$
- Se $-1 \leq x < 0$, $f(x) = x - (-1) = x + 1$
- Se $0 \leq x < 1$, $f(x) = x - 0 = x$
- Se $1 \leq x < 2$, $f(x) = x - 1$

$\vdots \quad \vdots \quad \vdots$

Para ilustrar, acompanhe o gráfico dessa função:

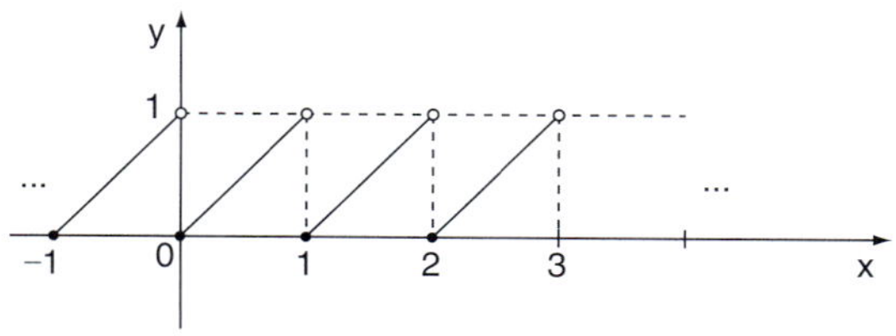

Uma função f: A $\rightarrow$ B é periódica se existir um número real positivo *p* tal que

$$f(x) = f(x + p),\ \forall x \in A$$

O menor valor positivo de *p* é chamado de **período** de *f*.

Como veremos a seguir, as funções trigonométricas são exemplos de funções periódicas e podem modelar vários fenômenos periódicos.

Estudaremos as três principais funções trigonométricas: a **função seno**, a **função cosseno** e a **função tangente**.

FUNÇÃO SENO

Seja *x* um número real e P sua imagem na circunferência trigonométrica.

Denominamos de **função seno** a função f: $\mathbb{R} \rightarrow \mathbb{R}$ que associa a cada número real *x* o número real OP_1 = sen x, isto é, f(x) = sen x.

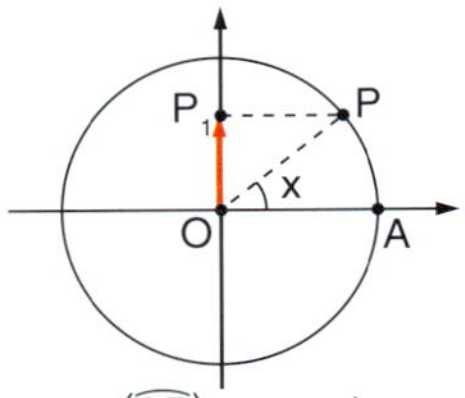

Observe que *f* associa a cada número real *x* a ordenada do ponto correspondente à sua imagem no ciclo. É importante lembrar que a ordenada de qualquer ponto pertencente à circunferência trigonométrica varia entre −1 e 1, isto é, $-1 \leq$ sen x ≤ 1.

Utilizando valores já conhecidos representados no ciclo abaixo, podemos identificar algumas propriedades da função seno:

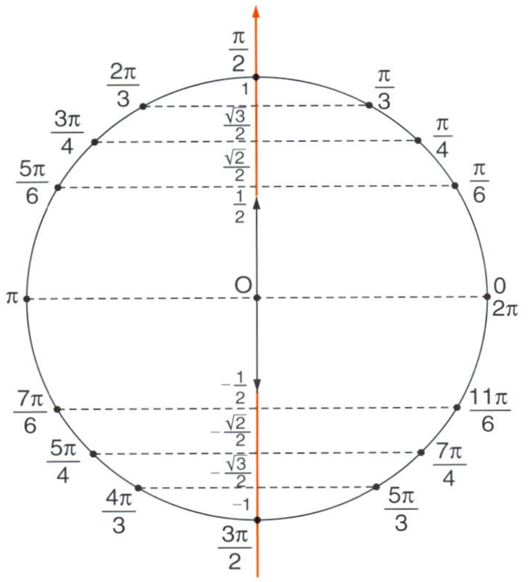

- O **sinal** da função *f* dada por f(x) = sen x é positivo quando *x* pertence ao 1º e 2º quadrantes; e é negativo quando *x* pertence ao 3º e 4º quadrantes.
- No 1º quadrante, a função *f* é crescente, pois, à medida que *x* aumenta, os valores de sen x aumentam de 0 até 1; no 2º e 3º quadrantes, *f* é decrescente: à medida que *x* aumenta, os valores de y = sen x diminuem de 1 (valor máximo) até −1 (valor mínimo); no 4º quadrante, a função retoma o crescimento e seus valores aumentam de −1 a 0.

  Em resumo, no 1º e 4º quadrantes *f* é **crescente** e no 2º e 3º quadrantes *f* é **decrescente**.

- A função seno é **periódica** e seu período é 2π.
  De fato, os números reais *x* e $x + k \cdot 2\pi$, para *k* inteiro, têm a mesma imagem no ciclo e, portanto, sen x = sen $(x + k \cdot 2\pi)$, $k \in \mathbb{Z}$. Assim, *f* é periódica e seu período *p* corresponde ao menor valor positivo de $k \cdot 2\pi$, que é 2π.

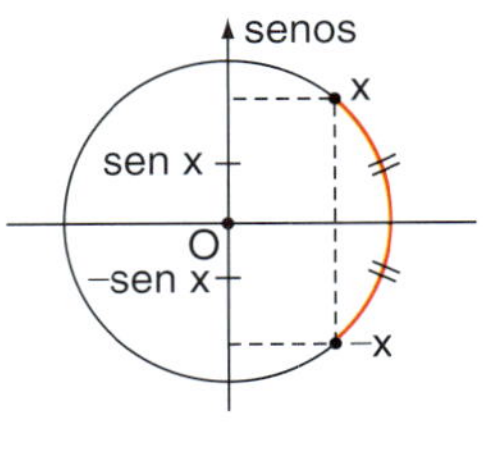

- O domínio e o contradomínio de *f* são iguais a $\mathbb{R}$. No entanto, o conjunto imagem da função seno é o intervalo real [−1, 1], pois $\forall x \in \mathbb{R}$, temos que: $-1 \leq$ sen x ≤ 1.
- *f* é uma função **ímpar**, pois $\forall x \in \mathbb{R}$, sen (−x) = −sen x.

Levando em consideração todas as propriedades anteriores, construímos o gráfico de *f*, dado por f(x) = sen x, que recebe o nome de **senoide**.

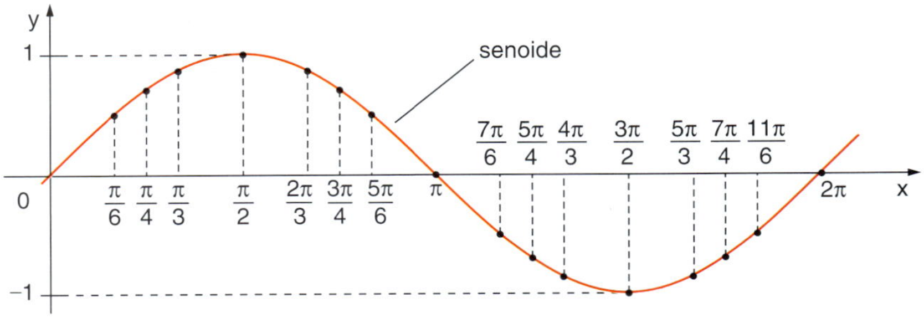

Representamos no gráfico apenas um período de *f*. A senoide, no entanto, continua para a esquerda de 0 e para a direita de 2π, pois o domínio de *f* é $\mathbb{R}$. Note que, de -2π a 0, de 2π a 4π etc., encontraríamos "cópias" do gráfico representado, devido à periodicidade de *f*.

A partir da senoide, é possível construir o gráfico de outras funções. Acompanhe os exemplos que seguem.

Exemplo 9

Para construir o gráfico de um período da função f: $\mathbb{R} \to \mathbb{R}$ dada por $f(x) = 3 \cdot \text{sen } x$, podemos fazer uma tabela em três etapas:

- atribuímos valores convenientes para *x*;
- associamos a *x* os correspondentes valores de sen x;
- multiplicamos sen x por 3:

x	sen x	y = 3 · sen x
0		
$\frac{\pi}{2}$		
π		
$\frac{3\pi}{2}$		
2π		

$\Rightarrow$

x	sen x	y = 3 · sen x
0	0	
$\frac{\pi}{2}$	1	
π	0	
$\frac{3\pi}{2}$	−1	
2π	0	

$\Rightarrow$

x	sen x	y = 3 · sen x
0	0	0
$\frac{\pi}{2}$	1	3
π	0	0
$\frac{3\pi}{2}$	−1	−3
2π	0	0

Observe que o período de *f* é 2π, e seu conjunto imagem é $\text{Im} = [-3, 3]$.

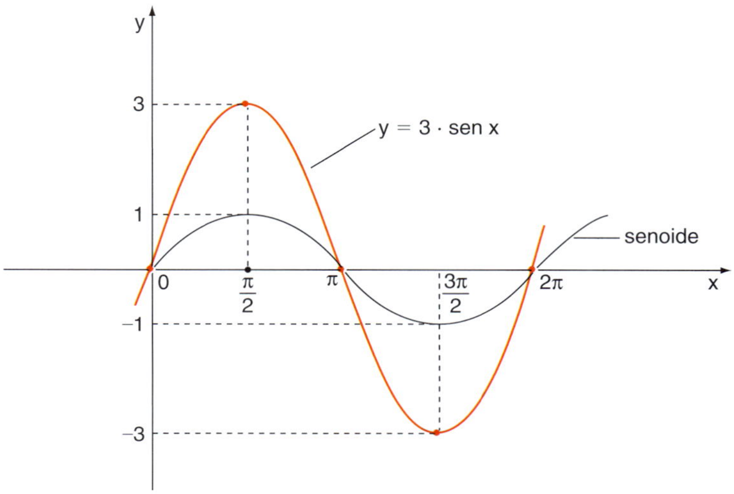

Exemplo 10

Vamos construir o gráfico de um período da função f: $\mathbb{R} \rightarrow \mathbb{R}$ definida por $y = \text{sen } 2x$.

Há três etapas na construção da tabela:

- atribuímos valores convenientes para $t = 2x$;
- associamos a cada t ($t = 2x$) o correspondente sen t (sen 2x);
- calculamos os valores de $x\left(x = \dfrac{t}{2}\right)$.

x	t = 2x	y
	0	
	$\frac{\pi}{2}$	
	π	
	$\frac{3\pi}{2}$	
	2π	

⇒

x	t = 2x	y = sen 2x
	0	0
	$\frac{\pi}{2}$	1
	π	0
	$\frac{3\pi}{2}$	−1
	2π	0

⇒

x	t = 2x	y = sen 2x
0	0	0
$\frac{\pi}{4}$	$\frac{\pi}{2}$	1
$\frac{\pi}{2}$	π	0
$\frac{3\pi}{4}$	$\frac{3\pi}{2}$	−1
π	2π	0

Como sabemos, para que sen t complete um período, é necessário que t varie entre 0 e 2π.

Temos: $0 \leqslant t \leqslant 2\pi \Leftrightarrow 0 \leqslant 2x \leqslant 2\pi \Rightarrow 0 \leqslant x \leqslant \pi$, isto é, $x \in [0, \pi]$.

Assim, o período da função f dada por $y = \text{sen } 2x$ corresponde ao comprimento do intervalo de variação de x, que é $\pi - 0 = \pi$. Observe um período completo do gráfico de f:

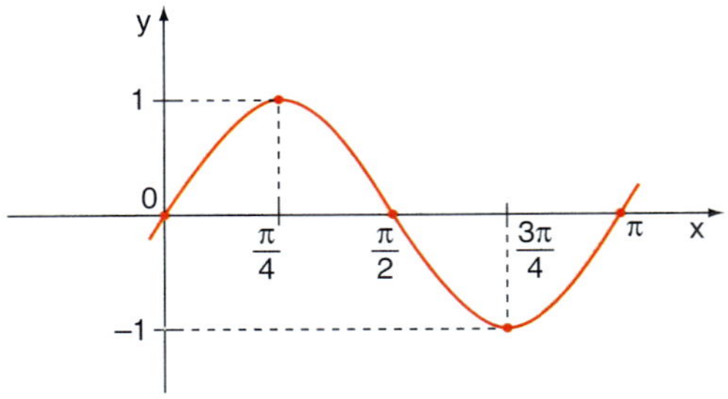

Exemplo 11

Vamos construir o gráfico de um período da função f: $\mathbb{R} \rightarrow \mathbb{R}$ definida por $y = \text{sen}\left(x - \dfrac{\pi}{3}\right)$.

Seguimos o procedimento descrito nos exemplos anteriores:

x	$t = x - \frac{\pi}{3}$	y
	0	
	$\frac{\pi}{2}$	
	π	
	$\frac{3\pi}{2}$	
	2π	

⇒

x	$t = x - \frac{\pi}{3}$	$y = \text{sen}\left(x - \frac{\pi}{3}\right)$
	0	0
	$\frac{\pi}{2}$	1
	π	0
	$\frac{3\pi}{2}$	−1
	2π	0

⇒

x	$t = x - \frac{\pi}{3}$	$y = \text{sen}\left(x - \frac{\pi}{3}\right)$
$\frac{\pi}{3}$	0	0
$\frac{5\pi}{6}$	$\frac{\pi}{2}$	1
$\frac{4\pi}{3}$	π	0
$\frac{11\pi}{6}$	$\frac{3\pi}{2}$	−1
$\frac{7\pi}{3}$	2π	0

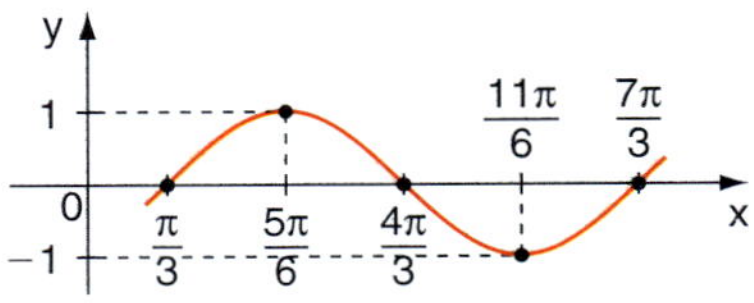

Note que:

- $Im = [-1, 1]$, pois $\forall x \in \mathbb{R}$, $-1 \leqslant \text{sen}\left(x - \frac{\pi}{3}\right) \leqslant 1$;
- o período de f corresponde ao comprimento do intervalo $\left[\frac{\pi}{3}, \frac{7\pi}{3}\right]$, que é: $p = \frac{7\pi}{3} - \frac{\pi}{3} = \frac{6\pi}{3} = 2\pi$;
- o gráfico de $y = \text{sen}\left(x - \frac{\pi}{3}\right)$ corresponde ao gráfico da senoide (definida por $y = \text{sen } x$), transladado de $\frac{\pi}{3}$ unidades para a direita, como podemos observar no gráfico ao lado, em que somamos $\frac{\pi}{3}$ a cada abscissa dos pontos do gráfico da senoide:

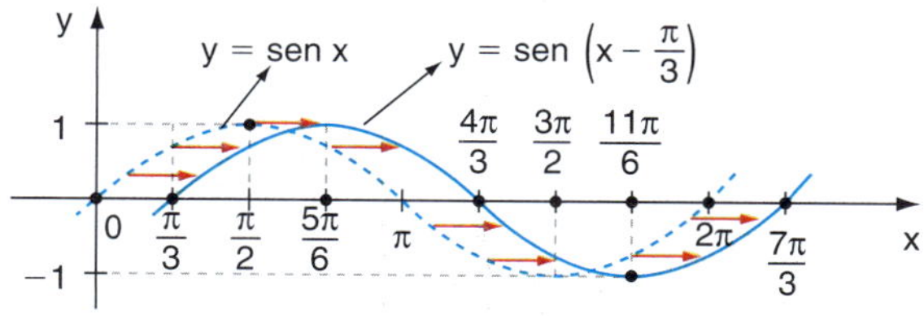

Propriedade

> Sejam c e d números reais, com $c \neq 0$. A função definida por $y = \text{sen}(cx + d)$ tem período p dado por $p = \frac{2\pi}{|c|}$.

De fato, fazendo $t = cx + d$, para que sen t complete um período, é necessário que t varie entre 0 e 2π:

$$0 \leqslant t \leqslant 2\pi \Leftrightarrow 0 \leqslant cx + d \leqslant 2\pi \Leftrightarrow -d \leqslant cx \leqslant -d + 2\pi$$

- Para $c > 0$, vem: $-\frac{d}{c} \leqslant x \leqslant \frac{-d + 2\pi}{c}$, isto é, $x \in \left[-\frac{d}{c}, \frac{-d + 2\pi}{c}\right]$, e o período p é:

$$\frac{-d + 2\pi}{c} - \left(-\frac{d}{c}\right) = \frac{2\pi}{c}$$

- Para $c < 0$, vem: $-\frac{d}{c} \geqslant x \geqslant \frac{-d + 2\pi}{c}$, isto é, $x \in \left[\frac{-d + 2\pi}{c}, -\frac{d}{c}\right]$, e o período p é:

$$-\frac{d}{c} - \left(\frac{-d + 2\pi}{c}\right) = -\frac{2\pi}{c} > 0$$

Reunindo os dois casos, teremos $p = \frac{2\pi}{|c|}$.

Assim, temos:

- no Exemplo 9, para a função dada por $f(x) = 3 \cdot \text{sen } x$, temos que o período é $\frac{2\pi}{|1|} = 2\pi$;
- no Exemplo 10, para a função dada por $f(x) = \text{sen } 2x$, o período pode ser determinado por $p = \frac{2\pi}{|2|} = \pi$;
- no Exemplo 11, para a função definida por $f(x) = \text{sen}\left(x - \frac{\pi}{3}\right)$, temos o período $p = \frac{2\pi}{|1|} = 2\pi$.

EXERCÍCIOS RESOLVIDOS

2. Calcular o valor de:

a) $\text{sen } \frac{19\pi}{4}$

b) sen 1 980°

c) $\text{sen } \frac{19\pi}{2}$

Solução:

a) Notemos que $\frac{19\pi}{4} = \frac{16\pi}{4} + \frac{3\pi}{4} = \underbrace{4\pi}_{\text{duas voltas completas}} + \frac{3\pi}{4}$; assim, $\frac{19\pi}{4}$ e $\frac{3\pi}{4}$ têm mesma imagem P no ciclo e, portanto, $\text{sen } \frac{19\pi}{4} = \text{sen } \frac{3\pi}{4}$.

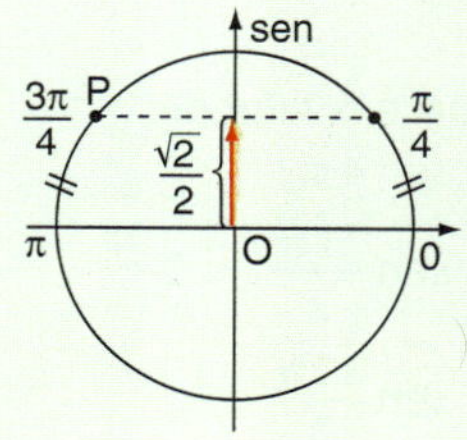

Como $\text{sen } \frac{3\pi}{4} = \text{sen } \frac{\pi}{4} = \frac{\sqrt{2}}{2}$, conclui-se que $\text{sen } \frac{19\pi}{4} = \frac{\sqrt{2}}{2}$.

b) Dividimos 1 980° por 360°:

$$1\,980° \;\big|\; 360° \qquad \downarrow \; 5 \qquad \text{resto} = 180°$$

Assim, 1 980° = 360° · 5 + 180° e, desse modo, 1 980° e 180° são arcos côngruos.

Daí, sen 1 980° = sen 180° = 0.

c) $\frac{19\pi}{2} = \frac{16\pi}{2} + \frac{3\pi}{2} = \underbrace{8\pi}_{\text{quatro voltas completas}} + \frac{3\pi}{2}$

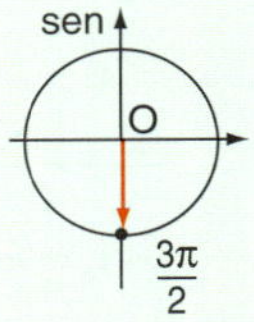

Assim, $\text{sen}\,\frac{19\pi}{2} = \text{sen}\,\frac{3\pi}{2} = -1$.

3. Para quais valores reais de *m* existe o número real α tal que sen $\alpha = 2m - 1$?

Solução:

Para todo $\alpha \in \mathbb{R}$, temos que $-1 \leq \text{sen}\,\alpha \leq 1$, isto é, $-1 \leq 2m - 1 \leq 1 \Rightarrow 0 \leq 2m \leq 2 \Rightarrow 0 \leq m \leq 1$.

Assim, a resposta é: $\{m \in \mathbb{R} \mid 0 \leq m \leq 1\}$.

4. Seja $f\colon \mathbb{R} \rightarrow \mathbb{R}$ a função definida por $y = 1 + 3 \cdot \text{sen}\left(2x - \frac{\pi}{5}\right)$.

Obter o domínio, o conjunto imagem e o período de *f*.

Solução:

- Inicialmente, observe que o domínio de *f* é $\mathbb{R}$, pois $\forall x \in \mathbb{R}$, o número $1 + 3 \cdot \text{sen}\left(2x - \frac{\pi}{5}\right)$ é real.
- Sabemos que, $\forall x \in \mathbb{R}, -1 \leq \text{sen}\left(2x - \frac{\pi}{5}\right) \leq 1 \Rightarrow -3 \leq 3 \cdot \text{sen}\left(2x - \frac{\pi}{5}\right) \leq 3 \Rightarrow -3 + 1 \leq 1 + 3\,\text{sen}\left(2x - \frac{\pi}{5}\right) \leq 3 + 1$, isto é, $-2 \leq y \leq 4$; logo, Im = [−2, 4].
- Para que sen t complete um período, sendo $t = 2x - \frac{\pi}{5}$, devemos ter $0 \leq t \leq 2\pi \Rightarrow 0 \leq 2x - \frac{\pi}{5} \leq 2\pi \Leftrightarrow$
  $\Leftrightarrow \frac{\pi}{5} \leq 2x \leq \underbrace{2\pi + \frac{\pi}{5}}_{\frac{11\pi}{5}} \Leftrightarrow \frac{\pi}{10} \leq x \leq \frac{11\pi}{10}$, isto é, $x \in \left[\frac{\pi}{10}, \frac{11\pi}{10}\right]$, e o período *p* é $\frac{11\pi}{10} - \frac{\pi}{10} = \pi$.

Também poderíamos ter aplicado a relação $p = \frac{2\pi}{|c|}$, sendo $c = 2 \Rightarrow p = \frac{2\pi}{|2|} = \pi$.

EXERCÍCIOS

5. Dê o sinal de:

a) $\text{sen}\left(-\frac{\pi}{2}\right)$

b) $\text{sen}\left(-\frac{5\pi}{4}\right)$

c) $\text{sen}\,\frac{10\pi}{3}$

d) sen 850°

e) sen 3 816°

f) $\text{sen}\,\frac{67\pi}{8}$

6. Qual é o valor de:

a) $\text{sen}\,4\pi$

b) $\text{sen}\,\frac{17\pi}{2}$

c) $\text{sen}\,\frac{19\pi}{3}$

d) sen 1 290°

e) $\text{sen}\left(-\frac{\pi}{3}\right)$

f) $\text{sen}\,\frac{29\pi}{4}$

7. Classifique em seu caderno como V ou F:

a) O valor de $\text{sen}\left(\frac{2\pi}{3} + k \cdot 2\pi\right)$, para *k* inteiro, é $\frac{\sqrt{3}}{2}$.

b) $\text{sen}\,(k \cdot \pi) = 0$, para *k* inteiro.

c) sen 1 000° > 0.

d) O seno do número real 10 é negativo.

e) $\text{sen}\left(-\frac{\pi}{9}\right) = \text{sen}\,\frac{\pi}{9}$.

O enunciado a seguir refere-se aos exercícios de 8 a 12.

Determine o período e o conjunto imagem, construindo o gráfico de um período completo para cada função dada.

8. f: $\mathbb{R} \to \mathbb{R}$ tal que $f(x) = 2 \operatorname{sen} x$.

9. f: $\mathbb{R} \to \mathbb{R}$ definida por $f(x) = -\operatorname{sen} x$.

10. f: $\mathbb{R} \to \mathbb{R}$ definida por $f(x) = \operatorname{sen} 3x$.

11. f: $\mathbb{R} \to \mathbb{R}$ definida por $f(x) = 3 + \operatorname{sen} x$.

12. f: $\mathbb{R} \to \mathbb{R}$ definida por $f(x) = 2 + \operatorname{sen}\left(\frac{x}{2}\right)$.

13. Para quais valores reais de *t* temos $\operatorname{sen} \alpha = \frac{t+1}{2}$, sendo α um número real qualquer?

14. O número real α é tal que $\frac{\pi}{2} \leq \alpha \leq \pi$, com $\operatorname{sen} \alpha = 2m - 3$. Quais são os possíveis valores reais de *m*?

15. Seja f: $\mathbb{R} \to \mathbb{R}$ definida por $f(x) = 3 + 2 \cdot \operatorname{sen} 4x$.

a) Qual é o período de *f*?

b) Qual é o valor máximo que *f* assume?

16. Em uma pequena roda-gigante, a altura (em metros) em que um passageiro se encontra no instante *t* (em segundos) é dada pela lei:

$$h(t) = 6 + 4 \cdot \operatorname{sen}\left(\frac{\pi}{12} \cdot t\right), \text{ para } t \in [0, 270].$$

Stockxpert/Glow Images

a) No início do passeio, a que altura se encontra o passageiro?

b) A que altura se encontra o passageiro após 9 s do início? Use a aproximação $\sqrt{2} = 1{,}4$.

c) Qual é a altura mínima que esse passageiro atinge no passeio?

d) Qual é o tempo necessário para a roda-gigante dar uma volta completa?

e) Quantas voltas completas ocorrem no passeio?

APLICAÇÕES

A trigonometria, a roda-gigante e os fenômenos periódicos

A roda-gigante é uma das atrações mais tradicionais dos parques de diversões.

Imagine que a roda-gigante mostrada na figura 1 a seguir tenha 12 cadeiras igualmente distribuídas ao longo da circunferência, que mede 9 m de raio. Uma estrutura de ferro sustenta a roda-gigante a partir do seu centro, mantendo-a presa ao solo. A distância do centro da roda ao solo é 10 m.

A roda gira, lentamente, com velocidade praticamente constante de 3° por segundo, completando a volta em 120 s. Um passageiro sentado em uma das cadeiras observa que sua altura em relação ao solo vai variando de maneira periódica ao longo do passeio, de forma que uma determinada altura é atingida algumas vezes à medida que a roda executa as várias voltas do passeio.

Ilustração sem escala ou em escalas diferentes. Cores artificiais.

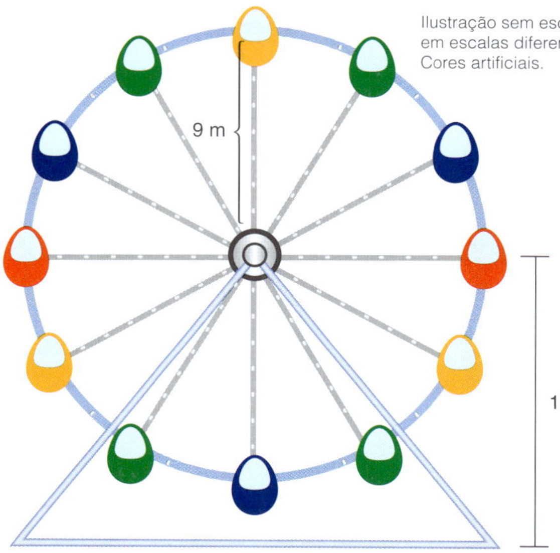

CJT/Zapt

Figura 1

Como podemos expressar a altura em que se encontra uma determinada cadeira a cada instante do passeio?

Imagine que, no início da contagem do tempo, um passageiro se encontra na cadeira A (figura 2). Como a velocidade de giro é de 3°/s, em 10 s cada cadeira percorre 30°. Na figura 2 estão representadas as posições que esse passageiro vai ocupar a cada 10 s ao longo de uma volta completa da roda.

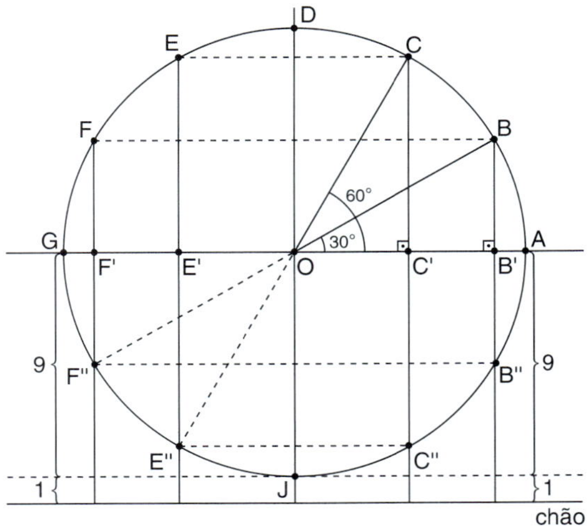

Figura 2

Velocidade de giro: 3°/s $\left(\text{ou } \frac{\pi}{60} \text{ rad/s}\right)$

$\Delta BOB'$: $\text{sen } 30° = \frac{BB'}{OB} \Rightarrow BB' = 9 \cdot \text{sen } (10 \cdot 3°) = 9 \cdot \text{sen}\left(10 \cdot \frac{\pi}{60}\right)$

$\Delta COC'$: $\text{sen } 60° = \frac{CC'}{OC} \Rightarrow CC' = 9 \cdot \text{sen } (20 \cdot 3°) = 9 \cdot \text{sen}\left(20 \cdot \frac{\pi}{60}\right)$

Observe que são iguais as alturas correspondentes aos seguintes pares de posições: A e G, B e F, C e E, F'' e B'' e E'' e C''.

Além disso, os segmentos $\overline{BB'}$, $\overline{FF'}$, $\overline{F'F''}$ e $\overline{B'B''}$ são congruentes (atenção, porém, para a diferença das alturas correspondentes a B e B'' e a F e F''!), ocorrendo o mesmo com os segmentos $\overline{CC'}$, $\overline{EE'}$, $\overline{E'E''}$ e $\overline{C'C''}$.

Temos as seguintes posições para uma volta completa na roda:

Tempo (s)	Posição	Altura (m)
0	A	$10 + \underbrace{9 \cdot \text{sen}\left(0 \cdot \frac{\pi}{60}\right)}_{0} = 10$
10	B	$10 + \underbrace{9 \cdot \text{sen}\left(10 \cdot \frac{\pi}{60}\right)}_{4,5} = 14,5$
20	C	$10 + \underbrace{9 \cdot \text{sen}\left(20 \cdot \frac{\pi}{60}\right)}_{\cong 7,79} \cong 17,8$
30	D	$10 + \underbrace{9 \cdot \text{sen}\left(30 \cdot \frac{\pi}{60}\right)}_{9} = 19$
40	E	$10 + \underbrace{9 \cdot \text{sen}\left(40 \cdot \frac{\pi}{60}\right)}_{\cong 7,79} \cong 17,8$
⋮	⋮	⋮

Tempo (s)	Posição	Altura (m)
70	F''	$10 + 9 \cdot \underbrace{\text{sen}\left(70 \cdot \frac{\pi}{60}\right)}_{-4,5} = 5,5$
⋮	⋮	⋮
90	J	$10 + 9 \cdot \underbrace{\text{sen}\left(90 \cdot \frac{\pi}{60}\right)}_{-9} = 1$
⋮	⋮	⋮
110	B''	$10 + 9 \cdot \underbrace{\text{sen}\left(110 \cdot \frac{\pi}{60}\right)}_{-4,5} = 5,5$
120	A	$10 + 9 \cdot \underbrace{\text{sen}\left(120 \cdot \frac{\pi}{60}\right)}_{0} = 10$

Observação

Note que a altura relativa ao ponto F'', por exemplo, pode ser expressa por:
$(9 - \underbrace{9 \cdot \text{sen } 30°}_{F'F''}) + 1 = 10 - 9 \cdot \text{sen } 30° = 10 + 9 \cdot \text{sen } 210° = 10 + 9 \cdot \text{sen}\left(70 \cdot \frac{\pi}{60}\right).$

Raciocínio análogo pode ser usado para os pontos E'', C'' e B''.

Observando a primeira e a última coluna da tabela, vemos que, para cada instante t (em segundos), corresponde uma altura h (em metros), dada por:

$$h(t) = 10 + 9 \cdot \text{sen}\left(t \cdot \frac{\pi}{60}\right)$$

Veja que o período dessa função é $\frac{2\pi}{\left|\frac{\pi}{60}\right|} = \frac{2\pi}{\frac{\pi}{60}} = 120$ (120 s é o tempo de execução de uma volta completa).

A diferença entre a maior e a menor altura (amplitude) atingida nesse movimento é $\underbrace{19 \text{ m}}_{h_{máx}} - \underbrace{1 \text{ m}}_{h_{mín}} = 18$ m.

Referência bibliográfica:
www.membros.aveiro_digital.net/adam/oficina. Acesso em: set. 2012.

FUNÇÃO COSSENO

Seja x um número real e P sua imagem na circunferência trigonométrica. Chama-se **função cosseno** a função f: $\mathbb{R} \rightarrow \mathbb{R}$ que associa a cada número real x o número real $OP_2 = \cos x$, isto é, $f(x) = \cos x$.

Observe que f associa a cada número real x a abscissa do ponto correspondente à sua imagem no ciclo.

Vamos usar alguns valores já conhecidos representados no ciclo a seguir para reconhecer algumas propriedades da função cosseno.

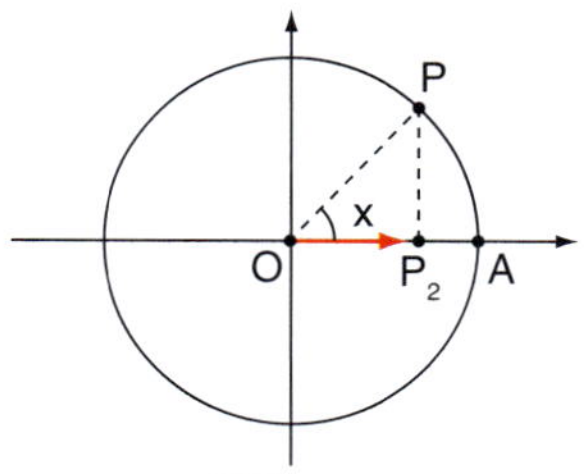

$m(\overset{\frown}{AP}) = x$ rad

- O **sinal** da função cosseno é positivo quando x pertence ao 1º e 4º quadrantes, e é negativo quando x pertence ao 2º e 3º quadrantes.

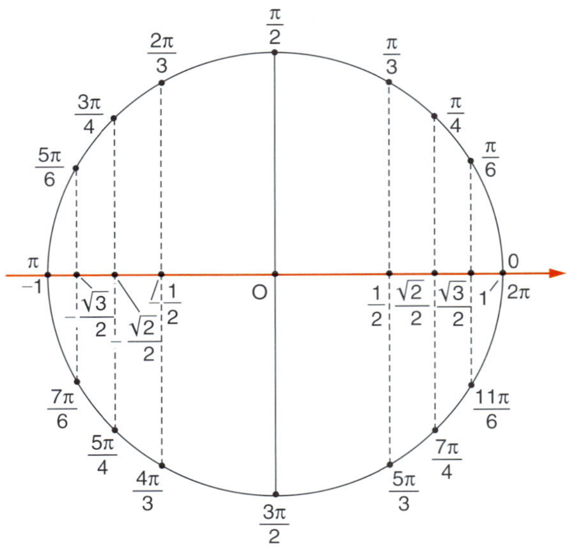

- No 1º e 2º quadrantes, f é **decrescente** (observe que os valores de cos x diminuem de 1 até −1 à medida que x aumenta); no 3º e 4º quadrantes, os valores de cos x aumentam de −1 a 1, à medida que x aumenta, o que significa que f é **crescente**.
- A função cosseno é **periódica** e seu período é 2π.
Como vimos, os números reais x e $x + k \cdot 2\pi$, $k \in \mathbb{Z}$, têm a mesma imagem no ciclo e, portanto, $\cos x = \cos (x + k \cdot 2\pi)$, $k \in \mathbb{Z}$. O período de f é o menor valor positivo de $k \cdot 2\pi$, que é 2π.
- O domínio e o contradomínio de f são iguais a $\mathbb{R}$; o conjunto imagem de f é $[-1, 1]$, pois, $\forall x \in \mathbb{R}$, temos $-1 \leqslant \cos x \leqslant 1$, já que o raio da circunferência trigonométrica é unitário e as abscissas dos pontos da circunferência variam de −1 até 1.
- $\forall x \in \mathbb{R}$, $\cos(-x) = \cos x$; isso significa dizer que a função cosseno é uma **função par**.

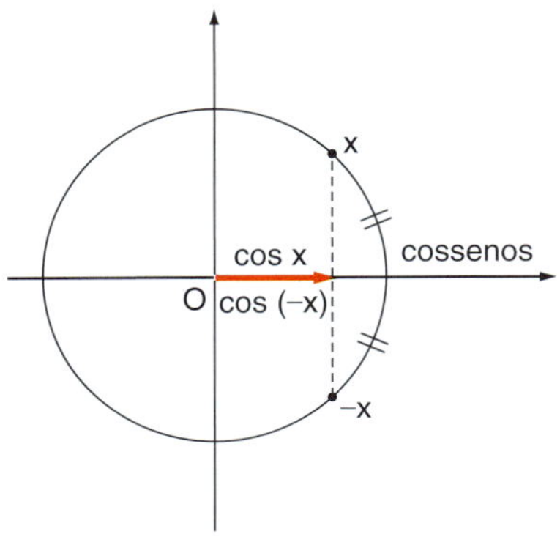

Com as considerações anteriores, traçamos o gráfico de um período da função f definida por $f(x) = \cos x$. Esse gráfico recebe o nome de **cossenoide**.

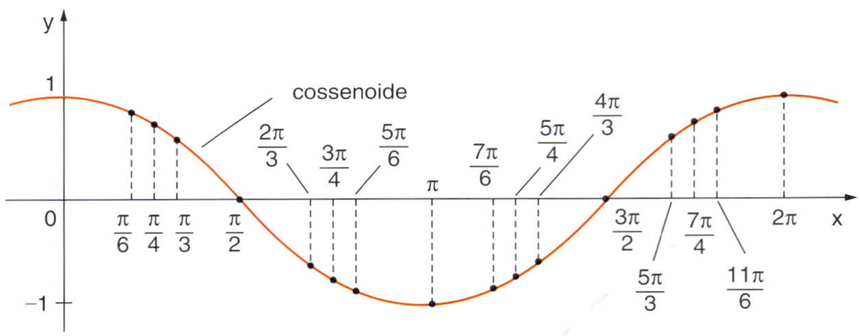

Seguindo o mesmo processo apresentado para a construção de outros gráficos similares à senoide, vamos construir dois gráficos obtidos a partir da cossenoide.

Exemplo 12

Vamos construir o gráfico de $f: \mathbb{R} \to \mathbb{R}$ definida por $y = -1 + 3 \cdot \cos x$.

x	cos x	$y = -1 + 3 \cdot \cos x$
0	1	
$\frac{\pi}{2}$	0	
π	−1	
$\frac{3\pi}{2}$	0	
2π	1	

⇒

x	cos x	$y = -1 + 3 \cdot \cos x$
0	1	$-1 + 3 \cdot 1 = 2$
$\frac{\pi}{2}$	0	$-1 + 3 \cdot 0 = -1$
π	−1	$-1 + 3 \cdot (-1) = -4$
$\frac{3\pi}{2}$	0	$-1 + 3 \cdot 0 = -1$
2π	1	$-1 + 3 \cdot 1 = 2$

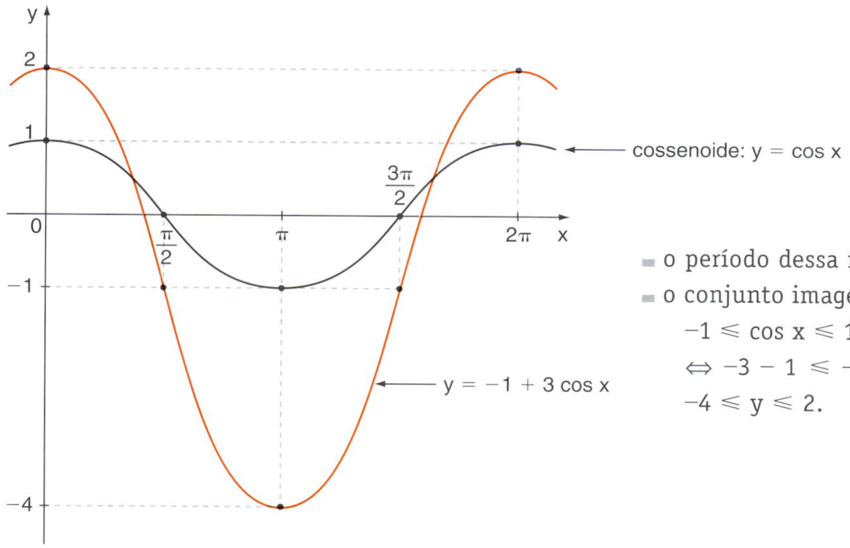

- o período dessa função é 2π;
- o conjunto imagem é $\{y \in \mathbb{R} \mid -4 \leqslant y \leqslant 2\}$, pois: $-1 \leqslant \cos x \leqslant 1 \Leftrightarrow -3 \leqslant 3 \cdot \cos x \leqslant 3 \Leftrightarrow$ $\Leftrightarrow -3 - 1 \leqslant -1 + 3 \cdot \cos x \leqslant 3 - 1$, isto é, $-4 \leqslant y \leqslant 2$.

Exemplo 13

Vamos construir o gráfico de $f: \mathbb{R} \rightarrow \mathbb{R}$ definida por $y = 1 + \cos 2x$.

x	2x	cos 2x	y = 1 + cos 2x
	0	1	
	$\frac{\pi}{2}$	0	
	π	−1	
	$\frac{3\pi}{2}$	0	
	2π	1	

$\Rightarrow$

x	2x	cos 2x	y = 1 + cos 2x
	0	1	1 + 1 = 2
	$\frac{\pi}{2}$	0	1 + 0 = 1
	π	−1	1 + (−1) = 0
	$\frac{3\pi}{2}$	0	1 + 0 = 1
	2π	1	1 + 1 = 2

$\Rightarrow$

$\Rightarrow$

x	2x	cos 2x	y = 1 + cos 2x
0	0	1	2
$\frac{\pi}{4}$	$\frac{\pi}{2}$	0	1
$\frac{\pi}{2}$	π	−1	0
$\frac{3\pi}{4}$	$\frac{3\pi}{2}$	0	1
π	2π	1	2

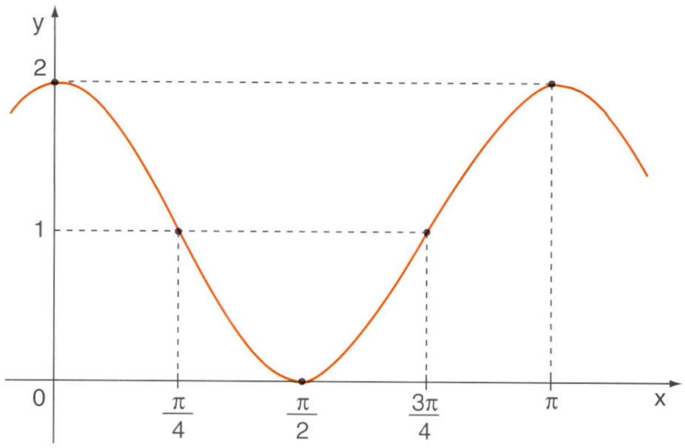

Note que $Im = [0, 2]$ e o período é $p = \pi$, pois, para que cos 2x complete um período, é necessário que 2x varie entre 0 e 2π: $0 \leqslant 2x \leqslant 2\pi \Rightarrow 0 \leqslant x \leqslant \pi$.

Observação

Por meio de raciocínio idêntico ao apresentado para a função seno, temos que o período *p* da função $f: \mathbb{R} \rightarrow \mathbb{R}$ definida por $f(x) = \cos(cx + d)$, sendo *c* e *d* números reais, com $c \neq 0$, é $p = \frac{2\pi}{|c|}$.

EXERCÍCIOS RESOLVIDOS

5. Calcular:

a) $\cos \frac{29\pi}{6}$ b) $\cos 100\pi$ c) $\cos\left(-\frac{17\pi}{4}\right)$

Solução:

a) $\frac{29\pi}{6} = \frac{24\pi}{6} + \frac{5\pi}{6} = \underbrace{4\pi}_{\text{duas voltas completas}} + \frac{5\pi}{6}$

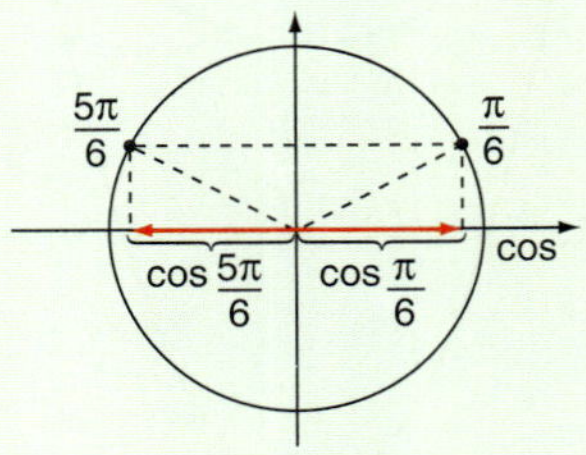

Assim, $\frac{29\pi}{6}$ e $\frac{5\pi}{6}$ têm a mesma imagem no ciclo e

$\cos \frac{29\pi}{6} = \cos \frac{5\pi}{6} = -\cos \frac{\pi}{6} = -\frac{\sqrt{3}}{2}$

b) $100\pi = 50 \cdot 2\pi$

$\cos 100\pi = \cos 2\pi = \cos 0 = 1$

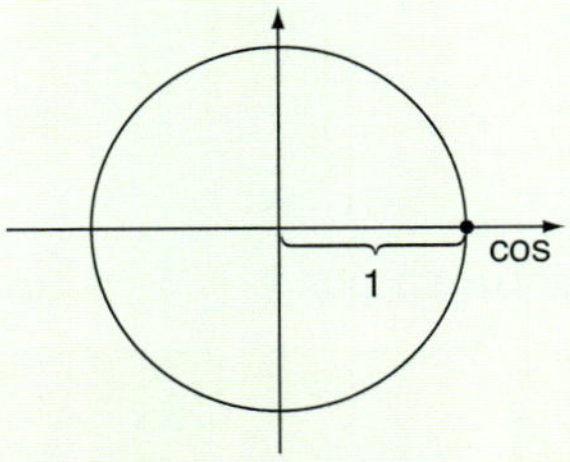

c) Como a função cosseno é par,

$\cos\left(-\frac{17\pi}{4}\right) = \cos\left(\frac{17\pi}{4}\right)$; $\frac{17\pi}{4} = \frac{16\pi}{4} + \frac{\pi}{4} = 4\pi + \frac{\pi}{4}$ e $\cos\left(-\frac{17\pi}{4}\right) = \cos \frac{\pi}{4} = \frac{\sqrt{2}}{2}$

6. Seja $f: \mathbb{R} \to \mathbb{R}$ definida por $f(x) = 2 + \cos\left(\frac{x}{2} - \frac{\pi}{6}\right)$.
Qual é o período de f?

Solução:

Façamos $t = \frac{x}{2} - \frac{\pi}{6}$; para que $\cos t$ complete um período, t deve variar entre 0 e 2π:

$0 \leqslant t \leqslant 2\pi \Rightarrow 0 \leqslant \frac{x}{2} - \frac{\pi}{6} \leqslant 2\pi \Rightarrow \frac{\pi}{6} \leqslant \frac{x}{2} \leqslant \frac{13\pi}{6} \Rightarrow \frac{\pi}{3} \leqslant x \leqslant \frac{13\pi}{3}$; assim $x \in \left[\frac{\pi}{3}, \frac{13\pi}{3}\right]$ e o período p de f corresponde à variação de x: $p = \frac{13\pi}{3} - \frac{\pi}{3} = \frac{12\pi}{3} = 4\pi$.

Também podemos usar a relação $p = \frac{2\pi}{|c|} = \frac{2\pi}{\left|\frac{1}{2}\right|} = 4\pi$.

EXERCÍCIOS

17. Calcule o valor de:

a) $\cos 11\pi$ c) $\cos \frac{13\pi}{2}$ e) $\cos\left(-\frac{2\pi}{3}\right)$

b) $\cos 10\pi$ d) $\cos \frac{27\pi}{2}$ f) $\cos(-7\pi)$

18. Calcule o valor de:

a) $\cos 1\,560°$ c) $\cos \frac{19\pi}{6}$ e) $\cos(-270°)$

b) $\cos 1\,035°$ d) $\cos \frac{22\pi}{3}$ f) $\cos \frac{43\pi}{4}$

19. Calcule o valor de y na expressão:

$$y = \frac{\cos \frac{9\pi}{2} - \operatorname{sen} \frac{9\pi}{2}}{\cos \frac{17\pi}{4} + 3 \cdot \operatorname{sen} \frac{17\pi}{4}}$$

20. Sabendo que x é um número real pertencente ao intervalo $\left[\pi, \frac{3\pi}{2}\right]$, determine os possíveis valores reais de m de modo que tenhamos $\cos x = \frac{2m}{5}$.

21. Se $x \in \mathbb{R}$, quais são os possíveis valores inteiros de *m* que satisfazem à sentença $\cos x = \frac{3m}{2} - \frac{1}{3}$?

O enunciado a seguir refere-se aos exercícios de 22 a 26. Determine o período e o conjunto imagem e construa o gráfico de um período completo para cada função dada:

22. $f: \mathbb{R} \to \mathbb{R}$ dada por $f(x) = 2 \cdot \cos x$.

23. $f: \mathbb{R} \to \mathbb{R}$ definida por $f(x) = 2 - \cos x$.

24. $f: \mathbb{R} \to \mathbb{R}$ definida por $f(x) = \cos\left(\frac{x}{2}\right)$.

25. $f: \mathbb{R} \to \mathbb{R}$ definida por $f(x) = \cos 3x$.

26. $f: \mathbb{R} \to \mathbb{R}$ dada por $f(x) = 2 + \cos 3x$.

27. Assinale no caderno verdadeiro (V) ou falso (F) para as afirmações a seguir e corrija as que são falsas.

a) $\cos\left(\frac{\pi}{6} + k \cdot 2\pi\right) = \pm\frac{\sqrt{3}}{2}$, para *k* inteiro.

b) $\cos\left(\frac{\pi}{2} + k \cdot \pi\right) = 0$, para *k* inteiro.

c) A função $f: \mathbb{R} \to \mathbb{R}$ definida por $f(x) = 2 \cdot \cos x$ tem valor mínimo igual a -1.

d) A função $f: \mathbb{R} \to \mathbb{R}$ definida por $f(x) = x \cdot \cos \pi$ é periódica.

e) O período de $f: \mathbb{R} \to \mathbb{R}$ dado por $f(x) = \cos\left(\frac{\pi}{8}x\right)$ é 16.

f) $\cos\left(-\frac{3\pi}{20}\right) > 0$.

28. Um artigo publicado em um caderno de economia prevê que as exportações de um certo país (em milhões de dólares), no ano de 2010 + x, em que $x \in \{0, 1, 2, ..., 19, 20\}$, serão dadas pela lei:

$$f(x) = 400 + 18 \cdot \cos\left(\frac{\pi}{3}x\right)$$

Supondo que isso realmente ocorra, determine:

a) o valor das exportações desse país nos anos de 2010, 2015 e 2020, em milhões de dólares;

b) quantas vezes, entre 2010 e 2030, *f* atingirá seu valor mínimo e qual é esse valor?

Alamy/Other Images

29. Para cada função *f* seguinte, especifique o domínio, o conjunto imagem e o período:

a) $f(x) = \cos 3x$

b) $f(x) = 3\cos\left(x + \frac{\pi}{4}\right)$

c) $f(x) = -1 + 2\cos\left(\frac{x}{2} - \frac{\pi}{6}\right)$

d) $f(x) = x + \cos\frac{\pi}{5}$

e) $f(x) = -4 \text{ sen } 6x$

30. Em um mesmo plano cartesiano, construa, em cada caso, os gráficos das funções *f* e *g* definidas por:

a) $f(x) = \cos x$ e $g(x) = \cos\left(x - \frac{\pi}{4}\right)$

b) $f(x) = \cos x$ e $g(x) = \cos\left(x + \frac{\pi}{4}\right)$

APLICAÇÕES

A trigonometria e o fenômeno das marés

Vamos retomar o exemplo proposto na introdução deste capítulo:

- As marés altas ocorrem de 12 em 12 horas e, para facilitar a modelagem, vamos admitir 1,6 m o valor comum previsto nos três dias;
- As marés baixas ocorrem de 12 em 12 horas; vamos adotar o valor 0 m como o valor de referência da altura da maré baixa prevista para os três dias. (Tal suposição é bastante razoável levando-se em conta que os valores previstos variam de $-0{,}1$ m a $0{,}2$ m e a média desses valores é aproximadamente $0{,}03$ m $= 3$ cm.)

Considerando as observações anteriores e lembrando que as previsões referem-se a 3 dias seguidos, vamos ajustar (com algumas aproximações), na tabela ao lado, a altura da maré (em metros) em função do tempo (em horas), contado a partir da primeira previsão, em que será considerado $t = 0$ o instante inicial.

Tempo (h)	Altura da maré (m)
0	1,6
6	0
12	1,6
18	0
24	1,6
30	0
36	1,6
42	0
48	1,6
⋮	⋮

Supondo que a relação entre a altura (*h*) da maré e o tempo (*t*) se estabeleça por meio de uma função do tipo $h(t) = A + B \cos(wt)$, como podemos obter os valores das constantes reais A, B e *w* acima?

- Lembremos, inicialmente, que o período dessa função é de 12 horas. Assim $\frac{2\pi}{|w|} = 12 \Rightarrow |w| = \frac{\pi}{6} \Rightarrow w = \frac{\pi}{6}$ ou $w = -\frac{\pi}{6}$; a lei é $h(t) = A + B\cos\left(\frac{\pi}{6}t\right)$ (*)

  Observe que, se tivéssemos considerado $w = -\frac{\pi}{6}$, obteríamos a lei $h(t) = A + B\cos\left(-\frac{\pi}{6}t\right)$, que é equivalente a (*), pois $\forall t \in \mathbb{R}$, $\cos\left(-\frac{\pi}{6}t\right) = \cos\left(\frac{\pi}{6}t\right)$.

- O valor máximo de $\cos\left(\frac{\pi}{6}t\right)$ é 1 e o valor mínimo de $\cos\left(\frac{\pi}{6}t\right)$ é −1. Assim, em (*) vem:

  $h_{máx} = A + B \cdot 1 = A + B$
  $h_{mín} = A + B \cdot (-1) = A - B$

  Como as alturas das marés alta e baixa são, respectivamente, 1,6 m e 0 m, podemos escrever:

  $$\begin{cases} A + B = 1{,}6 \\ A - B = 0 \end{cases} \Rightarrow A = B = 0{,}8$$

  Assim, $h(t) = 0{,}8 + 0{,}8\cos\left(\frac{\pi}{6}t\right)$.

Vamos construir o gráfico dessa função:

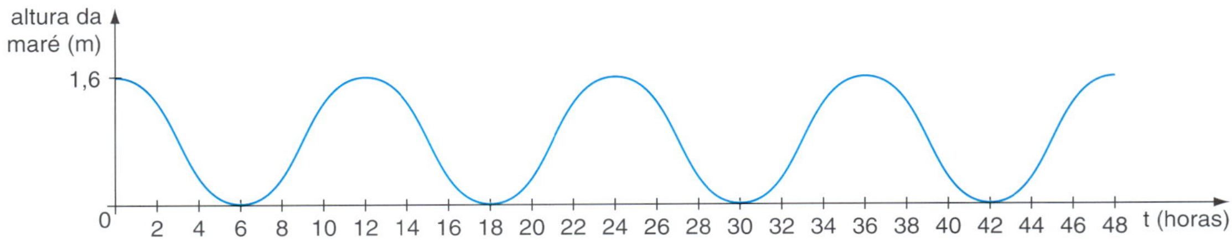

Observe que pela da lei da função obtida é possível prever a altura da maré em outros momentos, além dos de baixa e de alta.

Por exemplo, se $t = 10$ (aproximadamente 13:00 do 1º dia) temos:

$$h(10) = 0{,}8 + 0{,}8 \cdot \cos\left(\frac{10\pi}{6}\right) = 0{,}8 + 0{,}8\cos\left(\frac{5\pi}{3}\right) = 0{,}8 + 0{,}8 \cdot \frac{1}{2} \Rightarrow h(10) = 1{,}2 \text{ m}$$

Se $t = 28$ (aproximadamente 07:00 do 2º dia) temos:

$$h(28) = 0{,}8 + 0{,}8 \cdot \cos\left(\frac{28\pi}{6}\right)$$

Como $\frac{28\pi}{6} = \frac{14\pi}{3} = \frac{12\pi}{3} + \frac{2\pi}{3} = 4\pi + \frac{2\pi}{3}$, temos que $\cos\frac{28\pi}{6} = \cos\frac{2\pi}{3} = -\frac{1}{2}$;

$h(28) = 0{,}8 + 0{,}8 \cdot \left(-\frac{1}{2}\right) = 0{,}8 - 0{,}4 = 0{,}4 \Rightarrow h(28) = 0{,}4 \text{ m} = 40 \text{ cm}.$

FUNÇÃO TANGENTE

Na figura, sejam $x \in \mathbb{R}$, P sua imagem na circunferência trigonométrica e T o ponto em que a reta $\overleftrightarrow{OP}$ intercepta o eixo das tangentes.

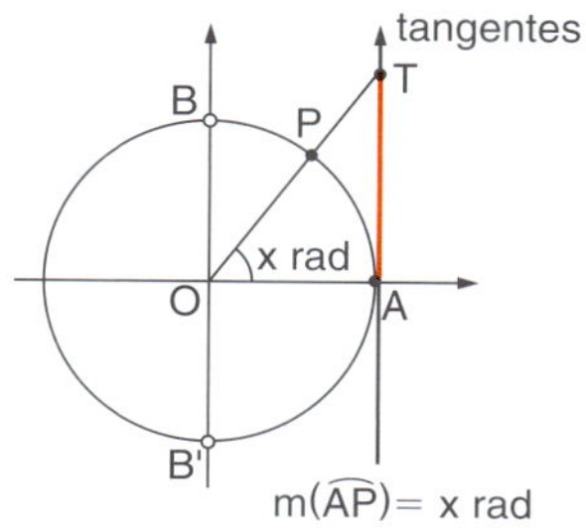

Consideremos $D = \left\{x \in \mathbb{R} \mid x \neq \frac{\pi}{2} + k\pi;\ k \in \mathbb{Z}\right\}$.

Denominamos **função tangente** a função f: D → ℝ que associa a cada número real $x \in D$ o número real AT = tg x; isto é, f(x) = tg x.

Observemos que:

- O domínio de *f* é $\left\{x \in \mathbb{R} \mid x \neq \frac{\pi}{2} + k\pi;\ k \in \mathbb{Z}\right\}$, pois, quando $x = \frac{\pi}{2} + k\pi$, com *k* inteiro, a imagem de *x* é B ou B' e a reta $\overleftrightarrow{OP}$ é paralela ao eixo das tangentes. Desse modo, não definimos tg x, se $x = \frac{\pi}{2} + k\pi$.
- O conjunto imagem de *f* é ℝ, pois, para todo $y \in \mathbb{R}$, existe, no eixo das tangentes, o ponto T tal que AT = y. A reta $\overleftrightarrow{OT}$ intercepta o ciclo em dois pontos distintos, imagens dos números reais *x* tais que tg x = y.
- A função *f* definida por f(x) = tg x é **sempre crescente**:

Primeiro quadrante

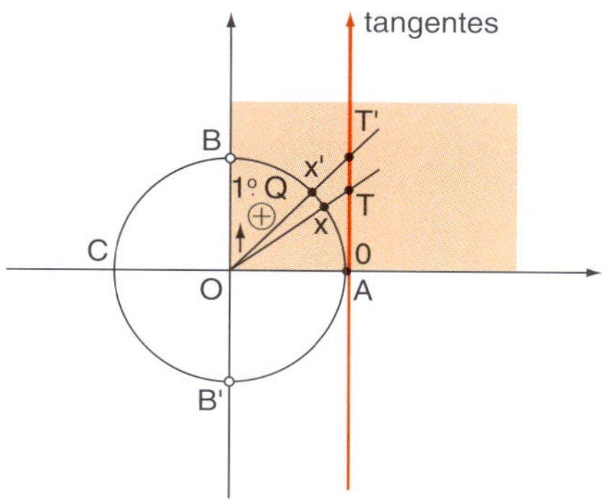

$x' > x \Rightarrow \text{tg } x' > \text{tg } x$

Observe que, à medida que *x* aumenta, tg x vai crescendo indefinidamente, assumindo todos os valores reais positivos, até deixar de existir em B.

Segundo quadrante

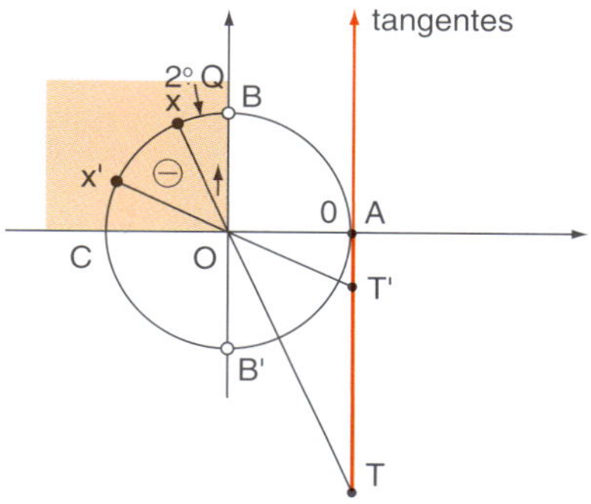

$x' > x \Rightarrow \text{tg } x' > \text{tg } x$

À medida que *x* aumenta, tg x também aumenta, assumindo todos os valores reais negativos, até se anular em C.

Terceiro quadrante (análogo ao 1º)

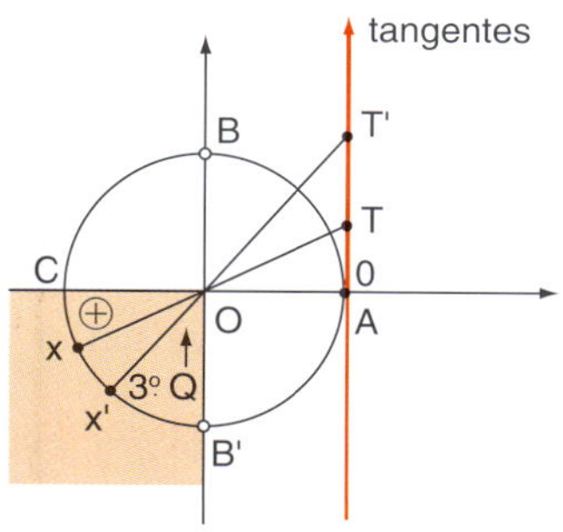

$x' > x \Rightarrow \text{tg } x' > \text{tg } x$

Quarto quadrante (análogo ao 2º)

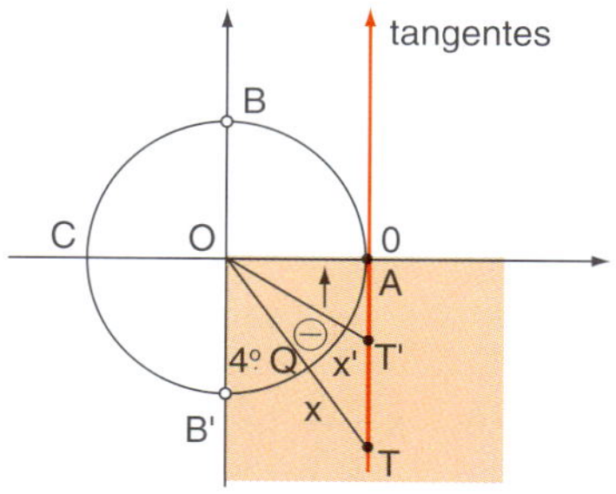

$x' > x \Rightarrow \text{tg } x' > \text{tg } x$

- O **sinal** da função tangente é positivo no 1º e 3º quadrantes e é negativo no 2º e 4º quadrantes.
- A função tangente é **periódica** e seu período é π. De fato, sendo $x \in \mathbb{R}$ e $k \in \mathbb{Z}$, os números x e $x + k\pi$ têm imagens coincidentes, ou diametralmente opostas, na circunferência trigonométrica e, desse modo:

$$\text{tg } x = \text{tg } (x + k\pi);\ k \in \mathbb{Z}$$

O período p de f é o menor valor positivo de $k\pi$, que é π.
- Para todo $x \in D$, $\text{tg } (-x) = -\text{tg } x$, a função tangente é uma função **ímpar**; observe no gráfico a seguir a simetria em relação ao ponto (0, 0).

Considerando as observações anteriores e os valores conhecidos representados no ciclo, construímos o gráfico da função tangente, que recebe o nome **tangentoide**.

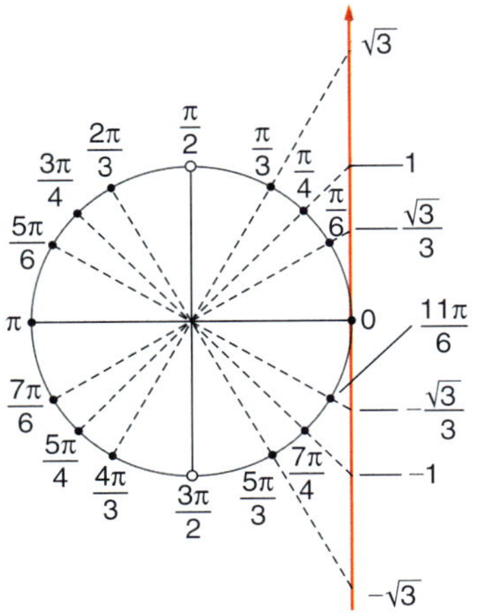

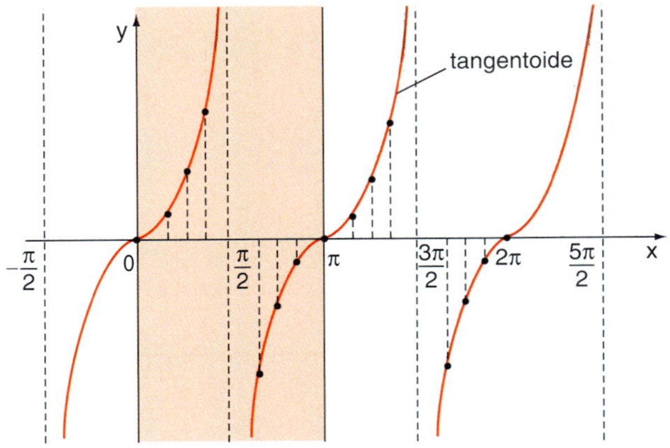

Um período completo de f está destacado no gráfico.

Exemplo 14

Seja f a função definida por $f(x) = \text{tg}\left(x - \frac{\pi}{4}\right)$.

Vamos obter o domínio de f, seu período e seu conjunto imagem.

Em seguida, construiremos o gráfico de f.

- Para achar o domínio, precisamos notar que, para que exista $\text{tg}\left(x - \frac{\pi}{4}\right)$, necessariamente devemos ter:

$x - \frac{\pi}{4} \neq \frac{\pi}{2} + k\pi \Rightarrow x \neq \frac{3\pi}{4} + k\pi,\ k \in \mathbb{Z}$

Fazendo $k = -1$ obtemos: $x \neq \frac{3\pi}{4} - \pi \Rightarrow x \neq -\frac{\pi}{4}$; fazendo $k = 0$ vem: $x \neq \frac{3\pi}{4}$; fazendo $k = 1$ vem: $x \neq \frac{3\pi}{4} + \pi \Rightarrow x \neq \frac{7\pi}{4}$ etc.

Logo f não está definida para $x \in \left\{\ldots, -\frac{\pi}{4}, \frac{3\pi}{4}, \frac{7\pi}{4}, \ldots\right\}$

Assim, temos $D = \left\{x \in \mathbb{R} \mid x \neq \frac{3\pi}{4} + k\pi,\ k \in \mathbb{Z}\right\}$.

- Fazendo $t = x - \frac{\pi}{4}$, sabemos que, para que $\text{tg}\,t$ complete um período, t deve variar entre 0 e π:

$0 \leq t \leq \pi \Leftrightarrow 0 \leq x - \frac{\pi}{4} \leq \pi \Rightarrow \frac{\pi}{4} \leq x \leq \frac{5\pi}{4}$; o período de f corresponderá à variação de x, que é $\frac{5\pi}{4} - \frac{\pi}{4} = \pi$.

- Para todo $x \in D$, $\text{tg}\left(x - \frac{\pi}{4}\right)$ pode assumir qualquer valor real; assim, o conjunto imagem de f é $\mathbb{R}$.

Construção do gráfico

Além das considerações anteriores, vamos obter mais algumas informações importantes sobre a função a fim de construir o seu gráfico.

- Raízes de f: observe que f se anula quando $\text{tg}\left(x - \frac{\pi}{4}\right) = 0$, isto é, quando $x = \frac{\pi}{4} + k\pi$, $k \in \mathbb{Z}$. Assim, o gráfico de f intercepta o eixo das abscissas para $x \in \left\{\ldots, \frac{\pi}{4}, \frac{5\pi}{4}, \frac{9\pi}{4}, \ldots\right\}$.
- $f(0) = \text{tg}\left(0 - \frac{\pi}{4}\right) = \text{tg}\left(-\frac{\pi}{4}\right) = -\text{tg}\frac{\pi}{4} = -1$; o gráfico de f intercepta o eixo y em $(0, -1)$.

  Observe também que $f(0) = f(\pi) = f(2\pi) = \ldots = -1$.
- $f\left(\frac{\pi}{2}\right) = \text{tg}\left(\frac{\pi}{2} - \frac{\pi}{4}\right) = \text{tg}\frac{\pi}{4} = 1$;

  $f\left(\frac{3\pi}{2}\right) = \text{tg}\left(\frac{3\pi}{2} - \frac{\pi}{4}\right) = \text{tg}\frac{5\pi}{4} = 1$; ...

  Em geral, $f\left(\frac{\pi}{2} + k\pi\right) = 1$, para $k \in \mathbb{Z}$.

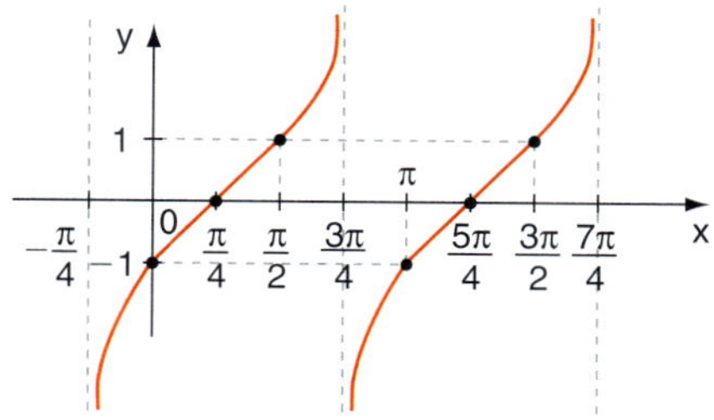

Observação

Outro procedimento possível para a construção do gráfico de $f(x) = \text{tg}\left(x - \frac{\pi}{4}\right)$ é lembrar que ele pode ser obtido a partir do gráfico de $g(x) = \text{tg}\ x$, transladando-o $\frac{\pi}{4}$ para a direita, como é sugerido pelo gráfico seguinte:

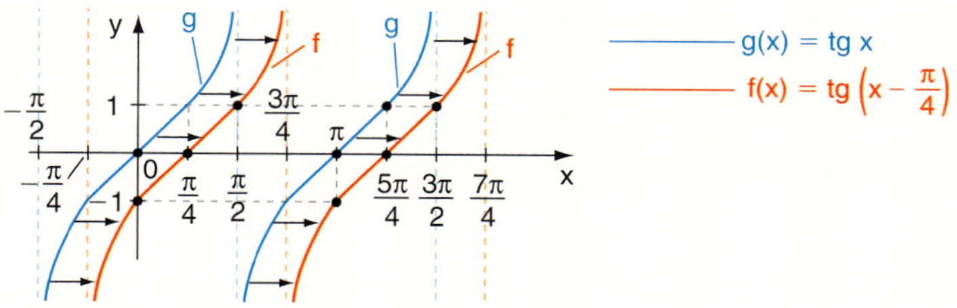

EXERCÍCIOS

31. Para cada função f a seguir, estabeleça o domínio e o período, a partir de sua lei:

a) $f(x) = 1 + \text{tg}\ x$

b) $f(x) = 2\ \text{tg}\ x$

c) $f(x) = \text{tg}\ 2x$

d) $f(x) = \text{tg}\left(x + \frac{\pi}{6}\right)$

32. Seja f uma função definida pela lei $f(x) = \text{tg}\left(x - \frac{\pi}{2}\right)$:

a) obtenha o domínio de f e seu conjunto imagem;

b) obtenha o período de f;

c) construa o gráfico de um período completo de f.

33. Seja f uma função real definida pela seguinte lei: $f(x) = \text{tg}\left(\frac{x}{2}\right)$. Obtenha o domínio, o período e, em seguida, construa o gráfico de f.

DESAFIO

Qual é o valor de $\sqrt{2 + \sqrt{2 + \sqrt{2 + \ldots}}}$?

EXERCÍCIOS COMPLEMENTARES

O enunciado a seguir refere-se aos exercícios de 1 a 5. Para cada função, determine o período, o conjunto imagem e faça o gráfico de um período completo.

1. $f: \mathbb{R} \to \mathbb{R}$ definida por $f(x) = \text{sen}(-x)$.

2. $f: \mathbb{R} \to \mathbb{R}$ definida por $f(x) = |\text{sen}\, x|$.

3. $f: \mathbb{R} \to \mathbb{R}$ definida por $f(x) = 1 - 2 \cdot \text{sen}(3x - \pi)$.

4. $f: \mathbb{R} \to \mathbb{R}$ definida por $f(x) = 2\,|\cos x| - 1$.

5. $f: \mathbb{R} \to \mathbb{R}$ definida por $f(x) = \cos |x|$.

6. O gráfico seguinte representa um período completo da função $f: \mathbb{R} \to \mathbb{R}$ definida por

$$f(x) = a + b \cdot \cos(mx + n),$$

sendo *a*, *b*, *m* e *n* constantes reais. Obtenha os valores dessas constantes, sabendo que $n \in [-\pi, \pi]$.

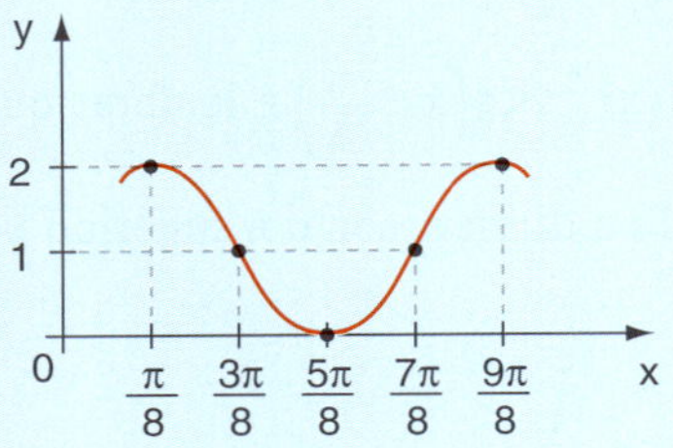

7. Sejam *f* e *g* funções definidas em $D: \left[0, \frac{\pi}{2}\right] \to \mathbb{R}$, dadas pelas leis $f(x) = |-2x + 1|$ e $g(x) = \text{sen}\, 2x$. Analise as afirmações seguintes, classificando-as em seu caderno como verdadeiras (V) ou falsas (F).

a) O valor máximo de *f* em D é maior que 2.

b) A equação $f(x) = g(x)$ apresenta duas soluções em D.

c) Em D, não existe $x \in \mathbb{R}$ tal que $f(x) > g(x)$.

d) O valor máximo de *g* em D ocorre para $x = \frac{\pi}{2}$.

8. Seja $f: \mathbb{R} \to \mathbb{R}$ definida pela lei $f(x) = 3 - 2 \cdot \cos x$. Determine os valores reais de *x* que maximizam *f*, isto é, que tornam o valor de $f(x)$ máximo.

9. (UF-SC) As marés são fenômenos periódicos que podem ser escritos, simplificadamente, pela função seno. Suponhamos que, para uma determinada maré, a altura *h*, medida em metros, acima do nível médio, seja dada, aproximadamente, pela fórmula $h(t) = 8 + 4\,\text{sen}\left(\frac{\pi}{12}t\right)$, em que *t* é o tempo medido em horas.

Indique a(s) proposição(ões) correta(s).

a) O valor mínimo atingido pela maré baixa é 8 m.

b) O momento do dia em que ocorre a maré baixa é às 12 horas.

c) O período de variação da altura da maré é de 24 h.

d) O período do dia em que um navio de 10 m de calado (altura necessária de água para que o navio flutue livremente) pode permanecer nessa região é entre 2 e 10 horas.

10. Qual é o valor de $\cos\left(\frac{\pi}{6} + \frac{\pi}{12} + \frac{\pi}{24} + \frac{\pi}{48} + ...\right)$?

11. (UF-PR) Suponha que a expressão $P = 100 + 20\,\text{sen}(2\pi t)$ descreve de maneira aproximada a pressão sanguínea P, em milímetros de mercúrio, de uma certa pessoa durante um teste. Nessa expressão, *t* representa o tempo em segundos.

A pressão oscila entre 20 milímetros de mercúrio acima e abaixo dos 100 milímetros de mercúrio, indicando que a pressão sanguínea da pessoa é 120 por 80. Como essa função tem um período de 1 segundo, o coração da pessoa bate 60 vezes por minuto durante o teste.

a) Dê o valor da pressão sanguínea dessa pessoa em $t = 0$ s; $t = 0{,}75$ s.

b) Em que momento, durante o primeiro segundo, a pressão sanguínea atingiu seu mínimo?

12. A partir do gráfico da cossenoide $y = \cos x$, obtenha, por translações, o gráfico da função $f: \mathbb{R} \to \mathbb{R}$ definida por $f(x) = -1 + 3 \cdot \cos\left(x - \frac{\pi}{4}\right)$, mostrando, em cada etapa, os gráficos "intermediários" e explicando suas construções. Forneça também o conjunto imagem da função, bem como o seu período.

13. (U. E. Ponta Grossa-PR) Com base nas assertivas abaixo, assinale o que for correto. (Indique a soma correspondente às alternativas corretas)

(01) O valor mínimo da função $f(x) = 2 + 5\,\text{sen}\,4x$ é -3.

(02) O período e o conjunto-imagem da função $f: \mathbb{R} \to \mathbb{R}$ definida por $f(x) = 4\,\text{sen}\,x \cdot \cos x$ são, respectivamente, 2π e $[-4, 4]$. (nota do autor: $\text{sen}\,2x = 2\,\text{sen}\,x \cos x$)

(04) Se $\text{cotg}(a) \cdot \sec(a) > 0$ e $\text{sen}(a) \cdot \cos(a) < 0$ então $\pi < a < \frac{3\pi}{2}$.

(08) Se $A = \text{sen}\,430°$ e $B = \text{sen}\,700°$, então $A < B$.

(16) Para todo $x \in \left]-\frac{\pi}{2}, \frac{\pi}{2}\right[$, o valor de $(\text{tg}^2 x + 1) \cdot (\text{sen}^2 x - 1)$ é -1.

14. (UF-PB) Com o objetivo de aumentar a produção de alimentos em certa região, uma secretaria de agricultura encomendou a uma equipe de agrônomos um estudo sobre as potencialidades do solo dessa região. Na análise da temperatura do solo, a equipe efetuou medições diárias, durante quatro dias consecutivos, em intervalos de uma hora. As medições tiveram início às 6 horas da manhã do primeiro dia ($t = 0$). Os estudos indicaram que a temperatura T, medida em graus Celsius, e o tempo *t*, representando o número de horas decorridas após o início das observações, relacionavam-se através da expressão

$$T(t) = 26 + 5\cos\left(\frac{\pi}{12}t + \frac{4\pi}{3}\right).$$

Com base nessas informações, identifique as afirmativas corretas:

a) A temperatura do solo, às 6 horas da manhã do primeiro dia, foi de 23,5 °C.

b) A função T(t) é periódica e tem período igual a 24 h.

c) A função T(t) atinge valor máximo igual a 30 °C.

d) A temperatura do solo atingiu o valor máximo, no primeiro dia, às 14 h.

e) A função T(t) é crescente no intervalo [0,8].

15. (Unesp-SP) Num determinado ambiente convivem duas espécies, que desempenham o papel de predador (C) e de presa (H). As populações dessas espécies, em milhares de indivíduos, são dadas pelas seguintes equações:

$$C(t) = 1 + \frac{1}{2}\cos\left(\sqrt{2}t + \frac{\pi}{4}\right)$$

$$H(t) = 1 + \frac{1}{2\sqrt{2}}\operatorname{sen}\left(\sqrt{2}t + \frac{\pi}{4}\right)$$

onde *t* é o tempo em meses. Determine qual a duração do ciclo de crescimento e decrescimento das populações, isto é, a cada quanto tempo as populações voltam, simultaneamente, a ter as mesmas quantidades de indivíduos de $t = 0$.

16. (UF-PR) Suponha que, durante certo período do ano, a temperatura T, em graus Celsius, na superfície de um lago possa ser descrita pela função $F(t) = 21 - 4\cos\left(\frac{\pi}{12}t\right)$, sendo *t* o tempo em horas medido a partir das 06h00 da manhã.

a) Qual a variação de temperatura num período de 24 horas?

b) A que horas do dia a temperatura atingirá 23 °C?

17. (UF-PE) A ilustração a seguir é parte do gráfico da função $y = a \cdot \operatorname{sen}(b\pi x) + c$, com *a*, *b* e *c* sendo constantes reais. A função tem período 2 e passa pelos pontos com coordenadas (0, 3) e $\left(\frac{1}{2}, 5\right)$.

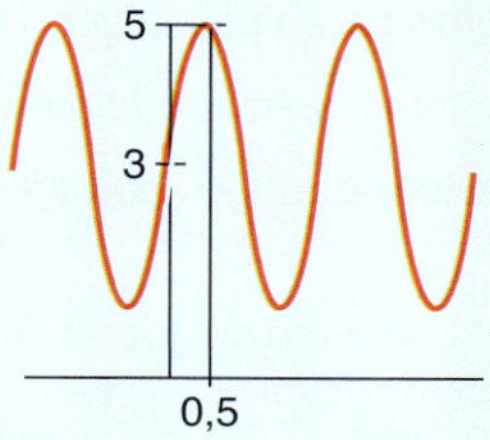

Determine *a*, *b* e *c* e indique $(a + b + c)^2$.

18. (UF-PR) O pistão de um motor se movimenta para cima e para baixo dentro de um cilindro, como ilustra a figura.

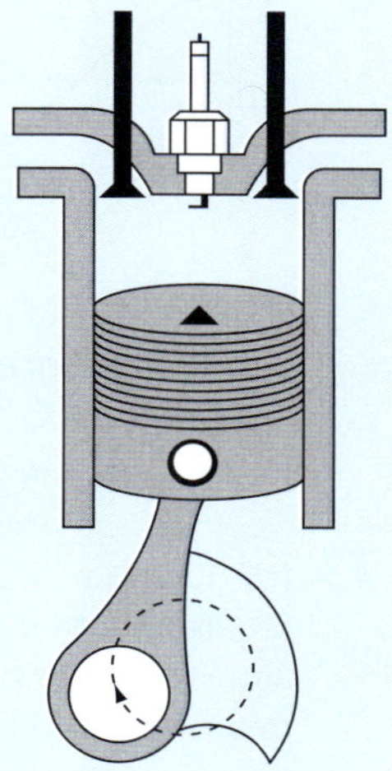

Suponha que em um instante *t*, em segundos, a altura h(t) do pistão, em centímetros, possa ser descrita pela expressão:

$$h(t) = 4\operatorname{sen}\left(\frac{2\pi t}{0{,}05}\right) + 4.$$

a) Determine a altura máxima e mínima que o pistão atinge.

b) Quantos ciclos completos esse pistão realiza, funcionando durante 1 minuto?

19. Seja $f: \mathbb{R} \to \mathbb{R}$ definida por $f(x) = \operatorname{sen} 4x$. Determine o número de interseções do gráfico de *f* com o eixo das abscissas quando $x \in [-2\pi, 2\pi]$.

20. (Unesp-SP) Podemos supor que um atleta, enquanto corre, balança cada um de seus braços ritmicamente (para a frente e para trás) segundo a equação:

$y = f(t) = \frac{\pi}{9}\operatorname{sen}\left(\frac{8\pi}{3}\left(t - \frac{3}{4}\right)\right)$, onde *y* é o ângulo compreendido entre a posição do braço e o eixo vertical $\left(-\frac{\pi}{9} \leqslant y \leqslant \frac{\pi}{9}\right)$ e *t* é o tempo medido em segundos, $t \geqslant 0$. Com base nessa equação, determine quantas oscilações completas (para a frente e para trás) o atleta faz com o braço em 6 segundos.

21. (Unesp-SP) Em algumas situações, é conveniente representar de maneira aproximada a função sen (πx), com x $\in$ [0, 1], pela função quadrática f(x) = = 4x − 4x², a qual fornece os valores corretos apenas em x = 0, x = 0,5 e x = 1. Isto é, sen (π x) $\approx$ 4x − 4x².
Use essa aproximação para obter o valor de sen $\left(\frac{\pi}{4}\right)$ e estime a diferença, em módulo, entre esse valor e o valor conhecido de sen$\left(\frac{\pi}{4}\right)$, considerando $\sqrt{2} \approx 1{,}41$.

22. Um período completo do gráfico da função f: $\mathbb{R} \to \mathbb{R}$ definida por f(x) = 2 cos $\left(\frac{x}{3}\right)$ é exibido a seguir:

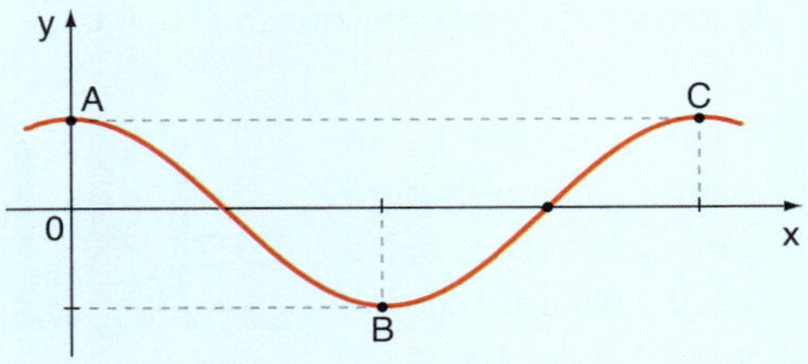

Determine:

a) a lei da função afim cujo gráfico contém os pontos B e C.

b) a área do triângulo de vértices A, B e C.

23. (UF-RN) Marés são movimentos periódicos de rebaixamento e elevação de grandes massas de água formadas pelos oceanos, mares e lagos. Em determinada cidade litorânea, a altura da maré é dada pela função h(t) = 3 + 0,2 cos $\left(\frac{\pi}{6} \cdot t\right)$, onde *t* é medido em horas a partir da meia-noite.

Um turista contratou um passeio de carro pela orla dessa cidade e, para tanto, precisa conhecer o movimento das marés.

Desse modo,

a) qual a altura máxima atingida pela maré?

b) em quais horários isto ocorre no período de um dia?

24. Sejam *f* e *g* funções reais definidas por f(x) = sen x e g(x) = −x + $\frac{\pi}{2}$. Qual é o número de soluções reais da equação f(x) = g(x)?

25. Seja *f* uma função definida em $\mathbb{R}$ pela lei
f(x) = cos² x + 2 · sen x · (sen x − 1).
Qual é o conjunto imagem de *f*?

26. Seja α um número real. Quais são os possíveis valores reais de *m*, que tornam a sentença cos² α = 2 · m − 1 verdadeira?

27. (UF-PE) Seja *f* uma função que tem como domínio o conjunto dos números reais e é dada por f(x) = a · sen (ω · x + b), com *a*, ω e *b* constantes reais. A figura abaixo ilustra o gráfico de *f*, restrito ao intervalo fechado $\left[-\frac{\pi}{6}, \frac{5\pi}{6}\right]$. A função *f* tem período π e seu conjunto imagem é o intervalo fechado [−5, 5].

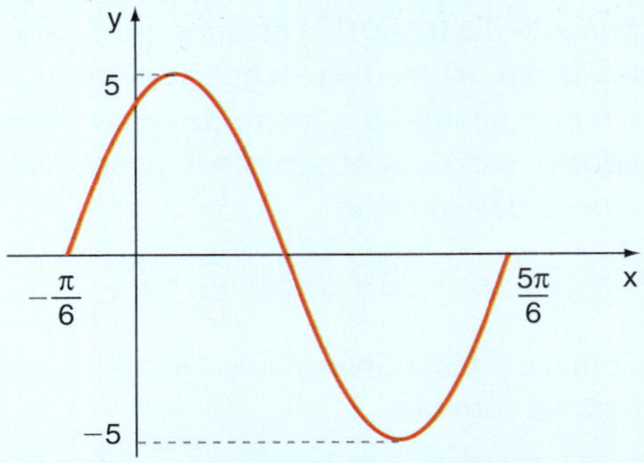

Determine as constantes *a* e ω e o menor valor positivo de *b*. Indique $a^2 + \omega^2 + \frac{3b}{\pi}$.

28. (Unesp-SP) Considere a representação gráfica da função definida por f(x) = sen$\left(\frac{3\pi x}{2}\right) \cdot (-1 + \sqrt{x-1})$.
Os pontos P, Q, R e S denotam os quatro primeiros pontos de interseção do gráfico da função *f* com o eixo das abscissas. Determine as coordenadas dos pontos P, Q, R e S, nessa ordem.

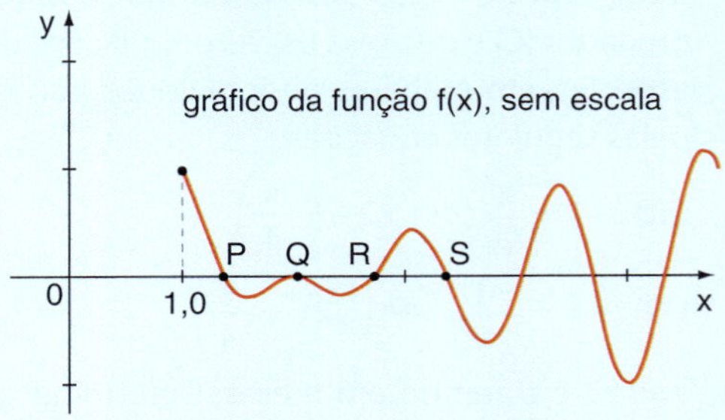

29. (Unesp-SP) Em uma pequena cidade, um matemático modelou a quantidade de lixo doméstico total (orgânico e reciclável) produzida pela população, mês a mês, durante um ano, através da função:
f(x) = 200 + (x + 50) cos$\left(\frac{\pi}{3}x - \frac{4\pi}{3}\right)$, onde f(x) indica a quantidade de lixo, em toneladas, produzida na cidade no mês *x*, com *x* inteiro positivo. Sabendo que f(x), nesse período, atinge seu valor máximo em um dos valores de *x* no qual a função cos $\left(\frac{\pi}{3}x - \frac{4\pi}{3}\right)$ atinge seu máximo, determine o mês *x* para o qual a produção de lixo foi máxima e quantas toneladas de lixo foram produzidas pela população nesse mês.

30. (UF-PE) Admita que a pressão arterial P(t) de uma pessoa no instante *t*, medido em segundos, seja dada por $P(t) = 96 + 18\cos(2\pi t), t \geq 0$.

Considerando esses dados, analise a veracidade das seguintes afirmações.

a) O valor máximo da pressão arterial da pessoa é 114.

b) O valor mínimo da pressão arterial da pessoa é 78.

c) A pressão arterial da pessoa se repete a cada segundo, ou seja, $P(t + 1) = P(t)$, para todo $t \geq 0$.

d) Quando $t = \frac{1}{3}$ de segundo, temos $P\left(\frac{1}{3}\right) = 105$.

e) O gráfico de P(t) para $0 \leq t \leq 4$ é

gráfico de pressão arterial P(t)

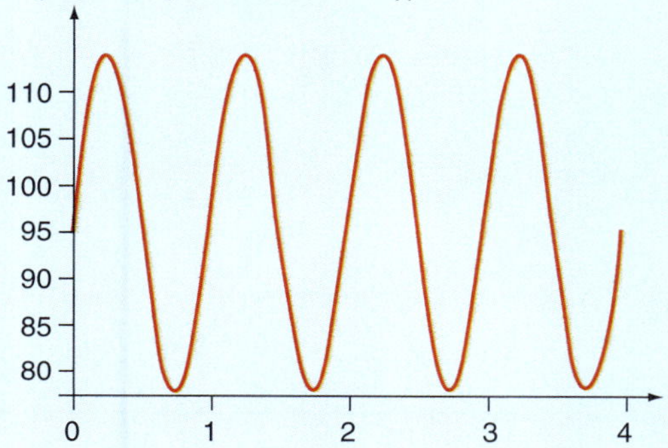

31. (UnB-DF) Considere que determinado trecho sinuoso de uma avenida possa ser descrito pela região compreendida entre os gráficos das funções $f(x) = \cos kx$ e $g(x) = 5 + \cos kx$, em que $k = \frac{1}{2}$ rad $\cdot$ m^{-1} e $0 \leq x \leq 16$, no sistema de coordenadas cartesianas xOy, que tem o metro como unidade de medida nos eixos Ox e Oy.

Com base nessas informações, julgue os itens seguintes.

a) O menor valor de g(x) ocorre quando $x = 2\pi$.

b) A função f(x) é decrescente no intervalo $0 \leq x \leq 2\pi$.

c) A figura a seguir pode representar corretamente o gráfico, no sistema cartesiano xOy, da função $p(x) = -2 \cdot [f(x) - 1] \cdot [g(x) - 4]$, para $0 \leq x \leq 2\pi$.

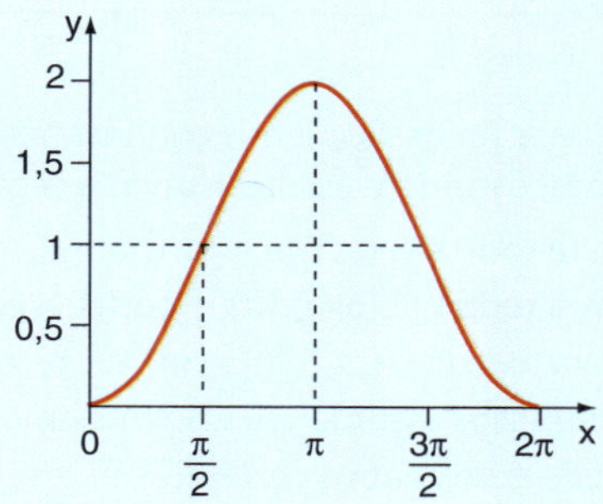

TESTES

1. (PUC-RJ) Assinale a alternativa correta:

a) $\cos(2\,000°) < 0$

b) $\text{sen}(2\,000°) > 0$

c) $\text{sen}(2\,000°) = \cos(2\,000°)$

d) $\text{sen}(2\,000°) = -\text{sen}(2\,000°)$

e) $\text{sen}(2\,000°) = -\cos(2\,000°)$

2. (UE-PA) Os desfiles de moda parecem impor implicitamente tanto o "vestir-se bem" quanto o "ser bela", definindo desse modo padrões de perfeição. Nesses desfiles de moda, a rotação pélvica do andar feminino é exagerada quando comparada ao marchar masculino, em passos de igual amplitude. Esse movimento oscilatório do andar feminino pode ser avaliado a partir da variação do ângulo θ conforme ilustrado na figura ao lado, ao caminhar uniformemente no decorrer do tempo (*t*)

Um modelo matemático que pode representar esse movimento oscilatório do andar feminino é dado por: $\theta(t) = \frac{\pi}{10}\cos\left(\frac{4\pi}{3}t\right)$. Nestas condições, o valor de $\theta\left(\frac{3}{2}\right)$ é:

a) $\frac{\pi}{8}$

b) $\frac{\pi}{10}$

c) $\frac{\pi}{12}$

d) $\frac{\pi}{18}$

e) $\frac{\pi}{20}$

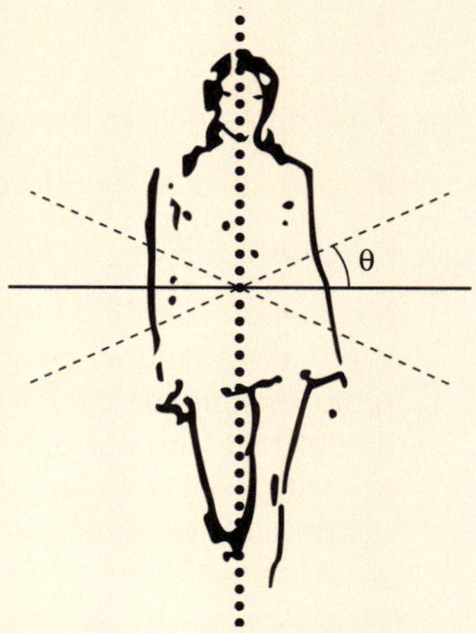

(Fonte: <http://www.google.com.br/search?hl=PT>. Acesso em: 9 set. 2011 – Texto adaptado)

3. (UE-PB) Sendo $f(x) = -4\cos\left(\frac{\pi}{2} - x\right) + 2\cos x$, o valor de $f\left(-\frac{7\pi}{4}\right)$ é:

a) $\sqrt{2}$ c) $-\sqrt{2}$ e) $\frac{\sqrt{2}}{2}$

b) 2 d) −1

4. (U.E.Londrina-PR) O gráfico de uma função *f* [...], mostra o deslocamento vertical de um surfista sobre uma onda, em função do tempo.

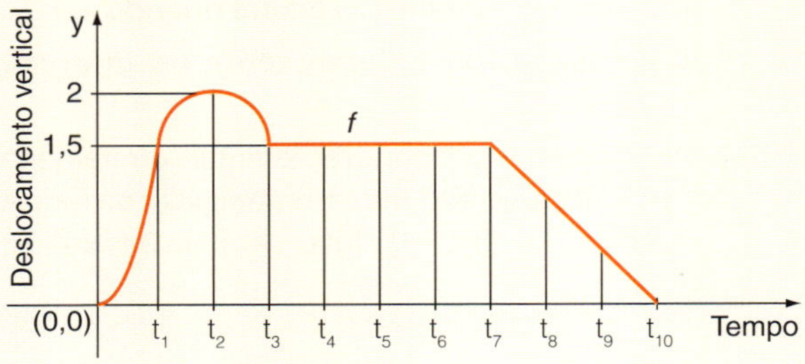

Com base no gráfico e nos conhecimentos sobre funções, considere as alternativas a seguir.

I. Para todo $t \in (t_3, t_7)$, *f* é constante.

II. Para todo $t \in [0, t_3)$, $f(t) = \cos(t) + 2$.

III. Para todo $t \in (t_7, t_{10})$, $f(t) = m \cdot t + b$, onde $m > 0$.

IV. A função *f* assume seu valor máximo em $t = t_2$.

Assinale a alternativa correta.

a) Somente as afirmativas I e III são corretas.

b) Somente as afirmativas I e IV são corretas.

c) Somente as afirmativas II e III são corretas.

d) Somente as afirmativas I, II e IV são corretas.

e) Somente as afirmativas II, III e IV são corretas.

5. (IFCE) O valor de cos (2 280°) é

a) $-\frac{1}{2}$ c) $-\frac{\sqrt{2}}{2}$ e) $\frac{\sqrt{3}}{2}$

b) $\frac{1}{2}$ d) $-\frac{\sqrt{3}}{2}$

6. (FGV-RJ) A previsão mensal da venda de sorvetes para 2012, em uma sorveteria, é dada por $P = 6000 + 50x + 2000\cos\left(\frac{\pi x}{6}\right)$, em que P é o número de unidades vendidas no mês *x*; x = 0 representa janeiro de 2012, x = 1 representa fevereiro de 2012, x = 2 representa março de 2012 e assim por diante. Se essas previsões se verificarem, em julho haverá uma queda na quantidade vendida, em relação a março, de aproximadamente:

a) 39,5% c) 37,5% e) 35,5%

b) 38,5% d) 36,5%

7. (UF-SC) Assinale a(s) proposição(ões) correta(s). (Indique a soma dos itens corretos).

(01) Se $f: \mathbb{R} \to \mathbb{R}$ é a função definida por $f(x) = \text{sen } x$, então $f(10) > 0$.

(02) Sejam *f* e *g* funções reais definidas por $f(x) = 2^x$ e $g(x) = \cos x$ para todo $x \in \mathbb{R}$. Então existe uma infinidade de pontos em que os gráficos destas funções se interceptam.

(04) Na figura, a reta *r* é tangente à circunferência λ, de centro no ponto O(0, 0) e raio 1. Para $\alpha = \frac{\pi}{6}$ rad as coordenadas do ponto P são $\left(\frac{2}{\sqrt{3}}, 0\right)$.

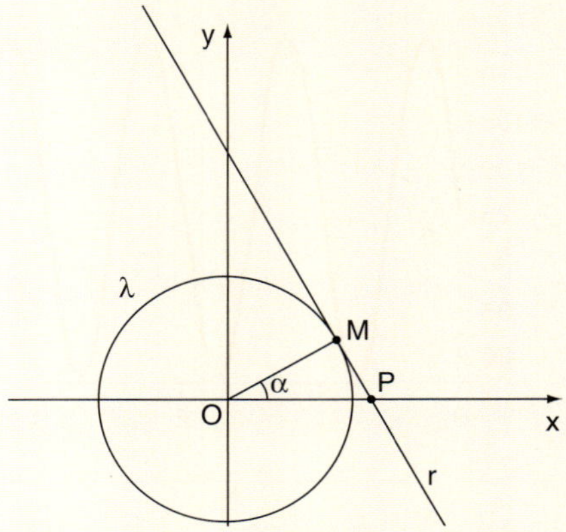

(08) O valor numérico da expressão cos 36° + + cos 72° + cos 108° + cos 144° é zero.

(16) O menor número inteiro que satisfaz a inequação $20 - 3(2x + 15) < 0$ é −5.

8. (UE-RN) Um determinado inseto no período de reprodução emite sons cuja intensidade sonora oscila entre o valor mínimo de 20 decibéis até o máximo de 40 decibéis, sendo *t* a variável tempo em segundos. Entre as funções a seguir, aquela que melhor representa a variação da intensidade sonora com o tempo I(t) é

a) $50 - 10\cos\left(\frac{\pi}{6}t\right)$ c) $40 + 20\cos\left(\frac{\pi}{6}t\right)$

b) $30 + 10\cos\left(\frac{\pi}{6}t\right)$ d) $60 - 20\cos\left(\frac{\pi}{6}t\right)$

9. (Aman-RJ) O valor numérico da expressão $\frac{\sec 1320°}{2} - 2 \cdot \cos\left(\frac{53\pi}{3}\right) + (\text{tg } 2220°)^2$ é:

a) −1 c) $\frac{1}{2}$ e) $-\frac{\sqrt{3}}{2}$

b) 0 d) 1

10. (FGV-SP) A previsão de vendas mensais de uma empresa para 2011, em toneladas de um produto, é dada por $f(x) = 100 + 0{,}5x + 3\ \text{sen}\ \frac{\pi x}{6}$, em que x = 1 corresponde a janeiro de 2011, x = 2 corresponde a fevereiro de 2011 e assim por diante.

A previsão de vendas (em toneladas) para o primeiro trimestre de 2011 é:

(Use a aproximação decimal $\sqrt{3} = 1{,}7$)

a) 308,55
b) 309,05
c) 309,55
d) 310,05
e) 310,55

11. (UF-ES) Considere que V(t), volume de ar nos pulmões de um ser humano adulto, em litros, varia de no mínimo 2 litros a no máximo 4 litros, sendo *t* a variável tempo, em segundos. Entre as funções abaixo, a que melhor descreve V(t) é:

a) $2 + 2\ \text{sen}\left(\frac{\pi}{3}t\right)$
b) $4 + 2\ \text{sen}\left(\frac{\pi}{3}t\right)$
c) $5 + 3\ \text{sen}\left(\frac{\pi}{3}t\right)$
d) $1 + 3\ \text{sen}\left(\frac{\pi}{3}t\right)$
e) $3 + \text{sen}\left(\frac{\pi}{3}t\right)$

12. (FGV-SP) A figura abaixo representa parte do gráfico de uma função periódica $f: \mathbb{R} \to \mathbb{R}$.

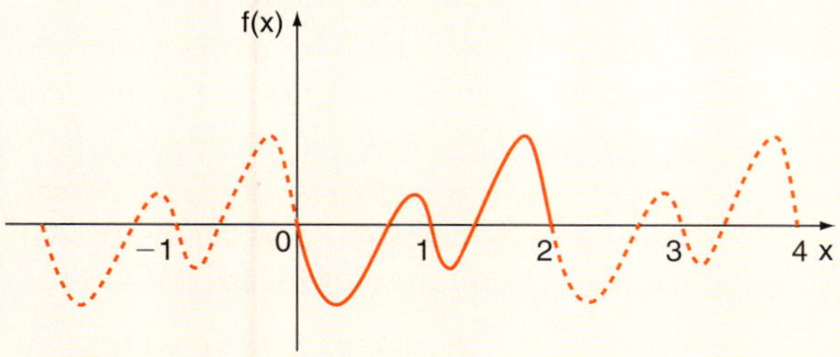

O período da função g(x) = f(3x + 1) é:

a) 6
b) $\frac{1}{3}$
c) 3
d) $\frac{2}{3}$
e) 2

13. (PUC-RS) Em uma animação, um mosquitinho aparece voando, e sua trajetória é representada em um plano onde está localizado um referencial cartesiano. A curva que fornece o trajeto tem equação $y = 3\cos(bx + c)$. O período é 6π, o movimento parte da origem e desenvolve-se no sentido positivo do eixo das abscissas. Nessas condições, podemos afirmar que o produto $3 \cdot b \cdot c$ é:

a) 18π
b) 9π
c) π
d) $\frac{\pi^2}{2}$
e) $\frac{\pi}{2}$

14. (U.F. Santa Maria-RS)

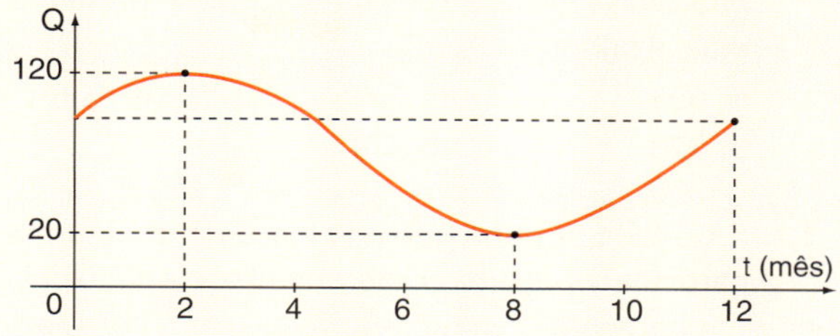

O gráfico mostra a quantidade de animais que uma certa área de pastagem pode sustentar ao longo de 12 meses. Propõe-se a função

Q(t) = a sen (b + ct) + d

para descrever essa situação. De acordo com os dados, Q(0) é igual a:

a) 100
b) 97
c) 95
d) 92
e) 90

15. (PUC-RS) A figura a seguir representa um esboço do gráfico de uma função $y = A + B\ \text{sen}\left(\frac{x}{4}\right)$, que é muito útil quando se estudam fenômenos periódicos, como, por exemplo, o movimento de uma mola vibrante. Então, o produto das constantes A e B é

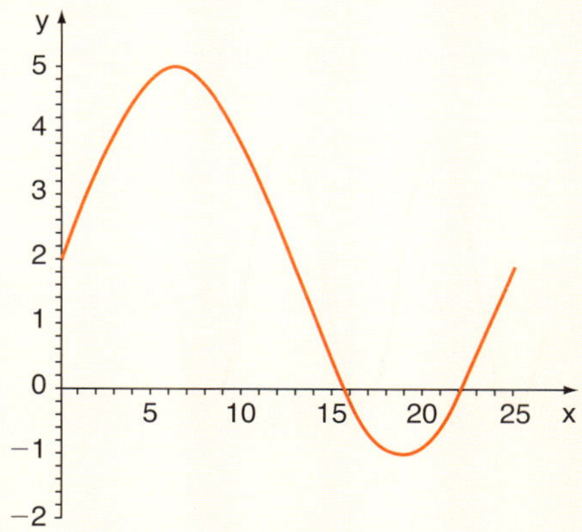

a) 6
b) 10
c) 12
d) 18
e) 50

16. (U.F. Santa Maria-RS) Em muitas cidades, os poluentes emitidos em excesso pelos veículos causam graves problemas a toda população. Durante o inverno, a poluição demora mais para se dissipar na atmosfera, favorecendo o surgimento de doenças respiratórias.

Suponha que a função

$$N(x) = 180 - 54\cos\left(\frac{\pi}{6}(x-1)\right)$$

represente o número de pessoas com doenças respiratórias registrado num Centro de Saúde, com x = 1 correspondendo ao mês de janeiro, x = 2, ao mês de fevereiro e assim por diante.

A soma do número de pessoas com doenças respiratórias registrado nos meses de janeiro, março, maio e julho é igual a:

a) 693 c) 747 e) 936

b) 720 d) 774

17. (UCS-RS) Suponha que o deslocamento de uma partícula sobre uma corda vibrante seja dado pela equação $s(t) = 10 + \frac{1}{4}\text{sen}(10\pi t)$, em que *t* é o tempo, em segundos, após iniciado o movimento, e, *s*, medido em centímetros, indica a posição.

Meio segundo após iniciado o movimento da corda, qual é, em cm, o afastamento da partícula da posição de repouso?

a) 0 c) 0,25 e) 10,25

b) 0,125 d) 10

18. (UFF-RJ) Nas comunicações, um sinal é transmitido por meio de ondas senoidais, denominadas ondas portadoras. Considere a forma da onda portadora modelada pela função trigonométrica $f(t) = 2\,\text{sen}\left(3t - \frac{\pi}{3}\right), t \in \mathbb{R}$.

Pode-se afirmar que o gráfico que melhor representa f(t) é:

a)

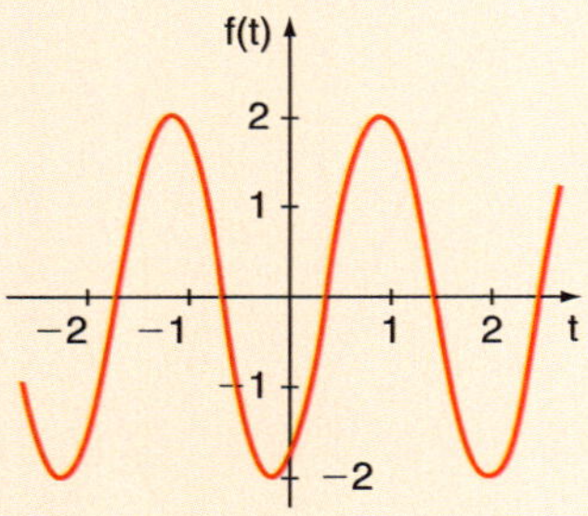

b)

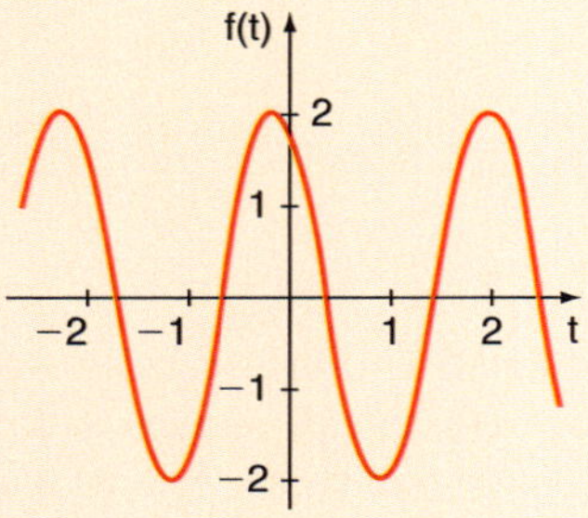

c)

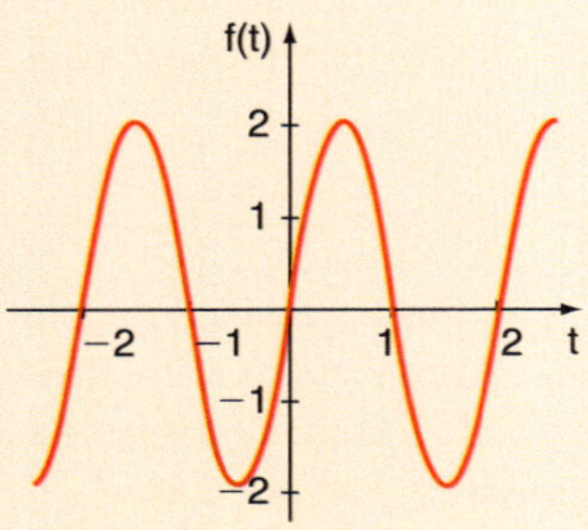

d)

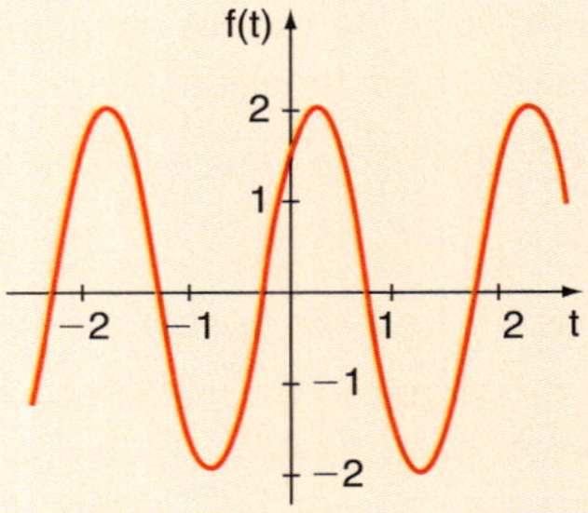

e)

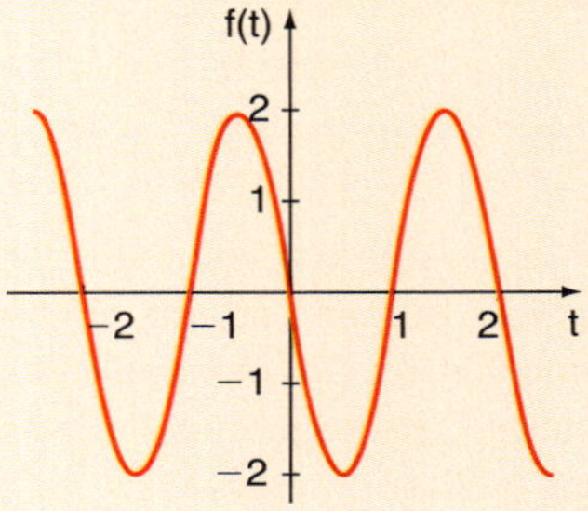

19. (UF-AM) O *Encontro das Águas* é um fenômeno que acontece na confluência entre o rio Negro, de água negra, e o rio Solimões, de água barrenta. É uma das principais atrações turísticas da cidade de Manaus.

As águas dos rios correm lado a lado sem se misturar por uma extensão de mais de 6 km. Esse fenômeno acontece em decorrência da diferença de temperatura e densidade dessas águas, além da diferença de velocidade das correntezas.

Uma equipe de pesquisadores da UF-AM mediu a temperatura (em °C) da água no *Encontro das Águas* durante dois dias, em intervalos de 1 hora. A medição começou a ser feita às 2 horas do primeiro dia (t = 0) e terminou 48 horas depois (t = 48). Os dados resultaram na função $f(t) = 24 + 8\,\text{sen}\left(\frac{3\pi}{2} + \frac{\pi}{12}t\right)$, onde *t* indica o tempo (em horas) e f(t) a temperatura (em °C) no instante *t*.

A temperatura máxima e o horário em que essa temperatura ocorreu são respectivamente:

a) 28 °C e 11:00h. d) 31 °C e 15:00h.

b) 29 °C e 12:00h. e) 32 °C e 14:00h.

c) 30 °C e 13:00h.

20. (Fatec-SP) Um determinado objeto de estudo é modelado segundo uma função trigonométrica *f*, de $\mathbb{R}$ em $\mathbb{R}$, sendo parte do seu gráfico representado na figura:

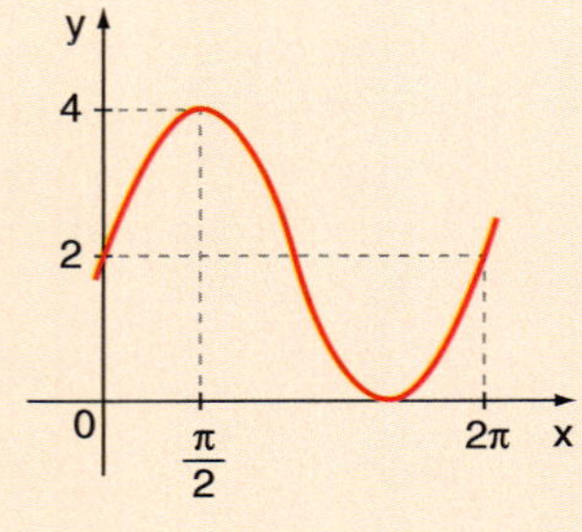

Usando as informações dadas nesse gráfico, pode-se afirmar que:

a) a função *f* é definida por $f(x) = 2 + 3 \cdot \text{sen}\, x$.

b) *f* é crescente para todo *x* tal que $x \in [\pi; 2\pi]$.

c) o conjunto imagem da função *f* é [2; 4].

d) para $y = f\left(\frac{19\pi}{4}\right)$, tem-se $2 < y < 4$.

e) o período de *f* é π.

21. (UE-CE) Se $x \in \mathbb{R}$, o maior inteiro menor do que ou igual a *x* é denotado por [x]. Se $f, g: \mathbb{R} \to \mathbb{R}$ são funções definidas por $f(x) = \cos x$ e $g(x) = [x]$, então a interseção do gráfico de *f* com o gráfico de *g* é um conjunto.

a) vazio.

b) unitário.

c) com dois elementos.

d) com três elementos.

22. (Unesp-SP) Em situação normal, observa-se que os sucessivos períodos de aspiração e expiração de ar dos pulmões em um indivíduo são iguais em tempo, bem como na quantidade de ar inalada e expelida.

A velocidade de aspiração e expiração de ar dos pulmões de um indivíduo está representada pela curva do gráfico, considerando apenas um ciclo do processo.

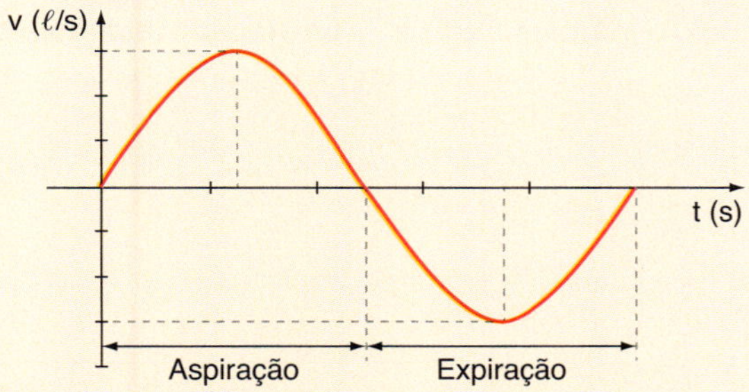

Sabendo-se que, em uma pessoa em estado de repouso, um ciclo de aspiração e expiração completo ocorre a cada 5 segundos e que a taxa máxima de inalação e exalação, em módulo, é 0,6 ℓ/s, a expressão da função cujo gráfico mais se aproxima da curva representada na figura é:

a) $V(t) = \frac{2\pi}{5}\, \text{sen}\left(\frac{3}{5}t\right)$

b) $V(t) = \frac{3}{5}\, \text{sen}\left(\frac{5}{2\pi}t\right)$

c) $V(t) = 0{,}6 \cos\left(\frac{2\pi}{5}t\right)$

d) $V(t) = 0{,}6\, \text{sen}\left(\frac{2\pi}{5}t\right)$

e) $V(t) = \frac{5}{2\pi} \cos(0{,}6t)$

23. (UE-CE) Se $y = a + \cos(x + b)$ tem como gráfico

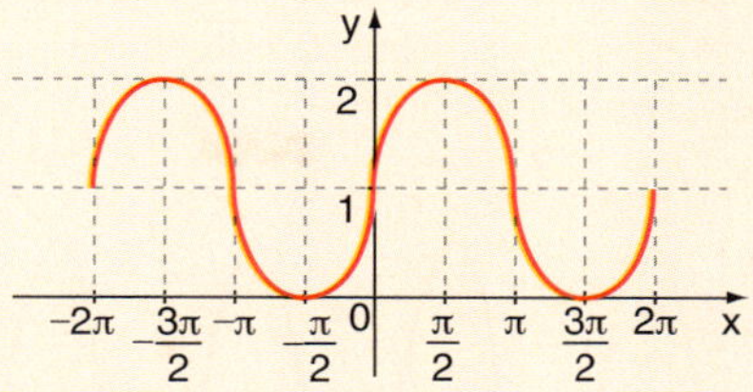

podemos afirmar que:

a) $a = 2, b = \frac{\pi}{2}$

b) $a = 1, b = -\frac{\pi}{2}$

c) $a = 2, b = -\frac{\pi}{2}$

d) $a = 1, b = \frac{\pi}{2}$

e) $a = 0, b = 0$

24. (Enem-MEC) Um satélite de telecomunicações, *t* minutos após ter atingido sua órbita, está a *r* quilômetros de distância do centro da Terra. Quando *r* assume seus valores máximo e mínimo, diz-se que o satélite atingiu o apogeu e o perigeu, respectivamente. Suponha que, para esse satélite, o valor de *r* em função de *t* seja dado por

$$r(t) = \frac{5\,865}{1 + 0{,}15 \cdot \cos(0{,}06t)}$$

Um cientista monitora o movimento desse satélite para controlar o seu afastamento do centro da Terra. Para isso, ele precisa calcular a soma dos valores de *r*, no apogeu e no perigeu, representada por S.

O cientista deveria concluir que, periodicamente, S atinge o valor de:

a) 12 765 km.

b) 12 000 km.

c) 11 730 km.

d) 10 965 km.

e) 5 865 km.

25. (UE-CE) Um fabricante produz telhas senoidais como a da figura abaixo.

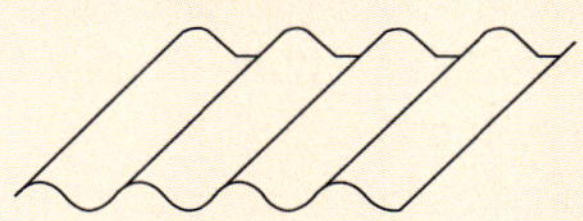

Para a criação do molde da telha a ser fabricada, é necessário fornecer a função cujo gráfico será a curva geratriz da telha.

A telha padrão produzida pelo fabricante possui por curva geratriz o gráfico da função y = sen (x) (veja detalhe na figura a seguir).

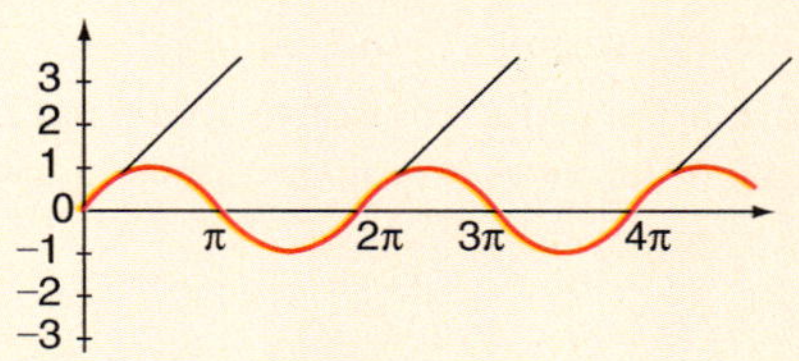

Um cliente solicitou então a produção de telhas que fossem duas vezes "mais sanfonadas" e que tivessem o triplo da altura da telha padrão, como na figura abaixo.

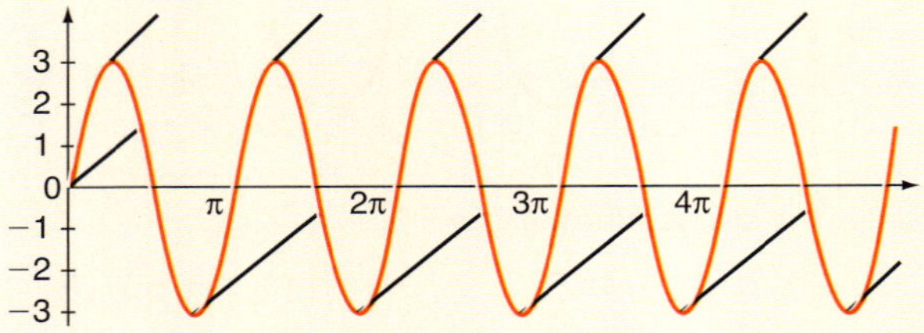

A curva geratriz dessa nova telha será então o gráfico da função:

a) $y = 3\ \text{sen}\left(\frac{1}{2}x\right)$

b) $y = 3\ \text{sen}\ (2x)$

c) $y = 2\ \text{sen}\left(\frac{1}{3}x\right)$

d) $y = \frac{1}{3}\text{sen}\left(\frac{1}{2}x\right)$

e) $y = 2\ \text{sen}\ (3x)$

26. (UF-RS) A função *f* é definida por $f(x) = \text{sen}\ 2x$ e *g* é uma função cujo gráfico não intercepta o gráfico de *f*, quando representadas no mesmo sistema de coordenadas cartesianas. Entre as alternativas que seguem, a única que pode representar g(x) é

a) sen x
b) log x
c) |x|
d) $2x + 3$
e) $3 + 2^x$

27. (UF-PR) Suponha que o horário do pôr do sol na cidade de Curitiba, durante o ano de 2009, possa ser descrito pela função:

$$f(t) = 18{,}8 - 1{,}3\ \text{sen}\left(\frac{2\pi}{365}t\right)$$

sendo *t* o tempo dado em dias e $t = 0$ o dia 1º de janeiro. Com base nessas informações, considere as seguintes afirmativas:

I. O período da função acima é 2π.

II. Foi no mês de abril o dia em que o pôr do sol ocorreu mais cedo.

III. O horário em que o pôr do sol ocorreu mais cedo foi 17h30.

Assinale a alternativa correta.

a) Somente a afirmativa III é verdadeira.
b) Somente as afirmativas I e II são verdadeiras.
c) Somente as afirmativas I e III são verdadeiras.
d) Somente as afirmativas II e III são verdadeiras.
e) As afirmativas I, II e III são verdadeiras.

28. (U.F. Juiz de Fora-MG) Considere as funções *f*, *g* e *h* definidas abaixo e os 3 gráficos apresentados.

I. $f: \mathbb{R} \to \mathbb{R}, f(x) = \text{sen}\ (2x)$

II. $g: \mathbb{R} \to \mathbb{R}, g(x) = \text{sen}\ |x|$

III. $h: \mathbb{R} \to \mathbb{R}, h(x) = \text{sen}\ (-x)$

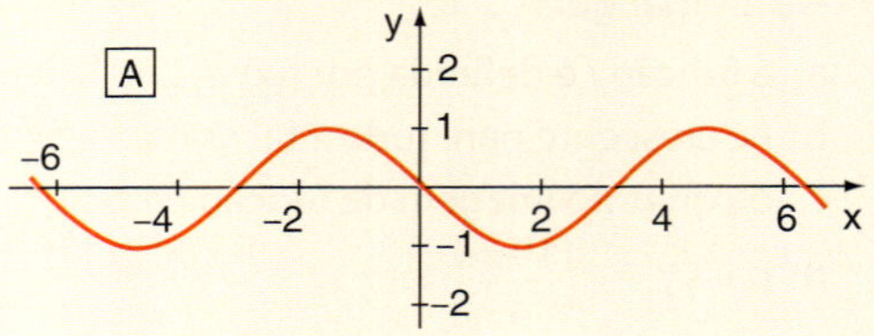

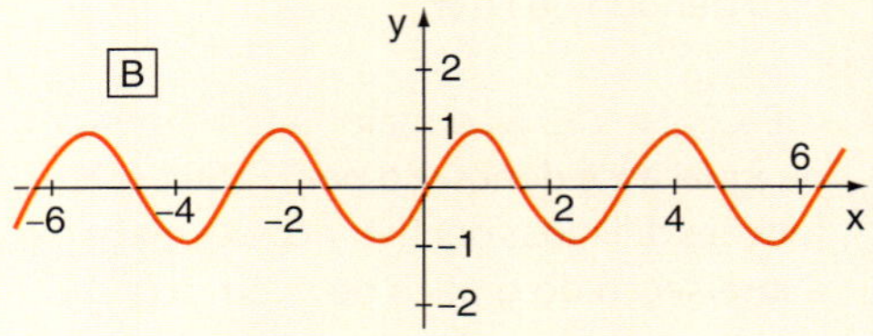

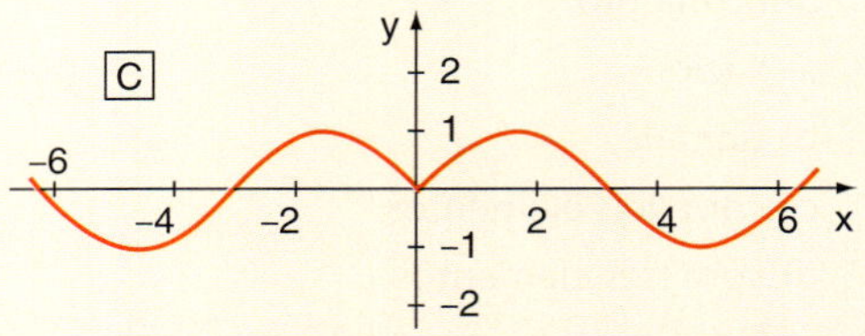

A associação que melhor corresponde cada função ao seu respectivo gráfico é:

a) I – A, II – B e III – C.
b) I – A, II – C e III – B.
c) I – B, II – A e III – C.
d) I – B, II – C e III – A.
e) I – C, II – A e III – B.

29. (UE-CE) No desenho abaixo há uma representação gráfica parcial da função $f(x) = \frac{\cos x}{1 + \cos x}$, definida no intervalo $[0, \pi[$, e um trapézio retangular OPQR sombreado, no qual os vértices P e Q pertencem ao gráfico de f(x).

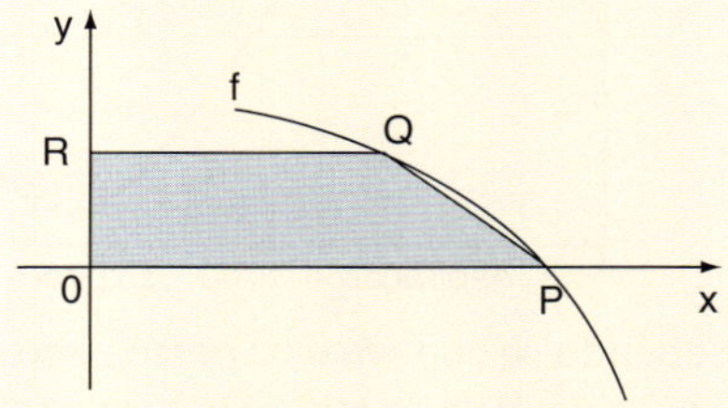

Sabendo que o vértice R tem ordenada $\frac{1}{3}$, a área do trapézio, em unidades de área é:

a) $\frac{7\pi}{18}$

b) $\frac{5\pi}{18}$

c) $\frac{7\pi}{36}$

d) $\frac{5\pi}{36}$

30. (UF-PR) A figura abaixo representa parte do gráfico de uma função trigonométrica $f: \mathbb{R} \to \mathbb{R}$.

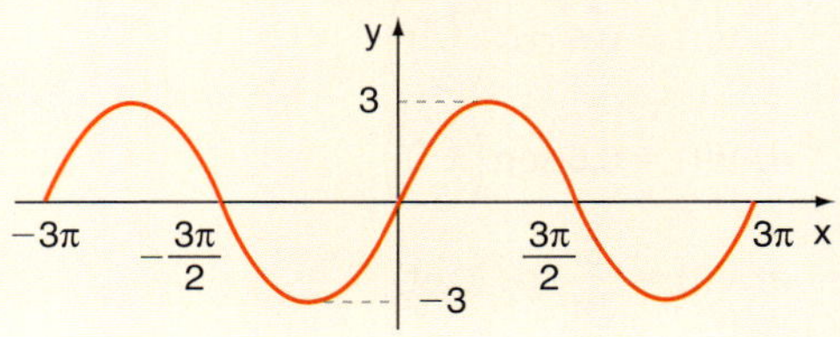

A respeito dessa função, é correto afirmar:

a) Ela pode ser definida pela expressão
$$f(x) = 3\ \text{sen}\left(\frac{2x}{2} + \frac{\pi}{2}\right).$$

b) $f(x + 2\pi) = f(x)$, qualquer que seja *x* real .

c) Ela pode ser definida pela expressão
$$f(x) = 3\cos\frac{2x}{3}.$$

d) $|f(x)| \leq 1$, qualquer que seja *x* real.

e) $f(10\pi) > 0$

31. (FGV-SP) O gráfico indica uma senoide, sendo P e Q dois de seus interceptores com eixo *x*. Em tais condições, a distância entre P e Q é:

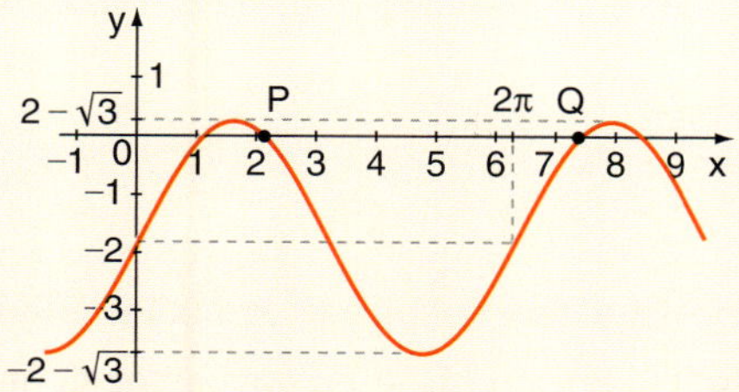

a) $\frac{4\pi}{3}$

b) $\frac{3\pi}{2}$

c) $\frac{5\pi}{3}$

d) 2π

e) $\frac{9\pi}{4}$

32. (UCS-RS) Para colocar um objeto em movimento e deslocá-lo sobre uma trajetória retilínea por *x* metros, é necessário aplicar uma força de $20 + 10\ \text{sen}(x)$ newtons sobre ele. Em qual dos gráficos a seguir, no intervalo [0, 3], está representada a relação entre a força aplicada e a distância, quando o objeto é deslocado até 3 metros?

a)
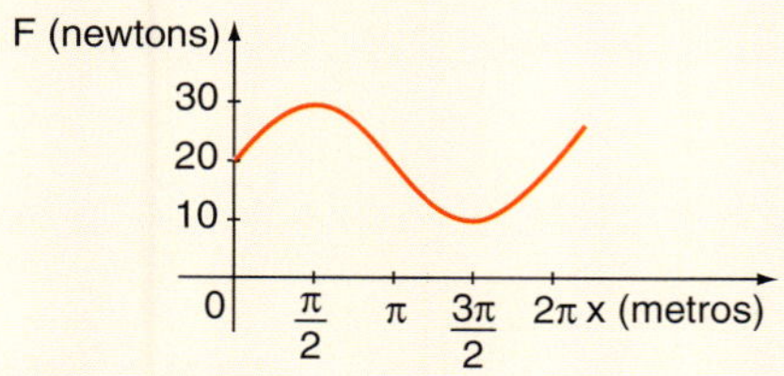

b)
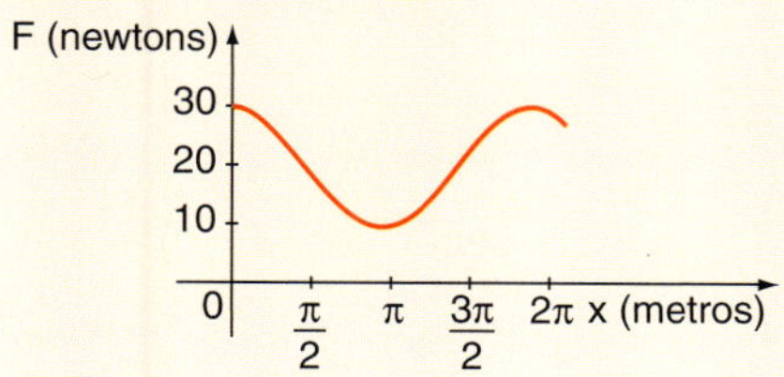

c)
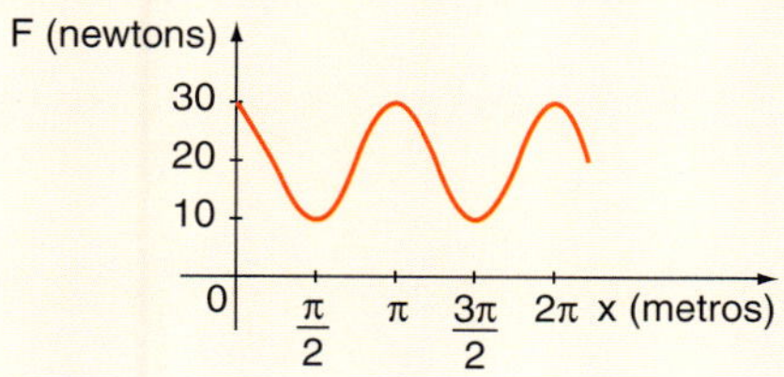

d)
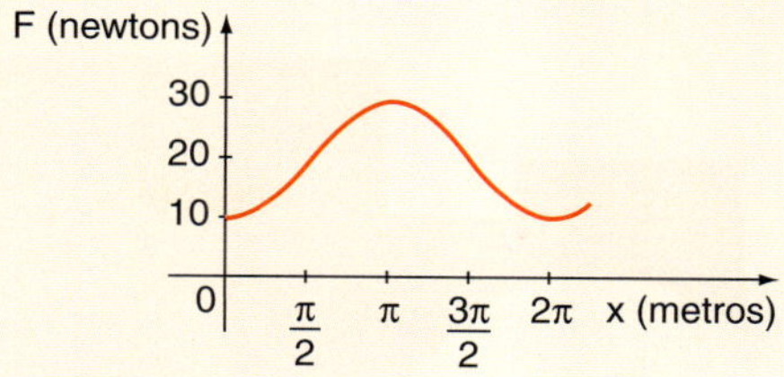

e)
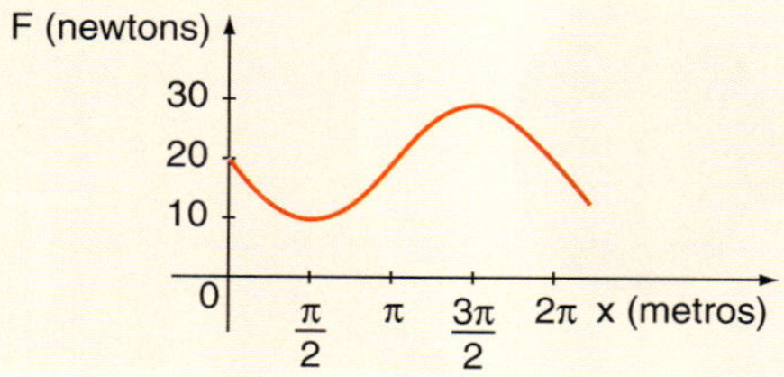

33. (UF-PB) Considere a função $f: [0, 2\pi] \to \mathbb{R}$, definida por:
$$y = f(x) = \left(\frac{1}{2}\right) \cdot [\text{sen}\,x + \cos x - \text{sen}(-x) - \cos(-x)]$$

O gráfico que melhor representa essa função é:

a)
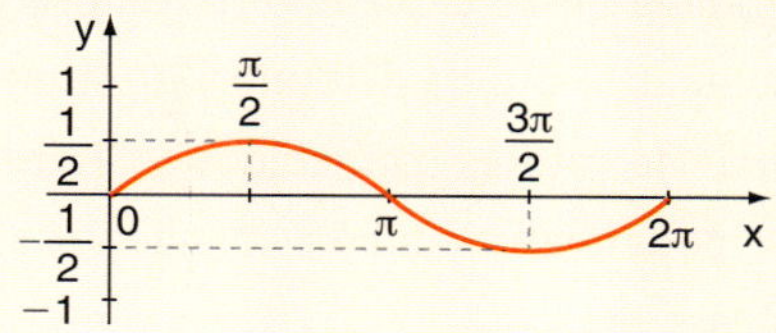

b)
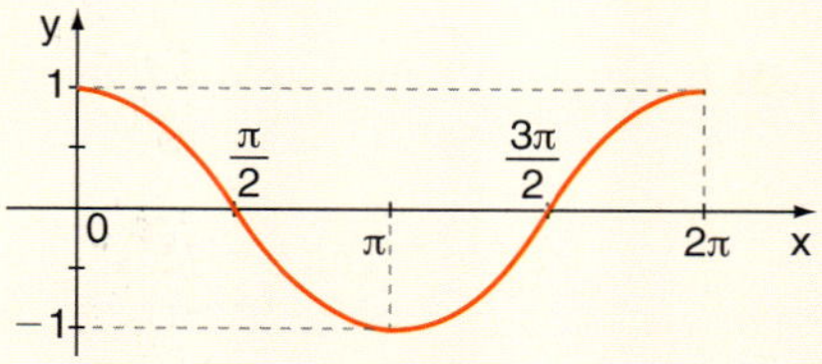

c)

d)
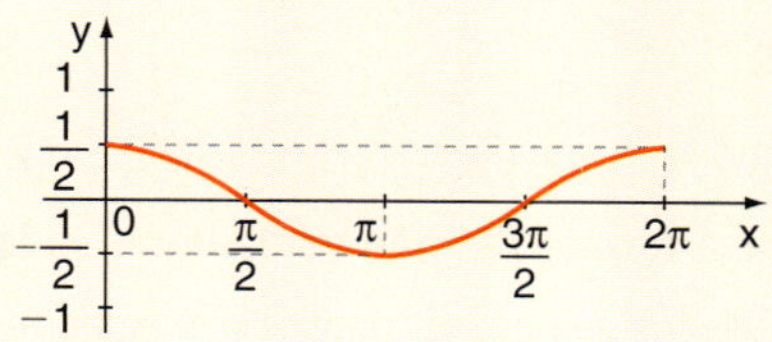

e)
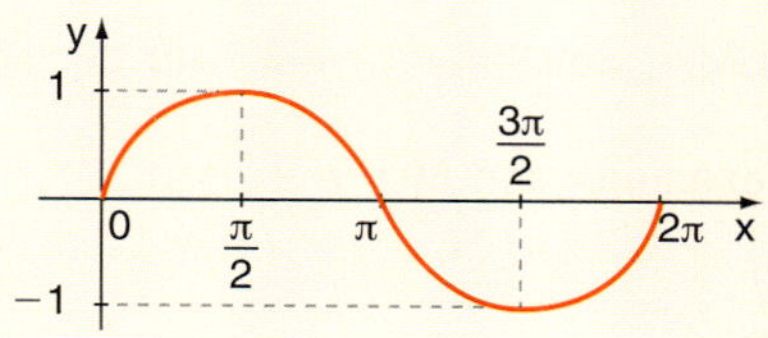

5 TRANSFORMAÇÕES

INTRODUÇÃO

Estudaremos neste capítulo a obtenção de fórmulas que nos possibilitem encontrar as razões trigonométricas da soma $a + b$ e da diferença $a - b$ de dois números reais quaisquer *a* e *b* (ou de dois arcos de medidas *a* e *b*) a partir de valores conhecidos referentes às razões trigonométricas de *a* e de *b*. Como decorrência dessas expressões, poderemos também relacionar as razões trigonométricas do dobro de um arco qualquer (2a) com as razões desse arco (a).

Antes de iniciarmos a construção dessas fórmulas, é importante destacar que $\cos(a + b)$ não é igual a $\cos a + \cos b$, para *a* e *b* quaisquer: tome, por exemplo, $a = \frac{\pi}{3}$ e $b = \frac{\pi}{6}$:

$$\cos a + \cos b = \cos\frac{\pi}{3} + \cos\frac{\pi}{6} = \frac{1}{2} + \frac{\sqrt{3}}{2}$$

$$a + b = \frac{\pi}{3} + \frac{\pi}{6} = \frac{\pi}{2} \Rightarrow \cos(a + b) = \cos\frac{\pi}{2} = 0$$

diferentes

Considere agora $a = 0$ e $b = \frac{\pi}{3}$:

$$\cos a + \cos b = \cos 0 + \cos\frac{\pi}{3} = 1 + \frac{1}{2} = \frac{3}{2}$$

$$a + b = 0 + \frac{\pi}{3} = \frac{\pi}{3} \qquad \cos(a + b) = \cos\frac{\pi}{3} = \frac{1}{2}$$

diferentes

Da mesma forma, não são verdadeiras as igualdades: $\text{sen}(a + b) = \text{sen } a + \text{sen } b$; $\text{sen}(a - b) = \text{sen } a - \text{sen } b$; $\cos(a - b) = \cos a - \cos b$, para *a* e *b* quaisquer.

Por fim, observe também que, em geral, $\text{sen } 2a \neq 2 \cdot \text{sen } a$. Por exemplo, se $a = 45°$, então $2a = 90°$ e temos: $\text{sen } 2a = \text{sen } 90° = 1$ e $2 \cdot \text{sen } a = 2 \cdot \text{sen } 45° = 2 \cdot \frac{\sqrt{2}}{2} = \sqrt{2}$.

Outro exemplo: $\underbrace{\text{sen } 60°}_{\frac{\sqrt{3}}{2}} \neq 2 \cdot \underbrace{\text{sen } 30°}_{\frac{1}{2}}$.

Temos também: $\cos(2a) \neq 2 \cdot \cos a$ e $\text{tg}(2a) \neq 2 \cdot \text{tg } a$.

FÓRMULAS DA ADIÇÃO E SUBTRAÇÃO

Antes de demonstrarmos a primeira relação, é necessário apresentar o conceito de distância entre dois pontos no plano cartesiano.

Dados A e B, pontos distintos do plano cartesiano, chama-se **distância** entre A e B a medida do segmento $\overline{AB}$.

Vamos determinar, na figura, a distância entre os pontos $A(x_A, y_A)$ e $B(x_B, y_B)$, a qual indicaremos por d_{AB}.

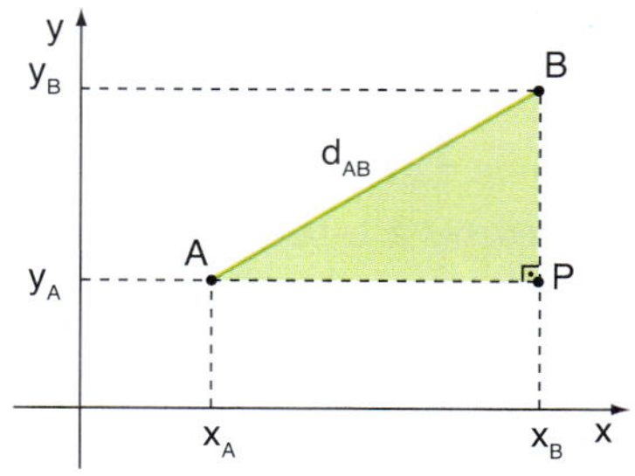

Aplicando o Teorema de Pitágoras no triângulo APB, vem:

$$d_{AB}^2 = (PA)^2 + (PB)^2$$

Mas $PA = x_B - x_A$ e $PB = y_B - y_A$.

Assim: $d_{AB}^2 = (x_B - x_A)^2 + (y_B - y_A)^2$ e

$$d_{AB} = \sqrt{(x_B - x_A)^2 + (y_B - y_A)^2}$$

Note que devemos ter sempre $d_{AB} \geq 0$.

Podemos observar ainda que, como $(m - n)^2 = (n - m)^2$, $\forall m, n \in \mathbb{R}$, as ordens das diferenças que aparecem no radicando não importam.

Assim, por exemplo, a distância entre A (1, 4) e B (3, −2) é:

$$d_{AB} = \sqrt{(x_A - x_B)^2 + (y_A - y_B)^2} = \sqrt{(1 - 3)^2 + [4 - (-2)]^2} = \sqrt{4 + 36} = \sqrt{40} = 2\sqrt{10}$$

ou ainda:

$$d_{AB} = \sqrt{(x_B - x_A)^2 + (y_B - y_A)^2} = \sqrt{(3 - 1)^2 + (-2 - 4)^2} = \sqrt{4 + 36} = \sqrt{40} = 2\sqrt{10}$$

Cosseno da soma

Sejam P, Q e R as respectivas imagens dos números reais *a*, a + b e −b, como mostra o ciclo trigonométrico da figura.

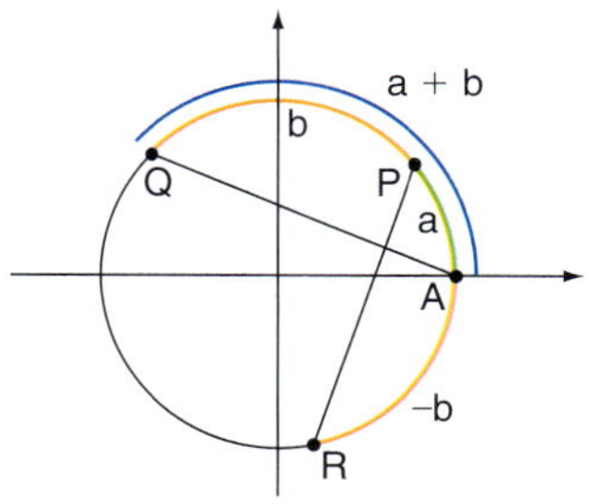

Os arcos $\widehat{APQ}$ e $\widehat{RAP}$ possuem a mesma medida (a + b) e, consequentemente, as cordas $\overline{AQ}$ e $\overline{PR}$ também têm medidas iguais. Desse modo, podemos afirmar que a distância entre A e Q é igual à distância entre P e R, isto é, $d_{AQ} = d_{PR}$.

Observando a figura, podemos escrever as coordenadas dos pontos A, P, Q e R:

A (1, 0); P (cos a, sen a); Q (cos (a + b), sen (a + b)) e

R (cos (−b), sen (−b)), isto é, R (cos b, −sen b).

Utilizando a expressão da distância entre dois pontos:

$$d_{AQ} = \sqrt{(x_A - x_Q)^2 + (y_A - y_Q)^2} = \sqrt{[1 - \cos(a + b)]^2 + [0 - \text{sen}(a + b)]^2} =$$

$$= \sqrt{1 - 2\cos(a + b) + \underbrace{\cos^2(a + b) + \text{sen}^2(a + b)}_{=1}} = \sqrt{2 - 2\cos(a + b)} \quad ①$$

$$d_{PR} = \sqrt{(x_P - x_R)^2 + (y_P - y_R)^2} = \sqrt{(\cos a - \cos b)^2 + [\text{sen}\, a - (-\text{sen}\, b)]^2} =$$

$$= \sqrt{(\cos a - \cos b)^2 + (\text{sen}\, a + \text{sen}\, b)^2} =$$

$$= \sqrt{\cos^2 a - 2\cos a \cdot \cos b + \cos^2 b + \text{sen}^2 a + 2\,\text{sen}\, a \cdot \text{sen}\, b + \text{sen}^2 b} =$$

$$= \sqrt{1 + 1 + 2\,\text{sen}\, a \cdot \text{sen}\, b - 2\cos a \cdot \cos b} = \sqrt{2 + 2\,\text{sen}\, a \cdot \text{sen}\, b - 2\cos a \cdot \cos b} \quad ②$$

Como $d_{AQ} = d_{PR} \Rightarrow d^2_{AQ} = d^2_{PR}$; então, de (1) e (2), vem:

$$2 - 2\cos(a + b) = 2 + 2\,\text{sen}\,a \cdot \text{sen}\,b - 2\cos a \cdot \cos b \Rightarrow$$

$$\Rightarrow \not{2}\left[1 - \cos(a + b)\right] = \not{2}\left[1 + \text{sen}\,a \cdot \text{sen}\,b - \cos a \cdot \cos b\right] \Rightarrow$$

$$\cos(a + b) = \cos a \cdot \cos b - \text{sen}\,a \cdot \text{sen}\,b$$

Exemplo 1

Por meio da fórmula que acabou de ser deduzida, podemos determinar o valor de cos 75° sem a necessidade de recorrer à tabela trigonométrica ou a uma calculadora científica:

$$\cos 75° = \cos(30° + 45°) = \cos 30° \cdot \cos 45° - \text{sen}\,30° \cdot \text{sen}\,45° =$$

$$= \frac{\sqrt{3}}{2} \cdot \frac{\sqrt{2}}{2} - \frac{1}{2} \cdot \frac{\sqrt{2}}{2} = \frac{\sqrt{6}}{4} - \frac{\sqrt{2}}{4} = \frac{\sqrt{6} - \sqrt{2}}{4}$$

Cosseno da diferença

Para calcular cos (a − b), basta fazermos a − b = a + (−b) na fórmula do cosseno da soma:

$$\cos(a - b) = \cos\left[a + (-b)\right] = \cos a \cdot \cos(-b) - \text{sen}\,a \cdot \text{sen}\,(-b) = \cos a \cdot \cos b - \text{sen}\,a \cdot (-\text{sen}\,b)$$

Daí:

$$\cos(a - b) = \cos a \cdot \cos b + \text{sen}\,a \cdot \text{sen}\,b$$

Exemplo 2

O valor de $\cos \frac{\pi}{12}$ (cos 15°) pode ser calculado a partir dos valores do seno e do cosseno de $\frac{\pi}{4}$ (45°) e de $\frac{\pi}{3}$ (60°):

$$\cos\frac{\pi}{12} = \cos\left(\frac{\pi}{3} - \frac{\pi}{4}\right) = \cos\frac{\pi}{3} \cdot \cos\frac{\pi}{4} + \text{sen}\,\frac{\pi}{3} \cdot \text{sen}\,\frac{\pi}{4} =$$

$$= \frac{1}{2} \cdot \frac{\sqrt{2}}{2} + \frac{\sqrt{3}}{2} \cdot \frac{\sqrt{2}}{2} = \frac{\sqrt{2} + \sqrt{6}}{4}$$

Seno da soma

Lembrando que $\text{sen}\,x = \cos\left(\frac{\pi}{2} - x\right), \forall x \in \mathbb{R}$, temos:

$$\text{sen}\,(a + b) = \cos\left[\frac{\pi}{2} - (a + b)\right] = \cos\left[\left(\frac{\pi}{2} - a\right) - b\right]$$ e, pela fórmula do cosseno da diferença, vem:

$$\text{sen}\,(a + b) = \underbrace{\cos\left(\frac{\pi}{2} - a\right)}_{\text{sen}\,a}\cos b + \underbrace{\text{sen}\,\left(\frac{\pi}{2} - a\right)}_{\cos a}\text{sen}\,b$$

Finalmente, vem:

$$\text{sen}\,(a + b) = \text{sen}\,a \cdot \cos b + \text{sen}\,b \cdot \cos a$$

Exemplo 3

sen 75° pode ser determinado como sen (30° + 45°):

$$\text{sen } 75° = \text{sen } (30° + 45°) = \text{sen } 30° \cdot \cos 45° + \text{sen } 45° \cdot \cos 30° =$$

$$= \frac{1}{2} \cdot \frac{\sqrt{2}}{2} + \frac{\sqrt{2}}{2} \cdot \frac{\sqrt{3}}{2} = \frac{\sqrt{2} + \sqrt{6}}{4}$$

Seno da diferença

Para calcular sen (a − b), basta fazermos novamente a − b = a + (−b), desta vez na fórmula do seno da soma de dois arcos:

$$\text{sen } (a - b) = \text{sen}\left[a + (-b)\right] = \text{sen } a \cdot \underbrace{\cos (-b)}_{= \cos b} + \underbrace{\text{sen } (-b)}_{= -\text{sen } b} \cdot \cos a$$

Então:

$$\text{sen } (a - b) = \text{sen } a \cdot \cos b - \text{sen } b \cdot \cos a$$

Tangente da soma

Lembrando que $\text{tg } x = \frac{\text{sen } x}{\cos x}$, $\forall x \in \mathbb{R}$, com $x \neq \frac{\pi}{2} + k\pi$ (*k* inteiro), para calcular tg (a + b), fazemos:

$$\text{tg } (a + b) = \frac{\text{sen } (a + b)}{\cos (a + b)} = \frac{\text{sen } a \cdot \cos b + \text{sen } b \cdot \cos a}{\cos a \cdot \cos b - \text{sen } a \cdot \text{sen } b}$$

Dividindo o numerador e o denominador por cos a · cos b, temos:

$$\text{tg } (a + b) = \frac{\dfrac{\text{sen } a \cdot \cos b + \text{sen } b \cdot \cos a}{\cos a \cdot \cos b}}{\dfrac{\cos a \cdot \cos b - \text{sen } a \cdot \text{sen } b}{\cos a \cdot \cos b}} = \frac{\dfrac{\text{sen } a \cdot \cancel{\cos b}}{\cos a \cdot \cancel{\cos b}} + \dfrac{\text{sen } b \cdot \cancel{\cos a}}{\cancel{\cos a} \cdot \cos b}}{\dfrac{\cancel{\cos a \cdot \cos b}}{\cancel{\cos a \cdot \cos b}} - \dfrac{\text{sen } a \cdot \text{sen } b}{\cos a \cdot \cos b}}$$

Finalmente, vem:

$$\text{tg } (a + b) = \frac{\text{tg } a + \text{tg } b}{1 - \text{tg } a \cdot \text{tg } b}$$

válida para $a \neq \frac{\pi}{2} + k\pi$, $b \neq \frac{\pi}{2} + k\pi$ e $a + b \neq \frac{\pi}{2} + k\pi$, $k \in \mathbb{Z}$.

Exemplo 4

Para calcular tg 105°, podemos fazer 105° = 60° + 45°. Daí:

$$\text{tg } 105° = \text{tg } (60° + 45°) = \frac{\text{tg } 60° + \text{tg } 45°}{1 - \text{tg } 60° \cdot \text{tg } 45°} =$$

$$= \frac{\sqrt{3} + 1}{1 - \sqrt{3} \cdot 1} = \frac{\sqrt{3} + 1}{1 - \sqrt{3}} \cdot \frac{1 + \sqrt{3}}{1 + \sqrt{3}} = \frac{4 + 2\sqrt{3}}{-2} = -2 - \sqrt{3}$$

Tangente da diferença

Façamos novamente $a - b = a + (-b)$:

$$tg\ (a - b) = tg\ [a + (-b)] = \frac{tg\ a + tg\ (-b)}{1 - tg\ a \cdot tg\ (-b)} = \frac{tg\ a + (-tg\ b)}{1 - tg\ a \cdot (-tg\ b)}$$

Então:

$$tg\ (a - b) = \frac{tg\ a - tg\ b}{1 + tg\ a \cdot tg\ b}$$

válida para $a \neq \frac{\pi}{2} + k\pi$, $b \neq \frac{\pi}{2} + k\pi$ e $a - b \neq \frac{\pi}{2} + k\pi$, $k \in \mathbb{Z}$.

EXERCÍCIO RESOLVIDO

1. Calcular a medida do lado $\overline{AB}$ do triângulo:

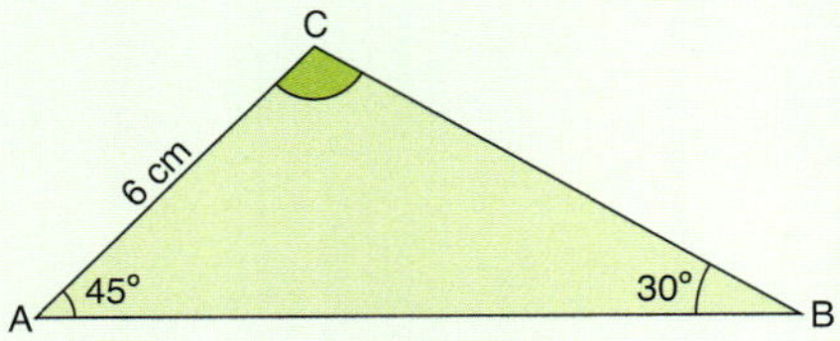

Solução:

Observemos inicialmente que $m(\hat{C}) = 180° - 45° - 30° = 105°$.

Fazendo $AB = c$ e aplicando a lei dos senos, vem:

$$\frac{6}{sen\ 30°} = \frac{c}{sen\ 105°} \Rightarrow \frac{6}{\frac{1}{2}} = \frac{c}{sen\ 105°} \Rightarrow c = 12 \cdot sen\ 105° \quad (1)$$

Mas $sen\ 105° = sen\ (60° + 45°) = sen\ 60° \cdot cos\ 45° + sen\ 45° \cdot cos\ 60° = \frac{\sqrt{3}}{2} \cdot \frac{\sqrt{2}}{2} + \frac{\sqrt{2}}{2} \cdot \frac{1}{2} = \frac{\sqrt{6} + \sqrt{2}}{4}$

Daí, em (1), concluímos que $c = 12 \cdot \frac{(\sqrt{6} + \sqrt{2})}{4} = 3 \cdot (\sqrt{6} + \sqrt{2})$ cm.

EXERCÍCIOS

1. Calcule:

a) sen 15°
b) sen 165°
c) cos 165°
d) tg 15°
e) cos 1 155°
f) cos 1 425°

2. Qual é o valor de $sen\ 70° \cdot cos\ 50° + cos\ 70° \cdot sen\ 50°$?

3. Sejam x e y números reais, com $0 < x < \frac{\pi}{2}$ e $\frac{3\pi}{2} < y < 2\pi$. Sabendo que $sen\ x = 0{,}6$ e $cos\ y = \frac{5}{13}$, obtenha o valor de $cos\ (x + y)$.

4. Num triângulo, o lado comum aos ângulos α e β, com $\alpha = 75°$ e $\beta = 60°$, mede 10 cm. Determine as medidas dos outros lados desse triângulo.

5. Quanto vale $\frac{tg\ \frac{\pi}{18} + tg\ \frac{\pi}{9}}{1 - tg\ \frac{\pi}{18} \cdot tg\ \frac{\pi}{9}}$?

6. Dois povoados, P_1 e P_2, situados na mesma margem de um rio, distam 2 km entre si, como mostra a figura.

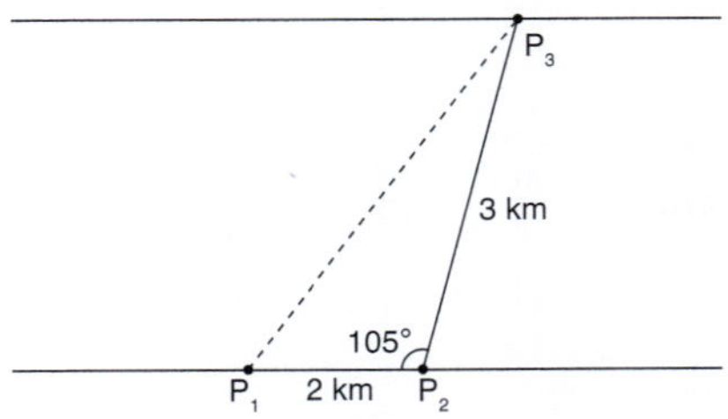

De P_2 pode-se tomar uma embarcação até o povoado P_3, situado na outra margem, em um percurso de 3 km. Usando as aproximações $\sqrt{2} = 1{,}4$ e $\sqrt{6} = 2{,}5$, determine:

a) A distância entre os povoados P_1 e P_3.

b) A largura do rio nesse trecho, admitindo que as margens são paralelas.

7. Calcule tg b, sabendo que tg (a − b) = $\sqrt{3}$ e tg a = 1.

8. No triângulo retângulo mostrado, obtenha o valor de sen (β − α) e de cos (α + β).

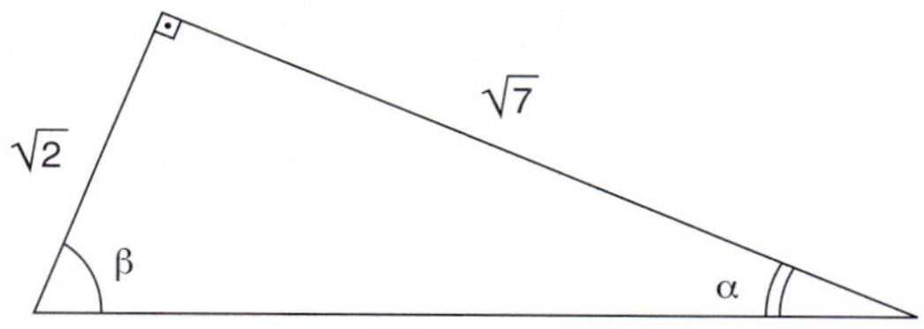

9. Na figura, AB = 3 cm, CD = 5 cm e BD = 2 cm. Calcule o valor de tg α.

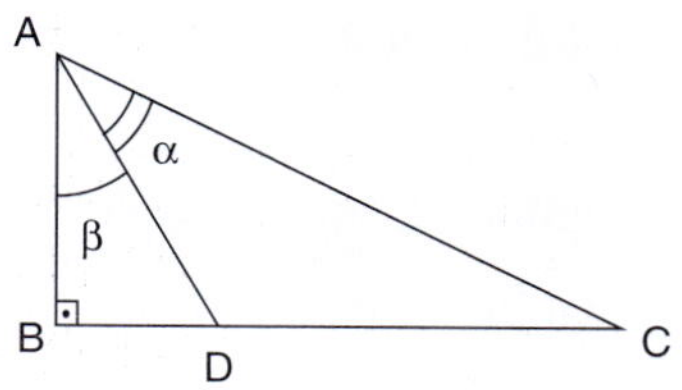

10. Seja f: ℝ → ℝ definida por $f(x) = \text{sen } 3x \cos x - \text{sen } x \cos 3x$.

a) Calcule o valor de $f\left(\frac{\pi}{6}\right) + f(0)$.

b) Qual é o período dessa função?

c) Qual o valor máximo que *f* assume?

d) Faça o gráfico de um período completo de *f*.

RAZÕES TRIGONOMÉTRICAS DE 2a

Dadas as razões trigonométricas do número real *a*, é possível encontrar as razões trigonométricas do número real 2a, a partir das relações obtidas anteriormente.

Seno

Fazendo 2a = a + a, a ∈ ℝ, e aplicando a relação do seno da soma (sen (x + y) = sen x · cos y + sen y · cos x), vem:

$$\text{sen } 2a = \text{sen } (a + a) = \text{sen } a \cdot \cos a + \text{sen } a \cdot \cos a$$

Isto é:

$$\text{sen } 2a = 2 \cdot \text{sen } a \cdot \cos a$$

Cosseno

Utilizando a relação cos (x + y) = cos x · cos y − sen x · sen y, e sendo x = y = a (a ∈ ℝ):

$$\cos 2a = \cos (a + a) = \cos a \cdot \cos a - \text{sen } a \cdot \text{sen } a$$

Isto é:

$$\cos 2a = \cos^2 a - \text{sen}^2 a \quad (1)$$

Podemos usar a relação fundamental ($\text{sen}^2 a + \cos^2 a = 1$) para obter duas outras expressões equivalentes à (1):

$$\cos 2a = \underbrace{\cos^2 a} - \text{sen}^2 a \qquad \text{ou} \qquad \cos 2a = \cos^2 a - \underbrace{\text{sen}^2 a}$$

$$\cos 2a = 1 - \text{sen}^2 a - \text{sen}^2 a \qquad \qquad \cos 2a = \cos^2 a - (1 - \cos^2 a)$$

$$\cos 2a = 1 - 2\,\text{sen}^2 a \qquad \qquad \cos 2a = 2\cos^2 a - 1$$

Tangente

Conhecido o valor da tg a empregamos a relação da tangente da soma de dois números reais:

$$\text{tg } 2a = \text{tg } (a + a) = \frac{\text{tg } a + \text{tg } a}{1 - \text{tg } a \cdot \text{tg } a}$$

$$\text{tg } 2a = \frac{2\,\text{tg } a}{1 - \text{tg}^2 a}$$ válida para $a \neq \frac{\pi}{4} + k\pi$ e $a \neq \frac{3\pi}{4} + k\pi$, $k \in \mathbb{Z}$.

Exemplo 5

Dados sen x $= \frac{5}{13}$ e cos x $= -\frac{12}{13}$, com $\frac{\pi}{2} < x < \pi$, para determinar as razões trigonométricas do número real 2x, fazemos:

- $\text{sen } 2x = 2 \cdot \text{sen } x \cdot \cos x = 2 \cdot \frac{5}{13} \cdot \left(-\frac{12}{13}\right) = -\frac{120}{169}$
- $\cos 2x = \cos^2 x - \text{sen}^2 x = \left(-\frac{12}{13}\right)^2 - \left(\frac{5}{13}\right)^2 = \frac{144}{169} - \frac{25}{169} \Rightarrow \cos 2x = \frac{119}{169}$

Para obter o valor de tg 2x, podemos proceder de dois modos:

1º modo:

$$\text{tg } 2x = \frac{\text{sen } 2x}{\cos 2x} = \frac{-\frac{120}{169}}{\frac{119}{169}} = -\frac{120}{119}$$

2º modo:

Aplicamos a relação da tg 2x; para isso, é necessário conhecer tg x:

$$\text{tg } x = \frac{\text{sen } x}{\cos x} = \frac{\frac{5}{13}}{-\frac{12}{13}} = -\frac{5}{12}$$

- $\text{tg } 2x = \frac{2 \text{ tg } x}{1 - \text{tg}^2 x} = \frac{2 \cdot \left(-\frac{5}{12}\right)}{1 - \left(-\frac{5}{12}\right)^2} = \frac{-\frac{5}{6}}{1 - \frac{25}{144}} = \frac{-\frac{5}{6}}{\frac{119}{144}} \Rightarrow \text{tg } 2x = -\frac{120}{119}$

EXERCÍCIO RESOLVIDO

2. Qual é o valor de A = sen 15° + cos 15°?

Solução:

1º modo:

Obtemos, separadamente, o valor de sen 15° e de cos 15°, usando as fórmulas de seno e cosseno da diferença de dois arcos:

$$\text{sen } 15° = \text{sen } (45° - 30°) = \frac{\sqrt{2}}{2} \cdot \frac{\sqrt{3}}{2} - \frac{1}{2} \cdot \frac{\sqrt{2}}{2} = \frac{\sqrt{6} - \sqrt{2}}{4}$$

$$\cos 15° = \cos (45° - 30°) = \frac{\sqrt{2}}{2} \cdot \frac{\sqrt{3}}{2} + \frac{\sqrt{2}}{2} \cdot \frac{1}{2} = \frac{\sqrt{6} + \sqrt{2}}{4}$$

A soma pedida é $\left(\frac{\sqrt{6} - \sqrt{2}}{4}\right) + \left(\frac{\sqrt{6} + \sqrt{2}}{4}\right) = \frac{2\sqrt{6}}{4} = \frac{\sqrt{6}}{2}$

2º modo:

Vamos apresentar uma solução em que não é necessário usar as relações do seno e do cosseno da diferença de dois arcos para obtermos os valores de sen 15° e de cos 15°.

Elevando A ao quadrado, obtemos:

$$A^2 = (\text{sen } 15° + \cos 15°)^2 = \underbrace{\text{sen}^2 15° + \cos^2 15°}_{1} + \underbrace{2 \text{ sen } 15° \cdot \cos 15°}_{\text{sen } 30°} = 1 + \text{sen } (2 \cdot 15°) = 1 + \frac{1}{2} = \frac{3}{2}$$

Daí:

$$A = \sqrt{\frac{3}{2}} = \frac{\sqrt{3}}{\sqrt{2}} \cdot \frac{\sqrt{2}}{\sqrt{2}} \Rightarrow A = \text{sen } 15° + \cos 15° = \frac{\sqrt{6}}{2}$$

EXERCÍCIOS

11. Dado $\text{sen}\ \alpha = \frac{2}{3}$ e $\cos \alpha = -\frac{\sqrt{5}}{3}$, obtenha:

a) sen 2α

b) cos 2α

c) tg 2α

d) o quadrante em que se encontra o arco de medida α rad.

e) o quadrante em que se encontra o arco de medida 2α rad.

12. Sabendo que $\cos x = \frac{3}{5}$ e $0 < x < \frac{\pi}{2}$, obtenha o valor de sen 2x.

13. Qual é o valor de $\cos^2 \frac{\pi}{8} - \text{sen}^2 \frac{\pi}{8}$?

14. Um triângulo retângulo possui catetos que medem 2 cm e 3 cm. Sendo α o ângulo compreendido entre a hipotenusa e o maior cateto, determine:

a) tg 2α b) cos 2α

15. Um observador vê, do solo, a 150 m, o topo de uma torre vertical de 75 m de altura. Aproximando-se, e ainda mirando a partir do solo, o ângulo de observação do topo da torre passa a ser o dobro do anterior. Determine a distância percorrida pelo observador entre os dois instantes de observação.

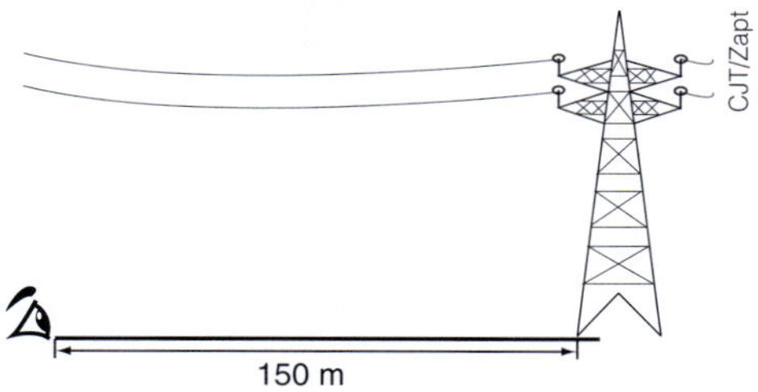

Ilustrações sem escala ou em escalas diferentes.

16. Calcule:

a) $(\text{sen}\ 22°30' + \cos 22°30')^2$

b) $\left(\cos \frac{\pi}{24} - \text{sen}\ \frac{\pi}{24}\right)^2$

17. Em um triângulo ABC, o ângulo do vértice A mede o dobro do ângulo do vértice B. Os lados $\overline{AC}$ e $\overline{BC}$ medem 5 cm e $5\sqrt{3}$ cm, respectivamente.

a) Quais são as medidas dos três ângulos desse triângulo?

b) Quanto mede o lado $\overline{AB}$?

18. Usando a aproximação sen 70° = 0,94, calcule o valor de A = sen 35° · cos 35°.

19. O triângulo abaixo possui dados incompatíveis. Explique por quê.

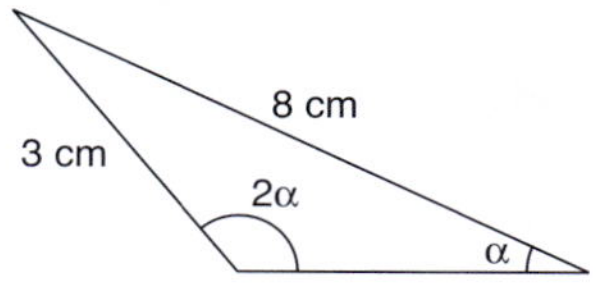

20. Classifique como verdadeiras (V) ou falsas (F) no caderno as afirmações seguintes:

a) sen 20° ≅ 0,34 ⇒ sen 40° ≅ 0,68.

b) A função $f: \mathbb{R} \to \mathbb{R}$ definida por $f(x) = \cos^2 x - \text{sen}^2 x$ tem período igual a π.

c) Para todo $\alpha \in \mathbb{R}$, sen 2α > sen α.

d) A função $f: \mathbb{R} \to \mathbb{R}$ definida por $f(x) = \text{sen}\ x \cdot \cos x$ tem valor máximo igual a 1.

e) Sabendo que $\text{sen}\ \alpha = \frac{1}{3}$ e $\cos \alpha = -\frac{2\sqrt{2}}{3}$, podemos afirmar que o arco 2α pertence ao 4º quadrante.

21. O triângulo PQR da figura é isósceles de base $\overline{PQ}$. Se o ponto T pertence à reta suporte de $\overline{RQ}$, calcule o valor do cosseno do ângulo $P\hat{R}T$.

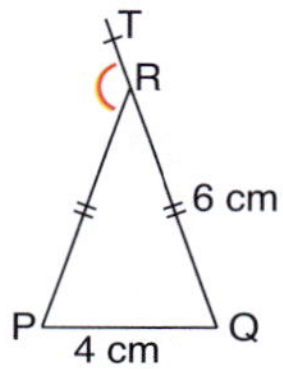

22. Sabendo que tg x + cotg x = 3, obtenha o valor de:

a) sen 2x b) cos 2x

23. Sabendo que $\cos 2x = -\frac{41}{49}$, obtenha os valores de cos x e sen x, se *x* pertence ao 2º quadrante.

24. Dado um arco de medida *x* e sabendo que $\cos x = -\frac{7}{25}$, com $\frac{\pi}{2} < x < \pi$, calcule o valor de $\cos \frac{x}{2}$.

25. (Fuvest-SP) Um arco *x* está no 3º quadrante do círculo trigonométrico e verifica a equação $5 \cdot \cos 2x + 3 \cdot \text{sen}\ x = 4$. Determine os valores de sen x e cos x.

26. Seja $f: \mathbb{R} \to \mathbb{R}$ uma função definida por $f(x) = \text{sen}\ 2x \cdot \cos 2x$.

a) Determine o domínio, o período e o conjunto imagem de *f*.

b) Obtenha o valor de $f\left(\frac{\pi}{48}\right)$.

c) Faça o gráfico de um período de *f*.

TRANSFORMAÇÃO EM PRODUTO

Em algumas situações, é útil transformar expressões como: sen x + sen y, cos x − cos y, sen x + cos x etc. em produtos. Vamos estudar algumas dessas transformações.

Transformação de somas e diferenças de senos

Tomemos as expressões do seno da soma e do seno da diferença de dois arcos:

$$\text{sen}\,(a + b) = \text{sen}\,a \cdot \cos b + \text{sen}\,b \cdot \cos a$$
$$\text{sen}\,(a - b) = \text{sen}\,a \cdot \cos b - \text{sen}\,b \cdot \cos a$$

Somando-as e subtraindo a segunda da primeira, membro a membro, obtemos, respectivamente:

$$\text{sen}\,(a + b) + \text{sen}\,(a - b) = 2\,\text{sen}\,a \cdot \cos b$$
$$\text{sen}\,(a + b) - \text{sen}\,(a - b) = 2\,\text{sen}\,b \cdot \cos a$$

Façamos $a + b = p$ e $a - b = q$. Assim:

$$a = \frac{p + q}{2} \text{ e } b = \frac{p - q}{2}$$

Daí:

$$\text{sen}\,p + \text{sen}\,q = 2\,\text{sen}\,\frac{p + q}{2} \cdot \cos\frac{p - q}{2} \quad \text{e} \quad \text{sen}\,p - \text{sen}\,q = 2\,\text{sen}\,\frac{p - q}{2} \cdot \cos\frac{p + q}{2}$$

Exemplo 6

Para fatorar $A = \text{sen}\,3x + \text{sen}\,5x$, fazemos:

- $\frac{p + q}{2} = \frac{3x + 5x}{2} = 4x$
- $\frac{p - q}{2} = \frac{3x + 5x}{2} = -x$

Daí:

$A = 2\,\text{sen}\,4x \cdot \cos(-x)$

Como $\forall x \in \mathbb{R}$, $\cos(-x) = \cos x$, segue que $A = 2\,\text{sen}\,4x \cdot \cos x$.

EXERCÍCIO RESOLVIDO

3. Transformar a expressão $B = 1 - \text{sen}\,3x$ em produto.

Solução:

Fazemos inicialmente $\text{sen}\,90° = 1$ e assim $B = \text{sen}\,90° - \text{sen}\,3x$.

Então:

- $\frac{p - q}{2} = \frac{90° - 3x}{2} = 45° - \frac{3x}{2}$
- $\frac{p + q}{2} = \frac{90° + 3x}{2} = 45° + \frac{3x}{2}$

$$B = 2\,\text{sen}\left(45° - \frac{3x}{2}\right) \cdot \cos\left(45° + \frac{3x}{2}\right)$$

Podemos obter uma outra forma fatorada para B; vamos desenvolver $\text{sen}\left(45° - \frac{3x}{2}\right)$ e $\cos\left(45° + \frac{3x}{2}\right)$:

$$B = 2\left(\text{sen}\,45° \cdot \cos\frac{3x}{2} - \text{sen}\,\frac{3x}{2} \cdot \cos 45°\right) \cdot \left(\cos 45° \cdot \cos\frac{3x}{2} - \text{sen}\,45° \cdot \text{sen}\,\frac{3x}{2}\right) =$$

$$B = 2\left[\frac{\sqrt{2}}{2}\left(\cos\frac{3x}{2} - \text{sen}\,\frac{3x}{2}\right) \cdot \frac{\sqrt{2}}{2}\left(\cos\frac{3x}{2} - \text{sen}\,\frac{3x}{2}\right)\right]$$

Assim, $B = \left(\cos\frac{3x}{2} - \text{sen}\,\frac{3x}{2}\right)^2$.

Transformação de somas e diferenças de cossenos

Tomemos as expressões do cosseno da soma e do cosseno da diferença de dois arcos:

$$\cos(a + b) = \cos a \cdot \cos b - \operatorname{sen} a \cdot \operatorname{sen} b$$
$$\cos(a - b) = \cos a \cdot \cos b + \operatorname{sen} a \cdot \operatorname{sen} b$$

Somando-as e subtraindo a segunda da primeira, membro a membro, obtemos, respectivamente:

$$\cos(a + b) + \cos(a - b) = 2 \cos a \cdot \cos b$$
$$\cos(a + b) - \cos(a - b) = -2 \operatorname{sen} a \cdot \operatorname{sen} b$$

Fazendo $a + b = p$ e $a - b = q$, ou seja, $a = \frac{p + q}{2}$ e $b = \frac{p - q}{2}$, temos:

$$\cos p + \cos q = 2 \cos \frac{p + q}{2} \cdot \cos \frac{p - q}{2}$$ e $$\cos p - \cos q = -2 \operatorname{sen} \frac{p + q}{2} \cdot \operatorname{sen} \frac{p - q}{2}$$

Exemplo 7

Vamos transformar $\cos 70° - \cos 20°$ em produto.

Temos:

$$\cos 70° - \cos 20° = -2 \operatorname{sen}\left(\frac{70° + 20°}{2}\right) \cdot \operatorname{sen}\left(\frac{70° - 20°}{2}\right) = -2 \operatorname{sen} 45° \cdot \operatorname{sen} 25° = -2 \cdot \frac{\sqrt{2}}{2} \cdot \operatorname{sen} 25° = -\sqrt{2} \operatorname{sen} 25°$$

EXERCÍCIO RESOLVIDO

4. Transformar $A = \cos 10° + \operatorname{sen} 20°$ em produto.

Solução:

É preciso lembrar a relação entre ângulos complementares:

$\operatorname{sen} x = \cos(90° - x)$ e $\cos x = \operatorname{sen}(90° - x)$.

Fazendo, por exemplo, $\cos 10° = \operatorname{sen} 80°$, temos:

$$A = \operatorname{sen} 80° + \operatorname{sen} 20° = 2 \operatorname{sen}\left(\frac{80° + 20°}{2}\right) \cdot \cos\left(\frac{80° - 20°}{2}\right) = 2 \operatorname{sen} 50° \cdot \cos 30° = 2 \cdot \operatorname{sen} 50° \cdot \frac{\sqrt{3}}{2} = \sqrt{3} \cdot \operatorname{sen} 50°.$$

Transformação de somas e diferenças de tangentes

Considerando a expressão $\operatorname{tg} p + \operatorname{tg} q$, podemos escrever:

$$\operatorname{tg} p + \operatorname{tg} q = \frac{\operatorname{sen} p}{\cos p} + \frac{\operatorname{sen} q}{\cos q} = \frac{\operatorname{sen} p \cos q + \operatorname{sen} q \cos p}{\cos p \cdot \cos q}$$

Então:

$$\operatorname{tg} p + \operatorname{tg} q = \frac{\operatorname{sen}(p + q)}{\cos p \cdot \cos q}$$

Analogamente, para a expressão $\operatorname{tg} p - \operatorname{tg} q$, temos:

$$\operatorname{tg} p - \operatorname{tg} q = \frac{\operatorname{sen}(p - q)}{\cos p \cdot \cos q}$$

Exemplo 8

Para fatorar a expressão E = tg 50° + tg 40°, fazemos:

$$E = \frac{\text{sen } (50° + 40°)}{\cos 50° \cdot \cos 40°} = \frac{\text{sen } 90°}{\cos 50° \cdot \cos 40°} = \frac{1}{\cos 50° \cdot \cos 40°} =$$

$$= \frac{1}{\cos 50°} \cdot \frac{1}{\cos 40°} = \sec 50° \cdot \sec 40°$$

EXERCÍCIOS

27. Transforme em produto:

a) sen 40° + sen 80°

b) cos 80° + cos 40°

c) sen 10° + sen 50°

d) sen 80° + cos 50°

28. Fatore:

a) tg 25° + tg 65°

b) tg 65° − tg 25°

29. Transforme em produto A = sen 40° + sen 130° e B = sen 130° − sen 40°. A seguir, compare A e B, justificando.

30. Fatore as expressões:

a) sen 3x + sen x

b) cos 3x + cos x

31. Transforme em produto:

a) 1 − sen x

b) 1 + sen x

c) 1 + cos x

32. Transforme em produto:

a) sen 5x − sen x

b) sen 9x − sen 5x + sen 3x + sen x

c) cos 3x + cos 5x

33. Seja f: $\mathbb{R} \to \mathbb{R}$ definida por f(x) = sen x − cos x.

a) Escreva *f* em uma forma fatorada.

b) Qual é o período de *f*?

c) Qual é o valor máximo que *f* assume?

34. Quanto vale $\cos \frac{\pi}{8} \cdot \cos \frac{7\pi}{8}$?

35. Simplifique cos 80° − cos 70° − cos 50° − cos 40°.

36. Simplifique $\frac{\cos x - \cos 5x}{\text{sen } x - \text{sen } 5x}$.

37. Determine o arco *x* do 1º quadrante tal que cos 55° + cos 65° = cos x.

38. Simplifique

E = sen x · sen 3x − cos x · cos 3x.

39. Mostre que $\cos 40° \cdot \cos 80° \cdot \cos 160° = -\frac{1}{8}$.

40. Transforme em produto:

a) $\text{sen}^2\ 2x - \text{sen}^2\ x$

b) $\cos^2 3x - \cos^2 x$

41. Sabendo que sen 6θ = a e sen 4θ = b, obtenha, em função de *a* e *b*, o valor de $y = \text{sen}^2\ 5\theta - \text{sen}^2\ \theta$.

DESAFIO

Com os algarismos 1, 2, 3 e 4 formamos todos os possíveis números de quatro algarismos distintos. Qual é a soma de todos esses números?

EXERCÍCIOS COMPLEMENTARES

1. Em certa hora do dia, os raios solares formam com o solo um ângulo de 63°.

Considerando as aproximações sen 18° = $\frac{3}{10}$ e $\sqrt{91} = 9{,}5$, determine:

a) o comprimento da sombra projetada, sobre o solo, por um poste de 6 metros.

b) a altura de um edifício que projeta, nesse mesmo instante, uma sombra de 13 metros de comprimento.

2. Da figura sabemos que:

- $B\hat{C}D$ é reto;
- $\overline{BD}$ é bissetriz de $A\hat{B}C$;
- $\overline{BC}$ mede 6 cm.

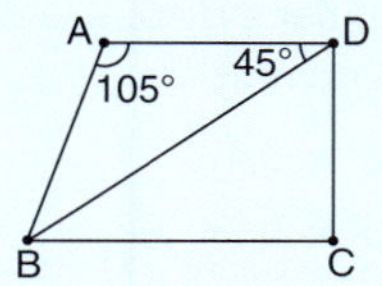

Determine a medida de $\overline{AB}$.

3. Obtenha os valores de todas as razões trigonométricas de $\frac{17\pi}{12}$.

4. Em um triângulo isósceles, a soma das medidas dos ângulos da base é o quíntuplo da medida do ângulo do vértice. Sabendo que o lado oposto ao ângulo do vértice mede 6 cm, quanto mede cada um dos lados congruentes desse triângulo?

5. Seja *x* um número real. Determine:

a) sen 3x em função de sen x;

b) cos 3x em função de cos x;

c) o período e o conjunto imagem da função f: $\mathbb{R} \to \mathbb{R}$ dada por f(x) = sen 3x · cos 3x.

6. (UF-BA) Na figura, a medida do segmento $\overline{CD}$ é o triplo da medida de $\overline{BD}$, e o ângulo $C\hat{A}D$ mede o dobro do ângulo $B\hat{A}D$. Determine, em radianos, a medida do ângulo $B\hat{A}D$ compreendida entre 0 e $\frac{\pi}{2}$.

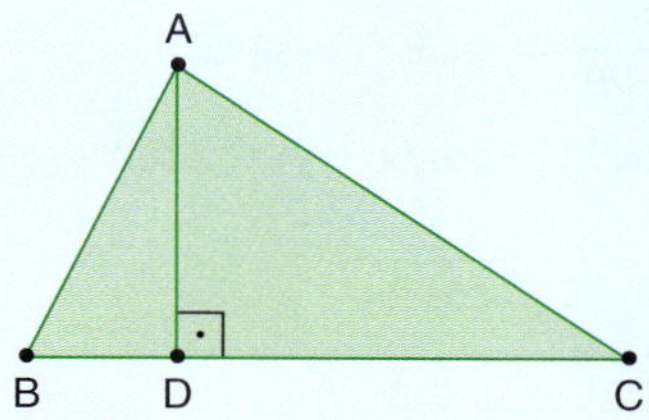

7. Sejam *u* e *v* números reais tais que u + v = $\frac{\pi}{4}$.

Sabendo que as raízes da equação de 2º grau $ax^2 + bx + c = 0$ são tg u e tg v, mostre que a + b = c.

8. (UF-GO) Um ponto P, interno a um ângulo cuja medida é 45°, dista 2 cm de um dos lados do ângulo e 4 cm do vértice do ângulo. Qual é a distância desse ponto ao outro lado do ângulo?

9. O triângulo ABC da figura está inscrito em uma semicircunferência de centro O. Sabendo que sen $\theta = 0{,}96$ e que a hipotenusa do triângulo mede 10 cm, obtenha as medidas dos lados $\overline{AB}$ e $\overline{AC}$.

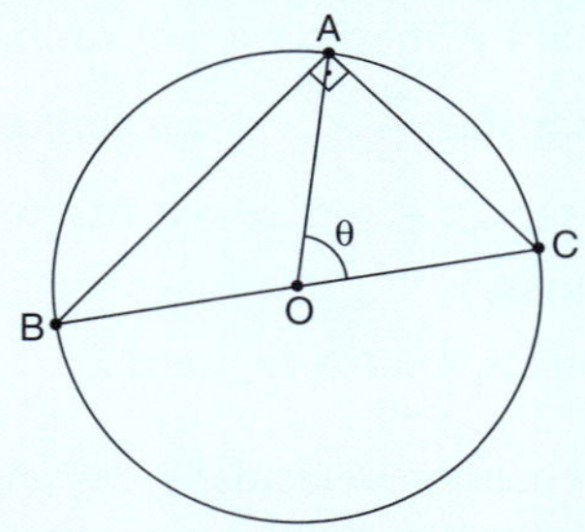

10. (UF-PE) Na ilustração abaixo, a casa situada no ponto B deve ser ligada com um cabo subterrâneo de energia elétrica, saindo do ponto A. Para calcular a distância AB, são medidos a distância e os ângulos a partir de dois pontos O e P, situados na margem oposta do rio, sendo O, A e B colineares. Se OPA = 30°, POA = 30°, APB = 45° e OP = $(3 + \sqrt{3})$ km, calcule AB em hectômetros.

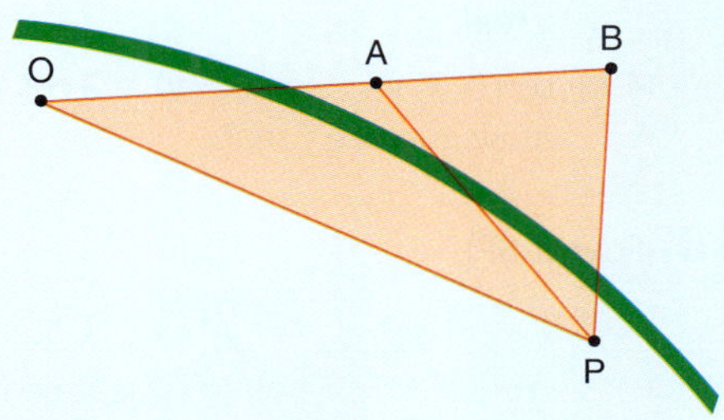

11. Se sen x = $\frac{12}{13}$ e *x* é do 2º quadrante, quanto vale tg $\frac{x}{2}$?

12. Demonstre as seguintes identidades:

a) $\dfrac{2}{\text{sen } 2\theta} = \sec\theta \cdot \text{cossec } \theta$

b) $\cos(x - y) - \cos(x + y) = 2 \text{ sen } x \text{ sen } y$

c) $\text{tg } x = \dfrac{\text{sen } 2x}{1 + \cos 2x}$

d) $\left(\dfrac{1}{\text{cossec } x} + \dfrac{1}{\sec x}\right)^2 = 1 + \text{sen } 2x$

13. Sabendo que $\text{sen } x - \dfrac{1}{2} = \cos x$, com *x* no 1º quadrante, determine:

a) sen 2x b) cos 2x c) tg 2x

14. Sendo $\text{sen } \alpha = \dfrac{2}{3}$, com $0 < \alpha < \dfrac{\pi}{2}$, calcule:

a) $\text{sen}\left(\dfrac{\pi}{2} + 2\alpha\right)$ b) $\cos\left(\dfrac{\pi}{4} + \alpha\right)$

15. (UF-CE) Se α é a medida dos ângulos da base de um triângulo isósceles e $\text{sen } \alpha = \dfrac{1}{4}$, determine o valor da tangente do ângulo do vértice desse triângulo.

16. (Fuvest-SP) A medida *x*, em radianos, de um ângulo satisfaz $\dfrac{\pi}{2} < x < \pi$ e verifica a equação $\text{sen } x + \text{sen } 2x + \text{sen } 3x = 0$. Assim,

a) determine *x*.

b) calcule $\cos x + \cos 2x + \cos 3x$.

17. (UF-PE) Analise a veracidade das afirmações seguintes sobre identidades trigonométricas.

(0-0) $\text{sen}^4 x - \cos^4 x = \text{sen}^2 x - \cos^2 x$, para todo *x* real.

(1-1) $\text{sen}\left(\dfrac{\pi}{4} + x\right) = \cos\left(\dfrac{\pi}{4} - x\right)$, para todo *x* real.

(2-2) $\text{tg } x + \text{cotg } x = \dfrac{2}{\text{sen }(2x)}$, para *x* real e $x \neq \dfrac{k\pi}{2}$, com *k* inteiro.

(3-3) $2\cos^2 x + \cos(2x) = 3 + 4\cos^2 x$, para todo *x* real.

(4-4) $\text{sen }(x + y) + \text{sen }(x - y) = 2 \cos x \cos y$, para quaisquer *x* e *y* reais.

18. (Fuvest-SP)

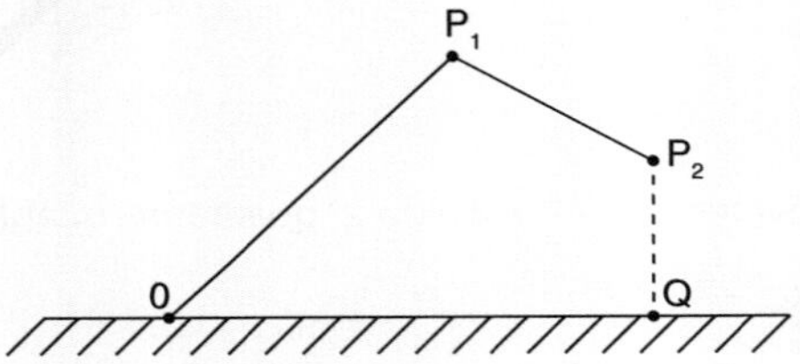

Um guindaste, instalado em um terreno plano, tem dois braços articulados que se movem em um plano vertical, perpendicular ao plano do chão. Na figura, os pontos O, P_1 e P_2 representam, respectivamente, a articulação de um dos braços com a base, a articulação dos dois braços e a extremidade livre do guindaste. O braço $\overline{OP_1}$ tem comprimento 6 e o braço $\overline{P_1P_2}$ tem comprimento 2. Num dado momento, a altura de P_2 é 2, P_2 está a uma altura menor do que P_1 e a distância de O a P_2 é $2\sqrt{10}$. Sendo Q o pé da perpendicular de P_2 ao plano do chão, determine:

a) o seno e o cosseno do ângulo $P_2\hat{O}Q$ entre a reta $\overleftrightarrow{OP_2}$ e o plano do chão;

b) a medida do ângulo $O\hat{P}_1P_2$ entre os braços do guindaste;

c) o seno do ângulo $P_1\hat{O}Q$ entre o braço $\overline{OP_1}$ e o plano do chão.

19. (FGV-SP) A figura ilustra as medidas que um topógrafo tomou para calcular a distância do ponto A a um barco ancorado no mar.

sen 62° = 0,88; cos 62° = 0,47

sen 70° = 0,94; cos 70° = 0,34

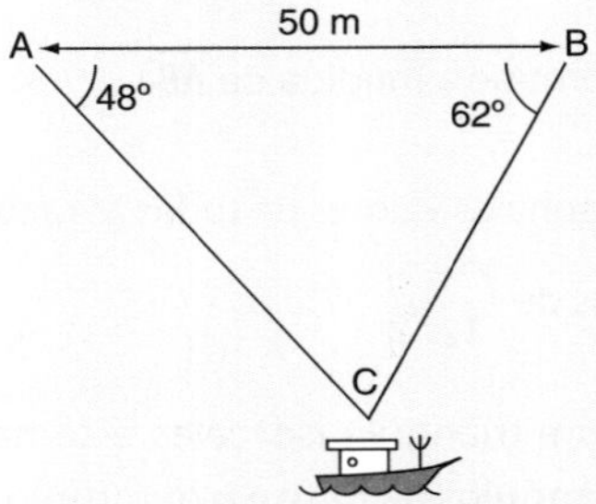

a) Use os dados obtidos pelo topógrafo e calcule a distância do ponto A ao barco. É conveniente traçar a altura $\overline{AH}$ do triângulo ABC.

b) Use esses mesmos dados para calcular o valor de cos 48°. Se quiser, utilize os produtos: $88 \cdot 94 = 8\,272$ e $47 \cdot 34 = 1598$.

20. (UF-PR) Considere $x, y \in \left[0, \dfrac{\pi}{2}\right]$ tais que $\text{sen } x = \dfrac{3}{5}$ e $\text{sen } y = \dfrac{4}{5}$.

a) Calcule os valores de cos x e cos y.

b) Calcule os valores de sen (x + y) e cos (x − y).

21. (UF-CE) Os números reais *a*, *b* e *y* são tais que $a \neq 0$ e $a \cos y \neq b \text{ sen } y$. Se $\text{tg } x = \dfrac{a \text{ sen } y + b \cos y}{a \cos y - b \text{ sen } y}$, calcule o valor de tg (x − y) em função de *a* e *b* somente.

22. (UE-RJ) Considere o teorema e os dados a seguir para a solução desta questão.

Se α, β e $\alpha + \beta$ são três ângulos diferentes de $\frac{\pi}{2} + k\pi, k \in \mathbb{Z}$, então $\text{tg}(\alpha + \beta) = \frac{\text{tg}\,\alpha + \text{tg}\,\beta}{1 - (\text{tg}\,\alpha)(\text{tg}\,\beta)}$.

a, *b* e *c* são três ângulos, sendo $\text{tg}\,b = 2$ e $\text{tg}(a + b + c) = \frac{4}{5}$.

Calcule $\text{tg}(a - b + c)$.

23. (Fuvest-SP) Seja *x* no intervalo $\left]0, \frac{\pi}{2}\right[$ satisfazendo a equação $\text{tg}\,x + \frac{2}{\sqrt{5}}\sec x = \frac{3}{2}$.

Assim, calcule o valor de:

a) $\sec x$

b) $\text{sen}\left(x + \frac{\pi}{4}\right)$

24. (UF-CE) Considere as funções $f: \mathbb{R} \to \mathbb{R}$ e $g: \mathbb{R} \to \mathbb{R}$ definidas, respectivamente, por $f(x) = x^2 + 1$ e $g(x) = \cos(x) - \text{sen}(x)$.

a) Explicite a função composta $h(x) = f(g(x))$.

b) Determine o valor máximo da função composta $h(x) = f(g(x))$.

25. Seja $f: \mathbb{R} \to \mathbb{R}$ definida por

$$f(x) = \text{sen}\left(x + \frac{\pi}{3}\right) - \cos\left(x + \frac{\pi}{6}\right)$$

Qual é o maior valor que *f* assume?

26. (ITA-SP) Determine o valor de *y*, definido a seguir, sabendo que α é um arco do quarto quadrante e $|\text{sen}\,\alpha| = \frac{4}{5}$.

$$y = 7\,\text{tg}(2\alpha) + \sqrt{5}\cos\left(\frac{\alpha}{2}\right)$$

27. (Fuvest-SP) Sejam *x* e *y* dois números reais, com $0 < x < \frac{\pi}{2}$ e $\frac{\pi}{2} < y < \pi$, satisfazendo $\text{sen}\,y = \frac{4}{5}$ e $11\,\text{sen}\,x + 5\cos(y - x) = 3$.

Nessas condições, determine:

a) $\cos y$

b) $\text{sen}\,2x$

28. (Unifesp-SP) A sequência (12, a, b), denominada S_1, e a sequência (c, d, e) denominada S_2, são progressões aritméticas formadas por números reais.

a) Somando 1 ao segundo termo e 5 ao terceiro termo de S_1, a nova sequência de três números reais passa a ser uma progressão geométrica crescente. Calcule a razão dessa PG.

b) Aplicando a função trigonométrica seno aos três termos de S_2, a nova sequência que se forma tem soma dos três termos igual a zero, e termo do meio diferente de zero. Determine a razão *r* de S_2, para o caso em que $\frac{\pi}{2} < r < \pi$.

29. (UF-BA) Com base nos conhecimentos de geometria plana, é correto afirmar (assinale a soma):

(01) Se os lados de um triângulo medem 8 cm, 11 cm e *x* cm, então $3 < x < 19$.

(02) O cosseno do maior ângulo interno de um triângulo cujos lados medem 6 cm, 8 cm e $2\sqrt{37}$ cm é igual a $-\frac{1}{2}$.

(04) Se o ponteiro dos minutos de um relógio de parede mede 12 cm, então, em 40 minutos, sua extremidade percorre mais que 30 cm.

(08) Se *x* pertence ao intervalo $\left[-\frac{3}{5}, -\frac{1}{5}\right]$, então existe um ângulo θ tal que $\text{sen}\,\theta = 2 + 5x$.

(16) Para os ângulos α e β, indicados na figura – dois quadrados congruentes com um lado comum –, tem-se $\text{sen}(\alpha + \beta) = \frac{3\sqrt{5}}{10}$.

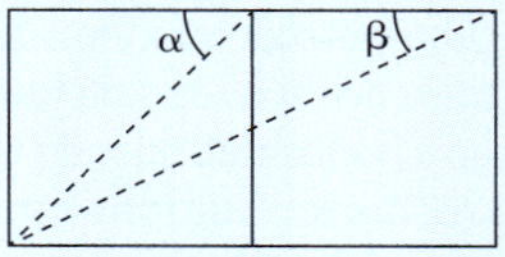

30. (UF-PE) Considere a função *f*, com domínio e contradomínio o conjunto dos números reais, dada por $f(x) = \sqrt{3}\cos x - \text{sen}\,x$, que tem parte de seu gráfico esboçado a seguir.

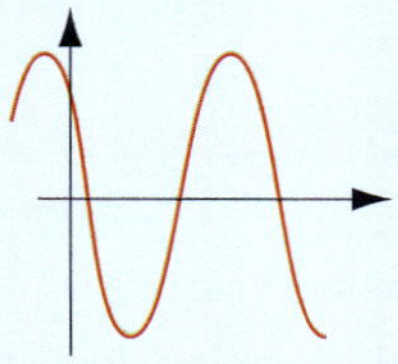

Analise a veracidade das afirmações seguintes acerca de *f*:

(0-0) $f(x) = 2 \cdot \text{sen}\left(x + \frac{\pi}{6}\right)$, para todo *x* real.

(1-1) *f* é periódica com período 2π.

(2-2) As raízes de f(x) são $\frac{-\pi}{6} + 2k\pi$, com *k* inteiro.

(3-3) $f(x) \geq -\sqrt{3}$, para todo *x* real.

(4-4) $f(x) \leq 2$, para todo *x* real.

31. (Unesp-SP) Sabendo-se que $\cos(2x) = \cos^2 x - \text{sen}^2 x$, para quais valores de *x* a função $f(x) = \cos x + \frac{1}{2} \cdot \cos(2x)$ assume seu valor mínimo no intervalo $0 \leq x \leq 2\pi$?

32. (U. F. São Carlos-SP) Suponha que o planeta Terra seja uma esfera de centro C e raio R. Na figura, estão representados o planeta Terra e uma nave espacial N. A fração visível da superfície da Terra por um astronauta na nave N é dada em função do ângulo θ, mostrado na figura, pela expressão:

$$f(\theta) = \frac{1 - \text{sen}\,\theta}{2}$$

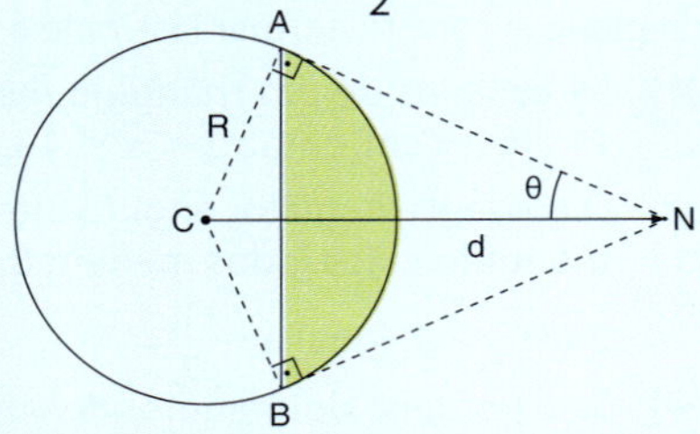

a) Determine o ângulo θ, em graus, para o qual é visível da nave a quarta parte da superfície da Terra e a distância da nave à superfície da Terra neste caso. (Use a aproximação $R = 6\,400$ km.)

b) Se um astronauta numa nave, a uma distância *d* da Terra, avista a superfície da Terra com ângulo $\theta = 15°$, determine a fração visível da superfície da Terra pelo astronauta. (Use as aproximações $\sqrt{2} = 1{,}4$ e $\sqrt{6} = 2{,}4$.)

33. (UF-ES) Uma pessoa, quando situada a 300 metros de uma torre, avista o topo da torre sob um ângulo α em relação à horizontal. Quando está a 100 metros da torre, ela avista o topo da torre sob um ângulo 2α (veja a figura). O nível dos olhos dessa pessoa está a 1,6 metro da horizontal em que está situada a base da torre.

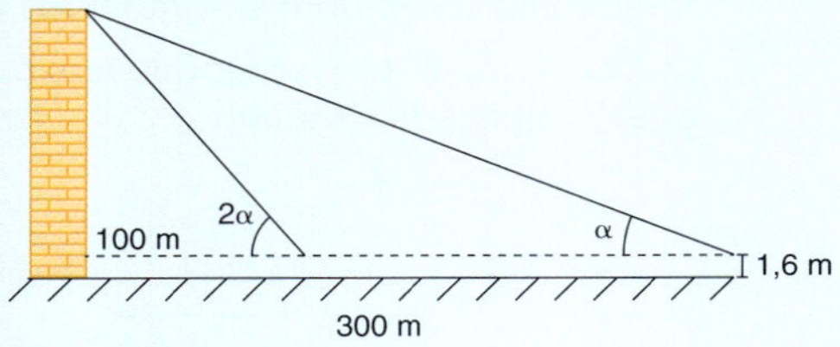

a) Determine o valor de α.

b) Determine a altura dessa torre.

34. (FGV-SP) Um estudante tinha de calcular a área do triângulo ABC, mas um pedaço da folha do caderno rasgou-se. Ele, então, traçou o segmento $\overline{A'C'}$ paralelo a $\overline{AC}$, a altura $\overline{C'H}$ do triângulo A'BC' e, com uma régua, obteve estas medidas:
C'H = 1,2 cm, A'B = 1,4 cm e AB = 4,2 cm.

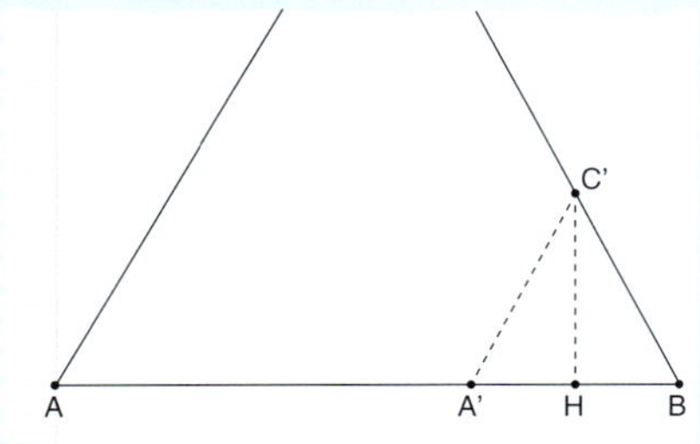

a) Use essas medidas e calcule a área do triângulo ABC.

b) Com a régua, ele mediu também o lado $\overline{A'C'}$ e obteve A'C' = 1,5 cm. Se as medidas em graus dos ângulos agudos $\hat{A}$ e $\hat{B}$ são respectivamente *a* e *b*, calcule o valor de sen (a − b).

35. (UF-BA) Considere a função real
$f(x) = A + B\cos(mx + \alpha)$, com $\alpha \in \left]0, \frac{\pi}{2}\right[$ e com A e B constantes. Sabendo-se que o período de *f* é igual a π, $f(0) = 2$, $f\left(\frac{\pi}{4}\right) = -1$ e $\text{tg}\,\alpha = 2$, calcule $f\left(\frac{\alpha}{2}\right)$. (Nota do autor: considere $m > 0$)

36. (ITA-SP)

a) Calcule

$$\left(\cos^2\frac{\pi}{5} - \text{sen}^2\frac{\pi}{5}\right)\cos\frac{\pi}{10} - 2\,\text{sen}\,\frac{\pi}{5}\cos\frac{\pi}{5}\,\text{sen}\,\frac{\pi}{10}.$$

b) Usando o resultado do item anterior, calcule $\text{sen}\,\frac{\pi}{10}\cos\frac{\pi}{5}$.

37. (Unicamp-SP) Uma ponte levadiça, com 50 metros de comprimento, estende-se sobre um rio. Para dar passagem a algumas embarcações, pode-se abrir a ponte a partir de seu centro, criando um vão AB, conforme mostra a figura a seguir.

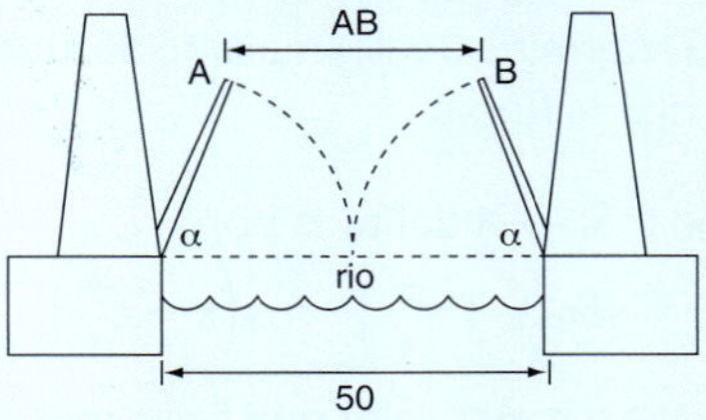

Considerando que os pontos A e B têm alturas iguais, não importando a posição da ponte, responda às questões a seguir.

a) Se o tempo gasto para girar a ponte em 1° equivale a 30 segundos, qual será o tempo necessário para elevar os pontos A e B a uma altura de 12,5 m, com relação à posição destes quando a ponte está abaixada?

b) Se $\alpha = 75°$, quanto mede $\overline{AB}$?

38. (Unicamp-SP) Um recipiente cúbico de aresta *a* e sem tampa, apoiado em um plano horizontal, contém água até a altura $\frac{3}{4}$a. Inclina-se lentamente o cubo, girando-o em um ângulo θ em torno de uma das arestas da base, como está representado na figura.

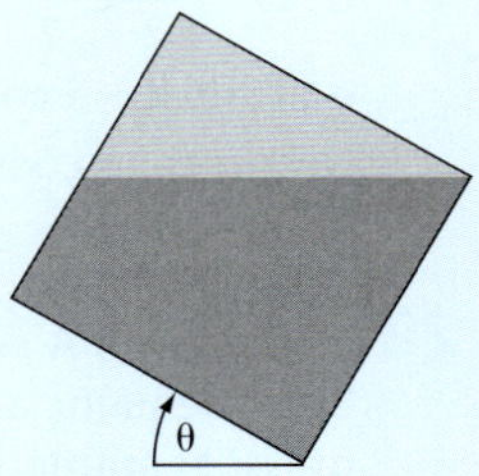

a) Supondo que o giro é interrompido exatamente antes de a água começar a derramar, determine a tangente do ângulo θ.

b) Considerando, agora, a inclinação tal que $\tan(\theta) = \frac{1}{4}$ com $0 < \theta < \frac{\pi}{2}$, calcule o valor numérico da expressão $\cos(2\theta) - \text{sen}(2\theta)$.

TESTES

1. (Unifor-CE) Sejam *x* e *y* números reais tais que $0 < x < \frac{\pi}{2}$ e $0 < y < \frac{\pi}{2}$. Se $\cos x = \frac{3}{4}$ e $\text{sen } y = \frac{1}{4}$, o valor de $\text{sen } 2x + \cos 2y$ é

a) $\frac{1 + \sqrt{15}}{8}$

b) $\frac{12\sqrt{2} - 1}{16}$

c) $\frac{8 + 3\sqrt{7}}{8}$

d) $\frac{7 + 3\sqrt{7}}{8}$

e) $\frac{59 + 6\sqrt{7}}{16}$

2. (Mackenzie-SP) Se $\sec x = 4$, com $0 \leq x < \frac{\pi}{2}$, então $\text{tg } (2x)$ é igual a

a) $-\frac{4\sqrt{15}}{5}$

b) $\frac{\sqrt{15}}{4}$

c) $-\frac{2\sqrt{15}}{7}$

d) $\frac{\sqrt{15}}{16}$

e) $-\frac{\sqrt{15}}{7}$

3. (FGV-SP) A função $f(x) = (\text{sen } x)(\cos x)$ tem conjunto imagem e período dados, respectivamente, por

a) $[-1, 1]$ e π

b) $[-1, 1]$ e 2π

c) $[-2, 2]$ e 2π

d) $\left[-\frac{1}{2}, \frac{1}{2}\right]$ e π

e) $\left[-\frac{1}{2}, \frac{1}{2}\right]$ e 2π

4. (UE-CE) Se *x* e *y* são arcos no primeiro quadrante tais que $\text{sen } (x) = \frac{\sqrt{3}}{2} = \cos (y)$, então o valor de $\text{sen } (x + y) + \text{sen } (x - y)$ é:

a) $\frac{\sqrt{6}}{2}$ b) $\frac{3}{2}$ c) $\frac{\sqrt{6}}{3}$ d) $\frac{2}{3}$

5. (Fatec-SP) A expressão $\left(\text{sen } \frac{x}{2} + \cos \frac{x}{2}\right)^2$ é equivalente a:

a) 1

b) 0

c) $\cos^2 \frac{x}{2}$

d) $1 + \text{sen } x$

e) $1 + \cos x$

6. (U. F. Uberlândia-MG) O valor de $\text{tg } 10° (\sec 5° + \text{cossec } 5°) \cdot (\cos 5° - \text{sen } 5°)$ é igual a:

a) 2 b) $\frac{1}{2}$ c) 1 d) 0

7. (UF-AM) Considerando as seguintes afirmações:

(I) $\cos^2 (2x) + \text{sen}^2 (3x) = 1 \ \forall x \in \mathbb{R}$

(II) $\text{sen } 4x = 4 \text{ sen } x \cdot \cos^3 x - 4 \text{ sen}^3 x \cdot \cos x \ \forall \ x \in \mathbb{R}$

(III) $\cos^2 x = \frac{1}{2} + \frac{1}{2} \cos 2x \ \forall x \in \mathbb{R}$

(IV) $\cos (x - y) = \cos x \cdot \cos y + \text{sen } x \cdot \text{sen } y \ \forall \ x, y \in \mathbb{R}$

Podemos garantir que:

a) Todas as afirmações são falsas.

b) Somente a afirmação (II) é verdadeira.

c) Todas as afirmações são verdadeiras.

d) Somente a afirmação (III) é falsa.

e) Somente a afirmação (I) é falsa.

8. (UE-CE) O conjunto imagem da função $f: \mathbb{R} \to \mathbb{R}$, definida por $f(x) = 2 \cos 2x + \cos^2 x$, é o intervalo:

a) $[-2, 1]$

b) $[-2, 3]$

c) $[-2, 2]$

d) $[-2, 0]$

9. (Fuvest-SP) Sejam *x* e *y* números reais positivos tais que $x + y = \frac{\pi}{2}$. Sabendo-se que $\text{sen } (y - x) = \frac{1}{3}$, o valor de $\text{tg}^2\, y - \text{tg}^2\, x$ é igual a

a) $\frac{3}{2}$

b) $\frac{5}{4}$

c) $\frac{1}{2}$

d) $\frac{1}{4}$

e) $\frac{1}{8}$

10. (IF-SP) Sabendo que $\cos \theta - \text{sen } \theta = \frac{\sqrt{6}}{3}$, então o valor de $\text{sen } (2\theta)$ é:

a) -1 b) $-\frac{5}{9}$ c) $\frac{1}{6}$ d) $\frac{1}{3}$ e) $\frac{5}{6}$

11. (PUC-RS) A representação gráfica da função *f* dada por $f(x) = 2 \text{ sen}\left(x + \frac{\pi}{2}\right) - 2$ é:

a)

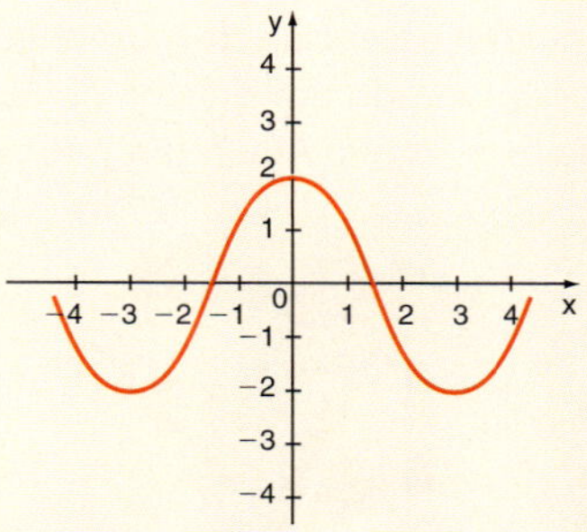

b)

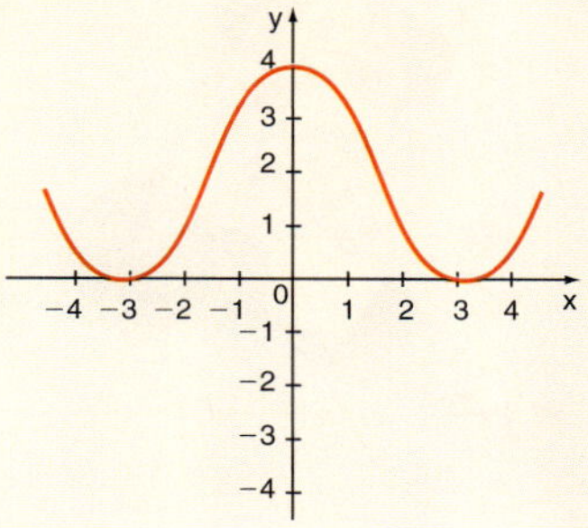

c)

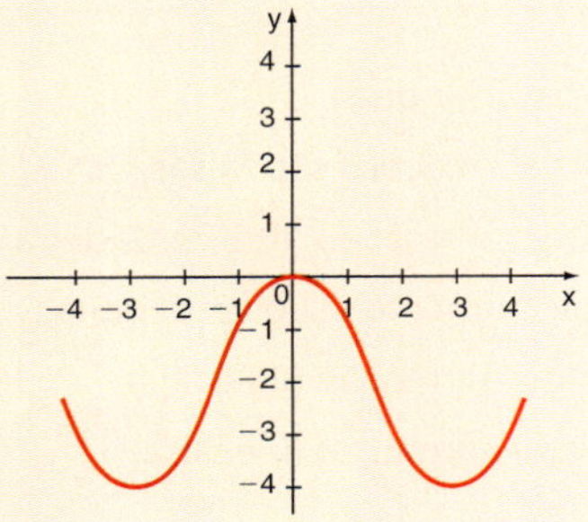

d)

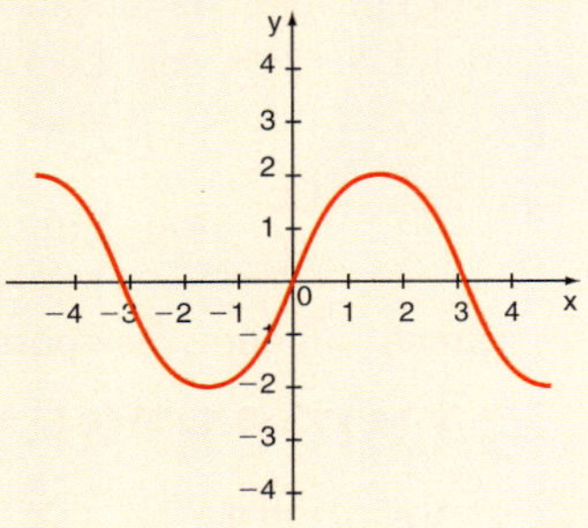

e)

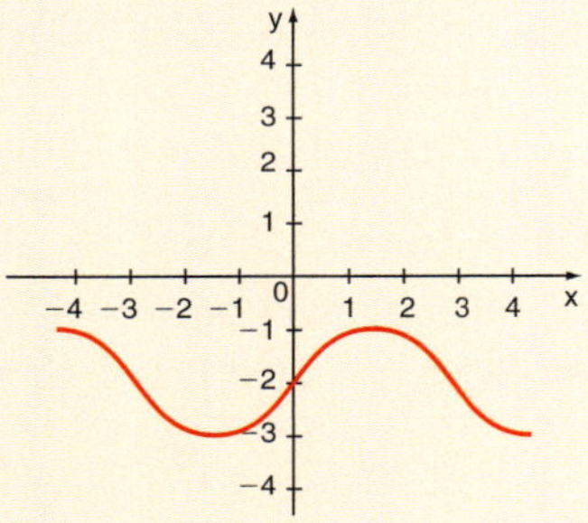

12. (U.F. Santa Maria-RS) O pioneiro do abstracionismo nas artes plásticas, Wassily Kandinsky, nasceu em Moscou, em 1866. Optou inicialmente pela música, o que refletiu em seu trabalho como pintor, conferindo-lhe noções essenciais de harmonia. A figura a seguir, adaptada de um quadro de Kandinsky, apresenta um triângulo ABC retângulo em A.

Wassily Kandinsky, *Multi Colored Triangle*, 1927/Coleção Particular

Sabendo-se que a diferença entre os ângulos *x* e *y* é 60°, o valor de sen x + sen y é:

a) $\frac{1}{2}$ b) $\frac{\sqrt{3}}{2}$ c) $\frac{\sqrt{6}}{2}$ d) $\frac{\sqrt{3}}{3}$ e) $\frac{\sqrt{6}}{3}$

13. (Udesc-SC) A expressão cotg (2x) + cossec (2x) pode ser escrita como:

a) $\frac{\cos(x) + \text{sen}(x)}{\cos(x)\,\text{sen}(x)}$

b) tg (x)

c) cotg (x)

d) $\frac{2[\cos^2(2x) + \text{sen}(2x)]}{\text{sen}(4x)}$

e) $\frac{2[\cos(2x) + \text{sen}^2(2x)]}{\text{sen}(4x)}$

14. (Fatec-SP) Da trigonometria sabe-se que quaisquer que sejam os números reais *p* e *q*, sen p + sen q =

$= 2 \cdot \text{sen}\left(\frac{p+q}{2}\right) \cdot \cos\left(\frac{p-q}{2}\right)$.

Logo, a expressão cos x · sen 9x é idêntica a:

a) sen 10x + sen 8x

b) 2 · (sen 6x + sen 2x)

c) 2 · (sen 10x + sen 8x)

d) $\frac{1}{2} \cdot$ (sen 6x + sen 2x)

e) $\frac{1}{2} \cdot$ (sen 10x + sen 8x)

15. (ITA-SP) A expressão

$$\frac{2\left[\text{sen}\left(x + \frac{11}{2}\pi\right) + \text{cotg}^2 x\right]\text{tg}\,\frac{x}{2}}{1 + \text{tg}^2\,\frac{x}{2}}$$

é equivalente a:

a) $[\cos x - \text{sen}^2 x]\,\text{cotg}\,x$

b) $[\text{sen}\,x + \cos x]\,\text{tg}\,x$

c) $[\cos^2 x - \text{sen}\,x]\,\text{cotg}^2 x$

d) $[1 - \text{cotg}^2 x]\,\text{sen}\,x$

e) $[1 + \text{cotg}^2 x]\,[\text{sen}^2 x + \cos x]$

16. (Mackenzie-SP) Na figura, tg β é igual a:

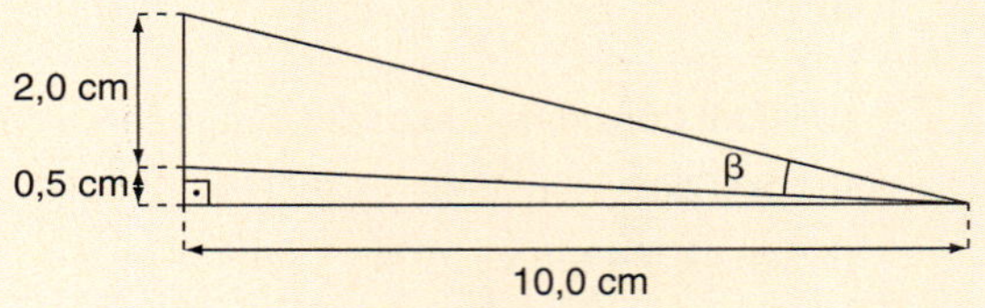

a) $\frac{16}{81}$ b) $\frac{8}{27}$ c) $\frac{19}{63}$ d) $\frac{2}{3}$ e) $\frac{1}{4}$

17. (U.E.Londrina-PR) Se $\cos(2x) = \frac{1}{3}$, onde $x \in (0, \pi)$, então o valor de $y = \frac{[\text{sen}(3x) - \text{sen}(x)]}{\cos(2x)}$ é:

a) -1
b) $\frac{(\sqrt{3})}{3}$
c) $\frac{3}{\sqrt{3}}$
d) $\frac{(2\sqrt{3})}{3}$
e) 1

18. (UE-RJ) Um esqueitista treina em três rampas planas de mesmo comprimento *a*, mas com inclinações diferentes. As figuras abaixo representam as trajetórias retilíneas AB = CD = EF, contidas nas retas de maior declive de cada rampa.

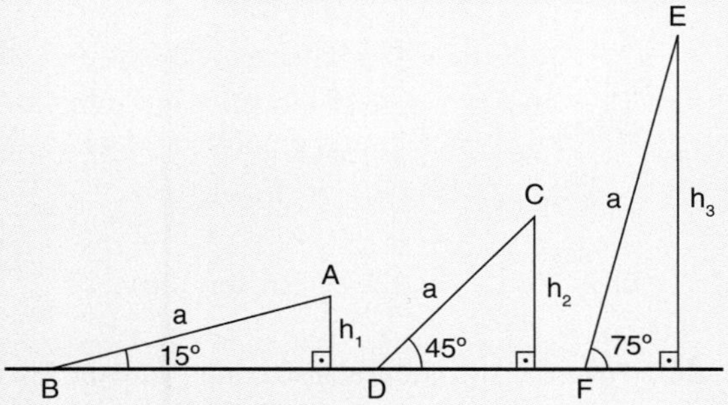

Sabendo que as alturas, em metros, dos pontos de partida A, C e E são, respectivamente, h_1, h_2 e h_3, conclui-se que $h_1 + h_2$ é igual a:

a) $h_3\sqrt{3}$
b) $h_3\sqrt{2}$
c) $2h_3$
d) h_3

19. (Insper-SP) Movendo as hastes de um compasso, ambas de comprimento ℓ, é possível determinar diferentes triângulos, como dois representados a seguir, fora de escala.

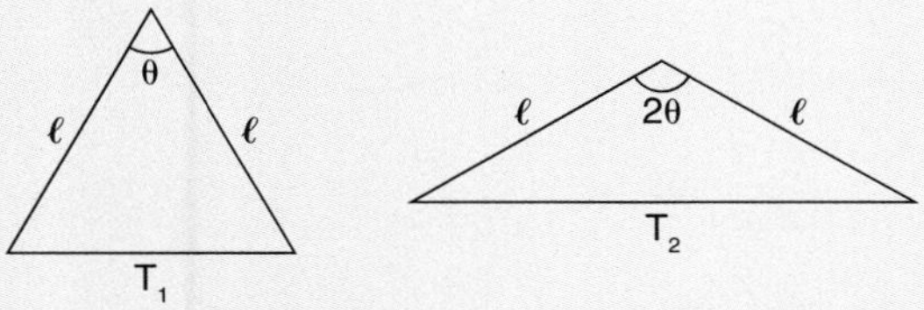

Se a área do triângulo T_1 é o triplo da área do triângulo T_2, então o valor de $\cos\theta$ é igual a:

a) $\frac{1}{6}$
b) $\frac{1}{3}$
c) $\frac{\sqrt{3}}{3}$
d) $\frac{1}{2}$
e) $\frac{\sqrt{6}}{6}$

20. (ITA-SP) Se $\cos 2x = \frac{1}{2}$, então um possível valor de $\frac{\text{cotg}\, x - 1}{\text{cossec}(x - \pi) - \sec(\pi - x)}$ é

a) $\frac{\sqrt{3}}{2}$
b) 1
c) $\sqrt{2}$
d) $\sqrt{3}$
e) 2

21. (FGV-SP) Um triângulo isósceles tem os lados congruentes com medida igual a 5. Seja α medida do ângulo da base, para a qual a área do referido triângulo é máxima. Podemos afirmar que:

a) $10° \leq \alpha < 20°$
b) $20° \leq \alpha < 30°$
c) $30° \leq \alpha < 40°$
d) $40° \leq \alpha < 50°$
e) $50° \leq \alpha < 60°$

22. (Udesc-SC) Se *a* é o menor valor real que satisfaz a inequação $|1 - 8x| \leq 3$ e $\text{sen}(y) = a$, então o valor da constante *k*, que satisfaz a igualdade $\text{sen}(2y) = k\, \text{cotg}(y)$, é:

a) $\frac{1}{8}$
b) $\frac{1}{2}$
c) $\frac{1}{4}$
d) $\frac{1}{16}$
e) 1

23. (FGV-SP) Se $\text{sen}\, x + \text{sen}\, y = \frac{\sqrt{15}}{3}$ e $\cos x + \cos y = 1$, então, $\sec(x - y)$ é igual a:

a) $\frac{1}{3}$
b) $\frac{1}{2}$
c) 2
d) 3
e) 4

24. (UF-GO) Observe a figura a seguir, em que estão indicadas as medidas dos lados do triângulo maior e alguns dos ângulos.

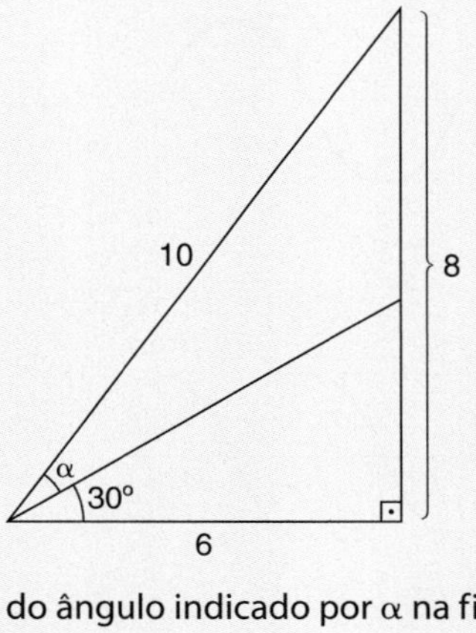

O seno do ângulo indicado por α na figura vale:

a) $\frac{4\sqrt{3} - 3}{10}$
b) $\frac{4 - \sqrt{3}}{10}$
c) $\frac{4 - 3\sqrt{3}}{10}$
d) $\frac{4 + 3\sqrt{3}}{10}$
e) $\frac{4\sqrt{3} + 3}{10}$

25. (UF-PA) O gráfico da função *f* dada por

$f(t) = \cos\left(t + \dfrac{\pi}{2}\right)$ no intervalo $[0, 2\pi]$ é:

a)
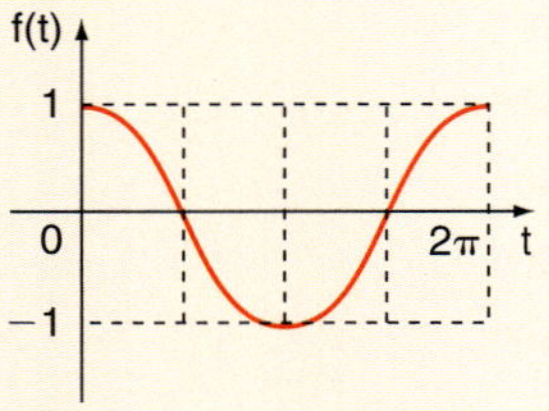

b)
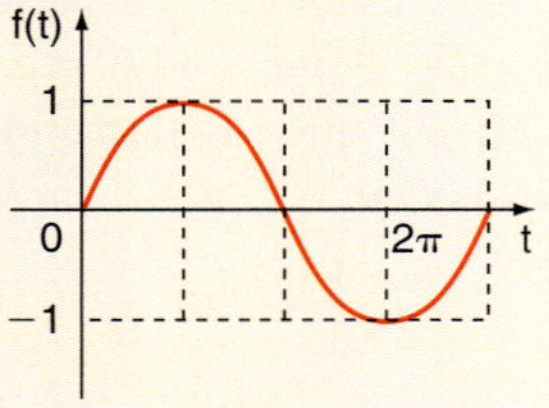

c)
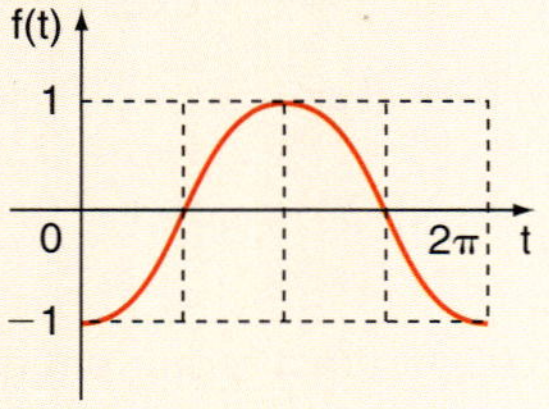

d)
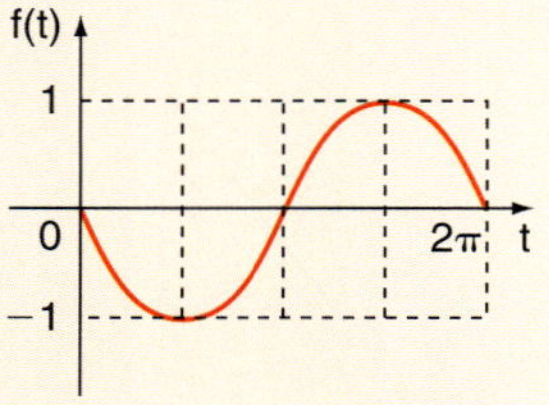

e)
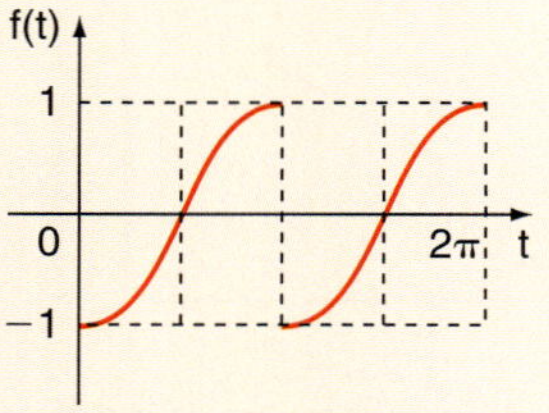

26. (Fatec-SP) As funções reais $f(x) = \operatorname{sen} x$ e $g(x) = \cos x$ têm seus gráficos representados no intervalo $0 \leqslant x \leqslant 2\pi$.

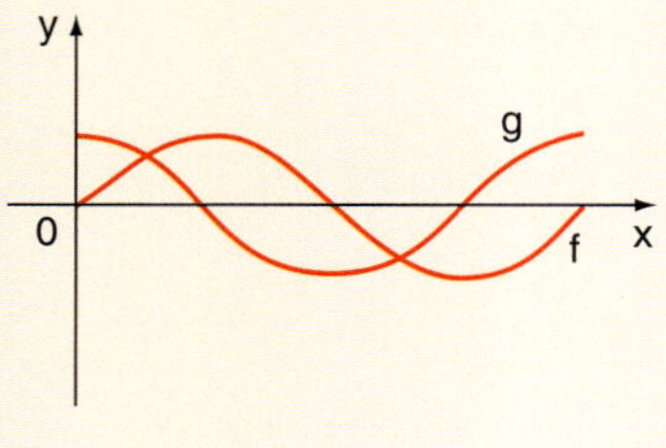

Se a função $h(x) = f(x) + g(x)$ tem período *p* e valor máximo *h*, então o produto $p \cdot h$ é igual a:

a) 4π

b) $2\sqrt{2}\pi$

c) 2π

d) $\sqrt{2}\pi$

e) $\dfrac{\sqrt{2}}{4}\pi$

27. (U.F. Uberlândia-MG) Na figura abaixo, o ângulo α é tal que $0 < \alpha < 90°$.

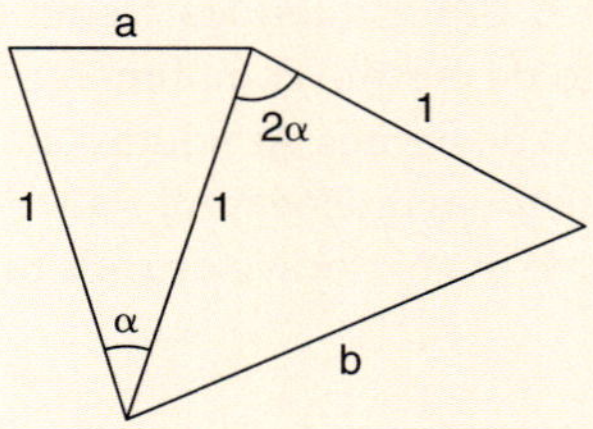

Então, $\dfrac{b}{a}$ é igual a

a) $2\cos(\alpha)$

b) 2

c) $2\cos\left(\dfrac{\alpha}{2}\right)$

d) $\operatorname{sen}(2\alpha)$

28. (Fuvest-SP) Na figura abaixo, o triângulo ABC inscrito na circunferência tem AB = AC. O ângulo entre o lado $\overline{AB}$ e a altura do triângulo ABC em relação a $\overline{BC}$ é α. Nestas condições, o quociente entre a área do triângulo ABC e a área do círculo da figura é dado, em função de α, pela expressão:

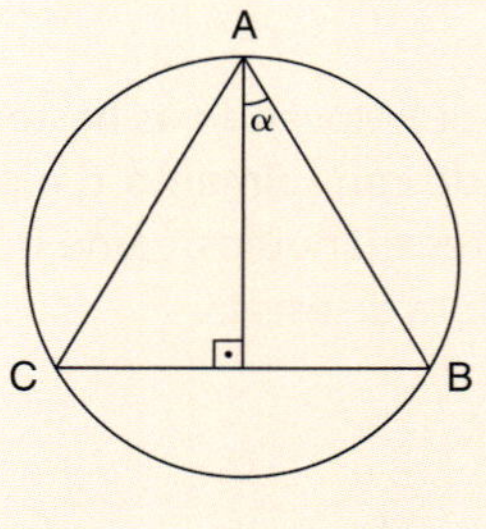

a) $\dfrac{2}{\pi}\cos^2\alpha$

b) $\dfrac{2}{\pi}\operatorname{sen}^2 2\alpha$

c) $\dfrac{2}{\pi}\operatorname{sen}^2 2\alpha \cos\alpha$

d) $\dfrac{2}{\pi}\operatorname{sen}\alpha\cos 2\alpha$

e) $\dfrac{2}{\pi}\operatorname{sen} 2\alpha\cos^2\alpha$

29. (Aman-RJ) O cosseno do menor ângulo formado pelos ponteiros de um relógio às 14 horas e 30 minutos vale

a) $-\dfrac{(\sqrt{3}+1)}{2}$

b) $-\dfrac{(\sqrt{2}+1)}{2}$

c) $\dfrac{(1+\sqrt{2})}{4}$

d) $-\dfrac{(\sqrt{6}-\sqrt{2})}{4}$

e) $\dfrac{(\sqrt{2}+\sqrt{3})}{4}$

6 EQUAÇÕES E INEQUAÇÕES TRIGONOMÉTRICAS

EQUAÇÕES FUNDAMENTAIS

Sejam *f* e *g* duas funções trigonométricas da variável real *x* e sejam D_1 e D_2 seus respectivos domínios. Resolver a equação trigonométrica $f(x) = g(x)$ no conjunto universo $U = \mathbb{R}$ significa determinar o conjunto S, denominado conjunto solução, dos números reais *r* que a satisfazem; isto é, os valores de *r* para os quais $f(r) = g(r)$ é uma sentença verdadeira, com *r* pertencente a D_1 e a D_2.

São exemplos de equações trigonométricas:

$$\text{sen } x = \text{sen } \frac{\pi}{8}; \quad \cos x = -\frac{1}{2}; \quad \text{tg } x + \text{cotg } x = 2; \quad \text{sen}^2 x - \cos x = 0 \quad \text{etc.}$$

De modo geral, quase todas as equações trigonométricas se reduzem a uma destas três:

$$\text{sen } x = \text{sen } \alpha \qquad \cos x = \cos \alpha \qquad \text{tg } x = \text{tg } \alpha$$

em que *x* é a variável real e α é um número real conhecido.

Essas equações recebem o nome de **equações fundamentais** e vamos iniciar o nosso estudo por elas.

Resolução da equação sen x = sen α

Marcamos no eixo dos senos o ponto P tal que $OP = \text{sen } \alpha$.

As imagens de *x* e de α na circunferência trigonométrica devem estar sobre a reta *r*, perpendicular ao eixo dos senos, traçada por P, isto é, estão em P′ ou em P″.

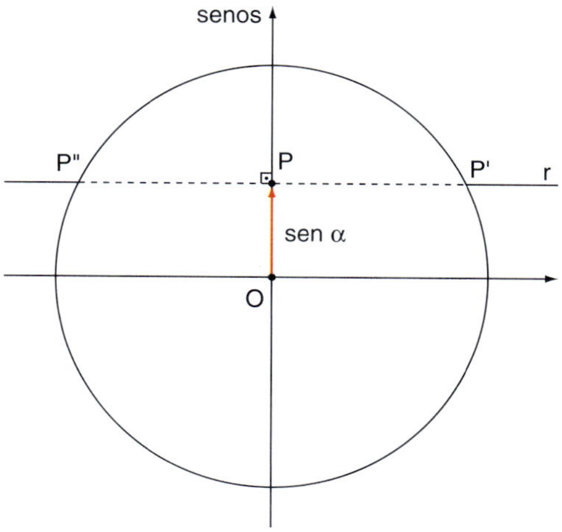

Temos então duas possibilidades:

1ª) *x* e α têm a mesma imagem no ciclo, isto é:

$$x = \alpha + k \cdot 2\pi; \; k \in \mathbb{Z}$$

ou

2ª) *x* e α têm imagens simétricas em relação ao eixo dos senos, isto é:

$$x = (\pi - \alpha) + k \cdot 2\pi; \; k \in \mathbb{Z}$$

Observação

No primeiro caso, dizemos que x e α são **côngruos** e, no segundo, que são **suplementares**.

***Exemplo* 1**

Para resolver a equação $\text{sen } x = \frac{\sqrt{3}}{2}$, considerando $U = \mathbb{R}$, substituímos $\frac{\sqrt{3}}{2}$ por $\text{sen } \frac{\pi}{3}$ e chegamos à equação $\text{sen } x = \text{sen } \frac{\pi}{3}$.

Daí:

$$\begin{cases} x = \frac{\pi}{3} + k \cdot 2\pi;\ k \in \mathbb{Z} \\ \text{ou} \\ x = \left(\pi - \frac{\pi}{3}\right) + k \cdot 2\pi, \text{ isto é, } x = \frac{2\pi}{3} + k \cdot 2\pi;\ k \in \mathbb{Z} \end{cases}$$

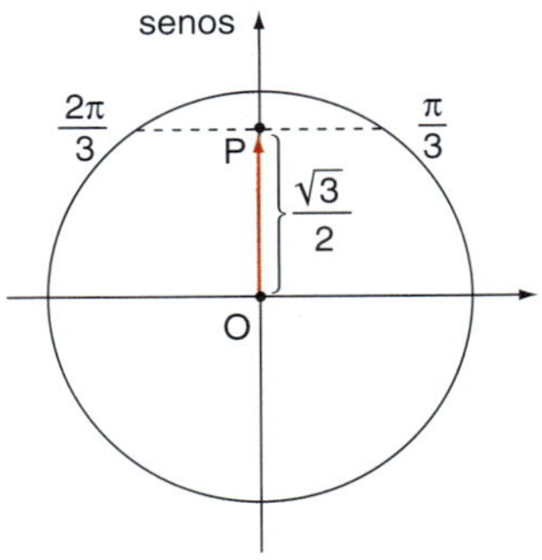

e temos:

$$S = \left\{x \in \mathbb{R} \mid x = \frac{\pi}{3} + k \cdot 2\pi \text{ ou } x = \frac{2\pi}{3} + k \cdot 2\pi;\ k \in \mathbb{Z}\right\}$$

EXERCÍCIO

1. Resolva as seguintes equações sendo $U = \mathbb{R}$:

a) $\text{sen } x = \text{sen } \frac{\pi}{5}$

b) $\text{sen } x = \frac{1}{2}$

c) $\text{sen } x = 1$

d) $\text{sen } x = 0$

e) $\text{sen } x = \frac{\sqrt{2}}{2}$

f) $\text{sen } x = -\frac{1}{2}$

g) $\text{sen } x = 0{,}34$ (Consulte a tabela trigonométrica na página 149.)

Observação

As equações apresentadas até aqui resumem-se ao caso em que $\text{sen } x = k$, sendo k uma constante real. Para resolver equações do tipo $\text{sen } \alpha = \text{sen } \beta$, em que $\alpha = f(x)$ e $\beta = g(x)$, podemos usar o mesmo raciocínio. Acompanhe o exemplo a seguir.

***Exemplo* 2**

Vamos resolver a equação $\text{sen } 2x = \text{sen } x$, considerando $U = \mathbb{R}$. Acompanhe.

Podemos ter:

$2x = x + k \cdot 2\pi$ ($2x$ e x são côngruos, isto é, têm a mesma imagem no ciclo) $\Rightarrow$

$x = k \cdot 2\pi;\ k \in \mathbb{Z}$

ou

$2x = (\pi - x) + k \cdot 2\pi$ ($2x$ e x têm imagens simétricas em relação ao eixo dos senos) $\Rightarrow$

$3x = \pi + k \cdot 2\pi$

$x = \frac{\pi}{3} + k \cdot \frac{2\pi}{3},\ k \in \mathbb{Z}$

Assim, o conjunto solução é:

$$S = \left\{x \in \mathbb{R} \mid x = k \cdot 2\pi \text{ ou } x = \frac{\pi}{3} + k \cdot \frac{2\pi}{3};\ k \in \mathbb{Z}\right\}$$

EXERCÍCIO

2. Resolva, em $\mathbb{R}$, as equações:

a) $\text{sen } 3x = \text{sen } x$

b) $\text{sen}\left(4x - \frac{\pi}{6}\right) = \text{sen } 2x$

Resolução da equação $\cos x = \cos \alpha$

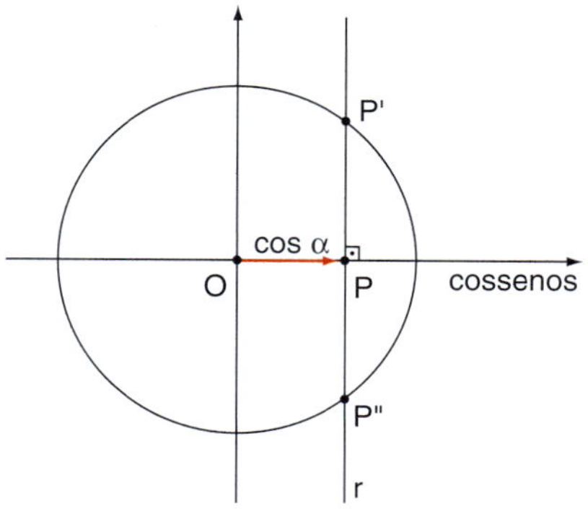

Marcamos no eixo dos cossenos o ponto P tal que OP = $\cos \alpha$. As imagens de x e α na circunferência trigonométrica devem estar sobre a reta r, perpendicular ao eixo dos cossenos, traçada pelo ponto P; isto é, estão em P′ ou em P″.

Temos duas possibilidades:

1ª) x e α têm a mesma imagem no ciclo, isto é:

$$x = \alpha + k \cdot 2\pi;\ k \in \mathbb{Z}$$

2ª) x e α têm imagens simétricas em relação ao eixo dos cossenos, isto é:

$$x = -\alpha + k \cdot 2\pi;\ k \in \mathbb{Z}$$

Observação

No primeiro caso, dizemos que x e α são côngruos e, no segundo, replementares.

Exemplo 3

Sendo U = $\mathbb{R}$, vamos resolver a equação $\cos x = \cos \frac{\pi}{3}$.

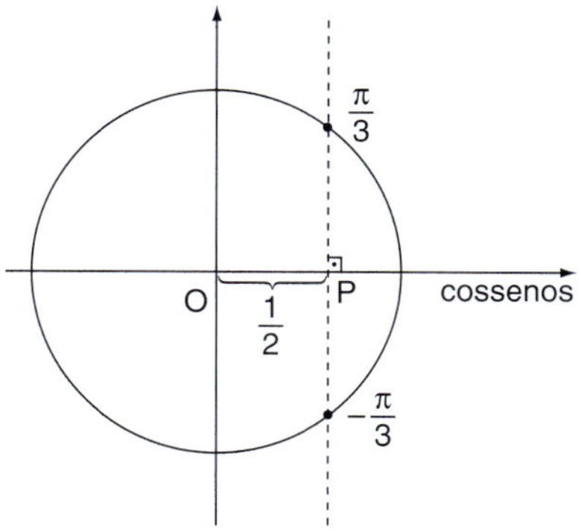

Temos:

$x = \frac{\pi}{3} + k \cdot 2\pi;\ k \in \mathbb{Z}$

ou

$x = -\frac{\pi}{3} + k \cdot 2\pi;\ k \in \mathbb{Z}$

Podemos escrever simplesmente:

$$S = \left\{x \in \mathbb{R} \mid x = \pm \frac{\pi}{3} + k \cdot 2\pi;\ k \in \mathbb{Z}\right\}$$

EXERCÍCIO RESOLVIDO

1. Resolver, em $\mathbb{R}$, a equação $\cos 3x = \cos 2x$.

Solução:

Equações do tipo $\cos \alpha = \cos \beta$, em que $\alpha = f(x)$ e $\beta = g(x)$, podem ser resolvidas tal como no caso anterior. Podemos ter:

$3x = 2x + k \cdot 2\pi$ (3x e 2x têm a mesma imagem no ciclo) $\Rightarrow$

$\Rightarrow x = k \cdot 2\pi; k \in \mathbb{Z}$

ou

$3x = -2x + k \cdot 2\pi$ (3x e 2x têm imagens simétricas em relação ao eixo horizontal) $\Rightarrow$

$\Rightarrow 5x = k \cdot 2\pi \Rightarrow$

$\Rightarrow x = \frac{2k\pi}{5}; k \in \mathbb{Z}$

Assim, o conjunto solução dessa equação é:

$$S = \left\{x \in \mathbb{R} \mid x = k \cdot 2\pi \text{ ou } x = \frac{2k\pi}{5};\ k \in \mathbb{Z}\right\}$$

EXERCÍCIO

3. Resolva em $\mathbb{R}$ as equações:

a) $\cos x = \cos \frac{\pi}{7}$

b) $\cos x = \frac{\sqrt{3}}{2}$

c) $\cos x = 0$

d) $\cos x = -1$

e) $\cos x = -\frac{\sqrt{2}}{2}$

f) $\cos x = -\frac{1}{2}$

g) $\cos 3x = \cos x$

h) $\cos 5x = \cos\left(x + \frac{\pi}{3}\right)$

Resolução da equação $\operatorname{tg} x = \operatorname{tg} \alpha$

Marcamos no eixo das tangentes o ponto P tal que $AP = \operatorname{tg} \alpha$.

As imagens de x e α na circunferência trigonométrica devem estar sobre a reta r, determinada pelos pontos O e P; isto é, estão em P′ ou em P″.

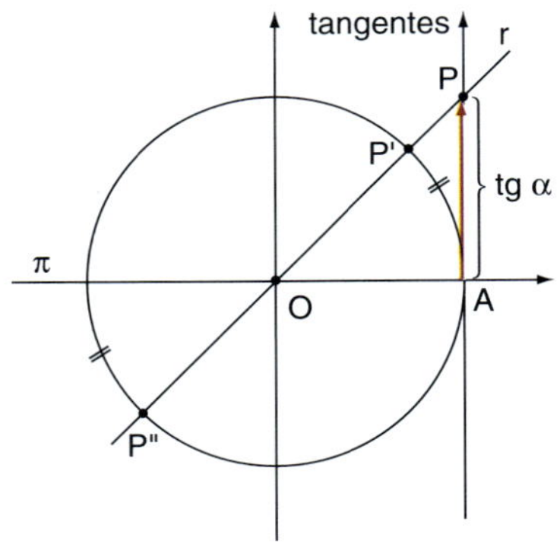

Temos duas possibilidades:

1ª) x e α têm a mesma imagem no ciclo, isto é:

$$x = \alpha + k \cdot 2\pi;\ k \in \mathbb{Z} \quad (1)$$

2ª) x e α têm imagens simétricas em relação ao centro O, isto é:

$$x = (\pi + \alpha) + k \cdot 2\pi;\ k \in \mathbb{Z} \quad (2)$$

Observação

No primeiro caso, dizemos que x e α são **côngruos** e, no segundo, **explementares**.

Vejamos agora outra maneira de expressar a relação entre x e α:
Fazendo k variar em $\mathbb{Z}$ em (1) e (2), obtemos:

$$\begin{array}{lll} \vdots & & \vdots \\ k = 0 \rightarrow x = \alpha & \text{ou} & x = \pi + \alpha \\ k = 1 \rightarrow x = \alpha + 2\pi & \text{ou} & x = \pi + \alpha + 2\pi = \alpha + 3\pi \\ k = 2 \rightarrow x = \alpha + 4\pi & \text{ou} & x = \pi + \alpha + 4\pi = \alpha + 5\pi \\ \vdots & & \vdots \end{array}$$

Em resumo, os números reais x que satisfazem a equação são:

$$\ldots, \alpha, \alpha + \pi, \alpha + 2\pi, \alpha + 3\pi, \ldots$$

Portanto, podemos dizer que, se $\text{tg } x = \text{tg } \alpha$, então:

$$x = \alpha + k \cdot \pi; k \in \mathbb{Z}$$

Exemplo 4

Vamos resolver, em $\mathbb{R}$, a equação $\text{tg } x = \frac{\sqrt{3}}{3}$.

Como $\text{tg } \frac{\pi}{6} = \frac{\sqrt{3}}{3}$, temos:

$$\text{tg } x = \text{tg } \frac{\pi}{6}$$

$$S = \left\{x \in \mathbb{R} \mid x = \frac{\pi}{6} + k \cdot \pi; k \in \mathbb{Z}\right\}$$

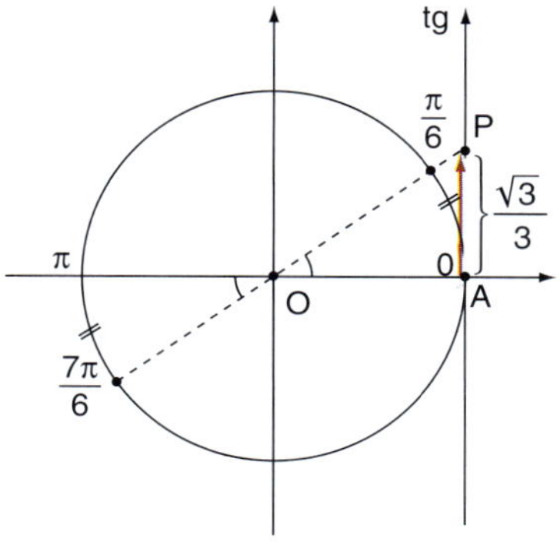

EXERCÍCIO

4. Resolva, em $\mathbb{R}$, as equações:

a) $\text{tg } x = \text{tg } \frac{2\pi}{5}$

b) $\text{tg } x = 1$

c) $\text{tg } x = \sqrt{3}$

d) $\text{tg } x = -\frac{\sqrt{3}}{3}$

e) $\text{tg } x = 0$

f) $\text{tg } x = -\sqrt{3}$

EQUAÇÕES REDUTÍVEIS ÀS FUNDAMENTAIS

Muitas equações trigonométricas podem ser reduzidas às equações fundamentais pelo uso de propriedades que envolvem as razões trigonométricas ou outros artifícios. Vamos apresentar a resolução de duas equações.

EXERCÍCIOS RESOLVIDOS

2. Resolver em $\mathbb{R}$ a equação $2 \text{ sen } x - \text{cossec } x = 1$.

Solução:

Lembrando que $\text{cossec } x = \frac{1}{\text{sen } x}$, $\text{sen } x \neq 0$, temos:

$$2 \text{ sen } x - \frac{1}{\text{sen } x} = 1 \Rightarrow 2 \text{ sen}^2 x - \text{sen } x - 1 = 0$$

(trata-se de uma equação de 2º grau na variável sen x). Daí:

$$\Delta = (-1)^2 - 4 \cdot 2 \cdot (-1) = 9$$

$$\text{sen } x = \frac{-(-1) \pm \sqrt{9}}{2 \cdot 2} = \frac{1 \pm 3}{4} = \begin{cases} \text{sen } x = 1 & (1) \\ \text{sen } x = -\frac{1}{2} & (2) \end{cases}$$

(1) e (2) são equações fundamentais:

De (1): $\text{sen } x = \text{sen } \frac{\pi}{2} \Rightarrow x = \frac{\pi}{2} + k \cdot 2\pi$

De (2): $x = \frac{7\pi}{6} + k \cdot 2\pi$ ou $x = -\frac{\pi}{6} + k \cdot 2\pi$

$$S = \left\{x \in \mathbb{R} \mid x = \frac{\pi}{2} + k \cdot 2\pi \text{ ou } x = \frac{7\pi}{6} + k \cdot 2\pi \text{ ou } x = -\frac{\pi}{6} + k \cdot 2\pi; k \in \mathbb{Z}\right\}$$

3. Quais são os números reais x, $0 \leq x \leq 2\pi$, tais que $\text{sen}^2 x = 1 + \cos x$?

Solução:

Usando a relação fundamental da Trigonometria ($\text{sen}^2 x + \cos^2 x = 1$), vem:

$1 - \cos^2 x = 1 + \cos x \Rightarrow \cos x + \cos^2 x = 0 \Rightarrow \cos x\,(1 + \cos x) = 0$

Daí, $\begin{cases} \cos x = 0 & (1) \\ \text{ou} \\ \cos x = -1 & (2) \end{cases}$

De (1), temos $x = \frac{\pi}{2}$ ou $x = \frac{3\pi}{2}$; note que o conjunto universo é $[0, 2\pi]$.

De (2), vem $x = \pi$. Daí:

$S = \left\{\frac{\pi}{2}, \frac{3\pi}{2}, \pi\right\}$

4. Resolver em $\mathbb{R}$ a equação $\text{sen } 3x + \text{sen } 5x = 0$.

Solução:

É preciso usar as fórmulas de transformação em produto estudadas no capítulo anterior:

$$\text{sen } 3x + \text{sen } 5x = 2 \cdot \text{sen}\left(\frac{3x + 5x}{2}\right) \cdot \cos\left(\frac{3x - 5x}{2}\right) = 2 \text{ sen } 4x \cos(-x)$$

Como $\forall x \in \mathbb{R}$, $\cos(-x) = \cos x$, segue a equação:

$$2 \text{ sen } 4x \cos x = 0 \Rightarrow \text{sen } 4x = 0 \quad \text{ou} \quad \cos x = 0$$

- 1º caso
  $\text{sen } 4x = 0 \Rightarrow 4x = k\pi \Rightarrow x = \frac{k\pi}{4}$
- 2º caso
  $\cos x = 0 \Rightarrow x = \frac{\pi}{2} + k\pi$

$S = \left\{x \in \mathbb{R} \mid x = \frac{k\pi}{4} \text{ ou } x = \frac{\pi}{2} + k\pi; k \in \mathbb{Z}\right\}$

EXERCÍCIOS

Resolva, em $\mathbb{R}$, as equações trigonométricas dos exercícios de 5 a 21 a seguir:

5. $\text{cossec } x = 2$

6. $\text{sen}^2 x = 1$

7. $2\cos^2 x - 3\cos x + 1 = 0$

8. $\text{cotg } x = 1$

9. $\text{tg}^2 x - \text{tg } x = 0$

10. $\sec^2 x = \frac{4}{3}$

11. $\text{sen}^2 x = \cos^2 x$

12. $\cos^2 x = 3$

13. $\text{tg } x + \text{cotg } x = 2$

14. $(1 - \cos x) \cdot (\sqrt{3}\,\text{tg } x - 1) = 0$

15. $\cos^2 x - 2 \text{ sen } x + 2 = 0$

16. $\text{tg } x = \sqrt{2} \text{ sen } x$

17. $1 + \sec^2 x + \text{tg}^2 x = 8$

18. $\text{cotg}^2 x = 1$

19. $2 - 2 \cos x = \text{sen } x \cdot \text{tg } x$

20. $\text{sen } 7x + \text{sen } 5x = 0$

21. $\cos 2x + \cos 6x = 0$

O enunciado a seguir refere-se às questões de 22 a 32. Encontre todos os valores reais de *x*, com $0 \leqslant x < 2\pi$, que verificam a equação:

22. $2 \cos^2 x - \text{sen } x = 1$

23. $\sec^2 x = 1 + \text{tg } x$

24. $\cos 2x + 3 \cos x + 2 = 0$

25. $3 \text{ tg}^2 x + 2\sqrt{3} \text{ tg } x = 3$

26. $4 \text{ sen } x + 3 \text{ cossec } x = 8$

27. $\left(4 - \dfrac{3}{\text{sen}^2 x}\right) \cdot \left(4 - \dfrac{1}{\cos^2 x}\right) = 0$

28. $\cos 2x = \text{sen } x$

29. $1 - \text{sen}^2 x = 1 + \text{sen}^2 x$

30. $5 \cdot (\text{tg}^2 x - 2) = 1 + \dfrac{1}{\cos^2 x}$

31. $\text{cossec}^2 x = 2 \text{ cotg } x$

32. $3 \text{ tg } x = 2 \cos x$

33. Resolva, em $\mathbb{R}$, as seguintes equações:

a) $\cos\left(x - \dfrac{\pi}{4}\right) = 1$

b) $\text{sen}\left(x - \dfrac{\pi}{3}\right) = \dfrac{\sqrt{3}}{2}$

c) $\text{sen } 2x = \text{sen}\left(x + \dfrac{\pi}{4}\right)$

d) $\cos 2x = \dfrac{1}{2}$

34. Resolva, em $\mathbb{R}$, a equação $\text{cotg } x - \text{sen } 2x = 0$.

35. (Vunesp-SP) A temperatura, em graus Celsius (°C), de uma câmara frigorífica, durante um dia completo, de 0 hora às 24 horas, é dada aproximadamente pela função $f(t) = \cos\left(\dfrac{\pi}{12} t\right) - \cos\left(\dfrac{\pi}{6} t\right)$, $0 \leqslant t \leqslant 24$, com *t* em horas. Determine:

a) a temperatura da câmara frigorífica às 2 horas e às 9 horas (use as aproximações $\sqrt{2} = 1,4$ e $\sqrt{3} = 1,7$);

b) em quais horários do dia a temperatura atingiu 0 °C.

RESOLUÇÃO DE EQUAÇÕES EM UM INTERVALO QUALQUER

Algumas vezes é preciso resolver equações trigonométricas em um conjunto universo diferente de $\mathbb{R}$ e do intervalo $[0, 2\pi]$.

Nesse caso, encontramos inicialmente a solução geral da equação, isto é, seu conjunto solução, considerando $\mathbb{R}$ como conjunto universo. Em seguida, atribuímos valores convenientes para *k* ($k \in \mathbb{Z}$) a fim de determinar as soluções que pertencem ao intervalo dado.

Observe os exercícios resolvidos a seguir.

EXERCÍCIOS RESOLVIDOS

5. Resolver a equação $\text{sen } 4x = 1$, sendo $U = [0, \pi]$.

Solução:

Solução geral: $\text{sen } 4x = 1 \Rightarrow 4x = \dfrac{\pi}{2} + k \cdot 2\pi \Rightarrow x = \dfrac{\pi}{8} + \dfrac{k\pi}{2}; k \in \mathbb{Z}$

Atribuímos valores inteiros para *k*:

- $k = 0 \Rightarrow x = \frac{\pi}{8}$; convém, pois $\frac{\pi}{8} \in [0, \pi]$
- $k = 1 \Rightarrow x = \frac{\pi}{8} + \frac{\pi}{2} = \frac{5\pi}{8}$; convém, pois $\frac{5\pi}{8} \in [0, \pi]$
- $k = 2 \Rightarrow x = \frac{\pi}{8} + \pi = \frac{9\pi}{8}$; não convém, pois $\frac{9\pi}{8} > \pi$

$S = \left\{\frac{\pi}{8}, \frac{5\pi}{8}\right\}$

6. Resolver a equação $\cos^3 x - \cos x = 0$ em $\left[-\frac{\pi}{2}, \frac{\pi}{2}\right]$.

Solução:

$\cos^3 x - \cos x = 0 \Rightarrow \cos x \cdot (\cos^2 x - 1) = 0 \Rightarrow \cos x = 0$ ou $\cos x = \pm 1$

Assim, a solução geral dessa equação é: $S = \left\{x \in \mathbb{R} \mid x = \frac{\pi}{2} + k\pi \text{ (1) ou } x = k\pi \text{ (2)}; k \in \mathbb{Z}\right\}$

- $k = -2 \Rightarrow$ (1) $x = \frac{\pi}{2} - 2\pi = -\frac{3\pi}{2}$ (não convém)
  ou (2) $x = -2\pi$ (não convém)
- $k = -1 \Rightarrow$ (1) $x = \frac{\pi}{2} - \pi = -\frac{\pi}{2}$ (convém)
  ou (2) $x = -\pi$ (não convém)
- $k = 0 \Rightarrow$ (1) $x = \frac{\pi}{2}$ (convém)
  ou (2) $x = 0$ (convém)
- $k = 1 \Rightarrow$ (1) $x = \frac{\pi}{2} + \pi = \frac{3\pi}{2}$ (não convém)
  ou (2) $x = \pi$ (não convém)

$S = \left\{-\frac{\pi}{2}, 0, \frac{\pi}{2}\right\}$

EXERCÍCIOS

O enunciado a seguir refere-se aos exercícios de 36 a 44. Resolva a equação, considerando U o conjunto universo:

36. $\cos 3x = 0$; $U = [0, \pi]$

37. $\text{sen } 3x = \frac{1}{2}$; $U =]0, 2\pi[$

38. $\cos 4x = -1$; $U = [-2\pi, 0]$

39. $\text{tg } 2x = \sqrt{3}$; $U =]-\pi, \pi[$

40. $\text{sen } x + \text{sen } 2x = 0$; $U = \left[-\frac{\pi}{2}, \frac{\pi}{2}\right]$

41. $\text{sen } 3x = \text{sen } 2x$; $U = [0, \pi]$

42. $\cos 2x + \cos 6x = 0$; $U = \left[0, \frac{\pi}{2}\right]$

43. $\text{sen } 4x - \cos x = 0$; $U = [0, \pi]$

44. $\text{sen } x + \cos x = 1$; $U = [-2\pi, 2\pi]$

INEQUAÇÕES FUNDAMENTAIS

Considere *f* e *g* duas funções trigonométricas de variável real *x*.

Resolver a inequação $f(x) < g(x)$ significa obter o seu conjunto solução, ou seja, o conjunto dos números reais *r* para os quais $f(r) < g(r)$ é uma sentença verdadeira.

Faremos, basicamente, o estudo das inequações fundamentais:

(I) a) sen x < m; b) sen x > m

(II) a) cos x < m; b) cos x > m

(III) a) tg x < m; b) tg x > m

em que *m* é um número real dado.

(I) a) sen x < m

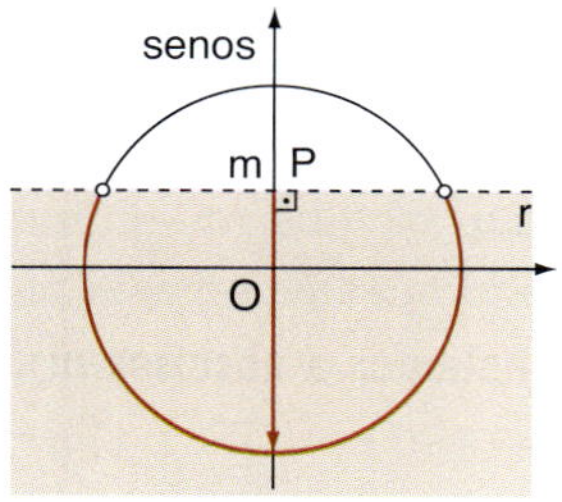

Figura a

b) sen x > m

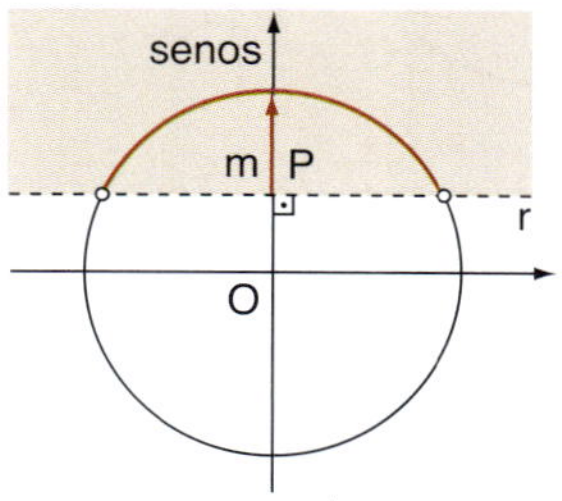

Figura b

Marcamos sobre o eixo dos senos o ponto P tal que OP = m (assinalamos a ordenada *m*). Traçamos, por P, a reta *r* perpendicular a esse eixo.

- Em (a), as imagens dos números reais *x* tais que sen x < m (figura a) estão na interseção da circunferência trigonométrica com o semiplano situado abaixo de *r*.
- Em (b), as imagens dos números reais *x* tais que sen x > m (figura b) estão na interseção da circunferência trigonométrica com o semiplano situado acima de *r*.

Exemplo 5

Vamos resolver a inequação sen x > $\frac{1}{2}$, considerando U = ℝ.

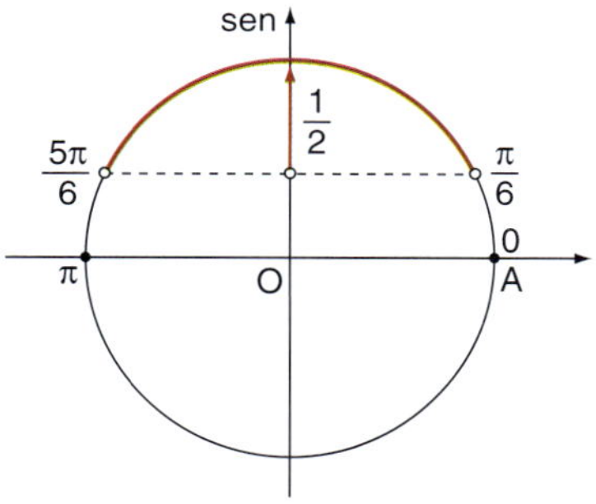

Em [0, 2π], a solução seria $\frac{\pi}{6} < x < \frac{5\pi}{6}$, pois, partindo de A, percorremos o ciclo no sentido anti-horário (positivo) para encontrar o intervalo dos números reais *x* assinalados.

Assim, em ℝ, o conjunto solução é:

$$S = \left\{x \in \mathbb{R} \mid \frac{\pi}{6} + k \cdot 2\pi < x < \frac{5\pi}{6} + k \cdot 2\pi;\ k \in \mathbb{Z}\right\}$$

Exemplo 6

Vejamos agora a resolução da inequação sen x ≤ $\frac{\sqrt{2}}{2}$, considerando U = [0, 2π].

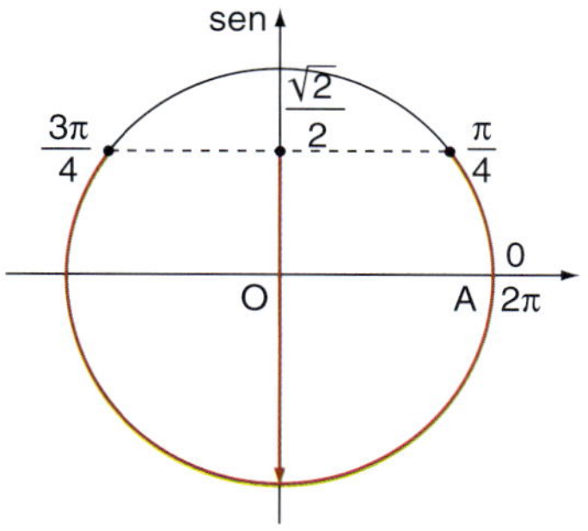

Partindo de A e percorrendo o ciclo no sentido anti-horário, encontramos dois intervalos, "entre 0 e $\frac{\pi}{4}$" ou "entre $\frac{3\pi}{4}$ e 2π":

$$S = \left\{x \in \mathbb{R} \mid 0 \leqslant x \leqslant \frac{\pi}{4} \text{ ou } \frac{3\pi}{4} \leqslant x \leqslant 2\pi\right\}$$

(II) a) $\cos x < m$

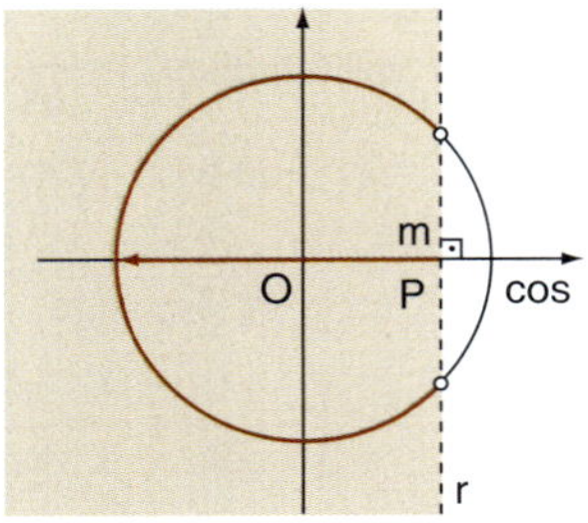

Figura a

b) $\cos x > m$

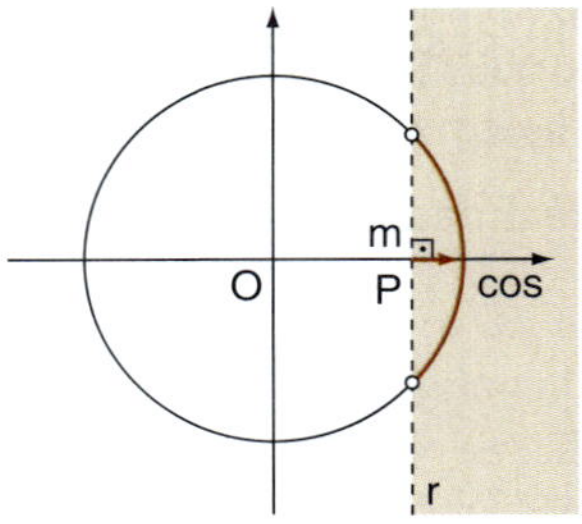

Figura b

Marcamos sobre o eixo dos cossenos o ponto P tal que $OP = m$ (assinalamos a abscissa *m*). Traçamos por P a reta *r*, perpendicular a esse eixo.

Assim:

- Em (a), as imagens dos números reais *x* tais que $\cos x < m$ (figura a) pertencem à interseção da circunferência trigonométrica com o semiplano situado à esquerda de *r*.
- Em (b), as imagens dos números reais *x* tais que $\cos x > m$ (figura b) pertencem à interseção da circunferência trigonométrica com o semiplano situado à direita de *r*.

Exemplo 7

Vamos resolver, em $\mathbb{R}$, a inequação $\cos x < -\frac{1}{2}$.

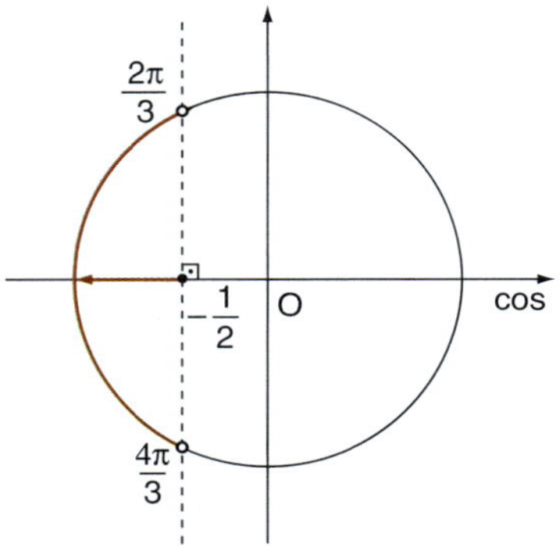

Lembremos que $\cos\frac{\pi}{3} = \frac{1}{2}$ e $\cos\frac{2\pi}{3} = \cos\frac{4\pi}{3} = -\frac{1}{2}$. Temos:

$$S = \left\{x \in \mathbb{R} \mid \frac{2\pi}{3} + k \cdot 2\pi < x < \frac{4\pi}{3} + k \cdot 2\pi;\ k \in \mathbb{Z}\right\}$$

Se tivéssemos a desigualdade $\cos x \geqslant -\frac{1}{2}$, para $0 \leqslant x \leqslant 2\pi$, teríamos como solução:

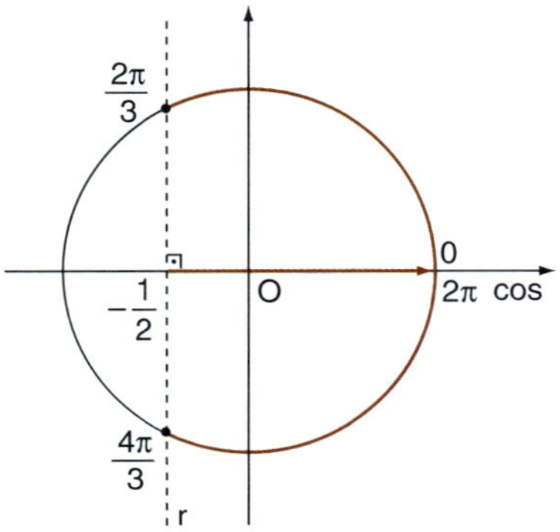

$$S = \left\{x \in \mathbb{R} \mid 0 \leqslant x \leqslant \frac{2\pi}{3} \text{ ou } \frac{4\pi}{3} \leqslant x \leqslant 2\pi\right\}$$

(III) a) tg x < m

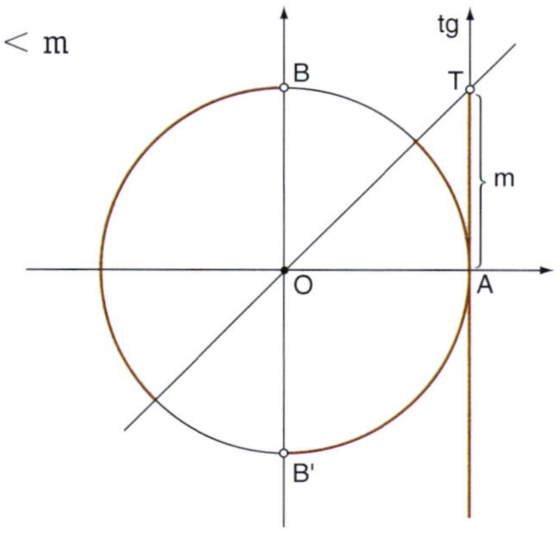

Figura a

b) tg x > m

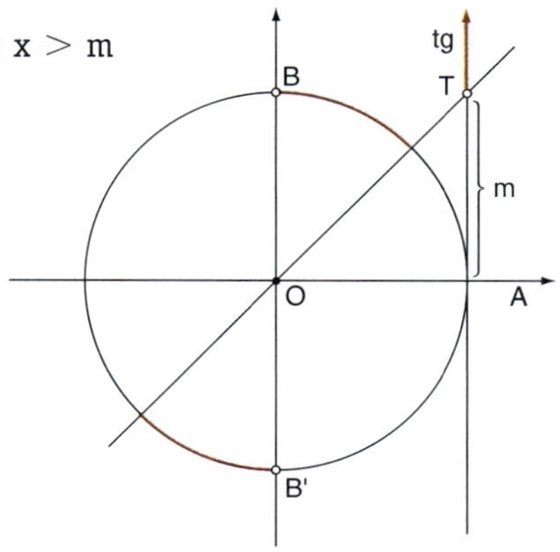

Figura b

Marcamos sobre o eixo das tangentes o ponto T tal que AT = m. Traçamos a reta $\overleftrightarrow{OT}$.

- Em (a), as imagens dos números reais *x* tais que tg x < m são os pontos P da circunferência trigonométrica para os quais a reta $\overleftrightarrow{OP}$ intercepta o eixo das tangentes abaixo de T (figura a).
- Em (b), as imagens dos números reais *x* tais que tg x > m são os pontos P da circunferência trigonométrica para os quais a reta $\overleftrightarrow{OP}$ intercepta o eixo das tangentes acima de T (figura b).

Acompanhe os exemplos a seguir.

Exemplo 8

Vamos resolver a inequação $\text{tg } x < \sqrt{3}$, considerando inicialmente $U = [0, 2\pi]$ e, em seguida, $U = \mathbb{R}$.

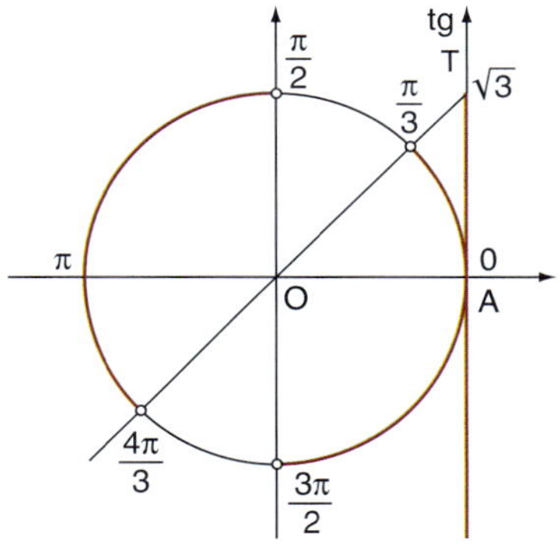

Lembremos inicialmente que: $\text{tg } \frac{\pi}{3} = \sqrt{3}$

- Para $U = [0, 2\pi]$

$$S = \left\{x \in \mathbb{R} \mid 0 \leqslant x < \frac{\pi}{3} \text{ ou } \frac{\pi}{2} < x < \frac{4\pi}{3}; \text{ ou } \frac{3\pi}{2} < x \leqslant 2\pi\right\}$$

- Para $U = \mathbb{R}$

$$S = \left\{x \in \mathbb{R} \mid k \cdot 2\pi \leqslant x < \frac{\pi}{3} + k \cdot 2\pi; \text{ ou } \frac{\pi}{2} + k \cdot 2\pi < x < \frac{4\pi}{3} + k \cdot 2\pi; \text{ ou } \frac{3\pi}{2} + k \cdot 2\pi < x < 2\pi + k \cdot 2\pi; k \in \mathbb{Z}\right\}$$

Exemplo 9

Considerando $U = [0, 2\pi]$, vamos resolver a inequação $\text{tg } x \geqslant -1$.

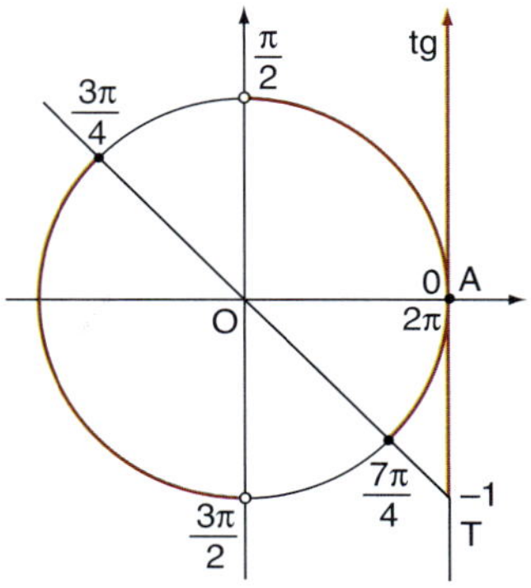

Lembrando que $\text{tg } \frac{\pi}{4} = 1$, temos que:

$\text{tg } \frac{3\pi}{4} = \text{tg } \frac{7\pi}{4} = -1$:

$$S = \left\{x \in \mathbb{R} \mid 0 \leqslant x < \frac{\pi}{2} \text{ ou } \frac{3\pi}{4} \leqslant x < \frac{3\pi}{2}; \text{ ou } \frac{7\pi}{4} \leqslant x \leqslant 2\pi\right\}$$

EXERCÍCIOS

45. Resolva as inequações seguintes, considerando $U = [0, 2\pi]$.

a) $\text{sen } x > \frac{\sqrt{2}}{2}$

b) $\text{sen } x \leq \frac{\sqrt{3}}{2}$

c) $\cos x \geq \frac{\sqrt{3}}{2}$

d) $\cos x < 0$

46. Escreva o conjunto solução de cada uma das inequações a seguir, considerando $U = [0, 2\pi]$.

a) $\text{tg } x \geq 1$

b) $\text{tg } x < 0$

c) $\text{tg } x \leq -\frac{\sqrt{3}}{3}$

47. Resolva em $\mathbb{R}$:

a) $\text{sen } x > -\frac{\sqrt{3}}{2}$

b) $\text{sen } x \leq 0$

c) $\cos x > -\frac{\sqrt{2}}{2}$

d) $\cos x < \frac{1}{2}$

48. Resolva, em $\mathbb{R}$, as inequações:

a) $\text{tg } x \geq 0$

b) $\text{tg } x \leq -\sqrt{3}$

49. Determine os números reais *x* pertencentes ao intervalo $[0, 2\pi]$ que satisfazem as desigualdades:

a) $0 \leq \text{sen } x < \frac{\sqrt{3}}{2}$

b) $-\frac{\sqrt{3}}{2} \leq \cos x \leq \frac{1}{2}$

c) $0 < \text{tg } x < \sqrt{3}$

DESAFIO

(Obmep) João e Maria têm um jarro grande cada um, com 1 litro de água em cada jarro. No primeiro dia, João coloca 1 mℓ de água do seu jarro no jarro de Maria. No segundo dia, Maria coloca 2 mℓ de água do seu jarro no jarro de João. No terceiro dia, João coloca 3 mℓ de água do seu jarro no jarro de Maria, e assim por diante. Depois de 200 dias, quantos mililitros de água há no jarro de Maria?

EXERCÍCIOS COMPLEMENTARES

Enunciado para os exercícios 1 a 6.
Resolva as equações seguintes, considerando $U = \mathbb{R}$.

1. $|\text{sen } 2x| = 1$

2. $|\cos 4x| = 1$

3. $1 + 3\,\text{tg}^2 x = 5 \sec x$

4. $\text{sen}\left(x + \frac{\pi}{4}\right) - \text{sen}\left(x - \frac{\pi}{4}\right) = \sqrt{2}$

5. $\text{sen } x \cdot \cos x = \frac{1}{4}$

6. $\text{sen}^4 x + \cos^4 x = 1$

Enunciado para os exercícios 7 a 9.
Resolva as inequações seguintes, considerando $U = [0, 2\pi[$.

7. $2\cos^2 x + \cos x \leq 0$

8. $\cos^2 x \leq \frac{1}{4}$

9. $\text{sen}^2 x - \text{sen } x \geq 0$

10. A população de uma certa espécie animal, em uma região da Amazônia, é estimada pela lei $P = 300 + 50 \text{ sen}\left(\frac{\pi}{18} t\right)$, sendo *t* o tempo (em meses), contado a partir de hoje ($t = 0$).

a) De quanto em quanto tempo a população dessa espécie repete valores?

b) No período de 7 anos, contados a partir de hoje, quantas vezes a população dessa espécie atingirá a marca de 325 animais? Quais serão esses meses?

11. Qual é o número de soluções da equação $\text{tg}^2 x = 5\,\text{tg } x - 6$, no intervalo $[0, 2\pi]$?

12. Resolva em $\mathbb{R}$:

a) $\text{tg}^2 x + \text{tg } x > 0$

b) $\cos 2x + \cos x + 1 \leq 0$

13. Estabeleça, em cada caso, o domínio de uma função *f* definida por:

a) $f(x) = \sqrt{-2\cos x}$

b) $f(x) = \frac{1}{\text{sen } x + 1}$

c) $f(x) = \sqrt{2\,\text{sen}^2 x - \text{sen } x - 1}$

14. Resolva em $[0, 2\pi]$:

a) $|\cos x| \leq \frac{1}{2}$

b) $|\text{sen } x| < 1$

c) $|\text{tg } x| \geq \frac{\sqrt{3}}{3}$

d) $|\text{sen } x| \geq \frac{\sqrt{3}}{2}$

15. (UF-PR) Considere o hexágono indicado na figura abaixo.

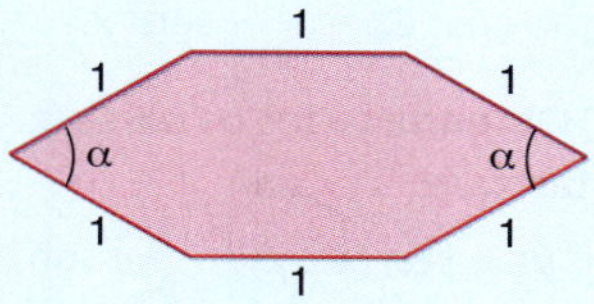

a) Qual é a área do hexágono, quando $\alpha = 60°$?

b) Sabendo que a expressão que fornece a área em função do ângulo é $A(\alpha) = 2\,\text{sen}\left(\frac{\alpha}{2}\right) + \text{sen}\,\alpha$, e que o ângulo α que fornece a área máxima é uma solução da equação trigonométrica $\cos\left(\frac{\alpha}{2}\right) + \cos(\alpha) = 0$, resolva a equação e calcule a área máxima do hexágono.

16. (UF-SE) Para analisar a veracidade das afirmações abaixo, considere a expressão $A = \frac{\text{sen}\,x}{1 + \text{sen}\,x} + \frac{\text{sen}\,x}{1 - \text{sen}\,x}$, em que $x \neq \frac{\pi}{2} + k\pi, k \in \mathbb{Z}$, e a função *f*, de $\mathbb{R}$ em $\mathbb{R}$, definida por $f(x) = 1 - \text{sen}^2\,x$.

(0-0) $A = 2 \cdot \text{tg}\,x \cdot \sec x$.

(1-1) Se $x = \frac{\pi}{3}$, então $A = 4\sqrt{3}$.

(2-2) $S = \{x \in \mathbb{R} \mid x = k\frac{\pi}{2}, k \in \mathbb{Z}\}$ é o conjunto solução de $A = 0$.

(3-3) A função *f* admite uma única raiz no intervalo $[0, 2\pi]$, que é $x = \frac{\pi}{2}$.

(4-4) O conjunto imagem de *f* é $[0,1]$.

17. (U.E. Ponta Grossa-PR) Assinale o que for correto.

(01) $\cos 247° = \text{sen}\,337°$

(02) A igualdade abaixo é uma identidade trigonométrica: $\frac{\text{sen}\,a \cdot \text{tg}\,a \cdot \text{cossec}\,a}{\cos a \cdot \text{cotg}\,a \cdot \sec a} = \text{tg}^2 a$

(04) Se $\cos x > \frac{1}{2}$, então $\sec x < 2$

(08) Se $x \in \left[\frac{3\pi}{2}, 2\pi\right]$, então $\cos x - \text{sen}\,x > 0$

(16) $\text{sen}\left(2x + \frac{\pi}{2}\right) = \cos 2x$

18. (PUC-RJ) Encontre todas as soluções da equação $\cos(2x) = \frac{1}{2}$, no intervalo $[0, 2\pi]$.

19. (U.E. Maringá-PR) Com relação aos conceitos e às propriedades de funções e equações trigonométricas, assinale o que for correto. (Indique a soma).

(01) A equação $\text{tg}(x) = \text{sen}(x)$ não tem soluções.

(02) Se *f* é definida por $f(x) = \text{sen}(x) \cdot \cos(x)$, então a equação $f(x) = 0$ tem como conjunto solução $\left\{x \in \mathbb{R} \mid x = k \cdot \frac{\pi}{2}, k \in \mathbb{Z}\right\}$.

(04) A função $f(x) = \cos(x)$ é crescente no intervalo $\left[0, \frac{\pi}{2}\right]$.

(08) O gráfico da função *f*, definida por $f(x) = \text{sen}(x) - \frac{1}{2}\text{sen}(2x)\cos(x)$, coincide com o gráfico da função *g*, definida por $g(x) = \text{sen}^3(x)$.

(16) Para qualquer $a \in \mathbb{R}$, existe $x \in \mathbb{R}$, tal que $\text{tg}(x) > a$.

20. (Unesp-SP) Dada a expressão trigonométrica $\cos(5x) - \cos\left(x + \frac{\pi}{2}\right) = 0$, resolva-a em $\mathbb{R}$ para $x \in \left[0, \frac{\pi}{2}\right]$.

21. (UF-SC) Assinale a(s) proposição(ões) correta(s). (Indique a soma).

(01) A equação $\text{sen}\,2x + \cos x = 0$ admite 4 soluções no intervalo $[0, 3\pi]$.

(02) Um antigo mapa escondido embaixo de uma rocha continha as seguintes instruções para se encontrar uma panela de moedas de ouro enterrada pelos tropeiros naquela região: a partir da rocha ande 4 km, em linha reta, no sentido leste-oeste. Depois disso, gire 60° para norte e caminhe, em linha reta, 3 km. A menor distância entre o local onde está enterrada a panela de moedas de ouro e a rocha onde estava escondido o mapa é de aproximadamente 6 km.

(04) O valor numérico de *y* na expressão $y = \frac{\text{tg}\,240° + \cos 330°}{\text{sen}\,870° - \sec 11\pi}$ é $\sqrt{3}$.

(08) Se $\sec x = -\sqrt{5}$ e $x \in \left(\pi, \frac{3\pi}{2}\right)$ então $\text{tg}\,x + \text{cotg}\,x$ é igual a $\frac{3}{2}$.

(16) A figura a seguir mostra parte do gráfico de uma função periódica *f*, de $\mathbb{R}$ em $\mathbb{R}$, de período 2.

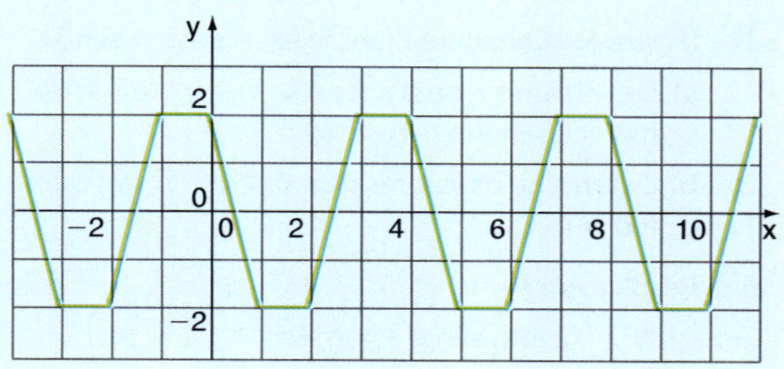

22. (UE-RJ) O preço dos produtos agrícolas oscila de acordo com a safra de cada um: mais baixo no período da colheita, mais alto na entressafra. Suponha que o preço aproximado P, em reais, do quilograma de tomates seja dado pela função $P(t) = 0,8 \cdot \text{sen}\left[\left(\frac{2\pi}{360}\right)(t - 101)\right] + 2,7$, na qual *t* é o número de dias contados de 1º de janeiro até 31 de dezembro de um determinado ano. Para esse período de tempo, calcule:

a) o maior e o menor preço do quilograma de tomates;

b) os valores *t* para os quais o preço P seja igual a R$ 3,10.

23. Resolva em $[0, \pi]$ a equação:

$$2 \text{ sen } x \cdot |\text{sen } x| + 3 \text{ sen } x = 2$$

24. Resolva, em $\mathbb{R}$, a equação:

$$\text{sen } x + \frac{\text{sen } x}{2} + \frac{\text{sen } x}{4} + \frac{\text{sen } x}{8} + \ldots = \sqrt{3}$$

25. (UF-GO) A figura representa uma quadra retangular inscrita num terreno semicircular cujo raio mede 10 m.

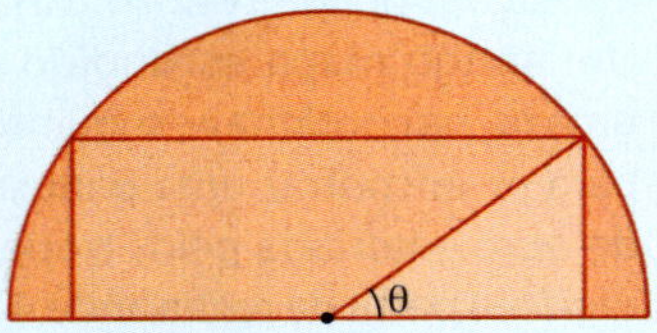

Nessas condições:

a) expresse a área da quadra em função do ângulo θ;

b) determine as dimensões da quadra que possui área máxima.

26. Resolva em $\mathbb{R}$ a equação:

$$3 \text{ sen}^2\left(\frac{x}{2}\right) + \cos x = 1$$

27. (Vunesp-SP) Dada a equação $\cos(4x) = \frac{-1}{2}$,

a) verifique se o ângulo *x* pertencente ao 1º quadrante, tal que $\text{sen}(x) = \frac{\sqrt{3}}{2}$, satisfaz a equação acima.

b) encontre as soluções da equação dada, em toda a reta.

28. (Fuvest-SP) Considere a função $f(x) = \text{sen } x + \text{sen } 5x$.

a) Determine constantes *k*, *m* e *n* tais que $f(x) = k \text{ sen}(mx) \cdot \cos(nx)$.

b) Determine os valores de *x*, $0 \leq x \leq \pi$, tais que $f(x) = 0$.

29. Resolva em $\mathbb{R}$:

$$2 \log_4 \text{sen } x + \log_4 8 = 1$$

30. (Fuvest-SP) Determine todos os valores de *x* pertencentes ao intervalo $[0, 2\pi]$ que satisfazem a equação $\cos^2 2x = \frac{1}{2} - \text{sen}^2 x$.

31. (ITA-SP) Obtenha todos os pares (x, y), com $x, y \in [0, 2\pi]$, tais que:

$$\text{sen}(x + y) + \text{sen}(x - y) = \frac{1}{2} \text{ e } \text{sen } x + \cos y = 1$$

32. Qual é o valor da soma das raízes da equação $\text{sen } \pi x + \cos \pi x = 0$, no intervalo $[0, 3]$?

33. Resolva o sistema

$$\begin{cases} \text{sen}(x + y) + \text{sen}(x - y) = 2 \\ \text{sen } x + \cos y = 2 \end{cases}, \text{ considerando } U = \mathbb{R}.$$

34. (UF-PE) Quantas soluções a equação trigonométrica $\text{sen } x = \sqrt{1 - \cos x}$ admite, no intervalo $[0, 80\pi]$?

35. (UF-BA) Sendo *x* a medida de um arco, em radianos, determine as soluções da equação $4 \cos^2\left(\frac{\pi}{4}\right) \cos x \cdot \text{sen}\left(\frac{\pi}{2} - x\right) - \cos(x + 7\pi) + \text{sen}\left(\frac{11\pi}{2}\right) = 0$ que pertencem ao intervalo $[-6, 8]$.

36. (UF-PE) Quantas soluções a equação trigonométrica $\text{sen}^2 x + \cos x = \frac{5}{4}$ admite no intervalo $[0, 60\pi]$?

Parte do gráfico da função $\text{sen}^2 x + \cos x$ está esboçada abaixo.

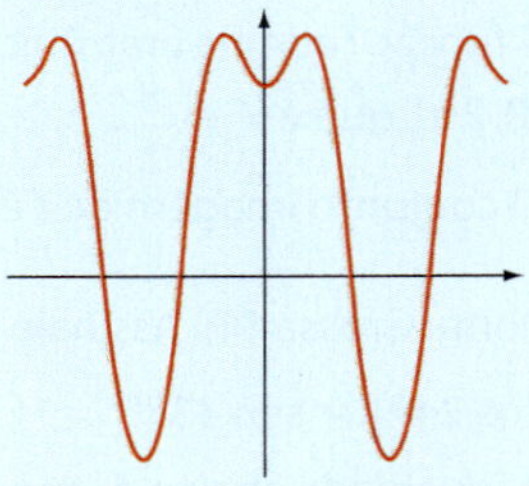

37. (Unifesp-SP) A função

$$D(t) = 12 + (1,6) \cdot \cos\left(\frac{\pi}{180}(t + 10)\right)$$

fornece uma aproximação da duração do dia (diferença em horas entre o horário do pôr do sol e o horário do nascer do sol) numa cidade do Sul do país, no dia *t* de 2010. A variável inteira *t*, que representa o dia, varia de 1 a 365, sendo $t = 1$ correspondente ao dia 1º de janeiro e $t = 365$ correspondente ao dia 31 de dezembro. O argumento da função cosseno é medido em radianos. Com base nessa função, determine

a) a duração do dia 19.02.2010, expressando o resultado em horas e minutos.

b) em quantos dias no ano de 2010 a duração do dia naquela cidade foi menor ou igual a doze horas.

TESTES

1. (UE-CE) O valor de x mais próximo de 0, para o qual $\cos\left(x + \frac{5\pi}{2}\right) = 1$, é:

a) $-\frac{\pi}{2}$
b) $\frac{3\pi}{2}$
c) π
d) $\frac{\pi}{2}$
e) 0

2. (FEI-SP) Sabendo que $0 \leqslant x \leqslant \pi$ e que $(\text{sen } x + \cos x)^2 + \cos x = \text{sen } 2x$, pode-se afirmar que x é igual a:

a) $\frac{\pi}{2}$
b) $\frac{\pi}{3}$
c) $\frac{\pi}{4}$
d) $\frac{2\pi}{3}$
e) π

3. (UF-RS) O número de soluções da equação $2 \cos x = \text{sen } x$ que pertencem ao intervalo $\left[-\frac{16\pi}{3}, \frac{16\pi}{3}\right]$ é:

a) 8 b) 9 c) 10 d) 11 e) 12

4. (UF-AL) Quantas soluções a equação trigonométrica $\text{sen}^4 x - \cos^4 x = \frac{1}{2}$ admite no intervalo fechado com extremos 0 e 35 π?

a) 66 b) 68 c) 70 d) 72 e) 74

5. (UE-CE) Uma partícula inicia um movimento oscilatório harmônico ao longo de um eixo ordenado, de amplitude igual a 5 unidades e centrado na origem, de modo que a sua posição pode ser descrita, em função do tempo em segundos, pela função $f(t) = 5 \cos(t)$.
Ao mesmo tempo, uma outra partícula inicia um movimento também harmônico, centrado em 3, de amplitude igual a 1 e com o dobro da frequência da primeira partícula, de modo que sua posição é descrita pela função $g(t) = \cos(2t) + 3$.

Acerca da posição relativa das duas partículas, é correto afirmar que:

a) elas se chocarão no instante $t = \frac{\pi}{3}$ s.
b) elas se chocarão no instante $t = \frac{\pi}{4}$ s.
c) elas se chocarão no instante $t = \frac{\pi}{6}$ s.
d) elas se chocarão no instante $t = 3$ s.
e) elas não se chocarão.

6. (FEI-SP) A soma das raízes da equação $1 - \text{sen}^2 x + \cos(-x) = 0$, para $0 \leqslant x \leqslant 2\pi$, é igual a:

a) $\frac{3\pi}{2}$ b) $\frac{5\pi}{2}$ c) 3π d) 5π e) $\frac{7\pi}{2}$

7. (FGV-SP) A soma das raízes da equação $\text{sen}^2 x = \text{sen}(-x)$ no intervalo $[0, 2\pi]$, é:

a) $\frac{7\pi}{2}$
b) $\frac{9\pi}{2}$
c) $\frac{5\pi}{2}$
d) 3π
e) $\frac{3\pi}{2}$

8. (PUC-MG) Considere a equação $\text{sen}^2(x) + 3\cos^2(x) = 2$. O número exato de soluções dessa equação, sendo $\pi \leqslant x \leqslant 4\pi$, é:

a) 3 b) 4 c) 6 d) 5 e) 8

9. (FGV-SP) Em certa cidade litorânea, verificou-se que a altura da água do mar em um certo ponto era dada por $f(x) = 4 + 3\cos\left(\frac{\pi x}{6}\right)$ em que x representa o número de horas decorridas a partir de zero hora de determinado dia, e a altura $f(x)$ é medida em metros. Em que instantes, entre 0 e 12 horas, a maré atingiu a altura de 2,5 m naquele dia?

a) 5 e 9 horas
b) 7 e 12 horas
c) 4 e 8 horas
d) 3 e 7 horas
e) 6 e 10 horas

10. (Cefet-MG) O conjunto formado pelas raízes da função $f(x) = \cos\left(\frac{2x}{3}\right) \cdot \cos\left(\frac{3x}{2}\right)$ que estão contidas no intervalo $[0, \pi]$ é:

a) $\left\{\frac{\pi}{3}, \pi\right\}$
b) $\left\{\frac{3\pi}{4}, \pi\right\}$
c) $\left\{\frac{3\pi}{4}, \frac{4\pi}{3}\right\}$
d) $\left\{\frac{\pi}{3}, \frac{3\pi}{4}, \pi\right\}$

11. (U. F. Santa Maria-RS) Em determinada cidade, a concentração diária, em gramas, de partículas de fósforo na atmosfera é medida pela função $C(t) = 3 + 2\,\text{sen}\left(\frac{\pi t}{6}\right)$, em que t é a quantidade de horas para fazer essa medição.
O tempo mínimo necessário para fazer uma medição que registrou 4 gramas de fósforo é de:

a) $\frac{1}{2}$ hora
b) 1 hora
c) 2 horas
d) 3 horas
e) 4 horas

12. (UF-PA) O pêndulo simples é formado por uma partícula de massa m fixada na extremidade inferior de uma haste retilínea, de comprimento ℓ (de massa desprezível se comparada com a massa da partícula), cuja extremidade superior está fixada. Suponhamos que o movimento do pêndulo se processe em um plano vertical e designemos por θ o ângulo que a haste faz com a reta vertical $\overleftrightarrow{OY}$ (veja a figura a seguir). Observemos que $\theta = \theta(t)$, isto é, θ é função do tempo $t \geq 0$. O movimento do pêndulo, para pequenas oscilações, é regido pela equação:

$$\theta(t) = A\cos\left(\sqrt{\frac{g}{\ell}}\, t\right), t \geq 0,$$

em que A é uma constante positiva, g é a aceleração da gravidade e ℓ é o comprimento da haste. Os valores de $t \geq 0$, referentes à passagem do pêndulo pela posição vertical OY, isto é, ao momento em que $\theta(t) = 0$, são dados por:

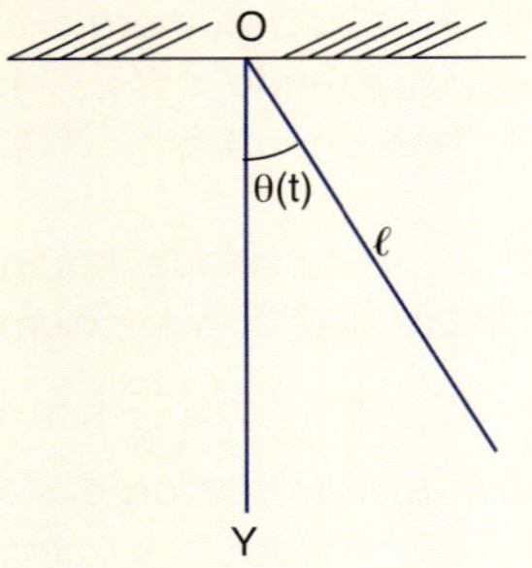

a) $t = (2k + 1)\frac{\pi}{2} \cdot \sqrt{\frac{\ell}{g}}, k = 1, 2, ...$

b) $t = 1, 2, 3, ...$

c) $t = 0$ ou $t = \sqrt{\frac{\ell}{g}}$

d) $t = 1, \frac{1}{2}, \frac{1}{3}, ...$

e) $t = \sqrt{1}, \sqrt{2}, \sqrt{3}, ...$

13. (FGV-SP) Uma empresa exporta certo produto. Estima-se que a quantidade exportada Q, expressa em toneladas, para cada mês do ano 2011, seja dada pela função $Q = 40 + 4\,\text{sen}\left(\frac{\pi x}{6}\right)$, em que $x = 1$ representa janeiro de 2011, $x = 2$ representa fevereiro de 2011 e assim por diante. Em que meses a exportação será de 38 toneladas? (Utilize os valores: $\sqrt{3} = 1,7$ e $\sqrt{2} = 1,4$)

a) abril e agosto
b) maio e setembro
c) junho e outubro
d) julho e novembro
e) agosto e dezembro

14. (UF-PB) Em determinado trecho do oceano, durante um período de vinte e quatro horas, a altura H das ondas, medida em metros, variou de acordo com a expressão $H(t) = 2 + \left(\frac{3}{2}\right)\text{sen}\left(\frac{\pi t}{12}\right)$, onde $t > 0$ é o tempo, dado em horas. A altura das ondas nesse trecho não ultrapassou 2,75 m no horário da(s):

a) 0h às 2h e das 10h às 24h
b) 1h às 3h e das 9h às 23h
c) 2h às 3h e das 8h às 20h
d) 3h às 5h e das 7h às 20h
e) 4h às 5h e das 6h às 20h

15. (UE-CE) O número de soluções da equação $3\,\text{sen}^2 x - 3 \cdot |\text{sen}\, x| + \cos^2 x = 0$ que estão no intervalo $[0, 2\pi]$ é:

a) 2 b) 8 c) 4 d) 6

16. (UF-AM) O alcance máximo no lançamento oblíquo de um corpo é dado pela expressão $A = \frac{v_0^2\,\text{sen}\,\theta}{g}$, onde v_0 e g denotam respectivamente a velocidade inicial de lançamento do corpo e a aceleração da gravidade. Um jogador de golfe lança uma bola com velocidade inicial $v_0 = \sqrt{10}$ m/s obtendo um alcance máximo de $\sqrt{2} - \cos\theta$ metros.

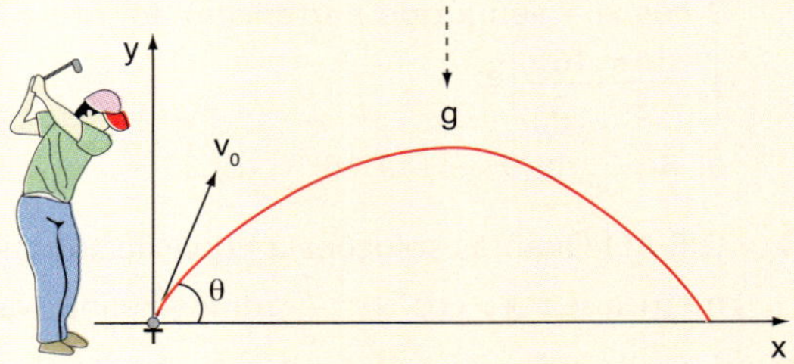

Considerando que θ é um ângulo do 1º quadrante, e a aceleração da gravidade igual a $10 m/s^2$, o ângulo de lançamento θ é:

a) $\frac{\pi}{2}$ b) $\frac{\pi}{3}$ c) $\frac{\pi}{4}$ d) $\frac{\pi}{6}$ e) $\frac{\pi}{8}$

17. (UF-MA) Seja *x* um arco do ciclo trigonométrico tal que $|\text{sen}\, x| = |\cos x|$. Nessas condições, é correto afirmar que cotg (2x) é igual a:

a) $\frac{\sqrt{2}}{2}$
b) 1
c) $\sqrt{2}$
d) 0
e) $-\sqrt{2}$

18. (PUC-RJ) Assinale o valor de θ para o qual $\text{sen}\, 2\theta = \text{tg}\,\theta$.

a) $\frac{\pi}{2}$
b) $\frac{\pi}{3}$
c) $\frac{2\pi}{3}$
d) $\frac{4\pi}{3}$
e) $\frac{3\pi}{4}$

19. (Mackenzie-SP) A soma de todas as soluções da equação $\text{tg}\, a + \text{cotg}\, a = 2, 0 \leq a \leq 2\pi$, é:

a) $\frac{5\pi}{4}$
b) $\frac{2\pi}{3}$
c) $\frac{3\pi}{2}$
d) $\frac{7\pi}{4}$
e) $\frac{7\pi}{3}$

20. (Vunesp-SP) A figura representa parte dos gráficos das funções $f(x) = 1 + \text{sen}\,(2x)$ e $g(x) = 1 + \cos\,(x)$.

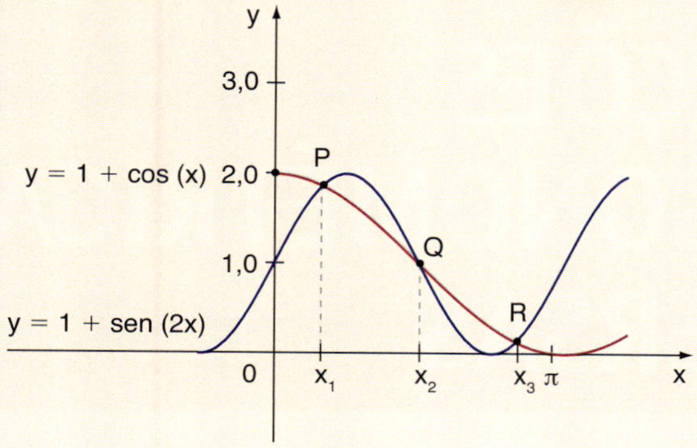

Se x_1, x_2 e x_3 são, respectivamente, as abscissas dos pontos P, Q e R de interseção dos gráficos das funções f(x) e g(x) no intervalo $[0, \pi]$, a soma $x_1 + x_2 + x_3$ é:

a) $\frac{2\pi}{3}$

b) $\frac{4\pi}{3}$

c) $\frac{3\pi}{2}$

d) $\frac{5\pi}{6}$

e) $\frac{7\pi}{12}$

21. (U. F. Juiz de Fora-MG) Os valores de $x \in [0, 3\pi]$ que satisfazem a desigualdade $\cos x < -\frac{\sqrt{3}}{2}$ são:

a) $\left]\frac{5\pi}{6}, \frac{7\pi}{6}\right[$

b) $\left]\frac{5\pi}{6}, 3\pi\right]$

c) $\left]\frac{5\pi}{6}, \frac{19\pi}{6}\right[$

d) $\left]\frac{5\pi}{6}, \frac{7\pi}{6}\right[\cup \left]\frac{17\pi}{6}, \frac{19\pi}{6}\right[$

e) $\left]\frac{5\pi}{6}, \frac{7\pi}{6}\right[\cup \left]\frac{17\pi}{6}, 3\pi\right]$

22. (Cefet-MG) A solução da inequação $\text{sen}^2 x + 3\cos^2 x + 3\,\text{sen}\,x \geqslant 4$ em $[0, 2\pi]$ é:

a) $x = \frac{\pi}{2}$

b) $\frac{\pi}{6} \leqslant x \leqslant \frac{\pi}{2}$

c) $\frac{\pi}{3} \leqslant x \leqslant \frac{\pi}{2}$

d) $\frac{\pi}{3} \leqslant x \leqslant \frac{2\pi}{3}$

e) $\frac{\pi}{6} \leqslant x \leqslant \frac{5\pi}{6}$

23. (Mackenzie-SP) O maior valor inteiro de *k*, para que a equação $\sqrt{3}\,\text{sen}\,x + \cos x = k - 2$ apresente soluções reais é:

a) 3

b) 4

c) 5

d) 6

e) 7

24. (Fuvest-SP) O número real *x*, com $0 < x < \pi$, satisfaz a equação $\log_3(1 - \cos x) + \log_3(1 + \cos x) = -2$.

Então, $\cos 2x + \text{sen}\,x$ vale:

a) $\frac{1}{3}$

b) $\frac{2}{3}$

c) $\frac{7}{9}$

d) $\frac{8}{9}$

e) $\frac{10}{9}$

25. (UF-RS) O conjunto das soluções da equação $\text{sen}\left[\left(\frac{\pi}{2}\right)\log x\right] = 0$ é:

a) $\{1, 10, 10^2, 10^3, 10^4, ...\}$

b) $\{..., 10^{-3}, 10^{-2}, 10^{-1}, 1, 10, 10^2, 10^3, 10^4, ...\}$

c) $\{..., 10^{-6}, 10^{-4}, 10^{-2}, 1, 10^2, 10^4, 10^6, ...\}$

d) $\{..., -10^{-6}, -10^{-4}, -10^{-2}, 1, 10^2, 10^4, 10^6, ...\}$

e) $\{..., -10^{-3}, -10^{-2}, -10, 1, 10^2, 10^3, 10^4, 10^6, ...\}$

26. (ITA-SP) A soma de todas as soluções distintas da equação $\cos 3x + 2\cos 6x + \cos 9x = 0$, que estão no intervalo $0 \leqslant x \leqslant \frac{\pi}{2}$, é igual a:

a) 2π

b) $\frac{23}{12}\pi$

c) $\frac{9}{6}\pi$

d) $\frac{7}{6}\pi$

e) $\frac{13}{12}\pi$

27. (FGV-SP) Resolvendo a equação $\log_2(\text{sen}\,x) = \log_4(\cos x)$ no intervalo $0° < x < 90°$ o valor de *x* é tal que:

a) $45° < x < 60°$

b) $30° < x < 45°$

c) $0° < x < 30°$

d) $75° < x < 90°$

e) $60° < x < 75°$

28. (UF-MA) Se $x \in \left[0, \frac{\pi}{2}\right]$, então a soma das raízes da equação $1 + \cos 2x + \cos 4x + \cos 6x = 0$ é:

a) $\frac{11\pi}{12}$

b) 0

c) 1

d) π

e) $\frac{13\pi}{12}$

7 FUNÇÕES TRIGONOMÉTRICAS INVERSAS

Neste capítulo vamos estudar as funções inversas de algumas das funções trigonométricas já conhecidas.

De início, apresenta-se um impedimento: por ser periódica, cada função trigonométrica estudada não é injetora e, por isso, não é inversível.

Para superar essa dificuldade, faremos algumas alterações na natureza das funções trigonométricas de modo que elas se tornem inversíveis. Tais alterações consistem em adaptações dos domínios dessas funções, restringindo-os a intervalos convenientes.

FUNÇÃO ARCO-SENO

Quando se resolve uma equação como sen x $= \frac{1}{2}$, por exemplo, busca-se um arco x (ou um conjunto de arcos x) cujo seno seja $\frac{1}{2}$. Sabemos que existem infinitos arcos nessas condições e todos eles são arcos côngruos a $\frac{\pi}{6}$ ou a $\frac{5\pi}{6}$.

Restringindo o conjunto universo da equação, podemos diminuir a quantidade de arcos. Por exemplo, se dissermos que x pode percorrer apenas a primeira volta ($U = [0, 2\pi]$), ainda assim teremos duas soluções.

Para o caso do seno, uma restrição capaz de fazer com que haja sempre um — e apenas um — arco nas condições estabelecidas, independentemente do valor que apareça no segundo membro da equação (desde que pertencente ao intervalo $[-1, 1]$) é considerar como conjunto universo o intervalo $\left[-\frac{\pi}{2}, \frac{\pi}{2}\right]$.

Feita essa restrição sobre o domínio da função $f(x) = \text{sen } x$, podemos notar que cada elemento do intervalo $[-1, 1]$ passa a ser imagem exclusiva de um arco x pertencente a $\left[-\frac{\pi}{2}, \frac{\pi}{2}\right]$.

Com isso, a função $f(x) = \text{sen } x$ torna-se bijetora e, portanto, **inversível**.

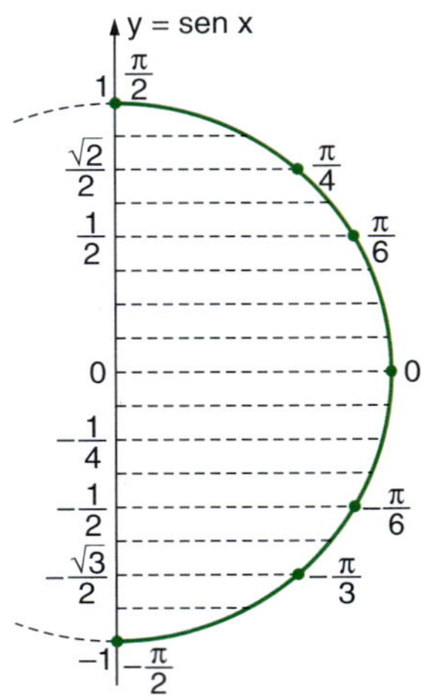

Graficamente:

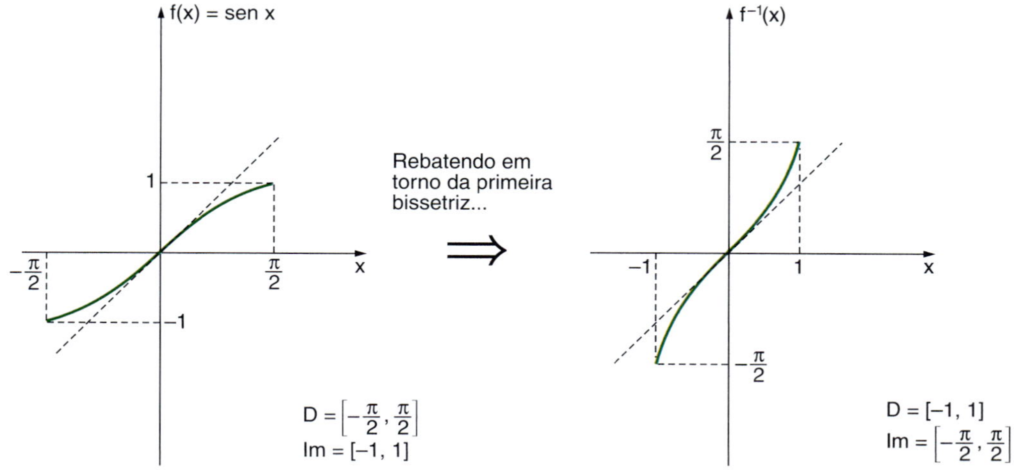

A função cujo gráfico foi obtido pelo rebatimento do gráfico de f(x) = sen x em torno da primeira bissetriz é a função $f^{-1}(x)$ = arc sen x, inversa de f(x).

Lê-se "arco-seno *x*" e entende-se "arco cujo seno é *x*".

Ela associa a cada valor do seno (de −1 a 1) o arco correspondente $\left(\text{de } -\frac{\pi}{2} \text{ a } \frac{\pi}{2}\right)$.
Assim:

$$y = \text{arc sen } x \Leftrightarrow \text{sen } y = x \;\text{ e }\; -\frac{\pi}{2} \leqslant y \leqslant \frac{\pi}{2}$$

Exemplo 1

Para achar arc sen $-\frac{1}{2}$ devemos encontrar o (único) arco do intervalo $\left[-\frac{\pi}{2}, \frac{\pi}{2}\right]$ cujo seno é $-\frac{1}{2}$.
É imediato que tal arco é o de $-\frac{\pi}{6}$ radianos.

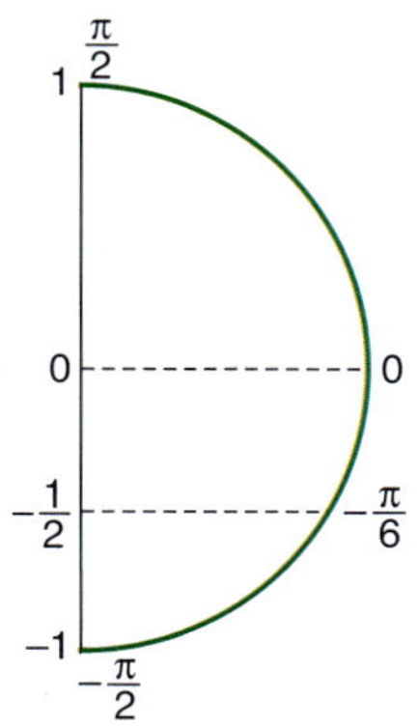

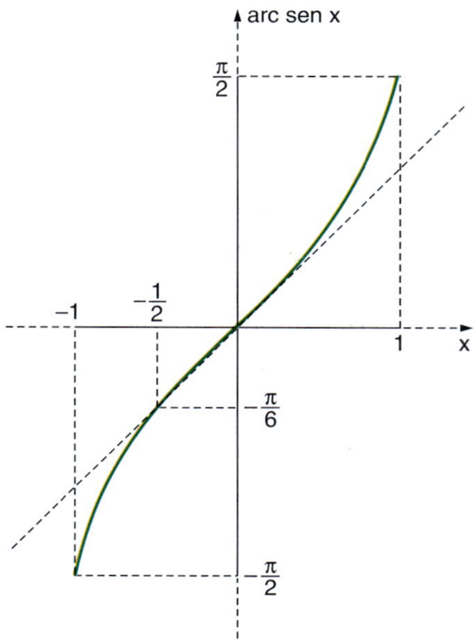

Exemplo 2

Também é imediato que arc sen $\frac{\sqrt{2}}{2} = \frac{\pi}{4}$, porém usaremos este exemplo para introduzir a notação mais prática e adequada.

Chamando de α o arc sen $\frac{\sqrt{2}}{2}$, podemos escrever:

$$\alpha = \text{arc sen}\,\frac{\sqrt{2}}{2} \Leftrightarrow \text{sen}\,\alpha = \frac{\sqrt{2}}{2} \text{ e } -\frac{\pi}{2} \leqslant \alpha \leqslant \frac{\pi}{2}$$

sendo que essa equação possui unicamente a solução $\alpha = \frac{\pi}{4}$.

Exemplo 3

Como calcular $\cos\left(\text{arc sen}\,\frac{3}{5}\right)$?

Seja $\alpha = \text{arc sen}\,\frac{3}{5}$.

Temos sen $\alpha = \frac{3}{5}$ e $0 < \alpha < \frac{\pi}{2}$.

Para achar cos α usamos a relação fundamental I:

$$\left(\frac{3}{5}\right)^2 + \cos^2\alpha = 1 \Rightarrow \cos^2\alpha = 1 - \frac{9}{25} = \frac{16}{25} \Rightarrow \cos\alpha = \pm\frac{4}{5}$$

Considerando o intervalo acima, escrevemos:

$$\cos\left(\text{arc sen}\,\frac{3}{5}\right) = \frac{4}{5}$$

EXERCÍCIOS

1. Determine:

a) arc sen $-\frac{\sqrt{2}}{2}$

b) arc sen 1

c) arc sen $\frac{\sqrt{3}}{2}$

d) arc sen -1

2. Quanto vale sen (arc sen 0,1)?

3. Ache $\cos\left(\text{arc sen}\,\frac{1}{3}\right)$.

4. Quanto vale $\text{cotg}\left(\text{arc sen}\,\frac{12}{13}\right)$?

5. Quanto vale $\sec\left(\text{arc sen}\,\frac{2}{3}\right)$?

6. Quanto vale $\text{tg}\left(\text{arc sen}\,1 - \text{arc sen}\,\frac{\sqrt{3}}{2}\right)$?

7. Quanto vale $\cos\left(\text{arc sen}\,\frac{4}{5} + \text{arc sen}\,\frac{5}{13}\right)$?

8. Calcule:

a) $\cos\left(2\,\text{arc sen}\,\frac{\sqrt{3}}{3}\right)$

b) $\cos\left(2\,\text{arc sen}\,-\frac{2}{3}\right)$

c) $\text{sen}\left(2\,\text{arc sen}\,\frac{2}{3}\right)$

FUNÇÃO ARCO-COSSENO

Diferentemente do que acontece com a função f(x) = sen x, a restrição que se deve fazer sobre o domínio (igual a $\mathbb{R}$) da função g(x) = cos x para que:

- o intervalo [−1, 1] seja totalmente "varrido" e
- não haja multiplicidade de arcos com o mesmo valor de cosseno

é simplesmente considerar o intervalo [0, π] como domínio, pois nesse intervalo a função decresce de 1 a −1.

Veja a figura:

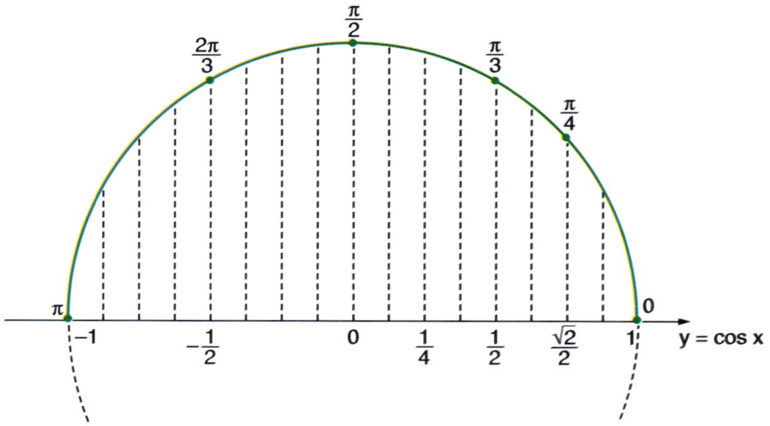

De fato, a cada arco x corresponde um valor exclusivo cos x, isto é:

$$x_1 \neq x_2 \Rightarrow \cos x_1 \neq \cos x_2$$

Além disso, a cada valor de cos x, entre −1 e 1, corresponde um único arco entre 0 e π.

Graficamente:

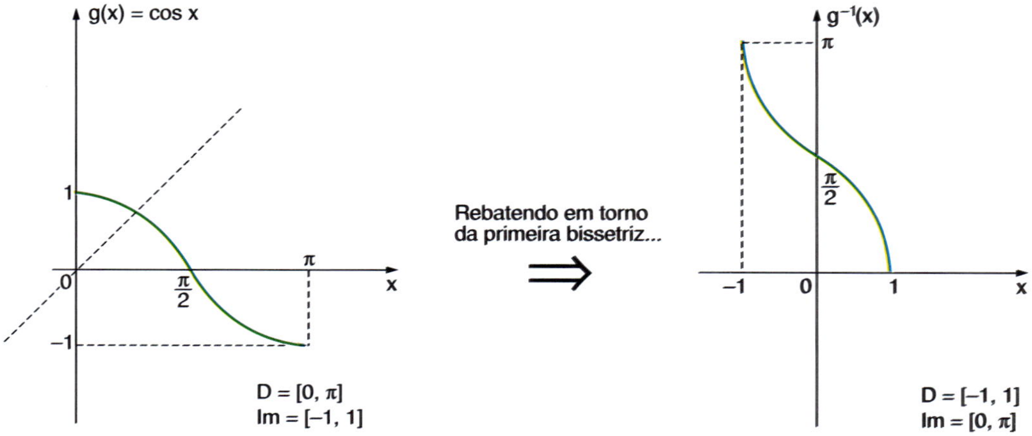

A função cujo gráfico foi obtido pelo rebatimento do gráfico de g(x) em torno da primeira bissetriz é a função $g^{-1}(x)$ = arc cos x, inversa de g(x).

Ela associa a cada valor de cosseno (de −1 a 1) o (único) arco correspondente (de π a 0, respectivamente).

Assim:

$$y = \text{arc cos } x \Leftrightarrow \cos y = x \text{ e } 0 \leqslant y \leqslant \pi$$

Exemplo 4

Para calcular arc cos 0, podemos fazer:

$$\alpha = \text{arc cos } 0, \text{ onde } \cos \alpha = 0 \text{ e } 0 \leq \alpha \leq \pi$$

Daí, $\alpha = \frac{\pi}{2}$.

Exemplo 5

Para resolver em $\mathbb{R}$ a equação:

$$\underbrace{2 \text{ arc cos}\left(x - \frac{1}{2}\right)}_{\alpha} = \frac{\pi}{2}$$

devemos fazer $\text{arc cos}\left(x - \frac{1}{2}\right) = \alpha$. Assim, $2\alpha = \frac{\pi}{2}$ e $\alpha = \frac{\pi}{4}$.

A seguir, $\cos \alpha = x - \frac{1}{2}$.

Como $\cos \alpha = \cos \frac{\pi}{4} = \frac{\sqrt{2}}{2}$, temos:

$$x - \frac{1}{2} = \frac{\sqrt{2}}{2} \Rightarrow x = \frac{1}{2} + \frac{\sqrt{2}}{2}$$

Daí, $S = \left\{\frac{1 + \sqrt{2}}{2}\right\}$.

EXERCÍCIOS

9. Calcule, se existir:

a) arc cos 1

b) $\text{arc cos} -\frac{1}{2}$

c) arc cos -1

d) arc cos π

10. Resolva em $\mathbb{R}$ a equação:

$$2 \text{ arc cos } (x + 1) = 60°$$

11. Calcule sen (arc cos 2x).

12. Calcule $\text{tg}\left(\text{arc cos } 0 + \text{arc cos } \frac{1}{2}\right)$.

13. Calcule $\text{sen}\left[\text{arc cos}\left(-\frac{1}{5}\right) + \text{arc cos } \frac{2}{5}\right]$.

14. Resolva em $\mathbb{R}$ as equações:

a) $\text{arc sen } x = 2 \text{ arc sen } \frac{\sqrt{2}}{2}$

b) arc cos x = 2 arc cos 0,5

c) arc sen x = arc cos x

d) arc sen (x + 1) = arc cos (x + 1)

e) arc sen 1 = arc cos x

f) arc sen x = arc cos 1

15. Calcule o valor de cada expressão:

a) $\text{sen}\left(\text{arc cos } \frac{5}{13} - \text{arc sen } \frac{7}{25}\right)$

b) $\text{sen}\left(\text{arc cos } \frac{1}{4} + \text{arc cos } \frac{\sqrt{2}}{4}\right)$

16. Calcule:

a) $\text{tg}\left(\text{arc cos } \frac{3}{4} - \text{arc sen } \frac{3}{4}\right)$

b) $\text{tg}\left(\text{arc cos } \frac{3}{4} + \text{arc sen } \frac{3}{4}\right)$

FUNÇÃO ARCO-TANGENTE

O contradomínio da função $h(x) = \text{tg } x$ é $\mathbb{R}$; como o conjunto imagem também é $\mathbb{R}$, ela é sobrejetora. Para que ela se torne inversível, é necessário transformá-la em injetora; novamente é necessário restringir o domínio.

Pelo fato de não existir $\text{tg } \frac{\pi}{2}$, não devemos utilizar o intervalo $[0, \pi]$, pois a função não seria bijetora. É possível utilizar o intervalo $\left]-\frac{\pi}{2}, \frac{\pi}{2}\right[$, pois se trata de um intervalo em que a função $y = \text{tg } x$ cresce continuamente de $-\infty$ a $+\infty$.

Assim, a função se torna bijetora.

Com a função $h(x) = \text{tg } x$ definida em $\left]-\frac{\pi}{2}, \frac{\pi}{2}\right[$ (domínio) e tomando valores em $\mathbb{R}$ (conjunto imagem), podemos achar sua inversa.

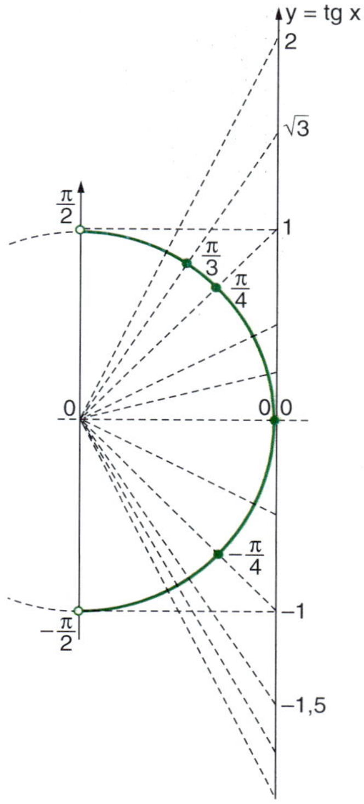

Graficamente:

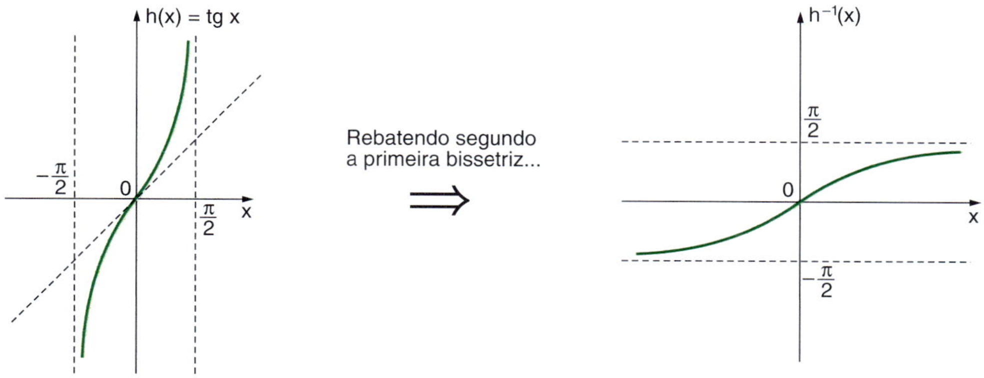

$D = \left]-\frac{\pi}{2}, \frac{\pi}{2}\right[$
$Im = \mathbb{R}$

$D = \mathbb{R}$
$Im = \left]-\frac{\pi}{2}, \frac{\pi}{2}\right[$

A função cujo gráfico foi obtido por meio do rebatimento do gráfico de $h(x) = \text{tg } x$ em torno da primeira bissetriz é a função $h^{-1}(x) = \text{arc tg } x$, inversa de $h(x)$.

Ela associa a cada valor da tangente (qualquer número real) o arco correspondente (de $-\frac{\pi}{2}$ a $\frac{\pi}{2}$, excluindo os extremos).

Assim:

$$y = \text{arc tg } x \Leftrightarrow \text{tg } y = x \text{ e } -\frac{\pi}{2} < y < \frac{\pi}{2}$$

Exemplo 6

Para encontrar o valor de $A = 3 \text{ arc tg } \sqrt{3}$, temos:

$$\alpha = \text{arc tg } \sqrt{3} \Rightarrow \text{tg } \alpha = \sqrt{3} \text{ e } -\frac{\pi}{2} < \alpha < \frac{\pi}{2}$$

e, daí, $\alpha = \frac{\pi}{3}$ e $A = 3\alpha = \pi$.

Exemplo 7

Para comprovar a igualdade $\text{arc tg } \frac{1}{2} + \text{arc tg } \frac{1}{3} = \frac{\pi}{4}$, podemos fazer:

$$\alpha = \text{arc tg } \frac{1}{2} \Rightarrow \text{tg } \alpha = \frac{1}{2} \text{ e } -\frac{\pi}{2} < \alpha < \frac{\pi}{2} \Rightarrow 0 < \alpha < \frac{\pi}{4}$$

e

$$\beta = \text{arc tg } \frac{1}{3} \Rightarrow \text{tg } \beta = \frac{1}{3} \text{ e } -\frac{\pi}{2} < \beta < \frac{\pi}{2} \Rightarrow 0 < \beta < \frac{\pi}{4}$$

Por outro lado:

$$\text{tg } (\alpha + \beta) = \frac{\text{tg } \alpha + \text{tg } \beta}{1 - \text{tg } \alpha \cdot \text{tg } \beta} = \frac{\frac{1}{2} + \frac{1}{3}}{1 - \frac{1}{2} \cdot \frac{1}{3}} = \frac{\frac{5}{6}}{\frac{5}{6}} = 1$$

Se $\text{tg } (\alpha + \beta) = 1$, com $\alpha < \frac{\pi}{4}$ e $\beta < \frac{\pi}{4}$, temos:

$$\alpha + \beta = \frac{\pi}{4}, \text{ ou seja, } \text{arc tg } \frac{1}{2} + \text{arc tg } \frac{1}{3} = \frac{\pi}{4}$$

Observação

As inversas das outras funções trigonométricas estudadas (que seriam arc cotg x, arc cossec x, ...) podem ser definidas de forma semelhante.

EXERCÍCIOS

17. Ache, se existir:

a) arc tg 1

b) $\text{arc tg } \sqrt{3}$

c) arc tg −1

d) $\text{arc tg } -\frac{\sqrt{3}}{3}$

18. Qual é o domínio da função $f(x) = \text{arc tg } (2x + 1)$?

19. Use a tabela do final do capítulo para encontrar o valor aproximado de:

a) $\text{arc sen } \frac{3}{5}$

b) $\text{arc cos } \frac{1}{7}$

c) arc tg 2

20. Calcule:

a) tg (arc tg 5)

b) tg (2 arc tg 5)

c) tg (arc sen 1)

d) tg (arc cos 1)

21. Ache:

a) sen (arc tg x)

b) sec (arc tg x)

22. (Faap-SP) Calcule $\text{sen } (\text{arc tg } \sqrt{2})$.

DESAFIO

(UF-RJ) Sophie Germain (1776-1831) introduziu em seus cálculos matemáticos um tipo especial de número primo descrito abaixo.

Se *p* é um número primo e se $2p + 1$ também é um número primo, então o número primo *p* é denominado primo de Germain. Qual dos números abaixo é um número primo de Germain?

a) 7

b) 17

c) 18

d) 19

e) 41

EXERCÍCIOS COMPLEMENTARES

1. Analise cada afirmação, justificando sua resposta:

a) $f(x) = \text{arc sen } x$ é função ímpar.

b) $f(x) = \text{arc sen } x$ é função bijetora.

c) $f(x) = \text{arc sen } x$ é função par.

2. Calcule $\cos\left(\text{arc sen } \frac{1}{3} - \text{arc sen } \frac{3}{4}\right)$.

3. Ache as raízes reais de cada equação:

a) $\text{sen } (2 \text{ arc sen } x) = 0$

b) $\text{sen } (2 \text{ arc sen } x) = 1$

4. Analise cada afirmação, justificando sua resposta:

a) $f(x) = \text{arc cos } x$ é função ímpar.

b) $f(x) = \text{arc cos } x$ é função par.

c) $(\text{arc sen } x)^2 + (\text{arc cos } x)^2 = 1, \forall x \in [0, 1]$

5. Calcule $\text{tg}\left(\text{arc sen } \frac{\sqrt{5}}{5} + \text{arc cos } \frac{3\sqrt{10}}{10}\right)$.

6. Sendo $\alpha = \text{arc sen } x$, com $0 < x < 1$, determine:

a) $\text{arc cos } \sqrt{1 - x^2}$

b) $\text{arc cos } x$

7. (UF-CE) Dado $y = \cos\left(2 \text{ arc sen } \frac{3}{5}\right)$, calcule o valor de 25y.

8. Resolva a equação $\text{tg}^2 x - 3\sqrt{3} \text{ tg } x + 6 = 0$, para $-\frac{\pi}{2} < x < \frac{\pi}{2}$.

9. Resolva as equações:

a) $\text{arc sen } x + \text{arc sen } \frac{1}{2} = \frac{\pi}{2}$

b) $\text{arc sen } \sqrt{x} - \text{arc cos } \sqrt{x} = \frac{\pi}{6}$

c) $\text{arc sen } \sqrt{x} + \text{arc cos } \sqrt{x} = \pi$

d) $\text{arc tg } \frac{1 + x}{2} + \text{arc tg } \frac{1 - x}{2} = \frac{\pi}{4}$

e) $\text{arc sen } \sqrt{\frac{2}{x - 1}} = \text{arc cos } \sqrt{\frac{3}{x - 5}}$

10. Resolva a equação $\text{arc sen } (1 - x) - 2 \text{ arc sen } x = \frac{\pi}{2}$.

11. (UF-GO) Calcule o seno e o cosseno do ângulo $\theta \in \left]-\frac{\pi}{2}, \frac{\pi}{2}\right[$, sendo θ medido em radianos, sabendo que $\theta = \text{arc tg } (-4\sqrt{3})$.

12. Resolva a equação $\text{arc sen } \sqrt{\frac{2}{x - 1}} = \text{arc cos } \sqrt{\frac{5}{x^2 - 1}}$.

13. Calcule cada soma:

a) $\text{arc tg } 1 + \text{arc tg } 2 + \text{arc tg } 3$

b) $\text{arc tg } \frac{2}{3} + \text{arc tg } \frac{3}{4}$

c) $-\text{arc tg } (-2) + \text{arc tg } (-1)$

d) $\cos (\text{arc tg } \sqrt{3}) + \text{sen}\left(\text{arc cos } \frac{\sqrt{3}}{2}\right)$

e) $\text{arc tg } \frac{1}{2} + \text{arc tg } \frac{1}{5} + \text{arc tg } \frac{1}{8}$

14. Qual é o valor de $\text{sen}\left(\text{arc sen } \frac{4}{5} + \text{arc sen } \frac{5}{13} + \text{arc sen } \frac{16}{65}\right)$?

15. Mostre que $\text{arc sen}\left(-\frac{1}{4}\right) = \text{arc tg}\left(-\frac{\sqrt{15}}{15}\right)$.

TESTES

1. (Unifor-CE) Se $\alpha = 2 \text{ arc cos}\left(-\frac{1}{2}\right)$, então tg α é igual a:

a) $-\sqrt{3}$
b) -1
c) $-\frac{\sqrt{3}}{3}$
d) $\frac{\sqrt{3}}{3}$
e) $\sqrt{3}$

2. (Unit-SE) A solução da equação arc sen (arc cos x) = = 0 é:

a) $x = 0$
b) $x = \frac{\pi}{2}$
c) $x = 1$
d) $x = \pi$

3. (Mackenzie-SP) O conjunto solução de arc sen $2x - 3 \cdot$ arc sen $x = 0$ tem quantos elementos?

a) 0 b) 1 c) 2 d) 3 e) 4

4. (Mackenzie-SP) O domínio da função definida por $y = \text{arc sen}(\sqrt{2x - 3})$ é:

a) $\left\{x \in \mathbb{R} \mid x \geqslant \frac{3}{2}\right\}$
b) $\left\{x \in \mathbb{R} \mid \frac{3}{2} \leqslant x \leqslant 2\right\}$
c) $\left\{x \in \mathbb{R} \mid 0 \leqslant x \leqslant 2\right\}$
d) $\left\{x \in \mathbb{R} \mid 1 \leqslant x \leqslant \frac{3}{2}\right\}$
e) $\left\{x \in \mathbb{R} \mid -2 \leqslant x \leqslant 0 \text{ ou } \frac{5}{2} \leqslant x \leqslant 4\right\}$

5. (PUC-SP) $2 \cdot \text{arc tg}\frac{1}{3} + \text{arc tg}\frac{1}{7}$ é igual a:

a) $\frac{3\pi}{2}$
b) $\frac{\pi}{3}$
c) $\frac{\pi}{2}$
d) $\frac{\pi}{4}$
e) nenhuma das anteriores

6. (PUC-PR) O conjunto domínio de f(x) = arc sen (2x − − 3) está contido no intervalo:

a) $\left[\frac{2}{3}, \frac{3}{4}\right]$
b) $[-1, 1]$
c) $[0, 1]$
d) $[1, 2]$
e) $\left[-\frac{1}{2}, \frac{3}{2}\right]$

7. (Mackenzie-SP) O valor de $\text{arc sen}\left(\cos\frac{33\pi}{5}\right)$ é:

a) $\frac{3\pi}{5}$ b) $-\frac{\pi}{10}$ c) $\frac{\pi}{10}$ d) $-\frac{3\pi}{5}$ e) $-\frac{4\pi}{5}$

8. (Unifor-CE) Se $\theta = \text{arc sen}\frac{5}{13}$, então cos θ é igual a:

a) $\frac{12}{13}$ b) $\frac{10}{13}$ c) $\frac{9}{13}$ d) $\frac{6}{13}$ e) $\frac{3}{13}$

9. (Cefet-PR) Considere $A = \text{arc sen}\frac{x}{y}$ e $B = \text{arc sen}\frac{y}{2y + x}$ com A e B pertencentes ao 1º quadrante. Se x = 3 e y = 5, então sen (A+B) é igual a:

a) $-\frac{16}{65}$ b) $\frac{65}{56}$ c) $\frac{16}{65}$ d) $\frac{56}{65}$ e) $-\frac{56}{65}$

10. (Ucsal-BA) O valor de $\cos\left(\text{arc tg}\sqrt{3}\right) + \text{sen}\left(\text{arc cos}\frac{\sqrt{3}}{2}\right)$ é:

a) 0 b) $\frac{1}{2}$ c) $\frac{\sqrt{2}}{2}$ d) 1 e) $\frac{\sqrt{3} + 1}{2}$

11. (Mackenzie-SP) O mínimo valor de $y = 2^{\text{arc cos } x}$ é:

a) $\frac{1}{2}$ b) 1 c) 2 d) −1 e) $-\frac{1}{2}$

12. (PUC-MG) Considerando que y = arc sen (x − 3), que $a \leqslant x \leqslant b$ e que $-1 \leqslant \text{sen}\,\theta \leqslant 1$, pode-se afirmar que o valor de a + b é:

a) 3 b) 4 c) 5 d) 6

13. (PUC-PR) Se $\text{arc tg}(x + 2) + \text{arc tg}\,x = \frac{3\pi}{4}$, calcule x^2:

a) 1 b) 2 c) 3 d) 4 e) 5

14. (ITA-SP) Seja S o conjunto de todas as soluções reais da equação

$$\sec\left[\text{arc tg}\frac{1}{1 + e^x} - \text{arc tg}(1 - e^x)\right] = \frac{\sqrt{5}}{2}.$$ Então:

a) $S = \varnothing$
b) $S = \mathbb{R}$
c) $S \subset [1, 2]$
d) $S \subset [-1, 1]$
e) $S = [-1, 2[$

15. (ITA-SP) Considerando as funções:

$$\text{arc sen}: [-1, +1] \to \left[-\frac{\pi}{2}, \frac{\pi}{2}\right] \text{ e}$$

$$\text{arc cos}: [-1, +1] \to [0, \pi]$$

assinale o valor de $\cos\left(\text{arc sen}\frac{3}{5} + \text{arc cos}\frac{4}{5}\right)$.

a) $\frac{6}{25}$ b) $\frac{7}{25}$ c) $\frac{1}{3}$ d) $\frac{2}{5}$ e) $\frac{5}{12}$

16. (ITA-SP) O intervalo $I \subset \mathbb{R}$ que contém todas as soluções da inequação

$$\text{arc tan}\frac{1 + x}{2} + \text{arc tan}\frac{1 - x}{2} \geqslant \frac{\pi}{6}$$ é:

a) $[-1, 4]$
b) $[-3, 1]$
c) $[-2, 3]$
d) $[0, 5]$
e) $[4, 6]$

Esta tabela contém valores aproximados. Os arredondamentos utilizados são de cinco casas decimais.

Tabela de razões trigonométricas

Ângulo (graus)	Seno	Cosseno	Tangente	Ângulo (graus)	Seno	Cosseno	Tangente
1	0,01745	0,99895	0,01746	46	0,71934	0,69466	1,03553
2	0,03490	0,99939	0,03492	47	0,73135	0,68200	1,07237
3	0,05234	0,99863	0,05241	48	0,74314	0,66913	1,11061
4	0,06976	0,99756	0,06993	49	0,75471	0,65606	1,15037
5	0,08716	0,99619	0,08749	50	0,76604	0,64279	1,19175
6	0,10453	0,99452	0,10510	51	0,77715	0,62932	1,23499
7	0,12187	0,99255	0,12278	52	0,78801	0,61566	1,27994
8	0,13917	0,99027	0,14054	53	0,79864	0,60182	1,32704
9	0,15643	0,98769	0,15838	54	0,80903	0,58779	1,37638
10	0,17365	0,98481	0,17633	55	0,81915	0,57358	1,42815
11	0,19087	0,98163	0,19438	56	0,82904	0,55919	1,48256
12	0,20791	0,97815	0,21256	57	0,83867	0,54464	1,53986
13	0,22495	0,97437	0,23087	58	0,84805	0,52992	1,60033
14	0,24192	0,97030	0,24933	59	0,85717	0,51504	1,66428
15	0,25882	0,96593	0,26795	60	0,86603	0,50000	1,73205
16	0,27564	0,96126	0,28675	61	0,87462	0,48481	1,80405
17	0,29237	0,95630	0,30573	62	0,88295	0,46947	1,88073
18	0,30902	0,95106	0,32492	63	0,89101	0,45399	1,96261
19	0,32557	0,94552	0,34433	64	0,89879	0,43837	2,05030
20	0,34202	0,93969	0,36397	65	0,90631	0,42262	2,14451
21	0,35837	0,93358	0,38386	66	0,91355	0,40674	2,24604
22	0,37461	0,92718	0,40403	67	0,92050	0,39073	2,35585
23	0,39073	0,92050	0,42447	68	0,92718	0,37461	2,47509
24	0,40674	0,91355	0,44523	69	0,93358	0,35837	2,60509
25	0,42262	0,90631	0,46631	70	0,93969	0,34202	2,74748
26	0,43837	0,89879	0,48773	71	0,94552	0,32557	2,90421
27	0,45399	0,89101	0,50953	72	0,95106	0,30902	3,07768
28	0,46947	0,88295	0,53171	73	0,95630	0,29237	3,27085
29	0,48481	0,87462	0,55431	74	0,96126	0,27564	3,48741
30	0,50000	0,86603	0,57735	75	0,96593	0,25882	3,73205
31	0,51504	0,85717	0,60086	76	0,97030	0,24192	4,01078
32	0,52992	0,84805	0,62487	77	0,97437	0,22495	4,33148
33	0,54464	0,83867	0,64941	78	0,97815	0,20791	4,70463
34	0,55919	0,82904	0,67451	79	0,98163	0,19087	5,14455
35	0,57358	0,81915	0,70021	80	0,98481	0,17365	5,67128
36	0,58779	0,80903	0,72654	81	0,98769	0,15643	6,31375
37	0,60182	0,79864	0,75355	82	0,99027	0,13917	7,11537
38	0,61566	0,78801	0,78129	83	0,99255	0,12187	8,14435
39	0,62932	0,77715	0,80978	84	0,99452	0,10453	9,51436
40	0,64279	0,76604	0,83910	85	0,99619	0,08716	11,43010
41	0,65606	0,75471	0,86929	86	0,99756	0,06976	14,30070
42	0,66913	0,74314	0,90040	87	0,99863	0,05234	19,08110
43	0,68200	0,73135	0,93252	88	0,99939	0,03490	28,63630
44	0,69466	0,71934	0,96569	89	0,99985	0,01745	57,29000
45	0,70711	0,70711	1,00000				

8 MATRIZES

INTRODUÇÃO

Em jornais, revistas e na internet frequentemente encontramos informações numéricas organizadas em forma de tabelas, com linhas e colunas. Vejamos alguns casos:

Alex Argozino

Variação do índice de venda de imóveis (maio/2012)

EM PORCENTAGEM

Venda	No mês	No ano	12 meses	36 meses
Brasil	0,9	6,3	19,9	n/d
São Paulo	1,2	6,4	21,5	88,7
Belo Horizonte	0,4	7,7	15,7	67,9
Brasília	0,5	5,2	9,7	n/d
Fortaleza	2,4	4,3	15,8	n/d
Recife	1,9	12,5	31,8	n/d
Rio de Janeiro	1,1	6,7	24,1	130,3
Salvador	−1,3	1,2	4,5	n/d

Obs.: n/d = não disponíveis

Fonte: *O Estado de S. Paulo*, 1/jul./2012.

A multiplicação de carros

Número de veículos por 1 000 habitantes	1990	2010
Estados Unidos	752	**814**
Itália	507	**688**
Japão	456	**592**
Alemanha	512	**545**
Argentina	180	**222**
BRASIL	87	**153**

Fonte: *Veja*, 13/jun./2012.

Paulo Fridman/Pulsar Imagens

Na Matemática, as tabelas que você acabou de ver são exemplos de **matrizes**.

Um pouco de História

Como surgiram as matrizes

As matrizes teriam surgido com a escola inglesa Trinity College, em um artigo do matemático Arthur Cayley (1821-1895), datado de 1858. Vale lembrar, no entanto, que, bem antes, no século III a.C., os chineses já desenvolviam um processo de resolução de sistemas lineares em que aparecia implícita a ideia das matrizes.

Cayley criou as matrizes no contexto de estrutura algébrica (assunto de Matemática do Ensino Superior), sem pensar em suas aplicações práticas que apareceriam posteriormente, como a representação de informações numéricas em tabelas, organizadas segundo linhas e colunas, a computação gráfica etc.

Alamy/Other Images

Biblioteca do Trinity College.

DEFINIÇÃO

Sejam *m* e *n* números naturais não nulos.

Uma matriz do tipo ou formato $m \times n$ (ou simplesmente $m \times n$) é uma tabela de $m \cdot n$ números reais dispostos em *m* linhas (filas horizontais) e *n* colunas (filas verticais).

Representamos usualmente uma matriz colocando seus elementos (números) entre parênteses ou entre colchetes. Menos frequente é a colocação de duas barras verticais à sua esquerda e duas à sua direita.

Vejamos alguns exemplos:

$A = \begin{pmatrix} 5 & -2 & \frac{1}{2} \end{pmatrix}$ é uma matriz 1×3.

$D = \begin{bmatrix} 1 & 0 & 1 & 2 \\ 0 & 2 & 1 & 3 \\ -1 & 0 & 0 & 9 \end{bmatrix}$ é uma matriz 3×4.

$B = \begin{pmatrix} 3 & -7 \\ \frac{1}{2} & 0 \\ -1 & 4 \end{pmatrix}$ é uma matriz 3×2.

$E = \begin{Vmatrix} \sqrt{3} & \frac{1}{4} & 1 \\ -3 & 5 & -1 \end{Vmatrix}$ é uma matriz 2×3.

$C = \begin{bmatrix} 6 & 2 \\ 3 & -1 \end{bmatrix}$ é uma matriz 2×2.

REPRESENTAÇÃO DE UMA MATRIZ

Consideremos uma matriz A do tipo $m \times n$. Um elemento qualquer dessa matriz será representado pelo símbolo a_{ij}, no qual o índice *i* refere-se à linha em que se encontra tal elemento, e o índice *j* refere-se à coluna em que se encontra o elemento.

Vamos convencionar que as linhas são numeradas de cima para baixo, e as colunas, da esquerda para a direita.

De modo geral, uma matriz A do tipo $m \times n$ é representada por $A = (a_{ij})_{m \times n}$, em que *i* e *j* são inteiros positivos tais que $1 \leq i \leq m$, $1 \leq j \leq n$, e a_{ij} é um elemento qualquer de A. Acompanhe o exemplo a seguir.

Seja a matriz $A = \begin{pmatrix} -1 & 0 \\ -2 & 5 \\ 3 & 4 \end{pmatrix}_{3 \times 2}$

- O elemento que está na linha 1, coluna 1, é $a_{11} = -1$.
- O elemento que está na linha 1, coluna 2, é $a_{12} = 0$.
- O elemento que está na linha 2, coluna 1, é $a_{21} = -2$.
- O elemento que está na linha 2, coluna 2, é $a_{22} = 5$.
- O elemento que está na linha 3, coluna 1, é $a_{31} = 3$.
- O elemento que está na linha 3, coluna 2, é $a_{32} = 4$.

EXERCÍCIO RESOLVIDO

1. Escrever a matriz $A = (a_{ij})_{2 \times 3}$, em que $a_{ij} = i - j$.

Solução:

Uma matriz do tipo 2×3 pode ser genericamente representada por $A = \begin{pmatrix} a_{11} & a_{12} & a_{13} \\ a_{21} & a_{22} & a_{23} \end{pmatrix}$.

Fazendo $a_{ij} = i - j$, temos:

$a_{11} = 1 - 1 = 0$ $\quad a_{12} = 1 - 2 = -1$ $\quad a_{13} = 1 - 3 = -2$

$a_{21} = 2 - 1 = 1$ $\quad a_{22} = 2 - 2 = 0$ $\quad a_{23} = 2 - 3 = -1$

Assim, $A = \begin{pmatrix} 0 & -1 & -2 \\ 1 & 0 & -1 \end{pmatrix}$.

MATRIZES ESPECIAIS

Vejamos alguns tipos de matrizes especiais:

- **Matriz linha**: é uma matriz formada por uma única linha.
  - $A = \begin{pmatrix} 0 & 2 & 4 \end{pmatrix}$ é uma matriz linha 1×3.
  - $B = \begin{bmatrix} 0 & -3 \end{bmatrix}$ é uma matriz linha 1×2.
- **Matriz coluna**: é uma matriz formada por uma única coluna.
  - $A = \begin{bmatrix} 2 \\ -4 \\ 6 \\ -8 \end{bmatrix}$ é uma matriz coluna 4×1.
  - $B = \begin{bmatrix} 3 \\ \frac{1}{4} \\ 0 \end{bmatrix}$ é uma matriz coluna 3×1.
- **Matriz nula**: é uma matriz cujos elementos são todos iguais a zero.

  Pode-se indicar a matriz nula $m \times n$ por $0_{m \times n}$.
  - $0_{2 \times 3} = \begin{pmatrix} 0 & 0 & 0 \\ 0 & 0 & 0 \end{pmatrix}$ é a matriz nula 2×3.
  - $0_{2 \times 2} = \begin{pmatrix} 0 & 0 \\ 0 & 0 \end{pmatrix}$ é a matriz nula 2×2.
- **Matriz quadrada**: é uma matriz que possui número de linhas igual ao número de colunas.
  - $A = \begin{pmatrix} 4 & 3 \\ 1 & \sqrt{2} \end{pmatrix}$ é uma matriz quadrada 2×2. Dizemos que A é quadrada de ordem 2.
  - $B = \begin{pmatrix} 5 & -1 & \frac{1}{3} \\ -2 & 0 & 7 \\ \sqrt{3} & 1 & 4 \end{pmatrix}$ é uma matriz quadrada 3×3. Dizemos que B é quadrada de ordem 3.

  Seja A uma matriz quadrada de ordem n, temos que:
  - os elementos de A cujo índice da linha é igual ao índice da coluna constituem a **diagonal principal** de A.

    Se A é uma matriz quadrada de ordem 3, os elementos a_{11}, a_{22} e a_{33} formam a diagonal principal de A:

$$A = \begin{bmatrix} a_{11} & a_{12} & a_{13} \\ a_{21} & a_{22} & a_{23} \\ a_{31} & a_{32} & a_{33} \end{bmatrix}$$

- os elementos de A cuja soma dos índices da linha e da coluna é igual a n + 1 constituem a **diagonal secundária** de A.

  Retomando o exemplo anterior, os elementos a_{13}, a_{22} e a_{31} formam a diagonal secundária de A.

$$A = \begin{bmatrix} a_{11} & a_{12} & a_{13} \\ a_{21} & a_{22} & a_{23} \\ a_{31} & a_{32} & a_{33} \end{bmatrix}$$

MATRIZ TRANSPOSTA

Dada uma matriz $A = (a_{ij})_{m \times n}$, chama-se **transposta de A** (indica-se por A^t) à matriz:

$$A^t = (a'_{ji})_{n \times m}$$

tal que $a'_{ji} = a_{ij}$ para todo *i* e todo *j*.

Em outras palavras, a matriz A^t é obtida trocando-se, ordenadamente, as linhas pelas colunas da matriz A.

- A transposta de $A = \begin{pmatrix} 1 & 3 \\ 5 & 9 \end{pmatrix}$ é $A^t = \begin{pmatrix} 1 & 5 \\ 3 & 9 \end{pmatrix}$.

  Para a matriz A, observe que: $a_{11} = 1 = a'_{11}$

  $a_{12} = 3 = a'_{21}$

  $a_{21} = 5 = a'_{12}$

  $a_{22} = 9 = a'_{22}$

- A transposta de $B = \begin{bmatrix} 1 & 2 & 3 \\ 4 & 5 & 6 \end{bmatrix}$ é $B^t = \begin{bmatrix} 1 & 4 \\ 2 & 5 \\ 3 & 6 \end{bmatrix}$.

- A transposta de $C = \begin{pmatrix} 4 & 0 & 1 \\ -1 & 2 & 3 \\ 5 & -4 & 7 \end{pmatrix}$ é $C^t = \begin{pmatrix} 4 & -1 & 5 \\ 0 & 2 & -4 \\ 1 & 3 & 7 \end{pmatrix}$.

EXERCÍCIOS

1. Dê o tipo (formato) de cada uma das seguintes matrizes:

a) $A = \begin{bmatrix} 1 & 3 \\ -7 & 2 \\ 4 & 2 \end{bmatrix}$

b) $B = \begin{pmatrix} 3 & -4 & 2 & 9 \end{pmatrix}$

c) $C = \begin{bmatrix} 1 & 3 \\ -4 & 2 \end{bmatrix}$

d) $D = \begin{bmatrix} 1 & 5 & 7 \\ 3 & 1 & 4 \\ -2 & 9 & 6 \end{bmatrix}$

e) $E = \begin{bmatrix} 1 \\ 1 \\ 2 \end{bmatrix}$

f) $F = \begin{bmatrix} 1 & 4 & 2 & -3 \\ 2 & 7 & 0 & -1 \\ 3 & 9 & 0 & -5 \end{bmatrix}$

2. Em cada caso, determine o elemento a_{22}, se existir:

a) $A = \begin{bmatrix} 1 & 0 & 7 \\ -5 & 4 & 3 \\ -1 & 2 & 5 \end{bmatrix}$

b) $A = \begin{bmatrix} 4 \\ 3 \\ -7 \\ 1 \end{bmatrix}$

c) $A = \begin{pmatrix} 2 & 0 \\ -3 & 1 \end{pmatrix}$

d) $A = \begin{bmatrix} 4 & 10 & 7 \\ 5 & 1 & -1 \end{bmatrix}$

3. Escreva a matriz $A = (a_{ij})_{2 \times 2}$, em que $a_{ij} = 3i - 2j$.

4. Determine a matriz $B = (b_{ij})_{3 \times 2}$, sendo $b_{ij} = 2 + i + j$.

5. Qual é a soma dos elementos da matriz $C = (c_{ij})_{2 \times 4}$, em que $c_{ij} = 1 + i - j$?

6. Determine a soma dos elementos da diagonal principal de cada matriz quadrada seguinte:

a) $A = \begin{bmatrix} 0 & 3 \\ -8 & 1 \end{bmatrix}$

b) $B = \begin{bmatrix} 1 & 0 & 3 \\ 4 & 2 & -7 \\ 1 & -6 & 5 \end{bmatrix}$

c) $C = \begin{pmatrix} \frac{1}{2} & \frac{1}{4} \\ \frac{1}{5} & \frac{1}{3} \end{pmatrix}$

7. Em cada caso, obtenha a transposta da matriz dada:

a) $A = \begin{bmatrix} 7 & -4 \\ 1 & 0 \end{bmatrix}$

b) $B = \begin{bmatrix} 6 & 2 \\ 1 & 0 \\ 4 & -1 \end{bmatrix}$

c) $C = \begin{bmatrix} 0 & 3 & -9 \\ 0 & -1 & 5 \end{bmatrix}$

d) $D = \begin{pmatrix} -8 & 7 & 5 \end{pmatrix}$

e) $E = \begin{pmatrix} 0 & -2 \\ 1 & 11 \\ 0{,}5 & 7 \\ 3 & 4{,}1 \end{pmatrix}$

f) $F = \begin{bmatrix} 5 \\ 7 \\ 1 \\ 0 \\ 3 \end{bmatrix}$

g) $G = \begin{bmatrix} 2 & 1 & -2 \\ -3 & 1 & 2 \\ 3 & -1 & 2 \end{bmatrix}$

8. Seja $A = (a_{ij})_{3 \times 2}$, em que $a_{ij} = 2i + 3j$. Escreva a matriz A^t.

9. Qual é o elemento a_{46} da matriz $A = (a_{ij})_{8 \times 8}$, em que $a_{ij} = (-1)^{i+j} \cdot \frac{2j}{i}$?

10. Seja a matriz $A = (a_{ij})_{3 \times 3}$, em que $a_{ij} = i \cdot j$. Forneça os elementos que pertencem às diagonais principal e secundária de A.

11. Na matriz seguinte, estão representadas as quantidades de sorvetes de 1 bola e de 2 bolas comercializados no primeiro bimestre de um ano em uma sorveteria:

$$A = \begin{pmatrix} 1\,320 & 1\,850 \\ 1\,485 & 2\,040 \end{pmatrix}$$

Thinkstock/Getty Images

Cada elemento a_{ij} dessa matriz representa o número de unidades do sorvete do tipo *i* (i = 1 representa uma bola e i = 2, duas bolas) vendidas no mês *j* (j = 1 representa janeiro e j = 2, fevereiro).

a) Quantos sorvetes de duas bolas foram vendidos em janeiro?

b) Em fevereiro, quantos sorvetes de duas bolas foram vendidos a mais que o de uma bola?

c) Se o sorvete de uma bola custa R$ 3,00 e o de duas bolas custa R$ 5,00, qual foi a arrecadação bruta da sorveteria no bimestre com a venda desses dois tipos de sorvete?

12. A matriz D seguinte representa as distâncias (em km) entre as cidades X, Y e Z:

$$D = \begin{bmatrix} 0 & 15 & 27 \\ 15 & 0 & 46 \\ 27 & 46 & 0 \end{bmatrix}$$

Cada elemento a_{ij} dessa matriz fornece a distância entre as cidades *i* e *j*. Se a cidade X é representada pelo número 1, Y por 2 e Z por 3:

a) determine as distâncias entre X e Y, Z e X, e Y e Z.

b) qual é a transposta da matriz D?

13. Dê a matriz $A = (a_{ij})_{4 \times 3}$, em que:

$$a_{ij} = \begin{cases} 0, \text{ se } i \geq j \\ 1, \text{ se } i < j \end{cases}$$

14. Seja $A = (a_{ij})_{3 \times 2}$, em que:

$$a_{ij} = \begin{cases} \cos(\pi i), \text{ se } i \geq j \\ \text{sen}(\pi j), \text{ se } i < j \end{cases}$$

a) Escreva A.

b) Escreva A^t.

15.

	Pão doce	Pão francês	Pão integral
Calorias	274	269	286
Proteínas (g)	7,5	9,3	9,4
Fibra (g)	0,3	0,5	1,0
Cálcio (mg)	12	22	49
Fósforo (mg)	70	107	209
Ferro (mg)	1,2	1,2	3,6

Fonte: *Tabela de composição de alimentos*. Rio de Janeiro: IBGE, 1999.

Na tabela acima, estão representadas as quantidades de calorias, proteínas, fibra, cálcio, fósforo e ferro, encontradas em 100 g de alguns tipos de pão.

a) Calcule a razão entre a quantidade de fibra encontrada em 100 g de pão integral e em 100 g de pão doce.

b) Qual é o tipo de pão mais rico em minerais? E o mais pobre em proteínas?

c) Considere que um pão francês ou integral, vendido em uma padaria, tenha massa aproximada de 50 g. Diariamente, um casal compra dois pãezinhos: um integral, para ela, e um francês, para ele. Em uma semana, quantos mg de ferro ela terá ingerido a mais que ele? E de fósforo?

Thinkstock/Getty Images

IGUALDADE DE MATRIZES

Elementos correspondentes

Dadas duas matrizes de mesmo tipo (ou forma, ou formato), $A = \begin{pmatrix} a_{11} & a_{12} & \dots & a_{1n} \\ a_{21} & a_{22} & \dots & a_{2n} \\ \vdots & \vdots & & \vdots \\ a_{m1} & a_{m2} & \dots & a_{mn} \end{pmatrix}_{m \times n}$ e $B = \begin{pmatrix} b_{11} & b_{12} & \dots & b_{1n} \\ b_{21} & b_{22} & \dots & b_{2n} \\ \vdots & \vdots & & \vdots \\ b_{m1} & b_{m2} & \dots & b_{mn} \end{pmatrix}_{m \times n}$, dizemos que elementos de mesmo índice (linha e coluna) são correspondentes.

Assim:

- a_{11} e b_{11} são correspondentes;
- a_{12} e b_{12} são correspondentes;

$\vdots \quad \vdots$

- a_{mn} e b_{mn} são correspondentes.

Igualdade

Duas matrizes, A e B, de mesmo tipo, $m \times n$, são iguais quando todos os seus elementos correspondentes são iguais, isto é, sendo $A = (a_{ij})_{m \times n}$ e $B = (b_{ij})_{m \times n}$, temos que $A = B$ quando $a_{ij} = b_{ij}$, para todo i ($i = 1, 2, \dots, m$) e para todo j ($j = 1, 2, \dots, n$).

Por exemplo, para que as matrizes $A = \begin{pmatrix} a & 1 \\ 2 & b \end{pmatrix}$ e $B = \begin{pmatrix} 3 & d \\ c & -5 \end{pmatrix}$ sejam iguais, devemos ter: $\begin{cases} a = 3 \\ 1 = d \\ 2 = c \\ b = -5 \end{cases}$

EXERCÍCIO RESOLVIDO

2. Para que valores de *m* vale a igualdade $\begin{pmatrix} 0 & 1 & 2 \\ -3 & m+1 & -1 \end{pmatrix} = \begin{pmatrix} 1-m^2 & 1 & 2 \\ -3 & 0 & 2m+1 \end{pmatrix}$?

Solução:

Devemos impor que os elementos correspondentes sejam iguais. Temos:

$$\begin{cases} 0 = 1 - m^2 \Rightarrow m = -1 \text{ ou } m = 1 & (1) \\ m + 1 = 0 \Rightarrow m = -1 & (2) \\ -1 = 2m + 1 \Rightarrow m = -1 & (3) \end{cases}$$

Como as condições (1), (2) e (3) devem ser satisfeitas simultaneamente, o valor de *m* é −1.

EXERCÍCIOS

16. Determine *a*, *b*, *c* e *d* para que se tenha:

$$\begin{pmatrix} a & 1 \\ 4 & c \end{pmatrix} = \begin{pmatrix} 2 & b \\ d & 6 \end{pmatrix}$$

17. Determine *x*, *y* e *z* que satisfaçam:

$$\begin{pmatrix} x+y & 2 \\ 4 & x-y \end{pmatrix} = \begin{pmatrix} 7 & z \\ z^2 & 1 \end{pmatrix}$$

18. Em cada item determine, caso exista, o número real m que satisfaça a igualdade:

a) $\begin{pmatrix} m-1 & 0 \\ 1-m & m \end{pmatrix} = \begin{pmatrix} 3 & 2m \\ -3 & 4 \end{pmatrix}$

b) $\begin{pmatrix} 9-m^2 & 1 \\ -3 & 7 \end{pmatrix} = \begin{pmatrix} 0 & 1 \\ m & 7 \end{pmatrix}$

19. Determine os valores de p e q de modo que as matrizes $\begin{pmatrix} p+q & -2 \\ 0 & 2p-q \end{pmatrix}$ e $\begin{pmatrix} 6 & -2 \\ 0 & 3 \end{pmatrix}$ sejam iguais.

20. Seja $A = (a_{ij})_{2 \times 3}$, em que $a_{ij} = i + j$. Determine m, n e p em $B = \begin{pmatrix} m+n & 3 & m-2p \\ n+1 & n-p & 5 \end{pmatrix}$, a fim de que tenhamos $A = B$.

21. Determine os valores de a, b, c, d, e e f que tornam verdadeira a igualdade:

$$\begin{bmatrix} a+3 & b+2 & c+1 \\ d & 5-e & 2f \end{bmatrix}^t = 0_{3 \times 2}$$

22. Uma matriz quadrada A é dita simétrica quando $A = A^t$.

a) Entre as matrizes seguintes, quais são simétricas?

$A = \begin{pmatrix} 0 & -3 \\ -3 & 5 \end{pmatrix}$, $B = \begin{pmatrix} 5 & -5 \\ 5 & -5 \end{pmatrix}$, $C = \begin{pmatrix} \text{sen}\, \pi & \cos \pi \\ \text{sen}\, \frac{3\pi}{2} & \cos \frac{3\pi}{2} \end{pmatrix}$

b) Sabendo que a matriz $\begin{pmatrix} 3 & 2 & y \\ x & -2 & 5 \\ 3 & z & 1 \end{pmatrix}$ é simétrica, qual é o valor de $x + 2y - z$?

ADIÇÃO DE MATRIZES

Introdução

As tabelas abaixo representam as vendas, em uma concessionária, de dois veículos 0 km, modelos A e B, de acordo com o tipo de combustível, durante os dois primeiros meses de determinado ano:

Janeiro

Modelo \ Combustível	Flex	Gasolina	Álcool
A	4 453	1 985	415
B	2 693	1 378	289

Fevereiro

Modelo \ Combustível	Flex	Gasolina	Álcool
A	5 893	2 031	531
B	3 412	1 597	402

De que maneira podemos determinar as vendas de cada tipo de veículo no primeiro bimestre desse ano? Intuitivamente, sabemos que é preciso somar os elementos correspondentes das tabelas. Usando matrizes, temos:

$$\begin{bmatrix} 4453 & 1985 & 415 \\ 2693 & 1378 & 289 \end{bmatrix} + \begin{bmatrix} 5893 & 2031 & 531 \\ 3412 & 1597 & 402 \end{bmatrix} = \begin{bmatrix} 10346 & 4016 & 946 \\ 6105 & 2975 & 691 \end{bmatrix}$$

Definição

Dadas duas matrizes do mesmo tipo, $A = (a_{ij})_{m \times n}$ e $B = (b_{ij})_{m \times n}$, a soma de A com B (representa-se por $A + B$) é a matriz $C = (c_{ij})_{m \times n}$, em que $c_{ij} = a_{ij} + b_{ij}$, para $1 \leq i \leq m$ e $1 \leq j \leq n$.

Em outras palavras, a matriz soma C é do mesmo tipo que A e B e cada um de seus elementos é a soma de elementos correspondentes de A e B. Observe os exemplos a seguir.

- $\begin{bmatrix} 3 & -4 & 2 \\ -1 & 5 & 3 \end{bmatrix} + \begin{bmatrix} 0 & -1 & \frac{1}{2} \\ -3 & -4 & -1 \end{bmatrix} = \begin{bmatrix} 3 & -5 & \frac{5}{2} \\ -4 & 1 & 2 \end{bmatrix}$

- $\begin{pmatrix} 0 & -2 \\ 1 & 3 \end{pmatrix} + \begin{pmatrix} 1,2 & -1 \\ 4 & -3 \end{pmatrix} = \begin{pmatrix} 1,2 & -3 \\ 5 & 0 \end{pmatrix}$

EXERCÍCIO RESOLVIDO

3. Resolver a equação matricial A + X = B, sendo $A = \begin{bmatrix} 3 & 2 & 1 \\ -1 & -4 & 2 \end{bmatrix}$ e $B = \begin{bmatrix} 7 & 5 & 1 \\ 1 & 6 & 7 \end{bmatrix}$.

Solução:

Uma equação matricial é aquela em que a incógnita é uma matriz.

A matriz procurada é do tipo 2 × 3 e podemos representá-la por $X = \begin{bmatrix} a & b & c \\ d & e & f \end{bmatrix}$.

Temos:

$$\begin{bmatrix} 3 & 2 & 1 \\ -1 & -4 & 2 \end{bmatrix} + \begin{bmatrix} a & b & c \\ d & e & f \end{bmatrix} = \begin{bmatrix} 7 & 5 & 1 \\ 1 & 6 & 7 \end{bmatrix}$$

Daí:

$$\begin{bmatrix} 3+a & 2+b & 1+c \\ -1+d & -4+e & 2+f \end{bmatrix} = \begin{bmatrix} 7 & 5 & 1 \\ 1 & 6 & 7 \end{bmatrix}$$

Do conceito de igualdade, vem:

$3 + a = 7 \Rightarrow a = 4$ $\qquad$ $2 + b = 5 \Rightarrow b = 3$ $\qquad$ $1 + c = 1 \Rightarrow c = 0$

$-1 + d = 1 \Rightarrow d = 2$ $\qquad$ $-4 + e = 6 \Rightarrow e = 10$ $\qquad$ $2 + f = 7 \Rightarrow f = 5$

Logo, $X = \begin{bmatrix} 4 & 3 & 0 \\ 2 & 10 & 5 \end{bmatrix}$.

Propriedades

Sendo A, B e C matrizes do mesmo tipo (m × n) e $0_{m \times n}$ a matriz nula, do tipo m × n, valem as seguintes propriedades para a adição de matrizes:

I. **Comutativa**: A + B = B + A

II. **Associativa**: (A + B) + C = A + (B + C)

III. **Existência do elemento neutro**: existe M tal que A + M = A, qualquer que seja a matriz $A_{(m \times n)}$.
Observe que, nesse caso, M é a matriz nula do tipo m × n.

IV. **Existência do oposto (ou simétrico)**: existe A' tal que $A + A' = 0_{m \times n}$.

A demonstração dessas propriedades é simples, uma vez que elas estão diretamente relacionadas às propriedades da adição de números reais.

Para exemplificar, vejamos a demonstração das propriedades II e III.

- Para a propriedade II, dadas as matrizes $A = (a_{ij})_{m \times n}$, $B = (b_{ij})_{m \times n}$ e $C = (c_{ij})_{m \times n}$, temos que:

$$(A + B) + C = D = (d_{ij})_{m \times n} \quad \text{e} \quad A + (B + C) = E = (e_{ij})_{m \times n}$$

Queremos mostrar que D = E.

Para todo i ∈ {1, 2, ..., m} e para todo j ∈ {1, 2, ..., n}, temos que:

$$d_{ij} = (a_{ij} + b_{ij}) + c_{ij}$$

Usando a propriedade associativa da adição de números reais, podemos escrever:

$$d_{ij} = a_{ij} + (b_{ij} + c_{ij}) = e_{ij} \text{ e, então, } D = E \text{, isto é, } (A + B) + C = A + (B + C)$$

- Para a propriedade III, de A + M = A, vem: $a_{ij} + m_{ij} = a_{ij}$, para todo *i* e todo *j*, ou seja, $m_{ij} = 0$. Assim $M = 0_{m \times n}$, ou seja, o elemento neutro da adição é a matriz nula do tipo m × n.

MATRIZ OPOSTA

Seja a matriz $A = (a_{ij})_{m \times n}$. Chama-se **oposta de A** à matriz representada por **−A**, tal que $A + (-A) = 0_{m \times n}$, sendo $0_{m \times n}$ a matriz nula do tipo $m \times n$.

Observe que a matriz −A é obtida de A trocando-se o sinal de cada um de seus elementos:

- $A = \begin{bmatrix} 3 & \frac{1}{3} & -1 \\ -2 & 4 & 0 \end{bmatrix}$; então, $-A = \begin{bmatrix} -3 & -\frac{1}{3} & 1 \\ 2 & -4 & 0 \end{bmatrix}$.

- $B = \begin{bmatrix} 7 & -4 \\ 0{,}5 & 5 \end{bmatrix}$; então, $-B = \begin{bmatrix} -7 & 4 \\ -0{,}5 & -5 \end{bmatrix}$.

SUBTRAÇÃO DE MATRIZES

Definição

Dadas duas matrizes do mesmo tipo, $A = (a_{ij})_{m \times n}$ e $B = (b_{ij})_{m \times n}$, chama-se diferença entre A e B (representa-se por A − B) a matriz soma de A com a oposta de B, isto é:

$$A - B = A + (-B)$$

Observe os casos a seguir:

- $\begin{pmatrix} 2 & 5 \\ -1 & 6 \\ 4 & -2 \end{pmatrix} - \begin{pmatrix} -2 & 3 \\ 2 & 5 \\ 3 & -1 \end{pmatrix} = \begin{pmatrix} 2 & 5 \\ -1 & 6 \\ 4 & -2 \end{pmatrix} + \begin{pmatrix} 2 & -3 \\ -2 & -5 \\ -3 & 1 \end{pmatrix} = \begin{pmatrix} 4 & 2 \\ -3 & 1 \\ 1 & -1 \end{pmatrix}$

- $\begin{pmatrix} 0 & 1 \\ -3 & 2 \end{pmatrix} - \begin{pmatrix} 1 & -1 \\ -2 & 5 \end{pmatrix} = \begin{pmatrix} 0 & 1 \\ -3 & 2 \end{pmatrix} + \begin{pmatrix} -1 & 1 \\ 2 & -5 \end{pmatrix} = \begin{pmatrix} -1 & 2 \\ -1 & -3 \end{pmatrix}$

EXERCÍCIO RESOLVIDO

4. Resolver a equação $X - A + B = C$, sendo: $A = \begin{pmatrix} 1 \\ 3 \\ -2 \end{pmatrix}$, $B = \begin{pmatrix} 0 \\ 4 \\ -5 \end{pmatrix}$ e $C = \begin{pmatrix} 2 \\ -2 \\ 3 \end{pmatrix}$.

Solução:

1º modo:

A matriz X procurada é do tipo 3 × 1, e a representaremos por $X = \begin{pmatrix} m \\ n \\ p \end{pmatrix}$.

Temos:

$$X - A + B = C \Rightarrow \begin{pmatrix} m \\ n \\ p \end{pmatrix} - \begin{pmatrix} 1 \\ 3 \\ -2 \end{pmatrix} + \begin{pmatrix} 0 \\ 4 \\ -5 \end{pmatrix} = \begin{pmatrix} 2 \\ -2 \\ 3 \end{pmatrix} \Rightarrow \begin{pmatrix} m-1 \\ n+1 \\ p-3 \end{pmatrix} = \begin{pmatrix} 2 \\ -2 \\ 3 \end{pmatrix} \Rightarrow \begin{cases} m-1 = 2 \Rightarrow m = 3 \\ n+1 = -2 \Rightarrow n = -3 \\ p-3 = 3 \Rightarrow p = 6 \end{cases} \Rightarrow X = \begin{pmatrix} 3 \\ -3 \\ 6 \end{pmatrix}$$

2º modo:

Vamos usar as propriedades de adição de matrizes:

$$X - A + B = C \Rightarrow X - A + B + (-B) = C + (-B) \Rightarrow X - A = C - B \Rightarrow X - A + A = C - B + A \Rightarrow \boxed{X = C - B + A}$$

Assim:

$$X = \begin{pmatrix} 2 \\ -2 \\ 3 \end{pmatrix} - \begin{pmatrix} 0 \\ 4 \\ -5 \end{pmatrix} + \begin{pmatrix} 1 \\ 3 \\ -2 \end{pmatrix} \Rightarrow X = \begin{pmatrix} 3 \\ -3 \\ 6 \end{pmatrix}$$

EXERCÍCIOS

23. Calcule:

a) $\begin{pmatrix} 5 & 7 \\ 9 & 4 \end{pmatrix} + \begin{pmatrix} 6 & -2 \\ 5 & 8 \end{pmatrix}$

b) $\begin{bmatrix} 0 & -1 \\ 2 & 5 \\ 4 & 1 \end{bmatrix} + \begin{bmatrix} 11 & 17 \\ 0 & 2 \\ -3 & 4 \end{bmatrix}$

c) $\begin{pmatrix} 1 & 5 & 0 & 4 \end{pmatrix} - \begin{pmatrix} 6 & 6 & 8 & 7 \end{pmatrix}$

d) $\begin{bmatrix} 1 & 1 & 1 \\ 2 & 3 & 4 \\ -1 & -2 & -5 \end{bmatrix} - \begin{bmatrix} 0 & 1 & 2 \\ 1 & 1 & 3 \\ -3 & -2 & -7 \end{bmatrix}$

24. Sejam $A = \begin{pmatrix} 12 & 1 \\ 9 & 5 \end{pmatrix}$, $B = \begin{pmatrix} 8 & 11 \\ 3 & 6 \end{pmatrix}$ e $C = \begin{pmatrix} 2 & 4 \\ 10 & 7 \end{pmatrix}$.

Determine as matrizes:

a) $A + B + C$

b) $A - B + C$

c) $A - (B + C)$

25. Sejam as matrizes $A = (a_{ij})_{10 \times 12}$, em que $a_{ij} = 2i - j$, e $B = (b_{ij})_{10 \times 12}$, em que $b_{ij} = i + j$. Seja $C = A + B$, em que $c_{ij} = a_{ij} + b_{ij}$. Determine os elementos:

a) c_{78}

b) $c_{10\,12}$

26. Resolva as seguintes equações matriciais:

a) $X + \begin{pmatrix} 4 & 3 \\ 1 & 1 \\ 2 & 0 \end{pmatrix} = \begin{pmatrix} 5 & 0 \\ 2 & 3 \\ 7 & 8 \end{pmatrix}$

b) $X - \begin{pmatrix} 1 & 4 & 7 \\ -2 & 5 & -3 \end{pmatrix} = \begin{pmatrix} -1 & 2 & 11 \\ -3 & 4 & 1 \end{pmatrix}$

c) $\begin{pmatrix} \frac{1}{2} & 1 \\ 0 & 2 \end{pmatrix} + \begin{pmatrix} \frac{3}{2} & 4 \\ 3 & 7 \end{pmatrix} = X - \begin{pmatrix} -1 & -3 \\ -2 & 4 \end{pmatrix}$

27. As tabelas a seguir indicam o número de faltas de três alunos (A, B e C) em cinco disciplinas (Língua Portuguesa, Matemática, Biologia, História e Física, representadas por suas iniciais), nos meses de março e abril.

	Março				
	LP	**M**	**B**	**H**	**F**
Aluno A	2	1	0	4	2
Aluno B	1	0	2	1	1
Aluno C	5	4	2	2	2

	Abril				
	LP	**M**	**B**	**H**	**F**
Aluno A	1	2	0	1	3
Aluno B	0	1	1	3	1
Aluno C	3	1	3	2	3

a) Qual matriz representa o número de faltas desses alunos no primeiro bimestre?

b) No primeiro bimestre, qual aluno teve o maior número de faltas em Língua Portuguesa? E em Matemática? E em História?

28. Uma matriz quadrada A é dita antissimétrica quando $A = -A^t$.

a) A matriz $\begin{pmatrix} 0 & 5 \\ -5 & 0 \end{pmatrix}$ é antissimétrica? E a matriz $\begin{pmatrix} 1 & 0 \\ 0 & -1 \end{pmatrix}$?

b) Existe algum valor real de m para o qual a matriz $\begin{bmatrix} 0 & m \\ -2 & 3 \end{bmatrix}$ é antissimétrica? Determine-o, se existir.

29. Determine a matriz X, tal que $(X + A)^t = B$, sendo:

$$A = \begin{bmatrix} 4 & 2 \\ -1 & 0 \\ 5 & 1 \end{bmatrix} \text{ e } B = \begin{bmatrix} 1 & -2 & 4 \\ 5 & 6 & 0 \end{bmatrix}$$

MULTIPLICAÇÃO DE UM NÚMERO REAL POR UMA MATRIZ

Definição

Seja a matriz $A = (a_{ij})_{m \times n}$ e k um número real. O produto de k pela matriz A (indica-se: $k \cdot A$) é a matriz $B = (b_{ij})_{m \times n}$, em que $b_{ij} = k \cdot a_{ij}$, para todo $i \in \{1, 2, ..., m\}$ e para todo $j \in \{1, 2, ..., n\}$.

Isso significa que B é obtida de A multiplicando-se por k cada um dos elementos de A.

Observe os casos a seguir:

- Se $A = \begin{pmatrix} 2 & 4 & 7 \end{pmatrix}$, então $3 \cdot A = \begin{pmatrix} 6 & 12 & 21 \end{pmatrix}$.
- Se $A = \begin{bmatrix} 4 & 6 \\ 10 & 1 \end{bmatrix}$, então $\frac{1}{2} \cdot A = \begin{bmatrix} 2 & 3 \\ 5 & \frac{1}{2} \end{bmatrix}$.
- Se $A = \begin{pmatrix} -1 & 4 & \sqrt{2} \\ \frac{1}{2} & -3 & 0 \end{pmatrix}$, então $(-2) \cdot A = \begin{pmatrix} 2 & -8 & -2\sqrt{2} \\ -1 & 6 & 0 \end{pmatrix}$.

Propriedades

Sejam k e ℓ números reais e A e B matrizes do mesmo tipo. Valem as seguintes propriedades:

I. $k \cdot (\ell \cdot A) = (k \cdot \ell) \cdot A$

II. $k \cdot (A + B) = k \cdot A + k \cdot B$

III. $(k + \ell) \cdot A = k \cdot A + \ell \cdot A$

IV. $1 \cdot A = A$

A título de exemplo, façamos a prova da propriedade II. As demais são análogas.

Dadas as matrizes $A = (a_{ij})_{m \times n}$ e $B = (b_{ij})_{m \times n}$ e sendo $k \in \mathbb{R}$, temos:

$$k \cdot (A + B) = C = (c_{ij})_{m \times n}; \quad k \cdot A = D = (d_{ij})_{m \times n} \quad \text{e} \quad k \cdot B = E = (e_{ij})_{m \times n}$$

Vamos mostrar que $C = D + E$.

Para todo $i \in \{1, 2, ..., m\}$ e todo $j \in \{1, 2, ..., n\}$, temos que:

$$c_{ij} = k \cdot (a_{ij} + b_{ij})$$

Usando a propriedade distributiva da multiplicação em relação à adição, para números reais, temos:

$$c_{ij} = k \cdot a_{ij} + k \cdot b_{ij} = d_{ij} + e_{ij}$$

Daí, podemos concluir que $C = D + E$, isto é: $k \cdot (A + B) = k \cdot A + k \cdot B$

EXERCÍCIOS

30. Dada a matriz $A = \begin{pmatrix} 1 & 2 & 3 \\ -3 & 5 & -1 \end{pmatrix}$, obtenha as matrizes:

a) $4 \cdot A$ b) $\frac{1}{3} \cdot A$ c) $-2 \cdot A$

31. Sejam as matrizes $A = \begin{pmatrix} 2 & 4 \\ 1 & 5 \\ 0 & 7 \end{pmatrix}$ e $B = \begin{pmatrix} 3 & -2 \\ -1 & 6 \\ 9 & 8 \end{pmatrix}$.

Determine as seguintes matrizes:

a) $3A + B$ b) $A - 3B$

32. Sejam as matrizes $A = \begin{pmatrix} 1 & 4 & 1 \\ 2 & 1 & 3 \\ 1 & 4 & 1 \end{pmatrix}$ e $B = (b_{ij})_{3 \times 3}$, em que $b_{ij} = 2i - 3j$. Determine as matrizes:

a) $3A + 4B$ b) $2A^t - B^t$

33. Resolva a equação matricial:

$$\begin{pmatrix} -7 & 2 & 1 \\ 6 & 4 & -3 \end{pmatrix} + 2 \cdot X = \begin{pmatrix} 11 & 0 & 3 \\ 8 & 12 & 5 \end{pmatrix}$$

34. Dadas as matrizes

$$A = \begin{pmatrix} \frac{1}{2} & \frac{3}{2} \\ \frac{1}{2} & 0 \end{pmatrix}, B = \begin{pmatrix} 4 & 3 \\ 1 & 2 \end{pmatrix} \text{ e } C = \begin{pmatrix} 0 & \frac{1}{2} \\ -\frac{1}{2} & 0 \end{pmatrix},$$

determine a matriz X que verifica a equação $2A + B = X + 2C$.

35. Determine a matriz X que satisfaça a equação:

$$2 \cdot X^t + A = B,$$

sendo $A = \begin{bmatrix} 4 & 3 & 2 \\ -1 & 0 & 5 \end{bmatrix}$ e $B = \begin{bmatrix} -2 & 1 & -6 \\ 1 & 4 & 3 \end{bmatrix}$.

36. Resolva o sistema $\begin{cases} 2X + Y = \begin{pmatrix} -2 & 8 & -4 \\ 17 & -13 & 20 \end{pmatrix} \\ 3X + 2Y = \begin{pmatrix} -5 & 13 & -6 \\ 29 & -20 & 33 \end{pmatrix} \end{cases}$

MULTIPLICAÇÃO DE MATRIZES

Introdução

A tabela abaixo representa as notas obtidas em um curso de espanhol pelos alunos X, Y e Z, em cada bimestre do ano letivo.

	1º bimestre	2º bimestre	3º bimestre	4º bimestre
Aluno X	7	8	6	8
Aluno Y	4	5	5	7
Aluno Z	8	7	9	10

Para calcular a nota final do ano, o professor deve fazer uma média ponderada usando como pesos, respectivamente, 1, 2, 3 e 4. Assim, a média de cada aluno será determinada pela fórmula:

$$\frac{(1^\circ \text{ bim.} \times 1) + (2^\circ \text{ bim.} \times 2) + (3^\circ \text{ bim.} \times 3) + (4^\circ \text{ bim.} \times 4)}{1 + 2 + 3 + 4}$$

que equivale a fazer:

$$(1^\circ \text{ bim.} \times 0{,}1) + (2^\circ \text{ bim.} \times 0{,}2) + (3^\circ \text{ bim.} \times 0{,}3) + (4^\circ \text{ bim.} \times 0{,}4)$$

Podemos representar a tabela das notas bimestrais pela matriz:

$$A = \begin{bmatrix} 7 & 8 & 6 & 8 \\ 4 & 5 & 5 & 7 \\ 8 & 7 & 9 & 10 \end{bmatrix}$$

Vamos representar os pesos dos bimestres pela matriz:

$$B = \begin{bmatrix} 0{,}1 \\ 0{,}2 \\ 0{,}3 \\ 0{,}4 \end{bmatrix}$$

Vamos calcular as médias dos alunos:

- aluno X: $(7 \times 0{,}1) + (8 \times 0{,}2) + (6 \times 0{,}3) + (8 \times 0{,}4) = 7{,}3$
- aluno Y: $(4 \times 0{,}1) + (5 \times 0{,}2) + (5 \times 0{,}3) + (7 \times 0{,}4) = 5{,}7$
- aluno Z: $(8 \times 0{,}1) + (7 \times 0{,}2) + (9 \times 0{,}3) + (10 \times 0{,}4) = 8{,}9$

Essas médias podem ser registradas em uma matriz C, que é o produto da matriz A (notas) pela matriz B (pesos):

$$C = \begin{bmatrix} 7{,}3 \\ 5{,}7 \\ 8{,}9 \end{bmatrix}$$

A ideia utilizada para obter a matriz C será usada agora para definirmos matematicamente a multiplicação de matrizes.

Definição

Dadas as matrizes $A = (a_{ij})_{m \times n}$ e $B = (b_{jk})_{n \times p}$, chama-se **produto de A por B**, e se indica por $A \cdot B$, a matriz $C = (c_{ik})_{m \times p}$, em que $c_{ik} = a_{i1} \cdot b_{1k} + a_{i2} \cdot b_{2k} + a_{i3} \cdot b_{3k} + \dots + a_{in} \cdot b_{nk}$; para todo $i \in \{1, 2, \dots, m\}$ e todo $k \in \{1, 2, \dots, p\}$.

Acompanhe o procedimento que devemos seguir para obtermos o elemento c_{ik} da matriz C:

1º) Tomamos ordenadamente os *n* elementos da linha *i* da matriz A: $a_{i1}, a_{i2}, \dots, a_{in}$. ①

2º) Tomamos ordenadamente os *n* elementos da coluna *k* da matriz B: $b_{1k}, b_{2k}, \dots, b_{nk}$. ②

3º) Multiplicamos o 1º elemento de ① pelo 1º elemento de ②, o 2º elemento de ① pelo 2º elemento de ②, e assim sucessivamente.

4º) Somamos os produtos obtidos.

Assim:

$$c_{ik} = a_{i1} \cdot b_{1k} + a_{i2} \cdot b_{2k} + \dots + a_{in} \cdot b_{nk}$$

Observações

- A definição garante a existência do produto $A \cdot B$ se o número de colunas de A é igual ao número de linhas de B.
- A matriz produto $C = A \cdot B$ é uma matriz cujo número de linhas é igual ao número de linhas de A e o número de colunas é igual ao número de colunas de B. Observemos o esquema abaixo:

$$A_{(m \times \mathbf{n})} \cdot B_{(\mathbf{n} \times p)} = C_{(m \times p)}$$

garante a existência do produto

Exemplo 1

Dadas as matrizes $A = \begin{pmatrix} 2 & 3 & 1 \\ -1 & 0 & 2 \end{pmatrix}$ e $B = \begin{pmatrix} 1 & -2 \\ 0 & 5 \\ 4 & 1 \end{pmatrix}$, vamos determinar, se existirem, AB e BA.

- Como A é do tipo 2×3 e B é do tipo 3×2, segue que $C = A \cdot B$ existe e é do tipo 2×2. Escrevendo os elementos de C em sua forma genérica, temos $C = \begin{pmatrix} c_{11} & c_{12} \\ c_{21} & c_{22} \end{pmatrix}_{2 \times 2}$.

  Da definição, vem:

  - c_{11} (linha 1 de A e coluna 1 de B): $c_{11} = 2 \cdot 1 + 3 \cdot 0 + 1 \cdot 4 = 6$

    $\begin{matrix} 2 & 3 & 1 \end{matrix} \quad \begin{matrix} 1 \\ 0 \\ 4 \end{matrix}$

  - c_{12} (linha 1 de A e coluna 2 de B): $c_{12} = 2 \cdot (-2) + 3 \cdot 5 + 1 \cdot 1 = 12$

    $\begin{matrix} 2 & 3 & 1 \end{matrix} \quad \begin{matrix} -2 \\ 5 \\ 1 \end{matrix}$

  - c_{21} (linha 2 de A e coluna 1 de B): $c_{21} = (-1) \cdot 1 + 0 \cdot 0 + 2 \cdot 4 = 7$

    $\begin{matrix} -1 & 0 & 2 \end{matrix} \quad \begin{matrix} 1 \\ 0 \\ 4 \end{matrix}$

- c_{22} (linha 2 de A e coluna 2 de B): $c_{22} = (-1) \cdot (-2) + 0 \cdot 5 + 2 \cdot 1 = 4$

$$\begin{matrix} -1 & 0 & 2 \end{matrix} \qquad \begin{matrix} -2 \\ 5 \\ 1 \end{matrix}$$

Assim, $C = \begin{pmatrix} 6 & 12 \\ 7 & 4 \end{pmatrix}$.

- Como B é do tipo 3×2 e A é do tipo 2×3, segue que $D = B \cdot A$ existe e é do tipo 3×3.

Assim, $D = \begin{pmatrix} 1 & -2 \\ 0 & 5 \\ 4 & 1 \end{pmatrix} \cdot \begin{pmatrix} 2 & 3 & 1 \\ -1 & 0 & 2 \end{pmatrix} = \begin{pmatrix} d_{11} & d_{12} & d_{13} \\ d_{21} & d_{22} & d_{23} \\ d_{31} & d_{32} & d_{33} \end{pmatrix}$.

Aplicando a definição, vem:

- d_{11} (linha 1 de B e coluna 1 de A): $d_{11} = 1 \cdot 2 + (-2) \cdot (-1) = 4$

$$\begin{matrix} 1 & -2 \end{matrix} \qquad \begin{matrix} 2 \\ -1 \end{matrix}$$

- d_{12} (linha 1 de B e coluna 2 de A): $d_{12} = 1 \cdot 3 + (-2) \cdot 0 = 3$

$$\begin{matrix} 1 & -2 \end{matrix} \qquad \begin{matrix} 3 \\ 0 \end{matrix}$$

- d_{13} (linha 1 de B e coluna 3 de A): $d_{13} = 1 \cdot 1 + (-2) \cdot 2 = -3$

$$\begin{matrix} 1 & -2 \end{matrix} \qquad \begin{matrix} 1 \\ 2 \end{matrix}$$

- d_{21} (linha 2 de B e coluna 1 de A): $d_{21} = 0 \cdot 2 + 5\,(-1) = -5$

$$\begin{matrix} 0 & 5 \end{matrix} \qquad \begin{matrix} 2 \\ -1 \end{matrix}$$

- d_{22} (linha 2 de B e coluna 2 de A): $d_{22} = 0 \cdot 3 + 5 \cdot 0 = 0$

$$\begin{matrix} 0 & 5 \end{matrix} \qquad \begin{matrix} 3 \\ 0 \end{matrix}$$

- d_{23} (linha 2 de B e coluna 3 de A): $d_{23} = 0 \cdot 1 + 5 \cdot 2 = 10$

$$\begin{matrix} 0 & 5 \end{matrix} \qquad \begin{matrix} 1 \\ 2 \end{matrix}$$

- d_{31} (linha 3 de B e coluna 1 de A): $d_{31} = 4 \cdot 2 + 1 \cdot (-1) = 7$

$$\begin{matrix} 4 & 1 \end{matrix} \qquad \begin{matrix} 2 \\ -1 \end{matrix}$$

- d_{32} (linha 3 de B e coluna 2 de A): $d_{32} = 4 \cdot 3 + 1 \cdot 0 = 12$

$$\begin{matrix} 4 & 1 \end{matrix} \qquad \begin{matrix} 3 \\ 0 \end{matrix}$$

- d_{33} (linha 3 de B e coluna 3 de A): $d_{33} = 4 \cdot 1 + 1 \cdot 2 = 6$

$$\begin{matrix} 4 & 1 \end{matrix} \qquad \begin{matrix} 1 \\ 2 \end{matrix}$$

Logo, $D = \begin{pmatrix} 4 & 3 & -3 \\ -5 & 0 & 10 \\ 7 & 12 & 6 \end{pmatrix}$.

Observe, neste exemplo, que $C = A \cdot B$ é uma matriz 2×2 e $D = B \cdot A$ é uma matriz 3×3.

Exemplo 2

Dadas as matrizes $A = \begin{bmatrix} -1 & 2 \\ 0 & 5 \end{bmatrix}$ e $B = \begin{bmatrix} 1 & -3 \\ 1 & 2 \end{bmatrix}$, vamos determinar, se existirem, $A \cdot B$ e $B \cdot A$.

Como A é do tipo 2×2 e B também, concluímos que existem $A \cdot B$ e $B \cdot A$, pois:

$A_{2 \times \underline{2}} \cdot B_{\underline{2} \times 2} \Rightarrow A \cdot B$ é do tipo 2×2

$B_{2 \times \underline{2}} \cdot A_{\underline{2} \times 2} \Rightarrow B \cdot A$ é do tipo 2×2

Temos:

$$A \cdot B = \begin{bmatrix} -1 & 2 \\ 0 & 5 \end{bmatrix} \cdot \begin{bmatrix} 1 & -3 \\ 1 & 2 \end{bmatrix} = \begin{bmatrix} c_{11} & c_{12} \\ c_{21} & c_{22} \end{bmatrix}$$

$c_{11} = (-1) \cdot 1 + 2 \cdot 1 = 1$ $\qquad$ $c_{12} = (-1) \cdot (-3) + 2 \cdot 2 = 7$

$c_{21} = 0 \cdot 1 + 5 \cdot 1 = 5$ $\qquad$ $c_{22} = 0 \cdot (-3) + 5 \cdot 2 = 10$

Daí, $A \cdot B = \begin{bmatrix} 1 & 7 \\ 5 & 10 \end{bmatrix}$

$$B \cdot A = \begin{bmatrix} 1 & -3 \\ 1 & 2 \end{bmatrix} \cdot \begin{bmatrix} -1 & 2 \\ 0 & 5 \end{bmatrix} = \begin{bmatrix} d_{11} & d_{12} \\ d_{21} & d_{22} \end{bmatrix}$$

$d_{11} = 1 \cdot (-1) + (-3) \cdot 0 = -1$ $\qquad$ $d_{12} = 1 \cdot 2 + (-3) \cdot 5 = -13$

$d_{21} = 1 \cdot (-1) + 2 \cdot 0 = -1$ $\qquad$ $d_{22} = 1 \cdot 2 + 2 \cdot 5 = 12$

Daí, $B \cdot A = \begin{bmatrix} -1 & -13 \\ -1 & 12 \end{bmatrix}$

Observe, neste exemplo, que $A \cdot B \neq B \cdot A$.

EXERCÍCIOS

37. Determine, se existirem, os produtos:

a) $\begin{bmatrix} 1 & 2 \\ 3 & 4 \end{bmatrix} \cdot \begin{bmatrix} 2 & 3 \\ -2 & 1 \end{bmatrix}$

b) $\begin{bmatrix} 1 & -2 \\ 3 & 4 \end{bmatrix} \cdot \begin{bmatrix} -2 & 3 & 2 & -1 \\ -1 & 0 & 0 & -4 \end{bmatrix}$

c) $\begin{pmatrix} -2 & 1 \\ 0 & 3 \end{pmatrix} \cdot \begin{bmatrix} 1 & -2 \\ -1 & -4 \\ 2 & 4 \end{bmatrix}$

d) $\begin{bmatrix} 3 & 4 & 1 \\ 5 & 6 & 1 \\ 7 & 8 & 1 \end{bmatrix} \cdot \begin{bmatrix} 2 \\ -3 \\ 4 \end{bmatrix}$

e) $\begin{bmatrix} -5 & 0 \\ -1 & 3 \\ 1 & 1 \\ 2 & 2 \end{bmatrix} \cdot \begin{bmatrix} 3 & -2 \\ 1 & 5 \end{bmatrix}$

f) $\begin{pmatrix} 2 \\ 3 \\ 5 \end{pmatrix} \cdot \begin{pmatrix} 6 & -2 & 8 \end{pmatrix}$

g) $\begin{pmatrix} 4 \\ 3 \end{pmatrix} \cdot \begin{pmatrix} 1 \\ 0 \end{pmatrix}$

h) $\begin{pmatrix} 1 & 2 & -1 \\ 0 & 3 & 1 \\ 5 & -2 & 2 \end{pmatrix} \cdot \begin{pmatrix} 3 & 0 & 1 \\ 4 & -1 & 1 \\ 1 & 2 & 0 \end{pmatrix}$

38. Sejam as matrizes:

$A = \begin{pmatrix} 1 & 3 \\ 2 & 0 \\ -1 & 4 \end{pmatrix}$, $B = \begin{pmatrix} 2 & 1 \\ 3 & 1 \end{pmatrix}$ e $C = \begin{pmatrix} 4 \\ -1 \end{pmatrix}$

Determine, se existir:

a) $A \cdot B$

b) $B \cdot A$

c) $A \cdot C$

d) $B^t \cdot C$

e) $B \cdot A^t$

EXERCÍCIOS RESOLVIDOS

5. Sejam as matrizes $A = (a_{ij})_{6 \times 3}$, em que $a_{ij} = i - j$, e $B = (b_{jk})_{3 \times 8}$, em que $b_{jk} = j + k$. Sendo $C = A \cdot B = (c_{ik})_{6 \times 8}$, encontrar o valor do elemento c_{35}.

Solução:

O elemento c_{35} da matriz produto C será obtido multiplicando-se ordenadamente os elementos da linha 3 de A e os da coluna 5 de B.

Dessa forma, usamos a "regra de formação" dos elementos de A e B para determinar apenas as filas procuradas:

$$A = \begin{pmatrix} \dots & \dots & \dots \\ a_{31} & a_{32} & a_{33} \\ \dots & \dots & \dots \end{pmatrix} = \begin{pmatrix} \dots & \dots & \dots \\ 2 & 1 & 0 \\ \dots & \dots & \dots \end{pmatrix}_{6 \times 3} ; B = \begin{pmatrix} \dots & b_{15} & \dots \\ \dots & b_{25} & \dots \\ \dots & b_{35} & \dots \end{pmatrix}_{3 \times 8} = \begin{pmatrix} \dots & 6 & \dots \\ \dots & 7 & \dots \\ \dots & 8 & \dots \end{pmatrix}$$

Assim, $c_{35} = 2 \cdot 6 + 1 \cdot 7 + 0 \cdot 8 = 19$.

6. Resolver a equação matricial $A \cdot X = B$, sendo $A = \begin{pmatrix} 5 & 7 \\ 2 & 3 \end{pmatrix}$ e $B = \begin{pmatrix} 4 \\ 1 \end{pmatrix}$.

Solução:

Precisamos, inicialmente, determinar o tipo da matriz X.

Temos:

$$\underset{(2 \times 2)}{\overset{A}{\downarrow}} \cdot \underset{(n \times p)}{\overset{X}{\downarrow}} = \underset{(2 \times 1)}{\overset{B}{\downarrow}}$$

Devemos ter:

- $n = 2$, para garantir a existência do produto;
- $p = 1$, pois o número de colunas de X é igual ao número de colunas de B.

Assim, $X = \begin{pmatrix} r \\ s \end{pmatrix}$

Daí, $\begin{pmatrix} 5 & 7 \\ 2 & 3 \end{pmatrix} \cdot \begin{pmatrix} r \\ s \end{pmatrix} = \begin{pmatrix} 4 \\ 1 \end{pmatrix}$

Efetuando a multiplicação, obtemos: $\begin{pmatrix} 5r + 7s \\ 2r + 3s \end{pmatrix} = \begin{pmatrix} 4 \\ 1 \end{pmatrix}$, resultando no sistema $\begin{cases} 5r + 7s = 4 \\ 2r + 3s = 1 \end{cases}$, cuja solução é

$r = 5$ e $s = -3$.

Assim, $X = \begin{pmatrix} 5 \\ -3 \end{pmatrix}$.

MATRIZ IDENTIDADE

Definição

Seja A uma matriz quadrada de ordem n. A é denominada **matriz identidade de ordem *n*** (indica-se por I_n) se os elementos de sua diagonal principal são todos iguais a 1, e os demais elementos são iguais a zero.

Assim:

- $I_2 = \begin{pmatrix} 1 & 0 \\ 0 & 1 \end{pmatrix}$ é a matriz identidade de ordem 2.
- $I_3 = \begin{pmatrix} 1 & 0 & 0 \\ 0 & 1 & 0 \\ 0 & 0 & 1 \end{pmatrix}$ é a matriz identidade de ordem 3.

$\vdots$

- $I_n = \begin{pmatrix} 1 & 0 & \dots & 0 \\ 0 & 1 & & \vdots \\ \vdots & & \ddots & 0 \\ 0 & \dots & \dots & 1 \end{pmatrix}$ é a matriz identidade de ordem n.

Vamos observar, por meio de exemplos, algumas propriedades relativas à multiplicação de matrizes envolvendo a matriz identidade.

I. A é uma matriz quadrada de ordem n.

- Seja $A = \begin{bmatrix} 2 & -1 \\ 4 & 3 \end{bmatrix}$.

$$A \cdot I_2 = \begin{bmatrix} 2 & -1 \\ 4 & 3 \end{bmatrix} \cdot \begin{bmatrix} 1 & 0 \\ 0 & 1 \end{bmatrix} = \begin{bmatrix} 2 & -1 \\ 4 & 3 \end{bmatrix} = A$$

$$I_2 \cdot A = \begin{bmatrix} 1 & 0 \\ 0 & 1 \end{bmatrix} \cdot \begin{bmatrix} 2 & -1 \\ 4 & 3 \end{bmatrix} = \begin{bmatrix} 2 & -1 \\ 4 & 3 \end{bmatrix} = A$$

- Seja $B = \begin{bmatrix} 3 & -1 & 2 \\ 0 & 5 & 4 \\ -3 & -2 & 1 \end{bmatrix}$.

Temos que $B \cdot I_3 = B$ e $I_3 \cdot B = B$ (verifique).

II. A não é uma matriz quadrada, isto é, $A_{m \times n}$, com $m \neq n$:

- Seja $A = \begin{bmatrix} 2 & 1 & -3 \\ 4 & 5 & -2 \end{bmatrix}_{2 \times 3}$. Temos:

$$I_2 \cdot A = \begin{bmatrix} 1 & 0 \\ 0 & 1 \end{bmatrix} \cdot \begin{bmatrix} 2 & 1 & -3 \\ 4 & 5 & -2 \end{bmatrix} = \begin{bmatrix} 2 & 1 & -3 \\ 4 & 5 & -2 \end{bmatrix}$$ (Note que não existe $A \cdot I_2$.)

$$A \cdot I_3 = \begin{bmatrix} 2 & 1 & -3 \\ 4 & 5 & -2 \end{bmatrix} \cdot \begin{bmatrix} 1 & 0 & 0 \\ 0 & 1 & 0 \\ 0 & 0 & 1 \end{bmatrix} = \begin{bmatrix} 2 & 1 & -3 \\ 4 & 5 & -2 \end{bmatrix}$$ (Note que não existe $I_3 \cdot A$.)

- Seja $B = \begin{bmatrix} 4 & 5 \\ 3 & 1 \\ -2 & 0 \end{bmatrix}_{3 \times 2}$.

$$I_3 \cdot B = \begin{bmatrix} 1 & 0 & 0 \\ 0 & 1 & 0 \\ 0 & 0 & 1 \end{bmatrix} \cdot \begin{bmatrix} 4 & 5 \\ 3 & 1 \\ -2 & 0 \end{bmatrix} = \begin{bmatrix} 4 & 5 \\ 3 & 1 \\ -2 & 0 \end{bmatrix}$$ (Note que não existe $B \cdot I_3$.)

$$B \cdot I_2 = \begin{bmatrix} 4 & 5 \\ 3 & 1 \\ -2 & 0 \end{bmatrix} \cdot \begin{bmatrix} 1 & 0 \\ 0 & 1 \end{bmatrix} = \begin{bmatrix} 4 & 5 \\ 3 & 1 \\ -2 & 0 \end{bmatrix}$$ (Note que não existe $I_2 \cdot B$.)

Em geral, pode-se dizer que:

- Se A é quadrada de ordem n, $A \cdot I_n = I_n \cdot A = A$.
- Se $A = (a_{ij})_{m \times n}$, com $m \neq n$, $I_m \cdot A = A$ e $A \cdot I_n = A$.

Propriedades da multiplicação de matrizes

Supondo que as matrizes A, B e C sejam de tipos tais que as operações abaixo possam ser realizadas, valem as seguintes propriedades para a multiplicação de matrizes:

I. Associativa: $(A \cdot B) \cdot C = A \cdot (B \cdot C)$

II. Distributiva à direita em relação à adição: $(A + B) \cdot C = A \cdot C + B \cdot C$

III. Distributiva à esquerda em relação à adição: $C \cdot (A + B) = C \cdot A + C \cdot B$

Observe nos exemplos a seguir a validade das propriedades I e II e valide em seu caderno a propriedade III, conforme indicação adiante.

- Propriedade I: $A = \begin{pmatrix} 4 & 0 \\ 3 & -1 \end{pmatrix}$, $B = \begin{pmatrix} -4 & 5 & 1 \\ 1 & 0 & -3 \end{pmatrix}$ e $C = \begin{pmatrix} 8 \\ 11 \\ -6 \end{pmatrix}$.

$$A \cdot B = \begin{pmatrix} -16 & 20 & 4 \\ -13 & 15 & 6 \end{pmatrix} \Rightarrow (A \cdot B) \cdot C = \begin{pmatrix} -16 & 20 & 4 \\ -13 & 15 & 6 \end{pmatrix} \cdot \begin{pmatrix} 8 \\ 11 \\ -6 \end{pmatrix} = \begin{pmatrix} 68 \\ 25 \end{pmatrix}$$

$$B \cdot C = \begin{pmatrix} 17 \\ 26 \end{pmatrix} \Rightarrow A \cdot (B \cdot C) = \begin{pmatrix} 4 & 0 \\ 3 & -1 \end{pmatrix} \cdot \begin{pmatrix} 17 \\ 26 \end{pmatrix} = \begin{pmatrix} 68 \\ 25 \end{pmatrix}$$

- Propriedade II: $A = \begin{pmatrix} 3 & -1 & 4 \\ 5 & 7 & 2 \end{pmatrix}$, $B = \begin{pmatrix} 0 & -2 & 2 \\ 1 & -4 & 8 \end{pmatrix}$ e $C = \begin{pmatrix} 8 \\ 11 \\ -6 \end{pmatrix}$.

$$A + B = \begin{pmatrix} 3 & -3 & 6 \\ 6 & 3 & 10 \end{pmatrix} \Rightarrow (A + B) \cdot C = \begin{pmatrix} 3 & -3 & 6 \\ 6 & 3 & 10 \end{pmatrix} \cdot \begin{pmatrix} 8 \\ 11 \\ -6 \end{pmatrix} = \begin{pmatrix} -45 \\ 21 \end{pmatrix} \quad (*)$$

$$A \cdot C = \begin{pmatrix} 3 & -1 & 4 \\ 5 & 7 & 2 \end{pmatrix} \cdot \begin{pmatrix} 8 \\ 11 \\ -6 \end{pmatrix} = \begin{pmatrix} -11 \\ 105 \end{pmatrix}; \ B \cdot C = \begin{pmatrix} 0 & -2 & 2 \\ 1 & -4 & 8 \end{pmatrix} \cdot \begin{pmatrix} 8 \\ 11 \\ -6 \end{pmatrix} = \begin{pmatrix} -34 \\ -84 \end{pmatrix}$$

$$A \cdot C + B \cdot C = \begin{pmatrix} -11 \\ 105 \end{pmatrix} + \begin{pmatrix} -34 \\ -84 \end{pmatrix} = \begin{pmatrix} -45 \\ 21 \end{pmatrix}$$, que coincide com (*).

- Propriedade III: Considere $A = \begin{bmatrix} 1 & 5 \\ -3 & 4 \end{bmatrix}$, $B = \begin{bmatrix} 9 & -2 \\ 0 & 8 \end{bmatrix}$ e $C = \begin{bmatrix} -4 & 5 \\ 7 & 1 \\ 0 & 2 \end{bmatrix}$ e verifique que $C \cdot (A + B) = C \cdot A + C \cdot B$.

Ao estudar as propriedades da multiplicação de matrizes, é importante observar que:

> A multiplicação de matrizes não é comutativa, isto é, em geral, $A \cdot B \neq B \cdot A$.

Sejam $A = \begin{pmatrix} 2 & 3 \\ -1 & 5 \end{pmatrix}$ e $B = \begin{pmatrix} 0 & 1 \\ -1 & 2 \end{pmatrix}$; vamos determinar AB e BA.

$$\underset{2 \times 2}{A} \cdot \underset{2 \times 2}{B} = \begin{pmatrix} 2 & 3 \\ -1 & 5 \end{pmatrix} \cdot \begin{pmatrix} 0 & 1 \\ -1 & 2 \end{pmatrix} = \begin{pmatrix} -3 & 8 \\ -5 & 9 \end{pmatrix}$$

$$\neq$$

$$\underset{2 \times 2}{B} \cdot \underset{2 \times 2}{A} = \begin{pmatrix} 0 & 1 \\ -1 & 2 \end{pmatrix} \cdot \begin{pmatrix} 2 & 3 \\ -1 & 5 \end{pmatrix} = \begin{pmatrix} -1 & 5 \\ -4 & 7 \end{pmatrix}$$

Existem casos em que apenas uma das multiplicações pode ser feita. Por exemplo, se A é do tipo 2×3 e B é do tipo 3×4, então:

$\exists\ (A \cdot B)$ e é do tipo 2×4

$\nexists\ (B \cdot A)$ (nº de colunas de B é 4; nº de linhas de A é 2)

Quando $A \cdot B$ e $B \cdot A$ existem e $A \cdot B = B \cdot A$, dizemos que A e B comutam. Acompanhe o exemplo a seguir.

$$A = \begin{pmatrix} 2 & 3 \\ 5 & -1 \end{pmatrix} \text{ e } B = \begin{pmatrix} -1 & -3 \\ -5 & 2 \end{pmatrix}$$

$$A \cdot B = \begin{pmatrix} 2 & 3 \\ 5 & -1 \end{pmatrix} \cdot \begin{pmatrix} -1 & -3 \\ -5 & 2 \end{pmatrix} = \begin{pmatrix} -17 & 0 \\ 0 & -17 \end{pmatrix}$$

$$B \cdot A = \begin{pmatrix} -1 & -3 \\ -5 & 2 \end{pmatrix} \cdot \begin{pmatrix} 2 & 3 \\ 5 & -1 \end{pmatrix} = \begin{pmatrix} -17 & 0 \\ 0 & -17 \end{pmatrix}$$

Não vale a propriedade do anulamento do produto na multiplicação de matrizes.

A conhecida propriedade $a \cdot b = 0 \Rightarrow a = 0$ ou $b = 0$, válida para *a* e *b* reais, não é válida para matrizes. Isso significa que é possível que o produto entre duas matrizes seja a matriz nula sem que nenhuma das matrizes seja nula.

Observe:

$$A = \begin{bmatrix} 1 & 1 \\ -1 & -1 \end{bmatrix} \text{ e } B = \begin{bmatrix} -1 & 1 \\ 1 & -1 \end{bmatrix} \Rightarrow A \cdot B = \begin{bmatrix} 1 & 1 \\ -1 & -1 \end{bmatrix} \cdot \begin{bmatrix} -1 & 1 \\ 1 & -1 \end{bmatrix} = \begin{bmatrix} 0 & 0 \\ 0 & 0 \end{bmatrix}$$

EXERCÍCIO RESOLVIDO

7. Determinar os valores reais de *x* e *y* de modo que as matrizes $A = \begin{pmatrix} 2 & 0 \\ -3 & 4 \end{pmatrix}$ e $B = \begin{pmatrix} 3 & x \\ y & 1 \end{pmatrix}$ comutem.

Solução:

Devemos ter $A \cdot B = B \cdot A$.

$$A \cdot B = \begin{pmatrix} 2 & 0 \\ -3 & 4 \end{pmatrix} \cdot \begin{pmatrix} 3 & x \\ y & 1 \end{pmatrix} = \begin{pmatrix} 6 & 2x \\ -9 + 4y & -3x + 4 \end{pmatrix}$$

$$B \cdot A = \begin{pmatrix} 3 & x \\ y & 1 \end{pmatrix} \cdot \begin{pmatrix} 2 & 0 \\ -3 & 4 \end{pmatrix} = \begin{pmatrix} 6 - 3x & 4x \\ 2y - 3 & 4 \end{pmatrix}$$

Daí:

$$\begin{pmatrix} 6 & 2x \\ -9 + 4y & -3x + 4 \end{pmatrix} = \begin{pmatrix} 6 - 3x & 4x \\ 2y - 3 & 4 \end{pmatrix} \Rightarrow \begin{cases} 6 = 6 - 3x \Rightarrow x = 0 \\ 2x = 4x \Rightarrow x = 0 \\ -9 + 4y = 2y - 3 \Rightarrow y = 3 \\ -3x + 4 = 4 \Rightarrow x = 0 \end{cases} \rightarrow x = 0 \text{ e } y = 3$$

EXERCÍCIOS

39. Sejam as matrizes $A = \begin{pmatrix} 1 & 2 & 0 \\ 0 & 1 & 2 \\ 2 & 0 & 1 \end{pmatrix}$ e $B = \begin{pmatrix} 5 & 8 \\ 1 & 9 \\ 7 & -3 \end{pmatrix}$.

Se $C = (c_{ij})_{3 \times 2}$ é a matriz produto $A \cdot B$, determine, se existirem, os elementos:

a) c_{22}

b) c_{31}

c) c_{33}

40. Sejam as matrizes $A = (a_{ij})_{6 \times 3}$, em que $a_{ij} = i + j$, e $B = (b_{jk})_{3 \times 4}$, em que $b_{jk} = 2j - k$. Sendo $C = (c_{ik})_{6 \times 4}$ a matriz produto $A \cdot B$, determine o elemento c_{43}.

41. Determine *x* e *y*, a fim de que: $\begin{pmatrix} 2 & x \\ y & -3 \end{pmatrix} \cdot \begin{pmatrix} 4 \\ -5 \end{pmatrix} = \begin{pmatrix} -2 \\ -1 \end{pmatrix}$.

42. Seja A uma matriz quadrada de ordem *n*; definimos $A^2 = A \cdot A$. Assim, determine A^2 nos seguintes casos:

a) $A = \begin{pmatrix} 1 & 2 \\ 3 & 4 \end{pmatrix}$

b) $A = \begin{pmatrix} 1 & 0 & 2 \\ 0 & 3 & 4 \\ 5 & 6 & 0 \end{pmatrix}$

43. Generalizando a definição dada no exercício anterior, temos:

Se $n \in \mathbb{N}^*$ e A é uma matriz quadrada, definimos $A^n = \underbrace{A \cdot A \ldots A}_{n \text{ vezes}}$.

Sendo $A = \begin{bmatrix} 1 & 1 \\ 0 & -1 \end{bmatrix}$, determine:

a) A^2
b) A^3
c) A^4
d) A^{35}
e) A^{106}

44. Sabendo que $A = \begin{bmatrix} -4 & m \\ 2 & -1 \end{bmatrix}$ e $A^2 = \begin{bmatrix} 22 & -15 \\ -10 & m+4 \end{bmatrix}$, determine o valor de *m*.

45. O gerente de uma danceteria fez um levantamento sobre a frequência de pessoas na casa, em um final de semana, e enviou a seguinte tabela para o proprietário:

$$\begin{array}{l} \\ \text{sábado} \\ \text{domingo} \end{array} \begin{array}{c} \text{rapazes} \quad \text{moças} \\ \begin{bmatrix} 80 & 60 \\ ? & 75 \end{bmatrix} \end{array}$$

Thinkstock/Getty Images

O gerente se esqueceu de informar um campo da tabela, mas sabia que, curiosamente, a arrecadação nos dois dias havia sido a mesma. Sabendo que o ingresso para rapazes é R$ 15,00 e para moças é R$ 12,00:

a) represente, por meio da multiplicação de matrizes, a matriz que fornece a arrecadação da casa em cada dia;
b) determine o valor do campo que ficou sem ser preenchido.

46. Resolva a equação $X \cdot \begin{pmatrix} 2 & 1 \\ 7 & 3 \end{pmatrix} = \begin{pmatrix} 6 & 2 \\ 5 & -7 \end{pmatrix}$.

47. A tabela abaixo mostra as notas obtidas pelos alunos A, B e C nas provas de Língua Portuguesa, Matemática e Conhecimentos Gerais em um exame vestibular.

	Língua Portuguesa	Matemática	Conhecimentos Gerais
A	4	6	7
B	9	3	2
C	7	8	10

Se os pesos das provas são 7 (em Língua Portuguesa), 6 (em Matemática) e 5 (em Conhecimentos Gerais), qual a multiplicação de matrizes que permite determinar a pontuação final de cada aluno? Determine a pontuação de cada um.

48. Sejam $A = \begin{bmatrix} 2 & 5 \\ 3 & x \\ y & 1 \\ 4 & 10 \end{bmatrix}$ e $B = \begin{bmatrix} 5 \\ -2 \end{bmatrix}$. Sabendo que $A \cdot B = 0_{4 \times 1}$, determine os valores de *x* e *y*.

49. Determine *x* e *y* reais a fim de que as matrizes $\begin{pmatrix} 0 & x \\ y & 3 \end{pmatrix}$ e $\begin{pmatrix} 1 & 2 \\ -1 & 5 \end{pmatrix}$ comutem.

50. Um laboratório fabrica o antiácido efervescente "AZIAZERO" em duas versões: tradicional (T) e especial (E). Na tabela seguinte, temos a composição de envelopes de 5 g, nas duas versões:

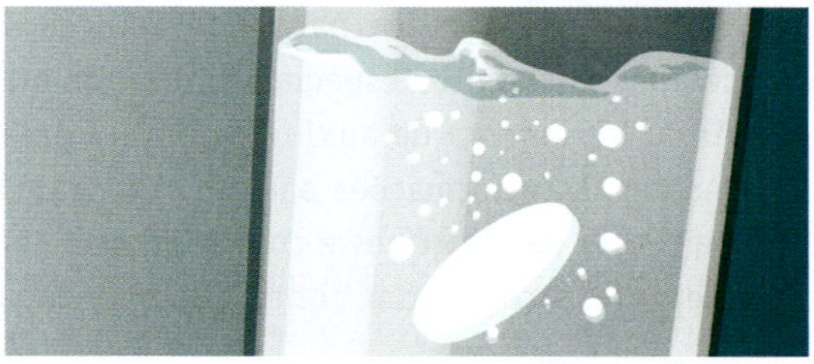

Graphorama

Componente \ Versão	T	E
Bicarbonato de sódio	2,3 g	2,5 g
Carbonato de sódio	0,5 g	0,5 g
Ácido cítrico	2,2 g	2 g

a) Em um certo mês foram fabricados 6000 envelopes na versão T e 4 000 envelopes na versão E. Calcule, em kg, a quantidade necessária de cada componente para a fabricação dessas 10000 unidades.
b) Represente, por meio de multiplicação de matrizes, os valores encontrados no item *a*.
c) Em um outro mês foram produzidos 15000 envelopes do "AZIAZERO". Calcule a quantidade produzida de cada versão, sabendo que o consumo total de bicarbonato de sódio foi de 35,6 kg.

51. Resolva as seguintes equações matriciais:

a) $\begin{pmatrix} 1 & -3 \\ 2 & 5 \end{pmatrix} \cdot X = \begin{pmatrix} 0 \\ -11 \end{pmatrix}$

b) $\begin{pmatrix} 13 & 4 \\ -5 & 0 \end{pmatrix} \cdot X = \begin{pmatrix} 0 & 9 \\ 20 & 35 \end{pmatrix}$

52. Uma dona de casa registrou, na tabela seguinte, as quantidades (em gramas) de frutas compradas em duas semanas consecutivas, em um mesmo supermercado:

Fruta / Quantidade (g)	Banana	Maçã	Laranja	Mamão
1ª semana	2700	2430	3450	4155
2ª semana	1640	3120	3390	3700

Thinkstock/Getty Images

Os preços do quilograma (kg) de banana, maçã, laranja e mamão, em vigor nesse período, eram respectivamente R$ 2,35, R$ 3,40, R$ 1,70 e R$ 2,60.

Determine, a partir do cálculo de um produto de matrizes, a quantia, em reais, gasta pela dona de casa, em cada semana.

APLICAÇÕES

Computação gráfica e matrizes

As transformações geométricas no plano (ou transformações 2D – duas dimensões) são muito usadas pela computação gráfica para a construção de figuras e produção de imagens. Tais imagens podem ser percebidas nos efeitos especiais utilizados no cinema, na TV e nos sistemas multimídia em geral, além de servir de ferramenta de auxílio em várias áreas da atividade humana.

As três transformações básicas são: **translação**, **rotação** e **escala**. Vamos estudá-las, relacionando-as com a teoria das matrizes e com a Trigonometria.

Representaremos um ponto qualquer P(x, y) de uma figura pela matriz coluna $P = \begin{bmatrix} x \\ y \end{bmatrix}$ e o ponto correspondente P'(x', y'), obtido pela transformação, por $P' = \begin{bmatrix} x' \\ y' \end{bmatrix}$. Para cada transformação, vamos obter uma relação entre P e P' por meio de uma matriz (M) de transformação.

Everett Collection/Keystone

O filme *Os Vingadores* apresenta personagens criados por computação gráfica, como Hulk.

TRANSLAÇÃO

A translação é uma transformação que desloca uma figura sem alterar sua forma e suas dimensões. Esse deslocamento pode ser vertical, horizontal ou segundo uma outra direção.

Consideremos o triângulo ABC ao lado, o qual é transformado no triângulo A'B'C' por uma translação horizontal.

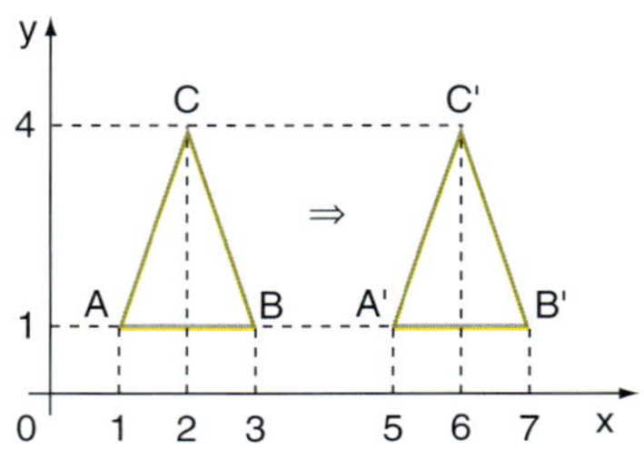

Observe que, nessa transformação, a abscissa de cada ponto do $\triangle$ABC é deslocada quatro unidades à direita, e a respectiva ordenada não sofre alteração.

Temos, portanto: $\begin{pmatrix} x' \\ y' \end{pmatrix} = \begin{pmatrix} x \\ y \end{pmatrix} + \begin{pmatrix} 4 \\ 0 \end{pmatrix}$, isto é, P' = P + M, sendo $M = \begin{pmatrix} 4 \\ 0 \end{pmatrix}$ a matriz dessa transformação.

Suponha agora que o $\triangle ABC$ fosse deslocado, na vertical, quatro unidades para baixo, como mostra a figura seguinte:

Observe, no $\triangle A'B'C'$, obtido pela translação, que a ordenada de cada um de seus pontos é deslocada quatro unidades para baixo e a respectiva abscissa não sofre alteração.

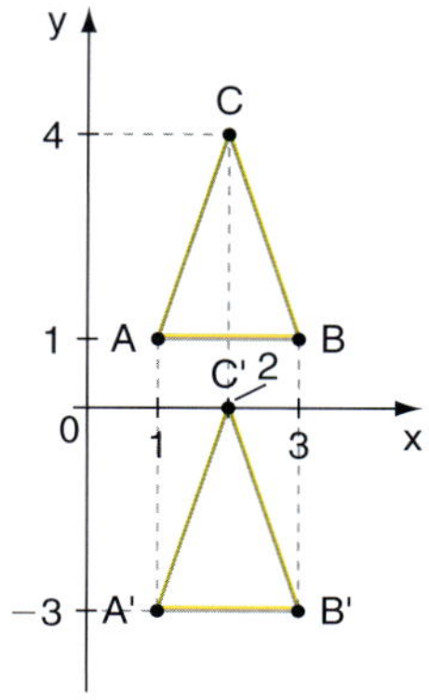

Assim, $\begin{pmatrix} x' \\ y' \end{pmatrix} = \begin{pmatrix} x \\ y \end{pmatrix} - \begin{pmatrix} 0 \\ 4 \end{pmatrix}$ e, desse modo, P' = P + M, sendo $M = -\begin{pmatrix} 0 \\ 4 \end{pmatrix} = \begin{pmatrix} 0 \\ -4 \end{pmatrix}$ a matriz dessa transformação.

ROTAÇÃO

Vamos considerar unicamente a rotação ("giro") de um ponto P(x, y), em torno da origem (0, 0), de um ângulo de medida θ graus ($\theta > 0$), tomado no sentido anti-horário.

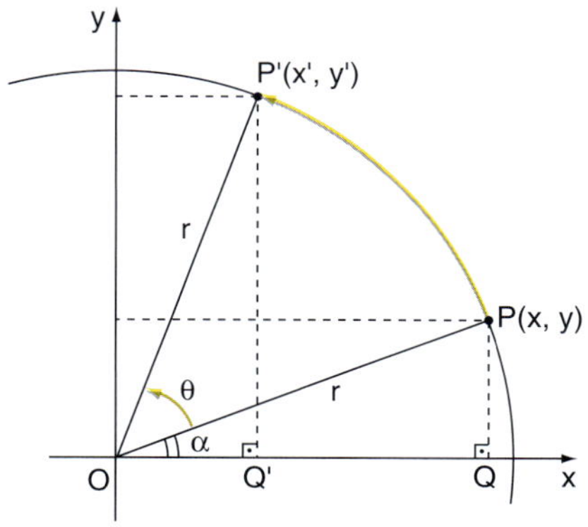

De acordo com o $\triangle OPQ$, o ponto P(x, y) tem suas coordenadas expressas por:

$$x = r \cdot \cos \alpha \qquad (1)$$

$$y = r \cdot \text{sen } \alpha \qquad (2)$$

sendo $r = \sqrt{x^2 + y^2}$ a medida do raio da circunferência de centro na origem, passando por P e P'.

Ao girarmos P de um ângulo de medida θ (graus), ele se transforma no ponto P'. De acordo com o $\triangle OP'Q'$, temos:

- $\cos(\alpha + \theta) = \dfrac{x'}{r} \Rightarrow x' = r \cdot \cos(\alpha + \theta) = r \cdot (\cos \alpha \cos \theta - \text{sen } \alpha \text{ sen } \theta)$ e, usando (1) e (2), escrevemos: $x' = r \cdot \left(\dfrac{x}{r} \cos \theta - \dfrac{y}{r} \text{ sen } \theta\right) \Rightarrow$ $\boxed{x' = x \cdot \cos \theta - y \cdot \text{sen } \theta}$.
- $\text{sen}(\alpha + \theta) = \dfrac{y'}{r} \Rightarrow y' = r \cdot \text{sen}(\alpha + \theta) = r \cdot (\text{sen } \alpha \cos \theta + \text{sen } \theta \cos \alpha)$ e, usando (1) e (2), escrevemos: $y' = r \cdot \left(\dfrac{y}{r} \cos \theta + \text{sen } \theta \cdot \dfrac{x}{r}\right) \Rightarrow$ $\boxed{y' = y \cdot \cos \theta + x \cdot \text{sen } \theta}$.

Assim, escrevemos:

$$\begin{bmatrix} x' \\ y' \end{bmatrix} = \begin{bmatrix} \cos\theta & -\text{sen}\,\theta \\ \text{sen}\,\theta & \cos\theta \end{bmatrix} \cdot \begin{bmatrix} x \\ y \end{bmatrix}$$

isto é, P' = M · P, sendo $M = \begin{bmatrix} \cos\theta & -\text{sen}\,\theta \\ \text{sen}\,\theta & \cos\theta \end{bmatrix}$ a matriz de transformação.

Exemplo 3

Observe a figura seguinte, em que o ponto P(x, y) é rotacionado em torno da origem, no sentido anti-horário, de 180°. Quais são suas novas coordenadas?

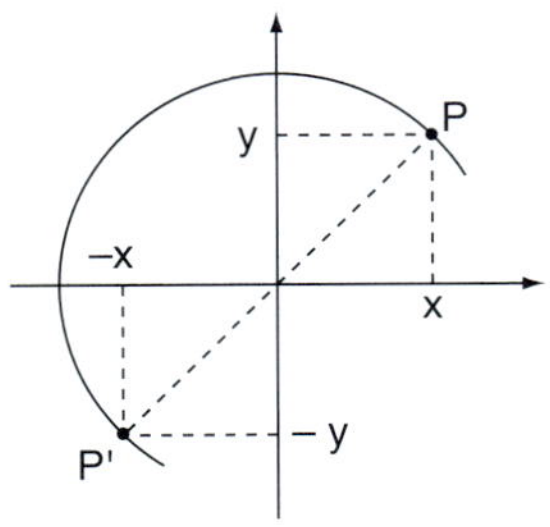

Como θ = 180°, temos:

$$M = \begin{bmatrix} \cos 180° & -\text{sen}\,180° \\ \text{sen}\,180° & \cos 180° \end{bmatrix} = \begin{bmatrix} -1 & 0 \\ 0 & -1 \end{bmatrix}$$

Assim, $P' = M \cdot P \Rightarrow \begin{pmatrix} x' \\ y' \end{pmatrix} = \begin{pmatrix} -1 & 0 \\ 0 & -1 \end{pmatrix} \begin{pmatrix} x \\ y \end{pmatrix} \Rightarrow x' = -x$ e $y' = -y$

ESCALA

Nessa transformação, ocorre uma modificação no tamanho da figura (ampliação ou redução), originando outra figura, semelhante ou não à primeira.

Na figura seguinte, o retângulo ABCD é transformado no retângulo A'B'C'D'. Cada ponto (x, y) do retângulo ABCD é transformado no ponto (x', y') do retângulo A'B'C'D', com $x' = 4 \cdot x$ e $y' = 4 \cdot y$; observe que os retângulos ABCD e A'B'C'D' são semelhantes.

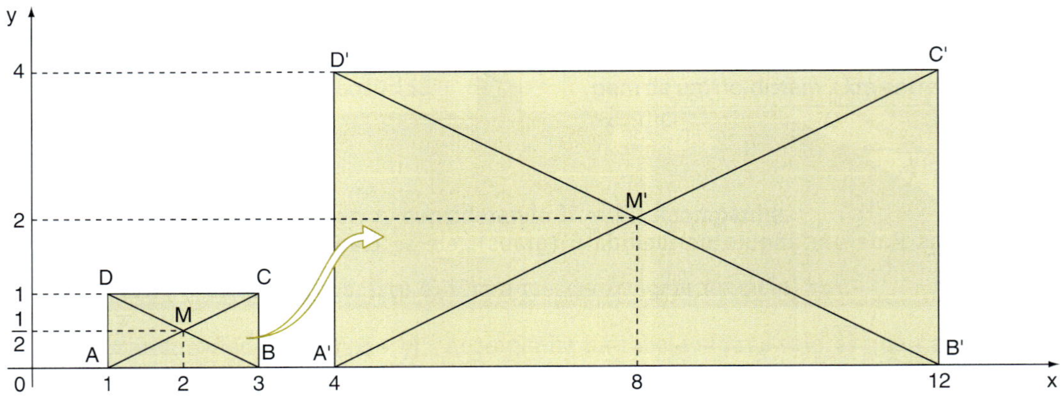

Podemos escrever:

$$\begin{bmatrix} x' \\ y' \end{bmatrix} = \begin{bmatrix} 4 & 0 \\ 0 & 4 \end{bmatrix} \cdot \begin{bmatrix} x \\ y \end{bmatrix}$$

isto é, P' = M · P, sendo $M = \begin{bmatrix} 4 & 0 \\ 0 & 4 \end{bmatrix}$ a matriz de transformação.

Veja agora a transformação abaixo: cada ponto (x, y) do retângulo ABCD é transformado no ponto (x', y') do retângulo A'B'C'D', com $x' = 4 \cdot x$ e $y' = 3 \cdot y$:

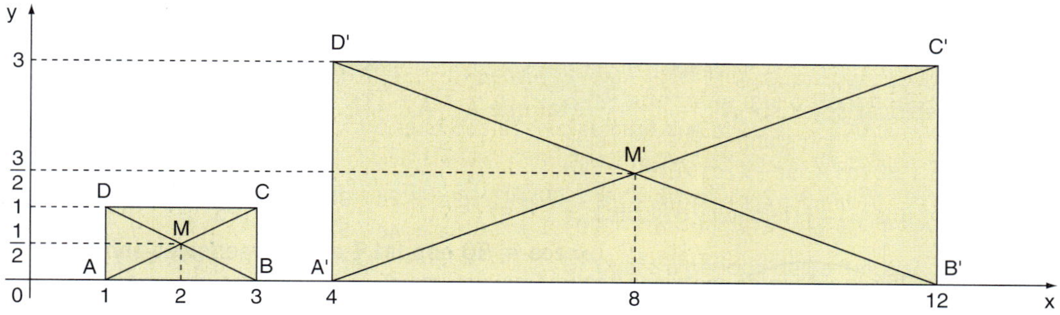

Observe, nesse caso, que os retângulos ABCD e A'B'C'D' *não* são semelhantes.

Temos: $\begin{bmatrix} x' \\ y' \end{bmatrix} = \begin{bmatrix} 4 & 0 \\ 0 & 3 \end{bmatrix} \cdot \begin{bmatrix} x \\ y \end{bmatrix}$, isto é, $P' = M \cdot P$, sendo $M = \begin{bmatrix} 4 & 0 \\ 0 & 3 \end{bmatrix}$ a matriz da transformação.

Referências bibliográficas:

- www.ic.unicamp.br
- Boldrini, José L.et al. *Álgebra linear*. 3. ed. São Paulo: Harbra, 1986.

MATRIZ INVERSA

Definição

Seja A uma matriz quadrada de ordem *n*. A matriz A é dita inversível (ou invertível) se existe uma matriz B (quadrada de ordem *n*), tal que:

$$A \cdot B = B \cdot A = I_n$$

Lembre que I_n representa a matriz identidade de ordem *n*.
Nesse caso, B é dita **inversa** de A e é indicada por $\mathbf{A^{-1}}$.

Exemplo 4

A inversa de $A = \begin{pmatrix} 2 & 1 \\ 5 & 3 \end{pmatrix}$ é $A^{-1} = \begin{pmatrix} 3 & -1 \\ -5 & 2 \end{pmatrix}$, pois:

$$A \cdot A^{-1} = \begin{pmatrix} 2 & 1 \\ 5 & 3 \end{pmatrix} \cdot \begin{pmatrix} 3 & -1 \\ -5 & 2 \end{pmatrix} = \begin{pmatrix} 1 & 0 \\ 0 & 1 \end{pmatrix} = I_2$$

e

$$A^{-1} \cdot A = \begin{pmatrix} 3 & -1 \\ -5 & 2 \end{pmatrix} \cdot \begin{pmatrix} 2 & 1 \\ 5 & 3 \end{pmatrix} = \begin{pmatrix} 1 & 0 \\ 0 & 1 \end{pmatrix} = I_2$$

Para verificar se uma matriz quadrada é ou não invertível e, em caso afirmativo, determinar sua inversa, apresentaremos, a seguir, um processo baseado na definição de matriz inversa e na resolução de sistemas.

Vamos trabalhar com matrizes 2×2.

Exemplo 5

Vamos verificar se existe a inversa de $A = \begin{pmatrix} 3 & 2 \\ 5 & 4 \end{pmatrix}$.

Devemos verificar se existe $A^{-1} = \begin{pmatrix} a & b \\ c & d \end{pmatrix}$, tal que $A \cdot A^{-1} = I_2$.

Temos:

$$\begin{pmatrix} 3 & 2 \\ 5 & 4 \end{pmatrix} \cdot \begin{pmatrix} a & b \\ c & d \end{pmatrix} = \begin{pmatrix} 1 & 0 \\ 0 & 1 \end{pmatrix} \Rightarrow \begin{pmatrix} 3a + 2c & 3b + 2d \\ 5a + 4c & 5b + 4d \end{pmatrix} = \begin{pmatrix} 1 & 0 \\ 0 & 1 \end{pmatrix}$$

Do conceito de igualdade de matrizes seguem os sistemas:

$$\begin{cases} 3a + 2c = 1 \\ 5a + 4c = 0 \end{cases}, \text{ cuja solução é } a = 2 \text{ e } c = -\frac{5}{2}$$

$$\begin{cases} 3b + 2d = 0 \\ 5b + 4d = 1 \end{cases}, \text{ cuja solução é } b = -1 \text{ e } d = \frac{3}{2}$$

Assim, $A^{-1} = \begin{pmatrix} 2 & -1 \\ -\frac{5}{2} & \frac{3}{2} \end{pmatrix} = \frac{1}{2} \cdot \begin{pmatrix} 4 & -2 \\ -5 & 3 \end{pmatrix}$.

É fácil verificar que a outra condição, $A^{-1} \cdot A = I_2$, está satisfeita.

Exemplo 6

Vamos verificar se existe a inversa de $X = \begin{bmatrix} 4 & 2 \\ 2 & 1 \end{bmatrix}$.

Devemos verificar se existe $X^{-1} = \begin{bmatrix} a & b \\ c & d \end{bmatrix}$, tal que $X \cdot X^{-1} = I_2$:

$$\begin{bmatrix} 4 & 2 \\ 2 & 1 \end{bmatrix} \cdot \begin{bmatrix} a & b \\ c & d \end{bmatrix} = \begin{bmatrix} 1 & 0 \\ 0 & 1 \end{bmatrix}$$

$$\begin{bmatrix} 4a + 2c & 4b + 2d \\ 2a + c & 2b + d \end{bmatrix} = \begin{bmatrix} 1 & 0 \\ 0 & 1 \end{bmatrix} \Rightarrow (1) \begin{cases} 4a + 2c = 1 \\ 2a + c \ = 0 \end{cases} \text{ e } (2) \begin{cases} 4b + 2d = 0 \\ 2b + d \ = 1 \end{cases}$$

$$\begin{cases} 4a + 2c = 1 \\ 2a + c \ = 0(-2) \end{cases} \Rightarrow \begin{cases} \cancel{4a} + \cancel{2c} = 1 \\ \cancel{-4a} - \cancel{2c} = 0 \end{cases} (+)$$
$$0 = 1 \text{ (F)}$$

O sistema acima não admite soluções, pois não existem *a* e *c* reais tais que $0 \cdot a + 0 \cdot c = 1$. Desse modo, já podemos concluir que não existe a inversa de X (o sistema (2) também não admite solução. Verifique.).

Observação

O processo apresentado nos exemplos anteriores pode ser aplicado a matrizes quadradas de ordem *n*, $n \geq 2$. Vale lembrar, no entanto, que, para $n \geq 3$, o processo é trabalhoso. No capítulo seguinte, estudaremos métodos de resolução de sistemas lineares 3×3, que podem ajudar a encontrar a inversa de algumas matrizes 3×3.

EXERCÍCIO RESOLVIDO

8. Resolver a equação matricial $A \cdot X = B$, sendo $A = \begin{pmatrix} 5 & 7 \\ 2 & 3 \end{pmatrix}$ e $B = \begin{pmatrix} 4 \\ 1 \end{pmatrix}$.

Solução:

1º modo:

Para garantir a existência do produto $A \cdot X$, X deve ser uma matriz 2×1, a saber $X = \begin{pmatrix} r \\ s \end{pmatrix}$. Veja a continuação no exercício resolvido 6, na página 165.

2º modo:

Supondo que A seja invertível, de $A \cdot X = B$, temos:

$A^{-1} \cdot (A \cdot X) = A^{-1} \cdot B$ (multiplicamos, à esquerda, por A^{-1})

$(A^{-1} \cdot A) \cdot X = A^{-1} \cdot B$ (usamos a propriedade associativa da multiplicação)

$I \cdot X = A^{-1} \cdot B$ (usamos a definição de matriz inversa)

$X = A^{-1} \cdot B$ (*) (usamos a propriedade da matriz identidade)

Assim, verifiquemos se A é invertível:

$$\begin{pmatrix} 5 & 7 \\ 2 & 3 \end{pmatrix} \cdot \begin{pmatrix} a & b \\ c & d \end{pmatrix} = \begin{pmatrix} 1 & 0 \\ 0 & 1 \end{pmatrix} \Rightarrow \begin{pmatrix} 5a + 7c & 5b + 7d \\ 2a + 3c & 2b + 3d \end{pmatrix} = \begin{pmatrix} 1 & 0 \\ 0 & 1 \end{pmatrix}$$

Seguem os sistemas: $\begin{cases} 5a + 7c = 1 \\ 2a + 3c = 0 \end{cases} \Rightarrow a = 3 \text{ e } c = -2$ e $\begin{cases} 5b + 7d = 0 \\ 2b + 3d = 1 \end{cases} \Rightarrow b = -7 \text{ e } d = 5$

Assim, concluímos que A é invertível e $A^{-1} = \begin{pmatrix} 3 & -7 \\ -2 & 5 \end{pmatrix}$.

Logo, em (*), vem:

$$X = A^{-1} \cdot B = \begin{pmatrix} 3 & -7 \\ -2 & 5 \end{pmatrix} \cdot \begin{pmatrix} 4 \\ 1 \end{pmatrix} = \begin{pmatrix} 5 \\ -3 \end{pmatrix}$$

EXERCÍCIOS

53. Verifique se $\begin{pmatrix} 2 & -5 \\ -1 & 3 \end{pmatrix}$ é a inversa de $\begin{pmatrix} 3 & 5 \\ 1 & 2 \end{pmatrix}$.

54. Determine, se existir, a inversa da matriz $\begin{pmatrix} 1 & 2 \\ 1 & 0 \end{pmatrix}$.

55. Determine, se existir, a matriz inversa de $\begin{pmatrix} 3 & 6 \\ 2 & 4 \end{pmatrix}$.

56. Qual é a inversa da matriz identidade de ordem 2?

57. Sejam as matrizes $A = \begin{pmatrix} 3 & 2 \\ 1 & 1 \end{pmatrix}$ e $B = \begin{pmatrix} 0 & 1 \\ -3 & 4 \end{pmatrix}$.

Determine:

a) $A^{-1} + B$ b) $A^{-1} \cdot B$ c) $B^{-1} \cdot A$

58. A inversa de $\begin{pmatrix} y & -3 \\ -2 & x \end{pmatrix}$ é a matriz $\begin{pmatrix} x & x - 4 \\ x - 5 & 1 \end{pmatrix}$.

Determine *x* e *y*.

59. Seja A^{-1} a inversa de $A = \begin{pmatrix} 7 & -3 \\ 2 & -1 \end{pmatrix}$. Determine:

a) $A + A^{-1}$ b) $(A^{-1})^2 + A^2$

60. Sejam $A = \begin{pmatrix} 5 & 3 \\ 3 & 2 \end{pmatrix}$ e $B = \begin{pmatrix} 11 & 4 \\ 9 & 8 \end{pmatrix}$.

a) Determine A^{-1}.

b) Usando o resultado do item *a*, resolva a equação $A \cdot X = B$.

61. Qual é a inversa da matriz $X = \begin{pmatrix} 1 & 0 & 2 \\ 0 & 3 & 0 \\ 2 & 0 & 1 \end{pmatrix}$?

62. Determine a matriz inversa de $X = \begin{pmatrix} 1 & 2 & 3 \\ 0 & 1 & 4 \\ 0 & 0 & 1 \end{pmatrix}$.

63. Seja $A = (a_{ij})_{2 \times 2}$ em que $a_{ij} = \log_2 (i \cdot j)$. Determine a inversa de A.

64. Prove que, se A e B são matrizes inversíveis de ordem *n*, então $(A \cdot B)^{-1} = B^{-1} \cdot A^{-1}$

DESAFIO

(Obmep) Alvino está a meio quilômetro da praia quando começa a entrar água em seu barco, a 40 litros por minuto. O barco pode suportar, no máximo, 150 litros de água sem afundar. A velocidade do barco é de 4 quilômetros por hora. Quantos litros de água por minuto, no mínimo, Alvino deve tirar do barco para chegar à praia?

EXERCÍCIOS COMPLEMENTARES

1. Encontre todas as matrizes quadradas de ordem 2 que comutam com a matriz $\begin{pmatrix} 1 & 2 \\ 0 & 1 \end{pmatrix}$.

2. Sendo $A = \begin{pmatrix} -1 & 1 \\ 0 & -1 \end{pmatrix}$, obtenha as matrizes:

a) A^2 c) A^{17}

b) A^3 d) A^{36}

3. Uma matriz quadrada A se diz ortogonal se A é inversível e $A^{-1} = A^t$.

a) Determine *x*, *y* e *z* de modo que a matriz $\begin{pmatrix} 1 & 0 & 0 \\ 0 & \frac{\sqrt{2}}{2} & \frac{\sqrt{2}}{2} \\ x & y & z \end{pmatrix}$ seja ortogonal.

b) Mostre que não existem *x* e *y* reais de modo que a matriz $\begin{pmatrix} \sqrt{2} & x \\ y & \sqrt{2} \end{pmatrix}$ seja ortogonal.

4. Sendo $A = \begin{pmatrix} x & -x \\ 1 & 0 \end{pmatrix}$, com $x \in \mathbb{R}$, determine os valores de *x* para os quais $A + A^{-1} = I_2$, sendo I_2 a matriz identidade de ordem 2.

5. Para cada número real α, consideremos a matriz: $T(\alpha) = \begin{bmatrix} \cos\alpha & -\text{sen}\,\alpha \\ \text{sen}\,\alpha & \cos\alpha \end{bmatrix}$

a) Determine $T\left(\frac{\pi}{2}\right)$.

b) Determine $T\left(-\frac{\pi}{2}\right)$. Qual é a relação existente entre $T\left(\frac{\pi}{2}\right)$ e $T\left(-\frac{\pi}{2}\right)$?

c) Mostre que $T(\alpha) \cdot T(\beta) = T(\alpha + \beta)$.

6. Em cada caso, expresse a matriz X em função de A e B (matrizes quadradas inversíveis de mesma ordem):

a) $B \cdot X = A$ c) $A^{-1} \cdot X = B^{-1}$

b) $X \cdot B + B = A$

7. Dadas as matrizes $A = \begin{bmatrix} 2 & 1 \\ -1 & 3 \end{bmatrix}$ e $B = \begin{bmatrix} 1 & -2 \\ 0 & -1 \end{bmatrix}$, determine a matriz X (quadrada de ordem 2) tal que $(X \cdot B)^{-1} = A$.

8. Antônio, Bruno e Carlos decidiram passar em uma lanchonete depois da partida de futebol no clube. A matriz M, a seguir, representa quantos salgados cada um comeu, além da forma como a despesa foi dividida. Sendo Antônio representado pelo número 1, Bruno pelo número 2 e Carlos pelo número 3, cada elemento a_{ij} da matriz M a seguir indica o número de salgados consumidos, em que *i* representa a pessoa que comeu e *j* a pessoa que pagou por essa quantidade. Por exemplo, $a_{23} = 1$ indica que Bruno comeu 1 salgado que Carlos pagou. Sendo $M = \begin{bmatrix} 2 & 3 & 2 \\ 2 & 1 & 1 \\ 0 & 2 & 4 \end{bmatrix}$ e R$ 0,80 o valor de cada salgado, pergunta-se:

a) quem comeu menos salgados?

b) quem pagou o menor número total de salgados?

c) quanto Bruno gastou na lanchonete?

d) quanto Carlos gastou a mais que Antônio?

e) quem teve o maior prejuízo na lanchonete?

9. Na matriz A, a seguir, estão representadas as quantidades de cálcio e ferro, em mg, encontradas em 100 g de algumas verduras:

	couve	couve-flor	espinafre	acelga	alface
cálcio	203	33	79	110	43
ferro	1	1	3,3	3,6	1,3

Fonte: *Tabela de composição de alimentos*. Rio de Janeiro: IBGE, 1999.

Em um restaurante foram elaboradas três receitas (I, II, III) nas quais foram usadas porções de 100 g desses alimentos, como mostra a matriz B abaixo:

	Receita I	Receita II	Receita III
couve →	1	0	2
couve-flor →	0	1	1
espinafre →	1	2	1
acelga →	1	1	1
alface →	2	3	3

Alamy/Glow Images

a) Determine a matriz $C = A \cdot B$.

b) Explique o significado do valor encontrado para o elemento c_{12} da matriz C.

c) Explique o significado do valor encontrado para o elemento c_{23} da matriz C.

10. Considere a matriz $R = \begin{pmatrix} \cos\theta & -\text{sen}\,\theta \\ \text{sen}\,\theta & \cos\theta \end{pmatrix}$.

Já vimos, no texto da seção *Aplicações – Computação gráfica e matrizes*, na página 170, que a matriz R é a matriz de rotação de um ponto P (em torno da origem) de um ângulo θ ($\theta > 0$) graus, como mostra a figura:

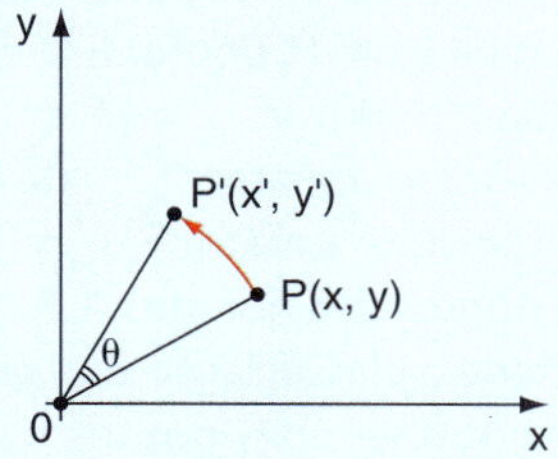

Temos: $\begin{pmatrix} x' \\ y' \end{pmatrix} = R \cdot \begin{pmatrix} x \\ y \end{pmatrix}$

a) Determine as coordenadas de P', considerando P(1, 2) e $\theta = 120°$.

b) Determine θ, considerando P(3, 2) e P'(−2, 3).

c) Determine θ, considerando Q(1, 0) e $Q'\left(\frac{-\sqrt{3}}{2}, \frac{1}{2}\right)$.

11. (U.F. Uberlândia-MG) Em computação gráfica, é frequente a necessidade de movimentar, alterar e manipular figuras em um sistema 2D (bidimensional). A realização destes movimentos é feita, em geral, utilizando-se transformações geométricas, as quais são representadas por matrizes $T_{2\times2}$. Assim — considerando um polígono P no plano cartesiano xOy de vértices $(a_1, b_1), ..., (a_n, b_n)$, o qual é representado pela matriz $M_{2\times n} = \begin{pmatrix} a_1 & \dots & a_n \\ b_1 & \dots & b_n \end{pmatrix}$, em que *n* é o número de vértices do polígono — a transformação de P por $T_{2\times2}$ é feita pela realização do produto matricial $T_{2\times2} \cdot M_{2\times n}$, obtendo a matriz resultante $\begin{pmatrix} c_1 & \dots & c_n \\ d_1 & \dots & d_n \end{pmatrix}$, cujas colunas determinam os vértices $(c_1, d_1), ..., (c_n, d_n)$ do polígono obtido.

Nesse contexto, para o que se segue, considere a transformação $T_{2\times2} = \begin{pmatrix} 2\cos\theta & -2\,\text{sen}\,\theta \\ 2\,\text{sen}\,\theta & 2\cos\theta \end{pmatrix}$ e P o triângulo cujos vértices são os pontos A(0, 0), B(4, 0) e $C(2, 2\sqrt{3})$.

Execute planos de resolução de maneira a encontrar:

a) os vértices do triângulo resultante Q obtido da transformação do triângulo P por $T_{2\times2}$, quando $\theta = 840°$;

b) a área do triângulo resultante Q obtido na transformação do item *a*.

12. (U.F. Triângulo Mineiro-MG) Considere as matrizes

$A = (a_{ij})_{2x2}$, tal que $a_{ij} = i^2 + j^2$, e

$B = (b_{ij})_{2x2}$, tal que $b_{ij} = (i + j)^2$.

Determine:

a) pela lei de formação, a matriz C resultante da soma das matrizes A e B.

b) a matriz M de ordem 2 que é solução da equação matricial $A \cdot M + B = 0$, em que 0 representa a matriz nula de ordem 2.

13. (UF-MT) Um projeto de pesquisa sobre dietas envolve adultos e crianças de ambos os sexos. A composição dos participantes no projeto é dada pela matriz:

adultos	crianças	
80	120	masculino
100	200	feminino

O número diário de gramas de proteínas, de gorduras e de carboidratos que cada criança e cada adulto consomem é dado pela matriz:

proteínas	gorduras	carboidratos	
20	20	20	adultos
10	20	30	crianças

A partir dessas informações, julgue os itens.

0) 6 000 g de proteínas são consumidos diariamente por adultos e crianças do sexo masculino.

1) A quantidade de gorduras consumida diariamente por adultos e crianças do sexo masculino é 50% menor que a consumida por adultos e crianças do sexo feminino.

2) As pessoas envolvidas no projeto consomem diariamente um total de 13200 g de carboidratos.

14. (UF-PR) Se A é uma matriz quadrada de ordem 2 e I é a matriz identidade de mesma ordem, pode-se mostrar que, para cada *n* natural, existem números reais α e β tais que $A^n = \alpha A + \beta I$.

Dada a matriz $A = \begin{bmatrix} 2 & 3 \\ 0 & 1 \end{bmatrix}$.

a) Encontre α e β tais que $A^2 = \alpha A + \beta I$.

b) Multiplicando a expressão do item anterior pela matriz inversa A^{-1} obtém-se a expressão $A = \alpha I + \beta A^{-1}$. Use essa informação para calcular a matriz A^{-1}.

15. (FGV-SP) Uma fábrica decide distribuir os excedentes de três produtos alimentícios A, B e C a dois países da América Central, P_1 e P_2. As quantidades, em toneladas, são descritas mediante a matriz Q:

$$Q = \begin{bmatrix} 200 & 100 & 150 \\ 100 & 150 & 200 \end{bmatrix} \begin{matrix} \leftarrow P_1 \\ \leftarrow P_2 \end{matrix}$$

(colunas: A, B, C)

Para o transporte aos países de destino, a fábrica recebeu orçamentos de duas empresas, em reais por tonelada, como indica a matriz P:

$$P = \begin{bmatrix} 500 & 300 \\ 400 & 200 \end{bmatrix} \begin{matrix} \leftarrow 1^{\text{a}} \text{ empresa} \\ \leftarrow 2^{\text{a}} \text{ empresa} \end{matrix}$$

a) Efetue o produto das duas matrizes, na ordem que for possível. O que representa o elemento a_{13} da matriz produto?

b) Que elemento da matriz produto indica o custo de transportar o produto A, com a segunda empresa, aos dois países?

c) Para transportar os três produtos aos dois países, qual empresa deveria ser escolhida, considerando que as duas apresentam exatamente as mesmas condições técnicas? Por quê?

16. (FGV-SP) Os alunos de uma classe foram consultados sobre quatro possibilidades diferentes de horário para o exame final da disciplina (possibilidades A, B, C e D). Cada aluno ordenou sua preferência de 1ª à 4ª escolha (a 1ª é a mais desejada, e a 4ª a menos desejada). A apuração dos resultados dessa consulta mostrou que foram escolhidas apenas 9 ordenações diferentes, dentre as 24 possíveis. A tabela indica os resultados da consulta com os dados agrupados.

Número de votos	1ª escolha	2ª escolha	3ª escolha	4ª escolha
3	A	B	C	D
4	A	B	D	C
7	A	C	B	D
8	B	C	D	A
2	B	A	C	D
5	B	C	A	D
8	C	D	B	A
2	C	A	D	B
11	D	C	A	B

Exemplo: do total de 50 alunos, 3 preferem A à B, B à C e C à D (primeira linha da tabela).

a) Usando os dados da tabela, determine o horário vencedor, e com que porcentagem de votos, em uma eleição majoritária simples.
Definição: eleição majoritária simples é aquela em que se leva em consideração apenas a 1ª escolha de cada eleitor

b) Admita, agora, que são atribuídos peso quatro (4 pontos) à 1ª escolha de cada aluno, três (3 pontos) à 2ª escolha, dois (2 pontos) à 3ª escolha e um (1 ponto) à 4ª escolha.
Dada a matriz $V_{1 \times 9} = [3\ 4\ 7\ 8\ 2\ 5\ 8\ 2\ 11]$, determine a matriz $P_{9 \times 4}$ de forma que $V_{1 \times 9} \cdot P_{9 \times 4}$ resulte a matriz $T_{1 \times 4} = [A\ B\ C\ D]$ do total de pontos dos horários A, B, C e D. Em seguida, ordene a classificação dos quatro horários, do que obteve mais pontos para o que obteve menos pontos.

17. (UF-GO) Uma técnica para criptografar mensagens utiliza a multiplicação de matrizes. Um codificador transforma sua mensagem numa matriz M, com duas linhas, substituindo cada letra pelo número correspondente à sua ordem no alfabeto, conforme modelo apresentado a seguir.

Letra	A	B	C	D	E	F	G	H	I
Número	1	2	3	4	5	6	7	8	9
Letra	J	K	L	M	N	O	P	Q	R
Número	10	11	12	13	14	15	16	17	18
Letra	S	T	U	V	W	X	Y	Z	-
Número	19	20	21	22	23	24	25	26	27

Por exemplo, a palavra SENHAS ficaria assim:

$$M = \begin{bmatrix} S & E & N \\ H & A & S \end{bmatrix} = \begin{bmatrix} 19 & 5 & 14 \\ 8 & 1 & 19 \end{bmatrix}$$

Para codificar, uma matriz 2×2, A, é multiplicada pela matriz M, resultando na matriz $E = A \times M$, que é a mensagem codificada a ser enviada.

Ao receber a mensagem, o decodificador precisa reobter M para descobrir a mensagem original. Para isso, utiliza uma matriz 2×2, B tal que $B \times A = I$, em que I é a matriz identidade (2×2). Assim, multiplicando B por E, obtém-se $B \times E = B \times A \times M = M$.

Uma palavra codificada, segundo esse processo, por uma matriz $A = \begin{bmatrix} 2 & 1 \\ 1 & 1 \end{bmatrix}$ resultou na matriz $E = \begin{bmatrix} 47 & 30 & 29 \\ 28 & 21 & 22 \end{bmatrix}$.

Calcule a matriz B, decodifique a mensagem e identifique a palavra original.

18. (ITA-SP) Uma matriz real quadrada A é ortogonal se A é inversível e $A^{-1} = A^t$. Determine todas as matrizes 2×2 que são simétricas e ortogonais, expressando-as, quando for o caso, em termos de seus elementos que estão fora da diagonal principal.

19. (UF-BA)

	Número de derrotas	Número de empates	Número de vitórias
Time A	2	3	5
Time B	1	5	4
Time C	X	0	Z

Os dados do quadro referem-se ao número de derrotas, empates e vitórias dos três times que obtiveram as maiores pontuações ao final de um torneio de futebol, em que todos os times jogaram o mesmo número de partidas. Sabe-se que a pontuação final de cada time é obtida subtraindo-se um ponto por cada derrota, somando-se um ponto por empate, e dois pontos por vitória.

Com base nessas informações, pode-se afirmar: (Indique a soma das afirmações corretas.)

(01) Sabendo-se que o time C não perdeu todas as partidas, sua pontuação final é um número inteiro pertencente ao intervalo [–7,20].

(02) Se o time C obteve pontuação final menor que a dos times A e B, então ele venceu, no máximo, 6 partidas.

(04) Se o time C venceu 7 partidas, sua pontuação final é igual à do time B.

(08) Caso o time C tenha perdido uma partida para o time A e outra para o time B, é impossível que ele tenha a maior pontuação final entre os três times.

(16) Sendo $M = \begin{pmatrix} 2 & 3 & 5 \\ 1 & 5 & 4 \\ x & 0 & z \end{pmatrix}$ e $N = \begin{pmatrix} -1 \\ 1 \\ 2 \end{pmatrix}$, então o produto $M \cdot N$ é uma matriz da forma $\begin{pmatrix} a \\ b \\ c \end{pmatrix}$ tal que *a*, *b* e *c* representam, respectivamente, as pontuações finais dos times A, B e C.

20. (FGV-SP)

a) Determine *a* e *b* de forma que a matriz $A = \begin{bmatrix} 1 & 1 \\ 2a & 0{,}5b \end{bmatrix}$ verifique que $A^2 = 2A$ e depois calcule A^{11}.

b) Nos meses de abril e maio, uma família adquiriu as mesmas quantidades de açúcar, arroz e feijão em um mesmo supermercado, mas os preços sofreram uma leve alteração:

		Abril	Maio
Preço por quilo	Açúcar	R$ 1,00	R$ 1,20
	Arroz	R$ 2,50	R$ 2,00
	Feijão	R$ 3,00	R$ 3,00

Quantidade de pacotes de 1 kg		
Açúcar	Arroz	Feijão
4	5	6

Mediante um produto de matrizes, expresse, por meio de uma matriz, quanto a família gastou em cada mês.

21. (UF-CE) A matriz quadrada A de ordem 3 é tal que

$$A^2 = \begin{pmatrix} 2 & 1 & 1 \\ 1 & 2 & 1 \\ 1 & 1 & 2 \end{pmatrix}$$

a) Calcule $A^2 - 3 \cdot I$, em que I é a matriz identidade de ordem 3.

b) Sabendo-se que A cumpre a propriedade $A^3 - 3 \cdot A = 2 \cdot I$, determine a matriz inversa de A.

22. (FGV-SP) Um determinado produto deve ser distribuído a partir de 3 fábricas para 4 lojas consumidoras. Seja $C = (c_{ij})_{3 \times 4}$ a matriz do custo unitário de transporte da fábrica *i* para a loja *j*, com $c_{ij} = (2i - 3j)^2$. Seja $B = (b_{ij})_{3 \times 4}$ a matriz que representa a quantidade de produtos transportados da fábrica *i* para a loja *j*, em milhares de unidades, com $b_{ij} = i + j$.

a) Determine as matrizes $C = (c_{ij})_{3\times4}$ e B^t sendo que B^t é a transposta da matriz $B = (b_{ij})_{3\times4}$.

b) Sendo $D = \begin{bmatrix} 1 \\ 1 \\ 1 \\ 1 \end{bmatrix}_{4 \times 1}$ e $E = [1\ 0\ 0]_{1 \times 3}$, determine as matrizes $X = (x_{ij})_{3 \times 1}$ e $Y = (y_{ij})_{1 \times 3}$ tais que $X = B \cdot D$ e $Y = E \cdot (C \cdot B^t)$. Em seguida, determine o significado econômico de x_{ij} e de y_{ij}.

23. (Unicamp-SP) Uma matriz real quadrada P é dita ortogonal se $P^T = P^{-1}$, ou seja, se sua transposta é igual a sua inversa.

a) Considere a matriz P abaixo. Determine os valores de *a* e *b* para que P seja ortogonal.

Dica: você pode usar o fato de que $P^{-1}P = I$ em que I é a matriz identidade.

$$P = \begin{bmatrix} -\frac{1}{3} & -\frac{2}{3} & -\frac{2}{3} \\ -\frac{2}{3} & a & -\frac{1}{3} \\ -\frac{2}{3} & b & \frac{2}{3} \end{bmatrix}$$

b) Uma certa matriz A pode ser escrita na forma $A = QR$, sendo Q e R as matrizes abaixo.

Sabendo que Q é ortogonal, determine a solução do sistema $Ax = b$, para o vetor *b* dado, **sem obter explicitamente a matriz A**. Dica: lembre-se de que $X = A^{-1}\,b$.

$$Q = \begin{bmatrix} \frac{1}{2} & -\frac{1}{2} & \frac{-\sqrt{2}}{2} \\ \frac{1}{2} & -\frac{1}{2} & \frac{\sqrt{2}}{2} \\ \frac{\sqrt{2}}{2} & \frac{\sqrt{2}}{2} & 0 \end{bmatrix}, R = \begin{bmatrix} 2 & 0 & 0 \\ 0 & -2 & 0 \\ 0 & 0 & \sqrt{2} \end{bmatrix}, b = \begin{bmatrix} 6 \\ -2 \\ 0 \end{bmatrix}.$$

24. (UE-RJ) Para enviar mensagens sigilosas substituindo letras por números, foi utilizado um sistema no qual cada letra do alfabeto está associada a um único número *n*, formando a sequência de 26 números ilustrada na tabela:

Letra	Número *n*
A	1
B	2
C	3
D	4
E	5
...	...
W	23
X	24
Y	25
Z	26

Para utilizar o sistema, cada número *n*, correspondente a uma determinada letra, é transformado em um número f(n), de acordo com a seguinte função:

$$f(n) = \begin{cases} 2n + 3, \text{se } 1 \leqslant n \leqslant 10 \\ 50 - n, \text{se } 11 \leqslant n \leqslant 26 \end{cases} \quad \text{na qual } n \in \mathbb{N}$$

As letras do nome ANA, por exemplo, estão associadas aos números [1 14 1]. Ao se utilizar o sistema, obtém-se a nova matriz [f(1) f(14) f(1)], gerando a matriz código [5 36 5].

Considere a destinatária de uma mensagem cujo nome corresponde à seguinte matriz código:

[7 13 5 30 32 21 24].

Identifique esse nome.

TESTES

1. (PUC-RS) Num jogo, foram sorteados 6 números para compor uma matriz $M = (m_{ij})$ de ordem 2×3. Após o sorteio, notou-se que esses números obedeceram à regra $m_{ij} = 4i - j$.
Assim, a matriz M é igual a

a) $\begin{bmatrix} 1 & 2 & 3 \\ 5 & 6 & 7 \end{bmatrix}$

b) $\begin{bmatrix} 1 & 2 & 3 \\ 4 & 5 & 6 \end{bmatrix}$

c) $\begin{bmatrix} 3 & 2 & 1 \\ 7 & 6 & 5 \end{bmatrix}$

d) $\begin{bmatrix} 3 & 2 \\ 7 & 6 \\ 11 & 10 \end{bmatrix}$

e) $\begin{bmatrix} 3 & 7 \\ 2 & 6 \\ 1 & 5 \end{bmatrix}$

2. (IF-AL) Sejam as matrizes $A_{3 \times 2}, B_{2 \times 3}\, C_{3 \times 3}$. É verdade que:

a) $A + B^t$ é uma matriz 2×3.
b) $A \cdot B$ é uma matriz 3×3.
c) $A \cdot B$ é uma matriz 2×2.
d) $B \cdot C$ é uma matriz 3×3.
e) $C \cdot A$ é uma matriz 3×3.

3. (Insper-SP) Considere as matrizes $A = \begin{bmatrix} 3 & 0 \\ 0 & 1 \end{bmatrix}$, $B = \begin{bmatrix} 0 & 3 \\ 8 & 0 \end{bmatrix}$, $X = \begin{bmatrix} x \\ y \end{bmatrix}$ e $Y = \begin{bmatrix} x^2 \\ y^2 \end{bmatrix}$. Se *x* e *y* são as soluções não nulas da equação $A \cdot Y + B \cdot X = \begin{bmatrix} 0 \\ 0 \end{bmatrix}$, então $x \cdot y$ é igual a

a) 6 b) 7 c) 8 d) 9 e) 10

4. (PUC-RS) Numa aula de Álgebra Matricial dos cursos de Engenharia, o professor pediu que os alunos resolvessem a seguinte questão:

Se $A = \begin{bmatrix} 1 & 2 \\ 3 & 4 \end{bmatrix}$, então A^2 é igual a

a) $\begin{bmatrix} 1 & 3 \\ 2 & 4 \end{bmatrix}$

b) $\begin{bmatrix} 1 & 4 \\ 9 & 16 \end{bmatrix}$

c) $\begin{bmatrix} 7 & 10 \\ 15 & 22 \end{bmatrix}$

d) $\begin{bmatrix} 5 & 11 \\ 11 & 25 \end{bmatrix}$

e) $\begin{bmatrix} 5 & 5 \\ 25 & 25 \end{bmatrix}$

5. (U.E. Londrina-PR) Uma indústria utiliza borracha, couro e tecido para fazer três modelos de sapatos. A matriz Q fornece a quantidade de cada componente na fabricação dos modelos de sapatos, enquanto a matriz C fornece o custo unitário, em reais, destes componentes.

Dados:

$$Q = \begin{pmatrix} 2 & 1 & 1 \\ 1 & 2 & 0 \\ 2 & 0 & 2 \end{pmatrix} \begin{matrix} \text{modelo 1} \\ \text{modelo 2} \\ \text{modelo 3} \end{matrix}$$

(colunas: borracha, couro, tecido)

$$C = \begin{pmatrix} 10 \\ 50 \\ 30 \end{pmatrix} \begin{matrix} \text{borracha} \\ \text{couro} \\ \text{tecido} \end{matrix}$$

A matriz V que fornece o custo final, em reais, dos três modelos de sapatos é dada por:

a) $V = \begin{pmatrix} 110 \\ 120 \\ 80 \end{pmatrix}$

b) $V = \begin{pmatrix} 90 \\ 100 \\ 60 \end{pmatrix}$

c) $V = \begin{pmatrix} 80 \\ 110 \\ 80 \end{pmatrix}$

d) $V = \begin{pmatrix} 120 \\ 110 \\ 100 \end{pmatrix}$

e) $V = \begin{pmatrix} 100 \\ 110 \\ 80 \end{pmatrix}$

6. (UE-RN) Sejam as matrizes $M = \begin{bmatrix} 2 & 3 \\ -1 & 0 \end{bmatrix}$, $N = \begin{bmatrix} 4 & 0 \\ 1 & 5 \end{bmatrix}$ e $P = M \cdot N + N \cdot M$. O menor elemento da matriz P é

a) −7 b) −1 c) − 5 d) 2

7. (UCS-RS) Uma empresa vende três produtos.

O preço de venda do tipo *j* está representado por a_{1j} na matriz A = [300 500 700].

O número de produtos vendidos do tipo *j*, em determinado mês, está representado por b_{1j} na matriz B = [45 25 35].

O custo para produzir cada produto do tipo *j* está representado por c_{1j} na matriz C = [225 368 580].

A expressão que fornece o lucro obtido com a venda dos produtos, no mês em questão, é

a) AB − CA.
b) $AB^t - CB^t$.
c) AB^t.
d) $CB^t - AB^t$.
e) CA − AB.

8. (ESPM-SP) A distribuição dos *n* moradores de um pequeno prédio de apartamentos é dada pela matriz $\begin{bmatrix} 4 & x & 5 \\ 1 & 3 & y \\ 6 & y & x+1 \end{bmatrix}$, onde cada elemento a_{ij} representa a quantidade de moradores do apartamento *j* do andar *i*.

Sabe-se que, no 1º andar, moram 3 pessoas a mais que no 2º e que os apartamentos de número 3 comportam 12 pessoas ao todo. O valor de *n* é:

a) 30 b) 31 c) 32 d) 33 e) 34

9. (EsPCEx-SP) Considere as matrizes $A = \begin{bmatrix} 3 & 5 \\ 1 & x \end{bmatrix}$ e $B = \begin{bmatrix} x & y+4 \\ y & 3 \end{bmatrix}$.

Se *x* e *y* são valores para os quais B é a transposta da inversa da matriz A, então o valor de x + y é

a) −1 b) −2 c) −3 d) −4 e) −5

10. (UE-CE) Se as matrizes $M = \begin{bmatrix} 1 & x & 3 \\ y & 2 & 1 \\ 3 & 2 & z \end{bmatrix}$, $P = \begin{bmatrix} 2 & 1 & 3 \\ 4 & 2 & 1 \\ 6 & 2 & 3 \end{bmatrix}$ e $N = \begin{bmatrix} a & 0 & 0 \\ 0 & b & 0 \\ 0 & 0 & c \end{bmatrix}$ satisfazem a igualdade M · N = P, então x + y + z é igual a

a) 3. b) 4. c) 5. d) 6.

11. (UE-SC) O fluxo de veículos que circulam pelas ruas de mão dupla 1, 2 e 3 é controlado por um semáforo, de tal modo que, cada vez que sinaliza a passagem de veículos, é possível que passem até 12 carros, por minuto, de uma rua para outra. Na matriz $S = \begin{pmatrix} 0 & 90 & 36 \\ 90 & 0 & 75 \\ 36 & 75 & 0 \end{pmatrix}$ cada termo S_{ij} indica o tempo, em segundos, que o semáforo fica aberto, num período de 2 minutos, para que haja o fluxo da rua *i* para a rua *j*.

Então, o número máximo de automóveis que podem passar da rua 2 para a rua 3, das 8h às 10h de um mesmo dia, é

a) 432
b) 576
c) 900
d) 1 080
e) 1 100

12. (Insper-SP) Leia o texto a seguir.

Existe uma matriz quadrada M de ordem 2 que possui uma propriedade bem interessante: sendo A outra matriz quadrada de ordem 2, o produto A · M sempre resulta numa matriz que tem em sua diagonal principal os elementos da diagonal secundária de A e em sua diagonal secundária os elementos da diagonal principal de A.
Dentre as opções abaixo, a única que pode representar a matriz M descrita acima é

a) $\begin{pmatrix} 0 & 1 \\ 0 & 1 \end{pmatrix}$.
b) $\begin{pmatrix} 0 & 0 \\ 1 & 1 \end{pmatrix}$.
c) $\begin{pmatrix} 0 & 1 \\ 1 & 0 \end{pmatrix}$.
d) $\begin{pmatrix} -1 & 0 \\ 0 & -1 \end{pmatrix}$.
e) $\begin{pmatrix} 1 & -1 \\ -1 & 1 \end{pmatrix}$.

13. (U.F. Santa Maria-RS)

Fotos: Thinkstock/Getty Images

O diagrama dado representa a cadeia alimentar simplificada de um determinado ecossistema. As setas indicam a espécie de que a outra espécie se alimenta.
Atribuindo valor 1 quando uma espécie se alimenta de outra e zero, quando ocorre o contrário, tem-se a seguinte tabela:

	Urso	Esquilo	Inseto	Planta
Urso	0	1	1	1
Esquilo	0	0	1	1
Inseto	0	0	0	1
Planta	0	0	0	0

A matriz $A = (a_{ij})_{4 \times 4}$, associada à tabela, possui a seguinte lei de formação:

a) $a_{ij} = \begin{cases} 0, \text{se } i \leq j \\ 1, \text{se } i > j \end{cases}$
b) $a_{ij} = \begin{cases} 0, \text{se } i = j \\ 1, \text{se } i \neq j \end{cases}$
c) $a_{ij} = \begin{cases} 0, \text{se } i \geq j \\ 1, \text{se } i < j \end{cases}$
d) $a_{ij} = \begin{cases} 0, \text{se } i \neq j \\ 1, \text{se } i = j \end{cases}$
e) $a_{ij} = \begin{cases} 0, \text{se } i < j \\ 1, \text{se } i > j \end{cases}$

14. (Fuvest-SP) Considere a matriz $A = \begin{bmatrix} a & 2a+1 \\ a-1 & a+1 \end{bmatrix}$ em que *a* é um número real. Sabendo que A admite inversa A^{-1} cuja primeira coluna é $\begin{bmatrix} 2a-1 \\ -1 \end{bmatrix}$, a soma dos elementos da diagonal principal de A^{-1} é igual a

a) 5
b) 6
c) 7
d) 8
e) 9

15. (FGV-RJ) Seja X a matriz que satisfaz a equação matricial X · A = B, em que:

$A = \begin{bmatrix} 2 & 1 \\ 5 & 3 \end{bmatrix}$ e $B = [8 \quad 5]$.

Ao multiplicar os elementos da matriz X, obteremos o número:

a) −1
b) −2
c) 1
d) 2
e) 0

16. (UF-RN) Considere, a seguir, uma tabela com as notas de quatro alunos em três avaliações e a matriz M formada pelos dados dessa tabela.

	Avaliação 1	Avaliação 2	Avaliação 3
Thiago	8	9	6
Maria	6	8	7
Sônia	9	6	6
André	7	8	9

$M = \begin{pmatrix} 8 & 9 & 6 \\ 6 & 8 & 7 \\ 9 & 6 & 6 \\ 7 & 8 & 9 \end{pmatrix}$

O produto $\frac{1}{3} M \begin{pmatrix} 1 \\ 1 \\ 1 \end{pmatrix}$ corresponde à média

a) de todos os alunos na Avaliação 3.
b) de cada avaliação.
c) de cada aluno nas três avaliações.
d) de todos alunos na Avaliação 2.

17. (FGV-SP) Sabendo que a inversa de uma matriz A é $A^{-1} = \begin{bmatrix} 3 & -1 \\ -5 & 2 \end{bmatrix}$, e que a matriz X é solução da equação matricial $X \cdot A = B$, em que $B = [8 \quad 3]$, podemos afirmar que a soma dos elementos da matriz X é

a) 7
b) 8
c) 9
d) 10
e) 11

18. (Unesp-SP) Dada a matriz $A = \begin{bmatrix} -2 & 3 \\ -1 & 2 \end{bmatrix}$ e definindo-se $A^0 = I$, $A^1 = A$ e $A^K = A \cdot A \cdot A \cdot ... \cdot A$, com *k* fatores, onde I é uma matriz identidade de ordem 2, $k \in \mathbb{N}$ e $k \geqslant 2$, a matriz A^{15} será dada por:

a) I.
b) A.
c) A^2.
d) A^3.
e) A^4.

19. (UFF-RJ) Se $C_1, C_2, ..., C_k$ representam *k* cidades que compõem uma malha aérea, a matriz de adjacência associada à malha é a matriz A definida da seguinte maneira: o elemento na linha *i* e na coluna *j* de A é igual ao número 1 se existe exatamente um voo direto da cidade C_i para a cidade C_j, caso contrário, esse elemento é igual ao número 0. Uma propriedade importante do produto com $A^n = \underbrace{AA \dots A}_{\text{n fatores}}$, $n \in \mathbb{N}$, é a seguinte: o elemento na linha *i* e na coluna *j* da matriz A^n dá o número de voos com exatamente $n - 1$ escalas da cidade C_i para a cidade C_j.

Considere a malha aérea composta por quatro cidades, C_1, C_2, C_3 e C_4, cuja matriz de adjacência é

$$A = \begin{bmatrix} 0 & 1 & 1 & 1 \\ 1 & 0 & 1 & 1 \\ 1 & 1 & 0 & 0 \\ 1 & 1 & 0 & 0 \end{bmatrix}.$$

Os números de voos com uma única escala de C_3 para C_1, de C_3 para C_2 e de C_3 para C_4 são, respectivamente, iguais a

a) 0, 0 e 1.
b) 1, 1 e 0.
c) 1, 1 e 2.
d) 1, 2 e 2.
e) 2, 1 e 1.

20. (Cetet-MG) A matriz $A = \begin{bmatrix} 2 & 5 \\ 1 & x \end{bmatrix}$ é inversa de $B = \begin{bmatrix} 3 & y \\ -1 & 2 \end{bmatrix}$. Pode-se afirmar, corretamente, que a diferença $(x - y)$ é igual a:

a) –8
b) –2
c) 2
d) 6
e) 8

21. (UF-PB) A prefeitura de certo município planeja solicitar ao governo federal uma verba especial para a construção de casas populares nos setores S_1, S_2 e S_3 desse município. Serão construídas casas dos tipos 1, 2 e 3, que terão custo de construção de 20 000 reais, 30 000 reais e 40 000 reais respectivamente. Realizado, em cada setor, cadastramento das famílias que necessitam de moradia, foram obtidos os dados da matriz a seguir, onde o elemento A_{ij} representa o número de famílias que pleiteiam uma casa do tipo *i* e moram no setor S_j.

$$A = \begin{bmatrix} 30 & 50 & 40 \\ 25 & 30 & 35 \\ 25 & 10 & 15 \end{bmatrix}$$

Com base nos dados apresentados e considerando que cada família cadastrada será contemplada com uma casa, identifique as afirmativas corretas:

a) O número total de casas que serão construídas, nos três setores, será de 270.
b) O custo total previsto para a construção de todas as casas, nos três setores, será maior que sete milhões de reais.
c) O setor 1 é o setor onde será construído o maior número de casas.
d) O número de casas do tipo 1 a serem construídas nos três setores será maior que o número de casas do tipo 2 que serão construídas nos mesmos setores.
e) A prefeitura gastará mais com a construção das casas do tipo 2 do que com as casas do tipo 3.

22. (UFF-RJ) A transmissão de mensagens codificadas em tempos de conflitos militares é crucial. Um dos métodos de criptografia mais antigos consiste em permutar os símbolos das mensagens. Se os símbolos são números, uma permutação pode ser efetuada usando-se multiplicações por matrizes de permutação, que são matrizes quadradas que satisfazem as seguintes condições:

- cada coluna possui um único elemento igual a 1 (um) e todos os demais elementos são iguais a zero;
- cada linha possui um único elemento igual a 1 (um) e todos os demais elementos são iguais a zero.

Por exemplo, a matriz $M = \begin{bmatrix} 0 & 1 & 0 \\ 0 & 0 & 1 \\ 1 & 0 & 0 \end{bmatrix}$ permuta os elementos da matriz coluna $Q = \begin{bmatrix} a \\ b \\ c \end{bmatrix}$, transformando-a na matriz $P = \begin{bmatrix} b \\ c \\ a \end{bmatrix}$, pois $P = M \cdot Q$.

Pode-se afirmar que a matriz que permuta $\begin{bmatrix} a \\ b \\ c \end{bmatrix}$,

transformando-a em $\begin{bmatrix} c \\ a \\ b \end{bmatrix}$, é:

a) $\begin{bmatrix} 0 & 0 & 1 \\ 1 & 0 & 0 \\ 0 & 1 & 0 \end{bmatrix}$.

b) $\begin{bmatrix} 1 & 0 & 0 \\ 0 & 0 & 1 \\ 0 & 1 & 0 \end{bmatrix}$.

c) $\begin{bmatrix} 0 & 1 & 0 \\ 1 & 0 & 0 \\ 0 & 0 & 1 \end{bmatrix}$.

d) $\begin{bmatrix} 0 & 0 & 1 \\ 0 & 1 & 0 \\ 1 & 0 & 0 \end{bmatrix}$.

e) $\begin{bmatrix} 1 & 0 & 0 \\ 0 & 1 & 0 \\ 0 & 0 & 1 \end{bmatrix}$.

23. (Unesp-SP) Considere três lojas, L_1, L_2 e L_3, e três tipos de produtos, P_1, P_2, P_3. A matriz a seguir descreve a quantidade de cada produto vendido em cada loja na primeira semana de dezembro. Cada elemento a_{ij} da matriz indica a quantidade do produto P_i vendido pela loja L_j, $i, j = 1, 2, 3$.

$$\begin{array}{c} \\ P_1 \\ P_2 \\ P_3 \end{array} \begin{array}{c} \begin{array}{ccc} L_1 & L_2 & L_3 \end{array} \\ \begin{bmatrix} 30 & 19 & 20 \\ 15 & 10 & 8 \\ 12 & 16 & 11 \end{bmatrix} \end{array}$$

Analisando a matriz, podemos afirmar que:

a) A quantidade de produtos do tipo P_2 vendidos pela loja L_2 é 11.

b) A quantidade de produtos do tipo P_1 vendidos pela loja L_3 é 30.

c) A soma das quantidades de produtos do tipo P_3 vendidos pelas três lojas é 40.

d) A soma das quantidades de produtos do tipo P_i vendidos pela loja L_i, $i = 1, 2, 3$ é 52.

e) A soma das quantidades dos produtos dos tipos P_1 e P_2 vendidos pela loja L_1 é 45.

24. (Fatec-SP) Sendo A uma matriz quadrada, define-se $A^n = A \cdot A \dots \cdot A$. No caso de A ser a matriz $\begin{bmatrix} 0 & 1 \\ 1 & 0 \end{bmatrix}$, é correto afirmar que a soma $A + A^2 + A^3 + A^4 + \dots + A^{39} + A^{40}$ é igual à matriz:

a) $\begin{bmatrix} 20 & 20 \\ 20 & 20 \end{bmatrix}$

b) $\begin{bmatrix} 20 & 0 \\ 0 & 20 \end{bmatrix}$

c) $\begin{bmatrix} 40 & 40 \\ 40 & 40 \end{bmatrix}$

d) $\begin{bmatrix} 0 & 40 \\ 40 & 0 \end{bmatrix}$

e) $\begin{bmatrix} 0 & 20 \\ 20 & 0 \end{bmatrix}$

25. (UFF-RJ) Nos processos de digitalização, imagens podem ser representadas por matrizes cujos elementos são os algarismos 0 e 1. Considere que a matriz linha $L = (1\ 0\ 1\ 0\ 0\ 1)$ representa a figura a seguir:

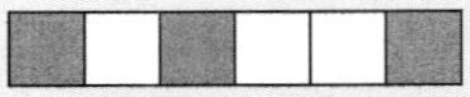

onde 1 representa "quadrinho" escuro e 0 representa "quadrinho" branco.

Seja X a matriz linha dada por $X = LM$, onde M é a matriz $M = (m_{ij})$ com

$$m_{ij} = \begin{cases} 1, \text{se } i + j = 7 \\ 0, \text{se } i + j \neq 7, 1 \leq i \leq 6, 1 \leq j \leq 6 \end{cases}$$

Dessa forma, a matriz X representa a figura da opção:

a) 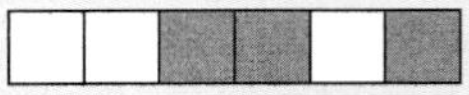

b) 

c) 

d) 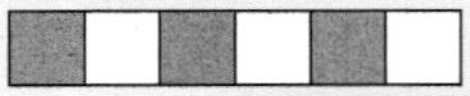

e) 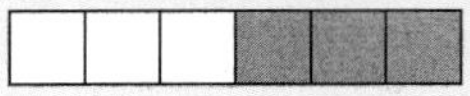

26. (UF-AM) Sejam $A = (a_{ij})_{6 \times 6}$ e $B = (b_{ij})_{6 \times 6}$ duas matrizes definidas por $a_{ij} = i - j$ e $b_{ij} = j - i$ para todo $1 \leq i, j \leq 6$.

Se $A \cdot B = (c_{ij})_{6 \times 6}$, então o valor de c_{45} é:

a) 18 b) 21 c) 20 d) 19 e) 22

27. (U.F. Uberlândia-MG) Sejam A, B e C matrizes quadradas de ordem 2, tais que $A \cdot B = I$, em que I é a matriz identidade.

A matriz X tal que $A \cdot X \cdot A = C$ é igual a:

a) $B \cdot C \cdot B$

b) $(A^2)^{-1} \cdot C$

c) $C \cdot (A^{-1})^2$

d) $A \cdot C \cdot B$

28. (UE-CE) Sejam as matrizes

$P = \begin{pmatrix} x & 1 \\ 1 & 1 \end{pmatrix}$, $Q = \begin{pmatrix} 1 & y \\ 1 & 1 \end{pmatrix}$, $R = \begin{pmatrix} 1 & 1 \\ z & 1 \end{pmatrix}$ e

$S = \begin{pmatrix} 1 & 1 \\ 1 & t \end{pmatrix}$.

Sobre a igualdade $P \cdot Q = R \cdot S$ é possível afirmar-se corretamente:

a) nunca se verifica.

b) verifica-se somente se $x = y = z = t$.

c) verifica-se sempre que $x = z = 1$ e $y = t$.

d) verifica-se quando $x \neq z$ e $y \neq t$.

29. (UF-GO) Um polígono pode ser representado por uma matriz $F_{2 \times n}$, onde n é o número de vértices e as coordenadas dos seus vértices são as colunas dessa matriz. Assim, a matriz $F_{2 \times 6} = \begin{bmatrix} 0 & 2 & 6 & 6 & 4 & 2 \\ 2 & 6 & 4 & -2 & -4 & -2 \end{bmatrix}$ representa o polígono da figura abaixo.

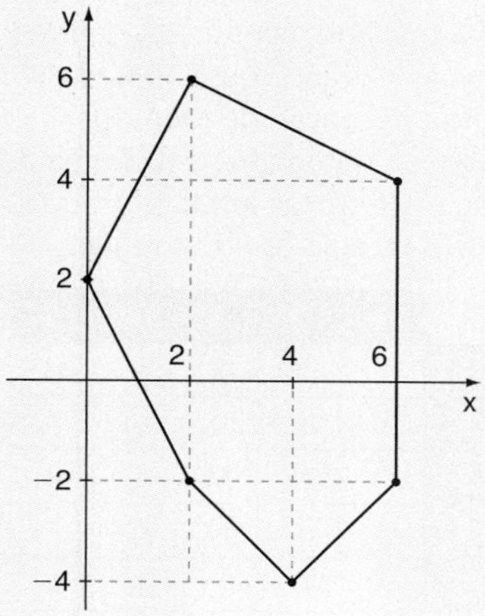

A computação gráfica utiliza-se de transformações geométricas para realizar movimentos de figuras e objetos na tela do computador. Essas transformações geométricas podem ser representadas por uma matriz $T_{2 \times 2}$. Fazendo-se o produto das matrizes $T_{2 \times 2} \times F_{2 \times n}$ obtém-se uma matriz que representa a figura transformada, que pode ser uma simetria, translação, rotação ou dilatação da figura original.

Considerando a transformação geométrica representada pela matriz $T_{2 \times 2} = \begin{bmatrix} \frac{3}{2} & 0 \\ 0 & -\frac{3}{2} \end{bmatrix}$

qual é a figura transformada do polígono representado pela matriz $F_{2 \times 6}$ dada anteriormente?

a)

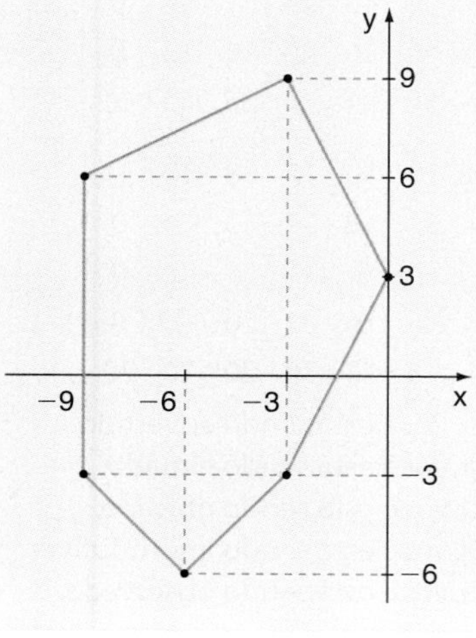

b)

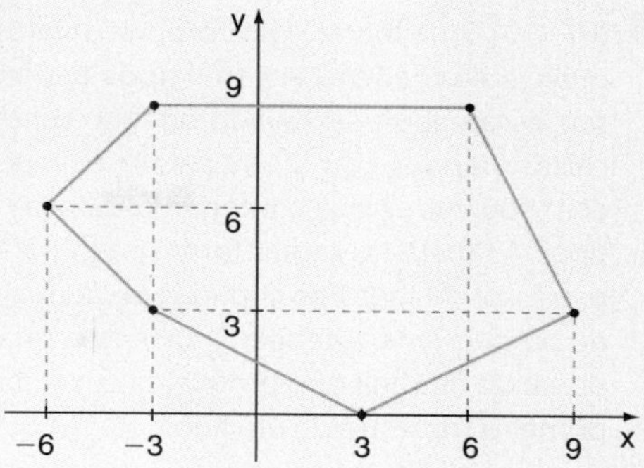

c)

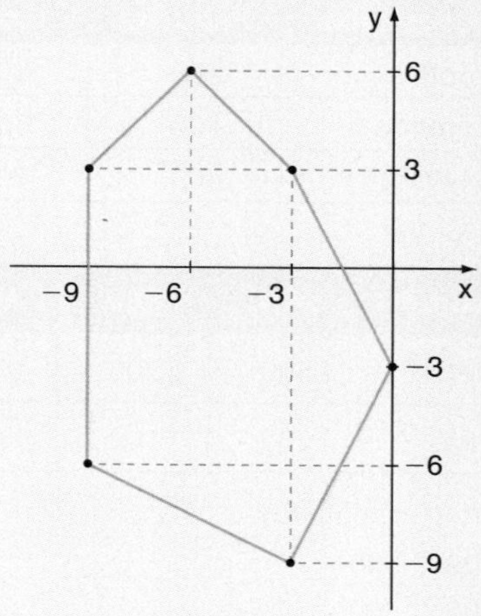

d)

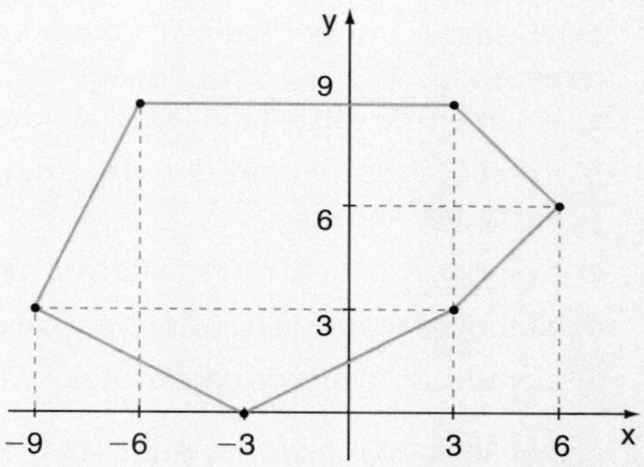

e)

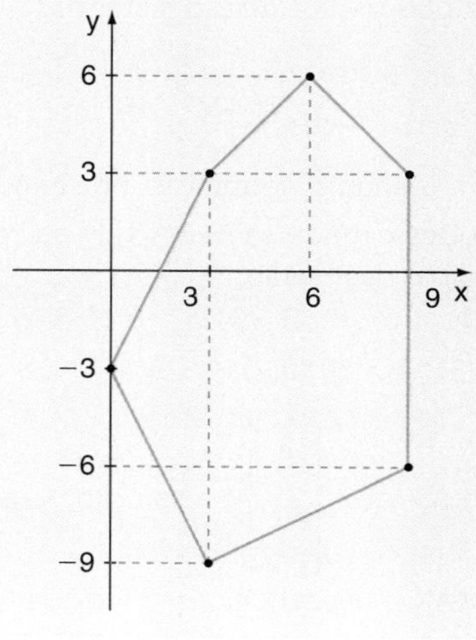

30. (UF-GO) Uma metalúrgica produz parafusos para móveis de madeira em três tipos denominados *soft*, escareado e sextavado, que são vendidos em caixas grandes, com 2000 parafusos e pequenas, com 900, cada caixa contendo parafusos dos três tipos. A tabela 1, a seguir, fornece a quantidade de parafusos de cada tipo contida em cada caixa, grande ou pequena. A tabela 2 fornece a quantidade de caixas de cada tipo produzida em cada mês do primeiro trimestre de um ano.

TABELA 1

Parafusos/caixa	Pequena	Grande
Soft	200	500
Escareado	400	800
Sextavado	300	700

TABELA 2

Caixas/mês	JAN.	FEV.	MAR.
Pequena	1500	2200	1300
Grande	1200	1500	1800

Associando as matrizes

$$A = \begin{bmatrix} 200 & 500 \\ 400 & 800 \\ 300 & 700 \end{bmatrix} \text{ e } B = \begin{bmatrix} 1\,500 & 2\,200 & 1\,300 \\ 1\,200 & 1\,500 & 1\,800 \end{bmatrix}$$

às tabelas 1 e 2, respectivamente, o produto $A \times B$ fornece

a) o número de caixas fabricadas no trimestre.

b) a produção do trimestre de um tipo de parafuso, em cada coluna.

c) a produção mensal de cada tipo de parafuso.

d) a produção total de parafusos por caixa.

e) a produção média de parafusos por caixa.

31. (ESPM-SP) A rotação de um ponto P(x, y) do plano cartesiano em torno da origem é um outro ponto P'(x', y'), obtido pela equação matricial:

$$\begin{bmatrix} x' \\ y' \end{bmatrix} = \begin{bmatrix} \cos\alpha & -\text{sen}\,\alpha \\ \text{sen}\,\alpha & \cos\alpha \end{bmatrix} \cdot \begin{bmatrix} x \\ y \end{bmatrix},$$

onde α é o ângulo de rotação, no sentido anti-horário. Desse modo, se $P = (\sqrt{3}, 1)$ e $\alpha = 60°$, as coordenadas de P' serão:

a) $(-1, 2)$ c) $(0, \sqrt{3})$ e) $(1, 2)$

b) $(-1, \sqrt{3})$ d) $(0, 2)$

32. (FGV-SP) A matriz $\begin{bmatrix} a \\ b \\ c \end{bmatrix}$ é a solução da equação matricial AX = M em que:

$$A = \begin{bmatrix} 1 & 2 & 5 \\ 0 & 1 & 4 \\ 0 & 0 & 3 \end{bmatrix} \text{ e } M = \begin{bmatrix} 28 \\ 15 \\ 9 \end{bmatrix}. \text{ Então } a^2 + b^2 + c^2 \text{ vale:}$$

a) 67 c) 69 e) 71

b) 68 d) 70

33. (U.E. Londrina-PR) Atualmente, com a comunicação eletrônica, muitas atividades dependem do sigilo na troca de mensagens, principalmente as que envolvem transações financeiras. Os sistemas de envio e recepção de mensagens codificadas chamam-se Criptografia. Uma forma de codificar mensagens é trocar letras por números, como indicado na tabela-código a seguir.

	1	2	3	4	5
1	Z	Y	X	V	U
2	T	S	R	Q	P
3	O	N	M	L	K
4	J	I	H	G	F
5	E	D	C	B	A

Nessa tabela-código, uma letra é identificada pelo número formado pela linha e pela coluna, nessa ordem. Assim, o número 32 corresponde à letra N. A mensagem final M é dada por A + B = M, onde B é uma matriz fixada, que deve ser mantida em segredo, e A é uma matriz enviada ao receptor legal. Cada linha da matriz M corresponde a uma palavra da mensagem, sendo o 0 (zero) a ausência de letras ou o espaço entre palavras.

José *tuitava* durante o horário de trabalho quando recebeu uma mensagem do seu chefe, que continha uma matriz A. De posse da matriz B e da tabela-código, ele decodificou a mensagem.

O que a chefia informou a José?

Dados:

$$A = \begin{bmatrix} 12 & 20 & 13 & 8 & 50 & 25 & 1 \\ 0 & 0 & 34 & 32 & 3 & 4 & 0 \\ 45 & 26 & 13 & 24 & 0 & 0 & 0 \\ 30 & 45 & 16 & 20 & 11 & 17 & 0 \\ 1 & 50 & 21 & 3 & 35 & 42 & 11 \end{bmatrix}$$

$$B = \begin{bmatrix} 10 & 11 & 10 & 15 & -8 & 30 & -1 \\ 14 & 31 & 19 & 19 & -3 & -4 & 0 \\ 6 & -4 & 8 & 31 & 0 & 0 & 0 \\ -8 & 6 & 16 & 32 & 20 & -17 & 0 \\ 44 & -8 & 13 & 30 & 20 & 10 & 20 \end{bmatrix}$$

a) Sorria, você está sendo advertido.

b) Sorria, você está sendo filmado.

c) Sorria, você está sendo gravado.

d) Sorria, você está sendo improdutivo.

e) Sorria, você está sendo observado.

9 SISTEMAS LINEARES

EQUAÇÃO LINEAR

Introdução

Augusto foi sacar R\$ 90,00 em um caixa eletrônico que só dispunha de cédulas de R\$ 10,00 e de R\$ 20,00. Como pôde ser feita a distribuição das cédulas a fim de totalizar R\$ 90,00?

Vamos representar por:

- x o número de cédulas de R\$ 10,00;
- y o número de cédulas de R\$ 20,00.

Devemos determinar quais são os possíveis valores de x e de y de modo que:

$$10 \cdot x + 20 \cdot y = 90$$

A equação obtida acima é um exemplo de **equação linear**.

Juca Martins/Olhar Imagem

Caixa eletrônico de banco em São Paulo, em 2007.

Definição

Equação linear nas incógnitas $x_1, x_2, \dots, x_n$ é toda equação do tipo:

$$a_1x_1 + a_2x_2 + \dots + a_nx_n = b$$

em que $a_1, a_2, \dots, a_n$ e b são coeficientes reais.

b é chamado **coeficiente** (ou **termo**) **independente** da equação.

Acompanhe alguns exemplos de equações lineares:

- $x_1 - 2x_2 + 4x_3 = -7$
- $x + y + z = 1$
- $\sqrt{3} \cdot x - 2y + z = -\frac{1}{5}$
- $4x - 3y = -2$
- $4x - 2y + 3z - t = 0$
- $\frac{1}{2} \cdot x_1 = -3$

Observe que uma equação linear é uma equação de primeiro grau com uma ou mais incógnitas.

Observações

- Note que, numa equação linear, os expoentes de todas as incógnitas são sempre iguais a 1. Dessa forma, não representam equações lineares:

$$2x_1^2 - x_2 = 5 \qquad x^2 + y^2 + z^2 = 1 \qquad x^3 - y^2 = 0$$

- Uma equação linear não apresenta termo misto (aquele que contém o produto de duas ou mais incógnitas). Dessa forma, não representam equações lineares:

$$2x_1 + x_2x_3 = 5 \qquad x + y + zw = 0 \qquad x^2 + yz = -4$$

Solução de uma equação linear

Dizemos que a sequência de números reais $(\alpha_1, \alpha_2, \ldots, \alpha_n)$ é solução da equação $a_1x_1 + a_2x_2 + \ldots + a_nx_n = b$ se a sentença $a_1\alpha_1 + a_2\alpha_2 + \ldots + a_n\alpha_n = b$ for verdadeira, isto é, quando, na equação dada, substituímos x_1 por α_1, x_2 por α_2, ..., x_n por α_n e, após efetuarmos as operações indicadas, obtemos uma sentença verdadeira.

Vejamos alguns casos:

- O par ordenado (2, −3) é solução da equação $4x - 5y = 23$, pois, substituindo *x* por 2 e *y* por −3, obtemos:

$$4 \cdot 2 - 5 \cdot (-3) = 8 + 15 = 23; \underbrace{23 = 23}_{\text{sentença verdadeira}}$$

- Considere a situação da introdução deste capítulo.

  Vamos apresentar as soluções da equação $10x + 20y = 90$, lembrando que *x* e *y* devem ser números naturais.

  Temos as seguintes possibilidades:

x (Nº de cédulas de R$ 10,00)	y (Nº de cédulas de R$ 20,00)
1	4
3	3
5	2
7	1
9	0

  Assim, os pares ordenados (1, 4), (3, 3), (5, 2), (7, 1), (9, 0) são soluções da equação.

- A terna ou tripla ordenada (−1, −1, 2) é solução da equação $2a - 3b + c = 3$, pois $2 \cdot (-1) - 3 \cdot (-1) + 2 = -2 + 3 + 2 = 3$.

  Já a tripla (5, 4, 1) não é solução dessa equação, pois $2 \cdot 5 - 3 \cdot 4 + 1 = 10 - 12 + 1 = -1 \neq 3$.

Observe que, ao representarmos a solução de uma equação linear, obedecemos à ordem alfabética de suas incógnitas. Na equação acima, quando dizemos que (−1, −1, 2) é uma solução, subentende-se que $a = -1$, $b = -1$ e $c = 2$.

EXERCÍCIO RESOLVIDO

1. Obter três soluções da equação linear $x - 3y = -2$, em que *x* e *y* são números reais.

Solução:

Podemos escolher, arbitrariamente, um valor para uma das incógnitas (por exemplo, *x*) e, a partir daí, determinar o valor da outra incógnita:

$$x = 1 \Rightarrow 1 - 3y = -2 \Rightarrow y = 1 \Rightarrow (1, 1) \text{ é solução.}$$

$$x = 0 \Rightarrow 0 - 3y = -2 \Rightarrow y = \frac{2}{3} \Rightarrow \left(0, \frac{2}{3}\right) \text{ é solução.}$$

$$x = 7 \Rightarrow 7 - 3y = -2 \Rightarrow y = 3 \Rightarrow (7, 3) \text{ é solução.}$$

Como podemos escolher qualquer valor real para *x* e calcular o valor de *y* correspondente obtendo a solução (x, y), concluímos que essa equação possui infinitas soluções.

EXERCÍCIOS

1. Quais das equações seguintes podem ser classificadas como lineares?

a) $a - b + 2c = 3$

b) $x + \frac{1}{y} = 4$

c) $2x_1 - x_2 + x_3 - x_4 = x_5$

d) $a^2 + b^2 + c^2 = 1$

e) $ab + ac + bc = -2$

f) $x - y = 2$

g) $\sqrt{x} + y + 2z = 4$

h) $-m - n = p + 2$

2. Verifique se os pares ordenados abaixo são soluções da equação linear $2x - y = 7$.

a) $(2, -3)$ b) $(2, 7)$ c) $(5, 3)$

3. Verifique se as triplas ordenadas abaixo são soluções da equação $x + 2y + 4z = 1$.

a) $(-1, 3, -1)$

b) $(0, -4, -1)$

c) $(1, 1, 1)$

d) $\left(0, 0, \frac{1}{4}\right)$

4. A equação linear $3x - 2y + z = 1$ admite como solução $(1, -3, m)$. Qual é o valor de m?

5. Em um açougue, o quilograma do frango custa R$ 6,00, e o de filé-mignon, R$ 15,00. Uma dona de casa adquiriu x quilos de frango e y quilos de filé-mignon, gastando R$ 99,00. Sabe-se que x e y são números inteiros.

a) Escreva uma equação linear relacionando as incógnitas x e y.

b) É possível que a dona de casa tenha comprado 6 kg de filé-mignon?

c) Quais são as possíveis soluções desse problema?

6. Determine m real, de modo que o par $(m, 2m + 1)$ seja solução da equação $3x - 11y = 4$.

7. Determine duas soluções de cada uma das seguintes equações:

a) $4x_1 + 3x_2 = -5$

b) $x + y - z = 0$

c) $x + y = 2$

d) $x_1 + 2x_2 + 5x_3 = 16$

8. Cíntia tem de pagar uma compra de R$ 35,00 e só dispõe de moedas de R$ 1,00 e de notas de R$ 5,00. De quantos modos distintos poderá fazer o pagamento?

9. Considerando o problema anterior, determine o número de maneiras distintas de se fazer o pagamento, supondo que Cíntia disponha apenas de:

a) moedas de R$ 1,00 e notas de R$ 2,00.

b) notas de R$ 2,00, notas de R$ 5,00 e notas de R$ 10,00.

10. Uma equação linear com duas incógnitas apresenta os pares ordenados $(1, 1)$ e $(-2, -3)$ como algumas de suas soluções.

a) Escreva uma equação linear que satisfaça tais condições.

b) Obtenha mais três soluções dessa equação.

SISTEMAS LINEARES 2 × 2

Tina passeava pelo calçadão da praia quando avistou um quiosque que vendia sanduíches e água de coco. Em um cartaz havia as seguintes sugestões de pedidos:

Graphorama

Tina ficou interessada em saber o preço unitário do sanduíche e da água de coco. Estudante aplicada, representou por x e y os preços unitários da água de coco e do sanduíche, respectivamente, obtendo as seguintes equações:

$$\begin{cases} 3x + 2y = 14 \\ 2x + y = 8 \end{cases}$$

O conjunto dessas duas equações lineares é exemplo de um **sistema linear** de duas equações e duas incógnitas.

> Um **sistema linear 2 × 2**, nas incógnitas *x* e *y*, é um conjunto de duas equações lineares em que *x* e *y* são as incógnitas de cada uma dessas equações.

Retomando o problema de Tina, para resolvê-lo, ela utilizará o método da adição, já estudado no ensino fundamental. Esse método consiste em somar, convenientemente, as duas equações, a fim de que se obtenha uma equação com apenas uma incógnita.

Temos o seguinte sistema: $\begin{cases} 3x + 2y = 14 \\ 2x + y = 8 \end{cases}$

Se multiplicarmos a segunda equação por −2 e a somarmos com a primeira, eliminaremos a incógnita *y*, de modo que a equação obtida somente apresentará a incógnita *x*.

$$\begin{cases} 3x + 2y = 14 \\ -4x - 2y = -16 \end{cases}$$

$$\Downarrow$$

$$\oplus \begin{cases} 3x + \cancel{2y} = 14 \\ -4x - \cancel{2y} = -16 \end{cases}$$

$$-x = -2 \Rightarrow x = 2 \text{ reais (preço da água de coco)}$$

Substituímos esse valor em qualquer uma das equações anteriores:

$$3x + 2y = 14 \quad \Rightarrow \quad 3 \cdot 2 + 2y = 14 \quad \Rightarrow \quad 2y = 8 \quad \Rightarrow \quad y = 4 \text{ reais (preço do sanduíche)}$$

Observe que x = 2 e y = 4 satisfazem simultaneamente as duas equações:

$$\begin{cases} 3 \cdot 2 + 2 \cdot 4 = 6 + 8 = 14 \\ 2 \cdot 2 + 4 = 4 + 4 = 8 \end{cases}$$

Assim, dizemos que o conjunto solução do sistema é: $S = \{(2, 4)\}$.

Observe que esse método utiliza duas propriedades conhecidas de uma igualdade que envolve números reais:

- Multiplicando os dois membros de uma igualdade por um número real não nulo, a igualdade é mantida.

$$x = y \text{ e } z \in \mathbb{R}^* \Rightarrow x \cdot z = y \cdot z$$

- Somando-se (ou subtraindo-se), membro a membro, duas igualdades, obtemos uma nova igualdade.

$$x = y \text{ e } z = w \Rightarrow x + z = y + w$$

Interpretação geométrica e classificação

Além do processo algébrico, um sistema linear 2 × 2 pode ser resolvido graficamente. Acompanhe as situações a seguir.

I. Voltemos ao exemplo de Tina.
A equação linear $3x + 2y = 14$ é equivalente a $y = \frac{14 - 3x}{2}$, isto é, $y = -\frac{3x}{2} + 7$, que é a lei de uma função afim cujo gráfico é a reta *r* representada ao lado. Já a equação linear $2x + y = 8$ equivale a $y = -2x + 8$, que é a lei de uma função afim cujo gráfico é a reta *s*.
As retas *r* e *s* interceptam-se unicamente no ponto P (2, 4), isto é, o par ordenado (2, 4) é a única solução do sistema $\begin{cases} 3x + 2y = 14 \\ 2x + y = 8 \end{cases}$, pois verifica, simultaneamente, as duas equações.
Nesse caso, dizemos que o **sistema é possível e determinado (S.P.D.)**.

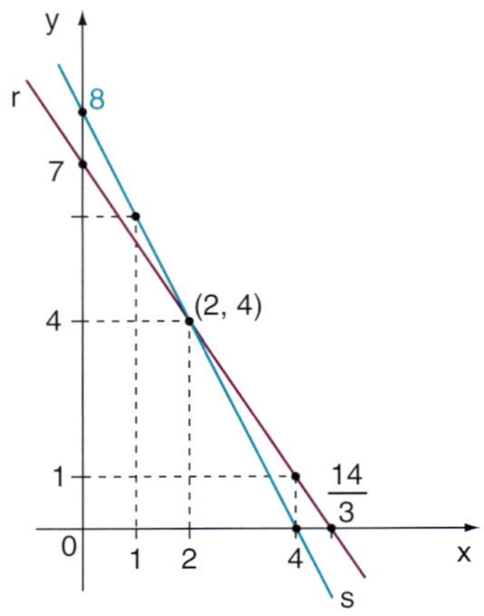

II. Seja o sistema $\begin{cases} x - 2y = 5 \\ 2x - 4y = 7 \end{cases}$

Resolvendo-o pelo método da adição, temos: $\begin{cases} x - 2y = 5 \cdot (-2) \\ 2x - 4y = 7 \end{cases} \Rightarrow \oplus \begin{cases} \cancel{-2x} + \cancel{4y} = -10 \\ \cancel{2x} - \cancel{4y} = 7 \end{cases}$

$$0x + 0y = -3$$

Observe que, quaisquer que sejam os valores de *x* e *y*, a sentença obtida nunca é satisfeita, pois seu primeiro membro sempre resultará nulo e $0 \neq -3$. Assim, o sistema não admite solução.

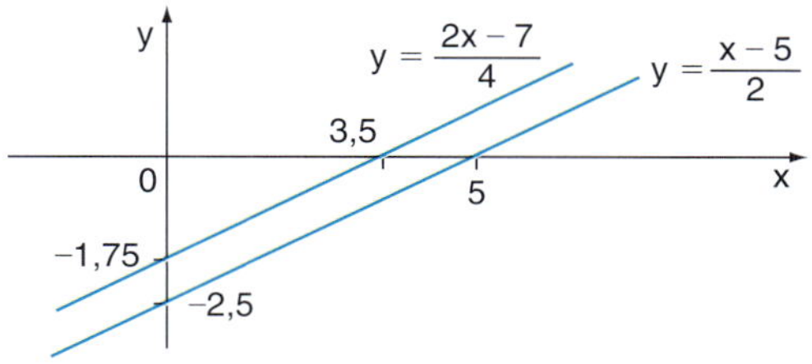

Graficamente, as funções dadas pelas leis $y = \frac{x - 5}{2}$ e $y = \frac{2x - 7}{4}$ têm por gráficos retas paralelas distintas, como mostrado ao lado.

Como as retas são paralelas, não há ponto de interseção. Assim, o sistema não admite solução.

Nesse caso, dizemos que o **sistema é impossível** e indicamos por **S.I.**; seu conjunto solução é $S = \varnothing$.

III. Ao resolvermos algebricamente o sistema $\begin{cases} x + y = 1 \\ 2x + 2y = 2 \end{cases}$, usando o método da adição, obtemos:

$\begin{cases} x + y = 1 \cdot (-2) \\ 2x + 2y = 2 \end{cases} \Rightarrow \begin{cases} \cancel{-2x} - \cancel{2y} = -2 \\ \cancel{2x} + \cancel{2y} = 2 \end{cases} \oplus$

$$0 \cdot x + 0 \cdot y = 0 \text{ (ou } 0 = 0)$$

Observe a 2ª equação: $2x + 2y = 2$. Dividindo seus dois membros por 2, obtemos $x + y = 1$ (1ª equação). Desse modo, o sistema proposto se reduz à equação $x + y = 1$, que possui infinitas soluções, como, por exemplo: (0, 1); (2, −1); (1, 0); $\left(\frac{3}{4}, \frac{1}{4}\right)$; (−5, 6) etc.

Expressando-se *y* em função de *x*, obtemos $y = 1 - x$ e, deste modo, todo par ordenado da forma $(x, 1 - x)$, em que $x \in \mathbb{R}$, é solução do sistema e escrevemos:

$S = \{(x, 1 - x); x \in \mathbb{R}\}$ (*)

Nesse caso, dizemos que o **sistema é possível e indeterminado (S.P.I.)**.

Poderíamos também expressar *x* em função de *y*: $x = 1 - y$ e, deste modo, o conjunto solução do sistema seria $S = \{(1 - y, y); y \in \mathbb{R}\}$ (**). Não é difícil verificar que (*) e (**) são formas equivalentes de expressar a solução do sistema.

Geometricamente, as funções do 1º grau dadas por $y = -x + 1$ e $y = \frac{-2x + 2}{2} = \frac{2 \cdot (-x + 1)}{2} = -x + 1$ têm por gráficos retas coincidentes e, portanto, possuem como interseção todos os pontos de *r*. Como *r* tem infinitos pontos, o sistema admite infinitas soluções.

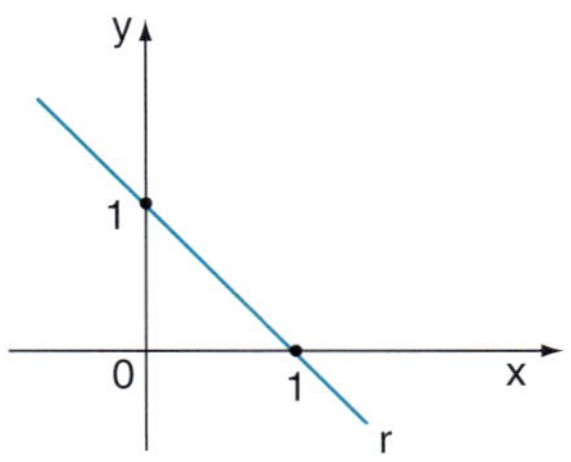

Desse modo, um sistema linear 2 × 2 pode ser classificado de acordo com o número de soluções que possui. Veja:

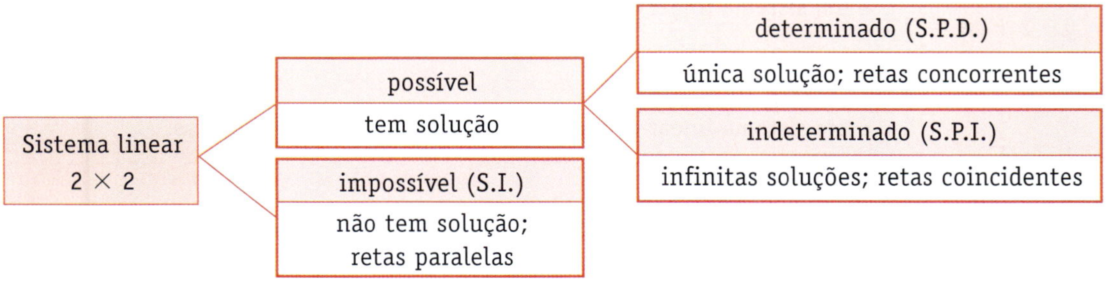

EXERCÍCIOS

11. Resolva os seguintes sistemas, algébrica e graficamente, e classifique cada um deles em seu caderno.

a) $\begin{cases} x + 2y = 1 \\ 3x - 2y = 11 \end{cases}$

b) $\begin{cases} x - y = 1 \\ x + 2y = 0 \end{cases}$

c) $\begin{cases} x + y = 5 \\ 3x + 3y = 15 \end{cases}$

d) $\begin{cases} 3x - 2y = 1 \\ 6x - 4y = 7 \end{cases}$

12. Em um estacionamento há motos e carros, num total de 79 veículos e 248 rodas. Qual é o número de motos no estacionamento? E o número de carros?

Thinkstock/Getty Images

13. Em uma padaria, um refrigerante e cinco minipães de queijo custam R$ 4,50; dois refrigerantes e sete minipães de queijo custam R$ 7,20. Quanto custarão cinco refrigerantes e seis minipães de queijo?

14. Luísa e Maíra foram fazer compras, cada qual com certa quantia. Se Maíra desse R$ 40,00 a Luísa, elas ficariam com a mesma quantia; se Luísa tivesse R$ 30,00 a menos, teria a metade do que Maíra possui. Quantos reais elas possuem juntas?

15. Em uma prova com 20 testes, cada resposta correta vale 5 pontos e cada resposta errada acarreta uma perda de 2 pontos.

a) Maurício acertou 13 dos 20 testes. Qual foi sua pontuação final?

b) Amanda obteve pontuação final de 23 pontos. Quantas questões ela errou?

c) É possível que se termine a prova com 17 pontos?

16. Ao resolver graficamente o sistema $\begin{cases} x + y = m \\ 2x + 2y = 5 \end{cases}$, em que *m* é um número real, obtêm-se duas retas paralelas distintas. Quais são os possíveis valores de *m*?

17. Duas retas *r* e *s* correspondem, respectivamente, às funções definidas por: $y = x + 2$ e $y = -2x + m$, em que $m \in \mathbb{R}$. Se *r* e *s* interceptam-se no ponto (3, 5), qual é o valor de *m*?

18. Para que valores reais de *m* e *n* a solução gráfica do sistema $\begin{cases} x + y = 2 \\ mx + ny = -4 \end{cases}$ é formada por infinitos pontos?

SISTEMA LINEAR M × N

Definição

Um conjunto de *m* equações lineares e *n* incógnitas $x_1, x_2, \ldots, x_n$ é chamado **sistema linear m × n**.

- $\begin{cases} x + y - 2z = 1 \\ x - 2y + z = -2 \\ 2x - y - z = 0 \end{cases}$ é um sistema linear com três equações e três incógnitas.

- $\begin{cases} x + y + z + w = 1 \\ x - y - z + 2w = 7 \end{cases}$ é um sistema linear com duas equações e quatro incógnitas.

- $\begin{cases} a + b = 3 \\ b - c = 0 \\ c + d = 5 \\ a - d = -1 \end{cases}$ é um sistema linear com quatro equações e quatro incógnitas.

Os sistemas lineares 2 × 2, estudados na seção anterior, são um caso particular de um sistema linear m × n (m = n = 2).

Um pouco de História

O estudo dos sistemas lineares desenvolveu-se, historicamente, com maior intensidade nas civilizações orientais. Um dos capítulos do livro chinês *Nove capítulos sobre a arte matemática* (aproximadamente século III a.C.) contém um tópico sobre equações indeterminadas e a solução de um problema envolvendo um sistema linear com quatro equações e cinco incógnitas. Os coeficientes do sistema eram escritos com barras de bambu sobre um tabuleiro, que desempenhava o papel hoje ocupado pelas matrizes.

Credita-se aos chineses a descoberta de um processo de resolução de sistemas equivalente ao atual método do escalonamento, que estudaremos neste capítulo.

Solução de um sistema

Dizemos que a sequência de números reais $(\alpha_1, \alpha_2, ..., \alpha_n)$ é **solução de um sistema linear** de *n* incógnitas se é solução de cada uma das equações do sistema.

Observe:

- O par ordenado (4, 1) é solução do sistema $\begin{cases} x + y = 5 \\ x - y = 3 \\ -6x + 10y = -14 \end{cases}$, pois, substituindo *x* por 4 e *y* por 1 em cada equação do sistema, obtemos sentenças verdadeiras: $4 + 1 = 5$; $4 - 1 = 3$; $-6 \cdot 4 + 10 \cdot 1 = -14$.
- A tripla ordenada (5, 3, 2) é solução do sistema $\begin{cases} x + y + z = 10 \\ x - y + z = 4 \\ x - y - z = 0 \end{cases}$, pois, fazendo $x = 5$, $y = 3$ e $z = 2$, obtemos sentenças verdadeiras: $5 + 3 + 2 = 10$; $5 - 3 + 2 = 4$; $5 - 3 - 2 = 0$.

Matrizes associadas a um sistema

Podemos associar a um sistema linear duas matrizes cujos elementos são os coeficientes das equações que formam o sistema.

Observe os sistemas lineares a seguir:

- Ao sistema $\begin{cases} 5x + 4y = 1 \\ 3x + 7y = 2 \end{cases}$ podemos associar as matrizes $A = \begin{pmatrix} 5 & 4 \\ 3 & 7 \end{pmatrix}$, chamada **matriz incompleta** formada pelos coeficientes das incógnitas, e a matriz $B = \begin{pmatrix} 5 & 4 & 1 \\ 3 & 7 & 2 \end{pmatrix}$, chamada **matriz completa.**
- Ao sistema $\begin{cases} x + y - 2z = 0 \\ x - 2y + z = 3 \\ 2x - y - z = -4 \end{cases}$ podemos associar as matrizes A e B, incompleta e completa, respectivamente:

$$A = \begin{bmatrix} 1 & 1 & -2 \\ 1 & -2 & 1 \\ 2 & -1 & -1 \end{bmatrix} \quad \text{e} \quad B = \begin{bmatrix} 1 & 1 & -2 & 0 \\ 1 & -2 & 1 & 3 \\ 2 & -1 & -1 & -4 \end{bmatrix}$$

- Ao sistema $\begin{cases} 2x + y - z = 0 \\ 5y + z = 1 \\ -2y + z = 3 \\ z = -2 \end{cases}$ podemos associar as matrizes A e B, incompleta e completa, respectivamente:

$$A = \begin{bmatrix} 2 & 1 & -1 \\ 0 & 5 & 1 \\ 0 & -2 & 1 \\ 0 & 0 & 1 \end{bmatrix} \quad \text{e} \quad B = \begin{bmatrix} 2 & 1 & -1 & 0 \\ 0 & 5 & 1 & 1 \\ 0 & -2 & 1 & 3 \\ 0 & 0 & 1 & -2 \end{bmatrix}$$

Notemos que B é obtido de A acrescentando-se a coluna relativa aos coeficientes independentes de cada uma das equações do sistema.

Representação matricial de um sistema

Lembrando o processo de multiplicação de matrizes e utilizando a matriz incompleta de um sistema, é possível representá-lo na forma matricial. Vejamos alguns casos:

- O sistema $\begin{cases} 5x + 4y = 1 \\ 3x + 7y = 2 \end{cases}$ pode ser escrito na forma matricial: $\begin{pmatrix} 5 & 4 \\ 3 & 7 \end{pmatrix} \cdot \begin{pmatrix} x \\ y \end{pmatrix} = \begin{pmatrix} 1 \\ 2 \end{pmatrix}$

- O sistema $\begin{cases} x + y - 2z = 0 \\ x - 2y + z = 0 \\ 2x - y - z = 0 \end{cases}$ pode ser representado pela equação matricial:

$$\begin{pmatrix} 1 & 1 & -2 \\ 1 & -2 & 1 \\ 2 & -1 & -1 \end{pmatrix} \cdot \begin{pmatrix} x \\ y \\ z \end{pmatrix} = \begin{pmatrix} 0 \\ 0 \\ 0 \end{pmatrix}$$

- A equação matricial $\begin{pmatrix} 1 & 1 & 1 & 1 \\ 1 & -1 & -1 & 2 \end{pmatrix} \cdot \begin{pmatrix} x \\ y \\ z \\ w \end{pmatrix} = \begin{pmatrix} 1 \\ 7 \end{pmatrix}$ é outra forma de representar o sistema $\begin{cases} x + y + z + w = 1 \\ x - y - z + 2w = 7 \end{cases}$.

EXERCÍCIOS

19. Verifique se (1, 1, 1) é solução do sistema:

$$\begin{cases} x + 5y - z = 5 \\ 7x - 2y + 3z = 8 \\ 2x - 5y + 11z = 8 \end{cases}$$

20. Dado o sistema linear, indique quais triplas ordenadas são soluções:

$$\begin{cases} x + y - z = 0 \\ x - y + z = 4 \\ -x + y + 2z = -5 \end{cases}$$

a) (2, 1, 3) b) $\left(2, -\frac{7}{3}, -\frac{1}{3}\right)$ c) (−1, 1, 0)

21. Construa a matriz incompleta A e a completa B de cada um dos sistemas:

a) $\begin{cases} x + y = 7 \\ x + z = 8 \\ y + z = 9 \end{cases}$

b) $\begin{cases} 4x - y + z = -1 \\ x + 2y - z = -2 \\ x - z = -5 \end{cases}$

c) $\begin{cases} 3x + 2y = -4 \\ x - y = -7 \\ 4x + y = 2 \end{cases}$

d) $\begin{cases} 2x + y + 3z = -13 \\ -x + y + 10z = 4 \end{cases}$

22. Escreva, em cada caso, o sistema associado à representação matricial dada:

a) $\begin{pmatrix} 3 & 2 \\ 2 & 5 \end{pmatrix} \cdot \begin{pmatrix} x \\ y \end{pmatrix} = \begin{pmatrix} 0 \\ 2 \end{pmatrix}$

b) $\begin{pmatrix} 5 & 7 & -2 \\ 1 & -1 & 3 \end{pmatrix} \cdot \begin{pmatrix} x \\ y \\ z \end{pmatrix} = \begin{pmatrix} 11 \\ 13 \end{pmatrix}$

c) $\begin{pmatrix} 1 & 1 & 1 \\ 2 & -4 & 3 \\ -3 & -3 & -3 \end{pmatrix} \cdot \begin{pmatrix} x \\ y \\ z \end{pmatrix} = \begin{pmatrix} 3 \\ 11 \\ 10 \end{pmatrix}$

23. Em cada caso, determine o valor real de *m*:

a) A tripla ordenada (2, −1, 3) é solução do sistema

$$\begin{cases} x + y - z = -2 \\ -x + 2z = 4 \\ 2x + my - z = 0 \end{cases}$$

b) O par ordenado (5, m) é solução do sistema

$$\begin{cases} x + y = 8 \\ -4x + 5y = -5 \end{cases}$$

c) A tripla ordenada (m, 0, −2) é solução do sistema

$$\begin{cases} x + y - z = 5 \\ 3x + 2z = 5 \end{cases}$$

24. Dado o sistema linear $\begin{cases} x + 2y + z = 5 \\ 2x + 3y - z = 0 \end{cases}$:

a) Represente-o na forma de produto de matrizes.

b) Verifique que (−5, 4, 2) é uma solução desse sistema, mas (1, 1, 1) não é.

c) Verifique que toda terna ordenada (−15 + 5z, 10 − 3z, z), em que $z \in \mathbb{R}$, é solução desse sistema.

d) Se (p, 16, −2) é solução desse sistema, determine o valor de *p*.

SISTEMAS ESCALONADOS

Observe os sistemas lineares seguintes:

- $\begin{cases} 4x - y + 2z = 5 \\ 0x + y - 3z = 7 \\ 0x + 0y + z = -2 \end{cases}$ ou, simplesmente, $\begin{cases} 4x - y + 2z = 5 \\ y - 3z = 7 \\ z = -2 \end{cases}$

- $\begin{cases} 3x - y + 2z = -4 \\ 3y - z = 7 \end{cases}$

- $\begin{cases} 4a + b - c + d = 0 \\ -2b + c + 3d = 1 \\ -2c + d = 3 \\ -5d = 1 \end{cases}$

- $\begin{cases} 2x - y + z - 4w = 3 \\ y + 3w = 2 \end{cases}$

Todos eles apresentam, como características comuns:

- Em cada equação existe pelo menos um coeficiente (de alguma incógnita) não nulo.
- Considerando a ordem "de cima para baixo", o número de coeficientes nulos, antes do 1º coeficiente não nulo, aumenta de equação para equação.

Os sistemas que apresentam tais características são chamados **sistemas escalonados**.

Resolução de um sistema na forma escalonada

Vamos estudar a seguir dois tipos de sistemas escalonados.

1º tipo: Sistema com número de equações igual ao número de incógnitas

Seja o sistema escalonado: $\begin{cases} x - 2y + z = -5 \\ y + 2z = -3 \\ 3z = -6 \end{cases}$

Partindo da última equação, obtemos z. Substituindo esse valor na segunda equação, obtemos y. Por fim, substituindo y e z na 1ª equação, obtemos x.

Acompanhe:

$$3z = -6 \Rightarrow z = -2 \quad (1)$$

$$y + 2 \cdot (-2) = -3 \Rightarrow y - 4 = -3 \Rightarrow y = 1 \quad (2)$$

$$x - 2 \cdot 1 + (-2) = -5 \Rightarrow x - 4 = -5 \Rightarrow x = -1 \quad (3)$$

Assim, a solução do sistema é $(-1, 1, -2)$.

Quando um sistema escalonado apresenta número de equações igual ao número de incógnitas, ele é possível e determinado, isto é, ele tem uma única solução.

2º tipo: Sistema com número de equações menor que o número de incógnitas

Introdução:

Considere o seguinte problema:

Encontre três números reais cuja soma seja 100, sendo um deles o dobro do outro.

Chamando de x, y e z os números procurados, obtemos o seguinte sistema:

$\begin{cases} x + y + z = 100 \\ y = 2z \end{cases}$ ou ainda: $\begin{cases} x + y + z = 100 \\ y - 2z = 0 \end{cases}$

Observe que o último sistema está escalonado. Podemos, por tentativa, encontrar algumas soluções desse sistema, seguindo os passos a seguir:

	Escolha um número qualquer	→	**O outro número (*y*) é o dobro do escolhido ($y = 2z$)**	→	**O terceiro número (*x*) é calculado por meio da diferença: 100 – soma dos dois anteriores ($x = 100 - (y + z)$)**
	(*z*)	→	(*y*)	→	(*x*)
	10	→	20	→	70
	30	→	60	→	10
	4,5	→	9	→	86,5
	–30	→	–60	→	190
	⋮		⋮		⋮
Em geral, se $\alpha \in \mathbb{R}$:	α	→	2α	→	$100 - 3\alpha$
			⋮		

Observe que, para cada escolha do primeiro número (*z*), encontramos uma solução para o sistema. Como *z* pode assumir qualquer valor real, concluímos que o sistema apresenta infinitas soluções.

A solução geral do sistema pode ser escrita como:

$$S = \{(100 - 3\alpha, 2\alpha, \alpha); \alpha \in \mathbb{R}\}$$

Processo prático

Vamos apresentar um procedimento que permitirá obter diretamente a solução geral de um sistema escalonado que possui número de equações menor que o número de incógnitas.

Para isso, vamos utilizar o seguinte sistema escalonado:

$$\begin{cases} x - 2y + 3z = 5 \\ \quad\;\; y - 2z = 1 \end{cases}$$

Acompanhe os passos:

1º) Identificamos a incógnita que não aparece no início de nenhuma das equações do sistema ("última" incógnita de todas as equações), chamada **variável livre** (ou **incógnita livre**). A variável livre poderá assumir qualquer valor real e, para cada valor assumido por ela, obtemos os valores das demais incógnitas, encontrando uma solução do sistema. Se houver mais de uma variável livre, procederemos de modo análogo. Nesse sistema, a variável livre é *z*.

2º) Transpomos a variável livre *z* para o 2º membro em cada equação e obtemos:

$$\begin{cases} x - 2y = 5 - 3z \\ \quad\;\; y = 1 + 2z \end{cases} \quad (1)$$

3º) Se atribuirmos um valor para *z*, obteremos um sistema do 1º tipo; portanto, determinado. Resolvendo-o, encontraremos uma solução do sistema.

Se atribuirmos outro valor para *z*, obteremos outro sistema, também determinado, que, resolvido, fornecerá outra solução do sistema. E assim por diante.

Façamos, então, $z = \alpha$ (α é um número real qualquer) e em (1) teremos:

$$\begin{cases} x - 2y = 5 - 3\alpha & (2) \\ \quad\;\; y = 1 + 2\alpha & (3) \end{cases}$$

4º) Substituímos (3) em (2):

$$x - 2 \cdot (1 + 2\alpha) = 5 - 3\alpha \Rightarrow x - 2 - 4\alpha = 5 - 3\alpha \Rightarrow x = 7 + \alpha$$

5º) Por fim, as soluções do sistema podem ser representadas pela solução geral $S = \{(7 + \alpha, 1 + 2\alpha, \alpha); \alpha \in \mathbb{R}\}$.

Esse tipo de sistema apresenta sempre infinitas soluções, sendo, portanto, um sistema possível e indeterminado (S.P.I.).

Atribuindo valores reais para α, obtemos algumas de suas soluções:

$\alpha = 0 \Rightarrow (7, 1, 0)$

$\alpha = 1 \Rightarrow (8, 3, 1)$

$\alpha = -2 \Rightarrow (5, -3, -2)$

$\alpha = \frac{1}{2} \Rightarrow \left(\frac{15}{2}, 2, \frac{1}{2}\right)$ etc.

Quando um sistema escalonado apresenta número de equações menor que o número de incógnitas, ele é possível e indeterminado, isto é, tem infinitas soluções.

Observações

- É importante destacar que, na identificação da(s) variável(is) livre(s), levamos em consideração que, em cada equação do sistema, os termos que contêm as incógnitas aparecem sempre em uma mesma ordem (em geral, a ordem alfabética).
- A escolha da variável livre é, na verdade, arbitrária. Poderíamos, por exemplo, ter escolhido y como variável livre. No caso do sistema que acabamos de resolver, teríamos $z = \frac{y-1}{2}$ e $x = \frac{y+13}{2}$ (faça as contas) e o conjunto solução do sistema seria $S = \left\{\left(\frac{y+13}{2}, y, \frac{y-1}{2}\right); y \in \mathbb{R}\right\}$. Pode-se mostrar que os dois conjuntos soluções obtidos são iguais, isto é, possuem os mesmos elementos.
  No entanto, vamos seguir a convenção adotada a fim de facilitar a verificação das respostas e estabelecer um procedimento comum.

EXERCÍCIOS RESOLVIDOS

2. Resolver o sistema $\begin{cases} x + 2y + z = 2 \\ y - 3z = 1 \end{cases}$.

Solução:

O sistema proposto está escalonado e é do 2º tipo.

A variável livre do sistema é *z*.

Transpondo *z* para o 2º membro, vem: $\begin{cases} x + 2y = 2 - z \\ y = 1 + 3z \end{cases}$

Fazendo $z = \alpha$ (com $\alpha \in \mathbb{R}$), obtemos: $\begin{cases} x + 2y = 2 - \alpha & \text{①} \\ y = 1 + 3\alpha & \text{②} \end{cases}$

Substituindo ② em ①, obtemos:

$$x + 2 \cdot (1 + 3\alpha) = 2 - \alpha \Rightarrow x = -7\alpha$$

Assim:

$$S = \{(-7\alpha, 1 + 3\alpha, \alpha); \alpha \in \mathbb{R}\} \quad \text{(solução geral)}$$

Vejamos algumas soluções particulares:

- $\alpha = 3 \rightarrow (-21, 10, 3)$
- $\alpha = -2 \rightarrow (14, -5, -2)$
- $\alpha = \frac{1}{3} \rightarrow \left(-\frac{7}{3}, 2, \frac{1}{3}\right)$

⋮

3. Resolver o sistema $\begin{cases} a - b + c + d = 1 \\ 2c - d = 0 \end{cases}$.

Solução:

O sistema está escalonado e é do 2º tipo.

As variáveis livres são: *b* e *d*.

Transpondo-as para o 2º membro e fazendo $b = \alpha$ e $d = \beta$ ($\alpha \in \mathbb{R}$ e $\beta \in \mathbb{R}$), temos: $\begin{cases} a + c = 1 + \alpha - \beta & (1) \\ 2c = \beta & (2) \end{cases}$

De (2) vem: $c = \dfrac{\beta}{2}$

Em (1) temos: $a + \dfrac{\beta}{2} = 1 + \alpha - \beta \Rightarrow a = 1 + \alpha - \dfrac{3}{2}\beta$

A solução do sistema é: $S = \left\{\left(1 + \alpha - \dfrac{3}{2}\beta, \alpha, \dfrac{\beta}{2}, \beta\right); \alpha \in \mathbb{R} \text{ e } \beta \in \mathbb{R}\right\}$.

Atribuindo-se valores reais quaisquer a α e a β, obtemos algumas soluções particulares do sistema:

- $\alpha = 0$ e $\beta = 1 \Rightarrow \left(-\dfrac{1}{2}, 0, \dfrac{1}{2}, 1\right)$
- $\alpha = 1$ e $\beta = 2 \Rightarrow (-1, 1, 1, 2)$ etc.

EXERCÍCIOS

25. Verifique se cada um dos sistemas abaixo está escalonado.

a) $\begin{cases} x + 3y = 7 \\ 2y = 5 \end{cases}$

b) $\begin{cases} -3x + 2y = 11 \\ x - 3y = -1 \end{cases}$

c) $\begin{cases} x + y + z = 0 \\ y - z = 5 \\ 2z = 8 \end{cases}$

d) $\begin{cases} x - 5y + 3z = 8 \\ 3y + 7z = -2 \\ 2y - 5z = 3 \end{cases}$

e) $\begin{cases} 3x + 2y + z + t = 1 \\ 3y + z - t = 10 \\ 2z - 3t = -5 \end{cases}$

f) $\begin{cases} x + y + z = 1 \\ -x - y + 3z = 5 \end{cases}$

26. Resolva e classifique os seguintes sistemas:

a) $\begin{cases} 3x + 2y = 5 \\ -y = -7 \end{cases}$

b) $\begin{cases} x + y + z = 2 \\ y + z = -1 \\ -2z = 8 \end{cases}$

c) $\begin{cases} x - y + 2z = 5 \\ y - 3z = 2 \end{cases}$

d) $\begin{cases} x + y + z - 2w = 5 \\ y - z + 3w = 3 \\ 2z - w = 4 \\ 3w = 6 \end{cases}$

e) $\begin{cases} x - y + 2z = 7 \\ y - 2z = 8 \end{cases}$

f) $\begin{cases} 4x + y + 2z = -1 \\ 5y - z = 0 \\ 0z = -5 \end{cases}$

g) $\begin{cases} 2a + b - c + d = 2 \\ -3c + d = 0 \end{cases}$

27. O sistema $\begin{cases} a + b - c = \alpha \\ 2b + c = \beta \\ 3c = \gamma \end{cases}$, nas incógnitas *a*, *b* e *c*, é possível e determinado e sua solução é $(-1, 2, -2)$. Determine os valores das constantes reais α, β e γ.

28. Considere o problema: "a diferença entre dois números reais é igual a 8".

a) Represente esse problema por meio de um sistema linear.

b) Apresente ao menos quatro soluções desse sistema.

c) Classifique esse sistema, obtendo também sua solução geral.

29. Uma das soluções de $\begin{cases} x - y + z = 2 \\ y - 2z = m \end{cases}$ é $(1, -1, 0)$. Determine o conjunto solução desse sistema.

ESCALONAMENTO

Introdução

Uma loja vende componentes eletrônicos de três tipos diferentes: A, B e C.

Alamy/Glow Images

Um levantamento sobre as vendas desses componentes, realizado durante três dias consecutivos, revelou que:

- no 1º dia, foram vendidos um componente do tipo A, dois do tipo B e três do tipo C, arrecadando-se R$ 260,00;
- no 2º dia, foram vendidos dois componentes do tipo A, um do tipo B e um do tipo C, resultando um total de vendas igual a R$ 150,00;
- no 3º dia, foram vendidos quatro componentes do tipo A, três do tipo B e um do tipo C, num total de R$ 290,00.

Qual é o preço unitário de venda de cada tipo de componente?

Vamos representar o preço unitário dos componentes dos tipos A, B e C por *a*, *b* e *c*, respectivamente.

Temos:
$$\begin{array}{l} 1^{\circ}\text{ dia} \rightarrow \\ 2^{\circ}\text{ dia} \rightarrow \\ 3^{\circ}\text{ dia} \rightarrow \end{array} \begin{cases} a + 2b + 3c = 260 \\ 2a + b + c = 150 \\ 4a + 3b + c = 290 \end{cases}$$

O método do escalonamento, que será estudado a seguir, possibilitará resolver esse sistema.

Sistemas equivalentes

Dois sistemas lineares, S_1 e S_2, são equivalentes se toda solução de S_1 é solução de S_2, e vice-versa.

Os sistemas S_1: $\begin{cases} x + y = 2 \\ x + 2y = 1 \end{cases}$ e S_2: $\begin{cases} x - y = 4 \\ 3x + 2y = 7 \end{cases}$, por exemplo, são equivalentes, pois ambos admitem apenas o par $(3, -1)$ como solução.

Dado um sistema linear qualquer, nosso objetivo é transformá-lo em um outro equivalente, porém na forma escalonada. Procederemos dessa maneira, pois, como vimos, não é difícil resolver um sistema na forma escalonada.

Para isso, poderemos usar os seguintes procedimentos:

I. Multiplicar por *k*, $k \in \mathbb{R}^*$, os dois membros de uma equação qualquer do sistema.

II. Substituir uma equação do sistema pela soma dela, membro a membro, com alguma outra equação. Cada uma dessas equações pode ou não estar previamente multiplicada por um número real não nulo.

III. Trocar a posição de duas equações do sistema.

Observe que os dois primeiros procedimentos já foram usados quando estudamos a resolução de sistemas lineares 2×2.

Para escalonar um sistema linear qualquer, vamos seguir o roteiro abaixo.

1º) Escolhemos para a 1ª equação aquela em que o coeficiente da 1ª incógnita seja não nulo.

Se possível, fazemos a escolha para que esse coeficiente seja igual a −1 ou 1, pois os cálculos ficam, em geral, mais simples.

2º) Anulamos o coeficiente da 1ª incógnita das demais equações, usando o procedimento II.

3º) Fixamos a 1ª equação e aplicamos os dois primeiros passos com as equações restantes.

4º) Fixamos a 1ª e a 2ª equações e aplicamos os dois primeiros passos nas equações restantes, até o sistema ficar escalonado.

Exemplo 1

Vamos escalonar e, depois, resolver o sistema $\begin{cases} a + 2b + 3c = 260 \\ 2a + b + c = 150 \\ 4a + 3b + c = 290 \end{cases}$, proposto na situação da Introdução da página anterior.

Em primeiro lugar, precisamos anular os coeficientes de *a* na 2ª e na 3ª equações.

$$\begin{cases} a + 2b + 3c = 260 \\ -3b - 5c = -370 \\ -5b - 11c = -750 \end{cases}$$

Substituímos a 2ª equação pela soma dela com a 1ª, multiplicada por −2:

$$\begin{array}{r} -2a - 4b - 6c = -520 \\ 2a + b + c = 150 \\ \hline -3b - 5c = -370 \end{array} \oplus$$

Substituímos a 3ª equação pela soma dela com a 1ª, multiplicada por −4:

$$\begin{array}{r} -4a - 8b - 12c = -1\,040 \\ 4a + 3b + c = 290 \\ \hline -5b - 11c = -750 \end{array} \oplus$$

Fixando a 1ª equação, vamos repetir o processo para a 2ª e a 3ª equações.

$$\begin{cases} a + 2b + 3c = 260 \\ -3b - 5c = -370 \\ -8c = -400 \end{cases}$$

Substituímos a 3ª equação pela soma dela multiplicada por 3 com a 2ª, multiplicada por −5:

$$\begin{array}{rl} -15b - 33c = -2\,250 & \leftarrow (3 \times 3^{a}\ \text{eq.}) \\ 15b + 25c = +1\,850 & \leftarrow (-5 \times 2^{a}\ \text{eq.}) \\ \hline -8c = -400 & \end{array} \oplus$$

O sistema obtido está escalonado e é do 1º tipo (S.P.D.).

Resolvendo-o, obtemos:

- na 3ª equação → $c = 50$;
- na 2ª equação → $-3b - 5 \cdot 50 = -370 \Rightarrow -3b = -120 \Rightarrow b = 40$;
- na 1ª equação → $a + 2 \cdot 40 + 3 \cdot 50 = 260 \Rightarrow a + 230 = 260 \Rightarrow a = 30$.

Desse modo, os preços unitários dos componentes dos tipos A, B e C são, respectivamente, R$ 30,00, R$ 40,00 e R$ 50,00.

Exemplo 2

Vamos escalonar e resolver o sistema $\begin{cases} 3x - y + z = 2 \\ x - 2y - z = 0 \\ 2x + y + 2z = 2 \end{cases}$.

Vamos trocar as posições das duas primeiras equações, a fim de que o 1º coeficiente de *x* seja igual a 1: $\begin{cases} x - 2y - z = 0 \\ 3x - y + z = 2 \\ 2x + y + 2z = 2 \end{cases}$.

Precisamos anular os coeficientes de *x* na 2ª e 3ª equações:

$$\begin{cases} x - 2y - z = 0 \\ 5y + 4z = 2 \quad (*) \\ 5y + 4z = 2 \end{cases}$$

$(-3) \times (1^a \text{ eq.}) + (2^a \text{ eq.})$:

$$\begin{array}{r} -3x + 6y + 3z = 0 \\ 3x - y + z = 2 \\ \hline 5y + 4z = 2 \end{array} \oplus$$

$(-2) \times (1^a \text{ eq.}) + (3^a \text{ eq.})$:

$$\begin{array}{r} -2x + 4y + 2z = 0 \\ 2x + y + 2z = 2 \\ \hline 5y + 4z = 2 \end{array} \oplus$$

Fixando a 1ª equação, repetimos o processo para a 2ª e a 3ª equações:

Obtemos: $\begin{cases} x - 2y - z = 0 \\ 5y + 4z = 2 \\ 0 = 0 \end{cases}$

$(-1) \times (2^a \text{ eq.}) + (3^a \text{ eq.})$:

$$\begin{array}{r} -5y - 4z = -2 \\ 5y + 4z = 2 \\ \hline 0 = 0 \end{array}$$

A 3ª equação pode ser suprimida do sistema, pois, apesar de ser sempre verdadeira, ela não traz informação sobre os valores das incógnitas. Assim, obtemos o sistema escalonado:

$$\begin{cases} x - 2y - z = 0 \quad (1) \\ 5y + 4z = 2 \quad (2) \end{cases}$$, que é do 2º tipo (S.P.I.)

número de equações < número de incógnitas

A variável livre do sistema é *z*. Fazendo $z = \alpha$, vem:

- em (2): $y = \dfrac{2 - 4\alpha}{5}$
- em (1): $x = 2y + z \Rightarrow x = 2\left(\dfrac{2 - 4\alpha}{5}\right) + \alpha \Rightarrow x = \dfrac{-3\alpha + 4}{5}$

Assim, $S = \left\{\left(\dfrac{-3\alpha + 4}{5}, \dfrac{2 - 4\alpha}{5}, \alpha\right); \alpha \in \mathbb{R}\right\}$.

Observação

No processo de escalonamento, podemos encontrar duas equações com os coeficientes da mesma incógnita iguais (ou proporcionais), o mesmo ocorrendo com os coeficientes independentes (veja (*) no Exemplo 2). Nesses casos, já podemos retirar uma delas do sistema, pois são equações equivalentes.

Exemplo 3

Vamos escalonar e resolver o sistema $\begin{cases} 2x - y + z = -1 \\ -5x - 20y - 15z = 11 \\ 3x + 3y + 4z = 3 \end{cases}$.

Precisamos anular os coeficientes de *x* na 2ª e na 3ª equações:

$$\begin{cases} 2x - y + z = -1 \\ -45y - 25z = 17 \\ 9y + 5z = 9 \end{cases}$$

$5 \times (1^{\underline{a}} \text{ eq.}) + 2 \times (2^{\underline{a}} \text{ eq.})$:

$$\begin{array}{r} 10x - 5y + 5z = -5 \\ -10x - 40y - 30z = 22 \\ \hline -45y - 25z = 17 \end{array} \oplus$$

$(-3) \times (1^{\underline{a}} \text{ eq.}) + 2 \times (3^{\underline{a}} \text{ eq.})$:

$$\begin{array}{r} -6x + 3y - 3z = 3 \\ 6x + 6y + 8z = 6 \\ \hline 9y + 5z = 9 \end{array} \oplus$$

Repetimos o processo para a 2ª e a 3ª equações, fixando a 1ª equação. Vamos anular o coeficiente de *y* na 3ª equação. É interessante, entretanto, dividir os coeficientes da 2ª equação por 5, a fim de facilitar os cálculos:

$$\begin{cases} 2x - y + z = -1 \\ -9y - 5z = \dfrac{17}{5} \ (*) \\ 9y + 5z = 9 \end{cases}$$

que equivale a:

$$\begin{cases} 2x - y + z = -1 \\ -9y - 5z = \dfrac{17}{5} \\ 0z = \dfrac{62}{5} \end{cases}$$

$(2^{\underline{a}} \text{ eq.}) + (3^{\underline{a}} \text{ eq.})$:

$$\begin{array}{r} -9y - 5z = \dfrac{17}{5} \\ 9y + 5z = 9 \\ \hline 0z = \dfrac{62}{5} \end{array}$$

A 3ª equação do sistema obtido é sempre falsa, pois, para todo $z \in \mathbb{R}$, o primeiro membro se anula e $0 \neq \dfrac{62}{5}$.

Logo, o sistema é impossível, isto é, não admite solução.

Observação

No processo de escalonamento, podemos encontrar duas equações incompatíveis entre si, como ocorreu nesse *Exemplo 3* (vejam-se as equações $-9y - 5z = \dfrac{17}{5}$ e $9y + 5z = 9$ em (*)). Quando isso ocorrer, podemos concluir que se trata de um sistema impossível (S.I.).

Exemplo 4

Vamos escalonar e resolver o sistema $\begin{cases} x + y = 3 \\ 2x - y = 5 \\ -4x + y = -3 \end{cases}$.

É preciso anular o coeficiente de *x* na 2ª e na 3ª equações. Temos:

$$\begin{cases} x + y = 3 \\ -3y = -1 \leftarrow (-2) \times (1^{\underline{a}} \text{ eq.}) + (2^{\underline{a}} \text{ eq.}) \\ 5y = 9 \leftarrow (4) \times (1^{\underline{a}} \text{ eq.}) + (3^{\underline{a}} \text{ eq.}) \end{cases}$$

Esse sistema é impossível, pois a 2ª e a 3ª equações não podem ser satisfeitas simultaneamente. Assim, $S = \varnothing$.

É interessante interpretar graficamente esse sistema. Já vimos que uma equação linear com duas incógnitas é representada, graficamente, por uma reta. Façamos, em um mesmo plano cartesiano, a representação dessas retas.

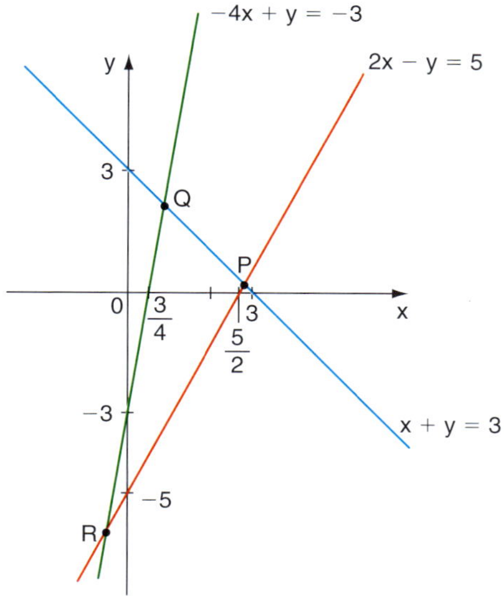

Observe que as três retas obtidas são, duas a duas, concorrentes entre si (veja os pontos P, Q e R), mas não existe um ponto que pertença, simultaneamente, às três retas.

Exemplo 5

Vamos escalonar e resolver o sistema $\begin{cases} 2x + 3y - z = 1 \\ 4x - y + 5z = 2 \end{cases}$.

Devemos anular o coeficiente de x na 2ª equação:

$$\begin{cases} 2x + 3y - z = 1 \\ \quad -7y + 7z = 0 \end{cases} \leftarrow (-2) \times (1^{\underline{a}} \text{ eq.}) + (2^{\underline{a}} \text{ eq.})$$

O sistema obtido está escalonado, é do 2º tipo (S.P.I.), e sua variável livre é z.

Se $z = \alpha$, $\alpha \in \mathbb{R}$, obtemos:

2ª eq. $\rightarrow -7y + 7\alpha = 0 \Rightarrow y = \alpha$

1ª eq. $\rightarrow 2x + 3\alpha - \alpha = 1 \Rightarrow x = \dfrac{1 - 2\alpha}{2} = \dfrac{1}{2} - \alpha$

$$S = \left\{\left(\frac{1}{2} - \alpha, \alpha, \alpha\right); \alpha \in \mathbb{R}\right\}$$

EXERCÍCIOS

30. Resolva em seu caderno os seguintes sistemas, por meio do escalonamento, e classifique-os.

a) $\begin{cases} x + 2y + z = 9 \\ 2x + y - z = 3 \\ 3x - y - 2z = -4 \end{cases}$

b) $\begin{cases} x - y - 2z = 1 \\ -x + y + z = 2 \\ x - 2y + z = -2 \end{cases}$

c) $\begin{cases} x + 3y + 2z = 2 \\ 3x + 5y + 4z = 4 \\ 5x + 3y + 4z = -10 \end{cases}$

d) $\begin{cases} x + y + z = 2 \\ 2x - z = -1 \\ 3x + y = 1 \end{cases}$

31. Resolva os seguintes sistemas:

a) $\begin{cases} x + 8y - 3z = 7 \\ -x + 3y - 2z = 1 \\ 3x + 2y + z = 5 \end{cases}$

b) $\begin{cases} x + y = 3 \\ x + z = 4 \\ y + z = -3 \end{cases}$

c) $\begin{cases} 2x - y + z = 3 \\ x + y - 3z = 1 \\ 3x - 2z = 3 \end{cases}$

d) $\begin{cases} a - b - c = -1 \\ a - b + c = 1 \\ a + b - c = 1 \end{cases}$

32. Um casal de namorados jantou, em um *fast-food* de cozinha árabe, três vezes em uma mesma semana.

Alamy/Other Images

- Na primeira noite, consumiram dois quibes, cinco esfirras e dois sucos e pagaram R$ 11,00.
- Na segunda noite, consumiram três quibes, seis esfirras e três sucos e pagaram R$ 15,30.
- Na terceira noite, consumiram dois quibes, dez esfirras e três sucos e pagaram R$ 17,00.

Qual é o preço unitário do quibe, da esfirra e do suco?

33. Uma lanchonete vende sanduíche natural, composto de queijo branco, peito de peru e salada, em três tamanhos: médio, grande e super. Na tabela seguinte, encontramos as quantidades de ingredientes para cada tamanho:

Tamanho \ Ingrediente	Queijo branco	Peito de peru	Salada
Médio	40 g	40 g	30 g
Grande	60 g	50 g	60 g
Super	80 g	60 g	80 g

Em certo dia durante o horário de almoço, verificou-se que o consumo total de queijo branco foi de 2,44 kg; o de peito de peru, de 2,08 kg; e o de salada, de 2, 29 kg.

Quantos sanduíches de cada tamanho a lanchonete vendeu nesse dia?

34. Em um programa de prêmios na TV, o participante começa com R$ 500,00. Para cada pergunta respondida corretamente, recebe R$ 200,00; e para cada resposta errada perde R$ 150,00.

Se um participante respondeu todas as 25 questões formuladas e terminou com R$ 600,00, quantas questões ele errou?

35. Resolva, utilizando o escalonamento, os seguintes sistemas:

a) $\begin{cases} x + y = 10 \\ x - y = 4 \\ 2x - 5y = -1 \end{cases}$

b) $\begin{cases} -x + 3y - z = 1 \\ x + y + z = 7 \end{cases}$

c) $\begin{cases} x + y = 3 \\ x - y = 1 \\ 3x + 7y = 11 \end{cases}$

d) $\begin{cases} x - 2y = 8 \\ 3x - y = 9 \\ x + y = 1 \\ 5x + 7y = -10 \end{cases}$

e) $\begin{cases} x + 2y = 11 \\ x + 3y = 16 \\ 2x + 5y = 27 \end{cases}$

f) $\begin{cases} x + y + z = 4 \\ 2x - z + w = -4 \\ y - z - w = -2 \\ x - z + 2w = -2 \end{cases}$

36. Resolva, graficamente, os sistemas correspondentes aos itens *a* e *c* do exercício anterior.

37. Uma vendedora de loja de roupas atendeu, no mesmo dia, três clientes e efetuou as seguintes vendas:

Cliente 1 — 1 calça, 2 camisas e 3 pares de meias
Valor: R$ 156,00

Cliente 2 — 2 calças, 5 camisas e 6 pares de meias
Valor: R$ 347,00

Cliente 3 — 2 calças, 3 camisas e 4 pares de meias
Valor: R$ 253,00

Jose Luis Pelaez Inc./Blend RF/Diomedia

Quanto custou cada par de meia?

38. Em uma papelaria foram feitos os seguintes pedidos:

- pedido I: 4 canetas, 3 lapiseiras e 6 borrachas.
- pedido II: 2 canetas, 2 lapiseiras e 3 borrachas.

Os valores dos pedidos I e II eram, respectivamente, R$ 37,20 e R$ 20,60.

Com base nessas informações, determine, se possível:

a) o preço unitário da lapiseira;

b) o preço de cada caneta;

c) o preço pago por 5 lapiseiras, 2 canetas e 3 borrachas;

d) a diferença entre o preço da caneta e o preço da borracha.

39. Para a final de um campeonato de futebol, foram colocados à venda 40 000 ingressos, divididos entre arquibancada, numerada descoberta e numerada coberta.

Sabe-se que:

- todos os ingressos foram vendidos;
- o preço do ingresso para a numerada coberta é igual à soma dos preços dos ingressos dos outros dois setores;
- 60% do total de ingressos foram vendidos para a arquibancada, 25% para a numerada descoberta e os demais para a numerada coberta, gerando uma arrecadação de 4,32 milhões de reais;
- a razão entre os preços dos ingressos para a numerada descoberta e coberta é, nessa ordem, igual a $\frac{3}{5}$.

Determine o preço dos ingressos para cada setor.

40. Dona Berta recebe encomendas de doces para festas. O brigadeiro custa R$ 1,50, a trufa custa R$ 2,00, e a *mousse* custa R$ 3,50. A taxa de entrega é de R$ 10,00.
Para um aniversário, foi encomendado um total de 250 unidades de doces. Ao entregar a encomenda, Dona Berta recebeu um cheque de R$ 570,00.
Sabendo que o número de *mousses* pedidas corresponde a $\frac{2}{3}$ do número de brigadeiros, determine a quantidade de trufas encomendadas.

DETERMINANTES

Algumas operações envolvendo os coeficientes das incógnitas de um sistema linear permitem classificá-lo como possível (determinado ou indeterminado) ou impossível.

Se o número de equações do sistema é igual ao seu número de incógnitas, há um método geral de discussão.

Caso 2 × 2

Seja o sistema linear $\begin{cases} ax + by = e \\ cx + dy = f \end{cases}$, de incógnitas x e y.

Vamos construir um sistema equivalente a ele, porém na forma escalonada:

$$\begin{cases} ax + by = e \\ (ad - bc) \cdot y = af - ce \quad (*) \end{cases}$$

$$(-c) \cdot 1^{\underline{a}}\ \text{eq.} + (a) \cdot 2^{\underline{a}}\ \text{eq.}$$

$$\begin{array}{r} -ac\not{x} - bcy = -ce \\ \not{a}cx + ady = af \\ \hline (ad - bc) \cdot y = af - ce \end{array} \oplus$$

Podemos ter:

- $ad - bc \neq 0$: nesse caso, podemos obter o valor de y, que é único, e, em seguida, obter o valor de x, que também é único.
  Trata-se de um sistema possível e determinado (S.P.D.).
- $ad - bc = 0$: nesse caso, o 1º membro de (*) se anula.
  Se o 2º membro de (*) também se anular, teremos $0 = 0$, e o sistema se reduzirá à sua 1ª equação, sendo, portanto, S.P.I.
  Se o 2º membro de (*) não se anular, a 2ª equação será uma sentença falsa, $\forall y \in \mathbb{R}$.
  Logo, o sistema não terá solução: trata-se de S.I.

O número real $ad - bc$ é definido como o **determinante** da matriz incompleta (M) dos coeficientes do sistema. Temos:

$$M = \begin{pmatrix} a & b \\ c & d \end{pmatrix} \text{ e } \det M = a \cdot d - b \cdot c$$

Indicareremos esse número por: det M ou $\det \begin{pmatrix} a & b \\ c & d \end{pmatrix}$ ou $\begin{vmatrix} a & b \\ c & d \end{vmatrix}$.

Observe que det M é igual à diferença entre o produto dos elementos da diagonal principal de M e o produto dos elementos de sua diagonal secundária.

$$M = \begin{pmatrix} a & b \\ c & d \end{pmatrix} \Rightarrow \det M = a \cdot d - b \cdot c$$

diagonal secundária ↙ ↘ diagonal principal

Exemplo 6

- O determinante (D) da matriz $\begin{pmatrix} 6 & -4 \\ 1 & 3 \end{pmatrix}$ é:

$$D = \begin{vmatrix} 6 & -4 \\ 1 & 3 \end{vmatrix} = 6 \cdot 3 - 1 \cdot (-4) = 18 + 4 = 22$$

- O determinante da matriz $\begin{pmatrix} 0 & -1 \\ 5 & 4 \end{pmatrix}$ é:

$$\begin{vmatrix} 0 & -1 \\ 5 & 4 \end{vmatrix} = 0 \cdot 4 - 5 \cdot (-1) = 5$$

- $\begin{vmatrix} 1 & -1 \\ -1 & -1 \end{vmatrix} = 1 \cdot (-1) - (-1) \cdot (-1) = -1 - 1 = -2$

Caso 3 × 3

Consideremos o sistema linear nas incógnitas x, y e z:

$$\begin{cases} ax + by + cz = m \\ dx + ey + fz = n \\ gx + hy + iz = p \end{cases}$$

Seguindo raciocínio análogo ao desenvolvido no caso 2 × 2 (veja o apêndice na página 220), define-se o determinante da matriz $\begin{pmatrix} a & b & c \\ d & e & f \\ g & h & i \end{pmatrix}$ pelo número real:

$$aei + bfg + cdh - ceg - afh - bdi \qquad (*)$$

Existe uma maneira mais fácil de se obter esse valor por meio da **regra prática de Sarrus** (1798-1861):

1º) Copiamos ao lado da matriz A as suas duas primeiras colunas.

2º) Multiplicamos os elementos da diagonal principal de A. Seguindo a direção da diagonal principal, multiplicamos, separadamente, os elementos das outras duas "diagonais".

3º) Multiplicamos os elementos da diagonal secundária de A, trocando o sinal do produto obtido. Seguindo a direção da diagonal secundária, multiplicamos, separadamente, os elementos das outras duas "diagonais", também trocando o sinal dos produtos.

4º) Somamos todos os resultados obtidos no 2º e no 3º passos.

Observe:

1º passo:

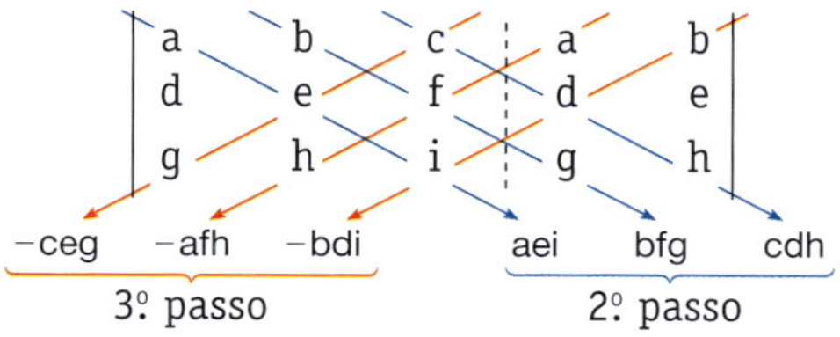

4º passo: O determinante da matriz é igual a:

aei + bfg + cdh − ceg − afh − bdi, que coincide com (*).

Acompanhe os dois exemplos numéricos seguintes.

Exemplo 7

Vamos calcular o determinante da matriz $A = \begin{bmatrix} 1 & 3 & 5 \\ 2 & 4 & 6 \\ -4 & 1 & -1 \end{bmatrix}$.

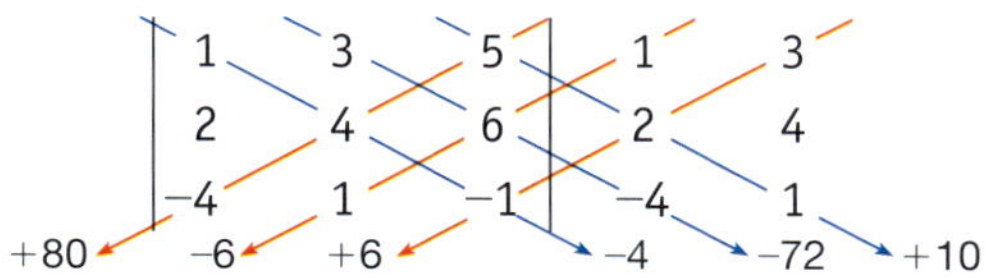

$$\det A = +80 - 6 + 6 - 4 - 72 + 10 = 14$$

Exemplo 8

Vamos calcular o determinante da matriz $B = \begin{pmatrix} 0 & 2 & 3 \\ -1 & 3 & 2 \\ -4 & 1 & -2 \end{pmatrix}$.

Temos:

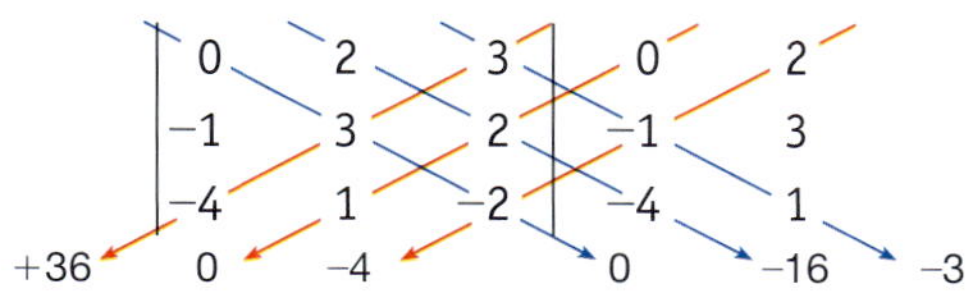

Temos: $\det B = 36 - 4 - 16 - 3 = 13$

Observação

Só se define o determinante de matrizes quadradas (1×1, 2×2, 3×3, ...).

No caso 1×1 (matriz com um único elemento), o determinante da matriz é igual ao seu elemento.

Vejamos:

- $A = [5] \Rightarrow \det A = 5$
- $B = (-2) \Rightarrow \det B = -2$

No próximo capítulo será feito um estudo dos determinantes de matrizes quadradas de ordem superior a 3 bem como das propriedades dos determinantes.

EXERCÍCIOS RESOLVIDOS

4. Seja $A = (a_{ij})_{3 \times 3}$, em que $a_{ij} = \begin{cases} 1, & \text{se } i \geq j \\ i + j, & \text{se } i < j \end{cases}$. Calcular det A.

Solução:

Escrevemos a matriz A em sua forma genérica: $A = \begin{bmatrix} a_{11} & a_{12} & a_{13} \\ a_{21} & a_{22} & a_{23} \\ a_{31} & a_{32} & a_{33} \end{bmatrix}$.

Utilizamos a lei de formação dos elementos de A e obtemos: $A = \begin{bmatrix} 1 & 3 & 4 \\ 1 & 1 & 5 \\ 1 & 1 & 1 \end{bmatrix}$.

$$\det A = \begin{vmatrix} 1 & 3 & 4 \\ 1 & 1 & 5 \\ 1 & 1 & 1 \end{vmatrix} \begin{matrix} 1 & 3 \\ 1 & 1 \\ 1 & 1 \end{matrix} \Rightarrow \det A = -12 + 20 = 8$$

$-4 \quad -5 \quad -3 \qquad 1 \quad 15 \quad 4$

5. Resolver, em $\mathbb{R}$, a equação: $\begin{vmatrix} x & 4 & -2 \\ x-1 & x & 1 \\ 1 & x+1 & 3 \end{vmatrix} = \begin{vmatrix} x & 3 \\ 2 & 1 \end{vmatrix}$

Solução:

O 1º membro representa o determinante de uma matriz 3×3:

$$\begin{vmatrix} x & 4 & -2 \\ x-1 & x & 1 \\ 1 & x+1 & 3 \end{vmatrix} \begin{matrix} x & 4 \\ x-1 & x \\ 1 & x+1 \end{matrix}$$

$2x \quad -(x^2+x) \quad -12(x-1) \qquad 3x^2 \quad 4 \quad -2(x^2-1)$

Seu valor é: $2x - (x^2 + x) - 12(x - 1) + 3x^2 + 4 - 2(x^2 - 1) = -11x + 18$.

O 2º membro é igual ao determinante de uma matriz 2×2:

$$\begin{vmatrix} x & 3 \\ 2 & 1 \end{vmatrix} = x - 6$$

Devemos ter:

$-11x + 18 = x - 6 \Rightarrow x = 2$

$S = \{2\}$

Um pouco de História

A origem dos determinantes

Os primeiros trabalhos sobre determinantes teriam surgido, quase na mesma época, no Oriente e no Ocidente: em 1683, em um artigo do matemático japonês Seki Kowa (1642-1708) e, dez anos depois, com o alemão Leibniz (1646-1716). Ambos desenvolveram expressões matemáticas ligadas aos coeficientes das incógnitas das equações de um sistema linear. Em linguagem e notação atuais, tais expressões definem o determinante da matriz incompleta dos coeficientes de um sistema.

Outros matemáticos, como Cramer (veja página 210), Bézout, Laplace e Vandermonde também publicaram, no século XVIII, artigos sobre determinantes e deixaram contribuições valiosas.

No entanto, somente no século XIX a teoria dos determinantes ganhou maior impulso na Europa, com os trabalhos de Jacobi (1804-1851) e Cauchy (1789-1857). A esse último atribui-se o título de criador do termo "determinante", além de ser o responsável por reunir, em 1812, tudo o que era conhecido até então sobre o assunto.

Alamy/Glow Images

Estátua de Leibniz na parte externa da Royal Academy of Arts de Londres.

EXERCÍCIOS

41. Calcule os determinantes:

a) $\begin{vmatrix} 1 & 2 \\ 3 & 4 \end{vmatrix}$

b) $\begin{vmatrix} 2 & 9 \\ 3 & 7 \end{vmatrix}$

c) $\begin{vmatrix} 1 & -1 \\ 2 & 2 \end{vmatrix}$

d) $\begin{vmatrix} -2 & 4 \\ 0 & -3 \end{vmatrix}$

e) $\begin{vmatrix} \frac{1}{2} & \frac{1}{3} \\ 3 & 4 \end{vmatrix}$

f) $\begin{vmatrix} a & -a \\ -a & -a \end{vmatrix}$ $(a \in \mathbb{R})$

g) $\begin{vmatrix} \text{sen}\,\frac{\pi}{2} & \text{tg}\,\pi \\ \text{tg}\,\frac{\pi}{4} & \cos\pi \end{vmatrix}$

h) $\begin{vmatrix} \text{sen}\,8^\circ & -\cos 8^\circ \\ \cos 8^\circ & \text{sen}\,8^\circ \end{vmatrix}$

42. Sejam $A = \begin{bmatrix} -4 & 3 \\ 1 & 2 \end{bmatrix}$ e $B = \begin{bmatrix} 1 & 0 \\ -1 & 3 \end{bmatrix}$.

Calcule o determinante das matrizes:

a) A
b) B
c) A + B
d) A − B
e) A + 2B
f) A · B
g) $A + I_2$

43. Seja $A = (a_{ij})_{2 \times 2}$, em que $a_{ij} = 4i - 3j$. Calcule det A.

44. Calcule o valor de cada um dos seguintes determinantes:

a) $\begin{vmatrix} 3 & 2 & 1 \\ 1 & 2 & 5 \\ 1 & -1 & 0 \end{vmatrix}$

b) $\begin{vmatrix} 1 & -1 & 2 \\ 5 & 7 & -4 \\ 1 & 0 & 1 \end{vmatrix}$

c) $\begin{vmatrix} 0 & 1 & 3 \\ -4 & 2 & 5 \\ -3 & 0 & -1 \end{vmatrix}$

d) $\begin{vmatrix} 1 & 2 & 4 \\ 0 & 3 & 9 \\ 0 & 0 & -5 \end{vmatrix}$

45. Seja $A = (a_{ij})_{3 \times 3}$, em que $a_{ij} = (i - j)^2$. Obtenha o valor de:

a) det A

b) det A^t

46. Sejam as matrizes $A = (a_{ij})_{3\times3}$, em que $a_{ij} = \begin{cases} 1, \text{se } i \geq j \\ 2, \text{se } i < j \end{cases}$,

e $B = (b_{ij})_{3 \times 3}$, em que $b_{ij} = \begin{cases} -1, \text{se } i \geq j \\ 1, \text{se } i < j \end{cases}$.

Calcule det A, det B, det (A + B) e det (A · B).

47. Resolva, em $\mathbb{R}$, as equações:

a) $\begin{vmatrix} x & -3 \\ x+2 & x-2 \end{vmatrix} = 8$

b) $\begin{vmatrix} x & 0 & 1 \\ 2x & x & 2 \\ 3 & 2x & x \end{vmatrix} = 0$

c) $\begin{vmatrix} 1 & 2 & x \\ -1 & x & x+1 \\ 3 & 2 & x \end{vmatrix} = 6$

48. Resolva, em $\mathbb{R}$, as inequações:

a) $\begin{vmatrix} x & x+2 \\ 4 & 3 \end{vmatrix} \leq x$

b) $\begin{vmatrix} 6 & 1 & -5 \\ x & 0 & 1 \\ 1 & -3 & 2 \end{vmatrix} > \begin{vmatrix} 1 & 2 & -1 \\ 0 & x & 4 \\ 0 & 0 & -6 \end{vmatrix}$

49. O determinante da matriz $\begin{bmatrix} 1 & 0 & m \\ 3 & 1 & 4 \\ n & 2 & -5 \end{bmatrix}$ é igual a -27.

Determine os valores de *m* e *n*, sabendo que $\frac{m}{n} = 2$.

50. Sejam D_1 o determinante da matriz $\begin{bmatrix} 2 & -3 \\ 4 & a \end{bmatrix}$ e D_2 o determinante de $\begin{bmatrix} 1 & a & -1 \\ 0 & 3 & -4 \\ a & -3 & 2 \end{bmatrix}$. Para que valores reais de *a* tem-se $D_1 + 2D_2 = 0$?

51. Considere a matriz $M = \begin{bmatrix} 2 & 0 \\ -3 & 5 \end{bmatrix}$.

a) Construa a matriz $M - k \cdot I$, sendo $k \in \mathbb{R}$ e I a matriz identidade 2×2.

b) Quais os valores de *k* que tornam nulo o determinante da matriz $M - k \cdot I$?

REGRA DE CRAMER

A Regra de Cramer é outro método usado para resolução de sistemas determinados, em que o número de equações é igual ao número de incógnitas.

Essa regra, que é baseada no cálculo de determinantes, leva o nome do matemático suíço Gabriel Cramer (1704-1752), que a demonstrou em 1750, embora não tenha sido o primeiro matemático a fazê-lo; acredita-se que a regra já era conhecida por Maclaurin (1698-1746) desde 1729.

Inicialmente, vamos enunciar e demonstrar essa regra para o caso de um sistema 2×2.

S. Freeman. Retrato de Colin Maclaurin, 1801/ Museu Britânico, Londres, Inglaterra

Colin Maclaurin.

Caso 2×2

Considere o sistema nas incógnitas *x* e *y*: $\begin{cases} ax + by = e \\ cx + dy = f \end{cases}$.

Seja D o determinante da matriz M incompleta dos coeficientes do sistema:

$$M = \begin{bmatrix} a & b \\ c & d \end{bmatrix} \quad e \quad D = ad - bc$$

Se D $\neq$ 0, então o sistema é possível e determinado (S.P.D.) e sua solução (x, y) é dada por:

$$x = \frac{D_x}{D} \text{ e } y = \frac{D_y}{D}$$

em que D_x e D_y são os determinantes das matrizes obtidas a partir da matriz M substituindo, respectivamente, a 1ª coluna e a 2ª coluna de M pela coluna dos coeficientes independentes das equações do sistema.

Demonstração:

Vamos construir um sistema equivalente a $\begin{cases} ax + by = e \\ cx + dy = f \end{cases}$ usando o escalonamento:

Multiplicamos a 1ª equação por (−c), c $\neq$ 0, a 2ª equação por *a*, a $\neq$ 0, e somamos:

$$\begin{array}{r} -\cancel{acx} - bcy = -ce \\ \cancel{acx} + ady = \quad af \\ \hline (ad - bc)y = af - ce \end{array} \quad \oplus$$

Obtemos:

$$\begin{cases} ax + \qquad by = \qquad e \\ \qquad \underbrace{(ad - bc)}_{D}y = af - ce \end{cases}$$

O coeficiente de *y*, na 2ª equação do sistema escalonado, é igual a D (det M).

Como, por hipótese, D $\neq$ 0, obtemos: $y = \dfrac{af - ce}{D}$. (1)

Note que af − ce é o determinante da matriz obtida de M quando substituímos a 2ª coluna pela coluna dos coeficientes independentes, isto é: $\begin{bmatrix} a & e \\ c & f \end{bmatrix}$.

Representando det $\begin{bmatrix} a & e \\ c & f \end{bmatrix}$ por D_y em (1), obtemos:

$$y = \frac{D_y}{D}$$

Para obter o valor de *x*, substituímos *y* na 1ª equação do sistema escalonado:

$$ax + by = e \Rightarrow ax + b \cdot \frac{af - ce}{ad - bc} = e \Rightarrow$$

$$\Rightarrow \ a \cdot (ad - bc)x + b \cdot (af - ce) = e \cdot (ad - bc) \overset{a \neq 0}{\Rightarrow}$$

$$\overset{a \neq 0}{\Rightarrow} \ x = \frac{ed - bf}{ad - bc} \quad (2)$$

Note que ed − bf é o determinante da matriz obtida de M quando substituímos a 1ª coluna pela coluna dos coeficientes independentes: $\begin{bmatrix} e & b \\ f & d \end{bmatrix}$.

Representando det $\begin{bmatrix} e & b \\ f & d \end{bmatrix}$ = ed − bf por D_x em (2), obtemos:

$$x = \frac{D_x}{D}$$

Exemplo 9

Usando a Regra de Cramer, vamos resolver o sistema: $\begin{cases} 4x + 5y = -1 \\ 2x + 3y = 4 \end{cases}$.

Observemos que, como $D = \begin{vmatrix} 4 & 5 \\ 2 & 3 \end{vmatrix} = 12 - 10 = 2 \neq 0$, podemos usar a Regra de Cramer.

Assim, esse sistema é possível e determinado. Calculemos D_x e D_y:

$$D_x = \begin{vmatrix} -1 & 5 \\ 4 & 3 \end{vmatrix} = -3 - 20 = -23$$

$$D_y = \begin{vmatrix} 4 & -1 \\ 2 & 4 \end{vmatrix} = 16 + 2 = 18$$

Então, $x = \frac{D_x}{D} = -\frac{23}{2}$ e $y = \frac{D_y}{D} = \frac{18}{2} = 9$.

Logo, $S = \left\{\left(-\frac{23}{2}, 9\right)\right\}$.

Caso 3 × 3

Considere o sistema linear $\begin{cases} a_1x + b_1y + c_1z = d \\ a_2x + b_2y + c_2z = e \\ a_3x + b_3y + c_3z = f \end{cases}$, nas incógnitas *x*, *y* e *z*.

Se $D = \begin{vmatrix} a_1 & b_1 & c_1 \\ a_2 & b_2 & c_2 \\ a_3 & b_3 & c_3 \end{vmatrix} \neq 0$, então o sistema é possível e determinado (S.P.D.).

Sua solução (x, y, z) é dada por $x = \frac{D_x}{D}$, $y = \frac{D_y}{D}$ e $z = \frac{D_z}{D}$, em que D_x, D_y e D_z são os determinantes das matrizes obtidas quando trocamos, na matriz incompleta do sistema, a coluna dos coeficientes de *x*, *y* e *z*, respectivamente, pela coluna dos coeficientes independentes das equações. A demonstração é análoga ao caso 2 × 2: veja também o apêndice deste capítulo, na página 218, como suporte.

EXERCÍCIO RESOLVIDO

6. Resolver o sistema: $\begin{cases} x + 2y - z = -5 \\ -x - 2y - 3z = -3 \\ 4x - y - z = 4 \end{cases}$

Solução:

Como $D = \begin{vmatrix} 1 & 2 & -1 \\ -1 & -2 & -3 \\ 4 & -1 & -1 \end{vmatrix} = -36 \neq 0$, o sistema é S.P.D.; podemos usar a Regra de Cramer:

$$D_x = \begin{vmatrix} -5 & 2 & -1 \\ -3 & -2 & -3 \\ 4 & -1 & -1 \end{vmatrix} = -10 - 24 - 3 - 8 + 15 - 6 = -36;\ x = \frac{D_x}{D} = \frac{-36}{-36} = 1$$

$$D_y = \begin{vmatrix} 1 & -5 & -1 \\ -1 & -3 & -3 \\ 4 & 4 & -1 \end{vmatrix} = 3 + 60 + 4 - 12 + 12 + 5 = 72;\ y = \frac{D_y}{D} = \frac{72}{-36} = -2$$

$$D_z = \begin{vmatrix} 1 & 2 & -5 \\ -1 & -2 & -3 \\ 4 & -1 & 4 \end{vmatrix} = -8 - 24 - 5 - 40 - 3 + 8 = -72;\ z = \frac{D_z}{D} = \frac{-72}{-36} = 2$$

Assim, $S = \{(1, -2, 2)\}$.

EXERCÍCIOS

52. Resolva, usando a Regra de Cramer:

a) $\begin{cases} x + 4y = 0 \\ 3x + 2y = 5 \end{cases}$

b) $\begin{cases} 2x - y = 2 \\ -x + 3y = -3 \end{cases}$

c) $\begin{cases} 5x - 4y = 6 \\ -x + y = -1 \end{cases}$

53. Resolva, usando a Regra de Cramer:

a) $\begin{cases} 3x - y + z = 1 \\ 2x + 3z = -1 \\ 4x + y - 2z = 7 \end{cases}$

b) $\begin{cases} x - y + z = -5 \\ x + 2y + 4z = 4 \\ 3x + y - 2z = -3 \end{cases}$

c) $\begin{cases} -x - y + z = 1 \\ x + y + z = 1 \\ 2x + 3y + 2z = 0 \end{cases}$

d) $\begin{cases} 3x + 5y = -1 \\ x - z = -2 \\ -y + 2z = 12 \end{cases}$

54. Rapazes e moças dançavam animadamente em uma festa. Com a saída de 8 rapazes, percebeu-se que o número de moças estava para o número de rapazes numa razão de 3 para 2. Mais tarde, porém, 10 moças deixaram a festa e a razão passou a ser de 5 moças para cada 4 rapazes. Quantos rapazes e moças havia inicialmente na festa?

55. Ao ser perguntado sobre os valores do pedágio, um caixa respondeu: "Quando passam 2 carros de passeio e 3 ônibus, arrecada-se a quantia de R$ 26,00; quando passam 2 ônibus e 5 caminhões arrecada-se a quantia de R$ 47,00, e quando passam 6 carros de passeio e 4 caminhões arrecada-se a quantia de R$ 52,00".

Qual é o valor do pedágio para cada veículo citado?

Rubens Chaves/Pulsar Imagens

DISCUSSÃO DE UM SISTEMA

Discutir um sistema linear em função de um ou mais parâmetros significa dizer para quais valores do(s) parâmetro(s) o sistema é possível (determinado ou indeterminado) ou impossível.

Quando o número de equações do sistema é igual ao seu número de incógnitas, há um método geral de discussão, que exemplificaremos com um sistema 2×2.

Seja o sistema linear $\begin{cases} ax + by = e \\ cx + dy = f \end{cases}$, de incógnitas x e y.

Vamos construir um sistema equivalente a ele, porém na forma escalonada:

$$\begin{cases} ax + by = e \\ \underbrace{(ad - bc)}_{D} \cdot y = af - ce \quad (*) \end{cases}$$

$(-c) \cdot (1^{a}\text{ eq.}) + (2^{a}\text{ eq.})$ (a)

$$\begin{array}{r} -\cancel{acx} - bcy = -ce \\ \cancel{acx} + ady = af \\ \hline (ad - bc) \cdot y = af - ce \end{array} \quad \oplus$$

em que $D = \begin{vmatrix} a & b \\ c & d \end{vmatrix}$ é o determinante da matriz incompleta do sistema.

Podemos ter:

- $D \neq 0$; nesse caso, podemos obter o valor de y, que é único, e, em seguida, obter o valor de x, que também é único. Trata-se de um sistema possível e determinado (SPD).
- $D = 0$; nesse caso, o 1º membro de $(*)$ se anula.
  Se o 2º membro de $(*)$ também se anular, teremos $0 = 0$, e o sistema se reduzirá à sua 1ª equação, sendo, portanto, S.P.I.
  Se o 2º membro de $(*)$ não se anular, a 2ª equação será uma sentença falsa, $\forall y \in \mathbb{R}$.

Logo, o sistema não terá solução; trata-se de S.I.

Em geral, sendo D o determinante da matriz incompleta dos coeficientes de um sistema linear, temos:

$$D \neq 0 \Rightarrow \text{S.P.D.}$$
$$D = 0 \Rightarrow \text{S.P.I ou S.I.}$$

Esse resultado é válido para qualquer sistema linear de n equações e n incógnitas, com $n \geq 2$.

EXERCÍCIOS RESOLVIDOS

7. Discutir, em função de *m*, o sistema: $\begin{cases} x + y = 3 \\ 2x + my = 2 \end{cases}$

Solução:

Temos: $D = \begin{vmatrix} 1 & 1 \\ 2 & m \end{vmatrix} = m - 2$

- Se $D \neq 0$, isto é, $m - 2 \neq 0$, ou $m \neq 2$, temos S.P.D.
- Se $D = 0$, isto é, $m - 2 = 0$, ou $m = 2$, temos S.P.I. ou S.I.

Nesse último caso, para decidirmos entre as duas possibilidades, levamos $m = 2$ ao sistema. Temos:

$$\begin{cases} x + y = 3 \\ 2x + 2y = 2 \end{cases} \Leftrightarrow \begin{cases} x + y = 3 \\ x + y = 1 \end{cases} \text{ equações incompatíveis}$$

Trata-se de um sistema impossível.

Assim, $\begin{cases} m \neq 2 \rightarrow \text{S.P.D.} \\ m = 2 \rightarrow \text{S.I.} \end{cases}$

8. Discutir, em função de *m*, o sistema $\begin{cases} x - y - z = 1 \\ 2x + y + 3z = 6 \\ mx + y + 5z = 13 \end{cases}$

Solução:

Temos: $D = \begin{vmatrix} 1 & -1 & -1 \\ 2 & 1 & 3 \\ m & 1 & 5 \end{vmatrix} = -2m + 10.$

- Se $D \neq 0$, isto é, $m \neq 5$, temos S.P.D.
- Se $D = 0$, isto é, $m = 5$, podemos ter S.P.I. ou S.I.

Levando $m = 5$ ao sistema e o escalonando, vem:

$$\begin{cases} x - y - z = 1 \\ 2x + y + 3z = 6 \\ mx + y + 5z = 13 \end{cases} \Leftrightarrow \begin{cases} x - y - z = 1 \\ 3y + 5z = 4 & \leftarrow (-2) \times (1^{\underline{a}}\text{ eq.}) + (2^{\underline{a}}\text{ eq.}) \\ 6y + 10z = 8 & \leftarrow (-5) \times (1^{\underline{a}}\text{ eq.}) + (3^{\underline{a}}\text{ eq.}) \end{cases}$$

Como os coeficientes da 2ª e 3ª equações são proporcionais, podemos retirar a 3ª equação, obtendo o sistema $\begin{cases} x - y - z = 1 \\ 3y + 5z = 4 \end{cases}$, que é possível e indeterminado.

Assim, $\begin{cases} m \neq 5 \rightarrow \text{S.P.D.} \\ m = 5 \rightarrow \text{S.P.I.} \end{cases}$

9. Discutir, em uma função de *a* e *b*, o sistema $\begin{cases} ax + 2y = 1 \\ 3x + 2y = b \end{cases}$

Solução:

Temos $D = \begin{vmatrix} a & 2 \\ 3 & 2 \end{vmatrix} = 2a - 6$

- Se $D \neq 0$, isto é, $a \neq 3$, temos S.P.D.
- Se $D = 0$, isto é, $a = 3$, podemos ter S.P.I. ou S.I.

Para $a = 3$, temos: $\begin{cases} 3x + 2y = 1 \\ 3x + 2y = b \end{cases}$.

Quando $b = 1$, as duas equações são iguais, e o sistema se reduz à equação linear $3x + 2y = 1$, que tem infinitas soluções.

Quando $b \neq 1$, as equações são incompatíveis entre si e, portanto, não há soluções.

Assim, $\begin{cases} a \neq 3 \Rightarrow \text{S.P.D.} \\ a = 3 \text{ e } b = 1 \Rightarrow \text{S.P.I.} \\ a = 3 \text{ e } b \neq 1 \Rightarrow \text{S.I.} \end{cases}$

EXERCÍCIOS

56. Discuta, em função de *m*, os seguintes sistemas:

a) $\begin{cases} x + y = 3 \\ 2x + my = 6 \end{cases}$

b) $\begin{cases} 2x + my = m \\ 6x - 3y = 2 \end{cases}$

c) $\begin{cases} x + 2y = mx \\ my - 2x = y \end{cases}$

d) $\begin{cases} (m + 1)x + 3y = 6 \\ x + (m - 1)y = 2 \end{cases}$

57. Discuta, em função de *m*, os seguintes sistemas:

a) $\begin{cases} mx + y - z = 4 \\ x + my + z = 0 \\ x - y = 2 \end{cases}$

b) $\begin{cases} -x + y + 2z = 3 \\ -5x - 4y + mz = -9 \\ x + 5y - 4z = 13 \end{cases}$

c) $\begin{cases} mx + y = -2 \\ -2x + y - z = m \\ 4x + y + mz = -5 \end{cases}$

58. Para que valores reais de *k* o sistema

$$\begin{bmatrix} 1 & k \\ k+1 & 2 \end{bmatrix} \cdot \begin{bmatrix} x \\ y \end{bmatrix} = \begin{bmatrix} -1 \\ 0 \end{bmatrix}$$

admite uma única solução?

59. Existe algum valor real de *a* para o qual o sistema

$$\begin{cases} x - 3y + 2z = 1 \\ 2y + z = 3 \\ -x + 3ay + z = -2 \end{cases}$$

é indeterminado? E impossível?

60. Determine os valores de *m* e *n* para os quais o sistema

$$\begin{cases} x - 2y - 3z = 3 \\ -4x + my + 2z = -27 \\ x + z = n \end{cases}$$

admite uma infinidade de soluções.

61. Discuta, em função de *a* e *b*, o sistema:

$$\begin{cases} 2x - y = 3 \\ 4x + ay = b \end{cases}$$

62. Discuta em função de *a* e *b*:

$$\begin{cases} -x + y - z = 4 \\ 4x + ay + z = -19 \\ x - y + 3z = b \end{cases}$$

63. Determine $m \in \mathbb{R}$, de modo que o sistema

$$\begin{cases} 2x - y = 3 \\ mx + 2y = 5 \end{cases}$$

não admita soluções, e interprete geometricamente a resposta.

SISTEMAS HOMOGÊNEOS

Dizemos que um sistema linear é homogêneo quando o termo (ou coeficiente) independente de cada uma de suas equações é igual a zero. Assim, são exemplos de sistemas homogêneos:

$$S_1 \begin{cases} 4x + 3y = 0 \\ 3x + 2y = 0 \end{cases} \qquad S_2 \begin{cases} x + 2y + 2z = 0 \\ 3x + y - z = 0 \\ -x + 5y + \frac{1}{2}z = 0 \end{cases} \qquad S_3 \begin{cases} 3x + y = 0 \\ x + y = 0 \\ 2x - y = 0 \end{cases}$$

Vamos observar uma propriedade característica dos sistemas homogêneos:

- Em S_1, o par ordenado (0, 0) é uma solução, pois verifica as duas equações.
- Em S_2, a tripla ordenada (0, 0, 0) é uma solução, pois verifica as três equações.
- Em S_3, o par ordenado (0, 0) é uma solução, pois verifica as três equações.

De modo geral, um sistema homogêneo com *n* incógnitas sempre admite a sequência $(\underbrace{0, 0, \ldots, 0}_{n \text{ zeros}})$ como solução. Essa solução é chamada solução **nula**, **trivial** ou **imprópria**. Desse modo, um sistema homogêneo é sempre possível, pois possui, ao menos, a solução nula.

Se o sistema só possui a solução nula, ele é possível e determinado.

Havendo outras soluções, além da solução nula, o sistema é possível e indeterminado. Essas soluções recebem o nome de **soluções próprias** ou **não triviais**.

Exemplo 10

Resolvendo o sistema $\begin{cases} 4x + 3y = 0 \\ 3x + 2y = 0 \end{cases}$ por escalonamento, obtemos:

$$\begin{cases} 4x + 3y = 0 \\ \quad\; - y = 0 \end{cases} \leftarrow (1^{\text{a}} \text{ eq.}) \times (-3) + (2^{\text{a}} \text{ eq.}) \times 4$$

Temos um sistema escalonado de 1º tipo (S.P.D.); a única solução é (0, 0).

Exemplo 11

O sistema homogêneo $\begin{cases} x - 3y = 0 \\ -5x + 15y = 0 \end{cases}$ admite infinitas soluções. Observe:

Notando que $-5x + 15y = 0$ equivale a $-5 \cdot (x - 3y) = 0$, isto é, $x - 3y = 0$, temos que o sistema se reduz à equação linear $x - 3y = 0$, que possui infinitas soluções.

Sua solução geral é $(3\alpha, \alpha)$; $\alpha \in \mathbb{R}$. Vejamos algumas soluções:

$\alpha = 0 \rightarrow (0, 0)$ é a solução nula, trivial ou imprópria.

$$\left.\begin{array}{l} \alpha = 1 \rightarrow (3, 1) \\ \alpha = -4 \rightarrow (-12, -4) \\ \alpha = \dfrac{1}{9} \rightarrow \left(\dfrac{1}{3}, \dfrac{1}{9}\right) \end{array}\right\} \text{Soluções próprias ou diferentes da trivial.}$$

$\vdots$

EXERCÍCIO RESOLVIDO

10. Para que valores reais de *m* o sistema $\begin{cases} mx + y - 3z = 0 \\ \quad\; my + 2z = 0 \\ -mx \quad + z = 0 \end{cases}$ admite soluções próprias?

Solução:

Como o sistema homogêneo é sempre possível, podemos afirmar que, sendo o número de equações igual ao número de incógnitas; vale a regra:

$D \neq 0 \rightarrow$ S.P.D.

$D = 0 \rightarrow$ S.P.I.

Assim, devemos ter D = 0, isto é: $\begin{vmatrix} m & 1 & -3 \\ 0 & m & 2 \\ -m & 0 & 1 \end{vmatrix} = 0 \Rightarrow -2m^2 - 2m = 0 \Rightarrow m = 0$ ou $m = -1$.

EXERCÍCIOS

64. Resolva e classifique os seguintes sistemas homogêneos:

a) $\begin{cases} x + 2y = 0 \\ 3x + 5y = 0 \end{cases}$

b) $\begin{cases} 7x - 14y = 0 \\ -x + 2y = 0 \end{cases}$

c) $\begin{cases} 2x + 3y - z = 0 \\ x - 4y + z = 0 \\ 3x + y - 2z = 0 \end{cases}$

d) $\begin{cases} x + 2y - z = 0 \\ 2x - y + 3z = 0 \\ 4x + 3y + z = 0 \end{cases}$

65. Seja o sistema $\begin{cases} x - y + 4z = m - 2 \\ mx + 3y - z = 0 \\ 6x + (m-3)y + 15z = 0 \end{cases}$

a) Determine *m* para que o sistema seja homogêneo.

b) Utilizando o resultado do item *a*, resolva o sistema.

66. O sistema $\begin{cases} x - 3y = 0 \\ (m + 1)y = 0 \end{cases}$ é escalonado.

Para que valores de *m* o sistema admite somente a solução nula ou trivial?

67. Resolva os seguintes sistemas homogêneos:

a) $\begin{cases} x + y = 0 \\ x - y = 0 \\ 2x + 3y = 0 \\ 5x - 8y = 0 \end{cases}$

b) $\begin{cases} 3x + 4y + 5z = 0 \\ x - y + z = 0 \end{cases}$

68. O sistema $\begin{cases} x + y - z = 0 \\ mx + 2y - 3z = 0 \\ 4x + y = 0 \end{cases}$ admite uma infinidade de soluções. Determine *m*.

69. Determine *m* para que o sistema $\begin{cases} x - my + 2z = 0 \\ my + z = 0 \\ -mx + y - 2z = 0 \end{cases}$

admita apenas a solução trivial (ou nula).

70. (Fuvest-SP) Seja o sistema $\begin{cases} x + 2y - z = 0 \\ x - my - 3z = 0 \\ x + 3y + mz = m \end{cases}$.

a) Determine todos os valores de *m* para os quais o sistema admite solução.

b) Resolva o sistema supondo m = 0.

71. É dada a equação matricial $\begin{pmatrix} 1 & -m & 2 \\ 0 & m & 1 \\ -m & 1 & -2 \end{pmatrix} \cdot \begin{pmatrix} x_1 \\ x_2 \\ x_3 \end{pmatrix} = \begin{pmatrix} 0 \\ 0 \\ 0 \end{pmatrix}$, em que *m* é um parâmetro real.

Determine *m* para que a equação admita uma única solução. Qual é essa solução?

DESAFIO

Segundo uma lenda, um rei deveria presentear sua rainha com uma barra de ouro. A rainha deveria receber o presente durante 7 dias, e, a cada dia, ela deveria receber o equivalente a $\frac{1}{7}$ da barra.

Como o rei pode fazer essa distribuição se lhe era permitido fazer apenas dois cortes na barra?

APÊNDICE Determinantes de ordem 3 e a Regra de Sarrus

Consideremos o sistema linear seguinte nas incógnitas x, y e z:

$$\begin{cases} ax + by + cz = m \\ dx + ey + fz = n \\ gx + hy + iz = p \end{cases}$$

Vamos construir um sistema equivalente a ele, porém na forma escalonada:

$$\begin{cases} ax + by + cz = m \\ (bd - ae) \cdot y + (cd - af) \cdot z = md - an \longleftarrow d \cdot (1^{\underline{a}}\ eq.) + (-a) \times (2^{\underline{a}}\ eq.) \\ (bg - ah) \cdot y + (cg - ai) \cdot z = mg - ap \longleftarrow g \cdot (1^{\underline{a}}\ eq.) + (-a) \times (3^{\underline{a}}\ eq.) \end{cases}$$

$$\begin{cases} ax + by + cz = m \\ (bd - ae) \cdot y + (cd - af) \cdot z = md - an \\ (aie + cdh + bfg - afh - ecg - bid) \cdot z = (mdh + nbg + ape - anh - mge - pbd) \longleftarrow -(bg - ah) \cdot 2^{\underline{a}}\ eq + (bd - ae) \cdot 3^{\underline{a}}\ eq. \end{cases}$$

O último sistema obtido está escalonado.

Observe que:

- se $(aie + cdh + bfg - afh - ecg - bid) \neq 0$, obtemos um único valor para z; substituindo-se z na 2ª equação obtemos o valor de y, e, em seguida, obtemos o valor de x, chegando à única solução desse sistema. Nesse caso, teríamos um sistema determinado;
- se $(aie + cdh + bfg - afh - ecg - bid) = 0$, podemos ter um sistema indeterminado ou impossível, conforme o 2º membro da última equação seja nulo ou não nulo, respectivamente.

O número real **aei + cdh + bfg − afh − ecg − bid** é definido como o determinante da matriz $\begin{pmatrix} a & b & c \\ d & e & f \\ g & h & i \end{pmatrix}$,

que é a matriz incompleta dos coeficientes do sistema e indicamos: $\begin{vmatrix} a & b & c \\ d & e & f \\ g & h & i \end{vmatrix} = aei + bfg + cdh - ceg - afh - bdi.$

Observe o cálculo de $\begin{vmatrix} a & b & c \\ d & e & f \\ g & h & i \end{vmatrix}$ por meio da Regra de Sarrus:

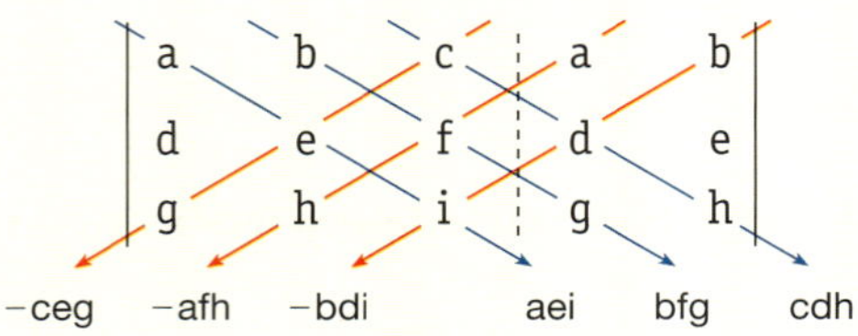

$= aei + bfg + cdh - ceg - afh - bdi$

EXERCÍCIOS COMPLEMENTARES

1. Em uma lanchonete, registrou-se o consumo em três mesas, conforme mostra a tabela seguinte:

Mesas	Refrigerantes	Cafés	Salgados
1	10	3	20
2	2	7	4
3	5	4	10

Na mesa 1, a despesa foi R$ 91,00 e, na mesa 2, R$ 31,00.

Classifique em seu caderno como V(verdadeira) ou F(falsa) as afirmações seguintes:

a) O preço unitário do café é R$ 2,00.

b) O preço unitário do refrigerante é R$ 1,80.

c) O valor da despesa da mesa 3 não pode ser determinado.

d) É impossível determinar o preço unitário do refrigerante e do salgado.

e) O valor da despesa da mesa 3 é inferior a R$ 52,00.

2. Seja m uma constante real e $f: \mathbb{R} \to \mathbb{R}$ definida pela lei $f(x) = \begin{vmatrix} x & m-2 \\ 3 & x-1 \end{vmatrix}$. Para que valores de m essa função não admite raízes reais?

3. Resolva, em $\mathbb{R}$, a equação: $\begin{vmatrix} \log_2 x & \log_4 x \\ -1 & 2 \end{vmatrix} = \frac{5}{4}$.

4. (UE-RJ) Observe a equação química que representa a fermentação do açúcar:

$xC_6H_{12}O_6 \to yCO_2 + zC_2H_5OH$

Uma das formas de equilibrar essa equação é igualar, em seus dois membros, as quantidades de átomos de cada elemento químico. Esse processo dá origem ao seguinte sistema linear:

$$\begin{cases} 6x = y + 2z \\ 12x = 6z \\ 6x = 2y + z \end{cases}$$

Determine o conjunto solução do sistema e calcule os menores valores inteiros positivos de x, y e z que formam uma das soluções desse sistema.

5. A soma dos salários de três irmãos, em um mês, é R$ 2 950,00. Seja a diferença entre o maior e o menor salários igual a R$ 400,00.

a) Expresse cada salário em função do menor dos três salários.

b) Sabendo que os salários são expressos por múltiplos de 50 e que não há salários iguais, quais são as possibilidades para tais valores?

6. Determine os valores reais de a, b e c que verificam a equação:

$$(a - b + 2c)^2 + (3a - b + c - 3)^2 + \\ + (-5a + 4b - 7c + 2)^2 = 0$$

7. (Unicamp-SP) Pedro precisa comprar x borrachas, y lápis e z canetas. Após fazer um levantamento em duas papelarias, Pedro descobriu que a papelaria A cobra R$ 23,00 pelo conjunto de borrachas, lápis e canetas, enquanto a papelaria B cobra R$ 25,00 pelo mesmo material. Em seu levantamento, Pedro descobriu que a papelaria A cobra R$ 1,00 pela borracha, R$ 2,00 pelo lápis e R$ 3,00 pela caneta e que a papelaria B cobra R$ 1,00 pela borracha, R$ 1,00 pelo lápis e R$ 4,00 pela caneta.

a) Forneça o número de lápis e de borrachas que Pedro precisa comprar em função do número de canetas que ele pretende adquirir.

b) Levando em conta que $x \geq 1$, $y \geq 1$ e $z \geq 1$, e que essas três variáveis são inteiras, determine todas as possíveis quantidades de lápis, borrachas e canetas que Pedro deseja comprar.

8. Seja N = ABC um número de três algarismos. Sabe-se que:

- subtraindo-se 792 de N obtemos o número CBA;
- o algarismo das dezenas de N é igual a 3;
- a soma dos algarismos das centenas e das unidades de N é igual a 10.

Determine N.

9. (UF-ES) Vicente, que tem o hábito de fazer o controle do consumo de combustível de seu carro, observou que, com 33 ℓ de gasolina, ele pode rodar 95 km na cidade mais 276 km na estrada e que, com 42 ℓ de gasolina, ele pode rodar 190 km na cidade mais 264 km na estrada.

a) Calcule quantos quilômetros Vicente pode rodar na cidade com 1 ℓ de gasolina.

b) Sabendo que Vicente viajou 143,5 km com 13 ℓ de gasolina, determine o comprimento do seu trajeto na estrada e o comprimento do seu trajeto na cidade.

10. Três amigos, Alberto, Bento e César, colecionam figurinhas de jogadores de futebol das seleções da Copa do Mundo. Descubra a quantidade de figurinhas que cada um possui a partir das informações seguintes:

- Se Alberto der a Bento cinco figurinhas, eles passarão a ter a mesma quantidade.
- Se Bento perder 25% de seu total de figurinhas, ficará com cinco figurinhas a menos que César.
- Se César receber a décima parte das figurinhas de Alberto, ficará com a mesma quantidade que Bento.

Alberto De Stefano

11. Patrícia fez um pagamento de R$ 5 200,00 usando cédulas de R$ 20,00, R$ 50,00 e R$ 100,00, num total de 96 cédulas. Sabe-se que as quantidades de cédulas de R$ 20,00, R$ 50,00 e R$ 100,00 formavam, nesta ordem, uma progressão aritmética (P.A.). Qual é a razão dessa P.A.?

12. A prefeitura de uma cidade dispõe de uma verba anual de x milhões de reais para gastar em educação e y milhões de reais para gastar com saúde. No 1º trimestre do ano foram gastos 30% da verba de educação e 70% da verba da saúde, num total de 340 milhões de reais. No 2º trimestre, foram gastos 40% da verba restante de educação e 20% da verba restante em saúde, num total de 80 milhões de reais.

Quais eram, em milhões de reais, as verbas ainda disponíveis para a educação e para a saúde, transcorrido o 1º semestre?

13. Após determinada rodada, a classificação do Campeonato Brasileiro – Série A (Brasileirão) – de 2012 era dada pela tabela a seguir.

Classificação do Campeonato Brasileiro – Série A – 2012

Classificação		PG
1º	Atlético-MG	22
2º	Vasco	20
3º	Fluminense	19
4º	Botafogo	16
5º	São Paulo	16
6º	Internacional	16
7º	Grêmio	15
8º	Ponte Preta	15
9º	Flamengo	15
10º	Cruzeiro	14
11º	Sport	12
12º	Náutico	10
13º	Santos	9
14º	Corinthians	8
15º	Portuguesa	8
16º	Figueirense	8
17º	Coritiba	7
18º	Bahia	7
19º	Palmeiras	6
20º	Atlético-GO	2

Fonte: *O Estado de S. Paulo*, 16/7/12.

Lembre que no futebol a vitória vale 3 pontos, empate vale 1 ponto e, na derrota, o time perdedor não pontua.

Mário Angelo/Sigmapress/Folhapress

Chegada de torcedores no Pacaembu, em São Paulo, em 2012.

Sabendo que, até essa rodada (incluindo-a), já haviam sido disputadas 90 partidas, determine o número de partidas do Brasileirão que terminaram empatadas até esse momento.

14. (UF-PR) Considere a função *f* definida pela expressão $f(x) = \det\begin{bmatrix} \cos(2x) & \text{sen}\,x & 0 \\ \cos x & \frac{1}{2} & 0 \\ 1 & 0 & 2 \end{bmatrix}$

a) Calcule f(0) e $f\left(\frac{\pi}{4}\right)$.

b) Para quais valores de *x* se tem f(x) = 0?

15. (UF-BA) Considere as matrizes $A = \begin{pmatrix} x & y \\ z & w \end{pmatrix}$ de elementos reais não negativos,

$B = \begin{pmatrix} 1 & 1 \\ 0 & 0 \end{pmatrix}$ e $C = \begin{pmatrix} 16 & 7 \\ 0 & 9 \end{pmatrix}$.

Sabendo que A comuta com B e que $A^2 = C$, calcule o determinante da matriz $X = 12A^{-1} + A^t$.

16. (Vunesp-SP) Sejam $A = \begin{bmatrix} x - 2y & 1 \\ 3x + y & -1 \end{bmatrix}$,

$B = \begin{bmatrix} 2 & 1 \\ -1 & -2 \end{bmatrix}$ e $C = \begin{bmatrix} 1 & 3 \\ 3 & -5 \end{bmatrix}$ matrizes reais.

a) Calcule o determinante de A, det (A), em função de *x* e *y*, e represente no plano cartesiano os pares ordenados (x, y) que satisfazem a inequação det (A) $\leq$ det (B).

b) Determine *x* e *y* reais, de modo que A + 2B = C.

17. (UF-SE) Considere as matrizes $A = \begin{bmatrix} -1 & 2 \\ 0 & 1 \end{bmatrix}$,

$B = \begin{bmatrix} 1 & 0 \\ 2 & -1 \end{bmatrix}$ e $C = \begin{bmatrix} a & b \\ c & d \end{bmatrix}$, com *a*, *b*, *c*, *d* reais, para analisar as afirmações abaixo:

a) $A + B = \begin{bmatrix} 0 & 2 \\ 2 & 0 \end{bmatrix}$

b) Se $A - \frac{B}{2} = C$, então $b^a = \sqrt{2}$.

c) Se A^t é a matriz transposta de A, então $\det(A^t) = -1$.

d) Se C é a matriz inversa de B, então a · d = 1.

e) Se A · C = B, então $C = \begin{bmatrix} 3 & 2 \\ 2 & 1 \end{bmatrix}$.

18. (UE-RJ) A ilustração a seguir mostra seis cartões numerados organizados em três linhas. Em cada linha, os números estão dispostos em ordem crescente, da esquerda para a direita. Em cada cartão, está registrado um número exatamente igual à diferença positiva dos números registrados nos dois cartões que estão imediatamente abaixo dele. Por exemplo, os cartões 1 e Z estão imediatamente abaixo do cartão X.

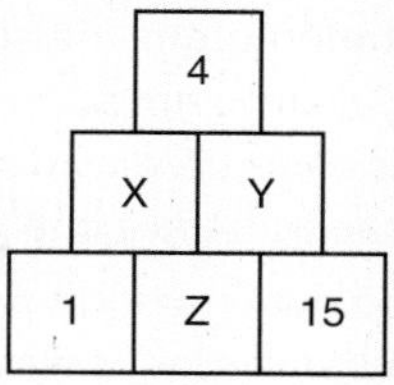

Determine os valores de X, Y e Z.

19. (UF-PR) No diagrama abaixo, os números dos círculos grandes são obtidos a partir de uma determinada regra.

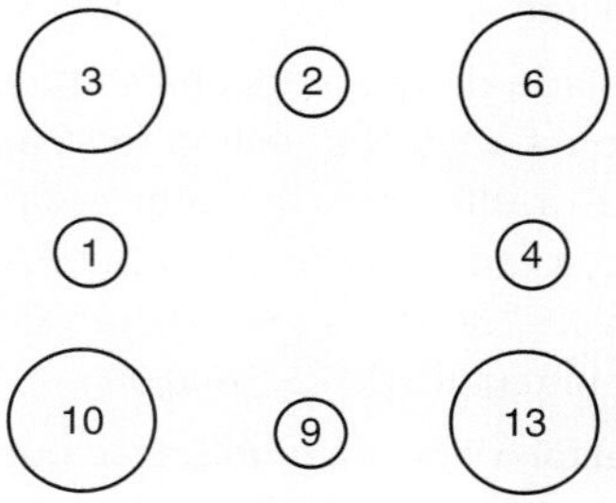

a) Descreva a regra pela qual os números dos círculos grandes desse diagrama são obtidos.

b) Sabendo-se que os números dos círculos maiores do diagrama abaixo são obtidos pela mesma regra do diagrama anterior, determine *a*, *b*, *c*, *d*, de modo que esses números sejam inteiros positivos.

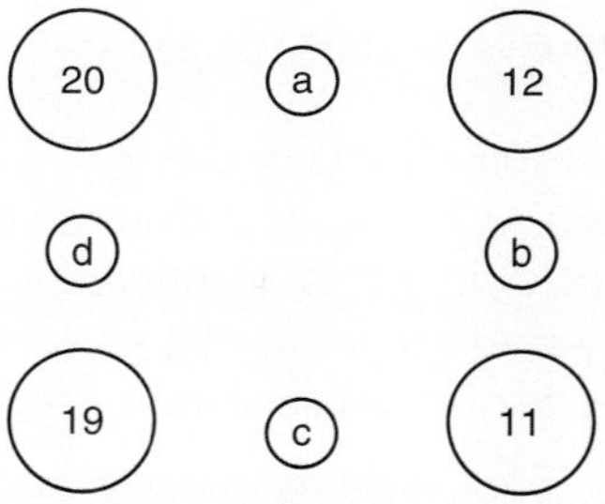

20. (UF-ES) Dona Lúcia, preocupada com o longo tempo que seu filho Lucas passava conectado à internet bem como com a sua pouca motivação para estudar em casa, fez ao filho a seguinte proposta, que foi aceita por ele: a cada dia em que Lucas não acessasse a internet e estudasse em casa, ela lhe daria R$ 20,00; a cada dia em que ele acessasse a internet, mas, em compensação, estudasse, ela lhe daria R$ 5,00, e, finalmente, a cada dia em que Lucas não estudasse, ele devolveria R$ 15,00.

a) Sabendo que, num período de 30 dias, a quantidade de dias em que Lucas acessou a internet e estudou foi igual à soma da quantidade de dias em que ele não acessou a internet e estudou com a quantidade de dias em que ele não estudou e que, nesse período, devido ao acordo, ele teve um saldo de R$ 305,00, calcule a quantidade de dias desse período em que Lucas não acessou a internet e estudou.

b) Sabendo que, em outro período de 30 dias, Lucas estudará todos os dias, determine todos os possíveis valores que ele poderá ganhar nesse período.

21. (FGV-SP) Para trabalhar na Feira Internacional do Livro, a editora contratou três funcionários: Ana, Beto e Carlos, com salários *x*, *y* e *z* reais, respectivamente.

O salário de Ana é igual à soma dos salários de Beto e Carlos. No final da feira, a editora pagou uma gratificação, de valor igual ao salário de Beto, a cada um dos três. Assim, Ana recebeu no total R$ 2 300,00, e a soma dos valores que os três receberam foi de R$ 5 400,00.

Qual foi o valor da gratificação que receberam?

22. (U.F. Triângulo Mineiro-MG) Seja o sistema linear nas variáveis *x*, *y* e *z*:

$$\begin{cases} x + y + mz = 0 \\ x - y + z = 0 \\ 2x + my + z = 0 \end{cases}$$

a) Determine os valores do parâmetro *m* para que o sistema tenha apenas a solução nula.

b) Resolva o sistema para m = −1.

23. (UF-PE) Uma fábrica de automóveis utiliza três tipos de aço, A_1, A_2 e A_3, na construção de três tipos de carros, C_1, C_2 e C_3. A quantidade dos três tipos de aço, em toneladas, usados na confecção dos três tipos de carro, está na tabela a seguir:

	C_1	C_2	C_3
A_1	2	3	4
A_2	1	1	2
A_3	3	2	1

Se foram utilizadas 26 toneladas de aço do tipo A_1, 11 toneladas do tipo A_2 e 19 toneladas de tipo A_3, qual o total de carros construídos (dos tipos C_1, C_2 ou C_3)?

24. (U. F. Uberlândia-MG) Dois colecionadores de obras de arte, durante a realização de um leilão, compraram diversos quadros dos artistas A, B e C. Sabe-se que:

I. cada artista vende seus quadros por um valor fixo (em reais);

II. um dos colecionadores comprou 1 quadro do artista A, 2 quadros do artista B e 3 quadros do artista C por R$ 10 000,00;

III. o outro colecionador comprou 2 quadros do artista A, 5 quadros do artista B e 8 quadros do artista C por R$ 23 500,00.

Nessas condições, execute planos de resolução, respondendo:

a) Qual é o valor total a ser pago por um colecionador que comprou um quadro de cada um desses três artistas?

b) Se, no leilão, cada quadro do artista B é vendido no mínimo por R$ 1 000,00, qual é o preço máximo de venda de um quadro do artista C?

25. (U.E. Ponta Grossa-PR) Se Bruna der 6 reais a Ana, então ambas ficarão com a mesma quantia. Se Carla perder 2 reais, ficará com a mesma quantia que tem Ana. Se Bruna perder um terço do que tem, ficará com a mesma quantia que tem Carla. Nesse contexto, assinale o que for correto. (Indique a soma dos itens corretos.)

(01) As três juntas têm mais de 50 reais.

(02) Ana tem menos de 20 reais.

(04) Carla tem mais de 15 reais.

(08) Bruna tem mais do que Ana e Carla juntas.

26. (UF-PE) Sobre o sistema de equações lineares apresentado abaixo, analise as proposições a seguir, sendo *a* um parâmetro real.

$$\begin{cases} x + y + z = 2 \\ x + ay + 2z = 1 \\ 2x + y + z = 3 \end{cases}$$

a) Se a = 2, então o sistema admite infinitas soluções.

b) O sistema sempre admite solução.

c) Quando o sistema admite solução, temos que x = 1.

d) Se a ≠ 2, então o sistema admite uma única solução.

e) Se a = 1, então o sistema admite a solução (1, 2, −1).

27. (U.E. Maringá-PR) Considere os sistemas lineares I: $\begin{cases} 2x - \frac{1}{5}y = 5 \\ 6x - 2y = 8 \end{cases}$ e II: $\begin{cases} kx + 2y = 2k + 4 \\ 2x - y = 1 \end{cases}$, em que *k* é uma constante real, assinale o que for correto. (Indique a soma dos itens corretos).

(01) O sistema I é possível e determinado.

(02) Não existe valor real de *k* para o qual o sistema II seja possível e indeterminado.

(04) Existe um único valor da constante real *k* para o qual o sistema II seja possível e determinado.

(08) Se $k = -6$, o sistema II é equivalente ao sistema I.

(16) O par ordenado $(-1, 1)$ é solução do sistema II, para algum valor real de *k*.

28. (UF-MG) Considere o seguinte sistema linear nas incógnitas *x* e *y*:

$$\begin{cases} 2x + 3y = 2 \\ 6x + ay = 3 \end{cases}$$

Observando-se que o coeficiente de *y* na segunda equação é um parâmetro *a*,

a) determine para quais valores de *a* o sistema tem solução.

b) determine as soluções *x* e *y* em função do parâmetro *a*, caso o sistema tenha solução.

c) determine todos os valores de *a* para os quais o sistema tenha como solução números inteiros *x* e *y*.

29. (UF-BA) Uma rede consiste de um número finito de nós conectados por segmentos orientados, chamados de ramos. O estudo do fluxo através de uma rede baseia-se no chamado "princípio da conservação de fluxo", que afirma: em cada nó, o fluxo de entrada é igual ao fluxo de saída.

A figura descreve fluxos não negativos, medidos em litros por minuto, através de parte de uma rede de encanamento em que os nós estão representados pelos pontos A, B e C.

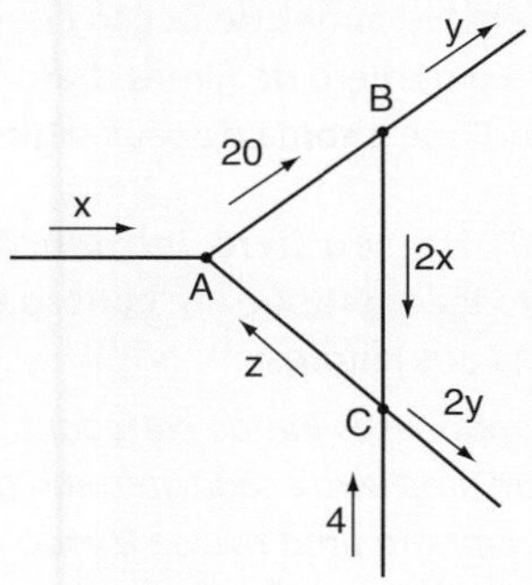

Aplicando-se o princípio da conservação do fluxo, é possível obter-se um sistema de equações lineares

$$S: \begin{cases} x + z = 20 \\ 2x + y = 20 \\ -2x + 2y + z = 4 \end{cases}$$

— no qual cada equação representa a conservação do fluxo em um nó — cuja matriz dos coeficientes é $M = \begin{pmatrix} 1 & 0 & 1 \\ 2 & 1 & 0 \\ -2 & 2 & 1 \end{pmatrix}$.

Com base nessas informações e nos conhecimentos sobre matrizes e sistemas lineares, é correto afirmar:

(01) O sistema S pode ser representado pela equação matricial $XT = D$, em que $X = (x\ y\ z)$, $D = (20\ 20\ 4)$ e T é a transposta da matriz M.

(02) Se o terno ordenado (a, b, c) é solução do sistema S, então $a = b - c$.

(04) Sendo $k = 2$ e I, a matriz identidade de ordem 3, o determinante da matriz $M - kI$ é igual a 1.

(08) A soma dos termos da segunda linha da matriz inversa de M é igual a -3.

(16) É impossível inverter-se, na parte da rede representada na figura, apenas a orientação do fluxo indicado por 2y.

(32) O menor fluxo através de um ramo da parte de rede, representada na figura, é de quatro litros por minuto.

30. (UF-GO) Um fabricante combina cereais, frutas desidratadas e castanhas para produzir três tipos de granola. As quantidades, em gramas, de cada ingrediente utilizado na preparação de 100 g de cada tipo de granola são dadas na tabela a seguir.

Tipo de granola /ingredientes	Cereais	Frutas	Castanhas
Light	80	10	10
Simples	60	40	0
Especial	60	20	20

O fabricante dispõe de um estoque de 18 kg de cereais, 6 kg de frutas desidratadas e 2 kg de castanhas. Determine quanto de cada tipo de granola ele deve produzir para utilizar exatamente o estoque disponível.

31. (U.E.-Maringá-PR) Considere o seguinte sistema linear:

$$\begin{cases} x - 2y + az = 3 \\ bx + 2y - 2z = 0 \\ 4x - 2y + 2z = 6 \end{cases}$$

em que *a* e *b* são coeficientes reais.

A respeito desse sistema e de seus conhecimentos sobre o assunto, assinale o que for correto.

(01) Se a tripla (1, 2, 3) é uma solução do sistema linear, então o sistema é possível e indeterminado.

(02) Se $a = b = 0$, o sistema linear é impossível.

(04) Existem *a*, *b* reais, tais que a tripla (1, 0, 1) é uma solução do sistema linear.

(08) Se $a = 2$ e $b = -1$, o sistema linear é impossível.

(16) Se $y = z$ e $b = 0$, o sistema linear é possível para qualquer valor de *a*.

32. (Unicamp-SP) Considere a matriz

$A_\alpha = \begin{bmatrix} 1 & \alpha \\ -\dfrac{1}{\alpha} & -1 \end{bmatrix}$, que depende do parâmetro real $\alpha > 0$.

a) Calcule a matriz $(A_\alpha + A_{2\alpha})^2$.

b) Um ponto no plano cartesiano com as coordenadas $\begin{bmatrix} x \\ y \end{bmatrix}$ é transformado pela matriz A_α em um novo ponto da seguinte forma:

$$\begin{bmatrix} x' \\ y' \end{bmatrix} = A_\alpha \begin{bmatrix} x \\ y \end{bmatrix} = \begin{bmatrix} x + \alpha y \\ -\dfrac{1}{\alpha}x - y \end{bmatrix}.$$

Calcule o valor de α, sabendo que o sistema

$A_\alpha \begin{bmatrix} x \\ y \end{bmatrix} = \begin{bmatrix} -6 \\ 2 \end{bmatrix}$ admite solução.

33. (UF-GO) Um método utilizado no balanceamento de reações químicas consiste em associar variáveis aos coeficientes de cada composto e igualar suas quantidades nos reagentes com as quantidades nos produtos, de modo a obter um sistema de equações lineares.

Por exemplo, a equação química que representa a reação de produção de sulfato de sódio é dada por:

$Na_2O + (NH_4)_2SO_4 \rightarrow Na_2SO_4 + H_2O + NH_3$

Para o balanceamento da equação, utilizam-se coeficientes *x, y, z, w* e *t*, tais que:

$xNa_2O + y(NH_4)_2SO_4 \rightarrow zNa_2SO_4 + wH_2O + tNH_3$

e, igualando-se as quantidades de cada componente nos dois lados da equação, obtém-se um sistema de equações nas variáveis *x, y, z, w* e *t*.

Para o exemplo apresentado acima,

a) represente matricialmente o sistema de equações lineares nas variáveis *x, y, z, w* e *t*;

b) calcule os menores valores inteiros positivos de *x, y, z, w* e *t* que resolvem o sistema.

34. (U.F.Uberlândia-MG) A prefeitura de uma cidade, preocupada com o meio ambiente e com o problema da falta de espaço físico adequado destinado a depósitos de lixo, criou uma cooperativa de reciclagem em parceria com os moradores de baixa renda. A Tabela 1 fornece os preços de venda (em reais) de cada kg de papel, vidro e plástico referente à primeira semana dos meses de setembro de 2009 e setembro de 2010; a Tabela 2 expressa a quantidade total (em kg) vendida desses três materiais na primeira semana dos meses mencionados acima e o rendimento (em reais) referentes à venda dos materiais reciclados, obtidos nas referidas semanas.

Tabela 1

	Papel	Vidro	Plástico
Set. / 2009	0,30	0,20	0,50
Set. / 2010	0,40	0,30	1,0

Tabela 2

	Quantidade (kg)	Rendimento (reais)
Set. / 2009	8000	R$ 2580,00
Set. / 2010	9000	R

Sabe-se que, na primeira semana de setembro de 2010, foram vendidos 50% a mais de papel do que o vendido na primeira semana de 2009 e iguais quantidades, que aquelas comercializadas na primeira semana de 2009, de vidro e plástico.

Interprete e analise o texto dado, descrevendo expressões matemáticas que conduzam ao valor de R. Determine-o.

35. (UF-PE) Uma locadora de vídeos tem três estilos de filmes: de ficção científica, dramáticos e comédias. Sabendo que:

- o total de filmes de ficção científica e dramáticos, adicionado de um quarto dos filmes de comédia, corresponde a metade do total de filmes da locadora;
- o número de filmes de comédia excede em 800 o total de filmes de ficção científica e dramáticos;
- o número de filmes dramáticos é 50% superior ao número de filmes de ficção científica.

Encontre o número de filmes dramáticos da locadora e indique a soma de seus dígitos.

36. (FGV-SP) No seu livro *Introdução à Álgebra*, Leonhard Euler propõe um curioso e interessante problema aos leitores:

Duas camponesas juntas carregam 100 ovos para vender em uma feira e cada uma vai cobrar seu preço por ovo. Embora uma tivesse levado mais ovos que a outra, as duas receberam a mesma quantia em dinheiro. Uma delas disse, então:

— Se eu tivesse trazido o mesmo número de ovos que você trouxe, teria recebido 15 kreuzers *(antiga moeda austríaca).*

Ao que a segunda respondeu:

— Se eu tivesse trazido a quantidade de ovos que você trouxe, teria recebido $\frac{20}{3}$ kreuzers.

Releia o texto com atenção e responda:

Quantos ovos carregava cada uma?

TESTES

1. (IF-SC) A alternativa correta que indica o valor de *a* para que a seguinte equação matricial admita somente a solução trivial é:

$$\begin{pmatrix} 4 & 8 & a \\ -1 & 2 & 1 \\ 6 & 0 & 2 \end{pmatrix} \begin{pmatrix} x \\ y \\ z \end{pmatrix} = \begin{pmatrix} 0 \\ 0 \\ 0 \end{pmatrix}$$

a) $a = \frac{10}{3}$

b) $a = \frac{20}{3}$

c) $a \neq -\frac{20}{3}$

d) $a \neq \frac{20}{3}$

e) $a \neq \frac{10}{3}$

2. (UFT-PR) Num jogo de decisão de campeonato, os preços dos ingressos num estádio de futebol eram: arquibancada R$ 25,00 e geral R$ 10,00. A renda, com a venda desses dois tipos de ingressos, foi de R$ 48 200,00. Sabendo que todos os ingressos foram vendidos e que o número de ingressos da arquibancada equivale a $\frac{2}{5}$ do número de ingressos da geral, determine quantos ingressos da arquibancada foram vendidos.

a) 1024
b) 964
c) 1824
d) 2410
e) 890

3. (ESPM-SP) Carlinhos possui certa quantidade de bolinhas de gude e algumas latinhas onde guardá-las. Ao colocar 4 bolinhas em cada lata, sobraram 2 bolinhas, mas quando colocou 5 bolinhas em cada lata, a última ficou com apenas 2 bolinhas. Podemos afirmar que todas as latas ficariam com o mesmo número de bolinhas se ele tivesse:

a) 36 bolinhas
b) 42 bolinhas
c) 49 bolinhas
d) 55 bolinhas
e) 63 bolinhas

4. (IF-PE) Com a proximidade do final do ano, uma papelaria quis antecipar as promoções de material didático para o ano letivo de 2012. Foram colocados em promoção caneta, caderno e lápis. As três ofertas eram:

1ª) 5 canetas, 4 cadernos e 10 lápis por R$ 62,00;
2ª) 3 canetas, 5 cadernos e 3 lápis por R$ 66,00;
3ª) 2 canetas, 3 cadernos e 7 lápis por R$ 44,00.

Para comparar os preços unitários dessa papelaria com outras do comércio, o Sr. Ricardo calculou os preços de uma caneta, um caderno e um lápis. A soma desses preços é:

a) R$ 20,00
b) R$ 18,00
c) R$ 16,00
d) R$ 14,00
e) R$ 12,00

5. (U.E. Londrina-PR) A tabela a seguir apresenta a capacidade de geração de energia C, a área inundada A e a razão da capacidade de geração de energia pela área inundada $E = \frac{C}{A}$, de 5 usinas hidrelétricas brasileiras.

Hidrelétrica	C (MW)	A (km²)	E (MW/km²)
Itaipu	14 000	1 350	10,4
Porto Primavera	1 800	2 250	0,8
Serra da Mesa	1 275	1 784	0,7
Sobradinho	1 050	4 214	0,2
Tucuruí	8 370	2 430	3,4

O maior valor de E é aquele da usina de Itaipu. O par ordenado (x, y) do sistema linear

$$\begin{bmatrix} 3{,}4 & 0{,}2 \\ 0{,}8 & 0{,}7 \end{bmatrix} \begin{bmatrix} x \\ y \end{bmatrix} = \begin{bmatrix} 10{,}4 \\ 10{,}4 \end{bmatrix}$$

fornece a quantidade de vezes que se deve aumentar o valor de E nos pares de usinas Tucuruí/Sobradinho e Porto Primavera/Serra da Mesa para que cada par ordenado tenha o mesmo valor E de Itaipu.

Com base no enunciado e nos conhecimentos sobre matrizes, determinantes e sistemas lineares, considere as afirmativas a seguir.

I. O sistema linear dado tem infinitas soluções.

II. Para que a usina de Sobradinho tenha o mesmo E da usina de Tucuruí, é necessário que ela aumente 9,7 vezes sua capacidade de geração de energia.

III. A matriz do sistema linear dado tem determinante não nulo, portanto a solução do sistema linear é única.

IV. Para que a usina de Porto Primavera tenha o mesmo E da usina de Itaipu, é necessário que ela aumente 13,0 vezes sua capacidade de geração de energia.

Assinale a alternativa correta.

a) Somente as afirmativas I e II são corretas.
b) Somente as afirmativas II e IV são corretas.
c) Somente as afirmativas III e IV são corretas.
d) Somente as afirmativas I, II e III são corretas.
e) Somente as afirmativas I, III e IV são corretas.

6. (FGV-SP) Dado o sistema linear de equações, nas incógnitas *x*, *y* e *z*:

$$\begin{cases} x + 3y - z = 9 \\ 2x - y + z = -4 \\ -x + 11y - 5z = m \end{cases}$$

podemos afirmar que o sistema é:

a) impossível para $m = 10$.
b) possível, qualquer que seja *m*.
c) indeterminado para $m \neq 35$.
d) determinado para $m = 35$.
e) impossível, qualquer que seja *m*.

7. (UF-PI) Maria comprou um par de sandálias, uma blusa e um *short* pagando o total de R$ 65,00. Se tivesse comprado um par de sandálias, duas blusas e três *shorts* teria gasto R$ 100,00. Considerando-se os mesmos preços, quanto Maria gastaria para comprar dois pares de sandálias, cinco blusas e oito *shorts*?

a) R$ 220,00
b) R$ 225,00
c) R$ 230,00
d) R$ 235,00
e) R$ 240,00

8. (UF-MS) Um funcionário de uma mercearia está encarregado de armazenar caixas fechadas de dois produtos diferentes: arroz e feijão. As caixas de arroz pesam 60 kg cada uma, e as de feijão 40 kg cada uma. Num determinado dia, chegou um carregamento de 2,5 toneladas, com caixas de arroz e caixas de feijão, totalizado 53 caixas. Sabe-se que cada caixa de arroz ou de feijão está cheia com sacos contendo exatamente 5 kg do alimento. A partir dos dados fornecidos, assinale a(s) afirmação(ões) correta(s). (Indique a soma dos itens corretos.)

(01) O carregamento daquele dia continha exatamente 272 sacos de feijão.
(02) O carregamento daquele dia continha exatamente 208 sacos de arroz.
(04) O carregamento daquele dia continha exatamente 19 caixas de arroz.
(08) O carregamento daquele dia continha exatamente 30 caixas de feijão.
(16) O carregamento daquele dia continha exatamente 480 sacos de alimentos (entre arroz e feijão).

9. (UF-PR) Numa empresa de transportes, um encarregado recebe R$ 400,00 a mais que um carregador, porém cada encarregado recebe apenas 75% do salário de um supervisor de cargas. Sabendo que a empresa possui 2 supervisores de cargas, 6 encarregados e 40 carregadores e que a soma dos salários de todos esses funcionários é R$ 57 000,00, qual é o salário de um encarregado?

a) R$ 2 000,00
b) R$ 1 800,00
c) R$ 1 500,00
d) R$ 1 250,00
e) R$ 1 100,00

10. (UF-CE) Uma fábrica de confecções produziu, sob encomenda, 70 peças de roupas entre camisas, batas e calças, sendo a quantidade de camisas igual ao dobro da quantidade de calças. Se o número de bolsos em cada camisa, bata e calça é dois, três e quatro, respectivamente, e o número total de bolsos nas peças é 200, então podemos afirmar que a quantidade de batas é:

a) 36
b) 38
c) 40
d) 42
e) 44

11. (U. F. Santa Maria-RS) Num determinado mês, em uma unidade de saúde, foram realizadas 58 hospitalizações para tratar pacientes com as doenças A, B e C. O custo total em medicamentos para esses pacientes foi de R$ 39 200,00.

Sabe-se que, em média, o custo por paciente em medicamentos para a doença A é R$ 450,00, para a doença B é R$ 800,00 e para a doença C é R$ 1 250,00. Observa-se também que o número de pacientes com a doença A é o triplo do número de pacientes com a doença C. Se *a*, *b* e *c* representam, respectivamente, o número de pacientes com as doenças A, B e C, então o valor de $a - b - c$ é igual a

a) 14
b) 24
c) 26
d) 36
e) 58

12. (EPCAr-MG) Irão participar do EPEMM, Encontro Pedagógico do Ensino Médio Militar, um Congresso de Professores das Escolas Militares, 87 professores das disciplinas de Matemática, Física e Química. Sabe-se que cada professor leciona apenas uma dessas três disciplinas e que o número de professores de Física é o triplo do número de professores de Química.

Pode-se afirmar que

a) se o número de professores de Química for 16, os professores de Matemática serão a metade dos de Física.

b) o menor número possível de professores de Química é igual a 3.

c) o número de professores de Química será no máximo 21.

d) o número de professores de Química será maior do que o de Matemática, se o de Química for em quantidade maior ou igual a 17.

13. (UF-PR) Uma bolsa contém 20 moedas, distribuídas entre as de 5, 10 e 25 centavos, totatizando R$ 3,25. Sabendo que a quantidade de moedas de 5 centavos é a mesma das moedas de 10 centavos, quantas moedas de 25 centavos há nessa bolsa?

a) 6 c) 9 e) 12

b) 8 d) 10

14. (Fuvest-SP) Em uma festa com *n* pessoas, em um dado instante, 31 mulheres se retiraram e restaram convidados na razão de 2 homens para cada mulher. Um pouco mais tarde, 55 homens se retiraram e restaram, a seguir, convidados na razão de 3 mulheres para cada homem. O número *n* de pessoas presentes inicialmente na festa era igual a

a) 100

b) 105

c) 115

d) 130

e) 135

15. (U. F. Uberlândia-MG) Por causa de hábitos alimentares inadequados, um cardiologista nota que os seus pacientes com hipertensão são cada vez mais jovens e fazem uso de medicamentos cada vez mais cedo. Suponha que Pedro, Márcia e João sejam pacientes, com faixas etárias bem distintas e que utilizam um mesmo hipertensivo em comprimidos. Sabe-se que João utiliza comprimidos de 2 mg, Márcia de 4 mg e Pedro de 10 mg. Além disso, mensalmente, Pedro toma o triplo de comprimidos de Márcia e os três consomem 130 comprimidos, totalizando 780 miligramas da droga.

Com base nestas informações, é correto afirmar que Márcia, mensalmente, ingere

a) 50 comprimidos

b) 20 comprimidos

c) 60 comprimidos

d) 30 comprimidos

16. (U. F. Juiz de Fora-MG) Considere o sistema de equações lineares nas incógnitas *x* e *y*.

$$\begin{cases} ax + (\log_2 a)\,y = 0 \\ (a-2)^3 x + 3e^{\left(\frac{a-4}{2}\right)} y = 0 \end{cases}$$

em que $a > 0$.

É correto afirmar que:

a) se $a = 4$, então o sistema é impossível.

b) se $a = 4$, então o sistema é possível e determinado.

c) se $a = 4$, então o sistema é possível e indeterminado.

d) se $a \neq 4$, então o sistema é impossível.

e) se $a = 2$, então o sistema é possível e indeterminado.

17. (U. F. Santa Maria-RS) Na peça "Um xadrez diferente", que encenava a vida de um preso condenado por crime de "colarinho branco", foi utilizado como cenário um mosaico formado por retângulos de três materiais diferentes, nas cores verde, violeta e vermelha. Considere que *x*, *y* e *z* são, respectivamente, as quantidades, em quilos, dos materiais verde, violeta e vermelho utilizados na confecção do painel e que essas quantidades satisfazem o sistema linear

$$\begin{cases} x + 3y + 2z = 250 \\ 2x + 5y + 3z = 420 \\ 3x + 5y + 2z = 430 \end{cases}$$

Sobre a solução desse sistema e a quantidade dos materiais verde, violeta e vermelho utilizada no painel, afirma-se:

I. O sistema tem solução única e $x + y + z = 120$, isto é, a soma das quantidades dos três materiais empregados é 120 quilos.

II. O sistema não tem solução, é impossível determinar a quantidade de cada material empregado.

III. O determinante da matriz dos coeficientes a qual está associada ao sistema é diferente de zero e x = 2y e y = 3z.

IV. O determinante da matriz dos coeficientes a qual está associada ao sistema é zero. O sistema tem solução, porém, para determinar a quantidade dos materiais utilizados, é necessário saber previamente a quantidade de um desses materiais.

Está(ão) correta(s)

a) apenas I.
b) apenas II.
c) apenas III.
d) apenas I e III.
e) apenas IV.

18. (UE-PA) Em um *Shopping Center*, uma pessoa verificou o valor por unidade de CD de diferentes gêneros musicais (samba e forró) nas lojas A e B, conforme indicado na tabela abaixo:

	Samba	Forró
Loja A	R$ 18,00	R$ 21,00
Loja B	R$ 17,00	R$ 20,00

Se essa pessoa decidisse comprar *x* unidades de CD do gênero samba e *y* unidades de CD do gênero forró, na loja A, ela gastaria R$ 138,00. Mas, se ela comprasse as mesmas quantidades de CDs *x* e *y* na loja B ela gastaria R$ 131,00. Então a soma x + y é igual a:

a) 8
b) 7
c) 6
d) 5
e) 4

19. (Unicamp-SP) Recentemente, um órgão governamental de pesquisa divulgou que, entre 2006 e 2009, cerca de 5,2 milhões de brasileiros saíram da condição de indigência. Nesse mesmo período, 8,2 milhões de brasileiros deixaram a condição de pobreza. Observe que a faixa de pobreza inclui os indigentes.

O gráfico a seguir mostra os percentuais da população brasileira enquadrados nessas duas categorias, em 2006 e 2009.

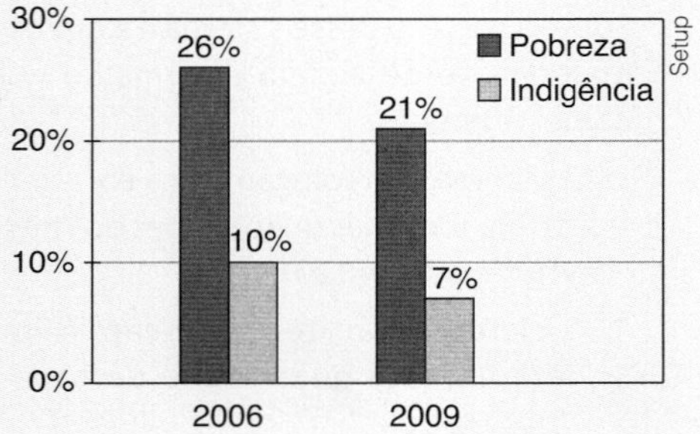

Após determinar a população brasileira em 2006 e em 2009, resolvendo um sistema linear, verifica-se que

a) o número de brasileiros indigentes passou de 19,0 milhões, em 2006, para 13,3 milhões, em 2009.
b) 12,9 milhões de brasileiros eram indigentes em 2009.
c) 18,5 milhões de brasileiros eram indigentes em 2006.
d) entre 2006 e 2009, o total de brasileiros incluídos nas faixas de pobreza e de indigência passou de 36% para 28% da população.

20. (Cefet-MG) Um restaurante serve um prato especial com dois tipos de comida A e B, cujas quantidades de carboidratos e gorduras por porção encontram-se indicadas na tabela abaixo.

Comidas	Carboidratos (g)	Gorduras (g)
A	20	2
B	5	1

O nutricionista prepara esse prato de forma que contenha 60 g de carboidrato e 8 g de gordura. Se *x* e *y* são os números de porções A e B, respectivamente, usadas pelo nutricionista, então, a solução desse problema é um par ordenado que pertence ao gráfico da função

a) y = −3x + 1
b) y = 5x − 6
c) y = 4x
d) y = x − 2

21. (ESPM-SP) O sistema $\begin{cases} ax + 4y = a^2 \\ x + ay = -2 \end{cases}$, em *x* e *y*, é possível e indeterminado se, e somente se:

a) $a \neq -2$
b) $a \neq 2$
c) $a = \pm 2$
d) $a = -2$
e) $a = 2$

22. (Unesp-SP) Uma pessoa necessita de 5 mg de vitamina E por semana, a serem obtidos com a ingestão de dois complementos alimentares α e β. Cada pacote desses complementos fornece, respectivamente, 1 mg e 0,25 mg de vitamina E. Essa pessoa dispõe de exatamente R$ 47,00 semanais para gastar com os complementos, sendo que cada pacote de α custa R$ 5,00 e de β R$ 4,00.

O número mínimo de pacotes do complemento alimentar α que essa pessoa deve ingerir semanalmente, para garantir os 5 mg de vitamina E ao custo fixado para o mesmo período, é de:

a) 3

b) $3\frac{5}{16}$

c) 5,5

d) $6\frac{3}{4}$

e) 8

23. (UF-RS) Inovando na forma de atender aos clientes, um restaurante serve alimentos utilizando pratos de três cores diferentes: verde, amarelo e branco. Os pratos da mesma cor custam o mesmo valor. Na mesa A, foram consumidos os alimentos de 3 pratos verdes, de 2 amarelos e de 4 brancos, totalizando um gasto de R$ 88,00. Na mesa B, foram consumidos os alimentos de 2 pratos verdes e de 5 brancos, totalizando um gasto de R$ 64,00. Na mesa C, foram consumidos os alimentos de 4 pratos verdes e de 1 amarelo, totalizando um gasto de R$ 58,00.

Comparando o valor do prato branco com o valor dos outros pratos, verifica-se que esse valor é

a) 80% do valor do prato amarelo.

b) 75% do valor do prato amarelo.

c) 50% do valor do prato verde.

d) maior que o valor do prato verde.

e) a terça parte do valor da soma dos valores dos outros pratos.

24. (Mackenzie-SP) Relativas ao sistema $\begin{cases} kx + 4ky = 0 \\ 3x + ky = 8 \end{cases}$, $k \in R$, considere as afirmações I, II e III abaixo.

I. Apresenta solução única para, exatamente, dois valores distintos de *k*.

II. Apresenta mais de 1 solução para um único valor de *k*.

III. É impossível para um único valor de *k*.

Dessa forma,

a) somente I está correta.

b) somente II e III estão corretas.

c) somente I e III estão corretas.

d) somente III está correta.

e) I, II e III estão corretas.

25. (ITA-SP) O sistema $\begin{cases} x + 2y + 3z = a \\ y + 2z = b \\ 3x - y - 5cz = 0 \end{cases}$

a) é possível, $\forall a, b, c \in \mathbb{R}$.

b) é possível quando $a = \frac{7b}{3}$ ou $c \neq 1$.

c) é impossível quando $c = 1, \forall a, b \in \mathbb{R}$.

d) é impossível quando $a \neq \frac{7b}{3}, \forall c \in \mathbb{R}$.

e) é possível quando $c = 1$ e $a \neq \frac{7b}{3}$.

26. (UE-RJ) Uma família comprou água mineral em embalagens de 20 ℓ, de 10 ℓ e de 2 ℓ. Ao todo, foram comprados 94 ℓ de água, com o custo total de R$65,00. Veja na tabela os preços da água por embalagem:

Volume da embalagem (ℓ)	Preço (R$)
20	10,00
10	6,00
2	3,00

Nessa compra, o número de embalagens de 10 ℓ corresponde ao dobro do número de embalagens de 20 ℓ, e a quantidade de embalagens de 2 ℓ corresponde a *n*.

O valor de *n* é um divisor de:

a) 32

b) 65

c) 77

d) 81

27. (EPCAr-MG) Sejam as matrizes

$$A = \begin{bmatrix} 1 & 1 & 1 \\ 1 & 1 & 2 \\ 1 & 1 & -2 \end{bmatrix}, X = \begin{bmatrix} x_1 \\ x_2 \\ x_3 \end{bmatrix}, B = \begin{bmatrix} k \\ 3 \\ 5 \end{bmatrix}$$

Em relação à equação matricial AX = B, é correto afirmar que

a) é impossível para $k = \frac{7}{2}$.

b) admite solução única para $k = \frac{7}{2}$.

c) toda solução satisfaz à condição $x_1 + x_2 = 4$.

d) admite a terna ordenada $\left(2, 1, -\frac{1}{2}\right)$ como solução.

28. (Unesp-SP) Uma família fez uma pesquisa de mercado, nas lojas de eletrodomésticos, à procura de três produtos que desejava adquirir: uma TV, um *freezer* e uma churrasqueira. Em três das lojas pesquisadas, os preços de cada um dos produtos eram coincidentes entre si, mas nenhuma das lojas tinha os três produtos simultaneamente para a venda.

A loja A vendia a churrasqueira e o *freezer* por R$ 1 288,00. A loja B vendia a TV e o *freezer* por R$ 3 698,00 e a loja C vendia a churrasqueira e a TV por R$ 2 588,00.

A família acabou comprando a TV, o *freezer* e a churrasqueira nestas três lojas. O valor total pago, em reais, pelos três produtos foi de

a) 3 767,00.
b) 3 777,00.
c) 3 787,00.
d) 3 797,00.
e) 3 807,00.

29. (Unicamp-SP) As companhias aéreas costumam estabelecer um limite de peso para a bagagem de cada passageiro, cobrando uma taxa por quilograma de excesso de peso. Quando dois passageiros compartilham a bagagem, seus limites são considerados em conjunto. Em um determinado voo, tanto um casal como um senhor que viajava sozinho transportaram 60 kg de bagagem e foram obrigados a pagar pelo excesso de peso. O valor que o senhor pagou correspondeu a 3,5 vezes o valor pago pelo casal.

Para determinar o peso excedente das bagagens do casal (x) e do senhor que viajava sozinho (y), bem como o limite de peso que um passageiro pode transportar sem pagar qualquer taxa (z), pode-se resolver o seguinte sistema linear:

a) $\begin{cases} x + 2z = 60 \\ y + z = 60 \\ 3{,}5x - y = 0 \end{cases}$

b) $\begin{cases} x + z = 60 \\ y + 2z = 60 \\ 3{,}5x - y = 0 \end{cases}$

c) $\begin{cases} x + 2z = 60 \\ y + z = 60 \\ 3{,}5x + y = 0 \end{cases}$

d) $\begin{cases} x + z = 60 \\ y + 2z = 60 \\ 3{,}5x + y = 0 \end{cases}$

30. (PUC-SP) Vítor e Valentina possuem uma caderneta de poupança conjunta. Sabendo que cada um deles dispõe de certa quantia para, numa mesma data, aplicar nessa caderneta, considere as seguintes afirmações:

- se apenas Vítor depositar nessa caderneta a quarta parte da quantia de que dispõe, o seu saldo duplicará;
- se apenas Valentina depositar nessa caderneta a metade da quantia que tem, o seu saldo triplicará;
- se ambos depositarem ao mesmo tempo as respectivas frações das quantias que têm, mencionadas nos itens anteriores, o saldo será acrescido de R$ 4 947,00.

Nessas condições, se nessa data não foi feito qualquer saque de tal conta, é correto afirmar que

a) Valentina tem R$ 6 590,00.
b) Vítor tem R$ 5 498,00.
c) Vítor tem R$ 260,00 a mais que Valentina.
d) o saldo inicial da caderneta era R$ 1 649,00.
e) o saldo inicial da caderneta era R$ 1 554,00.

31. (Fatec-SP) Sejam a e b números reais tais que o sistema, nas incógnitas x e y,

$\begin{cases} x \cdot \cos a + y \cdot \operatorname{sen} a = \operatorname{sen} \frac{3\pi}{5} \\ x \cdot \cos b + y \cdot \operatorname{sen} b = -\cos \frac{7\pi}{5} \end{cases}$ admita uma única solução.

Nessas condições, pode-se afirmar que, sendo k um número inteiro,

a) $b \neq a + k \cdot \frac{\pi}{2}$
b) $b \neq a + k \cdot \pi$
c) $b \neq a + k \cdot \frac{2\pi}{3}$
d) $b \neq a + \frac{\pi}{2} + k \cdot \pi$
e) $b \neq a + \frac{\pi}{2} + k \cdot \frac{2\pi}{3}$

32. (Cefet-RJ)

Um pai deixou de herança para seus filhos Aldo, Baldo e Caldo, mas determinou que, distribuída a herança:

- Aldo desse uma parte do que recebera a Baldo e a Caldo, de modo que os legados de Baldo e Caldo dobrassem;
- Depois disso, Baldo desse uma parte do que recebera a Aldo e a Caldo, de modo que os legados de Aldo e Caldo dobrassem;

- Finalmente, Caldo fizesse o mesmo, de modo que os legados de Aldo e Baldo dobrassem.

Cumpridas as determinações do pai, os filhos verificaram que cada um ficara com 160 mil reais. Qual é a soma dos algarismos do número que representa o que fora o legado original de Aldo?

a) 5
b) 6
c) 7
d) 8

33. (Fuvest-SP) Uma geladeira é vendida em *n* parcelas iguais, sem juros. Caso se queira adquirir o produto, pagando-se 3 ou 5 parcelas a menos, ainda sem juros, o valor de cada parcela deve ser acrescido de R$ 60,00 ou de R$ 125,00, respectivamente. Com base nessas informações, conclui-se que o valor de *n* é igual a

a) 13
b) 14
c) 15
d) 16
e) 17

34. (UE-GO) Um feirante vendeu todo o seu estoque de maçãs e peras por R$ 350,00. O preço de venda das peras e das maçãs está descrito na tabela abaixo:

3 maçãs por R$ 2,00
2 peras por R$ 1,50

Se o feirante tivesse vendido somente metade das maçãs e $\frac{2}{5}$ das peras, ele teria arrecadado R$160,00. Sendo assim, quantas frutas o feirante vendeu?

a) 200
b) 300
c) 400
d) 500

35. (UPE-PE) Em uma floricultura, é possivel montar arranjos diferentes com rosas, lírios e margaridas. Um arranjo com 4 margaridas, 2 lírios e 3 rosas custa 42 reais. No entanto, se o arranjo tiver uma margarida, 2 lírios e uma rosa, ele custa 20 reais. Entretanto, se o arranjo tiver 2 margaridas, 4 lírios e uma rosa, custará 32 reais. Nessa floricultura, quanto custará um arranjo simples, com uma margarida, um lírio e uma rosa?

a) 5 reais
b) 8 reais
c) 10 reais
d) 15 reais
e) 24 reais

36. (Udesc-SC) Um *Pet Shop* tem cães, gatos e passarinhos à venda, totalizando 38 cabeças e 112 patas. Sabe-se que nenhum destes animais apresenta algum tipo de deficiência física e que a metade do número de passarinhos mais o número de cães supera em duas unidades o número de gatos. Se o preço de venda de cada cão, gato e passarinho é, respectivamente, 500, 90 e 55 reais, então, ao vender todos estes animais, o *Pet Shop* terá arrecadado:

a) 4 770 reais
b) 3 950 reais
c) 6 515 reais
d) 5 250 reais
e) 5 730 reais

37. (Vunesp-SP) Os habitantes de um planeta chamado *Jumpspace* locomovem-se saltando. Para isto, realizam apenas um número inteiro de saltos de dois tipos, o *slow jump* (SJ) e o *quick jump* (QJ). Ao executarem um SJ saltam sempre 20 u.d. (unidade de distância) para Leste e 30 u.d. para Norte. Já no QJ saltam sempre 40 u.d. para Oeste e 80 u.d. para Sul.

Um habitante desse planeta deseja chegar exatamente a um ponto situado 204 u.d. a Leste e 278 u.d. ao Norte de onde se encontra. Nesse caso, é correto afirmar que o habitante

a) conseguirá alcançar seu objetivo, realizando 13 saltos SJ e 7 QJ.
b) conseguirá alcançar seu objetivo, realizando 7 saltos SJ e 13 QJ.
c) conseguirá alcançar seu objetivo, realizando 13 saltos SJ.
d) não conseguirá alcançar seu objetivo, pois não há número inteiro de saltos que lhe permita isso.
e) conseguirá alcançar seu objetivo, realizando 7 saltos QJ.

38. (Mackenzie-SP) O valor de *y* na única solução do sistema linear $\begin{cases} x \operatorname{sen} \theta + z = 0 \\ x \operatorname{sen}(-\theta) + y \cos(-\theta) + z = 0 \\ x \operatorname{sen}(-\theta) + y \cos \theta - z = \operatorname{sen} \theta \end{cases}$ em que $\operatorname{sen}(2\theta) \neq 0$, é

a) tg (2θ)
b) tg θ
c) cos θ
d) sen (2θ)
e) sen $(-\theta)$

10 COMPLEMENTO SOBRE DETERMINANTES

TEOREMA DE LAPLACE: DETERMINANTE DE MATRIZ QUADRADA DE ORDEM *N*

O teorema seguinte (omitiremos a demonstração) permite-nos calcular o determinante de qualquer matriz quadrada de ordem n, $n \geqslant 2$. Ele foi demonstrado pelo matemático francês Pierre Simon de Laplace (1749-1827). Antes de enunciá-lo, vamos introduzir o conceito de cofator.

Cofator

Seja A uma matriz quadrada de ordem $n \geqslant 2$ e seja a_{ij} um elemento qualquer de A.

Chama-se **cofator** de a_{ij} o número real A_{ij} tal que $A_{ij} = (-1)^{i+j} \cdot D_{ij}$, e D_{ij} é o determinante da matriz que se obtém de A, eliminando sua i-ésima linha e j-ésima coluna.

Exemplo 1

Na matriz $A = \begin{bmatrix} 2 & 1 & 5 \\ 4 & 3 & 2 \\ 7 & 6 & 8 \end{bmatrix}$, vamos calcular os cofatores dos elementos a_{13} e a_{21}, que são representados por A_{13} e A_{21}, respectivamente.

- Para calcularmos A_{13}, é preciso inicialmente eliminar a linha 1 e a coluna 3 de A:

$$\begin{bmatrix} 2 & 1 & 5 \\ 4 & 3 & 2 \\ 7 & 6 & 8 \end{bmatrix} \Rightarrow A_{13} = (-1)^{1+3} \cdot \begin{vmatrix} 4 & 3 \\ 7 & 6 \end{vmatrix} = 1 \cdot (24 - 21) = 3$$

- Para obtermos o valor de A_{21}, inicialmente eliminamos a linha 2 e a coluna 1 de A:

$$\begin{bmatrix} 2 & 1 & 5 \\ 4 & 3 & 2 \\ 7 & 6 & 8 \end{bmatrix} \Rightarrow A_{21} = (-1)^{2+1} \cdot \begin{vmatrix} 1 & 5 \\ 6 & 8 \end{vmatrix} = (-1) \cdot (8 - 30) = 24$$

Teorema

O determinante de uma matriz M, de ordem $n \geqslant 2$, é a soma dos produtos dos elementos de uma fila qualquer (linha ou coluna) pelos seus respectivos cofatores.

Exemplo 2

Vamos calcular o determinante da matriz:

$$M = \begin{bmatrix} 3 & 1 & -2 & 1 \\ 5 & 2 & 2 & 3 \\ 7 & 0 & 0 & -5 \\ 1 & -1 & 11 & 2 \end{bmatrix}$$

Escolhemos, arbitrariamente, uma linha ou uma coluna de M para calcularmos esse determinante.

Vamos usar a 3ª linha. Pelo teorema de Laplace temos que:

$$\det M = 7 \cdot A_{31} + 0 \cdot A_{32} + 0 \cdot A_{33} + (-5) \cdot A_{34},$$

sendo A_{31}, A_{32}, A_{33} e A_{34} os cofatores dos elementos a_{31}, a_{32}, a_{33} e a_{34}, respectivamente.

Assim, $\det M = 7 \cdot A_{31} + (-5) \cdot A_{34}$

Vamos calcular os cofatores A_{31} e A_{34}:

- $A_{31} = (-1)^{3+1} \cdot \begin{vmatrix} 1 & -2 & 1 \\ 2 & 2 & 3 \\ -1 & 11 & 2 \end{vmatrix}$; aplicando a regra prática de Sarrus, vem: $A_{31} = (-1)^4 \cdot 9 = 9$

- $A_{34} = (-1)^{3+4} \cdot \begin{vmatrix} 3 & 1 & -2 \\ 5 & 2 & 2 \\ 1 & -1 & 11 \end{vmatrix} = (-1)^7 \cdot 33 = -33$

Assim, substituindo em $\det M = 7 \cdot A_{31} + (-5) \cdot A_{34}$, obtemos $\det M = 7 \cdot 9 + (-5) \cdot (-33) \Rightarrow$ $\Rightarrow \det M = 63 + 165 = 228$.

Observações

- Pode-se mostrar que o valor do determinante não depende da fila escolhida. Verifique que no *Exemplo 2*, se desenvolvermos pela 2ª coluna de M (por exemplo), também obteremos $\det M = 228$.
  Vale lembrar, no entanto, que o cálculo do determinante fica simplificado ao escolhermos uma fila em que um (ou mais) dos elementos seja igual a zero, pois o produto dele pelo respectivo cofator será, naturalmente, nulo.
- Embora o teorema possa ser aplicado a qualquer matriz quadrada de ordem n ($n \geqslant 2$), para os casos $n = 2$ e $n = 3$ é geralmente mais fácil aplicarmos as regras práticas estudadas no capítulo anterior.

EXERCÍCIOS

1. Calcule os seguintes determinantes:

a) $\begin{vmatrix} 1 & 4 & 1 & 1 \\ 2 & 0 & 4 & 3 \\ 5 & 0 & 2 & 1 \\ -3 & 0 & 7 & -1 \end{vmatrix}$

c) $\begin{vmatrix} 5 & 1 & 8 & 6 \\ 0 & 3 & 7 & 5 \\ 0 & 0 & 2 & 2 \\ 0 & 0 & 0 & -2 \end{vmatrix}$

b) $\begin{vmatrix} -2 & 3 & 1 & 7 \\ 0 & -1 & 2 & 0 \\ 3 & -4 & 5 & 1 \\ 1 & 0 & -2 & -1 \end{vmatrix}$

d) $\begin{vmatrix} 1 & 3 & 2 & 0 \\ 3 & 1 & 0 & 2 \\ 2 & 3 & 0 & 1 \\ 0 & 2 & 1 & 3 \end{vmatrix}$

2. Resolva, em $\mathbb{R}$, a equação:

$$\begin{vmatrix} x & 0 & 1 & 2 \\ 0 & 0 & -1 & 1 \\ -3 & -1 & 2 & 0 \\ 1 & 2 & 1 & 3 \end{vmatrix} = 31$$

3. Resolva, em $\mathbb{R}$, a equação:

$$\begin{vmatrix} -2 & -1 & 0 & 0 \\ 1 & x & -1 & 0 \\ 0 & 0 & x & -1 \\ 3 & 0 & 0 & x \end{vmatrix} = \begin{vmatrix} x & 1 \\ 13 & x \end{vmatrix}$$

4. Calcule, em função dos números reais *a*, *b*, *c* e *d*, o valor do determinante da matriz

$$\begin{pmatrix} 0 & a & 1 & 0 \\ 1 & b & -1 & 1 \\ 2 & c & 0 & -1 \\ 0 & d & 1 & 0 \end{pmatrix}$$

5. Calcule

$$\begin{vmatrix} 3 & 2 & 3 & -4 & 2 \\ 0 & 5 & 0 & 0 & 0 \\ 0 & 4 & 0 & 2 & 1 \\ 0 & -5 & 3 & 1 & 4 \\ 0 & 1 & 0 & -1 & 2 \end{vmatrix}$$

PROPRIEDADES DOS DETERMINANTES

Muitas vezes, o cálculo de determinantes pode ser simplificado com o auxílio de algumas propriedades. Vamos estudá-las, lembrando que, ao nos referirmos a uma fila da matriz, estaremos pensando, indiferentemente, em uma linha ou em uma coluna. Além disso, estaremos supondo que A é uma matriz quadrada de ordem n.

Fila nula

Se A possui uma fila na qual todos os elementos são iguais a zero, então det A = 0.

A justificativa para tal fato é que, desenvolvendo o determinante por essa fila, por meio do Teorema de Laplace, obtemos uma soma de zeros, pois o produto de um elemento dessa fila pelo respectivo cofator é sempre nulo.

Acompanhe essa ideia para o caso n = 4:

$$M = \begin{bmatrix} a & b & 0 & c \\ d & e & 0 & f \\ g & h & 0 & i \\ j & k & 0 & l \end{bmatrix} \underset{\text{pela 3ª coluna}}{\overset{\text{desenvolvemos}}{\Rightarrow}} \det M = 0 \cdot A_{13} + 0 \cdot A_{23} + 0 \cdot A_{33} + 0 \cdot A_{43} = 0$$

Troca de filas paralelas

Se trocarmos a posição de duas filas paralelas de A, obtendo a matriz A', então:

$$\boxed{\det A' = -\det A}$$

Justifiquemos tal fato para o caso n = 3:

$$\text{Se } A = \begin{pmatrix} a & b & c \\ d & e & f \\ g & h & i \end{pmatrix} \xrightarrow[\text{da 1ª e 3ª linhas}]{\text{trocamos a posição}} A' = \begin{pmatrix} g & h & i \\ d & e & f \\ a & b & c \end{pmatrix}$$

- Usando Laplace, vamos desenvolver det A pela 1ª linha:

$$\det A = a \cdot A_{11} + b \cdot A_{12} + c \cdot A_{13} = a \cdot (-1)^2 \cdot \begin{vmatrix} e & f \\ h & i \end{vmatrix} + b \cdot (-1)^3 \cdot \begin{vmatrix} d & f \\ g & i \end{vmatrix} +$$

$$+ c \cdot (-1)^4 \cdot \begin{vmatrix} d & e \\ g & h \end{vmatrix} = a \cdot (ei - fh) - b \cdot (di - fg) + c \cdot (dh - ge) \quad \text{①}$$

- Usando Laplace, vamos desenvolver det A' pela 3ª linha:

$$\det A' = a \cdot A'_{31} + b \cdot A'_{32} + c \cdot A'_{33} = a \cdot (-1)^4 \cdot \begin{vmatrix} h & i \\ e & f \end{vmatrix} + b \cdot (-1)^5 \cdot \begin{vmatrix} g & i \\ d & f \end{vmatrix} +$$

$$+ c \cdot (-1)^6 \cdot \begin{vmatrix} g & h \\ d & e \end{vmatrix} = a \cdot (fh - ei) - b \cdot (fg - di) + c \cdot (ge - dh) \quad \text{②}$$

De ① e ②, segue que det A' = −det A.

Assim, por exemplo:

- Se $\begin{vmatrix} 2 & 3 \\ -1 & 4 \end{vmatrix} = 11$, então $\begin{vmatrix} -1 & 4 \\ 2 & 3 \end{vmatrix} = -11$.

- Se $\begin{vmatrix} 1 & 2 & x \\ -4 & 5 & y \\ -3 & 7 & z \end{vmatrix} = 8$, então $\begin{vmatrix} x & 2 & 1 \\ y & 5 & -4 \\ z & 7 & -3 \end{vmatrix} = -8$.

Multiplicação de uma fila por um número real

Quando os elementos de uma fila de A são multiplicados por um número real *k*, k ≠ 0, obtemos a nova matriz A' e vale a relação:

$$\boxed{\det A' = k \cdot \det A}$$

Saiba o porquê disso no caso n = 3:

$$\text{Se } A = \begin{bmatrix} a & b & c \\ d & e & f \\ g & h & i \end{bmatrix} \xrightarrow[\text{elementos da 2ª linha}]{\text{multiplicamos por } k \text{ os}} A' = \begin{bmatrix} a & b & c \\ kd & ke & kf \\ g & h & i \end{bmatrix}$$

- Por Laplace, aplicado à 2ª linha de A, temos:

$$\det A = d \cdot A_{21} + e \cdot A_{22} + f \cdot A_{23} \quad \text{①}$$

- Desenvolvendo det A', pela 2ª linha, obtemos:

$$\det A' = kd \cdot A'_{21} + ke \cdot A'_{22} + kf \cdot A'_{23} = k \cdot (d \cdot A'_{21} + e \cdot A'_{22} + f \cdot A'_{23}) \quad (2)$$

Como as demais linhas permaneceram inalteradas, é fácil notar que $A_{21} = A'_{21}$, $A_{22} = A'_{22}$ e $A_{23} = A'_{23}$. Assim, em (2) vem:

$$\det A' = k \cdot \underbrace{(d \cdot A_{21} + e \cdot A_{22} + f \cdot A_{23})}_{\text{por } (1)} = k \cdot \det A$$

Exemplo 3

Se $A = \begin{pmatrix} 5 & 2 \\ 3 & 4 \end{pmatrix}$, então $\det A = 20 - 6 = 14$.

Multiplicando por 6 a 2ª linha de A, obtemos a matriz $A' = \begin{pmatrix} 5 & 2 \\ 18 & 24 \end{pmatrix}$, cujo determinante é

$\det A' = 120 - 36 = 84$.

Então, $\det A' = 6 \cdot \det A$.

EXERCÍCIO RESOLVIDO

1. Se R é uma matriz quadrada de ordem 3 e det R = x, quanto vale det (4R)?

$$\text{Se } R = \begin{pmatrix} a & b & c \\ d & e & f \\ g & h & i \end{pmatrix}, \text{ então } 4 \cdot R = \begin{pmatrix} 4a & 4b & 4c \\ 4d & 4e & 4f \\ 4g & 4h & 4i \end{pmatrix}.$$

Observemos que, para obter a matriz 4R, multiplicamos por 4 a 1ª, 2ª e 3ª linhas de R. Aplicando sucessivamente a propriedade de multiplicação, concluímos que $\det(4R) = 4 \cdot 4 \cdot 4 \cdot \det R = 4^3 \cdot \det R = 64x$.

EXERCÍCIOS

6. Sem desenvolver os determinantes, calcule:

a) $\begin{vmatrix} 7 & 8 & 9 \\ 0 & 0 & 0 \\ -1 & 2 & -3 \end{vmatrix}$

b) $\begin{vmatrix} 1 & 1 & 0 & 4 \\ 2 & 2 & 0 & 6 \\ 3 & 1 & 0 & 7 \\ 4 & 2 & 0 & 8 \end{vmatrix}$

7. Se $\begin{vmatrix} a & b & c \\ d & e & f \\ g & h & i \end{vmatrix} = 11$, qual é o valor de:

a) $\begin{vmatrix} a & b & c \\ 2d & 2e & 2f \\ 3g & 3h & 3i \end{vmatrix}$

b) $\begin{vmatrix} b & a & 4c \\ e & d & 4f \\ h & g & 4i \end{vmatrix}$

8. Sabendo que $\begin{vmatrix} x & y \\ z & w \end{vmatrix} = 7$, calcule, sem desenvolver, os determinantes:

a) $\begin{vmatrix} z & w \\ x & y \end{vmatrix}$

b) $\begin{vmatrix} 5x & 5y \\ z & w \end{vmatrix}$

c) $\begin{vmatrix} x & y \\ 5z & 5w \end{vmatrix}$

d) $\begin{vmatrix} 5x & 5y \\ 5z & 5w \end{vmatrix}$

9. Se A é uma matriz quadrada de ordem 2 e det A = 7, qual é o valor de det (3A)?

10. P é uma matriz quadrada de ordem 3, det P = 8. Determine o valor de *x*, sabendo que det (2P) = = 2x + 6.

Filas paralelas iguais ou proporcionais

Quando A possui filas paralelas iguais (ou proporcionais), então det A = 0.

- No caso de as filas serem iguais, vejamos, a seguir, por que isso ocorre:

$$A = \begin{bmatrix} 1 & -3 & 4 & 5 \\ a & b & c & d \\ 7 & 11 & 1 & 0 \\ a & b & c & d \end{bmatrix} \xRightarrow{\text{troca}} A' = \begin{bmatrix} 1 & -3 & 4 & 5 \\ a & b & c & d \\ 7 & 11 & 1 & 0 \\ a & b & c & d \end{bmatrix}$$

Pela propriedade de troca de filas paralelas, det A' = −det A. Ora, A = A' e assim det A' = det A. Daí, temos:

$$\det A = -\det A \Rightarrow 2\det A = 0 \Rightarrow \det A = 0$$

- No caso de as filas serem proporcionais, temos:

$$A = \begin{bmatrix} 1 & -3 & 4 & 5 \\ a & b & c & d \\ 7 & 11 & 1 & 0 \\ 5a & 5b & 5c & 5d \end{bmatrix} \xRightarrow{\text{troca}} A' = \begin{bmatrix} 1 & -3 & 4 & 5 \\ 5a & 5b & 5c & 5d \\ 7 & 11 & 1 & 0 \\ a & b & c & d \end{bmatrix}$$

Pela propriedade de troca de filas paralelas, det A' = −det A. (1)

Porém, A' pode ser vista como a matriz que se obtém de A, multiplicando-se a 2ª linha por 5 e a 4ª linha por $\frac{1}{5}$.

Pela propriedade de multiplicação, temos que det A' = $5 \cdot \frac{1}{5} \cdot$ det A, isto é, det A' = det A e, em (1), concluímos que det A = 0.

Exemplo 4

Observe estes exemplos de matrizes com filas iguais ou proporcionais. Calcule seus determinantes e comprove a propriedade de filas paralelas iguais ou proporcionais.

$$\begin{matrix}\to \\ \\ \to\end{matrix}\begin{vmatrix} 2 & 3 & 1 \\ 4 & 5 & -2 \\ 2 & 3 & 1 \end{vmatrix} = 0 \qquad \begin{matrix}\begin{vmatrix} 1 & 7 & 1 & 11 \\ 2 & \sqrt{2} & 2 & 1 \\ 4 & 0 & 4 & 3 \\ 3 & -1 & 3 & 7 \end{vmatrix} = 0 \\ \uparrow \quad\quad \uparrow \qquad\qquad\end{matrix} \qquad \begin{matrix}\to \\ \\ \to\end{matrix}\begin{vmatrix} 3 & -1 & 2 \\ 5 & 4 & 1 \\ 18 & -6 & 12 \end{vmatrix} = 0$$

Matriz transposta

Considere uma matriz A e sua matriz transposta A^t. Seus determinantes são iguais, isto é, det A^t = det A.

Verifiquemos esse fato quando n = 2:

$$A = \begin{pmatrix} a & b \\ c & d \end{pmatrix}, \det A = ad - bc; \; A^t = \begin{pmatrix} a & c \\ b & d \end{pmatrix}, \det A^t = ad - bc$$

Exemplo 5

Observe as seguintes matrizes e suas transpostas. Comprove a propriedade de matriz transposta.

- $\begin{vmatrix} x & y \\ 3 & 1 \end{vmatrix} = \begin{vmatrix} x & 3 \\ y & 1 \end{vmatrix} = x - 3y$

- $\begin{vmatrix} x & y & z \\ 1 & 2 & 11 \\ 3 & 4 & 7 \end{vmatrix} = \begin{vmatrix} x & 1 & 3 \\ y & 2 & 4 \\ z & 11 & 7 \end{vmatrix} = -30x + 26y - 2z$

Teorema de Binet

Pode-se mostrar que, se A e B são matrizes quadradas de mesma ordem, vale a relação:

$$\det(A \cdot B) = (\det A) \cdot (\det B)$$

Exemplo 6

Vamos comprovar a validade dessa propriedade para as matrizes A e B seguintes.

Sejam $A = \begin{pmatrix} 6 & 2 \\ -1 & 4 \end{pmatrix}$ e $B = \begin{pmatrix} 1 & 0 \\ -3 & 2 \end{pmatrix}$. Sabemos que det A = 26 e det B = 2.

Construímos agora a matriz produto $A \cdot B = \begin{pmatrix} 6 & 2 \\ -1 & 4 \end{pmatrix} \cdot \begin{pmatrix} 1 & 0 \\ -3 & 2 \end{pmatrix} = \begin{pmatrix} 0 & 4 \\ -13 & 8 \end{pmatrix}$.

Temos que $\det(A \cdot B) = 0 - (-52) = 52 = \underbrace{\det A}_{26} \cdot \underbrace{\det B}_{2}$.

EXERCÍCIO RESOLVIDO

2. Dadas as matrizes $A = \begin{pmatrix} 1 & x \\ -3 & 0 \end{pmatrix}$, $B = \begin{pmatrix} 4 & -1 \\ 2 & 5 \end{pmatrix}$, sabe-se que $\det(A \cdot B) = 132$. Qual é o valor de *x*?

Solução:

Como $\det(A \cdot B) = \det A \cdot \det B$, obtemos:

$$\det A = \frac{132}{20-(-2)} = 6$$

Daí: $1 \cdot 0 + 3 \cdot x = 6 \Rightarrow x = 2$

Matriz Inversa e Determinante

Vejamos uma consequência dessa propriedade:

Seja M uma matriz quadrada de ordem *n* e suponhamos que M seja inversível.

Assim, $\exists\, M^{-1}$, quadrada de ordem *n*, tal que:

$$M \cdot M^{-1} = M^{-1} \cdot M = I_n$$

De $M \cdot M^{-1} = I_n$, vem:

$$\det (M \cdot M^{-1}) = \det I_n$$

Usando a propriedade anterior, escrevemos:

$$(\det M) \cdot (\det M^{-1}) = 1$$

Como o produto acima é não nulo (vale 1), é possível afirmar que $\det M \neq 0$ (e $\det (M^{-1}) \neq 0$).

Assim, concluímos que, se M é inversível, então $\det M \neq 0$. Além disso, $\det (M^{-1}) = \dfrac{1}{\det M}$.

Pode-se mostrar que a recíproca desse fato também é verdadeira: se $\det M \neq 0$, então M é inversível.

Em resumo:

M é inversível se, e somente se, $\det M \neq 0$.

Exemplo 7

Vamos determinar os valores de *x* para os quais a matriz $M = \begin{bmatrix} 1 & x \\ -3 & 2 \end{bmatrix}$ é inversível.

Devemos ter: $\det M \neq 0$, isto é, $1 \cdot 2 - x \cdot (-3) \neq 0 \Rightarrow 2 + 3x \neq 0 \Rightarrow x \neq -\dfrac{2}{3}$.

EXERCÍCIOS

11. Se $\begin{vmatrix} x & y \\ z & w \end{vmatrix} = \dfrac{1}{2}$, calcule o valor de:

a) $\begin{vmatrix} x & z \\ y & w \end{vmatrix}$

b) $\begin{vmatrix} 2x & z \\ 2y & w \end{vmatrix}$

c) $\begin{vmatrix} z & w \\ x & y \end{vmatrix}$

12. Se $\begin{vmatrix} a & b & c \\ d & e & f \\ g & h & i \end{vmatrix} = -2$, qual é o valor de $\begin{vmatrix} 6a & 6d & 6g \\ 6b & 6e & 6h \\ 6c & 6f & 6i \end{vmatrix}$?

13. Sabendo-se que A e B são matrizes quadradas de ordem 2, $\det A = 12$, $\det B^t = -6$, qual é o valor de $\det (A \cdot B)$?

14. Das matrizes seguintes, quais são inversíveis?

$A = \begin{bmatrix} 3 & 6 \\ 1 & 2 \end{bmatrix}$ $\quad B = \begin{bmatrix} -1 & 3 \\ 0 & -5 \end{bmatrix}$ $\quad C = \begin{bmatrix} 1 & -3 & -2 \\ 0 & 4 & 0 \\ 0 & 5 & 1 \end{bmatrix}$ $\quad D = \begin{bmatrix} 1 & 2 & -3 \\ 4 & 0 & 1 \\ 2 & 4 & -6 \end{bmatrix}$

15. Seja $A = \begin{pmatrix} -1 & 2 \\ 3 & 4 \end{pmatrix}$. Verifique que A é inversível e que o determinante de sua inversa é igual a –0,1.

16. Em cada caso, determine *x* para que a matriz M seja inversível:

a) $M = \begin{bmatrix} x & 2 \\ -3 & -1 \end{bmatrix}$

b) $M = \begin{bmatrix} 1 & -3 & 5 \\ 0 & 2 & 1 \\ x & 2 & 0 \end{bmatrix}$

17. Seja $M = \begin{bmatrix} x & -1 \\ x-3 & 2 \end{bmatrix}$. Sabendo que $6 \cdot \det (M^{-1}) = 1$, determine:

a) o valor de *x*;

b) o valor do determinante da matriz $M + M^{-1}$;

c) o valor do determinante da matriz $M \cdot M^{-1}$.

18. Seja $A = (a_{ij})_{2 \times 2}$, em que $a_{ij} = \cos [(i + j)\,\pi]$. A é inversível?

19. Determine uma relação entre *x* e *y* a fim de que a matriz $M = \begin{bmatrix} x & 1 & -2 \\ 0 & -1 & y \\ 3 & 0 & 2 \end{bmatrix}$ seja inversível.

ABAIXAMENTO DA ORDEM DE UM DETERMINANTE

O objetivo deste item é apresentar um método prático e rápido para calcular determinantes de ordem maior ou igual a 3.

Comecemos estudando a seguinte propriedade:

> Quando substituímos uma fila de uma matriz quadrada A pela soma dos elementos dela com os elementos de outra fila paralela previamente multiplicada por um número real (não nulo), obtemos uma matriz A'.
>
> Temos: det A' = det A.

Essa propriedade é conhecida como **Teorema de Jacobi**. Vejamos os seguintes exemplos:

Exemplo 8

Sendo $A = \begin{pmatrix} 5 & 11 \\ -4 & 3 \end{pmatrix}$, temos que det A = 59.

Vamos calcular uma matriz A' substituindo a 2ª linha de A pela soma dela com a 1ª linha multiplicada por −2 e obter:

$$A' = \begin{pmatrix} 5 & 11 \\ -14 & -19 \end{pmatrix}$$

$-4 + (-2) \cdot 5$ $\qquad$ $3 + (-2) \cdot 11$

Temos: det A' = −95 + 154 = 59.

Exemplo 9

Seja $B = \begin{bmatrix} 2 & -1 & 3 \\ 4 & -2 & 1 \\ 3 & 1 & -7 \end{bmatrix}$; det B = 25.

Vamos obter a matriz B' substituindo a 2ª coluna de B pela soma dela com a 1ª coluna multiplicada por 3:

$-1 + 3 \cdot 2$

$-2 + 3 \cdot 4$

$$B' = \begin{bmatrix} 2 & 5 & 3 \\ 4 & 10 & 1 \\ 3 & 10 & -7 \end{bmatrix} \qquad \text{e} \qquad \det B' = 25$$

$1 + 3 \cdot 3$

Exemplo 10

Seja, agora, $A = \begin{bmatrix} 1 & a & b \\ c & d & e \\ f & g & h \end{bmatrix}$.

Vamos aplicar o Teorema de Jacobi duas vezes, a fim de obter "zeros" nas posições a_{12} e a_{13} da matriz A; isto é, com exceção do 1, vamos "zerar" a primeira linha de A.

Temos:

substituímos a 3ª coluna de A pela soma dela com a 1ª coluna multiplicada por –b

$$A = \begin{bmatrix} 1 & a & b \\ c & d & e \\ f & g & h \end{bmatrix} \Rightarrow A' = \begin{bmatrix} 1 & 0 & 0 \\ c & d - ac & e - bc \\ f & g - af & h - bf \end{bmatrix}$$

substituímos a 2ª coluna de A pela soma dela com a 1ª coluna multiplicada por – a

Pelo Teorema de Jacobi, det A = det A'.

Para calcular det A', aplicamos o Teorema de Laplace, pois já conseguimos dois zeros na 1ª linha de A'. De fato:

$$\det A' = 1 \cdot A'_{11} + 0 \cdot A'_{12} + 0 \cdot A'_{13} = A'_{11} = (-1)^2 \cdot \begin{vmatrix} d - ac & e - bc \\ g - af & h - bf \end{vmatrix}, \text{ isto é,}$$

$$\det A = \det A' = \begin{vmatrix} d - ac & e - bc \\ g - af & h - bf \end{vmatrix} \quad (1)$$

Em resumo, construímos as seguintes etapas:

- *1º passo:* Aplicamos o Teorema de Jacobi à matriz A (3 × 3) e obtivemos a matriz A' (3 × 3).
- *2º passo:* Ao calcularmos det A = det A', verificamos que este último coincide com o determinante de uma matriz (2 × 2), como mostra (1).
- *3º passo:* Conseguimos, assim, abaixar a ordem do determinante de A.

Observe o esquema seguinte:

$$A = \begin{bmatrix} 1 & a & b \\ c & d & e \\ f & g & h \end{bmatrix} \xRightarrow{\text{T. Jacobi + T. Laplace}} B = \begin{bmatrix} d - ac & e - bc \\ g - af & h - bf \end{bmatrix}$$

Logo, det A = det B.

Confira agora os passos para obter B a partir de A, diretamente:

- *1º passo:* Em primeiro lugar, "isolamos" a 1ª linha e a 1ª coluna de A (passaremos a chamar tais filas de margens), obtendo assim uma matriz A*, do tipo 2 × 2, conforme indicado abaixo:

$$A = \begin{bmatrix} 1 & a & b \\ c & d & e \\ f & g & h \end{bmatrix}$$

margem (1ª linha); margem (1ª coluna); matriz A* ($\begin{bmatrix} d & e \\ g & h \end{bmatrix}$)

- *2º passo:* Construímos a partir da matriz A* uma outra matriz 2 × 2, em que cada um dos elementos é dado pela diferença entre um elemento de A* e o produto dos elementos "vizinhos" nas margens. Chegamos, enfim, à matriz B.

$$A = \begin{bmatrix} 1 & a & b \\ c & d & e \\ f & g & h \end{bmatrix} \Rightarrow B = \begin{bmatrix} d - ac & e - bc \\ g - af & h - bf \end{bmatrix}$$

O processo do exemplo 10 é conhecido como **Regra de Chió**, e convém observar que tal regra só pode ser aplicada se o elemento a_{11} de A (elemento da 1ª linha e 1ª coluna) for igual a 1.

EXERCÍCIOS RESOLVIDOS

3. Calcular o valor do determinante de $\begin{bmatrix} 1 & 1 & 1 & 1 \\ 1 & 2 & 4 & 8 \\ 1 & 3 & 9 & 27 \\ 1 & -1 & 1 & -1 \end{bmatrix}$.

Solução:

$$\begin{bmatrix} 1 & 1 & 1 & 1 \\ 1 & 2 & 4 & 8 \\ 1 & 3 & 9 & 27 \\ 1 & -1 & 1 & -1 \end{bmatrix} \overset{\text{Chió}}{=} \begin{bmatrix} 2-1 & 4-1 & 8-1 \\ 3-1 & 9-1 & 27-1 \\ -1-1 & 1-1 & -1-1 \end{bmatrix} =$$

$$= \begin{bmatrix} 1 & 3 & 7 \\ 2 & 8 & 26 \\ -2 & 0 & -2 \end{bmatrix} \overset{\text{Chió}}{=} \begin{bmatrix} 8-2\cdot 3 & 26-2\cdot 7 \\ 0-(-2)\cdot 3 & -2-(-2)\cdot 7 \end{bmatrix} = \begin{vmatrix} 2 & 12 \\ 6 & 12 \end{vmatrix} = -48$$

4. Usando a regra de Chió, calcular: $\begin{vmatrix} 3 & 7 & 4 \\ 1 & 2 & -1 \\ 0 & 3 & 2 \end{vmatrix}$

Solução:
Vamos trocar as posições da 1ª e 2ª linhas, a fim de que tenhamos $a_{11} = 1$. Pela propriedade de troca de filas paralelas, temos:

$$\begin{vmatrix} 3 & 7 & 4 \\ 1 & 2 & -1 \\ 0 & 3 & 2 \end{vmatrix} = -\begin{vmatrix} 1 & 2 & -1 \\ 3 & 7 & 4 \\ 0 & 3 & 2 \end{vmatrix} \overset{\text{Chió}}{=} -\begin{vmatrix} 1 & 7 \\ 3 & 2 \end{vmatrix} = -(-19) = 19$$

5. Calcular $D = \begin{vmatrix} 2 & 2 & 2 & 2 \\ 2 & 2 & 2 & 3 \\ 2 & 2 & 3 & 3 \\ 2 & 3 & 3 & 3 \end{vmatrix}$ usando a Regra de Chió.

Solução:
A fim de obter $a_{11} = 1$, dividimos por 2 $\left(\text{multiplicamos por } \frac{1}{2}\right)$ os elementos da 1ª coluna. Pela propriedade de multiplicação, temos:

$$\frac{1}{2} \cdot \underbrace{\begin{vmatrix} 2 & 2 & 2 & 2 \\ 2 & 2 & 2 & 3 \\ 2 & 2 & 3 & 3 \\ 2 & 3 & 3 & 3 \end{vmatrix}}_{D} = \begin{vmatrix} 1 & 2 & 2 & 2 \\ 1 & 2 & 2 & 3 \\ 1 & 2 & 3 & 3 \\ 1 & 3 & 3 & 3 \end{vmatrix} \overset{\text{Chió}}{=} \begin{vmatrix} 0 & 0 & 1 \\ 0 & 1 & 1 \\ 1 & 1 & 1 \end{vmatrix} = -1$$

Logo, $\frac{1}{2} D = -1 \Rightarrow D = -2$.

EXERCÍCIOS

20. Calcule, usando a Regra de Chió:

a) $\begin{vmatrix} 2 & 1 & 0 \\ 6 & -1 & 3 \\ 2 & 0 & 1 \end{vmatrix}$

b) $\begin{vmatrix} 1 & 0 & 0 & 0 \\ 2 & 1 & 2 & 3 \\ 3 & 5 & 6 & 7 \\ 4 & 1 & 1 & 0 \end{vmatrix}$

c) $\begin{vmatrix} 1 & 1 & 1 & 1 \\ 1 & 2 & 2 & 2 \\ 1 & 2 & 3 & 3 \\ 1 & 2 & 3 & 4 \end{vmatrix}$

21. Calcule, usando a Regra de Chió:

a) $\begin{vmatrix} 1 & 2 & 3 \\ 1 & 4 & 9 \\ 5 & 4 & 3 \end{vmatrix}$

b) $\begin{vmatrix} 4 & -4 & 1 & 0 \\ 0 & 1 & 3 & 5 \\ 1 & 3 & -1 & 4 \\ 1 & -1 & 2 & 0 \end{vmatrix}$

c) $\begin{vmatrix} 1 & 1 & 1 \\ x & y & z \\ yz & xz & xy \end{vmatrix}$

22. Mostre que $\begin{vmatrix} a & a & a & a \\ a & b & b & b \\ a & b & c & c \\ a & b & c & d \end{vmatrix} = a(b-a)(c-b)(d-c)$.

23. Resolva a equação:

$$\begin{vmatrix} x & a & a & a \\ a & x & a & a \\ a & a & x & a \\ a & a & a & x \end{vmatrix} = 0$$

24. Resolva a equação $\begin{vmatrix} x & x^2 & 0 \\ 3 & 7 & 4 \\ 1 & 2 & 1 \end{vmatrix} = 2$.

25. (ITA-SP) Sejam *a*, *b*, *c* e *d* números reais não nulos. Exprima o valor do determinante da matriz

$$\begin{bmatrix} bcd & 1 & a & a^2 \\ acd & 1 & b & b^2 \\ abd & 1 & c & c^2 \\ abc & 1 & d & d^2 \end{bmatrix}$$

na forma de um produto de números reais.

DESAFIO

Em uma pequena comuidade vivem 300 pessoas. Um levantamento sobre hábitos alimentares mostrou que 90 pessoas comem carne vermelha, 180 comem carne de frango e 240 comem verduras. Qual é o maior número possível de pessoas dessa comunidade que não comem carne vermelha e nem de frango?

EXERCÍCIOS COMPLEMENTARES

1. Dadas as matrizes $A = \begin{pmatrix} 1 & 1 & 1 \\ 2 & 3 & 2 \\ 4 & 7 & 5 \end{pmatrix}$, $B = \begin{pmatrix} 5 & 0 & 2 \\ 0 & 0 & 3 \\ -4 & 0 & -6 \end{pmatrix}$ e $C = \begin{pmatrix} x & 0 & 0 \\ 0 & x & 0 \\ 0 & 0 & x \end{pmatrix}$, determine todos os números reais *x* tais que o determinante da matriz (C − AB) seja negativo.

2. Seja $f: \mathbb{R} \to \mathbb{R}$ definida por $f(x) = \begin{vmatrix} 0 & 0 & \text{sen } 2x \\ \cos x & 1 & \text{sen } x \\ 0 & \text{sen } x & 1 \end{vmatrix}$.

Quais são os valores mínimo e máximo assumidos por *f*?

3. (Unifesp-SP) Seja *f* a função (determinante) dada por $f(x) = \begin{vmatrix} \cos(x) & \text{sen}(x) \\ \text{sen}(x) & \cos(x) \end{vmatrix}$, com *x* real.

a) Num sistema cartesiano ortogonal, construa o gráfico de y = f(x).

b) Determine os valores de *x* para os quais $f(x) = \frac{1}{f(x)}$.

4. (UF-SE) Para analisar a veracidade das afirmações abaixo, considere as matrizes $A = \begin{bmatrix} 0 & x \\ y & 2 \end{bmatrix}$ e $B = (b_{ij})_{2\times 2}$, tal que

$$b_{ij} = \begin{cases} 2i + j, & \text{se } i = j \\ i - 1, & \text{se } i \neq j \end{cases}.$$

(0-0) Se x = y = 1, então $A + B = \begin{bmatrix} 3 & 1 \\ 2 & 8 \end{bmatrix}$.

(1-1) Se *x* e *y* são tais que $\begin{cases} x + y = 5 \\ 2x - y = 4 \end{cases}$, então det A = 6.

(2-2) Se $A \cdot B = \begin{bmatrix} -1 & -6 \\ 8 & 12 \end{bmatrix}$, então y − x = 1.

(3-3) A inversa da matriz B é $\begin{bmatrix} \frac{1}{3} & 0 \\ -\frac{1}{18} & \frac{1}{6} \end{bmatrix}$.

(4-4) Se $A + B^2 = \begin{bmatrix} 9 & 1 \\ 10 & 38 \end{bmatrix}$, então x = y = 2.

5. (U.E. Ponta Grossa-PR) Sobre a matriz $A = \begin{pmatrix} \cos 15° & -\text{sen}\, 15° \\ \text{sen}\, 15° & \cos 15° \end{pmatrix}$, assinale o que for correto.

(01) $A^2 = \begin{pmatrix} \cos 30° & -\text{sen}\, 30° \\ \text{sen}\, 30° & \cos 30° \end{pmatrix}$

(02) det A = 1.

(04) $A + A^t = \begin{pmatrix} \cos 30° & 0 \\ 2 & \cos 30° \end{pmatrix}$

(08) $\det(2A) = -\frac{1}{2}$

(16) $\det A^2 = 0$

6. (UF-PE) Para cada número real α, defina a matriz

$$M(\alpha) = \begin{bmatrix} \cos\alpha & -\text{sen}\,\alpha & 0 \\ \text{sen}\,\alpha & \cos\alpha & 0 \\ 0 & 0 & 1 \end{bmatrix}$$

Analise as afirmações seguintes acerca de M(α):

(0-0) M(0) é a matriz identidade 3 × 3.

(1-1) $M(\alpha)^2 = M(2\alpha)$.

(2-2) M(α) tem determinante 1.

(3-3) M(α) é invertível, e sua inversa é M(-α).

(4-4) Se $M(\alpha)^t$ é a transposta de M(α), então $M(\alpha) \cdot M(\alpha)^t = M(0)$.

7. (UF-BA) Dadas as matrizes

$$A = \begin{pmatrix} \text{sen}\,3x & \cos 3x & 0 \\ -\cos 3x & \text{sen}\,3x & 0 \\ 0 & 0 & \frac{x}{3-x} \end{pmatrix} \text{ e } B = \begin{pmatrix} 0 & \sqrt{2} & 0 \\ 3^x & 0 & 4 \\ 9 & 0 & 2^x \end{pmatrix},$$

encontre o conjunto solução da inequação det(AB) ≤ 0, sendo det(AB) o determinante da matriz produto AB.

8. (UnB-DF) Dada uma matriz quadrada A, define-se o traço de A, simbolizado por tr(A), como a soma dos elementos de sua diagonal principal. A partir dessas informações e considerando as matrizes

$$P = \begin{pmatrix} 0{,}7 & 0{,}2 \\ 0{,}3 & 0{,}8 \end{pmatrix}, Q = \begin{pmatrix} 2 & -1 \\ 3 & 1 \end{pmatrix} \text{ e } R = 100Q^{-1}PQ,$$

determine o valor do quociente $\frac{\det(R)}{\text{tr}(R)}$, em que det(R) é o determinante da matriz R.

Despreze, caso exista, a parte fracionária do resultado final obtido, após ter efetuado todos os cálculos solicitados.

9. (Unicamp-SP) Seja dada a matriz $A = \begin{bmatrix} x & 2 & 0 \\ 2 & x & 6 \\ 0 & 6 & 16x \end{bmatrix}$, em que *x* é um número real.

a) Determine para quais valores de *x* o determinante de A é positivo.

b) Tomando $C = \begin{bmatrix} 3 \\ 4 \\ -1 \end{bmatrix}$, e supondo que, na matriz A, x = −2, calcule B = AC.

10. (UE-RJ) Considere a matriz $A_{3\times 3}$ abaixo:

$$A = \begin{pmatrix} \frac{1}{2} & a_{12} & a_{13} \\ a_{21} & 1 & 1 \\ a_{31} & 1 & 1 \end{pmatrix}$$

Cada elemento desta matriz é expresso pela seguinte relação:

$a_{ij} = 2(\text{sen}\,\theta_i) \times (\cos\theta_j)\ \forall i, j \in \{1, 2, 3\}$

Nessa relação, os arcos θ_1, θ_2 e θ_3 são positivos e menores que $\frac{\pi}{3}$ radianos.

Calcule o valor numérico do determinante da matriz A.

TESTES

1. (UE-PB) Se a matriz com $\det(A) = 1$ e $A^{-1} = \begin{pmatrix} 1 & -1 \\ m & 0 \end{pmatrix}$, o valor de *m* é

a) −1 b) 1 c) 0 d) 2 e) −2

2. (UE-RN) Sejam as matrizes $A = \begin{bmatrix} 3 & 1 & 2 \\ x & 4 & 1 \\ -1 & 6 & y \end{bmatrix}$ e $B = \begin{bmatrix} 6 & y & 2 \\ 1 & 4 & 3 \\ x & -1 & 1 \end{bmatrix}$, cujos determinates são respectivamente, iguais a 63 e 49. Sendo $y = x + 3$, então a soma dos valores de *x* e *y* é

a) 7. b) 8. c) 10. d) 12.

3. (FGV-SP) Seja a matriz identidade de ordem três $I = \begin{bmatrix} 1 & 0 & 0 \\ 0 & 1 & 0 \\ 0 & 0 & 1 \end{bmatrix}$ e A e a matriz $\begin{bmatrix} 0 & 0 & 1 \\ 0 & 1 & 0 \\ 1 & 0 & 0 \end{bmatrix}$.

Considere a equação polinominal na variável real *x* dada por $\det(A - xI) = 0$ em que o símbolo $\det(A - xI)$ indica o determinante da matriz $A - xI$. O produto das raízes da equação polinominal é:

a) 3 b) 2 c) 1 d) 0 e) −1

4. (IF-BA) A quantidade de números naturais que satisfazem à inequação abaixo é:

$$\begin{vmatrix} 1 & 1 \\ x-5 & 1 \end{vmatrix} \geqslant \frac{\begin{vmatrix} 1 & x-5 \\ 1 & 1 \end{vmatrix}}{\begin{vmatrix} 1 & 1 \\ x-5 & 1 \end{vmatrix}}$$

a) Infinitos c) 4 e) 6
b) Nenhum d) 5

5. (FEI-SP) A soma das raízes da equação

$$\det \begin{pmatrix} 1 & 1 & 2 \\ 4 & 5 & x^2 \\ -3 & 0 & x \end{pmatrix} = 0 \text{ é:}$$

a) $\frac{1}{3}$ b) −3 c) 1 d) $\frac{10}{3}$ e) $\frac{7}{3}$

6. (U.E. Londrina-PR) Se o determinante da matriz

$$A = \begin{bmatrix} x & 2 & 1 \\ 1 & -1 & 1 \\ 2x & -1 & 3 \end{bmatrix}$$

é nulo, então:

a) $x = -3$ c) $x = -1$ e) $x = \frac{7}{4}$
b) $x = -\frac{7}{4}$ d) $x = 0$

7. (FEI-SP) Seja a matriz $A = \begin{pmatrix} 1 & 0 & 3 \\ 1 & \operatorname{sen} x & 0 \\ 0 & 4 & \cos x \end{pmatrix}$, com $x \in \mathbb{R}$. Sendo det(A) o determinante da matriz A, podemos afirmar que os valores mínimo e máximo assumidos por det(A) são:

a) $\frac{23}{2}$ e $\frac{25}{2}$ c) $\frac{11}{2}$ e $\frac{13}{2}$ e) −1 e 1
b) 11 e 13 d) 23 e 25

8. (Unesp-SP) Seja A uma matriz. Se $A^3 = \begin{bmatrix} 1 & 0 & 0 \\ 0 & 6 & 14 \\ 0 & 14 & 34 \end{bmatrix}$, o determinante de A é:

a) 8 b) $2\sqrt{2}$ c) 2 d) $\sqrt[3]{2}$ e) 1

9. (Mackenzie-SP) A soma das soluções inteiras da inequação $\begin{vmatrix} 1 & 1 & 1 \\ 1 & x & 3 \\ 1 & x^2 & 9 \end{vmatrix} \geqslant 0$ é:

a) 0 b) 2 c) 5 d) 6 e) 7

10. (UF-PR) Sendo I a matriz identidade de ordem 2, $A = \begin{bmatrix} 1 & -1 \\ 1 & 1 \end{bmatrix}$ e $B = \begin{bmatrix} \frac{\sqrt{3}}{2} & \frac{1}{2} \\ \frac{1}{2} & -\frac{\sqrt{3}}{2} \end{bmatrix}$, considere as afirmativas a seguir:

1. $A + A^t = 2 \cdot I$
2. $\det(A \cdot B) = -\sqrt{3}$
3. $B^{2007} = B$

Assinale a alternativa correta.

a) Somente as afirmativas 2 e 3 são verdadeiras.
b) Somente as afirmativas 1 e 2 são verdadeiras.
c) Somente as afirmativas 1 e 3 são verdadeiras.
d) Somente a afirmativa 1 é verdadeira.
e) Somente a afirmativa 2 é verdadeira.

11. (EPCAr-MG) Considere as matrizes A e B, inversíveis e de ordem *n*, bem como a matriz identidade I.

Sabendo que $\det(A) = 5$ e $\det(I \cdot B^{-1} \cdot A) = \frac{1}{3}$, então o $\det\left[3 \cdot (B^{-1} \cdot A^{-1})^t\right]$ é igual a

a) $5 \cdot 3^n$
b) $\frac{3^{n-1}}{5^2}$
c) $\frac{3^n}{15}$
d) 3^{n-1}

12. (UE-PB) A equação $\begin{vmatrix} \log(x-1) & 1 & 1 \\ 0 & 1 & 0 \\ \log(x-1) & 1 & \log(x-1) \end{vmatrix} = 0$ tem como solução real os valores de *x*:

a) 2 e 10
b) 0 e 2
c) 3 e 11
d) 4 e 11
e) 2 e 11

13. (FEI-SP) Sabendo que o determinante da matriz A $= \begin{pmatrix} 1 & 1 & 0 \\ \log_2 m & 2 & 1 \\ 3 & 0 & 1 \end{pmatrix}$ é igual a zero, então:

a) m = 1
b) m = 2
c) m = 5
d) m = 25
e) m = 32

14. (Mackenzie-SP) Dadas as matrizes $A = (a_{ij})_{3\times3}$ tal que $\begin{cases} a_{ij} = 10, \text{se } i = j \\ a_{ij} = 0, \text{se } i \neq j \end{cases}$ e $B = (b_{ij})_{3\times3}$ tal que $\begin{cases} b_{ij} = 3, \text{se } i = j \\ b_{ij} = 0, \text{se } i \neq j \end{cases}$, o valor de det(AB) é:

a) $27 \cdot 10^3$
b) $9 \cdot 10^3$
c) $27 \cdot 10^2$
d) $3^2 \cdot 10^2$
e) $27 \cdot 10^4$

15. (FEI-SP) São dadas as matrizes $A = \begin{pmatrix} 1 & 2 & 3 \\ 0 & 1 & 5 \end{pmatrix}$, $B = \begin{pmatrix} -3 & 2 \\ 1 & 1 \\ 0 & 1 \end{pmatrix}$ e $C = \begin{pmatrix} 1 & 0 \\ 0 & \frac{x}{2} \end{pmatrix}$. O valor de *x* para que o determinante da matriz $(A \cdot B + 2C)$ seja igual a 10 é um número:

a) par.
b) primo.
c) múltiplo de 3.
d) divisível por 7.
e) múltiplo de 5.

16. (U.F. Lavras-MG) O determinante da matriz

$$A = \begin{pmatrix} \text{sen } x & \cos^2 x & \cos x \\ \cos x & 0 & -\text{sen } x \\ \text{sen } x & -\text{sen}^2 x & \cos x \end{pmatrix} \text{ é:}$$

a) −1
b) 1
c) 0
d) sen 2x

17. (UE-CE) Considere a matriz $M = \begin{pmatrix} 1 & 2 & 3 \\ 2 & 3 & 2 \\ 3 & 2 & x \end{pmatrix}$.

A soma das raízes da equação $\det(M^2) = 25$ é igual a:

a) 14
b) −14
c) 17
d) −17

18. (UF-PI) Considere a equação abaixo:

$$\begin{vmatrix} 2^x & \cos(x^2+1) & -\text{sen}(x^2+1) \\ 1 & \text{sen}(x^2+1) & \cos(x^2+1) \\ 2^x & 0 & 0 \end{vmatrix} = 1$$

Assinale a alternativa correta:

a) A equação não possui solução real.
b) A equação possui uma única solução real.
c) A equação possui apenas duas soluções reais e distintas.
d) A equação possui infinitas soluções reais.
e) O número real $x = \sqrt{\pi - 1}$ é solução da equação dada.

19. (UF-AM) Sendo $A = \begin{pmatrix} 1 & 0 & 0 & 0 & 0 \\ -5 & 0 & 1 & 3 & 2 \\ 6 & 3 & 0 & 2 & 1 \\ 9 & 1 & 0 & 2 & 0 \\ -1 & -1 & 0 & 1 & 0 \end{pmatrix}$ uma matriz real, então o det A é:

a) –3
b) 3
c) 10
d) –10
e) 24

20. (FGV-SP) As matrizes $A = (a_{ij})_{4\times4}$ e $B = (b_{ij})_{4\times4}$ são tais que $2a_{ij} = 3b_{ij}$. Se o determinante da matriz A é igual a $\frac{3}{4}$, então o determinante da matriz B é igual a:

a) 0
b) $\frac{4}{27}$
c) $\frac{9}{8}$
d) 2
e) $\frac{243}{64}$

21. (UE-CE) Seja $X = M + M^2 + M^3 + \ldots + M^k$, em que M é a matriz $\begin{bmatrix} 1 & 1 \\ 0 & 1 \end{bmatrix}$ e *k* é um número natural. Se o determinante da matriz X é igual a 324, então o valor de $k^2 + 3k - 1$ é:

a) 207
b) 237
c) 269
d) 377

22. (Mackenzie-SP) O valor de *x*, na equação $\begin{vmatrix} \log x & 1 & 1 \\ 1 & 1 & 0 \\ \log 2 & 1 & 1 \end{vmatrix} = 1$, é:

a) 5
b) 10
c) 20
d) 1
e) $\sqrt{5}$

23. (Udesc-SC) Dada a matriz A (figura 1). Seja a matriz B tal que $A^{-1}BA = D$, dada a matriz D (figura 2), então o determinante de B é igual a:

Figura 1

$A = \begin{bmatrix} 1 & 2 \\ 1 & -1 \end{bmatrix}$

Figura 2

$D = \begin{bmatrix} 2 & 1 \\ -1 & 2 \end{bmatrix}$

a) 3
b) –5
c) 2
d) 5
e) –3

24. (UF-MT) Seja A uma matriz quadrada, de ordem *n*, que satisfaz a equação matricial $A^3 = 3A$. Sabendo-se que o determinante de A é um número inteiro positivo, o valor de *n*, necessariamente, é:

a) Múltiplo de 3.
b) Ímpar.
c) Primo.
d) Par.
e) Múltiplo de 5.

25. (UF-PR) Dados os números reais *a*, *b* e *c* diferentes de zero e a matriz quadrada de ordem 2 dada por $M = \begin{bmatrix} a & b \\ 0 & c \end{bmatrix}$ considere as seguintes afirmativas a respeito de M:

1. A matriz M é invertível.
2. Denotando a matriz transposta de M por M^T, teremos $\det(M \cdot M^T) > 0$.
3. Quando $a = 1$ e $c = -1$, tem-se $M^2 = I$, sendo I a matriz identidade de ordem 2.

Assinale a alternativa correta.

a) Somente a afirmativa 2 é verdadeira.
b) Somente a afirmativa 3 é verdadeira.
c) Somente as afirmativas 1 e 2 são verdadeiras.
d) Somente as afirmativas 2 e 3 são verdadeiras.
e) As afirmativas 1,2 e 3 são verdadeiras.

26. (UE-CE) Na matriz $M = \begin{bmatrix} 1 & 1 & 1 \\ x & 1 & 1 \\ x & x & 1 \end{bmatrix}$, o valor de *x* é $x = \log_2 y$, $y > 0$. Para que exista a matriz M^{-1}, inversa da matriz M, é necessário e suficiente que:

a) $y \neq 1$
b) $y \neq 2$
c) $y \neq \sqrt{2}$
d) $y \neq \sqrt{3}$

27. (Mackenzie-SP) Se D é o determinante da matriz $\begin{pmatrix} 3^x + 3^{-x} & 3^x - 3^{-x} \\ 3^x - 3^{-x} & 3^x + 3^{-x} \end{pmatrix}$, o valor de $\log_{\frac{1}{2}} D$ é:

a) –2
b) –1
c) 1
d) 2
e) 3

28. (UF-AM) Se $A = (a_{ij})_{3\times3}$ é uma matriz real definida por $a_{ij} = \begin{cases} i + j, \text{se } i > j \\ 2j - i, \text{se } i = j \\ i - j, \text{se } i < j \end{cases}$, então o determinante da matriz inversa da matriz A é:

a) 10
b) $\frac{1}{10}$
c) $-\frac{1}{10}$
d) $-\frac{1}{5}$
e) $\frac{1}{5}$

11 ÁREAS DE FIGURAS PLANAS

INTRODUÇÃO

Frequentemente usamos a geometria de objetos do nosso cotidiano para compreender conceitos matemáticos. A visualização e a medição desses objetos são estratégias para a descoberta e compreensão de propriedades geométricas.

Em situações tais como calcular as dimensões de um terreno, o custo para envernizar a superfície de uma porta, ou, ainda, o custo envolvido na confecção de um quadro, as quantidades envolvidas dependem do cálculo de áreas de superfícies. As imagens a seguir são exemplos de aplicações destes cálculos.

Alamy/Other Images

Fotografias em exposição.

Alamy/Glow Images

Estádio de Futebol de Wembley, Londres, Inglaterra.

Diomedia

Fachada colorida na Bahia.

Neste capítulo, vamos revisar alguns conteúdos estudados no ensino fundamental que serão úteis para a resolução de problemas de Geometria Métrica Espacial: **áreas de superfícies planas delimitadas**.

De modo geral, **área** é a medida da extensão de uma superfície, expressa em uma unidade padrão preestabelecida (a unidade de área é um quadrado de lado 1).

Mas, como são definidos os padrões de medida?

É o Sistema Internacional de Unidades (SI) que estabelece as unidades básicas de medidas e as unidades derivadas, as quais podem ser expressas a partir das unidades de base. Particularmente, estaremos nos referindo à unidade básica de comprimento — o metro — e às unidades dela derivadas, conforme mostrado na tabela abaixo:

	Unidade (SI)	
Grandeza	Nome	Símbolo
comprimento	metro	m
superfície	metro quadrado	m^2
volume	metro cúbico	m^3

O Sistema Métrico Decimal, criado durante a Revolução Francesa, e o depósito de dois padrões de platina nos Arquivos da República, em Paris, em 22 de junho de 1799, representando o metro e o quilograma, podem ser considerados como a primeira etapa que levou ao atual Sistema Internacional de Unidades.

Atualmente usa-se a seguinte definição de metro, adotada pela Convenção Geral de Pesos e Medidas, em 1983:

Metro é o comprimento do trajeto percorrido pela luz, no vácuo, durante um intervalo de tempo de $\frac{1}{299\,792\,458}$ de segundo.

Vamos agora estabelecer algumas relações entre certas unidades de medida:

$$1\text{ m} = 10\text{ dm} \Rightarrow \begin{cases} (1\text{m}) \cdot (1\text{m}) = (10\text{ dm}) \cdot (10\text{ dm}) \Rightarrow 1\text{ m}^2 = 100\text{ dm}^2 = 10^2\text{ dm}^2 \\ (1\text{m}) \cdot (1\text{m}) \cdot (1\text{m}) = (10\text{ dm}) \cdot (10\text{ dm}) \cdot (10\text{ dm}) \Rightarrow 1\text{ m}^3 = 1\,000\text{ dm}^3 = 10^3\text{ dm}^3 \end{cases}$$

$$1\text{ m} = 100\text{ cm} \Rightarrow \begin{cases} (1\text{m}) \cdot (1\text{m}) = (100\text{ cm}) \cdot (100\text{ cm}) \Rightarrow 1\text{ m}^2 = 10\,000\text{ cm}^2 = 10^4\text{ cm}^2 \\ (1\text{m}) \cdot (1\text{m}) \cdot 1(\text{m}) = (100\text{ cm}) \cdot (100\text{ cm}) \cdot (100\text{ cm}) \Rightarrow 1\text{ m}^3 = 10^6\text{ cm}^3 \end{cases}$$

ÁREA DO RETÂNGULO

A figura à esquerda representa o retângulo ABCD. Supondo que o lado $\overline{AB}$ mede 4 u.c. e o lado $\overline{BC}$ mede 5 u.c. — em que u.c. é a unidade de comprimento —, podemos dividir o retângulo em 20 pequenos quadrados, cada um dos quais com 1 unidade de área, conforme figura à direita.

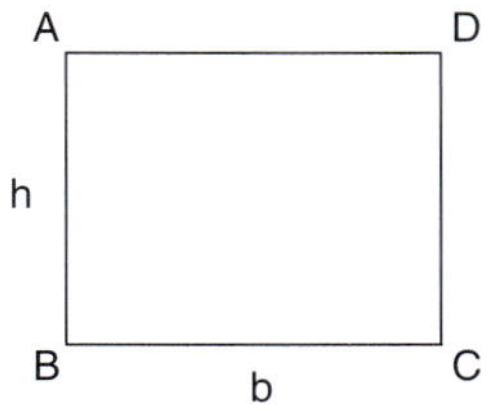

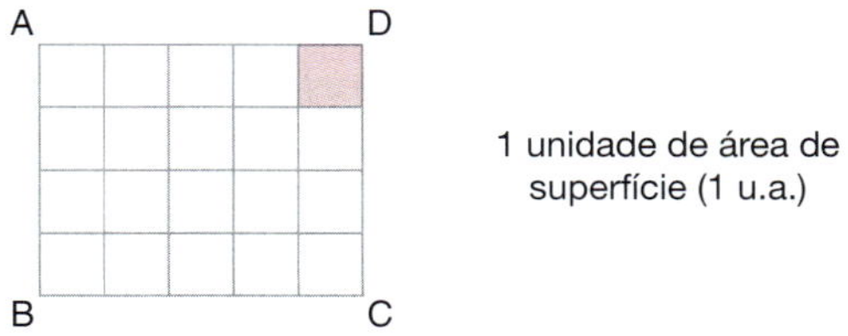

Assim, se no retângulo ABCD chamamos:

- A: área da superfície limitada pelo retângulo ABCD ou, simplesmente, área do retângulo ABCD;
- *b*: medida da base $\overline{BC}$;
- *h*: medida da altura $\overline{AB}$;

temos:

$$A = (5\text{ u.c.}) \cdot (4\text{ u.c.}) = 20\text{ u.a.}$$

ou seja:

$$A = b \cdot h$$

A área de um retângulo é igual ao produto da medida da base pela medida da altura.

Observação

De modo geral e sem perda de generalidade, a expressão $A = b \cdot h$ também pode ser usada para calcular a área de retângulos nos quais as medidas dos lados são expressas por números não inteiros.

Exemplo 1

Vamos calcular a área de um retângulo cujas dimensões são: 13,4 cm e 0,25 m.

Como, para o cálculo da área, as dimensões devem estar em uma mesma unidade, então, lembrando que 1 m = 100 cm, temos:

$$b = 13{,}4 \text{ cm e } h = 0{,}25 \cdot 100 \text{ cm} = 25 \text{ cm}$$

Assim, $A = b \cdot h \Rightarrow A = (13{,}4 \text{ cm}) \cdot (25 \text{ cm}) \Rightarrow A = 335 \text{ cm}^2$

Ou, ainda, no caso de $b = 13{,}4 \cdot \frac{1}{100} \text{ m} = 0{,}134 \text{ m}$ e $h = 0{,}25 \text{ m}$, temos:

$$A = (0{,}134 \text{ m}) \cdot (0{,}25 \text{ m}) \Rightarrow A = 0{,}0335 \text{ m}^2$$

ÁREA DO QUADRADO

Como todo quadrado é um retângulo cuja medida da base é igual à medida da altura, a fórmula da área do retângulo pode ser usada para obter-se a expressão da área de um quadrado.

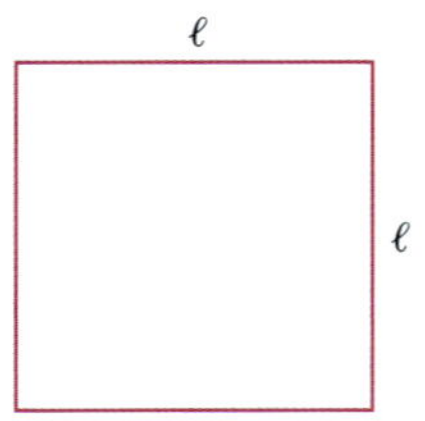

Dessa forma, se ℓ é a medida do lado de um quadrado, então, se $b = \ell$ e $h = \ell$, temos:

$$A = b \cdot h \Rightarrow A = \ell \cdot \ell \Rightarrow \boxed{A = \ell^2}$$

A área de um quadrado é igual ao quadrado da medida de seu lado.

EXERCÍCIOS RESOLVIDOS

1. Um artesão pretende usar retalhos para fazer uma colcha de formato retangular com as seguintes dimensões: 2,40 m de comprimento por 1,80 m de largura. Se os retalhos forem recortados em pedaços quadrados, cada qual com 20 cm de lado, quantos pedaços serão necessários para compor tal colcha?

Solução:

- Determinemos a área A_1 da superfície da colcha:

  Como $b = 2{,}40$ m e $h = 1{,}80$ m, então $A_1 = b \cdot h = (2{,}40 \text{ m}) \cdot (1{,}80 \text{ m}) = 4{,}32 \text{ m}^2$

- Seja *n* o total de pedaços de retalho que deverão compor a colcha.

  Como cada pedaço deverá ter a forma de um quadrado de 20 cm de lado, então a área A_2 de sua superfície é dada por $A_2 = \ell^2 = (20 \text{ cm}) \cdot (20 \text{ cm}) = (0{,}2 \text{ m}) \cdot (0{,}2 \text{ m}) = 0{,}04 \text{ m}^2$.

  Assim, a área da superfície dos *n* pedaços reunidos — que deverão revestir os 4,32 m² — será igual a $n \cdot A_2 = n \cdot 0{,}04 \text{ m}^2$.

Logo, como devemos ter $n \cdot A_2 = A_1$, então $n \cdot 0{,}04 = 4{,}32$, ou seja, $n = 108$ pedaços.

2. No interior de um parque P, cuja forma é a de um retângulo com superfície de 240 000 m² de área, há uma área de lazer L, de formato quadrado. Sabendo que a medida do lado de L corresponde a 6% da medida do comprimento de P e a 9% da medida da largura de P, determinar a área da superfície de L.

Solução:

Sejam *b* a medida do comprimento de P, *h* a medida da largura de P e ℓ a medida do lado de L.

Como a área de P é dada por $A = b \cdot h$, então, $b \cdot h = 240\,000\ m^2$. ①

É dado que $\begin{cases} \ell = 6\% \cdot b = \dfrac{6}{100}b \\ \ell = 9\% \cdot h = \dfrac{9}{100}h \end{cases} \Rightarrow \ell \cdot \ell = \dfrac{6b}{100} \cdot \dfrac{9h}{100} \Rightarrow \ell^2 = \dfrac{54}{10000}bh$ ②

Como L tem a forma de um quadrado, a área de sua superfície é igual a ℓ^2. Então, substituindo ① em ②, vem:

$$\ell^2 = \frac{54}{10000} \cdot 240000 \Rightarrow \ell^2 = 1\,296\ m^2$$

EXERCÍCIOS

1. Determine a área de:

a) um retângulo cujas dimensões são 6,5 cm e 12 cm.

b) um quadrado cujo lado mede $5\sqrt{3}$ m.

c) um retângulo cuja base mede 16 dm e cuja diagonal mede 20 dm.

d) um quadrado que tem 24 m de perímetro.

e) um retângulo cuja diagonal forma um ângulo de 30° com o lado que tem 12 dm de comprimento.

f) um quadrado cuja diagonal mede $5\sqrt{2}$ mm.

2. Um mapa de certa região foi construído na escala 1:20 000, isto é, cada centímetro no mapa corresponde a 20 000 cm = 200 m de medida real. Determine, em metros quadrados, a área real de uma chácara que, nesse mapa, é representada por um quadrado cujo lado mede 0,3 cm.

3. A figura apresenta uma malha quadriculada em que a medida do lado de cada quadradinho é 2,5 u.c. (unidades de comprimento). Determine a área da região colorida.

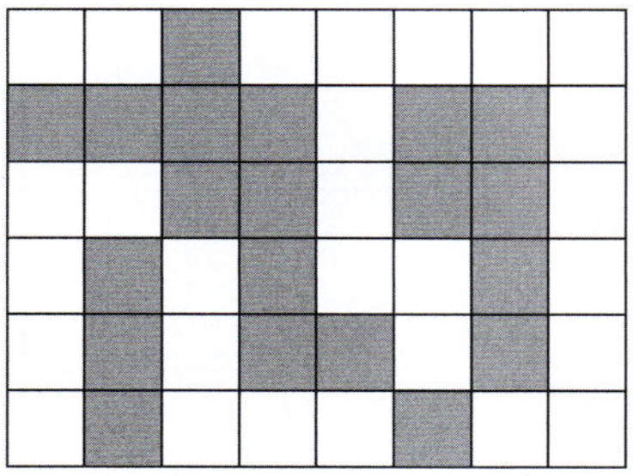

4. (PUC-MG) Certa peça de bijuteria é uma placa quadrada de metal com diagonal medindo, aproximadamente, $3\sqrt{3}$ cm. Se esse metal é comercializado por R$ 2,00 o centímetro quadrado, qual o custo do material usado na confecção dessa peça?

5. Um retângulo tem 28 cm de perímetro, e suas dimensões estão entre si na razão $\dfrac{3}{4}$. Determine sua área.

6. Na figura, a região colorida representa uma piscina de formato quadrado, construída no quintal de uma casa. Pretende-se reduzir 2 m das dimensões da superfície dessa piscina, de modo que ela passe a ocupar 36% da área do quintal. Se o quintal tem a forma de um quadrado cuja área é 225 m², determine em quantos metros quadrados aumentará a superfície do quintal não ocupada pela piscina.

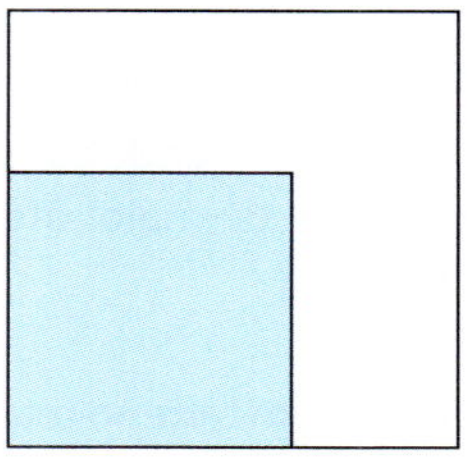

7. Determine as dimensões de um retângulo, sabendo que ele tem 22 dm de perímetro e sua área é igual a 30 dm².

8. A figura abaixo mostra a planta baixa da cozinha e da área de serviço de um apartamento.

Considerando desprezível a espessura das paredes, determine a área total da superfície das dependências mostradas.

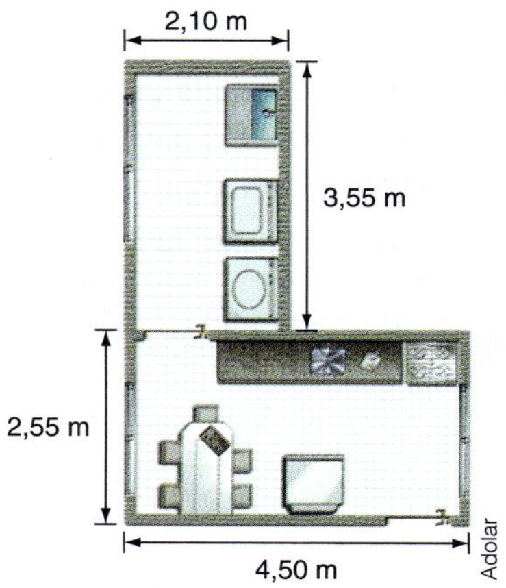

9. Na malha quadriculada apresentada abaixo, as regiões sombreadas - I, II, III e IV - representam as superfícies de quatro sítios planos onde, respectivamente, os irmãos - Artur, Lucas, Edson e Luiza - pretendem construir suas casas.

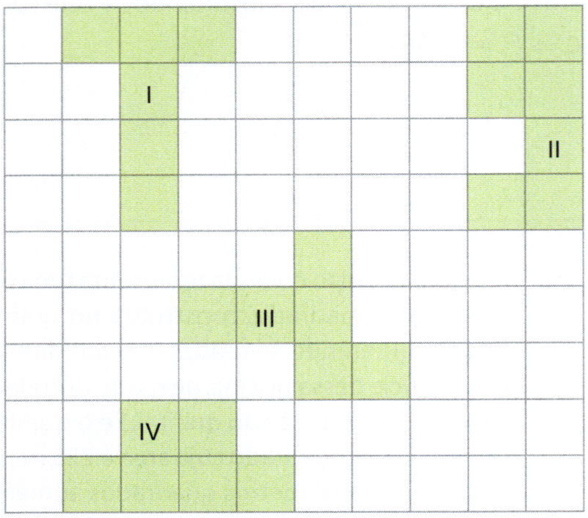

Sabendo que a área total da malha é 36 000 m^2,

a) quais sítios têm perímetros iguais?

b) qual dos irmãos pretende construir no sítio que tem a superfície de maior área? Qual é a área dessa superfície?

10. Afrânio dispõe de um terreno retangular e, pretendendo vendê-lo, dividiu-o em 4 lotes retangulares cujas medidas das áreas, em metros quadrados, são indicadas na figura seguinte:

750	300
600	X

Se o metro quadrado de cada lote for vendido por R$ 86,00, determine o preço de venda do lote cuja superfície tem X m^2 de área.

11. Para a apresentação de um espetáculo ao ar livre, foi destinada aos espectadores uma área retangular medindo 180 m de comprimento por 60 m de largura. Supondo que uma única pessoa ocupe uma área média de 2500 cm^2, qual o número máximo de pessoas que poderão assistir ao espetáculo na área reservada?

12. O piso retangular de uma sala, com 9,60 m de comprimento por 4,50 m de largura, deve ser revestido com ladrilhos quadrados. Admitindo-se que não haverá perda de material e que será utilizado o menor número de ladrilhos inteiros, pergunta-se:

a) quantos ladrilhos deverão ser colocados?

b) qual a área da superfície de cada ladrilho?

ÁREA DO PARALELOGRAMO

Determinemos a área do paralelogramo ABCD, representado na figura ao lado, em que *b* e *h* são as medidas da base e da altura, respectivamente.

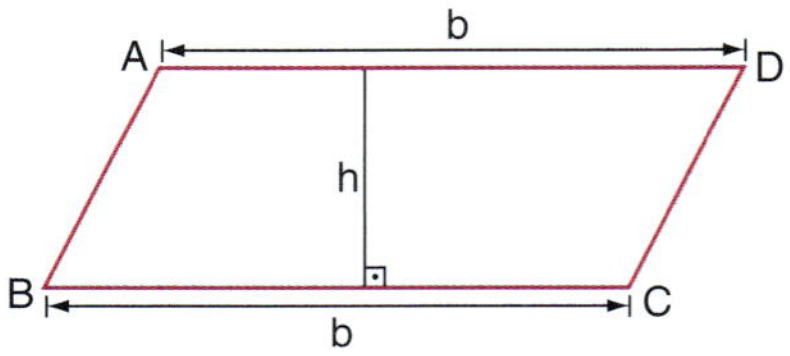

Observe que, projetando-se os vértices A e D sobre a reta $\overleftrightarrow{BC}$, obtêm-se os pontos P e Q, respectivamente, ficando assim determinado o retângulo APQD, como é mostrado na figura ao lado.

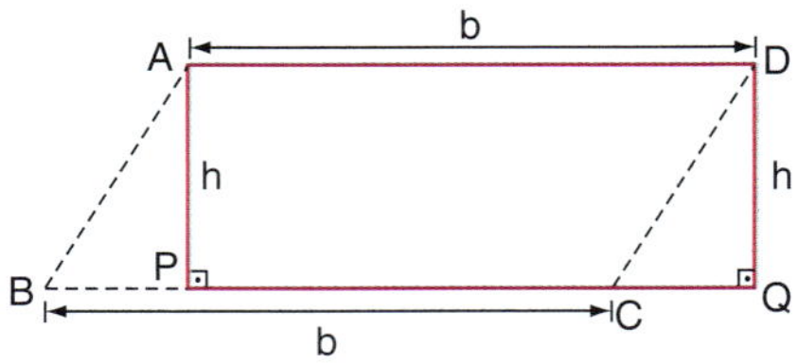

Note que os triângulos APB e DQC são congruentes e, portanto, têm áreas iguais.

Assim, a área do paralelogramo ABCD é igual à área do retângulo APQD, ou seja:

$$A = b \cdot h$$

A área de um paralelogramo é igual ao produto da medida da base pela medida da altura.

Exemplo 2

Vamos determinar a área do paralelogramo ABCD, representado na figura, considerando que a unidade das medidas indicadas é o centímetro.

Note que a altura do paralelogramo é a perpendicular $\overline{AH}$, traçada pelo vértice A à reta suporte do lado $\overline{BC}$.

Como o triângulo AHB é retângulo, então, pelo teorema de Pitágoras, temos:

$$AH^2 + HB^2 = AB^2 \Rightarrow AH^2 = 15^2 - 9^2 = 144 \Rightarrow AH = 12 \text{ cm}$$

Logo, a área de ABCD é:

$$A = BC \cdot AH = (6 \text{ cm}) \cdot (12 \text{ cm}) = 72 \text{ cm}^2$$

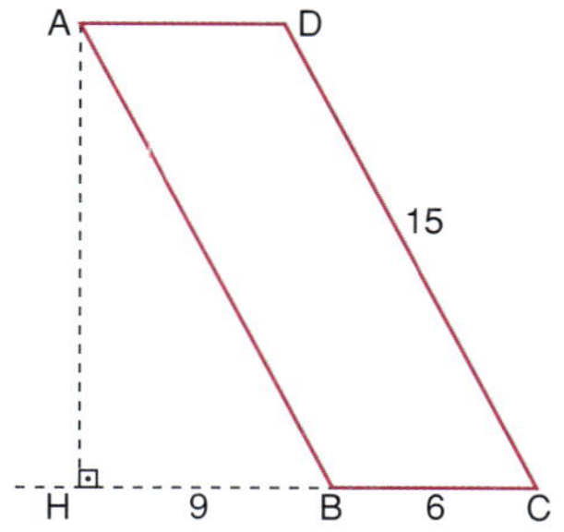

EXERCÍCIO RESOLVIDO

3. Originalmente o palco de um teatro tinha a forma de um retângulo ABCD, de dimensões 34 m e 12 m. Após uma reforma o palco passou a ter a forma do paralelogramo MNPQ, no qual dois lados consecutivos formam entre si um ângulo de 45°, conforme mostrado na figura. Se BN = QD = 2 m, quanto foi reduzido da área da superfície do palco original?

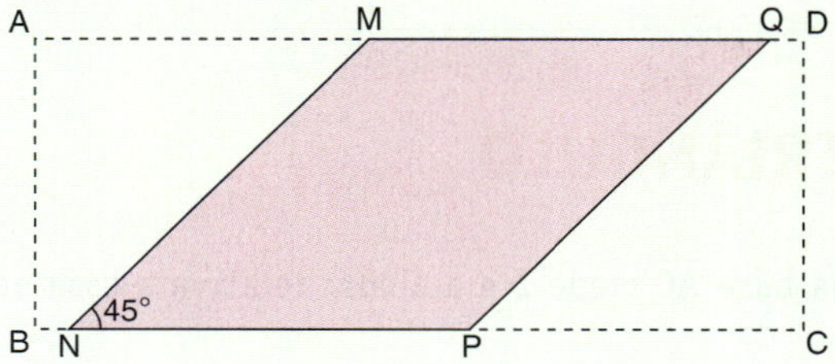

Solução:

Nos triângulos retângulos MH_1N e QH_2P, temos:

$$\text{tg } 45° = \frac{MH_1}{NH_1} \Rightarrow 1 = \frac{12}{NH_1} \Rightarrow NH_1 = 12 \text{ m}$$

$$\text{tg } 45° = \frac{QH_2}{PH_2} \Rightarrow 1 = \frac{12}{PH_2} \Rightarrow PH_2 = 12 \text{ m}$$

Assim, $BH_1 = BN + NH_1 = 14$ m e $PC = PH_2 + H_2C = 14$ m

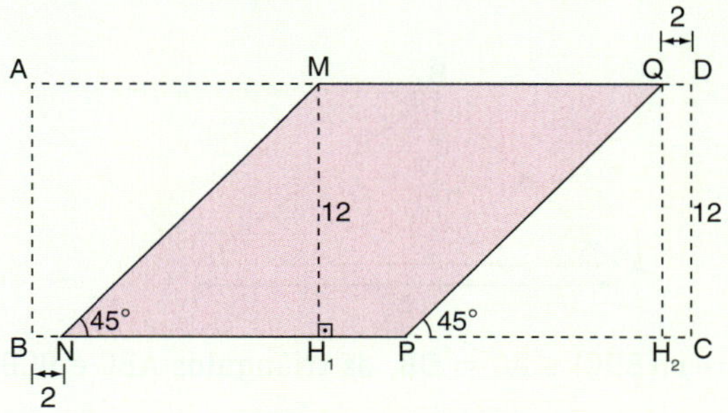

Como $H_1P = BC - (BH_1 + PC)$, então $H_1P = 34 \text{ m} - 28 \text{ m} = 6$ m.

A base $\overline{NP}$ do paralelogramo é tal que $NP = NH_1 + H_1P$, ou seja, $NP = 12 \text{ m} + 6 \text{ m} = 18$ m. Assim temos:

A_1: área da superfície do palco original $\Rightarrow A_1 = (BC) \cdot (AB) = (34 \text{ m}) \cdot (12 \text{ m}) = 408 \text{ m}^2$

A_2: área da superfície do novo palco $\Rightarrow A_2 = (NP) \cdot (MH_1) = (18 \text{ m}) \cdot (12 \text{ m}) = 216 \text{ m}^2$

Logo, após a reforma, a superfície do palco original foi reduzida de $A_1 - A_2 = 192 \text{ m}^2$.

EXERCÍCIOS

13. Em cada caso, determine a área do paralelogramo ABCD, considerando que a unidade das medidas indicadas é o centímetro.

a)

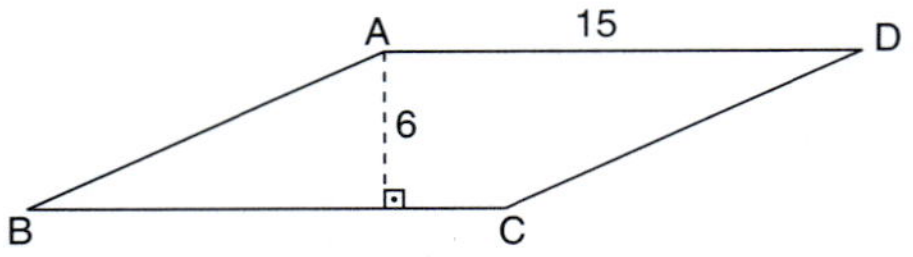

b)

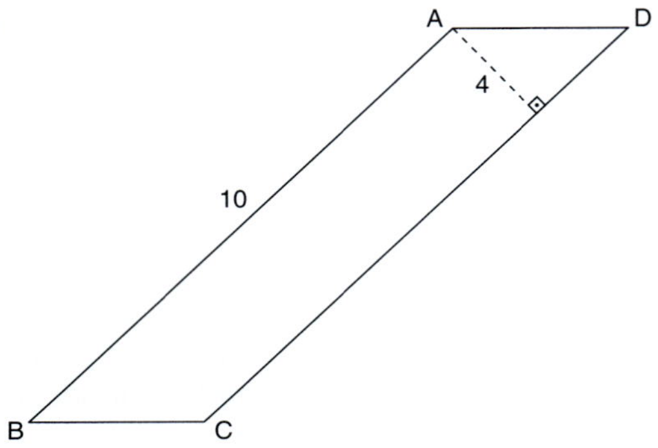

c)

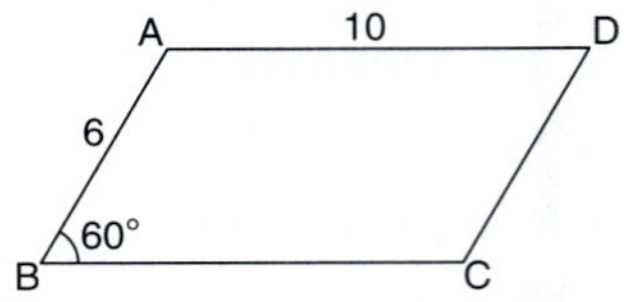

14. A superfície plana de um jardim, no formato de um paralelogramo cujos lados medem 8 m e 12 m e formam entre si um ângulo de 60°, deve ser coberta de grama. Qual é a área desse jardim?

15. Calcule o perímetro e a área de um paralelogramo sabendo que suas diagonais medem 6 cm e 12 cm e que um dos ângulos que elas formam entre si mede 120°.

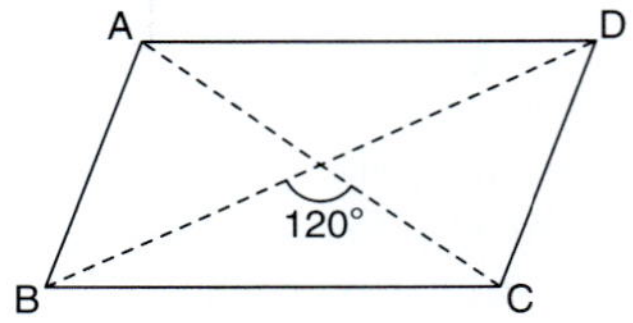

ÁREA DO TRIÂNGULO

Seja o triângulo ABC, cuja base $\overline{AC}$ mede *b* e a altura relativa a essa base mede *h*, representado na figura abaixo.

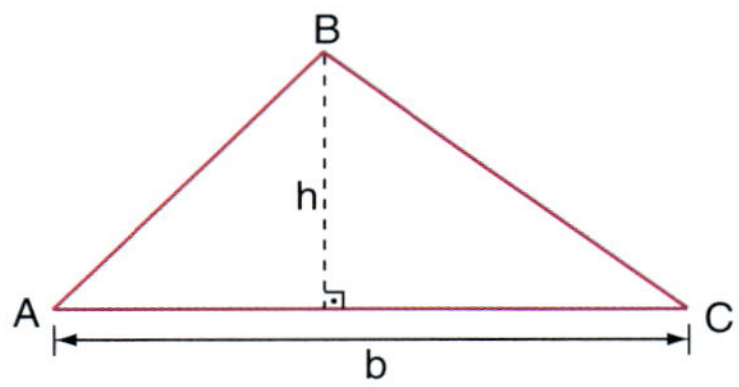

Note que as respectivas paralelas aos lados $\overline{AC}$ e $\overline{AB}$, traçadas pelos vértices B e C, interceptam-se no ponto D, determinando assim o paralelogramo ABCD, cujas medidas da base e da altura são *b* e *h*, conforme mostrado na figura abaixo.

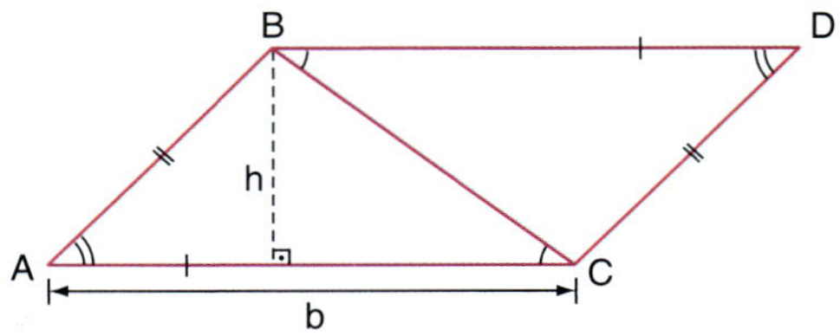

Como AB = DC, m(BÂC) = m(BD̂C) e AC = DB, os triângulos ABC e DCB são congruentes e, portanto, suas áreas são iguais.

Logo, a área do triângulo ABC é igual à metade da área do paralelogramo ABCD, ou seja:

$$A = \frac{b \cdot h}{2}$$

A área de um triângulo é igual à metade do produto da medida da base pela medida da altura.

Observação

De modo geral, se h_a, h_b e h_c são as respectivas medidas das alturas relativas aos lados de medidas *a*, *b* e *c*, temos:

$$A = \frac{a \cdot h_a}{2} \text{ ou } A = \frac{b \cdot h_b}{2} \text{ ou } A = \frac{c \cdot h_c}{2}$$

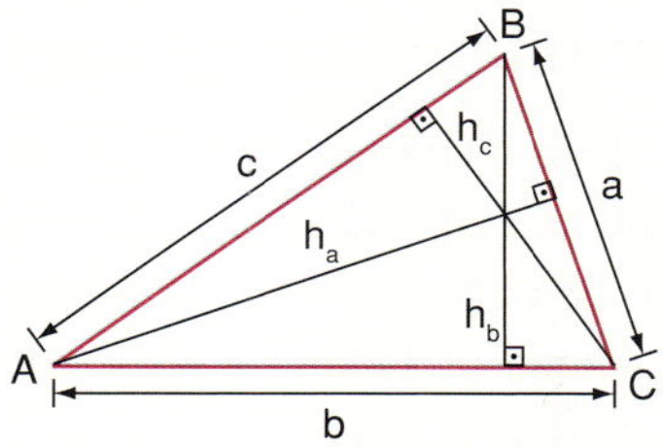

Expressões da área de um triângulo

Em função das medidas de dois lados e do seno do ângulo compreendido entre eles

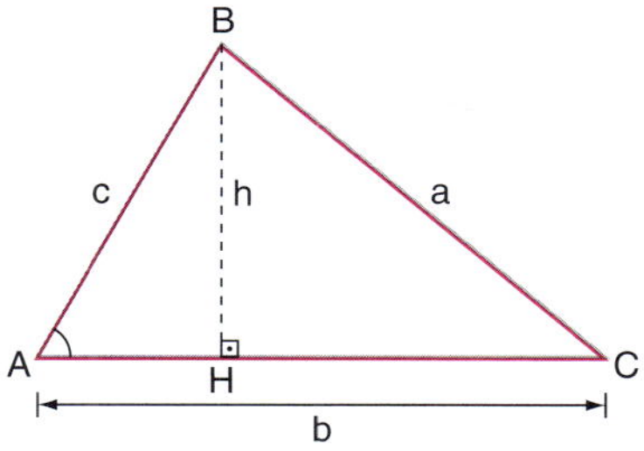

Como já foi visto na Trigonometria, no triângulo ABC representado na figura, sejam: Â a medida do ângulo do vértice A, *h* a medida da altura relativa ao lado $\overline{AC}$ e *c* a medida do lado $\overline{AB}$.

No triângulo retângulo AHB, temos:

$$\text{sen } \hat{A} = \frac{h}{c} \Rightarrow h = c \cdot \text{sen } \hat{A}$$

Como a área do triângulo ABC é dada por $A = \frac{b \cdot h}{2}$, então:

$$A = \frac{1}{2} \cdot b \cdot c \cdot \text{sen } \hat{A}$$

Da mesma forma, obtêm-se: $A = \frac{1}{2} \cdot a \cdot c \cdot \text{sen } \hat{B}$ e $A = \frac{1}{2} \cdot a \cdot b \cdot \text{sen } \hat{C}$.

Exemplo 3

Dado um triângulo ABC, em que AB = 12 cm, BC = 18 cm e m(A$\hat{B}$C) = 30°, vamos determinar a sua área de duas maneiras:

1ª) encontrando, inicialmente, a medida de uma de suas alturas.

Na figura abaixo, temos: AH = h_a, medida da altura relativa ao lado de medida BC = a.

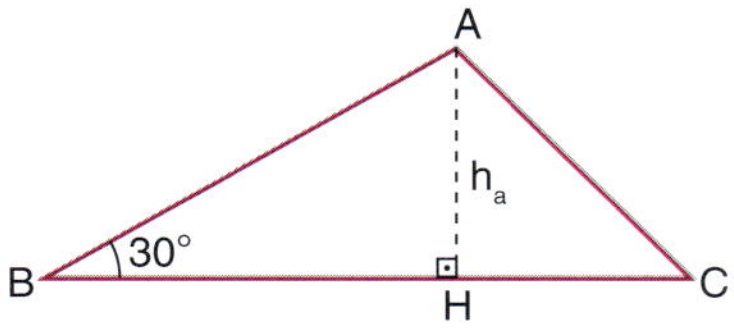

Como △AHB é retângulo, então:

$$\text{sen } 30° = \frac{h_a}{AB} \Rightarrow \frac{1}{2} = \frac{h_a}{12} \Rightarrow h_a = 6 \text{ cm}$$

A área do △ABC é: $A = \frac{a \cdot h_a}{2}$, ou seja, $A = \frac{(18 \text{ cm}) \cdot (6 \text{ cm})}{2} = 54 \text{ cm}^2$.

2ª) usando a expressão da área do triângulo na forma $A = \frac{1}{2} \cdot a \cdot c \cdot \text{sen } \hat{B}$, já que foram dadas as medidas de dois lados e a do ângulo compreendido entre eles.

Assim, temos:

$$A = \frac{1}{2} \cdot BC \cdot AB \cdot \text{sen } 30° \Rightarrow A = \frac{1}{2} \cdot 18 \cdot 12 \cdot \frac{1}{2} \Rightarrow A = 54 \text{ cm}^2$$

Em função das medidas de seus lados e da medida do raio da circunferência inscrita

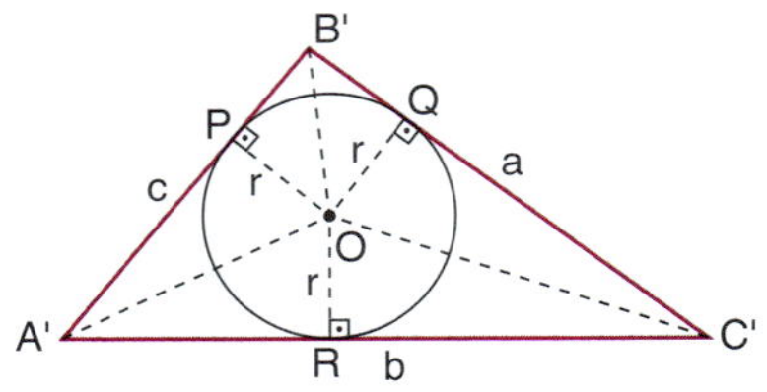

Seja o triângulo A'B'C' representado na figura ao lado, em que *a*, *b* e *c* são as respectivas medidas dos lados $\overline{B'C'}$, $\overline{A'C'}$ e $\overline{A'B'}$, e *r* a medida do raio da circunferência de centro O, inscrita nesse triângulo.

Como os lados de A'B'C' são tangentes à circunferência, então $\overline{OP}$, $\overline{OQ}$ e $\overline{OR}$ são perpendiculares a $\overline{A'B'}$, $\overline{B'C'}$ e $\overline{A'C'}$, respectivamente, ou seja:

- OP = r (medida da altura do triângulo A'OB', relativa ao lado $\overline{A'B'}$);
- OQ = r (medida da altura do triângulo B'OC', relativa ao lado $\overline{B'C'}$);
- OR = r (medida da altura do triângulo A'OC', relativa ao lado $\overline{A'C'}$).

Chamando A a área de A'B'C', A_1 a área de A'OB', A_2 a área de B'OC' e A_3 a área de A'OC', então, como $A = A_1 + A_2 + A_3$, temos:

$A = \frac{cr}{2} + \frac{ar}{2} + \frac{br}{2} = \frac{(a + b + c) \cdot r}{2}$ e, como $\frac{a + b + c}{2} = p$ (semiperímetro), obtemos: $A = p \cdot r$

Exemplo 4

A área de um triângulo ABC é igual a 180 cm², e dois de seus lados medem 15 cm e 21 cm. Vamos determinar a medida do terceiro lado desse triângulo, sabendo que a medida do raio da circunferência nele inscrita é 6 cm.

Chamamos *x* a medida do terceiro lado do triângulo ABC.

Como o seu perímetro é $2p = x + 15 + 21$, obtém-se $p = \frac{x + 36}{2}$. ①

Considerando a área A do triângulo ABC dada por $A = p \cdot r$, então, como $A = 180 \text{ cm}^2$ e $r = 6$ cm, obtém-se:

$$180 = 6p \Rightarrow p = 30 \text{ cm} \quad ②$$

Substituindo ② em ①, temos:

$$30 = \frac{x + 36}{2} \Rightarrow x + 36 = 60 \Rightarrow x = 24 \text{ cm}$$

Em função das medidas dos lados e da medida do raio da circunferência circunscrita

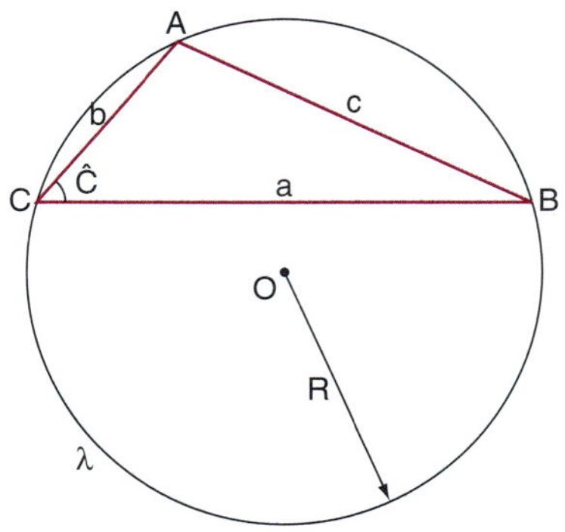

Seja o triângulo ABC inscrito na circunferência λ de centro O e raio de medida R, como mostra a figura ao lado.

Já vimos que a área do triângulo ABC pode ser calculada por:

$A = \frac{1}{2} \cdot a \cdot b \cdot \text{sen } \hat{C}$ ①

Usando a lei dos senos, podemos escrever:

$\frac{c}{\text{sen } \hat{C}} = 2R \Rightarrow \text{sen } \hat{C} = \frac{c}{2R}$ ②

Substituindo ② em ① vem:

$A = \frac{1}{2} \cdot a \cdot b \cdot \frac{c}{2R}$

$$A = \frac{a \cdot b \cdot c}{4R}$$

Exemplo 5

Na figura, temos o triângulo ABC, inscrito em uma circunferência de centro O e raio de medida R. Sabendo que a medida do ângulo central $A\hat{O}C$ é 120° e os lados $\overline{AB}$, $\overline{BC}$ e $\overline{CA}$ medem $c = 2(\sqrt{6} + \sqrt{2})$ cm, $a = 4\sqrt{2}$ cm e $b = 4\sqrt{3}$ cm, respectivamente, vamos calcular a área do triângulo ABC.

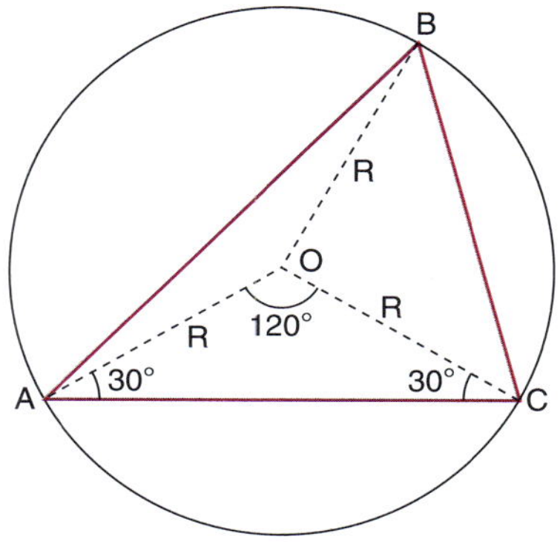

Aplicando a lei dos senos no $\triangle AOC$, temos:

$$\frac{R}{\text{sen } 30°} = \frac{b}{\text{sen } 120°} \Rightarrow \frac{R}{\frac{1}{2}} = \frac{4\sqrt{3}}{\frac{\sqrt{3}}{2}} \Rightarrow R = 4 \text{ cm}$$

Como a área do triângulo pode ser calculada pela expressão $A = \frac{abc}{4R}$, vem:

$$A = \frac{4\sqrt{2} \cdot 4\sqrt{3} \cdot 2(\sqrt{6} + \sqrt{2})}{4 \cdot 4} = 2\sqrt{6}(\sqrt{6} + \sqrt{2}) \Rightarrow A = 4(3 + \sqrt{3}) \text{ cm}^2$$

Casos particulares

Área do triângulo retângulo

Observe na figura que, no triângulo ABC, o cateto $\overline{AB}$ é a altura relativa ao cateto $\overline{AC}$. Assim, se $AB = c$ e $AC = b$, a área A do triângulo é dada por:

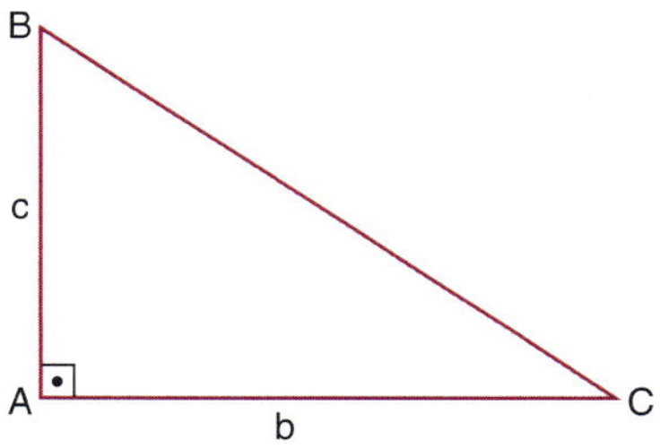

$$A = \frac{b \cdot c}{2}$$

Área do triângulo equilátero

Se ℓ é a medida do lado do triângulo equilátero ABC, representado na figura, temos:

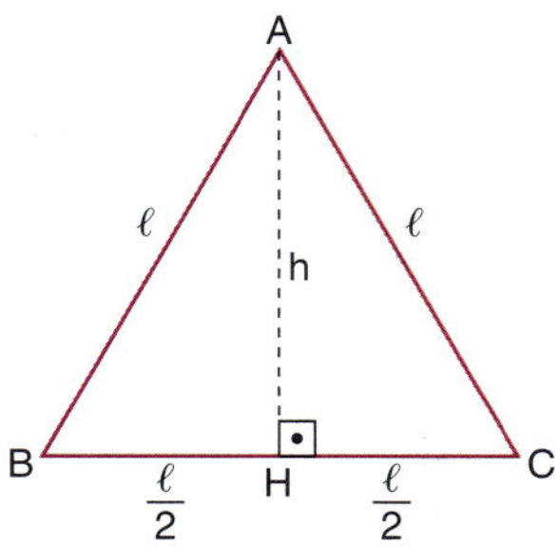

$\overline{AH}$ é altura e mediana relativas ao lado $\overline{BC}$ $\Rightarrow$

$$\Rightarrow \begin{cases} \overline{AH} \perp \overline{BC} \\ \text{H é o ponto médio de } \overline{BC} \Rightarrow HC = \frac{BC}{2} = \frac{\ell}{2} \end{cases}$$

Aplicando-se o teorema de Pitágoras no $\triangle AHC$, vem:

$$\ell^2 = h^2 + \left(\frac{\ell}{2}\right)^2 \Rightarrow h^2 = \ell^2 - \frac{\ell^2}{4} = \frac{3\ell^2}{4} \Rightarrow h = \frac{\ell\sqrt{3}}{2}$$

Logo, $A = \frac{b \cdot h}{2} = \frac{1}{2} \cdot \ell \cdot \frac{\ell\sqrt{3}}{2} \Rightarrow$ $A = \frac{\ell^2 \cdot \sqrt{3}}{4}$

EXERCÍCIO RESOLVIDO

4. Determinar a área do quadrilátero ABCD representado na figura, sabendo que: AB = 6 cm; AD = 10 cm; a diagonal $\overline{AC}$ determina com os lados $\overline{AD}$ e $\overline{CD}$ ângulos de 60°; o lado $\overline{BC}$ é perpendicular ao lado $\overline{AB}$.

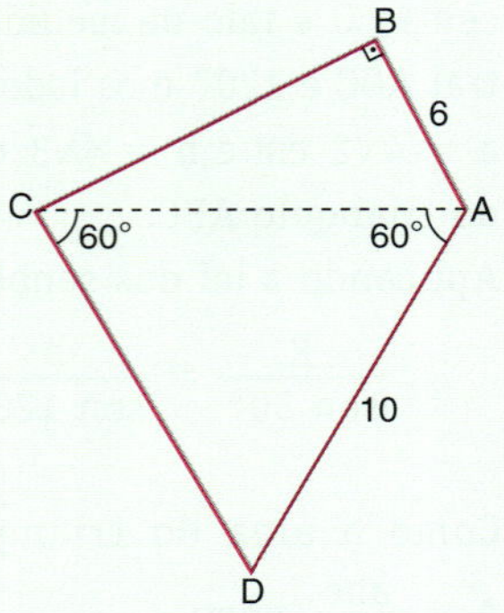

Solução:

A área A do quadrilátero ABCD é tal que $A = A_1 + A_2$, em que A_1 e A_2 são as áreas dos triângulos ACD e ABC, respectivamente.

- Cálculo de A_1:

  Como $m(A\hat{C}D) = m(D\hat{A}C) = 60°$, então $m(A\hat{D}C) = 60°$, ou seja, o $\triangle ACD$ é equilátero e sua área é dada por:

$$A_1 = \frac{\ell^2 \cdot \sqrt{3}}{4} \Rightarrow A_1 = \frac{10^2 \cdot \sqrt{3}}{4} \Rightarrow A_1 = 25\sqrt{3}\ \text{cm}^2$$

- Cálculo de A_2:

  Como o $\triangle ABC$ é retângulo em B, então, pelo teorema de Pitágoras, temos:

$$AC^2 = BC^2 + AB^2 \Rightarrow 10^2 = BC^2 + 6^2 \Rightarrow BC = 8\ \text{cm}$$

  Assim, $A_2 = \frac{1}{2}(BC) \cdot (AB) \Rightarrow A_2 = \frac{1}{2} \cdot 8 \cdot 6 \Rightarrow A_2 = 24\ \text{cm}^2$

Logo, a área do quadrilátero ABCD é: $A = A_1 + A_2 = \left(25\sqrt{3} + 24\right)\ \text{cm}^2$

EXERCÍCIOS

16. Determine a área de cada um dos triângulos representados nas figuras seguintes, nas quais a unidade das medidas indicadas é o metro.

a)

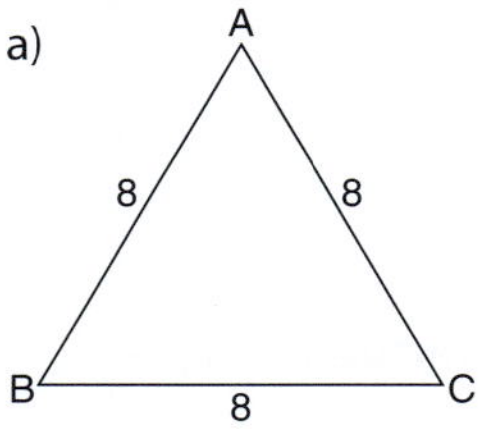

b)

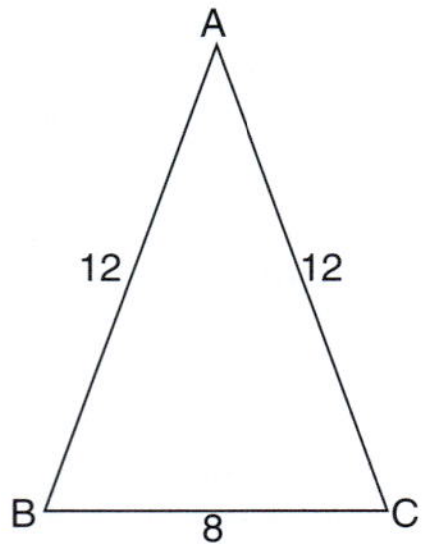

c)

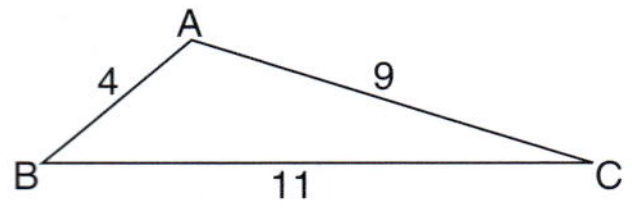

d)

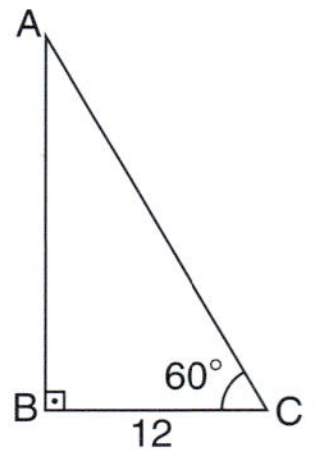

e)

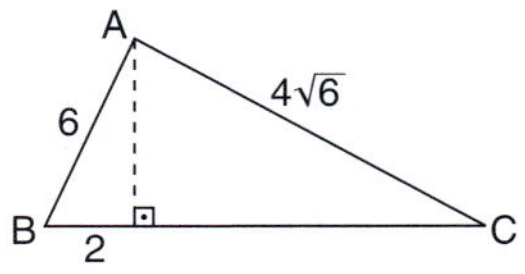

17. Calcule a área do triângulo em cada um dos seguintes casos:

a) A medida de um lado é 12 cm, e a altura relativa a esse lado mede 8 cm.

b) As medidas dos lados são 8 m, 10 m e 14 m.

c) O triângulo é equilátero, e os lados medem 6 dm.

d) O triângulo é isósceles, os lados congruentes medem 12 m, e o outro lado mede 6 m.

e) O triângulo é retângulo, e os catetos medem 3,6 cm e 4,8 cm.

f) O triângulo é retângulo, com um dos catetos e a hipotenusa medindo 12 dm e 18 dm, respectivamente.

g) Dois lados, que medem 14 m e 18 m, determinam entre si um ângulo que mede 120°.

18. Sabe-se que para desenhar uma bandeira, inicialmente, Valentina dividiu uma folha de papel em quadradinhos congruentes e, depois, para poder pintá-la, apagou parte do quadriculado para que ela ficasse da forma como é mostrado na figura da direita.

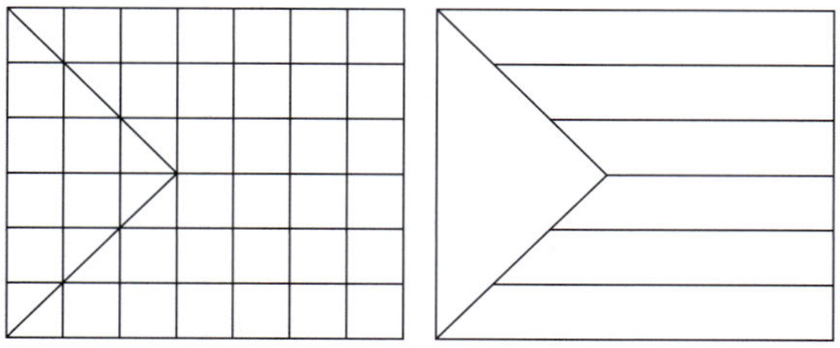

Se as dimensões da folha eram (0,24 m) × (0,28 m), determine a área da superfície triangular da bandeira, em centímetros quadrados.

19. Sobre a figura abaixo sabe-se que ABCD é um quadrado, AB = 6 cm e C é ponto médio do segmento $\overline{AE}$.

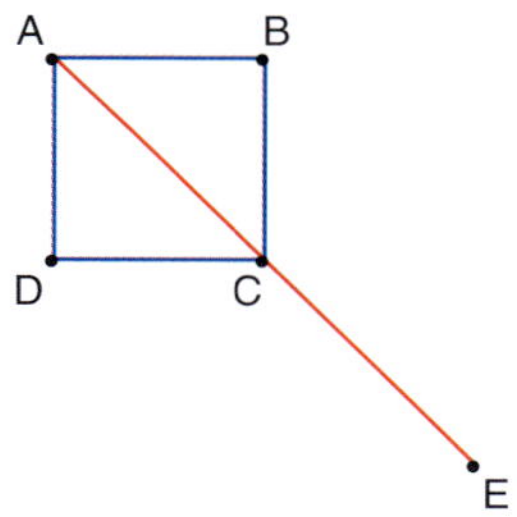

Determine a área do triângulo BCE, em centímetros quadrados.

20. A superfície da mesa mostrada na figura é um quadrado, composto de quatro triângulos isósceles congruentes cujos lados congruentes medem $\frac{3\sqrt{2}}{5}$ m.

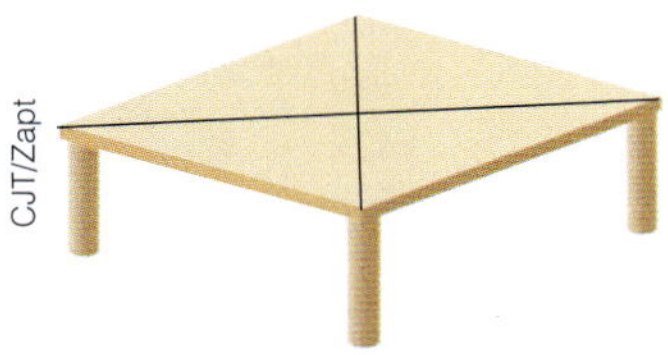

Determine a área da superfície dessa mesa.

21. Determine a área de um triângulo retângulo tal que a soma das medidas dos catetos é igual a 28 cm e a soma dos quadrados das medidas dos três lados é igual a 800 cm².

22. Na figura, o retângulo ABCD foi dividido em quadrados de 2 cm de lado.

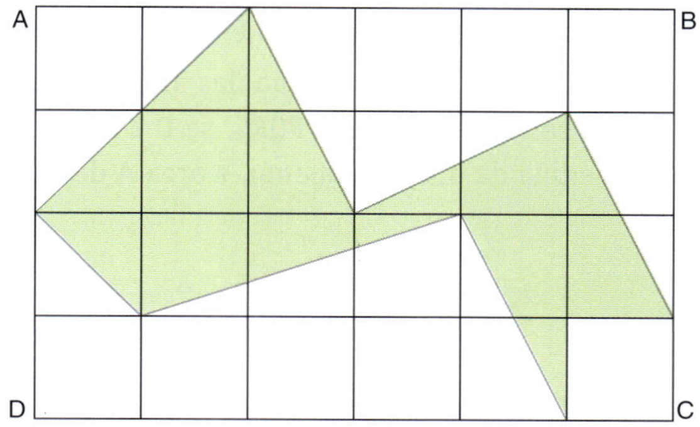

Qual é a área da região sombreada, em centímetros quadrados?

23. Kátia levou 20 peças de seu enxoval a uma costureira, para que ela confeccionasse e aplicasse, em cada peça, o monograma mostrado na figura abaixo.

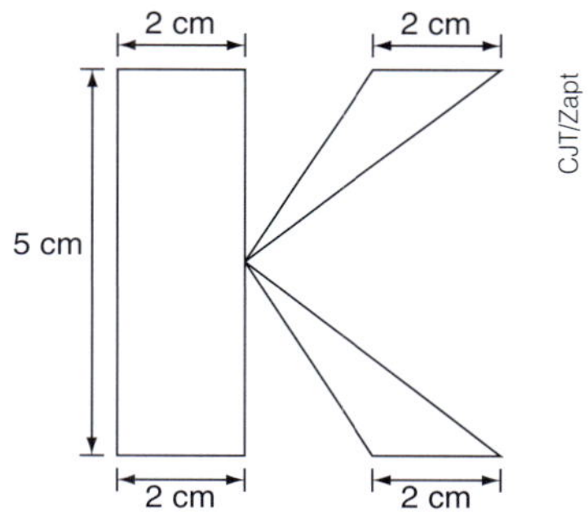

Considerando que para fazer esse monograma a costureira cobra pelo tecido usado, ao custo de R$ 120,00 o metro quadrado, e pela sua mão de obra, R$ 7,50 por monograma confeccionado e aplicado, determine a quantia que Kátia deverá desembolsar pelo serviço contratado.

24. Um triângulo equilátero ABC tem 8 cm de lado. Se a medida de cada lado desse triângulo for acrescida de seus 25%, que porcentagem de acréscimo sofrerá a área de ABC?

25. Determinar a área de um triângulo equilátero, sabendo que o raio do círculo que o circunscreve mede 4 dm.

26. Determine a medida do raio de uma circunferência inscrita em um triângulo isósceles de lados 10 cm, 10 cm e 12 cm.

ÁREA DO LOSANGO

Considerando que o losango é um paralelogramo cujas medidas dos lados são iguais e as diagonais são perpendiculares entre si, observe na figura que ele pode ser decomposto em quatro triângulos retângulos congruentes e sua área é a soma das áreas desses triângulos.

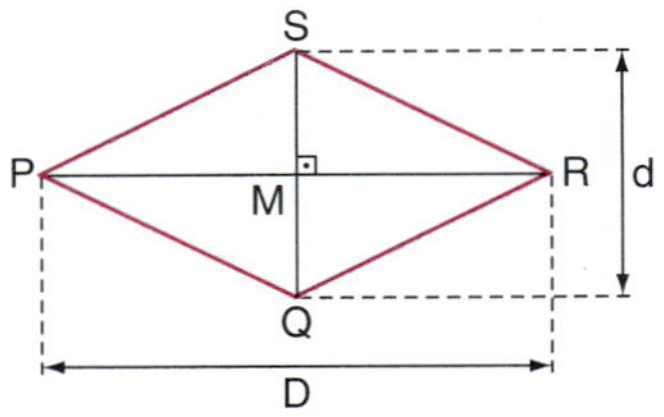

Assim sendo, no losango PQRS, se D é a medida da diagonal maior e *d* é a medida da diagonal menor, a área A de sua superfície é tal que:

$$A = 4 \cdot A_{QMR} = 4 \cdot \frac{1}{2} \cdot \frac{D}{2} \cdot \frac{d}{2} \Rightarrow \boxed{A = \frac{D \cdot d}{2}}$$

A área de um losango é igual à metade do produto das medidas das diagonais.

Exemplo 6

Vamos determinar a área do losango cujo lado mede 6 dm e um dos ângulos internos mede 120°.

Se *d* e D são as respectivas medidas das diagonais menor e maior do losango representado na figura, temos:

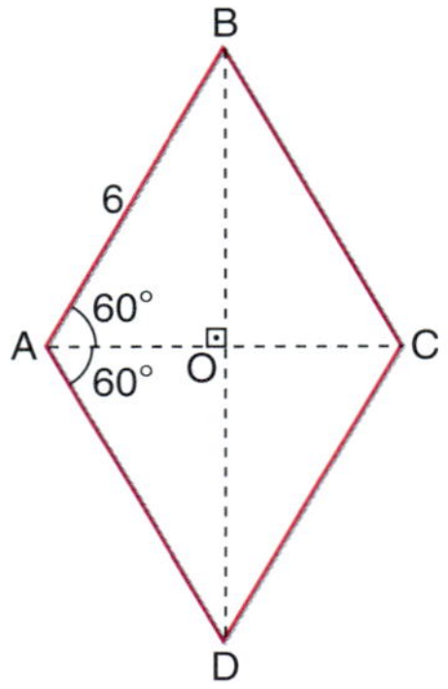

$$AO = \frac{d}{2} \text{ e } BO = \frac{D}{2}, \text{ ou seja, } d = 2 \cdot AO \text{ e } D = 2 \cdot BO$$

Como o triângulo AOB é retângulo em O, vem:

$$\begin{cases} \cos 60° = \dfrac{AO}{AB} \Rightarrow \dfrac{1}{2} = \dfrac{AO}{6} \Rightarrow AO = 3 \text{ dm} \\ \text{sen } 60° = \dfrac{BO}{AB} \Rightarrow \dfrac{\sqrt{3}}{2} = \dfrac{BO}{6} \Rightarrow BO = 3\sqrt{3} \text{ dm} \end{cases}$$

Assim, $d = 2 \cdot AO = 2 \cdot (3 \text{ dm}) = 6 \text{ dm}$ e $D = 2 \cdot BO = 2 \cdot \left(3\sqrt{3} \text{ dm}\right) = 6\sqrt{3} \text{ dm}$

Logo, a área do losango ABCD é: $A = \dfrac{D \cdot d}{2} = \dfrac{\left(6\sqrt{3}\right) \cdot 6}{2} \Rightarrow A = 18\sqrt{3} \text{ dm}^2$

Observação

Acompanhe outras opções de resolução do Exemplo 6:

- Calcular a área A_{ABD} do $\triangle ABD$. Como a área do losango é $A = 2 \cdot A_{ABD}$, teríamos:

$$A_{ABD} = \frac{1}{2} \cdot 6 \text{ dm} \cdot 6 \text{ dm} \cdot \text{sen } 120° = 9\sqrt{3} \text{ dm}^2 \Rightarrow A = 18\sqrt{3} \text{ dm}^2$$

- Observar na figura que o $\triangle ABC$ é um triângulo equilátero de lado 6 dm. Assim, teríamos:

$$A_{ABC} = \frac{AC^2 \cdot \sqrt{3}}{4} \Rightarrow A_{ABC} = \frac{(6 \text{ dm})^2 \cdot \sqrt{3}}{4} \Rightarrow A_{ABC} = 9\sqrt{3} \text{ dm}^2$$

Como a área do losango é $A = 2 \cdot A_{ABC}$, então $A = 18\sqrt{3} \text{ dm}^2$.

EXERCÍCIO RESOLVIDO

5. Francineide usou uma folha de papel quadriculado para desenhar a bandeira do Brasil. Desconhecendo as reais dimensões da bandeira brasileira, ela iniciou o seu desenho construindo o losango central para, então, pintar de verde a sua parte externa, como é mostrado na figura ao lado.

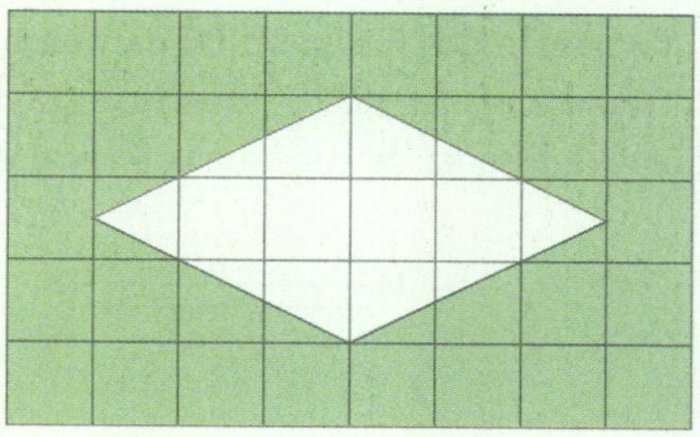
CJT/Zapt

Se as dimensões da folha são 10 cm × 16 cm, determinar:

a) a medida do lado do losango;

b) a área da região pintada de verde.

Solução:

a) Como as dimensões da folha são 10 cm × 16 cm, então a medida do lado de cada um dos 40 quadradinhos é 2 cm. Assim, D = 12 cm e d = 6 cm são as respectivas medidas da diagonal maior e menor do losango.

Considerando o triângulo retângulo MOQ, então, se ℓ é a medida do lado do losango, temos:

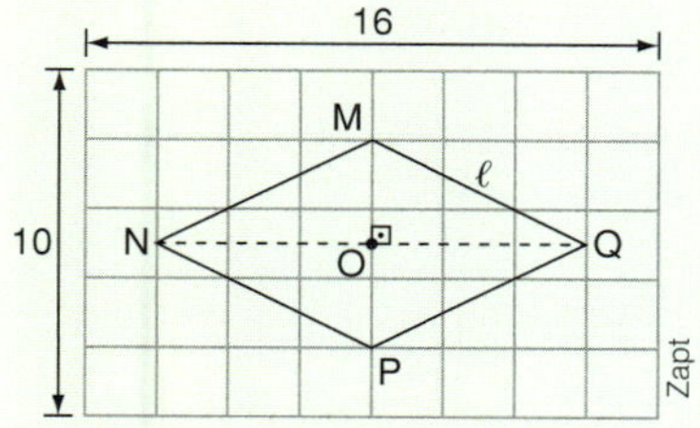

Zapt

$$\ell^2 = \left(\frac{D}{2}\right)^2 + \left(\frac{d}{2}\right)^2 = \left(\frac{12}{2}\right)^2 + \left(\frac{6}{2}\right)^2 = 36 + 9 = 45 \Rightarrow \ell = 3\sqrt{5} \text{ cm}$$

b) Se A é a área da região pintada de verde, A_1, a área da folha de papel, e A_2, a área do losango, temos:

$A_1 = (10 \text{ cm}) \cdot (16 \text{ cm}) = 160 \text{ cm}^2$

$$A_2 = \frac{D \cdot d}{2} = \frac{(12 \text{ cm}) \cdot (6 \text{ cm})}{2} = 36 \text{ cm}^2$$

Como $A = A_1 - A_2$, então $A = (160 - 36) \text{ cm}^2 = 124 \text{ cm}^2$.

EXERCÍCIOS

27. Em cada caso, determine a área do losango ABCD, considerando o decímetro como a unidade das medidas indicadas.

a)

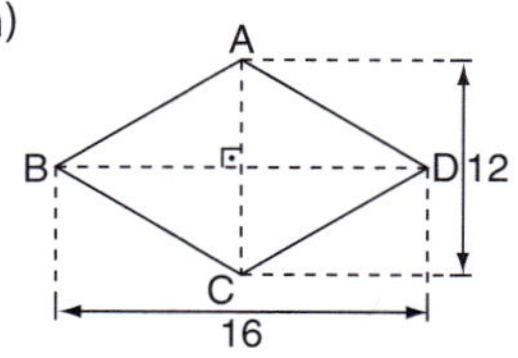

b)

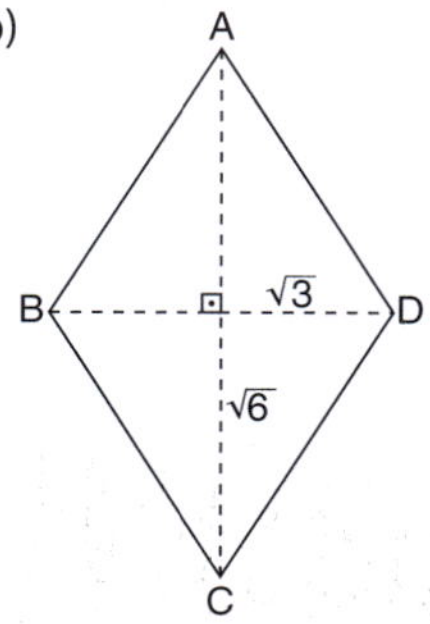

c)

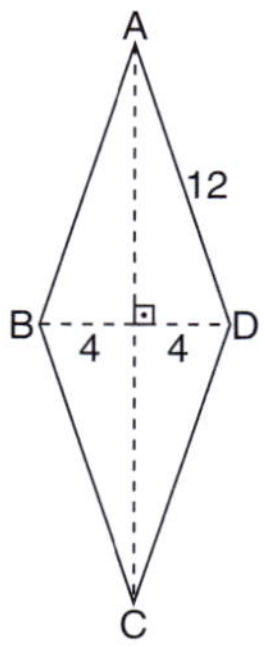

28. Determine a área do losango sob as seguintes condições:

a) A medida do lado é 8 cm, e uma das diagonais mede 12 cm.

b) O perímetro é 40 dm e a diagonal maior mede 16 dm.

c) O perímetro é 60 cm, e dois lados formam entre si um ângulo de 120°.

d) As diagonais estão entre si na razão $\frac{3}{4}$, e o perímetro é 50 m.

e) A soma e o produto das medidas das diagonais são, respectivamente, 126 cm e 3 888 cm².

29. Em um mapa, feito em uma escala de 90 km por 1 cm, certo município aparece representado por um losango cujo lado mede 1,25 cm. Sabendo que as medidas das diagonais estão entre si assim como 3 está para 4, determine a área real desse município, em quilômetros quadrados.

ÁREA DO TRAPÉZIO

Considere o trapézio MNPQ da figura (1), no qual as bases $\overline{MQ}$ e $\overline{NP}$ medem *b* e B, respectivamente.

Observe, na figura (2), que esse trapézio pode ser decomposto em dois triângulos T_1 e T_2, de mesma altura e tais que a soma de suas áreas é igual à área A de MNPQ.

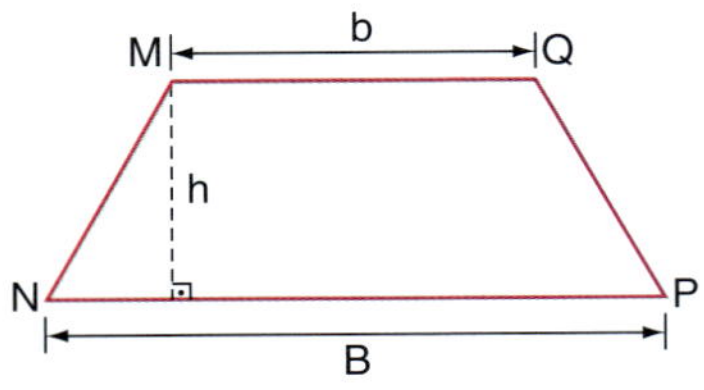

Figura (1)

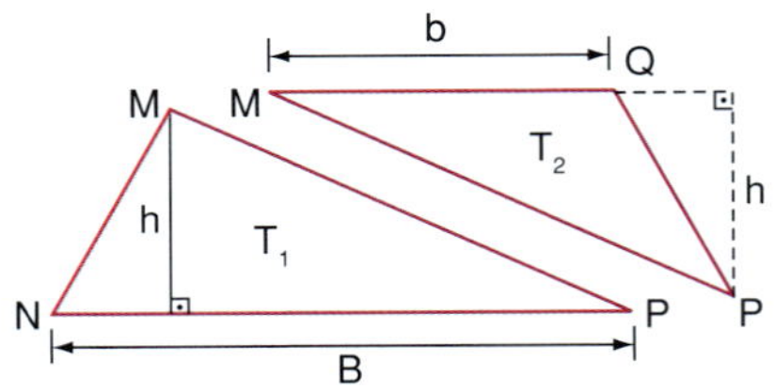

Figura (2)

Assim, temos: $A = \dfrac{B \cdot h}{2} + \dfrac{b \cdot h}{2} = \dfrac{Bh + bh}{2}$, ou seja:

$$A = \frac{(B + b) \cdot h}{2}$$

A área de um trapézio é igual à metade do produto da soma das medidas das bases pela medida da altura.

Exemplo 7

Vamos determinar a área de um trapézio retângulo que tem 68 cm de perímetro e cujos lados não paralelos medem 12 cm e 20 cm.

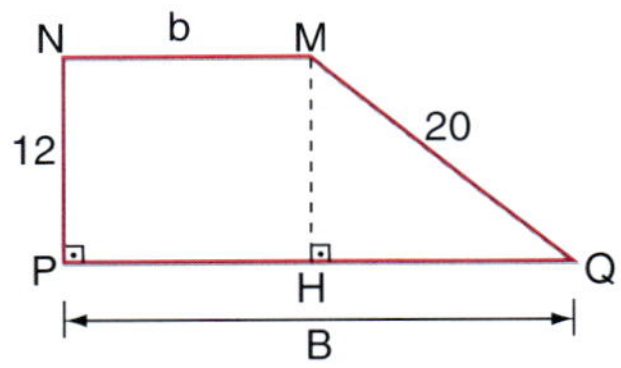

Seja o trapézio MNPQ, no qual *b* é a medida da base menor e MH = NP = 12 cm a medida da altura, conforme é mostrado na figura. Temos:

$$\triangle MHQ \text{ é retângulo} \Rightarrow QH^2 = MQ^2 - MH^2 \Rightarrow QH^2 = 20^2 - 12^2 = 256 \Rightarrow QH = 16 \text{ cm}$$

Assim, a medida B da base maior é tal que B = 16 + b. (1)
Como 2p = 68 cm, vem:

$$MN + NP + PQ + QM = 68 \Rightarrow b + 12 + (16 + b) + 20 = 68 \Rightarrow b = 10 \text{ cm e, de (1), } B = 26 \text{ cm}$$

Considerando que a área do trapézio é dada por $A = \dfrac{(B + b) \cdot h}{2}$, então:

$$A = \frac{(26 + 10) \cdot 12}{2} \Rightarrow A = 216 \text{ cm}^2$$

Um pouco de História

Como obter a área de um triângulo isósceles a partir de um retângulo?

Alexander S Mackay. Alexander Henry Rhind, 1874/ Museu Real da Escócia, Edimburgo, Escócia

Henry Rhind.

Um dos mais antigos documentos com registros sobre o estudo da Matemática é um rolo de papiro de origem egípcia, com cerca de 0,30 m de altura por 5 m de comprimento, que atualmente encontra-se no British Museum, em Londres. Em 1858, esse papiro foi comprado por um antiquário escocês chamado Henry Rhind e, por isso, é conhecido como Papiro de Rhind ou, menos frequentemente, como Papiro de Ahmes, em homenagem ao escriba que o copiou, por volta de 1650 a.C.

Entre os problemas de Geometria que lá se encontram, há um, o de número 51, que consiste em se obter a expressão da área de um triângulo isósceles a partir da área de um retângulo.

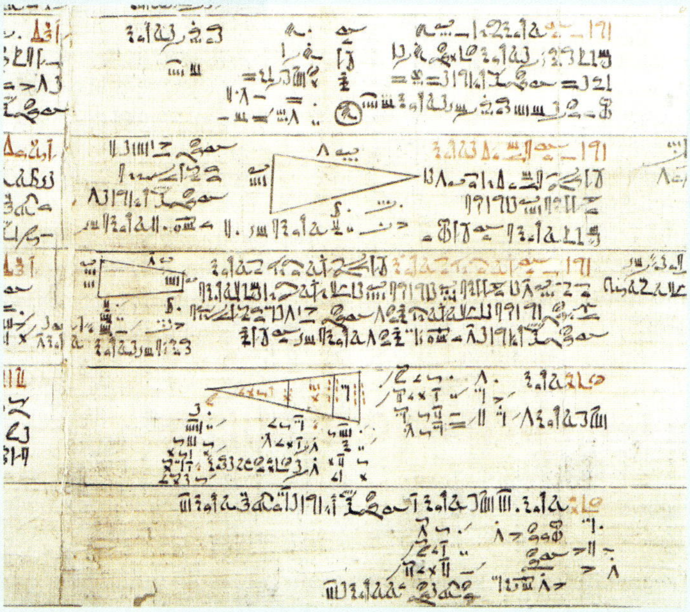

British Museum, London. DeAgostini/Diomedia

Papiro de Rhind.

Ahmes descreve esse método sugerindo que todo triângulo isósceles pode ser dividido em dois triângulos retângulos congruentes, um dos quais pode ser deslocado para, junto com o outro, compor um retângulo, como mostram as figuras abaixo:

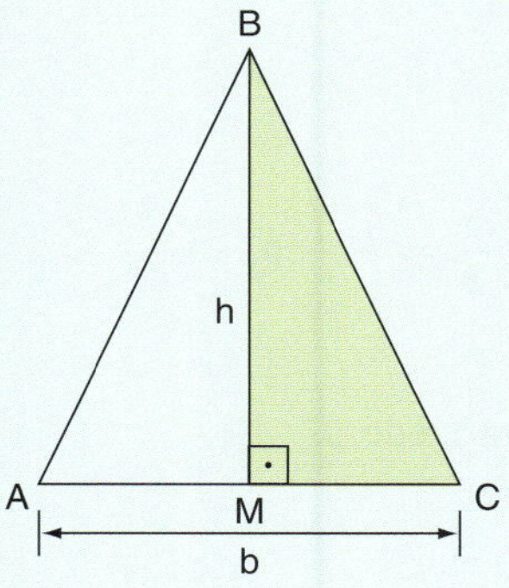

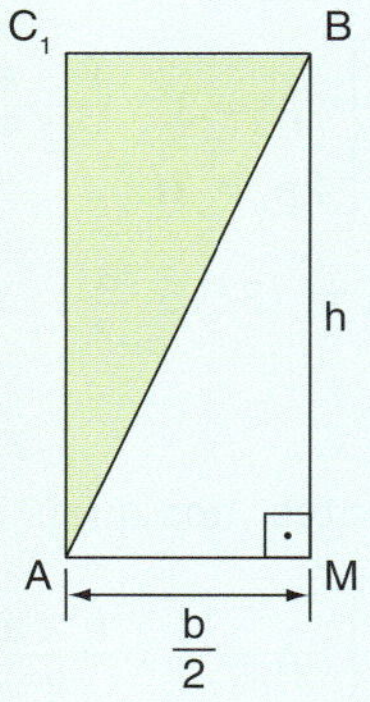

Assim, temos:

- $\triangle ABC$ isósceles e $h =$ medida da altura relativa ao lado $\overline{AC} \Rightarrow$ M é ponto médio de $\overline{AC} \Rightarrow AM = \frac{b}{2}$;
- AMB e CMB são triângulos retângulos congruentes;
- $AMBC_1$ é um retângulo cujas dimensões são:

$$AM = \frac{b}{2} \text{ e } BM = h$$

Logo: $A_{AMBC_1} = \frac{b}{2} \cdot h = \frac{b \cdot h}{2} = A_{ABC}$

EXERCÍCIOS

30. Determine a área de cada um dos trapézios seguintes, nos quais a unidade das medidas indicadas é o metro.

a)

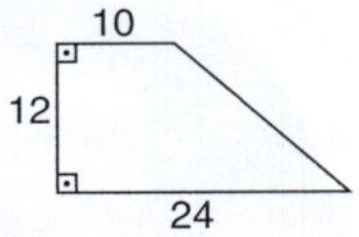

b)

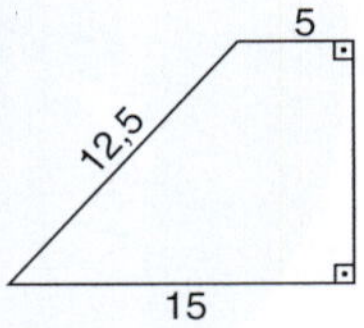

c)

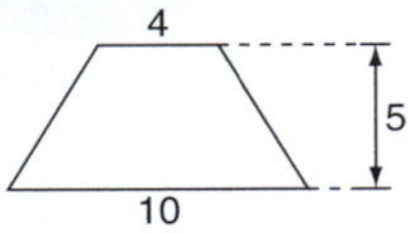

d)

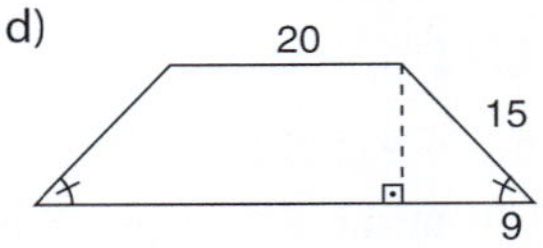

e)

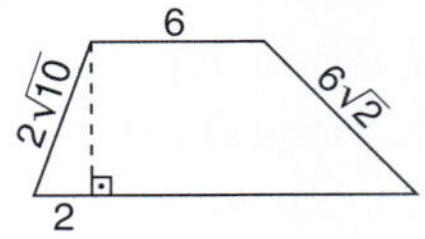

f)

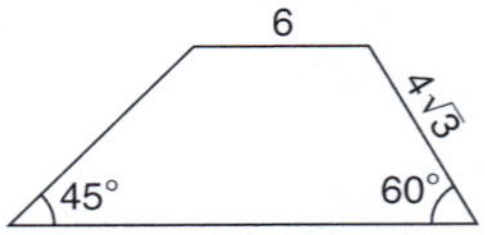

31. Sabe-se que os lotes de um condomínio fechado são vendidos ao preço de R$ 350,00 o metro quadrado. Nessas condições, por quanto deverá ser vendido o lote representado na figura ao lado, sabendo que tem a forma de um trapézio retângulo com as dimensões indicadas?

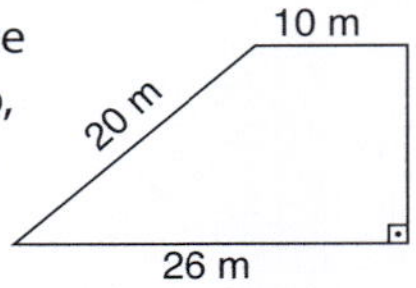

32. Para a realização de um espetáculo ao ar livre, foi montado um palco cuja superfície tem a forma de um trapézio isósceles de 78 m de perímetro, com bases que medem 15 m e 33 m. Qual é a área da superfície desse palco?

Alamy/Glow Images

33. Considere um trapézio cuja altura mede 4 dm e no qual a medida da base maior excede a medida da base menor em 3 dm. Se a área desse trapézio é igual a 24 dm², determine as medidas de suas bases.

34. Um trapézio isósceles é tal que a base menor mede 6 cm, um dos ângulos internos mede 120°, e a medida da altura é 3 cm. Nessas condições, determine o perímetro e a área desse trapézio.

ÁREA DE UM POLÍGONO REGULAR

Considerando um polígono regular de n lados, vamos indicar por:

- ℓ: medida do lado;
- a: medida do apótema (segmento cujas extremidades são o centro do polígono e o ponto médio de um lado);
- 2p: perímetro.

Assim, por exemplo:

- $n = 3 \Rightarrow$ o polígono é um **triângulo equilátero**.

Esse polígono é constituído de três triângulos congruentes, nos quais a altura mede a.

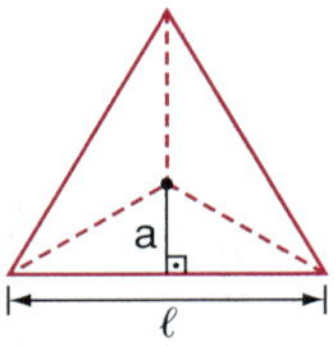

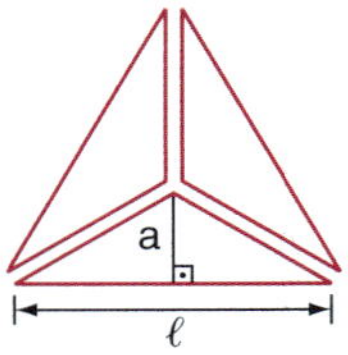

Temos: $\begin{cases} A = 3 \cdot \dfrac{\ell \cdot a}{2} \\ 2p = 3\ell \end{cases}$

Logo, $A = (3\ell) \cdot \dfrac{a}{2} = (2p) \cdot \dfrac{a}{2} \Rightarrow A = p \cdot a$

- $n = 4 \Rightarrow$ o polígono é um **quadrado**.

Esse polígono é constituído de quatro triângulos congruentes, nos quais a altura mede a.

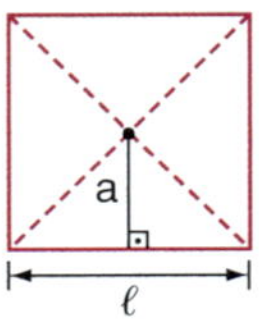

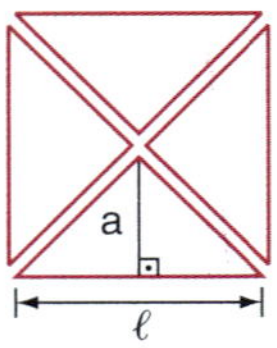

Temos: $\begin{cases} A = 4 \cdot \dfrac{\ell \cdot a}{2} \\ 2p = 4\ell \end{cases}$

Logo, $A = (4\ell) \cdot \dfrac{a}{2} = (2p) \cdot \dfrac{a}{2} \Rightarrow A = p \cdot a$

- $n = 5 \Rightarrow$ o polígono é um **pentágono regular.**

Esse polígono é constituído de cinco triângulos congruentes, nos quais a altura mede *a*.

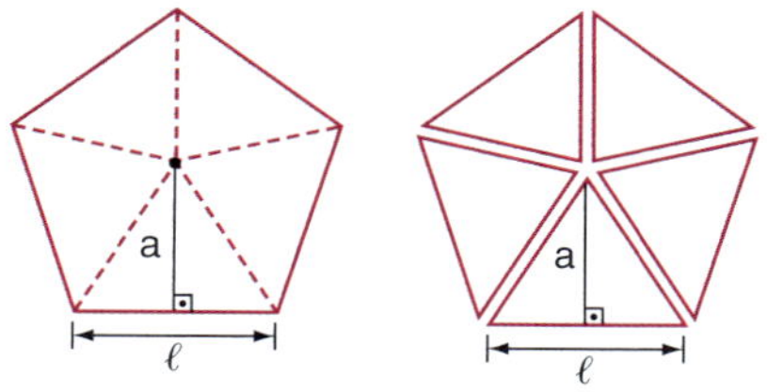

Temos: $\begin{cases} A = 5 \cdot \dfrac{\ell \cdot a}{2} \\ 2p = 5\ell \end{cases}$

Logo, $A = (5\ell) \cdot \dfrac{a}{2} = (2p) \cdot \dfrac{a}{2} \Rightarrow A = p \cdot a$

- $n = 6 \Rightarrow$ o polígono é um **hexágono regular.**

Esse polígono é constituído de seis triângulos congruentes, nos quais a altura mede *a*.

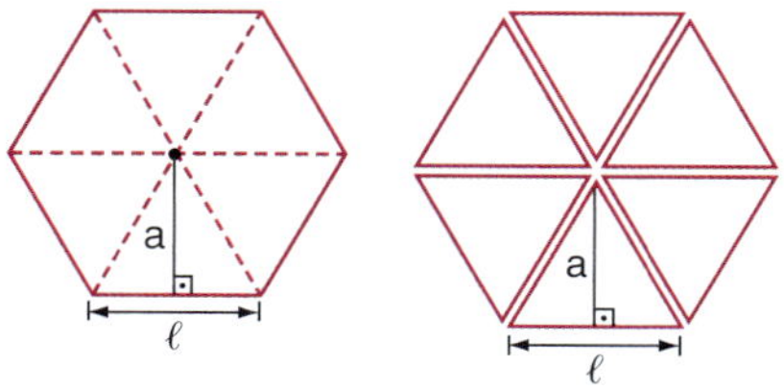

Temos: $\begin{cases} A = 6 \cdot \dfrac{\ell \cdot a}{2} \\ 2p = 6\ell \end{cases}$

Logo, $A = (6\ell) \cdot \dfrac{a}{2} = (2p) \cdot \dfrac{a}{2} \Rightarrow A = p \cdot a$

Note que a área do hexágono regular é igual à soma das áreas de 6 triângulos equiláteros congruentes. Assim, podemos expressá-la em função da medida do lado do hexágono, ou seja:

$$A = 6 \cdot \frac{\ell^2 \cdot \sqrt{3}}{4}$$

De modo geral, como um polígono regular de *n* lados é constituído de *n* triângulos congruentes, nos quais a altura mede *a*, temos:

$$\begin{cases} A = n \cdot \dfrac{\ell \cdot a}{2} \\ 2p = n \cdot \ell \end{cases} \Rightarrow A = (n\ell) \cdot \frac{a}{2} = (2p) \cdot \frac{a}{2} \Rightarrow \quad A = p \cdot a$$

A área de um polígono regular é igual ao produto do semiperímetro pela medida do apótema.

Exemplo 8

Vamos determinar a área de um pentágono regular inscrito em uma circunferência cujo raio mede 5 cm e, para tal, consideraremos as aproximações: sen 36° = 0,6 e cos 36° = 0,8.

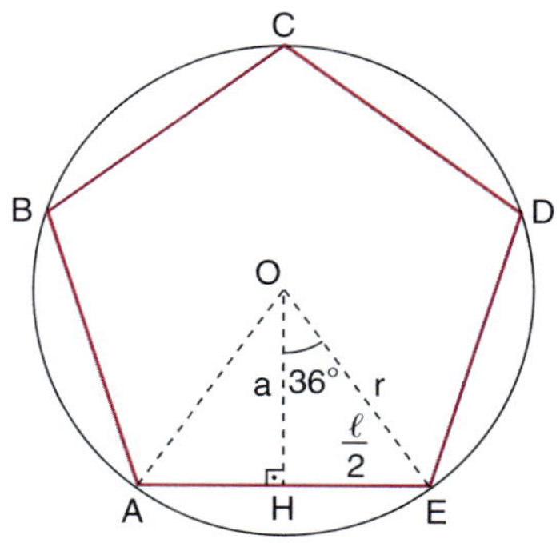

Observe na figura que $m(A\hat{O}E) = \dfrac{360°}{5} = 72°$.

Assim, obtemos $m(H\hat{O}E) = 36°$.

No triângulo retângulo OHE, em que OH = a é a medida do apótema, OE = r a medida do raio e $HE = \dfrac{AE}{2} = \dfrac{\ell}{2}$, temos:

$$\begin{cases} \text{sen } 36° = \dfrac{\frac{\ell}{2}}{r} \Rightarrow 0{,}6 = \dfrac{\ell}{2r} = \dfrac{\ell}{10} \Rightarrow \ell = 6 \text{ cm} \Rightarrow 2p = 30 \text{ cm} \\ \cos 36° = \dfrac{a}{r} \Rightarrow 0{,}8 = \dfrac{a}{5} \Rightarrow a = 4 \text{ cm} \end{cases}$$

Como a área de um polígono regular é dada por $A = p \cdot a$, então a área do pentágono dado é:

$$A = 15 \cdot 4 \Rightarrow A = 60 \text{ cm}^2$$

EXERCÍCIOS

35. Determine a área dos polígonos regulares seguintes, nos quais a unidade das medidas indicadas é o centímetro.

a)
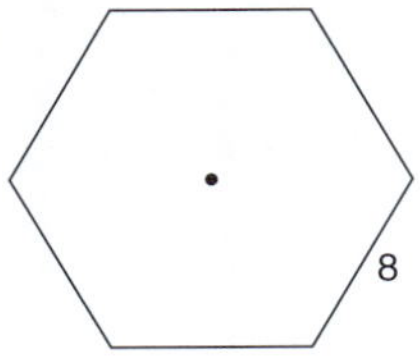

b)
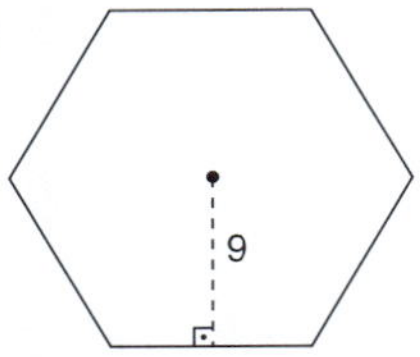

c)
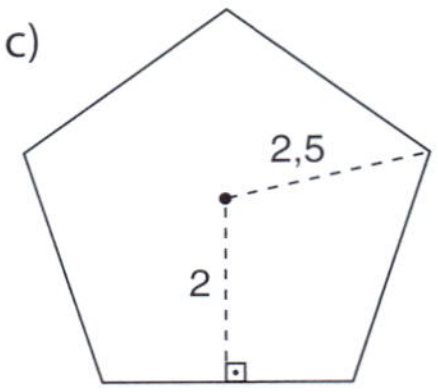

d)
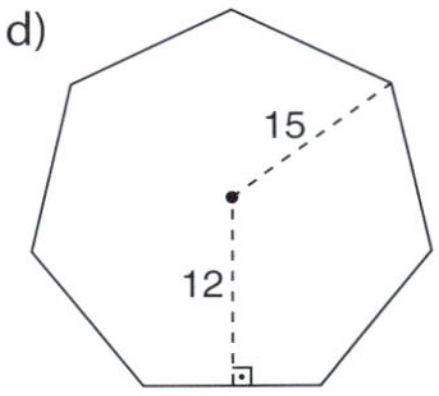

36. O tampo de uma mesa tem a forma de um hexágono regular cujo lado mede 0,8 m. Determine a área da superfície desse tampo.

37. Na figura, ABCDE é um pentágono regular em que AM = 6 cm e AB = 4 cm. Determine a área desse pentágono.

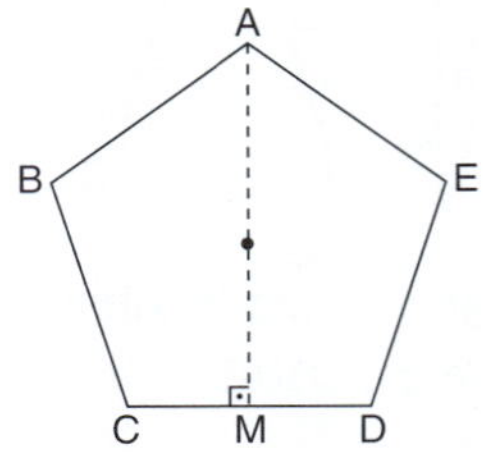

38. Suponha que a superfície de uma bola de futebol seja revestida de pentágonos regulares e hexágonos regulares. Considerando que o apótema de cada um dos hexágonos mede 3 cm, determine:

CJT/Zapt

a) a área de cada hexágono;

b) o perímetro de cada pentágono.

ÁREA DO CÍRCULO E SUAS PARTES

Área do círculo

Considere a seguinte sucessão de polígonos regulares inscritos em círculos de raio de medida *r*.

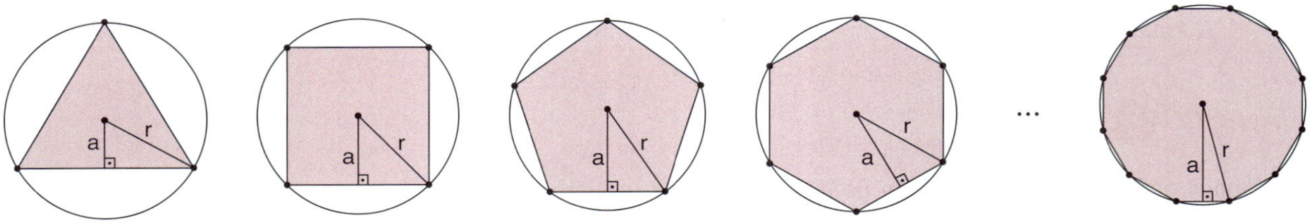

Observe nessa sucessão que, se o número de lados do polígono aumenta, o comprimento do apótema também aumenta, ao passo que o comprimento do lado diminui. Dessa forma, quando o número de lados de um polígono é extremamente grande:

- o seu perímetro (2p) é aproximadamente igual ao comprimento da circunferência do círculo ($2\pi r$);
- a medida do seu apótema (a) é aproximadamente igual à medida do raio do círculo (r), ou seja:

$$\begin{cases} 2p = 2\pi r \Rightarrow p = \pi r \\ a = r \end{cases}$$

Como a área de um polígono regular é dada por $A = p \cdot a$, então, nesse caso, temos:

$$A = (\pi r) \cdot r = \pi r^2$$

que é a expressão da área do círculo de raio de medida *r*. Assim: $A = \pi r^2$

A área de um círculo é igual ao produto do número real π pelo quadrado da medida do seu raio.

Exemplo 9

Vamos calcular a área de um círculo que tem 60π cm de perímetro.

Como o perímetro (comprimento) de um círculo é dado por $2p = 2\pi r$, temos:

$$2\pi r = 60\pi \Rightarrow r = 30 \text{ cm}$$

Assim, temos: $A = \pi r^2 \Rightarrow A = \pi(30 \text{ cm})^2 \Rightarrow A = 900\pi \text{ cm}^2$

EXERCÍCIO RESOLVIDO

6. Considerar que Francineide, a garota citada no exercício resolvido 5, continuou aqui o desenho da bandeira do Brasil. Agora ela desenhou o círculo central da bandeira, tangente a dois segmentos na vertical do quadriculado, cujo centro C é o centro do retângulo, conforme é mostrado na figura.

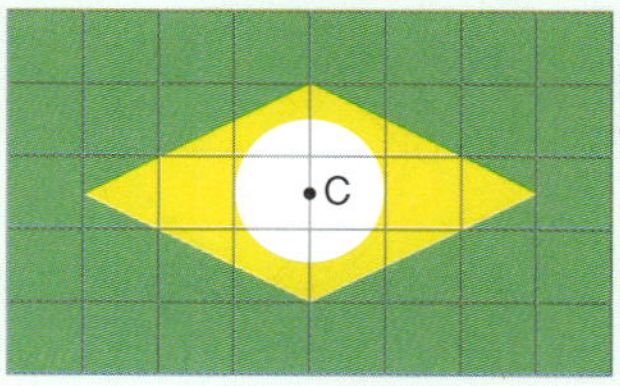

CJT/Zapt

Determinar a área da superfície da bandeira pintada de amarelo por Francineide, lembrando que as dimensões da folha são 10 cm × 16 cm.

Solução:

A área (A) da superfície pintada de amarelo é igual à diferença entre a área do losango (A_L) e a área do círculo (A_C).

O cálculo de A_L encontra-se no exercício resolvido 5, ou seja, $A_L = 36 \text{ cm}^2$.

A medida do raio do círculo é igual à medida do lado de um quadradinho, ou seja, r = 2 cm. Assim:

$$A_C = \pi \cdot r^2 = \pi \cdot (2 \text{ cm})^2 = 4\pi \text{ cm}^2$$

Logo:

$$A = A_L - A_C \Rightarrow A = 36 - 4\pi \Rightarrow A = 4(9 - \pi) \text{ cm}^2$$

EXERCÍCIOS

39. Determine a área do círculo, sob as seguintes condições:

a) A medida do raio é 11 dm.

b) A medida do diâmetro é 24 m.

c) O círculo tem 32π cm de perímetro.

40. Qual é a área do círculo inscrito em um quadrado cujo lado mede 12 dm?

41. Determine a área do círculo cujo perímetro é igual ao perímetro do retângulo cujos lados medem 6π cm e 4π cm.

42. Calcule a área de cada círculo representado nas figuras seguintes:

a)

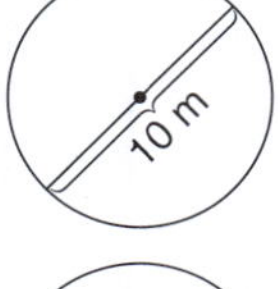

c)

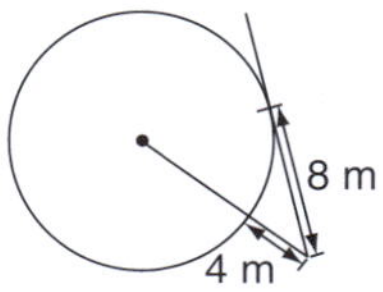

b)

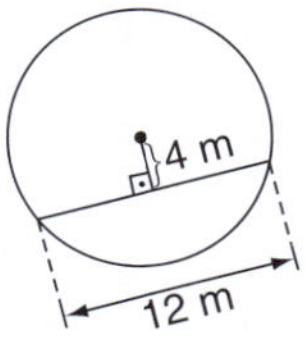

d)

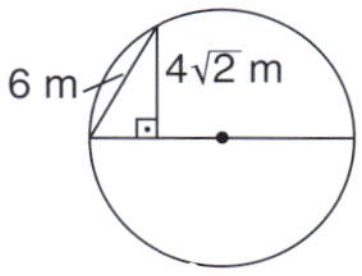

43. Sabe-se que o tampo da mesa mostrada na figura é composto de duas tábuas retangulares, cada qual com 0,35 m de largura, e dois semicírculos, cada um com 0,80 m de diâmetro.

CJT/Zapt

Ilustração sem escala ou em escalas diferentes. Cores artificiais.

Nessas condições, qual é a área da superfície do tampo dessa mesa?

Use a aproximação: $\pi = 3,14$.

44. Considere que nas figuras seguintes a unidade das medidas indicadas é o decímetro. Em cada caso, calcule a área da superfície da região sombreada:

a)

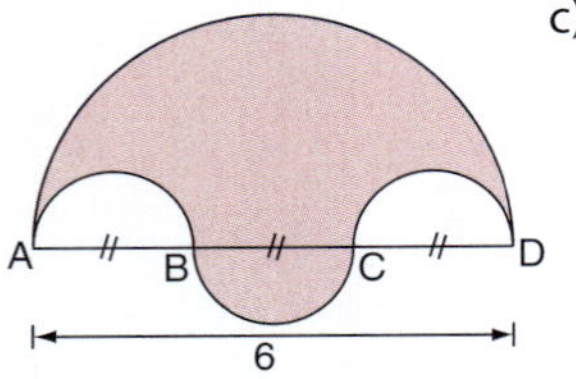

b)

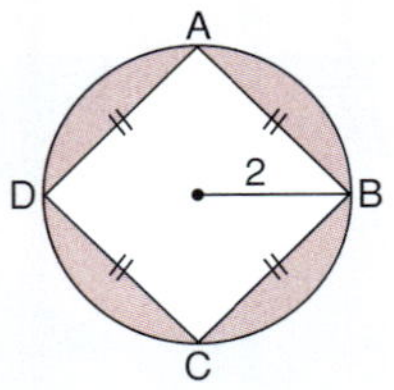

c)

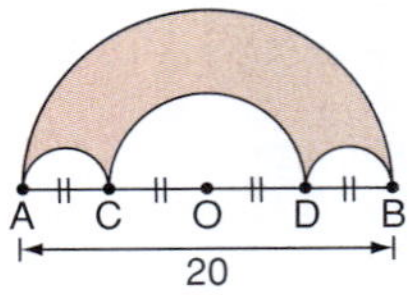

45. Certa noite, em que um *show* musical lotou uma praça circular de uma cidade, um jornal local noticiou que a ocupação média dos que foram "curtir" o som havia sido de 4 pessoas por metro quadrado. Nessas condições, sabendo que essa praça tem 49 m de raio e considerando a aproximação $\pi = \frac{22}{7}$, determine uma estimativa do número de pessoas presentes em tal *show*.

46. (UF-AL) Uma praça tinha a forma de um quadrado com 160 m de perímetro. Após uma reforma, a sua superfície passou a ter um formato circular, com diâmetro igual a 75% da medida do lado do quadrado original. Com essa reforma, de quantos metros quadrados foi reduzida a área da praça original? (Use a aproximação: $\pi = 3{,}14$.)

Área do setor circular

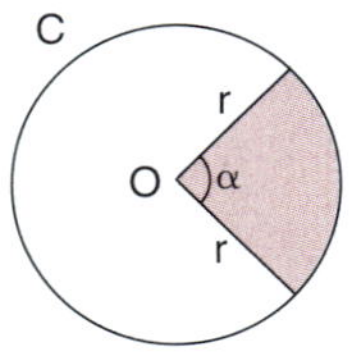

Na figura ao lado temos: $\begin{cases} \text{C: círculo de centro O e raio de medida } r; \\ \alpha\text{: medida do ângulo de vértice O.} \end{cases}$

Chama-se **setor circular** de centro O, raio de medida *r* e ângulo central de medida α, a região determinada pela interseção de C com a região limitada pelos lados do ângulo.

Assim, na figura, a região colorida representa o setor circular definido.

Dado um setor circular de centro O, com raio de medida *r* e ângulo central de medida *x*, vamos comparar sua área com as áreas de outros setores de mesmo raio, mas cujas medidas dos ângulos centrais são sucessivamente aumentadas para 2x, 3x, 4x, ...

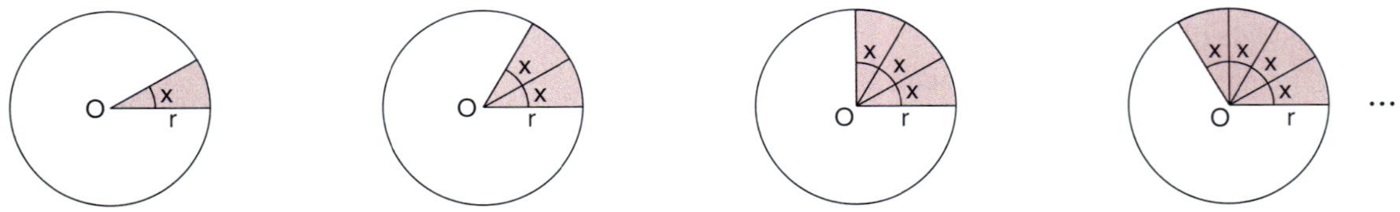

Podemos observar que, se a medida do ângulo central dobra, a área do setor dobra; se a medida do ângulo central triplica, a área do setor triplica e, assim, sucessivamente. Dessa forma, concluímos que a área de um setor circular é diretamente proporcional à medida do ângulo central (ou ao comprimento do correspondente arco). Assim:

- quando a medida do ângulo central é dada em graus, a área do setor circular pode ser calculada pela seguinte regra de três:

	área (u.a.)		ângulo central (graus)
setor:	A	——	x
círculo:	$\pi \cdot r^2$	——	360

$$\Rightarrow \frac{A}{\pi \cdot r^2} = \frac{x}{360}$$

Portanto, $A = \frac{x}{360} \cdot \pi \cdot r^2$

Note que, se a medida do ângulo central fosse dada em radianos, teríamos:

$$\begin{array}{lccc} & \text{área (u.a.)} & & \text{ângulo central (rad)} \\ \text{setor:} & A & \text{———} & x \\ \text{círculo:} & \pi \cdot r^2 & \text{———} & 2\pi \end{array} \Bigg\} \Rightarrow \frac{A}{\pi \cdot r^2} = \frac{x}{2\pi}$$

e, nesse caso, $A = \dfrac{x \cdot r^2}{2}$

- quando o comprimento do correspondente arco é ℓ, a área do setor circular pode ser calculada pela seguinte regra de três:

$$\begin{array}{lccc} & \text{área (u.a.)} & & \text{comprimento do arco (u.c.)} \\ \text{setor:} & A & \text{———} & \ell \\ \text{círculo:} & \pi \cdot r^2 & \text{———} & 2\pi r \end{array} \Bigg\} \Rightarrow \frac{A}{\pi \cdot r^2} = \frac{\ell}{2\pi r}$$

Portanto, $A = \dfrac{\ell \cdot r}{2}$

Observação

Note que, nos dois casos, as expressões da área do setor foram obtidas por meio de regra de três. Para que não seja preciso decorar "novas fórmulas", o mesmo procedimento deve ser usado na resolução de problemas nos quais se necessita calcular áreas de setores circulares, conforme exemplificado a seguir.

Exemplo 10

Vamos calcular a área de um setor circular de ângulo central de medida 120° e cujo raio mede 10 cm. Para tal, estabelecemos a seguinte regra de três:

$$\begin{array}{lccc} & \text{área (cm}^2\text{)} & & \text{ângulo central (graus)} \\ \text{setor:} & A & \text{———} & 120 \\ \text{círculo:} & \pi \cdot 10^2 & \text{———} & 360 \end{array} \Bigg\} \Rightarrow \frac{A}{100\pi} = \frac{120}{360} \Rightarrow A = \frac{100\pi}{3}\ \text{cm}^2$$

Exemplo 11

Com frequência, setores circulares são usados para representar resultados de pesquisas. Esse tipo de representação é chamado **gráfico de setores**.

O gráfico de setores ao lado apresenta o resultado de uma pesquisa sobre a qualidade de vida em uma cidade.

Qualidade de vida

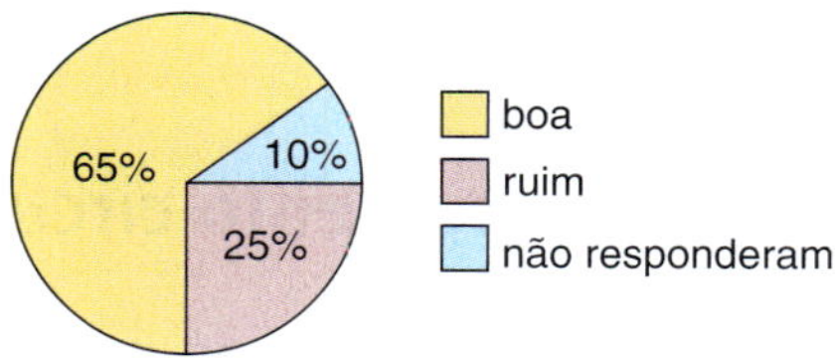

Vamos determinar a área do setor que apresenta a porcentagem do número de entrevistados que declarou achar boa a qualidade de vida na cidade, considerando que na construção do gráfico foi usado um círculo de 1,4 cm de raio.

Note que a seguinte regra de três estabelece uma correspondência entre a porcentagem de entrevistados e a respectiva área do setor.

$$\begin{array}{ccc} \text{porcentagem} & & \text{área (cm}^2\text{)} \\ 100\% & \text{———} & \pi \cdot (1{,}4)^2 \\ 65\% & \text{———} & A \end{array} \Bigg\} \Rightarrow \frac{100}{65} = \frac{1{,}96\pi}{A} \Rightarrow A = 1{,}274\pi\ \text{cm}^2$$

Área da coroa circular

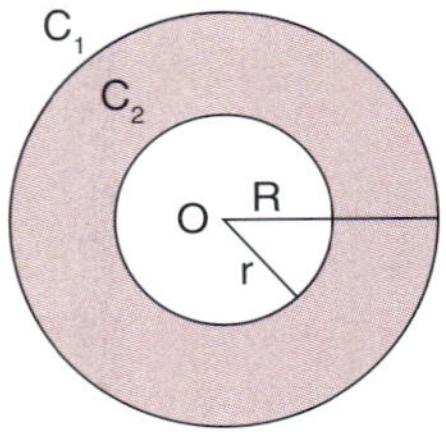

Sejam C_1 e C_2 círculos concêntricos cujos respectivos raios medem R e *r*, com $R > r$.

Chama-se **coroa circular** o conjunto de pontos que pertencem à região limitada pelas circunferências de C_1 e C_2, ou seja, o conjunto dos pontos que pertencem a C_1 e não pertencem a C_2, como mostra a figura ao lado.

Observe que a área de uma coroa circular é igual à diferença entre as áreas dos círculos cujos raios medem R e *r*.

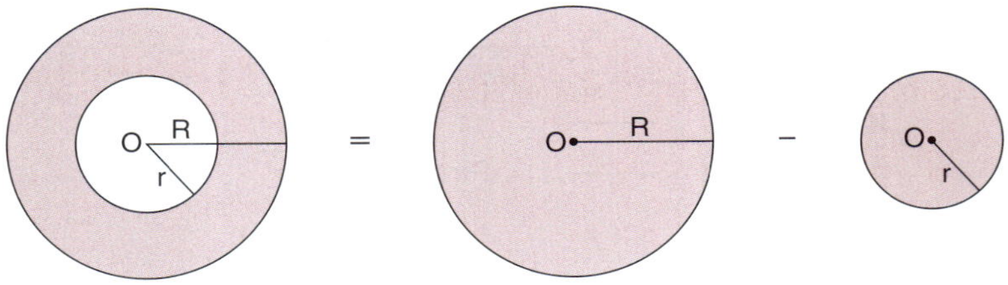

A $\qquad$ $A_1 = \pi R^2$ $\qquad$ $A_2 = \pi r^2$

Logo: $A = A_1 - A_2 \Rightarrow$ $A = \pi R^2 - \pi r^2$

EXERCÍCIO RESOLVIDO

7. Na cozinha da casa de Neuza há um relógio, no qual uma placa de metal, em forma de coroa circular, circunda o mostrador pintado de azul.

Determinar a área da superfície da placa, sabendo que a circunferência maior da placa tem 32π cm de comprimento e o diâmetro do círculo interno mede 10 cm.

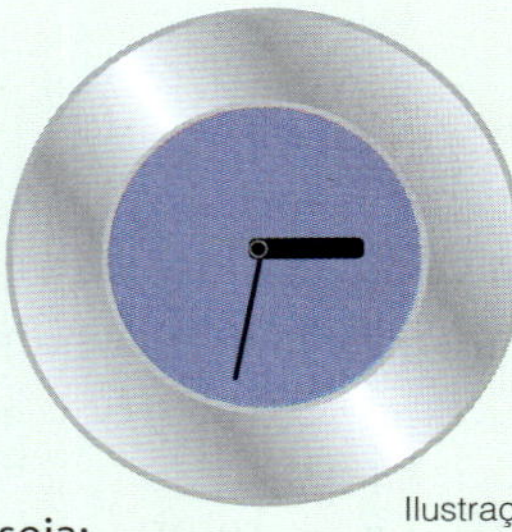

CJT/Zapt

Ilustração sem escala ou em escalas diferentes. Cores artificiais.

Solução:

Sabe-se que o comprimento da circunferência maior do relógio é 32π cm, ou seja:

$$2\pi R = 32\pi \Rightarrow R = 16 \text{ cm}$$

Logo, a área do círculo maior é: $A_1 = \pi \cdot R^2 = \pi \cdot 16^2 \Rightarrow A_1 = 256\pi \text{ cm}^2$

O círculo interno tem 10 cm de diâmetro, ou seja: $D = 2r = 10 \text{ cm} \Rightarrow r = 5 \text{ cm}$

Logo, a área do círculo menor é: $A_2 = \pi \cdot r^2 = \pi \cdot 5^2 \Rightarrow A_2 = 25\pi \text{ cm}^2$

Portanto, a área da placa é: $A = A_1 - A_2 = 256\pi - 25\pi \Rightarrow A = 231\pi \text{ cm}^2$

Área do segmento circular

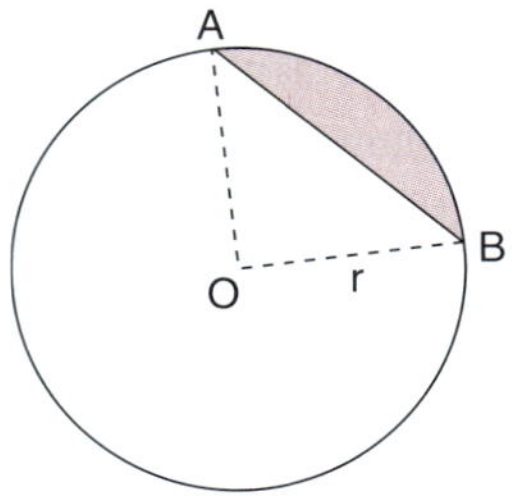

Seja $\overset{\frown}{AB}$ um arco de circunferência, contido em um círculo cujo raio mede *r*, como é mostrado na figura.

Chama-se **segmento circular** o conjunto de pontos que pertencem à parte do círculo limitada pelo arco $\overset{\frown}{AB}$ e pela corda de extremidades A e B (destacados ao lado).

Assim, a área do segmento circular (A_{seg}) é igual à diferença entre a área do setor circular (A_{set}) e a área do triângulo AOB ($A_{\triangle AOB}$).

$$A_{seg} = A_{set} - A_{\triangle AOB}$$

Exemplo 12

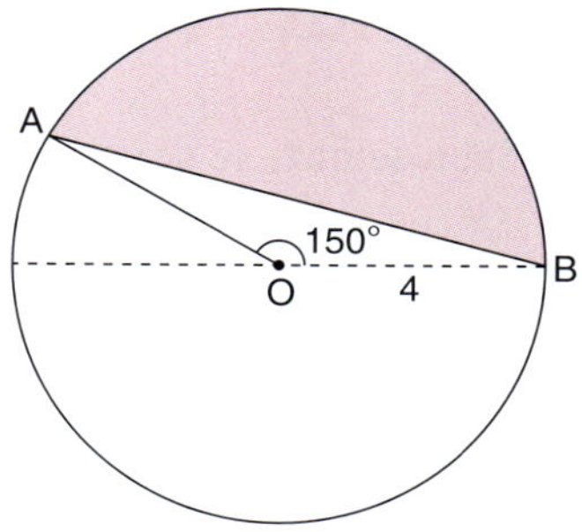

Vamos calcular a área de um segmento circular de um círculo cujas medidas do raio e do ângulo central são 4 cm e 150°, respectivamente.

Como a área do segmento circular (A_{seg}) é igual à diferença entre a área do setor circular e a área do triângulo AOB, temos:

- A_1, área do setor circular:

	área (cm^2)		ângulo central
setor:	A_1	——	150°
círculo:	$\pi \cdot 4^2$	——	360°

$$\Rightarrow \frac{A_1}{16\pi} = \frac{150}{360} \Rightarrow A_1 = \frac{20\pi}{3}\ cm^2$$

- A_2, área do triângulo AOB:

Como AO = OB = 4 cm e m(AÔB) = 150°, temos:

$$A_2 = \frac{1}{2} \cdot (AO) \cdot (OB) \cdot \text{sen } 150° \Rightarrow A_2 = \frac{1}{2} \cdot 4 \cdot 4 \cdot \frac{1}{2} \Rightarrow A_2 = 4\ cm^2$$

Assim, temos: $A_{seg} = A_1 - A_2 = \frac{20\pi}{3} - 4 \Rightarrow A_{seg} = \frac{4(5\pi - 3)}{3}\ cm^2$

EXERCÍCIOS

47. Em cada caso, calcule a área do setor circular de raio *r* e ângulo central de medida θ:

a) $r = 4$ m e $\theta = 30°$

b) $r = 9$ dm e $\theta = 120°$

c) $r = 12$ m e $\theta = 45°$

d) $r = 6$ cm e $\theta = 90°$

e) $r = 10$ cm e $\theta = \frac{5\pi}{6}$ rad

f) $r = 2$ km e $\theta = \frac{5\pi}{3}$ rad

48. Em cada caso, calcule a área da superfície colorida:

a)

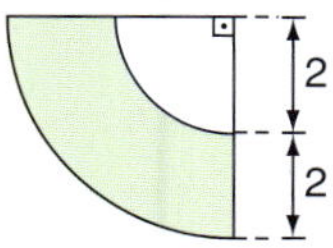

d)

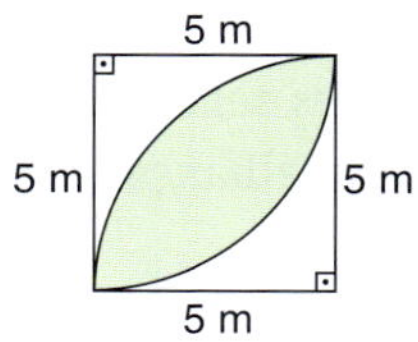

b)

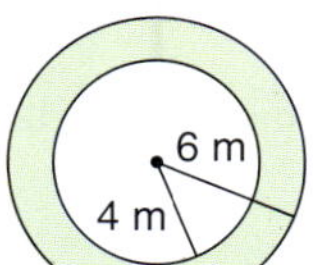

e)

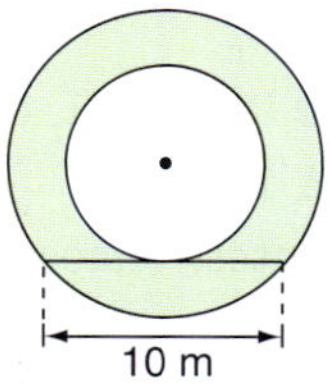

c)

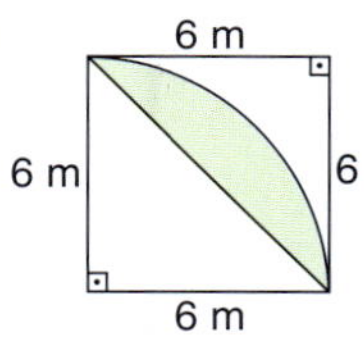

f)

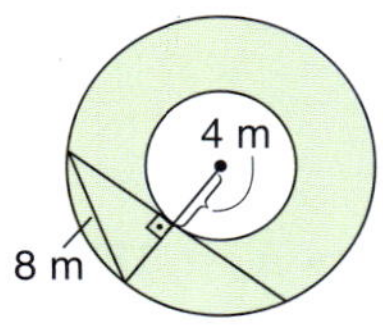

49. Na casa de Marina há uma piscina de formato circular, circundada por um piso, conforme mostrado na figura. Ela pretende trocar o revestimento do piso por outro, que custa R$16,00 o metro quadrado. Sabendo que a piscina tem 8 m de diâmetro e o piso tem 2,5 m de largura, determine a quantia mínima que Marina gastará na compra do novo revestimento para o piso. Use a aproximação: $\pi = \frac{22}{7}$.

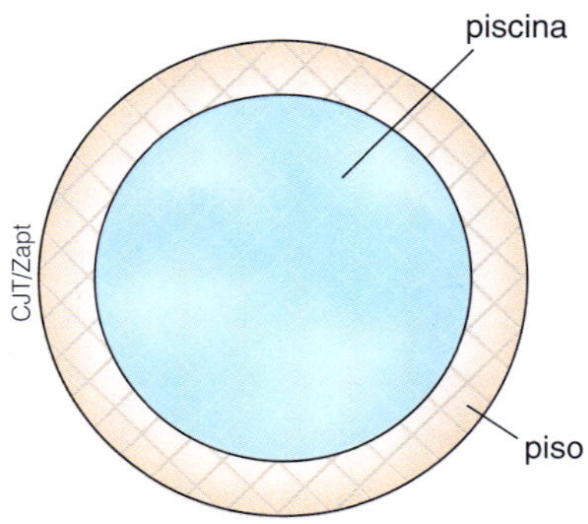

Ilustrações sem escala ou em escalas diferentes. Cores artificiais.

50. Em cada caso, determine a área de um segmento circular em que a medida do raio é *r* e o ângulo central mede θ.

a) $r = 4$ cm e $\theta = 45°$

b) $r = 8$ dm e $\theta = 30°$

c) $r = 2$ m e $\theta = 90°$

d) $r = 12$ cm e $\theta = 120°$

RAZÃO ENTRE ÁREAS DE FIGURAS PLANAS SEMELHANTES

Sabe-se que, se dois triângulos têm os lados homólogos proporcionais, então eles são semelhantes. Veja:

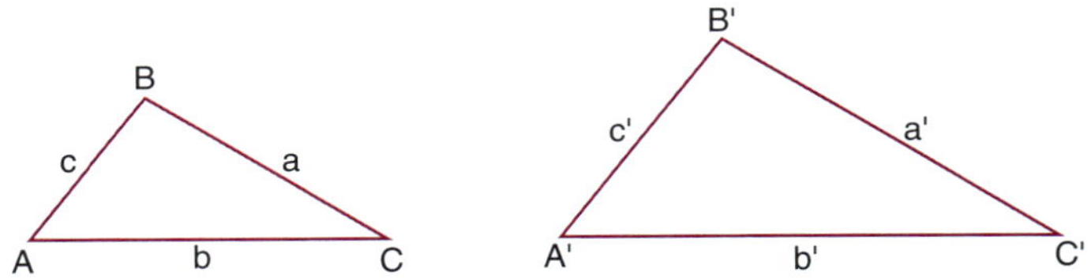

$$\frac{a}{a'} = \frac{b}{b'} = \frac{c}{c'} = k \text{ (razão de semelhança)} \Rightarrow \triangle ABC \sim \triangle A'B'C'$$

Sabemos que a razão entre dois quaisquer elementos lineares homólogos também é *k*.

Assim, se os triângulos ABC e A'B'C' são semelhantes, calculemos a razão entre suas áreas:

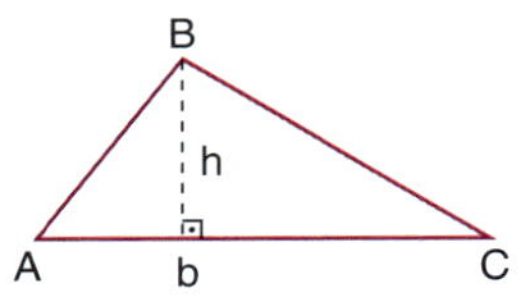

$$A_{ABC} = \frac{b \cdot h}{2}$$

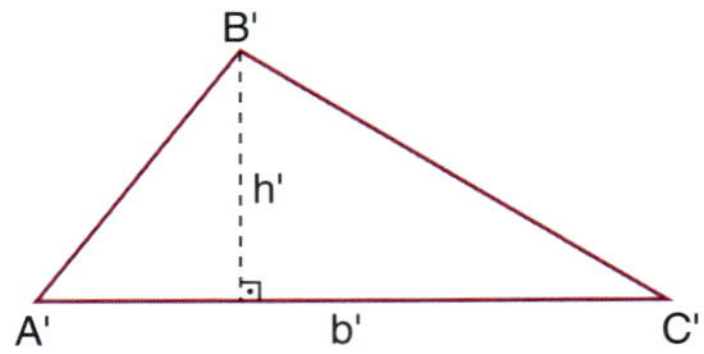

$$A_{A'B'C'} = \frac{b' \cdot h'}{2}$$

Como $\triangle ABC \sim \triangle A'B'C' \Rightarrow \frac{b}{b'} = \frac{h}{h'} = k$ (razão de semelhança), temos:

$$\frac{A_{ABC}}{A_{A'B'C'}} = \frac{\frac{b \cdot h}{2}}{\frac{b' \cdot h'}{2}} = \frac{b}{b'} \cdot \frac{h}{h'} = k \cdot k = k^2 \Rightarrow \frac{A_{ABC}}{A_{A'B'C'}} = k^2$$

Logo, a razão entre as áreas de dois triângulos semelhantes é igual ao quadrado da razão de semelhança.

Observe que a propriedade exposta acima pode ser estendida a quaisquer superfícies semelhantes, ou seja, de modo geral, podemos afirmar que:

> A razão entre as áreas de duas superfícies semelhantes é igual ao quadrado da razão de semelhança.

Exemplo 13

Dois hexágonos regulares, H_1 e H_2, são tais que a medida do lado de H_2 é o triplo da medida do lado de H_1. Vamos determinar a área de H_1, sabendo que a área de H_2 é 126 cm².

Considerando que os dois hexágonos regulares são semelhantes, temos:

$$\left.\begin{matrix} \ell_1\text{: medida do lado de } H_1 \\ \ell_2\text{: medida do lado de } H_2 \end{matrix}\right\} \Rightarrow \ell_2 = 3\ell_1 \Rightarrow \frac{\ell_1}{\ell_2} = \frac{1}{3} = k \text{ (razão de semelhança)}$$

Assim:

$$\left.\begin{matrix} A_1\text{: área de } H_1 \\ A_2\text{: área de } H_2 \end{matrix}\right\} \Rightarrow \frac{A_1}{A_2} = k^2 \Rightarrow \frac{A_1}{126} = \left(\frac{1}{3}\right)^2 \Rightarrow A_1 = 126 \cdot \frac{1}{9} \Rightarrow A_1 = 14 \text{ cm}^2$$

EXERCÍCIO RESOLVIDO

8. Relativamente à figura ao lado, sabe-se que $\overline{DE}$ é paralelo à base $\overline{BC}$ do triângulo ABC e o ângulo $A\hat{D}E$ mede 30°.

Considerando que a unidade das medidas indicadas é o centímetro, determinar a área do triângulo ABC, em centímetros quadrados.

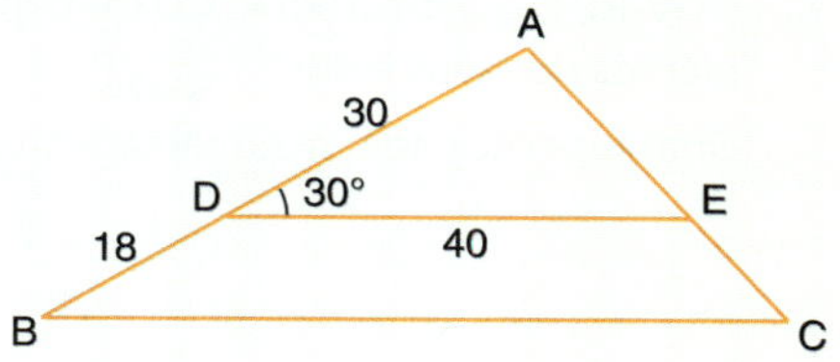

Solução:

Como $\overline{DE}$ // $\overline{BC}$, os triângulos ADE e ABC são semelhantes. Assim:

$$\frac{AD}{AB} = \frac{DE}{BC} = k \text{ (razão de semelhança)} \Rightarrow \frac{30}{48} = \frac{40}{BC} = k \Rightarrow BC = 64 \text{ cm e } k = \frac{5}{8}$$

Sejam $\begin{cases} A_1 = \text{área do triângulo ADE} \\ A_2 = \text{área do triângulo ABC} \end{cases}$, temos:

$$\frac{A_1}{A_2} = k^2 \Rightarrow A_2 = \frac{A_1}{k^2} \Rightarrow A_2 = \frac{64}{25} \cdot A_1$$

Como $A_1 = \frac{1}{2} \cdot AD \cdot DE \cdot \text{sen } 30°$, vem: $A_1 = \frac{1}{2} \cdot (30 \text{ cm}) \cdot (40 \text{ cm}) \cdot \frac{1}{2} = 300 \text{ cm}^2$

Logo, $A_2 = \frac{64}{25} \cdot (300 \text{ cm}^2) \Rightarrow A_2 = 768 \text{ cm}^2$

Observação

Dizemos que duas figuras planas são equivalentes quando as áreas de suas superfícies são iguais.

Por exemplo, o retângulo e o círculo representados nas figuras ao lado são equivalentes, pois:

A_1: área do retângulo $\Rightarrow A_1 = b \cdot h = (4 \text{ cm}) \cdot (\pi \text{ cm}) = 4\pi \text{ cm}^2$

A_2: área do círculo $\Rightarrow A_2 = \pi \cdot r^2 = \pi(2 \text{ cm})^2 = 4\pi \text{ cm}^2$

Logo, $A_1 = A_2$.

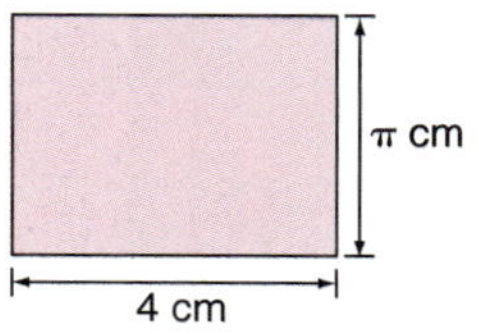

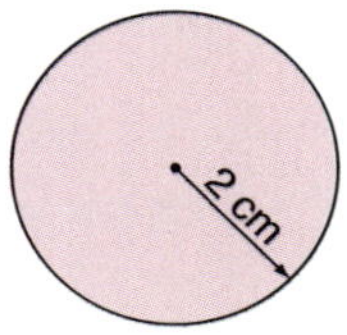

EXERCÍCIOS

51. O triângulo ABC tem 60 dm de perímetro e um dos lados mede 25 dm. Determine o perímetro de um triângulo semelhante a ABC cujo lado homólogo ao lado dado mede 15 dm.

52. Seja H_1 um heptágono cuja área da superfície é igual a 20 cm². Sabendo que H_2 é um heptágono semelhante a H_1 e seu perímetro é igual $\frac{3}{4}$ do perímetro de H_1, determine a área de H_2.

53. Considere o trapézio ABCD de 10 cm de altura, no qual as bases medem 50 cm e 30 cm. Prolongando-se os seus lados não paralelos, obtém-se o ponto E, como é mostrado na figura. Determine a razão entre a área do triângulo EDC e a área do trapézio ABCD.

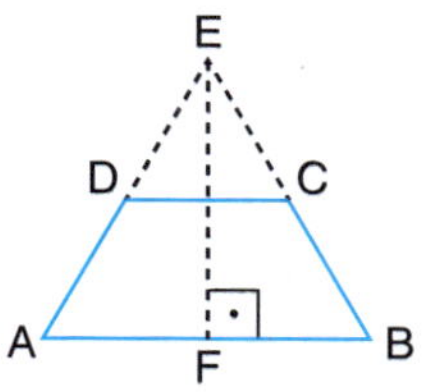

54. Dois lados homólogos de dois pentágonos semelhantes, P_1 e P_2, medem 6 cm e 8 cm, respectivamente. Determine a medida do lado do pentágono P_3, semelhante aos dois primeiros, sabendo que sua área é igual à soma das áreas de P_1 e P_2.

DESAFIO

Uma aranha demorou 20 dias para cobrir com sua teia a superfície total de uma janela. Ao acompanhar o seu trabalho, curiosamente, observou-se que a área da região coberta pela teia duplicava a cada dia. Se desde o início ela tivesse contado com a ajuda de outra aranha de mesma capacidade operacional, quantos dias seriam necessários para que, juntas, as duas revestissem toda a superfície da janela?

EXERCÍCIOS COMPLEMENTARES

1. (FGV-RJ) O quadrilátero ABCD é um quadrado e E, F, G e H são os pontos médios dos seus lados.

Qual superfície tem maior área: a amarela ou a hachurada?

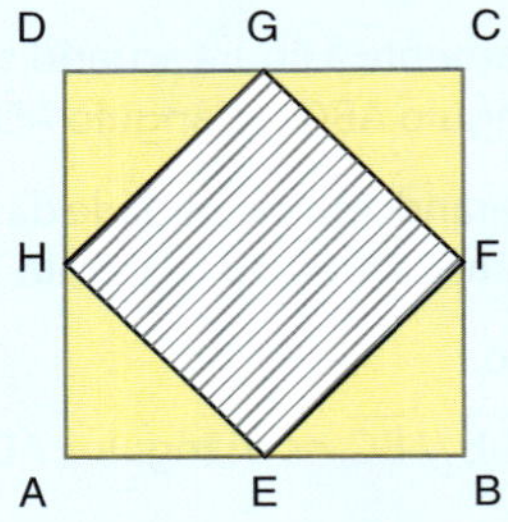

2. (PUC-RJ) Considere o pentágono ABCDE na figura.

Sabemos que os ângulos $C\hat{D}E$, $D\hat{E}A$ e $E\hat{A}B$ são retos, que $\overline{DE} = \overline{EA} = 8$, $\overline{CD} = 4$ e que $\overline{AB} = \overline{BC}$.

a) Determine o perímetro do pentágono.

b) Determine a área do pentágono.

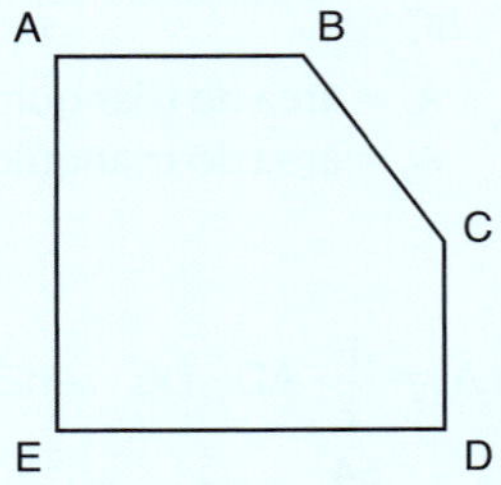

3. (UF-RS) Os 18 retângulos que compõem o quadrado ao lado são todos congruentes.

Sabendo que a área do quadrado é igual a 12 cm², determine o perímetro de cada retângulo.

4. (Unifesp-SP) Na figura, os triângulos ABD e BCD são isósceles.

O triângulo BCD é retângulo, com o ângulo $B\hat{C}D$ reto, e A, B, C estão alinhados.

a) Dê a medida do ângulo $B\hat{A}D$ em graus.

b) Se BD = x, obtenha a área do triângulo ABD em função de *x*.

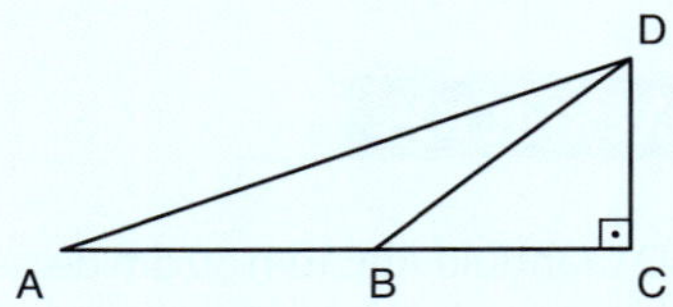

5. (FGV-RJ) A figura ao lado é uma representação plana de certo apartamento, feita na escala 1 : 200, ou seja, 1 cm na represenção plana corresponde a 200 cm na realidade.

Vão ser colocados rodapé e carpete no salão. Cada metro de rodapé custa R$ 14,00. O preço do carpete é de R$ 20,00 o metro quadrado.

Quanto vai ser gasto no total? O resultado que vai ser obtido é aproximado, devido à presença de, pelo menos, uma porta.

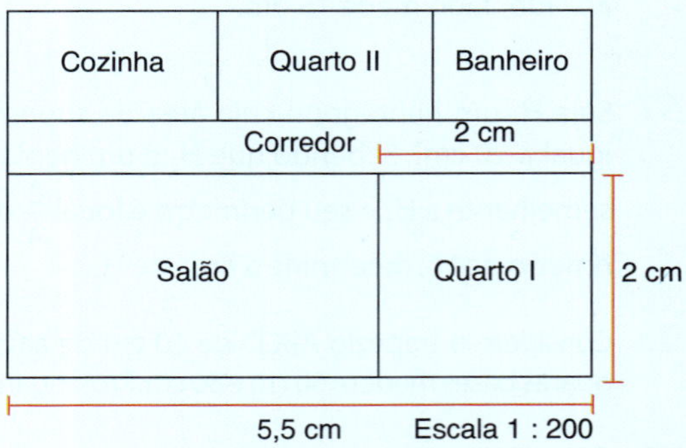

6. (UF-MS) Determine a área, em centímetros quadrados, interior a um triângulo acutângulo de ângulos conhecidos, 60° e 75°, e lado comum adjacente a esses ângulos medindo 35 cm.

(Use a aproximação: cos 30° = 0,8)

7. (Unicamp-SP) A coletânea de textos da prova de redação, também destaca o impacto da modernização da agricultura sobre a produtividade da terra e sobre as relações sociais no país. Aproveitando esse tema, analisamos, nesta questão, a colheita de uma plantação de cana-de-açúcar, cujo formato é fornecido na figura a seguir. Para colher a cana, pode-se recorrer a trabalhadores especializados ou a máquinas. Cada trabalhador é capaz de colher 0,001 km^2 por dia, enquanto uma colhedeira mecânica colhe, por dia, uma área correspondente a 0,09 km^2.

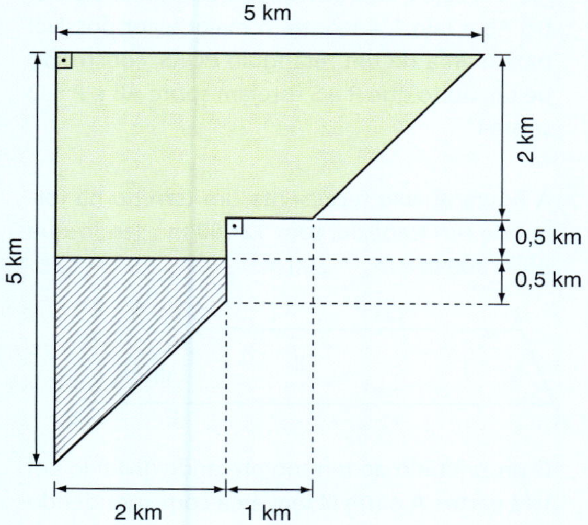

a) Se a cana precisa ser colhida em 40 dias, quantos trabalhadores são necessários para a colheita, supondo que não haja máquinas?

b) Suponha, agora, que a colheita da parte hachurada do desenho só possa ser feita manualmente, e que o resto da cana seja colhido por quatro colhedeiras mecânicas. Neste caso, quantos trabalhadores são necessários para que a colheita das duas partes tenha a mesma duração? Em seus cálculos, desconsidere os trabalhadores que operam as máquinas.

8. (UF-PR) Num triângulo ABC, com 18 cm de base e 12 cm de altura, é inscrito um retângulo com a sua base sobre o lado $\overline{AB}$, conforme a figura abaixo.

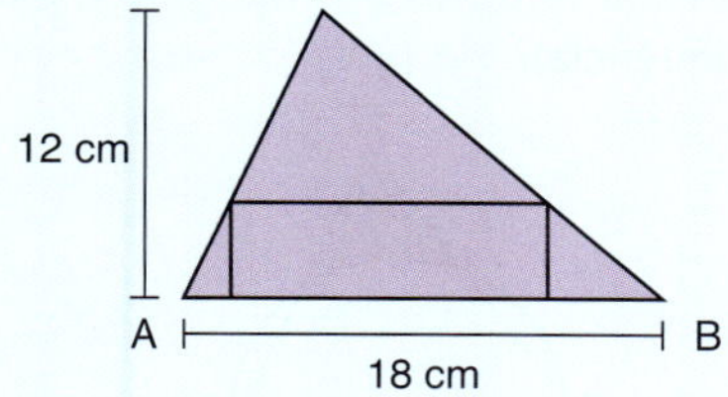

a) Se o retângulo tiver a medida da altura igual a um terço da medida da base, qual é a sua área?

b) Se a medida da base do retângulo for *x*, obtenha uma expressão da área do retângulo em função de *x*.

c) Calcule a maior área possível desses retângulos inscritos.

9. (FGV-SP) Uma das folhas mais utilizadas nas impressoras é a de tamanho A4. Você sabe como são estabelecidas as suas dimensões?

Em primeiro lugar, recordemos que, quando se dobra uma folha retangular ao meio, obtém-se outra folha retangular, semelhante à anterior.

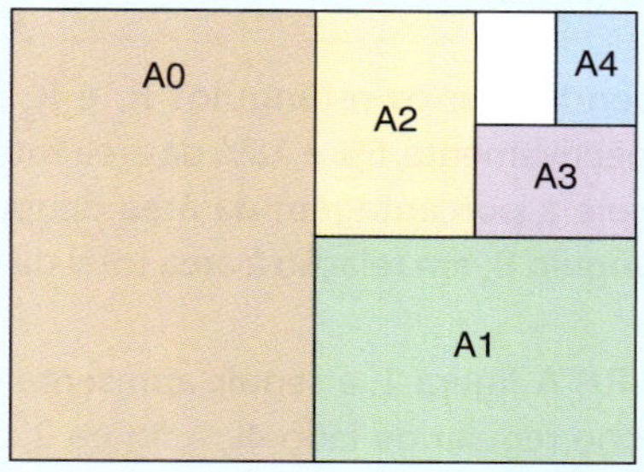

A área de uma folha A0 é 1 m^2. Quando se dobra ao meio uma folha A0, obtém-se uma folha A1, que, dobrada ao meio, dá origem a uma folha A2, e assim sucessivamente

Quanto mede aproximadamente, em centímetros, o lado maior da folha A4?

Para os cálculos, utilize, se necessário, alguns dos valores da tabela abaixo:

n	2	3	7142,9	100
$\sqrt{n}$	1,4	1,7	85	10

10. (Fuvest-SP) O triângulo ABC da figura abaixo é equilátero de lado 1. Os pontos $\underline{E}$, $\underline{F}$ e $\underline{G}$ pertencem, respectivamente, aos lados $\overline{AB}$, $\overline{AC}$ e $\overline{BC}$ do triângulo. Além disso, os ângulos $A\hat{F}E$ e $C\hat{G}F$ são retos e a medida do segmento $\overline{AF}$ é *x*.

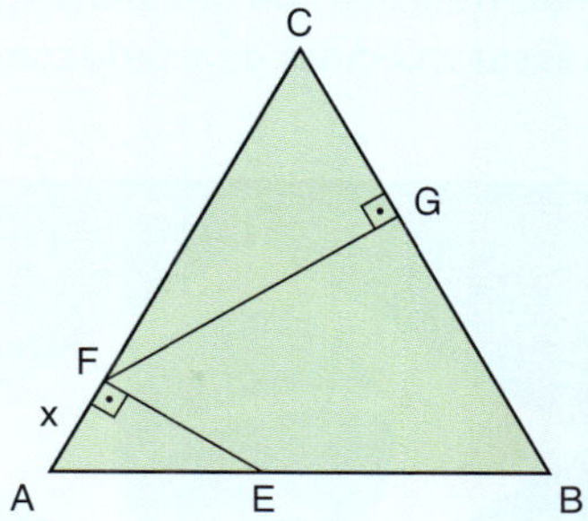

Assim, determine:

a) a área do triângulo AFE em função de *x*;

b) o valor de *x* para o qual o ângulo $F\hat{E}G$ também é reto.

11. (UF-GO) Para confeccionar uma página de internet para um cliente, um *web designer* dividiu a tela retangular de dimensões *a* e *b* em quatro retângulos, conforme a figura abaixo.

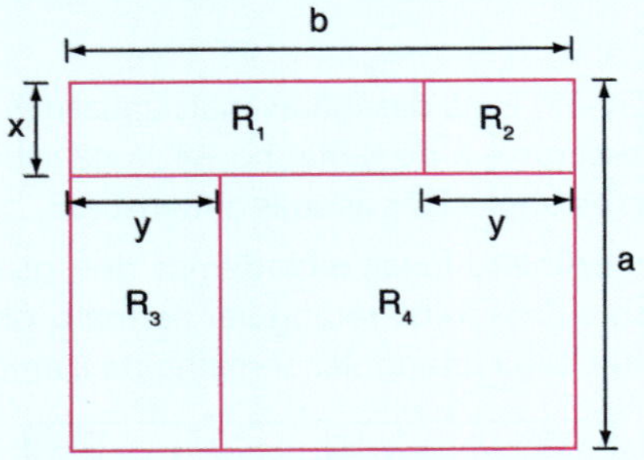

Sabendo que os retângulos R_2 e R_3 ocupam, respectivamente, 6% e 18% da área total da tela, calcule a porcentagem da área ocupada pelo retângulo R_4 em relação à área total da tela.

12. (UF-RJ) A figura 1, a seguir, apresenta um pentágono regular de lado 4L; a figura 2, dezesseis pentágonos regulares, todos de lado L.

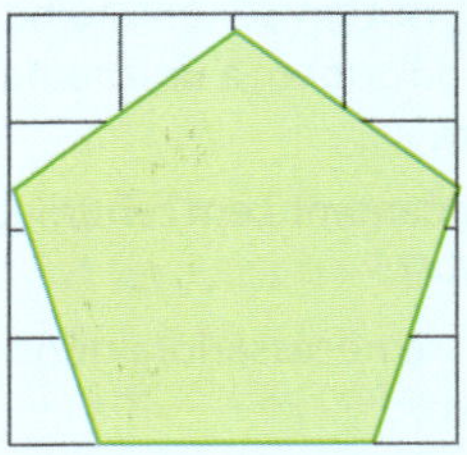

Figura 1

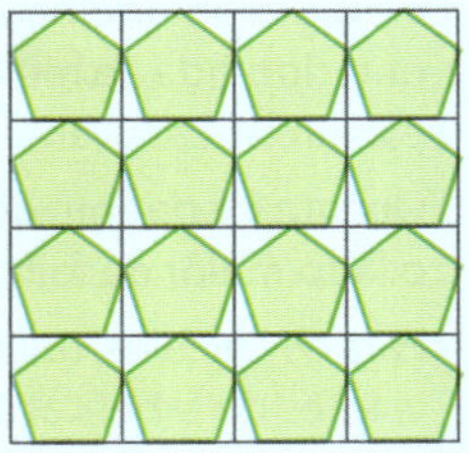

Figura 2

Qual é maior: a área A, do pentágono da figura 1, ou a soma B, das áreas dos pentágonos da figura 2?

Justifique sua resposta.

13. (UF-PR) A bandeira do Brasil, hasteada na Praça dos Três Poderes, em Brasília, é uma das maiores bandeiras hasteadas do mundo. A figura abaixo indica as suas medidas, de acordo com as normas oficiais.

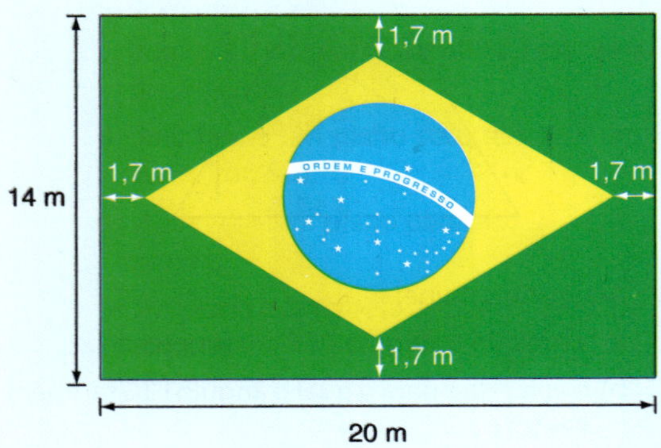

a) Sabendo que o raio do círculo azul da bandeira da Praça dos Três Poderes mede 3,5 m, quanto mede a área da região amarela visível dessa bandeira? (Use a aproximação: $\pi = 3{,}14$)

b) Deseja-se construir uma bandeira do Brasil com o lado maior do retângulo medindo 2 m e nas mesmas proporções da bandeira da Praça do Três Poderes. Qual será a medida da área da região amarela visível dessa outra bandeira?

14. (UF-CE) Seja Γ uma semicircunferência de diâmetro $\overline{AB}$ e raio 1. Encontre o maior valor possível para a área de um retângulo PQRS, construído de tal modo que R e S estejam sobre $\overline{AB}$ e P e Q sobre Γ.

15. A figura abaixo representa um terreno na forma de um trapézio, com 12 000 m^2, sendo que AB = 300 m e DC = 200 m.

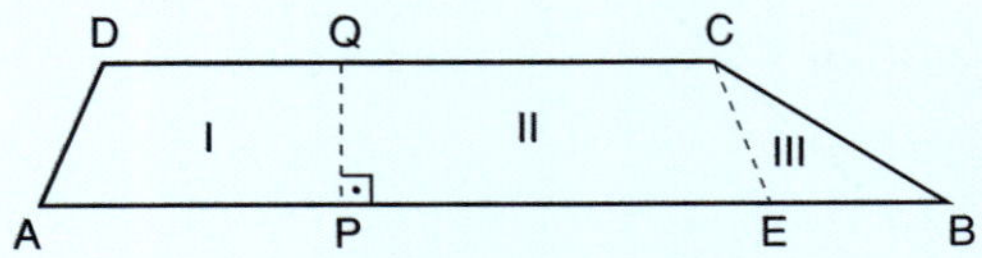

O proprietário do terreno pretende dividi-lo em três partes. A parte III tem área correspondendo a 12% da área total do terreno. O restante do terreno, que tem a forma de um trapézio isósceles, será dividido em duas partes, I e II, cujas áreas estão na proporção de 2 para 3, respectivamente. De acordo com essas informações, calcule a medida do segmento $\overline{AP}$.

16. (ITA-SP) Considere um losango ABCD cujo perímetro mede 100 cm e cuja maior diagonal mede 40 cm. Calcule a área, em centímetros quadrados, do círculo inscrito nesse losango.

17. (UF-PE) Na ilustração abaixo, ABC é um triângulo equilátero e o lado $\overline{AB}$ contém o centro O da circunferência. Se a circunferência tem raio 6, qual o inteiro mais próximo da área da região sombreada (interior ao triângulo e exterior à circunferência)?

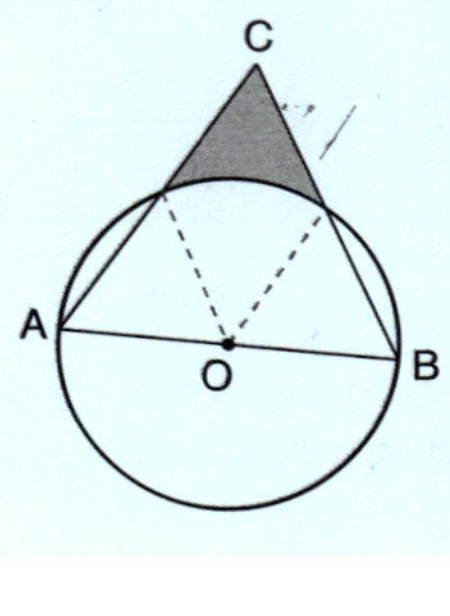

18. (UE-RJ) Considere um setor circular AOC, cujo ângulo central θ é medido em radianos. A reta que tangencia o círculo no extremo P do diâmetro $\overline{CP}$ encontra o prolongamento do diâmetro $\overline{AB}$ em um ponto Q, como ilustra a figura.

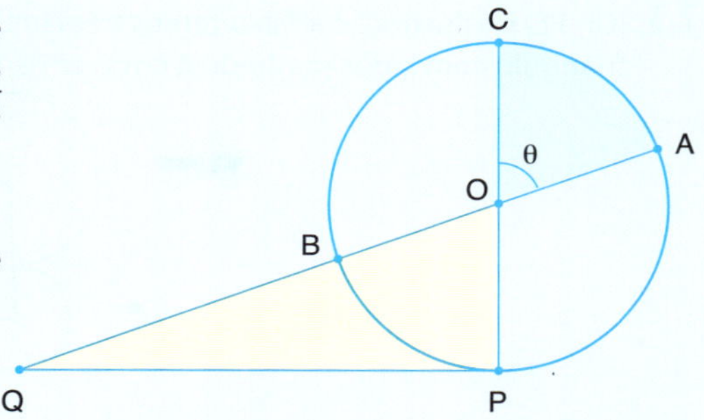

Sabendo que o ângulo θ satisfaz a igualdade $\text{tg}\ \theta = 2.\theta$, calcule a razão entre a área do setor AOC e a área do triângulo OPQ.

19. (Fuvest-SP) Na figura estão representados a circunferência C, de centro O e raio 2, e os pontos A, B, P e Q, de tal modo que:

1. O ponto O pertence ao segmento $\overline{PQ}$;
2. $OP = 1, OQ = \sqrt{2}$;
3. A e B são pontos da circunferência, $\overline{AP} \perp \overline{PQ}$ e $\overline{BQ} \perp \overline{PQ}$.

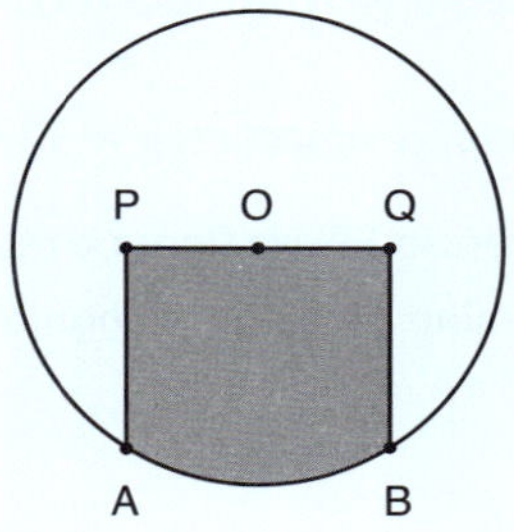

Assim sendo, determine:

a) a área do triângulo APO;
b) os comprimentos dos arcos determinados por A e B em C;
c) a área da região sombreada.

20. (Vunesp-SP) Considere uma circunferência de diâmetro L e centro C, conforme figura.

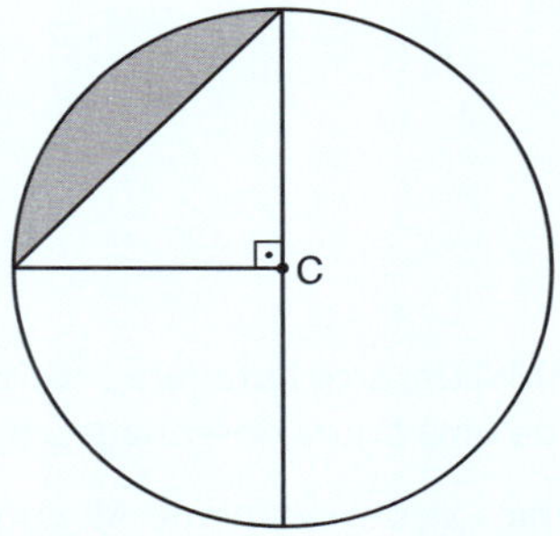

Calcule a razão entre a área do círculo e a área da região sombreada.

21. (Unicamp-SP) Uma curva em formato de espiral, composta por arcos de circunferência, pode ser construída a partir de dois pontos A e B, que se alternam como centros dos arcos. Esses arcos, por sua vez, são semicircunferências que concordam sequencialmente nos pontos de transição, como ilustra a figura, na qual supomos que a distância entre A e B mede 1 cm.

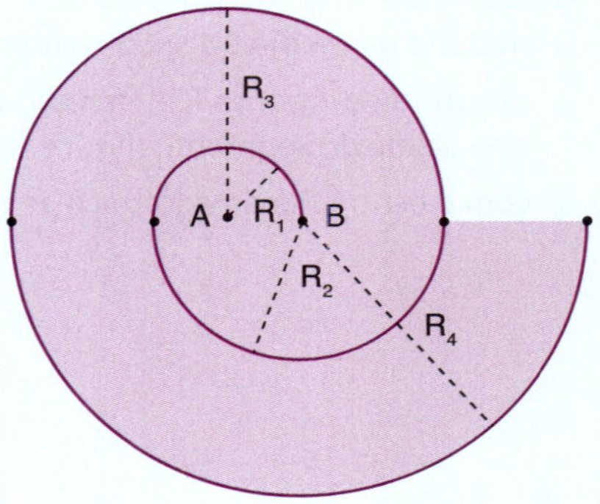

a) Determine a área da região destacada na figura.
b) Determine o comprimento da curva composta pelos primeiros 20 arcos de circunferência.

22. (Fuvest-SP) A figura representa um trapézio ABCD de bases $\overline{AB}$ e $\overline{CD}$, inscrito em uma circunferência cujo centro O está no interior do trapézio.

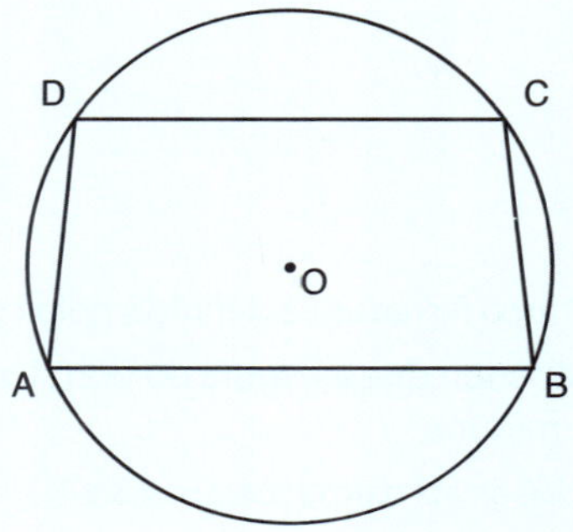

Sabe-se que $AB = 4, CD = 2$ e $AC = 3\sqrt{2}$.

a) Determine a altura do trapézio.
b) Calcule o raio da circunferência na qual ele está inscrito.
c) Calcule a área da região exterior ao trapézio e delimitada pela circunferência.

23. (UF-PE) Na ilustração abaixo, temos três circunferências tangentes duas a duas e com centros nos vértices de um triângulo com lados medindo 6 cm, 8 cm e 10 cm.

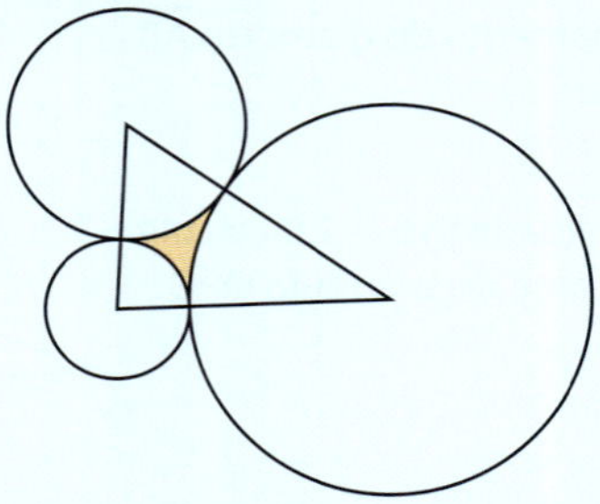

Calcule a área A da região do triângulo, em centímetros quadrados, limitada pelas três circunferências e indique 10A.

(Use as aproximações: $\pi = 3{,}14$ e arctg $0{,}75 = 0{,}64$)

24. (Mackenzie-SP) Na figura, a reta *t* é tangente à circunferência de centro O e raio $\sqrt{2}$.

Determine a área do triângulo ABC.

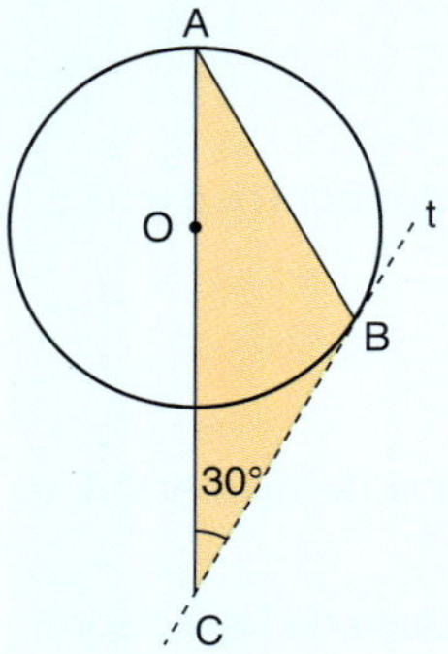

25. (UF-MS) Um arco ferradura é construído acima do portal da entrada de um museu. Tal arco é construído partindo-se de uma figura desenhada a partir dos seguintes passos:

- traça-se um segmento $\overline{AB}$ correspondente à medida da largura do portal (figura 1);
- tomando-se M, ponto médio do segmento, como centro, traça-se uma circunferência cujo raio mede a metade da medida do segmento (figura 1);
- encontra-se o ponto P, interseção da mediatriz do segmento e a circunferência traçada anteriormente, que está acima do segmento (figura 1);
- com o centro P marcado, traça-se uma circunferência de raio de medida igual à da anterior (figura 1).

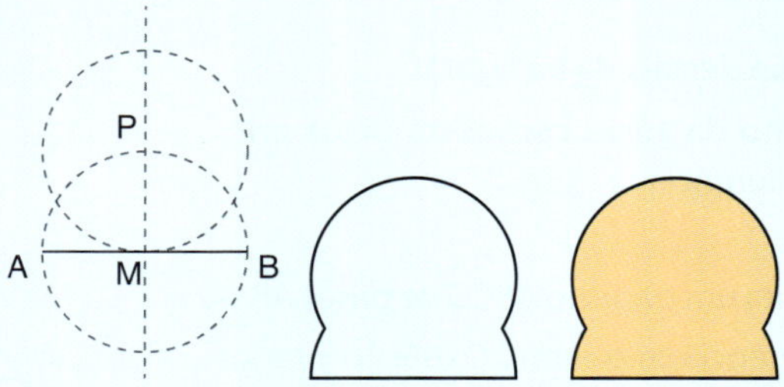

Figura 1 Figura 2 Figura 3

O arco ferradura é definido pelo contorno formado por arcos das circunferências e o segmento dado (figura 2).

Sabendo que a largura do portal mede 10 m, determine, em metros quadrados, a área da região interior ao arco ferradura.

(Use as aproximações: $\pi = 3$ e $\sqrt{3} = 1{,}7$.)

TESTES

1. (PUC-RS) Um jardim de forma retangular, com medidas 6 m × 8 m, possui dois canteiros em forma de triângulos isósceles e um passeio no no centro, como na figura abaixo.

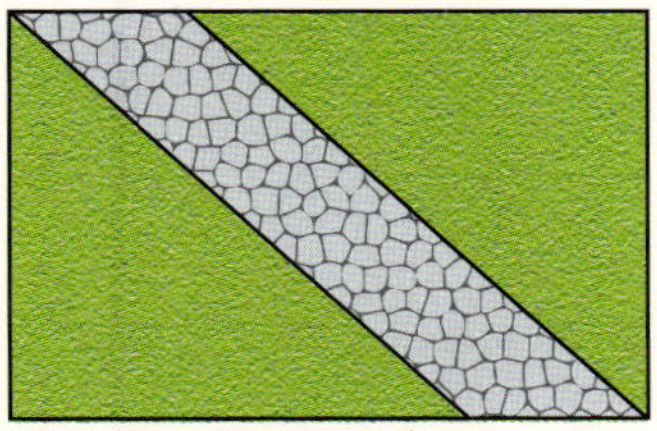

A área do passeio, em metros quadrados, é:

a) 64 b) 36 c) 24 d) 12 e) 2

2. (PUC-MG) Sobre a placa retangular representada na figura, foram desenhados mais dois retângulos, conforme indicado.

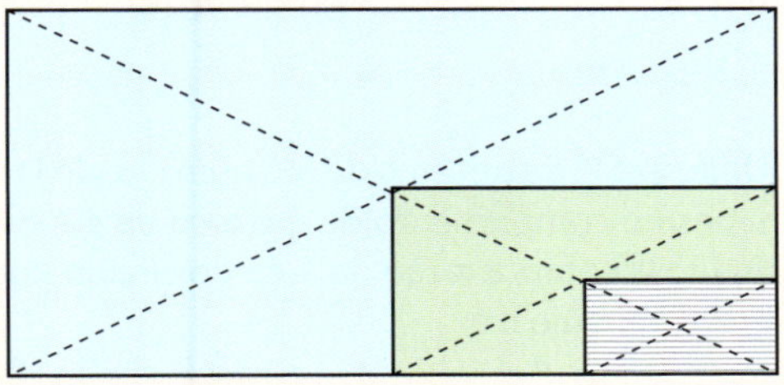

Se a medida da área do retângulo hachurado é 30 cm^2, a medida da área dessa placa, em centímetros quadrados, é:

a) 120 b) 240 c) 360 d) 480

3. (Unicamp-SP) Um vulcão que entrou em erupção gerou uma nuvem de cinzas que atingiu rapidamente a cidade de Rio Grande, a 40 km de distância. Os voos com destino a cidades situadas em uma região circular com centro no vulcão e com raio 25% maior que a distância entre o vulcão e Rio Grande foram cancelados. Nesse caso, a área da região que deixou de receber voos é:

a) maior que 10 000 km^2.

b) menor que 8 000 km^2.

c) maior que 8 000 km^2 e menor que 9 000 km^2.

d) maior que 9 000 km^2 e menor que 10 000 km^2.

4. (U.E. Londrina-PR) Uma metalúrgica utiliza chapas de aço quadradas de 8 m × 8 m para recortar formas circulares de 4 m de diâmetro, como mostrado na figura ao lado.

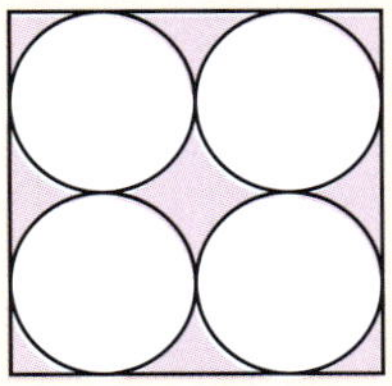

Considerando a aproximação $\pi = 3,14$, é correto afirmar que a área de chapa que resta após a operação é de, aproximadamente,

a) 7,45 m^2. c) 26,30 m^2. e) 56 m^2.

b) 13,76 m^2. d) 48 m^2.

5. (U.F. Fluminense-RJ) Tentando desenhar um cachorro, uma criança esboçou em uma folha quadriculada o polígono da figura 1 .

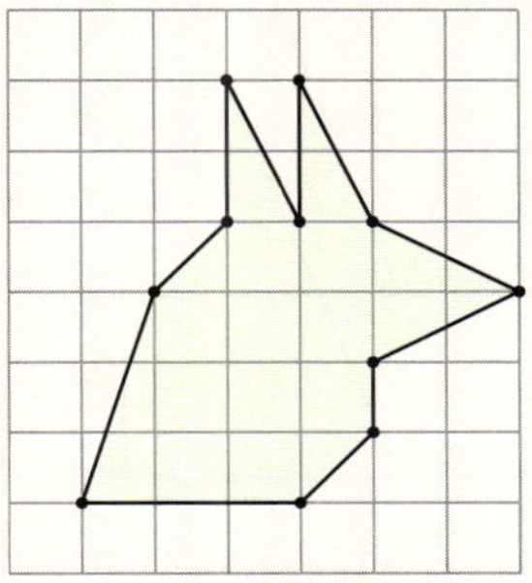

Figura 1

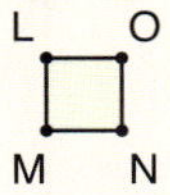

Figura 2

Considerando que todos os quadrados que compõem a folha quadriculada são congruentes ao quadrado LMNO (figura 2), que tem 1 cm^2 de área, é correto concluir que a a área do "cachorro" desenhado pela criança, em centímetros quadrados, é igual a

a) 16 c) 17 e) 18

b) 16,5 d) 17,5

6. (UF-PR) A soma das áreas dos três quadrados abaixo é igual a 83 cm^2. Qual é a área, em centímetros quadrados, do quadrado maior?

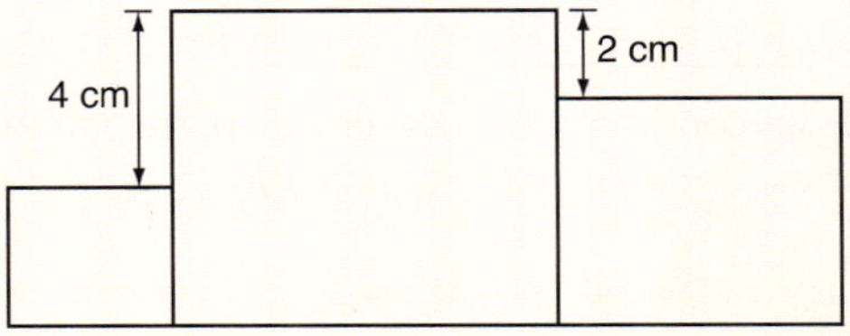

a) 36 c) 49 e) 64

b) 20 d) 42

7. (FGV-SP) Cada um dos 7 círculos menores da figura ao lado tem raio 1 cm. Um círculo pequeno é concêntrico com o círculo grande e tangencia os outros

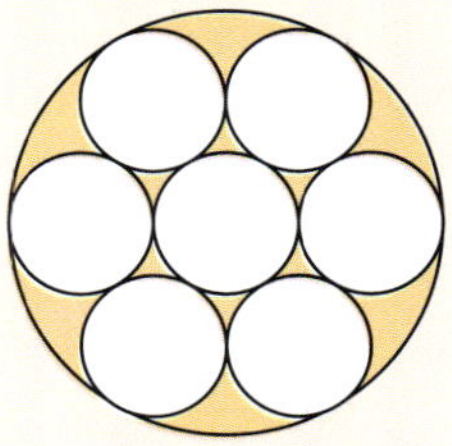

6 círculos pequenos. Cada um desses 6 outros círculos pequenos tangencia o círculo grande e 3 círculos pequenos.

Na situação descrita, a área da região sombreada na figura, em centímetros quadrados, é igual a:

a) π c) 2π e) 3π

b) $\frac{3\pi}{2}$ d) $\frac{5\pi}{2}$

8. (UF-PE) A letra V da figura abaixo está em um retângulo com 10 cm de largura e 12 cm de altura.

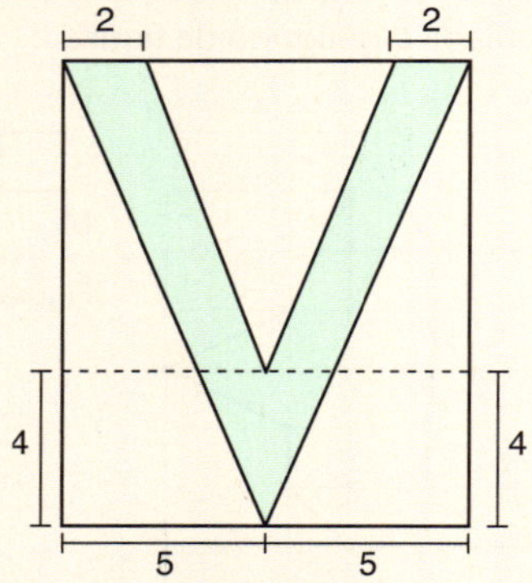

Qual é a área ocupada pela letra V?

a) 30 cm^2 c) 38 cm^2 e) 42 cm^2

b) 36 cm^2 d) 40 cm^2

9. (FEI-SP) Tem-se um terreno retangular com 56 m^2 de área, conforme a figura. A parte pintada na figura é um quadrado que representa a parte destinada à construção de uma piscina.

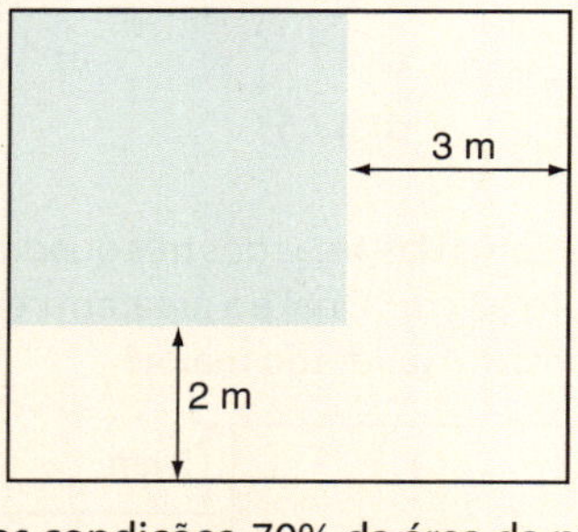

Nessas condições, 70% da área da parte pintada corresponde, em metros quadrados, a:

a) 17,50 c) 36 e) 16,20

b) 25 d) 22

10. (U.F. Juiz de Fora-MG) Considere um retângulo de altura *h* e de base *b*. Constrói-se um novo retângulo, cuja nova base é *x* unidades menor que a antiga e a nova altura é *x* unidades maior que a antiga. Qual é o valor de *x* para que esse novo retângulo tenha área máxima?

a) $\frac{b \cdot h}{2}$ c) $\frac{b+h}{2}$ e) $\frac{b^2-h^2}{2}$

b) $\frac{b-h}{2}$ d) $\frac{h-b}{2}$

11. (UF-PR) Uma pessoa pretende adquirir um terreno de esquina para construir sua casa, porém ela não sabe a área do terreno. As únicas informações disponíveis são que o terreno possui o formato de um trapézio retângulo com um dos lados medindo 10 m e o outro medindo 24 m. Além disso, o ângulo entre esses lados é de 120°, conforme a figura abaixo.

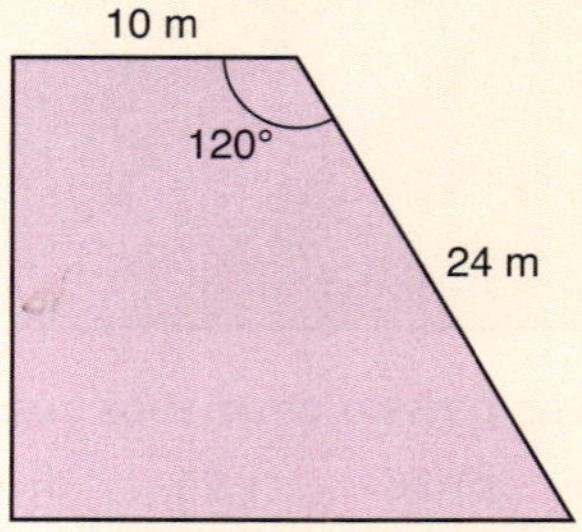

Qual é a área desse terreno?
(Considere a aproximação $\sqrt{3} = 1,73$.)

a) 332,16 m^2 d) 360,58 m^2

b) 314,32 m^2 e) 308,70 m^2

c) 346,54 m^2

12. (Unifesp-SP) Se um arco de 60° num círculo I tem o mesmo comprimento de um arco de 40° num círculo II, então, a razão da área do círculo I pela área do círculo II é:

a) $\frac{2}{9}$ b) $\frac{4}{9}$ c) $\frac{2}{3}$ d) $\frac{3}{2}$ e) $\frac{9}{4}$

13. (FGV-SP) Em um mesmo plano estão contidos um quadrado de 9 cm de lado e um círculo de 6 cm de raio, com centro em um dos vértices do quadrado. A área da região do quadrado não interceptada pelo círculo, em centímetros quadrados, é igual a:

a) $9 \cdot (9 - \pi)$ d) $3 \cdot (9 - 2\pi)$

b) $9 \cdot (4\pi - 9)$ e) $6 \cdot (3\pi - 9)$

c) $9 \cdot (9 - 2\pi)$

14. (UF-MG) O octógono regular de vértices ABCDEFGH, cujos lados medem 1 dm cada um, está inscrito no quadrado de vértices PQRS, conforme mostrado na figura.

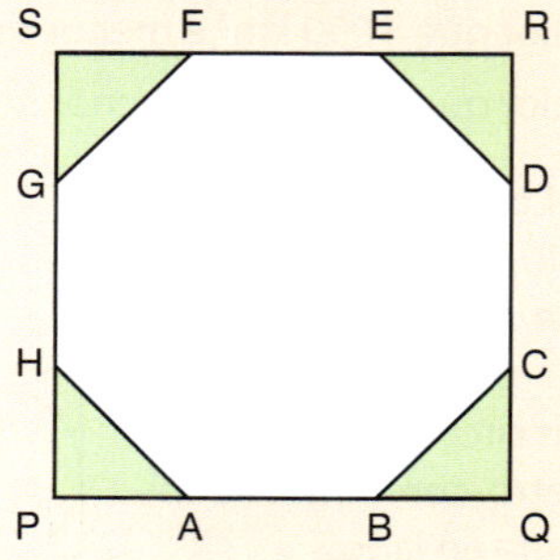

Então, é correto afirmar que a área do quadrado PQRS, em decímetros quadrados, é:

a) $1 + 2\sqrt{2}$
b) $1 + \sqrt{2}$
c) $3 + 2\sqrt{2}$
d) $3 + \sqrt{2}$

15. (Unifesp-SP) O hexágono cujo interior aparece destacado em cinza na figura é regular e origina-se da sobreposição de dois triângulos equiláteros.

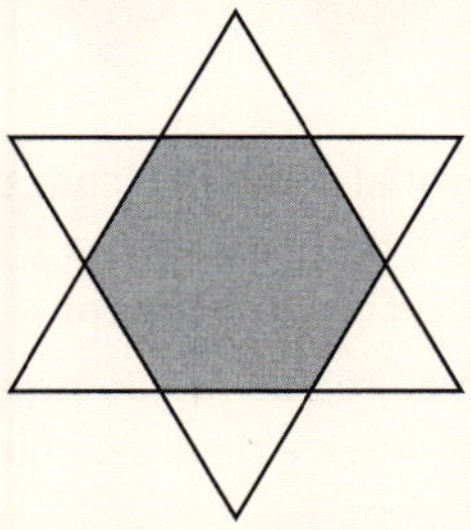

Se k é a área do hexágono, a soma das áreas desses dois triângulos é igual a:

a) k b) 2k c) 3k d) 4k e) 5k

16. (FGV-SP) A área do quadrado ABCD é 4 cm². Sobre os lados $\overline{AB}$ e $\overline{AD}$ do quadrado são tomados dois pontos: M e N, tais que AM + AN = AB.

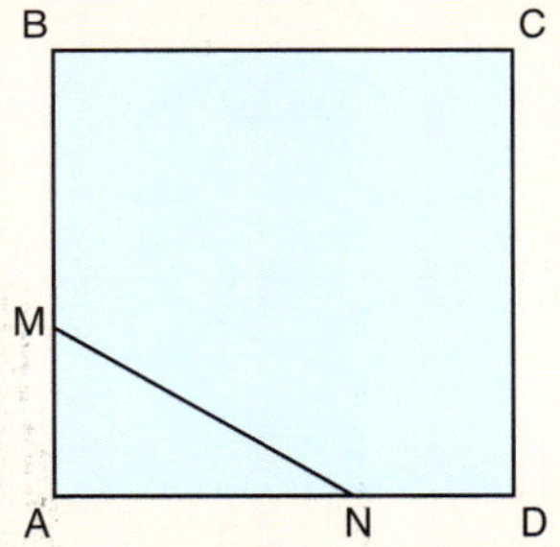

Desse modo, o maior valor que pode assumir a área do triângulo AMN, em centímetros quadrados, é

a) $\frac{1}{4}$ b) 2 c) $\frac{1}{2}$ d) 4 e) $\frac{1}{8}$

17. (U.F. Ouro Preto-MG) Considere um retângulo de lados 50 cm e 20 cm, subdividido em dois trapézios, conforme mostra a figura.

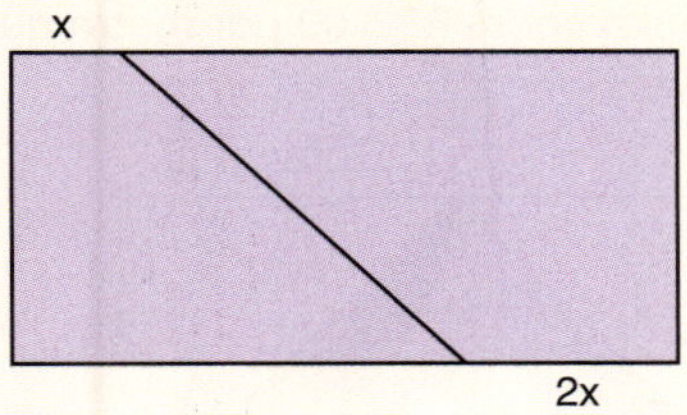

Se a razão entre as áreas dos trapézios é $\frac{2}{3}$, então é correto afirmar que x, em centímetros, vale:

a) 25 b) $\frac{50}{11}$ c) 10 d) $\frac{25}{7}$

18. (UE-CE) As diagonais de um losango medem 12 m e 16 m. A medida da área do quadrilátero, cujos vértices são os pontos médios dos lados do losango é, em metros quadrados:

a) 32 b) 36 c) 42 d) 48

19. (Cefet- MG) Na figura, os ângulos $A\hat{B}C$ e $C\hat{Q}P$ são retos, BP = 4x, PC = 5x e AB = 12x.

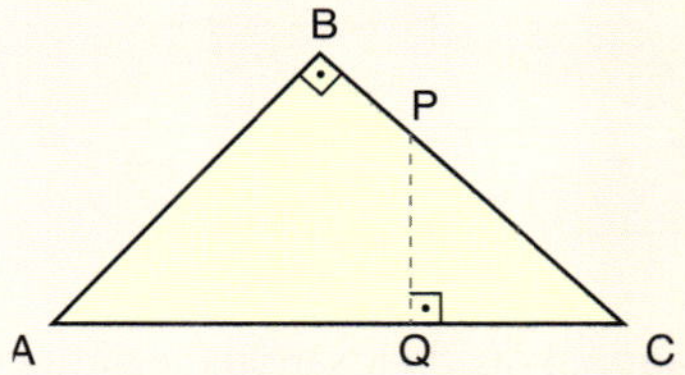

Nessas condições, a área do quadrilátero ABPQ é:

a) $32x^2$ b) $36x^2$ c) $42x^2$ d) $48x^2$ e) $54x^2$

20. (UF-AM) Considere as seguintes informações sobre o triângulo ABC, representado na figura abaixo: AB = 3 cm, AC = 8 cm e $\hat{A} = 60°$.

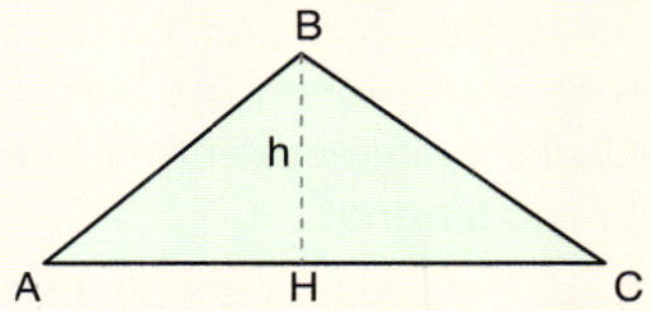

Relativamente ao triângulo ABC, é correto afirmar que

a) seu perímetro é 20 cm.
b) sen $\hat{A} = \frac{1}{2}$
c) sua área é $6\sqrt{3}$ cm².
d) é um triângulo retângulo.
e) $h = \frac{7\sqrt{3}}{2}$ cm.

21. (UF-AM) Considere a região mais escura, no interior do semicírculo de centro O, limitada por semicircunferências, conforme mostra a figura a seguir.

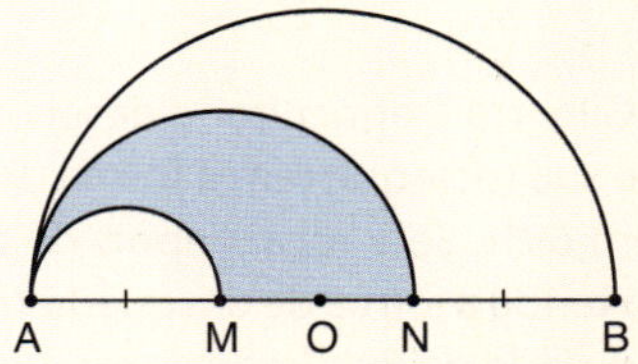

Se a área dessa região é 24π cm² e AM = MN = = NB, então a medida AB, em centímetros, é:

a) 9 b) 12 c) 16 d) 18 e) 24

22. (FEI-SP) Num triângulo isósceles, o maior lado mede 10 cm e o maior ângulo interno é o dobro da soma dos outros dois ângulos internos. A área desse triângulo, em centímetros quadrados, é igual a:

a) $\frac{25\sqrt{3}}{3}$ c) $\frac{25}{2}$ e) $\frac{25\sqrt{3}}{4}$

b) $\frac{25\sqrt{3}}{2}$ d) $\frac{25\sqrt{3}}{6}$

23. (U.F. São Carlos-SP) O losango ABCD, de lado igual a 10 cm, está inscrito no paralelogramo EFGH, cujo lado $\overline{HG}$ mede 16 cm.

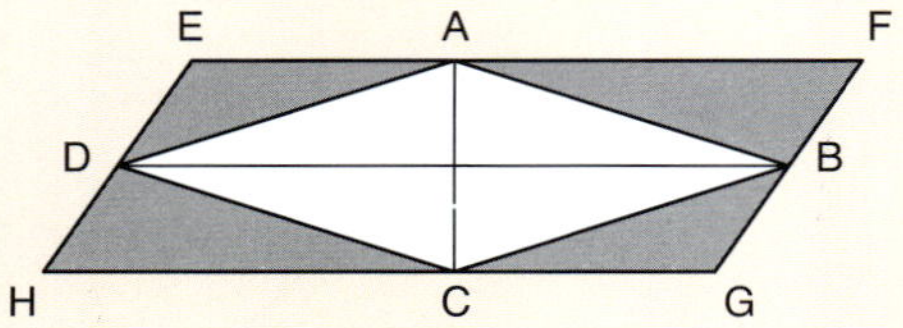

Se a diagonal $\overline{AC}$ do losango é a altura do paralelogramo, então a área da região sombreada, em centímetros quadrados, é igual a:

a) 192 c) 128 e) 56

b) 160 d) 96

24. (Obmep) Para cercar um terreno retangular de 60 metros quadrados com uma cerca formada por dois fios de arame foram usados 64 metros de arame. Qual é a diferença entre o comprimento e a largura do terreno?

a) 4 m b) 7 m c) 11 m d) 17 m e) 28m

25. (Fuvest-SP) Na figura, o triângulo ABC é retângulo com catetos BC = 3 e AB = 4. Além disso, o ponto D pertence ao cateto $\overline{AB}$, o ponto E pertence ao cateto $\overline{BC}$ e o ponto F pertence à hipotenusa $\overline{AC}$, de tal forma que DECF seja um paralelogramo. Se $DE = \frac{3}{2}$, então a área do paralelogramo DECF vale:

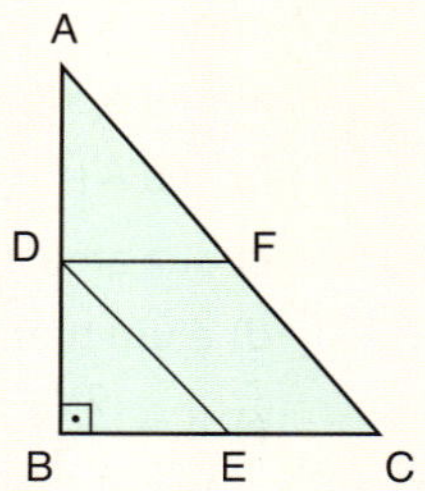

a) $\frac{63}{25}$ b) $\frac{12}{5}$ c) $\frac{58}{25}$ d) $\frac{56}{25}$ e) $\frac{11}{5}$

26. (UE-CE) Gilberto é agricultor e deseja aumentar a área de sua roça, que tem a forma de um quadrado, em 69%. Se a roça, depois de ampliada, continua tendo a forma de um quadrado, então a medida do lado do quadrado da roça inicial deve ser aumentada em:

a) 18% b) 22% c) 26% d) 30%

27. (UF-GO) Um vidraceiro propõe a um cliente um tipo de vitral octogonal obtido a partir de um quadrado com 9 m de lado, retirando-se, de cada canto, um triângulo retângulo isósceles de cateto com 3m, conforme indicado na figura a seguir.

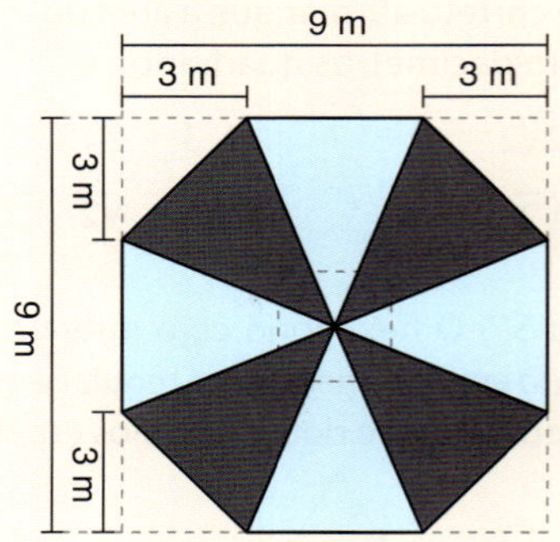

O vitral octogonal será feito com dois tipos de vidro: fumê (em cinza escuro na figura) e transparente (em azul claro na figura).

A razão entre a área da região preenchida com vidro transparente e a da preenchida com vidro fumê, nesta ordem, é:

a) $\frac{1}{3}$ b) $\frac{2}{3}$ c) $\frac{3}{4}$ d) 1 e) $\frac{3}{2}$

28. (Fuvest-SP) A figura representa sete hexágonos regulares de lado 1 e um hexágono maior, cujos vértices coincidem com os centros de seis dos hexágonos menores.

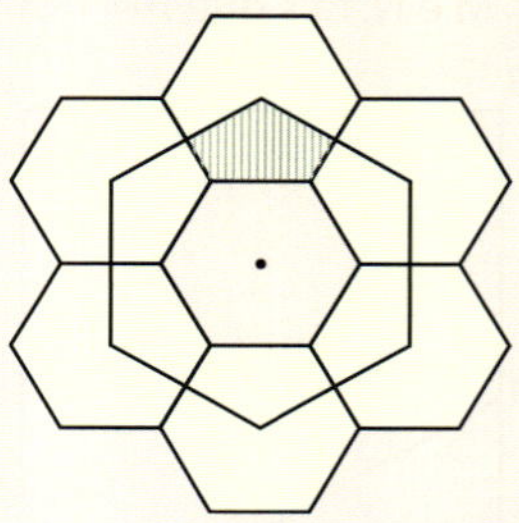

Então, a área do pentágono hachurado é igual a

a) $3\sqrt{3}$ c) $\frac{3\sqrt{3}}{2}$ e) $\frac{\sqrt{3}}{2}$

b) $2\sqrt{3}$ d) $\sqrt{3}$

29. (U.F. Viçosa-MG) Um senhor deseja construir um jardim de formato quadrangular com seus lados medindo 12 m, sendo a parte sombreada correspondente à área destinada às plantas e no centro um chafariz, tal como a figura apresentada abaixo. O jardineiro cobra R$ 5,00 por metro quadrado plantado.

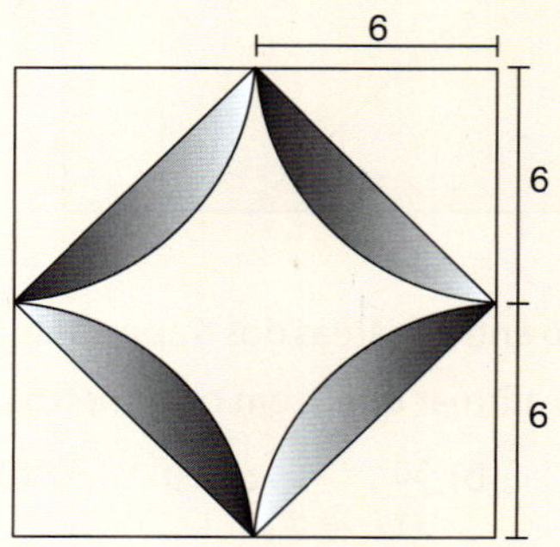

Considerando $\pi = 3{,}14$, é correto afirmar que a quantia que o jardineiro cobrará pelo serviço será de:

a) R$ 200,20
b) R$ 220,00
c) R$ 210,20
d) R$ 205,20

30. (UE-CE) Duas circunferências em um plano, ambas com as medidas do raio igual a 3 m, tangenciam-se externamente. Uma reta *r*, contendo os centros dessas circunferências, as intercepta em três pontos P, Q e O, sendo O o ponto de tangência. Duas outras retas, no mesmo plano e perpendiculares à reta *r*, contendo os centros das circunferências as interceptam, respectivamente, nos pontos R, S, U e V. Com base nessas hipóteses, a área do hexágono convexo com vértices nos pontos P, R, U, Q, V e S é, em metros quadrados,

a) 27 b) 54 c) 61 d) 81

31. (Unifesp-SP) De um cartão retangular de base 14 cm e altura 12 cm, deseja-se recortar um quadrado de lado *x* e um trapézio isósceles, conforme a figura, onde a parte hachurada será retirada.

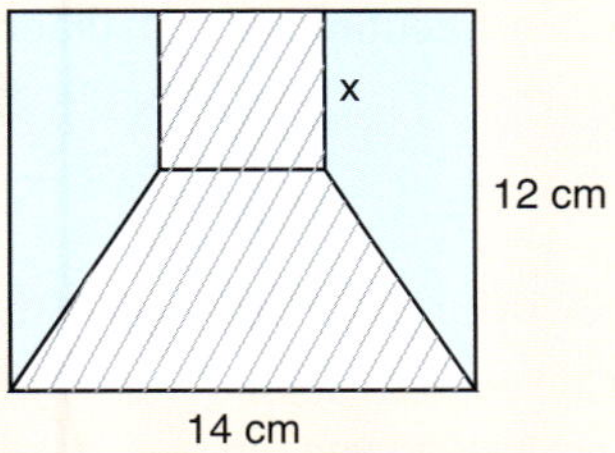

O valor de *x*, em centímetros, para que a área total removida seja mínima, é:

a) 3 b) 2 c) 1,5 d) 1 e) 0,5

32. (Unifesp-SP) Você tem dois pedaços de arame do mesmo comprimento e pequenas espessuras. Um deles você usa para formar o círculo da figura 1 e o outro, para formar os três círculos da figura 2.

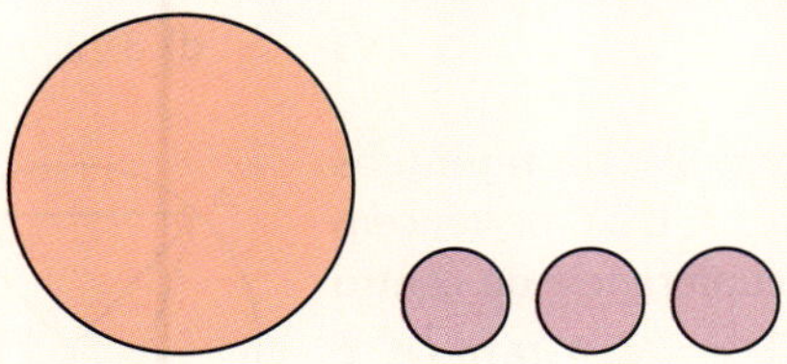

Figura 1 Figura 2

Se S é a área do círculo maior e *s* é a área de cada um dos círculos menores, a relação entre S e *s* é dada por:

a) S = 3s
b) S = 4s
c) S = 6s
d) S = 8s
e) S = 9s

33. (Vunesp-SP) A área do anel entre dois círculos concêntricos é igual a 25π cm². O comprimento da corda do círculo maior, que é tangente ao menor, em centímetros, é:

a) $\frac{5}{\sqrt{2}}$
b) 5
c) $5\sqrt{2}$
d) 10
e) $10\sqrt{2}$

34. (UF-MS)

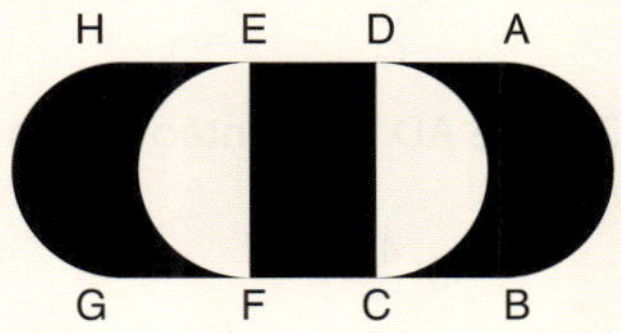

A figura acima é composta por:

- dois segmentos paralelos $\overline{AH}$ (contendo os pontos D e E) e $\overline{BG}$ (contendo os pontos C e F), medindo 6 m cada um;
- um retângulo CDEF de 2 m de largura por 6 m de comprimento;
- dois arcos: um limitado entre os segmentos $\overline{AD}$ e $\overline{BC}$ e as semicircunferências $\widehat{AB}$ e $\widehat{CD}$, de raio 3 m cada uma, e o outro formado entre os segmentos $\overline{EH}$ e $\overline{FG}$, de raio 3 m cada uma.

Nessas condições, a área da parte preta da figura, em metros quadrados, é igual a:

a) 48
b) 36
c) 48π
d) 36π
e) 24π

35. (Udesc-SC) Uma circunferência intercepta um triângulo equilátero nos pontos médios de dois de seus lados, conforme mostra a figura, sendo que um dos vértices do triângulo é o centro da circunferência.

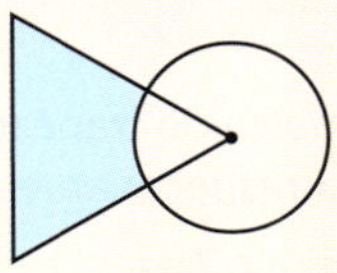

Se o lado do triângulo mede 6 m, a área da região destacada na figura, em metros quadrados, é igual a:

a) $9 \cdot \left(2\sqrt{3} - \frac{\pi}{6}\right)$
b) $9 \cdot \left(\sqrt{3} - \frac{\pi}{18}\right)$
c) $9 \cdot (\sqrt{3} - \pi)$
d) $9 \cdot \left(\sqrt{3} - \frac{\pi}{3}\right)$
e) $9 \cdot \left(\sqrt{3} - \frac{\pi}{6}\right)$

36. (Mackenzie-SP) Na figura, ABCDEF é um hexágono regular e a distância do vértice D à diagonal $\overline{FB}$ é 3.

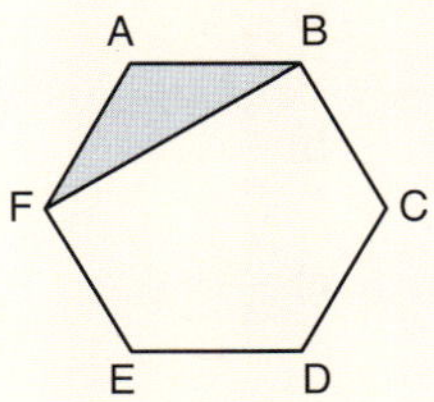

A área do triângulo destacado é:

a) $\sqrt{3}$
b) $2\sqrt{3}$
c) $4\sqrt{3}$
d) 3
e) 6

37. (Fuvest-SP) Na figura, OAB é um setor circular com centro em O, ABCD é um retângulo e o segmento $\overline{CD}$ é tangente em X ao arco de extremos A e B do setor circular.

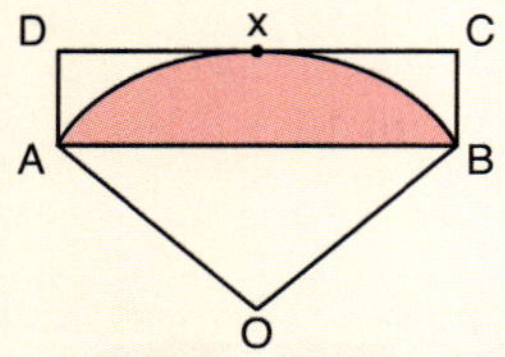

Se $AB = 2\sqrt{3}$ e $AD = 1$, então a área do setor OAB é igual a:

a) $\frac{\pi}{3}$
b) $\frac{2\pi}{3}$
c) $\frac{4\pi}{3}$
d) $\frac{5\pi}{3}$
e) $\frac{7\pi}{3}$

38. (UF-CE) Um triângulo equilátero, um quadrado e um círculo têm o mesmo perímetro. Se A_T, A_Q e A_C denotam respectivamente as áreas do triângulo, do quadrado e do círculo, é correto afirmar que:

a) $A_T > A_Q > A_C$
b) $A_C > A_Q > A_T$
c) $A_Q > A_T > A_C$
d) $A_Q > A_C > A_T$
e) $A_C > A_T > A_Q$

39. (U. F. Ouro Preto-MG) Num trapézio isósceles, os ângulos da base medem 60°. Esse trapézio tem área igual a $3\sqrt{3}$ m² e está inscrito num semicírculo, conforme mostra a figura.

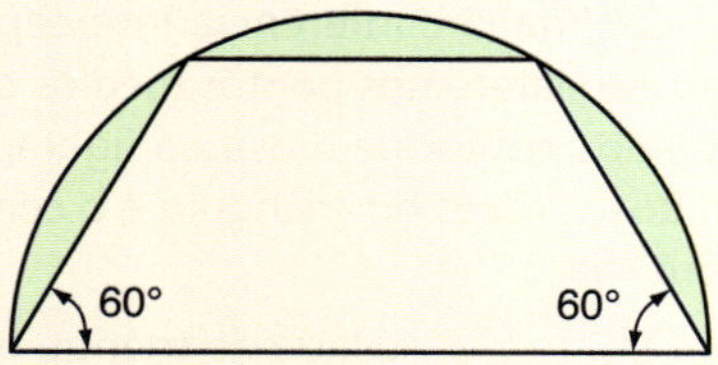

É correto afirmar que o perímetro do trapézio e a área do semicírculo medem, respectivamente:

a) 10 m e 2π m²
b) 10 m e 4π m²
c) 8 m e 2π m²
d) 8 m e 4π m²

40. (Mackenzie-SP) Na figura, se $\overline{AB} = \overline{AC}$, a área do triângulo ABC é:

a) $\frac{1}{2}$
b) $\frac{3}{4}$
c) $\frac{1}{4}$
d) $\frac{3}{2}$
e) $\frac{4}{3}$

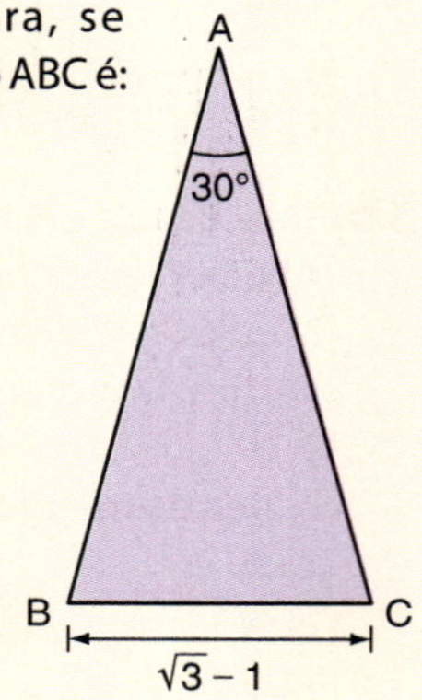

41. (ESPM-SP) Uma folha de papel retangular foi dobrada como mostra a figura.

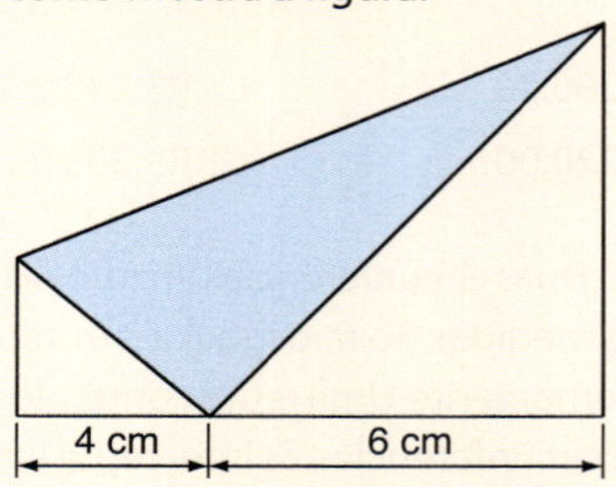

De acordo com as medidas fornecidas, a região sombreada, que é parte visível do verso da folha, tem área igual a:

a) 24 cm²
b) 25 cm²
c) 28 cm²
d) 35 cm²
e) 36 cm²

42. (Unifor-CE) A figura ao lado apresenta a logomarca de certa empresa, onde aparecem traçadas duas cordas paralelas entre si e de mesmo comprimento, distantes 4 cm uma da outra.

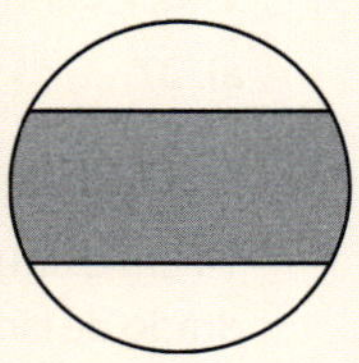

Se o raio do círculo mede 4 cm, a área da região sombreada, em centímetros quadrados, é:

a) $4(\sqrt{3} + 1)$
b) $4(\sqrt{3} + 2)$
c) $8(\sqrt{3} + 1)$
d) $8(\sqrt{3} + 2)$
e) $8(2\sqrt{3} + 1)$

43. (Cefet-MG) O trapézio isósceles da figura ao lado tem um ângulo agudo de 60° e área igual a $\frac{32\sqrt{3}}{3}$. A área do círculo inscrito nesse trapézio é:

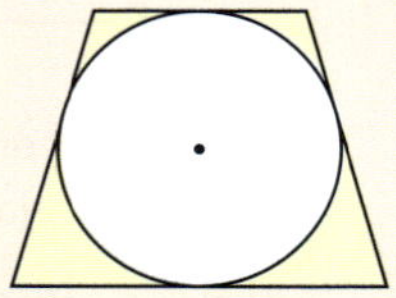

a) 2π
b) π
c) $\frac{\pi}{2}$
d) 3π
e) 4π

44. (UE-CE) A maior área possível de um retângulo inscrito em uma circunferência cuja medida do raio é 1 cm é, em centímetros quadrados,

a) 2
b) 3
c) $2\sqrt{3}$
d) $3\sqrt{2}$

45. (Fuvest-SP) Na figura, os pontos A, B e C pertencem à circunferência de centro O e BC = a. A reta $\overleftrightarrow{OC}$ é perpendicular ao segmento $\overline{AB}$ e o ângulo $A\hat{O}B$ mede $\frac{\pi}{3}$ radianos. Então, a área do triângulo ABC vale:

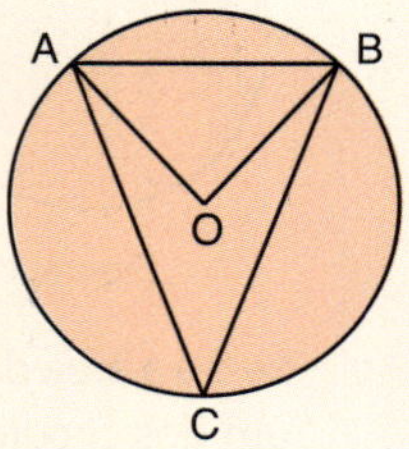

a) $\frac{a^2}{8}$
b) $\frac{a^2}{4}$
c) $\frac{a^2}{2}$
d) $\frac{3a^2}{4}$
e) a^2

12 GEOMETRIA ESPACIAL DE POSIÇÃO

Um pouco de História

Em civilizações mais antigas — egípcia e babilônica —, a Geometria desenvolveu-se quase sempre visando à resolução de problemas de medições, como o cálculo de distâncias, áreas e volumes, os quais estavam diretamente ligados à subsistência.

Foi na Grécia (aproximadamente século V a.C.) que a Geometria se desvinculou das questões de mensuração para tomar um rumo mais abstrato. Passou-se a exigir que as propriedades das figuras geométricas fossem validadas por meio de uma demonstração lógica, e não mais por métodos experimentais.

Alamy/Glow Images

Conhecimentos de Geometria permitiram construções como este teatro, no Peloponeso, na Grécia, em 350 a.C.

O primeiro pensador grego associado ao método demonstrativo foi Tales de Mileto (cerca de 585 a.C.). Acredita-se que Tales provou as seguintes propriedades usando esse método:

- "Se dois ângulos são opostos pelo vértice, então são congruentes."
- "Todo ângulo inscrito em uma semicircunferência é ângulo reto."
- "Se um triângulo é isósceles, então os ângulos da base são congruentes."
- "Se duas retas são transversais de um feixe de retas paralelas, então a razão entre as medidas de dois segmentos quaisquer de uma transversal é igual à razão entre as medidas dos respectivos segmentos correspondentes da outra transversal" (essa propriedade é conhecida como teorema de Tales).

Outro pensador grego de grande importância para a Geometria foi Pitágoras, que viveu por volta de 530 a.C. Pitágoras fundou uma "escola", ou seja, uma espécie de academia para estudo da filosofia e da ciência, na qual reuniu vários pensadores e discípulos. Como os ensinamentos da escola pitagórica eram transmitidos oralmente, não há documentos de suas descobertas. Uma grande contribuição dos pitagóricos se deu com a teoria dos números (em Aritmética), e seu maior legado para a Geometria é a demonstração da propriedade que leva o nome do mestre.

> Teorema de Pitágoras — "Num triângulo retângulo, o quadrado da medida da hipotenusa é igual à soma dos quadrados das medidas dos catetos."

O maior pensador grego ligado à Matemática, e especialmente à Geometria, foi Euclides (cerca de 300 a.C.), que se formou no Museu de Alexandria — espécie de universidade da época. Esse museu foi criado por Alexandre Magno — rei da Macedônia que conquistou a Grécia. A obra-prima de Euclides é *Os elementos*, com treze volumes. Os três últimos volumes dessa obra abordam a Geometria Espacial, reunindo algumas descobertas anteriores, mas apresentando-as de forma lógico-dedutiva.

Nessa formulação, Euclides pretendia que todas as noções ou conceitos geométricos fossem definidos, ou seja, caracterizados objetivamente por palavras e baseados apenas em conceitos estabelecidos anteriormente. Além disso, tinha o objetivo de que todas as propriedades ou proposições fossem demonstradas, ou seja, de que sua validade fosse estabelecida por meio de argumentos lógicos e utilizando nas demonstrações apenas propriedades demonstradas anteriormente. Isso caracterizou uma ruptura definitiva com a Matemática de base experimental e empírica dos séculos anteriores. É bem verdade que, muitos séculos depois, os matemáticos verificaram que o método criado por Euclides não foi usado de maneira perfeita na sua obra e que *Os elementos* tem ainda vários apelos à intuição. De todo modo, o valor da obra de Euclides é inestimável e ela perdura até nossos dias, com alguns aperfeiçoamentos feitos por matemáticos dos séculos XIX e XX.

Henry Billingsley. Frontispício da primeira edição de *Os elementos*, de Euclides, 1570/Biblioteca Nacional da França, Paris, França

Frontispício da primeira tradução para o inglês, em 1570, da obra *Os elementos*, escrita por Euclides.

INTRODUÇÃO

Vamos examinar uma figura geométrica que conhecemos do nosso cotidiano: o cubo. Há vários objetos em forma de cubo: caixas, dados de jogar, caixas-d'água etc.

Thinkstock/Getty Images

Cristina Xavier/FinePhoto

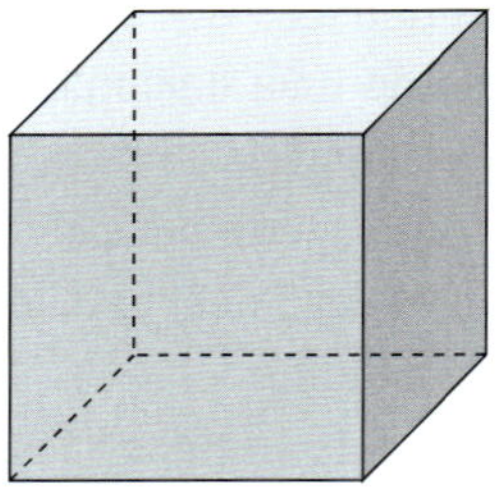

Ao analisar um cubo, podemos notar que:

- possui oito "pontas" ou "bicos" denominados **vértices**. Os oito vértices (A, B, C, D, E, F, G, H) de um cubo são exemplos de **pontos**.

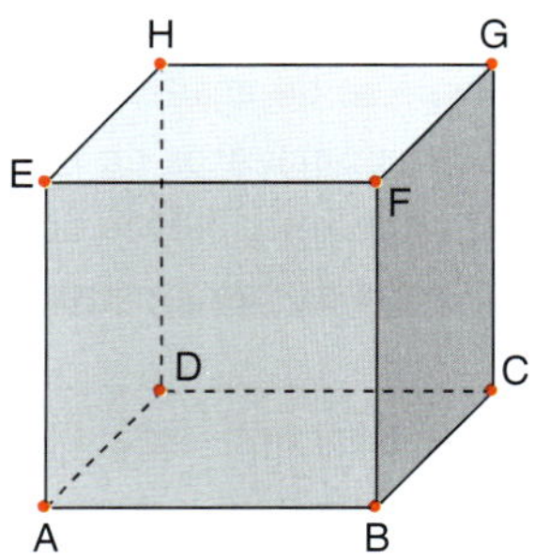

Figuras sem escala ou em escalas diferentes.
Cores reais.

- possui 12 "quinas" denominadas **arestas**. As 12 arestas de um cubo ($\overline{AB}$, $\overline{BC}$, $\overline{CD}$, $\overline{DA}$, $\overline{EF}$, $\overline{FG}$, $\overline{GH}$, $\overline{HE}$, $\overline{EA}$, $\overline{FB}$, $\overline{GC}$, $\overline{HD}$) são exemplos de **segmentos de reta**.

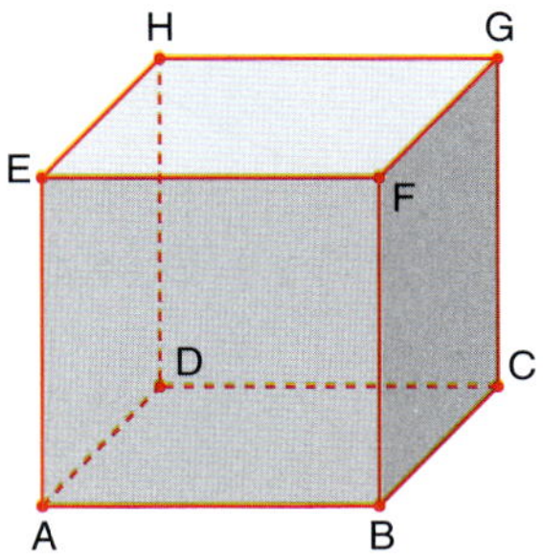

Na figura a seguir, se imaginarmos que cada aresta do cubo foi "prolongada", estaremos imaginando **retas**. Cada uma dessas retas contém uma aresta do cubo.

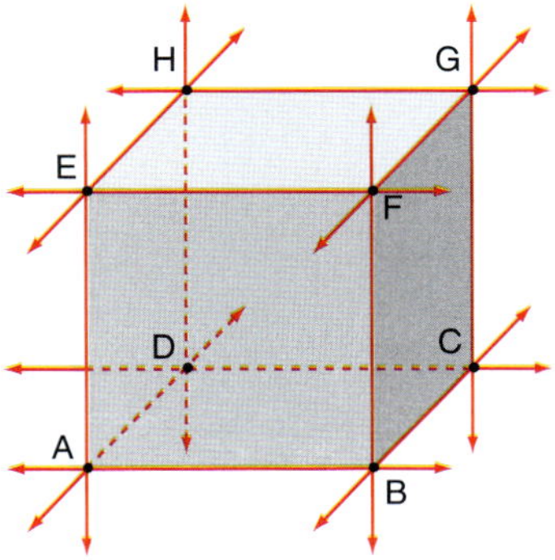

- é formado por seis quadrados denominados **faces**. As seis faces de um cubo são exemplos de **regiões planas**. A figura destaca a região plana BCGF.

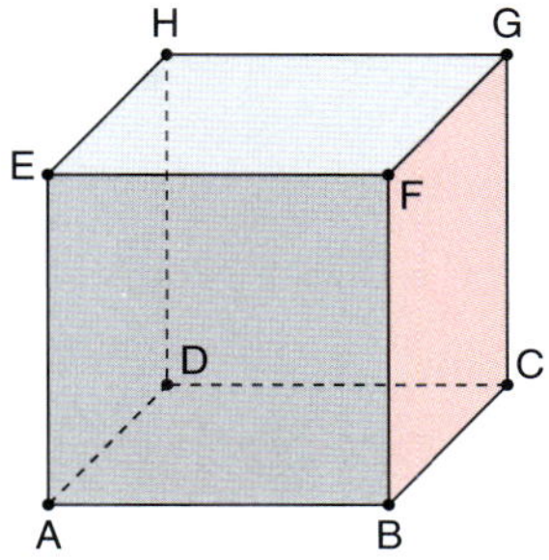

Se imaginarmos que cada face do cubo foi "prolongada", como na face ABCD da figura abaixo, estaremos imaginando **planos**. Cada um desses planos contém uma face do cubo.

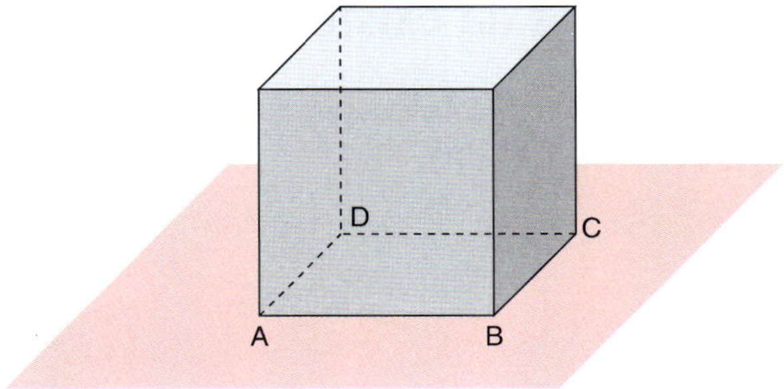

NOÇÕES PRIMITIVAS (OU INICIAIS)

A construção da Geometria se baseia em três noções iniciais, das quais temos um conhecimento intuitivo, decorrente da observação do mundo concreto. Essas noções são as de **ponto**, **reta** e **plano**.

Vamos convencionar como representá-las da seguinte forma:

ponto A
(letra maiúscula)

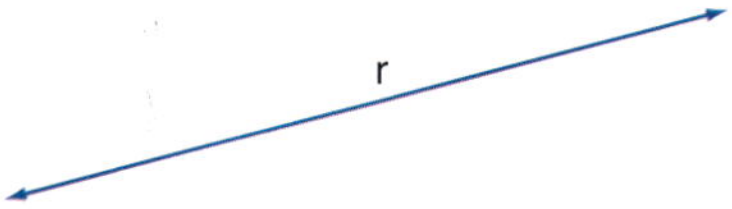

reta r
(letra minúscula)

plano α
(letra grega)

As noções primitivas ou iniciais não são definidas. Todas as demais noções ou conceitos geométricos podem ser definidos, isto é, caracterizados objetivamente por meio de palavras, obedecendo-se a uma regra básica: só se poderá definir um novo conceito se na definição forem utilizados conceitos já estabelecidos.

Neste capítulo, toda definição será indicada por [DEF].

Vejamos as três primeiras definições:

- [DEF] **Espaço**: é o conjunto formado por todos os pontos.
- [DEF] **Retas concorrentes**: duas retas são concorrentes quando possuem um único ponto comum.

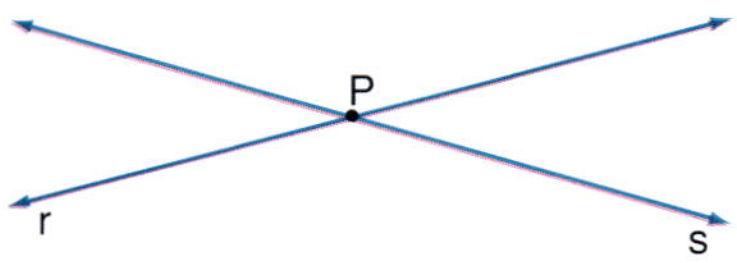

$r \cap s = \{P\}$

- [DEF] **Retas paralelas**: duas retas são paralelas quando são coincidentes ou são coplanares (estão contidas em um mesmo plano) e não têm ponto comum.

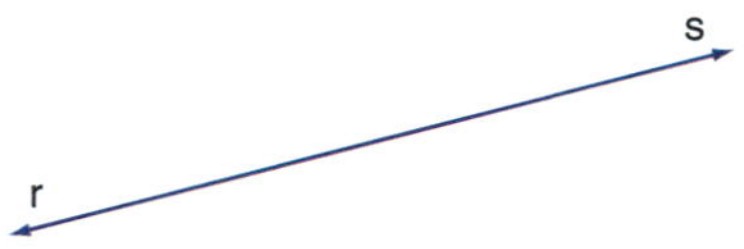

$r = s \Rightarrow r \,//\, s$

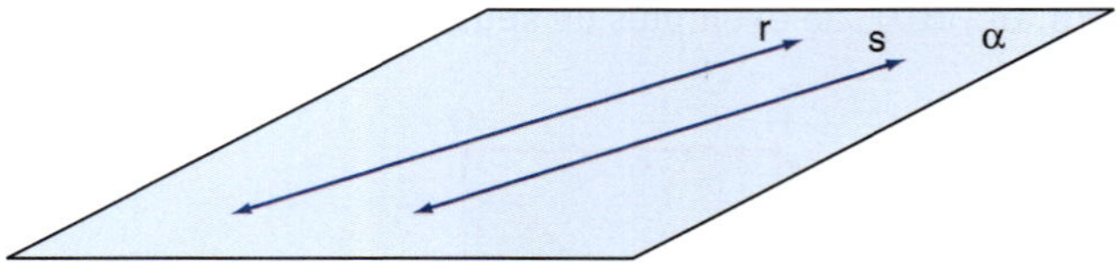

$r \subset \alpha, s \subset \alpha$ e $r \cap s = \varnothing \Rightarrow r \,//\, s$

PROPOSIÇÕES PRIMITIVAS (OU INICIAIS)

O estudo lógico da Geometria se apoia em algumas propriedades relacionadas a pontos, retas e planos. Essas propriedades são aceitas como verdadeiras, sem necessidade de demonstração lógica, e são chamadas **postulados**, **proposições iniciais** ou **proposições primitivas**.

Postulados da existência

- Numa reta e fora dela existem tantos pontos quantos quisermos.

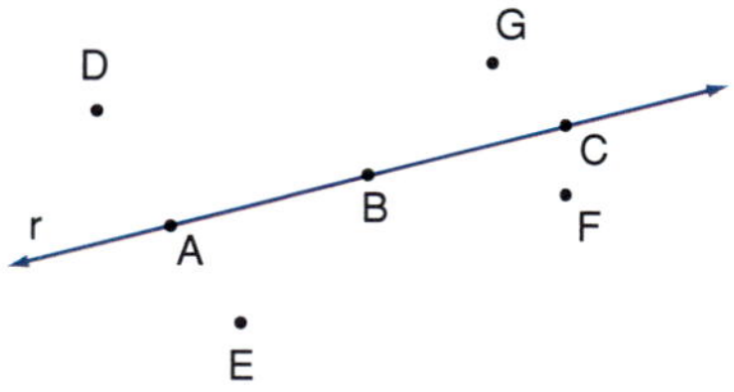

$A \in r, B \in r, C \in r$
$D \notin r, E \notin r, F \notin r, G \notin r$

- Num plano e fora dele existem tantos pontos quantos quisermos.

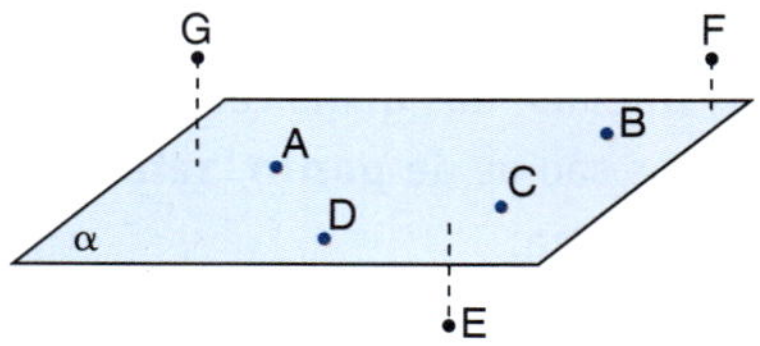

$A \in \alpha, B \in \alpha, C \in \alpha, D \in \alpha$
$E \notin \alpha, F \notin \alpha, G \notin \alpha$

Postulados da determinação

- Dois pontos distintos determinam uma única reta.

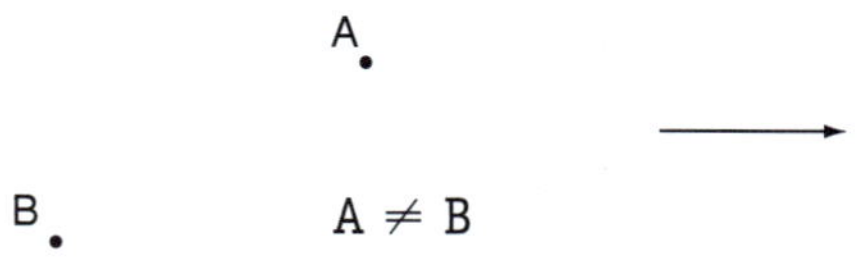

$A \neq B$

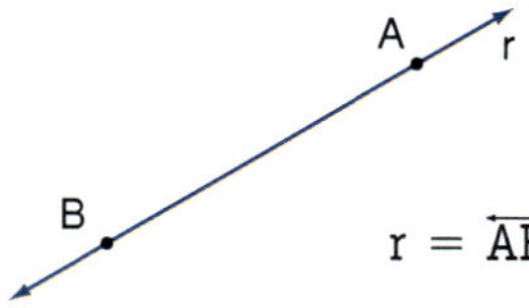

$r = \overleftrightarrow{AB}$

De outra forma, podemos dizer que: dados dois pontos distintos A e B, existe uma só reta que tem A e B como seus elementos (ou uma só reta que passa por eles).

- Três pontos não colineares determinam um único plano.

A, B e C não colineares

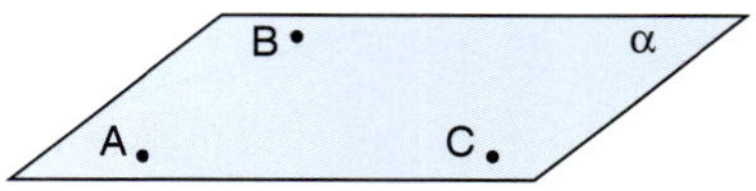

α = plano (ABC)

De outra forma, podemos dizer que: dados três pontos A, B e C não situados numa mesma reta, existe um só plano que tem A, B e C como seus elementos (ou um só plano que passa por eles).

Postulado da inclusão

- Se uma reta possui dois pontos distintos num plano, ela está contida nesse plano.

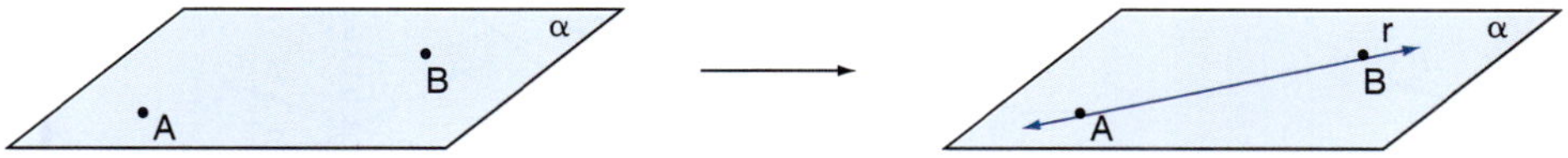

$A \in \alpha, B \in \alpha$ $\qquad$ $\overleftrightarrow{AB} \subset \alpha$

De outra forma, dizemos que, se uma reta tem dois pontos distintos num plano, todos os seus pontos pertencem a esse plano.

Postulado das paralelas (ou postulado de Euclides)

- Por um ponto passa uma única reta paralela a uma reta dada.

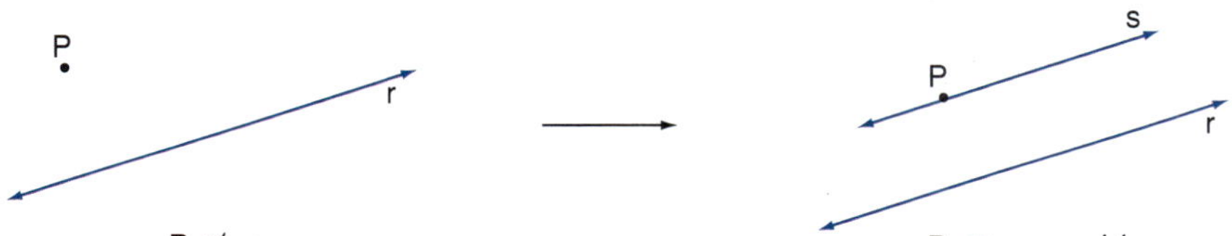

$P \notin r$ $\qquad$ $P \in s$ e $s // r$

De outro modo, podemos dizer que, dado um ponto P não pertencente a uma reta *r*, por P podemos traçar uma só reta *s* paralela a *r*. No caso de o ponto P pertencer a *r*, também é única a paralela, pois é a própria reta *r*.

Os quatro postulados enunciados são aceitos como verdadeiros sem demonstração. Todas as demais propriedades, proposições ou teoremas de Geometria podem ser demonstrados, ou seja, terão sua validade estabelecida por meio de uma argumentação lógica, obedecendo-se a uma regra básica: só se poderá demonstrar (ou provar) uma nova propriedade se forem utilizadas, na demonstração, propriedades já estabelecidas como verdadeiras.

Neste capítulo, as proposições serão indicadas por [PROP]. Para não nos estendermos demais, omitiremos algumas demonstrações; entretanto, as proposições mais importantes estarão demonstradas no item **Teoremas fundamentais**, na página 330 deste capítulo.

DETERMINAÇÃO DE PLANOS

Há quatro modos de determinar a posição de um plano no espaço. Vejamos:

- [POSTULADO] por meio de três pontos não colineares.

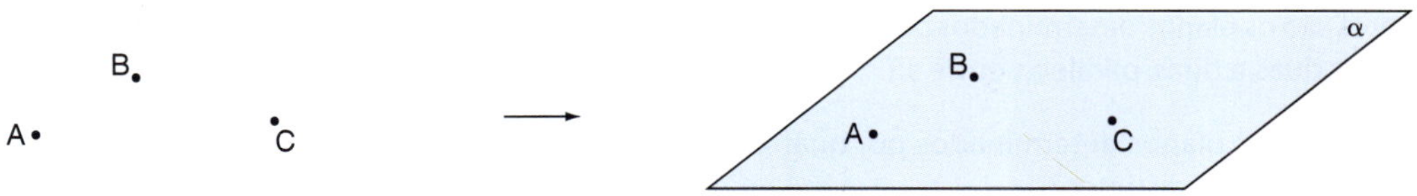

A, B e C não colineares $\qquad$ α = plano (ABC)

- [PROP] por meio de uma reta e um ponto fora dela.

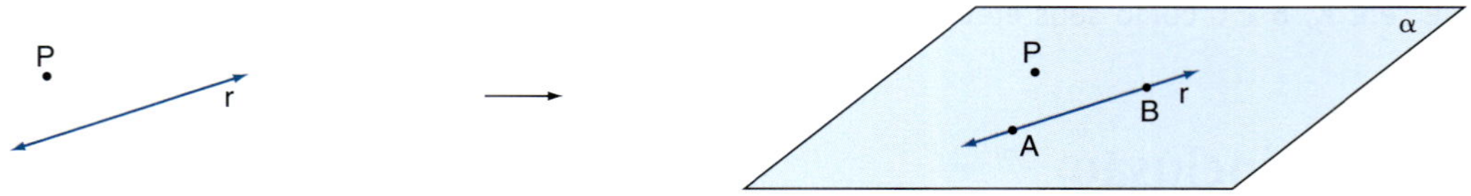

$P \notin r$ α = plano (r, P) = plano (PAB)

- [PROP] por meio de duas retas concorrentes.

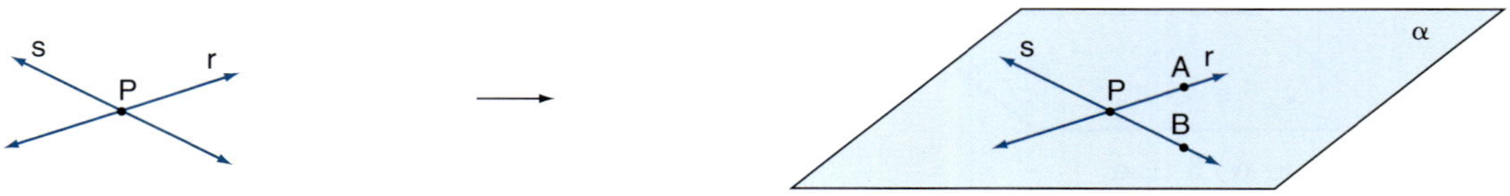

$r \cap s = \{P\}$ α = plano (r, s) = plano (PAB)

- [PROP] por meio de duas retas paralelas e distintas.

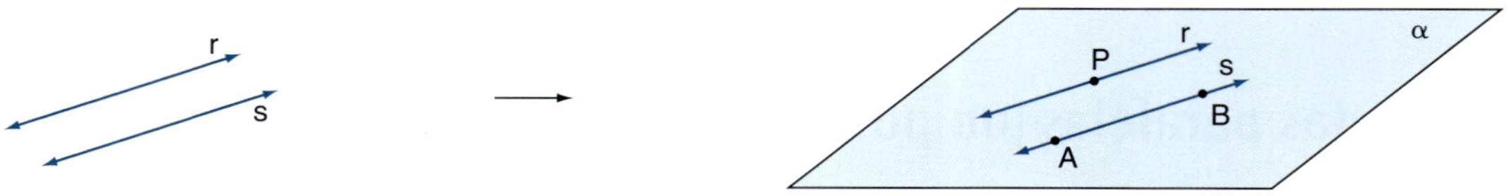

$r \,//\, s$ α = plano (r, s) = plano (PAB)

No 1º modo, a unicidade do plano α é garantida pelo postulado da determinação. Já nos 2º, 3º e 4º modos, a unicidade é garantida pelo fato de que existe um único plano que passa pelos pontos P, A e B não colineares.

Exemplo 1

A figura a seguir é um bloco retangular também chamado paralelepípedo retorretângulo. Ele é formado por seis retângulos, dois a dois congruentes.

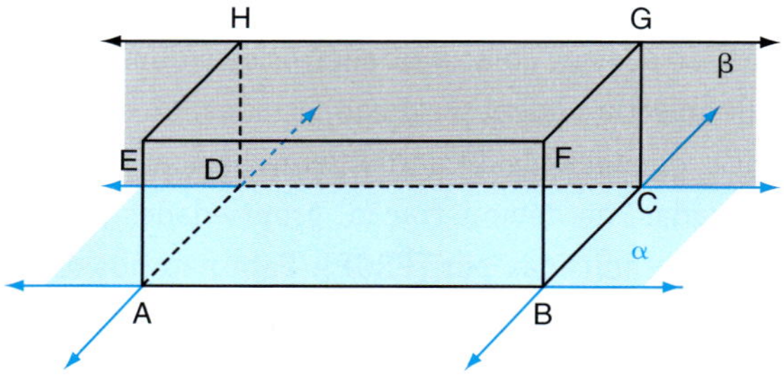

Vamos ilustrar os dois últimos modos de determinação de planos:
- as retas $\overleftrightarrow{AB}$ e $\overleftrightarrow{AD}$ são concorrentes em A e determinam o plano α que contém o retângulo ABCD;
- as retas $\overleftrightarrow{BC}$ e $\overleftrightarrow{CD}$ são concorrentes em C e determinam o mesmo plano α;
- as retas $\overleftrightarrow{CD}$ e $\overleftrightarrow{GH}$ são paralelas distintas e determinam o plano β, que contém o retângulo CDHG.

EXERCÍCIOS

1. Quantos são os planos determinados por três retas distintas, duas a duas, paralelas entre si?
2. Quantos são os planos determinados por quatro pontos dois a dois distintos?
3. Quantos planos distintos são determinados por quatro retas distintas, duas a duas, concorrentes em pontos todos distintos?

POSIÇÕES RELATIVAS DE DOIS PLANOS

Planos secantes

[DEF] Dois planos distintos que têm um ponto comum são chamados **planos secantes**.

Postulado da interseção

Se dois planos distintos têm um ponto comum, então eles têm pelo menos um outro ponto comum.

Propriedade da interseção de planos

Se dois planos distintos têm um ponto comum, então a interseção desses planos é uma única reta que passa por aquele ponto. [PROP] Essa reta é denominada **interseção** ou **traço** de um deles no outro.

Veja a demonstração do Teorema 1 na página 330.

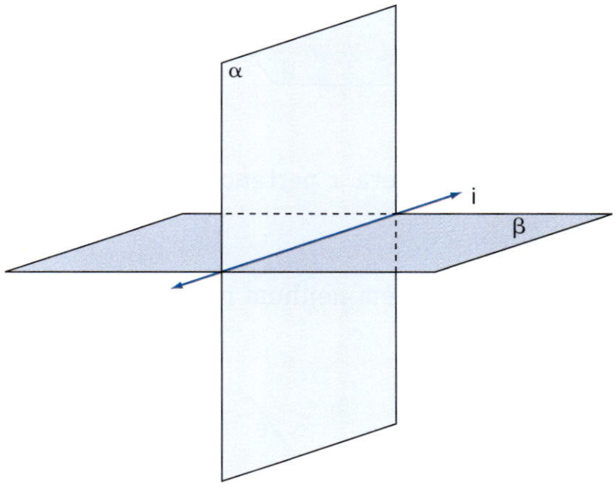

α e β secantes; $\alpha \cap \beta = i$; *i* é a interseção

Planos paralelos

[DEF] Dois planos são **paralelos** quando não têm ponto comum ou são coincidentes.

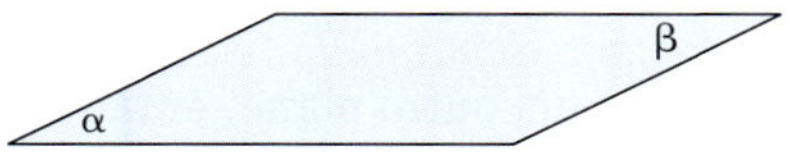

α e β paralelos coincidentes

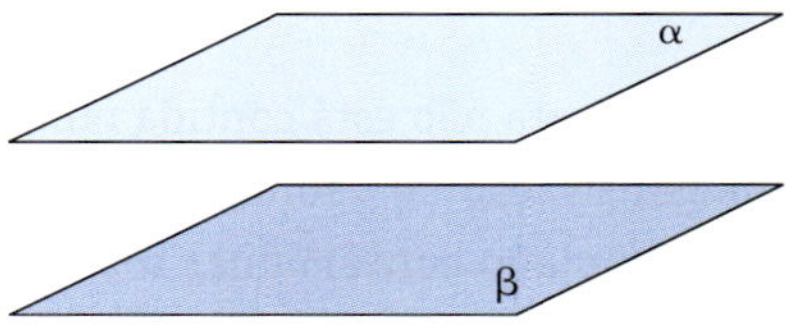

α e β paralelos distintos

EXERCÍCIOS

4. Classifique no caderno as afirmações a seguir como verdadeira (V) ou falsa (F):

a) Se dois planos distintos têm um ponto comum, então eles têm uma reta comum que passa pelo ponto.

b) Dois planos distintos que têm uma reta comum são secantes.

c) Se dois planos têm uma única reta comum, eles são secantes.

d) Dois planos secantes têm infinitos pontos comuns.

e) Se dois planos têm um ponto comum, eles têm uma reta comum.

5. Objetos do nosso dia a dia permitem visualizar planos secantes e paralelos. Na espreguiçadeira mostrada na figura:

a) que planos são secantes?

b) que planos são paralelos?

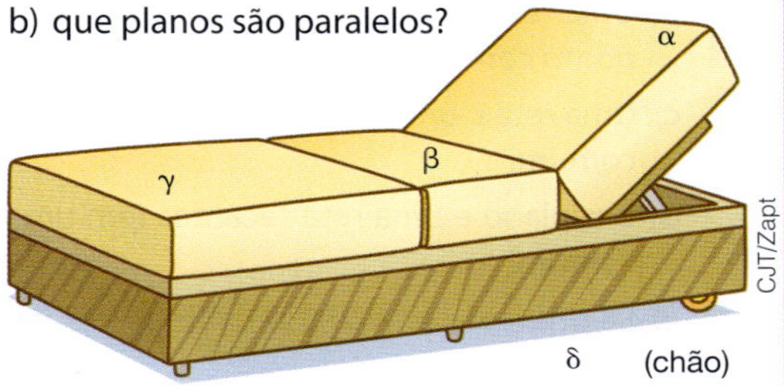

POSIÇÕES RELATIVAS DE UMA RETA E UM PLANO

A posição de uma reta em relação a um plano depende exclusivamente do número de pontos que eles têm em comum. Podem ocorrer três situações:

- A reta e o plano têm em comum dois pontos distintos; nesse caso, conforme o postulado da inclusão, a reta está contida no plano.

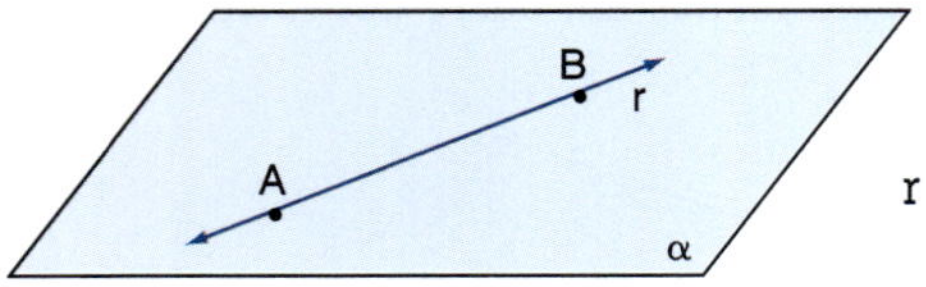

$r \subset \alpha$

Todos os pontos da reta *r* pertencem também ao plano α.

- A reta e o plano têm em comum um único ponto; nesse caso, a reta e o plano são **secantes** [DEF].

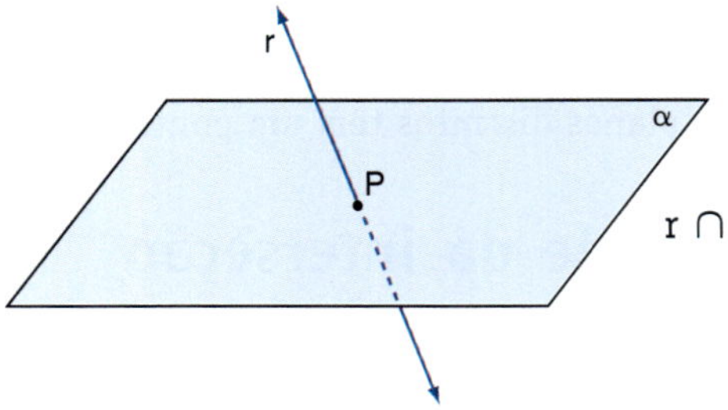

$r \cap \alpha = \{P\}$

O ponto P é aquele em que a reta *r* "fura" o plano α. Dizemos que P é o traço da reta *r* no plano α.

- A reta e o plano não têm nenhum ponto comum; nesse caso, a reta e o plano são **paralelos** [DEF].

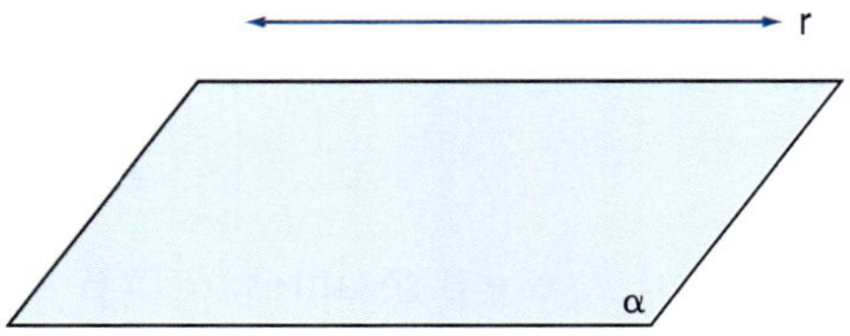

$r \cap \alpha = \varnothing$

Propriedades

[PROP] Se uma reta não está contida num plano e é paralela a uma reta do plano, então ela é paralela ao plano.

Veja a demonstração do Teorema 2, nas páginas 304 e 305.

[PROP] Se um plano contém duas retas concorrentes, ambas paralelas a um outro plano, então esses planos são paralelos.

Veja a demonstração do Teorema 3, na página 305.

EXERCÍCIOS

6. Classifique no caderno em verdadeiro (V) ou falso (F):

a) Uma reta e um plano que têm um ponto comum são secantes.

b) Uma reta e um plano secantes têm um único ponto comum.

c) Uma reta e um plano paralelos não têm ponto comum.

d) Um plano e uma reta secantes têm um ponto comum.

e) Se uma reta está contida num plano, eles têm um ponto comum.

7. Observe o cubo ao lado. Determine a posição relativa entre:

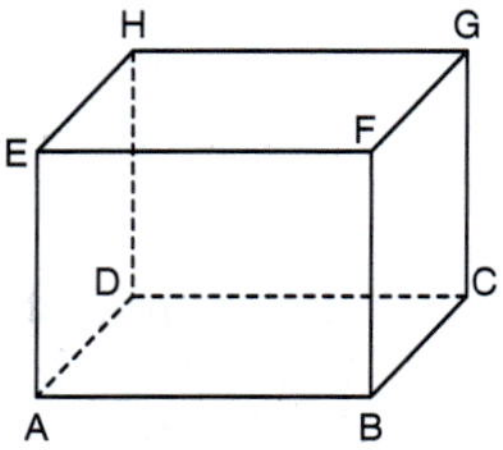

a) a reta $\overleftrightarrow{AB}$ e o plano (CDG);

b) a reta $\overleftrightarrow{AD}$ e o plano (CDG);

c) a reta $\overleftrightarrow{ED}$ e o plano (ABC);

d) o plano (ABC) e o plano (EHD);

e) o plano ($\overleftrightarrow{EF}$, $\overleftrightarrow{GH}$) e o plano ($\overleftrightarrow{EF}$, $\overleftrightarrow{FG}$).

POSIÇÕES RELATIVAS DE DUAS RETAS

Vamos analisar as posições relativas de duas retas observando inicialmente se elas têm ou não ponto comum. Podem ocorrer quatro situações:

- As duas retas têm em comum dois pontos distintos; nesse caso, conforme o postulado da determinação, as retas são **coincidentes**.

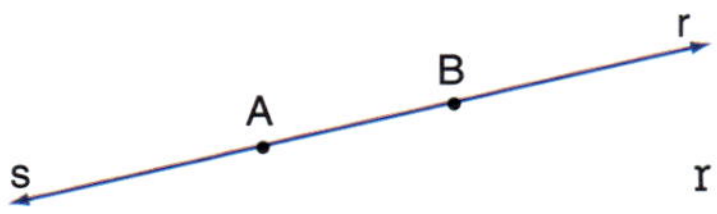

$r = s$

- [DEF] As duas retas têm em comum um único ponto; nesse caso, elas são **concorrentes** e existe um único plano que as contém.

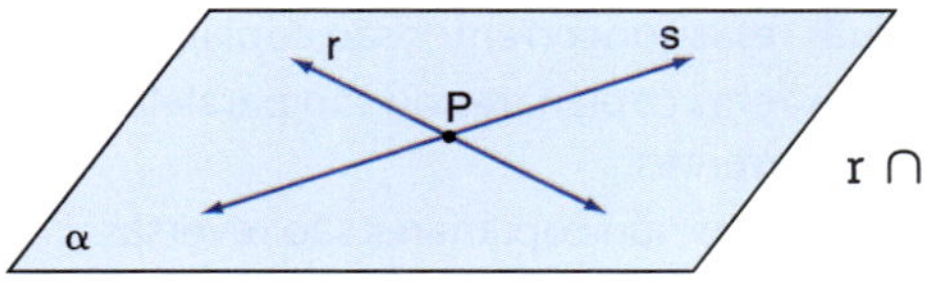

$r \cap s = \{P\}$

- [DEF] As duas retas não têm nenhum ponto em comum, mas existe um plano que as contém; nesse caso, elas são **paralelas**.

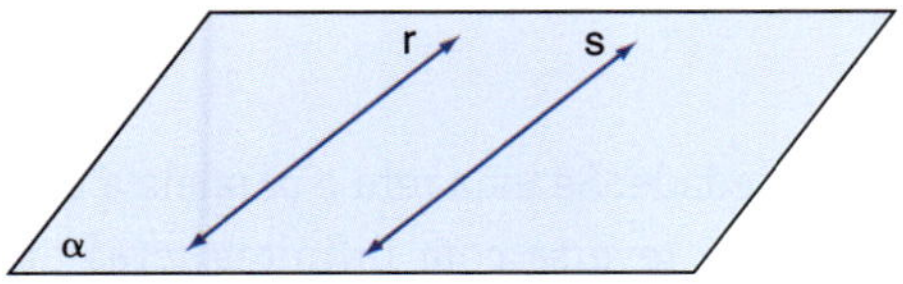

$r \cap s = \varnothing$, $r \subset \alpha$ e $s \subset \alpha$

- As duas retas não têm nenhum ponto em comum e não existe plano que as contenha; nesse caso, elas são **reversas** [DEF].

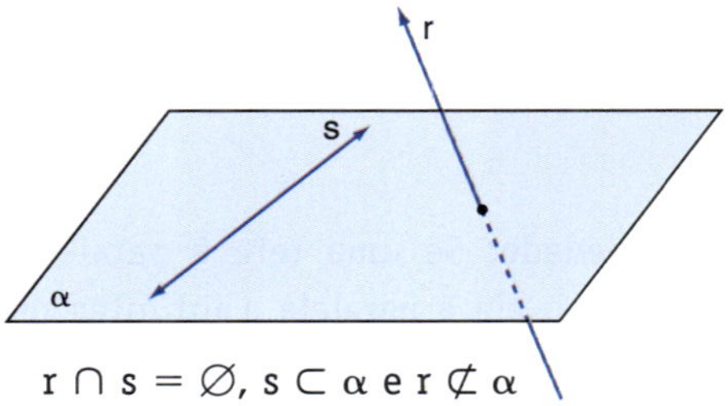

$r \cap s = \varnothing$, $s \subset \alpha$ e $r \not\subset \alpha$

Exemplo 2

Num cubo, temos que:

- as retas $\overleftrightarrow{EG}$ e $\overleftrightarrow{FH}$ são concorrentes;
- as retas $\overleftrightarrow{EF}$ e $\overleftrightarrow{GH}$ são paralelas;
- as retas $\overleftrightarrow{EG}$ e $\overleftrightarrow{BD}$ são reversas;
- as retas $\overleftrightarrow{AE}$ e $\overleftrightarrow{FH}$ são reversas;
- as retas $\overleftrightarrow{AE}$ e $\overleftrightarrow{GH}$ são reversas.

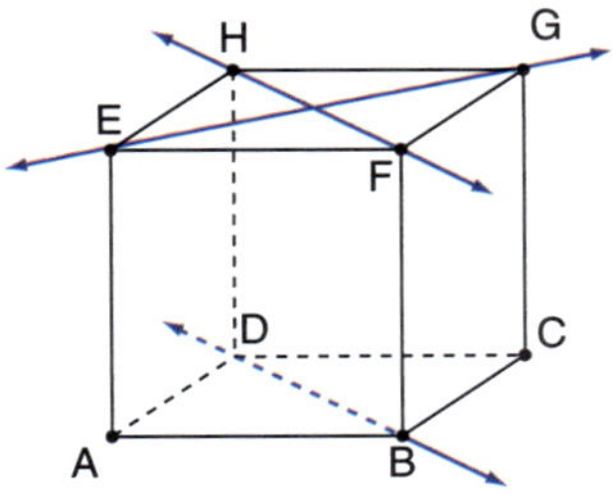

EXERCÍCIOS

8. A figura ao lado representa a superfície de um sólido chamado prisma hexagonal regular. Ela é constituída por dois hexágonos regulares ABCDEF e $A_1B_1C_1D_1E_1F_1$ congruentes, situados em planos paralelos, e seis retângulos A_1B_1BA, B_1C_1CB, C_1D_1DC, D_1E_1ED, E_1F_1FE e A_1F_1FA congruentes entre si.

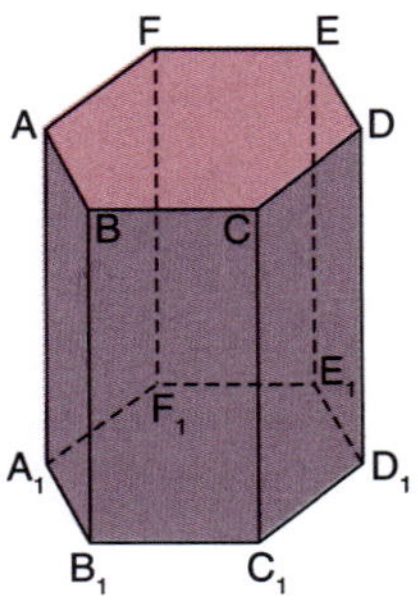

Analise a veracidade das afirmações seguintes, referentes a posições relativas de retas e planos, contendo os vértices desse prisma:

a) a reta $\overleftrightarrow{AB}$ e a reta $\overleftrightarrow{D_1E_1}$ são paralelas.

b) A reta $\overleftrightarrow{AB}$ e a reta $\overleftrightarrow{C_1D_1}$ são reversas.

c) O plano (ABB_1) e o plano (DEE_1) são paralelos.

d) O plano (ABB_1) e o plano (CDD_1) são paralelos.

e) A reta $\overleftrightarrow{AB}$ é paralela ao plano (CDD_1).

9. Classifique no caderno em verdadeiro (V) ou falso (F):

a) Duas retas ou são coincidentes ou são distintas.
b) Duas retas ou são coplanares ou são reversas.
c) Duas retas distintas determinam um plano.
d) Duas retas concorrentes têm um único ponto comum.
e) Duas retas que têm um ponto comum são concorrentes.
f) Duas retas concorrentes são coplanares.
g) Duas retas coplanares ou são paralelas ou são concorrentes.
h) Duas retas não coplanares são reversas.

10. Observe a pirâmide ao lado, cuja base é um retângulo.

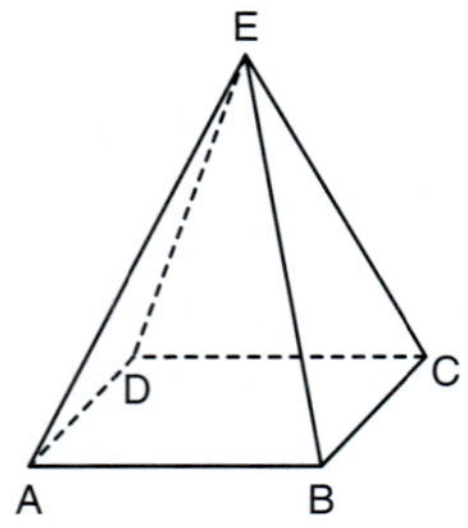

Determine a posição relativa entre:

a) as retas $\overleftrightarrow{AB}$ e $\overleftrightarrow{BC}$;
b) as retas $\overleftrightarrow{AB}$ e $\overleftrightarrow{EC}$;
c) as retas $\overleftrightarrow{AD}$ e $\overleftrightarrow{BC}$;
d) a reta $\overleftrightarrow{AB}$ e o plano (BEC);
e) a reta $\overleftrightarrow{AD}$ e o plano (BEC);
f) as retas $\overleftrightarrow{BD}$ e $\overleftrightarrow{EC}$.

ALGUMAS PROPRIEDADES

Vamos enunciar algumas propriedades referentes a retas e planos, que são consequências das definições que acabamos de ver.

- 1ª propriedade: Se uma reta é paralela a um plano, então ela é paralela a infinitas retas do plano [PROP].

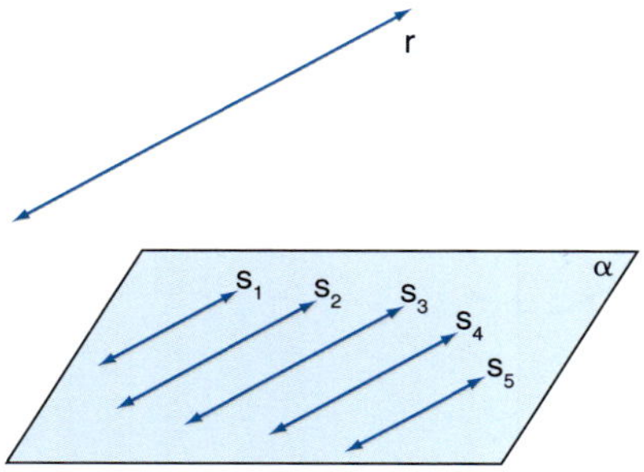

- 2ª propriedade: Se uma reta é paralela a um plano, então ela é reversa com infinitas retas do plano [PROP].

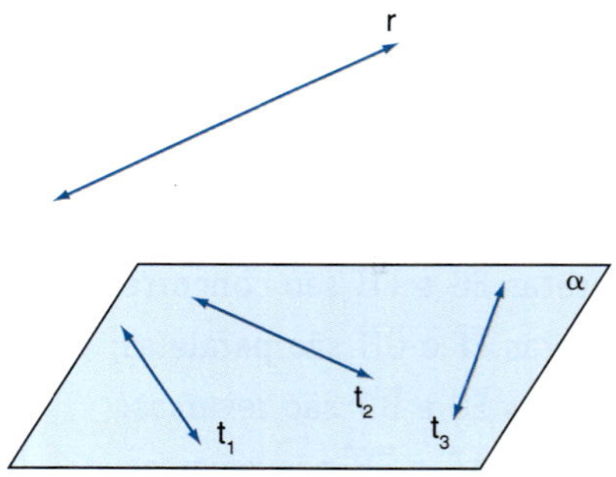

- 3ª propriedade: Se uma reta é secante com um plano, então ela é concorrente com infinitas retas do plano [PROP].

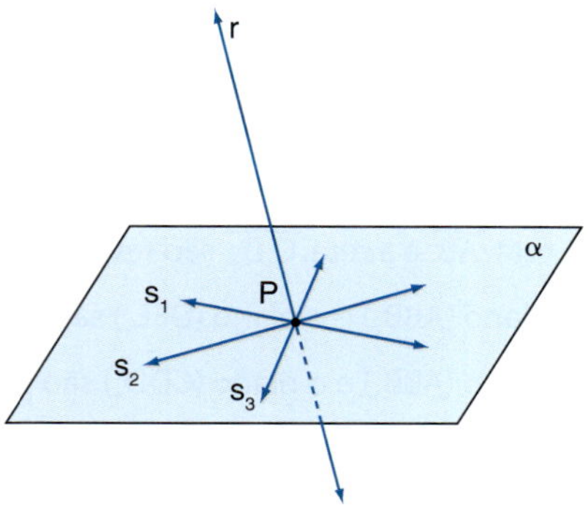

- 4ª propriedade: Se uma reta é secante com um plano, então ela é reversa com infinitas retas do plano [PROP].

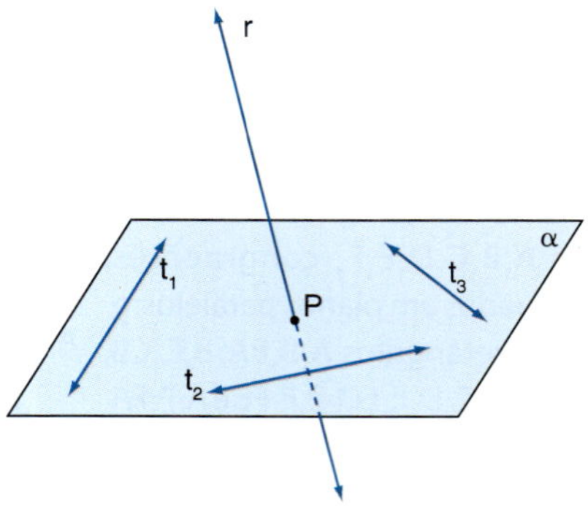

- 5ª propriedade: Se uma reta está contida num plano, então ela é paralela ou concorrente com infinitas retas do plano [PROP].

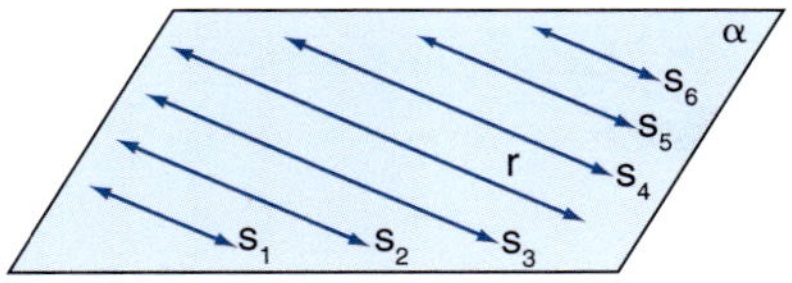

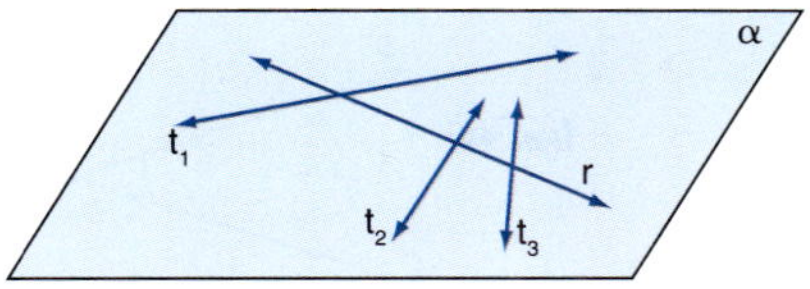

- 6ª propriedade: Se dois planos α e β são secantes, sendo *i* a interseção deles, então existem infinitas retas de um que são paralelas ao outro (retas paralelas a *i*) [PROP].

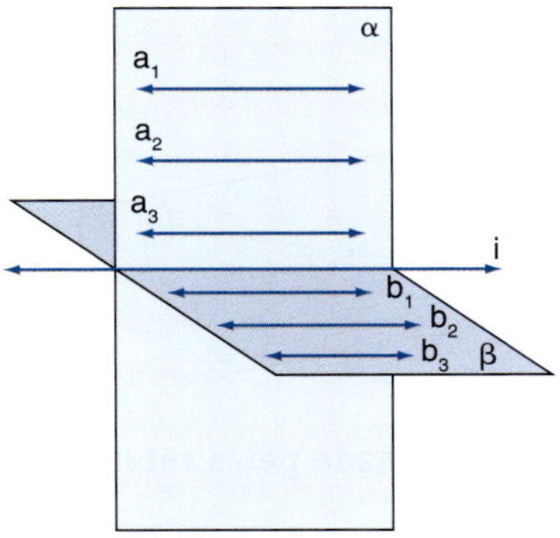

- 7ª propriedade: Se dois planos α e β são secantes, sendo *i* a interseção deles, então existem infinitas retas de um que são secantes ao outro (retas concorrentes com *i*) [PROP].

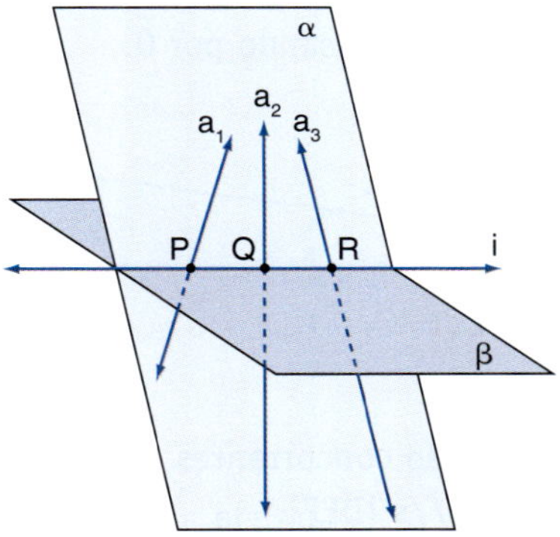

- 8ª propriedade: Se dois planos são paralelos e distintos, então toda reta de um deles é paralela ao outro [PROP].

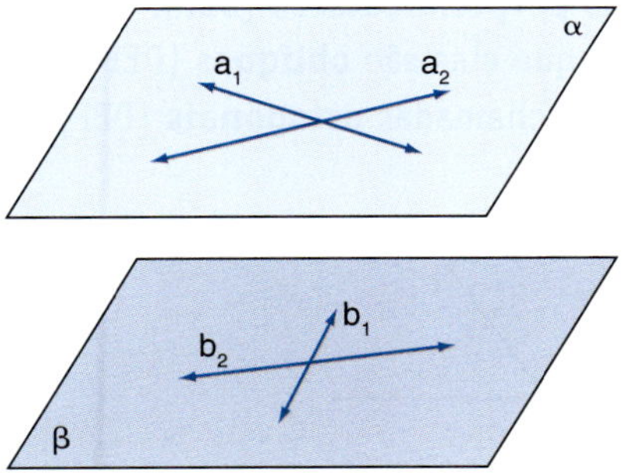

- 9ª propriedade: Se um plano intercepta dois planos paralelos, então as interseções são retas paralelas [PROP].

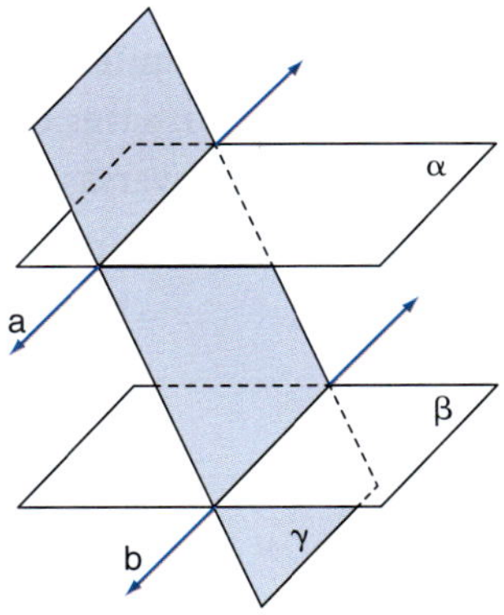

ÂNGULOS DE DUAS RETAS

Já vimos, em anos anteriores, que duas semirretas distintas de mesma origem formam um ângulo.

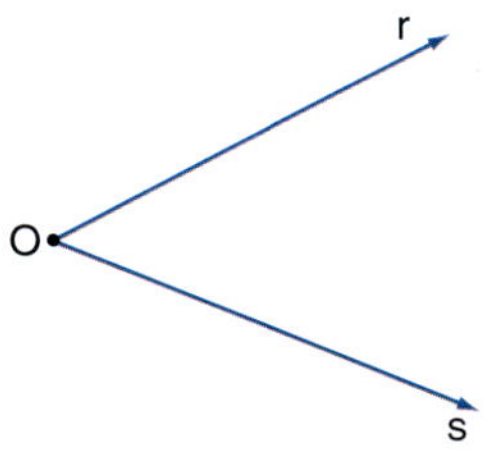

semirretas: Or e Os
ângulo: rÔs

Sejam *r* e *s* duas retas concorrentes em O. O ponto O divide *r* em duas semirretas (Or' e Or") e divide *s* em duas semirretas (Os' e Os").

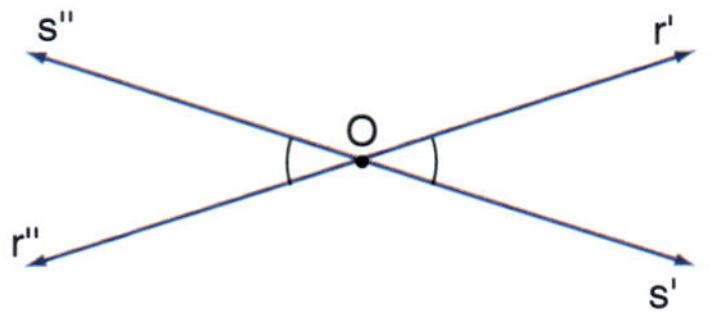

Nesse caso, são formados quatro ângulos: r'Ôs', r'Ôs", r"Ôs' e r"Ôs". Assim, podemos provar que os ângulos r'Ôs' e r"Ôs" (ditos opostos pelo vértice) são congruentes.

Também são congruentes os ângulos r'Ôs" e r"Ôs' (opostos pelo vértice).

Chama-se **ângulo das retas concorrentes *r* e *s*** qualquer um desses quatro ângulos [DEF].

Sejam duas retas *r* e *s* reversas. Tomemos um ponto O qualquer e consideremos as retas r' paralela a *r* e s' paralela a *s*, ambas passando por O:

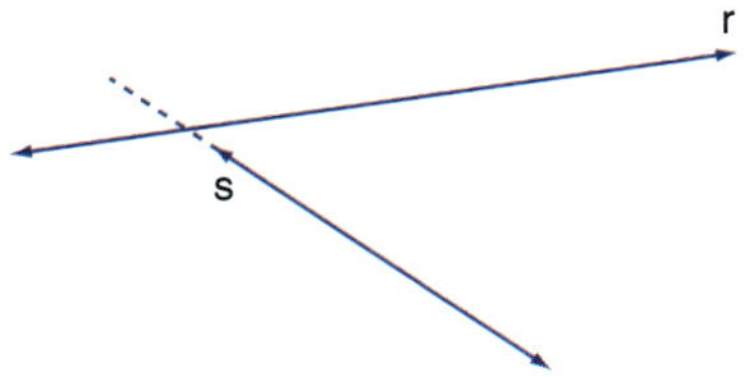

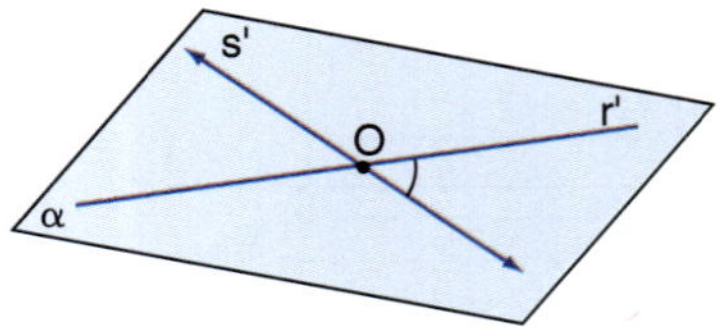

Como r' e s' são concorrentes em O, o ângulo r'Ôs' é chamado **ângulo formado pelas retas *r* e *s* reversas**, em que r'//r e s'//s [DEF].

RETAS QUE FORMAM ÂNGULO RETO

Vimos que duas retas concorrentes formam quatro ângulos. Quando esses quatro ângulos são congruentes, cada um deles é chamado **ângulo reto** e as retas são chamadas **retas perpendiculares** [DEF].

Se duas retas são concorrentes e não são perpendiculares, diz-se que elas são **oblíquas** [DEF].

Quando duas retas são reversas e formam ângulo reto, as retas são chamadas **ortogonais** [DEF].

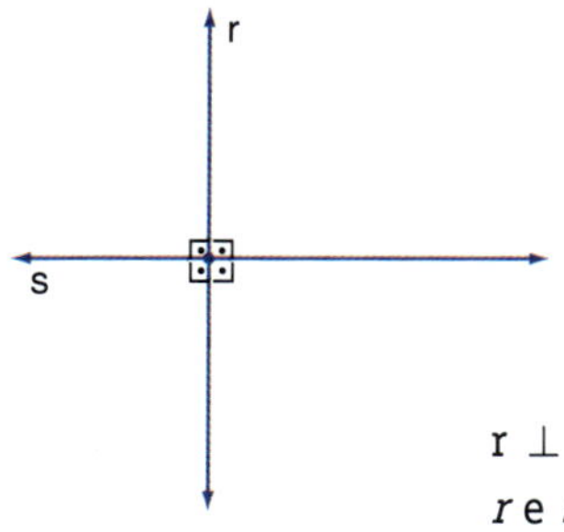

r ⊥ s
r e *s* perpendiculares

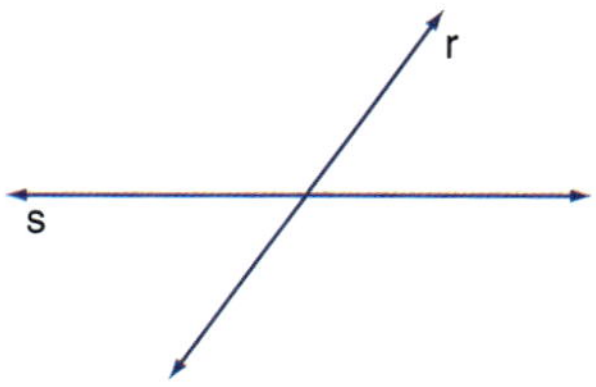

r e *s* oblíquas

Exemplo 3

Consideremos a figura do cubo ABCDEFGH. As retas $\overleftrightarrow{GH}$ e $\overleftrightarrow{GC}$ são concorrentes em G e formam ângulo reto; logo, são perpendiculares. As retas $\overleftrightarrow{AB}$ e $\overleftrightarrow{GC}$ são reversas e formam ângulo reto; logo, são ortogonais.

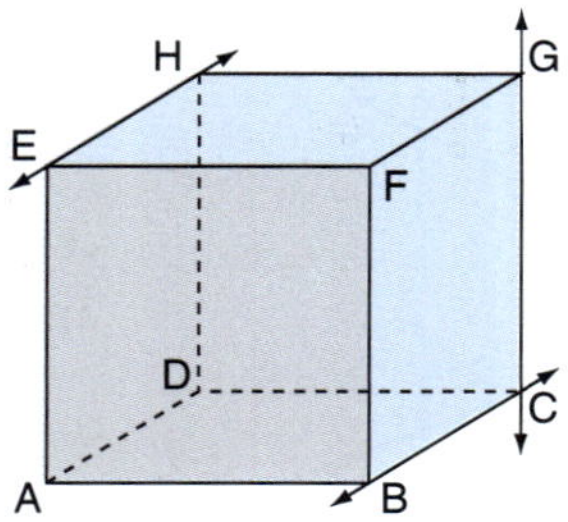

$\overleftrightarrow{GH} \perp \overleftrightarrow{GC}$
$\overleftrightarrow{AB} \perp \overleftrightarrow{GC}$

⊥ (lê-se: é perpendicular a)
⊥ (lê-se: é ortogonal a)

EXERCÍCIOS

11. Classifique no caderno em verdadeiro (V) ou falso (F):

a) Duas retas perpendiculares são sempre concorrentes.

b) Se duas retas formam ângulo reto, então elas são perpendiculares.

c) Duas retas que formam ângulo reto podem ser reversas.

d) Duas retas perpendiculares a uma terceira são perpendiculares entre si.

e) Duas retas perpendiculares a uma terceira são paralelas entre si.

f) Se duas retas formam um ângulo reto, toda paralela a uma delas forma ângulo reto com a outra.

12. A figura ao lado representa um sólido chamado prisma reto de base triangular.

Ele é formado por dois triângulos congruentes e três retângulos.

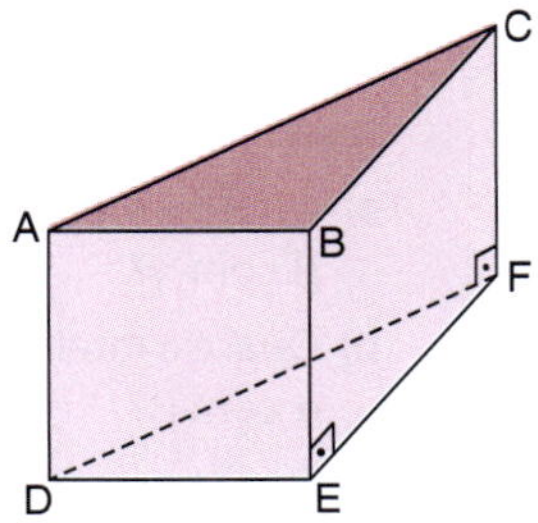

Classifique no caderno cada uma das afirmações seguintes como verdadeira (V) ou falsa (F). As retas:

a) $\overleftrightarrow{AB}$ e $\overleftrightarrow{DE}$ são reversas.

b) $\overleftrightarrow{AC}$ e $\overleftrightarrow{FC}$ são concorrentes.

c) $\overleftrightarrow{AD}$ e $\overleftrightarrow{CF}$ são coplanares.

d) $\overleftrightarrow{AB}$ e $\overleftrightarrow{EF}$ são paralelas entre si.

e) $\overleftrightarrow{DE}$ e $\overleftrightarrow{CF}$ são ortogonais.

13. O sólido representado na figura abaixo é chamado paralelepípedo retângulo e tem seis faces retangulares. Use duas retas determinadas pelos vértices desse paralelepípedo para justificar, em cada caso, que a sentença dada é falsa.

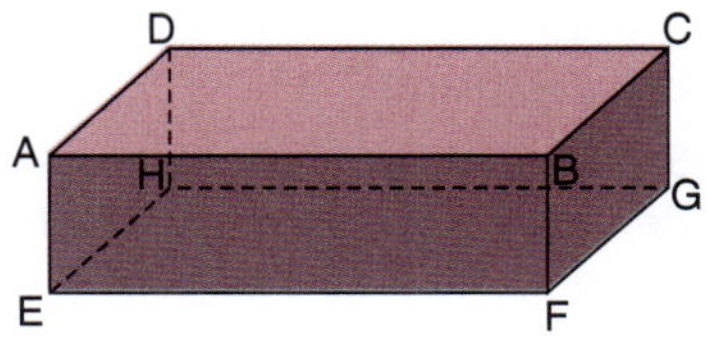

a) Duas retas que estão num plano são paralelas.

b) Duas retas coplanares são concorrentes.

c) Se duas retas são ortogonais, toda paralela a uma delas é perpendicular à outra.

RETA E PLANO PERPENDICULARES

Quando uma reta é secante com um plano num ponto O e é perpendicular a todas as retas do plano que passam por O, diz-se que a reta é **perpendicular ao plano** [DEF].

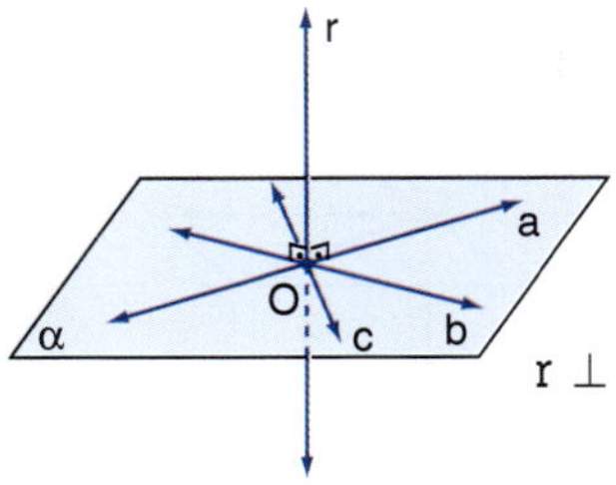

$$r \perp \alpha \text{ significa } \begin{cases} r \perp a,\ a \subset \alpha \\ r \perp b,\ b \subset \alpha \\ r \perp c,\ c \subset \alpha \\ \text{etc.} \end{cases}$$

Se uma reta é perpendicular a duas retas concorrentes de um plano, então ela é perpendicular ao plano [PROP].

Veja a demonstração do Teorema 4, nas páginas 306 e 307.

Se uma reta e um plano são secantes e a reta não é perpendicular ao plano, diz-se que a reta é **oblíqua** ao plano [DEF].

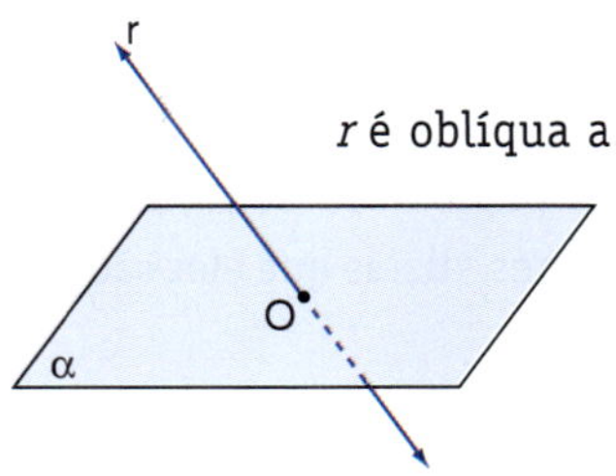

r é oblíqua a α

EXERCÍCIOS

14. Classifique no caderno em verdadeiro (V) ou falso (F):

a) Para que uma reta e um plano sejam perpendiculares é necessário que eles sejam secantes.

b) Uma reta perpendicular a um plano forma ângulo reto com qualquer reta do plano.

c) Se uma reta é perpendicular a duas retas distintas de um plano, então ela é perpendicular ao plano.

d) Se uma reta é perpendicular a duas retas paralelas e distintas de um plano, então ela está contida no plano.

e) Dadas duas retas distintas de um plano, se uma outra reta é perpendicular à primeira e ortogonal à segunda, então ela é perpendicular ao plano.

f) Se uma reta forma ângulo reto com duas retas de um plano, distintas e que têm um ponto comum, então ela é perpendicular ao plano.

g) Duas retas reversas são paralelas a um plano. Toda reta ortogonal a ambas é perpendicular ao plano.

h) Uma reta e um plano são paralelos. Toda reta perpendicular à reta dada é perpendicular ao plano.

i) Uma reta e um plano são perpendiculares. Toda reta perpendicular à reta dada é paralela ao plano ou está contida nele.

15. A figura ao lado representa um prisma hexagonal regular. Suas bases são hexágonos regulares e suas faces laterais são retângulos. Considerando apenas as retas que contêm suas arestas e os planos que contêm suas faces, responda às questões seguintes.

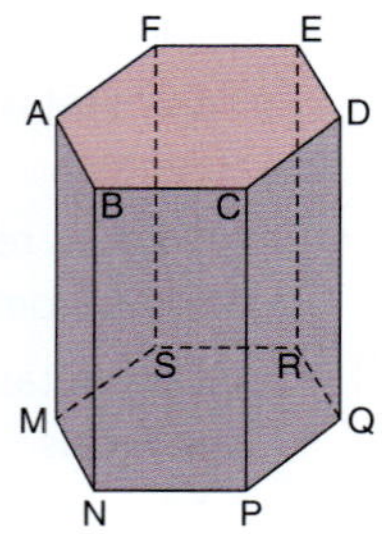

a) A reta $\overleftrightarrow{AM}$ é perpendicular a quais planos?

b) Quais são as retas perpendiculares ao plano (AEC)?

16. A figura mostra uma cantoneira instalada na parede. Com base nas retas e nos planos assinalados, responda:

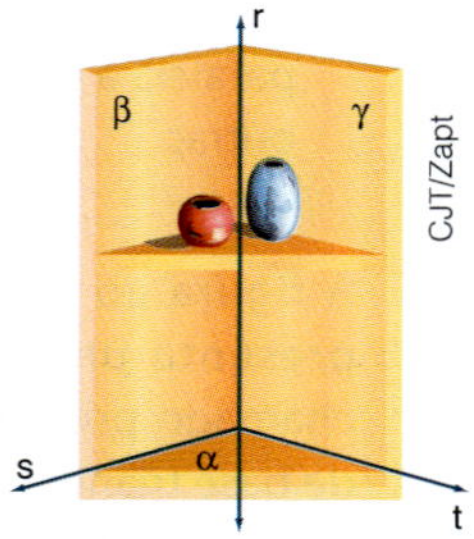

Ilustração sem escala ou em escalas diferentes. Cores-fantasia.

a) Qual é a interseção de β com γ?

b) Qual é a interseção de α com β?

c) Qual é a interseção de α com γ?

d) Quanto medem os ângulos $\widehat{rs}$ e $\widehat{rt}$?

e) Qual é a posição relativa de r e α?

PLANOS PERPENDICULARES

Quando dois planos são secantes e um deles contém uma reta perpendicular ao outro, diz-se que os planos são **perpendiculares** [DEF].

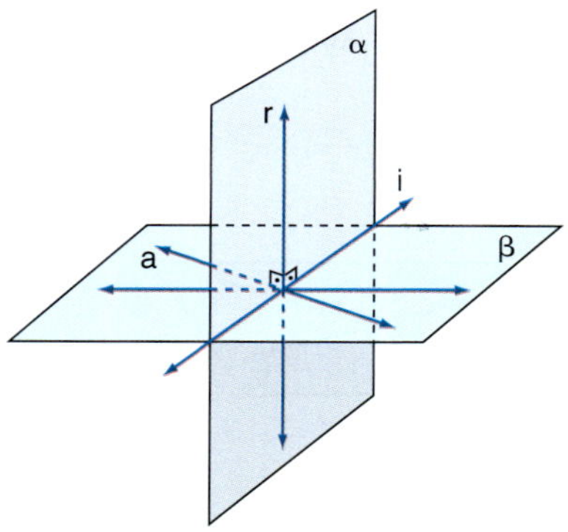

$$\alpha \perp \beta \text{ significa } \begin{cases} \alpha \cap \beta = i \\ r \subset \alpha \\ r \perp \beta \end{cases}$$

Se dois planos são secantes e não são perpendiculares, diz-se que eles são **oblíquos**.

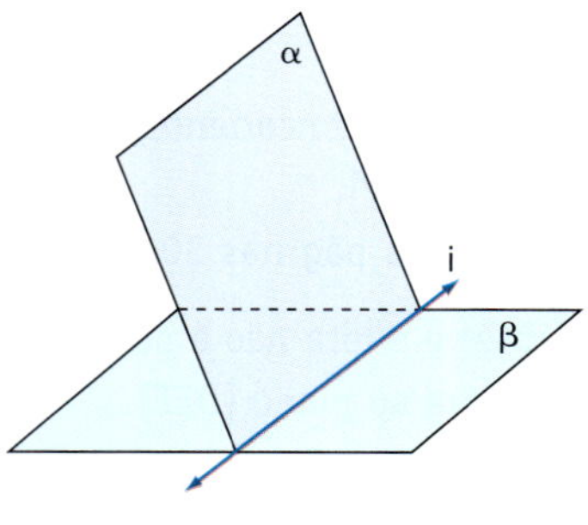

α é oblíquo a β

EXERCÍCIO

17. Classifique em seu caderno as afirmações como verdadeiras (V) ou falsas (F):

a) Se dois planos são secantes, então eles são perpendiculares.

b) Se dois planos são perpendiculares, então eles são secantes.

c) Se dois planos são perpendiculares, então toda reta de um deles é perpendicular ao outro.

d) Se uma reta é perpendicular a um plano, por ela passa um único plano, perpendicular ao plano dado.

e) Dois planos perpendiculares a um terceiro são perpendiculares entre si.

f) Se dois planos são perpendiculares a um terceiro, então eles são paralelos.

g) Se dois planos são perpendiculares, então toda reta perpendicular a um deles é paralela ao outro ou está contida neste outro.

h) Se dois planos são paralelos, todo plano perpendicular a um deles é perpendicular ao outro.

i) Uma reta e um plano são paralelos. Se um plano é perpendicular ao plano dado, então ele é perpendicular à reta.

PROJEÇÕES ORTOGONAIS

Projeção ortogonal de um ponto sobre um plano é o pé da perpendicular ao plano conduzida pelo ponto [DEF].

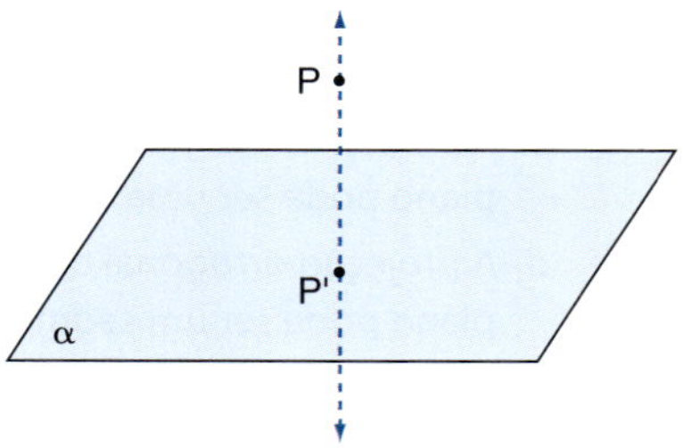

$P' = \text{proj}_\alpha\ P$

α = plano de projeção

$\overleftrightarrow{PP'}$ = reta projetante de P

Projeção ortogonal de uma figura sobre um plano é o conjunto das projeções ortogonais dos pontos da figura sobre esse plano [DEF].

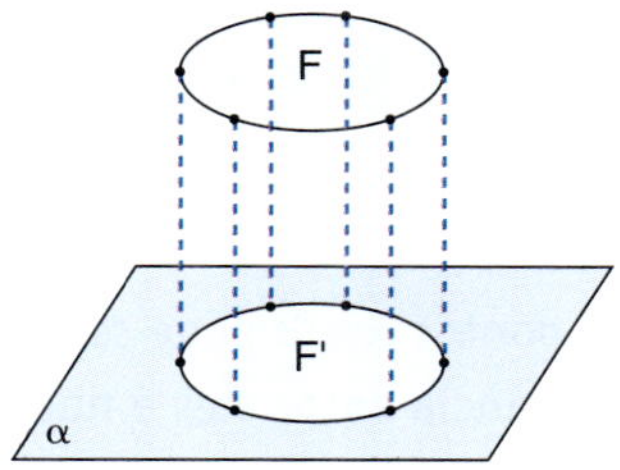

$F' = \text{proj}_\alpha\ F$

A projeção ortogonal de uma reta r sobre um plano α é assim definida:

- Se r é perpendicular a α, a projeção de r sobre α é o ponto em que r "fura" α [DEF].
- Se r não é perpendicular a α, a projeção de r sobre α é a interseção de α com o plano β, perpendicular a α conduzido por r [DEF].

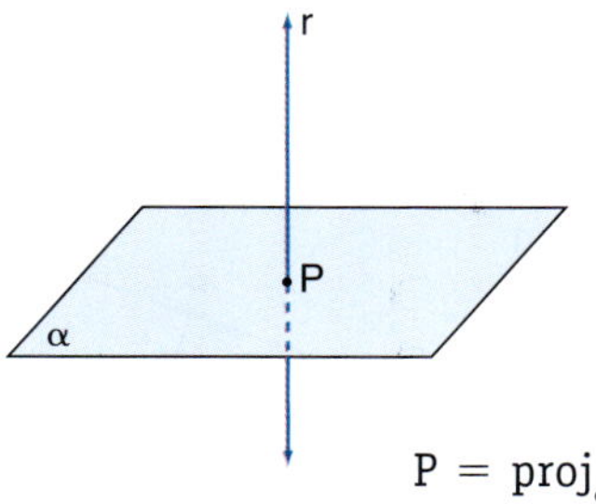

$P = \text{proj}_\alpha\ r$

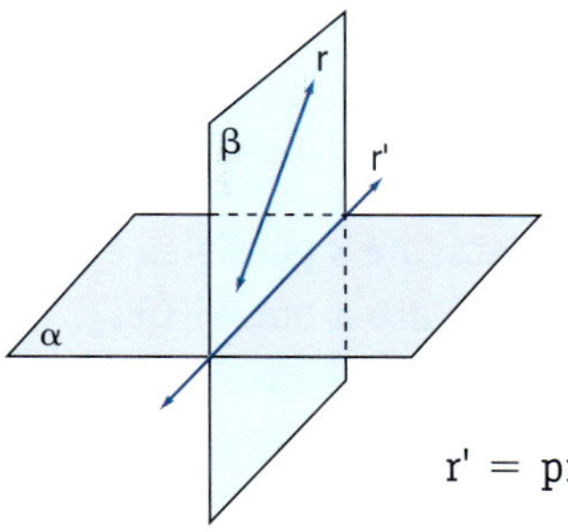

$r' = \text{proj}_\alpha\ r$

A projeção ortogonal de um segmento de reta $\overline{AB}$ sobre um plano α é assim definida:

- Se $\overline{AB}$ é perpendicular a α, a projeção de $\overline{AB}$ sobre α é o ponto em que a reta $\overleftrightarrow{AB}$ "fura" α [DEF].
- Se $\overline{AB}$ não é perpendicular a α, a projeção de $\overline{AB}$ sobre α é o segmento $\overline{A'B'}$ tal que A' e B' são, respectivamente, as projeções de A e B sobre α [DEF].

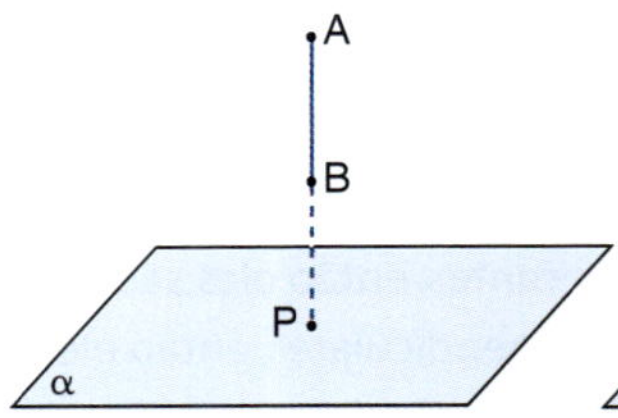

$P = \text{proj}_{\alpha}\ \overline{AB}$

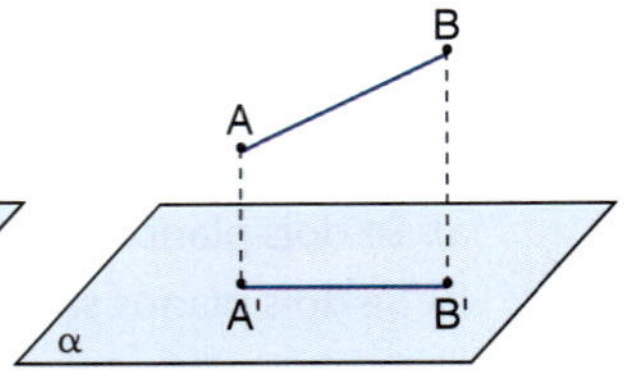

$\overline{A'B'} = \text{proj}_{\alpha}\ \overline{AB}$

EXERCÍCIOS

18. Classifique no caderno em verdadeiro (V) ou falso (F):

a) A projeção ortogonal de um ponto sobre um plano é um ponto.

b) A projeção ortogonal de uma reta sobre um plano é uma reta.

c) A projeção ortogonal de um segmento sobre um plano é sempre um segmento.

d) A projeção ortogonal de um segmento oblíquo a um plano, sobre o plano, é menor que o segmento.

e) A projeção ortogonal, sobre um plano, de um segmento contido numa reta, não perpendicular ao plano, é menor que o segmento ou congruente a ele.

f) Se um segmento tem projeção ortogonal congruente a ele, então ele é paralelo ao plano de projeção ou está contido nele.

g) Se dois segmentos são congruentes, então suas projeções ortogonais sobre qualquer plano são congruentes.

19. Classifique, em seu caderno, as afirmações a seguir como verdadeiras (V) ou falsas (F):

a) Se as projeções ortogonais de duas retas, sobre um plano, são paralelas, então as retas são paralelas.

b) Duas retas paralelas não perpendiculares ao plano de projeção têm projeções paralelas.

c) A projeção ortogonal de um ângulo sobre um plano pode ser uma semirreta.

d) A projeção ortogonal de um ângulo sobre um plano pode ser um segmento de reta.

e) A projeção ortogonal de um ângulo sobre um plano pode ser uma reta.

DISTÂNCIAS

A distância entre dois pontos A e B pode ser assim definida:

- Se A e B coincidem, a distância entre eles é nula.
- Se A e B são distintos, a distância entre eles é o segmento de reta $\overline{AB}$.

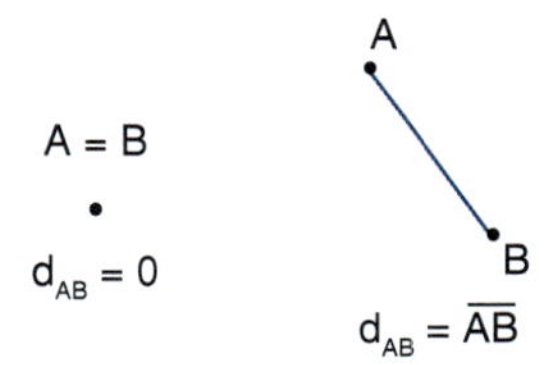

A distância de um ponto P a uma reta *r* é a distância de P a P', em que P' é o pé da perpendicular a *r*, conduzida por P [DEF].

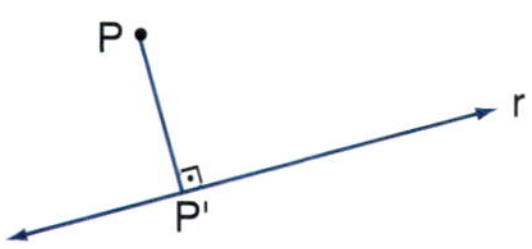

$d_{P,\,r} = \overline{PP'}$

A distância entre duas retas *r* e *s* paralelas é a distância de um ponto P qualquer de uma delas até a outra [DEF].

A figura ao lado mostra que a distância entre *r* e *s* foi obtida tomando-se um ponto P em *r* e traçando-se $\overline{PP'}$ perpendicular a *s*, com P' em *s*.

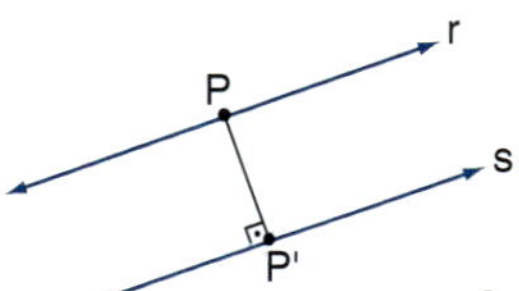

$d_{r,\,s} = d_{P,\,s} = \overline{PP'}$

A distância de um ponto P a um plano α é a distância de P a P', em que P' é o pé da perpendicular a α, conduzida por P [DEF].

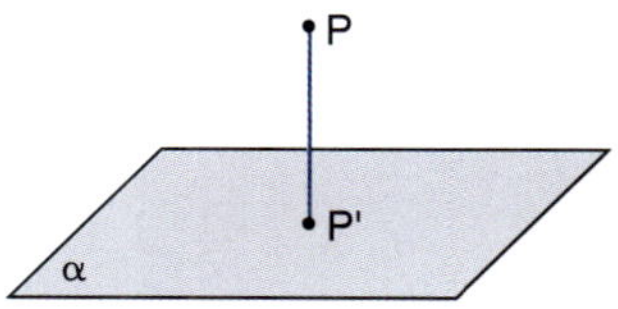

$d_{P,\,\alpha} = \overline{PP'}$

A distância entre uma reta *r* e um plano α, sendo *r* contida em α ou *r* paralela a α, é a distância de um ponto P qualquer de *r* ao plano α [DEF].

A figura abaixo mostra que a distância entre *r* e α foi obtida tomando-se um ponto P em *r* e traçando-se $\overline{PP'}$ perpendicular a α, com P' em α.

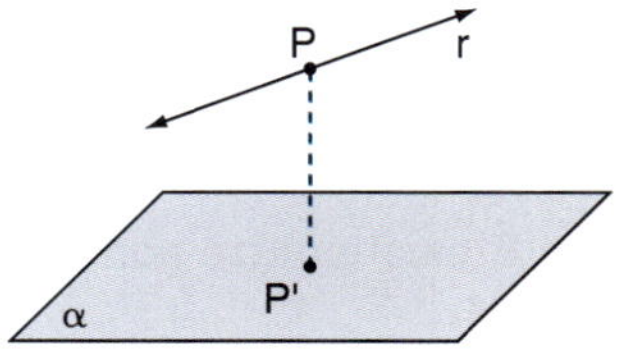

$d_{r,\,\alpha} = d_{P,\,\alpha} = \overline{PP'}$

A distância entre dois planos α e β paralelos é a distância de um ponto P qualquer de um deles ao outro plano [DEF].

A figura ao lado mostra que a distância entre α e β foi obtida tomando-se um ponto P qualquer em α e traçando-se $\overline{PP'}$ perpendicular a β, com P' em β.

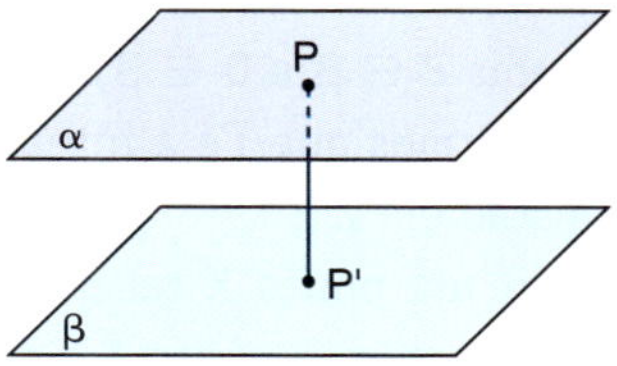

$d_{\alpha,\,\beta} = d_{P,\,\beta} = \overline{PP'}$

A distância entre duas retas reversas *r* e *s* é a distância de um ponto qualquer P da reta *r* ao plano α que contém *s* e é paralelo à reta *r* [DEF].

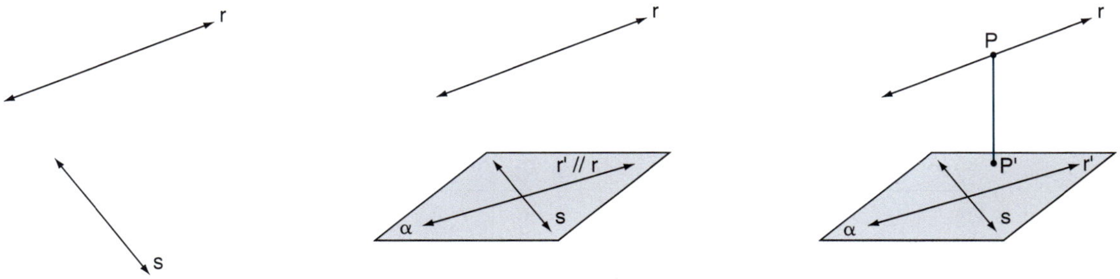

$d_{r,\,s} = d_{r,\,\alpha} = d_{P,\,\alpha} = \overline{PP'}$

EXERCÍCIO

20. Observe o bloco retangular representado ao lado.

Indique um segmento de reta para representar a distância:

a) entre os pontos A e E;

b) do ponto E à reta $\overleftrightarrow{FG}$;

c) do ponto A ao plano (CDG);

d) do plano (ADE) ao plano (BCF);

e) do ponto E ao plano (ABC);

f) entre as retas $\overleftrightarrow{AB}$ e $\overleftrightarrow{EF}$;

g) entre as retas $\overleftrightarrow{AD}$ e $\overleftrightarrow{CF}$.

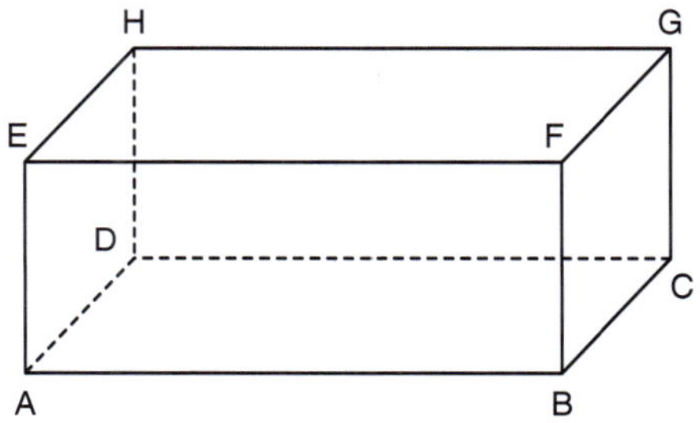

TEOREMAS FUNDAMENTAIS

Teorema 1

Se dois planos distintos têm um ponto comum, então a interseção desses planos é uma única reta que passa por aquele ponto.

Hipóteses:
- ① O plano α é distinto do plano β ($\alpha \neq \beta$).
- ② O ponto P pertence a α ($P \in \alpha$).
- ③ O ponto P pertence a β ($P \in \beta$).

Tese: Existe uma única reta *i* que é a interseção de α com β, e P pertence a *i* ($\exists\, i \mid i = \alpha \cap \beta$ e $P \in i$).

Demonstração:

I. Se α e β são distintos e têm um ponto comum P, existe outro ponto Q que também pertence a α e a β (veja o postulado da interseção na página 293).

II. Chamando de *i* a reta $\overleftrightarrow{PQ}$, temos que *i* está contida em α (pois $P \in \alpha$ e $Q \in \alpha$) e *i* também está contida em β (pois $P \in \beta$ e $Q \in \beta$).
Para provarmos que *i* é a interseção de α e β, devemos provar que todos os pontos que estão em α e em β estão em *i*.

III. Se existir um ponto X tal que X está em α, X está em β e X não está em *i*, então os planos α e β terão em comum o ponto X e a reta *i* e, desse modo, devem coincidir, o que é absurdo, pois contraria a hipótese ①.
A contradição vem do fato de admitirmos que $X \notin i$. Assim, X deve pertencer à reta *i* e, portanto, *i* é a interseção de α e β.

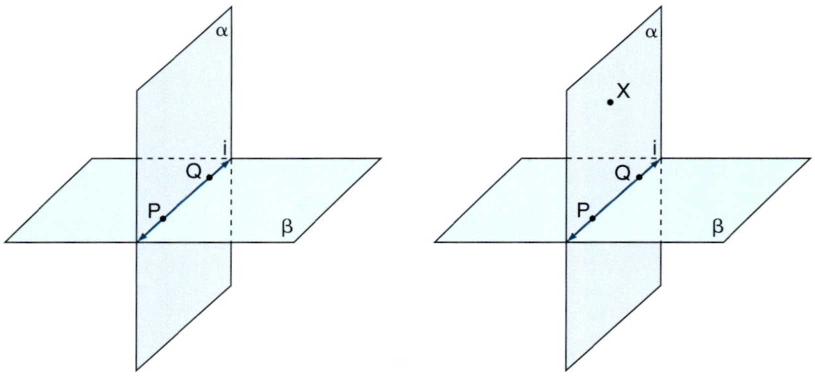

Teorema 2

Se uma reta não está contida num plano e é paralela a uma reta do plano, então ela é paralela ao plano.

Hipóteses:
- ① A reta *r* não está contida em α.
- ② A reta *r* é paralela à reta *s*.
- ③ A reta *s* está contida no plano α.

Tese: A reta *r* é paralela ao plano α.

Demonstração:

I. Como as retas *r* e *s* são paralelas distintas, elas determinam um plano β e $\alpha \cap \beta = s$.

II. Se *r* e α tivessem um ponto P em comum, então P pertenceria também ao plano β.

Como P pertence a α e a β, então P pertence à interseção de α com β, que é a reta *s*.
Daí, as retas *r* e *s* teriam em comum o ponto P, o que é absurdo, pois contraria a hipótese ②. A contradição vem do fato de supormos que *r* e α têm o ponto P em comum. Logo, *r* e α não podem ter ponto comum, ou seja, *r* é paralela a α.

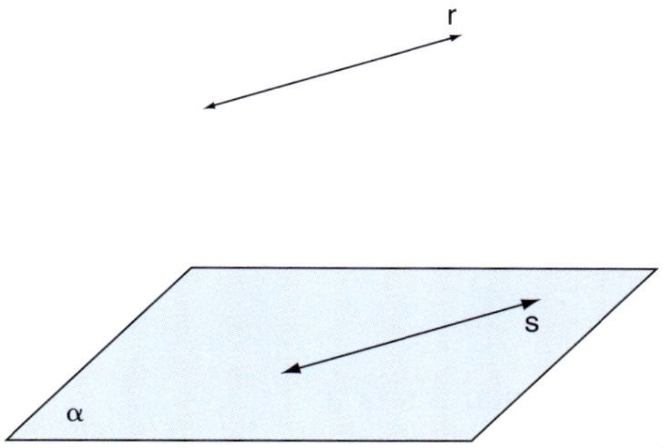

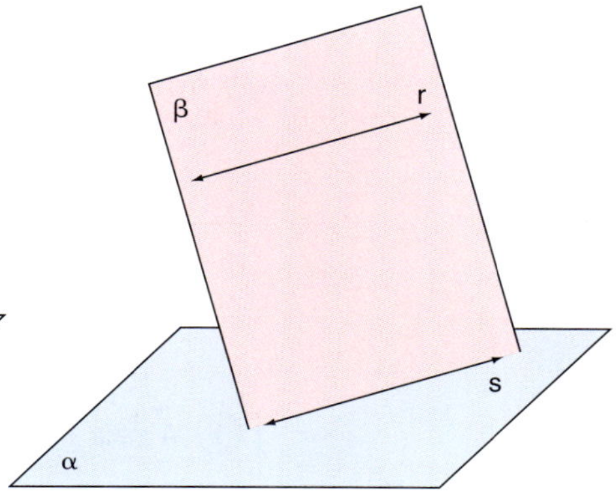

Teorema 3

Se um plano contém duas retas concorrentes, ambas paralelas a outro plano, então esses planos são paralelos.

Hipóteses:
① A reta *r* está contida no plano α.
② A reta *s* está contida no plano α.
③ *r* e *s* são concorrentes no ponto P.
④ *r* é paralela ao plano β.
⑤ *s* é paralela ao plano β.

Tese: O plano α é paralelo ao plano β.

Demonstração:

I. Os planos α e β são distintos, pois α contém retas paralelas a β.

II. Se α e β fossem secantes, tendo como interseção a reta *i*, teríamos: *r* paralela à reta *i* (pois *r* está contida em α e *r* é paralela a β) e *s* também paralela a *i* (pois *s* está contida em α e *s* é paralela a β). Daí, as retas *r* e *s* estariam passando pelo ponto P e ambas seriam paralelas à reta *i*, o que é absurdo, pois contraria o postulado de Euclides. A contradição vem do fato de admitirmos que α e β são secantes. Logo, α e β não podem ser secantes, ou seja, α é paralelo a β.

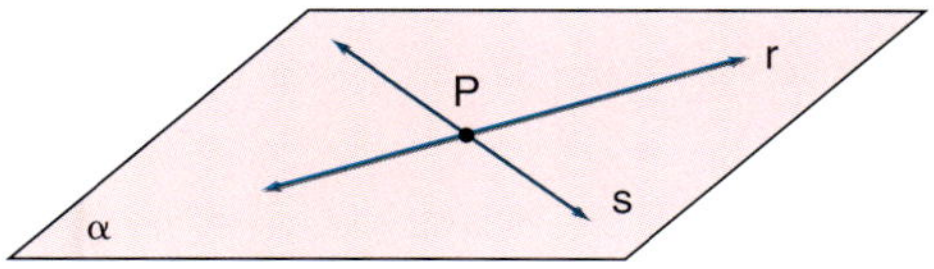

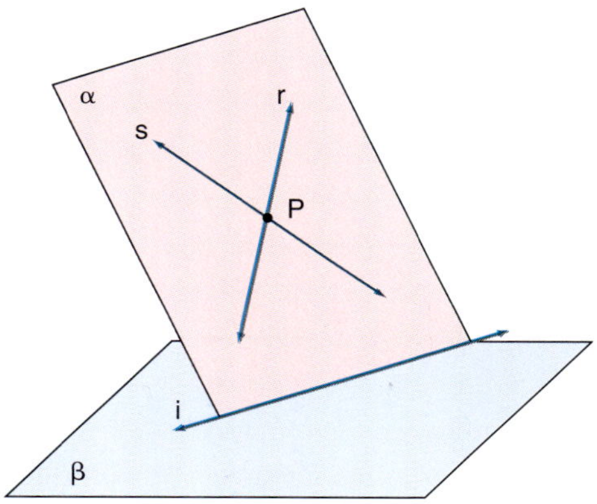

Teorema 4

Se uma reta é perpendicular a duas retas concorrentes de um plano, então ela é perpendicular ao plano.

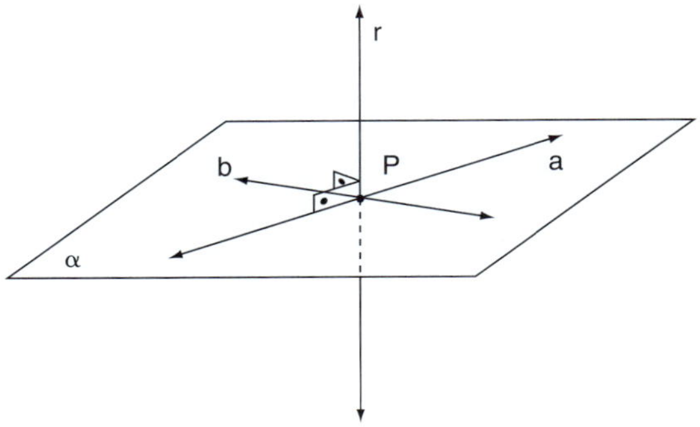

Hipóteses:
1. A reta *r* é perpendicular à reta *a*.
2. A reta *r* é perpendicular à reta *b*.
3. A reta *a* está contida no plano α.
4. A reta *b* está contida no plano α.
5. As retas *a* e *b* são concorrentes em P.

Tese: A reta *r* é perpendicular ao plano α.

Demonstração:

I. Tomemos no plano α uma terceira reta *x* passando por P e distinta de *a* e *b*. Vamos mostrar que *r* é perpendicular a *x*.

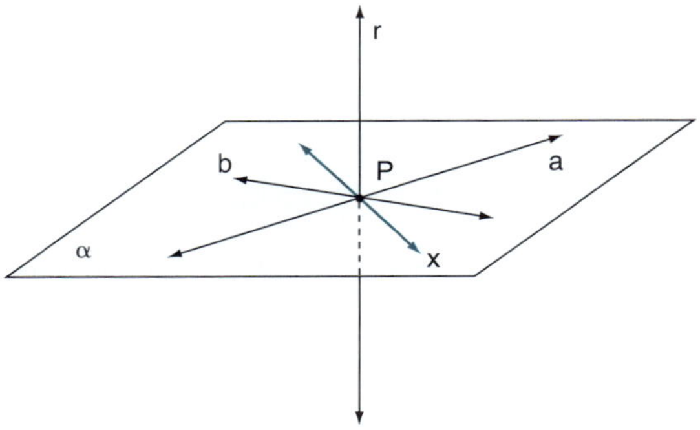

II. Tomemos na reta *r* dois pontos R e R' simétricos em relação ao ponto P. Teremos, portanto, $\overline{PR} \equiv \overline{PR'}$.

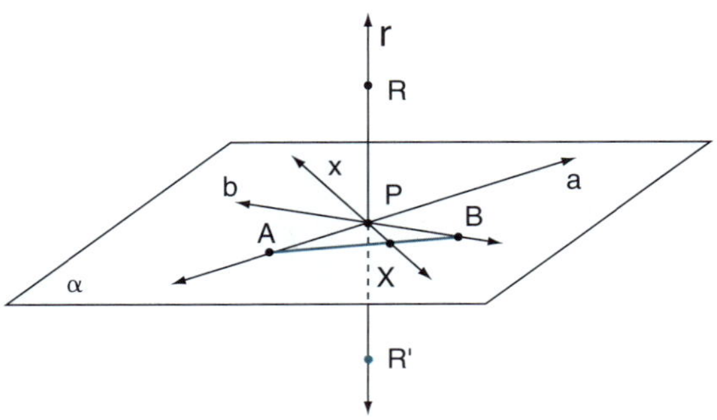

III. Tomemos agora um ponto A na reta *a* e um ponto B na reta *b*, com A $\neq$ P e B $\neq$ P, de tal forma que $\overline{AB}$ intercepte a reta *x* num ponto X.

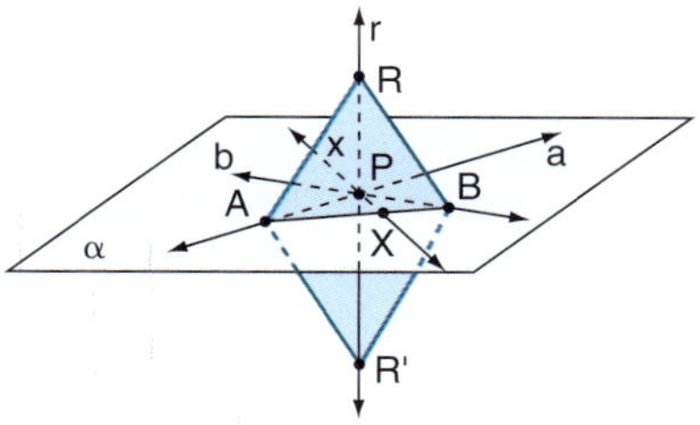

IV. Temos:

- *a* é mediatriz de $\overline{RR'}$; então, $\overline{RA} \equiv \overline{R'A}$.
- *b* é mediatriz de $\overline{RR'}$; então, $\overline{RB} \equiv \overline{R'B}$.

V. Comparando os triângulos RAB e R'AB, encontramos: $\left.\begin{array}{l}\overline{RA} \equiv \overline{R'A} \\ \overline{RB} \equiv \overline{R'B} \\ \overline{AB} \text{ é comum}\end{array}\right\} \Rightarrow \triangle RAB \equiv \triangle R'AB$ (critério LLL)

e, daí, $R\hat{A}X \equiv R'\hat{A}X$.

VI. Comparando os triângulos RAX e R'AX, encontramos:

$$\left.\begin{array}{l}\overline{RA} \equiv \overline{R'A} \\ R\hat{A}X \equiv R'\hat{A}X \\ \overline{AX} \text{ é comum}\end{array}\right\} \Rightarrow \triangle RAX \equiv \triangle R'AX \text{ (critério LAL)}$$

e, daí, $\overline{RX} \equiv \overline{R'X}$.

Portanto, a reta *x* é mediatriz de $\overline{RR'}$, isto é, *r* é perpendicular a *x* qualquer que seja a reta *x* contida em α e passando por P.

Conclusão: a reta *r* é perpendicular ao plano α.

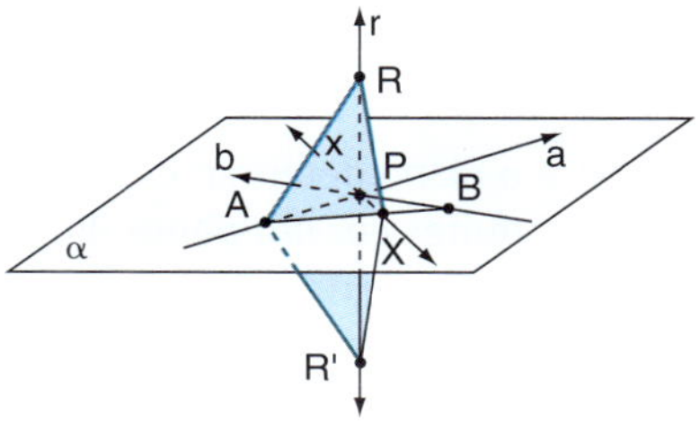

DESAFIO

(Obmep) Uma aranha encontra-se no ponto A de sua teia e pode chegar ao ponto B sem passar mais de uma vez por um mesmo segmento da teia. Além disso, ao percorrer um segmento radial (em traço mais fino), ela deve seguir o sentido indicado pela flecha. Quantos são os caminhos possíveis?

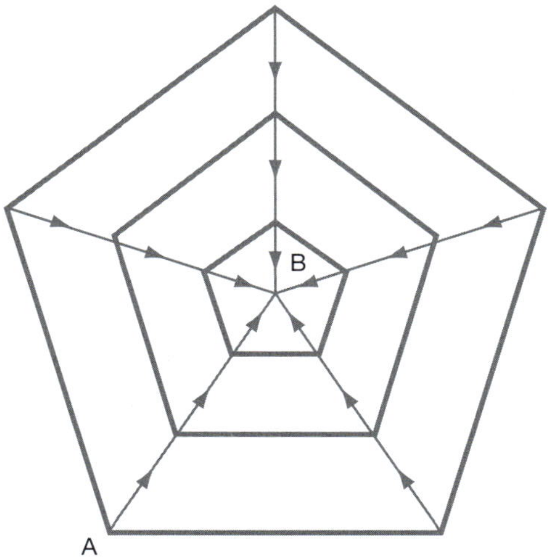

a) $2^3 \times 5$ b) $11^3 \times 5^2$ c) 5^3 d) 11^3 e) 2×5^3

EXERCÍCIOS COMPLEMENTARES

1. É comum encontrarmos mesas com quatro pernas que, mesmo apoiadas sobre um piso plano, balançam e nos obrigam a colocar um calço sob uma das pernas, se as quisermos firmes. Explique, usando argumentos de Geometria, por que isso não acontece com uma mesa de três pernas.

2. A figura representa uma pirâmide de base quadrada. Suas faces são um quadrado e quatro triângulos. Quantos planos contêm três vértices dessa pirâmide?

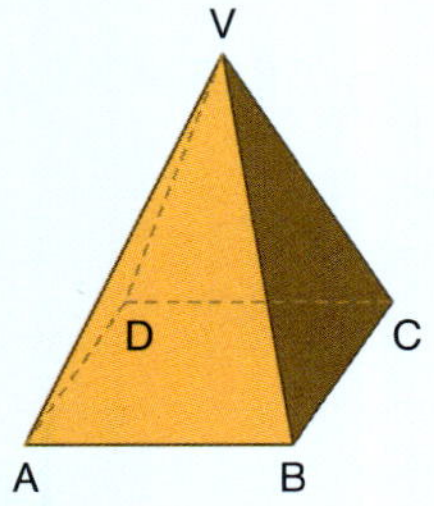

3. Seja α o plano determinado por duas retas, *r* e *s*, concorrentes em um ponto P. Considerando um ponto Q não pertencente a α, qual é a interseção do plano determinado por Q e *r* com o plano determinado por Q e *s*?

4. Considere o prisma triangular mostrado na figura e determine quantos planos distintos podem ser obtidos de um subconjunto de três de seus vértices.

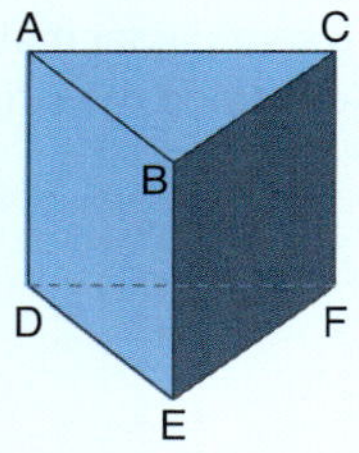

5. (UF-MT) Sobre geometria espacial de posição, assinale a afirmativa correta.

a) Se dois planos são paralelos a uma reta, então eles são paralelos entre si.

b) Quatro pontos no espaço determinam quatro planos.

c) A interseção de dois planos secantes pode ser um único ponto.

d) Três planos distintos podem se cortar, dois a dois, segundo três retas, duas a duas paralelas.

e) Duas retas reversas determinam um plano.

6. Se uma reta *r* é paralela a um plano α e *s* é uma reta de α, quais as possíveis posições relativas de *r* e *s*?

7. Se uma reta *r* é secante a um plano α e *s* é uma reta de α, quais as possíveis posições relativas de *r* e *s*?

8. Sejam *r* uma reta concorrente com um plano α e P um ponto não pertencente a α. É sempre possível traçar por P uma reta que intercepta *r* e é paralela a α?

9. (UF-MS) A seguir foram feitas afirmações sobre geometria espacial, assinale a(s) correta(s).

(01) Toda reta paralela a dois planos, não paralelos, é paralela à interseção deles.

(02) Toda reta que contém dois pontos de um plano pertence a esse plano.

(04) A partir de quatro pontos não coplanares, são definidos exatamente quatro planos distintos.

(08) Três retas concorrentes num único ponto definem um único plano.

(16) Toda reta perpendicular a duas retas não paralelas pertence ao plano definido por essas duas retas não paralelas.

Dê como resposta a soma dos números das afirmações corretas.

10. A figura ao lado é a de um sólido chamado prisma regular pentagonal, que possui sete faces: dois pentágonos regulares e cinco retângulos.

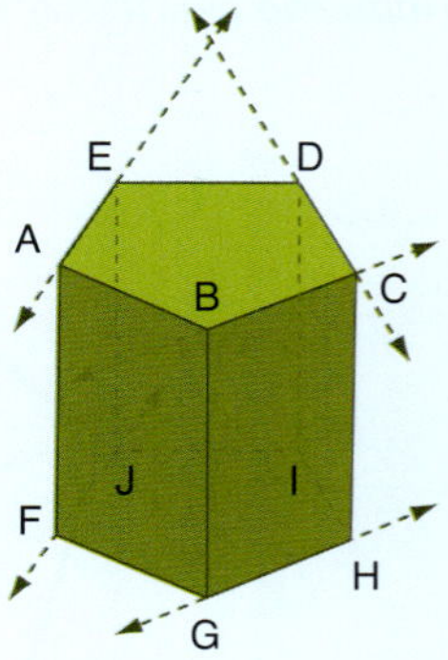

Considerando-se os vértices desse prisma, dê exemplos de três pares de retas:

a) paralelas e distintas entre si;

b) concorrentes;

c) reversas e não ortogonais;

d) ortogonais.

TESTES

1. (UF-BA) Com base nos conhecimentos sobre geometria espacial, pode-se afirmar:

(01) Se uma reta r e um plano α são paralelos, então toda reta perpendicular à reta r é também perpendicular ao plano α.

(02) Se um ponto P não pertence a uma reta s, então existe um único plano passando por P, paralelo à reta s.

(04) Se uma reta r está contida em um plano α, e a reta s é reversa a r, então a reta s intercepta o plano α.

(08) Se α e β são dois planos perpendiculares, e r é uma reta perpendicular a α, que não está contida em β, então r é paralela a β.

(16) Se dois planos são perpendiculares, então toda reta de um deles é perpendicular ao outro.

(32) Três planos distintos interceptam-se segundo uma reta ou um ponto.

2. (Fatec-SP) A reta r é a intersecção dos planos α e β, perpendiculares entre si. A reta s, contida em α, intercepta r no ponto P. A reta t, perpendicular a β, intercepta-o no ponto Q, não pertencente a r.

Nessas condições, é verdade que as retas

a) r e s são perpendiculares entre si.

b) s e t são paralelas entre si.

c) r e t são concorrentes.

d) s e t são reversas.

e) r e t são ortogonais.

3. (Fatec-SP) No cubo ABCDEFGH, da figura, cuja aresta tem medida a, $a > 1$, sejam:

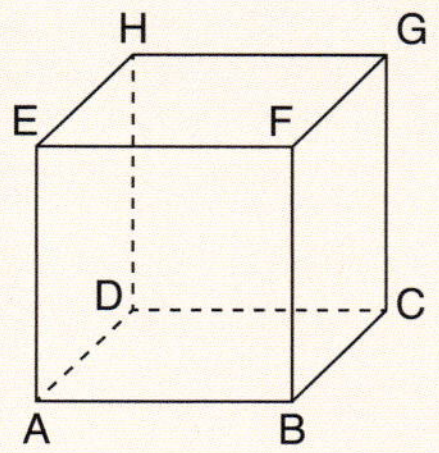

- P um ponto pertencente ao interior do cubo, tal que DP = 1;
- Q o ponto que é a projeção ortogonal do ponto P sobre o plano ABCD;
- α a medida do ângulo agudo que a reta $\overleftrightarrow{DP}$ forma com o plano ABCD;
- R o ponto que é a projeção ortogonal do ponto Q sobre a reta $\overleftrightarrow{AD}$;
- β a medida do ângulo agudo que a reta $\overleftrightarrow{DQ}$ forma com a reta $\overleftrightarrow{AD}$.

Nessas condições, a medida do segmento $\overline{DR}$, expressa em função de α e β, é:

a) $\text{sen}\,\alpha \cdot \text{sen}\,\beta$

b) $\text{sen}\,\alpha \cdot \text{tg}\,\beta$

c) $\cos\alpha \cdot \text{sen}\,\beta$

d) $\cos\alpha \cdot \cos\beta$

e) $\text{tg}\,\alpha \cdot \cos\beta$

4. (UF-MS) A seguir foram feitas afirmações sobre geometria espacial, assinale a(s) correta(s).

(01) Toda reta paralela a dois planos, não paralelos, é paralela à interseção deles.

(02) Toda reta que contém dois pontos de um plano pertence a esse plano.

(04) A partir de quatro pontos não coplanares, são definidos exatamente quatro planos distintos.

(08) Três retas concorrentes num único ponto definem um único plano.

(16) Toda reta perpendicular a duas retas não paralelas pertence ao plano definido por essas duas retas não paralelas.

5. (FGV-SP) Duas retas distintas que são perpendiculares a uma terceira podem ser:

I. concorrentes entre si.

II. perpendiculares entre si.

III. paralelas.

IV. reversas e não ortogonais.

V. ortogonais.

Associando V ou F a cada afirmação, conforme seja verdadeira ou falsa, tem-se:

a) V, V, V, V, V

b) V, F, V, F, V

c) F, V, F, F, F

d) V, V, V, V, F

e) F, F, F, V, F

6. (U.E. Ponta Grossa-PR) Considerando dois planos α e β e uma reta r, assinale o que for correto.

(01) Se r é perpendicular a α e a β, então α é paralelo a qualquer plano que contenha r.

(02) Se r é perpendicular a α e a β, então α e β são paralelos entre si.

(04) Se α e β são perpendiculares e a reta r está contida em α, então r é também perpendicular a β

(08) Se r é paralela a α, então todo plano contendo r é paralelo a α.

(16) Se $r \cap \alpha = \varnothing$ então r e α são paralelos.

7. (Unifesp-SP) Considere o sólido geométrico exibido na figura, constituído de um paralelepípedo encimado por uma pirâmide.

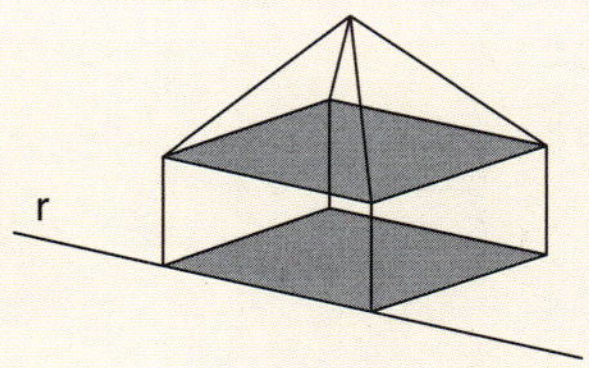

Seja r a reta suporte de uma das arestas do sólido, conforme mostrado.

Quantos pares de retas reversas é possível formar com as retas suportes das arestas do sólido, sendo r uma das retas do par?

a) 12

b) 10

c) 8

d) 7

e) 6

Matemática, natureza e arte

A Geometria dos fractais

A Geometria euclidiana que estudamos em toda fase escolar não é suficiente para descrever determinadas formas geométricas, como a de uma nuvem, a de uma linha de recorte de um litoral, a de uma couve-flor, a de uma folha de samambaia e muitas outras que vemos na natureza. A curiosidade de compreender tais formas desafiou a ciência a estudá-las. A **Geometria dos fractais** nasceu dessa necessidade.

As raízes desse ramo da Matemática estão no século XIX, embora haja algumas indicações em épocas remotas, como na Grécia, na Índia e na China, entre os anos de 1200 a.C. e 800 a.C. Porém, somente há poucos anos, com o desenvolvimento e aperfeiçoamento dos computadores, a Geometria dos fractais vem se consolidando.

O pai dos fractais é o francês Benoît Mandelbrot (1924-2010), que no início dos anos 1980 impulsionou os estudos sobre essas formas geométricas. Esta frase atribuída a ele sintetiza o espírito da Geometria de que falamos: "Nuvens não são esferas, montanhas não são cones, continentes não são círculos, o som de um latido não é contínuo e nem o raio viaja em linha reta".

Sandra Dias Campos

O pai dos fractais

Benoît Mandelbrot nasceu na Polônia em 1924 e, após o início da Segunda Guerra Mundial, em 1939, se mudou com a família para a França e naturalizou-se francês. Passou por várias instituições de ensino, incluindo a *École Polytechnique* e a *Sorbonne*, em Paris. Insatisfeito com a geometria clássica, desenvolveu diversos estudos em diferentes áreas do saber para buscar novas respostas aos seus problemas científicos e à compreensão da natureza. Com o apoio de recursos de computação da IBM, onde passou a trabalhar a partir de 1958, desenvolveu a geometria fractal. Publicou alguns livros, entre eles a sua obra clássica *The Fractal Geometry of Nature*, traduzida e publicada em língua portuguesa com o título *Objectos Fractais*.

Benoît Mandelbrot (1924-2010), em 1985.

Roger Ressmeyer/CORBIS/Latinstock

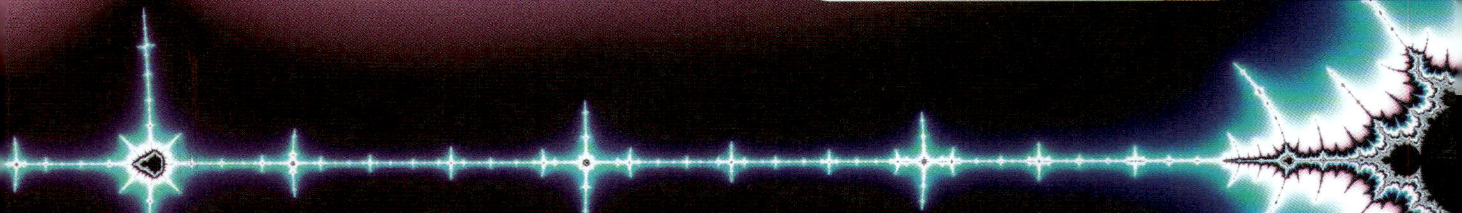

O que é fractal?

O termo fractal refere-se ao adjetivo *fractus*, cujo verbo *frangere*, em latim, significa quebrar. Um fractal é uma forma geométrica que tem duas características essenciais:

Complexidade infinita

Os fractais caracterizam-se por repetir, indefinidamente, um determinado padrão com ligeiras variações.

Autossimilaridade

Quando ampliamos uma pequena parte de um fractal, ela se parece com o todo. Assim, os fractais têm cópias aproximadas de si em seu interior.

Fractais da natureza

Vejamos algumas formas fractais presentes na natureza:

Pasieka/SPL/Latinstock

Detalhe de uma variedade de couve-flor.

Lucidio Studio Inc./Corbis/Latinstock

Cada pequena parte da folha da samambaia se parece com a folha inteira.

CLAUDE NURIDSANY & MARIE PERENNOU/SPL/Latinstock

Floco de neve.

Fractais geométricos

Vejamos alguns exemplos de fractais geométricos:

Poeira de Cantor

O russo Georg Cantor (1845-1918) criou um tipo simples de fractal obtido pela divisão de um segmento em três partes de mesma medida e supressão da parte central. Repetindo-se o processo indefinidamente, chegamos a uma sucessão de pontos, conhecida como **poeira de Cantor**. Observe, na figura seguinte, as cinco primeiras repetições desse processo:

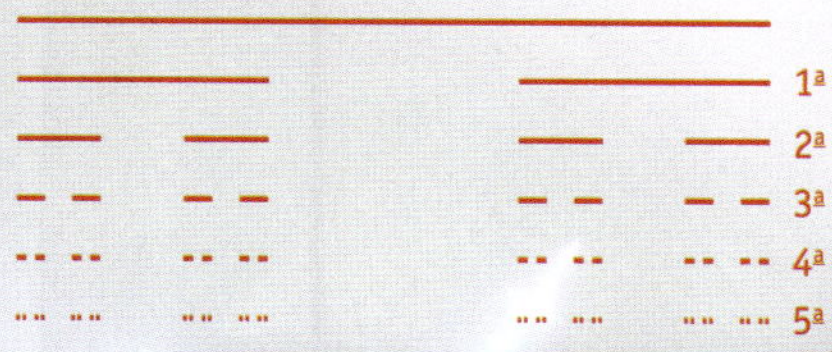

Triângulo de Sierpinski

Criado pelo polonês Waclaw Sierpinski (1882-1969), esse fractal é resultante da remoção sucessiva do triângulo equilátero do centro quando se divide um triângulo equilátero em quatro triângulos congruentes. Observe, na figura seguinte, as três primeiras repetições desse processo:

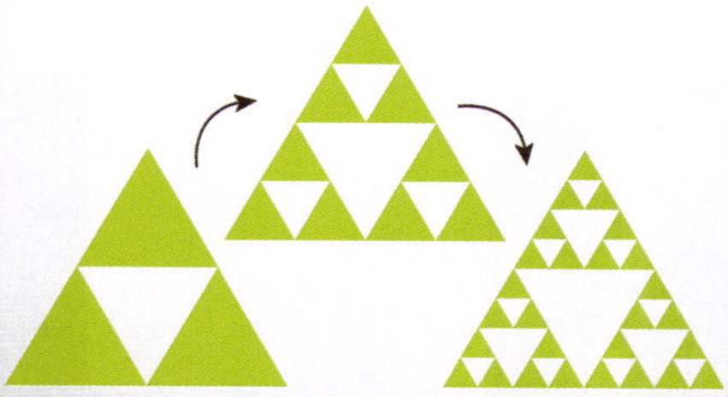

Floco de neve de Koch

Proposto pelo sueco Helge Von Koch (1870-1924), esse fractal é obtido a partir de um triângulo equilátero: divide-se cada lado do triângulo em três partes iguais. Na parte do centro (meio), acrescenta-se um novo triângulo equilátero, cujo lado mede a terça parte do lado do triângulo anterior e assim sucessivamente, como mostra a figura seguinte:

Laguna Design/Science Photo Library

Segundo Mandelbrot, o floco de neve de Koch é "um modelo grosseiro, mas vigoroso de uma linha costeira".

A Geometria dos fractais tem aplicações importantes na Física, Biologia e Medicina, entre outras áreas do conhecimento. Uma notável aplicação visual dos fractais é nas Artes: quando os computadores são alimentados por **processos iterativos**, criam magníficos desenhos abstratos, permitindo a visualização de belas imagens. Vejamos algumas delas:

Iteração é um conjunto de regras e algoritmos que são executados sucessivas vezes

STEVE ALLEN/SPL/Latinstock

Fractal de Mandelbrot

VICTOR HABBICK VISIONS /SPL/Latinstock

Fractal de Mandelbrot

ALFRED PASIEKA/SPL/Latinstock

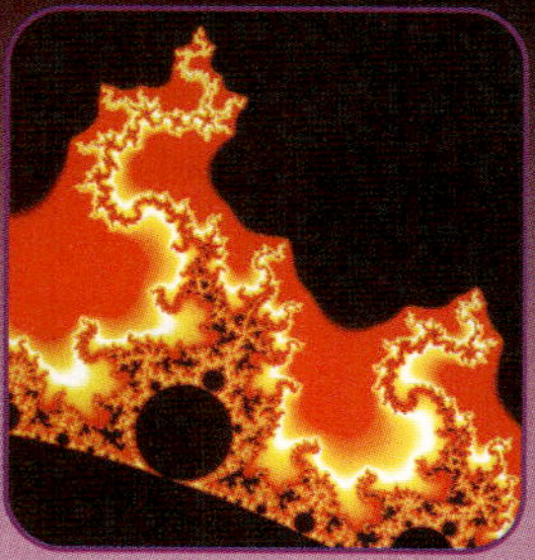

Conjunto de Mandelbrot

Para saber mais, pesquise em:

Vídeos no Youtube:

- Geometria Fractal – Arte e Matemática em Formas Naturais. Acesso em: 25 jul. 2014.
- Arte Fractal – Ersi Samará – Fractal Art. Acesso em: 25 jul. 2014.
- Arte Fractal – Belleza y Matemáticas. Acesso em: 25 jul. 2014.

Sites

- <www.sbem.org.br/files/ix_enem/poster>. Acesso em: 25 jul. 2014.
- <www.educ.fc.ul.pt/icm/iem99/icm43>. Acesso em: 25 jul. 2014.
- <www.rpm.org.br/conheca/fractais.pdf>. Acesso em: 25 jul. 2014.
- <portaldoprofessor.mec.gov.br/fichatecnicaaula.html?aula=>. Acesso em: 25 jul. 2014.

APÊNDICE Introdução ao estudo dos sólidos geométricos

No mundo de hoje, inúmeras obras de engenharia, arquitetura, artes plásticas etc. mostram a imensa quantidade de formas que o homem desenvolveu com base nos conhecimentos de Geometria.

Delfim Martins/Pulsar Imagens

MASP, Museu de Arte de São Paulo. Obra da arquiteta Lina Bo Bardi, construída em 1968.

Alamy/Other Images

Pirâmide de vidro no Museu do Louvre, em Paris, França, construída em 1988.

Alamy/Other Images

Catedral Nacional em Brasília. Obra do arquiteto Oscar Niemeyer, construída em 1960.

Stockxpert/Glow Images

Palácio Taj Mahal, em Agra, Índia, construído no século XVII.

FORMAS REAIS E FORMAS GEOMÉTRICAS

Veja algumas fotos de objetos que constituem formas reais, com as quais temos contato frequente. Ao lado de cada uma está desenhada a mesma forma, porém idealizada pela Geometria.

Cristina Xavier/FinePhoto

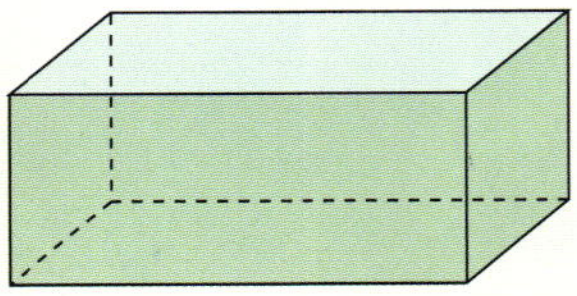

Cristina Xavier/FinePhoto

Thinkstock/Getty Images

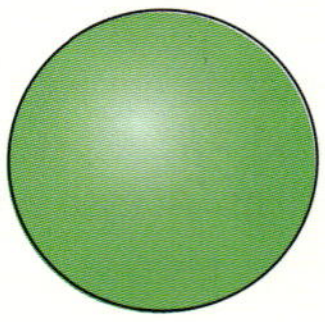

Thinkstock/Getty Images

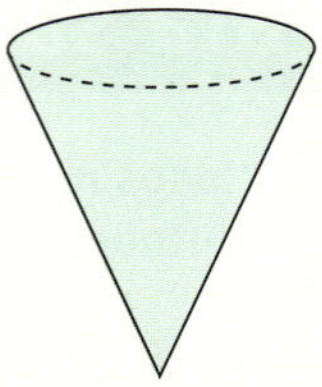

Imagens sem escala ou em escalas diferentes. Cores reais.

Sólidos geométricos

Quando examinamos as formas tridimensionais idealizadas pela Geometria, estamos observando **sólidos geométricos**.

Os sólidos geométricos mais simples podem ser de dois tipos:

- **Poliedros**: são sólidos geométricos cujas superfícies são formadas apenas por polígonos planos (triângulos, quadriláteros, pentágonos etc.). A palavra *poliedro* vem do grego antigo, em que *poli* significa "vários", e *edro*, "face". Veja alguns exemplos de poliedros:

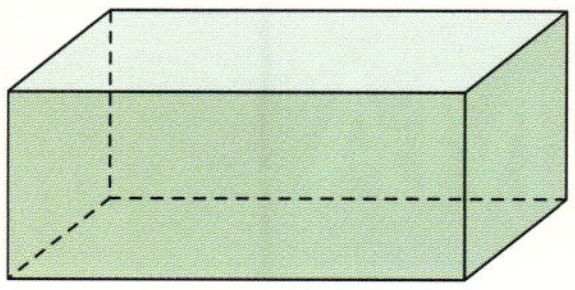
paralelepípedo

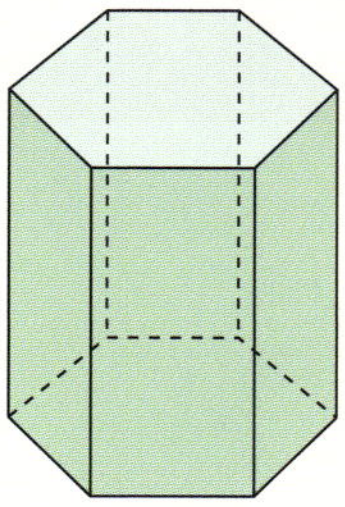
prisma hexagonal

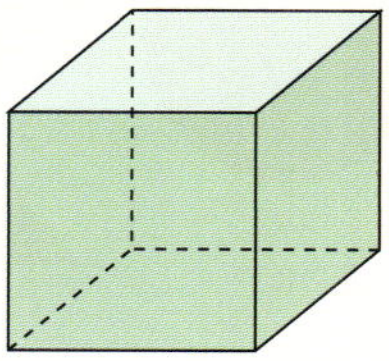
cubo

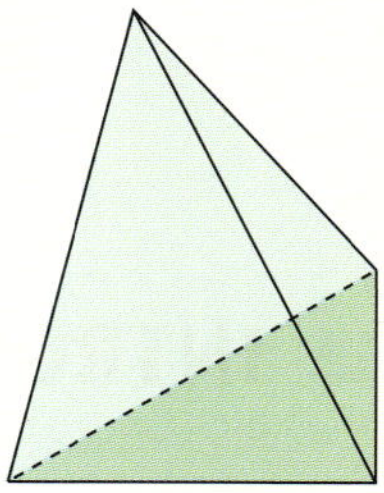
pirâmide triangular

Em um poliedro podemos distinguir: **faces** (polígonos planos), **arestas** (quinas) e **vértices** (pontas). Observe a figura abaixo.

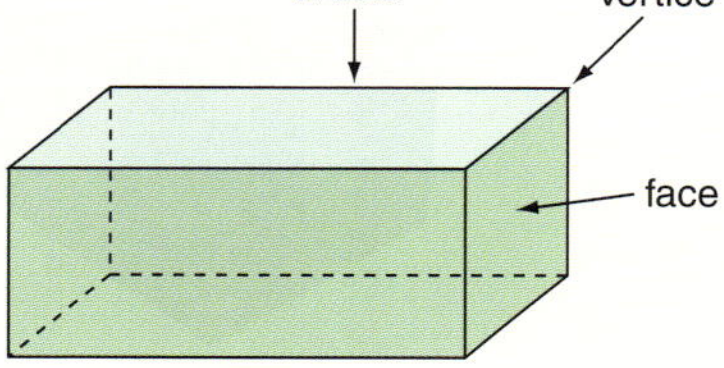

- **Corpos redondos**: são sólidos geométricos cujas superfícies têm ao menos uma parte que é arredondada (não plana). Veja os exemplos:

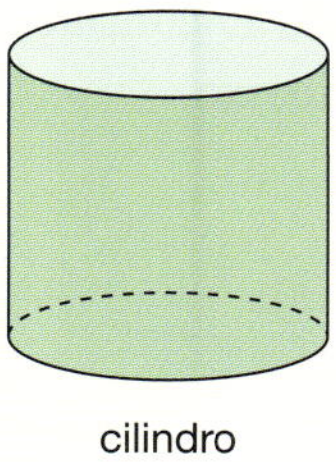
cilindro

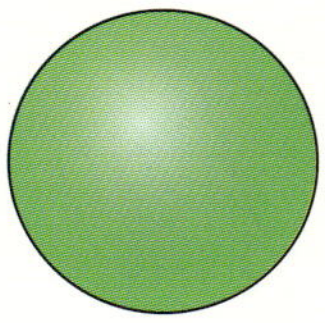
esfera

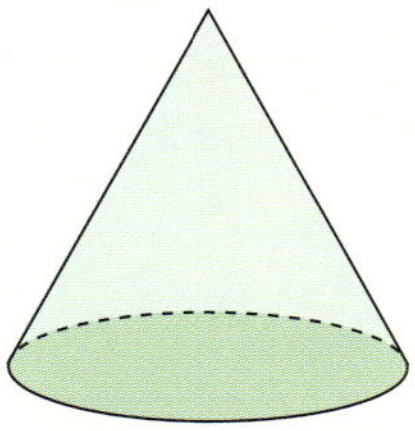
cone

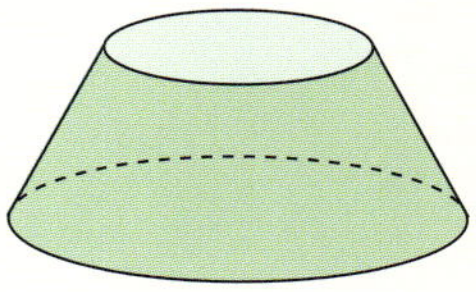
tronco de cone de bases paralelas

Faremos um estudo dos principais poliedros nos capítulos 13 e 14.

Já os principais corpos redondos serão estudados nos capítulos 16, 17 e 18 deste livro.

Existem, no entanto, diversas formas na natureza que não são associadas aos sólidos geométricos, como os fractais.

13 PRISMA

INTRODUÇÃO

Observe ao lado alguns objetos encontrados em nosso cotidiano.

Eles apresentam características comuns, tais como:

- suas superfícies são constituídas de polígonos;
- cada um deles tem pelo menos dois polígonos congruentes contidos em planos paralelos;
- os outros polígonos são paralelogramos.

Sólidos com essas características são chamados **prismas**.

Fotos: Cristina Xavier/FinePhoto

Os prismas são bastante comuns em nosso dia a dia.

Imagens sem escala ou em escalas diferentes. Cores reais.

CONCEITO

Consideremos dois planos α e β, distintos e paralelos entre si, um polígono convexo P, contido em α, e uma reta r que intercepta α e β nos pontos X e Y, respectivamente, conforme a figura abaixo.

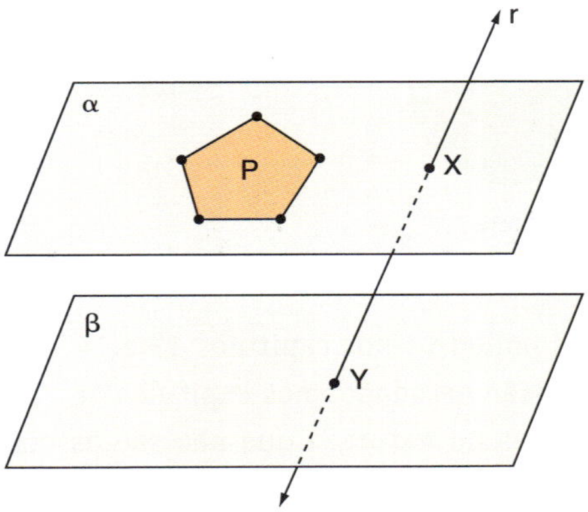

Por todos os pontos de P, tracemos retas paralelas a *r*, conforme mostrado na figura ao lado.

Observe que os pontos de interseção dessas retas com α e β determinam segmentos congruentes ao segmento $\overline{XY}$.

A reunião de todos os segmentos assim obtidos é um sólido chamado **prisma**.

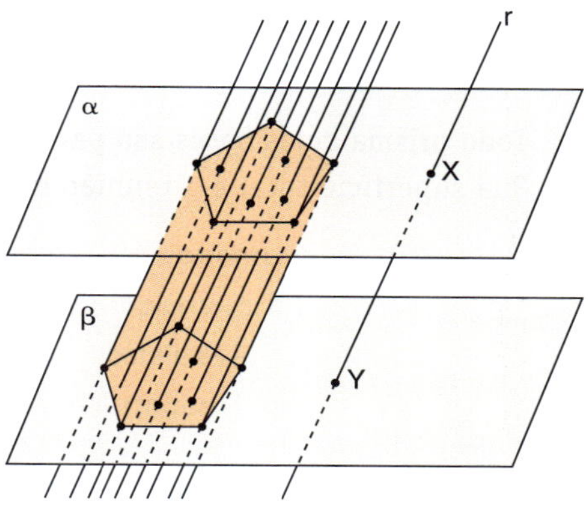

ELEMENTOS E CLASSIFICAÇÃO

Considerando o prisma representado na figura ao lado, temos:

- os polígonos ABCDE e A'B'C'D'E', chamados **bases** do prisma, são congruentes e estão situados em planos paralelos entre si (α e β);
- os paralelogramos AA'B'B, BB'C'C, CC'D'D, DD'E'E e EE'A'A são chamados **faces laterais**;
- os lados dos polígonos das bases ($\overline{AB}$, $\overline{BC}$, $\overline{CD}$, $\overline{DE}$, $\overline{EA}$, $\overline{A'B'}$, $\overline{B'C'}$, $\overline{C'D'}$, $\overline{D'E'}$ e $\overline{E'A'}$) são as **arestas das bases**;
- os segmentos $\overline{AA'}$, $\overline{BB'}$, $\overline{CC'}$, $\overline{DD'}$ e $\overline{EE'}$ são as **arestas laterais**;
- a distância entre os planos α e β, que contêm as bases, é a **altura** do prisma.

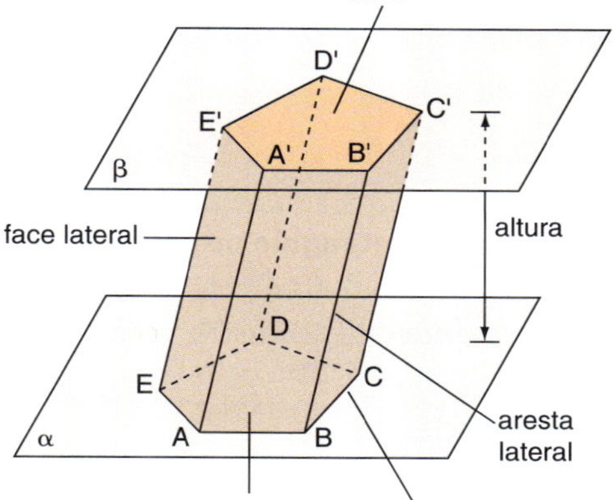

Quanto ao número de lados de cada polígono da base, os prismas são classificados em: triangular, quadrangular, pentagonal etc., conforme o polígono da base seja, respectivamente, um triângulo, um quadrilátero, um pentágono etc.

Quanto à inclinação das arestas laterais em relação aos planos das bases, os prismas são classificados em:

- **prisma oblíquo**: se as arestas laterais são oblíquas aos planos das bases;
- **prisma reto**: se as arestas laterais são perpendiculares aos planos das bases. Observe que, nesse caso, as faces laterais são retângulos.

Exemplos:

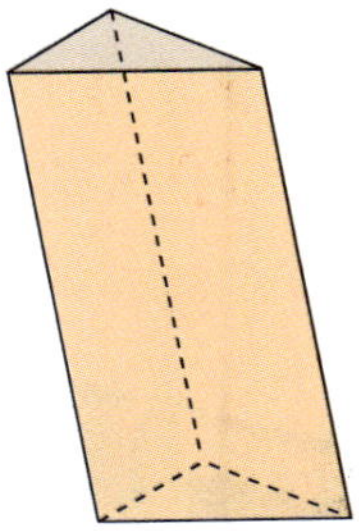

prisma oblíquo triangular

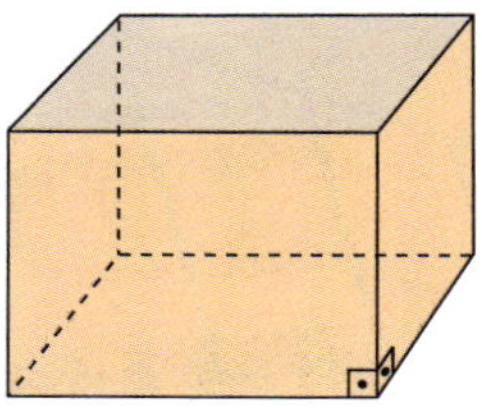

prisma reto quadrangular

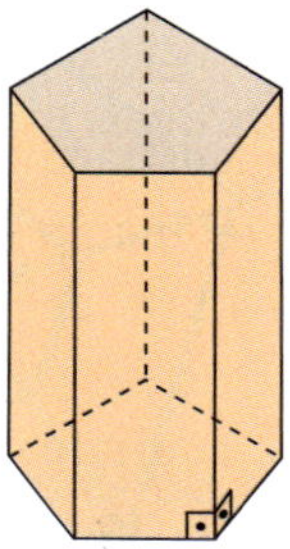

prisma reto pentagonal

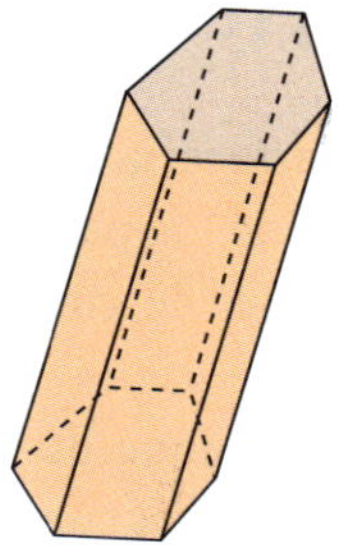

prisma oblíquo hexagonal

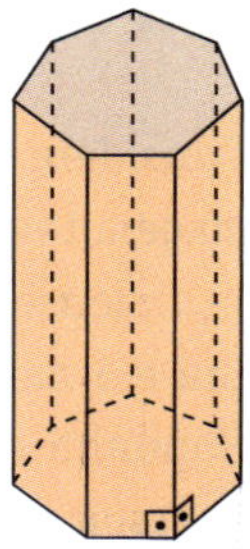

prisma reto heptagonal

Observação

Quando as bases de um prisma reto são polígonos regulares, ele é chamado **prisma regular**.

PARALELEPÍPEDO

Todo prisma cujas bases são paralelogramos é chamado **paralelepípedo**.

Sua superfície total é a reunião de seis paralelogramos.

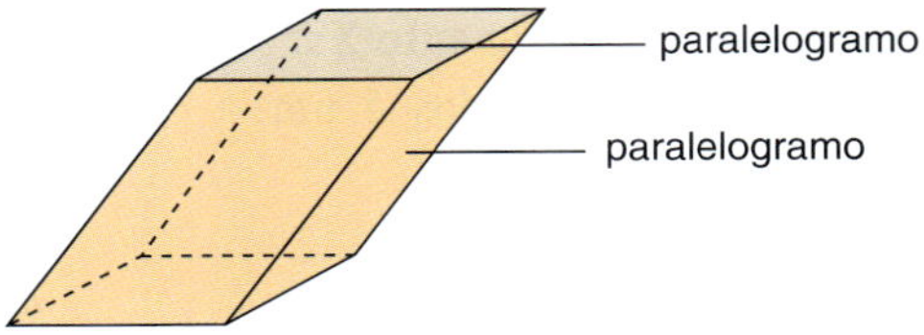

- **Paralelepípedo reto:** é um paralelepípedo cuja superfície total é a reunião de quatro retângulos (faces laterais) com dois paralelogramos (bases).

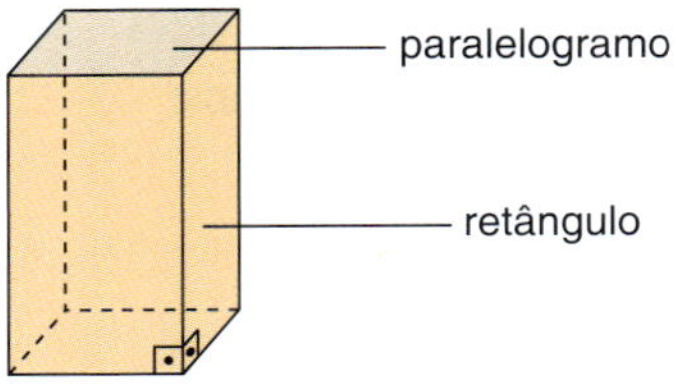

- **Paralelepípedo retângulo** ou **retorretângulo:** é um paralelepípedo cuja superfície total é a reunião de seis retângulos.

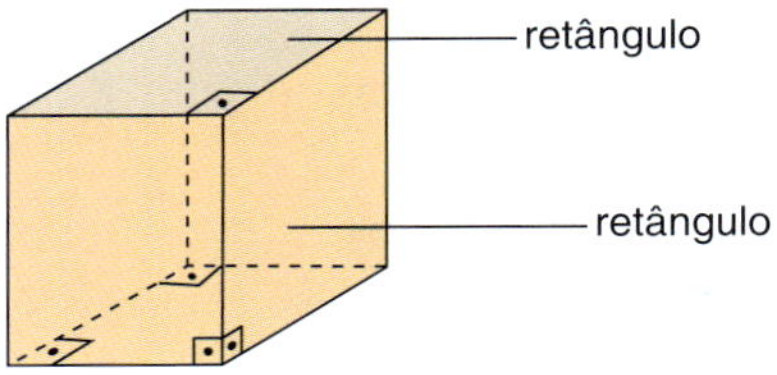

- **Cubo:** é um paralelepípedo cuja superfície total é a reunião de seis quadrados. Note que o cubo é o paralelepípedo retângulo cujas arestas são congruentes.

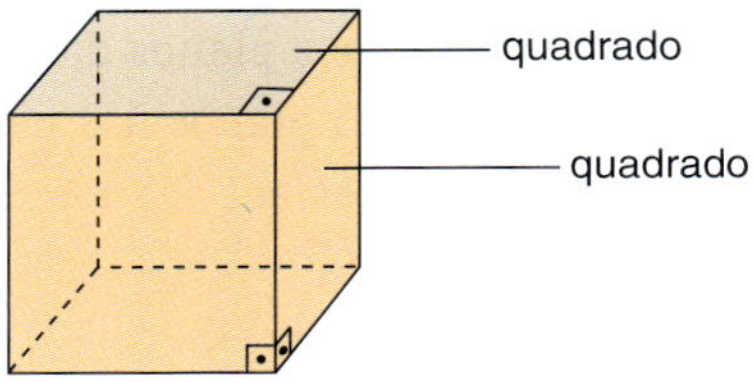

Paralelepípedo retângulo

Considere que a carroceria do caminhão mostrado na imagem tem a forma de um paralelepípedo retângulo cujas dimensões são: 8 m de comprimento, 4,5 m de largura e 3 m de altura.

Suponha que Onofre, dono do caminhão, contrate uma pessoa para pintar toda a superfície da carroceria. Considerando que essa pessoa cobra R$ 4,50 para pintar uma superfície de 1 m^2, que quantia Onofre terá de desembolsar para pagar pelo serviço contratado?

Thinkstock/Getty Images

Os caminhões são responsáveis pelo transporte de boa parte das mercadorias que circulam no país.

Para resolver esse problema é necessário saber calcular a área total da superfície de um paralelepípedo retângulo. Por isso, apresentaremos a sua resolução logo após o desenvolvimento do item seguinte.

Cálculo da área total

A figura ① representa um paralelepípedo retângulo, em que *a* e *b* são as medidas dos lados do retângulo da base e *c*, a medida da altura. A figura ② representa a planificação desse paralelepípedo.

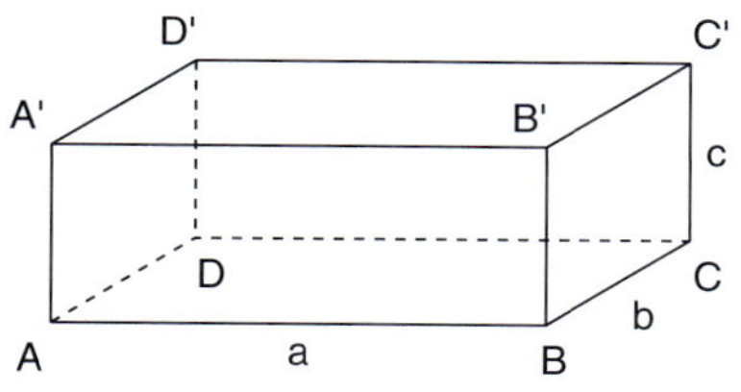

①

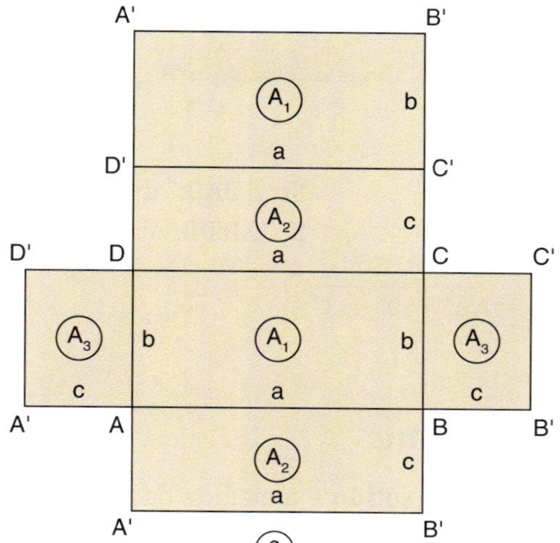

②

A planificação do paralelepípedo mostra que sua superfície é a reunião de seis retângulos, dois a dois congruentes. Assim, a sua área total A_t é igual à soma das áreas desses seis retângulos, ou seja:

$$A_t = 2 \cdot A_1 + 2 \cdot A_2 + 2 \cdot A_3 \Rightarrow \boxed{A_t = 2ab + 2ac + 2bc}$$

Exemplo 1

Vamos resolver o problema proposto na página anterior, ou seja, vamos calcular a quantia que Onofre deverá pagar à pessoa contratada para pintar a carroceria de seu caminhão.

Como a base da carroceria do caminhão tem 8 m de comprimento por 4,5 m de largura e sua altura mede 3 m, então a área da superfície a ser pintada é igual à soma das áreas de seis retângulos, ou seja, $A = 2ab + 2ac + 2bc$, em que $a = 8$ m, $b = 4{,}5$ m e $c = 3$ m.

Assim: $A = 2(8 \cdot 4{,}5) + 2(8 \cdot 3) + 2(4{,}5 \cdot 3) \Rightarrow A = 147\ m^2$.

Como o pintor cobra R$ 4,50 por metro quadrado pintado, então, pelos 147 m^2 de área a ser pintada, ele deverá cobrar de Onofre a quantia de 147 · R$ 4,50 = R$ 661,50.

Cálculo da medida da diagonal

No paralelepípedo da figura a seguir, sejam *d* a medida da diagonal do paralelepípedo e d_1 a medida da diagonal da base.

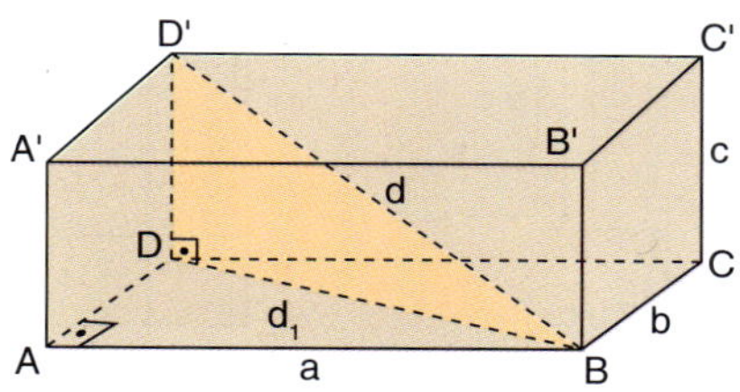

Observe que os triângulos BAD e D'DB são retângulos:

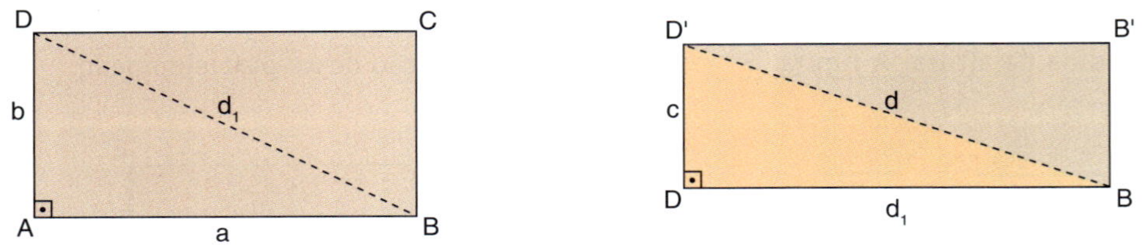

Assim, temos:

$$\left.\begin{array}{l}\text{No } \triangle BAD\text{: } d_1^2 = a^2 + b^2 \\ \text{No } \triangle D'DB\text{: } d^2 = d_1^2 + c^2\end{array}\right\} \Rightarrow d^2 = a^2 + b^2 + c^2$$

Logo: $d = \sqrt{a^2 + b^2 + c^2}$

Cálculo do volume

O **volume de um sólido** é a medida da região do espaço limitada por sua superfície.

No nosso dia a dia, para medir essa região do espaço estabelecemos algumas unidades de medidas. Por exemplo, para calcular o volume interno de um vaso podemos tomar como unidade de medida um certo tipo de copo. Nesse caso, se para encher totalmente o vaso forem usados 11 copos cheios de água, diremos que o volume do vaso é igual a 11 copos. Se tomássemos um copo diferente do anterior como unidade de medida, o volume do vaso se alteraria

Enfim, para expressar o volume de um sólido por meio de um número, devemos estabelecer uma unidade padrão: a unidade de volume é o cubo cuja aresta mede 1 u.c. (unidade de comprimento). Para cada unidade de comprimento temos uma correspondente unidade de volume, como mostrado na tabela a seguir:

Unidade de medida da aresta do cubo	Unidade de volume
1 dm	1 dm^3
1 cm	1 cm^3
1 m	1 m^3
1 mm	1 mm^3

De modo geral:

$$\text{unidade de medida da aresta} = 1 \text{ u.c.} \Rightarrow \text{unidade de volume} = 1 \text{ (u.c.)}^3$$

Consideremos um paralelepípedo retângulo com as seguintes dimensões: a = 5 u.c., b = 2 u.c. e c = 3 u.c.

A divisão do comprimento, da largura e da altura desse paralelepípedo em cinco unidades, duas unidades e três unidades, respectivamente, nos permite obter $5 \cdot 2 \cdot 3 = 30$ cubos unitários, conforme mostrado nas figuras abaixo:

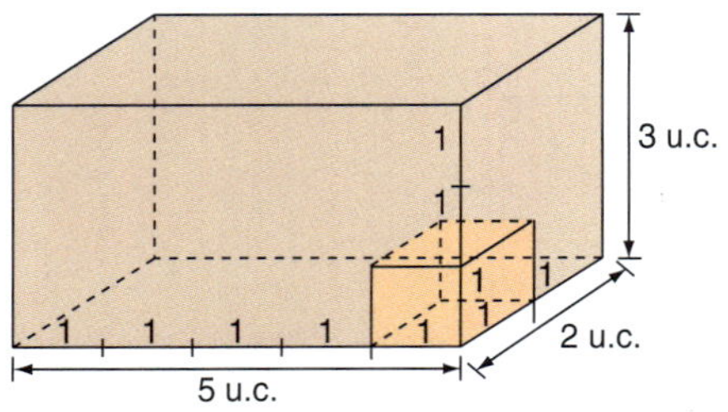

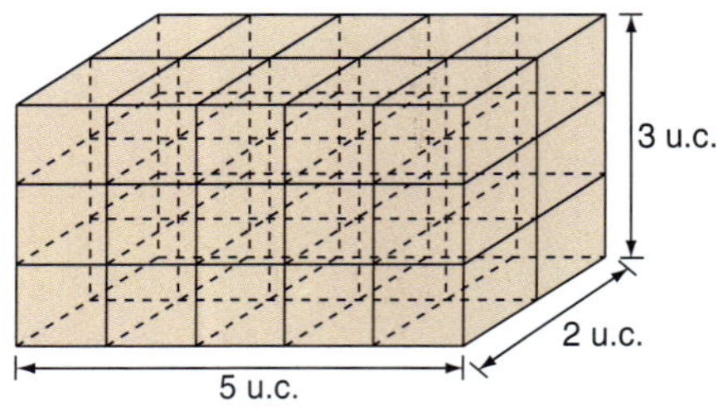

Dizemos, então, que o volume desse paralelepípedo é V = (5 u.c.) · (2 u.c.) · (3 u.c.) = 30 $(u.c.)^3$ ou, de modo mais geral:

$$V = a \cdot b \cdot c$$

Na figura da página 343, como a · b é a área da base (A_b) e *c* é a medida *h* da altura, temos:

$$V = (a \cdot b) \cdot c \Rightarrow V = A_b \cdot h$$

Exemplo 2

Vamos calcular o volume da carroceria do caminhão de Onofre (ver Exemplo 1 da página 317), lembrando que ela tem a forma de um paralelepípedo retângulo cujas dimensões são: 8 m de comprimento, 4,5 m de largura e 3 m de altura.

Considerando a = 8 m, b = 4,5 m e c = 3 m, temos:

$$V = a \cdot b \cdot c = 8 \cdot 4{,}5 \cdot 3 \Rightarrow V = 108\ m^3$$

Cubo

O cubo é um paralelepípedo retângulo cujas seis faces são quadrados congruentes. Assim, suas 12 arestas são congruentes entre si.

Como já sabemos, as fórmulas da área total, da diagonal e do volume de um paralelepípedo retângulo são: $A = 2ab + 2ac + 2bc$, $d = \sqrt{a^2 + b^2 + c^2}$ e $V = a \cdot b \cdot c$, respectivamente.

Fazendo b = c = a, em cada uma dessas fórmulas obtêm-se as fórmulas da área total, da diagonal e do volume de um cubo de aresta de medida *a*:

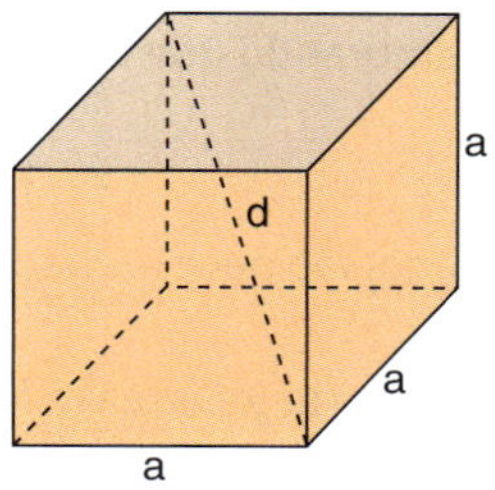

- Área A: $A = 2 \cdot a \cdot a + 2 \cdot a \cdot a + 2 \cdot a \cdot a \Rightarrow A = 6a^2$
- Diagonal *d*: $d = \sqrt{a^2 + a^2 + a^2} = \sqrt{3a^2} \Rightarrow d = a\sqrt{3}$
- Volume V: $V = a \cdot a \cdot a \Rightarrow V = a^3$

Observação

A unidade de medida de volume do Sistema Internacional de Unidades (SI) é o metro cúbico. Apesar de não fazer parte do SI, a unidade litro é reconhecida como unidade de medida por esse sistema de medidas e definida como o volume de um cubo cuja aresta mede 1 decímetro, ou seja, 1 L = 1 ℓ = 1 dm^3.

Exemplo 3

No Exemplo 2 determinamos o volume da carroceria do caminhão de Onofre: 108 m^3.

Agora, vamos determinar o maior número de caixas que podem ser transportadas na carroceria de seu caminhão, considerando que todas têm a forma de um cubo cuja aresta mede 50 cm e que a massa total das caixas não excede a tonelagem máxima que o caminhão pode transportar.

Se cada aresta da caixa mede 50 cm, o volume ocupado por uma única caixa é:

$$V_1 = (50\ cm) \cdot (50\ cm) \cdot (50\ cm) = 125\,000\ cm^3 = 0{,}125\ m^3$$

Se x é o número de caixas que podem ser transportadas, então devemos ter: $x \cdot V_1 \leqslant 108\ m^3$. Logo:

$$x \cdot 0{,}125 \leqslant 108 \Rightarrow x \leqslant 864\ (*)$$

O maior número de caixas que podem ser transportadas na carroceria é o maior número inteiro x que satisfaz a sentença (*), ou seja, 864.

EXERCÍCIOS RESOLVIDOS

1. Em um aquário, um tanque para peixes tem a forma de um paralelepípedo retângulo de base quadrada, e a água em seu interior ocupa $\frac{3}{5}$ da sua capacidade. Considerando que esse tanque tem 3 m de altura e a aresta da base mede 4,5 m, determinar quantos litros de água são necessários para que ele fique totalmente cheio.

Alamy/Other Images

Solução:

Primeiramente, calculemos o volume V do tanque:

$$V = A_b \cdot h \Rightarrow V = (4{,}5)^2 \cdot 3 \Rightarrow V = 60{,}75\ m^3$$

Como a água existente no tanque ocupa $\frac{3}{5} \cdot V$, então a água a ser colocada no tanque, para enchê-lo totalmente, deverá ocupar um volume V_a, tal que:

$$V_a = V - \frac{3}{5} \cdot V = \frac{2}{5} \cdot V \Rightarrow V_a = \frac{2}{5} \cdot 60{,}75 \Rightarrow V_a = 24{,}30\ m^3$$

Lembrando que $1\ m^3 = 1\,000\ dm^3$ e $1\ \ell = 1\ dm^3$, então:

$$V_a = 24{,}30\ m^3 = 24{,}30 \cdot 1\,000\ dm^3 = 24\,300\ dm^3 = 24\,300\ \ell$$

Logo, são necessários 24 300 litros de água para encher o tanque do aquário.

2. Um porta-joias tem a forma de um paralelepípedo retângulo cujas dimensões, em centímetros, são diretamente proporcionais aos números 2, 3 e 5. Sabendo que a área total desse porta-joias é igual a 2 232 cm², determinar:

a) a medida de sua diagonal;

b) o seu volume.

Solução:

Se *a*, *b* e *c* são as dimensões do porta-joias, em centímetros, então, de acordo com os dados do problema, temos:

- *a*, *b* e *c* são diretamente proporcionais aos números 2, 3 e 5, ou seja:

$$\frac{a}{2} = \frac{b}{3} = \frac{c}{5} \Rightarrow b = \frac{3a}{2} \text{ e } c = \frac{5a}{2} \quad (1)$$

- a área total é igual a 2 232 cm², ou seja:

$$A_t = 2 \cdot a \cdot b + 2 \cdot b \cdot c + 2 \cdot a \cdot c = 2\,232\ cm^2 \quad (2)$$

Substituindo (1) em (2), vem:

$$2 \cdot a \cdot \left(\frac{3a}{2}\right) + 2 \cdot \left(\frac{3a}{2}\right) \cdot \left(\frac{5a}{2}\right) + 2 \cdot a \cdot \left(\frac{5a}{2}\right) = 2\,232\ cm^2 \Rightarrow a = 12\ cm \underset{(1)}{\Rightarrow} b = 18\ cm \text{ e } c = 30\ cm$$

a) Como a medida da diagonal do paralelepípedo é dada por $d = \sqrt{a^2 + b^2 + c^2}$, temos:

$$d = \sqrt{12^2 + 18^2 + 30^2} = \sqrt{1\,368} \Rightarrow d = 6\sqrt{38}\ cm$$

b) Como o volume do paralelepípedo é dado por $V = a \cdot b \cdot c$, temos:

$$V = 12 \cdot 18 \cdot 30 \Rightarrow V = 6\,480\ cm^3$$

EXERCÍCIOS

1. Calcule a diagonal, a área total e o volume de cada um dos paralelepípedos retângulos representados abaixo:

a)

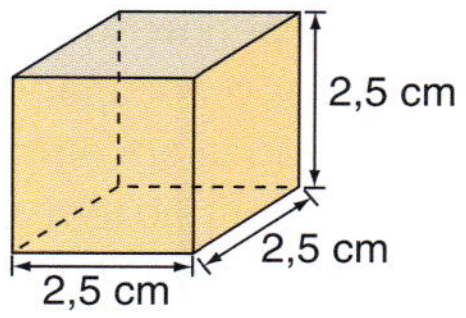

c)

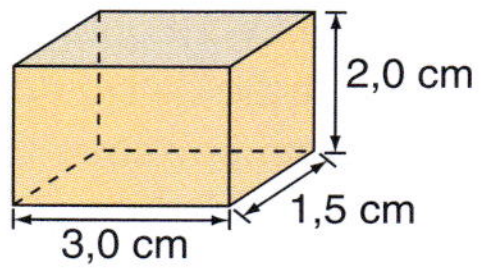

b)

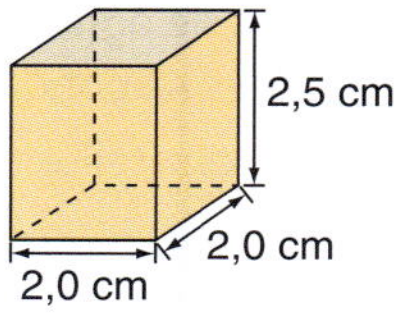

2. Determine o volume de um paralelepípedo retângulo sabendo que a medida de sua diagonal é $3\sqrt{10}$ dm e duas de suas dimensões medem 4 dm e 7 dm.

3. Calcule a diagonal, a área total e o volume de um cubo cuja soma das medidas das arestas é igual a 48 cm.

4. Calcule a área total e o volume de um cubo cuja diagonal de uma face mede 1,2 m.

5. A figura mostra a planificação de um paralelepípedo retângulo no qual a unidade das dimensões indicadas é o centímetro.

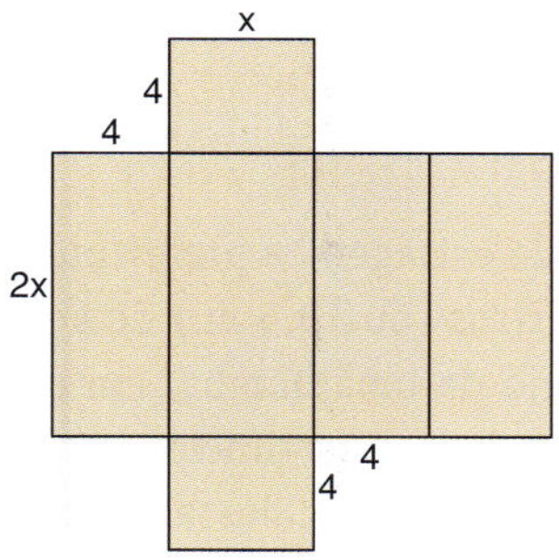

Determine:

a) x, sabendo que a área total do paralelepípedo é igual a 364 cm²;

b) o volume do paralelepípedo para $x = 4$ cm;

c) a medida da diagonal do paralelepípedo para $x = 6$ cm.

6. Uma caixa tem a forma de um paralelepípedo retângulo cujo volume é igual a 192 cm³. Se as áreas de duas de suas faces são iguais a 32 cm² e 24 cm², determine a área total desse paralelepípedo.

7. Priscila usou massa de modelar para construir um paralelepípedo retângulo cujas dimensões eram 20 cm × 30 cm × 45 cm. Em seguida, ela desmanchou o paralelepípedo que havia construído e aproveitou toda a massa usada na sua construção para modelar um cubo de x centímetros de aresta. Com base nessas informações, determine:

a) x;

b) a medida da diagonal do cubo;

c) a razão entre a área total do paralelepípedo e a área total do cubo.

8. O que ocorre com a área total e com o volume de um cubo quando a medida da aresta:

a) dobra?

b) é reduzida a $\frac{1}{3}$ do seu valor?

c) é reduzida à metade de seu valor?

d) é multiplicada por um número positivo k?

9. (UF-GO) Em uma aula de geometria espacial foi construído um paralelepípedo retangular utilizando-se como arestas canudos inteiros de refrigerantes, sendo 8 canudos de 12 cm e quatro canudos de 16 cm. Para garantir que o paralelepípedo ficasse "firme", deveriam ser colocados suportes nas diagonais do paralelepípedo. Tendo em vista esses dados, qual é o comprimento da diagonal do paralelepípedo?

10. Pretende-se construir um reservatório de água em forma de um paralelepípedo retângulo que tem 4 m de altura e cujas dimensões da base somam 20 m. Determine o comprimento e a largura desse reservatório para que ele tenha capacidade para 384 000 litros.

11. Uma pequena indústria pretende fabricar caixas de dois tipos – uma em forma de um cubo e outra em forma de um paralelepípedo retângulo –, feitas de um mesmo material e ambas com a mesma capacidade. Se as dimensões do paralelepípedo devem ser 8 cm, 27 cm e 64 cm, qual será a área total da caixa cúbica?

CJT/Zapt

12. Seja um paralelepípedo retângulo cuja área total é igual a 846 cm^2 e tal que as medidas das arestas, em centímetros, são termos consecutivos de uma progressão aritmética de razão 3. Para esse paralelepípedo, determine:

a) a medida da diagonal, em centímetros;

b) o volume, em centímetros cúbicos.

13. Um comerciante comprou 20 blocos de doce de abóbora, cada qual com a forma de um paralelepípedo retângulo de base 12 cm × 21 cm e altura medindo $\frac{1}{11}$ do perímetro da base. O comerciante dividiu cada bloco em cubinhos de 3 cm de aresta e colocou-os à venda por R$ 0,80 a unidade. Se ele pagou ao fornecedor R$ 15,00 por bloco, qual será o seu lucro na venda de todos os cubinhos obtidos dos 20 blocos?

João Prudente/Pulsar Imagens

14. (UF-GO) "Surfe nas ondas do Espaço: como líquidos afetam o movimento de espaçonaves" é o título de uma reportagem da revista *Scientific American Brasil* (n. 28, ano 3, set. 2004, p. 16-17), que relata o trabalho de pesquisadores holandeses com o satélite Sloshsat FLEVO (Equipamento para Experimentação e Verificação de Líquidos em Órbita), preocupados com o comportamento inercial da água em ambiente de gravidade zero. O satélite em questão tem o formato de um cubo com 80 cm de aresta, carregando em seu interior um tanque com capacidade para 87 litros, preenchido com 32 litros de água ultrapura. Considerando essas informações, responda:

a) Qual a fração do volume do satélite ocupada pela água ultrapura?

b) Sabendo que o tanque também tem o formato cúbico, qual é a medida, em centímetros, de sua aresta?

15. O vaso mostrado na figura foi feito com placas de vidro, cada uma com 0,5 cm de espessura. Considerando que ele tem a forma de paralelepípedo retângulo com as dimensões externas indicadas, determine:

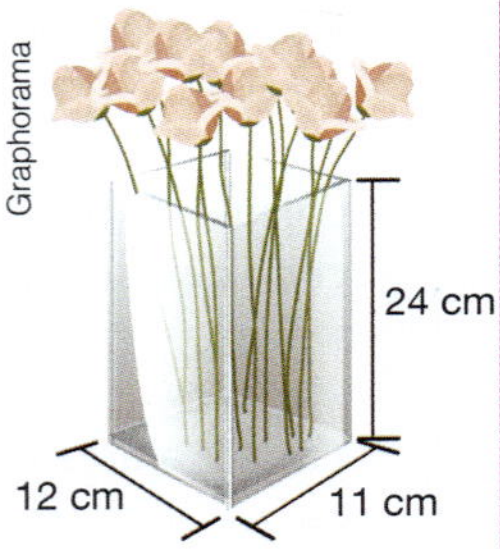

Graphorama

a) a capacidade desse vaso em litros;

b) o volume do vidro utilizado na sua confecção.

APLICAÇÕES

O volume do cubo e a função linear

Para ajudar no abastecimento de água de uma região castigada pela estiagem, a prefeitura de uma cidade abastece diariamente um pequeno e distante povoado, com 13 500 litros (ou 13,5 m^3) de água. Essa quantidade de água é retirada de um caminhão-pipa e despejada por meio de uma bomba, em um reservatório cúbico vazio, com 2,5 m de aresta. No processo de transferência da água, um funcionário utiliza apenas uma trena graduada para verificar a altura que a água atinge no reservatório e, dessa forma, ele consegue saber o volume de água transferido pela bomba sem que haja desperdício de água. Como isso é possível?

O volume de água (em metros cúbicos) despejado no reservatório varia de acordo com o nível atingido pela água, em metros.

- Para um certo nível h_1, o volume de água é dado por $V_1 = A_b \cdot h_1 = (2,5)^2 \cdot h_1$

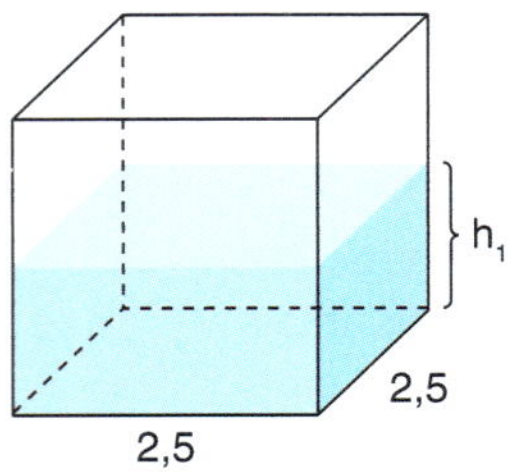

- Para um outro nível h_2, o volume de água é dado por $V_2 = (2,5)^2 \cdot h_2$, e assim por diante.

Enfim, para cada nível h que a água atinge, o volume transferido é $V = (2,5)^2 \cdot h$.

Como $2,5^2$ (área de base) = 6,25 é constante, a razão $\frac{V}{h}$ é constante (= 6,25) e, desse modo, as grandezas "volume de água transferido" e "nível da água" são **diretamente proporcionais** e a relação entre essas grandezas é dada por: $\frac{V}{h} = 6,25 \Rightarrow V = 6,25 \cdot h$, com V em m^3 e h em m. Trata-se da **função linear** $y = 6,25 \cdot x$, cujo gráfico está abaixo representado:

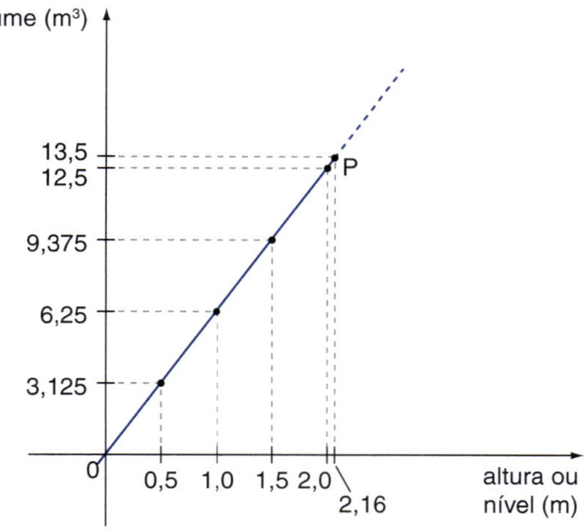

Assim, para que o volume transferido seja de 13 500 ℓ = 13,5 m^3, devemos ter:

$13,5 = 6,25 \cdot x \Rightarrow x = 2,16$ m (veja o ponto P).

Em resumo, o funcionário deve fazer medições sucessivas com a trena até que o nível de água atinja a altura de 2,16 m = = 2 metros e 16 centímetros. Nesse ponto, a transferência de água deve ser interrompida, pois o recipiente cúbico já contém os 13 500 litros.

PRINCÍPIO DE CAVALIERI

Conseguimos estabelecer uma fórmula para o volume de um paralelepípedo retângulo de maneira intuitiva; entretanto, para determinar a expressão do volume de outros sólidos, o processo não é tão simples. Uma maneira que pode ser utilizada para a obtenção do volume de um sólido é adotar como axioma um resultado formalizado pelo matemático italiano Bonaventura Francesco Cavalieri (1598-1647), que é conhecido como **princípio de Cavalieri**.

Antes de enunciar o princípio de Cavalieri, vamos apresentar um exemplo para que ele possa ser compreendido de maneira intuitiva.

Exemplo 4

Dispõe-se de um conjunto de chapas retangulares de madeira, todas com as mesmas dimensões e, consequentemente, com o mesmo volume.

Imagine que elas foram usadas para formar duas pilhas diferentes, cada qual com a mesma quantidade de chapas, como mostram as figuras 1 e 2:

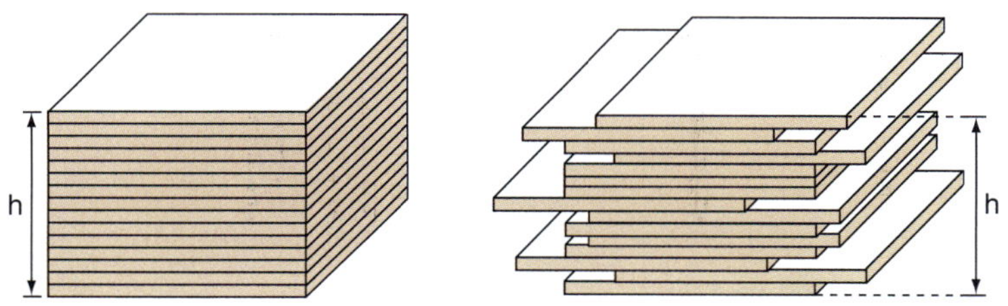

figura 1 figura 2

Note que, em ambas as pilhas, a quantidade de espaço ocupado pela coleção de chapas é a mesma, isto é, os sólidos das figuras 1 e 2 têm o mesmo volume.

Imagine agora esses mesmos sólidos com bases num mesmo plano α e situados num mesmo semiespaço dos determinados por α:

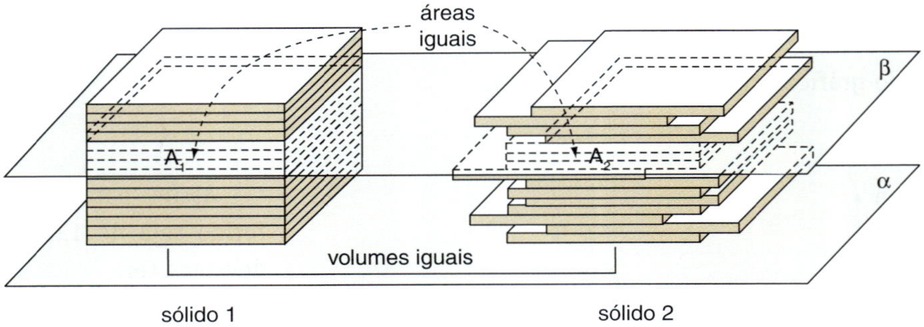

Qualquer plano β paralelo a α e secante aos sólidos 1 e 2 determina nesses sólidos superfícies equivalentes, ou seja, de áreas iguais.

A mesma ideia pode ser estendida para duas pilhas, cada qual com a mesma quantidade de moedas de dimensões iguais:

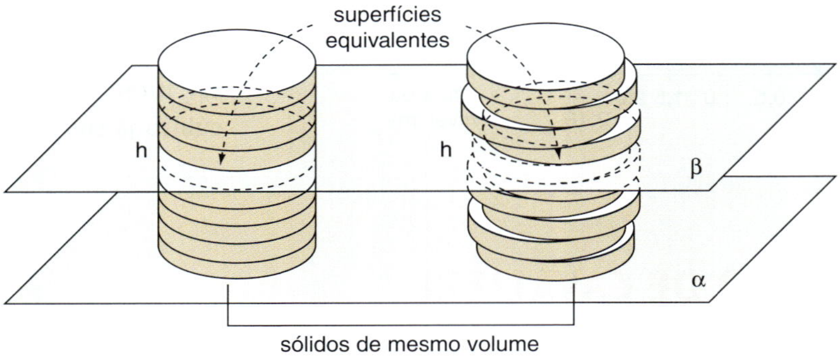

O que acabamos de apresentar de maneira intuitiva é o que chamamos princípio de Cavalieri.

> Dois sólidos, nos quais todo plano secante, paralelo a um dado plano, determina superfícies de áreas iguais (superfícies equivalentes), são sólidos de volumes iguais (sólidos equivalentes).

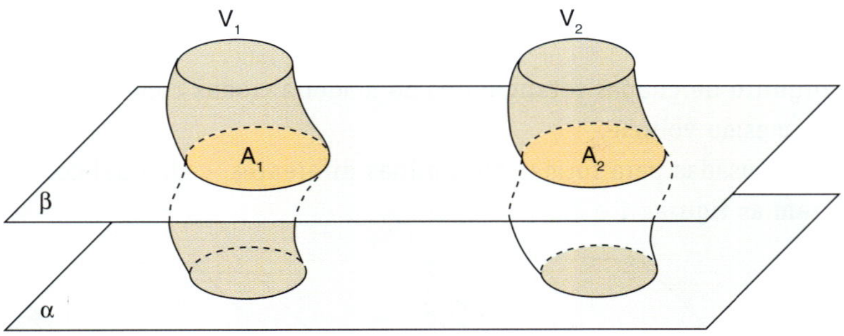

$$A_1 = A_2 \Rightarrow V_1 = V_2$$

De modo geral, sua aplicação deve ser feita colocando-se os dois sólidos com bases em um mesmo plano, paralelo àquele em que estarão as seções de áreas iguais.

A seguir, usaremos o princípio de Cavalieri para calcular o volume de um prisma.

ÁREAS E VOLUME

Área da base (A_b)

Como a base de um prisma é um polígono, a área da base de um prisma é a área de um polígono.

Por exemplo, se a base do prisma for um quadrado cujo lado mede ℓ, então $A_b = \ell^2$; se a base do prisma for um triângulo, em que b e h são as medidas da base e da altura relativa a essa base, então $A_b = \frac{b \cdot h}{2}$.

Área lateral (A_ℓ)

Como a superfície lateral de um prisma é a reunião de suas faces laterais, então a área lateral de um prisma é a soma das áreas das faces laterais.

Área total (A_t)

Como a superfície total de um prisma é a reunião da superfície lateral com as bases, então a área total de um prisma é dada por:

$$A_t = A_\ell + 2 \cdot A_b$$

Volume (V)

Imaginemos um prisma P_1 de altura de medida h e área da base igual a B. Consideremos um paralelepípedo retângulo P_2, em que h é a medida da altura e a área da base é igual a B. Note que P_1 e P_2 têm as alturas de medidas iguais, assim como são iguais as áreas de suas bases.

Suponhamos que os dois sólidos tenham as bases num mesmo plano α e fiquem no mesmo semiespaço de origem α, conforme mostrado na figura:

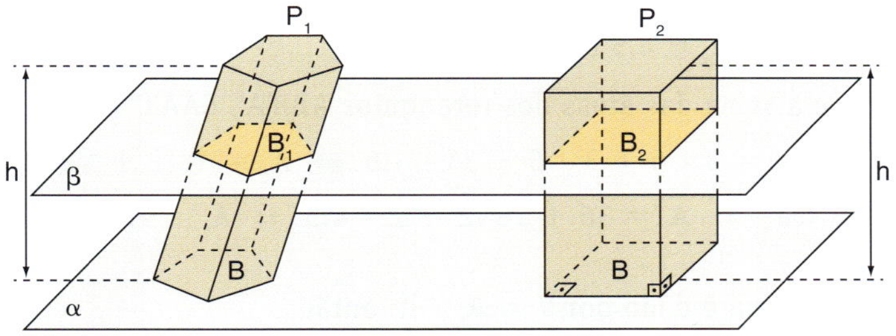

Observe que qualquer plano β paralelo a α e que secione P_1 também seciona P_2. Note também que as seções (B_1 e B_2) têm áreas iguais, pois são congruentes às respectivas bases.

Então, pelo princípio de Cavalieri, o prisma P_1 e o paralelepípedo P_2 têm volumes iguais, ou seja, $V_{P_1} = V_{P_2}$.

Como $V_{P_2} = B \cdot h$, então: $V_{P_1} = B \cdot h$.

Assim, concluímos que:

$$V = A_b \cdot h$$

O volume de um prisma é igual ao produto da área da base pela medida da altura.

Como exemplo, consideremos P_1 um prisma reto triangular com 12 cm de altura e área da base igual a 18 cm² e P_2 um cubo cuja aresta da base mede 6 cm. Temos:

$$\left.\begin{array}{l} V_{P_1} = A_b \cdot h \Rightarrow V_{P_1} = 18 \cdot 12 \Rightarrow V_{P_1} = 216\ \text{cm}^3 \\ V_{P_2} = a^3 \Rightarrow V_{P_2} = 6^3 \Rightarrow V_{P_2} = 216\ \text{cm}^3 \end{array}\right\} \Rightarrow V_{P_1} = V_{P_2} \Rightarrow P_1 \text{ e } P_2 \text{ são } \textbf{equivalentes}$$

Exemplo 5

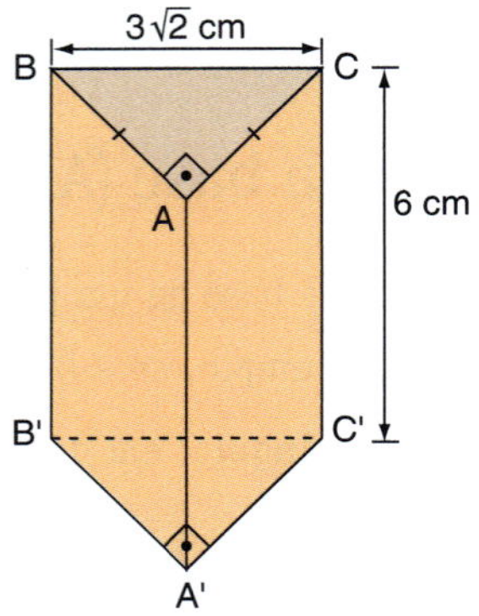

A figura representa um prisma reto, em que a altura mede 6 cm e a base é um triângulo retângulo isósceles cuja hipotenusa mede $3\sqrt{2}$ cm.

Vamos determinar a área total (A_t) e o volume (V) desse prisma.

- Cálculo de A_t:

  Considere a planificação do prisma dado, mostrada na figura abaixo.

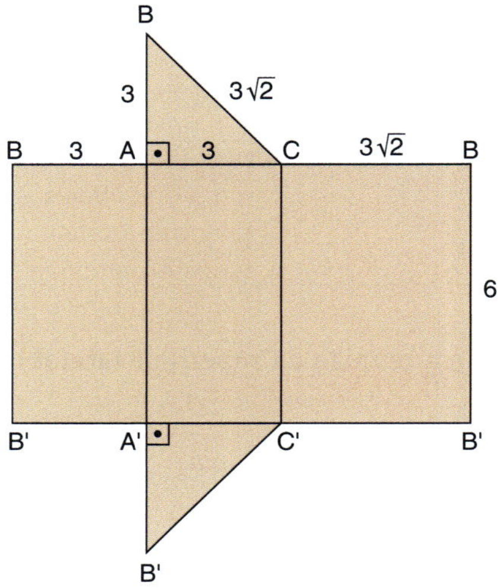

Observe que a área total do prisma é igual à soma das áreas de dois triângulos retângulos isósceles (BAC e B'A'C') com as áreas de três retângulos (ABB'A', CAA'C' e BCC'B'). Temos:

- $\triangle$BAC é retângulo e isósceles; então:

  $BA^2 + AC^2 = BC^2 \underset{BA = AC}{\Rightarrow} 2 \cdot AC^2 = (3\sqrt{2})^2 \Rightarrow$

  $\Rightarrow AC = BA = 3$ cm

  Logo: $A_b = \frac{1}{2} \cdot 3 \cdot 3 \Rightarrow A_b = 4{,}5$ cm²

- Como a área lateral é a soma das áreas dos retângulos ABB'A', CAA'C' e BCC'B', então:

$$A_\ell = 3 \cdot 6 + 3 \cdot 6 + 3\sqrt{2} \cdot 6 \Rightarrow A_\ell = 18(2 + \sqrt{2})\ \text{cm}^2$$

Portanto: $A_t = A_\ell + 2 \cdot A_b \Rightarrow A_t = 36 + 18\sqrt{2} + 2 \cdot 4{,}5 \Rightarrow A_t = 9(5 + 2\sqrt{2})\ \text{cm}^2$

- Cálculo de V:

  Como o volume de um prisma é dado por $V = A_b \cdot h$, então:

$$V = 4{,}5 \cdot 6 \Rightarrow V = 27\ \text{cm}^3$$

EXERCÍCIOS RESOLVIDOS

3. Um prisma reto é tal que sua base é um losango com 24 dm de perímetro e um dos ângulos internos mede 60°, conforme a figura. Considerando que esse prisma tem 18 dm de altura, determinar o seu volume.

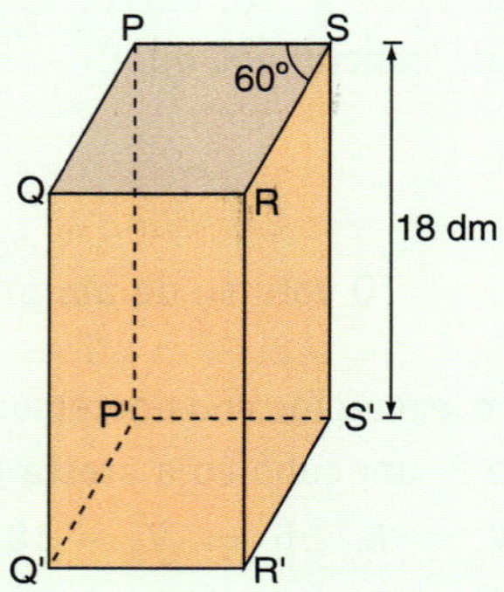

Solução:

Primeiramente, vamos determinar A_b, área da base do prisma.

Se o perímetro do losango da base é igual a 24 dm, então cada lado mede 6 dm.

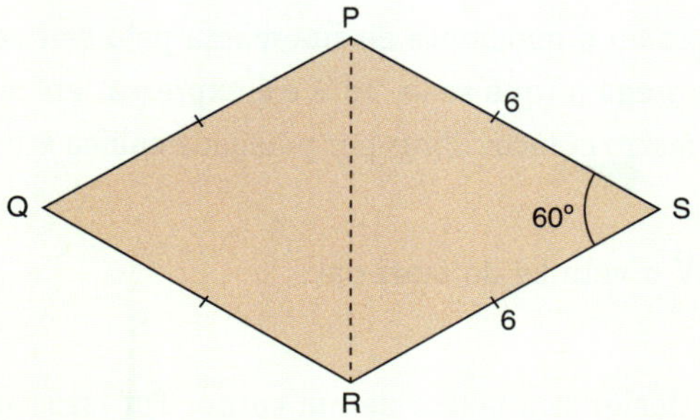

A área do losango da base é igual à soma das áreas dos triângulos PSR e PQR, que são congruentes. Assim, temos:

$$A_b = 2 \cdot A_{PSR} = 2 \cdot \frac{1}{2} \cdot 6 \cdot 6 \cdot \text{sen } 60° \Rightarrow$$

$$\Rightarrow A_b = 18\sqrt{3} \text{ dm}^2$$

O volume V do prisma é dado por $V = A_b \cdot h$. Então, como h = 18 dm, temos:

$$V = (18\sqrt{3}) \cdot 18 \Rightarrow V = 324\sqrt{3} \text{ dm}^3$$

4. Um artesão faz peças maciças de latão e as vende por R$ 35,00 o quilograma. Fabrício comprou uma dessas peças, que tem a forma de um prisma regular hexagonal de 10 cm de altura e cuja aresta da base mede 4 cm. Considerando que a densidade do latão é 8,5 g/cm³, quanto Fabrício pagou pela peça comprada? Usar a aproximação: $\sqrt{3} = 1{,}7$.

Solução:

Como a densidade do latão é 8,5 g/cm³, isto é, a massa de latão num volume de 1 cm³ é 8,5 g, então devemos primeiramente determinar o volume V da peça comprada por Fabrício.

- Cálculo de V:

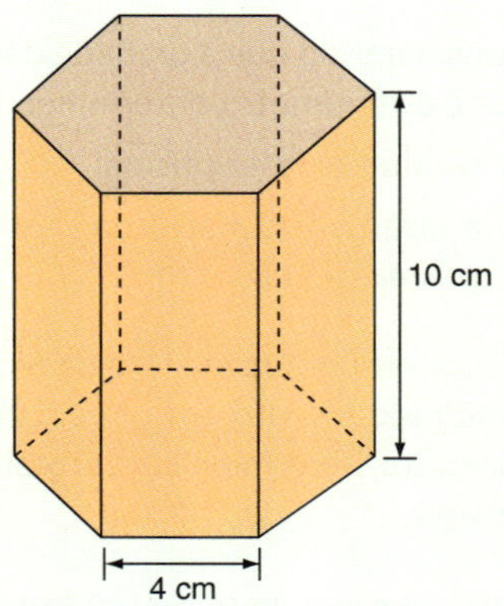

A peça tem a forma de um prisma regular hexagonal; então, $V = A_b \cdot h$, em que h = 10 cm e A_b é a área de um hexágono regular cujo lado mede 4 cm.

Como um hexágono regular é composto de seis triângulos equiláteros, então:

$$A_b = 6 \cdot \left(\frac{\ell^2 \cdot \sqrt{3}}{4}\right) \underset{\ell = 4}{\Rightarrow} A_b = 6 \cdot \left(\frac{4^2 \cdot 1{,}7}{4}\right) \Rightarrow$$

$$\Rightarrow A_b = 40{,}8 \text{ cm}^2$$

Como $V = A_b \cdot h$, temos:

$$V = 40{,}8 \cdot 10 \Rightarrow V = 408 \text{ cm}^3$$

- Cálculo da quantia paga por Fabrício:

Como a densidade do latão é 8,5 g/cm³, a regra de três seguinte permite que se calcule a massa ("peso") da peça comprada:

massa (g)		volume (cm³)
8,5	——	1
x	——	408

$\Rightarrow$

$$\Rightarrow \frac{8{,}5}{x} = \frac{1}{408} \Rightarrow x = 3468 \text{ g} = 3{,}468 \text{ kg}$$

Se o artesão vende cada peça a R$ 35,00 o quilograma, então a peça comprada por Fabrício custou 3,468 · R$ 35,00, ou seja, R$ 121,38.

5. Determinar o volume do paralelepípedo oblíquo mostrado na figura, sabendo que sua base é um quadrado cujo lado mede 5 cm e que a aresta lateral mede 8 cm.

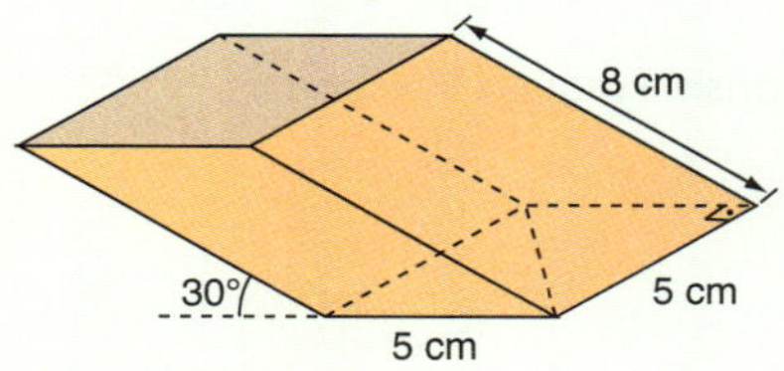

Solução:

A área da base do paralelepípedo é:

$$A_b = 5^2 \Rightarrow A_b = 25 \text{ cm}^2$$

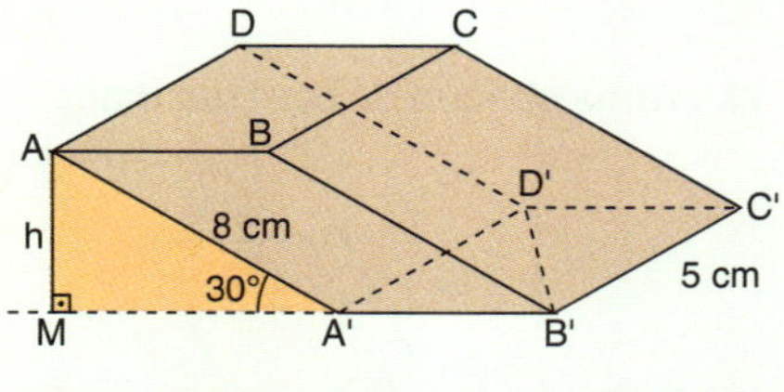

Para determinar a medida *h* da altura do paralelepípedo, note que o triângulo AMA' é retângulo; assim:

$$\text{sen } 30° = \frac{AM}{AA'} \Rightarrow \frac{1}{2} = \frac{h}{8} \Rightarrow h = 4 \text{ cm}$$

Como o volume V do paralelepípedo é dado por $V = A_b \cdot h$, temos:

$$V = 25 \cdot 4 \Rightarrow V = 100 \text{ cm}^3$$

Observação

Define-se a **densidade de um material homogêneo** como o quociente de sua massa pelo seu volume.

A representação da densidade pode ser feita pela letra grega ρ (que se lê "rô") e é expressa, entre outros modos, em gramas por centímetro cúbico, quilogramas por metro cúbico, libras por polegada cúbica etc. Assim:

$$\rho = \frac{m}{V}, \text{ em que } m \text{ é a massa e V o volume do material.}$$

Com frequência a palavra "peso" tem sido usada para designar a massa de um corpo. Por isso, atenção: quando aplicamos a fórmula $m = \rho \cdot V$ e dizemos estar calculando o "peso" de um corpo, na verdade o que estamos calculando é a sua massa.

EXERCÍCIOS

16. Calcule a área lateral, a área total e o volume de cada um dos seguintes prismas:

a) prisma reto triangular

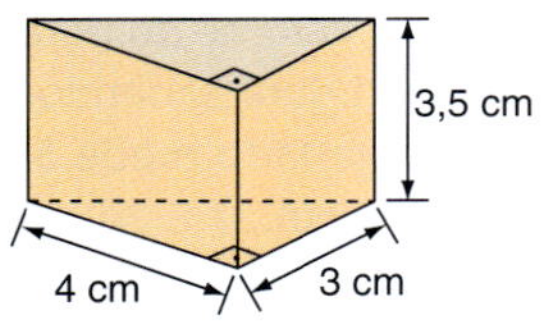

b) prisma regular hexagonal

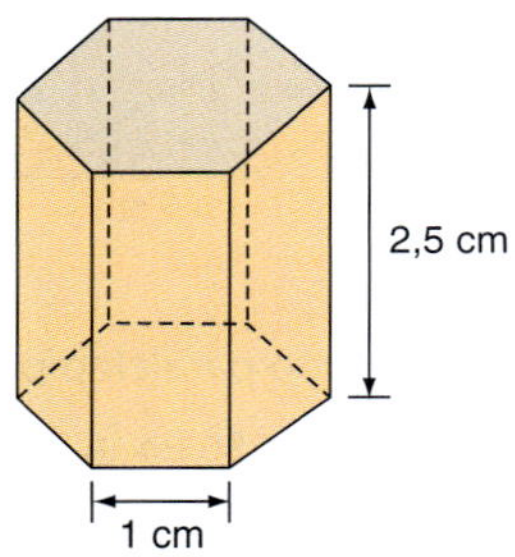

c) prisma oblíquo de base quadrada

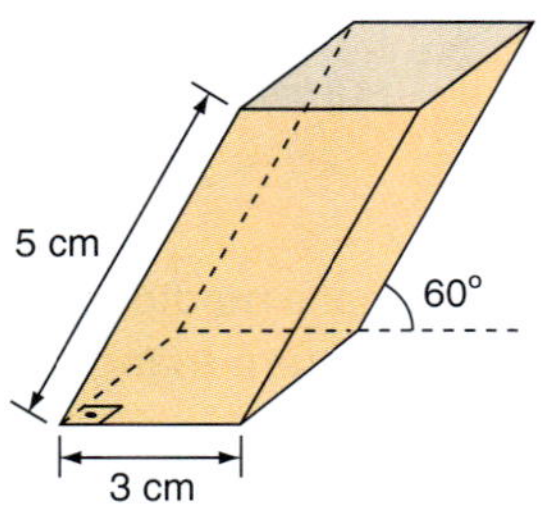

17. Considere um prisma reto cuja base é um triângulo equilátero de perímetro 12 dm. Determine a área total e o volume desse prisma, sabendo que a medida da sua altura é o dobro da medida da altura da base.

18. Na figura tem-se a planificação de um prisma reto cuja base é um trapézio isósceles.

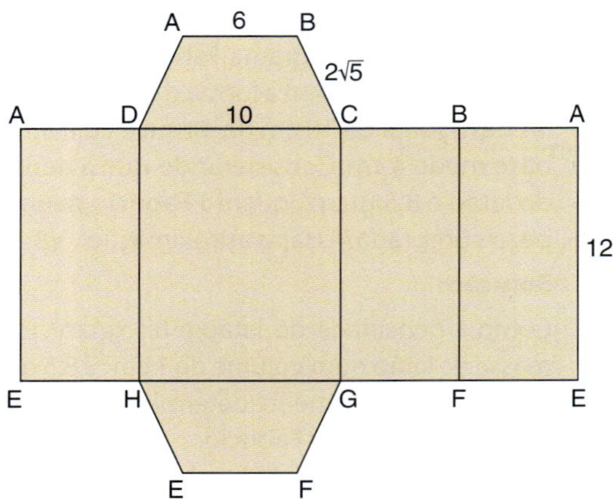

Considerando que a unidade das medidas indicadas é o centímetro, determine:

a) o volume desse prisma;

b) a razão entre a área da base e a lateral desse prisma, nessa ordem.

19. A base de um prisma reto de 8 cm de altura é um quadrado inscrito em um círculo de $6\sqrt{2}$ cm de diâmetro. Determine a área total e o volume desse prisma.

20. Sabe-se que a base de um prisma reto é um hexágono regular cujo apótema mede $6\sqrt{3}$ dm. Se a altura desse prisma mede 20 dm, determine sua área total e seu volume.

21. Um artesão vende porta-joias que têm a forma de prismas heptagonais regulares. Ele oferece aos clientes a opção de revestimento de toda a superfície lateral do porta-joias com resina e, por esse serviço, cobra sobre o preço marcado um adicional de R$ 0,15 por centímetro quadrado de superfície revestida. Mafalda comprou um desses porta-joias e optou por fazer tal revestimento. Então, se o porta-joias que ela comprou tinha 4 cm de altura e a aresta da base media 3 cm, que quantia adicional ela deve ter pago?

22. Um prisma hexagonal regular tem $192\sqrt{3}$ m³ de volume e a área de sua superfície lateral é igual a 192 m². Determine a medida do lado do hexágono e a altura do prisma.

23. Sabe-se que a base de um prisma é um triângulo equilátero com 12 dm de perímetro e que a medida de sua altura é igual a $\frac{5}{2}$ da medida da altura da base. Relativamente a esse prisma, determine:

a) a área total;
b) o volume.

24. Um prisma hexagonal regular é tal que a área da base está para a área lateral assim como 1 está para 3. Determine a área lateral e o volume desse prisma, sabendo que ele tem 18 cm de altura.

25. A figura representa um galpão com o formato de um prisma reto de base pentagonal, em que a unidade das medidas indicadas é o metro. Considerando que esse galpão tem 18 m de comprimento, determine o volume de ar que ele comporta.

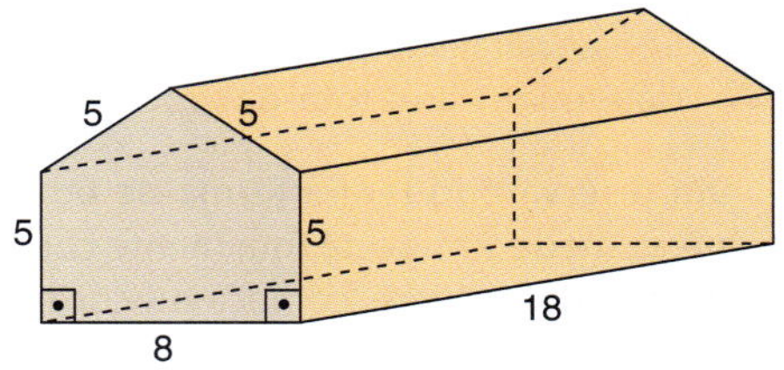

DESAFIO

Ao preparar o relatório mensal de suas atividades como motorista a serviço de uma empresa, Benício observou que, no mês anterior, utilizara em seu trabalho um único automóvel para percorrer 1 875 km. Ele notou que, curiosamente, ao longo de todo esse percurso, havia usado os quatro pneus e mais o estepe de tal carro e que cada um deles havia rodado a mesma quilometragem.
Diante disso, quantos quilômetros cada um dos cinco pneus percorreu?

EXERCÍCIOS COMPLEMENTARES

1. (UF-BA) Sendo θ o ângulo formado entre uma diagonal e uma face de um mesmo cubo, determine $\frac{1}{\text{sen}^2\,\theta}$.

2. (PUC-RS) Determine a área do triângulo ABC, no cubo representado na figura.

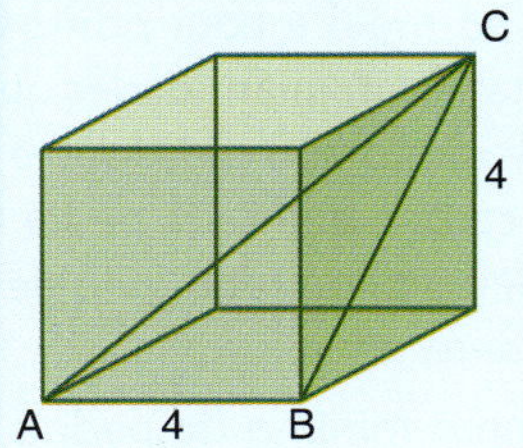

3. Determine o volume de um paralelepípedo retângulo sabendo que a área total de sua superfície é igual a 85 cm² e suas dimensões, em centímetros, são inversamente proporcionais aos números 4, 5 e 8.

4. (Unit-SE) Um tanque tem a forma de um prisma reto de base quadrada e a água em seu interior ocupa $\frac{2}{5}$ de sua capacidade. Se esse tanque tem 2 m de altura e a aresta da base mede 2,5 m, quantos litros de água são necessários para que ele fique totalmente cheio?

5. Suponha que um reservatório, com a forma de um paralelepípedo retângulo cujas dimensões são 6 m de comprimento, 4,5 m de largura e 150 cm de profundidade, está completamente vazio. Determine o tempo necessário para encher totalmente esse reservatório bombeando-se água em seu interior, à taxa de 2,5 litros por segundo.

6. (FGV-SP) Um carpinteiro deve construir uma caixa com a forma de um cubo, porém aberta, sem uma tampa. Vai usar 31,25 m² de madeira, que ele compra em uma loja de materiais de construção por R$ 12,00 o metro quadrado. Além disso, haverá um reforço especial de madeira compensada em todas as arestas, que lhe custará R$ 3,00 por metro. A que preço o carpinteiro deverá vender a caixa para obter um lucro de 20% sobre a quantia gasta na compra dos materiais que usará para construir a caixa?

7. Considere que a área total da superfície do paralelepípedo retângulo representado na figura é igual a 148 dm².

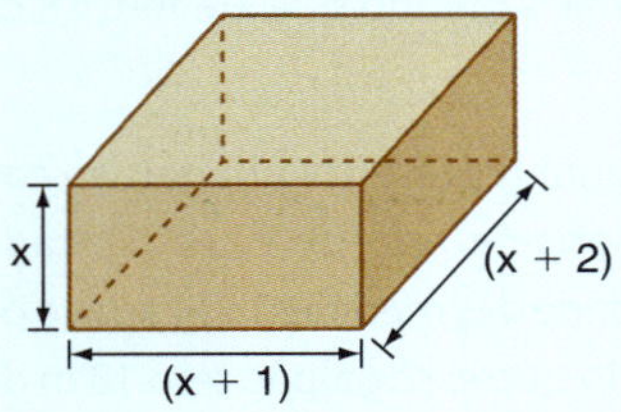

a) Determine o volume desse paralelepípedo.

b) Se esse paralelepípedo é equivalente a um cubo, determine a área total da superfície desse cubo.

8. Um reservatório tem a forma de um cubo cuja aresta mede 5 m e está totalmente cheio de água. Num dado instante, começa a ocorrer um vazamento e observa-se que, a cada hora, perdem-se 4% do volume total do reservatório. Considerando que a vazão da água ocorre de maneira constante, responda:

a) Em quanto tempo o reservatório estará vazio?

b) Se o vazamento persistir por 15 horas, quantos litros de água restarão no reservatório?

9. (ITA-SP) Dado um prisma hexagonal regular, sabe-se que sua altura mede 3 cm e sua área lateral é o dobro da área de sua base. Determine o volume desse prisma, em centímetros cúbicos.

10. (Unifesp-SP) Um cubo de aresta de comprimento *x* vai ser transformado em um paralelepípedo retorretângulo de altura 25% menor, preservando-se, porém, o seu volume e o comprimento de uma de suas arestas.

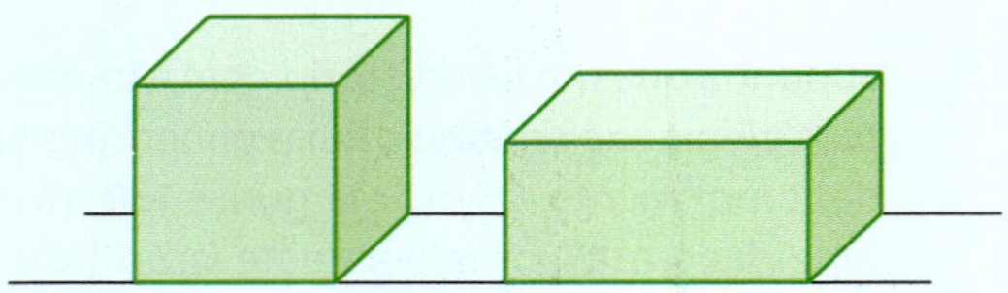

Determine a diferença entre a área total (soma das áreas das seis faces) do novo sólido e a área total do sólido original.

11. (UE-MG) O desenho a seguir representa uma caixa de madeira maciça de 0,5 cm de espessura e dimensões externas iguais a 60 cm, 40 cm e 10 cm, conforme indicações. Nela será colocada uma mistura líquida de água com álcool, a uma altura de 8 cm. Como não houve reposição da mistura, ao longo de certo período, 1 200 cm³ do líquido evaporaram.

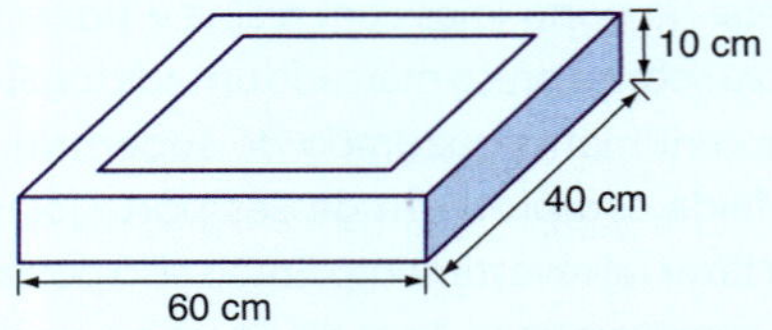

Com base nessa ocorrência, qual é a medida aproximada da altura, em centímetros, da mistura restante na caixa?

12. Uma caixa sem tampa foi construída da seguinte maneira: de uma folha de alumínio de formato retangular foram recortados quatro quadrados iguais, cada qual de um canto da folha, conforme é mostrado na figura. Em seguida, as abas resultantes foram dobradas e soldadas, obtendo-se assim uma caixa com área lateral de 0,60 m².

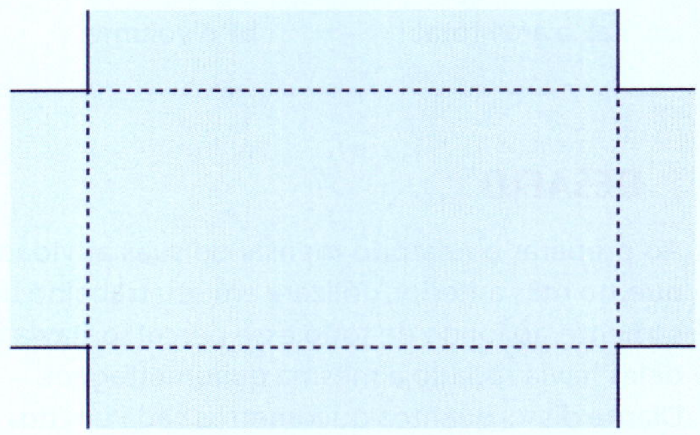

Considerando que as dimensões da folha original eram 0,80 m de largura por 1,50 m de comprimento, determine:

a) a medida do lado de cada quadrado recortado, sabendo que ela é inferior a 30 cm;

b) a capacidade dessa caixa, em litros.

13. Uma indústria de brinquedos fabrica apenas um modelo de dominó, jogo composto de 28 pedras, cada uma das quais apresenta uma face dividida ao meio e com pontos marcados em cada metade, em quantidades que variam de 0 a 6. Considerando que cada jogo é acondicionado em uma caixa e que cada pedra tem a forma de um paralelepípedo retângulo de 0,60 cm de espessura, determine:

a) o número mínimo de pedras que poderiam ser usadas para construir um paralelepípedo retângulo de 1,80 m de altura, com a face maior apoiada num plano. Nesse caso, quantas caixas seriam utilizadas?

b) o volume do paralelepípedo construído no item anterior, se cada pedra tiver 5 cm de comprimento por 2,5 cm de largura.

14. (UE-CE) A diagonal de um paralelepípedo retângulo, cuja base é um quadrado, mede 6 cm e faz com o plano da base do paralelepípedo um ângulo de 45°. Determine o volume desse paralelepípedo, em centímetros cúbicos.

15. (U.F. Juiz de Fora-MG) Uma empresa de sorvete utiliza como embalagem um prisma reto, cuja altura mede 10 cm e cuja base é dada conforme descrição a seguir: de um retângulo de dimensões 20 cm por 10 cm, extrai-se em cada um dos quatro vértices um triângulo retângulo isósceles de catetos de medida 1 cm.

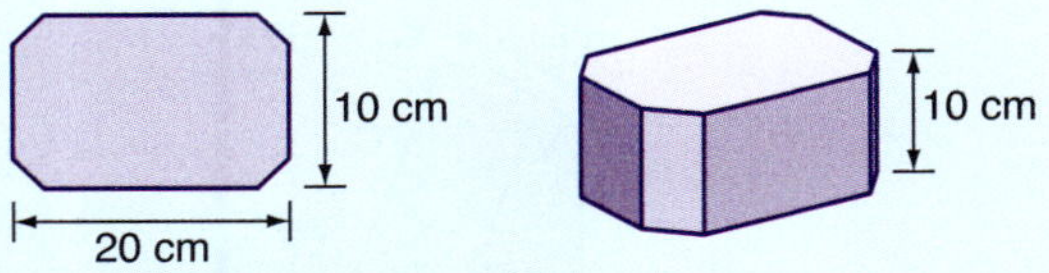

a) Calcule o volume da embalagem.

b) Sabendo que o volume ocupado pelo sorvete aumenta em $\frac{1}{5}$ quando passa do estado líquido para o estado sólido, qual deve ser o volume máximo ocupado por esse sorvete no estado líquido, nessa embalagem, para que, ao congelar, o sorvete não transborde?

16. (UF-PR) Uma calha será construída a partir de folhas metálicas em formato retangular, cada uma medindo 1 m por 40 cm. Fazendo-se duas dobras de largura *x*, paralelas ao lado maior de uma dessas folhas, obtêm-se três faces de um bloco retangular, como mostra a figura abaixo, à direita.

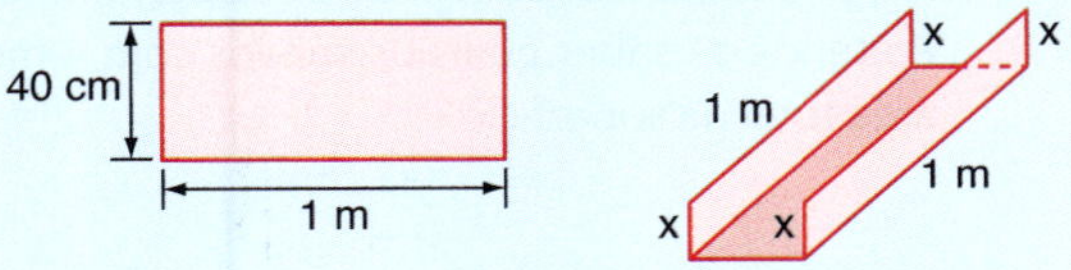

a) Obtenha uma expressão para o volume desse bloco retangular em termos de *x*.

b) Para qual valor de *x* o volume desse bloco retangular será máximo?

17. (Mackenzie-SP) A figura representa a maquete de uma escada que foi construída com a retirada de um paralelepípedo retorretângulo de outro paralelepípedo retorretângulo de dimensões 12, 4 e 6.

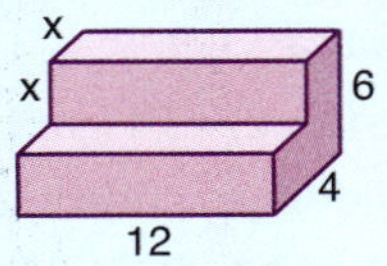

Determine o menor volume possível para essa maquete.

18. (UF-CE) Uma caixa de cartolina em forma de um tronco de prisma retangular reto foi planificada, obtendo-se o recorte de cartolina indicado na figura. Para recuperar a caixa basta dobrar a cartolina nas linhas pontilhadas. As dimensões das arestas, em unidades de comprimento, são como estão indicadas na figura.

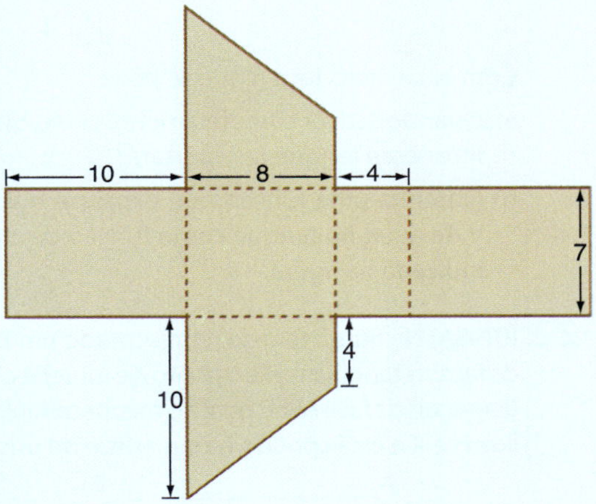

a) Calcule o volume da caixa original.

b) Calcule a área da cartolina.

19. (U.F.Pelotas-RS) Uma metalúrgica que fabrica componentes para um estaleiro deverá produzir uma peça maciça de cobre, conforme é mostrado na figura.

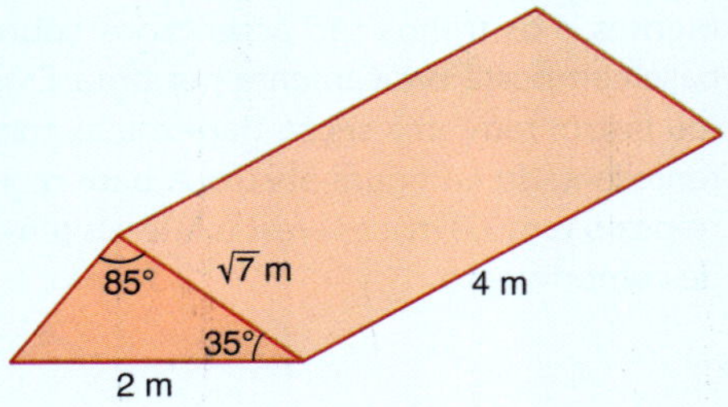

Com base nas informações da figura e em seus conhecimentos, determine o volume de cobre necessário para a produção dessa peça.

20. (Unicamp-SP) Numa piscina em formato de paralelepípedo, as medidas das arestas estão em progressão geométrica de razão $q > 1$.

a) Determine o quociente entre o perímetro da face de maior área e o perímetro da face de menor área.

b) Calcule o volume dessa piscina, considerando $q = 2$ e a área total do paralelepípedo igual a 252 m^2.

21. (UF-PR) Um tanque possui a forma de um prisma reto, com as dimensões indicadas pela figura.

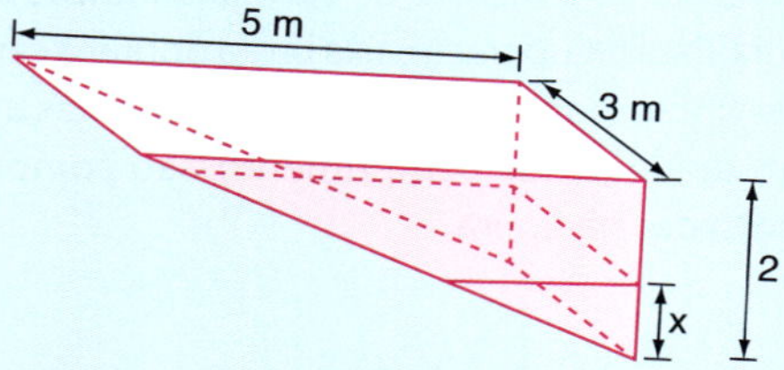

Com base nisso, faça o que se pede:

a) Quando estiver completamente cheio, quantos litros esse tanque comportará?

b) Obtenha uma função que expresse o volume V de água no tanque como função da altura *x*, indicada na figura.

22. (UF-BA) Na figura tem-se representado um prisma de faces retangulares. Se o ponto X é a interseção das diagonais da face ABFE, qual é o menor caminho que liga H e X e está contido na superfície do prisma?

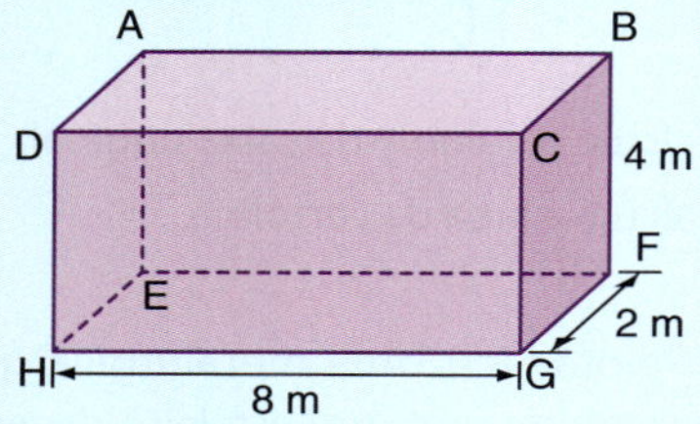

Sugestão: considere a planificação do prisma.

23. (Unicamp-SP) Em uma estrada de ferro, os dormentes e os trilhos são assentados sobre uma base composta basicamente por brita. Essa base (ou lastro) tem uma seção trapezoidal, conforme representado na figura abaixo. A base menor do trapézio tem 2,8 m e as arestas laterais têm 50 cm de comprimento.

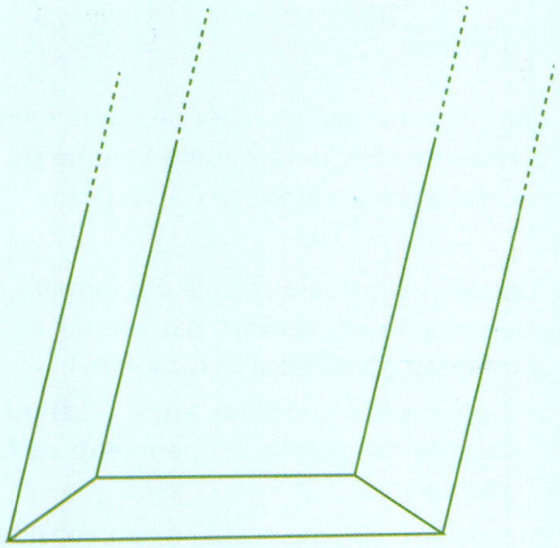

Supondo que um trecho de 10 km de estrada deva ser construído, responda às seguintes questões:

a) Que volume de brita será gasto com o lastro nesse trecho da ferrovia?

b) Se a parte interna da caçamba de um caminhão basculante tem 6 m de comprimento, 2,5 m de largura e 0,6 m de altura, quantas viagens de caminhão serão necessárias para transportar toda a brita?

24. De um pacote de manteiga, em forma de bloco retangular cujas dimensões eram 12 cm × 6 cm × × 3,5 cm, foi usado um pedaço para fazer um bolo, parte esta que, na figura, corresponde ao prisma YCGHDX, em que $\overline{XY}$ é paralelo a $\overline{AB}$.

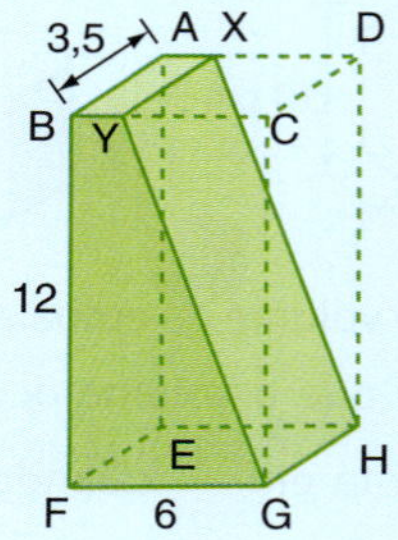

Determine:

a) a medida do segmento $\overline{YC}$, sabendo que o pedaço retirado corresponde a $\frac{2}{5}$ do volume do bloco;

b) quantos gramas foram usados para fazer o bolo, sabendo que originalmente o pacote continha 200 g de manteiga.

25. (UF-PE) Considere três cubos, com arestas medindo 1 cm, 2 cm e 3 cm. Os cubos serão colados ao longo de suas faces de modo a se obter um sólido. Pretende-se saber quais os sólidos com a menor área total da superfície.

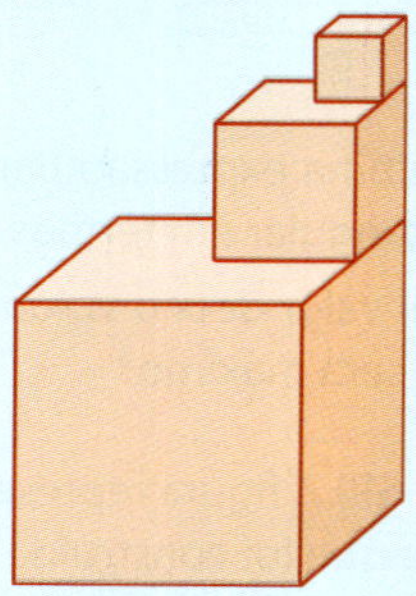

Por exemplo, se a colagem é feita como na ilustração acima, temos um sólido com área total da superfície igual a:

$6(1 + 4 + 9) - (8 + 2) = 74 \text{ (cm}^2\text{)}$

Dentre os sólidos que podem ser obtidos, colando os três cubos ao longo de suas faces, existem alguns com a menor área total da superfície. Indique o valor dessa área, em centímetros quadrados.

TESTES

1. (U.F. Ouro Preto-MG) A área da superfície total de um sólido em forma de cubo é igual a 54 m^2. Sabendo que a densidade do material é de 4 g/cm^3, é correto afirmar que a massa do cubo, em quilogramas, é de:

a) 108
b) 108×10^2
c) 108×10^3
d) 108×10^6

2. (UF-AM) Deseja-se produzir 1 000 caixas de papelão (com tampa), na forma de um paralelepípedo retorretângulo, conforme mostra a figura.

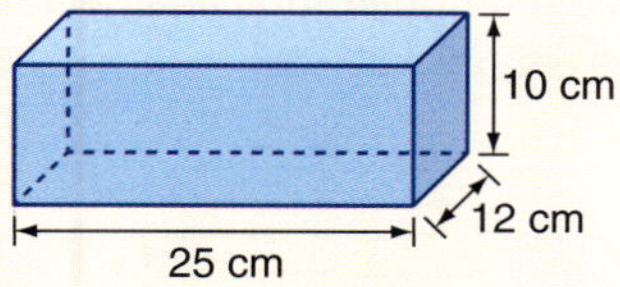

Sabendo que o metro quadrado de papelão custa R$ 10,00, o custo do papelão usado para construir essas caixas é de:

a) R$ 1 340 000,00
b) R$ 134 000,00
c) R$ 13 400,00
d) R$ 1 340,00
e) R$ 10 000,00

3. (U.F. Pelotas-RS) A ourivesaria é uma indústria que muito se desenvolveu nos últimos anos. Muito se tem investido em *design* e produção. Em adolescentes de classes média e alta, são usuais colares com pingentes de ouro de várias formas.

Sendo a densidade de um corpo o quociente da massa pelo volume, considerando a densidade do ouro 19,3 g/cm^3 e sendo o grama de ouro R$ 31,00, é correto afirmar que o custo do material de um pingente de ouro maciço, na forma de um dado (cubo) com 0,64 cm^2 de área em cada face, é de, aproximadamente,

a) R$ 160,00
b) R$ 250,00
c) R$ 306,00
d) R$158,00
e) R$ 382,00

4. (UF-GO) Leia o texto abaixo.

Era uma laje retangular enorme, uma brutidão de mármore rugoso [...]

É a mãe da pedra, não disse que era o pai da pedra, sim a mãe, talvez porque viesse das profundas, ainda maculada pelo barro da matriz, mãe gigantesca sobre a qual poderiam deitar-se quantos homens, ou ela esmagá-los a eles, quantos, faça as contas quem quiser, que a laje tem de comprimento trinta e cinco palmos, de largura quinze, e a espessura é de quatro palmos, e, para ser completa a notícia, depois de lavrada e polida, lá em Mafra, ficará só um pouco mais pequena, trinta e dois, catorze, três, pela mesma ordem e partes, e quando um dia se acabarem palmos e pés por se terem achado metros na terra, irão outros homens a tirar outras medidas [...].

Saramago, José. *Memorial do Convento*. 17. ed. Rio de Janeiro: Bertrand Brasil, 1996. p. 244-245.

No romance citado, Saramago descreve a construção do Palácio e Convento de Mafra (séc. XVIII), em Portugal, no qual a laje (em forma de paralelepípedo retângulo) foi colocada na varanda da casa de Benedictione. Supondo que a medida de um palmo seja 20 cm, então o volume retirado do mármore, após ser polido e lavrado, em metros cúbicos, era de:

a) 0,024
b) 6,048
c) 10,752
d) 16,800
e) 60,480

5. (U.E. Londrina-PR) Um arquiteto fez um projeto para construir colunas de concreto que vão sustentar um viaduto. Cálculos mostram que 10 colunas com a forma de um prisma triangular regular de aresta de 1 metro por 10 metros de altura são suficientes para sustentar o viaduto.

Se 1 metro cúbico de concreto custa R$ 200,00, qual será o custo total das colunas?

a) R$ 1 000,00
b) Aproximadamente R$ 4 320,00
c) R$ 5 000,00
d) Aproximadamente R$ 8 650,00
e) Aproximadamente R$ 17 300,00

6. (PUC-MG) Um depósito com 3,6 m de altura, 4,8 m de largura e 7,2 m de comprimento foi planejado para armazenar caixas cúbicas, todas de mesmo tamanho, sem que houvesse perda de espaço. O menor número de caixas cúbicas necessárias para encher completamente esse depósito é:

a) 24
b) 36
c) 48
d) 72

7. (U.F. Ouro Preto-MG) No paralelepípedo retângulo mostrado a seguir, temos: $c = \frac{a}{2}$ e $b = \frac{2a}{3}$.

A área do triângulo ACG, em cm^2, é igual a:

a) 9
b) $3\sqrt{13}$
c) 15
d) $6\sqrt{13}$

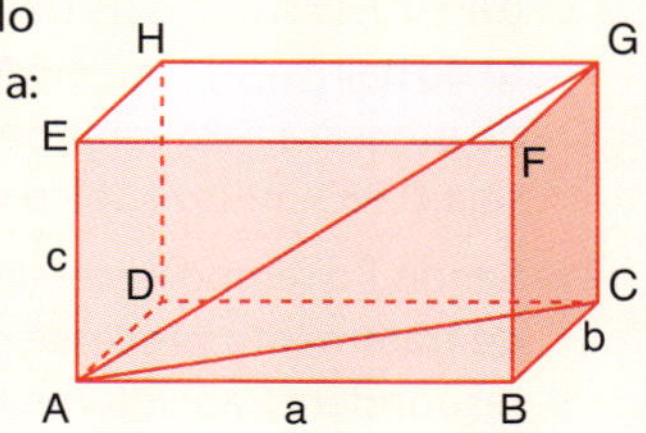

8. (FGV-SP) O apótema de um hexágono regular (segmento de perpendicular que vai do centro do polígono até cada lado do mesmo) mede 2.

O volume do prisma reto, de altura 10 e base no referido hexágono, é:

a) $50\sqrt{3}$
b) $32\sqrt{6}$
c) $80\sqrt{3}$
d) $60\sqrt{3}$
e) $48\sqrt{6}$

9. (UE-CE) Um cubo é secionado por um plano que passa pelos pontos M e N, pontos médios de duas arestas paralelas de uma das faces do cubo, e por um dos vértices da face oposta à face que contém o segmento $\overline{MN}$. O cubo é, então, dividido em duas partes (sólidos), cuja razão entre o volume da menor destas partes e o volume da maior é:

a) $\frac{1}{2}$
b) $\frac{1}{3}$
c) $\frac{3}{4}$
d) $\frac{2}{3}$

10. (Cefet-SC) Uma indústria precisa fabricar 10 000 caixas com as medidas da figura.

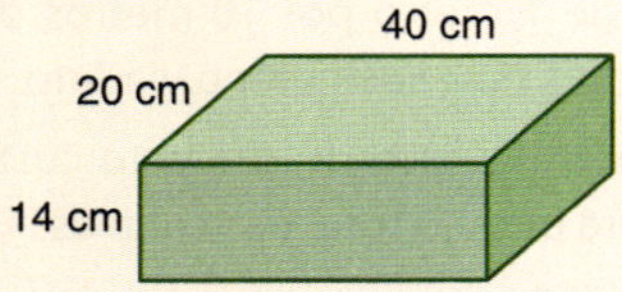

Desprezando as abas, aproximadamente, quantos metros quadrados de papelão serão necessários para a confecção das caixas?

a) 0,328
b) 1 120
c) 112
d) 3 280
e) 1 640

11. (FEI-SP) Considere um prisma reto cuja base é um hexágono regular. Sabendo que sua altura é $h = \sqrt{7}$ cm e o raio da circunferência que circunscreve sua base é $r = 3$ cm, o volume desse prisma, em centímetros cúbicos, é igual a:

a) $\frac{27\sqrt{21}}{2}$
b) $\frac{9\sqrt{7}}{4}$
c) $\frac{15\sqrt{7}}{4}$
d) $\frac{7\sqrt{7}}{4}$
e) $\frac{3\sqrt{21}}{4}$

12. (UFF-RJ) O sistema de tratamento da rede de esgoto do bairro de Icaraí, em Niterói, tem a capacidade de processar 985 litros de esgoto por segundo, ou seja, 0,985 metro cúbico de esgoto por segundo.

Sendo T o tempo necessário para que esse sistema de tratamento processe o volume de esgoto correspondente ao volume de uma piscina olímpica de 50 metros de comprimento, 25 metros de largura e 2 metros de profundidade, é correto afirmar que o valor de T está mais próximo de:

a) 3 segundos
b) 4 minutos
c) $\frac{1}{2}$ hora
d) 40 minutos
e) 1 dia

13. (U.F. São Carlos-SP) Uma peça de queijo tem a forma de um paralelepípedo retorretângulo, com as dimensões em centímetros indicadas na figura. Quando cortada perpendicularmente em duas partes, apresenta, na região do corte, uma face de superfície retangular, indicada pela seta na figura, cuja área é igual a 80 cm².

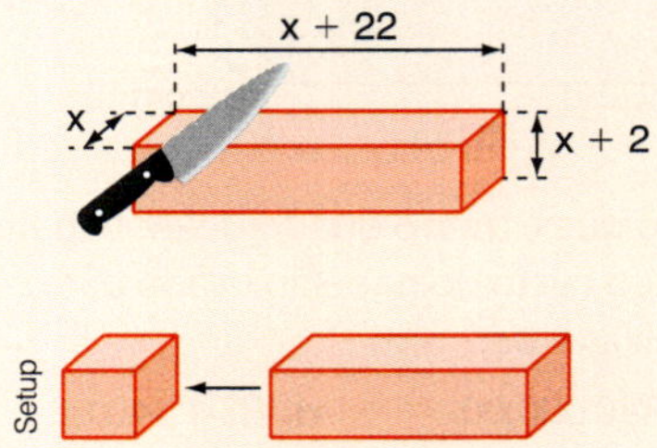

Dividindo-se a peça em três partes iguais, o volume de cada pedaço cortado, em centímetros cúbicos, será igual a:

a) 500
b) 600
c) 800
d) 900
e) 1 000

14. (FGV-SP) A soma das medidas das 12 arestas de um paralelepípedo retorretângulo é igual a 140 cm. Se a distância máxima entre dois vértices do paralelepípedo é 21 cm, a sua área total, em centímetros quadrados, é:

a) 776
b) 784
c) 798
d) 800
e) 812

15. (Unit-AL) Um tanque, apoiado em um terreno plano, tem a forma de um paralelepípedo retângulo de base quadrada e a água em seu interior ocupa $\frac{3}{5}$ de sua capacidade. Considere que um objeto é mergulhado na água fazendo com que o seu nível atinja a altura do tanque. Se o lado da base do tanque mede 2 m e o volume de tal objeto é 1,2 m³, então o volume do tanque, em metros cúbicos, é

a) 4
b) 3,8
c) 3,5
d) 3
e) 2,8

16. (UF-PA) Uma indústria de cerâmica localizada no município de São Miguel do Guamá, no estado do Pará, fabrica tijolos de argila (barro) destinados à construção civil. Os tijolos de 6 furos possuem medidas externas: 9 cm × 14 cm × 19 cm e espessura uniforme de 8 milímetros, conforme mostra a figura.

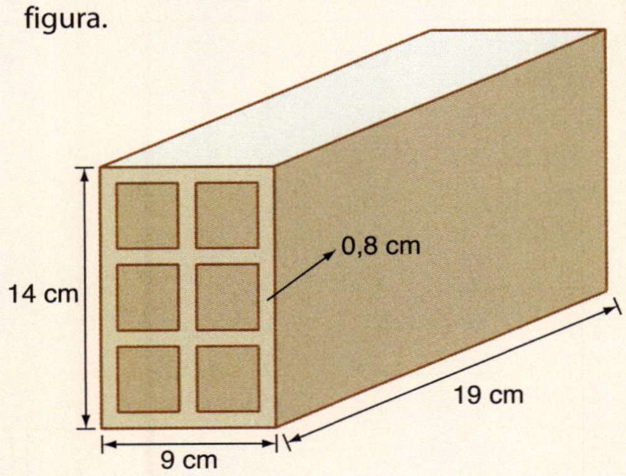

Utilizando 1 metro cúbico de argila, o número de tijolos inteiros que podem ser fabricados é, aproximadamente:

a) 740 c) 1 020 e) 1 280
b) 960 d) 1 090

17. (UF-AL) Na ilustração abaixo, temos um paralelepípedo retângulo e são conhecidos os ângulos que duas das diagonais de duas faces adjacentes formam com arestas da base e o comprimento da diagonal da face superior, como estão indicados na figura.

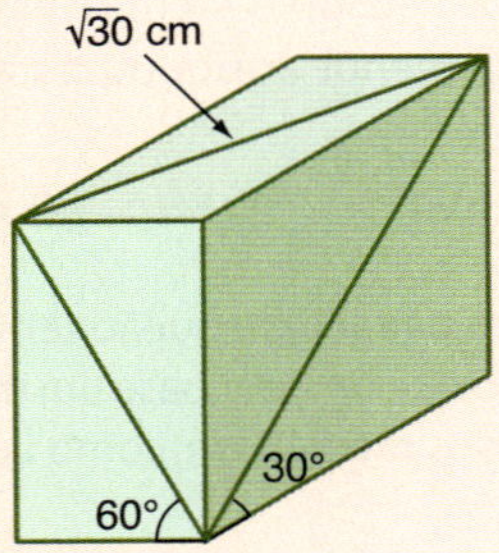

Qual o volume do paralelepípedo?

a) 23 cm³ c) 25 cm³ e) 27 cm³
b) 24 cm³ d) 26 cm³

18. (FGV-SP) Uma piscina tem o formato de um prisma hexagonal regular reto com $\frac{\sqrt{3}}{2}$ m de profundidade. Cada lado do hexágono mede 2 m. O volume de água necessário para encher 80% do volume da piscina é igual a:

a) 6,9 m³
b) 7 m³
c) 7,1 m³
d) 7,2 m³
e) 7,3 m³

19. (UF-PR) A estrutura de um telhado tem a forma de um prisma triangular reto, conforme o esquema abaixo.

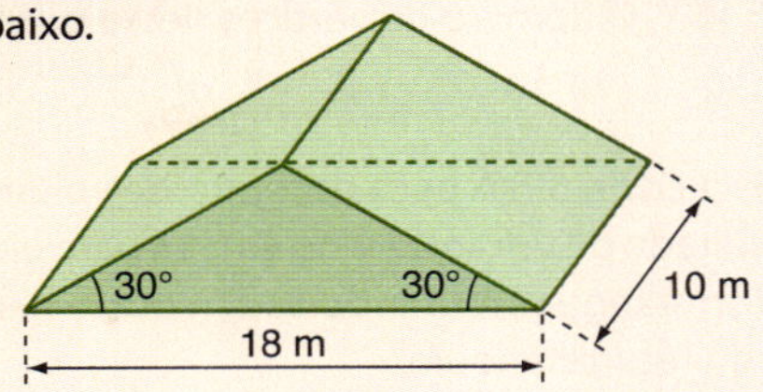

Sabendo que são necessárias 20 telhas por metro quadrado para cobrir esse telhado, assinale a alternativa que mais se aproxima da quantidade de telhas necessárias para construí-lo.

(Use a aproximação: $\sqrt{3} = 1,7$.)

a) 4 080 c) 4 896 e) 2 856
b) 5 712 d) 3 670

20. (U.F. Ouro Preto-MG) Por causa das mudanças climáticas dos últimos tempos, enchentes vêm acontecendo com mais frequência nas cidades. Para conter o grande volume de água proveniente das chuvas e, assim, evitar inundações catastróficas, prefeitos de várias cidades brasileiras costumam construir grandes reservatórios, conhecidos popularmente como piscinões.

A figura abaixo, esquemática e fora de escala, ilustra um piscinão de fundo plano inclinado, com 64 m de largura, 100 m de comprimento, 2,5 m de profundidade em uma das extremidades e 3,5 m na outra.

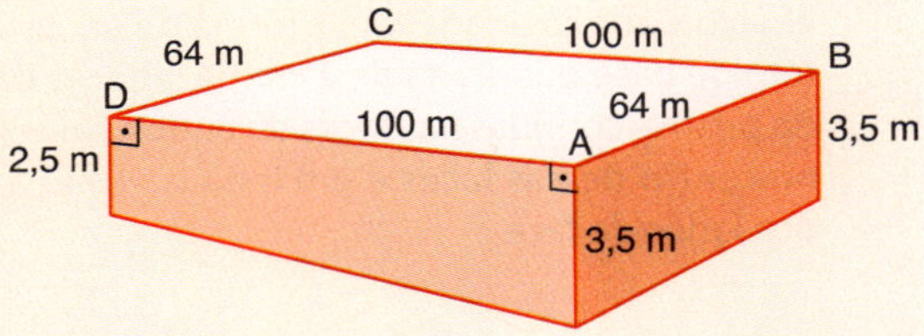

O volume, em metros cúbicos, armazenado por esse piscinão é de:

a) 16 000 b) 19 200 c) 22 400 d) 56 000

21. (U.F. São Carlos-SP) Dois blocos idênticos foram posicionados em uma mesa de altura *h*, conforme indica a figura 1. Em seguida, a posição dos blocos foi modificada, conforme indica a figura 2.

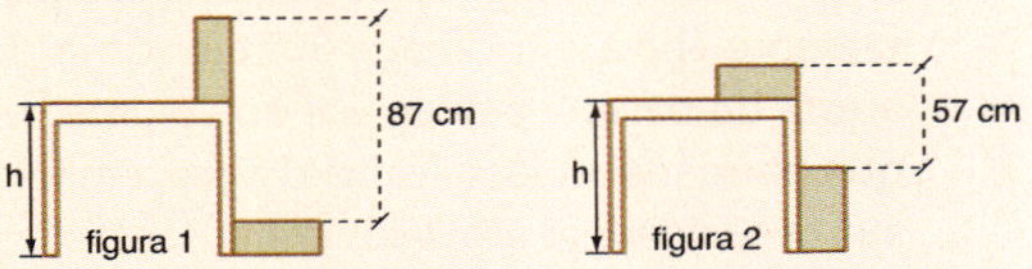

Nas condições dadas, a medida *h*, da altura da mesa, é igual a

a) 85 b) 78 c) 76 d) 72 e) 66

22. (UF-AM) Considere um prisma regular em que a soma dos ângulos internos de todas as faces é igual a 6 480°. O número de vértices desse prisma é:

a) 32 b) 10 c) 8 d) 12 e) 20

23. (Mackenzie-SP) A peça da figura, de volume a^2, é o resultado de um corte feito em um paralelepípedo retorretângulo, retirando-se um outro paralelepípedo retorretângulo.

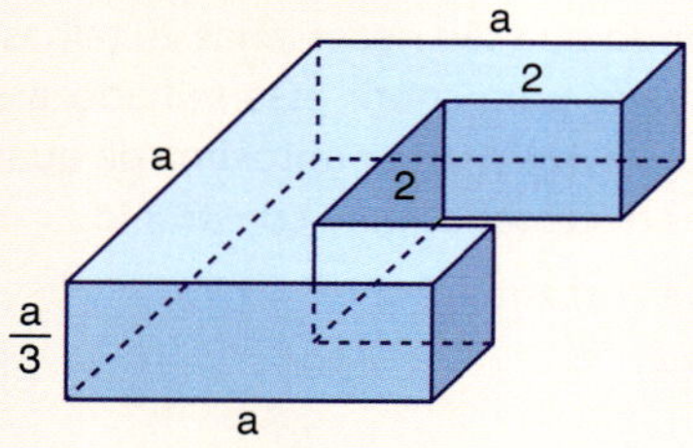

O valor de *a* é:

a) $\frac{2}{3}$ b) 5 c) 6 d) 4 e) $\frac{4}{5}$

24. (FEI-SP) O interior de uma caixa tem o formato de um paralelepípedo retorretângulo cujo volume é igual a 160 cm^3. As áreas de duas de suas faces internas são 20 cm^2 e 40 cm^2. Nesse caso, a soma das dimensões das três arestas internas principais dessa caixa é, em centímetros,

a) 14 b) 15 c) 16 d) 17 e) 18

25. (UF-RS) O volume de um cubo de madeira foi diminuído em 32 cm^3, fazendo-se cavidades a partir de cada uma de suas faces até a face oposta. Com isso, obteve-se o sólido representado na figura abaixo. Cada cavidade tem a forma de um prisma reto de base quadrada de 2 cm de lado. As bases do prisma, contidas nas faces do cubo, têm centro no centro dessas faces e um lado paralelo a um dos lados da face.

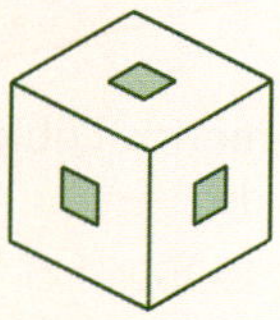

A medida da aresta do cubo, em centímetros, é

a) 2 b) 3 c) 4 d) 6 e) 8

26. (U.F. Juiz de Fora-MG) Uma caixa-d'água sem tampa, em formato de um cubo de 1 m de aresta, completamente cheia, é inclinada 30° em torno de uma aresta da base. O percentual do volume de água que permanece nessa caixa-d'água, em relação à sua capacidade, é um valor entre:

a) 68% e 69%
b) 69% e 70%
c) 70% e 71%
d) 71% e 72%
e) 72% e 73%

27. (U.F. Pelotas-RS) A figura abaixo representa a superfície aberta de um paralelepípedo retângulo.

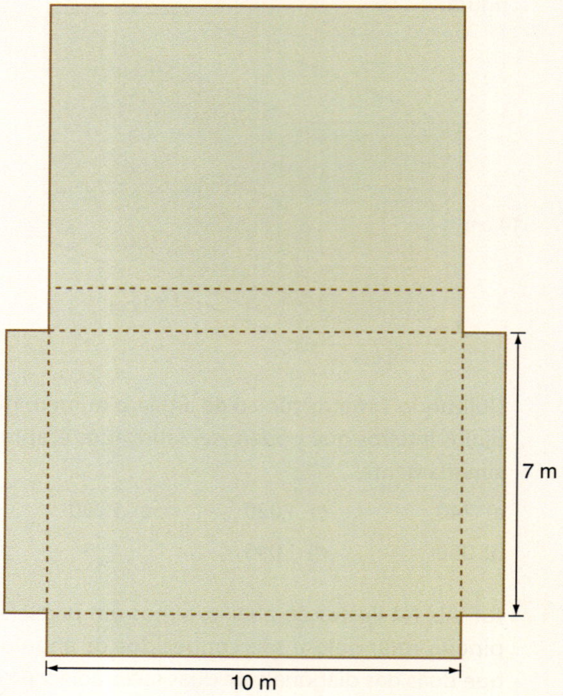

Considere que todas as suas dimensões (internas) são representadas por números inteiros e que o volume do sólido é 40 m^3. Nessas condições, a medida da menor aresta do paralelepípedo, em metros, é:

a) 1 b) 2 c) 3 d) 4 e) 5

28. (UF-PE) Um pedaço de queijo tem a forma de um prisma reto que tem por base um triângulo em que um dos lados mede 8 cm, como ilustrado abaixo.

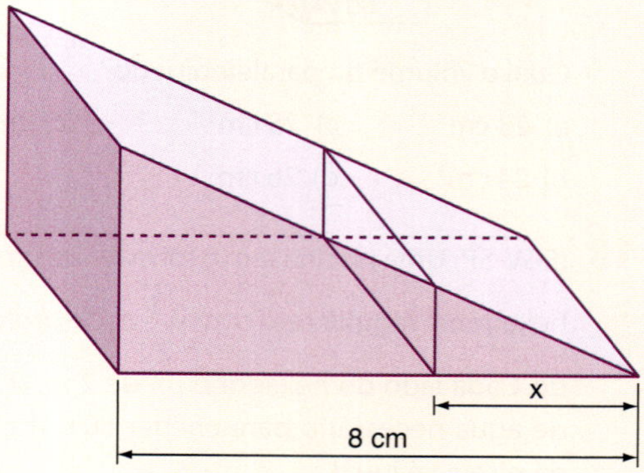

O queijo deve ser dividido em dois pedaços de mesmo volume por um plano paralelo a uma das faces, como é mostrado na figura. O valor de *x*, em centímetros, é

a) $2^{\frac{5}{2}}$ b) $2^{\frac{3}{8}}$ c) 4 d) $2^{\frac{4}{3}}$ e) 5

14 PIRÂMIDE

INTRODUÇÃO

O desenvolvimento da Geometria pode ter sido estimulado por necessidades práticas de demarcação de terras, de construção de edifícios ou por sentimentos estéticos das artes em geral.

Esse senso estético parece ter sido altamente desenvolvido nos egípcios, como mostram registros de construções de pirâmides (aproximadamente 5 000 a.C.), destinadas a servir de túmulo para o faraó e sua família, bem como guardar seus tesouros.

Para os egípcios, as pirâmides representavam os raios do sol brilhando em direção à Terra. Todas elas foram construídas na margem oeste do rio Nilo, na direção do sol poente.

Entre as inúmeras pirâmides construídas no antigo império egípcio, destacam-se três: a de Quéops (conhecida como Grande Pirâmide de Gizé), a de Quéfrem e a de Miquerinos — conhecidas também como Pirâmides de Gizé —, mostradas na foto abaixo.

Atualmente, a Grande Pirâmide de Gizé, além de ser Patrimônio Mundial da Unesco, ocupa o primeiro lugar na lista das sete maravilhas do mundo.

Art Kowalsky/Alamy/Other Images

A Grande Pirâmide de Gizé, ao centro, tem mais de 4 500 anos. É a única maravilha do mundo que resistiu às intempéries.

CONCEITO

Dados um polígono convexo contido em um plano α e um ponto V, não pertencente a α, tracemos todos os possíveis segmentos de reta que têm uma extremidade em V e a outra num ponto do polígono. A reunião desses segmentos é um sólido chamado **pirâmide**.

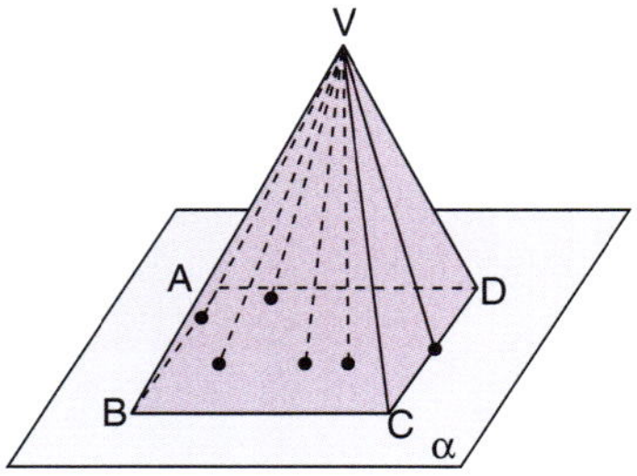

ELEMENTOS E CLASSIFICAÇÃO

Na pirâmide VABCDEF, representada ao lado, temos que:

- o ponto V é o **vértice** da pirâmide.
- o polígono ABCDEF é a **base** da pirâmide.
- os segmentos $\overline{AB}$, $\overline{BC}$, $\overline{CD}$, $\overline{DE}$, $\overline{EF}$ e $\overline{FA}$ são as **arestas da base**.
- os segmentos $\overline{VA}$, $\overline{VB}$, $\overline{VC}$, $\overline{VD}$, $\overline{VE}$ e $\overline{VF}$ são as **arestas laterais**.
- os triângulos VAB, VBC, VCD, VDE, VEF e VFA são as **faces laterais**.
- a distância de V ao plano da base é a **altura** da pirâmide.

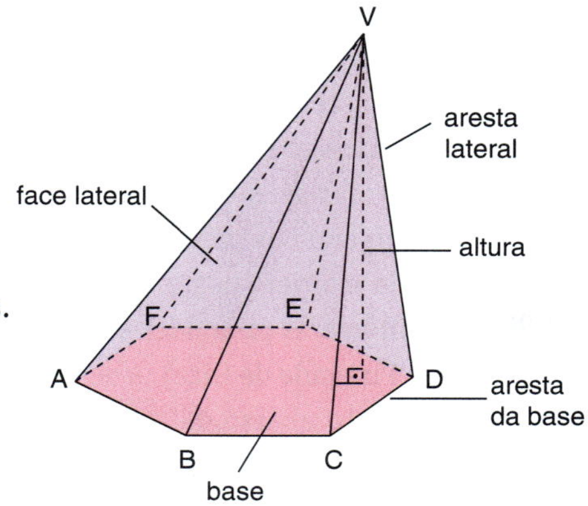

De acordo com o polígono da base, as pirâmides podem ser classificadas como:

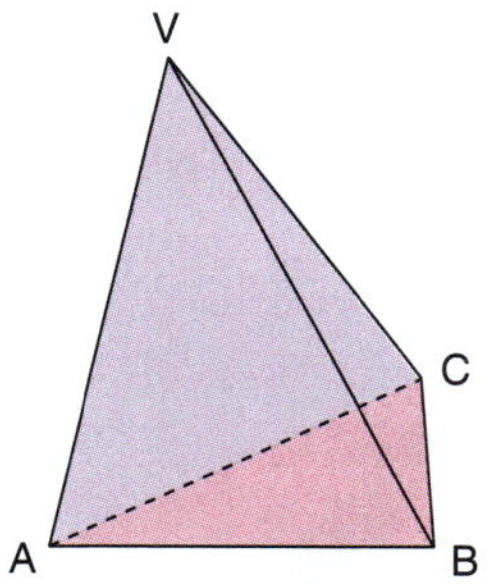

pirâmide triangular
(A base é um triângulo.)

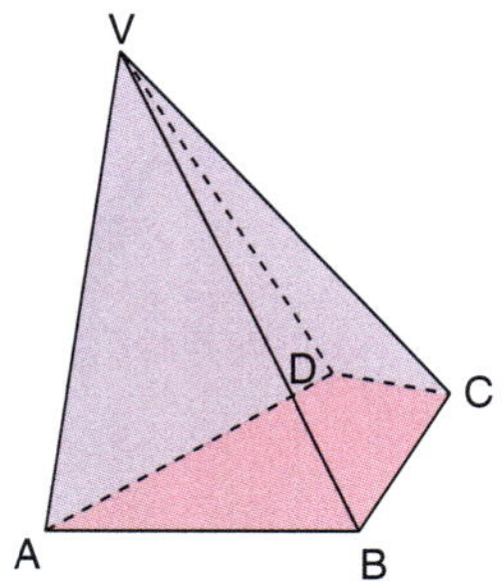

pirâmide quadrangular
(A base é um quadrilátero.)

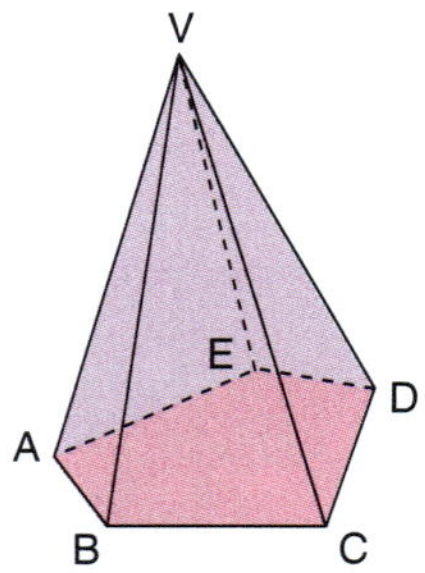

pirâmide pentagonal
(A base é um pentágono.)

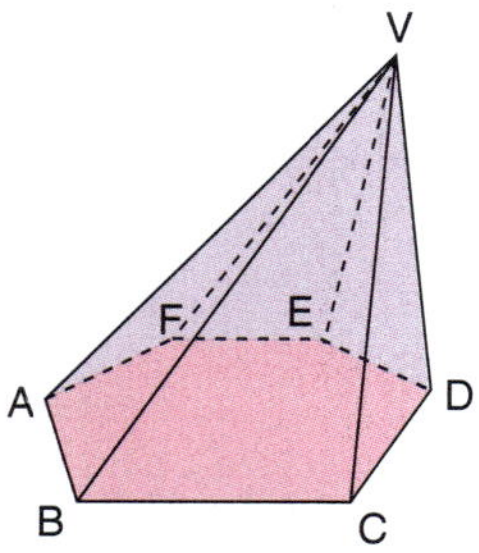

pirâmide hexagonal
(A base é um hexágono.)

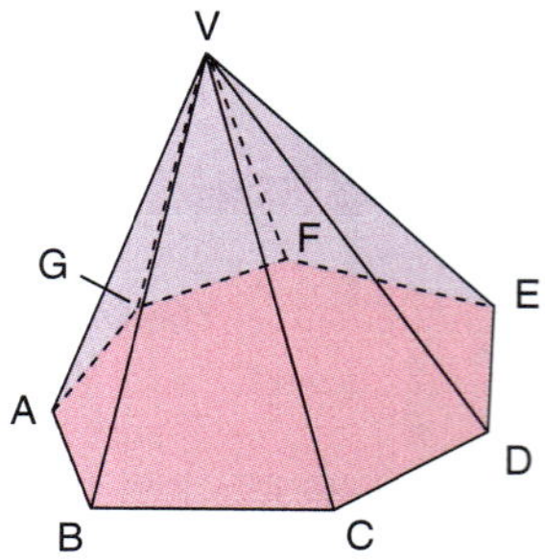

pirâmide heptagonal
(A base é um heptágono.)

EXERCÍCIOS

1. Em cada caso, identifique a pirâmide que possui:

a) 5 faces b) 10 faces c) 6 arestas d) 16 arestas

2. Determine o número de vértices, de arestas e de faces de uma pirâmide cuja base é um polígono convexo de 11 lados.

3. (UFPE) Quais das seguintes figuras são planificações de uma pirâmide cuja base é a face A?

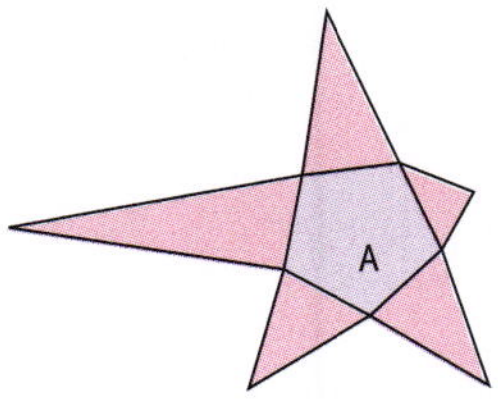

Figura 1

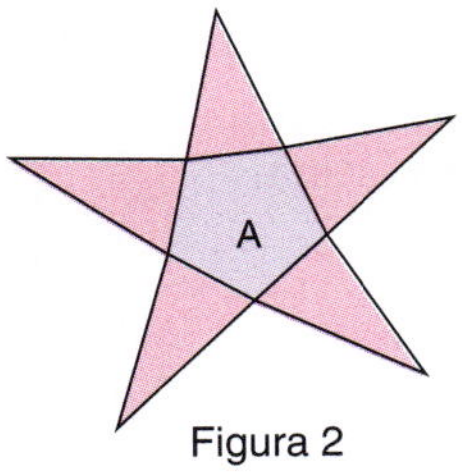

Figura 2

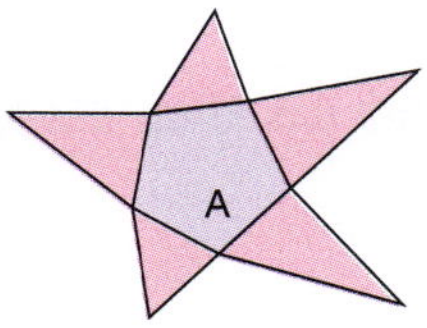

Figura 3

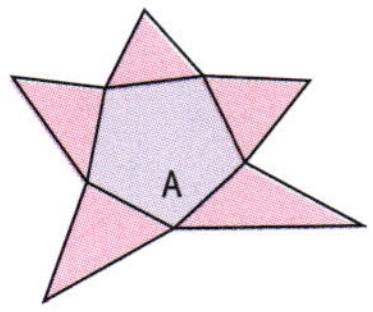

Figura 4

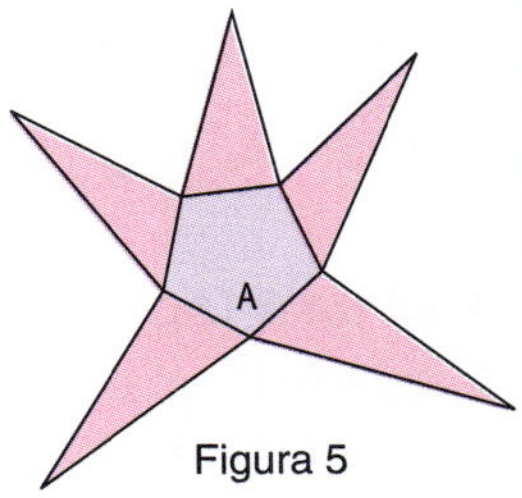

Figura 5

PIRÂMIDE REGULAR

A **pirâmide regular** é aquela cuja base é um polígono regular e cujas arestas laterais são congruentes entre si.

Uma pirâmide regular tem as seguintes características:

- a projeção ortogonal do vértice sobre o plano da base é o centro da base;
- as faces laterais são triângulos isósceles congruentes;
- o apótema da pirâmide regular é a altura de uma face lateral, relativa à aresta da base.

Vejamos essas características indicadas nas pirâmides regulares abaixo representadas, nas quais h e g são as respectivas medidas da altura e do apótema da pirâmide e m é a medida do apótema da base.

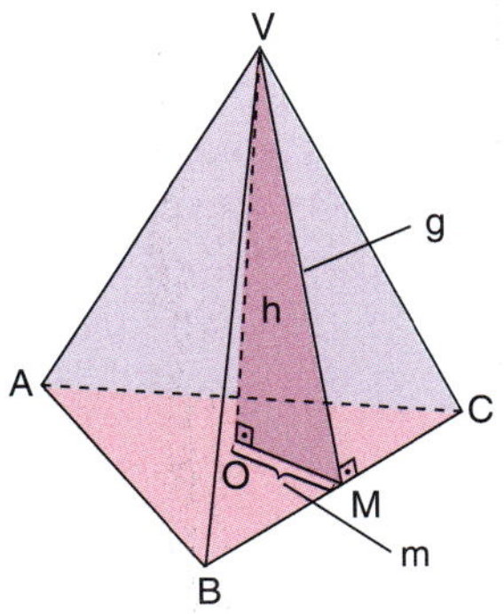

pirâmide triangular regular
(A base é um triângulo equilátero.)

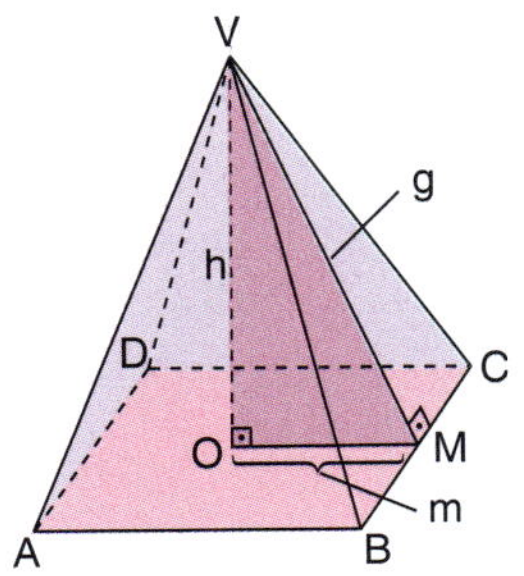

pirâmide quadrangular regular
(A base é um quadrado.)

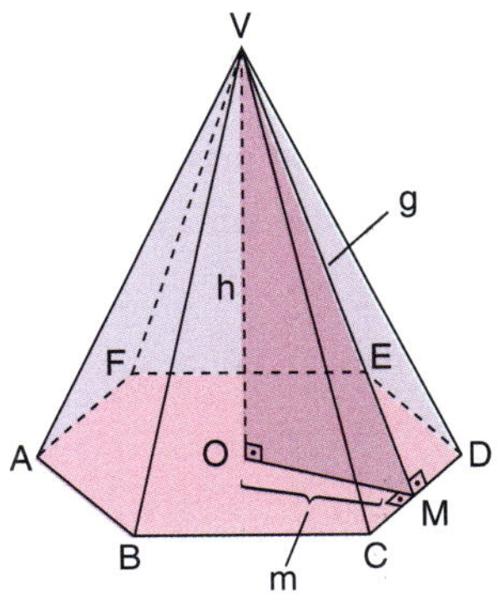

pirâmide hexagonal regular
(A base é um hexágono regular.)

Relação notável

Note que, em toda pirâmide regular, o triângulo determinado pela sua altura, pelo seu apótema e pelo apótema da base é retângulo. Assim, pelo teorema de Pitágoras, temos:

$$g^2 = h^2 + m^2$$

ÁREAS E VOLUME

- **Área da base (A_b)**

Como a superfície da base de uma pirâmide é um polígono, então:

$$A_b = \text{área do polígono da base}$$

- **Área lateral (A_ℓ)**

Como a superfície lateral de uma pirâmide é a reunião das suas faces laterais (triângulos), então:

$$A_\ell = \text{soma das áreas das faces laterais}$$

- **Área total (A_t)**

A superfície total de uma pirâmide é a reunião do polígono de sua base com os triângulos que compõem sua superfície lateral.

Logo, a área total da pirâmide é a soma da área do polígono de sua base com a área de sua superfície lateral, ou seja:

$$A_t = A_b + A_\ell$$

- **Volume (V)**

Primeiramente determinemos o volume de uma pirâmide triangular e, para tal, consideremos o prisma triangular da figura abaixo, cuja base tem área A_b e cuja medida da altura é h.

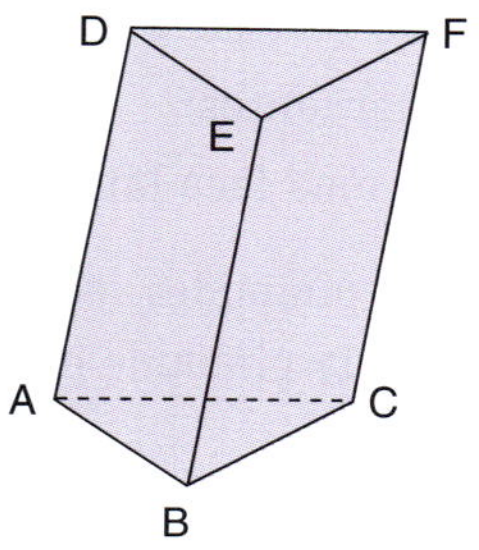

Secionando esse prisma pelo plano (A, C, E), obtemos: uma pirâmide quadrangular P_1 e uma pirâmide triangular P_2 de base ABC e altura de medida h.

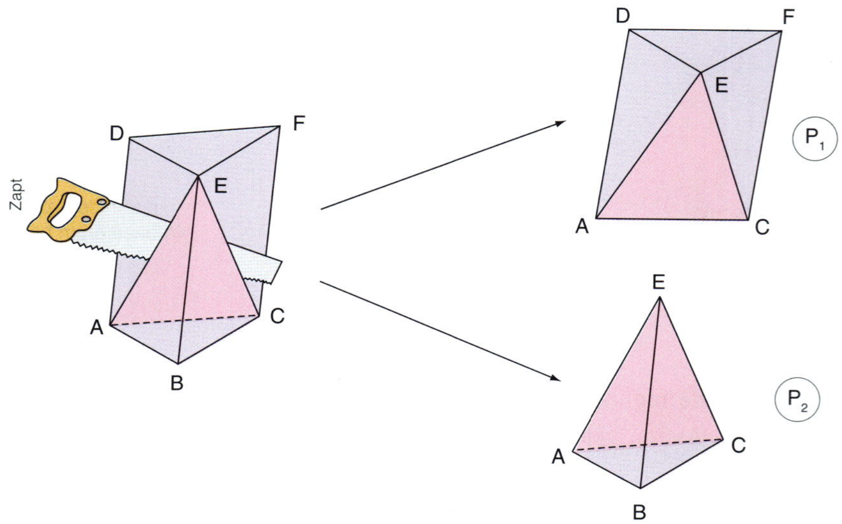

Secionando P_1 pelo plano (C, D, E), obtemos duas pirâmides triangulares: P_3, de vértice F e base DEC (ou de vértice C e base DEF), e P_4, de vértice A e base DEC.

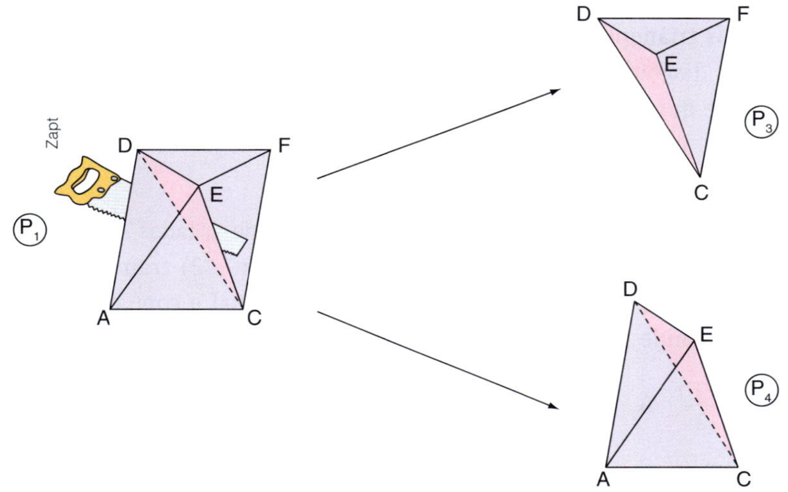

Note que:

- P_2 e P_3 são pirâmides de bases equivalentes (△ABC e △DEF) e mesma altura.
- P_3 e P_4 são pirâmides que têm o △DEC como base comum e mesma altura, pois as distâncias de seus respectivos vértices (F e A) ao plano da base são iguais.

Para obter o volume dessas pirâmides triangulares vamos, de maneira introdutória, mostrar o seguinte teorema:

Duas pirâmides de mesma base e mesma altura têm o mesmo volume.

Demonstração:

Consideremos as pirâmides P e P', de base comum DEC e vértices V e V', ambas com altura de medida H.

Um plano paralelo ao plano da base DEC e distando *h* dos vértices V e V' determina em P e P' as seções S e S', respectivamente, conforme mostrado na figura.

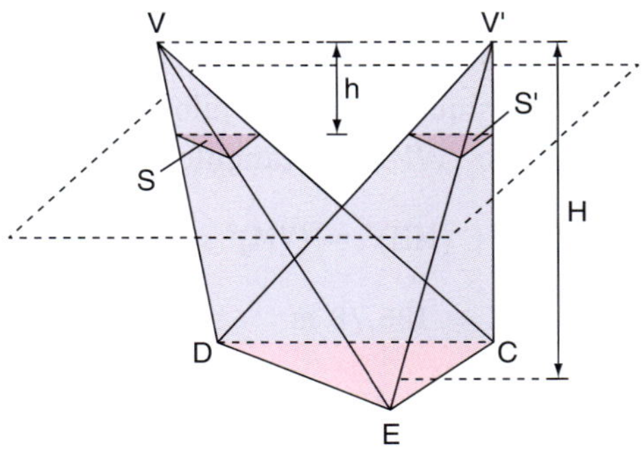

Se A é a área da base DEC, A_1 a área da seção S e A_2 a área da seção S', temos:

$$\frac{h}{H} = k \text{ (razão de semelhança)} \Rightarrow \frac{A_1}{A} = k^2 = \frac{A_2}{A} \Rightarrow A_1 = A_2$$

Logo, pelo princípio de Cavalieri, podemos concluir que:

$$V_P = V_{P'}$$

De modo semelhante, podemos mostrar que $V_{P_2} = V_{P_3}$ e $V_{P_3} = V_{P_4}$, então: $V_{P_2} = V_{P_3} = V_{P_4}$

Fazendo $V_{P_2} = V_{P_3} = V_{P_4} = V$ e considerando que o prisma ABCDEF é a reunião das pirâmides P_2, P_3 e P_4, o seu volume ($A_b \cdot h$) é tal que:

$$A_b \cdot h = V + V + V \Rightarrow V = \frac{1}{3} \cdot A_b \cdot h$$

Portanto, concluímos, para pirâmides triangulares, a validade do seguinte teorema:

O volume de uma pirâmide é igual a $\frac{1}{3}$ do produto da área da base pela medida da altura.

Para estender o resultado obtido, observe na figura ao lado que uma pirâmide pode ser dividida em pirâmides triangulares que têm a mesma altura que a pirâmide original. Assim, no exemplo da figura, temos: pirâmides de vértice V cujas bases são os triângulos AFE, AED, ADC e ACB.

Considerando todas as diagonais do polígono da base, traçadas por um único de seus vértices, note que a divisão da pirâmide original em pirâmides triangulares fica definida por um plano determinado por uma dessas diagonais e pelo vértice da pirâmide.

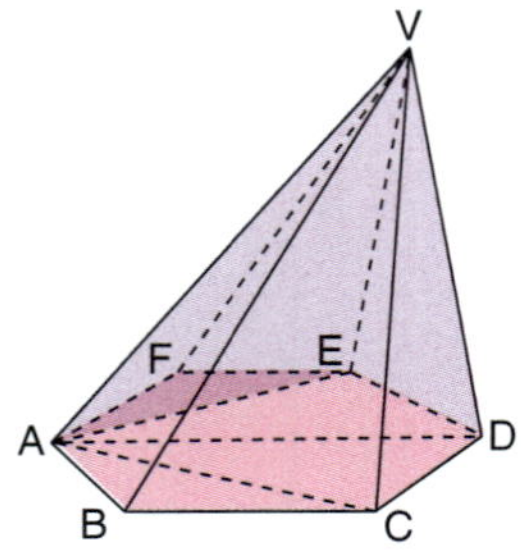

Seja, agora, uma pirâmide qualquer cuja base é um polígono de *n* lados e, de um mesmo vértice deste polígono, tracemos todas as possíveis diagonais que o dividem em (n − 2) triângulos. Nesse caso, obteríamos (n − 2) pirâmides triangulares de mesma altura que a pirâmide original e com áreas da base $A_1, A_2, ..., A_{n-2}$.

Como o volume V da pirâmide original é a soma dos volumes dessas (n − 2) pirâmides triangulares, vem:

$$V = \frac{1}{3} \cdot A_1 \cdot h + \frac{1}{3} \cdot A_2 \cdot h + ... + \frac{1}{3} \cdot A_{n-2} \cdot h \Rightarrow V = \frac{1}{3} \cdot (A_1 + A_2 + ... + A_{n-2}) \cdot h$$

ou seja, de modo geral, temos:

$$V = \frac{1}{3} \cdot A_b \cdot h$$

O volume de uma pirâmide é igual a $\frac{1}{3}$ do produto da área da base pela medida da altura.

Exemplo 1

Quando a pirâmide de Quéops terminou de ser construída tinha 146 m de altura e a aresta da base media 233 m. Atualmente, devido à erosão, sua altura é de cerca de 136 m, e a aresta da base mede 230 m. Admitindo-se que essa pirâmide é quadrangular regular, vamos determinar:

- A área total de sua superfície, ao final da construção:

A área da base é: $A_b = (AB)^2 = (233)^2 \Rightarrow A_b = 54\,289$ m²

A área lateral, A_ℓ, é a soma das áreas de quatro triângulos isósceles congruentes, um dos quais é o triângulo AVB, de base AB = 233 m e altura $\overline{VM}$.

Como o $\triangle$VMH é retângulo, temos:

$$(VH)^2 + (MH)^2 = (VM)^2 \Rightarrow (146)^2 + \left(\frac{233}{2}\right)^2 = (VM)^2 \Rightarrow$$

$$\Rightarrow VM \cong 186{,}78 \text{ m}$$

$$\text{Assim, } A_\ell = 4 \cdot A_{\triangle AVB} = 4 \cdot \frac{(AB)(VM)}{2} = 2 \cdot 233 \cdot 186{,}78 \Rightarrow$$

$$\Rightarrow A_\ell = 87\,039{,}48 \text{ m}^2$$

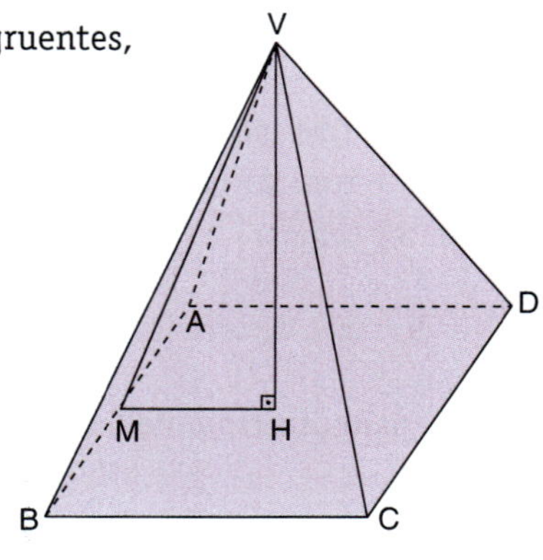

Logo, a área total é: $A_t = A_b + A_\ell = 54\,289 + 87\,039{,}48 \Rightarrow A_t = 141\,328{,}48$ m²

- O quanto diminuiu seu volume, do final da construção até os dias de hoje:

V_1: volume da pirâmide ao ser construída $\Rightarrow V_1 = \frac{1}{3} \cdot (233)^2 \cdot (146) \Rightarrow V_1 = 2\,642\,064{,}67$ m³

V_2: volume atual da pirâmide $\Rightarrow V_2 = \frac{1}{3} \cdot (230)^2 \cdot (136) \Rightarrow V_2 \cong 2\,398\,133{,}33$ m³

Logo, o volume da pirâmide original diminuiu: $V_1 - V_2 \cong 243\,931{,}34$ m³

TETRAEDRO REGULAR

De modo geral, chama-se **tetraedro** toda pirâmide de base triangular.

Se as quatro faces de um tetraedro são triângulos equiláteros congruentes, ele é chamado **tetraedro regular**.

Observe que, em um tetraedro regular:

- as seis arestas são congruentes, ou seja, AB = AC = AD = BC = CD = DB.
- qualquer face — ABC, ACD, ABD ou BCD — pode ser considerada como base, já que são triângulos equiláteros.

Vejamos como obter a área total A_t, a altura da medida *h* e o volume V de um tetraedro regular cuja aresta mede *a*.

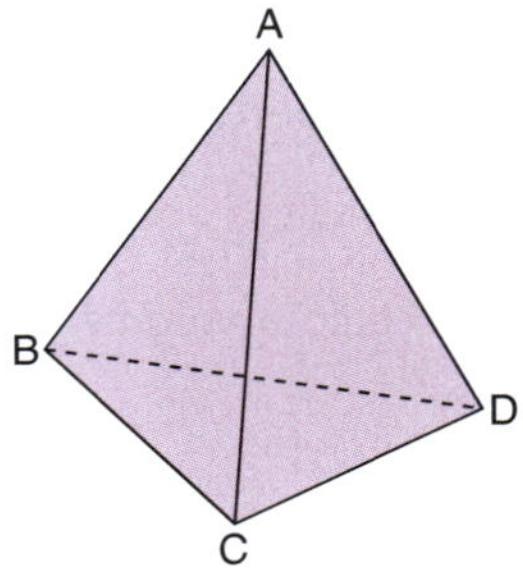

Área total (A_t)

A superfície total de um tetraedro é a reunião das superfícies de quatro triângulos equiláteros congruentes. Assim, considerando que a medida das arestas do tetraedro é *a*, então sua área total é quatro vezes a área de um triângulo equilátero cujo lado mede *a*.

Logo: $A_t = 4 \cdot A_{face} \Rightarrow A_t = 4 \cdot \left(\frac{a^2\sqrt{3}}{4}\right) \Rightarrow \boxed{A_t = a^2\sqrt{3}}$

Altura (h)

Para calcularmos *h*, medida da altura de um tetraedro regular, consideremos o ponto O, projeção ortogonal do vértice A sobre o plano da base BCD, como mostra a figura.

Observe que o triângulo AOB é retângulo; então, pelo teorema de Pitágoras, temos:

$$AB^2 = AO^2 + OB^2 \quad (1)$$

Como AB = a, AO = h e $OB = \frac{2}{3}BM$ ($\overline{BM}$: altura do triângulo equilátero BCD), vem:

$$OB = \frac{2}{3} \cdot \frac{a\sqrt{3}}{2} \Rightarrow OB = \frac{a\sqrt{3}}{3} \quad (2)$$

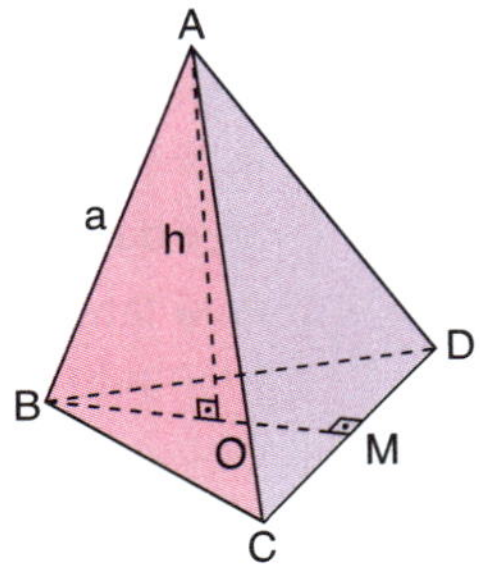

Substituindo (2) em (1): $a^2 = h^2 + \left(\frac{a\sqrt{3}}{3}\right)^2 \Rightarrow h^2 = a^2 - \frac{3a^2}{9} \Rightarrow$

$$\Rightarrow h^2 = \frac{6a^2}{9} \Rightarrow \boxed{h = \frac{a\sqrt{6}}{3}}$$

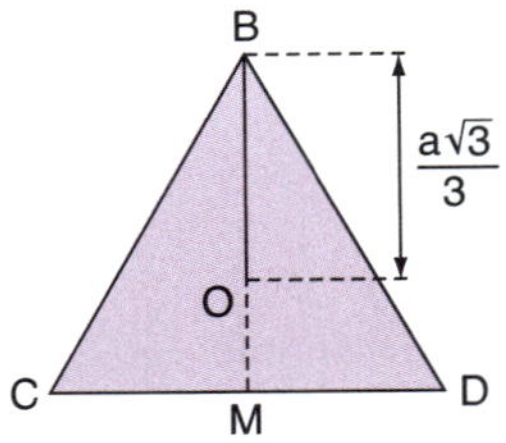

Volume (V)

Como $\begin{cases} A_b\text{: área de uma face (triângulo equilátero)} \Rightarrow A_b = \frac{a^2\sqrt{3}}{4} \\ \text{e} \\ h = \frac{a\sqrt{6}}{3} \end{cases}$, temos:

$$V = \frac{1}{3} \cdot A_b \cdot h \Rightarrow V = \frac{1}{3} \cdot \frac{a^2\sqrt{3}}{4} \cdot \frac{a\sqrt{6}}{3} \Rightarrow \boxed{V = \frac{a^3\sqrt{2}}{12}}$$

Exemplo **2**

Dado um tetraedro regular cuja aresta mede 4 cm, vamos determinar a área total de sua superfície e o seu volume.
Temos:

- A superfície total do tetraedro é a reunião de quatro triângulos equiláteros congruentes. Assim:

$$A_t = 4 \cdot \left(\frac{\ell^2\sqrt{3}}{4}\right) \Rightarrow A_t = 4^2\sqrt{3} \Rightarrow A_t = 16\sqrt{3}\ \text{cm}^2$$

- Como o volume do tetraedro cuja aresta mede a é dado por $V = \frac{a^3\sqrt{2}}{12}$, temos:

$$V = \frac{4^3\sqrt{2}}{12} \Rightarrow V = \frac{16\sqrt{2}}{3}\ \text{cm}^3$$

EXERCÍCIOS RESOLVIDOS

1. Determinar a área total e o volume de uma pirâmide regular de base quadrada, sabendo que as medidas das arestas laterais e da base são 15 cm e 18 cm, respectivamente.

Solução:

Considere que a figura abaixo é a representação da pirâmide a que se refere o problema.

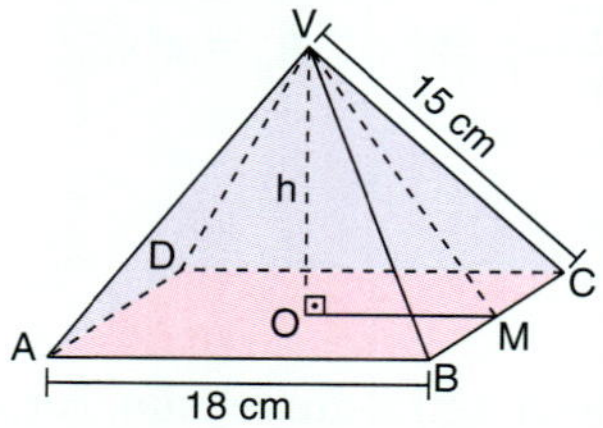

- A área total da superfície dessa pirâmide é a soma da área da base, que é um quadrado de 18 cm de lado, com as áreas de quatro triângulos isósceles congruentes. Assim, temos:

  área da base: $A_b = \ell^2 \Rightarrow A_b = 18^2 \Rightarrow A_b = 324\ \text{cm}^2$

  área lateral: para calcular a área lateral da pirâmide (A_ℓ), devemos primeiro determinar a área A_1 do triângulo VBC, cujo esquema está representado abaixo. Assim, temos:

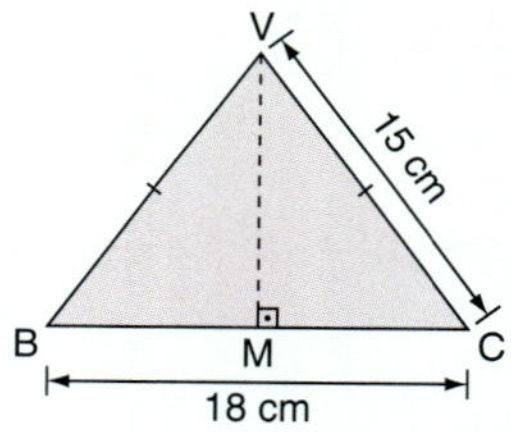

  $\triangle VMC$ é retângulo $\Rightarrow VC^2 = VM^2 + MC^2 \Rightarrow VM^2 = 15^2 - \left(\frac{18}{2}\right)^2 = 144 \Rightarrow VM = 12\ \text{cm}$

  Como $A_1 = \frac{(BC)\cdot(VM)}{2} = \frac{18 \cdot 12}{2} \Rightarrow A_1 = 108\ \text{cm}^2$

  Temos: $A_\ell = 4 \cdot A_1 \Rightarrow A_\ell = 4 \cdot 108 \Rightarrow A_\ell = 432\ \text{cm}^2$

  Logo, a área total da pirâmide é: $A_t = A_b + A_\ell = 324 + 432 \Rightarrow A_t = 756\ \text{cm}^2$

- Para determinar o volume V da pirâmide, devemos achar h, medida de sua altura, já que $V = \frac{1}{3} \cdot A_b \cdot h$.

  Pelo teorema de Pitágoras aplicado ao triângulo retângulo VOM, temos:

$$12^2 = h^2 + \left(\frac{18}{2}\right)^2 \Rightarrow h^2 = 144 - 81 \Rightarrow h = 3\sqrt{7}\ \text{cm}$$

  Logo, o volume da pirâmide é: $V = \frac{1}{3} \cdot 324 \cdot 3\sqrt{7} \Rightarrow V = 324\sqrt{7}\ \text{cm}^3$

2. A base de uma pirâmide regular é um pentágono inscrito em um círculo de centro O e cujo raio mede 6 cm, como mostra a figura. Considerando a aproximação sen 72° = 0,95 e sabendo que a aresta lateral mede 10 cm, determinar o volume dessa pirâmide.

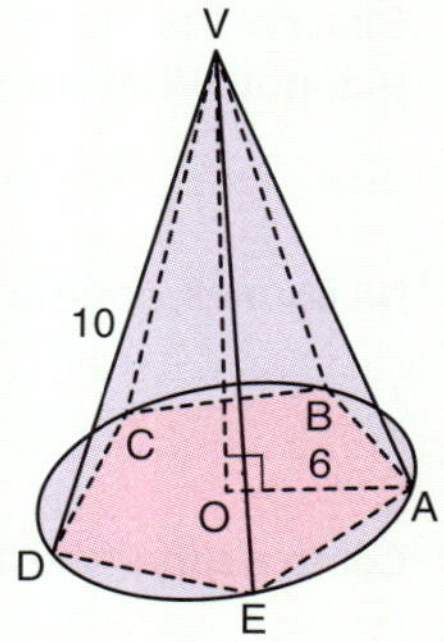

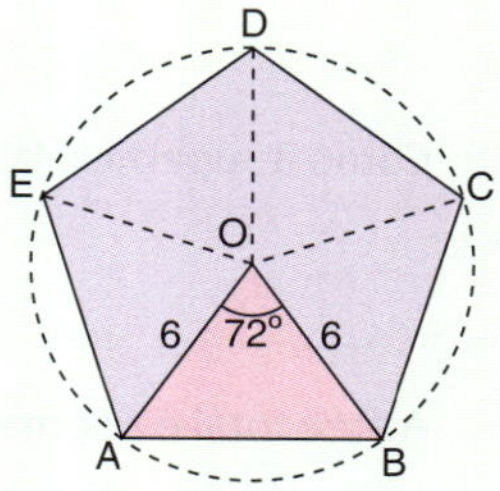

Solução:

- Determinemos *h*: medida da altura da pirâmide.

  Como o triângulo VOA é retângulo, temos:

  $$VA^2 = AO^2 + OV^2 \Rightarrow 10^2 = 6^2 + h^2 \Rightarrow h = 8\text{ cm}$$

- Determinemos A_b: área da base da pirâmide.

  Observe na figura que a superfície da base é a reunião de cinco triângulos congruentes; então a área da base é $A_b = 5 \cdot A_{\triangle AOB}$.

  Como $A_{\triangle AOB} = \frac{1}{2} \cdot (OA) \cdot (OB) \cdot \text{sen } 72° \Rightarrow A_{\triangle AOB} = \frac{1}{2} \cdot 6 \cdot 6 \cdot 0{,}95 \Rightarrow$

  $\Rightarrow A_{\triangle AOB} = 17{,}1\text{ cm}^2$

  Temos: $A_b = 5 \cdot 17{,}1 \Rightarrow A_b = 85{,}5\text{ cm}^2$

- Calculemos V: volume da pirâmide.

$$V = \frac{1}{3} \cdot A_b \cdot h \Rightarrow V = \frac{1}{3} \cdot 85{,}5 \cdot 8 \Rightarrow V = 228\text{ cm}^3$$

3. Considere uma pirâmide regular hexagonal que tem 18 dm de altura e cuja aresta da base mede $\frac{8\sqrt{3}}{3}$ dm. Para essa pirâmide, determinar: a medida do apótema (g); a medida do apótema da base (m); a medida da aresta lateral (a); a área da base (A_b); a área lateral (A_ℓ); a área total (A_t); o volume (V).

Solução:

São dados: $h = 18$ dm e $\ell = \frac{8\sqrt{3}}{3}$ dm.

Para auxiliar na resolução do problema, vamos considerar os seguintes esboços gráficos:

Pirâmide

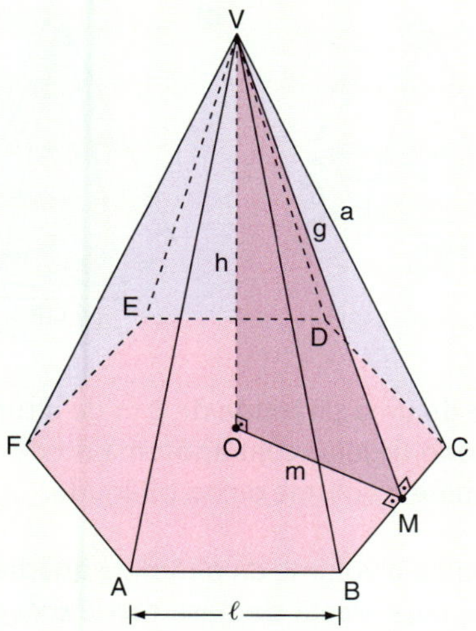

Figura 1

Base

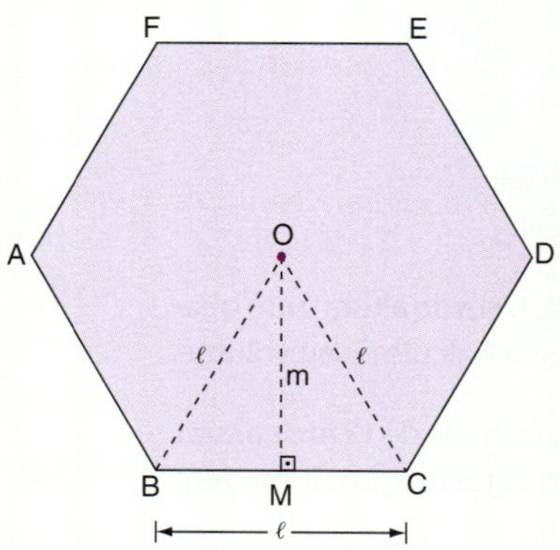

Figura 2

Face lateral

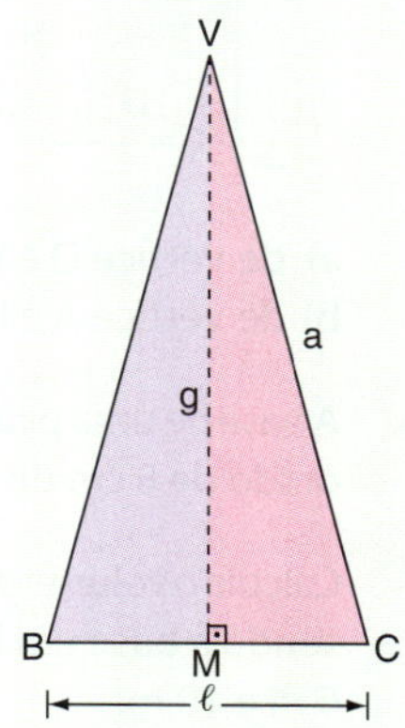

Figura 3

Observe, na figura 2, que o apótema da base é a altura de um triângulo equilátero. Logo:

$$m = \frac{\ell\sqrt{3}}{2} \Rightarrow m = \frac{8\sqrt{3}}{3} \cdot \frac{\sqrt{3}}{2} \Rightarrow m = 4\text{ dm}$$

Observe, na figura 3, que o apótema da pirâmide é a altura do triângulo isósceles da face lateral. Como o triângulo VOM é retângulo em O (figura 1), temos:

$$g^2 = h^2 + m^2 \Rightarrow g^2 = 18^2 + 4^2 = 340 \Rightarrow g = 2\sqrt{85}\ \text{dm}$$

Na figura 3, pode-se ver que a aresta lateral é a hipotenusa do triângulo retângulo VMC. Logo:

$$a^2 = g^2 + \left(\frac{\ell}{2}\right)^2 \Rightarrow a^2 = 340 + \left(\frac{4\sqrt{3}}{3}\right)^2 = \frac{1036}{3} \Rightarrow a = \frac{2\sqrt{777}}{3}\ \text{dm}$$

Como a superfície da base da pirâmide é a reunião de seis triângulos equiláteros congruentes, temos:

$$A_b = 6 \cdot \left(\frac{\ell^2\sqrt{3}}{4}\right) \Rightarrow A_b = 6 \cdot \frac{1}{4} \cdot \left(\frac{8\sqrt{3}}{3}\right)^2 \cdot \sqrt{3} \Rightarrow A_b = 32\sqrt{3}\ \text{dm}^2$$

Como a superfície lateral da pirâmide é a reunião de seis triângulos isósceles congruentes, temos:

$$A_\ell = 6 \cdot \left(\frac{\ell \cdot g}{2}\right) \Rightarrow A_\ell = 6 \cdot \frac{1}{2} \cdot \frac{8\sqrt{3}}{3} \cdot 2\sqrt{85} \Rightarrow A_\ell = 16\sqrt{255}\ \text{dm}^2$$

A área total é a soma da área da base com a área lateral:

$$A_t = A_b + A_\ell \Rightarrow A_t = 32\sqrt{3} + 16\sqrt{255} \Rightarrow A_t = 16\sqrt{3}\left(2 + \sqrt{85}\right)\ \text{dm}^2$$

Como o volume é dado por $V = \frac{1}{3} \cdot A_b \cdot h$, vem:

$$V = \frac{1}{3} \cdot 32\sqrt{3} \cdot 18 \Rightarrow V = 192\sqrt{3}\ \text{dm}^3$$

EXERCÍCIOS

4. Considere o cubo representado na figura e calcule o volume das pirâmides:

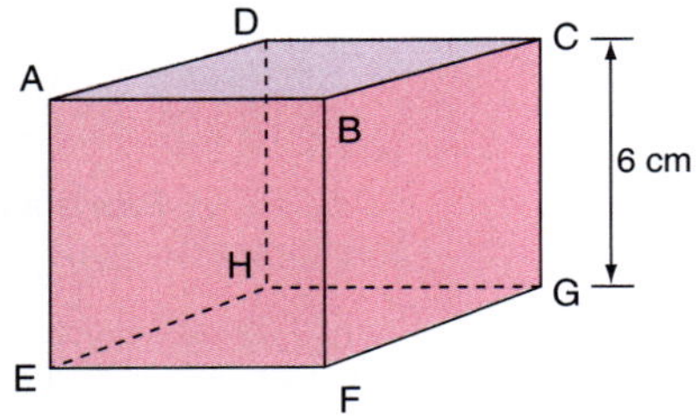

a) de vértice D e base EFGH;
b) de vértice A e base FGH.

5. A base de uma pirâmide de 6 cm de altura é um quadrado de 8 cm de perímetro. Calcule o seu volume.

6. Calcule o volume de uma pirâmide de 12 m de altura, sendo a base um losango cujas diagonais medem 6 m e 10 m.

7. O perímetro da base de um tetraedro regular é 12 cm. Determine:

a) sua área total;
b) a medida de sua altura;
c) seu volume.

8. Calcule a área lateral, a área total e o volume de cada uma das pirâmides regulares, cujas dimensões estão indicadas nas figuras abaixo.

a)

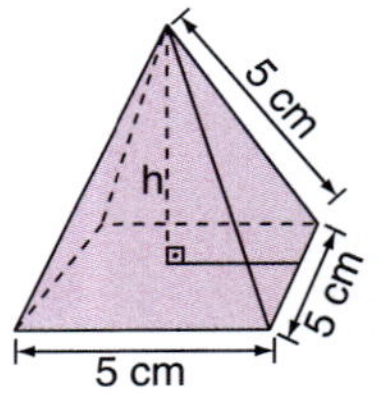

b)

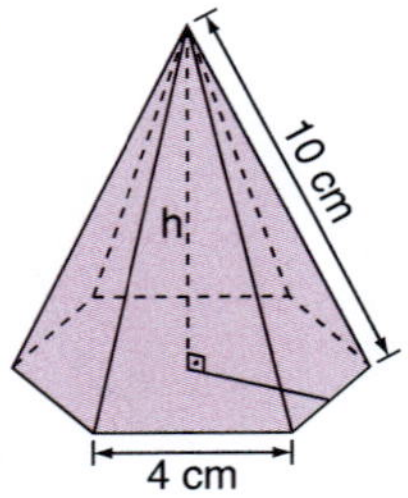

9. A base de uma pirâmide de 8 m de altura é um hexágono regular cujo apótema mede $2\sqrt{3}$ m. Determine o volume dessa pirâmide.

10. Determine o volume da pirâmide quadrangular regular cuja aresta da base mede $6\sqrt{2}$ cm e a aresta lateral mede 10 cm.

11. Calcule o volume de uma pirâmide hexagonal regular, sendo 24 cm o perímetro da base e 30 cm a soma dos comprimentos de todas as arestas laterais.

12. Um peso maciço de papel é feito de vidro e tem a forma de um tetraedro regular cuja aresta mede 6 cm. Sabendo que a densidade do vidro é 2,6 g/cm³, qual é a massa desse peso de papel? Use a aproximação: $\sqrt{2} = 1{,}4$.

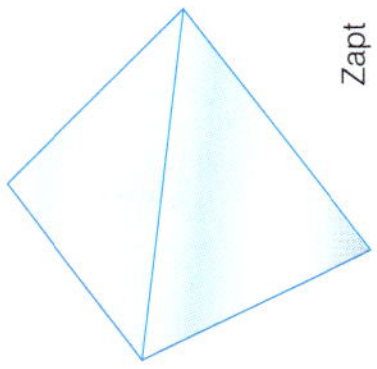

Zapt

13. (UF-PR) Na figura ao lado está representada uma pirâmide de base quadrada que tem todas as arestas com o mesmo comprimento. Sabendo que o perímetro do triângulo DBV é igual a $6 + 3\sqrt{2}$, determine:

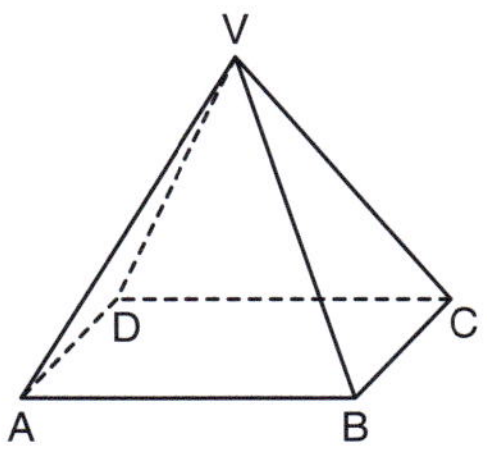

a) a medida da altura da pirâmide;

b) o volume e a área total da pirâmide.

14. Determine a área total da superfície de uma pirâmide hexagonal regular que tem $4\sqrt{3}$ cm³ de volume e na qual a medida da altura é igual à medida da aresta da base.

15. Sabe-se que a área da base de uma pirâmide é igual à área da base de um prisma e que o volume do prisma é igual ao quíntuplo do volume da pirâmide. Nessas condições, a medida da altura da pirâmide é igual a que porcentagem da medida da altura do prisma?

16. Na figura abaixo tem-se a planificação de um tetraedro regular:

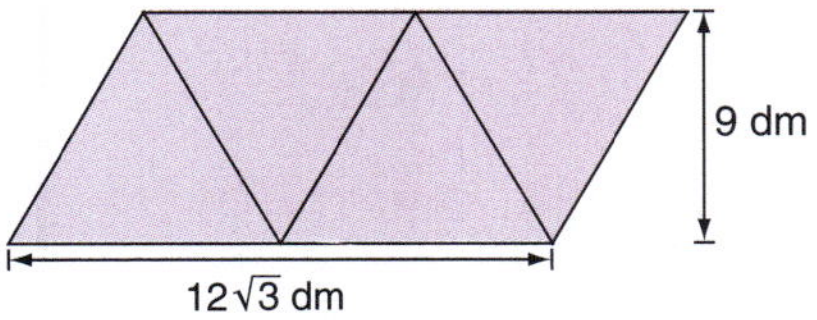

Determine a área total, a altura e o volume desse tetraedro.

17. O tampo da mesa mostrada na figura apoia-se em quatro pirâmides regulares quadrangulares, feitas de granito. Se a área lateral de cada pirâmide é 0,28 m² e o lado do quadrado da base é 0,20 m, calcule o volume de granito das estruturas das quatro pirâmides.

CJT/Zapt

Ilustração sem escala ou em escalas diferentes. Cores artificiais.

18. Saulo comprou uma barraca de lona para acampar. Sabendo que, quando montada, ela tem a forma de uma pirâmide quadrangular regular de 2 m de altura e que a área de sua superfície lateral é 15 m², determine o volume de ar que essa barraca comporta.

19. (Unesp-SP) Na periferia de uma determinada cidade brasileira, há uma montanha de lixo urbano acumulado, que tem a forma de uma pirâmide regular de 12 m de altura em que a base é um quadrado cujo lado mede 100 m. Considere os dados, apresentados em porcentagem na tabela, sobre a composição dos resíduos sólidos urbanos no Brasil e no México.

	País	
	Brasil	**México**
Orgânico (%)	55	42,6
Metais (%)	2	3,8
Plásticos (%)	3	6,6
Papelão/papel (%)	25	16,0
Vidro (%)	2	7,4
Outros (%)	13	23,6

Fonte: Cempre/Tetra Pak Américas/EPA 2002.

Supondo que o lixo na pirâmide esteja compactado, determine o volume aproximado de plásticos e vidros existentes na pirâmide de lixo brasileira e quantos metros cúbicos a mais desses dois materiais juntos existiriam nessa mesma pirâmide, caso ela estivesse em território mexicano.

20. Pretende-se construir um obelisco de concreto, de forma piramidal regular, no qual a aresta da base quadrangular meça 6 m e a aresta lateral meça $3\sqrt{5}$ m. Determine:

Hemis/Diomedia

Obelisco localizado na avenida 9 de Julho, em Buenos Aires, Argentina.

a) a área total da superfície do obelisco;

b) o volume do obelisco;

c) a medida do ângulo α, de inclinação, entre cada face lateral e a base do obelisco.

SÓLIDOS SEMELHANTES

Introdução

- 1ª situação:

Observe os cubos (1) e (2), representados nas figuras ao lado.

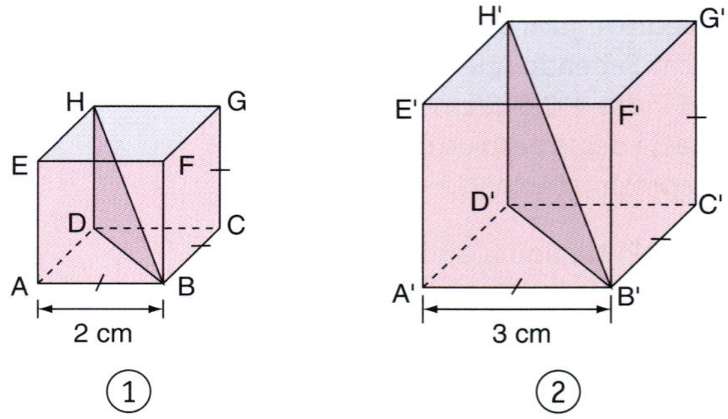

(1) (2)

A razão entre as medidas das arestas de (1) e (2), nessa ordem, é: $\frac{2}{3}$.

A razão entre as medidas das diagonais de suas bases de (1) e (2), nessa ordem, é:

$$\frac{DB}{D'B'} = \frac{2\sqrt{2}\text{ cm}}{3\sqrt{2}\text{ cm}} = \frac{2}{3}$$

A razão entre as medidas das diagonais de (1) e (2), nessa ordem, é:

$$\frac{HB}{H'B'} = \frac{2\sqrt{3}\text{ cm}}{3\sqrt{3}\text{ cm}} = \frac{2}{3}$$

Dizemos que o cubo (2) é uma "ampliação" do cubo (1).

- 2ª situação:

Observe as duas latas de óleo de soja, comercializadas num supermercado. Ambas têm a mesma forma cilíndrica.

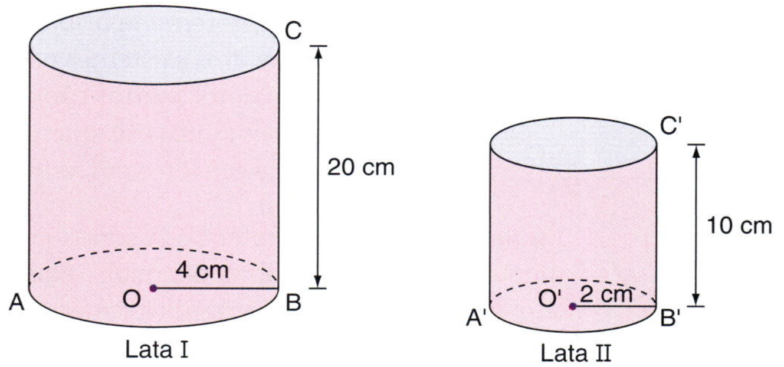

Lata I   Lata II

Vamos calcular a razão entre as medidas de um segmento da lata I e o correspondente segmento na lata II: (Note que O e O' são os centros dos círculos das bases.)

$$\frac{BC}{B'C'} = \frac{20\text{ cm}}{10\text{ cm}} = 2; \quad \frac{OB}{O'B'} = \frac{4\text{ cm}}{2\text{ cm}} = 2; \quad \frac{AB}{A'B'} = \frac{8\text{ cm}}{4\text{ cm}} = 2$$

Dizemos que a lata II é uma "redução" da lata I.

- 3ª situação:

Veja agora as duas embalagens do creme dental "Sorria", ambas em forma de paralelepípedo retorretângulo:

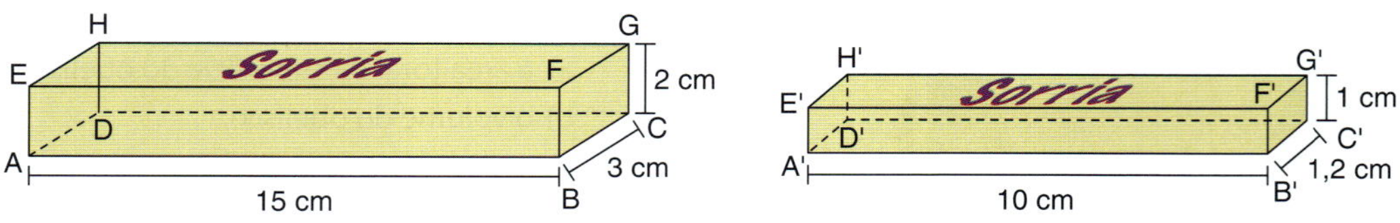

Embalagem I   Embalagem II

Vamos calcular a razão entre uma dimensão da embalagem I e a dimensão correspondente da embalagem II:

$$\frac{AB}{A'B'} = \frac{15 \text{ cm}}{10 \text{ cm}} = \frac{3}{2}$$

$$\frac{BC}{B'C'} = \frac{3 \text{ cm}}{1{,}2 \text{ cm}} = \frac{3}{\frac{6}{5}} = \frac{5}{2}$$

$$\frac{CG}{C'G'} = \frac{2 \text{ cm}}{1 \text{ cm}} = 2$$

Embora as duas embalagens sejam parecidas, as razões obtidas não são iguais!
A embalagem II não é uma "redução" da embalagem I.

Os sólidos representados na 1ª e na 2ª situações são semelhantes, mas as duas caixas representadas na 3ª situação não são semelhantes.

Pirâmides semelhantes

Quando secionamos uma pirâmide por um plano paralelo à base (vamos sempre admitir que o plano não contém o vértice da pirâmide), ela fica dividida em dois sólidos:

- o que contém o vértice, que é uma nova pirâmide; e
- o que contém a base da pirâmide dada, que é um tronco de pirâmide de bases paralelas.

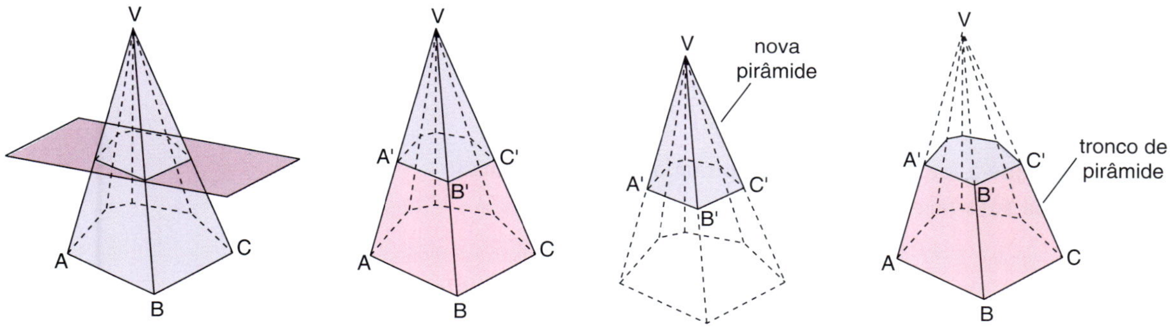

Os troncos de pirâmides serão estudados na próxima seção deste capítulo.

Vamos agora comparar a pirâmide obtida da seção e a pirâmide "primitiva".

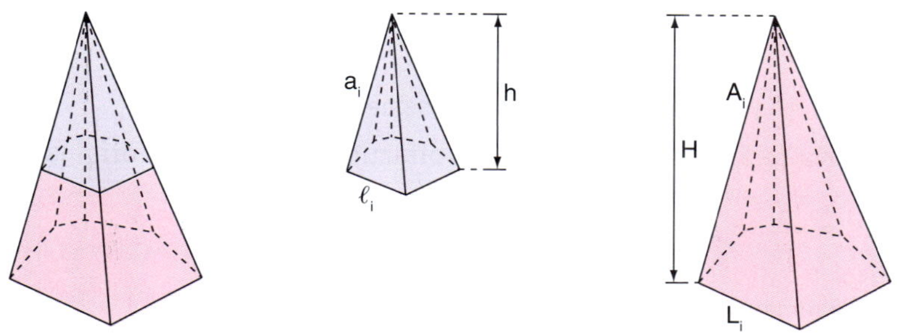

Temos:

- os polígonos das bases têm o mesmo número de lados (veja, nesse exemplo, que ambas são pirâmides hexagonais);

- os ângulos dos polígonos de duas faces homólogas são dois a dois congruentes;
- os elementos lineares homólogos (como arestas das bases, arestas laterais, alturas etc.) são proporcionais.

A nova pirâmide é uma "cópia reduzida" da pirâmide "primitiva". As duas pirâmides são semelhantes.

A razão *k* entre dois elementos lineares homólogos — arestas/alturas — é chamada **razão de semelhança** entre as pirâmides. Escolhendo, por exemplo, escrever a razão de semelhança entre a pirâmide nova e a "primitiva", nesta ordem, temos:

$$\frac{a_1}{A_1} = \frac{\ell_1}{L_1} = \frac{h}{H} = k$$

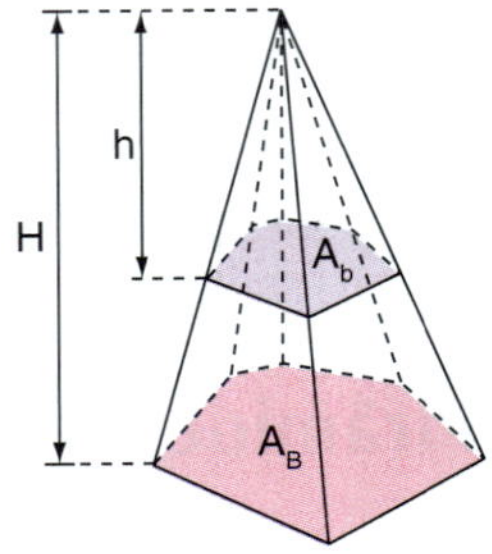

Considerando duas pirâmides semelhantes, temos as seguintes propriedades:

- A razão entre as áreas das bases é igual ao quadrado da razão de semelhança.
  Como as bases são polígonos semelhantes, então $\frac{p_1}{P_1}$ e $\frac{x_1}{X_1}$, razões entre os respectivos semiperímetros e as medidas dos apótemas das bases homólogas, são tais que: $\frac{p_1}{P_1} = \frac{x_1}{X_1} = k$

  Assim: $\frac{A_b}{A_B} = \frac{p_1 \cdot x_1}{P_1 \cdot X_1} = \frac{p_1}{P_1} \cdot \frac{x_1}{X_1} = k \cdot k \Rightarrow \boxed{\frac{A_b}{A_B} = k^2}$

- A razão entre as áreas laterais é igual ao quadrado da razão de semelhança.
  Como duas faces laterais homólogas *f* e F são triângulos semelhantes, sabemos que a razão entre suas áreas é igual ao quadrado da razão de semelhança $\left(\frac{\text{área f}}{\text{área F}} = k^2\right)$.

  Lembrando que a área lateral de uma pirâmide é igual à soma das áreas de suas faces laterais, temos:

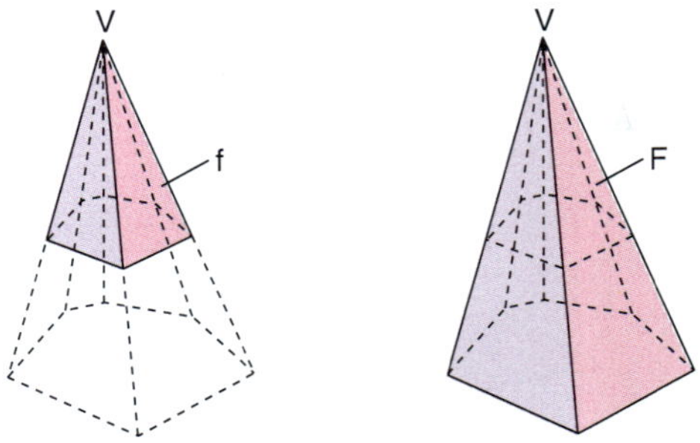

$$\boxed{\frac{A_\ell}{A_L} = k^2} \quad \text{em que: } \begin{cases} A_\ell\text{: área lateral da nova pirâmide} \\ A_L\text{: área lateral da pirâmide primitiva} \end{cases}$$

- A razão entre as áreas totais é igual ao quadrado da razão de semelhança.

  De fato, como $\frac{A_b}{A_B} = k^2$ e $\frac{A_\ell}{A_L} = k^2$, decorre $\frac{A_b + A_\ell}{A_B + A_L} = k^2$, ou seja: $\boxed{\frac{A_t}{A_T} = k^2}$

- A razão entre os volumes é igual ao cubo da razão de semelhança.
  Sejam *v* o volume da nova pirâmide e V o volume da pirâmide primitiva (ou original).

  Já vimos que $\frac{A_b}{A_B} = k^2$ e $\frac{h}{H} = k$.

  Vamos obter a razão entre seus volumes:

$$\frac{v}{V} = \frac{\frac{1}{3} \cdot A_b \cdot h}{\frac{1}{3} \cdot A_B \cdot H} = \frac{A_b}{A_B} \cdot \frac{h}{H} = k^2 \cdot k = k^3 \Rightarrow \boxed{\frac{v}{V} = k^3}$$

Exemplo 3

Uma pirâmide quadrangular regular é secionada por um plano paralelo à base, a 4 cm do vértice. A pirâmide tem 12 cm de altura, e sua aresta da base mede 9 cm. Vamos calcular as áreas das bases e o volume das duas pirâmides e constatar a validade das propriedades anteriores.

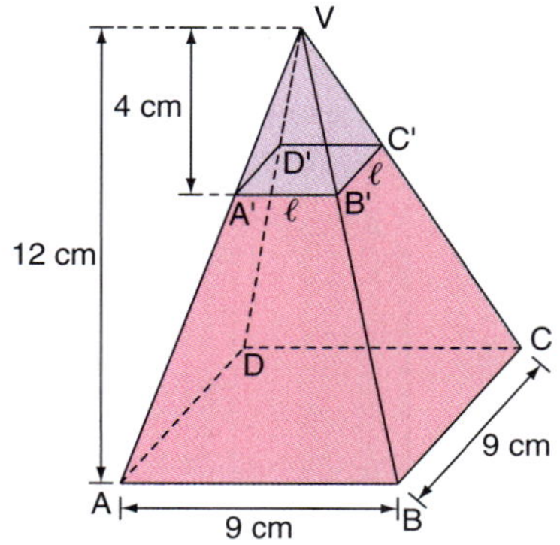

A pirâmide VABCD é semelhante à pirâmide VA'B'C'D'.

Observe, inicialmente, que a razão entre os elementos lineares das duas pirâmides pode ser obtida comparando-se suas alturas:

$$k = \frac{h}{H} = \frac{4\text{ cm}}{12\text{ cm}} = \frac{1}{3}$$

Se ℓ é a medida do lado do quadrado A'B'C'D', então:

$$\frac{\ell}{9} = \frac{1}{3} \Rightarrow \ell = 3\text{ cm}$$

A área da base (A_b) da pirâmide VA'B'C'D' é $A_b = (3\text{ cm})^2 = 9\text{ cm}^2$, e a área da base ($A_B$) da pirâmide VABCD é $(9\text{ cm})^2 = 81\text{ cm}^2$. Observe que a razão entre A_b e A_B é: $\frac{9\text{ cm}^2}{81\text{ cm}^2} = \frac{1}{9} = \left(\frac{1}{3}\right)^2 = k^2$.

O volume *v* da pirâmide VA'B'C'D' é dado por: $v = \frac{A_b \cdot h}{3} = \frac{9 \cdot 4}{3} \Rightarrow v = 12\text{ cm}^3$

Já o volume V da pirâmide VABCD é dado por: $V = \frac{A_B \cdot H}{3} = \frac{81 \cdot 12}{3} \Rightarrow V = 324\text{ cm}^3$

A razão entre *v* e V é: $\frac{12\text{ cm}^3}{324\text{ cm}^3} = \frac{1}{27} = \left(\frac{1}{3}\right)^3 = k^3$

Observação

As quatro propriedades estudadas podem ser estendidas para dois sólidos semelhantes quaisquer. Voltemos aos dois cubos apresentados na introdução desta seção.

Já vimos que a razão de semelhança entre o cubo menor e o maior é $k = \frac{2}{3}$.

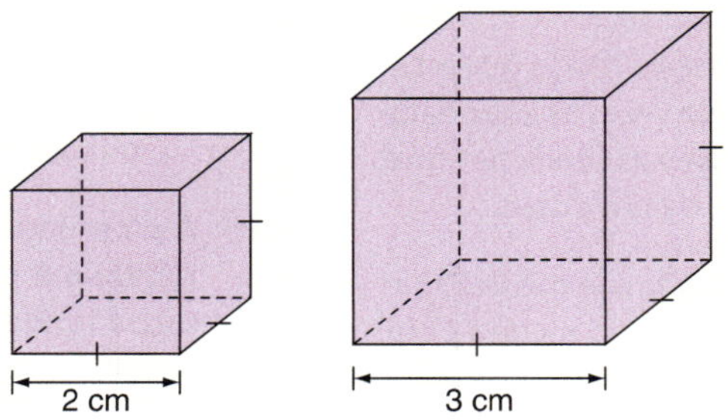

A área total do cubo menor é: $6 \cdot (2\text{ cm})^2 = 24\text{ cm}^2$; a área total do cubo maior é: $6 \cdot (3\text{ cm})^2 = 54\text{ cm}^2$. A razão entre a área do cubo menor e a área do cubo maior é:

$$\frac{24\text{ cm}^2}{54\text{ cm}^2} = \frac{4}{9} = \left(\frac{2}{3}\right)^2 = k^2$$

O volume do cubo menor é $(2\text{ cm})^3 = 8\text{ cm}^3$; o volume do cubo maior é $(3\text{ cm})^3 = 27\text{ cm}^3$. A razão entre o volume do cubo menor e o volume do cubo maior é $\frac{8\text{ cm}^3}{27\text{ cm}^3} = \left(\frac{2}{3}\right)^3 = k^3$.

EXERCÍCIOS

21. Determine os valores de *x* e *y*, a fim de que as caixas seguintes sejam semelhantes:

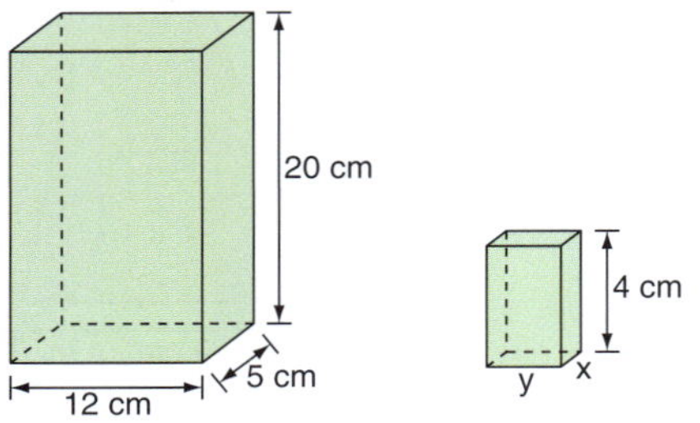

22. Os cilindros ① e ② representados a seguir são semelhantes?

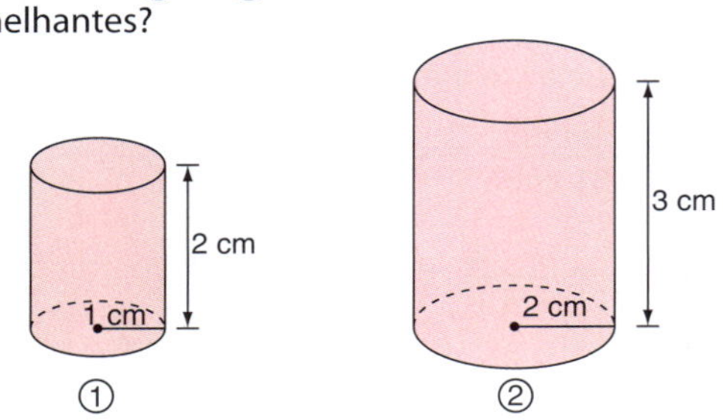

23. Seja P_1 a pirâmide regular de base quadrada em que a medida da altura é 12 cm e cujo volume é igual a 1 296 cm^3. Relativamente à pirâmide P_2, semelhante a P_1 e cuja área da superfície lateral é igual a 15 cm^2, determine:

a) o perímetro da base;

b) o volume.

24. Uma pequena indústria produz caixas de um único tipo, em forma de paralelepípedo retângulo, com as seguintes dimensões: 2 dm, 5 dm e 7 dm. Sabe-se que, a partir do próximo ano, as caixas serão substituídas por outras semelhantes, de modo que a capacidade de cada uma seja oito vezes a capacidade da anteriormente produzida. Nessas condições, qual será a área total da superfície da nova caixa?

25. Sabe-se que a altura de uma pirâmide mede 20 cm e sua base é um quadrado cujo lado mede 12 cm. Calcule a medida da altura e da aresta da base de uma pirâmide semelhante à primeira cujo volume é igual a 120 cm^3.

26. Dois poliedros semelhantes, P_1 e P_2, têm áreas iguais a 8 cm^2 e 12 cm^2, respectivamente. Determine o volume de P_1, sabendo que o volume de P_2 é 36 cm^3.

27. Uma das arestas de um tetraedro de volume $80\sqrt{3}$ cm^3 mede 10 cm. Determine o volume de um tetraedro semelhante ao primeiro, sabendo que a aresta homóloga mede 5 cm.

28. (PUC-RS) O metrônomo é um relógio que mede o tempo musical (andamento). O metrônomo mecânico consiste de um pêndulo oscilante, com a base fixada em uma caixa com a forma aproximada de um tronco de pirâmide, como mostra a foto.

Thinkstock/Getty Images

Relativamente ao tronco de pirâmide ABCDEFGH, representado na figura abaixo, *a* é a medida do lado da base maior, *b* é a medida do lado da base menor e V é o volume. Sabendo que a = 4b e P é o volume da pirâmide ABCDX, determine a razão $\frac{V}{P}$.

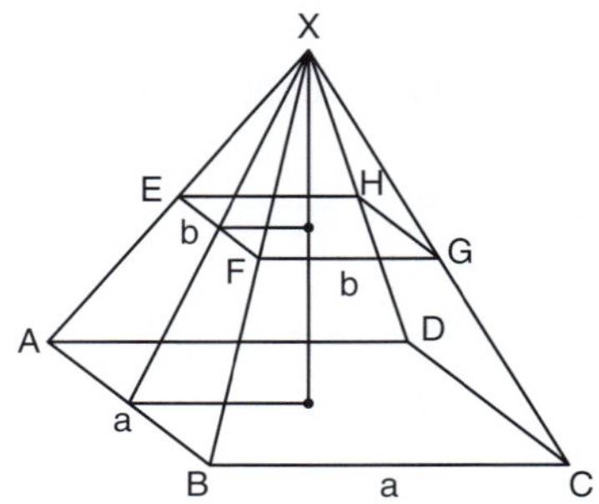

29. A altura de uma pirâmide regular quadrangular é 45 cm. Ela é interceptada, a 15 cm de seu vértice, por um plano paralelo à base, que determina uma nova pirâmide e um tronco de pirâmide. Sabendo que a aresta da base da pirâmide primitiva é 60 cm, determine:

a) a medida da aresta da base da pirâmide obtida;

b) a razão entre as áreas totais da pirâmide primitiva e da pirâmide obtida.

30. A pirâmide abaixo é secionada por um plano α, paralelo à sua base, que determina um tronco de pirâmide e uma nova pirâmide cujos volumes são 496 cm^3 e 4 cm^3, respectivamente. Sabendo que a altura da pirâmide original é 12 cm, determine a distância de α ao plano da base da pirâmide.

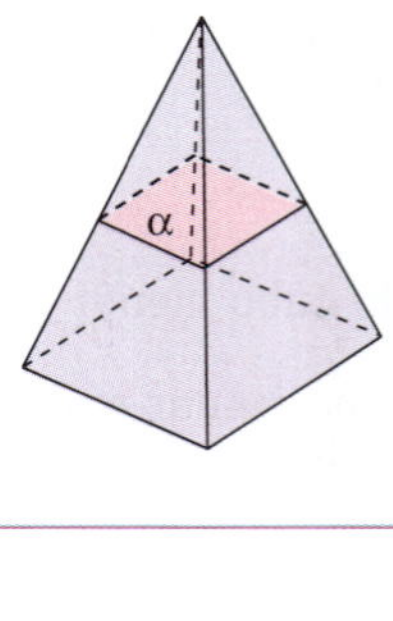

TRONCO DE PIRÂMIDE

Introdução

Observe as figuras ao lado, que representam um vaso e uma caçamba.

Elas são obtidas a partir da seção de uma pirâmide por um plano paralelo à sua base. Esses sólidos recebem o nome de **tronco de pirâmide**.

CJT/Zapt

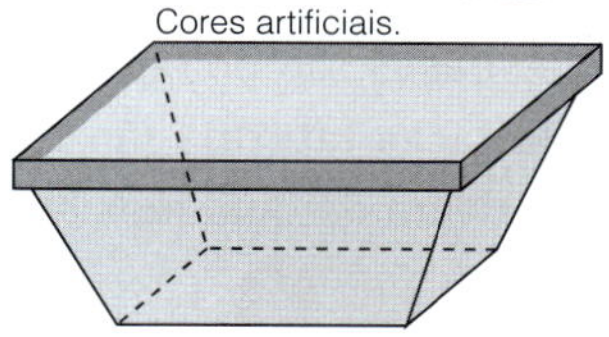

Ilustrações sem escala ou em escalas diferentes. Cores artificiais.

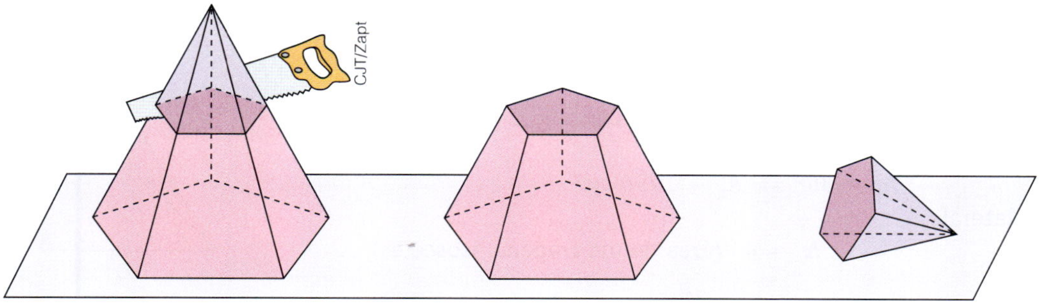
CJT/Zapt

Vamos reconhecer os elementos principais de um tronco de pirâmide:

- **base maior do tronco**: é a base da pirâmide "original" ou "primitiva".
- **base menor do tronco**: é a seção determinada pelo plano que intercepta a pirâmide. Essa seção é um polígono semelhante ao da base da pirâmide.
- **altura do tronco**: é a distância entre os planos das bases.
- **faces laterais do tronco**: são as regiões planas limitadas por trapézios.

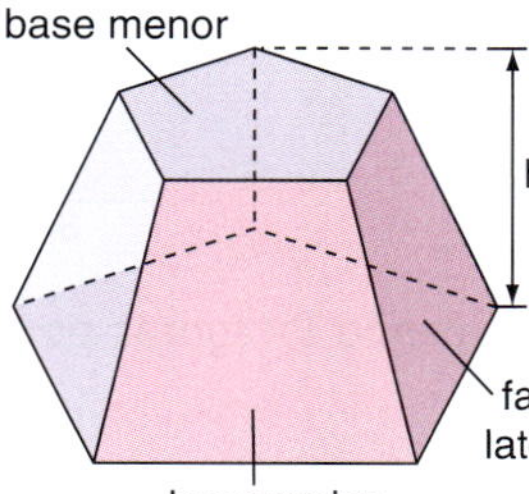

Áreas

- **Áreas das bases (A_B e A_b)**
  Área da base maior (A_B): é a área do polígono da base maior.
  Área da base menor (A_b): é a área de um polígono semelhante ao da base maior.
- **Área lateral (A_ℓ)**
  A área lateral (A_ℓ) é a soma das áreas das faces laterais.
- **Área total (A_t)**
  Somando-se as áreas das duas bases com a área lateral, obtém-se a área total:

$$A_t = A_B + A_b + A_\ell$$

Volume

Um tronco de pirâmide de bases paralelas, com áreas das bases A_B e A_b, respectivamente, e medida da altura (h) tem volume (V) dado por:

$$V = \frac{h}{3} \cdot (A_B + \sqrt{A_B \cdot A_b} + A_B)$$

A demonstração dessa fórmula encontra-se no apêndice, na página 363.

O volume de um tronco de pirâmide também pode ser calculado através da diferença entre o volume da pirâmide original e o volume da pirâmide obtida a partir da seção.

Tronco de pirâmide regular

O tronco de bases paralelas obtido de uma pirâmide regular é denominado **tronco de pirâmide regular.**

Num tronco de pirâmide regular:

- as **arestas laterais** são congruentes entre si;
- as **bases** são polígonos regulares semelhantes;
- as **faces laterais** são trapézios isósceles congruentes entre si;
- a altura de qualquer face lateral chama-se **apótema do tronco.**

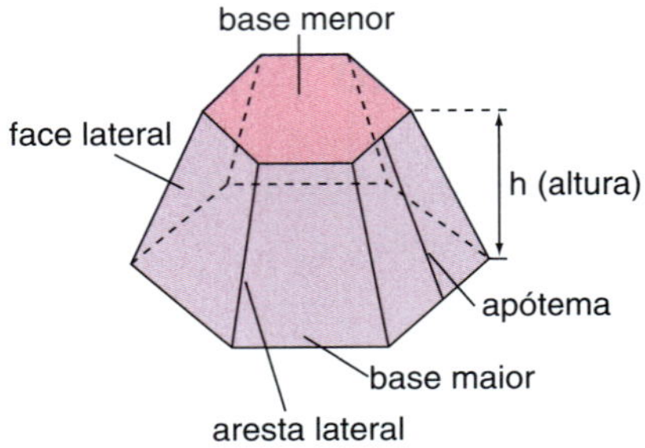

Exemplo 4

Vamos calcular a área total e o volume de um tronco de pirâmide regular quadrangular, cujas arestas das bases medem 24 cm e 36 cm e cuja aresta lateral mede 10 cm.

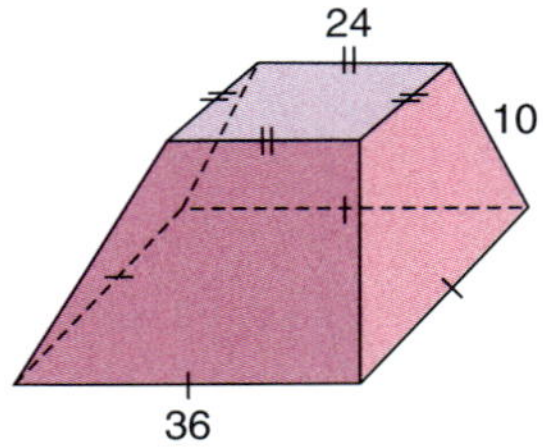

- Área da base menor

$$A_b = 24^2 \Rightarrow A_b = 576\ \text{cm}^2$$

- Área da base maior

$$A_B = 36^2 \Rightarrow A_B = 1\,296\ \text{cm}^2$$

- Área lateral

$$A_\ell = 4 \cdot (\text{área de um trapézio isósceles})$$

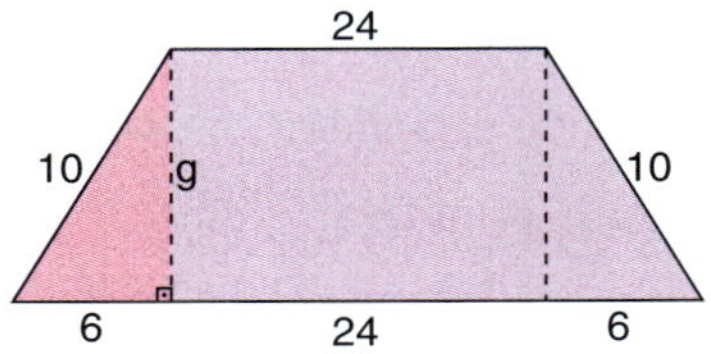

g: apótema do tronco (altura do trapézio)

Aplicando Pitágoras no triângulo destacado, vem:

$$10^2 = g^2 + 6^2 \Rightarrow 100 = g^2 + 36 \Rightarrow g = 8\ \text{cm}$$

Logo:

$$A_\ell = 4 \cdot \frac{(36 + 24) \cdot 8}{2} \Rightarrow A_\ell = 960\ \text{cm}^2$$

- Área total

$$A_t = A_\ell + A_b + A_B = 960 + 576 + 1\,296 \Rightarrow A_t = 2\,832\ \text{cm}^2$$

- Volume

Para calcular o volume desse tronco, é necessário conhecer a medida de sua altura (h).

Temos:

O e O' são centros das bases;

OO' = altura do tronco

No triângulo PP'Q, vem:

$8^2 = h^2 + 6^2 \Rightarrow h^2 = 28 \Rightarrow h = 2\sqrt{7}$ cm

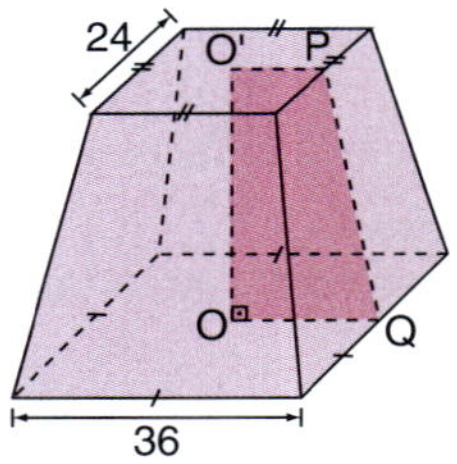

$$OQ = \frac{36}{2} = 18$$

$$O'P = \frac{24}{2} = 12$$

$$PQ = g = 8$$

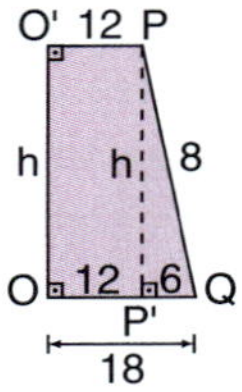

Cálculo do volume:

- com a fórmula

$$V = \frac{h}{3} \cdot (A_B + \sqrt{A_B \cdot A_b} + A_b) = \frac{2\sqrt{7}}{3} \cdot (1\,296 + \sqrt{1\,296 \cdot 576} + 576)$$

$$V = \frac{2\sqrt{7}}{3} \cdot 2\,736 \Rightarrow V = 1824\sqrt{7}\ \text{cm}^3$$

- sem fórmula

Vamos imaginar a pirâmide que deu origem a esse tronco:

h: altura do tronco

x: altura da pirâmide obtida

x + h: altura da pirâmide original

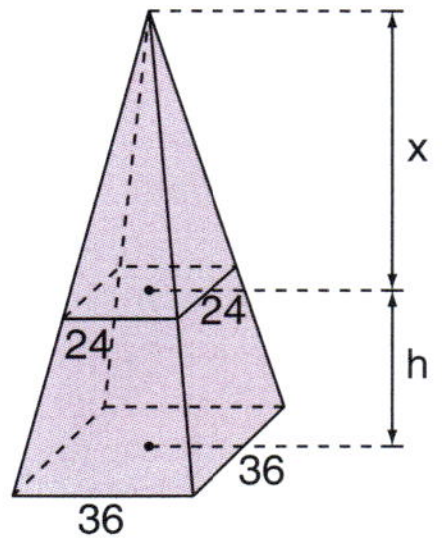

A razão entre os elementos lineares das duas pirâmides é $\frac{36}{24} = \frac{3}{2}$.

Podemos, então, escrever:

$$\frac{h + x}{x} = \frac{3}{2} \Rightarrow x = 2h$$

mas $h = 2\sqrt{7}$ cm $\Rightarrow x = 4\sqrt{7}$ cm; $h + x = 6\sqrt{7}$ cm

- Volume da pirâmide original $= \frac{1}{3} \cdot 36^2 \cdot 6\sqrt{7} \Rightarrow V = 2\,592\sqrt{7}$ cm^3
- Volume da nova pirâmide $= \frac{1}{3} \cdot 24^2 \cdot 4\sqrt{7} \Rightarrow V' = 768\sqrt{7}$ cm^3

Logo, o volume do tronco é: $2\,592\sqrt{7}$ cm^3 $- 768\sqrt{7}$ cm^3 $= 1\,824\sqrt{7}$ cm^3

EXERCÍCIOS

31. Calcule a área total de cada tronco seguinte:

a) quadrangular regular b) hexagonal regular

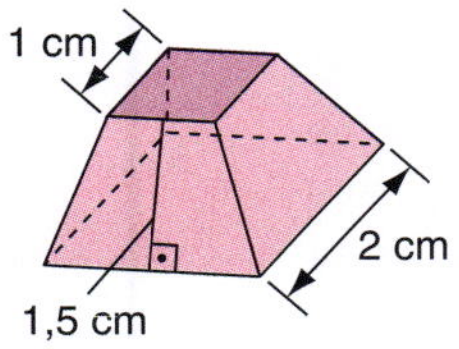

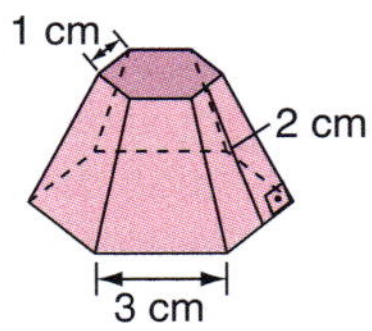

32. Um vaso tem o formato de um tronco de pirâmide regular de base quadrada, como mostrado na figura. Quantos litros de água são necessários para encher totalmente esse vaso?

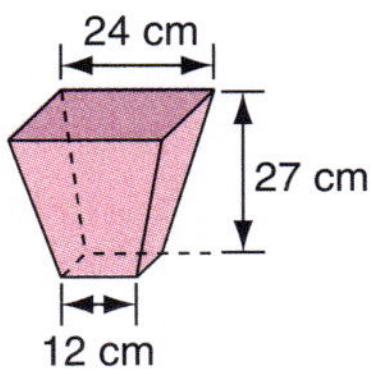

33. A figura mostra um tronco de pirâmide regular em que as bases são triângulos equiláteros cujos lados medem 8 cm e 12 cm. Sabendo que a área lateral do tronco é igual a 180 cm^2, determine:

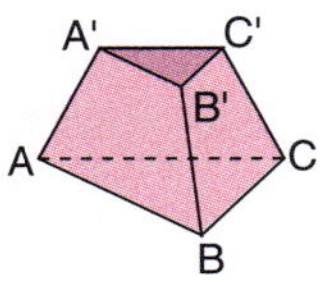

a) sua área total;

b) a medida do seu apótema.

34. Um suporte de mesa, feito de madeira maciça, é constituído de um prisma reto cuja base quadrada coincide com a base menor de um tronco de pirâmide regular quadrangular, como mostra a figura. Sabe-se que a altura do prisma é 20 cm.

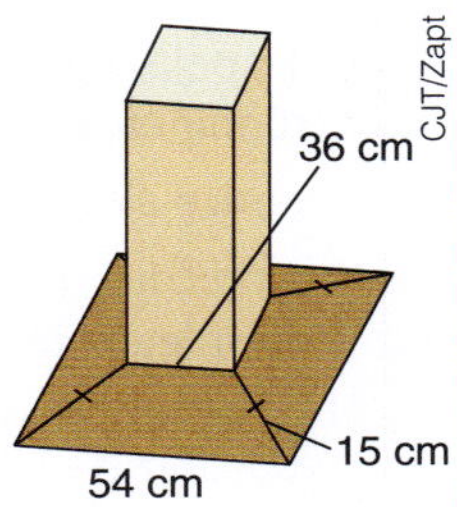

a) Qual é o volume, em m^3, da madeira usada na confecção desse suporte? Use a aproximação: $\sqrt{7} = 2,65$.

b) Deseja-se pintar a superfície desse suporte com um material impermeabilizante cujo preço é R$ 28,00 o litro. Sabendo que cada 1000 cm^2 necessitam de 400 mℓ do impermeabilizante, determine o custo aproximado dessa pintura.

35. As bases de um tronco de pirâmide são dois pentágonos regulares cujos lados medem 5 dm e 3 dm, respectivamente. Sendo essas bases paralelas e a medida do apótema do tronco de pirâmide 10 dm, determine a área lateral desse tronco.

36. Calcule o volume de um tronco de pirâmide regular quadrangular de 4 dm de altura e cujas áreas das bases são iguais a 36 dm^2 e 144 dm^2.

DESAFIO

(Obmep) Os bilhetes de uma rifa são numerados de 1 000 a 9 999. Marcelo comprou todos os bilhetes nos quais o algarismo sete aparece exatamente três vezes e o zero não aparece. Quantos bilhetes Marcelo comprou?

EXERCÍCIOS COMPLEMENTARES

1. (FEI-SP) A base de uma pirâmide é um quadrado com 24 cm de perímetro. Sabe-se que a razão entre a medida da altura da pirâmide e a medida da aresta da base, nesta ordem, é igual a $\frac{2}{3}$. Nessas condições, determine o volume dessa pirâmide, em centímetros cúbicos.

2. Em certo edifício, a água da chuva é recolhida em um pluviômetro em forma de pirâmide regular quadrangular. Considerando que, nesse pluviômetro, quando a água alcança uma altura de 9 cm, ela forma uma pequena pirâmide de 15 cm de aresta lateral, então, se toda essa água fosse vertida em um cubo de 10 cm de aresta, que altura ela atingiria no cubo?

3. (UF-ES) Um reservatório de água tem a forma de uma pirâmide regular de base quadrada. O vértice do reservatório está apoiado no solo e seu eixo está posicionado perpendicularmente ao solo. Com o reservatório vazio, abre-se uma torneira que nele despeja água com uma vazão constante. Após 10 minutos, o nível da água, medido a partir do vértice, atinge $\frac{1}{4}$ da altura do reservatório. Nessas condições, quanto tempo ainda falta para encher completamente o reservatório?

4. (U.F. Juiz de Fora-MG) Seja um prisma quadrangular regular de altura 4 e aresta básica 3. Considere uma pirâmide triangular inscrita nesse prisma, tal que: seu vértice coincide com um dos vértices de uma base do prisma; sua base tenha vértices coincidentes com vértices da outra base do prisma. Sabendo que nenhuma face lateral dessa pirâmide é perpendicular ao plano da base do prisma, calcule a soma dos comprimentos de todas as arestas da pirâmide.

5. (Unesp-SP) Com o fenômeno do efeito estufa e consequentemente aumento da temperatura média da Terra, há o desprendimento de *icebergs* (enormes blocos de gelo) das calotas polares terrestres. Para calcularmos o volume aproximado de um *iceberg*, podemos compará-lo com sólidos geométricos conhecidos.

Suponha que o sólido da figura, formado por dois troncos de pirâmides regulares de base quadrada simétricos e justapostos pela base maior, represente aproximadamente um *iceberg*. As arestas das bases maior e menor de cada tronco medem, respectivamente, 40 dam e 30 dam, e a altura mede 12 dam.

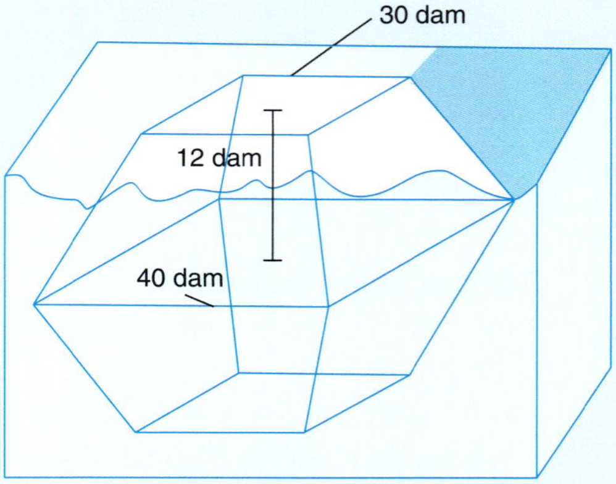

Sabendo que o volume V_s da parte submersa do *iceberg* corresponde a aproximadamente $\frac{7}{8}$ do volume total V, determine V_s.

6. (Fuvest-SP) Os vértices de um tetraedro são também vértices de cubo de aresta 2. Determine a área de uma face desse tetraedro.

7. A figura mostra o projeto de um balão que tem a forma de dois cubos equivalentes — cada qual com 1,80 m de medida da aresta —, acoplados a duas pirâmides equivalentes, em que os apótemas medem 1,50 m. Considerando o balão do projeto, isto é, antes de ele ter sua boca cortada, determine:

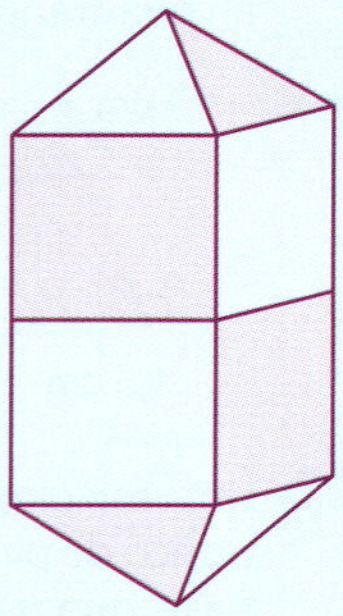

a) a quantidade mínima de papel necessária para revestir sua superfície;

b) o volume de ar que seu interior comporta.

8. (Unicamp-SP) Suponha que um livro de 20 cm de largura esteja aberto conforme a figura, sendo m(DÂC) = 120° e m(D$\hat{B}$C) = 60°.

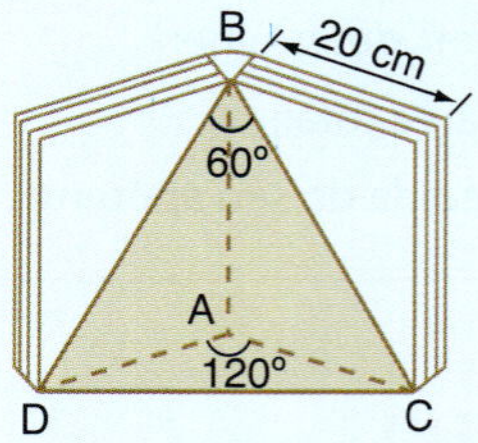

a) Calcule a medida da altura $\overline{AB}$ do livro.

b) Calcule o volume do tetraedro de vértices A, B, C e D.

9. (UF-CE) As arestas de um cubo medem 1 unidade de comprimento. Escolhido um vértice V do cubo, considera-se um tetraedro VABC, de modo que as arestas $\overline{VA}$, $\overline{VB}$ e $\overline{VC}$ estejam contidas nas arestas do cubo (como descrito na figura) e tenham a mesma medida:

$x = |VA| = |VB| = |VC|$,
com $0 < x \leq 1$.

Calcule o volume do tetraedro VABC em função de x.

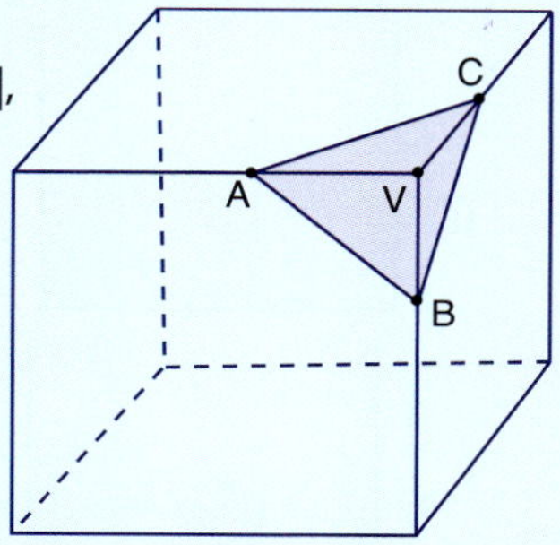

10. (UF-PE) Uma pirâmide hexagonal regular tem a área da base igual à metade da área lateral. Se a altura da pirâmide mede 6 cm, assinale o inteiro mais próximo do volume da pirâmide, em centímetros cúbicos.

(Use a aproximação: $\sqrt{3} = 1,73$)

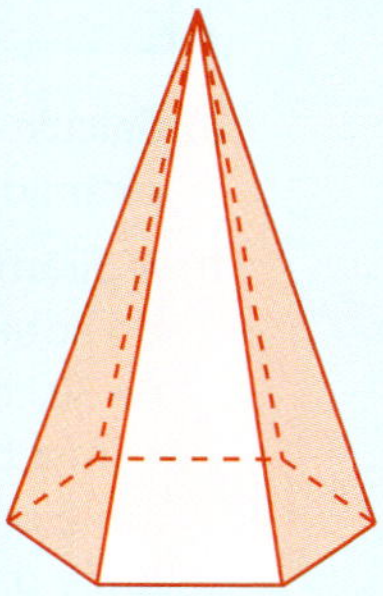

11. (UF-PR) Sejam $\overline{AB}$, $\overline{BC}$ e $\overline{AC}$ diagonais das faces de um cubo cuja aresta mede 10 cm, conforme mostra a figura.

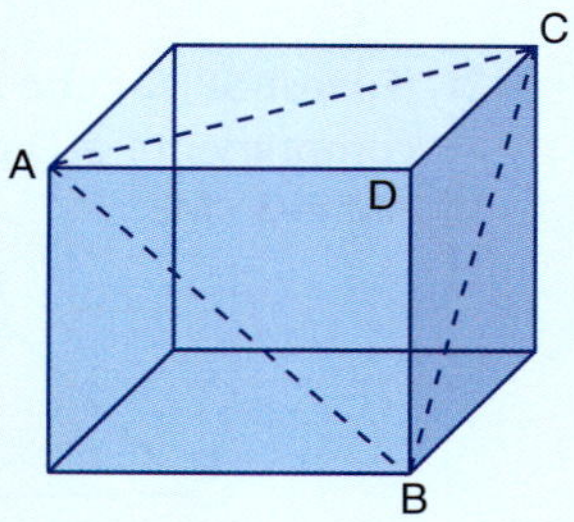

a) Calcule a área do triângulo ABC.

b) Calcule a área total da pirâmide ABCD.

c) Calcule o volume da pirâmide ABCD.

12. (Unifesp-SP) Um poliedro é construído a partir de um cubo de aresta $a > 0$, cortando-se em cada um de seus cantos uma pirâmide regular de base triangular equilateral (os três lados da pirâmide são iguais). Denote por x, $0 < x \leq \frac{a}{2}$, a aresta lateral das pirâmides cortadas.

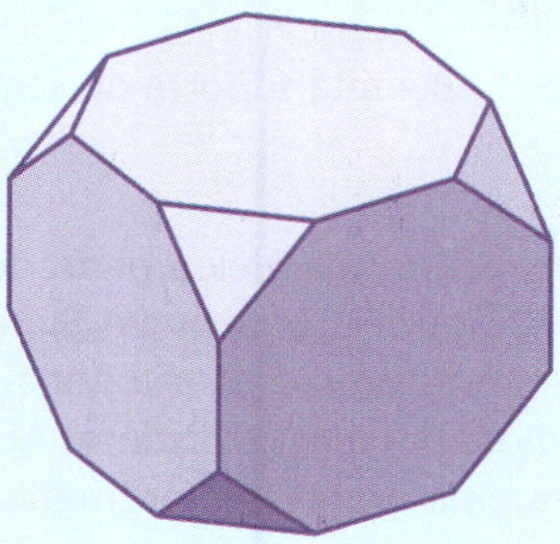

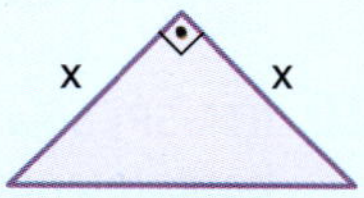

Face lateral das pirâmides cortadas

a) Dê o número de faces do poliedro construído.

b) Obtenha o valor de x, $0 < x \leq \frac{a}{2}$, para o qual o volume do poliedro construído fique igual a cinco sextos do volume do cubo original. A altura de cada pirâmide cortada, relativa à base equilateral, mede $\frac{x}{\sqrt{3}}$.

13. (Unicamp-SP) Uma caixa-d'água tem o formato de um tronco de pirâmide de bases quadradas e paralelas, como mostra a figura abaixo, na qual são apresentadas as medidas referentes ao interior da caixa.

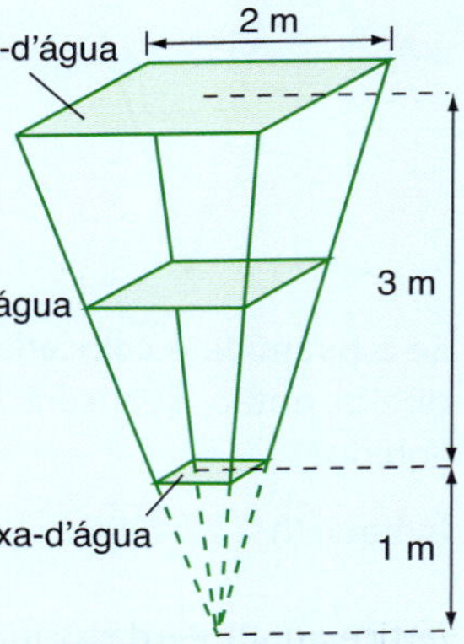

a) Qual o volume total da caixa-d'água?

b) Se a caixa contém $\left(\frac{13}{6}\right)$ m^3 de água, a que altura de sua base está o nível da água?

14. (UF-PE) Na ilustração ao lado, temos um octaedro regular com área total da superfície igual a $36\sqrt{3}$ cm^2. Indique o volume do octaedro, em centímetros cúbicos.

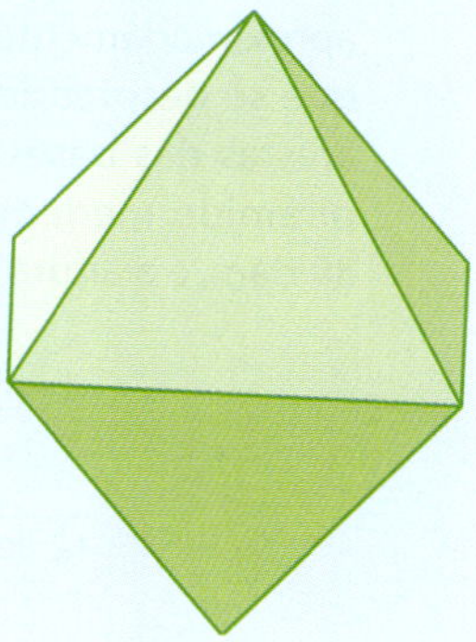

15. (Unifesp-SP) Quatro dos oito vértices de um cubo de aresta unitária são vértices de um tetraedro regular. As arestas do tetraedro são diagonais das faces do cubo, conforme mostra a figura.

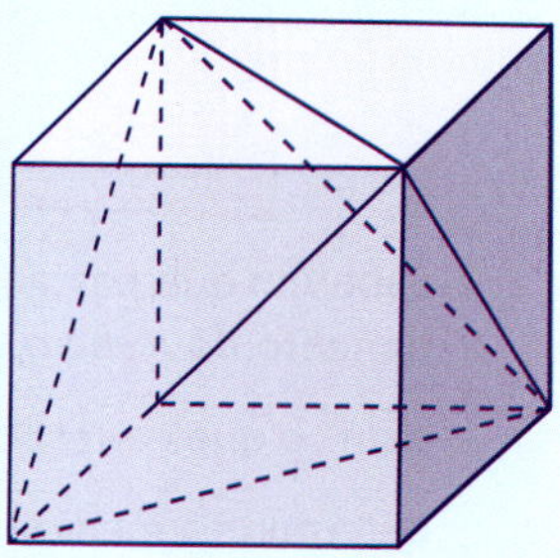

a) Obtenha a medida altura do tetraedro e verifique que ela é igual a dois terços da medida da diagonal do cubo.

b) Obtenha a razão entre o volume do cubo e o volume do tetraedro.

16. (UF-PE) Na ilustração abaixo, à esquerda, uma pirâmide regular invertida, com altura medindo 6 e base quadrada cujo lado mede 2, está preenchida por um líquido, até dois terços de sua altura.

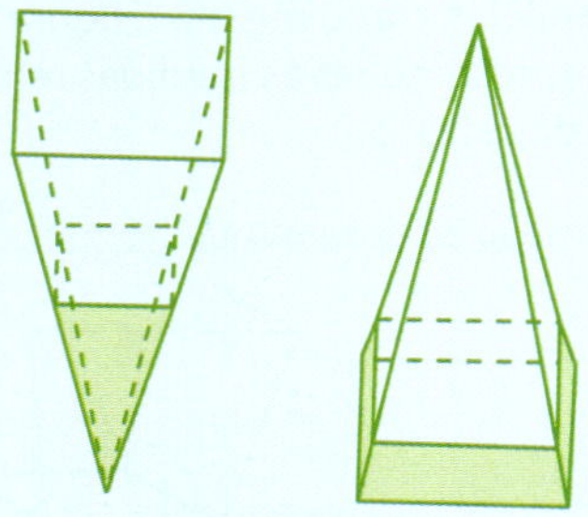

Se a pirâmide é colocada na posição ilustrada à direita, então, qual será *h*, medida da altura do líquido?

Indique $(h + 2 \cdot \sqrt[3]{19})^2$.

17. (Vunesp-SP) Para calcularmos o volume aproximado de um *iceberg*, podemos compará-lo com sólidos geométricos conhecidos. O sólido da figura, formado por um tronco de pirâmide regular de base quadrada e um paralelepípedo retorretângulo, justapostos pela base, representa aproximadamente um *iceberg* no momento em que se desprendeu da calota polar da Terra. As arestas das bases maior e menor do tronco de pirâmide medem, respectivamente, 40 dam e 30 dam, e a altura mede 12 dam.

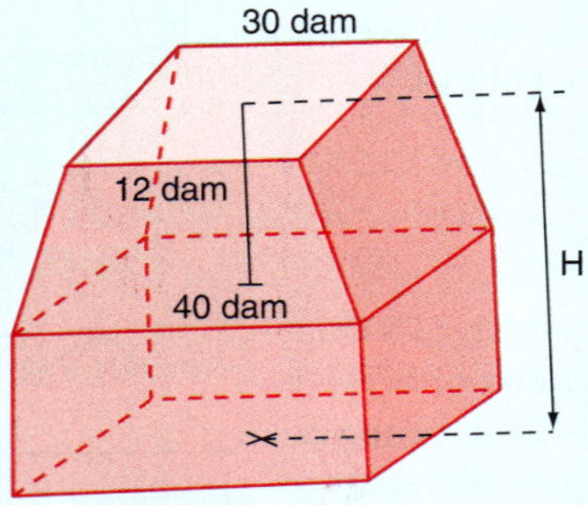

Sabendo que, passado algum tempo do desprendimento do *iceberg*, o seu volume era de 23 100 dam³, o que correspondia a $\frac{3}{4}$ do volume inicial, determine a medida da altura H, em decâmetros, do sólido que representa o *iceberg* no momento em que se desprendeu.

18. (UF-RJ) Em um tanque no formato de um cubo de aresta 25 cm, contendo certo líquido, foi posta uma pirâmide P_1 de altura de medida 6 cm, com a base apoiada no fundo do tanque. Com isso, o nível do líquido passou de 18 cm para 19 cm.

zapt

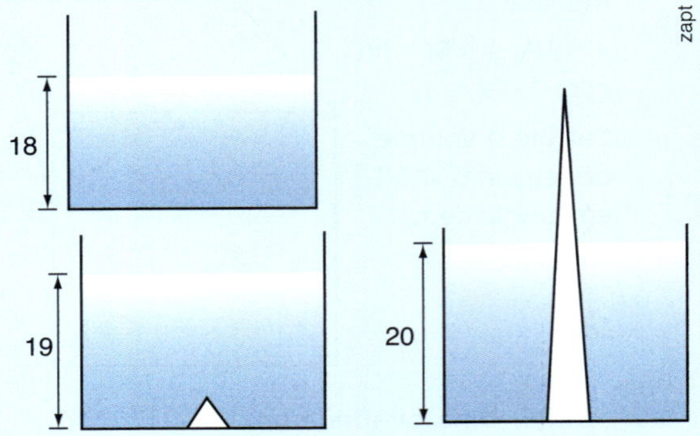

a) Calcule o volume, em centímetros cúbicos, da pirâmide P_1.

b) A pirâmide P_1 foi retirada do tanque e o nível do líquido voltou ao inicial. Uma pirâmide P_2, de 30 cm de altura, foi então posta no tanque, com a base apoiada no fundo, o que elevou em 2 cm o nível do líquido. Determine o volume da pirâmide P_2.

19. (Fuvest-SP) O cubo ABCDEFGH possui arestas de comprimento *a*. O ponto M está na aresta $\overline{AE}$ e $AM = 3 \cdot ME$.

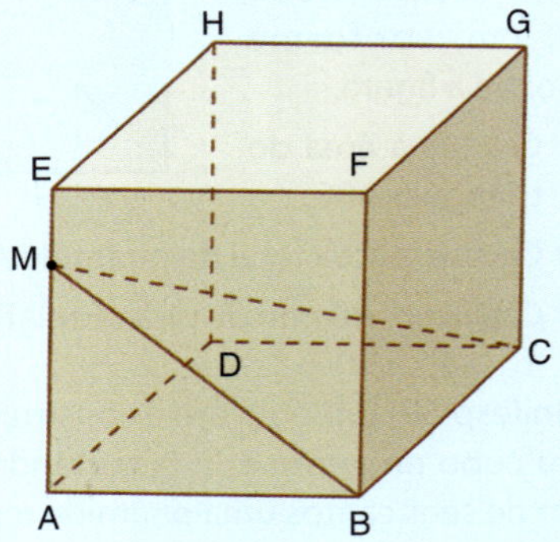

Calcule:

a) O volume do tetraedro BCGM.

b) A área do triângulo BCM.

c) A distância do ponto B à reta suporte do segmento $\overline{CM}$.

20. (ITA-SP) Seja ABCDEFGH um paralelepípedo de bases retangulares ABCD e EFGH, em que A, B, C e D são, respectivamente, as projeções ortogonais de E, F, G e H. As medidas das arestas distintas $\overline{AB}$, $\overline{AD}$ e $\overline{AE}$ constituem uma progressão aritmética cuja soma é 12 cm.

Sabendo que o volume da pirâmide ABCF é igual a 10 cm^3, calcule:

a) as medidas das arestas do paralelepípedo;

b) o volume e a área total da superfície do paralelepípedo.

21. (FGV-SP) Uma pirâmide de base quadrada é secionada por um plano paralelo à sua base, distante 2 m dela. A área total da pirâmide menor, obtida pela seção, é igual à metade da área total da pirâmide original.

a) Calcule a medida da altura da pirâmide original.

b) Calcule o volume do tronco de pirâmide obtido pela seção para o caso em que a aresta da base da pirâmide maior mede 3 m.

22. (ITA-SP) Considere uma pirâmide regular de base hexagonal, cujo apótema da base mede $\sqrt{3}$ cm. Seciona-se a pirâmide por um plano paralelo à base, obtendo-se um tronco de volume igual a 1 cm^3 e uma nova pirâmide. Sabendo que a razão entre as medidas das alturas das pirâmides é igual a $\frac{1}{\sqrt{2}}$, determine a medida da altura do tronco.

23. (UF-RS) A partir de quatro dos vértices de um cubo de aresta 6, construído com madeira maciça, foram recortadas pirâmides triangulares congruentes, cada uma tendo três arestas de medida 3, conforme representado na figura 1. O sólido obtido após a retirada das pirâmides está representado na figura 2.

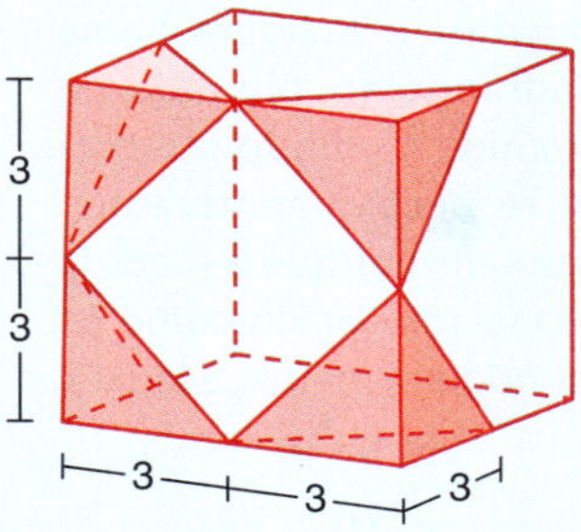

Figura 1

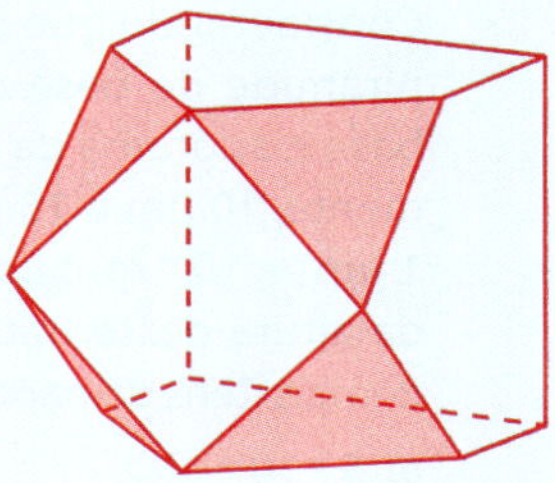

Figura 2

Determine o volume do sólido obtido.

24. (FGV-SP) Os centros das faces de um cubo de lado 1 m são unidos formando um octaedro regular. Determine, em metros cúbicos, o volume ocupado pelo cubo e não ocupado pelo octaedro.

25. (Fuvest-SP) Na figura, o cubo ABCDEFGH tem lado de medida ℓ. Os pontos M e N são pontos médios das arestas $\overline{AB}$ e $\overline{BC}$, respectivamente.

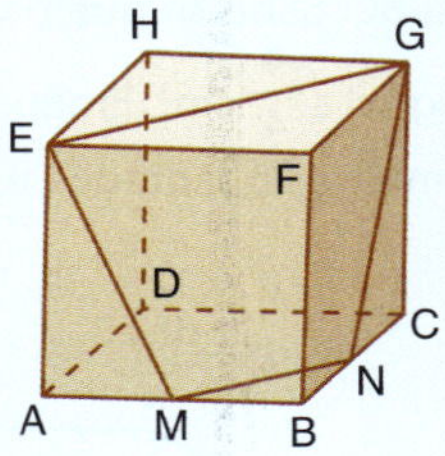

Calcule a área da superfície do tronco de pirâmide MBNEFG.

TESTES

1. (FEI-SP) A aresta do cubo representado na figura mede 4 cm. Se unirmos os vértices A, B, C e D do mesmo, construiremos um tetraedro.

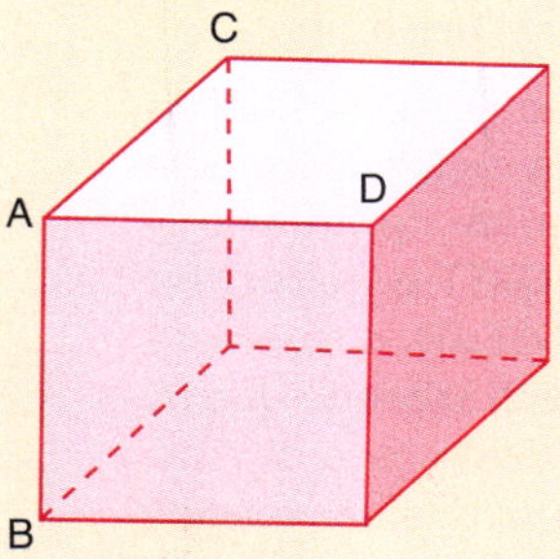

O volume desse tetraedro, em centímetros cúbicos, é:

a) 4

b) 8

c) $\frac{32}{3}$

d) 64

e) 100

2. (U.F. Pelotas-RS) A nanotecnologia de materiais tem como foco a construção de dispositivos e equipamentos invisíveis, mas muito eficazes. Um exemplo é o minimicrofone. O dispositivo tem tamanho inferior à espessura de um fio de cabelo, é formado por uma pirâmide de silício e capta sons com extrema acuidade. Já tem aplicações práticas como a comunicação entre pilotos e equipes em corrida.

Lucent Technologies, Inc/Bell Labs

Considerando que o microfone da figura é uma pirâmide de base quadrangular com lado da base e apótema da pirâmide medindo, internamente, 10 μm e 15 μm, respectivamente, e que 1 μm = 10^{-6} m, é correto afirmar que a medida da altura desse microfone, minúsculo como os demais itens do nanomundo, em metros, é igual a:

a) $5 \cdot 10^{-6} \cdot \sqrt{5}$
b) $10^{-11} \cdot \sqrt{2}$
c) $10^{-5} \cdot \sqrt{2}$
d) $5 \cdot 10^{-12} \cdot \sqrt{5}$
e) $10^{-7} \cdot \sqrt{2}$

3. (Cefet-PR) A base de uma pirâmide quadrangular está inscrita numa circunferência cujo raio mede 3 m. Se a aresta lateral dessa pirâmide mede 5 m, o seu volume, em metros cúbicos, é igual a:

a) 18
b) 22
c) 24
d) 26
e) 30

4. (Fatec-SP) No cubo ABCDEFGH, M é o ponto médio da aresta $\overline{BC}$. Sabe-se que o volume da pirâmide ABMF é igual a $\frac{9}{4}$ cm³. Então, a área total do cubo, em centímetros quadrados, é:

a) 27
b) 36
c) 54
d) 63
e) 72

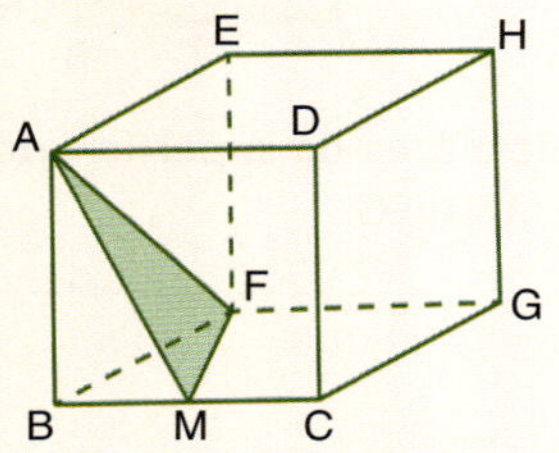

5. (UF-PI) A figura abaixo representa um cubo cuja aresta mede $\sqrt[3]{12}$ cm, no qual foi feita uma seção por um plano que passa pelos pontos A, F e H. Nessas condições, o volume do sólido ABCDFGH, em centímetros cúbicos, é:

a) 12
b) 10
c) 8
d) 5
e) 2

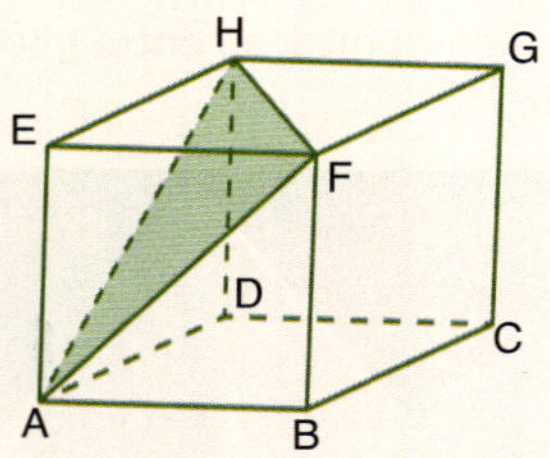

6. (UF-PE) A pirâmide regular da figura tem base quadrada com lado medindo $3\sqrt{2}$ cm e aresta lateral medindo 5 cm.

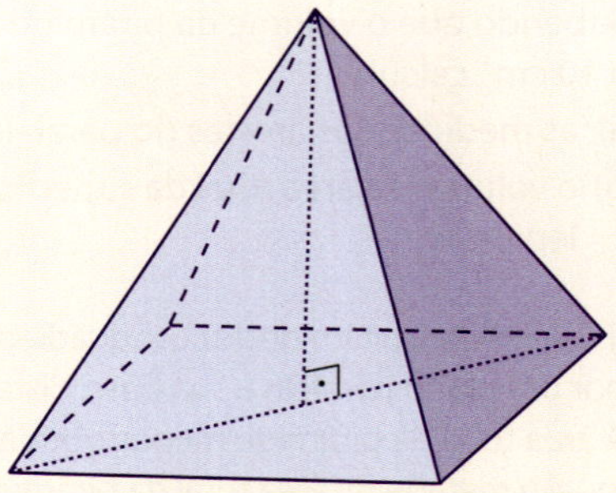

Qual o volume dessa pirâmide, em centímetros cúbicos?

a) 22
b) 23
c) 24
d) 25
e) 26

7. (U.E. Londrina-PR) Considere o cubo de aresta de medida 3 cm e vértices ABCDEFGH. Considere o ponto P situado no prolongamento da aresta $\overline{EA}$ de modo que PA = 5 cm, como está estabelecido na figura.

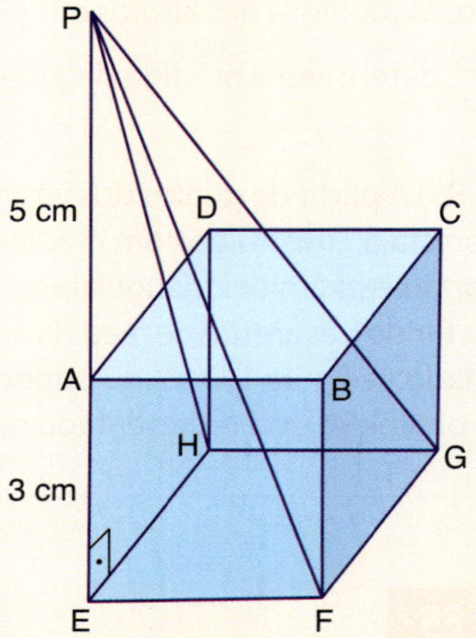

A maior e a menor aresta lateral da pirâmide PEFGH medem, respectivamente,

a) $\sqrt{82}$ cm e 8 cm.
b) $\sqrt{82}$ cm e 4 cm.
c) $\sqrt{43}$ cm e 8 cm.
d) 20 cm e 10 cm.
e) 12 cm e 8 cm.

8. (Fatec-SP) O sólido da figura é composto pela pirâmide quadrangular PQRST e pelo cubo ABCDEFGH, cuja aresta mede 2. Sabendo que os vértices da base da pirâmide são pontos médios dos lados do quadrado ABCD e que a distância do ponto P ao plano (A, B, C) é igual a 6, então o volume do sólido é igual a:

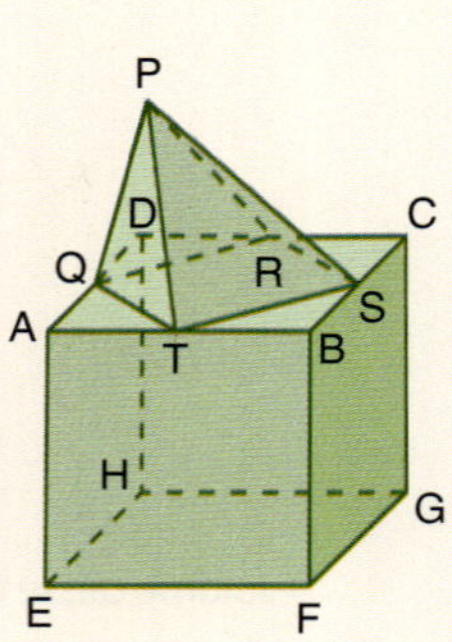

a) 12
b) 16
c) 18
d) 20
e) 24

9. (UFF-RJ) A grande pirâmide de Quéops, antiga construção localizada no Egito, é uma pirâmide regular de base quadrada, com 137 m de altura. Cada face dessa pirâmide é um triângulo isósceles cuja altura relativa à base mede 179 m. A área da base dessa pirâmide, em metros quadrados, é:

a) 13 272
b) 26 544
c) 39 816
d) 53 088
e) 79 432

10. (UF-ES) Um grupo de esotéricos deseja construir um reservatório de água na forma de uma pirâmide de base quadrada. Se a medida do lado da base é igual a $\frac{4}{5}$ da medida da altura e o reservatório deve ter capacidade para 720 m³, então a medida aproximada do lado da base, em metros, deverá ser:

a) 8,7
b) 12
c) 13,9
d) 15
e) 16

11. (Fatec-SP) Uma pirâmide quadrangular regular de base ABCD e vértice P tem volume igual a $36\sqrt{3}$ cm³. Considerando que a base da pirâmide tem centro O e que M é o ponto médio da aresta $\overline{BC}$, então, se a medida do ângulo $P\hat{M}O$ é 60°, a medida da aresta da base dessa pirâmide, em centímetros, é igual a:

a) $\sqrt[3]{216}$
b) $\sqrt[3]{324}$
c) $\sqrt[3]{432}$
d) $\sqrt[3]{564}$
e) $\sqrt[3]{648}$

12. (UF-MG) Em uma indústria de velas, a parafina é armazenada em caixas cúbicas cujo lado mede *x*. Depois de derretida, a parafina é derramada em moldes em formato de pirâmides com base quadrada, cuja altura e cuja aresta da base medem, cada uma, $\frac{x}{2}$.

Considerando essas informações, é correto afirmar que, com a parafina armazenada em apenas uma dessas caixas, enche-se um total de

a) 6 moldes.
b) 8 moldes.
c) 24 moldes.
d) 32 moldes.

13. (UF-PE) Na ilustração ao lado, temos uma pirâmide hexagonal regular com a medida da altura igual à medida do lado da base e $4\sqrt{3}$ cm de volume. Qual a área total da superfície dessa pirâmide, em centímetros quadrados?

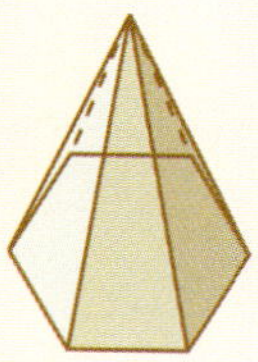

a) $7 \cdot (\sqrt{3} + \sqrt{7})$
b) $6 \cdot (\sqrt{3} + \sqrt{7})$
c) $5 \cdot (\sqrt{3} + \sqrt{7})$
d) $4 \cdot (\sqrt{3} + \sqrt{7})$
e) $3 \cdot (\sqrt{3} + \sqrt{7})$

14. (UF-RS) A figura abaixo, formada por trapézios congruentes e triângulos equiláteros, representa a planificação de um sólido.

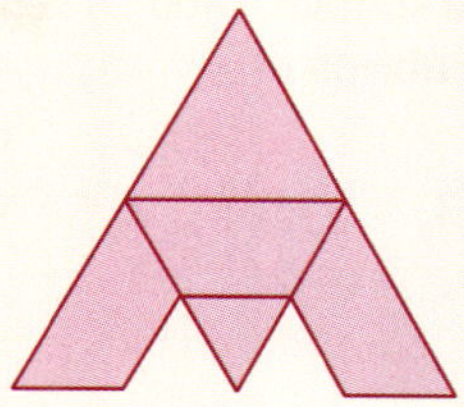

Esse sólido é um

a) tronco de pirâmide.
b) tronco de prisma.
c) poliedro regular.
d) prisma trapezoidal.
e) prisma triangular.

15. (Unit-SE) Uma barraca de lona tem a forma de uma pirâmide regular hexagonal de $\frac{3\sqrt{3}}{2}$ m de altura e aresta da base medindo $\sqrt{3}$ m. Quantos metros cúbicos de ar existem no interior dessa barraca?

a) 20,75
b) 16,25
c) 14,75
d) 8,25
e) 6,75

16. (FGV-SP) Arestas opostas de um tetraedro são arestas que não têm ponto em comum. Um inseto anda sobre a superfície de um tetraedro regular, cuja aresta mede 10 cm, partindo do ponto médio de uma aresta e indo para o ponto médio de uma aresta oposta à aresta de onde partiu. Se o percurso foi feito pelo caminho mais curto possível, então quantos centímetros o inseto percorreu?

a) $10\sqrt{3}$
b) 15
c) $10\sqrt{2}$
d) 10
e) $5\sqrt{3}$

17. (UF-PE) Ilustrados abaixo, temos um tetraedro e sua planificação.

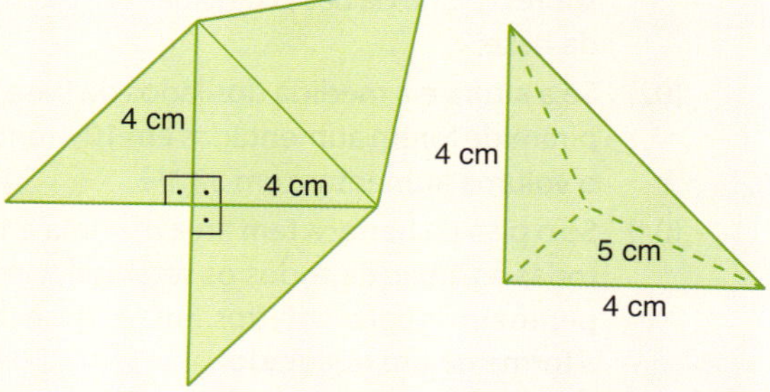

Qual o volume do tetraedro, em centímetros cúbicos?

a) 7,2
b) 7,4
c) 7,6
d) 7,8
e) 8,0

18. (Unifor-CE) Uma pirâmide regular tem $6\sqrt{3}$ em de altura e a aresta da base mede 8 cm. Se os ângulos internos da base e de todas as faces laterais dessa pirâmide somam 1 800°, o seu volume, em centímetros cúbicos, é:

a) 576
b) $576\sqrt{3}$
c) 1 728
d) $1\,728\sqrt{3}$
e) 3 456

19. (Cefet-MG) Na figura, tem-se um cubo, em que M e N são pontos médios das arestas $\overline{BC}$ e $\overline{CD}$, respectivamente.

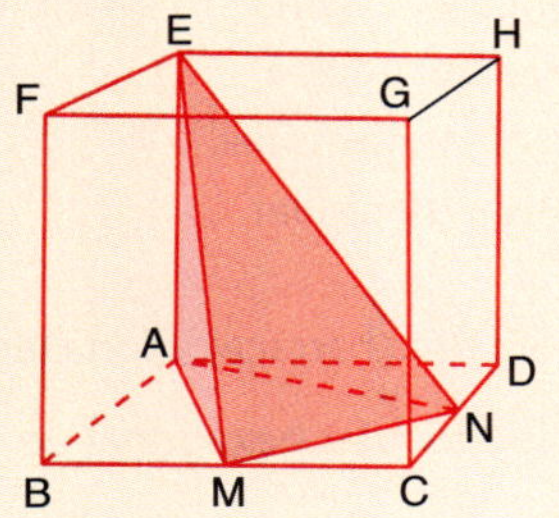

Sendo V_p o volume da pirâmide EAMN e V_c o volume do cubo, a relação $\frac{V_p}{V_c}$ é igual a:

a) $\frac{1}{8}$ b) $\frac{1}{6}$ c) $\frac{1}{5}$ d) $\frac{1}{4}$ e) $\frac{1}{3}$

20. (Cefet-AM) Planificando-se um tetraedro regular, obteve-se um paralelogramo com 6 cm de altura e cuja aresta da base mede $8\sqrt{3}$ cm. A medida da altura desse tetraedro, em centímetros, é:

a) $48\sqrt{3}$
b) $12\sqrt{3}$
c) $4\sqrt{3}$
d) $6\sqrt{2}$
e) $4\sqrt{2}$

21. (UFBA) Considere-se uma barraca de *camping* que tem a forma de uma pirâmide retangular com arestas laterais congruentes e medida da altura igual a 1 metro. Sejam as afirmações:

(01) A projeção ortogonal do vértice da pirâmide sobre o plano da base coincide com o centro da base.

(02) Se a altura e a medida dos lados da base da pirâmide forem aumentadas em 10%, então o volume aumentará em 33,1%.

(04) Se o piso da barraca tem área máxima entre todas as áreas de todos os retângulos com perímetro igual a 8 metros, então o piso tem a forma de um quadrado.

(08) Se a base da pirâmide tem a forma de um quadrado com lados medindo 2 metros, então o volume é igual a $\frac{4}{3}$ metros cúbicos.

(16) Suponha-se que a barraca está montada sobre um terreno horizontal e sua base é um quadrado com lados medindo 2 metros. Se, em determinado instante, os raios solares formam um ângulo de 45° com o solo, então algum ponto da barraca será projetado pelos raios solares num ponto do solo situado fora da região coberta pelo piso da barraca.

Considerando que essas afirmações podem ser verdadeiras ou falsas, então a soma dos números que estão à esquerda das afirmações verdadeiras é:

a) 15
b) 19
c) 27
d) 28
e) 30

22. (Fatec-SP) As faces laterais de um determinado cesto de lixo são constituídas de trapézios isósceles que têm 32 cm de de altura e cujas bases maior e menor medem 28 cm e 20 cm, respectivamente.

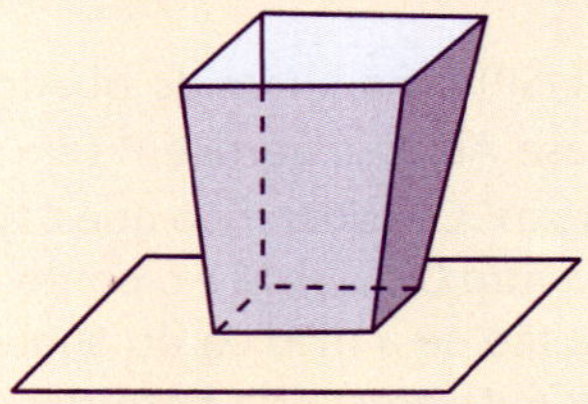

Desprezando-se a espessura do material de que é feito o cesto, a altura deste, em centímetros, é igual a:

a) $13\sqrt{6}$
b) $12\sqrt{7}$
c) $14\sqrt{5}$
d) 30
e) $17\sqrt{3}$

23. (Fuvest-SP) Em um tetraedro regular de lado *a*, a distância entre os pontos médios de duas arestas não adjacentes é igual a:

a) $a\sqrt{3}$
b) $a\sqrt{2}$
c) $\frac{a\sqrt{3}}{2}$
d) $\frac{a\sqrt{2}}{2}$
e) $\frac{a\sqrt{2}}{4}$

24. (UF-PE) As faces laterais de uma pirâmide quadrada ABCDE são triângulos equiláteros com lados medindo 2.

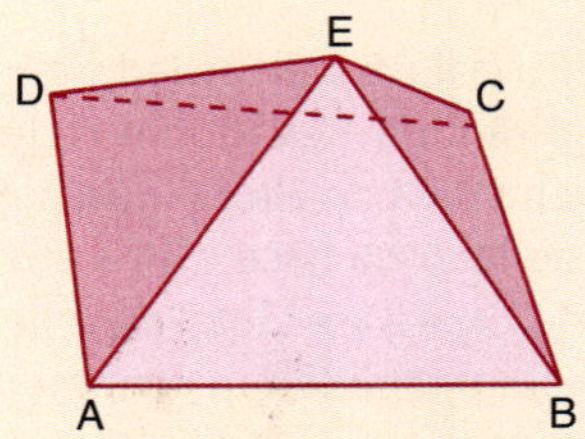

Qual a medida do ângulo AÊC?

a) 90°
b) 75°
c) 60°
d) 45°
e) 30°

APÊNDICE Demonstração da fórmula do volume do tronco

Vamos mostrar que o volume de um tronco de pirâmide de bases paralelas pode ser calculado através da expressão $V = \frac{h}{3} \cdot (A_B + \sqrt{A_B \cdot A_b} + A_b)$, em que A_B e A_b são as respectivas áreas das bases maior e menor do tronco e *h* é a medida de sua altura.

Observe na figura que V pode ser obtido calculando-se a diferença entre os volumes das duas pirâmides.

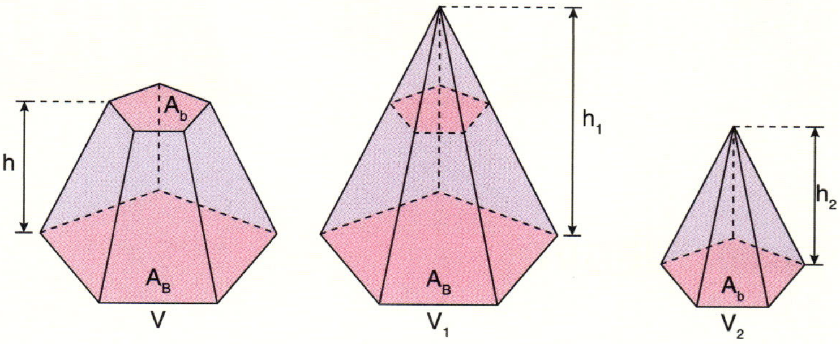

Temos

- $V_1 = \frac{1}{3} \cdot A_B \cdot h_1$ e $h_1 = h + h_2 \Rightarrow$

$\Rightarrow V_1 = \frac{1}{3} \cdot A_B \cdot (h + h_2)$

- $V_2 = \frac{1}{3} \cdot A_b \cdot h_2$

Assim:

$$V = V_1 - V_2 \Rightarrow V = \frac{1}{3} \cdot A_B \cdot (h + h_2) - \frac{1}{3} \cdot A_b \cdot h_2 \Rightarrow V = \frac{1}{3} \cdot [A_B \cdot (h + h_2) - A_b \cdot h_2] \quad (1)$$

Como as pirâmides (nova e original) são semelhantes, podemos escrever:

$$\frac{A_B}{A_b} = \left(\frac{h_1}{h_2}\right)^2 \Rightarrow \frac{h_1}{h_2} = \frac{\sqrt{A_B}}{\sqrt{A_b}} \Rightarrow \frac{h + h_2}{h_2} = \frac{\sqrt{A_B}}{\sqrt{A_b}} \Rightarrow (h + h_2) \cdot \sqrt{A_b} = h_2 \cdot \sqrt{A_B} \Rightarrow h_2 = \frac{h \cdot \sqrt{A_b}}{\sqrt{A_B} - \sqrt{A_b}} \quad (2)$$

Substituindo (2) em (1), vem:

$$V = \frac{1}{3} \cdot \left[A_B \cdot \left(h + \frac{h \cdot \sqrt{A_b}}{\sqrt{A_B} - \sqrt{A_b}}\right) - A_b \cdot \frac{h \cdot \sqrt{A_b}}{\sqrt{A_B} - \sqrt{A_b}}\right] \Rightarrow$$

$$\Rightarrow V = \frac{1}{3} \cdot \left[A_B \cdot \left(\frac{h \cdot (\sqrt{A_B} - \sqrt{A_b}) + h \cdot \sqrt{A_b}}{\sqrt{A_B} - \sqrt{A_b}}\right) - \frac{A_b \cdot h \cdot \sqrt{A_b}}{\sqrt{A_B} - \sqrt{A_b}}\right] \Rightarrow$$

$$\Rightarrow V = \frac{1}{3} \cdot \left[\frac{A_B \cdot h \cdot \sqrt{A_B}}{\sqrt{A_B} - \sqrt{A_b}} - \frac{A_b \cdot h \cdot \sqrt{A_b}}{\sqrt{A_B} - \sqrt{A_b}}\right] \Rightarrow V = \frac{h}{3} \cdot \left[\frac{A_B \cdot \sqrt{A_B} - A_b \cdot \sqrt{A_b}}{\sqrt{A_B} - \sqrt{A_b}}\right] \quad \otimes$$

Racionalizando a expressão $\otimes$, obtém-se:

$$V = \frac{h}{3} \cdot \left[\frac{(A_B \cdot \sqrt{A_B} - A_b \cdot \sqrt{A_b}) \cdot (\sqrt{A_B} + \sqrt{A_b})}{(\sqrt{A_B} - \sqrt{A_b}) \cdot (\sqrt{A_B} + \sqrt{A_b})}\right] \Rightarrow$$

$$\Rightarrow V = \frac{h}{3} \cdot \left[\frac{A_B^2 + A_B \cdot \sqrt{A_B \cdot A_b} - A_b \cdot \sqrt{A_b \cdot A_B} - A_b^2}{(\sqrt{A_B})^2 - (\sqrt{A_b})^2}\right] \Rightarrow$$

$$\Rightarrow V = \frac{h}{3} \cdot \left[\frac{A_B^2 - A_b^2 + \sqrt{A_B \cdot A_b} \cdot (A_B - A_b)}{A_B - A_b}\right] \Rightarrow V = \frac{h}{3} \cdot \left[\frac{(A_B - A_b) \cdot (A_B - A_b + \sqrt{A_B \cdot A_b})}{A_B - A_b}\right]$$

Logo: $V = \frac{h}{3} \cdot [A_B + \sqrt{A_B \cdot A_b} + A_b]$

15 COMPLEMENTO SOBRE POLIEDROS

DIEDROS

Consideremos a pirâmide triangular ABCD e destaquemos os semiplanos α (que contém a face ABC) e β (que contém a face ABD). Esses semiplanos têm como interseção a reta *r*, reta suporte da aresta $\overline{AB}$.

Podemos notar que α e β são distintos, têm a mesma origem *r* e não são opostos.

A reunião desses dois semiplanos α e β é chamada **diedro** ou **ângulo diédrico**.

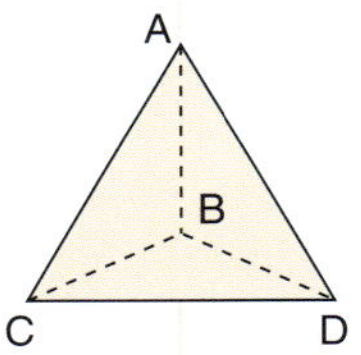

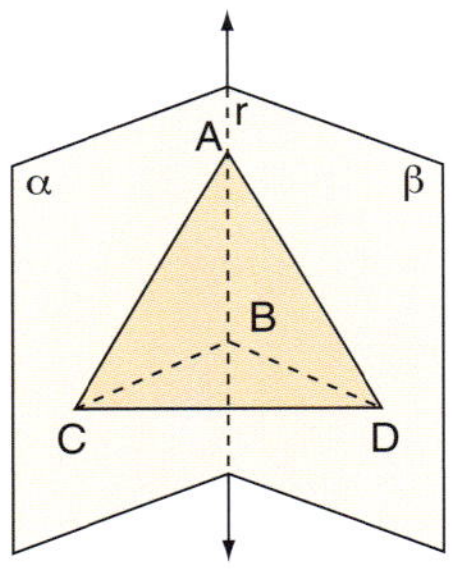

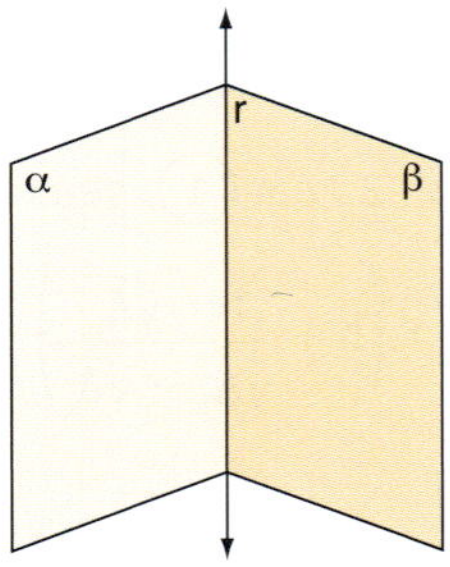

Indicamos esse diedro por $\alpha\beta$ ou di($\alpha\beta$) ou $\alpha r\beta$.

Os semiplanos α e β são chamados **faces do diedro** e a reta *r* é denominada **aresta do diedro**.

Seção de um diedro é a interseção dele com um plano secante com sua aresta. Uma seção de um diedro é um ângulo (plano). **Seção reta** ou **seção normal** de um diedro é uma seção cujo plano é perpendicular à aresta.

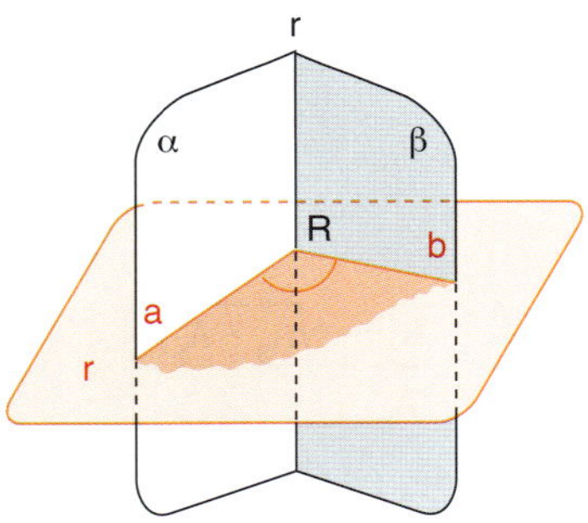

$\widehat{ab}$ é seção de $\alpha r\beta$

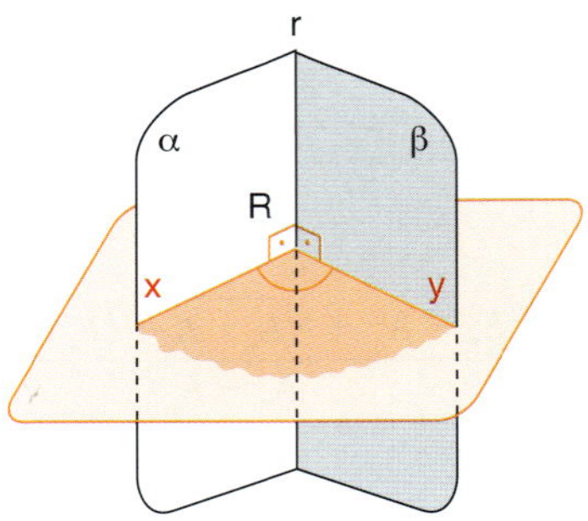

$\widehat{xy}$ é seção reta de $\alpha r\beta$

Todas as seções normais (ou seções retas) de um mesmo diedro são ângulos congruentes por apresentarem lados respectivamente paralelos.

A medida de um diedro é a medida de sua seção normal.

As seções normais são utilizadas para caracterizar e comparar os diedros. Por exemplo:

- um diedro é agudo quando sua seção normal é um ângulo agudo;
- um diedro é reto quando sua seção normal é um ângulo reto;
- um diedro é obtuso quando sua seção normal é um ângulo obtuso;
- dois diedros são congruentes quando têm seções normais congruentes.

EXERCÍCIOS

1. Dois planos α e β são secantes. Quantos diedros ficam determinados por α e β?

2. Justifique a propriedade: duas seções normais de um mesmo diedro são ângulos congruentes.

3. Justifique a propriedade: duas seções paralelas de um mesmo diedro são ângulos congruentes.

4. Uma reta *r* é perpendicular à face α de um diedro e forma um ângulo de 50° com a face β. Qual é a medida do diedro $\alpha\beta$?

5. Seja O um ponto não pertencente ao diedro $\alpha\beta$. Traçando por O as semirretas Ox e Oy, respectivamente perpendiculares a α e β, obtemos um ângulo de 15°. Qual é a medida do diedro?

TRIEDROS

Consideremos a pirâmide triangular ABCD e destaquemos as semirretas $x = \overrightarrow{AB}$, $y = \overrightarrow{AC}$ e $z = \overrightarrow{AD}$. Essas três semirretas têm a mesma origem A e não estão num mesmo plano. Podemos observar três ângulos: xAy, yAz e zAx. A reunião desses três ângulos é chamada **triedro** ou **ângulo triédrico**.

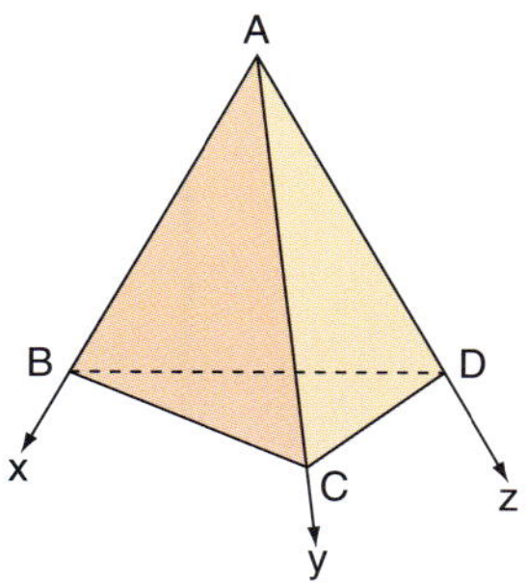

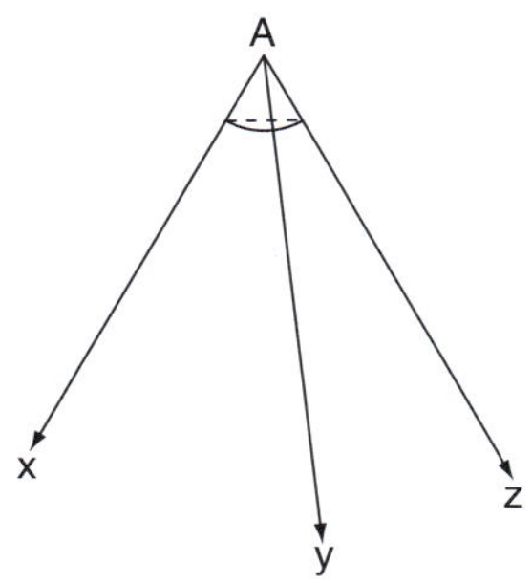

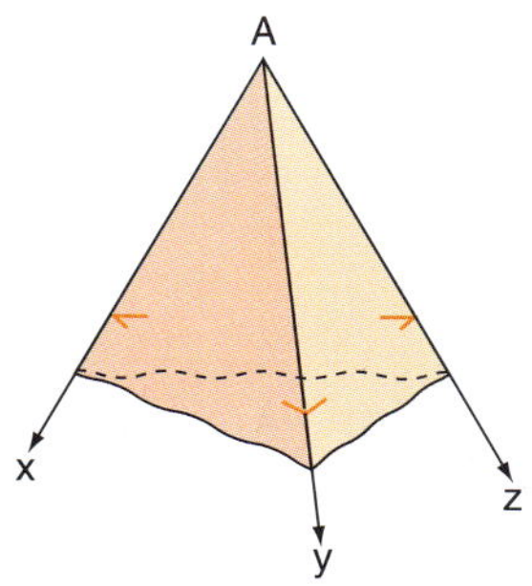

Indicamos esse triedro por Axyz.

O ponto A é chamado **vértice do triedro**. As semirretas *x*, *y* e *z* são chamadas **arestas do triedro**. Os ângulos xAy, yAz e zAx são chamados **faces do triedro**. Podemos notar que os semiplanos que contêm as faces formam três diedros cujas arestas são *x*, *y* e *z*. Chamaremos esses diedros di(x), di(y) e di(z).

Um triedro é trirretângulo quando suas três faces são ângulos retos.

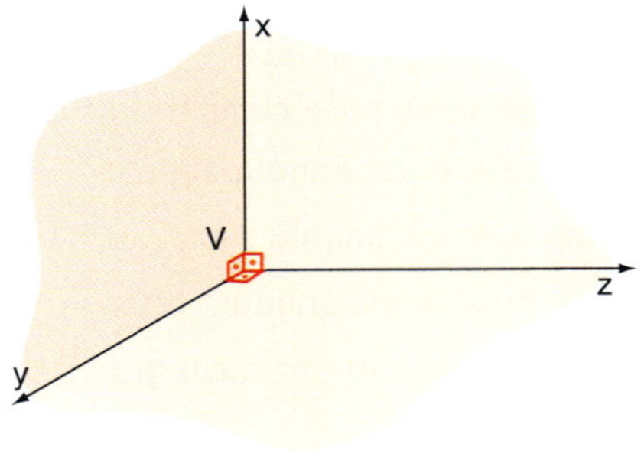

Por exemplo, num paralelepípedo retorretângulo podemos observar oito triedros cujos vértices são coincidentes com os vértices do sólido. Observando o triedro Axyz, cujas arestas contêm os segmentos $\overline{AB}$, $\overline{AD}$ e $\overline{AE}$, notamos que ele é um triedro trirretângulo.

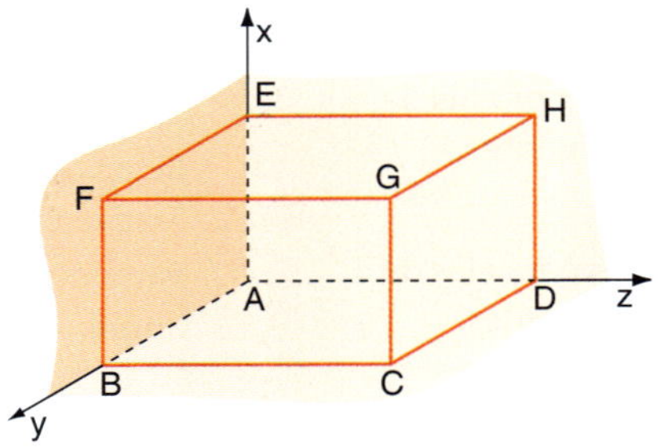

ÂNGULOS POLIÉDRICOS

Consideremos um polígono plano convexo $A_1\ A_2\ A_3\ \ldots\ A_n$ e seja V um ponto que não pertence ao plano do polígono. Já vimos que o sólido $VA_1A_2A_3\ldots A_n$ é uma pirâmide. As semirretas $\overrightarrow{VA_1}$, $\overrightarrow{VA_2}$, $\overrightarrow{VA_3}$, ..., $\overrightarrow{VA_n}$ têm a mesma origem V e não estão no mesmo plano.

Podemos observar *n* ângulos $A_1\hat{V}A_2$, $A_2\hat{V}A_3$, $A_3\hat{V}A_4$, ..., $A_n\hat{V}A_1$. A reunião desses *n* ângulos é chamada **ângulo poliédrico convexo**.

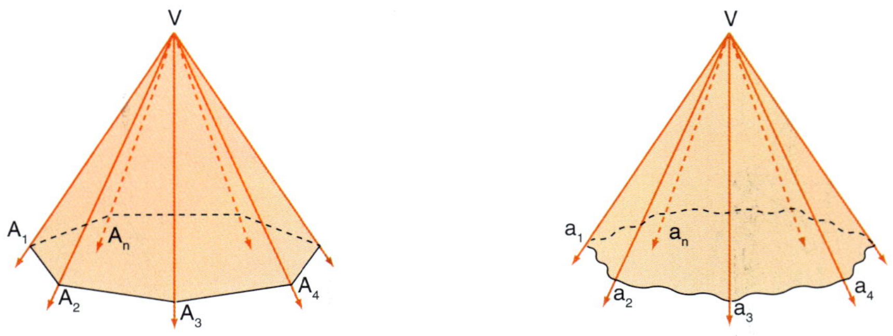

O ponto V é chamado **vértice do ângulo poliédrico**, as semirretas $\overrightarrow{VA_1}$, $\overrightarrow{VA_2}$, $\overrightarrow{VA_3}$, ..., $\overrightarrow{VA_n}$ são as **arestas** do ângulo poliédrico, e os ângulos $A_1\hat{V}A_2$, $A_2\hat{V}A_3$, $A_3\hat{V}A_4$, ..., $A_n\hat{V}A_1$ são as **faces do ângulo poliédrico.**

POLIEDROS CONVEXOS

Introdução

Já estudamos, em capítulos anteriores, os prismas, as pirâmides e seus troncos. Todos eles são exemplos de poliedros.

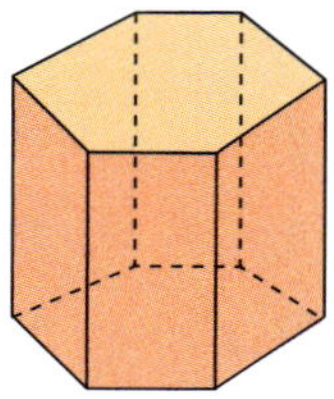
figura 1

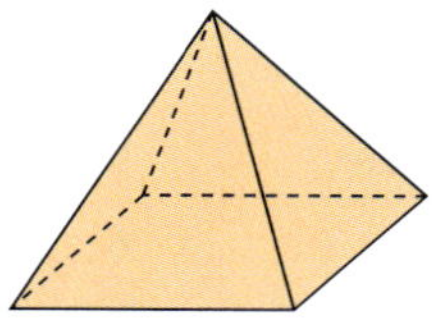
figura 2

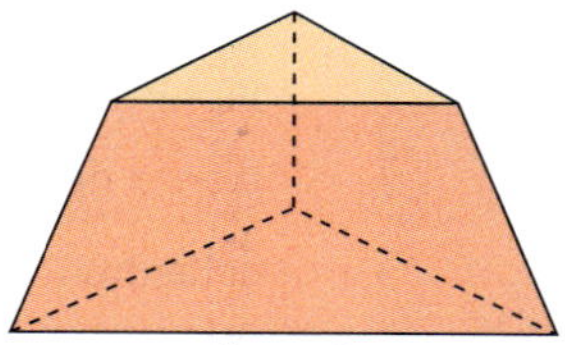
figura 3

Existem, entretanto, outros poliedros, como os ilustrados a seguir:

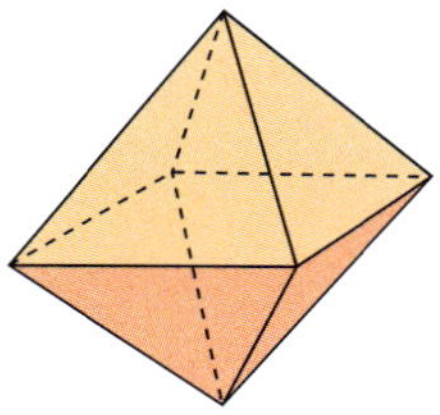
figura 4

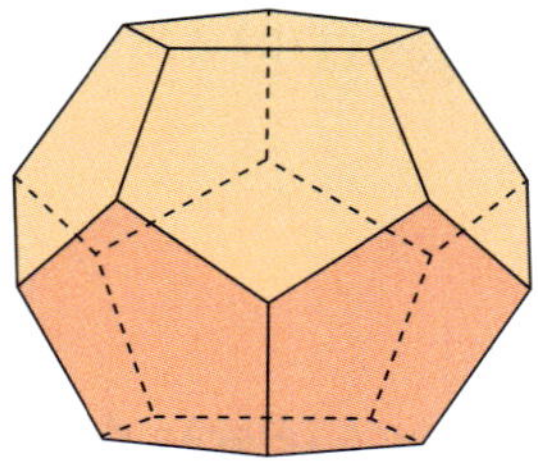
figura 5

Afinal, o que caracteriza um poliedro? Observe, com base nas figuras anteriores, que:

1º) um poliedro tem como faces polígonos planos e convexos.

- figura 1: prisma hexagonal – 2 faces hexagonais e 6 faces quadrangulares.
- figura 2: pirâmide quadrangular – 1 face quadrangular e 4 faces triangulares.
- figura 3: tronco de pirâmide triangular – 2 faces triangulares e 3 faces trapezoidais.
- figura 4: octaedro – 8 faces triangulares.
- figura 5: dodecaedro – 12 faces pentagonais.

2º) as arestas de um poliedro estão contidas em exatamente duas faces, não havendo aresta que esteja em mais de duas faces.

3º) o plano que contém cada face do poliedro deixa todas as outras faces num mesmo semiespaço.

Definição

Sejam *n* polígonos planos convexos, com $n > 3$, dispostos no espaço de tal forma que:

1º) dois quaisquer desses polígonos não estão num mesmo plano;

2º) cada lado de polígono é comum a exatamente dois polígonos;

3º) o plano que contém cada polígono deixa todos os demais polígonos num mesmo semiespaço.

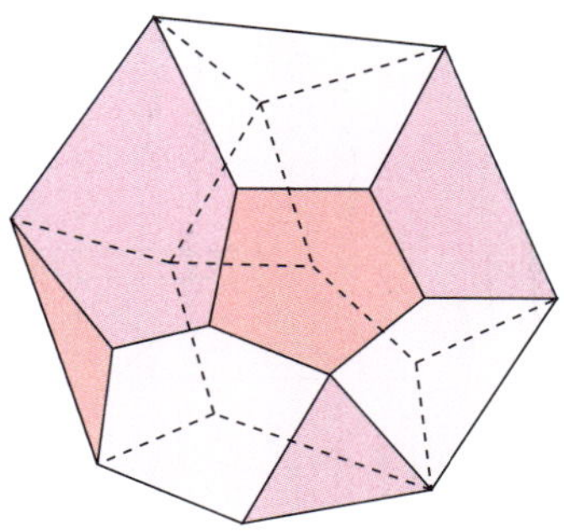

Nessas condições, ficam determinados *n* semiespaços, cada um deles com origem no plano de um polígono e contendo os polígonos restantes. Chama-se **poliedro convexo** a interseção desses *n* semiespaços. Os polígonos considerados são as **faces** do poliedro, os lados desses polígonos são as **arestas** do poliedro, e os vértices dos polígonos são os **vértices** do poliedro.

Chama-se **superfície poliédrica convexa** a reunião das faces do poliedro convexo.

POLIEDROS EULERIANOS

Vamos retomar os cinco poliedros utilizados como exemplos na página 367 e, em cada um deles, contar o número de vértices (V), o número de faces (F) e o número de arestas (A). Encontramos os seguintes resultados:

Figura	Poliedro	V	F	A	V + F
1	prisma hexagonal	12	8	18	20
2	pirâmide quadrangular	5	5	8	10
3	tronco de pirâmide triangular	6	5	9	11
4	octaedro	6	8	12	14
5	dodecaedro	20	12	30	32

Podemos observar que esses cinco poliedros apresentam $V + F$ igual a $A + 2$.

O matemático Leonard Euler (1707-1783) demonstrou pela primeira vez que todo poliedro convexo verifica a relação:

$$V + F = A + 2$$

que passou a ser conhecida como **relação de Euler** para poliedros.

Um poliedro que satisfaz à relação de Euler é chamado **poliedro euleriano**. Todo poliedro convexo é um poliedro euleriano. Existem, entretanto, poliedros não convexos que satisfazem a relação de Euler. Veja os exemplos a seguir:

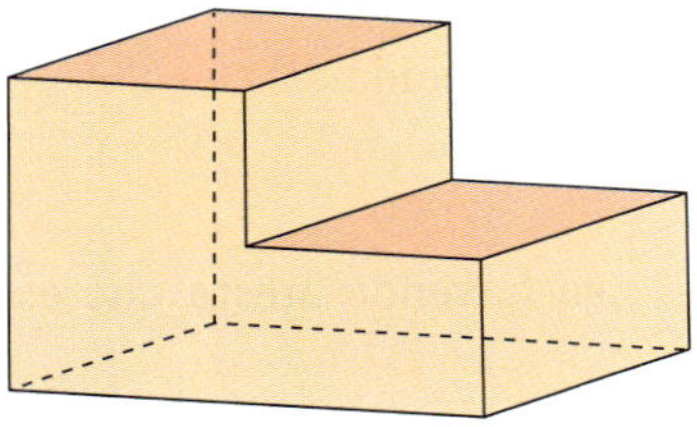

$$\left.\begin{matrix} V = 12 \\ F = 8 \end{matrix}\right\} \Rightarrow V + F = 12 + 8 = 20$$

$$A = 18 \Rightarrow A + 2 = 18 + 2 = 20$$

Como $V + F = A + 2$, o poliedro é euleriano.

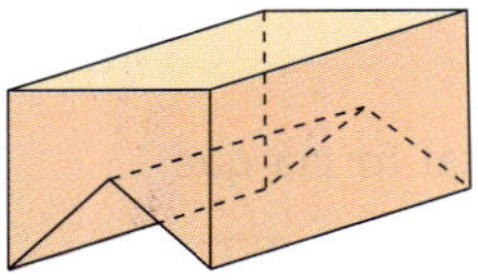

$$\left.\begin{matrix} V = 10 \\ F = 7 \end{matrix}\right\} \Rightarrow V + F = 10 + 7 = 17$$

$$A = 15 \Rightarrow A + 2 = 15 + 2 = 17$$

Como $V + F = A + 2$, o poliedro é euleriano.

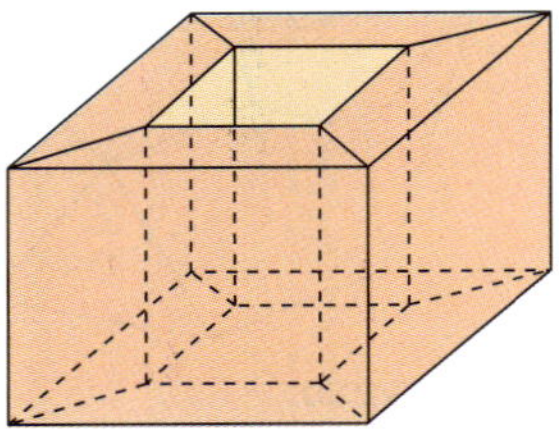

Já o poliedro ao lado não é euleriano, pois $V = 16$, $A = 32$ e $F = 16$. Então:

$$\begin{cases} V + F = 32 \\ A + 2 = 34 \end{cases}$$

EXERCÍCIOS RESOLVIDOS

1. Quantas arestas e quantos vértices tem um poliedro convexo de 20 faces, todas triangulares?

Solução:

Determinemos o número A de arestas.

Nas 20 faces triangulares temos $20 \times 3 = 60$ arestas. Nesse cálculo, cada aresta, por ser comum a duas faces, foi contada duas vezes, ou seja:

$$A = \frac{20 \times 3}{2} = \frac{60}{2} = 30$$

Temos $F = 20$ e $A = 30$.

Da relação de Euler, $V + F = A + 2$, vem:

$$V + 20 = 30 + 2 \Rightarrow V = 12$$

2. Determinar o número de arestas e de vértices de um poliedro convexo de 20 faces, das quais 11 são triangulares, 2 quadrangulares e 7 pentagonais.

Solução:

Calculemos o número A de arestas:

- nas 11 faces triangulares temos $11 \times 3 = 33$ arestas;
- nas 2 faces quadrangulares temos $2 \times 4 = 8$ arestas;
- nas 7 faces pentagonais temos $7 \times 5 = 35$ arestas.

Lembrando que cada aresta é comum a duas faces, no total de arestas obtido cada uma foi contada duas vezes: Logo:

$$A = \frac{33 + 8 + 35}{2} = \frac{76}{2} = 38$$

Como $F = 20$, da relação de Euler vem:

$$V + F = A + 2 \Rightarrow V + 20 = 38 + 2 \Rightarrow V = 20$$

EXERCÍCIOS

6. Dados os poliedros representados na figuras:

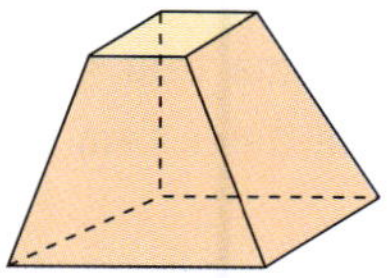

(I)

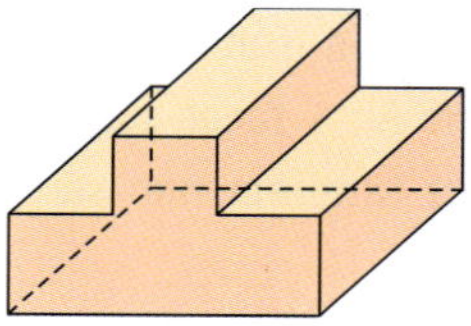

(III)

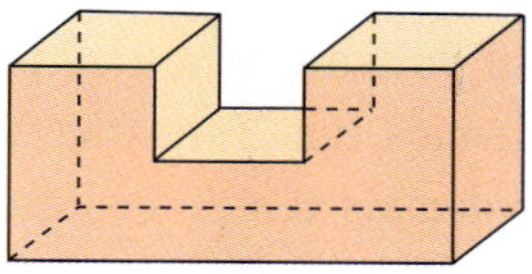

(V)

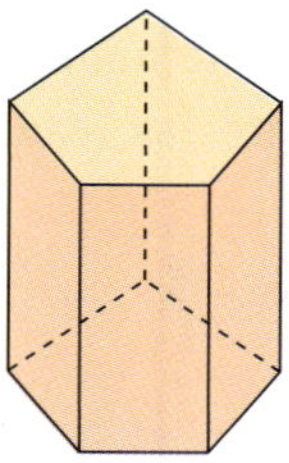

(II)

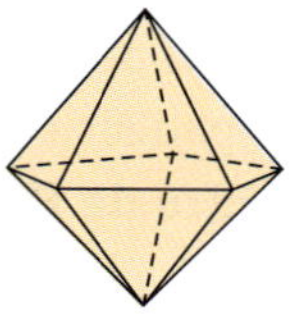

(IV)

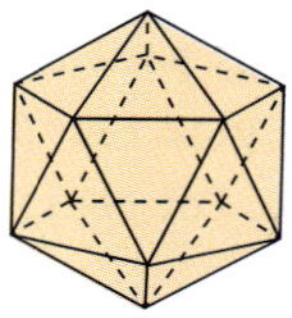

(VI)

a) classifique-os em convexo ou não convexo;

b) determine o número V, de vértices, F, de faces, e A, de arestas, em cada um deles;

c) diga quais são eulerianos.

7. Num poliedro convexo de 10 arestas, o número de faces é igual ao número de vértices. Quantas faces tem esse poliedro?

8. Um poliedro convexo tem 14 faces: 8 triangulares e 6 quadrangulares. Determine o número de arestas e o de vértices desse poliedro.

9. Determine o número de vértices de um poliedro convexo que tem 5 faces triangulares, 2 faces quadrangulares e 3 faces pentagonais.

10. Calcule o número de faces de um poliedro convexo que possui 16 vértices e em que todos os ângulos poliédricos são triedros.

11. Um poliedro convexo tem 20 arestas e 10 vértices. Suas faces são quadrangulares e triangulares. Qual é o número de faces quadrangulares desse poliedro?

12. Um poliedro convexo possui 14 faces e 12 vértices. Sabendo que suas faces são triangulares e quadrangulares, determine o número de faces de cada tipo.

POLIEDROS DE PLATÃO

Introdução

Vamos observar os poliedros abaixo.

I

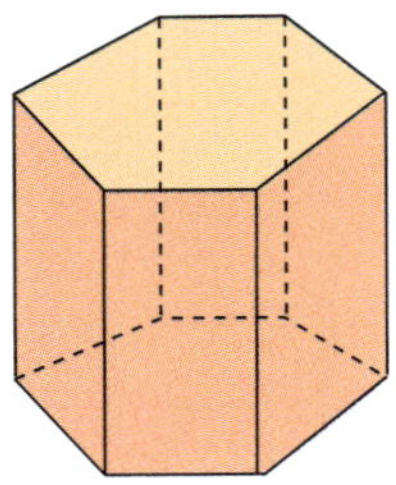

$V = 12,\ A = 18,\ F = 8$

II

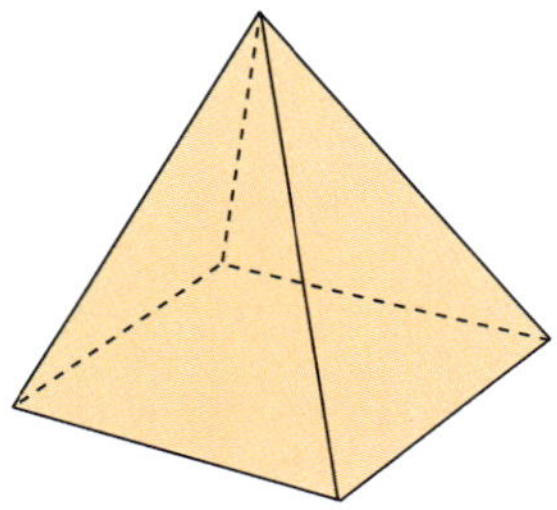

$V = 5,\ A = 8,\ F = 5$

III

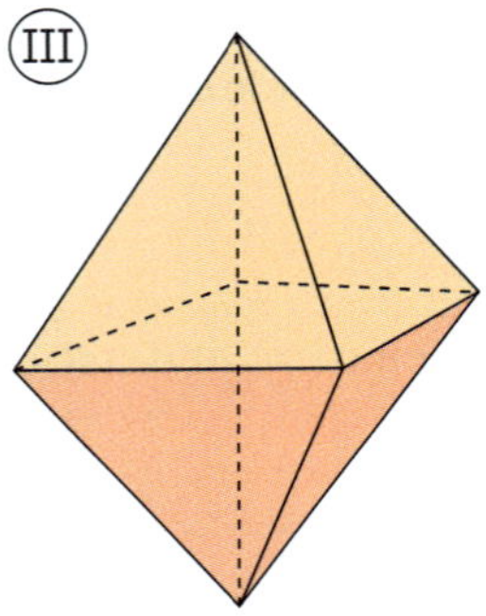

$V = 6,\ A = 12,\ F = 8$

O poliedro I é um prisma hexagonal. As 8 faces não são do mesmo tipo pois duas têm 6 arestas e as outras seis têm 4 arestas. Todos os ângulos poliédricos têm o mesmo número de arestas (3 arestas).

O poliedro II é uma pirâmide quadrangular. As 5 faces não são do mesmo tipo pois uma tem 4 arestas e as demais têm 3 arestas. Os ângulos poliédricos também não são do mesmo tipo pois um deles tem 4 arestas e os demais têm 3 arestas.

O poliedro III é um octaedro. As 8 faces são do mesmo tipo (têm 3 arestas cada). Os 8 ângulos poliédricos são do mesmo tipo (têm 4 arestas cada).

Dos três poliedros analisados somente o octaedro apresenta todas as faces com o mesmo número de arestas (cada uma tem 3 arestas) e todos os ângulos poliédricos com o mesmo número de arestas (cada um tem 4 arestas). Por causa disso, o octaedro é um **poliedro de Platão**.

Definição

Um poliedro convexo é poliedro de Platão se:

1º) todas as faces têm o mesmo número n de arestas;

2º) todos os ângulos poliédricos têm o mesmo número m de arestas, ou ainda, cada vértice é ponto de concorrência do mesmo número m de arestas.

Propriedade

Existem cinco, e somente cinco, tipos de poliedros de Platão.

Vamos provar que isso é verdade usando as três condições que devem ser verificadas num poliedro de Platão.

- 1ª condição: Cada uma das F faces do poliedro tem *n* arestas (com $n \geqslant 3$) e, como cada aresta está em duas faces, temos:

$$n \cdot F = 2A \Rightarrow F = \frac{2A}{n} \quad \text{①}$$

- 2ª condição: Cada um dos V vértices do poliedro é ponto de concorrência de *m* arestas (com $m \geqslant 3$) e, como cada aresta contém dois vértices, temos:

$$m \cdot V = 2A \Rightarrow V = \frac{2A}{m} \quad \text{②}$$

- 3ª condição: Como o poliedro é euleriano, temos:

$$V - A + F = 2 \quad \text{③}$$

Substituindo ① e ② em ③, temos:

$$\frac{2A}{m} - A + \frac{2A}{n} = 2$$

Dividindo os dois membros por 2A, vem:

$$\frac{1}{m} - \frac{1}{2} + \frac{1}{n} = \frac{1}{A} \quad \text{④}$$

Já sabemos que $n \geqslant 3$ e $m \geqslant 3$. Notemos, porém, que *m* e *n* não podem ser ambos maiores que 3, pois:

$$\left.\begin{array}{l} m > 3 \Rightarrow m \geqslant 4 \Rightarrow \frac{1}{m} \leqslant \frac{1}{4} \\ n > 3 \Rightarrow n \geqslant 4 \Rightarrow \frac{1}{n} \leqslant \frac{1}{4} \end{array}\right\} \Rightarrow \frac{1}{m} + \frac{1}{n} \leqslant \frac{1}{2} \Rightarrow \frac{1}{m} - \frac{1}{2} + \frac{1}{n} \leqslant 0$$

Isso contraria a igualdade ④, uma vez que $\frac{1}{m} - \frac{1}{2} + \frac{1}{n} = \frac{1}{A} > 0$.

Concluímos então que, nos poliedros de Platão, $m = 3$ ou $n = 3$.

- Se $m = 3$, retomando a igualdade ④, temos:

$$\frac{1}{3} - \frac{1}{2} + \frac{1}{n} = \frac{1}{A} \Rightarrow \frac{1}{n} - \frac{1}{6} = \frac{1}{A} > 0 \Rightarrow \frac{1}{n} > \frac{1}{6} \Rightarrow n < 6$$

Então, $n = 3$ ou $n = 4$ ou $n = 5$.

- Se $n = 3$, retomando a igualdade ④, concluímos analogamente que $m < 6$, ou seja, $m = 3$ ou $m = 4$ ou $m = 5$.

Podemos resumir todas as possibilidades para *m* e *n* na tabela ao lado.

Concluímos, assim, que são apenas cinco os tipos de poliedros de Platão, determinados pelos pares (m, n) dessa tabela.

Para saber o número de faces F, o número de vértices V e o número de arestas *A* de cada poliedro de Platão, basta substituir os valores de *m* e *n* em ①, ② e ④.

m	n
3	3
3	4
3	5
4	3
5	3

Exemplo 1

Como é o poliedro de Platão que tem faces pentagonais?

- Como as faces são pentagonais, $n = 5$.
- Recorrendo à tabela anterior, para $n = 5$, devemos ter $m = 3$.
- Em cada face há 5 arestas; então:

$$5F = 2A \Rightarrow F = \frac{2A}{5}$$

- Em cada vértice concorrem 3 arestas; então:

$$3V = 2A \Rightarrow V = \frac{2A}{3}$$

- Usando a relação de Euler, vem:

$$V + F = A + 2 \Rightarrow \frac{2A}{3} + \frac{2A}{5} = A + 2 \Rightarrow 10A + 6A = 15A + 30 \Rightarrow A = 30;\ F = 12 \text{ e } V = 20$$

Trata-se, portanto, de um poliedro de 12 faces ($F = 12$) pentagonais ($n = 5$), chamado dodecaedro (nome determinado pelo número de faces).

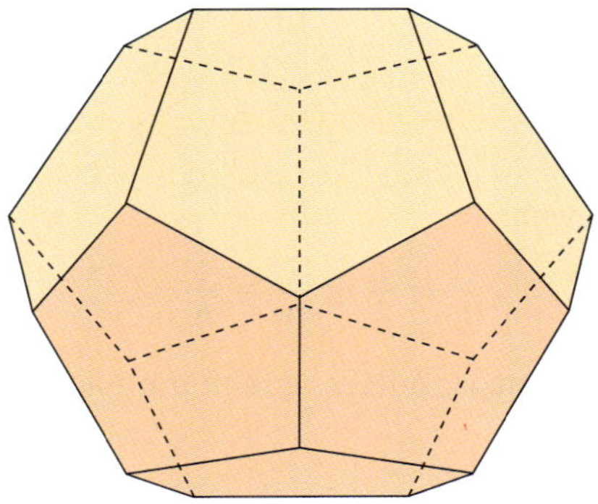

dodecaedro

Em resumo, procedendo como no exemplo acima, podemos apresentar os cinco poliedros de Platão e seus nomes.

m	n	A	V	F	Nome
3	3	6	4	4	tetraedro
3	4	12	8	6	hexaedro
4	3	12	6	8	octaedro
3	5	30	20	12	dodecaedro
5	3	30	12	20	icosaedro

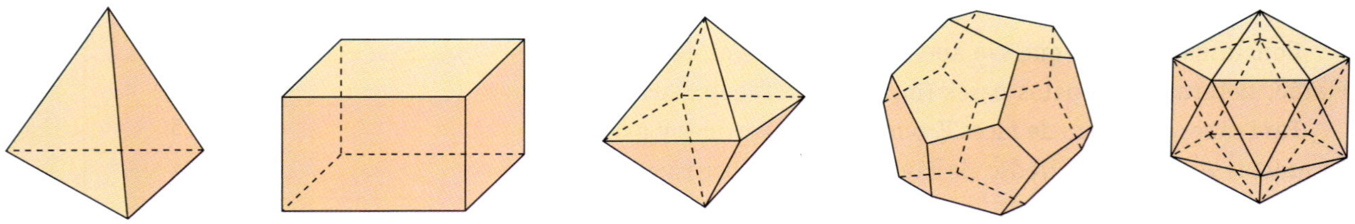

tetraedro hexaedro octaedro dodecaedro icosaedro

POLIEDROS REGULARES

Um poliedro convexo é regular quando:

- suas faces são polígonos regulares e congruentes;
- em todos os seus vértices concorre o mesmo número de arestas.

Num poliedro regular, percebe-se imediatamente que:

- todas as faces têm o mesmo número de arestas (pois as faces são polígonos congruentes);
- todos os vértices são pontos em que concorre o mesmo número de arestas;
- o poliedro é euleriano (pois é convexo).

Assim, todo poliedro regular é poliedro de Platão. Por isso, existem cinco tipos de poliedros regulares:

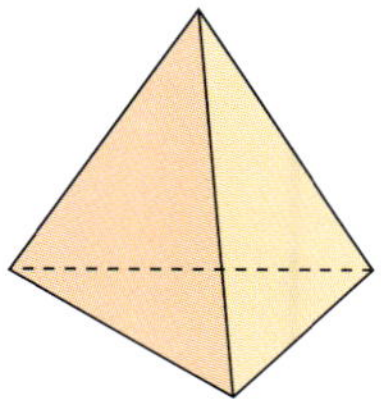

tetraedro regular

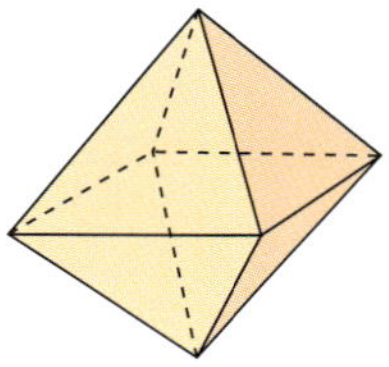

octaedro regular

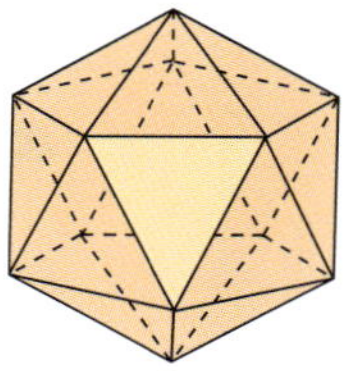

icosaedro regular

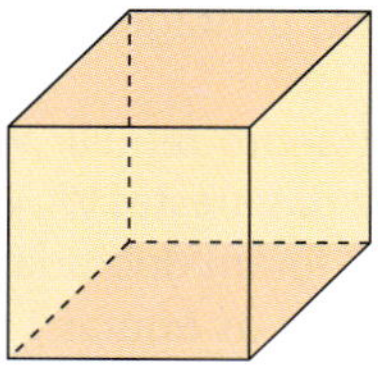

hexaedro regular
(ou cubo)

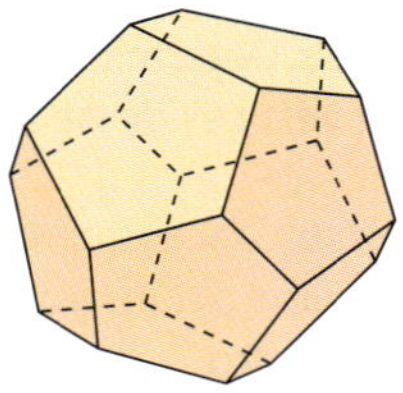

dodecaedro regular

EXERCÍCIOS

13. Classifique cada uma das sentenças seguintes como verdadeira (V) ou falsa (F):

a) Todo poliedro regular é poliedro de Platão.
b) Todo poliedro de Platão é regular.
c) Todos os poliedros regulares têm faces triangulares.
d) O icosaedro regular tem 20 faces triangulares.
e) As faces de um hexaedro regular são hexagonais.

14. Determine, em graus, a soma dos ângulos das faces de um:

a) tetraedro.
b) hexaedro.
c) octaedro.
d) dodecaedro.
e) icosaedro.

15. Um marceneiro foi contratado para fazer 30 poliedros regulares, 10 dos quais serão pintados de azul, 10 de rosa e os restantes de amarelo.

Sabendo que:

- cada poliedro azul deverá ter 6 arestas e 4 vértices;
- cada poliedro rosa deverá ter 12 faces pentagonais;
- cada poliedro amarelo deverá ter 8 faces triangulares;

pergunta-se:

a) De que tipo serão os poliedros pintados de azul?
b) Qual o número de arestas de cada poliedro rosa?
c) Quantos vértices terá cada poliedro amarelo?

DESAFIO

Uma formiga está no ponto A da malha mostrada na figura. A malha é formada por retângulos de 3 cm de largura por 4 cm de comprimento. A formiga só pode caminhar sobre os lados ou sobre as diagonais dos retângulos. Qual é a menor distância que a formiga deve percorrer para ir de A até B?

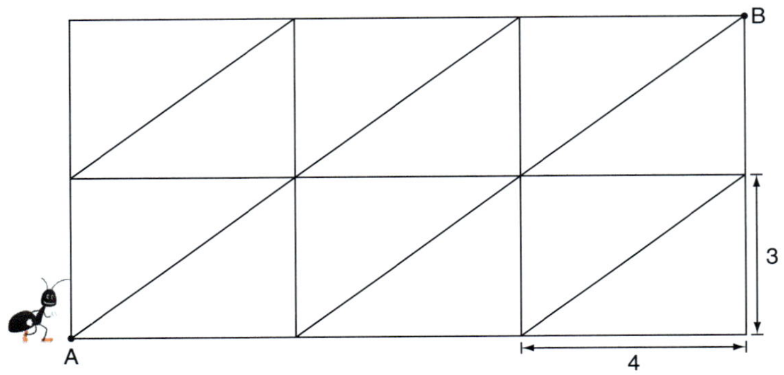

EXERCÍCIOS COMPLEMENTARES

1. Uma bola de futebol foi feita a partir de um poliedro convexo composto de 32 faces regulares: 12 pentagonais e 20 hexagonais. Determine o número de arestas e o número de vértices desse poliedro.

2. Um poliedro euleriano possui 6 faces quadrangulares e 8 pentagonais. Determine o número de faces, arestas e vértices desse poliedro.

3. Um poliedro convexo possui 4 faces triangulares e 6 fazes hexagonais. Determine o número de faces, arestas e vértices desse poliedro.

4. Um poliedro convexo apresenta todos os seus 6 vértices como ponto de concorrência de 4 arestas cada um. Descreva as faces desse poliedro.

5. Toma-se um cubo e faz-se uma seção plana próxima de cada vértice, a qual corta as três arestas que concorrem nesse vértice. Determine o número de faces, arestas e vértices do sólido resultante dessa operação. Descreva as faces desse poliedro.

6. Toma-se um tetraedro regular e faz-se uma seção plana próxima de cada vértice, a qual corta as três arestas que concorrem nesse vértice. Determine o número de faces, arestas e vértices do sólido resultante dessa operação. Descreva as faces desse poliedro.

7. Prove que a soma das medidas dos ângulos das faces de um poliedro convexo que possui *V* vértices é $S = (V - 2) \cdot 360°$.

8. Calcule a soma das medidas dos ângulos das faces de um poliedro convexo em que cada vértice é ponto de concorrência de 3 arestas e cujas faces são todas pentagonais.

9. Um tetraedro regular VABC foi aberto com uma tesoura nas arestas VA, VB e VC. Em seguida, todas as faces foram dobradas para ficarem no mesmo plano. Veja as figuras I (tetraedro) e II (tetraedro planificado).

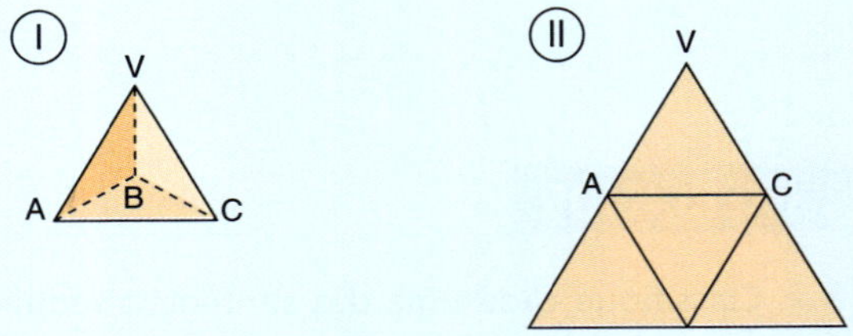

Coloque as letras que faltam na figura II.

10. Coloque as letras que faltam na figura II, de modo que ela seja a planificação do cubo da figura.

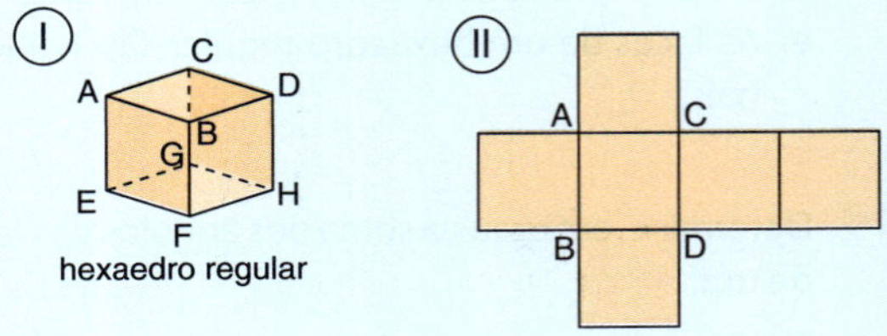

11. Mostre que não pode existir um poliedro regular com todas as faces hexagonais. Sugestão: releia a demonstração do teorema sobre poliedros platônicos, faça n = 6 e tente calcular m.

TESTES

1. (UF-AM) Num poliedro convexo, o número de arestas excede o número de vértices em 12 unidades. O número de faces deste poliedro é:

a) 8 b) 10 c) 12 d) 14 e) 16

2. (UF-CE) O número de faces de um poliedro convexo com 20 vértices e com todas as faces triangulares é igual a:

a) 28 b) 30 c) 32 d) 34 e) 36

3. (PUC-PR) Um poliedro convexo é formado por faces quadrangulares e 4 faces triangulares. A soma dos ângulos de todas as faces é igual a 12 ângulos retos. Qual o número de arestas desse poliedro?

a) 8 b) 6 c) 4 d) 2 e) 1

4. (UF-PI) Um poliedro convexo, constituído de faces triangulares e quadrangulares, possui 20 arestas, e a soma dos ângulos de suas faces é igual a 2880°. É correto afirmar que esse poliedro possui:

a) 8 faces triangulares.
b) 12 vértices.
c) 10 faces.
d) 8 faces quadrangulares.

5. (UF-PE) Como projeção de um tetraedro regular, podemos ter:

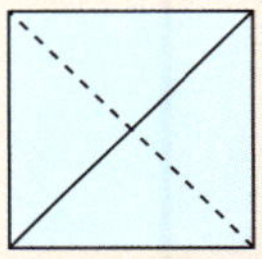
Figura 1

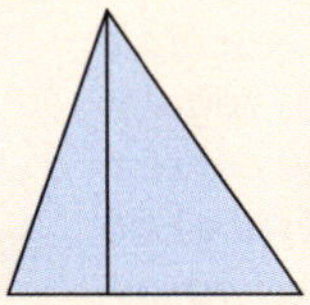
Figura 2

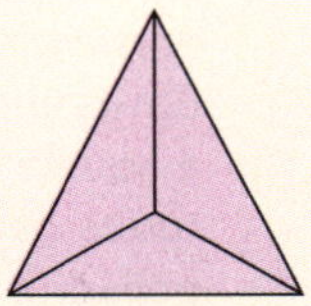
Figura 3

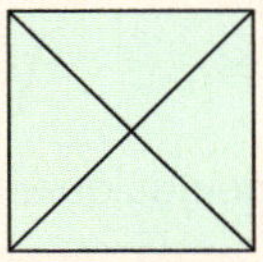
Figura 4

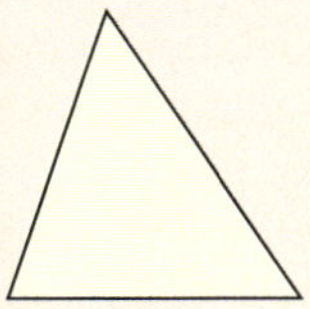
Figura 5

Qual é verdadeira?

(0–0) A figura 1.
(1–1) A figura 2.
(2–2) A figura 3.
(3–3) A figura 4.
(4–4) A figura 5.

6. (U. F. Pelotas-RS) No país do México, há mais de mil anos, o povo Asteca resolveu o problema da armazenagem da pós-colheita de grãos com um tipo de silo em forma de uma bola colocado sobre uma base circular de alvenaria.

A forma desse silo é obtida juntando 20 placas hexagonais e mais 12 placas pentagonais.

(http://www.tibarose.com/port/boletim.htm, acessado em 10 out. 2007. [Adapt.])

Com base no texto, é correto afirmar que esse silo tem:

a) 90 arestas e 60 vértices.
b) 86 arestas e 56 vértices.
c) 90 arestas e 56 vértices.
d) 86 arestas e 60 vértices.
e) 110 arestas e 60 vértices.
f) I. R.

7. (U. F. Juiz de Fora-MG) A figura abaixo representa a planificação de um poliedro convexo. O número de vértices deste poliedro é:

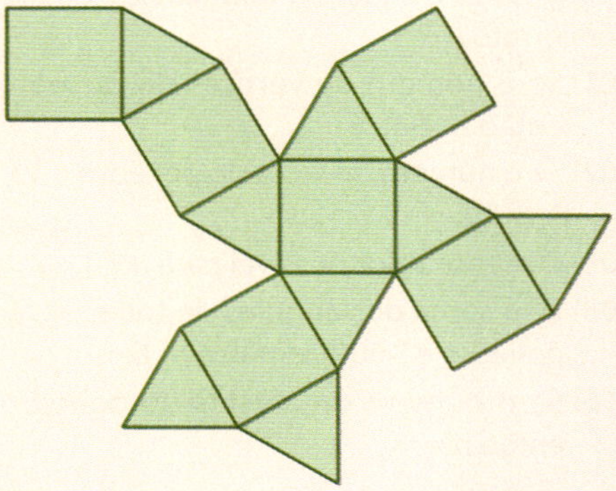

a) 12 b) 14 c) 16 d) 20 e) 22

8. (UF-PE) Em relação aos poliedros regulares, podemos afirmar que:

a) são sempre poliedros estrelados.
b) possuem $\frac{n(n-3)}{2}$ diagonais, sendo *n* o número de arestas do poliedro.
c) possuem F + V −2 arestas, sendo (F) o número de faces e (V) o número de vértices.
d) têm por faces: triângulos equiláteros, quadrados, pentágonos e hexágonos regulares.
e) são superfícies limitadas pelo mesmo tipo de polígono regular.

9. (Unesp-SP) Dado um poliedro com 5 vértices e 6 faces triangulares, escolhem-se ao acaso três de seus vértices.

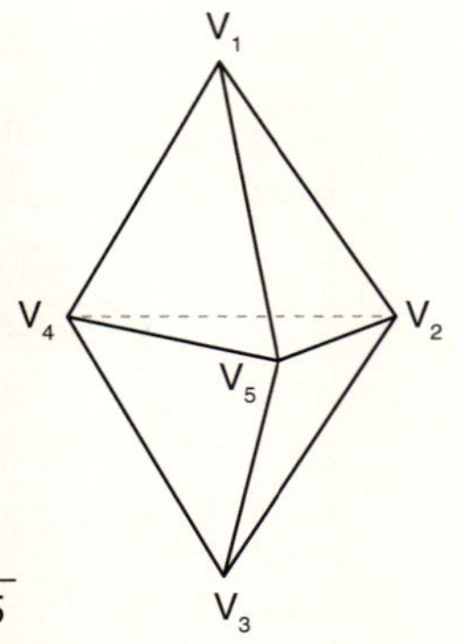

A probabilidade de que os três vértices escolhidos pertençam à mesma face do poliedro é:

a) $\frac{3}{10}$ c) $\frac{3}{5}$ e) $\frac{6}{35}$

b) $\frac{1}{6}$ d) $\frac{1}{5}$

10. (UF-PE) Deseja-se projetar uma luminária em forma poliédrica. A condição exigida é que ela, pendurada por um dos vértices, fique com uma das diagonais desse vértice em posição vertical. Os seguintes poliedros podem ser usados:

(0-0) O hexaedro regular.

(1-1) O octaedro regular.

(2-2) o dodecaedro regular.

(3-3) O icosaedro regular.

(4-4) Um prisma regular com qualquer número de lados na base.

11. (U. E. Ponta Grossa-PR) Dado que um poliedro convexo tem 2 faces pentagonais, 4 faces quadrangulares e *n* faces triangulares, assinale o que for correto.

(01) Se o número de vértices do poliedro é 11, então n = 4.

(02) Se o número de faces do poliedro é 16, então n = 10.

(04) O menor valor possível para *n* é 1.

(08) Se a soma dos ângulos de todas as faces do poliedro é 3 600°, então n = 6.

(16) Se o número de arestas do poliedro é 25, então n = 8.

12. (UF-AM) Dadas as sentenças:

I. Todo poliedro regular é um poliedro de Platão.

II. Existem apenas 5 poliedros regulares.

III. Todo poliedro convexo satisfaz a relação V − 2A = F, onde V é o número de vértices, A o número de arestas e F o número de faces do poliedro.

IV. A soma dos ângulos das faces de um tetraedro mede 720°.

É correto afirmar que:

a) I e III são falsas.

b) Apenas I e II são verdadeiras.

c) II e III são falsas.

d) Somente I, II e IV são verdadeiras.

e) Apenas I, II e III são verdadeiras.

13. (UF-PE) Existem 5 e apenas 5 poliedros regulares convexos. Tal afirmação é verdadeira considerando-se o seguinte argumento: cada vértice de um poliedro é determinado por pelo menos três de suas faces, e o ângulo formado por essas faces deverá ser menor que 360°, para que o poliedro seja regular. Com relação a esse argumento, podemos afirmar que:

(0-0) O argumento é falso quando as faces do poliedro forem hexágonos regulares.

(1-1) O argumento é verdadeiro apenas quando as faces são quadrados ou triângulos equiláteros.

(2-2) O argumento é falso quando as faces do poliedro são pentágonos regulares.

(3-3) O argumento é verdadeiro para o octaedro e o tetraedro.

(4-4) O argumento é verdadeiro apenas para o tetraedro e o icosaedro.

14. (UFF-RJ) Em 1596, em sua obra *Mysterium Cosmographicum*, Johannes Kepler estabeleceu um modelo do cosmos onde os cinco poliedros regulares são colocados um dentro do outro, separados por esferas. A ideia de Kepler era relacionar as órbitas dos planetas com as *razões harmônicas* dos poliedros regulares. A *razão harmônica* de um poliedro regular é a razão entre o raio da esfera circunscrita e o raio da esfera inscrita no poliedro.

A *esfera circunscrita* a um poliedro regular é aquela que contém todos os vértices do poliedro. *A esfera inscrita*, por sua vez, é aquela que é tangente a cada uma das faces do poliedro.

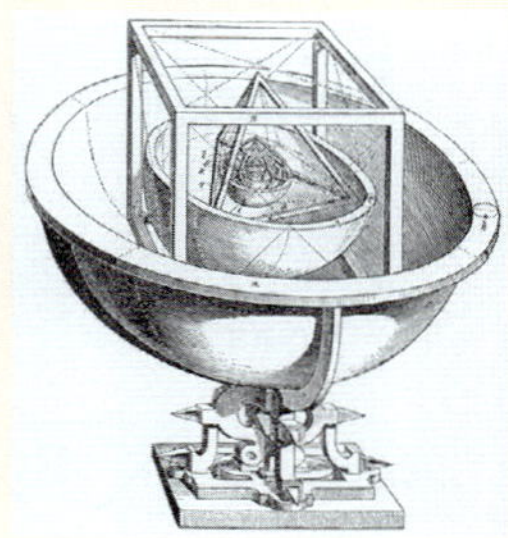
Johannes Kepler. Mysterium Cosmographicum, 1621/ Biblioteca da Universidade de Illinois, Illinois, Estados Unidos

A razão harmônica de qualquer cubo é igual a:

a) 1 b) 2 c) $\sqrt{2}$ d) $\sqrt{3}$ e) $\sqrt[3]{2}$

15. (UF-PE) Para embalar uma bola cheia, perfeitamente esférica, procura-se armar uma caixa poliédrica que se ajuste completamente à bola, cuja superfície deve ficar tangente a todas as faces do poliedro. Para isso, servem os seguintes poliedros:

(0-0) Um tetraedro regular.

(1-1) Um cubo.

(2-2) Um octaedro regular.

(3-3) Um prisma regular, com a altura escolhida adequadamente.

(4-4) Um tronco de pirâmide regular, com a altura escolhida adequadamente.

16 CILINDRO

INTRODUÇÃO

Observe abaixo alguns objetos que encontramos no nosso dia a dia.

Figuras sem escala ou em escalas diferentes. Cores reais.

Fotos: Cristina Xavier/FinePhoto

Todos esses objetos têm a forma geométrica chamada **cilindro**, que estudaremos neste capítulo.

Note que a lata mostrada na figura ao lado tem a forma de um sólido com as seguintes características:

- apresenta dois círculos com raios de medidas iguais que se situam em planos paralelos;
- sua superfície lateral é constituída por todos os segmentos de reta de igual comprimento, paralelos à reta que contém os centros dos círculos e que têm extremidades nas circunferências desses círculos.

Thinkstock/Getty Images

Por essas razões, podemos afirmar que a lata tem a forma de um **cilindro**.

CONCEITO

Consideremos um círculo de centro O e raio r, contido em um plano α, e um segmento de reta $\overline{PQ}$, cuja reta suporte intercepta α.

Tomemos segmentos de reta paralelos e congruentes a $\overline{PQ}$, cada um deles com uma extremidade em um ponto do círculo e com a outra extremidade num mesmo semiespaço dos determinados por α.

A reunião de todos esses segmentos é um sólido chamado **cilindro circular** ou, simplesmente, **cilindro**.

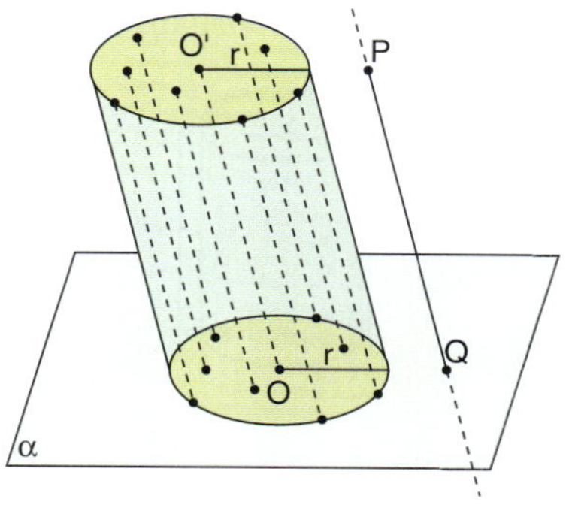

ELEMENTOS E CLASSIFICAÇÃO

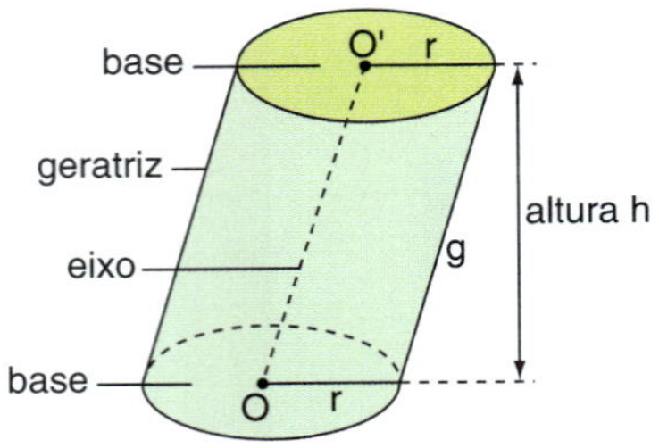

No cilindro representado ao lado, temos:

- os círculos de centros O e O' e raio de medida *r*, situados em planos paralelos, chamados **bases** do cilindro;
- os segmentos paralelos a OO', com extremidades em pontos das circunferências das bases, chamados **geratrizes** do cilindro;
- a reta $\overleftrightarrow{OO'}$, que é o **eixo** do cilindro;
- a distância, entre os planos das bases, que é a **altura** do cilindro.

Quanto à inclinação da geratriz em relação aos planos de suas bases, um cilindro classifica-se em:

- **cilindro oblíquo**, quando a geratriz é oblíqua aos planos das bases;
- **cilindro reto**, quando a geratriz é perpendicular aos planos das bases. Nesse caso, a geratriz é a altura do cilindro.

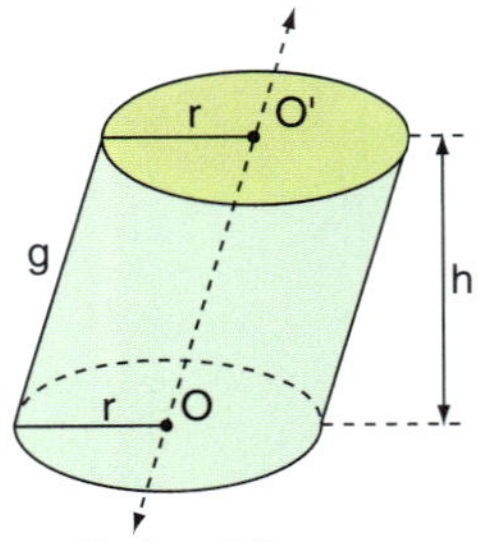

cilindro oblíquo

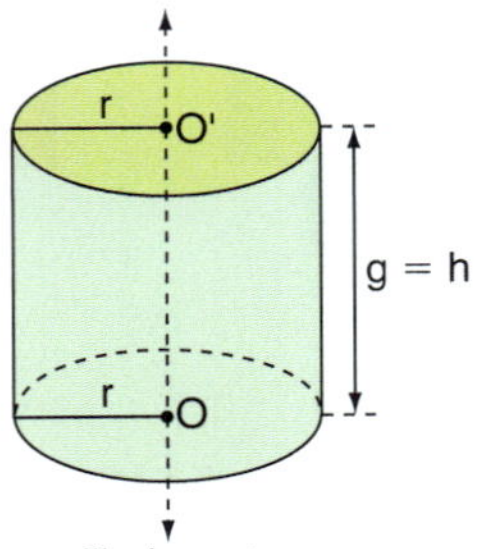

cilindro reto

Observação

O cilindro circular reto é também chamado **cilindro de revolução**, pelo fato de ser gerado pela rotação de um retângulo em torno de um de seus lados.

A reta $\overleftrightarrow{OO'}$ é o eixo de rotação.

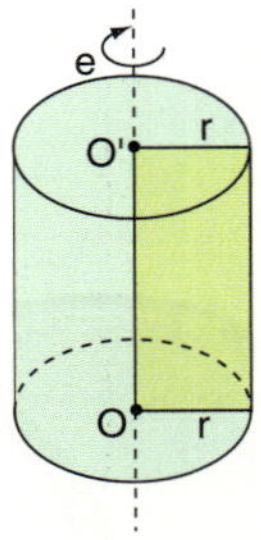

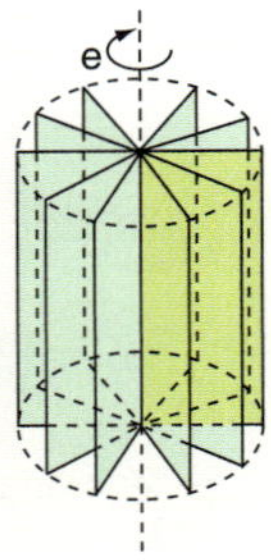

ÁREAS DO CILINDRO CIRCULAR RETO

Área da base (A_b)

A área de um círculo de raio de medida *r* é a **área da base**.

$$A_b = \pi r^2$$

Área lateral (A_ℓ)

Dá-se o nome de **área lateral** à área de um retângulo de base $2\pi r$ (comprimento da circunferência da base) e altura *h* em que *r* é a medida do raio do cilindro e *h* é a medida da altura do cilindro.

Isso pode ser visualizado se planificarmos a superfície lateral do cilindro.

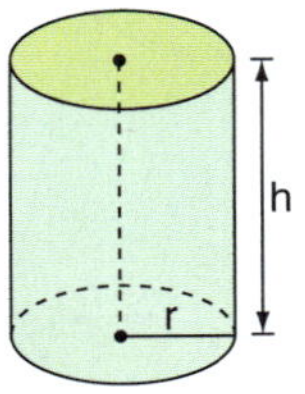

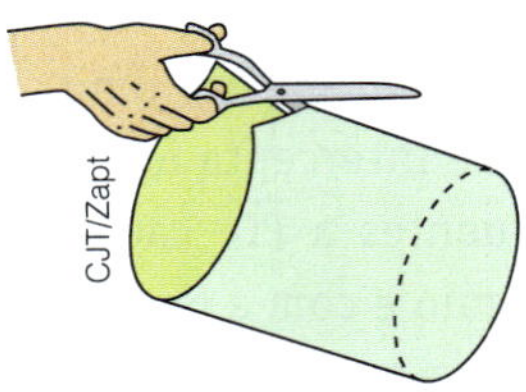

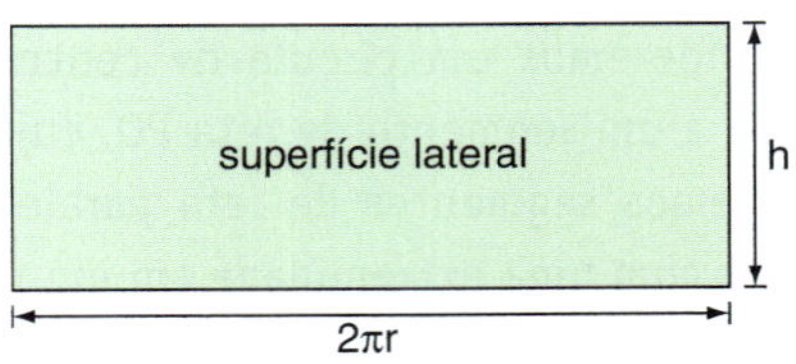

Assim, A_ℓ = área de um retângulo $\Rightarrow$ $A_\ell = 2\pi rh$

Área total (A_t)

A **área total** de um cilindro é a reunião da área da superfície lateral com a área dos círculos das bases.

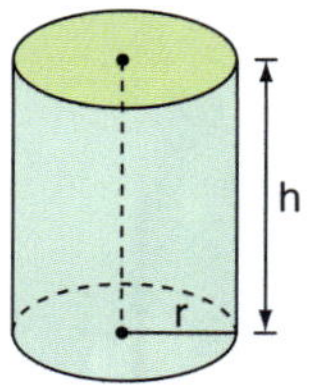

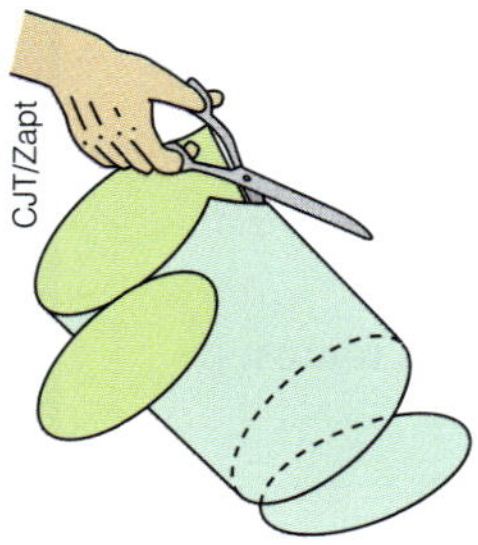

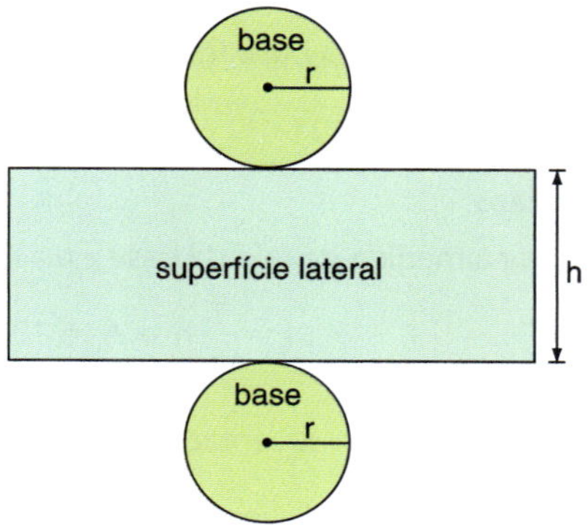

Assim, a área total do cilindro é dada por:

$$A_t = A_\ell + 2A_b$$

Substituindo $A_\ell = 2\pi rh$ e $A_b = \pi r^2$, vem:

$$A_t = 2\pi rh + 2\pi r^2 \Rightarrow \boxed{A_t = 2\pi r\,(h + r)}$$

VOLUME (V) DO CILINDRO

Consideremos um cilindro de altura de medida *h* e área da base A_b. Consideremos também um prisma de altura de medida *h* e área da base A_b. Note que o cilindro e o prisma têm alturas iguais e bases equivalentes.

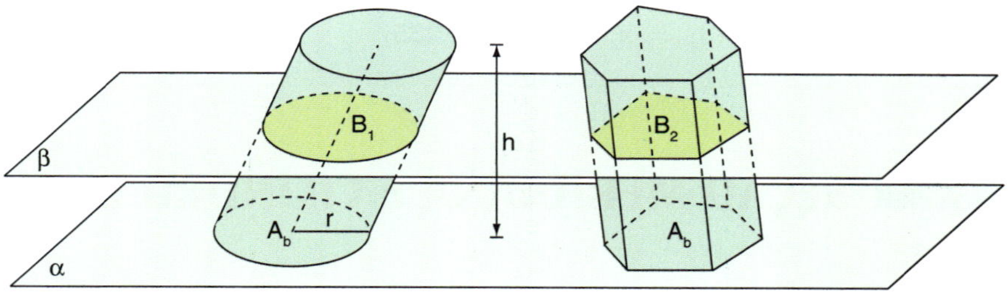

Suponhamos que os dois sólidos tenham as bases contidas em um mesmo plano α e fiquem no mesmo semiespaço de origem α. Qualquer plano β paralelo a α que secione o cilindro também seciona o prisma, e as seções B_1 e B_2 têm áreas iguais a A_b, pois são congruentes às respectivas bases. Então, pelo princípio de Cavalieri, o cilindro e o prisma têm volumes iguais.

$$\boxed{V_{\text{cilindro}} = V_{\text{prisma}}}$$

Como $V_{\text{prisma}} = A_b \cdot h$, então $V_{\text{cilindro}} = A_b \cdot h$.
Conclusão: o volume de um cilindro é igual ao produto da área da base pela medida da altura:

$$V = A_b \cdot h$$

Como $A_b = \pi r^2$, temos:

$$\boxed{V = \pi \cdot r^2 \cdot h}$$

Exemplo 1

Pretende-se pintar externamente a base inferior e a superfície lateral de um vaso que tem a forma de um cilindro reto em que o diâmetro da base mede 40 cm e a altura mede 36 cm. Considerando a espessura do vaso desprezível, vamos usar a aproximação $\pi = 3$ para calcular a área da superfície a ser pintada e a maior quantidade de terra que pode ser colocada em seu interior.

Como r = 20 cm e h = 36 cm, temos:

A = área da superfície a ser pintada $\Rightarrow A = \pi \cdot r^2 + 2\pi \cdot r \cdot h \Rightarrow$

$\Rightarrow A = 3 \cdot 20^2 + 2 \cdot 3 \cdot 20 \cdot 36 \Rightarrow A = 5\,520\ \text{cm}^2$

V = volume do vaso $\Rightarrow V = \pi \cdot r^2 \cdot h \Rightarrow V = 3 \cdot 20^2 \cdot 36 \Rightarrow V = 43\,200\ \text{cm}^3$

EXERCÍCIO RESOLVIDO

Thinkstock/Getty Images

Uma vela tem a forma de um cilindro reto, com área total de 108π cm² e raio da base igual a $\frac{1}{5}$ da altura. Determinar sua área lateral e seu volume.

Solução:

Sendo *r* a medida do raio da base e *h* a medida da altura, temos:

$$r = \frac{1}{5}h \text{ e } A_t = 108\pi$$

Como $A_t = A_\ell + 2 \cdot A_b$, então $108\pi = 2\pi rh + 2\pi r^2 \Rightarrow rh + r^2 = 54$.

Substituindo $r = \frac{1}{5}h$, vem:

$$\frac{1}{5}h \cdot h + \left(\frac{1}{5}h\right)^2 = 54 \Rightarrow \frac{h^2}{5} + \frac{h^2}{25} = 54 \Rightarrow 6h^2 = 1350 \Rightarrow h^2 = 225 \Rightarrow h = 15$$

Temos, então: $r = \frac{1}{5}h \Rightarrow r = \frac{1}{5} \cdot 15 = 3$.

Logo, $\begin{cases} A_\ell = 2\pi \cdot r \cdot h \Rightarrow A_\ell = 2\pi \cdot 3 \cdot 15 = 90\pi \\ V = \pi \cdot r^2 \cdot h \Rightarrow V = \pi \cdot 3^2 \cdot 15 = 135\pi \end{cases}$, ou seja, a área lateral é 90π cm², e o volume é 135π cm³.

SEÇÃO MERIDIANA E CILINDRO EQUILÁTERO

Seção meridiana de um cilindro é a interseção deste com um plano que contém o segmento $\overline{OO'}$.

A seção meridiana de um cilindro oblíquo é um paralelogramo.

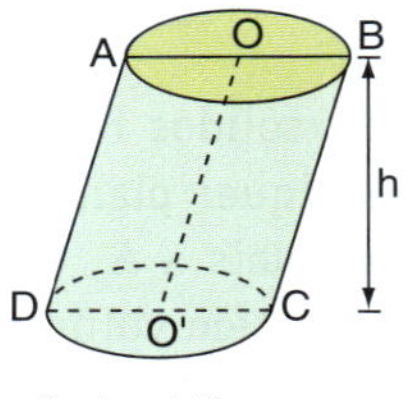

cilindro oblíquo

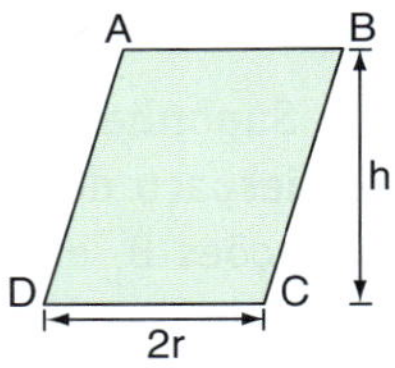

seção meridiana

A seção meridiana de um cilindro reto é um retângulo de dimensões 2r (medida do diâmetro da base) e *h* (medida da altura do cilindro).

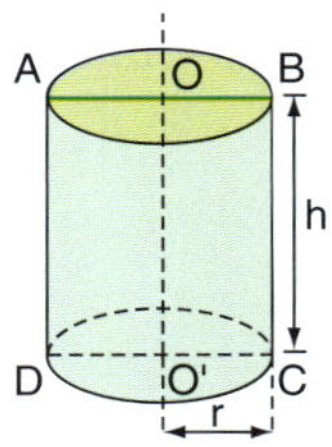

cilindro reto

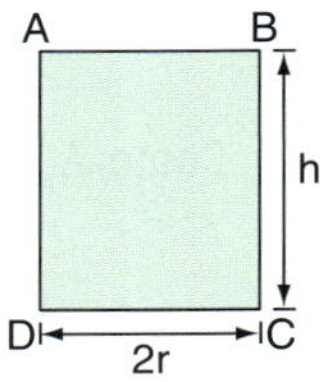

seção meridiana

Cilindro equilátero é um cilindro cuja seção meridiana é um quadrado. Num cilindro equilátero, g = h = 2r.

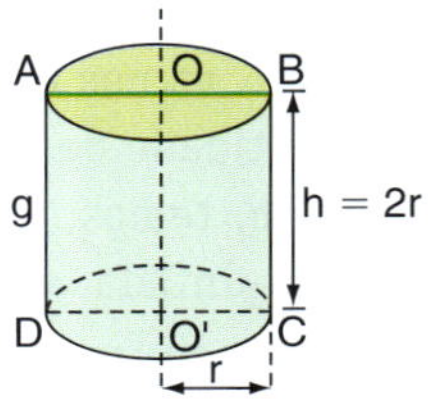

cilindro equilátero

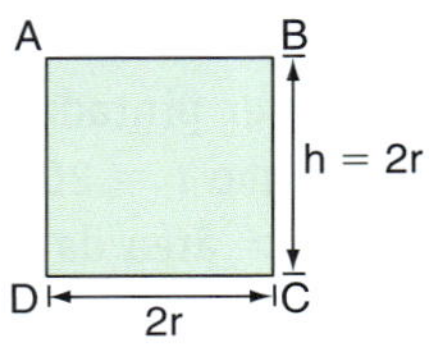

seção meridiana

Exemplo 2

Vejamos como obter a área lateral A_ℓ, a área total A_t e o volume V de um cilindro equilátero cujo raio mede 3 cm.

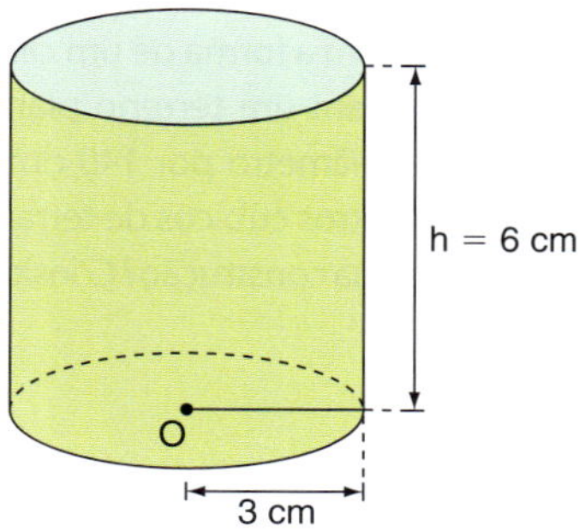

- Área lateral

$$\left.\begin{array}{l} A_\ell = 2\pi rh \\ h = 2r \end{array}\right\} \Rightarrow A_\ell = 2\pi r \cdot 2r = 4\pi r^2 \Rightarrow A_\ell = 36\pi \text{ cm}^2$$

- Área total

$$\left.\begin{array}{l} A_t = A_\ell + 2A_b \\ A_b = \pi r^2 \end{array}\right\} \Rightarrow A_t = 4\pi r^2 + 2\pi r^2 = 6\pi r^2 \Rightarrow A_t = 54\pi \text{ cm}^2$$

- Volume

$$\left.\begin{array}{l} V = \pi r^2 h \\ h = 2r \end{array}\right\} \Rightarrow V = \pi r^2 \cdot 2r = 2\pi r^3 \Rightarrow V = 54\pi \text{ cm}^3$$

EXERCÍCIOS

1. Calcule a área lateral, a área total e o volume dos sólidos cujas medidas estão indicadas nas figuras.

a) cilindro equilátero

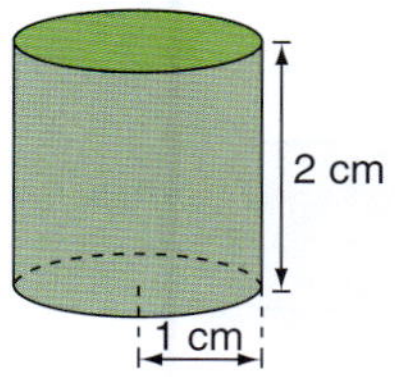

b) cilindro reto

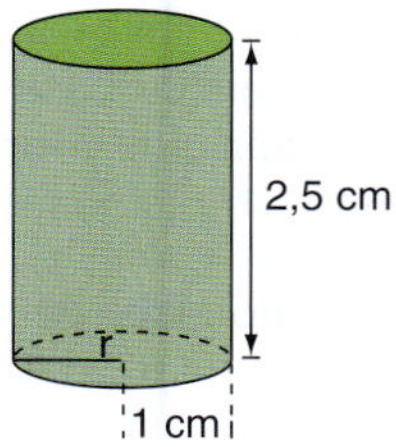

c) semicilindro reto

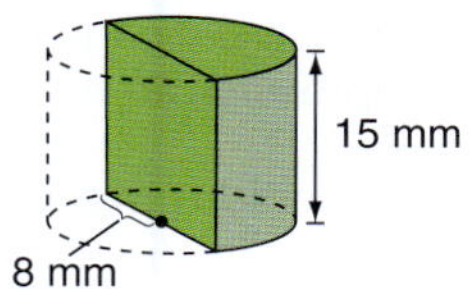

2. Um cilindro circular reto tem 6 cm de altura, e o raio da base mede 2 cm. Determine a área lateral e o volume desse cilindro.

3. Determine o volume de um cilindro, sabendo que sua área lateral é igual a 250π cm² e que o raio de sua base mede 10 cm.

4. Quantos litros de água podem ser colocados em um tanque cilíndrico que internamente tem 4 m de diâmetro e 3,5 m de altura? Considere a aproximação $\pi = \frac{22}{7}$.

5. O perímetro da seção meridiana de um cilindro reto mede 28 cm. Sabendo que a área lateral do cilindro mede 48π cm², determine seu volume.

6. Seja uma caixa-d'água, de formato cilíndrico, em que a área lateral é igual a $\frac{6\pi}{5}$ m² e o raio da base mede 80 cm. Determine:

a) a medida da altura dessa caixa;

b) a capacidade da caixa, em litros. (Use a aproximação $\pi = 3{,}14$.)

7. Um recipiente cilíndrico tem 20 cm de altura e diâmetro interno de 10 cm. Determine quantos quilogramas de mercúrio são necessários para encher completamente esse vaso, sabendo que a densidade do mercúrio é 13,6 g/cm³. Considere a aproximação $\pi = 3{,}14$.

8. Determine o volume de um cilindro reto, sabendo que ele tem 2,5 dm de altura e que sua área lateral é igual à área da base.

9. Calcule a área da superfície total de um cilindro equilátero, sabendo que o seu volume é igual a 250π cm³.

10. A planificação da superfície lateral de um cilindro reto tem dimensões 6 cm e 8 cm. Determine a área total e o volume do cilindro usando a aproximação $\pi = 3{,}1$.

11. Um poço, com a forma de um cilindro reto, deve ser construído em um terreno plano. Se ele deve ter 24 dm de diâmetro por 140 dm de profundidade, quantos metros cúbicos de terra deverão ser removidos para sua construção? Considere a aproximação $\pi = \frac{22}{7}$.

12. Um cilindro está inscrito em um cubo cuja aresta mede 10 cm, conforme mostra a figura abaixo.

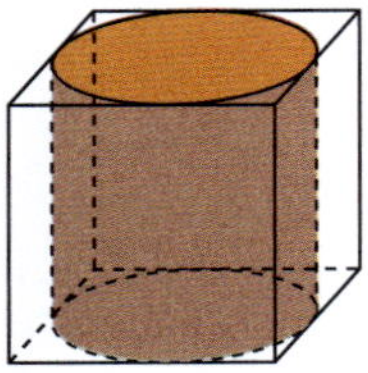

a) Determine, na ordem dada, a razão entre as áreas totais do cubo e do cilindro;

b) Determine os volumes do cubo e do cilindro.

13. (UE-CE) Um fabricante de latas de alumínio com a forma de cilindro circular reto vai alterar as dimensões das latas fabricadas, de forma que o volume seja preservado. Se a medida do raio da base das novas latas é o dobro da medida do raio da base das antigas, determine a razão entre as medidas da nova altura e da altura das latas antigas, nesta ordem.

14. Uma peça de madeira, com a forma de um prisma reto de base quadrada, tem em seu centro um furo cilíndrico de 2,8 cm de raio, conforme mostra a figura.

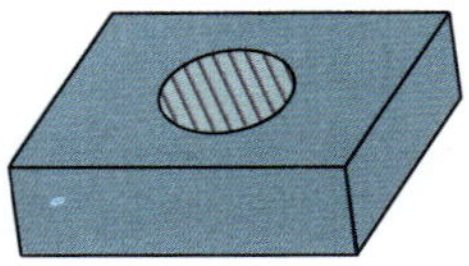

Se o prisma tem 10 cm de altura e o lado do quadrado da base mede 18 cm, então, considerando a aproximação $\pi = \frac{22}{7}$, determine:

a) o volume da peça;

b) o "peso" dessa peça, considerando que a densidade da madeira é 0,93 g/cm^3.

15. Um tambor de forma cilíndrica tem 2 m de comprimento e 1 m de diâmetro. Deseja-se encher o tambor com uma mistura de 90% de gasolina e 10% de álcool. Que volume de álcool será necessário? Adote a aproximação $\pi = 3{,}14$.

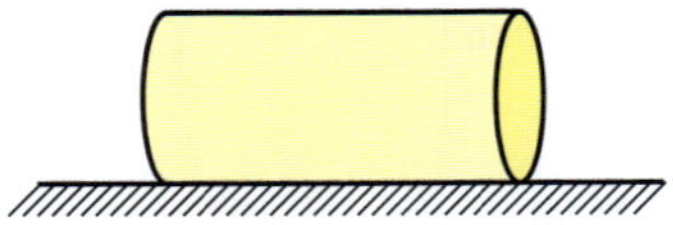

16. Dispõe-se de uma folha retangular de metal que tem 8 cm de largura por 12 cm de comprimento. A partir dessa folha, podem ser construídos dois tipos de tubo cilíndrico: C_1, soldando-se os dois lados maiores, ou C_2, soldando-se os outros dois lados. Determine qual das duas opções fornecerá um cilindro de maior volume.

17. (UF-GO) Num laboratório, um recipiente em forma de cilindro reto tem marcas que mostram o volume da substância presente a cada 100 mℓ. Se o diâmetro da base do cilindro mede 10 cm, qual a distância entre duas dessas marcas consecutivas?

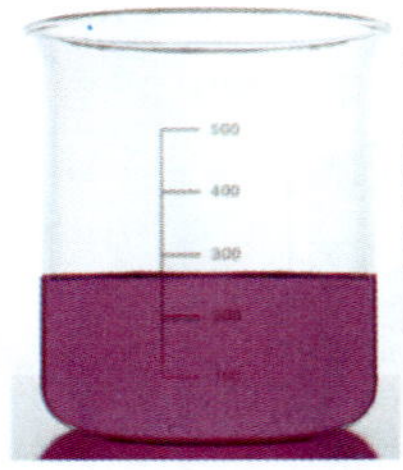

Stock4B RF/Diomedia

18. Numa feira livre, o caldo de cana é vendido em dois recipientes cilíndricos: o copo grande, que tem 5 cm de raio da base e 12 cm de altura, e o copo médio, com 3 cm de raio da base e altura de 10 cm. Para o consumidor, qual copo é mais vantajoso, se o maior custa o triplo do médio?

19. Em um experimento, um professor de Química usou um vasilhame cilíndrico de 6 cm de raio da base, contendo água até certa altura. Imediatamente após adicionar 16 pedras cúbicas de gelo, cada uma com aresta de 3 cm, o nível da água atingiu 12 cm. Qual era o nível da água antes da adição do gelo? Use a aproximação $\pi = 3$.

20. Com a rotação de um quadrado em torno de um de seus lados obtém-se um cilindro. Determine a medida do lado do quadrado, de modo que a área da seção meridiana do cilindro seja 50 cm^2.

DESAFIO

(Obmep) Um número, quando dividido por 3, tem resto 1; por 4, tem resto 2; por 5, tem resto 3; por 6, tem resto 4. Qual é o menor número inteiro positivo que satisfaz tais propriedades?

APLICAÇÕES

A Matemática e as chuvas

Você certamente já ouviu, nas aulas de Geografia ou em algum noticiário, algo sobre o **índice pluviométrico** de certa região: "Neste mês as chuvas em Curitiba atingiram o índice de 100 mm". O índice representa, de maneira bem informal, a quantidade de chuva que cai em determinada região, em certo período. Neste texto, vamos entender como é calculado o índice.

Conhecer o índice pluviométrico de uma região é importante para que se reúnam informações úteis para a economia local (agricultura, pecuária etc.), além de auxiliar na tomada de medidas emergenciais para evitar desabamentos, deslizamentos de terra ou inundações, por exemplo.

O índice pluviométrico diz respeito à **quantidade de chuva por metro quadrado** registrada em certo local, em um determinado período.

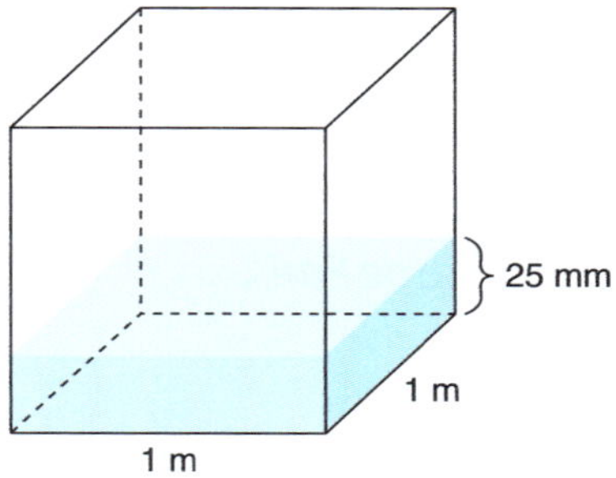

Quando dizemos que o índice pluviométrico em certa região foi de 25 mm na semana, significa que, se tivéssemos um reservatório aberto de 1 m² da área de base, o nível de água atingiria a altura de 25 mm (veja a figura ao lado).

Como 1 m corresponde a 1 000 mm, teríamos o nível de $25 \div 1\,000 = 0{,}025$ m. Note, então, que o volume de água de chuva "recolhido" na semana seria:

$V = A_b \cdot h = 1\ m^2 \cdot 0{,}025\ m = 0{,}025\ m^3$; como 1 m³ equivale a 1 000 litros, teríamos, em litros, 25 ℓ.

Isso significa que, para cada m² da região, houve uma precipitação de 25 ℓ de água ao longo da semana.

Em geral, para cada 1 mm de índice de precipitação, em certo período, corresponde um volume de 1 litro de chuva, em cada m², pois:

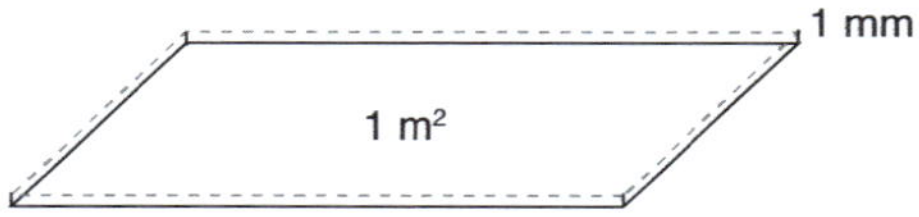

$$V = 1\ m^2 \cdot 1\ mm = 1\ m^2 \cdot \frac{1}{1\,000}\ m = 0{,}001\ m^3 = 1\ \ell$$

É notório que os pluviômetros (instrumentos usados para medir a quantidade de chuva) não precisam ter, como base, um quadrado de área 1 m².

Imagine que se pretenda medir a quantidade de chuva em uma região através de um cilindro reto graduado, ao qual se acopla um funil, como mostra a imagem abaixo.

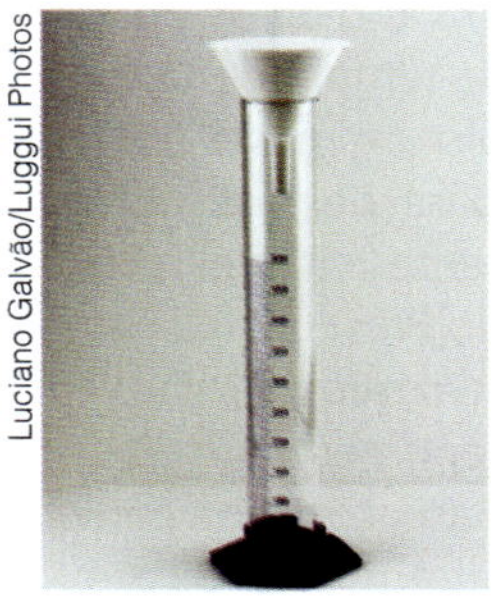

Imagine que o funil tenha diâmetro inferior de 10 cm; a área de sua "boca" inferior é:

$$\pi \cdot r^2 = \pi \cdot 5^2 = 25\pi\ cm^2 \cong 78{,}5\ cm^2$$

Suponha que, em certo dia, o volume de água da chuva coletado foi de 500 mℓ (ou 500 cm³).

Para obter a quantidade de chuva daquele dia, basta fazer:

$$\frac{\text{volume}}{\text{área da "boca"}} = \frac{500\ cm^3}{78{,}5\ cm^2} = 6{,}36\ cm = 63{,}6\ mm$$

Assim, para cada m² da região, registrou-se a precipitação de 63,6 litros de água de chuva.

Por fim, vale a pena destacar que, em uma cidade grande, há várias estações de medição da intensidade da chuva. A média das intensidades de precipitação medidas nesses pontos, em certo período (mês, por exemplo), fornece o **índice pluviométrico** da região, no período considerado.

Para saber mais, pesquise em:

- www.saema.com.br/indice-pluviometrico.html. Acesso em: jul. 2014.
- www.cienciaviva.pt/img/upload/meteorologia_artesanal. Acesso em: jul. 2014.
- http://portaldoprofessor.mec.gov.br/fichaTecnicaAula.html. Acesso em: jul. 2014.

Aplicações

Conheça os pluviômetros oficiais

O pluviômetro é um dos instrumentos que permitem verificar a quantidade de chuvas que caem em determinado local. Há outros meios, como os satélites meteorológicos, mas não oferecem a precisão de um pluviômetro quando há a necessidade de registrar pequenas quantidades de chuva. Há vários tipos de pluviômetros e, no Brasil, o Instituto Nacional de Meteorologia (Inmet) utiliza o modelo *Ville de Paris*.

1

O *Ville de Paris* tem um bocal de 22,57 centímetros de diâmetro, equivalente a uma área de captação de chuvas de 400 centímetros quadrados, medida recomendada pelas normas internacionais.

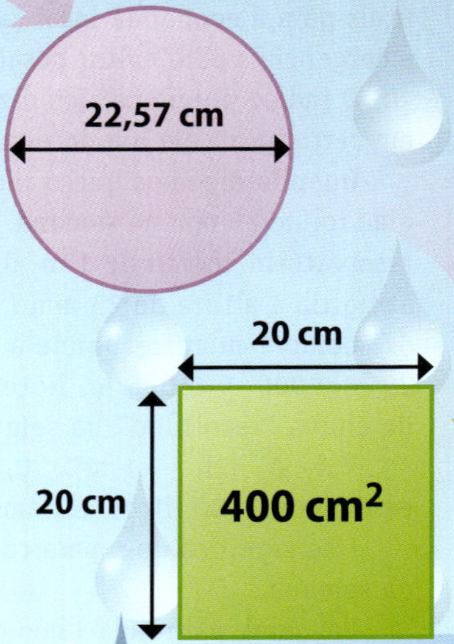

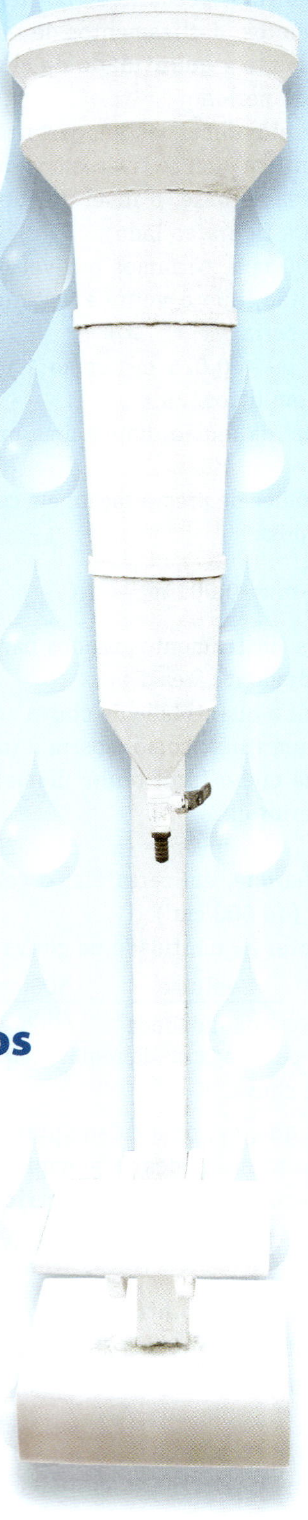

Samantha Martins/Estação Meteorológica do IAG-USP

2

A leitura do pluviômetro é feita uma vez por dia, geralmente pela manhã, quando se recolhe a água acumulada. No *Ville de Paris* essa leitura é feita com o auxílio de uma proveta, tubo cilíndrico de vidro ou plástico graduado em milímetros.

Casa Paulistana de Comunicação

proveta graduada

3

O controle diário permite fazer o levantamento da quantidade de chuvas em um local ou em determinada região ao longo de um ano ou de outros períodos de tempo menores, por exemplo um mês. É possível fazer comparações dos índices entre diferentes cidades, estados e regiões do Brasil. Consegue-se investigar em que mês choveu mais ou menos, em que dias do mês ou do ano costuma chover com mais intensidade ou até saber quantos dias de chuva ocorreram em uma década. Todas essas informações podem ser transformadas em gráficos ou mapas, possibilitando melhor visualização das informações obtidas.

Outros tipos de pluviômetros utilizados no Brasil:

Paulista, com abertura de 500 cm^2 para a captação de chuvas. É utilizado pelo governo do estado de São Paulo;

Casella, com área de captação de chuvas de 200 cm^2. É o mais utilizado pelo setor privado, que inclui empresas envolvidas com o agronegócio. Esses modelos geralmente são feitos de plástico resistente. Diferencial: incluem em sua estrutura a gradação em milímetros, o que dispensa o uso da proveta.

4

Os dados pluviométricos podem ser utilizados de várias maneiras, tanto nas cidades quanto no campo. Permitem conhecer desde o momento certo para iniciar o manejo do solo e o plantio até planejar medidas preventivas contra enchentes e alagamentos, como faz a Prefeitura de São Paulo. O setor privado utiliza os dados para planejar a melhor época para realizar obras.

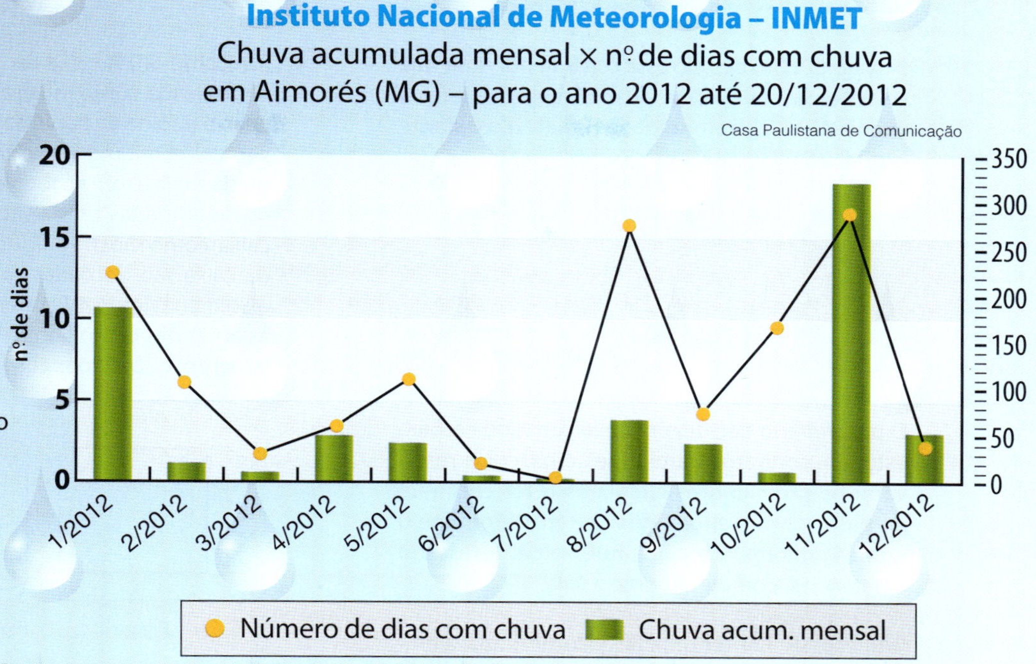

Casa Paulistana de Comunicação

INMET

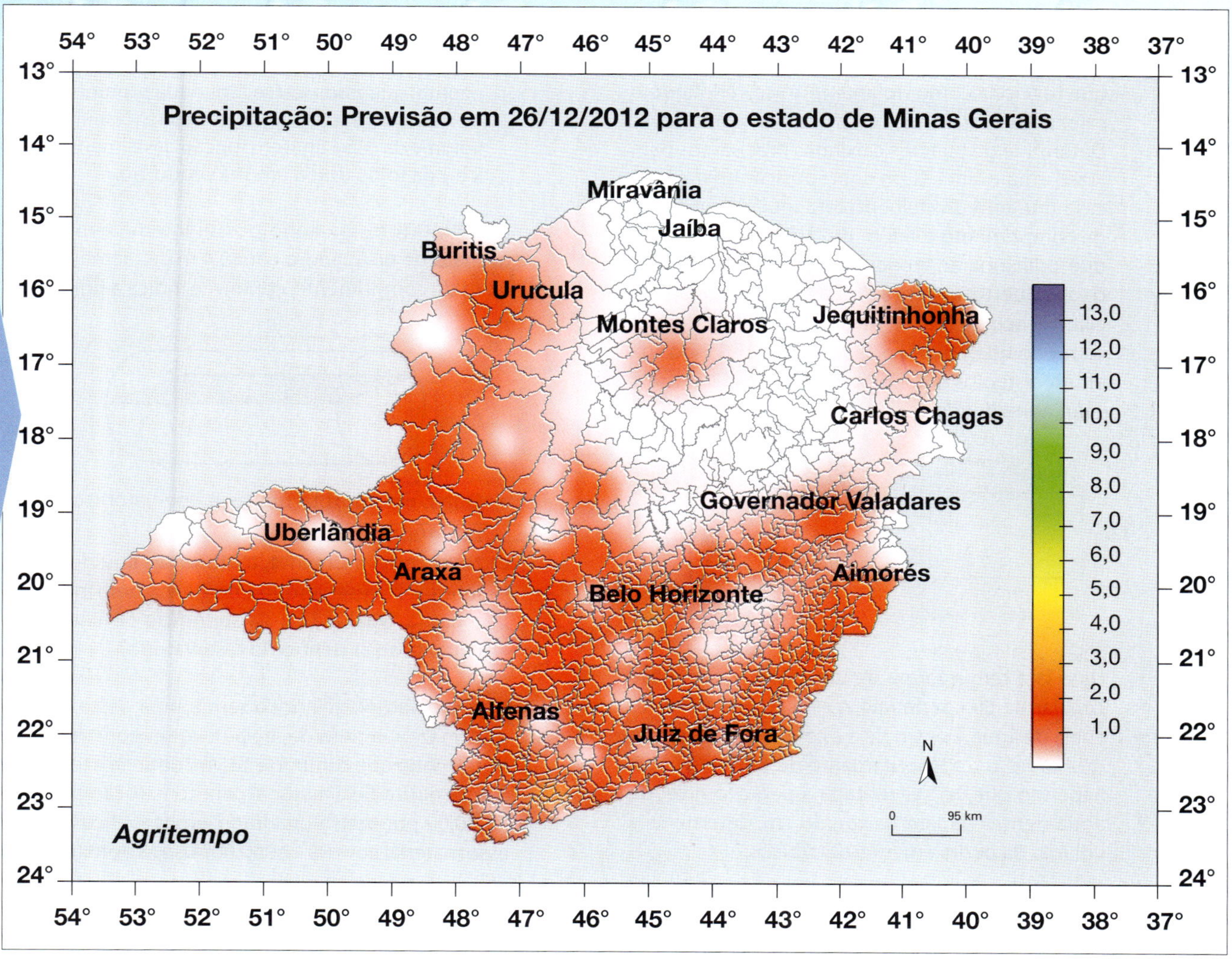

Empresa Brasileira de Pesquisa Agropecuária/Agritempo

EXERCÍCIOS COMPLEMENTARES

1. (Fuvest-SP) Um castelo está cercado por uma vala cujas bordas são dois círculos concêntricos de raios 41 m e 45 m. A profundidade da vala é constante e igual a 3 m.

O proprietário decidiu enchê-la com água e, para este fim, contratou caminhões-pipa, cujos reservatórios são cilindros circulares retos com raio da base 1,5 m e altura igual a 8 m. Determine o número mínimo de caminhões-pipa necessário para encher completamente a vala.

2. (Vunesp-SP) Por ter uma face aluminizada, a embalagem de leite "longa vida" mostrou-se conveniente para ser utilizada como manta para subcoberturas de telhados, com a vantagem de ser uma solução ecológica que pode contribuir para que esse material não seja jogado no lixo. Com a manta, que funciona como isolante térmico, refletindo o calor do sol para cima, a casa fica mais confortável. Determine de quantas caixinhas precisamos para fazer uma manta (sem sobreposição) para uma casa que tem um telhado retangular com 6,9 m de comprimento e 4,5 m de largura, sabendo-se que a caixinha, ao ser desmontada (e ter o fundo e o topo abertos), toma a forma aproximada de um cilindro oco de 0,23 m de altura e 0,05 m de raio, de modo que, ao ser cortado acompanhando sua altura, obtemos um retângulo. Nos cálculos, use o valor aproximado $\pi = 3$.

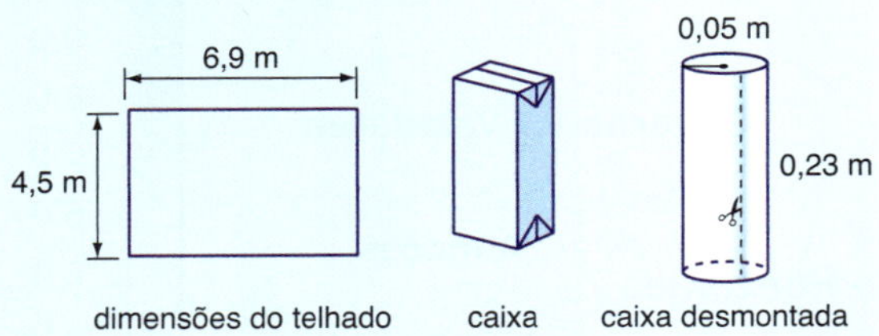

3. Uma lata tem a forma de um cilindro, com base circular de 50 cm de raio, e está completamente cheia de água. Dentro dela é colocada uma pedra que causa o transbordamento de parte da água. Sabendo que, ao ser retirada a pedra, o nível da água dentro da lata baixou 55 cm, determine o volume da pedra em metros cúbicos.

(Use a aproximação $\pi = 3$.)

4. (Unicamp-SP) A caixa de um produto longa vida é produzida como mostra a sequência de figuras abaixo. A folha de papel da figura 1 é emendada na vertical, resultando no cilindro da figura 2. Em seguida, a caixa toma o formato desejado, e são feitas novas emendas, uma no topo e outra no fundo da caixa, como mostra a figura 3. Finalmente, as abas da caixa são dobradas, gerando o produto final, exibido na figura 4. Para simplificar, consideramos as emendas como linhas, ou seja, desprezamos a superposição do papel.

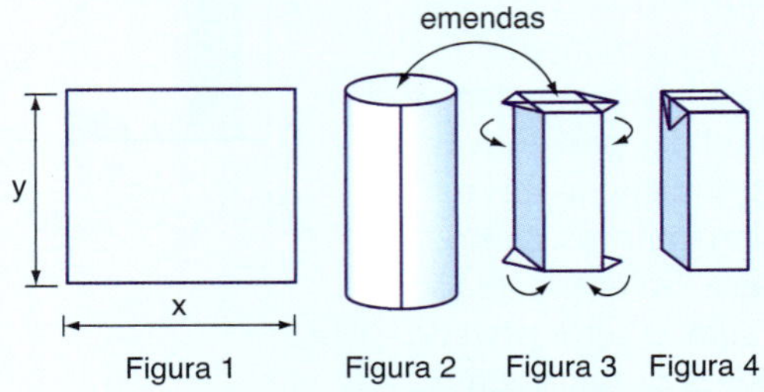

a) Se a caixa final tem 20 cm de altura, 7,2 cm de largura e 7 cm de profundidade, determine as dimensões x e y da menor folha que pode ser usada na sua produção.

b) Supondo, agora, que uma caixa tenha seção horizontal quadrada (ou seja, que sua profundidade seja igual a sua largura), escreva a fórmula do volume da caixa final em função das dimensões x e y da folha usada em sua produção.

5. (UF-PR) Um reservatório possui internamente o formato de um cilindro com 3,4 m de diâmetro e 10 m de comprimento, conforme indica a figura.

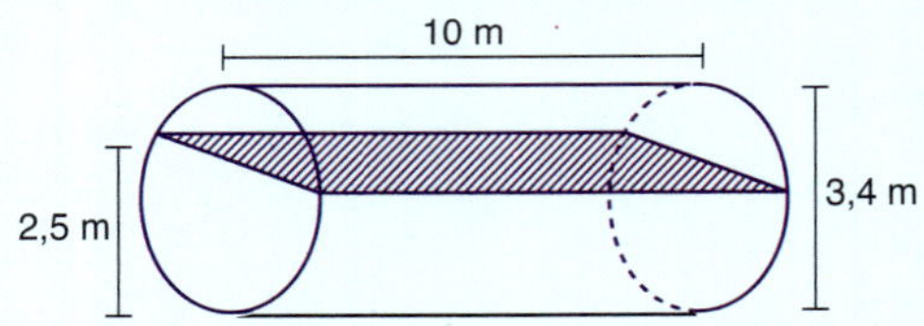

a) Qual o volume total que esse reservatório comporta?

b) Num certo momento, a altura do líquido no interior do reservatório é de 2,5 m, como indica a figura. Qual a área da superfície do líquido exposta ao ar dentro do reservatório?

6. Um reservatório cilíndrico sem tampa destinado ao armazenamento de areia deve ser construído de tal modo que comporte 155 m^3 de areia e tenha 5 m de altura. Se o material para construção custa R$ 90,00 por metro quadrado, é possível custear esse material com R$ 12 000,00? Use as aproximações $\pi = 3,1$ e $\sqrt{10} = 3,2$.

7. Um tanque cilíndrico com 6 m de diâmetro e 5 m de altura está cheio de um solvente usado na indústria química. Por medida de segurança, o solvente deverá ser acondicionado em 24 blocos retangulares idênticos, cada um com base quadrada e altura de 60 cm. Quanto deve medir o lado da base de cada bloco? Use a aproximação $\pi = 3,2$.

8. (UF-PE) Se o raio da base de um cilindro reto é aumentado de 60%, e sua altura é dividida pela metade, qual o aumento percentual no volume do cilindro?

9. Um recipiente tem a forma de um cilindro circular reto com 50 cm de altura e raio da base medindo 10 cm. Estando ele totalmente cheio de água, se forem retirados 3 litros do seu interior, que altura a água restante atingirá no recipiente? Considere a aproximação $\pi = 3$.

10. (FGV-SP) Após *t* horas do início de um vazamento de óleo de um barco em um oceano, constatou-se ao redor da embarcação a formação de uma mancha com a forma de um círculo cujo raio varia com o tempo *t* mediante a função $r(t) = \frac{30}{\sqrt{\pi}} \cdot t^{0,5}$ metros.

A espessura da mancha ao longo do círculo é de 0,5 centímetro.

Desprezando a área ocupada pelo barco na mancha circular, determine o volume do óleo que vazou entre os instantes t = 4 horas e t = 9 horas.

11. (UF-GO) A figura abaixo representa uma seringa no formato de um cilindro circular reto, cujo êmbolo tem 20 mm de diâmetro. Esta seringa está completamente cheia de um medicamento e é usada para injetar doses de 6 mL desse medicamento. Com base nessas informações, determine quantos milímetros o êmbolo se desloca no interior da seringa ao ser injetada uma dose.

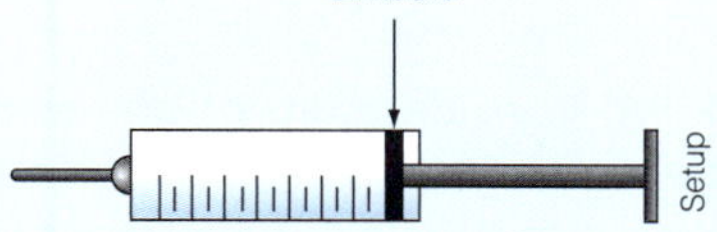

12. Um cano de ferro tem a forma de um cilindro reto com as seguintes especificações: 75 cm de comprimento, 6 cm de diâmetro externo e 5,4 cm de diâmetro interno. Sabendo que a densidade do ferro é 7,8 g/cm³, determine o "peso" aproximado desse cano. Use a aproximação $\pi = 3$.

13. (Vunesp-SP) Na construção de uma estrada retilínea foi necessário escavar um túnel cilíndrico para atravessar um morro. Esse túnel tem seção transversal na forma de um círculo de raio R seccionado pela corda AB e altura máxima *h*, relativa à corda, conforme figura.

Sabendo que a extensão do túnel é de 2 000 m, que $AB = 4\sqrt{3}$ m e que $h = \frac{3R}{2} = 6$ m, determine o volume aproximado de terra, em m³, que foi retirado na construção do túnel.

Dados: $\frac{\pi}{3} \approx 1,05$ e $\sqrt{3} \approx 1,7$.

14. Um fabricante de goiabada vende seu produto em latas cilíndricas (figura 1), ao preço de R$ 2,40 a lata. Ele pretende substituir essa embalagem por outra, também cilíndrica, mostrada na figura 2. Se o preço de venda de uma lata é diretamente proporcional ao volume de goiabada no seu interior, por quanto ele deverá vender a nova lata?

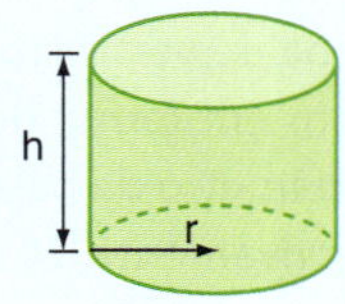

figura 1

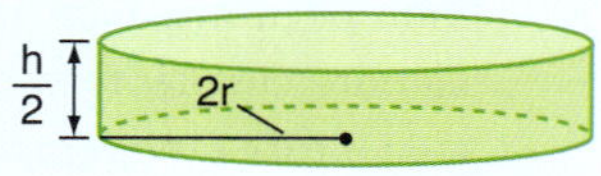

figura 2

15. (UF-PR) Um cilindro está inscrito em um cubo, conforme sugere a figura abaixo, Sabe-se que o volume do cubo é 256 cm³.

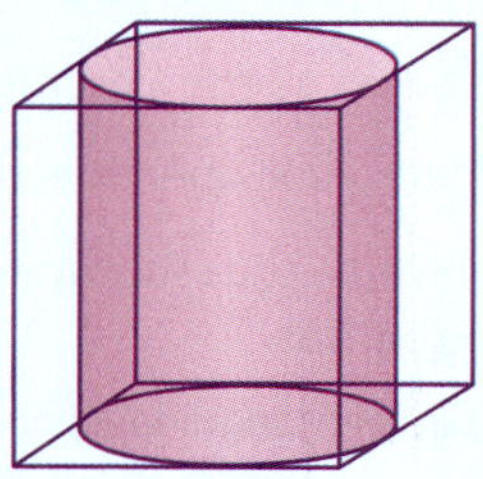

a) Calcule o volume do cilindro.

b) Calcule a área total do cilindro.

16. (Unifesp-SP) Por motivos técnicos, um reservatório de água na forma de um cilindro circular reto (reservatório 1), completamente cheio, será totalmente esvaziado e sua água será transferida para um segundo reservatório, que está completamente vazio, com capacidade maior do que o primeiro, também na forma de um cilindro circular reto (reservatório 2). Admita que a altura interna h(t), em metros, da água no reservatório 1, *t* horas a partir do instante em que se iniciou o processo de esvaziamento, pôde ser expressa pela função

$$h(t) = \frac{15t - 120}{t - 12}$$

a) Determine quantas horas após o início do processo de esvaziamento a altura interna da água no reservatório 1 atingiu 5 m e quanto tempo demorou para que esse reservatório ficasse completamente vazio.

b) Sabendo que o diâmetro interno da base do reservatório 1 mede 6 m e o diâmetro interno da base do reservatório 2 mede 12 m, determine o volume de água que o reservatório 1 continha inicialmente e a altura interna H, em metros, que o nível da água atingiu no reservatório 2, após o término do processo de esvaziamento do reservatório 1.

17. (UF-MG) João comprou um balde em forma de um cilindro circular reto, cujo diâmetro da base D, e cuja altura H medem, cada um deles, 30 cm.

Ele precisa introduzir, nesse balde, verticalmente, uma peça metálica, também em forma de um cilindro circular reto, cujo diâmetro da base *d*, e cuja altura *l* medem, respectivamente, 20 cm e 27 cm.

Suponha que o balde contém água até um nível *h*.

Considerando essas informações,

a) calcule o volume total do balde, em cm^3.

b) calcule o volume total da peça metálica, em cm^3.

c) João observou que, se a peça fosse introduzida no balde, de modo que $\frac{2}{3}$ dela ficassem fora do balde, o nível da água subiria até atingir a borda, sem transbordar.

Suponha que, em seguida, a peça foi introduzida, de modo que a metade dela ficou fora do balde. determine o volume da água que transborda, nesse caso.

18. A figura mostra um prisma quadrangular regular inscrito em um cilindro reto. Determine a razão entre o volume do cilindro e o volume do prisma.

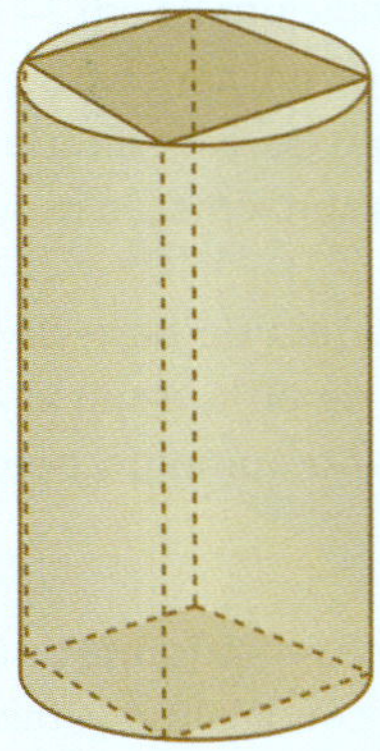

19. (UF-BA) Sobre um cilindro circular reto C e uma pirâmide triangular regular P sabe-se que:

- C tem volume igual a 24π cm^3 e área de cada base igual a 4π cm^2;
- P tem a mesma altura que C e base inscrita em uma base de C.

Calcule o volume do tronco dessa pirâmide determinado pelo plano paralelo à base que dista 2 cm do vértice.

20. (UF-GO) Uma empresa de engenharia fabrica blocos na forma de um prisma, cuja base é um octógono regular de lado 20 cm e altura 1 m. Para fabricar esses blocos, a empresa utiliza um molde na forma de um cilindro circular reto, cujo raio da base e a altura medem 1 m, conforme a figura abaixo. Calcule o volume do material necessário para fabricar o molde para esses blocos.

Use: tg (67,5°) = 2,41.

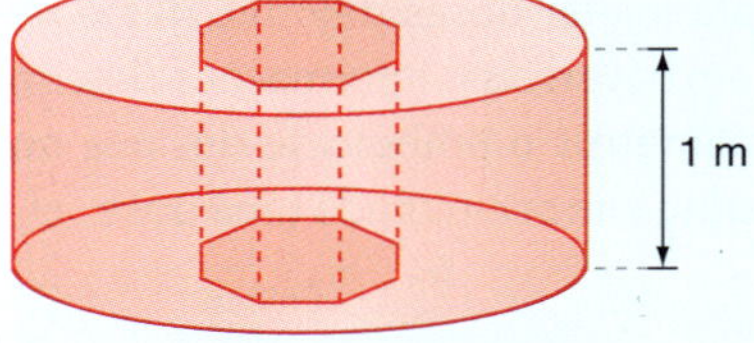

21. (UF-BA) Considere um prisma reto triangular regular de altura igual a 10 cm e um cilindro circular reto de raio da base igual a *r*, medido em cm, inscrito nesse prisma.

Em função de *r*,

- deduza a expressão do lado do triângulo, base do prisma;
- determine o volume da região exterior ao cilindro e interior ao prisma.

TESTES

1. (Enem-MEC) A ideia de usar rolos circulares para deslocar objetos pesados provavelmente surgiu com os antigos egípcios ao construírem as pirâmides.

Dorling Kindersley/Getty Images

Representando por R o raio da base dos rolos cilíndricos, em metros, a expressão do deslocamento horizontal *y* do bloco de pedra em função de R, após o rolo ter dado uma volta completa sem deslizar, é:

a) $y = R$
b) $y = 2R$
c) $y = \pi R$
d) $y = 2\pi R$
e) $y = 4\pi R$

2. (FGV-SP) Uma bobina cilíndrica de papel possui raio interno igual a 4 cm e raio externo igual a 8 cm. A espessura do papel é 0,2 mm.

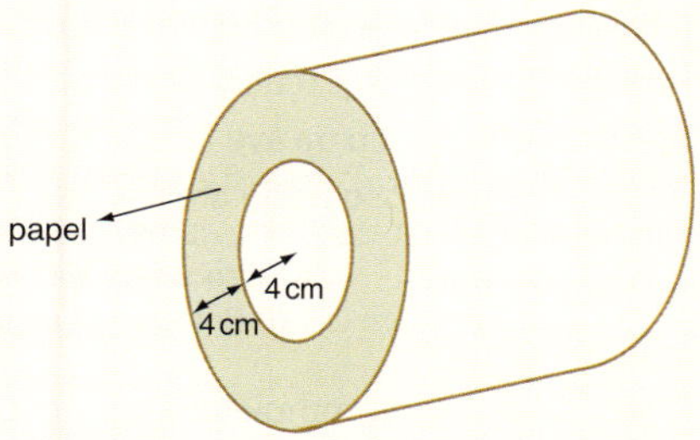

Adotando nos cálculos $\pi = 3$, o papel da bobina, quando completamente desenrolado, corresponde a um retângulo cuja maior dimensão, em metros, é aproximadamente igual a:

a) 20 b) 30 c) 50 d) 70 e) 90

3. (UF-PR) Segundo dados do Banco Central do Brasil, as moedas de 1 centavo e de 5 centavos são feitas do mesmo material, aço revestido de cobre, e ambas têm a mesma espessura de 1,65 mm. Sabendo que a massa de cada moeda é diretamente proporcional ao seu volume, que as massas das moedas de 1 centavo e de 5 centavos são respectivamente 2,4 g e 4,1 g, e que o diâmetro da moeda de 1 centavo é de 17 mm, assinale a alternativa que corresponde à medida que mais se aproxima do diâmetro da moeda de 5 centavos.

a) 20 mm
b) 22 mm
c) 24 mm
d) 26 mm
e) 28 mm

4. (Unesp-SP) Seis reservatórios cilíndricos, superiormente abertos e idênticos (A, B, C, D, E e F) estão apoiados sobre uma superfície horizontal plana e ligados por válvulas (V) nas posições indicadas na figura.

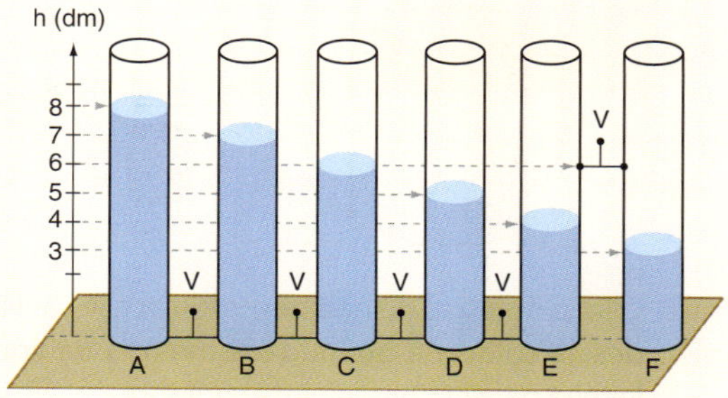

Com as válvulas (V) fechadas, cada reservatório contém água até o nível (h) indicado na figura. Todas as válvulas são, então, abertas, o que permite a passagem livre da água entre os reservatórios, até que se estabeleça o equilíbrio hidrostático.

Nesta situação final, o nível da água, em dm, será igual a

a) 6,0 nos reservatórios de A a E e 3,0 no reservatório F.
b) 5,5 nos reservatórios de A a E e 3,0 no reservatório F.
c) 6,0 em todos os reservatórios.
d) 5,5 em todos os reservatórios.
e) 5,0 nos reservatórios de A a E e 3,0 no reservatório F.

5. (Unicamp-SP) A embalagem de certo produto alimentício, em formato de cilindro circular, será alterada para acomodar um novo rótulo com informações nutricionais mais completas. Mantendo o mesmo volume da embalagem, a sua *área lateral* precisa ser aumentada. Porém, por restrições de custo do material utilizado, este aumento da área lateral não deve ultrapassar 25%. Sejam *r* e *h* o raio e a altura da embalagem original, e R e H o raio e a altura da embalagem alterada. Nessas condições podemos afirmar que:

a) $\frac{R}{r} \geqslant \frac{3}{4}$ e $\frac{H}{h} \leqslant \frac{16}{9}$.

b) $\frac{R}{r} \geqslant \frac{9}{16}$ e $\frac{H}{h} \leqslant \frac{4}{3}$.

c) $\frac{R}{r} \geqslant \frac{4}{5}$ e $\frac{H}{h} \leqslant \frac{25}{16}$.

d) $\frac{R}{r} \geqslant \frac{16}{25}$ e $\frac{H}{h} \leqslant \frac{5}{4}$.

6. (Enem-MEC) Dona Maria, diarista na casa da família Teixeira, precisa fazer café para servir as vinte pessoas que se encontram numa reunião na sala. Para fazer o café, Dona Maria dispõe de uma leiteira cilíndrica e copinhos plásticos, também cilíndricos.

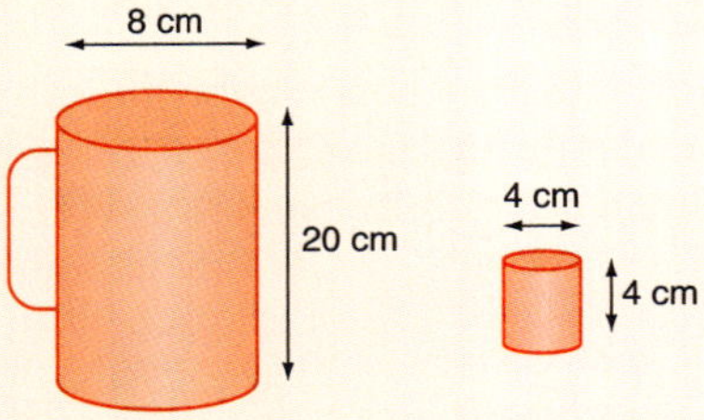

Com o objetivo de não desperdiçar café, a diarista deseja colocar a quantidade mínima de água na leiteira para encher os vinte copinhos pela metade. Para que isso ocorra, Dona Maria deverá

a) encher a leiteira até a metade, pois ela tem um volume 20 vezes maior que o volume do copo.
b) encher a leiteira toda de água, pois ela tem um volume 20 vezes maior que o volume do copo.
c) encher a leiteira toda de água, pois ela tem um volume 10 vezes maior que o volume do copo.
d) encher duas leiteiras de água, pois ela tem um volume 10 vezes maior que o volume do copo.
e) encher cinco leiteiras de água, pois ela tem um volume 10 vezes maior que o volume do copo.

7. (UF-PE) Uma agulha de tricô é confeccionada com plástico e tem volume igual ao de um cilindro reto com diâmetro da base medindo 6 mm e altura 32 cm. Qual o volume de plástico necessário para se confeccionar 50 000 agulhas de tricô? Dado: use a aproximação $\pi \approx 3{,}14$.

a) 4 521 600 dm^3
b) 45 216 dm^3
c) 45,216 m^3
d) 4 521 600 mm^3
e) 452 160 cm^3

8. (UF-PR) As duas latas na figura a seguir possuem internamente o formato de cilindros circulares retos, com as alturas e diâmetros da base indicados. Sabendo que ambas as latas têm o mesmo volume, qual o valor aproximado da altura *h*?

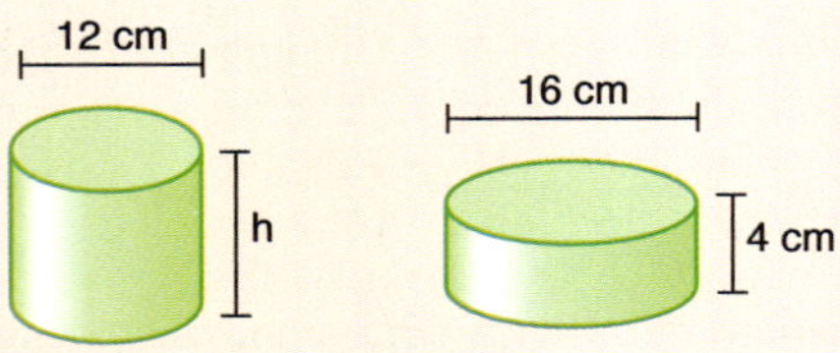

a) 5 cm
b) 6 cm
c) 6,25 cm
d) 7,11 cm
e) 8,43 cm

9. (UF-AM) Uma consequência do famoso princípio de Arquimedes é que quando mergulhamos um corpo em um líquido, o corpo desloca uma quantidade de líquido igual a seu volume. Se um determinado objeto é submerso em um recipiente com água em forma de um cilindro circular reto de raio da base igual a $\frac{2}{\sqrt{\pi}}$ cm, e o mesmo desloca o nível da água em 3 cm, então podemos concluir que o volume de tal objeto é igual a:

a) 3 cm^3
b) 6 cm^3
c) 12 cm^3
d) 18 cm^3
e) 36 cm^3

10. (Enem-MEC) É possível usar água ou comida para atrair as aves e observá-las. Muitas pessoas costumam usar água com açúcar, por exemplo, para atrair beija-flores. Mas é importante saber que, na hora de fazer a mistura, você deve sempre usar uma parte de açúcar para cinco partes de água. Além disso, em dias quentes, precisa trocar a água de duas a três vezes, pois com o calor ela pode fermentar e, se for ingerida pela ave, pode deixá-la doente. O excesso de açúcar ao cristalizar, também pode manter o bico da ave fechado, impedindo-a de se alimentar. Isso pode até matá-la.

Ciência Hoje das Crianças. FNDE, Instituto Ciência Hoje, ano 19, n. 166, mar. 1996.

Pretende-se encher completamente um copo com a mistura para atrair beija-flores. O copo tem formato cilíndrico, e suas medidas são 10 cm de altura e 4 cm de diâmetro. A quantidade de água que deve ser utilizada na mistura é cerca de (utilize $\pi = 3$):

a) 20 mL
b) 24 mL
c) 100 mL
d) 120 mL
e) 600 mL

11. (Unesp-SP) A base metálica de um dos tanques de armazenamento de látex de uma fábrica de preservativos cedeu, provocando um acidente ambiental. Nesse acidente, vazaram 12 mil litros de látex. Considerando a aproximação $\pi = 3$, e que 1 000 litros correspondem a 1 m^3, se utilizássemos vasilhames na forma de um cilindro circular reto com 0,4 m de raio e 1 m de altura, a quantidade de látex derramado daria para encher exatamente quantos vasilhames?

a) 12 b) 20 c) 22 d) 25 e) 30

12. (UF-RN) Um reservatório cilíndrico, com 4 m de raio de base e 10 m de altura, foi planejado para conservar grãos de soja em uma fazenda. Por problemas técnicos, o fazendeiro resolveu construir quatro reservatórios cilíndricos, com igual altura, para conservar a mesma quantidade de grãos de soja. A medida do raio dos novos reservatórios será:

a) 2,5 m b) 1,5 m c) 1,0 m d) 2,0 m

13. (ESPM-SP) Um vidro de perfume tem a forma e as medidas indicadas na figura abaixo e sua embalagem tem a forma de um paralelepípedo cujas dimensões internas são as mínimas necessárias para contê-lo.

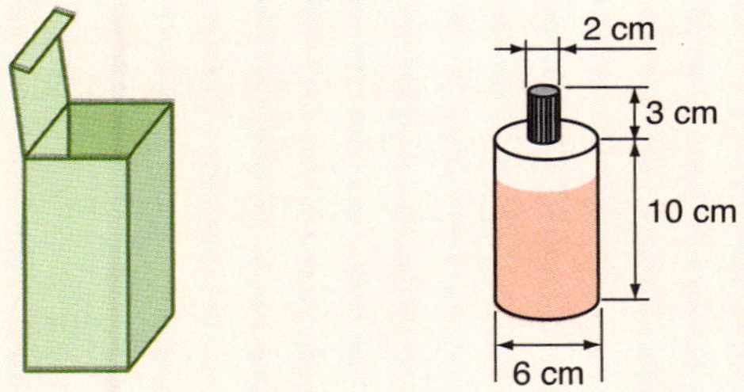

Pode-se afirmar que o volume da embalagem não ocupado pelo vidro de perfume vale aproximadamente:

a) 142 cm^3 c) 168 cm^3 e) 182 cm^3
b) 154 cm^3 d) 176 cm^3

14. (Enem-MEC) Para construir uma manilha de esgoto, um cilindro com 2 m de diâmetro e 4 m de altura (de espessura desprezível), foi envolvido homogeneamente por uma camada de concreto, contendo 20 cm de espessura.

Supondo que cada metro cúbico de concreto custe R$ 10,00 e tomando 3,1 como valor aproximado de π, então o preço dessa manilha é igual a:

a) R$ 230,40 d) R$ 54,56
b) R$ 124,00 e) R$ 49,60
c) R$ 104,16

15. (UE-CE) Um fabricante de latas de alumínio com a forma de cilindro circular reto vai alterar as dimensões das latas fabricadas de forma que o volume seja preservado. Se a medida do raio da base das novas latas é o dobro da medida do raio da base das antigas, então a medida da nova altura é

a) a metade da medida da altura das latas antigas.
b) um terço da medida da altura das latas antigas.
c) um quarto da medida da altura das latas antigas.
d) dois terços da medida da altura das latas antigas.

16. (Enem-MEC) Uma empresa vende tanques de combustíveis de formato cilíndrico, em três tamanhos, com medidas indicadas nas figuras. O preço do tanque é diretamente proporcional à medida da área da superfície lateral do tanque. O dono de um posto de combustível deseja encomendar um tanque com menor custo por metro cúbico de capacidade de armazenamento.

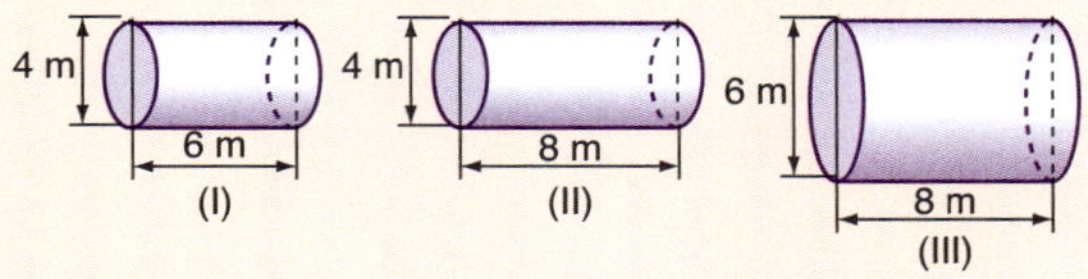

Qual dos tanques deverá ser escolhido pelo dono do posto? (Considere $\pi \cong 3$)

a) I, pela relação área/capacidade de armazenamento de $\frac{1}{3}$.

b) I, pela relação área/capacidade de armazenamento de $\frac{4}{3}$.

c) II, pela relação área/capacidade de armazenamento de $\frac{3}{4}$.

d) III, pela relação área/capacidade de armazenamento de $\frac{2}{3}$.

e) III, pela relação área/capacidade de armazenamento de $\frac{7}{12}$.

17. (UF-MA) O fornecimento de água de uma cidade era feito a partir de uma caixa-d'água, na forma de um cilindro circular reto com volume $V = \pi \cdot r_1^2 \cdot h_1$, que abastecia a cidade satisfatoriamente. Dez anos depois, com o crescimento da população, fez-se necessário construir uma nova caixa-d'água, também na forma de um cilindro circular reto, para funcionar simultaneamente com a primeira, com altura h_2 e raio r_2 igual a metade de r_1. Sabendo-se que o crescimento da população nesse período foi de 10% e o consumo de água por pessoa continuou o mesmo, então a altura h_2, deveria ser, no mínimo:

a) 70% de h_1.
b) 60% de h_1.
c) 40% de h_1.
d) 30% de h_1.
e) 50% de h_1.

18. (UF-RN) Um tanque cilíndrico, cheio de combustível, de raio R = 1 m e altura H = 4 m, ao ser suspenso por um cabo de aço fixado no ponto P, inclinou-se até a posição mostrada na figura. Parte do combustível foi derramado, de modo que o restante ficou nivelado como se vê na figura abaixo.

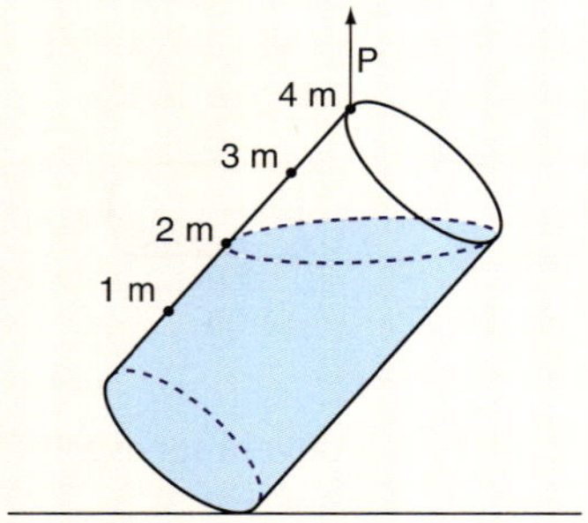

A quantidade de combustível que restou no tanque foi, aproximadamente:

a) $9{,}42\ m^3$
b) $3{,}14\ m^3$
c) $6{,}28\ m^3$
d) $12{,}56\ m^3$

19. (UF-PE) Um reservatório de forma cilíndrica foi construído sobre um plano inclinado, como ilustrado na figura a seguir. O raio do cilindro mede 2 m e, na parte mais funda, a altura do reservatório é de 5 m, e na parte mais rasa, a altura é de 4 m.

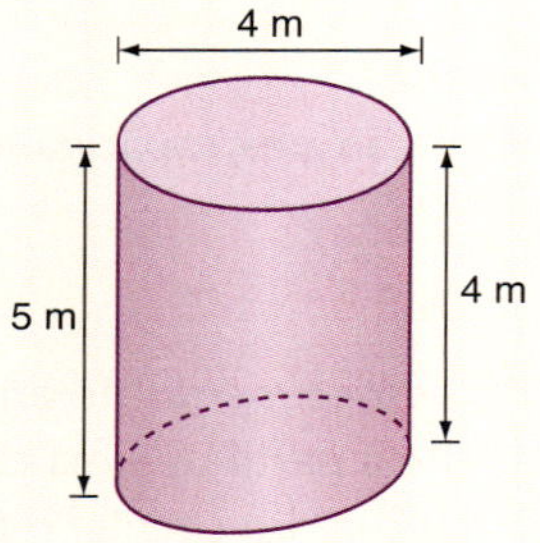

Qual o volume do reservatório, em m^3? Indique o valor inteiro mais próximo. Dado: use a aproximação $\pi = 3{,}14$.

a) $57\ m^3$
b) $58\ m^3$
c) $59\ m^3$
d) $60\ m^3$
e) $61\ m^3$

20. (ITA-SP) Um cilindro reto de altura $\frac{\sqrt{6}}{3}$ cm está inscrito num tetraedro regular e tem sua base em uma das faces do tetraedro. Se as arestas do tetraedro medem 3 cm, o volume do cilindro, em cm^3, é igual a:

a) $\frac{\pi\sqrt{3}}{4}$
b) $\frac{\pi\sqrt{3}}{6}$
c) $\frac{\pi\sqrt{6}}{6}$
d) $\frac{\pi\sqrt{6}}{9}$
e) $\frac{\pi}{3}$

21. (FGV-SP) Inclinando-se em 45° um copo cilíndrico reto de altura 15 cm e raio da base 3,6 cm, derrama-se parte do líquido que completava totalmente o copo, conforme indica a figura.

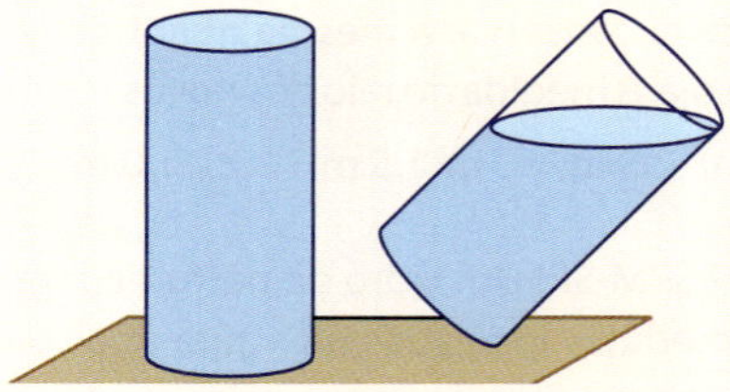

Admitindo-se que o copo tenha sido inclinado com movimento suave em relação à situação inicial, a menor quantidade de líquido derramada corresponde a um percentual do líquido contido inicialmente no copo de:

a) 48% b) 36% c) 28% d) 24% e) 18%

22. (UF-MT) Na figura abaixo estão representadas duas seringas, I e II, modelo padrão utilizado na administração de medicamentos injetáveis, que se diferenciam apenas pela capacidade volumétrica. As partes sombreadas, nas seringas, representam o volume de medicamento a ser injetado e possuem a forma de um cilindro circular reto. A seringa I possui diâmetro interno *d* e a II, diâmetro interno D; o volume do medicamento na seringa II é quatro vezes o da seringa I e a altura do medicamento nas duas seringas é H.

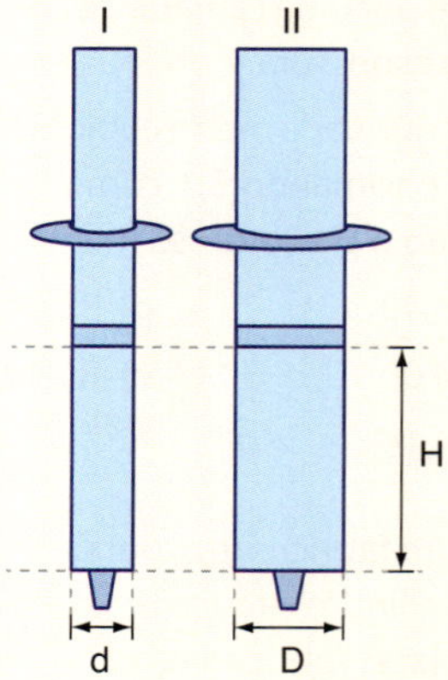

A partir dessas informações, pode-se afirmar que a relação entre D e *d* é:

a) D = 3d
b) D = 4d
c) $D = 2 + \sqrt{2}d$
d) $D = 2\sqrt{2}d - 3$
e) D = 2d

23. (UF-CE) Em um contêiner de 10 m de comprimento, 8 m de largura e 6 m de altura, podemos facilmente empilhar 12 cilindros de 1 m de raio e 10 m de altura cada, bastando dispô-los horizontalmente, em três camadas de quatro cilindros cada. Porém, ao fazê-lo, um certo volume do contêiner sobrará como espaço vazio. Adotando 3,14 como aproximação para π, é correto afirmar que a capacidade volumétrica desse espaço vazio é:

a) inferior à capacidade de um cilindro.

b) maior que a capacidade de um cilindro mas menor que a capacidade de dois cilindros.

c) maior que a capacidade de dois cilindros mas menor que a capacidade de três cilindros.

d) maior que a capacidade de três cilindros mas menor que a capacidade de quatro cilindros.

e) maior que a capacidade de quatro cilindros.

24. (UFF-RJ) O professor J. C. S. Florençano, da Universidade de Taubaté/SP, está construindo uma casa que aproveita a água da chuva. O sistema é simples, fácil e, principalmente, barato (...) um melhoramento do que já era feito nos castelos medievais. A água da chuva é captada por um sistema de calhas e direcionada para uma primeira caixa, onde ocorre um processo natural de decantação. A segunda e a terceira caixas-d'água servem como reservatórios.

Adaptado de http://noticias.terra.com.br/ciencia/interna/0,011500368-EI300,00.html

A figura a seguir representa uma possibilidade para o sistema de reservatório do professor, formado por duas caixas-d'água de mesma altura e mesmo volume: a primeira tem forma de um paralelepípedo retangular e a segunda, de um cilindro circular reto.

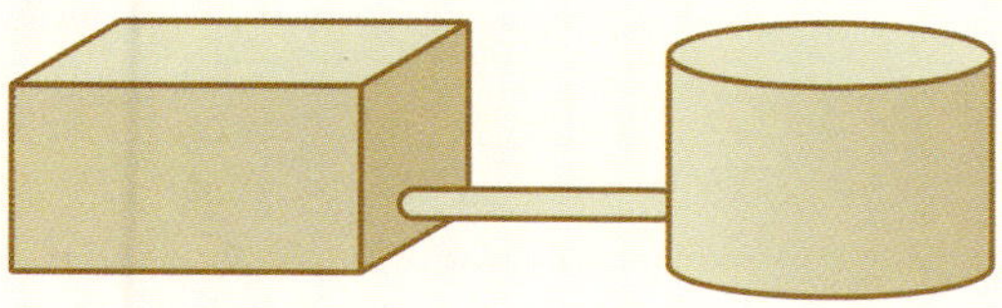

Considerando D o diâmetro da caixa cilíndrica e A e B as medidas do comprimento e da largura da base da caixa retangular (todas as medidas em uma mesma unidade de comprimento), pode-se afirmar que:

a) $D^2 > AB$

b) $D^2 = AB$

c) $\frac{AB}{2} < D^2 < AB$

d) $D^2 = \frac{AB}{2}$

e) $D^2 < \frac{AB}{2}$

25. (UE-CE) Como mostra a figura, o cilindro reto está inscrito na esfera de raio 4 cm. Sabe-se que o diâmetro da base e a altura do cilindro possuem a mesma medida. O volume do cilindro é:

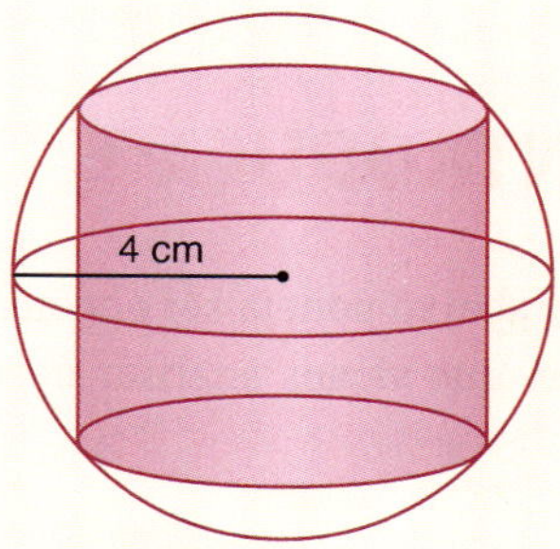

a) $18\pi\sqrt{2}$ cm³

b) $24\pi\sqrt{2}$ cm³

c) $32\pi\sqrt{2}$ cm³

d) $36\pi\sqrt{2}$ cm³

26. (Enem-MEC) Uma metalúrgica recebeu uma encomenda para fabricar, em grande quantidade, uma peça com o formato de um prisma reto com base triangular, cujas dimensões da base são 6 cm, 8 cm e 10 cm e cuja altura é 10 cm. Tal peça deve ser vazada de tal maneira que a perfuração na forma de um cilindro circular reto seja tangente às suas faces laterais, conforme mostra a figura.

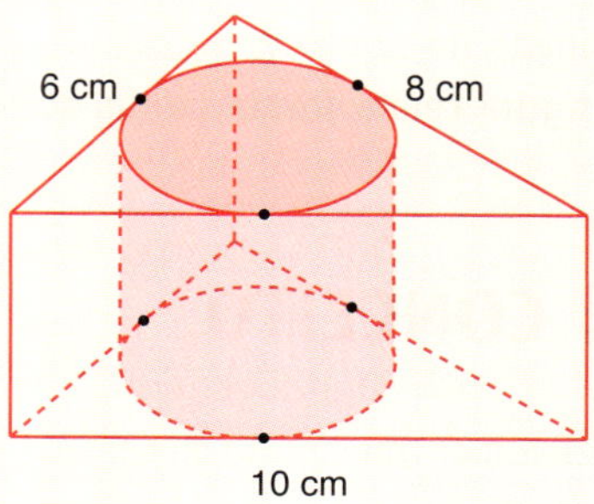

O raio da perfuração da peça é igual a:

a) 1 cm
b) 2 cm
c) 3 cm
d) 4 cm
e) 5 cm

17 CONE

INTRODUÇÃO

Os objetos abaixo podem ser encontrados no nosso dia a dia. Todos se assemelham com a forma geométrica chamada **cone**, que vamos analisar neste capítulo.

Thinkstock/Getty Images

Thinkstock/Getty Images

Imagens sem escala ou em escalas diferentes. Cores reais.

Observe a figura ao lado.

Ela apresenta as seguintes características:

- uma superfície circular, que chamaremos **base**;
- uma ponta em V, que chamaremos **vértice**;
- superfície lateral constituída por todos os segmentos de reta que têm uma extremidade na circunferência do círculo da base e a outra extremidade no ponto V.

Essa figura tem a forma de um sólido chamado **cone**.

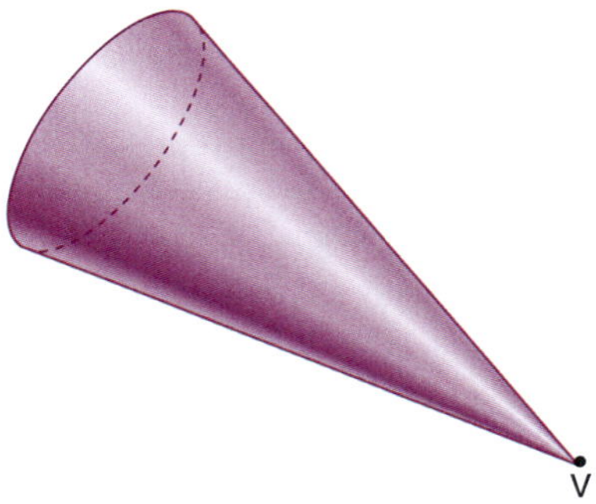

Setup

CONCEITO

Consideremos um círculo de cento O e raio r, contido em um plano α, e um ponto V, fora de α.

Chama-se **cone circular**, ou apenas cone, a reunião dos segmentos com uma extremidade em V e a outra em um ponto do círculo.

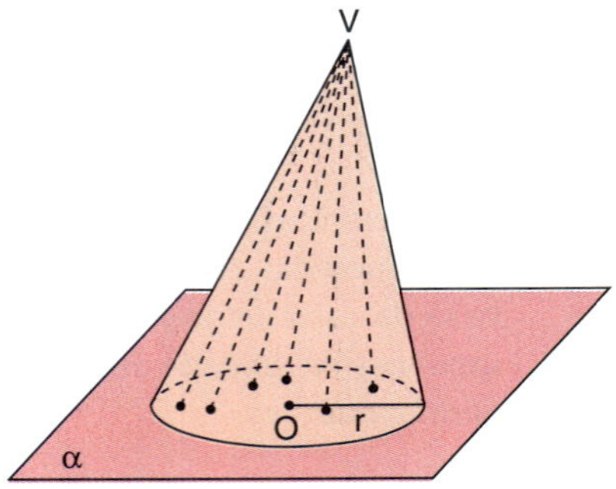

ELEMENTOS E CLASSIFICAÇÃO

- O ponto V é o **vértice** do cone.
- O círculo de centro O e raio de medida *r* é a **base** do cone.
- Cada segmento com uma extremidade em V e a outra num ponto da circunferência da base é uma **geratriz** do cone.
- A distância do vértice ao plano da base é a **altura** do cone.

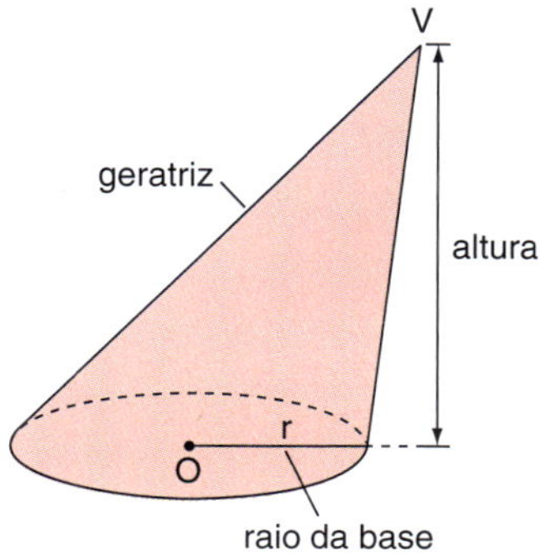

Quanto à inclinação da reta $\overleftrightarrow{VO}$ em relação ao plano da base, um cone classifica-se em:

- **cone oblíquo**, quando a reta $\overleftrightarrow{VO}$ é oblíqua ao plano da base;
- **cone reto**, quando a reta $\overleftrightarrow{VO}$ é perpendicular ao plano da base. Nesse caso, $\overline{VO}$ é a altura do cone.

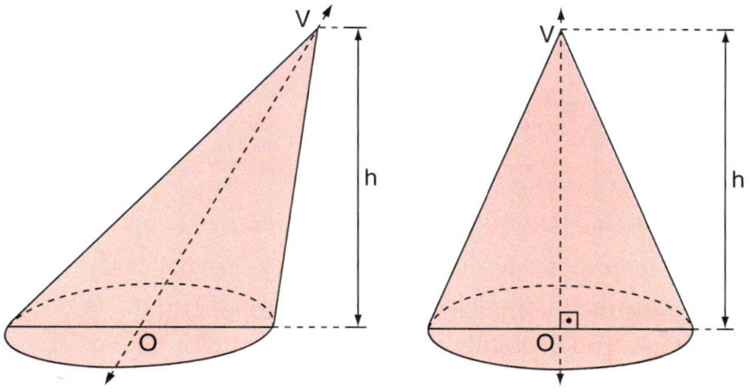

Observação

O cone circular reto é também chamado **cone de revolução**, pelo fato de ser gerado pela rotação de um triângulo retângulo em torno de um de seus catetos.

Observe que em um cone de revolução vale a relação:

$$r^2 + h^2 = g^2$$

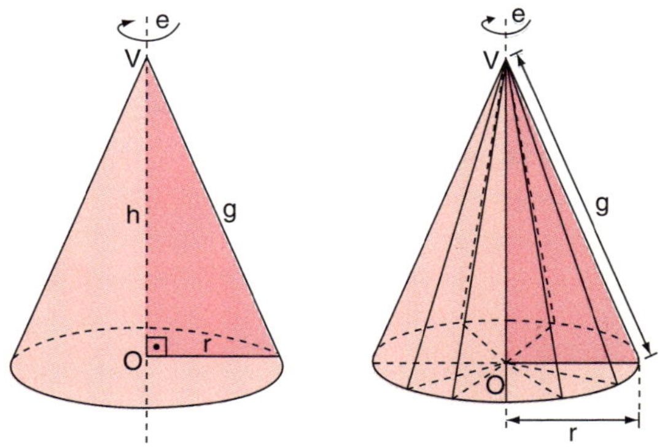

ÁREAS DO CONE CIRCULAR RETO

Área da base (A_b)

A base do cone é um círculo de raio *r*, então a **área da base** é:

$$A_b = \pi r^2$$

Área lateral (A_ℓ)

Área lateral é a área de um setor circular cujo raio é *g* (geratriz do cone) e cujo comprimento do arco é $2\pi r$ (perímetro da base).

A área lateral pode ser visualizada se planificarmos a superfície lateral do cone. Veja:

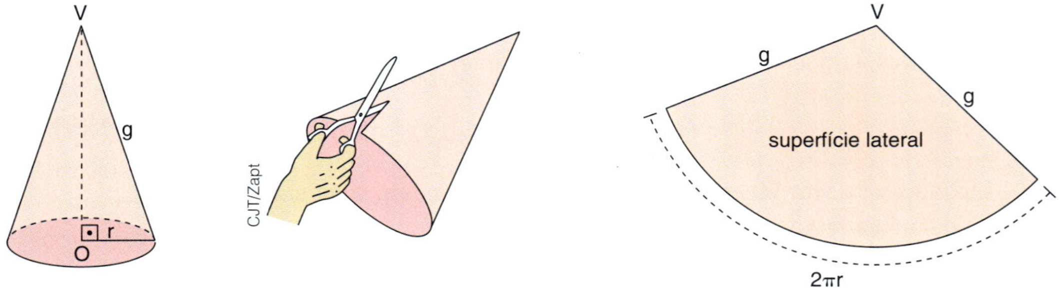

Observe que o raio do setor é *g* e o comprimento do arco do setor é $2\pi r$.

A área do setor circular de raio *g* e comprimento de arco $2\pi r$, isto é, a área lateral A_ℓ, pode ser obtida por uma regra de três:

comprimento do arco		área do setor
$2\pi g$	————	πg^2
$2\pi r$	————	A_ℓ

Então:

$$A_\ell = \frac{(\pi g^2)\cdot(2\pi r)}{2\pi g} \Rightarrow A_\ell = \pi \cdot r \cdot g$$

Área total (A_t)

A superfície total de um cone é a reunião da superfície lateral com o círculo da base. Assim, a **área total** do cone é dada por:

$$A_t = A_\ell + A_b$$

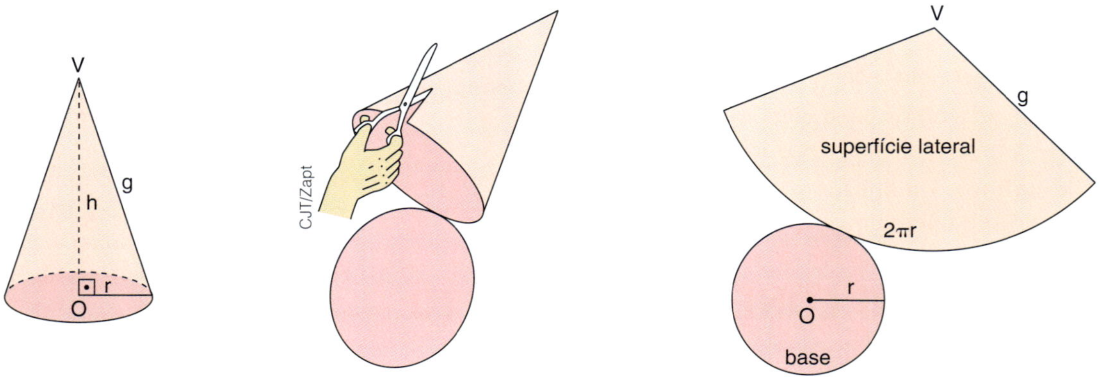

Substituindo $A_\ell = \pi \cdot r \cdot g$ e $A_b = \pi \cdot r^2$, vem:

$$A_t = \pi r g + \pi r^2 \Rightarrow A_t = \pi \cdot r \cdot (g + r)$$

VOLUME (V) DO CONE

Consideremos um cone de altura de medida *h* e base circular com área B. Consideremos também um tetraedro cuja altura mede *h* e base com área B. Note que o cone e o tetraedro têm alturas congruentes e bases equivalentes.

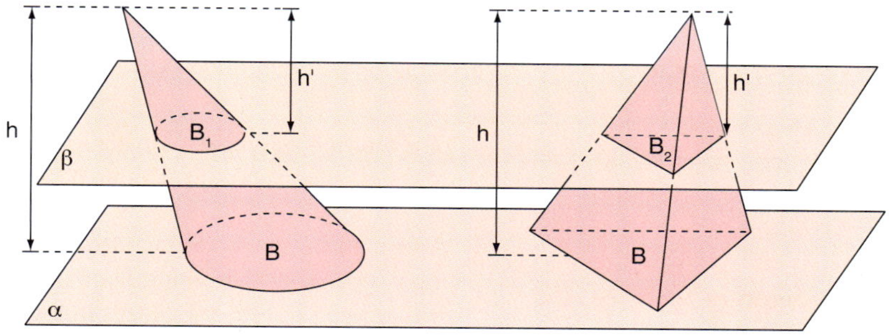

Suponhamos que os dois sólidos tenham as bases contidas em um mesmo plano α e que seus vértices estejam no mesmo semiespaço de origem α. Qualquer plano β paralelo a α que secione o cone a uma distância h' do vértice também seciona o tetraedro à mesma distância h' do vértice.

A seção do cone pelo plano β é um círculo de área B_1. Como os dois cones obtidos são semelhantes, temos:

$$\frac{B_1}{B} = \left(\frac{h'}{h}\right)^2 \quad (1)$$

A seção do tetraedo pelo plano β é um triângulo de área B_2. Como os dois tetraedros são semelhantes, temos:

$$\frac{B_2}{B} = \left(\frac{h'}{h}\right)^2 \quad (2)$$

De (1) e (2), resulta:

$$\frac{B_1}{B} = \frac{B_2}{B}$$

e, então, $B_1 = B_2$. Logo, as seções obtidas são equivalentes e, pelo princípio de Cavalieri, o cone e o tetraedro têm volumes iguais.

$$V_{cone} = V_{tetraedro}$$

Como $V_{tetraedro} = \frac{1}{3} \cdot B \cdot h$, então $V_{cone} = \frac{1}{3} \cdot B \cdot h$.

Conclusão: o volume de um cone é igual a $\frac{1}{3}$ do produto da área da base pela medida da altura:

$$V = \frac{1}{3} \cdot A_b \cdot h$$

Como $A_b = \pi r^2$, temos:

$$V = \frac{1}{3} \cdot \pi \cdot r^2 \cdot h$$

Exemplo 1

A casquinha de sorvete mostrada ao lado tem a forma de um cone reto em que a geratriz mede 7,5 cm e o raio da base 2,5 cm. Vamos determinar seu volume, considerando as aproximações $\sqrt{2} = 1,4$ e $\pi = \frac{22}{7}$.

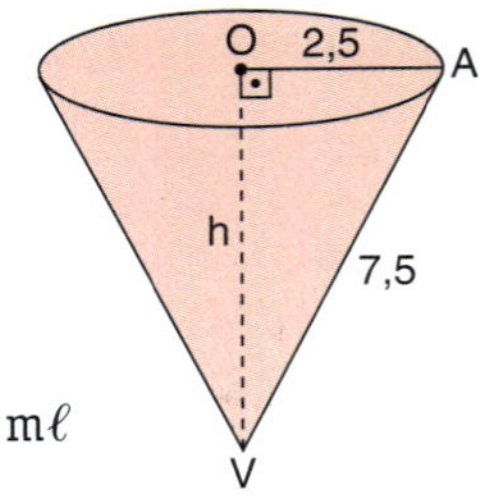

Thinkstock/Getty Images

Determinemos a altura h da casquinha, vista no esquema ao lado.

No ΔAVO, retângulo, temos: $h^2 = (7,5)^2 - (2,5)^2 \Rightarrow$

$\Rightarrow h^2 = 50 \Rightarrow h = 5\sqrt{2} \Rightarrow h \cong 7$ cm

Logo:

$V = \frac{1}{3} \cdot \pi \cdot r^2 \cdot h \Rightarrow V = \frac{1}{3} \cdot \frac{22}{7} \cdot 6,25 \cdot 7 \Rightarrow V \cong 45,8 \text{ cm}^3 = 45,8 \text{ m}\ell$

EXERCÍCIOS RESOLVIDOS

1. Quais são as medidas do raio e da altura de um cone de revolução cuja superfície lateral pode ser montada a partir de um pedaço de cartolina recortada na forma de um setor circular de 120° e 6 cm de raio?

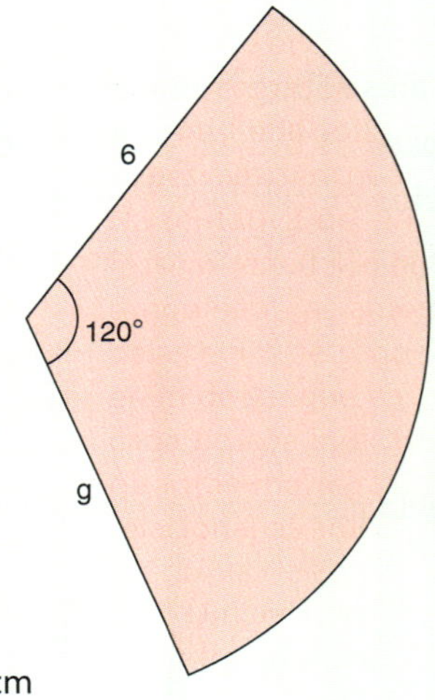

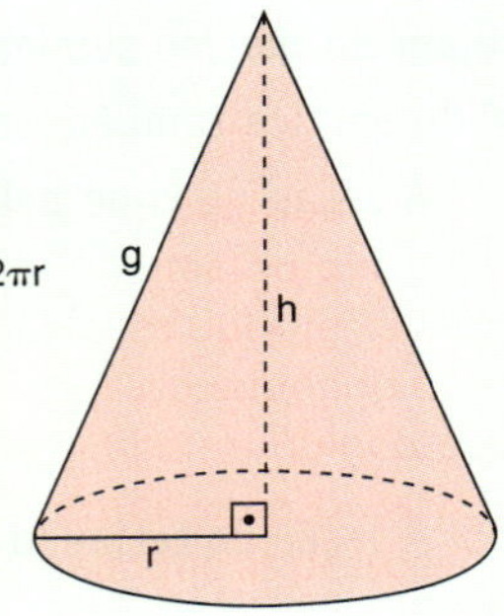

Solução:

- Área lateral

A área lateral é a área do setor. Então:

$$\left.\begin{matrix} 360° \text{ — } \pi \cdot 6^2 \\ 120° \text{ — } A_\ell \end{matrix}\right\} \Rightarrow A_\ell = \frac{120°}{360°} \cdot \pi \cdot 6^2 \Rightarrow A_\ell = 12\pi \text{ cm}^2$$

- Cálculo de *r* e *h*

Como $A_\ell = \pi \cdot r \cdot g$ e $g = 6$ cm, vem:

$$12\pi = \pi \cdot r \cdot 6 \Rightarrow r = 2 \text{ cm}$$

Como $r^2 + h^2 = g^2$, temos:

$$2^2 + h^2 = 6^2 \Rightarrow h^2 = 32 \Rightarrow h = 4\sqrt{2} \text{ cm}$$

Logo, o cone tem $4\sqrt{2}$ cm de altura e o raio da base mede 2 cm.

2. Um reservatório tem a forma de um cone circular reto invertido com raio R = 3 m e altura H = 4 m. Ele está preenchido com água até metade da sua altura, como ilustra a figura abaixo.

Qual é o volume do reservatório? Que volume de água ele contém?

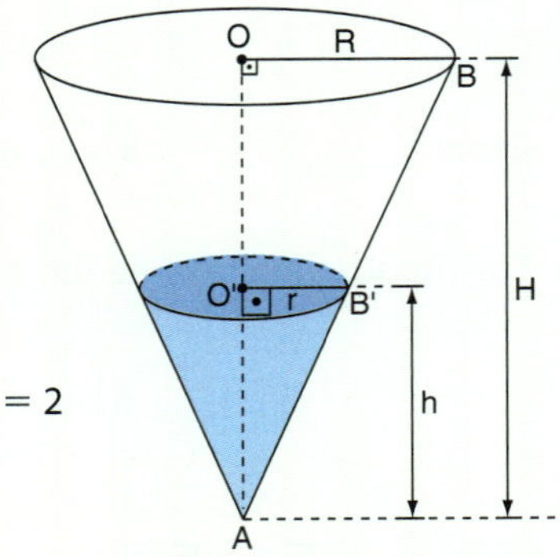

Solução:

- Volume do reservatório

$$V = \frac{\pi \cdot R^2 \cdot H}{3} = \frac{\pi \cdot 3^2 \cdot 4}{3} \Rightarrow V = 12\pi \text{ m}^3$$

- Cone de água

Sabemos que $h = \frac{H}{2} = 2$ m.

Como:

$$\triangle OAB \sim \triangle O'AB' \Rightarrow \frac{OB}{O'B'} = \frac{OA}{O'A} \Rightarrow \frac{R}{r} = \frac{H}{h} \Rightarrow \frac{R}{r} = 2$$

então:

$$r = \frac{R}{2} = 1,5 \text{ m}$$

- Volume de água

$$V = \frac{\pi \cdot r^2 \cdot h}{3} = \frac{\pi \cdot (1,5)^2 \cdot 2}{3} \Rightarrow V = 1,5\pi \text{ m}^3$$

SEÇÃO MERIDIANA E CONE EQUILÁTERO

Seção meridiana de um cone é a interseção dele com um plano que contém o segmento $\overline{VO}$. A seção meridiana de um cone reto é um triângulo isósceles.

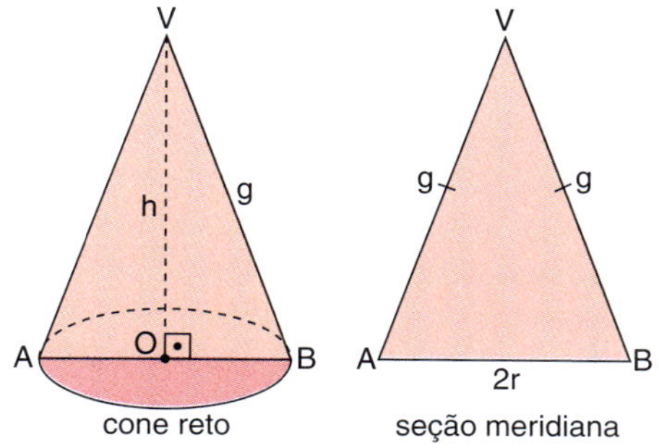

Cone equilátero é um cone reto cuja seção meridiana é um triângulo equilátero.

Num cone equilátero, $g = 2r$.

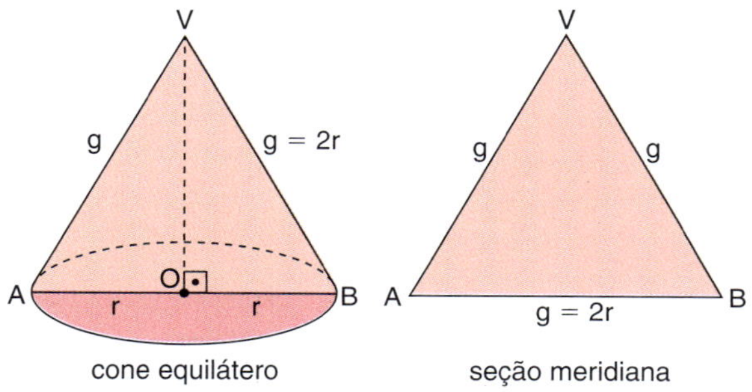

***Exemplo* 2**

Vejamos como obter a área lateral A_ℓ, a área total A_t e o volume V de um cone equilátero de raio 4 cm.

- Área lateral

$$\left.\begin{array}{l} A_\ell = \pi \cdot r \cdot g \\ g = 2r \end{array}\right\} \Rightarrow A_\ell = \pi \cdot r \cdot 2r \Rightarrow A_\ell = 2\pi \cdot r^2 = 2\pi \cdot 4^2 \Rightarrow A_\ell = 32\pi \text{ cm}^2$$

- Área total

$$\left.\begin{array}{l} A_t = A_\ell + A_b \\ A_b = \pi \cdot r^2 \end{array}\right\} \Rightarrow A_t = 2\pi \cdot r^2 + \pi \cdot r^2 \Rightarrow A_t = 3\pi \cdot r^2 = 3\pi \cdot 4^2 \Rightarrow A_t = 48\pi \text{ cm}^2$$

- Volume

$$V = \frac{1}{3} \cdot \pi \cdot r^2 \cdot h$$

Vejamos agora como calcular a altura *h*:

$$h^2 + r^2 = g^2 \Rightarrow h^2 = (2r)^2 - r^2 \Rightarrow h^2 = 3r^2 \Rightarrow h = r\sqrt{3} \Rightarrow h = 4\sqrt{3} \text{ cm}$$

Logo:

$$V = \frac{1}{3} \cdot \pi \cdot r^2 \cdot r\sqrt{3} \Rightarrow V = \frac{\sqrt{3}}{3} \cdot \pi \cdot r^3 = \frac{\sqrt{3}}{3} \cdot \pi \cdot 4^3 \Rightarrow V = \frac{64\pi\sqrt{3}}{3} \text{ cm}^3$$

EXERCÍCIOS

1. Calcule o volume do cone cujo raio da base mede 4 cm e cuja altura mede 5 cm.

2. Determine a área da base de um cone de revolução de 6 cm de altura cujo volume é $128\pi\ cm^3$.

3. Um cone circular reto tem 20 dm de altura e sua geratriz mede 25 dm. Determine a área total e o volume desse cone.

4. A geratriz de um cone equilátero mede 20 cm. Determine sua área lateral e seu volume.

5. Calcule a área lateral, a área total e o volume de cada uma das figuras, cujas medidas estão indicadas.

a) cone equilátero

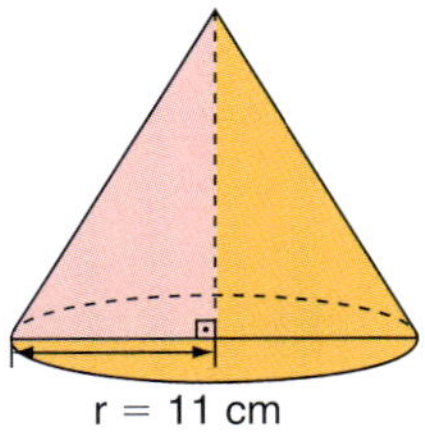

c) semicone

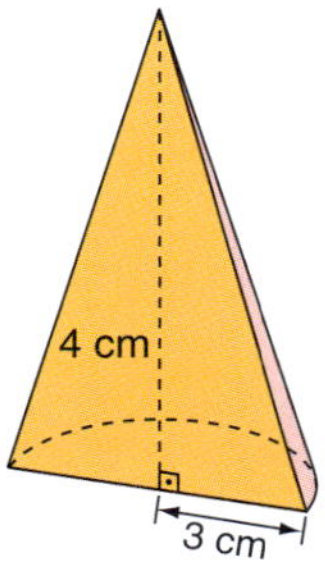

b) cone reto

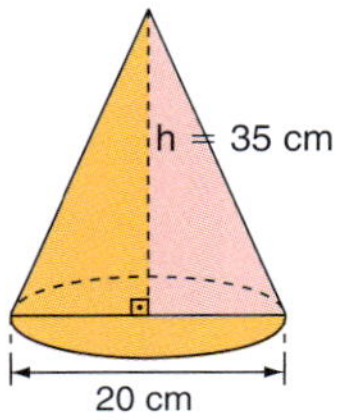

6. A geratriz de um cone circular reto forma um ângulo de 60° com a base do cone. Determine a área lateral e o volume desse cone, sabendo que ele tem 12 cm de altura.

7. Sabe-se que a seção meridiana de um cone circular reto é um triângulo isósceles de área igual a $36\ cm^2$. Se esse cone tem 15 cm de altura, qual é o seu volume?

8. A ampulheta é um instrumento constituído de dois vasos cônicos idênticos que se comunicam pelos vértices e é usada para medir o tempo mediante a passagem de certa quantidade de areia finíssima do vaso superior para o inferior.

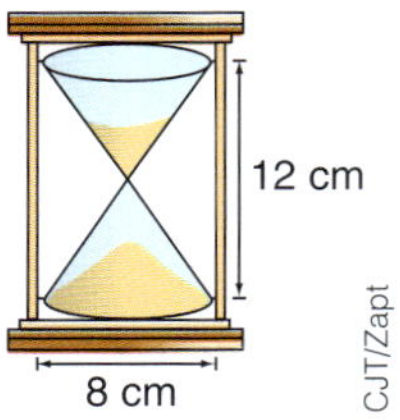

CJT/Zapt

Considerando que a ampulheta mostrada na figura acima está inscrita em uma estrutura semelhante a um cilindro de 12 cm de altura e cujo diâmetro da base mede 8 cm, calcule o volume de ar existente no espaço compreendido entre o cilindro e os dois cones.

9. Qual é a medida do ângulo central de um setor circular obtido pelo desenvolvimento da superfície lateral de um cone cuja geratriz mede 18 cm e o raio da base mede 3 cm?

10. Seja o triângulo retângulo cujos catetos medem 9 dm e 12 dm. Em cada caso seguinte, determine o volume do sólido gerado pela rotação desse triângulo, em torno:

a) do cateto menor;

b) do cateto maior.

11. O perímetro da seção meridiana de um cone reto mede 32 cm. Se a geratriz do cone mede 10 cm, qual é o seu volume?

12. O chapéu do bruxo mostrado na figura tem a forma de um cone de revolução de 12 cm de altura e $100\pi\ cm^3$ de volume. Se ele é feito de cartolina, quanto desse material foi usado para fazer a sua superfície lateral?

Graphorama

13. Para uma festa infantil de Halloween foram encomendados 120 chapéus de bruxa idênticos, cada um confeccionado a partir de um semicírculo de 56 cm de diâmetro.

a) Que altura terá cada chapéu?

b) Sabendo que os semicírculos são recortados a partir de folhas quadradas de papel cartão, cada uma com 56 cm de lado, determine a quantidade mínima, em metros quadrados, do material desperdiçado na confecção dos chapéus.

Use a aproximação $\pi = 3$.

14. Em uma festa de casamento, serviu-se espumante em taças em forma de cone reto, com base de diâmetro 4 cm e geratriz de $\sqrt{53}$ cm. Determine quantos litros de espumante foram necessários para encher as 600 taças que foram servidas nessa festa.

Use a aproximação $\pi = \frac{22}{7}$.

15. Sabe-se que a cúpula da barraca mostrada na figura tem a forma de um cone circular reto de 1,5 m de altura, no qual as medidas da geratriz e do raio da base somam 4,5 m. Determine a área da parte dessa barraca que fica exposta ao sol.

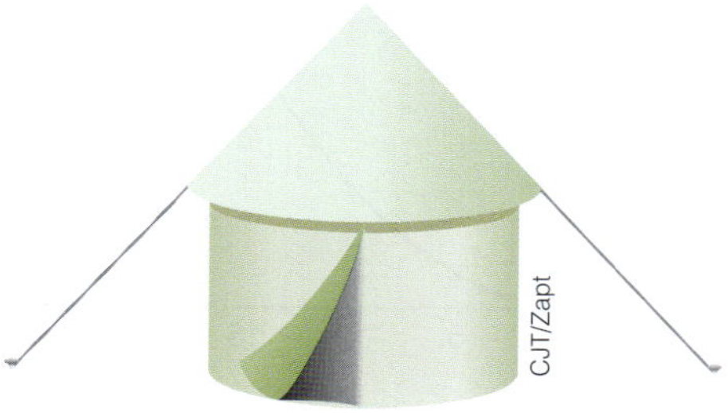

16. A altura de um triângulo equilátero mede $6\sqrt{3}$ cm. Determine o volume do sólido gerado pela rotação desse triângulo em torno de um de seus lados.

17. (U.F. Juiz de Fora-MG) Fernando utiliza um recipiente, em forma de um cone circular reto, para encher com água um aquário em forma de um paralelepípedo retângulo. As dimensões do cone são: 20 cm de diâmetro de base e 20 cm de altura e as do aquário são: 120 cm, 50 cm e 40 cm, conforme as ilustrações.

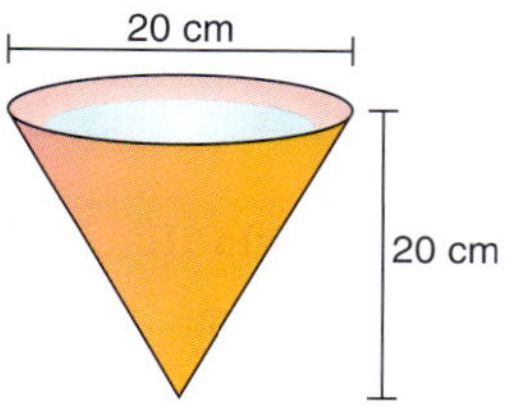

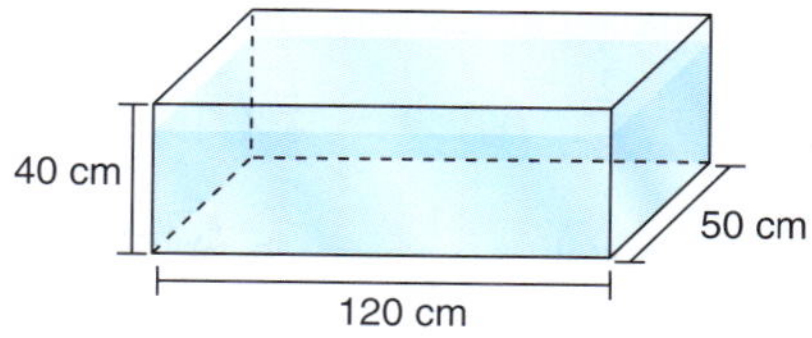

Cada vez que Fernando enche o recipiente na torneira do jardim, ele derrama 10% de seu conteúdo no caminho e despeja o restante no aquário. Estando o aquário inicialmente vazio, qual é o número mínimo de vezes que Fernando deverá encher o recipiente na torneira para que a água despejada no aquário atinja $\frac{1}{5}$ de sua capacidade?

18. Girando-se em torno da hipotenusa um triângulo de catetos com medidas $\sqrt{65}$ cm e $2\sqrt{26}$ cm, qual é o volume do sólido obtido?

19. Determine a medida da altura de um cone equilátero cuja área total é 54π m².

20. Determine a área total e o volume do semicone da figura ao lado, cujas medidas estão dadas em centímetros.

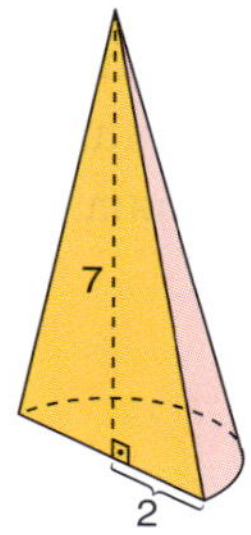

APLICAÇÕES

O volume do cone e as funções

Um fabricante de funis metálicos para óleo de motores de veículos (carros, caminhões, ônibus etc.) está analisando a possibilidade de lançar uma nova linha de funis em formatos parecidos com o de um cone, com vários tamanhos.

Primeiramente, ele pensou em manter fixa a altura do funil em 15 cm e variar a "boca" do funil (alterando a medida de seu raio), conforme a tabela seguinte:

	Modelo I	**Modelo II**	**Modelo III**	**Modelo IV**
altura	15 cm	15 cm	15 cm	15 cm
raio	5 cm	10 cm	15 cm	20 cm

Intuitivamente, ele sabe que, quanto maior for a medida do raio do funil, maior será o volume de óleo que ele comportará. Consultou seu filho, estudante aplicado do Ensino Médio, e, juntos, calcularam o volume de cada modelo através da fórmula $V = \frac{1}{3} \cdot A_b \cdot h$, obtendo os seguintes valores: (consideremos a aproximação $\pi = 3{,}14$)

modelo I $\Rightarrow V_I = 125\pi \text{ cm}^3$ ($\cong 392{,}5 \text{ cm}^3$)
modelo II $\Rightarrow V_{II} = 500\pi \text{ cm}^3$ ($\cong 1\,570 \text{ cm}^3$)
modelo III $\Rightarrow V_{III} = 1\,125\pi \text{ cm}^3$ ($\cong 3\,532{,}5 \text{ cm}^3$)
modelo IV $\Rightarrow V_{IV} = 2\,000\pi \text{ cm}^3$ ($\cong 6\,280 \text{ cm}^3$)

Foi nesse momento que o filho chamou a atenção do pai para alguns aspectos que ele desconhecia.

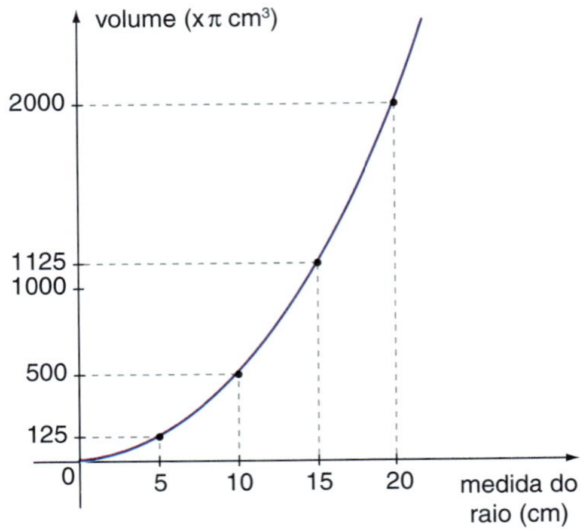

Se $V = \frac{1}{3} \cdot A_b \cdot h = \frac{1}{3} \cdot \pi \cdot r^2 \cdot h$ e h é mantido constante, temos: $V = \underbrace{\frac{1}{3} \cdot \pi \cdot h}_{\text{constante (k)}} \cdot r^2$, isto é, $V = k \cdot r^2$, com $k = \frac{1}{3} \cdot \pi \cdot 15 = 5\pi$. Isso significa que a relação entre o volume de óleo (volume do funil) e a medida do raio do funil se estabelece segundo uma função quadrática:

$$V = 5\pi \cdot r^2 \text{ (ou } y = 5\pi \cdot x^2\text{)},$$

cujo gráfico está ao lado representado.

Assim, o filho explicou ao pai que, para esse tipo de relação, não há proporcionalidade direta: por exemplo, se dobrarmos a medida do raio, o volume do funil não dobra.

Por fim, o pai pediu ao filho que calculasse qual deveria ser a medida do raio do funil para que ele comportasse 8 ℓ* de óleo. Rapidamente, o filho calculou:

$$V = 5\pi \cdot r^2 \Rightarrow 8\,000 = 5\pi \cdot r^2 \Rightarrow r^2 = \frac{1\,600}{\pi} \Rightarrow r = \sqrt{\frac{1\,600}{\pi}} \cong \frac{40}{1{,}772} \cong 22{,}6 \text{ cm}$$

Satisfeito com as explicações de seu filho, o pai decidiu analisar outras possibilidades: se a medida do raio do funil for mantida fixa em 10 cm e a altura variar, como se dará a relação entre o volume de óleo que o funil comportará e sua altura?

Foram consideradas quatro possibilidades e calculado, para cada uma, o volume correspondente.

	Modelo I	**Modelo II**	**Modelo III**	**Modelo IV**
raio	10 cm	10 cm	10 cm	10 cm
altura	5 cm	10 cm	12 cm	15 cm
volume	$\cong 166{,}6\pi$ cm³	$\cong 333{,}3\pi$ cm³	$= 400\pi$ cm³	$= 500\pi$ cm³

Usando 3,14 a aproximação de π, os volumes dos modelos I, II, III e IV são: 523,3 cm³, 1 046,6 cm³, 1 256 cm³ e 1 570 cm³, respectivamente.

De fato, sendo *r* constante, temos: $V = \frac{1}{3}\pi \cdot r^2 \cdot h = \frac{1}{3}\pi \cdot 10^2 \cdot h = \frac{100\pi}{3} \cdot h$, isto é, $V = \underbrace{\frac{100\pi}{3}}_{\text{constante (k)}} \cdot h$, ou seja, $V = k \cdot h$.

Isso significa que a relação entre V e h se estabelece por meio de uma função linear $\left(y = \frac{100\pi}{3} \cdot x\right)$, sendo que V e h são grandezas diretamente proporcionais. Juntos, construíram o gráfico cartesiano de V × h ao lado.

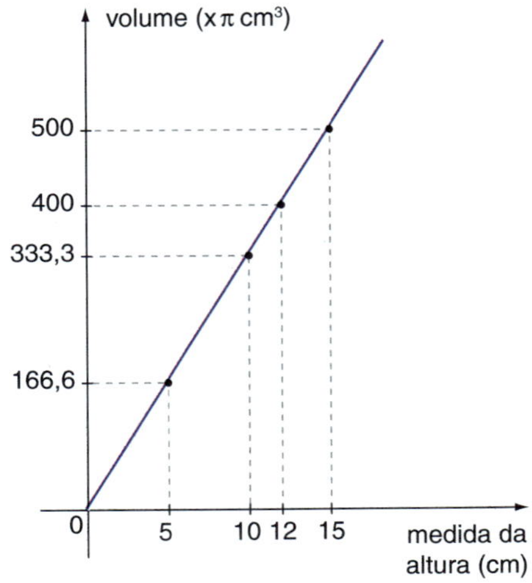

O filho explicou ao pai que, nessa situação, o volume é diretamente proporcional à medida da altura: dobrando-se a altura, dobra-se o volume; triplicando-se a altura, triplica-se o volume; aumentando-se em 20% a altura, o volume aumenta em 20% etc.

(*) Medida bastante comercializada no dia a dia.

TRONCO DE CONE

Observe as figuras seguintes:

vaso

cúpula do abajur

copo

Ilustrações sem escala ou em escalas diferentes. Cores artificiais.

CJT/Zapt

Elas têm a forma de um sólido denominado **tronco de cone**, o qual vamos estudar agora.

Quando secionamos um cone circular reto, por um plano paralelo à base (supondo que o plano não contém o vértice do cone), ele fica dividido em dois sólidos:

- o sólido que contém o vértice é um novo cone, obtido pelo secionamento;
- o sólido que contém a base do cone "original" é um tronco de cone de bases paralelas.

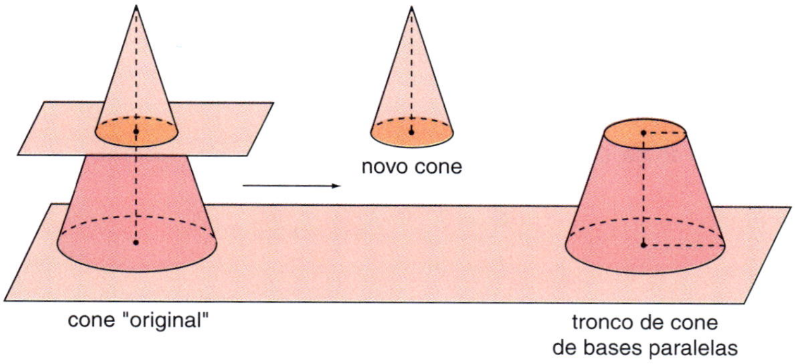

Façamos a identificação dos principais elementos de um tronco de cone:

- **Base maior do tronco**: é a base do cone original ou primitivo.
- **Base menor do tronco**: é a seção determinada pelo plano ao interceptar o cone. Essa seção é um círculo e corresponde à base do novo cone.
- **Altura do tronco**: é a distância entre os planos das bases.
- **Geratriz do tronco**: é um segmento contido em uma geratriz do cone original, cujas extremidades são pontos das circunferências das bases.

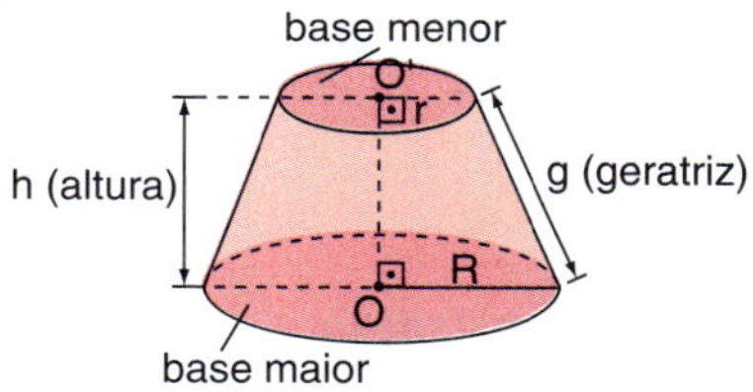

Áreas

Área da base maior (A_B)

A área do círculo de raio de medida R é chamada **área da base maior** do tronco.

Logo:

$$A_B = \pi R^2$$

Área da base menor (A_b)

A área do círculo de raio de medida *r* recebe o nome de **área da base menor** do tronco.

Logo:

$$A_b = \pi r^2$$

Área lateral (A_ℓ)

A superfície lateral de um tronco de cone é a reunião das geratrizes do tronco. A área dessa superfície é a **área lateral** do tronco.

A fórmula que permite calcular A_ℓ pode ser obtida subtraindo-se da área lateral do cone original a área lateral do novo cone, obtido pelo secionamento, ou seja:

$A_\ell = \pi R g_2 - \pi r g_1$

$A_\ell = \pi R \cdot (g_1 + g) - \pi r g_1$

$A_\ell = \pi [R \cdot g + (R - r) \cdot g_1]$ ①

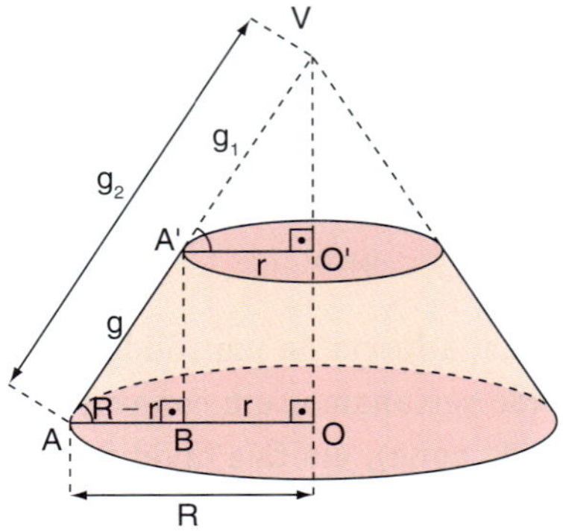

Os triângulos VA'O' e A'AB são semelhantes; por isso, podemos escrever:

$$\frac{VA'}{A'A} = \frac{A'O'}{AB} \Rightarrow \frac{g_1}{g} = \frac{r}{R - r} \Rightarrow g_1 = \frac{r \cdot g}{R - r} \quad ②$$

Substituindo ② em ①, vem:

$$A_\ell = \pi\left[R \cdot g + \cancel{(R - r)} \cdot \frac{r \cdot g}{\cancel{R - r}}\right] = \pi[R \cdot g + r \cdot g] \Rightarrow \quad A_\ell = \pi \cdot g \cdot (R + r)$$

Área total (A_t)

A **área total** é obtida pela soma das áreas das duas bases com a área lateral.

$$A_t = A_B + A_b + A_\ell$$

Volume

Considere um tronco de cone de bases paralelas, cuja altura é *h*. Sendo R o raio da base maior e *r* o raio da base menor, então o volume V do tronco é:

$$V = \frac{\pi \cdot h}{3} \cdot [R^2 + R \cdot r + r^2]$$

Demonstração:

O volume V do tronco de cone será obtido pela diferença entre os volumes dos dois cones, ou seja:

$$V = \underbrace{\frac{1}{3} \cdot \pi R^2 \cdot (h + h_1)}_{\text{volume do cone "original" (ou "primitivo")}} - \underbrace{\frac{1}{3} \cdot \pi r^2 \cdot h_1}_{\text{volume do novo cone}}$$

$$V = \frac{\pi}{3} \cdot [R^2 \cdot h + (R^2 - r^2) \cdot h_1] \quad ①$$

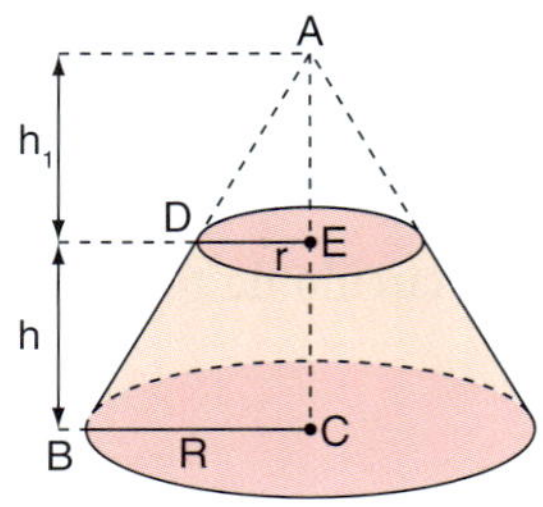

Como os triângulos ACB e AED são semelhantes, temos:

$$\frac{h_1 + h}{h_1} = \frac{R}{r} \Rightarrow h_1 = \frac{h \cdot r}{R - r} \quad ②$$

Substituindo ② em ①, vem:

$$V = \frac{\pi}{3} \cdot \left[R^2 \cdot h + (R^2 - r^2) \cdot \frac{h \cdot r}{R - r}\right]$$

Como $R^2 - r^2 = (R + r) \cdot (R - r)$, obtemos:

$$V = \frac{\pi}{3} \cdot [R^2 \cdot h + (R + r) \cdot hr] \Rightarrow V = \frac{\pi h}{3} \cdot [R^2 + Rr + r^2]$$

Cones semelhantes

Já vimos que, quando um cone circular reto é secionado por um plano paralelo à sua base, ele fica dividido em um tronco de cone e em um novo cone. Podemos notar que os dois cones (o original e o novo, obtido pelo secionamento) são semelhantes; assim, todas as propriedades estudadas para pirâmides semelhantes podem ser estendidas para cones semelhantes:

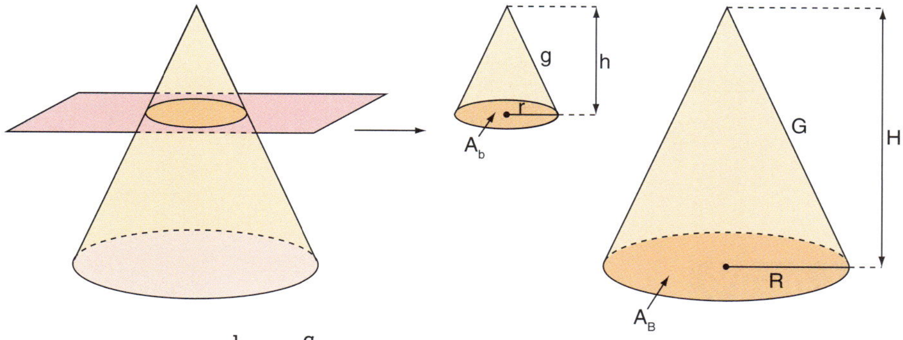

- razão entre elementos lineares: $\frac{h}{H} = \frac{g}{G} = \frac{r}{R} = k$
- razão entre áreas: $\frac{A_b}{A_B} = k^2$; $\frac{A_\ell}{A_L} = k^2$; $\frac{A_t}{A_T} = k^2$
- razão entre volumes: $\frac{v}{V} = k^3$

Exemplo 3

Calculemos a área lateral, a área total e o volume de um tronco de cone reto cuja geratriz mede 10 cm e os raios das bases medem 8 cm e 2 cm, respectivamente.

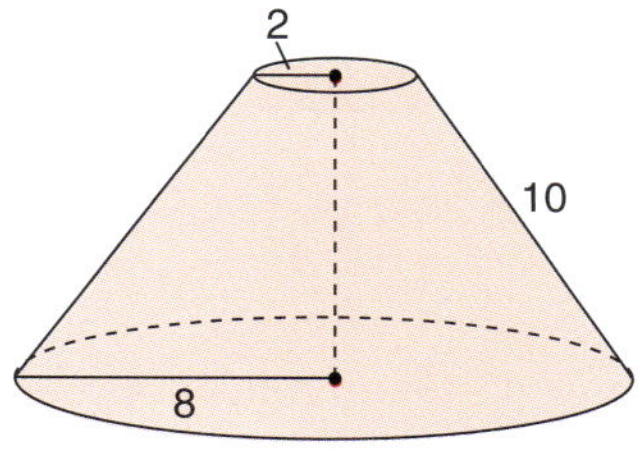

Área lateral:

$$A_\ell = \pi(R + r) \cdot g \Rightarrow A_\ell = \pi(8 + 2) \cdot 10 \Rightarrow A_\ell = 100\pi \text{ cm}^2$$

Área total:

$$A_t = A_\ell + A_B + A_b$$

em que, $A_\ell = 100\pi$, $A_B = \pi \cdot 8^2 = 64\pi \text{ cm}^2$ e $A_b = \pi \cdot 2^2 = 4\pi \text{ cm}^2$.

Logo, $A_t = 100\pi + 64\pi + 4\pi = 168\pi \Rightarrow A_t = 168\pi \text{ cm}^2$

Volume:

É preciso, inicialmente, determinar a medida *h* da altura do tronco:

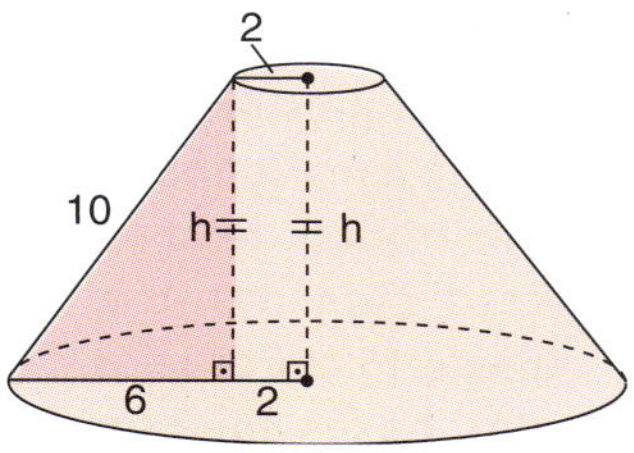

$$10^2 = h^2 + 6^2$$
$$100 - 36 = h^2$$
$$h^2 = 64 \Rightarrow h = 8 \text{ cm}$$

O volume desse tronco pode ser obtido com ou sem o uso da fórmula:

- Usando a fórmula:

$$V = \frac{\pi h}{3}[R^2 + Rr + r^2]$$

$$V = \frac{\pi \cdot 8}{3}[8^2 + 8 \cdot 2 + 2^2] = \frac{\pi \cdot 8}{3} \cdot 84 = 224\pi \text{ cm}^3$$

- Sem a fórmula:

Imaginemos o cone original e o cone destacado correspondente a esse tronco. Como os cones são semelhantes, vamos comparar as medidas de seus elementos lineares (raio da base e altura):

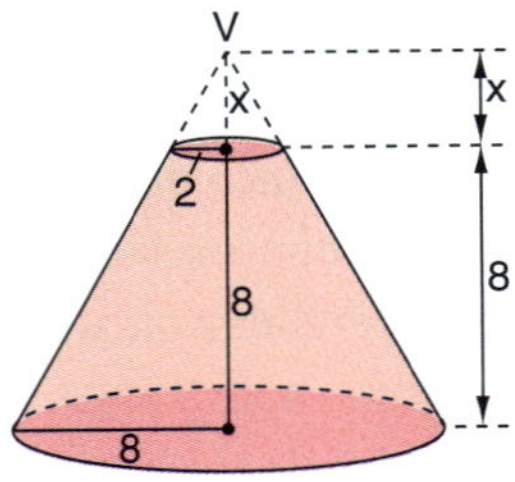

$$\frac{8}{2} = \frac{8 + x}{x} \Rightarrow 4 = \frac{8 + x}{x} \Rightarrow x = \frac{8}{3}\ \text{cm}$$

- Volume do cone original: $\frac{1}{3}\pi \cdot 8^2 \cdot \left(8 + \frac{8}{3}\right) = \frac{2\,048\pi}{9}\ \text{cm}^3$

- Volume do cone destacado: $\frac{1}{3}\pi \cdot 2^2 \cdot \frac{8}{3} = \frac{32\pi}{9}\ \text{cm}^3$

O volume do tronco é: $\frac{2\,048\pi}{9} - \frac{32\pi}{9} = \frac{2\,016\pi}{9} \Rightarrow V = 224\pi\ \text{cm}^3$

EXERCÍCIO RESOLVIDO

3. Um cone circular reto tem 18 dm de altura. A que distância de seu vértice deve passar um plano paralelo à base, de modo que o volume desse cone seja oito vezes o volume do novo cone, obtido pelo secionamento?

Solução:

Sejam:
- *d*: distância do vértice V do cone ao plano
- V_1: volume do cone "primitivo"
- V_2: volume do novo cone

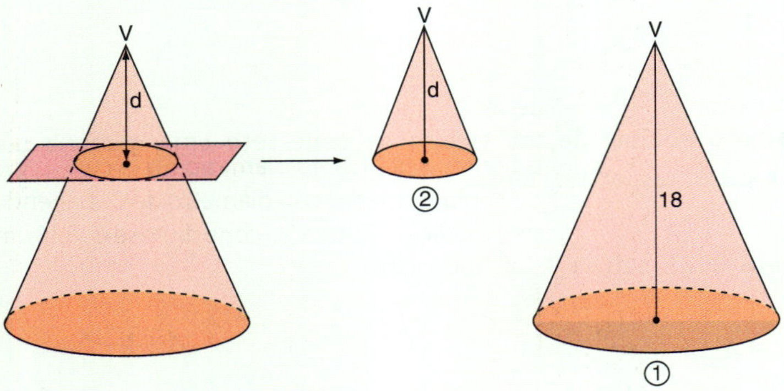

Temos:

$$V_1 = 8 \cdot V_2 \Rightarrow \frac{V_1}{V_2} = 8 \Rightarrow k^3 = 8 \Rightarrow k = \sqrt[3]{8} = 2$$

O valor encontrado para *k* significa que a razão entre um elemento linear do cone "primitivo" e seu homólogo do novo cone obtido é igual a 2.

Desse modo, comparando as medidas das alturas dos dois cones, vem:

$$\frac{18}{d} = 2 \Rightarrow d = 9\ \text{dm}$$

EXERCÍCIOS

21. Obtenha o volume e a área total do tronco de cone ao lado.

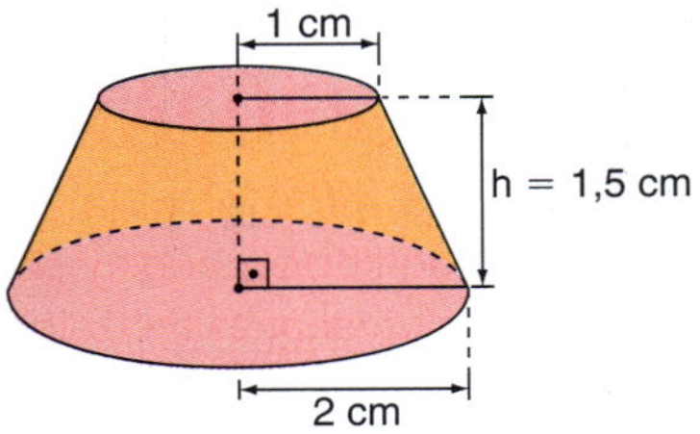

22. Determine o volume de um tronco de cone reto, sabendo que a medida de sua geratriz é 29 cm e que os raios das bases medem 10 cm e 30 cm, respectivamente.

23. O vaso mostrado na figura tem a forma de um tronco de cone reto cuja geratriz mede 15 cm; os raios das bases medem 6 cm e 12 cm. Considerando as espessuras das laterais e do fundo do vaso desprezíveis, calcule sua área lateral, sua área total e seu volume. Use as aproximações $\pi = 3$ e $\sqrt{21} = 4{,}6$.

Ingram/Other Images

24. (UF-PR) A parte superior de uma taça tem o formato de um cone, com as dimensões indicadas na figura.

a) Qual o volume de líquido que essa taça comporta quando está totalmente cheia?

b) Obtenha uma expressão para o volume V, de líquido nessa taça, em função da altura *x* indicada na figura.

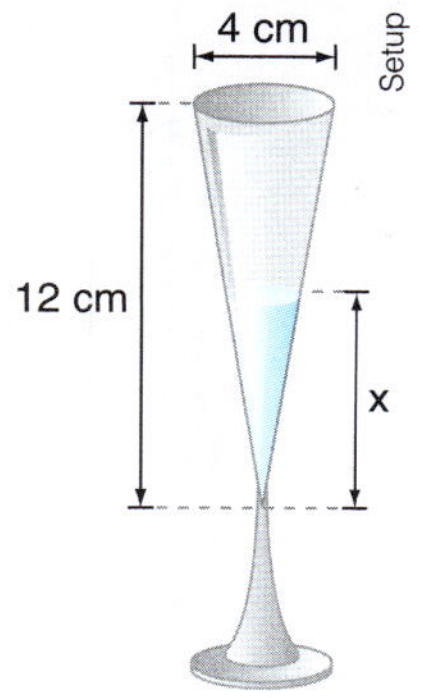

25. Em uma estufa, determinadas mudas de espécies vegetais são plantadas em vasos de vidro, cada um em forma de paralelepípedo retorretângulo, cujas dimensões são 40 cm, 30 cm e 20 cm.

Deseja-se transferir a terra desses recipientes (que se encontram completamente cheios) para um outro, cujos formato e dimensões são dados abaixo.

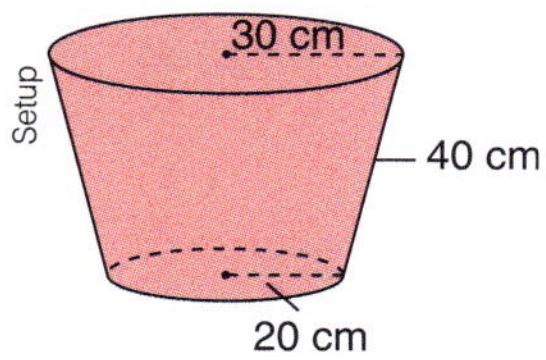

Qual é o número mínimo de vasos de vidro necessários para encher completamente de terra o novo recipiente?

Use as aproximações $\pi = 3$ e $\sqrt{15} = 3{,}9$. Considere desprezível a espessura do vidro.

26. Um cone de 10 cm de altura é interceptado, a 4 cm de seu vértice, por um plano paralelo à sua base, determinando uma seção de área 36π m^2. Determine:

a) a área da base do cone;

b) os volumes dos dois cones;

c) a razão entre as geratrizes do cone original e do cone obtido na seção, nessa ordem.

27. Uma fábrica produz abajures cuja cúpula, feita em tecido rústico, tem a forma de um tronco de cone de bases paralelas e cujas dimensões estão indicadas na figura. Quantos centímetros quadrados de tecido são gastos na confecção de cada abajur?

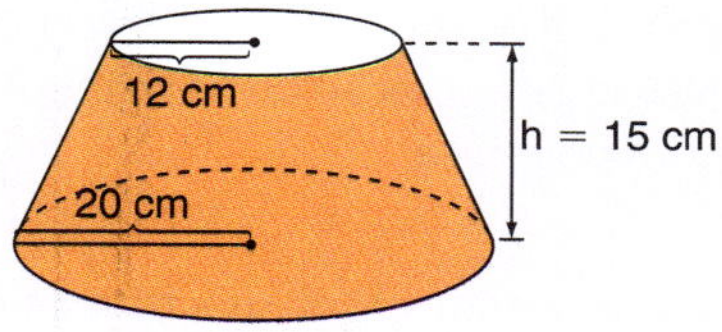

28. Um quebra-luz, cuja forma é um cone com 3 dm de altura e 5 dm de raio da base, tem presa, em seu vértice, uma lâmpada. Em certo momento, esta projeta, no chão, um círculo de área 400π dm^2. A que distância do chão encontra-se a lâmpada?

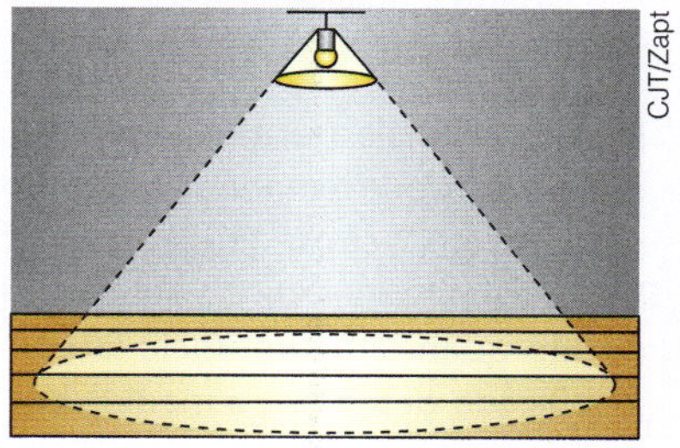

29. Os raios das bases de um tronco de cone de revolução medem 6 m e 4 m. Determine a altura desse tronco para que a área total seja o dobro da área lateral.

30. Na figura, a medida do diâmetro do círculo C_1 é o quíntuplo da medida do diâmetro de C_2. Sabendo que a medida da altura do cone de base C_2 é 10 cm, determine:

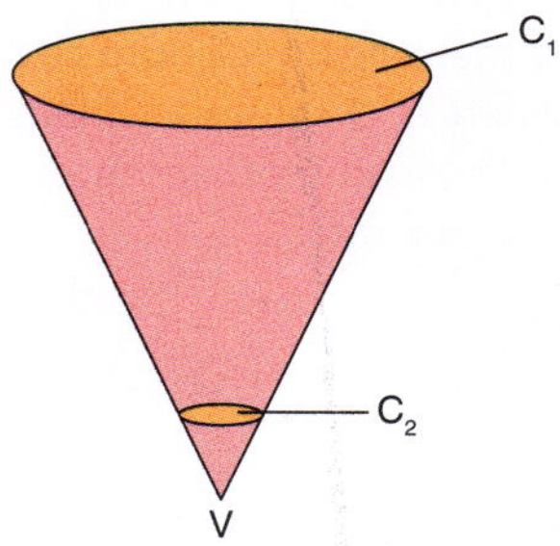

a) a medida da altura do cone de base C_1;

b) a medida da altura do tronco de cone.

DESAFIO

Três amigos – Fábio, Raul e Virgínio – combinaram dar um passeio e, para tal, encontraram-se, cada qual com sua bicicleta e vestindo a camiseta do time de futebol de sua preferência: São Paulo, Palmeiras e Santos, respectivamente. Sabendo que, ao longo do passeio, nenhum dos três andou na sua própria bicicleta e nem vestiu a camiseta do time de sua preferência, então, se aquele que vestiu a camiseta do Santos andou na bicicleta de Raul, quem andou na bicicleta do Fábio?

EXERCÍCIOS COMPLEMENTARES

1. Seja ABC um triângulo retângulo cujos catetos medem 9 cm e 12 cm. Obtenha o volume do sólido gerado pela rotação desse triângulo em torno de sua hipotenusa.

2. O desenvolvimento da superfície lateral de um cone é um setor circular de 18 cm de raio e cujo ângulo central mede 120°. Calcule o volume desse cone.

3. Um cálice cônico comporta 135 $m\ell$ e está completamente cheio de suco. Após se beber um gole, o nível do suco atingiu a terça parte da altura do cálice. Quantos mililitros de suco restaram no cálice?

4. Para ir a um baile a fantasia, Sandro alugou um traje de bruxo em que o chapéu tinha a forma de um cone reto com $16\sqrt{2}$ cm de altura e raio da base medindo 8 cm. Se α é a medida do ângulo do setor circular obtido quando a superfície lateral do chapéu é planificada, determine a medida de α.

5. (ITA-SP) As medidas, em metros, do raio da base, da altura e da geratriz de um cone circular reto formam, nessa ordem, uma progressão aritmética de razão 2 metros. Calcule a área total desse cone, em metros quadrados.

6. (UF-PR) Num laboratório há dois tipos de recipientes, conforme a figura abaixo. O primeiro, chamado de "tubo de ensaio", possui internamente o formato de um cilindro circular reto e fundo semiesférico. O segundo, chamado de "cone de Imhoff", possui internamente o formato de um cone circular reto.

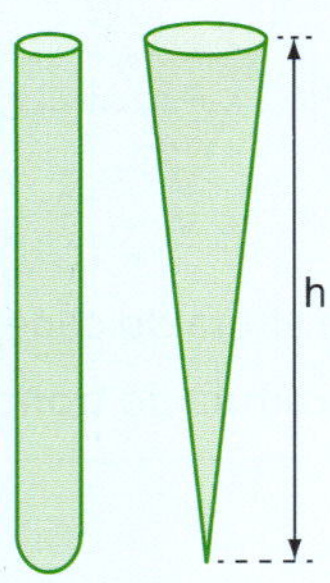

a) Sabendo que o volume de um cone de Imhoff, com raio da base igual a 2 cm, é de 60 $m\ell$, calcule a altura h desse cone.

b) Calcule o volume (em mililitros) do tubo de ensaio com raio da base medindo 1 cm e que possui a mesma altura h do cone de Imhoff.

7. (U.E. Londrina-PR) Considere uma lata, com o formato de um cilindro reto de altura *h cm* e raio *r cm* (Figura 1), completamente cheia de doce de leite. Parte do doce dessa lata foi transferida para dois recipientes (Figura 2), iguais entre si e em forma de cone, que têm a mesma altura da lata e o raio da base igual à metade do raio da base da lata. Considere também que os dois recipientes ficaram completamente cheios de doce de leite.

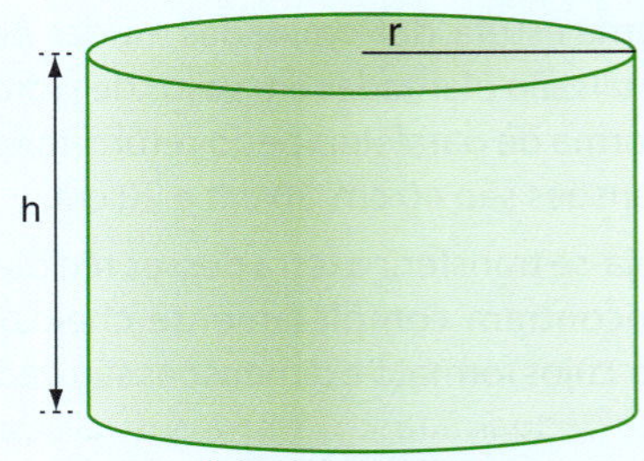

Figura 1

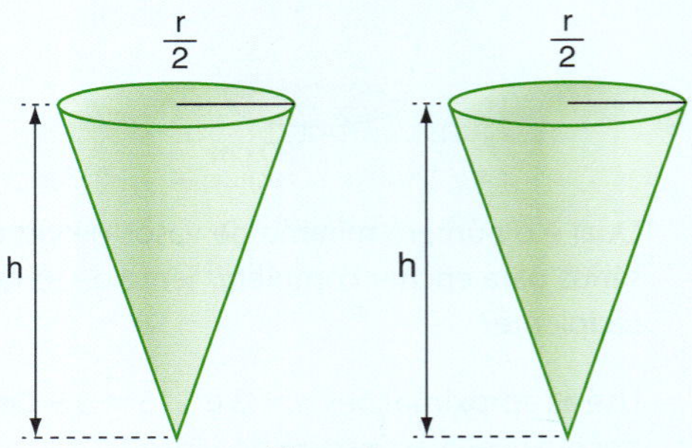

Figura 2

Desprezando a espessura do material de que são feitos os recipientes e a lata, determine quantos outros recipientes, também em forma de cone, mas com a altura igual à metade da altura da lata e de mesmo raio da lata (Figura 3), podem ser totalmente preenchidos com o doce de leite que restou na lata. Apresente os cálculos realizados na resolução desta questão.

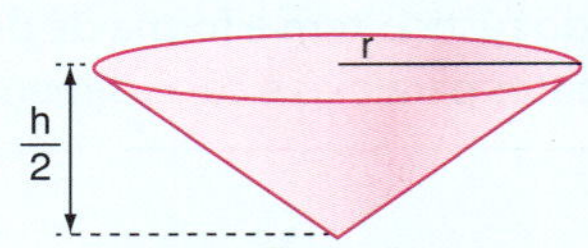

Figura 3

Observação:

Na lata e nos recipientes completamente cheios de doce de leite, o doce não excede a altura de cada um deles e, na transferência do doce de leite da lata para os recipientes, não há perda de doce.

8. Na figura, o funil está com 64π cm³ de água.

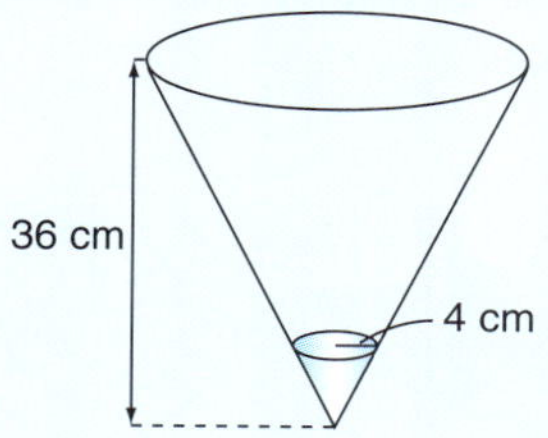

Calcule a área total e o volume do tronco, determinado pela parte do funil não ocupada pela água.

9. Um artesão fez o projeto de um vaso simulando, com as medidas reais, a rotação de um trapézio retângulo em torno do lado perpendicular às bases. Se o lado oblíquo desse trapézio mede 45 cm e as bases medem 24 cm e 51 cm, então, estando o vaso pronto e considerando desprezível a espessura de suas paredes, determine:

a) a maior quantidade de terra que tal vaso poderá comportar;

b) a área de sua superfície externa, considerando que a base de apoio do vaso será a menor.

10. (UF-PA) Alguns compradores de madeira em toras ou troncos de árvore da região amazônica calculam o volume da tora usando o seguinte processo: Divide-se o "rodo" por 4, multiplica-se o resultado por ele mesmo e pela medida *h*, da altura da tora, o que fornece a fórmula $V = \left(\frac{\text{rodo}}{4}\right)^2 \cdot h$ para o volume da tora.

Considere que:

1. a tora de madeira tem o formato de tronco de cone e que o perímetro da circunferência da base maior desse tronco é chamado pelos madeireiros de "rodo".
2. a tora de madeira tem as dimensões dadas abaixo e indicadas na figura.

- $R = \frac{1}{2}$ m, medida do raio da base maior;
- $r = \frac{2}{5}$ m, medida do raio da base menor;
- $h = 4$ m, medida da altura.

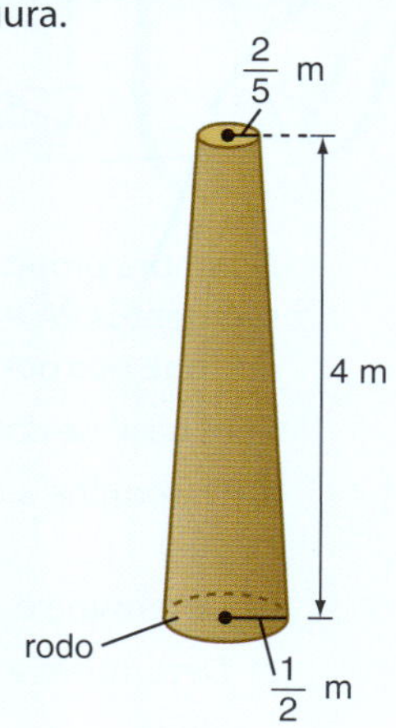

Calcule o volume correto da tora, usando os conhecimentos de geometria espacial, e o volume aproximado, usando a fórmula aplicada pelos madeireiros. Em seguida, calcule o erro da aproximação feita pelos madeireiros determinando a diferença entre os volumes encontrados. Use a aproximação $\pi = 3,14$ e considere duas casas decimais após a vírgula.

11. (Unesp-SP) Numa região muito pobre e com escassez de água, uma família usa para tomar banho um chuveiro manual, cujo reservatório de água tem o formato de um cilindro circular reto de 30 cm de altura e base com 12 cm de raio, seguido de um tronco de cone reto cujas bases são círculos paralelos, de raios medindo 12 cm e 6 cm, respectivamente, e altura 10 cm, como é mostrado na figura.

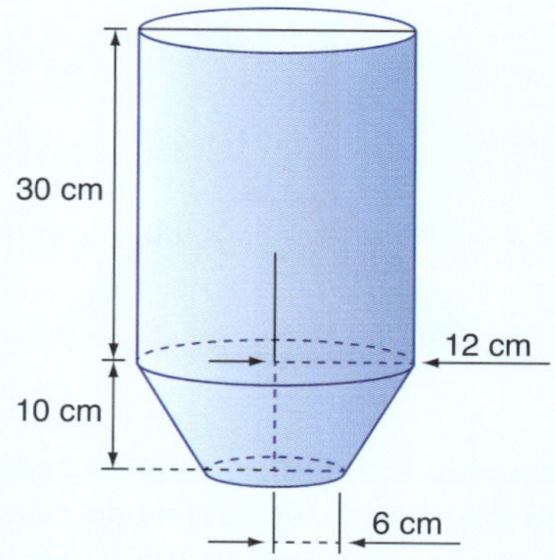

Por outro lado, numa praça de certa cidade há uma torneira com um gotejamento que provoca um desperdício de 46,44 litros de água por dia. Considerando a aproximação $\pi = 3$, determine quantos dias de gotejamento são necessários para que a quantidade de água desperdiçada seja igual à usada para 6 banhos, ou seja, encher completamente 6 vezes aquele chuveiro manual. Dado: 1 000 cm³ = 1 litro.

12. Em uma festa, foi servido refrigerante envasado em uma garrafa de formato cilíndrico, na qual *h* e *r* eram as respectivas medidas da altura e do raio da base, em centímetros. Para fazer um brinde, o conteúdo da garrafa foi distribuído em copos menores, cada qual na forma de um tronco de cone de bases paralelas cujas dimensões, em função de *r* e *h*, são mostradas na figura.

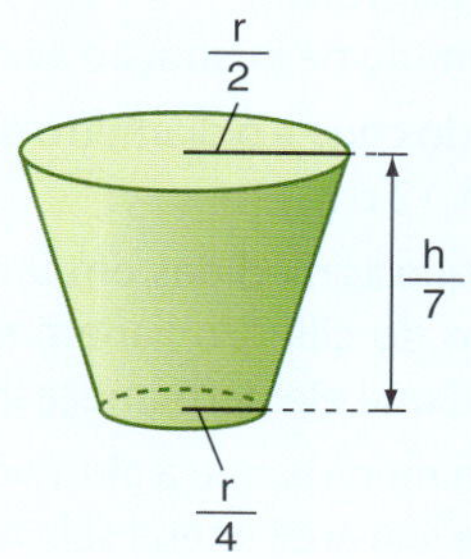

a) Que quantidade mínima desses copos é necessária para distribuir completamente o refrigerante de uma garrafa?

b) Nessa festa, uma pessoa usou tal copo para brindar e serviu-se de uma única dose, com o copo completamente cheio. Então, admitindo que $h = 25$ cm, $r = 6$ cm e usando a aproximação $\pi = 3{,}2$, quantos mililitros de refrigerante ela bebeu?

13. A coifa abaixo é constituída de um cilindro reto, com 0,40 m de altura e 0,20 m de raio da base, acoplado a um tronco de cone reto, cuja altura é igual ao raio da base maior e cuja geratriz mede $\frac{\sqrt{5}}{5}$ m.

Considerando a superfície total da coifa como a reunião das superfícies laterais do cilindro e do tronco de cone, determine a sua área total.

14. (UF-ES) Considere um cone circular reto C e um tronco de cone circular reto T, com a mesma altura de C, cuja base maior coincide com a base de C. Calcule $\frac{V_T}{V_C}$ em função de q, onde $q = \frac{r}{R}$, r e R são os raios da base menor e da base maior de T, respectivamente, e V_T e V_c são os volumes de T e C, respectivamente.

15. (UE-RJ) Um cilindro circular reto é inscrito em um cone, de modo que os eixos desses dois sólidos sejam colineares, conforme representado na ilustração acima.

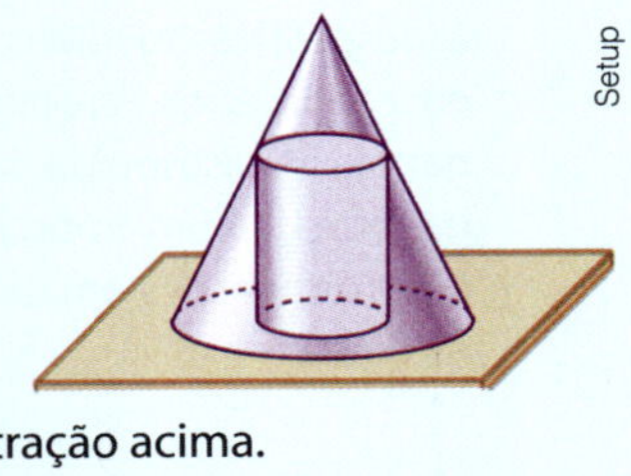

A altura do cone e o diâmetro da sua base medem, cada um, 12 cm.

Admita que as medidas, em centímetros, da altura e do raio do cilindro variem no intervalo]0; 12[de modo que ele permaneça inscrito nesse cone.

Calcule a medida que a altura do cilindro deve ter para que sua área lateral seja máxima.

16. (U.F. São Carlos-SP) A figura 1 indica a jarra de um espremedor de frutas e a figura 2, sua vista superior (sem a alça).

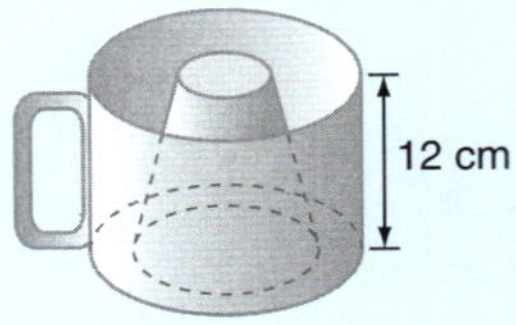

Figura 1

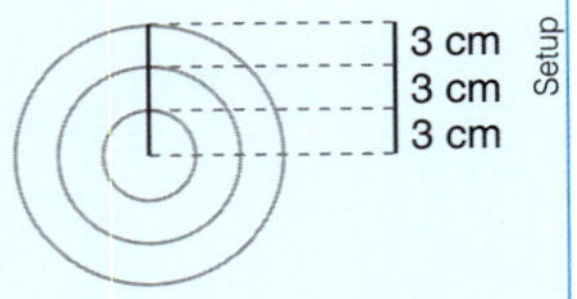

Figura 2

Sabe-se que a jarra é cilíndrica, com parte central na forma de um tronco de cone, e que as três circunferências indicadas na vista superior são concêntricas.

a) Qual é a área, em centímetros quadrados, da superfície lateral da parte externa da jarra? (Desconsidere a alça.)

b) Qual é o volume máximo de suco, em centímetros cúbicos, que a jarra pode conter?

17. A seção meridiana de um cone equilátero tem perímetro 36 cm. Na metade da altura do cone, ele é secionado por um plano paralelo ao da base, gerando um tronco. Calcule a área lateral, a área total e o volume do tronco obtido.

18. (UF-MG) Um cone reto de raio $r = \sqrt{3}$ e altura $h = 2\sqrt{3}$ é iluminado pelo Sol a um ângulo de 45°, como ilustrado a seguir.

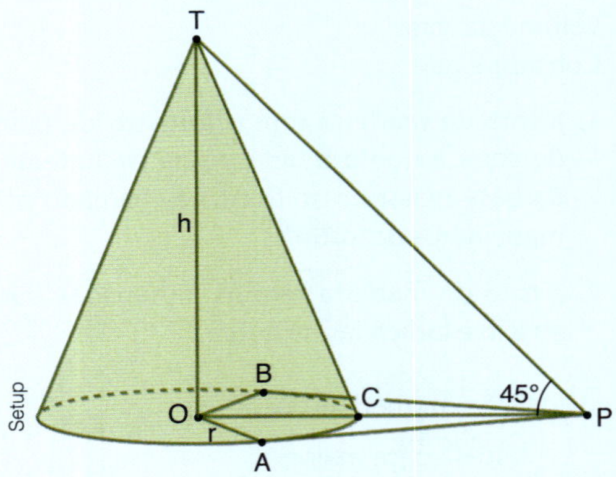

A sombra projetada pelo cone é delimitada pelos segmentos $\overline{PA}$ e $\overline{PB}$, tangentes ao círculo da base do cone nos pontos A e B, respectivamente.

Com base nessas informações,

a) Determine a distância de P ao centro O do círculo.

b) Determine o ângulo $A\hat{O}B$.

c) Determine a área da sombra projetada pelo cone.

TESTES

1. (Enem-MEC) A figura abaixo mostra um modelo de sombrinha muito usado em países orientais.

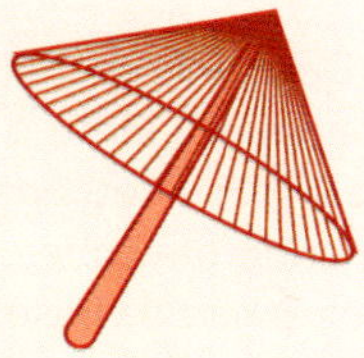

Esta figura é uma representação de uma superfície de revolução chamada de:

a) pirâmide.
b) semiesfera.
c) cilindro.
d) tronco de cone.
e) cone.

2. (Enem-MEC) Um restaurante utiliza, para servir bebidas, bandejas com bases quadradas. Todos os copos desse restaurante têm o formato representado na figura:

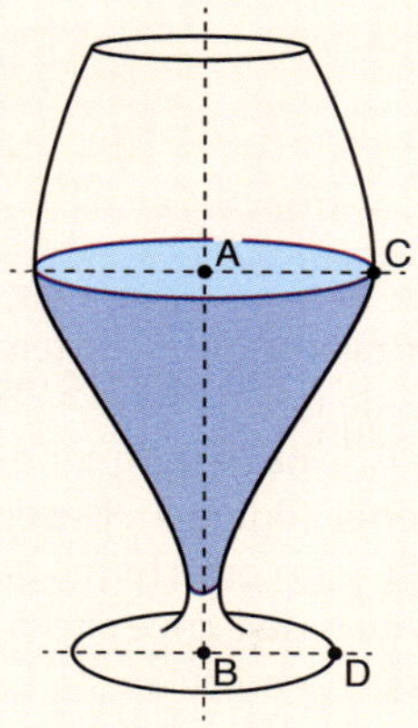

Considere que $AC = \frac{7}{5}BD$ e que l é a medida de um dos lados da base da bandeja.

Qual deve ser o menor valor da razão $\frac{l}{BD}$ para que uma bandeja tenha capacidade de portar exatamente quatro copos de uma só vez?

a) 2
b) $\frac{14}{5}$
c) 4
d) $\frac{24}{5}$
e) $\frac{28}{5}$

3. (UE-CE) A superfície lateral de um cone circular reto, quando planificada, torna-se um setor circular de 12 cm de raio com um ângulo central de 120 graus. A medida, em centímetros quadrados, da área da base deste cone é:

a) 144π
b) 72π
c) 36π
d) 16π

4. (UF-PE) O sólido ilustrado abaixo é composto de um cilindro e de um cone retos que têm uma base em comum. Se o raio da base do cilindro é de 3 m, e as alturas respectivas do cilindro e do cone medem 6 m e 4 m, qual a área total da superfície do sólido? Obs.: a superfície do sólido não inclui a base do cone.

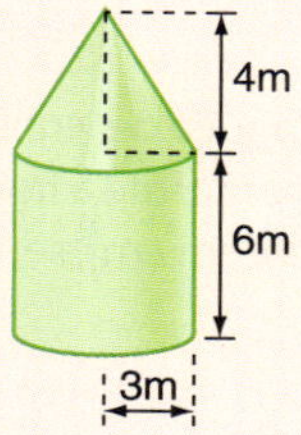

a) $56\pi\ m^2$
b) $57\pi\ m^2$
c) $58\pi\ m^2$
d) $59\pi\ m^2$
e) $60\pi\ m^2$

5. (ITA-SP) A superfície lateral de um cone circular reto é um setor circular de 120° e área igual a $3\pi\ cm^2$. A área total e o volume deste cone medem, em cm^2 e cm^3, respectivamente:

a) 4π e $\frac{2\pi\sqrt{2}}{3}$
b) 4π e $\frac{\pi\sqrt{2}}{3}$
c) 4π e $\pi\sqrt{2}$
d) 3π e $\frac{2\pi\sqrt{2}}{3}$
e) π e $2\pi\sqrt{2}$

6. (FEI-SP) Considere um recipiente cujo interior é um cilindro reto de raio 2 cm e altura 3 cm, contendo um líquido que preenche sua capacidade total. Deseja-se despejar o líquido desse recipiente em outro cujo interior é um cone circular reto de altura igual a 6 cm. Para que o líquido preencha a capacidade total desse novo recipiente, o raio do mesmo deve ser igual a:

a) $\sqrt{6}$ cm
b) 6 cm
c) $\sqrt{12}$ cm
d) $2\sqrt{2}$ cm
e) 12 cm

7. (Fatec-SP) Uma estrada em obra de ampliação tem no acostamento três montes de terra, todos na forma de um cone circular reto de mesma altura e mesma base. A altura do cone mede 1,0 metro e o diâmetro da base, 2,0 metros. Sabe-se que a quantidade total de terra é suficiente para preencher completamente, sem sobra, um cubo cuja aresta mede x metros.

O valor de x é (adote $\pi = 3$):

a) $\sqrt[3]{2}$
b) $\sqrt[3]{3}$
c) $\sqrt[3]{4}$
d) $\sqrt[3]{5}$
e) $\sqrt[3]{6}$

8. (UF-AM) Na figura 1, temos uma taça de vinho na forma cônica com capacidade máxima de 36π cm³.

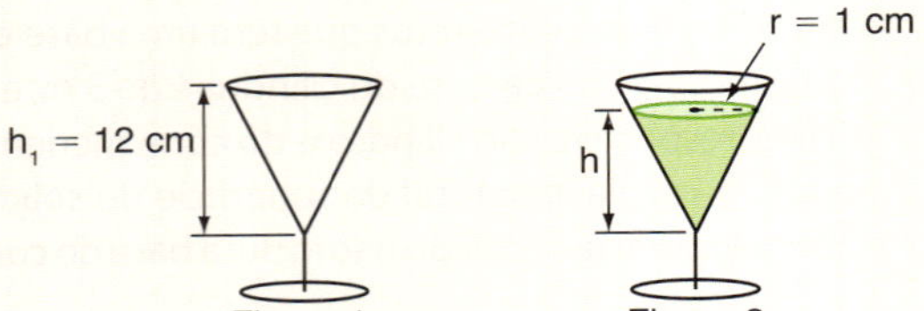

Figura 1 Figura 2

Despeja-se um pouco de vinho nesta taça, gerando um novo cone conforme a figura 2. Logo o volume de vinho servido, em cm³, será de:

a) $\frac{1}{3}\pi$
b) $\frac{4}{5}\pi$
c) $\frac{4}{3}\pi$
d) $\frac{2}{3}\pi$
e) $\frac{3}{4}\pi$

9. (UF-PR) Maria produz pirulitos para vender na feira ao preço unitário de R$ 0,80. Ela usa fôrmas com formato interno de cone circular reto e costuma fazer os pirulitos colocando o doce nessas fôrmas até a borda. Tendo recebido uma encomenda de minipirulitos para uma festa infantil, decidiu fazê-los colocando o doce até a metade da altura da fôrma. Para manter o preço diretamente proporcional à quantidade de doce utilizado para produzir o pirulito, ela deve vender cada minipirulito por:

a) R$ 0,10
b) R$ 0,40
c) R$ 0,20
d) R$ 0,25
e) R$ 0,16

10. (UF-GO) A terra retirada na escavação de uma piscina semicircular de 6 m de raio e 1,25 m de profundidade foi amontoada, na forma de um cone circular reto, sobre uma superfície horizontal plana. Admita que a geratriz do cone faça um ângulo de 60° com a vertical e que a terra retirada tenha volume 20% maior do que o volume da piscina. Nessas condições, a altura do cone, em metros, é de:

a) 2,0
b) 2,8
c) 3,0
d) 3,8
e) 4,0

11. (ITA-SP) Um cone circular reto de altura 1 cm e geratriz $\frac{2\sqrt{3}}{3}$ cm é interceptado por um plano paralelo à sua base, sendo determinado, assim, um novo cone. Para que este novo cone tenha o mesmo volume de um cubo de aresta $\left(\frac{\pi}{243}\right)^{\frac{1}{3}}$ cm, é necessário que a distância do plano à base do cone original seja, em cm, igual a:

a) $\frac{1}{4}$
b) $\frac{1}{3}$
c) $\frac{1}{2}$
d) $\frac{2}{3}$
e) $\frac{3}{4}$

12. (Unicamp-SP) Depois de encher de areia um molde cilíndrico, uma criança virou-o sobre uma superfície horizontal. Após a retirada do molde, a areia escorreu, formando um cone cuja base tinha raio igual ao dobro do raio da base do cilindro.

A altura do cone formado pela areia era igual a:

a) $\frac{3}{4}$ da altura do cilindro.
b) $\frac{1}{2}$ da altura do cilindro.
c) $\frac{2}{3}$ da altura do cilindro.
d) $\frac{1}{3}$ da altura do cilindro.

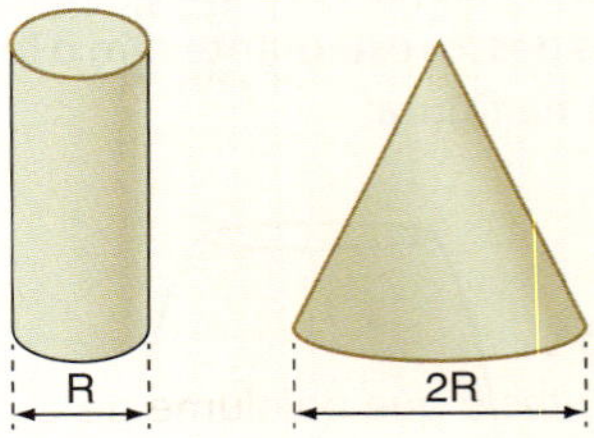

13. (FGV-SP) Um ralador de queijo tem a forma de cone circular reto de raio da base 4 cm e altura 10 cm. O queijo é ralado na base do cone e fica acumulado em seu interior (figura 1). Deseja-se retirar uma fatia de um queijo com a forma de cilindro circular reto de raio da base 8 cm e altura 6 cm, obtida por dois cortes perpendiculares à base, partindo do centro da base do queijo e formando um ângulo α (figura 2), de forma que o volume de queijo dessa fatia corresponda a 90% do volume do ralador.

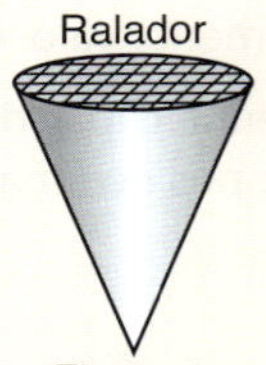

Figura 1

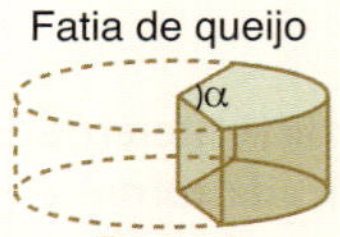

Figura 2

Nas condições do problema, α é igual a:

a) 45°
b) 50°
c) 55°
d) 60°
e) 65°

14. (UFF-RJ) Desde a Antiguidade, a humanidade tem inventado vários mecanismos para medir o tempo. Clepsidras são relógios que utilizam a água para o seu funcionamento. Apesar dos vários modelos e estruturas, o princípio básico é a transferência de água de um recipiente para outro. A figura abaixo ilustra uma clepsidra romana que emprega um cone circular reto K e um cilindro circular reto C.

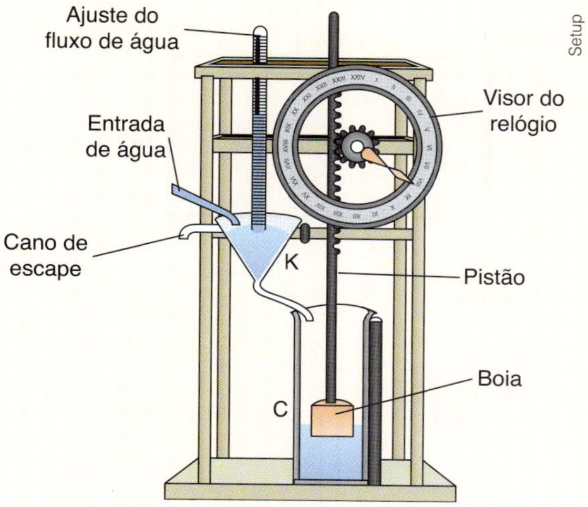

Sabendo-se que K e C possuem bases circulares congruentes e que o volume de C é dez vezes o volume de K, pode-se afirmar que a razão entre a altura do cilindro e a altura do cone é igual a:

a) $\frac{10}{7}$
b) 10
c) 3
d) $\frac{10}{3}$
e) $\frac{1}{3}$

15. (UE-CE) Uma rasa é um paneiro utilizado na venda de frutos de açaí. Um típico exemplar tem forma de um tronco de cone, com diâmetro de base 28 cm, diâmetro de boca 34 cm e altura 27 cm. Podemos afirmar, utilizando $\pi = 3,14$, que a capacidade da rasa, em litros, é aproximadamente:

a) 18
b) 20
c) 22
d) 24
e) 26

16. (ENEM) Uma cozinheira, especialista em fazer bolos, utiliza uma forma no formato representado na figura:

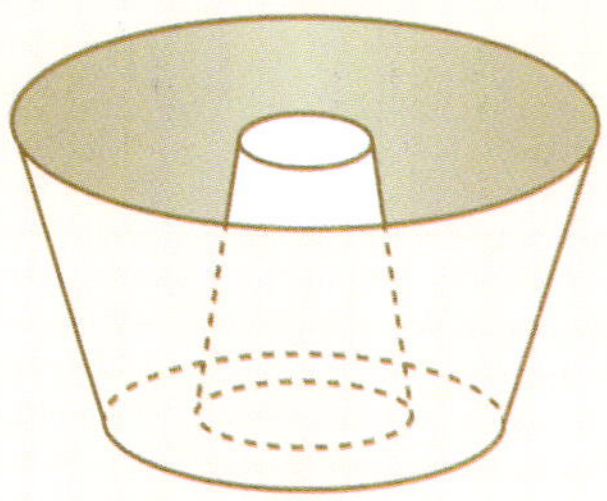

Nela identifica-se a representação de duas figuras geométricas tridimensionais.

Essas figuras são:

a) um tronco de cone e um cilindro.
b) um cone e um cilindro.
c) um tronco de pirâmide e um cilindro.
d) dois troncos de cone.
e) dois cilindros.

17. (FEI-SP) Um cone reto de 20 cm de altura tem área da base igual a 100 cm². É realizado um corte neste cone por um plano paralelo à sua base, gerando um tronco de cone com 15 cm de altura. A área da seção transversal referente à base superior do tronco de cone gerado é de:

a) 20 cm²
b) 15 cm²
c) 6,25 cm²
d) 5,75 cm²
e) 25 cm²

18. (UF-CE) Ao seccionarmos um cone circular reto por um plano paralelo à sua base, cuja distância ao vértice do cone é igual a um terço da sua altura, obtemos dois sólidos: um cone circular reto S_1 e um tronco de cone S_2. A relação $\frac{\text{volume}(S_2)}{\text{volume}(S_1)}$ é igual a:

a) 33
b) 27
c) 26
d) 9
e) 3

19. (Unesp-SP) Seja C um cone circular reto de altura H e raio R. Qual a altura *h*, a medir a partir da base, tal que a razão entre os volumes do cone e do tronco de altura *h* do cone seja 2?

a) $\frac{(1-\sqrt{2})}{2}H$
b) $2\sqrt{2}H$
c) $\frac{\sqrt[3]{2}}{2}H$
d) $\left(1-\frac{1}{\sqrt[3]{2}}\right)H$
e) $\frac{(2-\sqrt{2})H}{2}$

20. (Enem-MEC) Alguns testes de preferência por bebedouros de água foram realizados com bovinos, envolvendo três tipos de bebedouros, de formatos e tamanhos diferentes. Os bebedouros 1 e 2 têm a forma de um tronco de cone circular reto, de altura igual a 60 cm, e diâmetro da base superior igual a 120 cm e 60 cm, respectivamente. O bebedouro 3 é um semicilindro, com 30 cm de altura, 100 cm de comprimento e 60 cm de largura. Os três recipientes estão ilustrados a seguir.

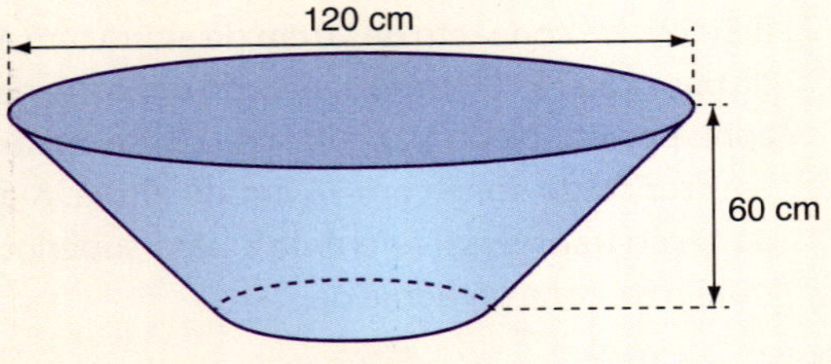

bebedouro 1

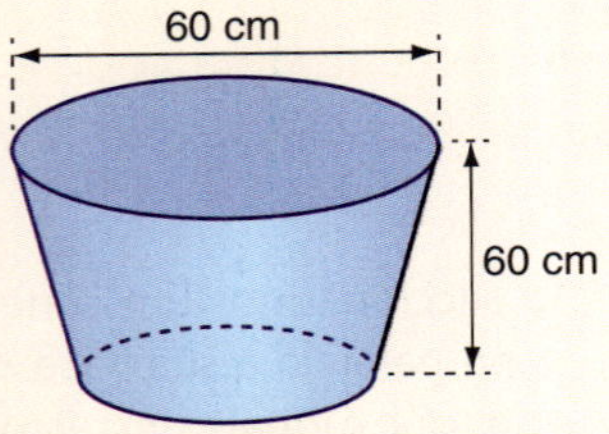

bebedouro 2

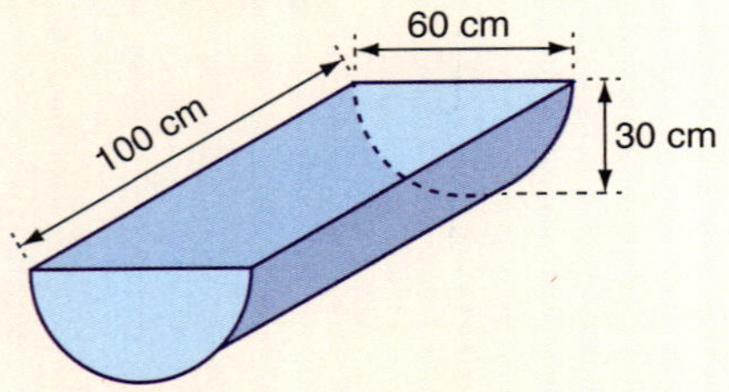

bebedouro 3

Considerando que nenhum dos recipientes tenha tampa, qual das figuras a seguir representa uma planificação para o bebedouro 3?

a)

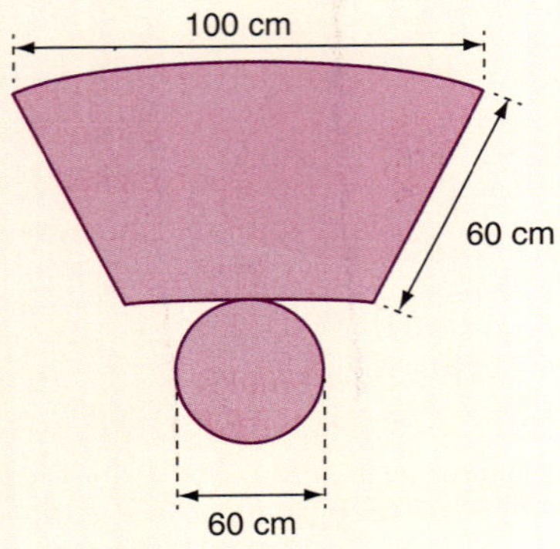

b)

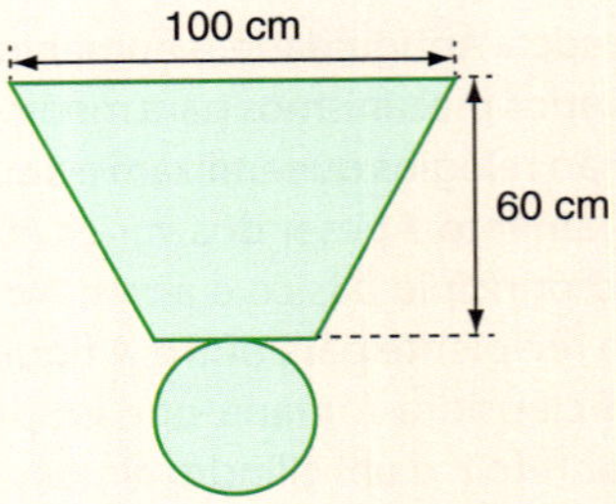

c)

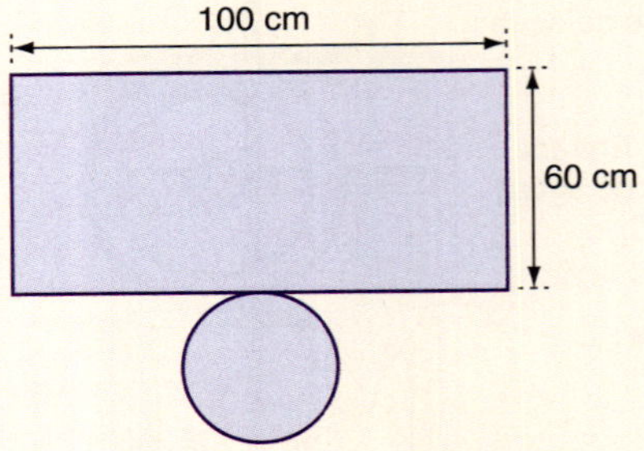

d)

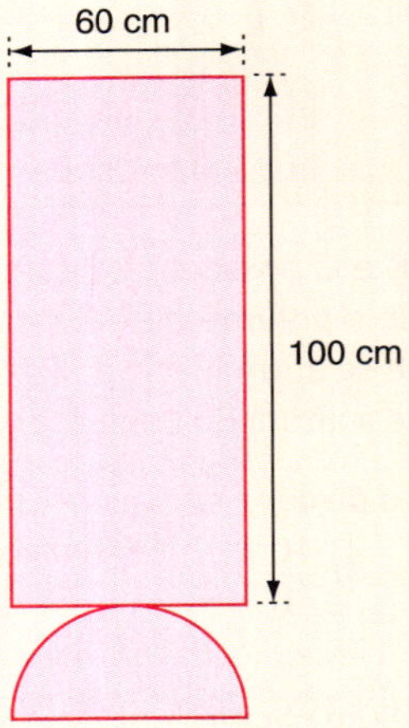

e)

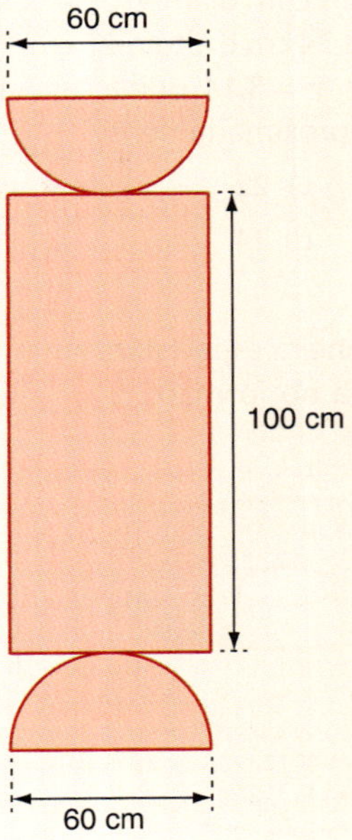

21. (FGV-SP) Um tronco de cone circular reto foi dividido em quatro partes idênticas por planos perpendiculares entre si e perpendiculares ao plano da sua base, como indica a figura.

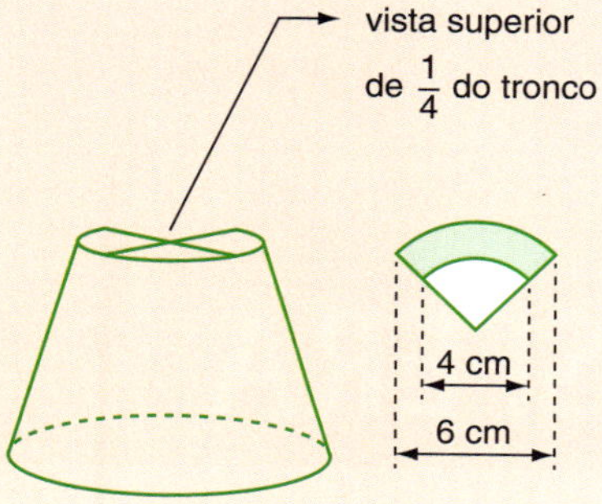

Se a altura do tronco é 10 cm, a medida da sua geratriz, em cm, é igual a:

a) $\sqrt{101}$

b) $\sqrt{102}$

c) $\sqrt{103}$

d) $2\sqrt{26}$

e) $\sqrt{105}$

22. (Mackenzie-SP) Um frasco de perfume, que tem a forma de um tronco de cone circular reto de raios 1 cm e 3 cm, está totalmente cheio. Seu conteúdo é despejado em um recipiente que tem a forma de um cilindro circular reto de raio 4 cm, como mostram as figuras a seguir.

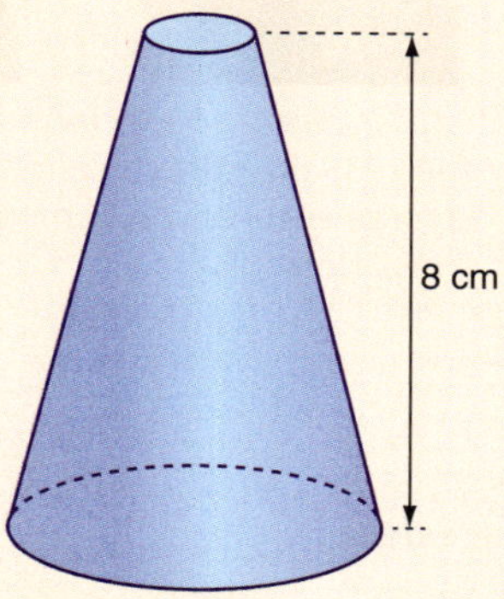

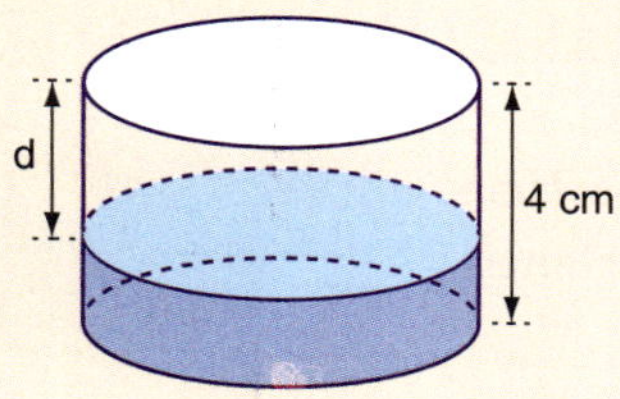

Se d é a altura da parte não preenchida do recipiente cilíndrico, e adotando-se $\pi = 3$, o valor de d é:

a) $\frac{10}{6}$

b) $\frac{11}{6}$

c) $\frac{12}{6}$

d) $\frac{13}{6}$

e) $\frac{14}{6}$

23. (Enem-MEC) A parte interior de uma taça foi gerada pela rotação de uma parábola em torno de um eixo z, conforme mostra a figura.

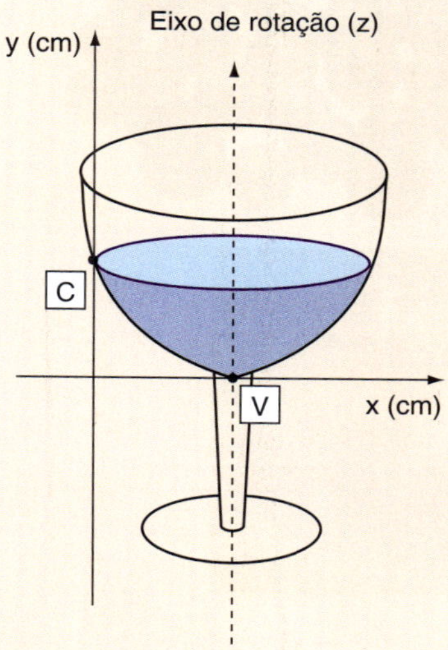

A função real que expressa a parábola, no plano cartesiano da figura, é dada pela lei $f(x) = \frac{3}{2}x^2 - 6x + C$, onde C é a medida da altura do líquido contido na taça, em centímetros. Sabe-se que o ponto V, na figura, representa o vértice da parábola, localizado sobre o eixo x.

Nessas condições, a altura do líquido contido na taça, em centímetros, é:

a) 1.

b) 2.

c) 4.

d) 5.

e) 6.

18 ESFERA

Observe os objetos seguintes:

Cristina Xavier/FinePhoto

Thinkstock/Getty Images

Thinkstock/Getty Images

M. C. Escher. *Autorretrato no espelho esférico*, 1950/ Fundação M. C. Escher, Baarn, Holanda

Autorretrato no espelho esférico. Litografia de 1935 do artista holandês M. C. Escher, que se encontra no Gemeentemuseum em Haia, Holanda.

Todos eles têm a forma de uma esfera, sólido que passaremos a estudar agora.

CONCEITO

Consideremos um ponto O e um segmento de medida r. Denomina-se **esfera** de centro O e raio r o conjunto dos pontos do espaço cuja distância ao ponto O é menor ou igual a r.

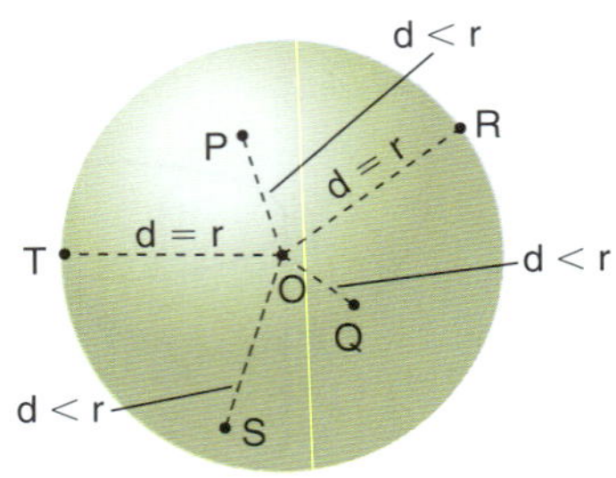

Na figura ao lado, observe que os pontos P, Q, R, S e T pertencem à esfera, pois suas respectivas distâncias (d) ao centro O são menores ou iguais a r.

É importante diferenciarmos esfera de superfície esférica: a **superfície esférica** de centro O e raio r é o conjunto de pontos do espaço cuja distância ao ponto O é igual a r.

Observe, na figura ao lado, que os pontos R e T pertencem à superfície esférica, mas P, Q e S não pertencem.

Observações

- A **superfície esférica** de centro O e raio r é a superfície gerada pela rotação de uma semicircunferência em torno de um eixo que contém seu diâmetro.

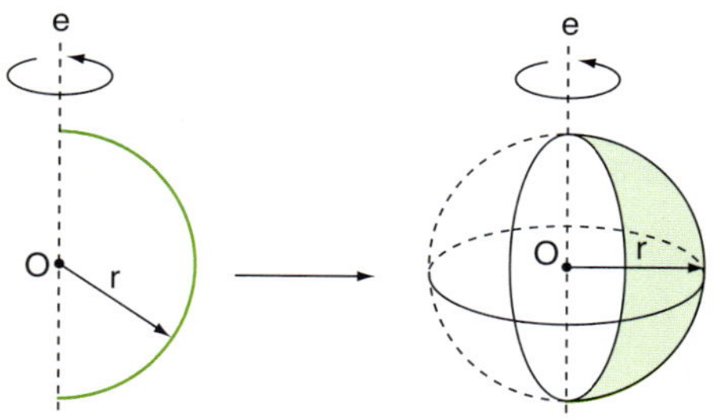

- A **esfera** de centro O e raio r é o sólido de revolução gerado pela rotação de um semicírculo em torno de um eixo que contém o diâmetro.

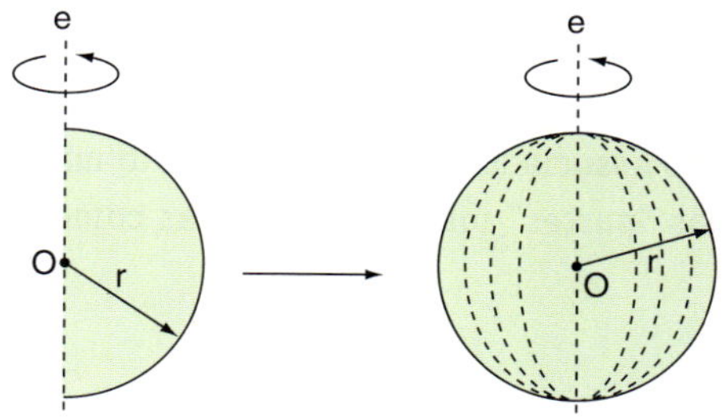

SEÇÃO DE UMA ESFERA

Quando um plano α intercepta, em mais de um ponto, uma esfera E, de centro O e raio r, o conjunto de pontos comuns ao plano e à esfera é um **círculo**, como mostra a figura ao lado.

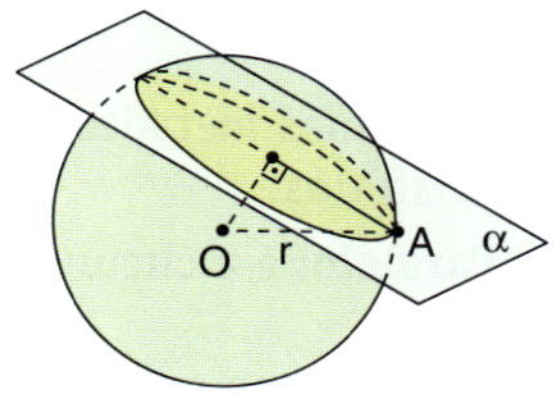

Dizemos, assim, que toda seção plana de uma esfera é um círculo. O raio desse círculo varia de acordo com a distância do plano α ao centro O. Quanto mais próximo de O o plano α interceptar a esfera, maior será a medida s do raio da seção. Se α passar pelo centro O, o raio da seção determinada será o próprio raio da esfera e, nesse caso, a seção recebe o nome de **círculo máximo da esfera**.

Acompanhe a figura abaixo.

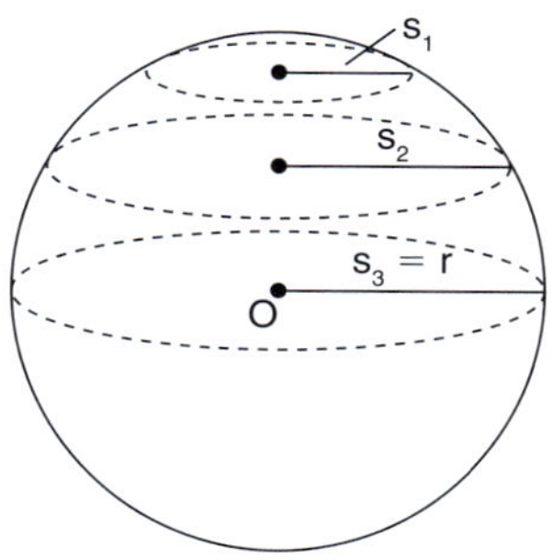

$s_1 < s_2 < s_3 = r$

Exemplo 1

Suponha que um plano α intercepte uma esfera, a 5 cm de seu centro, determinando nela um círculo de raio 12 cm. Vamos encontrar a medida do raio dessa esfera.

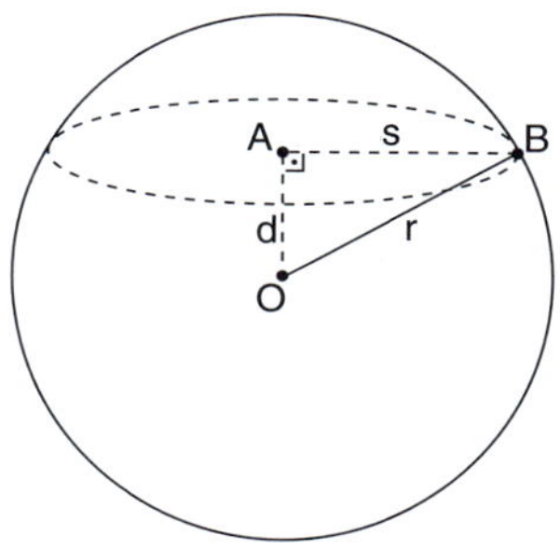

Sejam:
d: distância de α ao centro O; $d = 5$
s: raio da seção; $s = 12$
r: raio da esfera
No $\triangle AOB$ temos:
$r^2 = s^2 + d^2 \Rightarrow r^2 = 12^2 + 5^2 \Rightarrow r^2 = 144 + 25 \Rightarrow r^2 = 169 \Rightarrow r = 13$
Assim, o raio da esfera mede 13 cm.

ELEMENTOS DE UMA ESFERA

Observando a figura ao lado, vamos caracterizar os elementos de uma esfera de centro O, raio *r* e eixo de rotação *e*.

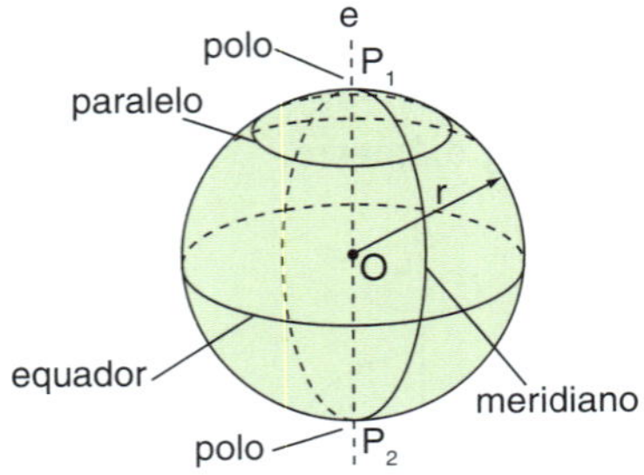

- **Polos**: os polos P_1 e P_2 correspondem aos pontos de interseção da superfície esférica com o eixo *e*.
- **Equador**: é a circunferência correspondente à seção obtida por um plano perpendicular ao eixo *e*, pelo centro da esfera.
  O círculo associado ao equador (círculo máximo da esfera) divide a esfera em duas "partes" iguais, conhecidas como hemisférios.

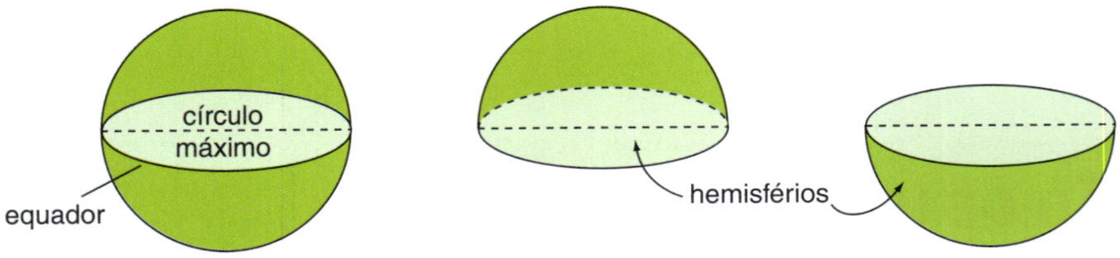

Thinkstock/Getty Images

As duas metades de uma laranja, como na foto ao lado, remetem à ideia de hemisférios.

- **Paralelo**: é a circunferência de uma seção obtida por um plano perpendicular ao eixo *e*.
  O plano que contém um paralelo é paralelo ao plano do equador.
- **Meridiano**: é a circunferência correspondente à seção cujo plano contém o eixo da esfera.

Observação

Sabemos que o planeta Terra não tem a forma exata de uma esfera, devido a um achatamento nos polos. No entanto, é comum considerar seu formato aproximadamente esférico. Nesse sentido, observe que a caracterização dos elementos de uma esfera está relacionada às linhas imaginárias do nosso planeta, que você estudou em Geografia.

Procure visualizar, em um globo terrestre, os seguintes elementos: polo Norte e polo Sul, hemisfério Norte e hemisfério Sul, linha do Equador, trópico de Câncer e trópico de Capricórnio, e o meridiano de Greenwich. Estabeleça uma relação entre esses elementos e os elementos de uma esfera.

Thinkstock/Getty Images

Nosso planeta não tem a forma exata de uma esfera.

VOLUME DA ESFERA

O volume V de uma esfera de raio *r* é dado por: $V = \dfrac{4\pi r^3}{3}$

Demonstração:

Vamos tomar um cilindro equilátero, cujo raio da base é *r* e a altura é 2r.

Seja V o ponto médio do segmento $\overline{MN}$, contido no eixo do cilindro. Desse cilindro retiramos dois cones cujas bases coincidem com as bases do cilindro. Esses cones têm como vértice comum o ponto V, e a medida de suas alturas é *r*, como mostra a sequência de figuras abaixo. O sólido geométrico obtido será indicado por G.

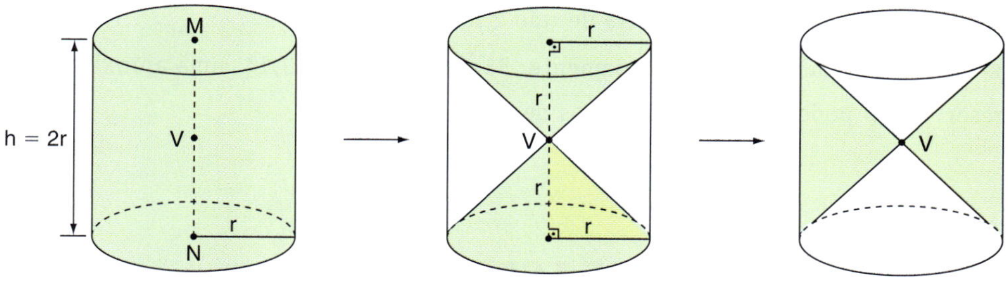

cilindro equilátero — dois cones retirados — sólido G

Considere agora uma esfera de raio *r* e o sólido G obtido acima. Imagine que essa esfera seja tangente a um plano α e que o cilindro original descrito tenha base contida em α.

Figura A – esfera — Figura B – sólido G — Figura C

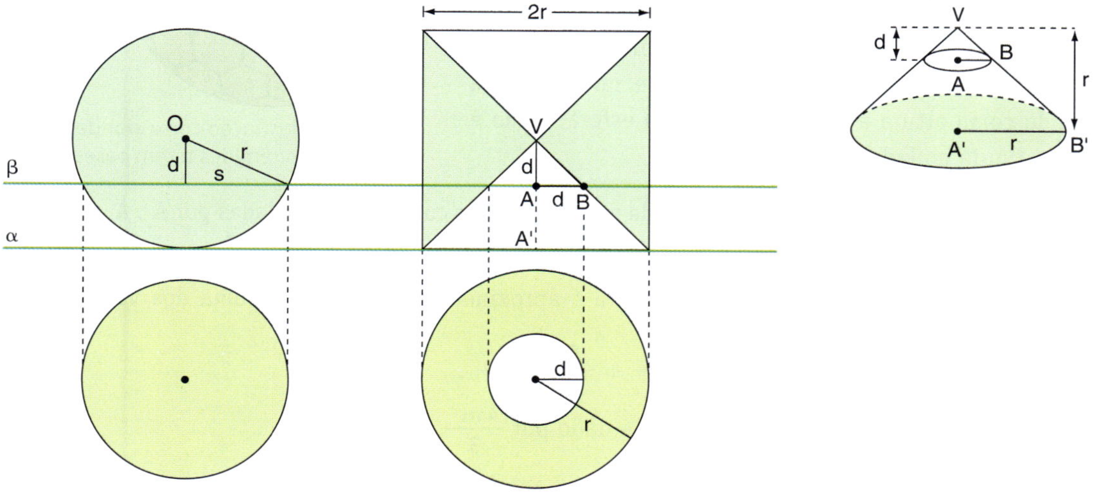

seção da esfera por β — seção do sólido G por β

Quando um plano β, paralelo a α, intercepta a esfera a uma distância *d* de seu centro, ele determina nela um círculo de raio *s* cuja área é:

$$\pi s^2 = \pi \cdot (r^2 - d^2) \quad (1) \text{ (Veja a figura A.)}$$

O plano β, naturalmente, também intercepta o sólido G, a uma distância *d* de V, determinando, como seção, uma coroa circular. Essa coroa circular é limitada por duas circunferências: uma de raio *r* e a outra de raio *d*, com $r > d$, cuja área é dada por:

$$\pi \cdot (r^2 - d^2) \quad (2)$$ (Observe nas figuras B e C que o triângulo VAB é isósceles e, portanto, $AB = d$.)

Por (1) e (2), concluímos que as áreas das seções na esfera e no sólido G são iguais. Logo, pelo princípio de Cavalieri, a esfera e o sólido G têm o mesmo volume.

O volume do sólido G pode ser calculado por:

$V_G = V_{cilindro} - 2 \cdot V_{cone}$; isto é:

$$V_G = \underbrace{\pi \cdot r^2}_{A_b} \cdot \underbrace{2r}_{h} - 2 \cdot \frac{1}{3} \cdot \underbrace{\pi \cdot r^2}_{A_b} \cdot \underbrace{r}_{h}$$

$$V_G = 2\pi r^3 - \frac{2}{3}\pi r^3 \Rightarrow V_G = \frac{4\pi r^3}{3}$$

Segue, daí, que o volume da esfera também é dado por: $V_{esfera} = \dfrac{4\pi r^3}{3}$

Exemplo 2

Quantos litros de gás pode conter um reservatório industrial em formato esférico e com raio interno 2 m?

É preciso calcular o volume de uma esfera de raio 2 m:

$V = \frac{4}{3}\pi \cdot 2^3 = \frac{32\pi}{3}$ m³, ou, aproximadamente, 33,49 m³ (usamos 3,14, uma aproximação de π).

Logo, o reservatório pode conter 33 490 litros de gás.

ÁREA DA SUPERFÍCIE ESFÉRICA

A área A de uma superfície esférica de raio *r* é:

$$A = 4\pi r^2$$

Para deduzir essa fórmula, vamos utilizar a seguinte ideia: uma esfera pode ser decomposta, de maneira aproximada, num número *n* de pirâmides, cada uma com vértice no centro da esfera e tendo como altura a medida do raio da esfera, como é sugerido pela figura ao lado.

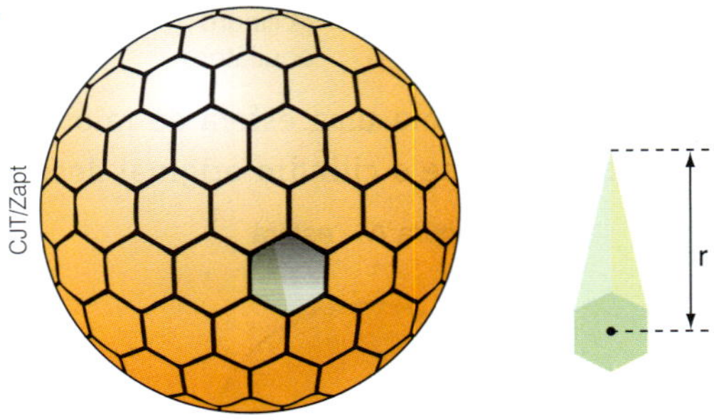

Esta é uma ilustração correspondente ao caso de todas as pirâmides terem bases hexagonais.

Observe que a superfície da esfera fica dividida em *n* polígonos cujas áreas são dadas por A_1, A_2, ..., A_n. Assim:

$$A_1 + A_2 + ... + A_n = \text{área da superfície esférica}$$

Usando essa decomposição, o volume da esfera é aproximadamente igual à soma dos volumes dessas *n* pirâmides:

$$V_{esfera} = \frac{A_1 \cdot r}{3} + \frac{A_2 \cdot r}{3} + ... + \frac{A_n \cdot r}{3}$$

Vimos que o volume de uma esfera de raio *r* é dado por $\frac{4\pi r^3}{3}$.

Daí:

$$\frac{4\pi r^3}{3} = \frac{r}{3} \cdot \underbrace{(A_1 + A_2 + ... + A_n)}_{A_{\text{sup. esférica}}}$$

$$\frac{4\pi r^3}{3} = \frac{r}{3} \cdot A_{\text{sup. esférica}} \Rightarrow A_{\text{sup. esférica}} = 4\pi r^2$$

Exemplo 3

Uma indústria recebeu uma encomenda para a confecção de 5 000 bolinhas de pingue-pongue. O plástico usado na confecção das bolinhas custa R$ 5,00 o m². Se o diâmetro de uma bolinha é de 3 cm, qual é o custo mínimo da indústria com o material para essa encomenda? Vamos usar 3,14 como aproximação de π.

O raio de cada bolinha é:

$$r = \frac{3}{2} \text{ cm} = 1{,}5 \text{ cm}$$

A área da superfície de uma bolinha é:

$$4\pi \cdot (1{,}5 \text{ cm})^2 = 9\pi \text{ cm}^2 = 9 \cdot 3{,}14 \text{ cm}^2 = 28{,}26 \text{ cm}^2$$

Para confeccionar as 5 000 bolinhas, são necessários, no mínimo:

$$5\,000 \cdot 28{,}26 \text{ cm}^2 = 141\,300 \text{ cm}^2 = 14{,}13 \text{ m}^2$$

O custo em reais para a confecção das bolinhas é:

$$14{,}13 \cdot 5 = 70{,}65 \text{ ou R\$ } 70{,}65$$

EXERCÍCIOS RESOLVIDOS

1. A superfície de uma bolha de sabão, de formato esférico, tem 36π cm^2 de área. Qual é o volume de ar contido nessa bolha?

Thinkstock/Getty Images

Solução:

Com base na informação sobre a área da superfície esférica, é possível encontrar seu raio *r*:

$$A = 36\pi \Rightarrow 4\pi r^2 = 36\pi \Rightarrow r^2 = 9 \Rightarrow r = 3 \text{ cm}$$

O volume de ar contido na bolha corresponde ao volume da esfera, ou seja:

$$V = \frac{4\pi r^3}{3} = \frac{4\pi \cdot 3^3}{3} \Rightarrow V = 36\pi \text{ cm}^3$$

2. Duas esferas são concêntricas e a menor tem 9 cm de raio. Um plano tangente à esfera menor determina na esfera maior uma seção cuja área é 144π cm^2. Qual é o comprimento da circunferência máxima da maior esfera?

Solução:

Interpretando o problema, temos a figura abaixo, na qual:

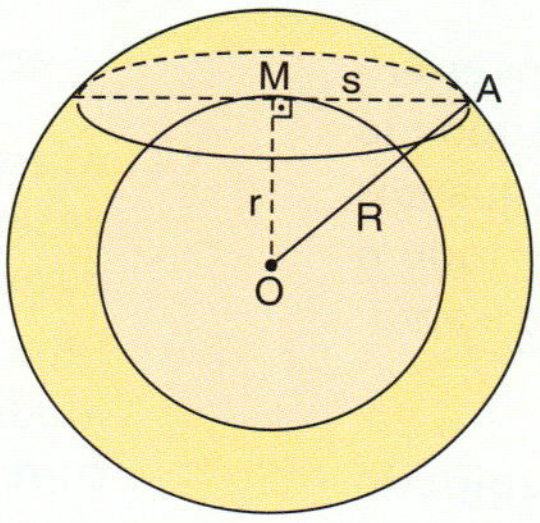

- *r* é o raio da esfera menor;
- *s* é o raio da seção;
- R é o raio da esfera maior.

$$A_{seção} = 144\pi \Rightarrow \pi s^2 = 144\pi \Rightarrow s = 12 \text{ cm}$$

Aplicando o teorema de Pitágoras no $\triangle$AMO, vem:

$$R^2 = r^2 + s^2 \Rightarrow R^2 = 9^2 + 12^2 = 225 \Rightarrow R = 15 \text{ cm}$$

O raio do círculo máximo da esfera maior coincide com o raio R, e sua circunferência mede:

$$2\pi R = 2\pi \cdot 15 = 30\pi \text{ cm}$$

3. Duas esferas de gelo com raios 2 cm e 1 cm são derretidas. A água obtida pela fusão (passagem do estado sólido para o líquido) é colocada integralmente em um recipiente esférico ocupando todo o espaço interno dele. Quanto mede o raio *r* desse recipiente?

Solução:

O volume total de água obtida por derretimento corresponde à soma dos volumes das duas esferas, ou seja:

$$V = \frac{4\pi \cdot 2^3}{3} + \frac{4\pi \cdot 1^3}{3} = \frac{32\pi}{3} + \frac{4\pi}{3} \Rightarrow V = 12\pi \text{ cm}^3$$

O volume encontrado deve coincidir com o volume do recipiente esférico, isto é:

$$V = 12\pi = \frac{4\pi \cdot r^3}{3} \Rightarrow r^3 = 9 \Rightarrow r = \sqrt[3]{9} \text{ cm (aproximadamente 2,08 cm)}$$

EXERCÍCIOS

1. Se uma esfera tem 12 cm de diâmetro, qual é a área de sua superfície e o seu volume?

2. Calcule o volume de uma esfera, sabendo que a área de sua superfície é igual a 576π cm^2.

3. O raio de uma esfera mede 4 cm. Um plano que seciona essa esfera determina nela um círculo com raio de 1 cm. Determine a distância do plano ao centro da esfera.

4. Um plano intercepta uma esfera a uma distância do centro igual à medida do raio da seção que ele determina na esfera. Sabendo que o raio da esfera mede 4 cm, determine:

a) a área da seção;

b) a área do círculo máximo dessa esfera;

c) a área da superfície esférica.

5. Um suco é vendido em saquinhos plásticos esféricos, cada qual com diâmetro de 10,5 cm. Supondo que cada saquinho está totalmente cheio, quantos litros de suco são ingeridos ao se beber todo o conteúdo de dois desses saquinhos? Use a aproximação $\pi = 3{,}1$.

6. Um recipiente, na forma de paralelepípedo retângulo, está completamente cheio de terra. Suas dimensões são 4 m de comprimento, 2 m de largura e 1 m de altura. Deseja-se distribuir toda a terra do recipiente em vasos idênticos, cada um com a forma de um hemisfério, como mostra a figura. Qual é o número mínimo de vasos que serão necessários?

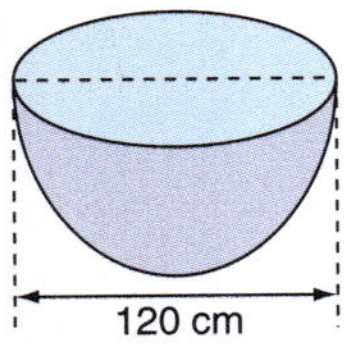

7. Duas esferas são concêntricas, e seus raios medem 4 cm e 2 cm, respectivamente. Um plano tangente à esfera menor intercepta a outra esfera, determinando uma seção S.

a) Qual é a área de S?

b) Qual é o comprimento da circunferência de S?

8. A área de uma superfície esférica é 144π cm^2. Em quantos centímetros deve-se aumentar a medida do raio para que a área da superfície passe a ser 256π cm^2?

9. Um plano intercepta uma esfera determinando uma seção de área 36π cm^2. Sabendo que a área da superfície dessa esfera é 400π cm^2, determine a distância do centro da esfera ao plano.

10. A figura mostra um reservatório industrial de aço usado para armazenamento de cereais, conhecido como silo. Ele é formado por um cilindro circular reto, com 8 m de altura e raio interno da base 2 m, encimado por uma semiesfera.

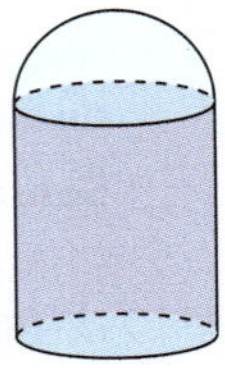

Usando a aproximação $\pi = 3{,}2$, responda:

a) Quantos metros quadrados de aço são gastos na confecção desse silo?

b) Quantos metros cúbicos de cereais o silo pode armazenar?

11. Duas esferas de ferro de raios 4 cm e $\sqrt[3]{61}$ cm fundem-se para formar uma esfera maior. Determine:

a) o raio da nova esfera;

b) a massa da nova esfera, sabendo que a densidade do ferro é 7,8 g/cm^3 e considerando a aproximação $\pi = 3$.

12. A casquinha de um sorvete tem a forma de um cone circular reto, com $\sqrt{241}$ cm de geratriz e 8 cm de diâmetro da base. Uma bola de sorvete foi servida, de modo que a parte que ficou visível corresponde a uma semiesfera, como mostra a figura.

CJT/Zapt

Determine quantos cm^3 do cone não contêm sorvete. Use a aproximação $\pi = 3$.

13. Uma esfera de raio r tem volume V e a área de sua superfície é A. Expresse, em função de V e de A, o volume e a área da superfície da esfera obtida em cada um dos seguintes casos:

a) r é dobrado;

b) r é reduzido à sua terça parte.

14. Uma doceira preparou, para uma festa, 250 brigadeiros com formato esférico, cada um com diâmetro de 4 cm. Horas antes da entrega, foi informada de que a festa havia sido cancelada. Decidiu, então, derreter os brigadeiros em uma panela cilíndrica, com diâmetro interno de 24 cm e altura de 15 cm, a fim de preparar outro doce. Será possível derreter todos os brigadeiros de uma só vez, sem transbordamento? Qual será, em caso negativo, a porcentagem do total de brigadeiros que *não* poderão ser derretidos?

Rita Barreto

PARTES DA ESFERA

Fuso esférico

Fuso esférico é a superfície gerada pela rotação de uma semicircunferência, a qual gira α graus ($0° < \alpha \leqslant 360°$) em torno do eixo que contém seu diâmetro.

Quando α é dobrado, a área do fuso é dobrada; triplicando α, também a área do fuso é triplicada; e assim sucessivamente. No caso de $\alpha = 360°$, o fuso transforma-se na superfície da esfera, cuja área é $A = 4\pi r^2$.

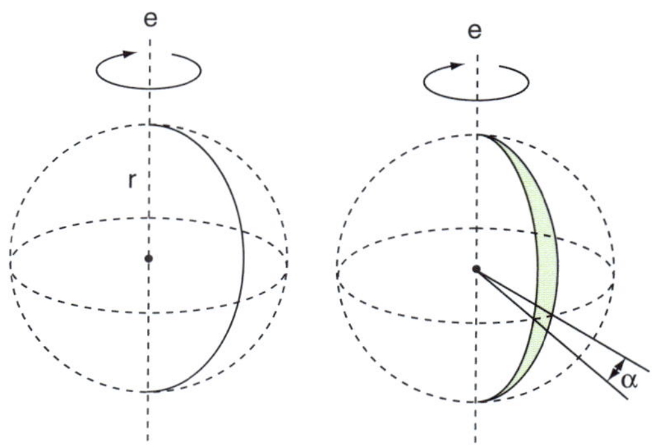

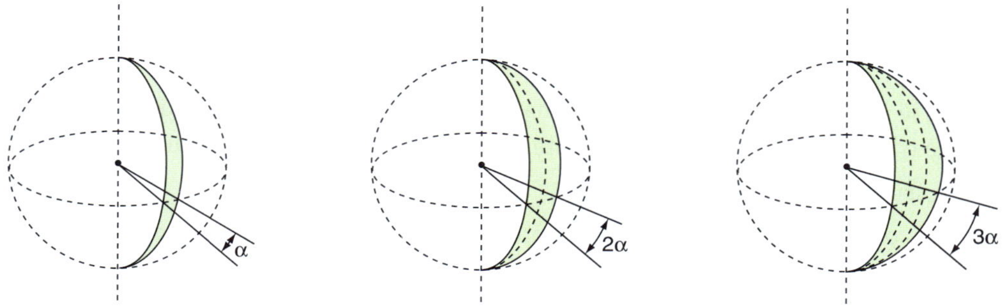

De modo geral, a área do fuso é proporcional a α e, portanto, pode ser calculada por uma regra de três simples.

Vejamos como ficam as expressões da área de um fuso em função da medida (α) do ângulo de giro, em graus e radianos:

Para α em graus

$$\left.\begin{aligned} 360° &— 4\pi r^2 \\ \alpha° &— A_{fuso} \end{aligned}\right\} \Rightarrow \boxed{A_{fuso} = \frac{\pi r^2 \alpha}{90}}$$

Para α em radianos

$$\left.\begin{aligned} 2\pi \text{ rad} &— 4\pi r^2 \\ \alpha \text{ rad} &— A_{fuso} \end{aligned}\right\} \Rightarrow \boxed{A_{fuso} = 2r^2\alpha}$$

Essas expressões não precisam ser memorizadas, pois sempre podem ser obtidas por meio de regra de três simples, como mostra o Exemplo 4, a seguir.

Exemplo 4

Vamos calcular a área do fuso esférico da figura a seguir.

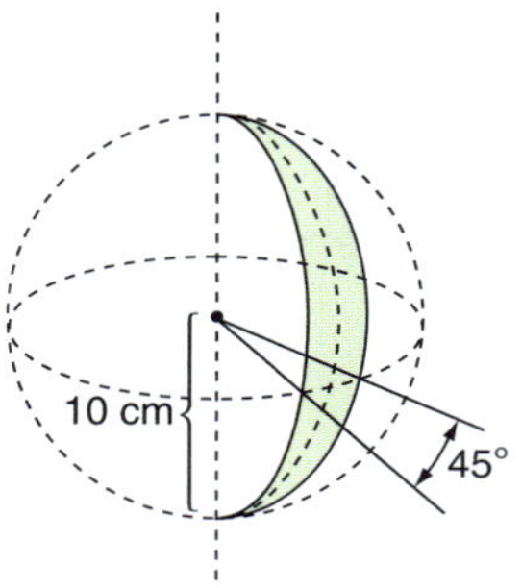

Para calcular a área do fuso esférico, podemos estabelecer a seguinte proporção:

ângulo — área

$$\left.\begin{aligned} 360° &— 4\pi \cdot 10^2 \\ 45° &— x \end{aligned}\right\} \Rightarrow \frac{360°}{45°} = \frac{400\pi}{x} \Rightarrow 8 = \frac{400\pi}{x} \Rightarrow x = 50\pi$$

A área desse fuso é 50π cm².

Cunha esférica

Dá-se o nome de **cunha esférica** ao sólido gerado pela rotação de um semicírculo que gira α graus ($0° < \alpha \leqslant 360°$) em torno de um eixo que contém seu diâmetro.

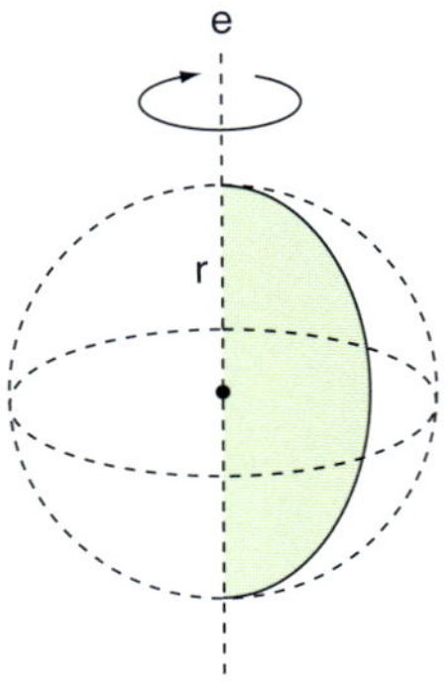

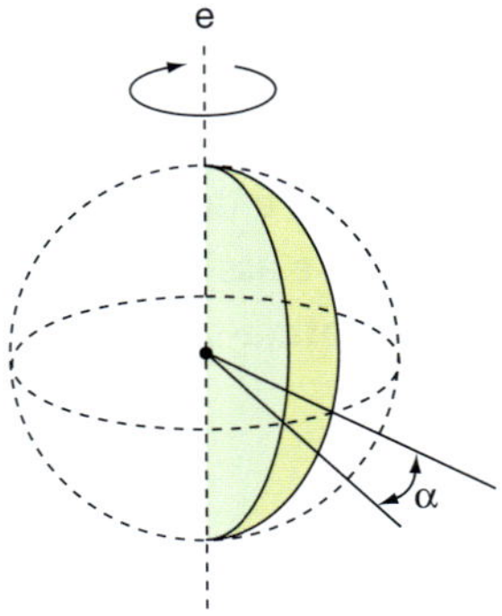

Notemos que, se α é dobrado, o volume da cunha esférica é dobrado; se α é triplicado, o volume da cunha esférica também é triplicado; e assim sucessivamente. No caso em que $\alpha = 360°$, a cunha esférica transforma-se em uma esfera, e seu volume é $V = \frac{4}{3}\pi r^3$.

De modo geral, o volume da cunha esférica é proporcional a α e, portanto, pode ser calculado por uma regra de três simples.

Observe as relações obtidas:

Para α em graus

$$\left.\begin{array}{l} 360° \text{ — } \frac{4}{3}\pi r^3 \\ \alpha° \text{ — } V_{cunha} \end{array}\right\} \Rightarrow V_{cunha} = \frac{\pi r^3 \alpha}{270}$$

Para α em radianos

$$\left.\begin{array}{l} 2\pi \text{ rad — } \frac{4}{3}\pi r^3 \\ \alpha \text{ rad — } V_{cunha} \end{array}\right\} \Rightarrow V_{cunha} = \frac{2r^3 \alpha}{3}$$

Assim como as fórmulas para o fuso esférico, as fórmulas para a cunha esférica não precisam ser memorizadas; basta estabelecer uma regra de três.

Observe que a superfície de uma cunha esférica contida em uma esfera de raio *r* é a reunião de um fuso esférico com dois semicírculos de raio *r*.

Assim, a área total da cunha esférica é igual à soma da área do fuso esférico com a área de um círculo de raio *r*.

Exemplo 5

Vamos calcular o volume e a área total da cunha esférica representada na figura.

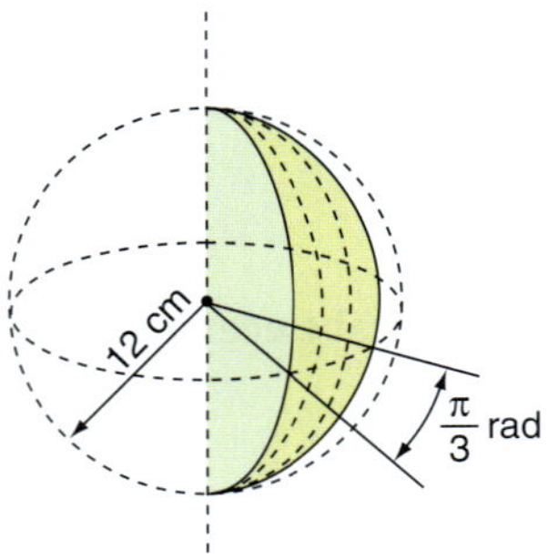

O volume da esfera é $\frac{4}{3}\pi \cdot 12^3 = 2\,304\pi \text{ cm}^3$.

Assim, o volume da cunha pode ser obtido pela proporção:

$$\left.\begin{array}{l} 2\,304\pi \text{ — } 2\pi \text{ rad} \\ V_{cunha} \text{ — } \frac{\pi}{3} \text{ rad} \end{array}\right\} \Rightarrow \frac{2\,304}{V_{cunha}} = \frac{2\pi}{\frac{\pi}{3}} \Rightarrow V_{cunha} = 384\pi \text{ cm}^3$$

A área da superfície esférica é $4\pi \cdot 12^2 = 576\pi \text{ cm}^2$

Observe que $\frac{\pi}{3}$ corresponde à sexta parte de 2π; então, a área do fuso esférico é $\frac{576\pi}{6} = 96\pi \text{ cm}^2$.

Assim, a área da cunha esférica é:

$$96\pi + \underbrace{\pi \cdot 12^2}_{\text{reunião de dois semicírculos}} = 96\pi + 144\pi = 240\pi \text{ cm}^2$$

EXERCÍCIOS

15. Calcule, com os dados abaixo:

a) a área do fuso

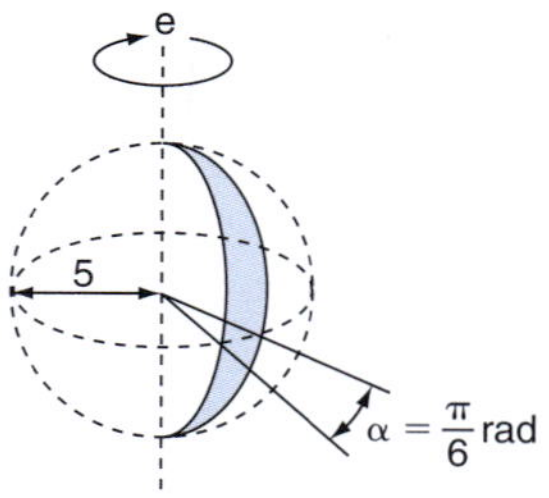

b) a área total e o volume da cunha

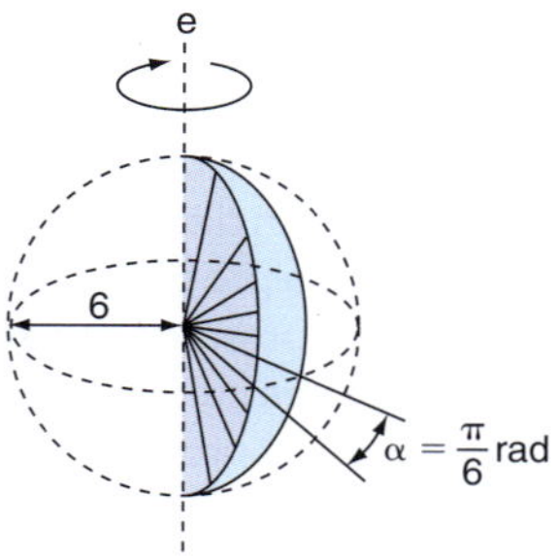

16. Determine a área de um fuso de 45° em uma esfera de 10 cm de raio.

17. Determine, em graus, a medida do ângulo do fuso de uma esfera, sabendo que a área do fuso é 54π cm² e a da superfície esférica é 324π cm².

18. Uma cunha esférica de 10° tem volume 1 078 m³. Qual é a sua área total? Use a aproximação $\pi = \frac{22}{7}$.

19. (Vunesp-SP) Uma quitanda vende fatias de melancia embaladas em plástico transparente.

Thinkstock/Getty Images

Uma melancia com forma esférica de raio de medida R cm foi cortada em 12 fatias iguais, e cada fatia tem a forma de uma cunha esférica, como representado na figura abaixo.

Sabendo que a área de uma superfície esférica de raio R cm é $4\pi R^2$ cm², determine, em função de π e de R:

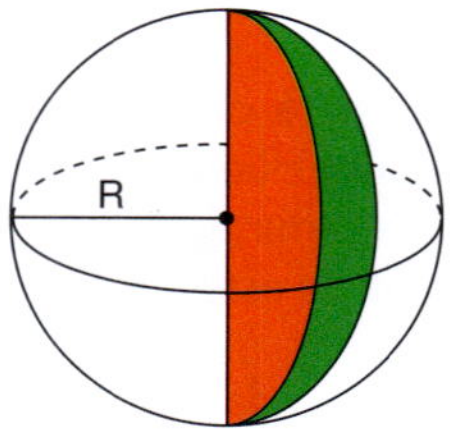

a) a área da casca de cada fatia da melancia (fuso esférico);

b) quantos centímetros quadrados de plástico foram necessários para embalar cada fatia (sem nenhuma perda e sem sobrepor camadas de plástico), ou seja, a área da superfície total de cada fatia.

DESAFIO

(Obmep) Fazendo oito cortes em um cubo, perto de seus vértices, obtemos um sólido com 14 faces, que numeramos de 1 a 14. Na figura observamos esse sólido sob dois pontos de vista diferentes. Qual é o número da face oposta à face de número 13?

Setup

a) 5
b) 6
c) 7
d) 11
e) 12

EXERCÍCIOS COMPLEMENTARES

1. Considere uma esfera de raio *r*. Triplicando a medida do raio, em que percentual o seu volume aumenta?

2. (UF-ES) Com 56,52 g de ouro, faz-se uma esfera oca que flutua na água com metade de seu volume submerso. Determine a medida do raio da esfera, em centímetros.

Considere $\pi = 3,14$.

a) 2 cm
b) 3 cm
c) 4 cm
d) 9 cm
e) 27 cm

3. Considerando a Terra esférica, com raio medindo aproximadamente $6,4 \cdot 10^3$ km, determine, usando a aproximação $\pi = 3$:

a) o comprimento da linha do Equador;

b) o volume da Terra;

c) a área de um fuso horário.

4. (UE-CE) Uma esfera, com raio medindo 5 cm, está circunscrita a um cilindro circular reto cuja altura mede 8 cm. Determine, aproximadamente, a razão entre o volume da esfera e o volume do cilindro.

5. (Vunesp-SP) O raio da base de um cone é igual ao raio de uma esfera de 256π cm^2 de área. A geratriz do cone é $\frac{5}{4}$ do raio. Determine a razão entre o volume do cone e o volume da esfera.

6. (UF-PE) Uma esfera decorativa de vidro, com raio medindo 5 cm, deve ser embalada em uma caixa de papelão na forma de um cilindro reto, de modo que a esfera tangencie as bases do cilindro e intercepte sua superfície lateral em uma circunferência, conforme a ilustração a seguir.

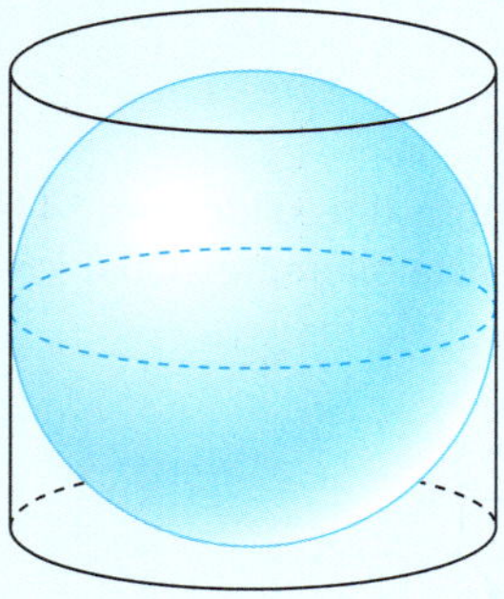

Qual é a medida da área total da superfície da caixa? Use a aproximação $\pi = 3,14$.

7. (UF-PR) Uma jarra de vidro em forma cilíndrica tem 15 cm de altura e 8 cm de diâmetro.
A jarra está com água até quase a borda, faltando 1 cm de sua altura para ficar totalmente cheia.

a) Se uma bolinha de gude de 2 cm de diâmetro for colocada dentro dessa jarra, ela deslocará que volume de água?

b) Quantas bolinhas de gude de 2 cm de diâmetro serão necessárias para fazer com que a água se desloque até a borda superior da jarra?

8. (UF-CE) Seja C um cubo com medida de aresta igual a 100 (uc).

a) Calcule o volume da esfera S inscrita no cubo C.

b) Seciona-se C em mil cubos congruentes, C_1, C_2, ..., C_{1000}, e inscreve-se uma esfera S_k em cada cubo C_k, $k = 1, ..., 1000$. Calcule a soma dos volumes das esferas S_k, $k = 1, ..., 1000$.

9. (UF-GO) Pesquisadores da Universidade Federal do Rio de Janeiro vêm desenvolvendo uma técnica para multiplicar a produção de células-tronco, por meio de um biorreator, um enorme tubo de ensaio contendo uma cultura na qual um material biológico qualquer é produzido em larga escala (*Folha de S.Paulo*, 10 nov. 2008, p. A12. Adaptado). A grande descoberta da pesquisa é a adição de polímeros de açúcar à cultura, pois as células-tronco aderem à superfície desses polímeros, ampliando as possibilidades de produção. Segundo a reportagem, cada polímero de açúcar é uma microesfera com 0,2 milímetros de diâmetro. Nesse biorreator, as superfícies de todas as microesferas têm uma área total de, aproximadamente, 4 396 m^2.

Com base nesses dados, qual é a quantidade de polímeros de açúcar (microesferas) presentes no biorreator?

Use $\pi = 3,14$.

10. (UE-RJ) A figura abaixo representa uma caixa, com a forma de um prisma triangular regular, contendo uma bola perfeitamente esférica que tangencia internamente as cinco faces do prisma.

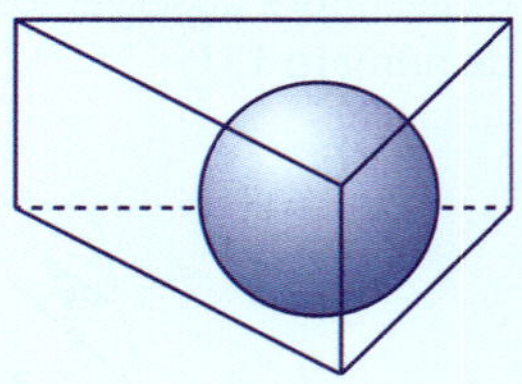

Admitindo $\pi = 3$, determine o valor aproximado da porcentagem ocupada pelo volume da bola em relação ao volume da caixa.

11. (FGV-RJ) Em uma lata cilíndrica fechada de volume 5 175 cm^3, cabem exatamente três bolas de tênis.

a) Calcule o volume da lata não ocupado pelas bolas.

b) Qual é a razão entre o volume das três bolas e o volume da lata?

12. (Vunesp-SP) Um cubo inscrito em uma esfera de raio R tem o seu lado dado por $L = \frac{2R}{\sqrt{3}}$.

Considere $R = 2$ cm e calcule o volume da região interior à esfera e que é exterior ao cubo.

13. Na figura abaixo tem-se o esquema de uma boia sinalizadora feita de borracha. Ela é constituída de um hemisfério acoplado a um tronco de cone reto. Sabendo que $d = 20$ cm, $g = 30$ cm e a área da superfície do hemisfério é $1\,568\pi$ cm^2, determine a medida do diâmetro D, a medida da altura *h* do tronco e quantos litros de ar são necessários para encher essa boia. Use a aproximação $\pi = 3$.

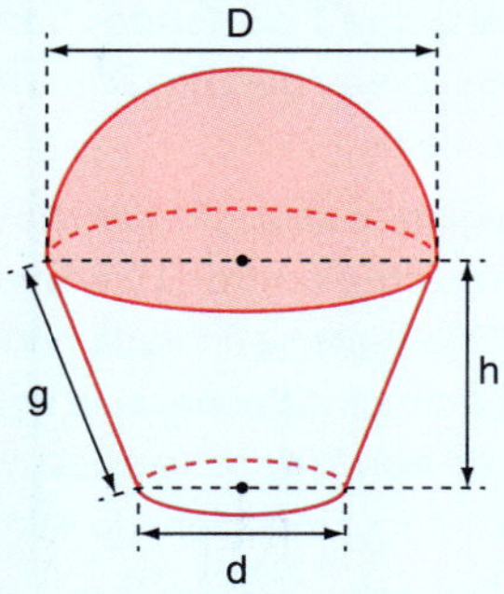

14. Qual é o volume do sólido obtido quando a superfície colorida faz uma rotação de 360° em torno do eixo *y*?

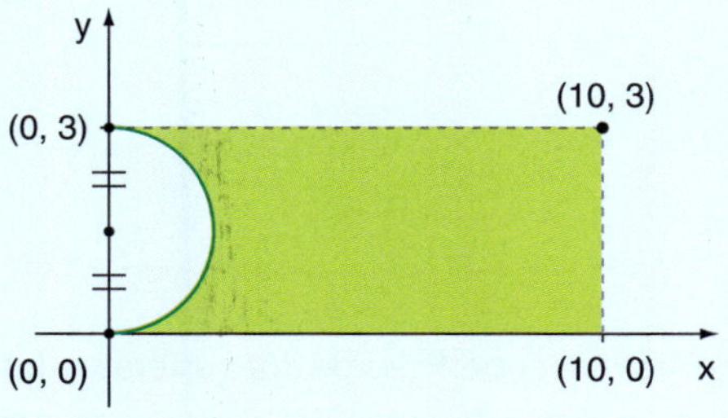

15. (UF-GO) A figura a seguir representa um troféu que o campeão de um torneio de futebol receberá.

Este troféu é formado de três partes. A parte inferior é um paralelepípedo retângulo, cuja base é um retângulo de lados 20 cm e 30 cm e altura de 18 cm. A parte intermediária é um prisma reto, de altura 40 cm, cuja base é um losango determinado pelos pontos médios dos lado do retângulo da face superior do paralelepípedo. Finalmente, a parte superior é uma esfera colocada sobre a face superior do prisma, cujo diâmetro é igual à metade da medida da menor diagonal da face superior do prisma.

Considerando o exposto, calcule o volume desse troféu.

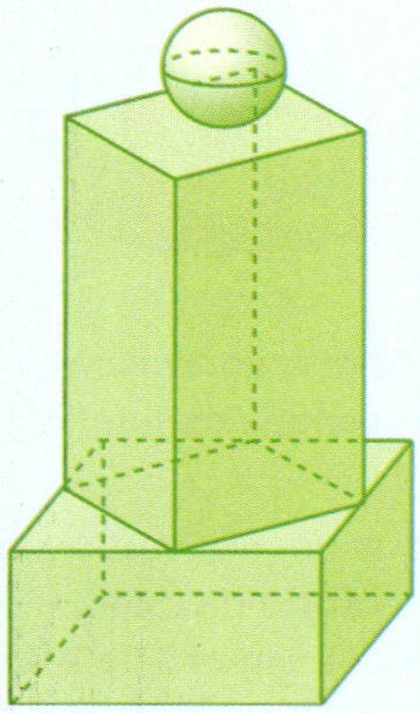

16. (Unicamp-SP) Uma peça esférica de madeira maciça foi escavada, adquirindo o formato de anel, como mostra a figura abaixo. Observe que, na escavação, retirou-se um cilindro de madeira com duas tampas em formato de calota esférica. Sabe-se que uma calota esférica tem volume $v_{cal} = \frac{\pi h^2}{3}(3R - h)$, em que *h* é a altura da calota e R é o raio da esfera. Além disso, a área da superfície da calota esférica (excluindo a porção plana da base) é dada por $A_{cal} = 2\pi Rh$.

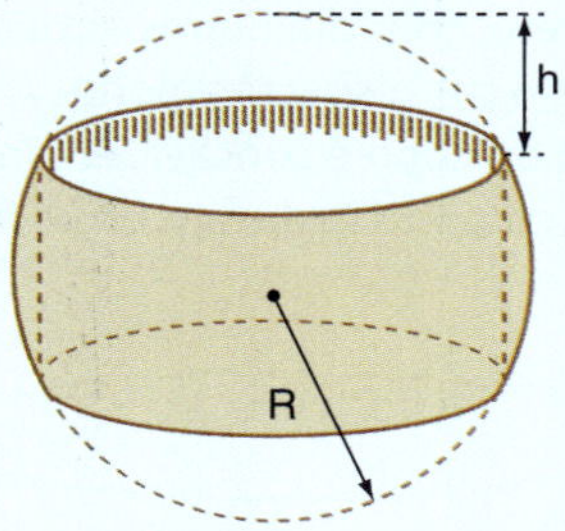

Atenção: não use um valor aproximado para π.

a) Supondo que $h = \frac{R}{2}$, determine o volume do anel de madeira, em função de R.

b) Depois de escavada, a peça de madeira receberá uma camada de verniz, tanto na parte externa, como na interna. Supondo, novamente, que $h = \frac{R}{2}$, determine a área sobre a qual o verniz será aplicado.

17. (UF-RJ) Um cone circular reto de altura H circunscreve duas esferas tangentes, como mostra a figura a seguir. A esfera maior tem raio de 10 cm e seu volume é oito vezes o volume da menor. Determine H.

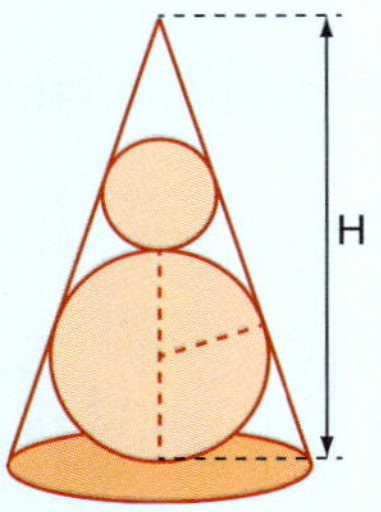

18. (UF-BA) Considere uma pirâmide triangular regular de altura *h*, contida no interior de uma esfera de raio *r*.

Sabendo que um dos vértices da pirâmide coincide com o centro da esfera e os outros vértices são pontos da superfície esférica, determine, em função de *h* e *r*, a expressão do volume da pirâmide.

19. (Fuvest-SP) A esfera E, de centro O e raio $r > 0$, é tangente ao plano α. O plano β é paralelo a α e contém O. Considere a pirâmide que tem como base um hexágono regular inscrito na intersecção de E com β e, como vértice, um ponto em α. Determine o volume dessa pirâmide.

20. (UF-GO) Uma fábrica de embalagens resolveu produzir um copo no formato de tronco de cone circular reto, com diâmetros superior e inferior de 6 cm e 4 cm, respectivamente. A parte central do fundo do copo é côncava, em formato de semiesfera, com 1,5 cm de raio, como indica a figura a seguir.

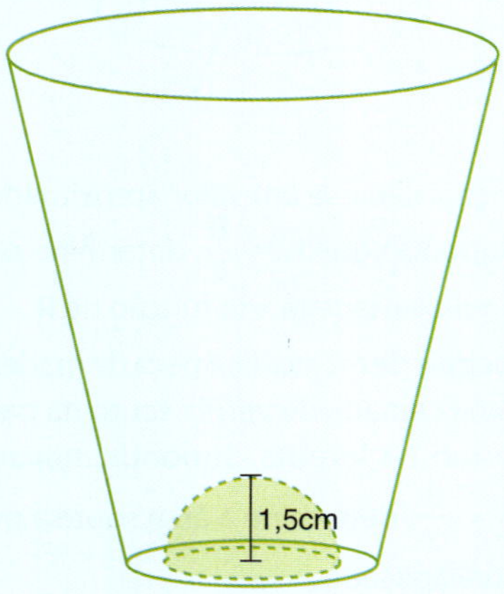

Considerando-se o exposto, desenvolva a expressão que fornece o volume do tronco de cone em função da altura e dos raios das bases e calcule a altura aproximada desse copo para que ele tenha capacidade de 157 mℓ.

21. (ITA-SP) Considere uma esfera Ω com centro em C e raio r = 6 cm e um plano Σ que dista 2 cm de C. Determine a área da intersecção do plano Σ com uma cunha esférica de 30° em Ω que tenha aresta ortogonal a Σ.

22. (UF-ES) Um pote de creme cosmético tem forma geométrica limitada pelas quatro superfícies seguintes (veja esboço do pote):

- dois círculos horizontais, distantes 2 cm entre si: um inferior e outro superior, sendo o superior de raio 1 cm;
- a superfície lateral de um tronco de cone circular reto, de altura 1 cm, tendo como base menor o círculo superior descrito acima e base maior um círculo de raio 2 cm;
- uma região de uma esfera de raio 2 cm cujo centro coincide com o centro da base maior do tronco de cone. Essa região é limitada por um equador da esfera, que coincide com a circunferência da base maior do tronco de cone, e pela circunferência do círculo inferior mencionado acima.

Calcule o volume desse pote.

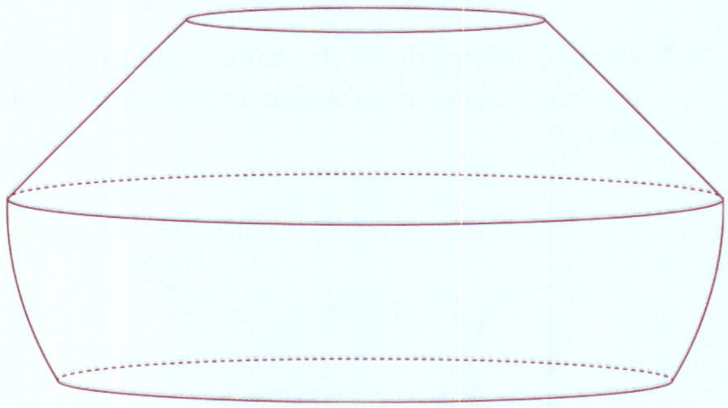

23. (ITA-SP) As superfícies de duas esferas se interceptam ortogonalmente (isto é, em cada ponto de intersecção os respectivos planos tangentes são perpendiculares). Sabendo que os raios destas esferas medem 2 cm e $\frac{3}{2}$ cm, respectivamente, calcule:

a) A distância entre os centros das duas esferas.

b) A área da superfície do sólido obtido pela intersecção das duas esferas.

TESTES

1. (FEI-SP) Uma esfera de raio 10 cm é seccionada por um plano distante 7 cm de seu centro. O raio *r* da secção é tal que:

a) $r = \sqrt{149}$ cm

b) $r = \sqrt{24}$ cm

c) $r = \sqrt{51}$ cm

d) $r = \sqrt{61}$ cm

e) $r = \sqrt{7}$ cm

2. (U.E.Londrina-PR) Uma família viaja para Belém (PA) em seu automóvel. Em um dado instante, o GPS do veículo indica que ele se localiza nas seguintes coordenadas: latitude 21° 20′ Sul e longitude 48° 30′ Oeste. O motorista solicita a um dos passageiros que acesse a internet em seu celular e obtenha o raio médio da Terra, que é de 6 730 km, e as coordenadas geográficas de Belém, que são latitude 1° 20′ Sul e longitude 48° 30′ Oeste. A partir desses dados, supondo que a superfície da Terra é esférica, o motorista calcula a distância D, do veículo a Belém, sobre o meridiano 48° 30′ Oeste.

Assinale a alternativa que apresenta, corretamente, o valor da distância D, em km.

a) $\frac{\pi}{9} 6\,730$

b) $\frac{\pi}{18}(6\,730)^2$

c) $\frac{\pi}{9}\sqrt{6\,730}$

d) $\frac{\pi}{36} 6\,730$

e) $\left(\frac{\pi}{3}\right)^2 6\,730$

3. (PUC-SP) Pela Lei da Gravitação Universal de Newton, $F = \frac{G \cdot M \cdot m}{R^2}$, em que G é a constante gravitacional – pode-se calcular a força de atração gravitacional existente entre dois corpos de massas M e *m*, distantes entre si de uma medida R. Assim sendo, considere a Terra e a Lua como esferas cujos raios medem 6 400 km e 1 920 km, respectivamente, e que, se M é a massa da Terra, então a massa da Lua é igual a 0,015 M. Nessas condições, se dois corpos de mesma massa forem colocados, um na superfície da Terra e outro na superfície da Lua, a razão entre a atração gravitacional na Lua e na Terra, nesta ordem, é:

a) $\frac{1}{12}$

b) $\frac{1}{6}$

c) $\frac{1}{4}$

d) $\frac{1}{3}$

e) $\frac{1}{2}$

4. (PUC-RS) Em Bruxelas, Tales conheceu o monumento Atomium, feito em aço revestido de alumínio, com a forma de uma molécula cristalizada de ferro, ampliada 165 bilhões de vezes. Essa escultura é formada por esferas de 18 metros de diâmetro, unidas por 20 tubos, com comprimentos de 18 a 23 metros.

A quantidade de esferas que compõem a escultura é igual ao valor de um dos zeros da função $f(x) = x^3 - 6x^2 - 27x$.

Então, o número de esferas da escultura é:

a) 18

b) 9

c) 6

d) 3

e) 2

5. (UF-RN) Um artesão produz peças ornamentais com um material que pode ser derretido quando elevado a certa temperatura. Uma dessas peças contém uma esfera sólida e o artesão observa que as peças com esferas maiores são mais procuradas e resolve desmanchar as esferas menores para construir esferas maiores, com o mesmo material. Para cada 8 esferas de 10 cm de raio desmanchada, ele constrói uma nova esfera.

O raio das novas esferas construídas mede:

a) 80,0 cm

b) 14,2 cm

c) 28,4 cm

d) 20,0 cm

6. (FGV-SP) As alturas de um cone circular reto de volume P e de um cilindro reto de volume Q são iguais ao diâmetro de uma esfera de volume R. Se os raios das bases do cone e do cilindro são iguais ao raio da esfera, então, $P - Q + R$ é igual a:

a) 0

b) $\frac{2\pi}{3}$

c) π

d) $\frac{4\pi}{3}$

e) 2π

7. (UF-AM) Se triplicarmos o raio de uma esfera, seu volume:

a) aumenta 3 vezes

b) aumenta 6 vezes

c) aumenta 9 vezes

d) aumenta 12 vezes

e) aumenta 27 vezes

8. (UF-PR) Para testar a eficiência de um tratamento contra o câncer, foi selecionado um paciente que possuía um tumor de formato esférico, com raio de 3 cm. Após o início do tratamento, constatou-se,

através de tomografias, que o raio desse tumor diminuiu a uma taxa de 2 mm por mês. Caso essa taxa de redução se mantenha, qual dos valores abaixo se aproxima mais do percentual do volume do tumor original que restará após 5 meses de tratamento?

a) 29,6% c) 30,4% e) 31,4%
b) 30,0% d) 30,8%

9. (UF-GO) Uma confeiteira produziu 30 trufas de formato esférico com 4 cm de diâmetro cada. Para finalizar, cada unidade será coberta com uma camada uniforme de chocolate derretido, passando a ter um volume de 16π cm³. Considerando-se que, com 100 g de chocolate, obtém-se 80 mL de chocolate derretido, que quantidade de chocolate, em gramas, será necessária para cobrir as 30 trufas? Dado: $\pi = 3,14$.

a) 608 c) 628 e) 648
b) 618 d) 638

10. (UFF-RJ) Para ser aprovada pela FIFA, uma bola de futebol deve passar por vários testes. Um deles visa garantir a esfericidade da bola: o seu "diâmetro" é medido em dezesseis pontos diferentes e, então, a média aritmética desses valores é calculada. Para passar nesse teste, a variação de cada uma das dezesseis medidas do "diâmetro" da bola com relação à média deve ser no máximo 1,5%. Nesse teste, as variações medidas na Jabulani, bola oficial da Copa do Mundo de 2010, não ultrapassaram 1%.

Patrick Abell/Alamy/Glow images

Se o diâmetro de uma bola tem aumento de 1%, então o seu volume aumenta x%. Dessa forma, é correto afirmar que:

a) $x \in [5,6)$
b) $x \in [2,3)$
c) $x = 1$
d) $x \in [3,4)$
e) $x \in [4,5)$

11. (UPE-PE) Um cone circular reto possui o mesmo volume de uma esfera com raio igual à medida do raio da base deste cone. Sabendo-se que a soma do raio da base do cone com sua altura é igual a 5 metros, qual o volume deste cone em m³?

a) $\frac{\pi}{2}$ c) $\frac{\pi}{3}$ e) $\frac{4\pi}{3}$
b) $\frac{5\pi}{3}$ d) $\frac{2\pi}{3}$

12. (Enem-MEC) Em um casamento, os donos da festa serviam champanhe aos seus convidados em taças com formato de um hemisfério (Figura 1), porém um acidente na cozinha culminou na quebra de grande parte desses recipientes. Para substituir as taças quebradas, utilizou-se um outro tipo com formato de cone (Figura 2). No entanto, os noivos solicitaram que o volume de champanhe nos dois tipos de taças fosse igual.

Figura 1 Figura 2

Considere:

$V_{esfera} = \frac{4}{3}\pi R^3$ e $V_{cone} = \frac{1}{3}\pi R^2 h$

Sabendo que a taça com formato de hemisfério é servida completamente cheia, a altura do volume de champanhe que deve ser colocado na outra taça, em centímetros, é de:

a) 1,33
b) 6,00
c) 12,00
d) 56,52
e) 113,04

13. (Fuvest-SP) Um fabricante de cristais produz três tipos de taça para servir vinho. Uma delas tem o bojo no formato de uma semiesfera de raio *r*; a outra, no formato de um cone reto de base circular de raio 2r e altura *h*; e a última, no formato de um cilindro reto de base circular de raio *x* e altura *h*. Sabendo-se que as taças dos três tipos, quando completamente cheias, comportam a mesma quantidade de vinho, é correto afirmar que a razão $\frac{x}{h}$ é igual a:

a) $\frac{\sqrt{3}}{6}$
b) $\frac{\sqrt{3}}{3}$
c) $\frac{2\sqrt{3}}{3}$
d) $\sqrt{3}$
e) $\frac{4\sqrt{3}}{3}$

14. (UF-MS) Uma esfera e um tronco de cone de altura H têm o mesmo volume. O diâmetro da esfera é igual ao diâmetro da base circular maior do tronco de cone e igual ao dobro do diâmetro da base circular menor do tronco de cone, como nas figuras a seguir:

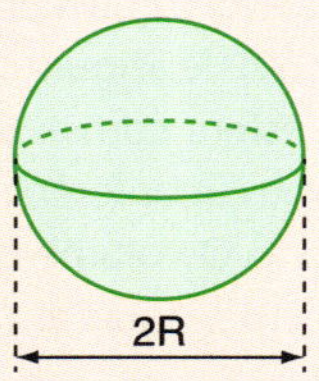

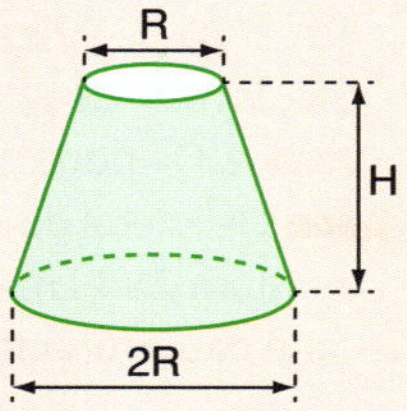

Então a relação entre H e R é:

a) $H = \frac{16}{7}R$

b) $H = \frac{10}{7}R$

c) $H = \frac{7}{16}R$

d) $H = \frac{16}{10}R$

e) $H = \frac{7}{10}R$

15. (UE-CE) No terremoto seguido de *tsunami* que atingiu o Japão em 11 de março de 2011, reatores nucleares em Fukushima foram atingidos e tiveram problemas de aquecimento e posterior explosão. São reatores a vapor (BWR), nos quais a água que entra no vaso de pressão do reator é aquecida pelo combustível nuclear e produz vapor. Esse vaso de pressão tem o formato de um cilindro circular reto de altura H e diâmetro 2R, fechado superior e inferiormente por duas semiesferas, conforme ilustra a figura abaixo.

A fórmula que fornece o volume do interior do vaso de pressão é:

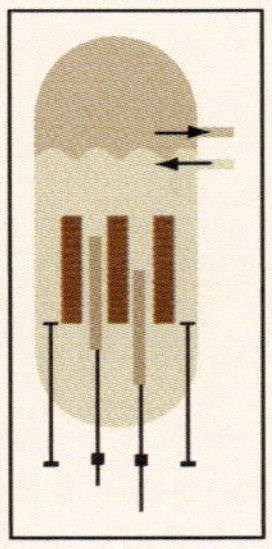

a) $\pi R^2\left(H + \frac{4}{3}R\right)$

b) $\pi R^2\left(H + \frac{2}{3}R\right)$

c) $\pi R^2(H + R)$

d) $\pi R^2(H + R^2)$

e) $\pi R^2\left(H + \frac{1}{3}R\right)$

16. (UF-RS) Um reservatório tem forma de um cilindro circular reto com duas semiesferas acopladas em suas extremidades, conforme representado na figura abaixo.

O diâmetro da base e a altura do cilindro medem, cada um, 4 dm, e o volume de uma esfera de raio *r* é $\frac{4}{3}\pi r^3$.

Dentre as opções abaixo, o valor mais próximo da capacidade do reservatório, em litros, é:

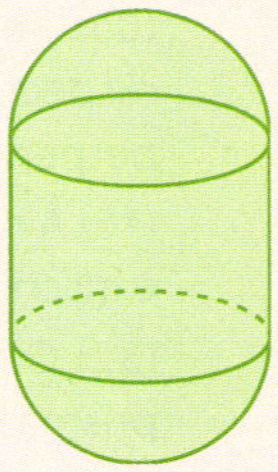

a) 50

b) 60

c) 70

d) 80

e) 90

17. (Vunesp-SP) Um troféu para um campeonato de futebol tem a forma de uma esfera de raio R = 10 cm cortada por um plano situado a uma distância de $5\sqrt{3}$ cm do centro da esfera, determinando uma circunferência de raio *r* cm, e sobreposta a um cilindro circular reto de 20 cm de altura e raio *r* cm, como na figura (não em escala).

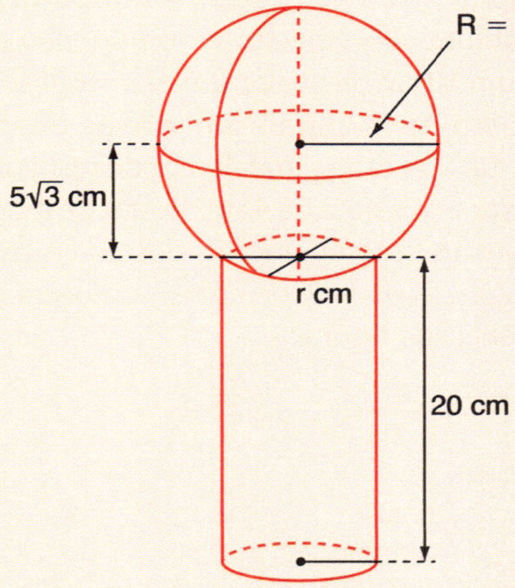

O volume do cilindro, em cm³, é:

a) 100π

b) 200π

c) 250π

d) 500π

e) 750π

18. (UF-PE) O sólido ilustrado abaixo é limitado por um hemisfério e um cone. Sejam *r* o raio do hemisfério (que é igual ao raio da base do cone) e *h* a altura do cone. Acerca dessa configuração, analise a veracidade das afirmações seguintes:

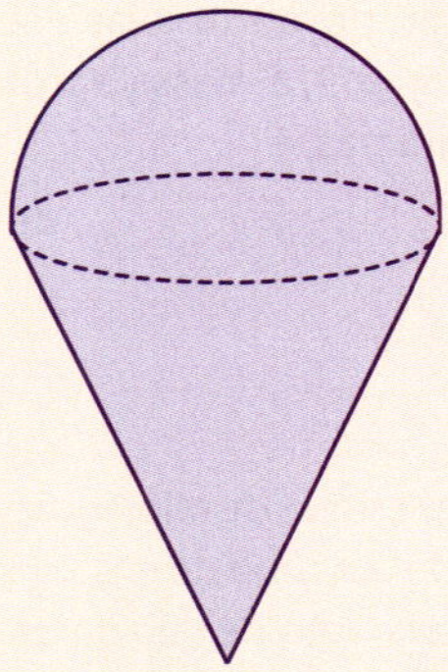

(0-0) se h = 2r, o volume do hemisfério e o do cone serão iguais.

(1-1) se h = 2r, a área lateral do cone será igual à área do hemisfério (sem incluir o círculo da base).

(2-2) mantendo o valor de *h* e duplicando o valor de *r*, o volume total duplicará.

(3-3) duplicando os valores de *h* e *r*, a área total do sólido ficará multiplicada por quatro.

(4-4) para r = 3 e h = 4, a área total do sólido é 33π.

19. (UF-AM) A relação entre as medidas do raio (r) da base do cilindro equilátero e o raio (R) de uma esfera circunscrita ao cilindro é dada por:

a) $R = r$
b) $R = \sqrt{2}$
c) $R = 2r\sqrt{2}$
d) $R = r\sqrt{3}$
e) $R = 2r\sqrt{3}$

20. (Vunesp-SP) Para confeccionar um porta-joias a partir de um cubo maciço e homogêneo de madeira com 10 cm de aresta, um marceneiro dividiu o cubo ao meio, paralelamente às duas faces horizontais. De cada paralelepípedo resultante extraiu uma semiesfera de 4 cm de raio, de modo que seus centros ficassem localizados no cruzamento das diagonais da face de corte, conforme mostra a sequência de figuras.

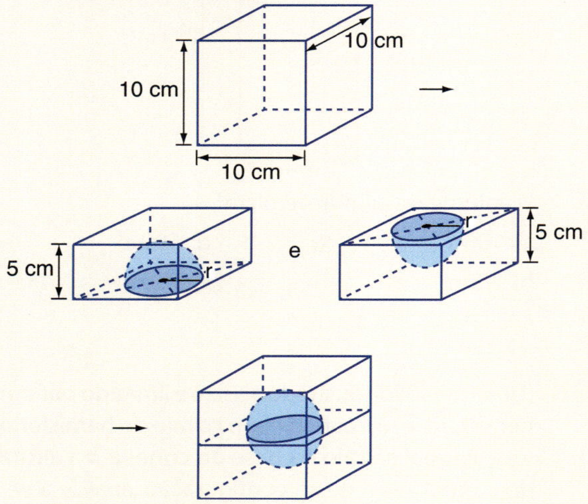

Sabendo que a densidade da madeira utilizada na confecção do porta-joias era de 0,85 g/cm³ e admitindo $\pi \cong 3$, a massa aproximada do porta--joias, em gramas, é

a) 636.
b) 634.
c) 630.
d) 632.
e) 638.

21. (UF-CE) Duas esferas de raios iguais a *r* são colocadas no interior de um tubo de ensaio sob a forma de um cilindro circular reto de raio da base *r* e altura 4r. No espaço vazio compreendido entre as esferas, a superfície lateral e as bases, superior e inferior, do tubo de ensaio, coloca-se um líquido. Então, o volume desse líquido é:

a) $\frac{2}{3}\pi r^3$
b) $\frac{3}{4}\pi r^3$
c) $\frac{4}{3}\pi r^3$
d) $2\pi r^3$

22. (ITA-SP) Uma esfera é colocada no interior de um cone circular reto de 8 cm de altura e de 60° de ângulo de vértice. Os pontos de contato da esfera com a superfície lateral do cone definem uma circunferência e distam $2\sqrt{3}$ cm do vértice do cone. O volume do cone não ocupado pela esfera, em cm³, é igual a:

a) $\frac{416}{9}\pi$
b) $\frac{480}{9}\pi$
c) $\frac{500}{9}\pi$
d) $\frac{512}{9}\pi$
e) $\frac{542}{9}\pi$

23. (Fuvest-SP) A esfera ε, de centro O e raio $r > 0$, é tangente ao plano α. O plano β é paralelo a α e contém O. Nessas condições, o volume da pirâmide que tem como base um hexágono regular inscrito na intersecção de ε com β e, como vértice, um ponto em α, é igual a:

a) $\frac{\sqrt{3}r^3}{4}$
b) $\frac{5\sqrt{3}r^3}{16}$
c) $\frac{3\sqrt{3}r^3}{8}$
d) $\frac{7\sqrt{3}r^3}{16}$
e) $\frac{\sqrt{3}r^3}{2}$

24. (UF-BA) Com base nos conhecimentos sobre geometria plana e espacial, é correto afirmar:

(01) Se dois triângulos são semelhantes e possuem a mesma área, então eles são congruentes.

(02) Em um triângulo retângulo, se um dos ângulos agudos mede o dobro do outro ângulo agudo, então um dos catetos mede o dobro do outro cateto.

(04) Se, em um plano, dois retângulos têm a mesma área, então é possível transformar um deles no outro, através da composição de uma rotação com uma translação.

(08) Sendo *r* e *s* retas concorrentes contidas, respectivamente, nos planos α e β, se α e β são perpendiculares, então *r* e *s* também o são.

(16) A razão entre os raios das esferas circunscrita e inscrita num mesmo cubo é igual a $\sqrt{3}$.

(32) O segmento que une dois vértices de um prisma qualquer é uma aresta ou é uma diagonal de uma das faces.

19 ANÁLISE COMBINATÓRIA

INTRODUÇÃO

Considere os seguintes problemas:

- De quantos modos distintos oito pessoas podem se sentar lado a lado em um cinema?
- Quantas placas de automóveis podem ser formadas sem repetição de letras e de algarismos?
- De quantos modos distintos pode ocorrer o resultado de um sorteio da Mega-Sena?
- De quantas maneiras diferentes podem-se definir as chaves de seleções da primeira fase de uma Copa do Mundo de futebol?

Todas as questões levantadas são problemas de contagem.

A Análise Combinatória é a parte da Matemática que desenvolve técnicas e métodos de contagem que nos permitem resolver estas e outras questões.

PRINCÍPIO FUNDAMENTAL DA CONTAGEM (PFC)

Exemplo **1**

Um quiosque de praia na Bahia lançou a seguinte promoção durante uma temporada de verão:

Combinado de sanduíche natural e suco a R$ 8,00

Dorival Moreira/Pulsar Imagens

Praia Jardim de Alah, em Salvador, Bahia, em 2005.

Para esse combinado, há quatro opções de sanduíche (frango, atum, vegetariano e queijo branco) e três opções de suco (laranja, uva e morango).

De quantas formas distintas uma pessoa pode escolher o seu combinado?

- Em primeiro lugar, a pessoa poderá optar pelo sabor do lanche. Há quatro opções: frango (F), atum (A), vegetariano (V) e queijo branco (Q).
- Para cada uma das possibilidades anteriores, a escolha do suco pode ser feita de três maneiras possíveis: laranja (L), uva (U) ou morango (M).

A representação dessas possibilidades pode ser feita por meio de um diagrama sequencial, conhecido como **diagrama da árvore**. Observe:

1ª etapa (escolha do sanduíche)	2ª etapa (escolha do suco)		combinado
frango	laranja	→	(F, L)
	uva	→	(F, U)
	morango	→	(F, M)
atum	laranja	→	(A, L)
	uva	→	(A, U)
	morango	→	(A, M)
vegetariano	laranja	→	(V, L)
	uva	→	(V, U)
	morango	→	(V, M)
queijo branco	laranja	→	(Q, L)
	uva	→	(Q, U)
	morango	→	(Q, M)

Observe que cada combinado consta de um **par ordenado** (x, y), em que $x \in \{F, A, V, Q\}$ e $y \in \{L, U, M\}$.

O número de possibilidades é $4 \cdot 3 = 12$.

Exemplo 2

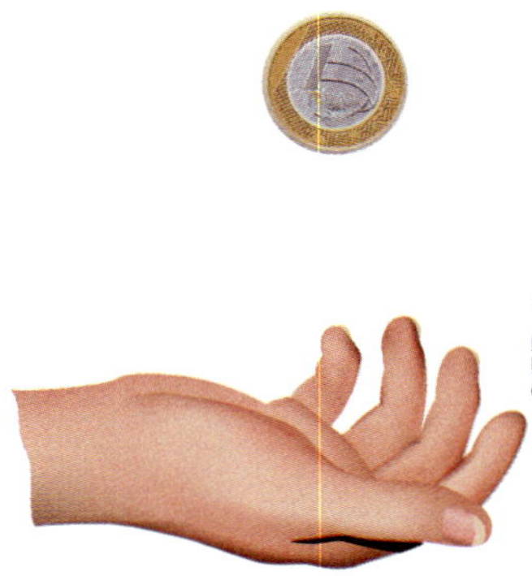

CJT/Zapt

Uma moeda é lançada três vezes sucessivamente. Quais são as sequências possíveis de faces obtidas nesses lançamentos?

Vamos representar cara por K e coroa por C.

Há três etapas (lançamentos) a serem analisadas:

- O primeiro lançamento pode resultar em cara ou coroa.
- Para cada resultado obtido na primeira vez que a moeda for lançada, o segundo lançamento poderá resultar em cara ou coroa.
- A partir de cada um dos resultados anteriores, o terceiro lançamento pode resultar em cara ou coroa.

Vamos representar essas possibilidades no seguinte diagrama:

1º lançamento	2º lançamento	3º lançamento		sequência
K	K	K	→	(K, K, K)
		C	→	(K, K, C)
	C	K	→	(K, C, K)
		C	→	(K, C, C)
C	K	K	→	(C, K, K)
		C	→	(C, K, C)
	C	K	→	(C, C, K)
		C	→	(C, C, C)

Cada sequência obtida é uma **tripla ordenada** (ou terna) de faces (f_1, f_2, f_3), em que $f_1 \in \{K, C\}$, $f_2 \in \{K, C\}$ e $f_3 \in \{K, C\}$.

O número de sequências possíveis é $2 \cdot 2 \cdot 2 = 8$.

Exemplo 3

Quatro estradas ligam as cidades A e B, e duas estradas ligam as cidades B e C. De quantas maneiras distintas pode-se ir de A a C, passando por B?

Vamos representar as estradas que ligam as cidades A a B por x_1, x_2, x_3 e x_4 e as que ligam as cidades B a C por y_1 e y_2.

Há duas etapas sucessivas a serem cumpridas; na primeira, deve-se ir de A até B e, na segunda, de B até C.

Cada caminho determina uma sequência de dois elementos (x_i, y_j), em que $x_i \in \{x_1, x_2, x_3, x_4\}$ e $y_j \in \{y_1, y_2\}$, como mostra o esquema ao lado.

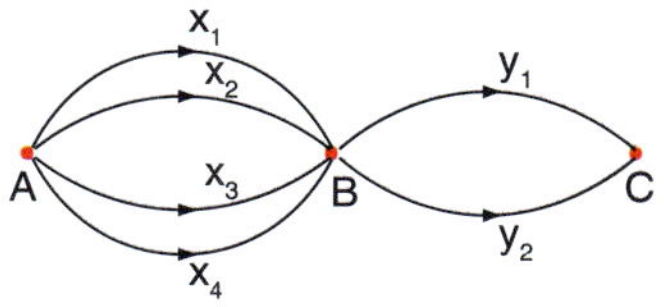

Caminhos possíveis: (x_1, y_1), (x_1, y_2), (x_2, y_1), (x_2, y_2), (x_3, y_1), (x_3, y_2), (x_4, y_1), (x_4, y_2).

O número de maneiras de realizar a viagem completa corresponde ao número de sequências possíveis, que é $4 \cdot 2 = 8$.

Exemplo 4

Leila esqueceu a senha de três algarismos para abrir o cadeado de sua mala de viagem. Ela só lembra que escolhera algarismos distintos entre si. Na pior das hipóteses, quantas combinações ela deverá testar para abrir a mala?

Representar todas as possibilidades no diagrama da árvore é impensável, mas é interessante, ao menos, representá-lo parcialmente para fixar ideias:

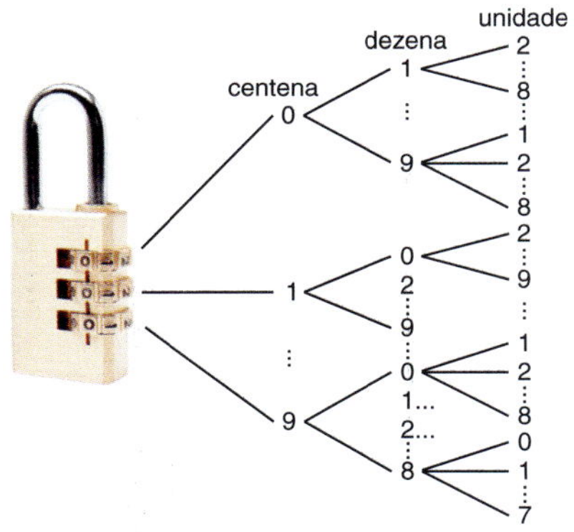

Thinkstock/Getty Images

Temos:

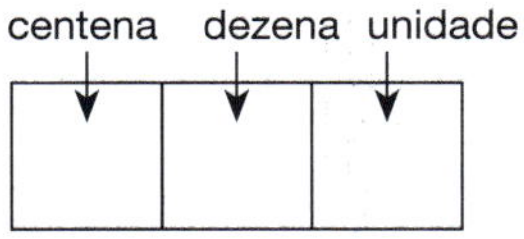

- Para a escolha do algarismo das centenas: 10 opções (qualquer algarismo de 0 a 9).
- Para a escolha do algarismo das dezenas, a partir de cada escolha anterior: 9 opções, uma vez que o algarismo já escolhido para a centena não pode se repetir.
- Feitas as duas escolhas anteriores, há 8 opções distintas para a escolha do algarismo das unidades.

O diagrama representado ao lado, ainda que parcial, permite visualizar a "estrutura" da multiplicação: $10 \cdot 9 \cdot 8 = 720$ (número máximo de tentativas).

Princípio Fundamental da Contagem (PFC) ou princípio multiplicativo

Suponha que uma sequência seja formada por *k* elementos $(a_1, a_2, a_3, ..., a_k)$, em que:

- a_1 pode ser escolhido de n_1 maneiras distintas;
- a_2 pode ser escolhido de n_2 formas diferentes, a partir de cada uma das possibilidades anteriores;
- a_3 pode ser escolhido de n_3 modos diferentes, a partir de cada uma das escolhas anteriores;

$\vdots$

- a_k pode ser escolhido de n_k maneiras distintas, a partir das escolhas anteriores.

Então, o número de possibilidades para construir a sequência $(a_1, a_2, a_3, ..., a_k)$ é:

$$n_1 \cdot n_2 \cdot n_3 \cdot ... \cdot n_k$$

Esse resultado é conhecido como Princípio Fundamental da Contagem (PFC) ou princípio multiplicativo e serve de base para a resolução de muitos problemas de contagem.

EXERCÍCIOS RESOLVIDOS

1. Em uma pequena sorveteria, constam as seguintes opções:

Sabor do sorvete	Cobertura
chocolate	morango
creme	caramelo
flocos	chocolate
coco	
morango	
passas ao rum	
napolitano	

De quantas maneiras distintas um cliente poderá pedir um único sabor de sorvete com uma única cobertura?

Solução:

Cada pedido corresponde a um par ordenado de valores (sabor, cobertura) em que o sabor pode ser escolhido de 7 maneiras distintas e, para cada uma dessas escolhas, a cobertura poderá ser escolhida de 3 modos distintos, totalizando $7 \cdot 3 = 21$ possibilidades.

2. Uma prova é composta de 8 questões do tipo verdadeiro (V) ou falso (F). De quantas maneiras distintas ela pode ser respondida?

Solução:

Cada maneira de responder às questões da prova consta de uma sequência de oito elementos $(a_1, a_2, ..., a_8)$, em que cada a_i $(1 \leq i \leq 8)$ pode ser escolhido de duas maneiras distintas: V ou F.

Assim, pelo PFC, o número de respostas possíveis para essa prova é:

$$\underbrace{2 \cdot 2 \cdot 2 \cdot ... \cdot 2}_{8 \text{ vezes}} = 2^8 = 256$$

3. A seleção brasileira de futebol irá disputar um torneio internacional com outras cinco seleções, no sistema "todos jogam contra todos uma única vez". Quantas são as possíveis sequências de resultados — vitória (V), empate (E) e derrota (D) — da equipe brasileira nesse torneio?

Solução:

A sequência de resultados dos jogos pode ser representada por $(j_1, j_2, j_3, j_4, j_5)$, e, em cada jogo, pode ocorrer V, D ou E.

Pelo PFC, o número de sequências de resultados possíveis é:

$$3 \cdot 3 \cdot 3 \cdot 3 \cdot 3 = 3^5 = 243$$

4. Considerando os algarismos 0, 1, 2, 3, 4, 5 e 6, responder:

a) Quantos números de três algarismos podemos formar?

b) Quantos números ímpares de três algarismos distintos podemos formar?

Solução:

a) Devemos construir uma tripla ordenada (x, y, z) de modo que:

- *x* possa ser escolhido de seis modos distintos, pois o número que será formado não pode começar por zero. Note que 034 = 34.
- *y* possa ser escolhido de sete formas diferentes, pois pode haver repetição de algarismos.
- *z* possa ser escolhido de sete maneiras distintas, pois não há restrições.

Assim, pelo PFC, a quantidade de números é $6 \cdot 7 \cdot 7 = 294$.

b) Devemos construir uma tripla ordenada (x, y, z), respeitadas as restrições. Já que um número é ímpar quando termina por algarismo ímpar, é mais prático iniciar a discussão do problema pela "última casa" (das unidades):

- *z* pode ser escolhido de três modos distintos (1, 3 ou 5).
- *x* pode ser escolhido de cinco maneiras diferentes, pois não podemos escolher o zero nem o algarismo já escolhido para *z*.
- *y* pode ser escolhido de cinco formas distintas, pois devemos excluir os dois algarismos já escolhidos para *x* e para *z*.

Assim, pelo PFC, o resultado é $3 \cdot 5 \cdot 5 = 75$.

EXERCÍCIOS

1. Para ir à praia, Sílvia pretende colocar um biquíni e uma canga. Sabendo que ela possui cinco biquínis diferentes e três modelos de canga, determine o número de maneiras distintas de Sílvia se vestir.

2. Um restaurante oferece almoço a R$ 40,00, incluindo: entrada, prato principal e sobremesa. De quantas formas distintas um cliente pode fazer seu pedido, se existem quatro opções de entrada, três de prato principal e duas de sobremesa?

3. Em um teste vocacional, um jovem deve responder a doze questões, assinalando, em cada uma, uma única alternativa, escolhida entre *sim*, *não* e *às vezes*. De quantas formas distintas o teste poderá ser respondido?

4. Em uma excursão, o passageiro deve escolher a categoria de hotel em que se hospedará (turística, turística superior, primeira, luxo) e o regime de alimentação (só café da manhã ou café da manhã + jantar). De quantos modos distintos o turista poderá fazer a escolha, se os hotéis de luxo só oferecem café da manhã?

Graphorama

5. Responda:

a) Quantos números de cinco algarismos existem?

b) Quantos números ímpares de cinco algarismos existem?

c) Quantos números de cinco algarismos são maiores que 71 265?

d) Quantos números de cinco algarismos distintos começam por 7?

6. Considerando os algarismos 1, 2, 3, 4, 5, 6, 7 e 8, responda:

a) Quantos números de quatro algarismos podemos formar?

b) Quantos números pares de quatro algarismos podemos formar?

c) Em relação ao total do item *a*, qual é a porcentagem correspondente aos números que têm todos os algarismos distintos?

7. Responda:

a) Uma moeda é lançada duas vezes sucessivamente. Quantas sequências de faces podem ser obtidas? Quais são elas?

b) Quantas sequências de faces poderiam ser obtidas, caso a moeda fosse lançada quatro vezes sucessivamente? E cinco vezes? E dez vezes?

c) Uma moeda foi lançada *n* vezes sucessivamente. Sabendo que o número de sequências de faces que poderiam ser obtidas é 4^{19}, qual é o valor de *n*?

8. Para acessar os serviços de um portal de vendas pela internet, o usuário deve cadastrar uma senha formada por quatro algarismos distintos. O sistema, entretanto, não aceita as senhas que contenham um ou mais algarismos correspondentes ao ano de nascimento do cliente. Determine o número de senhas que podem ser cadastradas por alguém que nasceu em:

a) 1966 b) 1954 c) 1999

9. As placas de veículos atuais são formadas por três letras seguidas de quatro algarismos. Considerando o alfabeto com 26 letras, quantas placas distintas podem ser fabricadas de modo que:

a) os algarismos sejam distintos?

b) as letras e os algarismos sejam distintos?

c) só algarismos pares distintos e vogais apareçam?

d) não apareça a letra J nem um algarismo maior que 6?

10. Quantos números de três algarismos distintos podemos formar usando:

a) apenas os algarismos 1, 2 e 3?

b) apenas os algarismos ímpares?

c) apenas os algarismos pares?

d) algarismos pares e ímpares intercalados?

11. Dispondo dos algarismos 0, 1, 2, 3, 4, 5 e 6, determine:

a) a quantidade de números pares de três algarismos que podemos formar;

b) a quantidade de números pares de três algarismos distintos que podemos formar;

c) a quantidade de números divisíveis por 5, formados por 4 algarismos distintos.

12. Em uma festa, há 32 rapazes e 40 moças; 80% das moças e $\frac{3}{8}$ dos rapazes sabem dançar. Quantos pares podem ser formados de modo que:

a) ninguém saiba dançar?

b) apenas uma pessoa do par saiba dançar?

13. (Obmep) Manuela quer pintar as quatro paredes de seu quarto usando as cores azul, rosa, verde e branco, cada parede de uma cor diferente. Ela não quer que as paredes azul e rosa fiquem de frente uma para a outra. De quantas maneiras diferentes ela pode pintar seu quarto?

Graphorama

14. Em uma empresa, os estagiários passam, obrigatoriamente e uma única vez, pelos seguintes setores: RH, financeiro, comercial e *marketing*.

a) Quantas ordens distintas são possíveis para o estagiário passar pelos quatro setores?

b) Se um estagiário iniciar o trabalho no setor comercial, de quantas formas distintas poderá completar seu treinamento?

15. Com os símbolos $\triangle$, $\square$ e $\bigcirc$, deseja-se formar sequências de cinco figuras geométricas, uma ao lado da outra.

a) De quantos modos distintos isso pode ser feito?

b) Se figuras vizinhas não podem ser iguais, quantas sequências podem ser formadas?

c) Usando no máximo um círculo, quantas sequências podem ser formadas?

16. Para ir ao trabalho, uma secretária procura sempre combinar blusa, saia e sapatos. Como ela não gosta de repetir as combinações, fez um levantamento nos armários e verificou que são possíveis 420 combinações diferentes. Se ela possui dez blusas, quantas saias e quantos pares de sapatos ela pode ter, sabendo que, para cada item, há mais de uma peça?

17. De quantos modos distintos duas pessoas poderão ocupar dois dos doze assentos disponíveis em um vagão de metrô?

18. José e a família, que moram em Brasília, pretendem viajar nas férias de janeiro para Buenos Aires. Consultando um agente de viagem, José recebeu a informação de que só há voos para Buenos Aires com conexão em São Paulo, Rio de Janeiro ou Curitiba e obteve a seguinte malha de voos para a data solicitada:

De	Para	Companhias aéreas
Brasília	São Paulo	A, B, C, D
Brasília	Rio de Janeiro	A, B, C, D
Brasília	Curitiba	A, B
São Paulo	Buenos Aires	A, B, C, D, E
Rio de Janeiro	Buenos Aires	B, C, E
Curitiba	Buenos Aires	A, B, C, F

De quantas maneiras diferentes ele poderá escolher o voo de ida:

a) podendo usar companhias aéreas distintas?

b) usando a mesma companhia aérea?

19. Um estudante está procurando as soluções inteiras da equação $2x = a + b$, na incógnita x.

Sabendo que $a \in \{1, 2, 3, 4, 5\}$ e $b \in \{1, 2, 3, 4, 5\}$, de quantas maneiras o estudante poderá escolher *a* e *b* para obter soluções inteiras?

20. Um programador de computador criou um código especial que utiliza apenas os símbolos: $\bullet$, $-$, **x**.

Graphorama

Os diferentes códigos são sequências formadas por esses símbolos.

Quantos códigos:

a) de cinco símbolos começam por "$\bullet$"?

b) contêm de dois a quatro símbolos?

c) são formados por três símbolos, sendo um de cada tipo?

d) com quatro símbolos apresentam, pelo menos, três "$\bullet$"?

21. Para aumentar a segurança de suas operações via internet, o cliente de um banco deve digitar uma senha formada por 4 algarismos distintos. Uma vez digitada corretamente a senha, ele deverá digitar uma nova senha, formada por duas letras (entre as 26 do alfabeto) seguidas de dois algarismos. Suponha, hipoteticamente, que o sistema não seja bloqueado após qualquer tentativa incorreta. Se, para testar cada possibilidade são gastos 30 segundos, qual seria o tempo máximo gasto por uma pessoa (que não tem informação alguma sobre a senha) para ter acesso a uma determinada conta?

22. Para divulgar seus pacotes turísticos internacionais, uma operadora planeja, a cada semana, publicar na primeira, segunda e terceira páginas do suplemento de turismo de um jornal, fotos e condições de viagens de três destinos (um por página) distintos. Foram pré-selecionados nove destinos, entre eles Buenos Aires, Orlando e Paris. Sabendo que a cada semana é mudada a sequência e/ou a natureza de destinos, determine:

a) o número inteiro mínimo de anos necessário para esgotar todas as possibilidades de apresentação dos destinos (considere o ano com 52 semanas);

b) o número de semanas que seria necessário para esgotar todas as possibilidades de apresentação simultânea dos três destinos mencionados;

c) o número de semanas em que um dos destinos mostrados seja Orlando;

d) o número de semanas em que Paris e Buenos Aires estariam entre os destinos selecionados.

FATORIAL DE UM NÚMERO NATURAL

Na resolução de problemas de contagem por meio do princípio multiplicativo (ou PFC) é comum aparecerem multiplicações envolvendo números naturais consecutivos, como, por exemplo: $26 \cdot 25 \cdot 24$; $4 \cdot 3 \cdot 2 \cdot 1$; $7 \cdot 6 \cdot 5$ etc.

Muitas vezes é possível escrever multiplicações desse tipo de forma mais resumida. Para isso, vamos apresentar o fatorial de um número natural, que será útil na contagem dos agrupamentos que serão apresentados a seguir.

Definição

Dado um número natural *n*, definimos o **fatorial de *n*** (indicado por **n!**) por meio das relações:

Se $n = 0$, $0! = 1$ ①

Se $n = 1$, $1! = 1$ ②

Se $n \geqslant 2$, $n! = n \cdot (n-1) \cdot (n-2) \cdot \ldots \cdot 3 \cdot 2 \cdot 1$ ③

Notemos que, em ③, o fatorial de *n* representa o produto dos *n* primeiros naturais positivos, escritos desde *n* até 1. Um pouco mais à frente, você vai compreender a "conveniência" de se definir $0! = 1$ e $1! = 1$.

Assim, temos, por exemplo:

$2! = 2 \cdot 1 = 2$

$3! = 3 \cdot 2 \cdot 1 = 6$

$4! = 4 \cdot 3 \cdot 2 \cdot 1 = 24$

$5! = 5 \cdot 4 \cdot 3 \cdot 2 \cdot 1 = 120$

À medida que *n* aumenta, o cálculo de n! torna-se mais trabalhoso. Notemos, então, as seguintes simplificações:

- $6! = 6 \cdot \underbrace{5 \cdot 4 \cdot 3 \cdot 2 \cdot 1}_{5!} = 6 \cdot 5!$
- $9! = 9 \cdot \underbrace{8 \cdot 7 \cdot 6 \cdot 5 \cdot 4 \cdot 3 \cdot 2 \cdot 1}_{8!} = 9 \cdot 8!$ ou ainda $9 \cdot 8 \cdot \underbrace{7 \cdot 6 \cdot 5 \cdot 4 \cdot 3 \cdot 2 \cdot 1}_{7!} = 9 \cdot 8 \cdot 7!$

Esses exemplos sugerem a seguinte propriedade:

$$n! = n \cdot (n-1)!\ ,\ n \in \mathbb{N}^*$$

Exemplo 5

Para calcularmos o valor de $\frac{10!}{7!}$, podemos desenvolver o fatorial do número maior (10) até chegarmos ao fatorial do menor (7).

Temos:

$$\frac{10!}{7!} = \frac{10 \cdot 9 \cdot 8 \cdot \cancel{7!}}{\cancel{7!}} = 10 \cdot 9 \cdot 8 = 720$$

EXERCÍCIO RESOLVIDO

5. Resolver a equação $\frac{(n+1)!}{(n-1)!} = 6.$

Solução:

Como $n + 1 > n - 1$, desenvolvemos o fatorial de $n + 1$ até chegarmos ao fatorial de $n - 1$:

$$\frac{(n+1) \cdot n \cdot \cancel{(n-1)!}}{\cancel{(n-1)!}} = 6 \Rightarrow n^2 + n - 6 = 0 \Rightarrow n = 2 \text{ ou } n = -3$$

Lembrando que só se define o fatorial de um número natural, concluímos que o único valor possível é $n = 2$; $S = \{2\}$.

EXERCÍCIOS

23. Calcule:

a) $6!$

b) $4!$

c) $0! + 1!$

d) $3! - 2!$

e) $7! - 5!$

f) $5 \cdot 3!$

24. Obtenha o valor de cada uma das expressões seguintes:

a) $\frac{8!}{6!}$

b) $\frac{9!}{10!}$

c) $\frac{3!}{4!} + \frac{4!}{5!}$

d) $\frac{7!}{5! \cdot 2!}$

e) $\frac{20!}{18! \cdot 2!}$

f) $\frac{8! \cdot 6!}{7! \cdot 7!}$

25. Efetue:

a) $\frac{11! + 9!}{10!}$

b) $17! - 17 \cdot 16!$

c) $\frac{40! - 39!}{41!}$

d) $\frac{(85!)^2}{86! \cdot 83!}$

26. Classifique como verdadeira (V) ou falsa (F) as seguintes afirmações, considerando que *a* e *b* são naturais quaisquer:

a) $(a + b)! = a! + b!$

b) $(a - b)! = a! - b!$

c) $(2a)! = 2 \cdot a!$

d) $(a!)^2 = a! \cdot a!$

e) $(a \cdot b)! = a! \cdot b!$

f) $a!$ é um número par se $a \geqslant 2$

27. Simplifique:

a) $\frac{(n+2)!}{(n+1)!}$

b) $\frac{(n-3)!}{(n-2)!}$

c) $\frac{(n+1)! + n!}{n!}$

d) $\frac{n! - (n-1)!}{(n-1)! + (n-2)!}$

28. Resolva as seguintes equações:

a) $(n + 2)! = 6 \cdot n!$

b) $n! = 120$

c) $\frac{n!}{(n-2)!} = 42$

d) $\frac{(n+2)! - (n+1)!}{n(n-1)!} = 25$

e) $(n - 5)! = 1$

AGRUPAMENTOS SIMPLES

O Princípio Fundamental da Contagem (PFC) é a principal técnica para resolução de problemas de contagem.

Vamos estudar a seguir as diferentes maneiras de formar um agrupamento e, por meio do PFC, desenvolver métodos de contagem para cada tipo de agrupamento.

Faremos, principalmente, o estudo dos **agrupamentos simples**, isto é, grupos de k ($k \leqslant n$) elementos **distintos** escolhidos entre os n elementos de um conjunto $\{a_1, a_2, \ldots, a_n\}$.

Estudaremos os seguintes agrupamentos simples: permutações, arranjos e combinações.

PERMUTAÇÕES

Introdução

Aline (A), Bia (B), Claudinha (C) e Diana (D) são alunas do 6º ano de um colégio e, na classe, ocupam a mesma fileira de quatro lugares. Elas vivem brigando por causa da posição em que cada uma quer sentar. Para resolver o problema, a professora sugeriu um rodízio completo das alunas na fileira, trocando a disposição todos os dias.

Quantos dias são necessários para esgotar todas as possibilidades de as quatro meninas se acomodarem nas quatro carteiras?

Masterfile/Latinstock

Inicialmente, vamos escrever todas as possibilidades de acomodação:

1ª	2ª	3ª	4ª
A	B	C	D
B	A	C	D
C	A	B	D
D	A	B	C

1ª	2ª	3ª	4ª
A	B	D	C
B	A	D	C
C	A	D	B
D	A	C	B

1ª	2ª	3ª	4ª
A	D	C	B
B	C	A	D
C	B	A	D
D	B	A	C

1ª	2ª	3ª	4ª
A	D	B	C
B	C	D	A
C	B	D	A
D	B	C	A

1ª	2ª	3ª	4ª
A	C	B	D
B	D	A	C
C	D	A	B
D	C	A	B

1ª	2ª	3ª	4ª
A	C	D	B
B	D	C	A
C	D	B	A
D	C	B	A

Observe que uma disposição difere das demais apenas pela ordem em que as quatro alunas vão se sentar nas quatro carteiras.

Assim, cada maneira de arrumar as meninas na fileira corresponde a um **agrupamento ordenado** (sequência) formado por quatro elementos.

Dizemos que cada disposição na tabela corresponde a uma **permutação** das quatro crianças.

Vamos usar o PFC para contar o número de possibilidades:

- Para ocupar a primeira carteira da fileira, há quatro opções.
- Definida a primeira posição, há três opções para escolher a menina que vai sentar na segunda posição.
- Definidas a primeira e a segunda posições, há duas opções de escolha para a menina que vai sentar na terceira carteira.
- Escolhidas a primeira, a segunda e a terceira posições, a menina que vai sentar na última carteira fica determinada de maneira única.

Assim, há $4 \cdot 3 \cdot 2 \cdot 1 = 4! = 24$ possibilidades.

Desse modo, são necessários 24 dias para esgotar todas as possibilidades de as quatro meninas se acomodarem na fileira.

Definição

Dado um conjunto com n elementos distintos chama-se **permutação** desses n elementos todo **agrupamento ordenado** (sequência) formado por n elementos.

Cálculo do número de permutações

Sejam n elementos distintos e P_n o número de permutações possíveis desses n elementos.

Vamos contar o número de sequências formadas por n elementos:

- Para escolher o primeiro elemento da sequência temos n possibilidades.
- Para escolher o segundo elemento da sequência, uma vez definida a primeira posição, há $n - 1$ possibilidades.
- Definidos os dois primeiros elementos da sequência, podemos escolher o terceiro elemento de $n - 2$ maneiras.

⋮

- Escolhidos os $n - 1$ primeiros elementos da sequência, o elemento que irá ocupar a última posição na sequência fica determinado de maneira única.

Assim, pelo PFC:

$$P_n = n \cdot (n - 1) \cdot (n - 2) \ldots 2 \cdot 1, \text{ isto é, } \quad \boxed{P_n = n!}$$

Exemplo 6

Um caso de agrupamento formado por permutação corresponde aos anagramas formados com as letras de uma palavra.

Utilizando todas as letras de P, R, A, T, O e trocando-as de ordem, temos uma sequência de cinco letras que forma uma "palavra" com ou sem sentido. Cada "palavra" formada corresponde a um anagrama, como em: PROTA, ATORP, RAPTO, TROPA etc.

O número de anagramas formados é o número de permutações possíveis com as letras P, R, A, T, O, a saber:

$$P_5 = 5! = 5 \cdot 4 \cdot 3 \cdot 2 \cdot 1 = 120$$

EXERCÍCIOS RESOLVIDOS

6. Sejam os anagramas formados com as letras G, R, A, N, I, Z, O. Quantos começam e terminam por vogal?

Solução:

Para iniciar o anagrama, temos três possibilidades (A, I, O).

Definida a vogal do início, sobram duas opções para a vogal que irá ocupar a última letra do anagrama.

Definidas as duas extremidades, as outras cinco letras (uma vogal e quatro consoantes) podem ocupar qualquer posição no anagrama, num total de $P_5 = 5! = 5 \cdot 4 \cdot 3 \cdot 2 \cdot 1 = 120$ possibilidades.

O resultado procurado é, portanto, $3 \cdot 2 \cdot P_5 = 6 \cdot 120 = 720$.

7. Giba e Gina têm três filhos: Carla, Luís e Daniel. A família quer tirar uma foto de recordação de uma viagem na qual todos apareçam lado a lado.

a) De quantas formas distintas os membros da família podem se distribuir?

b) Em quantas possibilidades o casal aparece lado a lado?

Solução:

a) Cada forma de dispor as cinco pessoas lado a lado corresponde a uma permutação entre elas, uma vez que a sequência é formada por todos os membros da família.

O número de posições possíveis é, portanto, $P_5 = 5! = 5 \cdot 4 \cdot 3 \cdot 2 \cdot 1 = 120$.

b) Para que Giba e Gina apareçam juntos (lado a lado), podemos considerá-los como uma única pessoa que irá permutar com as outras três, num total de $P_4 = 4! = 4 \cdot 3 \cdot 2 \cdot 1 = 24$ possibilidades.

Porém, para cada uma dessas 24 possibilidades, Giba e Gina podem trocar de lugar entre si, de $P_2 = 2! = 2$ maneiras distintas.

Assim, o resultado procurado é $\underbrace{P_4}_{\text{entre os blocos}} \cdot \underbrace{P_2}_{\text{dentro do bloco}} = 24 \cdot 2 = 48$.

EXERCÍCIOS

29. Determine o número de anagramas formados a partir de:

a) LUA
b) GATO
c) ESCOLA
d) REPÚBLICA
e) FESTA
f) PERNAMBUCO

30. Um dado foi lançado quatro vezes sucessivamente e as faces obtidas foram 2, 3, 5 e 6, não necessariamente nessa ordem.

De quantas formas distintas pode ter ocorrido a sequência de resultados?

31. Calcule:

a) P_5
b) P_7
c) $P_3 + P_2$
d) $\dfrac{P_8}{P_{10}}$

32. Considere os anagramas formados a partir de CONQUISTA.

a) Quantos são?
b) Quantos começam por vogal?
c) Quantos começam e terminam por consoante?
d) Quantos têm as letras CON juntas e nessa ordem?
e) Quantos apresentam a letra C antes da letra A?

33. Uma vez por ano, dona Fátima, que mora no Recife, visita parentes em Caruaru, João Pessoa, Petrolina, Maceió e Garanhuns.

a) De quantas formas distintas ela pode escolher a sequência de cidades a visitar?
b) De quantos modos diferentes a ordem das cidades pode ser definida se dona Fátima pretende encerrar as visitas em Petrolina?

34. Em uma mesma prateleira de uma estante há 10 livros distintos, sendo cinco de Álgebra, três de Geometria e dois de Trigonometria.

a) De quantos modos podemos arrumar esses livros nessa prateleira, se desejamos que os livros de um mesmo assunto permaneçam juntos?

b) De quantos modos distintos podemos arrumar esses livros nessa prateleira de modo que nas extremidades apareçam livros de Álgebra e os livros de Trigonometria fiquem juntos?

35. Em quantos anagramas da palavra QUEIJO as vogais não aparecem todas juntas?

36. Dona Lola tem três filhos: Pedro, Paulo e Pérsio. Os três casaram-se e têm, respectivamente, 1, 3 e 2 filhos. Em um domingo, dona Lola recebeu, para o almoço, seus três filhos, acompanhados das respectivas esposas, além de todos os netos. Como recordação, ela fotografou todos os familiares, lado a lado, mas pediu que cada filho aparecesse junto de sua família. De quantas formas distintas a foto poderia ter sido feita?

Lettera Studio

37. Resolva as equações seguintes:

a) $P_n = 24$

b) $\dfrac{P_n}{P_{(n-2)}} = 506$

38. Permutando-se as letras T, R, A, P, O, S, são formados 720 anagramas. Esses anagramas são colocados em ordem alfabética.

a) Qual é a posição correspondente a PRATOS?

b) Que anagrama ocupa a 500ª posição?

39. Considerando os anagramas da palavra BRASIL, responda:

a) quantos começam por B?

b) quantos começam por B e terminam por L?

c) quantos começam por B ou terminam por L?

40. Seja o conjunto $A = \{p, q, r, s\}$.

a) Determine o número de funções que podem ser definidas de A em A.

b) Determine o número de funções bijetoras (injetoras e sobrejetoras, simultaneamente) que podem ser definidas de A em A e relacione esse número à quantidade de permutações dos elementos de A.

ARRANJOS

Introdução

Em uma reunião de um condomínio residencial, foi realizada uma votação para definir os cargos de síndico e subsíndico do prédio.

Quatro moradores, A, B, C, D, candidataram-se a ocupar esses cargos. De quantos modos distintos pode ocorrer o resultado dessa votação?

Façamos inicialmente uma representação de todas as possibilidades, usando o diagrama da árvore:

Lettera Studio

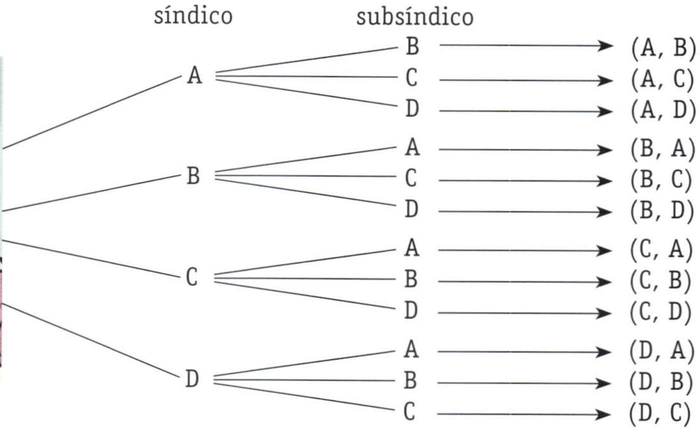

Observe que cada possibilidade acima representada corresponde a um **agrupamento ordenado** de duas pessoas escolhidas entre os quatro candidatos.

Note, por exemplo, que o par ordenado (A, B) é diferente do par ordenado (B, A), pois na primeira situação o síndico é A e o subsíndico é B e, na segunda situação, ocorre o contrário.

Dizemos que cada resultado da votação corresponde a um **arranjo** dos quatro elementos (candidatos) tomados dois a dois (isto é, escolhemos dois entre os quatro para formar o agrupamento ordenado).

Vamos, por meio do PFC, contar o número total de arranjos possíveis (indicaremos por $A_{4, 2}$):

- Para a escolha do síndico, há quatro possibilidades.
- Definido o síndico, sobram três opções para a escolha do cargo de subsíndico.

Assim, $A_{4, 2} = 4 \cdot 3 = 12$.

Definição

Dado um conjunto com *n* elementos distintos, chama-se **arranjo** desses *n* elementos, tomados *k* a *k* (com $k \leq n$), qualquer agrupamento ordenado de *k* elementos distintos escolhidos entre os *n* existentes.

Contagem do número de arranjos

Dados *n* elementos distintos, vamos indicar por $A_{n, k}$ o número de arranjos desses elementos tomados *k* a *k*.

Vamos usar o PFC:

- O 1º elemento da sequência pode ser escolhido de *n* formas possíveis.
- O 2º elemento da sequência pode ser escolhido de $n - 1$ maneiras distintas, pois já fizemos a escolha anterior e não há repetição de elementos.
- Feitas as duas primeiras escolhas, há $n - 2$ maneiras diferentes de escolher o 3º elemento da sequência, pois não pode haver repetição.

⋮ ⋮ ⋮

- Para escolher o k-ésimo elemento, a partir das $k - 1$ escolhas anteriores, sobram $n - (k - 1) = n - k + 1$ opções.

Assim, pelo PFC, a quantidade de arranjos possíveis (indicada por $A_{n, k}$) é:

$$A_{n, k} = n \cdot (n - 1) \cdot (n - 2) \cdot \ldots \cdot (n - k + 1) \qquad (1)$$

Para obter uma expressão equivalente a (1) usando fatorial, basta multiplicar e dividir seu segundo membro por: $(n - k) \cdot (n - k - 1) \cdot \ldots \cdot 3 \cdot 2 \cdot 1 = (n - k)!$. De fato:

$$A_{n, k} = n \cdot (n - 1) \cdot (n - 2) \cdot \ldots \cdot (n - k + 1) \cdot \frac{(n - k) \cdot (n - k - 1) \cdot \ldots \cdot 3 \cdot 2 \cdot 1}{(n - k) \cdot (n - k - 1) \cdot \ldots \cdot 3 \cdot 2 \cdot 1}$$

Observe que o numerador da expressão acima corresponde a $n!$.

Assim:

$$A_{n, k} = \frac{n!}{(n - k)!} \qquad (2)$$

Os problemas que envolvem contagem do número de arranjos podem ser resolvidos pelo PFC ou pela aplicação das fórmulas equivalentes (1) ou (2).

Observação

As permutações, estudadas a partir da página 467, podem ser consideradas arranjos.

Dados *n* elementos distintos, todo arranjo (agrupamento ordenado) formado exatamente por esses *n* elementos corresponde a uma permutação desses elementos.

Com efeito, fazendo k = n na fórmula do arranjo, vem:

$$A_{n,n} = \frac{n!}{(n-n)!}, \text{ isto é, } P_n = \frac{n!}{0!} = n!$$

Nessa última expressão, note a conveniência de termos definido $0! = 1$.

EXERCÍCIOS RESOLVIDOS

8. Dado o conjunto das vogais V = {a, e, i, o, u}, determinar a quantidade de arranjos que podemos formar com três elementos de V.

Solução:

Todo arranjo formado é um agrupamento ordenado de três elementos, escolhidos entre os cinco de V.

Alguns arranjos possíveis são: (a, e, i); (a, o, u); (e, a, i); (e, i, o); (u, o, i); (i, o, u) etc.

Façamos, então, esta contagem:

(I) Usando o PFC:

1ª letra da sequência	2ª letra da sequência	3ª letra da sequência
↓	↓	↓
5	4	3

Temos $5 \cdot 4 \cdot 3 = 60$ arranjos.

(II) Usando uma das fórmulas:

① $A_{5,3} = 5 \cdot 4 \cdot 3 = 60$ (5 → n, 3 → k; 5 → n, 4 → n − 1, 3 → n − k + 1) ou ② $A_{5,3} = \frac{5!}{(5-3)!} = \frac{5 \cdot 4 \cdot 3 \cdot \cancel{2!}}{\cancel{2!}} = 60$

Observe, neste exercício, que um arranjo difere de outro pela natureza dos elementos escolhidos (letras) ou pela ordem dos elementos.

9. A senha de um cartão magnético bancário, usado para transações financeiras, é uma sequência de duas letras distintas (entre as 26 do alfabeto) seguida por uma sequência de três algarismos distintos. Quantas senhas podem ser criadas?

Solução:

Devemos determinar o número de sequências (agrupamentos ordenados) formadas por cinco elementos, sendo os dois primeiros letras distintas e os três últimos algarismos distintos.

Utilizemos o princípio multiplicativo:

← letras →		← algarismos →		
↓	↓	↓	↓	↓
26	25	10	9	8

São possíveis $26 \cdot 25 \cdot 10 \cdot 9 \cdot 8 = 468\,000$ senhas.

Observe também que:

$$\underbrace{26 \cdot 25}_{A_{26,2}} \cdot \underbrace{10 \cdot 9 \cdot 8}_{A_{10,3}}$$

$A_{26,2}$ (sequência de 2 letras distintas entre as 26) · $A_{10,3}$ (sequência de 3 algarismos distintos entre os 10)

EXERCÍCIOS

41. Para ocupar os cargos de presidente e vice-presidente do grêmio de um colégio, candidataram-se dez alunos. De quantos modos distintos pode ser feita essa escolha?

42. A senha de acesso a uma rede de computadores é formada por uma sequência de quatro letras distintas seguida por dois algarismos distintos:

a) Quantas são as possíveis senhas de acesso?

b) Quantas senhas apresentam simultaneamente apenas consoantes e algarismos maiores que 5?

(Considere as 26 letras do alfabeto.)

43. Calcule:

a) $A_{7,\,3}$ b) $A_{11,\,2}$ c) $A_{5,\,1}$ d) $A_{5,\,5}$

44. Em uma pesquisa encomendada por uma operadora turística com o objetivo de descobrir os destinos nacionais mais cobiçados pelos brasileiros, o entrevistado deve escolher, em ordem de preferência, três destinos entre os dez apresentados pelo entrevistador. Um dos destinos apresentados é a cidade de Natal.

a) Quantas respostas diferentes podem ser obtidas?

b) Quantas respostas possíveis apresentam a cidade de Natal como destino preferido em 1º lugar?

c) Quantas respostas possíveis não contêm Natal entre os destinos mencionados?

45. Responda:

a) Quantos números de três algarismos distintos podem ser formados dispondo-se dos algarismos de 1 a 9? (Use o PFC.)

b) Quantos números de três algarismos podem ser formados dispondo-se dos algarismos de 1 a 9? (Use o PFC.)

c) Um estudante usou a fórmula do arranjo para resolver os dois itens anteriores. Comente o procedimento usado pelo estudante.

46. Para a eleição do corpo dirigente de uma empresa, oito pessoas são pré-selecionadas. De quantas maneiras distintas poderão ser escolhidos o presidente, o vice-presidente e o diretor financeiro, se apenas dois deles têm conhecimentos para assumir a diretoria financeira?

47. A 1ª fase de um torneio de futebol é disputada por 15 equipes no sistema de turno e returno (a equipe A, por exemplo, joga com a equipe B duas vezes: uma em seu campo e a outra no campo adversário). Quantas partidas são disputadas ao todo, se os dois mais bem classificados da 1ª fase fazem a final no mesmo sistema?

48. Uma empresa distribui a seus funcionários um questionário constituído de duas partes. Na primeira, o funcionário deve colocar a ordem de preferência de turno de trabalho: matutino, vespertino ou noturno. Na segunda, o funcionário deve escolher, em ordem de preferência, dois dos sete dias da semana para folgar. De quantas maneiras um funcionário poderá preencher esse questionário?

49. Em um torneio internacional de natação participam cinco atletas europeus, dois americanos e um brasileiro.

a) De quantos modos distintos poderão ser distribuídas as medalhas de ouro, prata e bronze?

b) Em quantos resultados só aparecem atletas europeus nas três primeiras posições?

c) Em quantos resultados o atleta brasileiro recebe medalha?

d) Supondo que o atleta brasileiro não recebeu medalha, determine o número de resultados em que há mais atletas europeus do que americanos no pódio.

50. Seis amigos participam de uma brincadeira de futebol, que consiste em cobrança de pênaltis. Cada um escolhe, de todas as formas possíveis, um colega para bater o pênalti e outro para tentar defendê-lo.

a) Quantas cobranças de pênalti são feitas nessa brincadeira?

b) Quantas cobranças haveria se o grupo resolvesse convidar um sétimo amigo para que ele escolhesse, de todas as formas possíveis, o cobrador e o defensor dos pênaltis?

51. A sessão de um filme já havia começado quando duas pessoas que não se conhecem entram na sala. Elas percebem que só há lugares vagos nas duas primeiras fileiras, abaixo representadas (o *x* indica que o lugar está ocupado).

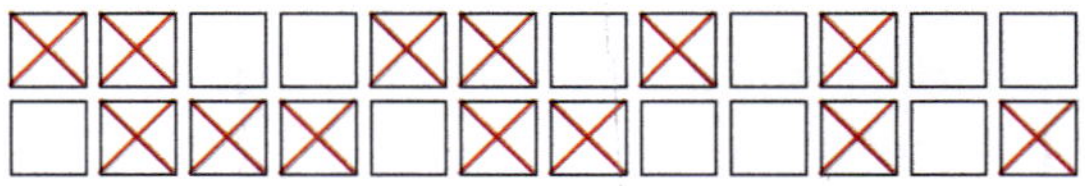

a) De quantas maneiras distintas elas poderão se acomodar?

b) De quantas maneiras distintas elas poderão sentar lado a lado?

c) De quantas maneiras distintas elas poderão sentar em uma mesma fileira?

COMBINAÇÕES

Introdução

Quando termina o treino, Jaqueline costuma tomar uma vitamina com leite na lanchonete da academia. Numa tarde, a lanchonete dispunha das seguintes frutas: abacate, mamão, banana, maçã, morango e laranja. De quantas maneiras distintas Jaqueline pode pedir sua vitamina misturando exatamente duas dessas frutas?

Vamos representar, uma a uma, as possibilidades de mistura:

mamão e banana	maçã e morango	abacate e mamão
mamão e maçã	maçã e laranja	abacate e banana
mamão e morango	banana e morango	abacate e maçã
mamão e laranja	banana e laranja	abacate e morango
banana e maçã	morango e laranja	abacate e laranja

Alamy/Other Images

As frutas fazem parte de um cardápio saudável.

Observe que escolher, por exemplo, mamão e laranja, nesta ordem, é o mesmo que escolher laranja e mamão, nesta ordem, pois, para determinar o sabor da vitamina, não importa a ordem em que as frutas sejam escolhidas.

Assim, cada escolha que Jaqueline poderá fazer consiste em um **agrupamento não ordenado** de duas frutas escolhidas entre as seis disponíveis. Dizemos que cada uma das possibilidades anteriores é uma **combinação** das seis frutas tomadas duas a duas, isto é, um **subconjunto** formado por dois elementos (frutas) escolhidos entre seis (frutas) disponíveis.

É usual representar as combinações entre chaves — { } —, assim como fazemos com conjuntos.

Como podemos contar o número de combinações de vitamina?

Inicialmente, podemos usar o PFC para contar o número de agrupamentos ordenados de duas frutas:

$$\underset{1^{\underline{a}}\text{ fruta}}{\underset{\uparrow}{6}} \cdot \underset{2^{\underline{a}}\text{ fruta}}{\underset{\uparrow}{5}} = 30$$

Esse cálculo inclui escolhas repetidas, pois sabemos que a ordem de escolha das frutas não importa.

O número de ordens possíveis em que duas determinadas frutas podem ser escolhidas é:

$$2 \cdot 1 = 2 = P_2$$

Assim, como cada escolha foi contada duas vezes, o número de combinações possíveis é $\frac{30}{2} = 15$.

Observe, nesse caso, que uma combinação difere das demais apenas pela natureza dos elementos escolhidos (frutas).

Suponha, agora, que Jaqueline quisesse misturar exatamente três frutas na sua vitamina. Quantas possibilidades ela teria?

Inicialmente, notamos que cada escolha consiste em um agrupamento não ordenado (combinação) de três frutas escolhidas entre seis.

Observe alguns subconjuntos de três elementos que podemos formar: {banana, mamão, maçã}; {mamão, abacate, laranja}; {laranja, banana, mamão} etc.

Vamos fazer a contagem do número de combinações.

Primeiro, usamos o PFC para contar o número de agrupamentos ordenados de três frutas:

$$\underset{1^{\underline{a}}\text{ fruta}}{\underset{\uparrow}{6}} \cdot \underset{2^{\underline{a}}\text{ fruta}}{\underset{\uparrow}{5}} \cdot \underset{3^{\underline{a}}\text{ fruta}}{\underset{\uparrow}{4}} = 120$$

Como a ordem não importa, é preciso saber quantas vezes uma mesma vitamina foi contada nesse cálculo.

Imaginemos uma possível escolha: mamão (M), banana (B) e laranja (L).

Pelo PFC, o número de sequências formadas por essas três frutas é: $3 \cdot 2 \cdot 1 = 6$, que são as **permutações** possíveis entre M, B e L:

$$(M, B, L), (M, L, B), (L, B, M), (L, M, B), (B, L, M) \text{ e } (B, M, L)$$

Como as seis permutações desses elementos determinam uma mesma vitamina, concluímos que o número de combinações pedido é $\frac{120}{6} = 20$.

Definição

Dados n elementos distintos, chama-se **combinação** desses n elementos tomados k a k ($k \leq n$) qualquer **subconjunto** formado por k elementos distintos, escolhidos entre os n.

Contagem do número de combinações

Sejam n elementos distintos.

Vamos encontrar um método (baseado nos exemplos anteriores) para contar o número de combinações desses n elementos tomados k a k ($k \leq n$). Indicaremos esse número por $C_{n,\,k}$ ou por $\binom{n}{k}$.

- Usamos o PFC para contar o número de agrupamentos ordenados (arranjos) formado por k elementos distintos, escolhidos entre os n elementos:

$$n \cdot (n-1) \cdot (n-2) \cdot \ldots \cdot [n-(k-1)] = A_{n,\,k}$$

- Usamos o PFC para contar o número de sequências distintas que podem ser formadas com os k elementos escolhidos (permutações de k elementos):

$$k \cdot (k-1) \cdot (k-2) \cdot \ldots \cdot 3 \cdot 2 \cdot 1 = P_k = k!$$

- Como qualquer permutação desses k elementos dá origem a uma única combinação, o número de combinações dos n elementos tomados k a k é:

$$C_{n,\,k} = \frac{A_{n,\,k}}{P_k} \Rightarrow C_{n,\,k} = \frac{A_{n,\,k}}{k!}$$

Aplicando a fórmula do arranjo, vem:

$$C_{n,\,k} = \frac{\frac{n!}{(n-k)!}}{k!} \Rightarrow C_{n,\,k} = \frac{n!}{(n-k)! \cdot k!}$$

Observação

- Quando $k = 1$, o número de combinações de n elementos distintos, tomados um a um, é igual a n, pois corresponde ao número de subconjuntos que podem ser formados com exatamente um elemento escolhido entre os n elementos. De fato:

$$C_{n,\,1} = \binom{n}{1} = \frac{n!}{1!\,(n-1)!} = \frac{n \cdot \cancel{(n-1)!}}{1!\,\cancel{(n-1)!}} = \frac{n}{1!} = n$$

Note, nesse caso, a conveniência de termos definido $1! = 1$.

- Quando k = n, o número de combinações de *n* (n ⩾ 1) elementos distintos, tomados *n* a *n*, é igual a 1. De fato:

$$C_{n,\,n} = \binom{n}{n} = \frac{n!}{n! \cdot (n-n)!} = \frac{\cancel{n}!}{\cancel{n}! \cdot 0!} = \frac{1}{0!} = 1$$

Observe, novamente, a conveniência da definição especial 0! = 1.

- Observe que $C_{n,\,p} = C_{n,\,n-p}$ ou $\binom{n}{p} = \binom{n}{n-p}$:

$$C_{n,\,p} = \frac{n!}{p! \cdot (n-p)!} = \frac{n!}{\underbrace{[n-(n-p)]}_{=\,p}! \cdot (n-p)!} = C_{n,\,n-p}$$

Assim, temos:

$$C_{6,\,4} = C_{6,\,2};\ C_{10,\,3} = C_{10,\,7};\ \binom{11}{5} = \binom{11}{6};\ \text{etc.}$$

EXERCÍCIOS RESOLVIDOS

10. Em uma classe de 30 alunos pretende-se formar uma comissão de três alunos para representação discente no colégio. Quantas comissões distintas podem ser formadas?

Solução:

Cada comissão corresponde a uma combinação dos 30 alunos, tomados 3 a 3, uma vez que não importa a ordem de escolha dos alunos.

Para contar as possibilidades, podemos ou não usar a fórmula.

1º modo: Sem a fórmula

- Contamos, inicialmente, o número de maneiras de escolher 3 alunos entre os 30, levando em conta a ordem de escolha:

$$30 \cdot 29 \cdot 28$$

- Como a ordem não importa, determinamos o número de ordenações possíveis para escolher três determinados alunos:

$$3 \cdot 2 \cdot 1 \text{ (ou } P_3 = 3!)$$

Assim, o número de combinações é $\frac{30 \cdot 29 \cdot 28}{3 \cdot 2 \cdot 1} = 4060$.

2º modo: Com a fórmula

$$C_{30,3} = \binom{30}{3} = \frac{30!}{(30-3)! \cdot 3!} = \frac{30!}{27! \cdot 3!} = \frac{30 \cdot 29 \cdot 28 \cdot \cancel{27!}}{\cancel{27!} \cdot 6} = 4060$$

11. Sobre uma circunferência marcam-se dez pontos distintos.

a) Quantos segmentos de reta podem ser construídos com vértices em dois desses pontos?

b) Quantos quadriláteros convexos podem ser construídos com vértices em quatro desses pontos?

Solução:

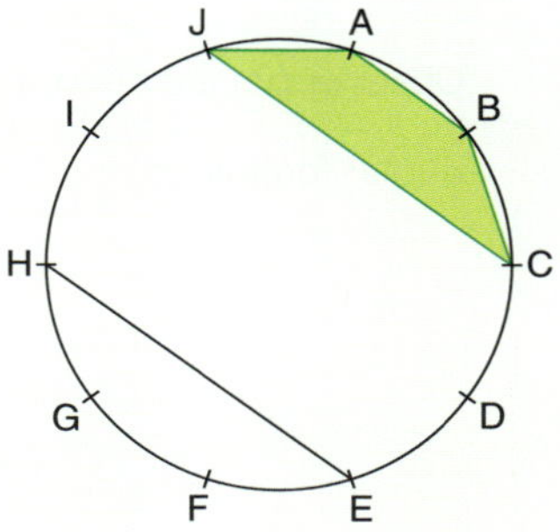

a) Observe que escolher H e E, nessa ordem, é o mesmo que escolher E e H, nessa ordem, pois o segmento de reta formado será o mesmo.

Assim, devemos contar o número de agrupamentos não ordenados formados por dois desses dez pontos, a saber:

$$C_{10,2} = \frac{10 \cdot 9}{2 \cdot 1} = 45 \quad \text{ou} \quad C_{10,2} = \binom{10}{2} = \frac{10!}{2!\,8!} = \frac{10 \cdot 9 \cdot \cancel{8!}}{2 \cdot \cancel{8!}} = 45$$

b) Observe, por exemplo, que a ordem de escolha dos pontos A, B, C e J não importa, pois o quadrilátero formado por esses pontos continuará sendo o mesmo.

Assim, devemos escolher, sem importar a ordem, quatro dos dez pontos:

$$C_{10,4} = \frac{10 \cdot 9 \cdot 8 \cdot 7}{4 \cdot 3 \cdot 2 \cdot 1} = 210 \quad \text{ou} \quad C_{10,4} = \binom{10}{4} = \frac{10!}{4!\,6!} = \frac{10 \cdot 9 \cdot 8 \cdot 7 \cdot \cancel{6!}}{4 \cdot 3 \cdot 2 \cdot \cancel{6!}} = 210$$

12. Nove atletas olímpicos (5 mulheres e 4 homens) foram participar das gravações para uma campanha publicitária. Chegando ao local da filmagem, foram informados de que, na cena que seria gravada, deveriam aparecer apenas quatro atletas, sendo 2 homens e 2 mulheres.

De quantas maneiras distintas poderão ser escolhidos os quatro atletas?

Solução:

- Para escolher os dois atletas homens, temos:

$$C_{4,2} = \frac{4 \cdot 3}{2 \cdot 1} = 6 \text{ possibilidades, abaixo destacadas:}$$

- Para escolher as duas atletas mulheres, temos:

$$C_{5,2} = \frac{5 \cdot 4}{2 \cdot 1} = 10 \text{ possibilidades}$$

Fotos: Thinkstock/Getty Images, Hannu Pettinen/Flickr/Getty Images, Huchen Lu/E+/Getty Images, Peter Griffith/Photodisc/Getty Images, jonya/E+/Getty Images, David Katzenstein/Citizen Stock/Easypix Brasil, Take A Pix Media/Easypix

Observe, por exemplo, a dupla masculina  ; eles poderão se juntar a qualquer uma das dez duplas femininas:

Fotos: Thinkstock/Getty Images, Hannu Pettinen/Flickr/Getty Images, Huchen Lu/E+/Getty Images, Peter Griffith/Photodisc/Getty Images, jonya/E+/Getty Images, David Katzenstein/Citizen Stock/Easypix Brasil, Take A Pix Media/Easypix

Para a próxima dupla masculina  temos, novamente, dez possibilidades de composição.

Enfim, para cada uma das 6 possibilidades de escolher os homens, o número de possibilidades de composição com as duplas femininas é 10.
Assim, o resultado procurado é:

$$\underbrace{6}_{C_{4,\,2}} \cdot \underbrace{10}_{C_{5,\,2}} = 60$$

13. Uma locadora de automóveis tem à disposição de seus clientes uma frota de dezesseis carros nacionais e quatro carros importados, todos distintos. De quantas formas uma empresa poderá alugar três carros de modo que pelo menos um carro nacional seja escolhido?

Solução:

1º modo

Podemos ter um, dois ou três carros nacionais.

- Com um carro nacional e dois importados, o número de opções é $16 \cdot \binom{4}{2} = 16 \cdot 6 = 96$.
- Com dois carros nacionais e um importado, o número de opções é $\binom{16}{2} \cdot 4 = 120 \cdot 4 = 480$.
- Com os três carros nacionais, o número de opções é $\binom{16}{3} = 560$.

Assim, ao todo, temos: $96 + 480 + 560 = 1\,136$ possibilidades.

2º modo

- O número de maneiras de a empresa alugar três carros quaisquer é $\binom{20}{3} = 1\,140$.
- O número de possibilidades de a empresa só alugar carros importados é $\binom{4}{3} = 4$.

Assim, a diferença $\binom{20}{3} - \binom{4}{3} = 1\,140 - 4 = 1\,136$ fornece o número de escolhas em que pelo menos um carro é nacional.

EXERCÍCIOS

52. De quantos modos distintos Lucas pode escolher quatro entre as nove camisetas regata que possui para levar em uma viagem?

53. Um curso de idiomas oferece turmas para iniciantes em inglês, espanhol, alemão, italiano e japonês.

a) De quantas formas distintas um estudante pode matricular-se em três desses cursos?

b) De quantas formas distintas ele poderá matricular-se em três desses cursos, incluindo obrigatoriamente o de inglês?

54. Sobre uma circunferência marcam-se oito pontos.

a) Quantos triângulos podemos construir com vértices em três desses pontos?

b) Quantos pentágonos convexos podemos construir com vértices em cinco desses pontos?

55. Uma junta médica deverá ser formada por quatro médicos e dois enfermeiros. De quantas maneiras ela poderá ser formada se estão disponíveis dez médicos e seis enfermeiros?

Considere as informações do parágrafo a seguir para resolver as questões de **56** a **58**.

Um baralho comum possui 52 cartas, 13 de cada naipe — ouros, paus, espadas e copas —, e cada naipe contém 13 cartas — ás (A), 2, ..., 10, valete (J), dama (Q) e rei (K).

56. Escolhendo-se simultaneamente quatro cartas de um baralho comum, determine:

Thinkstock/Getty Images

a) o número de maneiras distintas de escolher as quatro cartas;

b) de quantas formas distintas é possível escolher as quatro cartas de copas;

c) de quantos modos distintos é possível escolher quatro ases.

57. Duas cartas são sorteadas, de uma só vez, de um baralho comum. Determine o número de maneiras possíveis de ocorrer um resultado formado por:

a) um rei e uma rainha;

b) duas cartas de copas;

c) uma carta de copas e outra de ouros;

d) dois ases;

e) cartas de naipes distintos.

58. De quantas maneiras distintas poderão ser sorteadas simultaneamente cinco cartas de um baralho de modo que o resultado do sorteio contenha:

a) três cartas de paus e duas de espadas?

b) o rei de ouros?

c) exatamente dois valetes?

d) pelo menos três valetes?

59. Um casal de Curitiba decidiu que a viagem de lua de mel seria feita pelo Nordeste, visitando exatamente três das nove capitais.

a) De quantos modos distintos poderiam ser escolhidas as três capitais, sem levar em consideração a ordem de visita?

b) Se o casal pretendesse conhecer obrigatoriamente Salvador, de quantos modos poderia ser feita a escolha?

c) Se, por motivos logísticos, Fortaleza só pudesse ser visitada se São Luís também o fosse e vice-versa, determine de quantas maneiras a escolha poderá ser feita.

60. Com 6 pessoas, a quantidade de duplas que podem ser formadas é maior, menor ou igual à quantidade de quartetos que podem ser formados?

61. Para montar uma cesta de café da manhã estão disponíveis os seguintes itens: quatro tipos de pães, três tipos de queijo, três tipos de frutas, cinco sabores de geleia e quatro sabores de tortas doces. De quantos modos distintos a cesta poderá ser montada se um cliente pedir dois tipos de pães, um tipo de queijo, duas frutas, dois sabores de geleia e uma torta doce?

Alex Argozino

62. Resolva as seguintes equações:

a) $C_{n,2} = 136$

b) $C_{n,2} + C_{n+1,\,n-1} = 25$

c) $A_{n,3} = 16 \cdot C_{n,2}$

63. Marcam-se cinco pontos distintos sobre uma reta *r*. Sobre outra reta *s*, paralela (e distinta) a *r*, marcam-se mais quatro pontos distintos. Quantos triângulos podem ser formados com vértices em três quaisquer desses pontos?

64. Uma sorveteria instalada em um parque de diversões vende uma bola de sorvete a R$ 1,00, R$ 2,00 ou R$ 3,00. Os preços variam em função do sabor escolhido. Sabendo que a sorveteria oferece seis sabores na opção mais econômica, quatro sabores a R$ 2,00 a bola e três sabores na opção mais cara, determine o número de maneiras distintas de uma criança gastar R$ 4,00, se ela não pretende repetir nenhum sabor.

65. Responda:

a) Em uma reunião havia 50 pessoas. Cada uma cumprimentou todas as outras uma única vez. Quantas saudações foram dadas nessa reunião?

b) Generalize o item *a*, supondo que havia *n* pessoas na reunião.

c) Em uma reunião social cada pessoa cumprimentou todas as outras uma única vez com um aperto de mão. Sabendo que foram dados 741 apertos de mão no total, determine o número de pessoas presentes à reunião.

66. A frente de um prédio comercial de 15 andares possui 45 janelas idênticas, cada uma correspondendo a uma sala comercial, como mostra a figura ao lado.

De madrugada, o porteiro do prédio verificou, no seu painel de controle, que em seis salas da frente as luzes haviam ficado acesas.

Setup

a) Determine o número de maneiras distintas de se ter seis salas acesas.

b) Determine o número de maneiras distintas de se ter seis salas acesas, sendo três em um andar e três em outro andar.

c) Determine o número de maneiras distintas de se ter seis salas acesas, sendo duas em um andar, duas em outro e duas em um andar diferente dos anteriores.

67. No grêmio de uma universidade serão realizadas eleições para os cargos de presidente, vice-presidente, tesoureiro e 4 conselheiros. Determine o número de maneiras distintas de ocorrer o resultado dessa eleição, sabendo que 14 alunos candidataram-se para ocupar qualquer um dos cargos e que todos os conselheiros eleitos terão a mesma função.

68. Qual é o número de peças de um jogo de dominó comum (números de 0 a 6)?

Alex Argozino

PERMUTAÇÕES COM ELEMENTOS REPETIDOS

Estudamos, até aqui, os agrupamentos simples, isto é, aqueles formados por elementos distintos. Vamos agora estudar as permutações com elementos repetidos, cujas técnicas de contagem estão baseadas em técnicas já estudadas na contagem dos agrupamentos simples.

1º caso: Apenas um elemento se repete

Um dado é lançado sete vezes sucessivamente. De quantas formas distintas pode ser obtida uma sequência com quatro faces iguais a 1 e as demais faces iguais a 2, 5 e 6?

- Vamos escolher, de início, as posições (correspondentes à ordem dos lançamentos) que as faces 2, 5 e 6 podem ocupar.
Para fixar ideias, veja o esquema seguinte, em que está representada uma possível ocorrência de posições:

Thinkstock/Getty Images

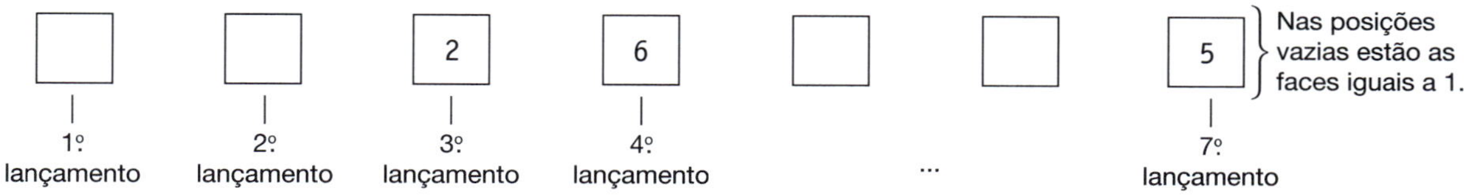

Observe que, fixadas as posições das faces 2, 6 e 5, as posições das faces iguais a 1 ficam determinadas de maneira única, uma vez que qualquer permutação de faces 1 gera a mesma sequência.

Trata-se, então, de escolher três entre sete posições. Isso pode ser feito de $C_{7,\,3} = 35$ maneiras distintas.

- Para a escolha anterior (3º, 4º e 7º lançamentos), as faces 2, 5 e 6 podem trocar de lugar entre si, num total de $P_3 = 3! = 6$ maneiras distintas.

Os passos anteriores sugerem que o número de sequências possíveis seja dado por:

$$C_{7,\,3} \cdot P_3 = \frac{7!}{\cancel{3!}\ 4!} \cdot \cancel{3!} = \frac{7!}{4!}$$

7 é o número total de faces

4 é o número de vezes que a face 1 ocorre

Indicaremos esse número por $\overset{(4)}{P}_7$.

Seguindo o mesmo raciocínio, podemos obter o número de anagramas formados a partir de CASAL.
Cada anagrama formado é uma sequência de cinco letras, das quais duas são iguais a A.

O total de anagramas é $\overset{(2)}{P}_5 = \frac{5!}{2!} = 60$.

Já em VENEZUELA, há nove letras, das quais três são iguais a E, e o número de anagramas possíveis é:

$$\overset{(3)}{P}_9 = \frac{9!}{3!} = 60\,480$$

2º caso: Dois elementos diferentes se repetem

Suponha, agora, que um dado seja lançado nove vezes sucessivamente. De quantas formas distintas pode ser obtida uma sequência com quatro faces iguais a 1, duas faces iguais a 3 e as demais faces iguais a 2, 5 e 6?

- Inicialmente, vamos determinar as possíveis posições em que as faces distintas de 1 podem ocorrer. Há $C_{9,\,5} = 126$ possibilidades, pois devem ser escolhidas cinco entre nove posições.
Acompanhe a seguir uma possível escolha.

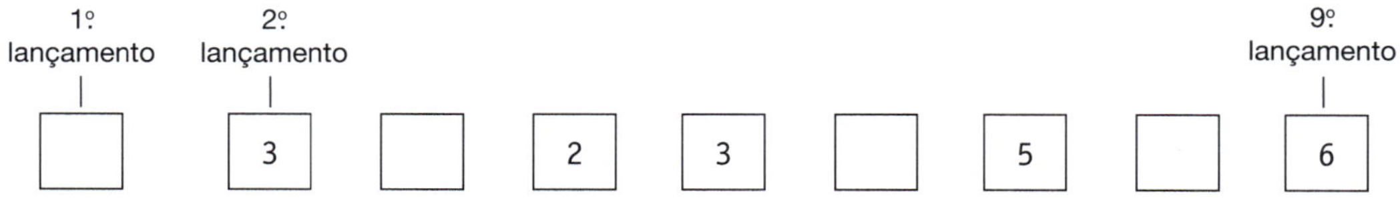

As quatro faces 1 entram nas posições vazias.

- Para tal escolha de lugares (2º, 4º, 5º, 7º e 9º lançamentos), as faces 2 (uma vez), 3 (duas vezes), 5 (uma vez) e 6 (uma vez) podem trocar de lugar entre si. Usando o resultado obtido no 1º caso, sabemos que o número de possibilidades é $\overset{(2)}{P}_5 = \frac{5!}{2!}$.

Assim, reunindo os dois passos anteriores, concluímos que o número de permutações possíveis é dado por:

$$C_{9,\,5} \cdot \overset{(2)}{P}_5 = \frac{9!}{\cancel{5!}\ 4!} \cdot \frac{\cancel{5!}}{2!} = \frac{9!}{4!\ 2!}$$

9 é o número total de faces

2 é o número de faces iguais a 3

4 é o número de faces iguais a 1

Indicaremos por $P_9^{(4,\,2)}$.

Para obter o número de anagramas formados a partir de BANANA, seguimos o mesmo raciocínio: são seis letras, das quais três são A e duas são N. Temos:

$$P_6^{(3,\,2)} = \frac{6!}{3!\ 2!} = 60 \text{ anagramas}$$

Caso geral

Dados n elementos, dos quais n_1 são iguais a a_1, n_2 são iguais a a_2, n_3 são iguais a a_3, ..., n_r são iguais a $a_r (n_1 + n_2 + \ldots + n_r = n)$, o número de permutações possíveis desses n elementos é dado por:

$$P_n^{(n_1,\, n_2,\, \ldots,\, n_r)} = \frac{n!}{n_1!\ n_2!\ \ldots\ n_r!}$$

Para contarmos o número de anagramas formados a partir de CACHORRO, observamos que há oito letras, das quais duas são iguais a C, duas são iguais a O, duas são iguais a R, além de uma letra A e uma letra H. Temos, então:

$$P_8^{(2,\,2,\,2,\,1,\,1)} = P_8^{(2,\,2,\,2)} = \frac{8!}{2!\ 2!\ 2!} = 5\,040 \text{ anagramas}$$

Caso especial

Pode ocorrer que, em um conjunto com n elementos, n_1 sejam iguais a a_1 e n_2 sejam iguais a a_2, com $n_1 + n_2 = n$.

Nesse caso, o número de permutações que podem ser formadas com esses elementos é:

$$P_n^{(n_1,\, n_2)} = \frac{n!}{n_1!\ n_2!} = \frac{n!}{n_1!\ (n - n_1)!} = \binom{n}{n_1} = C_{n,\, n_1}$$

A igualdade obtida mostra que o **número de permutações** desses n elementos (sendo n_1 iguais a a_1 e n_2 iguais a a_2; $n_1 + n_2 = n$) pode ser calculado por meio de uma **combinação**: trata-se de escolher as posições em que os elementos iguais a a_1 vão figurar, isto é, devemos escolher n_1 entre n opções. Isso pode ser feito de $C_{n,\, n_1} = \binom{n}{n_1}$ maneiras distintas. Feitas essas escolhas, as posições dos elementos iguais a a_2 ficam determinadas de maneira única.

Observe que também vale:

$$P_n^{(n_1,\, n_2)} = \frac{n!}{n_2!\ (n - n_2)!} = \binom{n}{n_2} = C_{n,\, n_2}$$

Quando estudarmos o binômio de Newton e a lei binomial da probabilidade, essa situação aparecerá com frequência.

Exemplo 7

Um casal tem três meninos e duas meninas. De quantos modos distintos poderia ter ocorrido a ordem dos nascimentos das crianças?

Representando o sexo das crianças por M (masculino) e F (feminino), devemos permutar cinco letras, das quais três são M e duas são F. Temos:

$$P_5^{(3,\,2)} = \frac{5!}{3!\ 2!} = \binom{5}{2} = \binom{5}{3} = 10 \text{ possibilidades}$$

EXERCÍCIOS

69. Determine o número de anagramas formados a partir de:

a) MORANGO
b) FALTA
c) AROMA
d) OURO
e) PANAMÁ
f) ACADEMIA

(Desconsidere o acento gráfico.)

70. Determine o número de anagramas formados a partir de:

a) CASCAVEL
b) MATEMÁTICA
c) SOSSEGADA
d) MARROCOS
e) PROBABILIDADE
f) COPACABANA

(Desconsidere o acento gráfico.)

71. Um dado é lançado quatro vezes sucessivamente. Determine o número de sequências de resultados em que:

a) as quatro faces são iguais a 5;
b) três faces são iguais a 2 e uma face é igual a 4;
c) duas faces são iguais a 3, uma face é 4 e outra é 5.

72. Permutando os algarismos 1, 1, 1, 2, 2, 3, 3, 3, 3 e 4, quantos números de 10 algarismos podemos formar?

73. Considere os anagramas formados a partir de:

PIRATARIA

a) Quantos são?
b) Quantos começam por A?
c) Quantos começam por vogal?

74. Permutando-se duas letras iguais a A e *n* letras iguais a B podem ser obtidos 21 anagramas. Qual é o valor de *n*?

75. Um dado é lançado três vezes sucessivamente. Quantas sequências de resultados apresentam soma dos pontos:

a) menor que 8?
b) maior que 13?

DESAFIO

Lívia e Breno são irmãos.
Breno tem igual número de irmãos e irmãs; Lívia tem o número de irmãs igual à metade do número de irmãos.
Quantos irmãos tem Breno, ao todo?

EXERCÍCIOS COMPLEMENTARES

1. Quantos números de três algarismos têm pelo menos dois repetidos?

2. Com os algarismos 0, 1, 2, 3, 4, 5 e 6, determine quantos números de quatro algarismos distintos maiores que 4 320 podem ser formados.

3. Numa dinâmica de grupo, uma psicóloga de RH (Recursos Humanos) relaciona de todas as formas possíveis dois participantes: ao primeiro faz a pergunta e ao segundo pede que comente a resposta do colega. Admita que a psicóloga não fará a mesma pergunta mais de uma vez.

a) Se 10 candidatos participam da dinâmica, qual é o número de perguntas feitas pela psicóloga?
b) Qual é o número mínimo de candidatos que obriga a psicóloga a ter mais de 250 questões para realizar a dinâmica?

4. Uma pessoa se encontra no ponto P(8, 10) de um sistema de eixos cartesianos e quer chegar à origem desse sistema. Sabe-se que ela dá um passo por vez, para a esquerda ou para baixo. Quantos caminhos distintos podem conduzi-la à origem?

5. Uma caixa contém 14 etiquetas numeradas, oito com números positivos e seis com números negativos. Quatro delas são extraídas simultaneamente e os números marcados são multiplicados. De quantas formas as etiquetas podem ser sorteadas de modo que o produto obtido seja positivo?

6. Responda:

a) De quantas formas distintas é possível distribuir 12 pessoas em 4 grupos de 3?
b) Para o sorteio das chaves de um torneio de vôlei, é preciso distribuir 12 equipes em 4 chaves (grupos) de 3, sendo que, para cada grupo, há um cabeça de chave preestabelecido. De quantas formas isso pode ser feito?

7. Em um barco de passeio há nove lugares para passageiros, distribuídos em três bancos, e um lugar para o condutor, como mostra a figura seguinte:

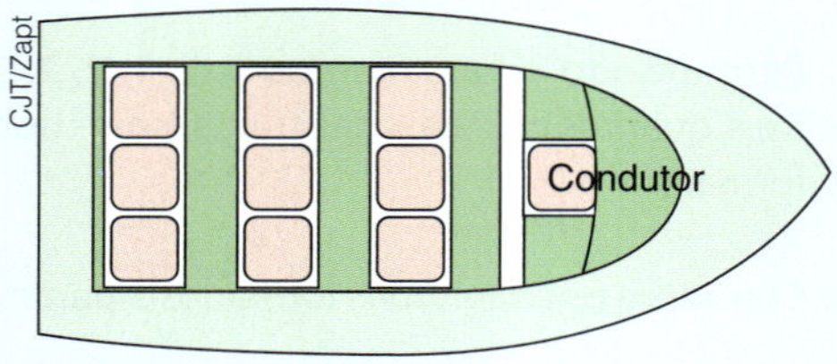

Quatro casais (I, II, III e IV) e um guia turístico vão fazer um passeio nesse barco.

Sabendo que o guia deve sentar no banco da frente e que o casal I deve permanecer lado a lado, determine o número de maneiras distintas de acomodar as nove pessoas.

8. (U. F. Lavras-MG) Um problema clássico em combinatória é calcular o número de maneiras de se colocarem bolas iguais em caixas diferentes. Calcule o número de maneiras de se colocarem 7 bolas iguais em 3 caixas diferentes, sem que nenhuma caixa fique vazia.

Sugestão:

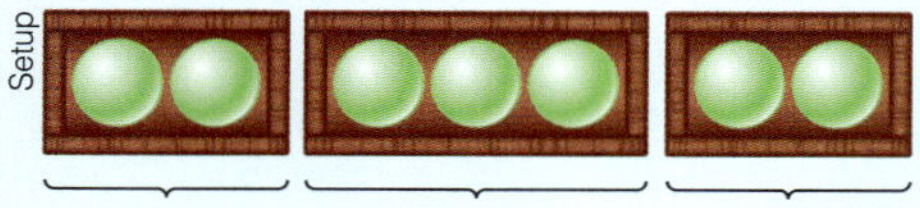

9. (UF-CE) Escolhemos cinco números, sem repetição, dentre os inteiros de 1 a 20. Calcule quantas escolhas distintas podem ser feitas, sabendo que ao menos dois dos cinco números selecionados devem deixar um mesmo resto quando divididos por 5.

10. (U.F. São Carlos-SP) Em seu trabalho, João tem 5 amigos, sendo 3 homens e 2 mulheres. Já sua esposa Maria tem, em seu trabalho, 4 amigos (distintos dos de João), sendo 2 homens e 2 mulheres. Para uma confraternização, João e Maria pretendem convidar 6 dessas pessoas, sendo exatamente 3 homens e 3 mulheres. Determine de quantas maneiras eles podem convidar essas pessoas:

a) dentre todos os seus amigos no trabalho.

b) de forma que cada um deles convide exatamente 3 pessoas, dentre seus respectivos amigos.

11. Responda:

a) Qual é o número de divisores positivos de 120?

b) O número $1\,125 \cdot 2^n$, com $n \in \mathbb{N}$, apresenta 84 divisores positivos. Qual é o valor de *n*?

c) Qual é o número de divisores positivos de 11!?

12. Um país é formado por quatro regiões A, B, C e D, como mostra o mapa seguinte:

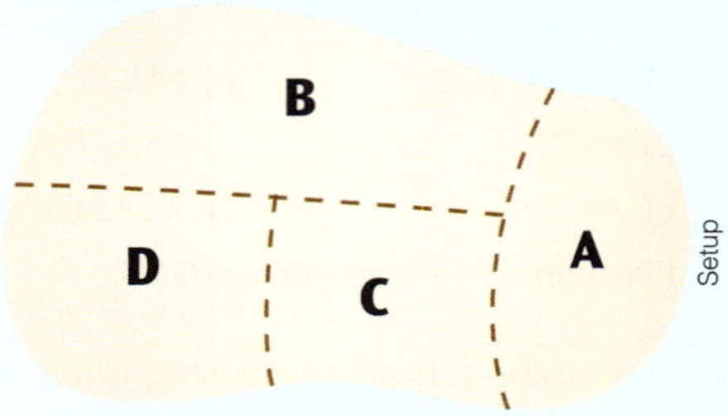

Deseja-se colorir esse mapa de modo que regiões com uma fronteira comum tenham cores distintas. Assinale V ou F nas afirmações seguintes:

a) É possível colorir o mapa usando apenas duas cores.

b) Usando quatro cores distintas, o número de maneiras de colorir o mapa é 24.

c) Com quatro cores disponíveis, o número máximo de possibilidades para colorir o mapa é 60.

d) Com 5 cores disponíveis e, colorindo A e D com a mesma cor, existem 60 maneiras distintas de colorir o mapa.

e) O número mínimo de cores necessárias para colorir o mapa é 3.

13. O logotipo de uma empresa é representado pelos três círculos a seguir:

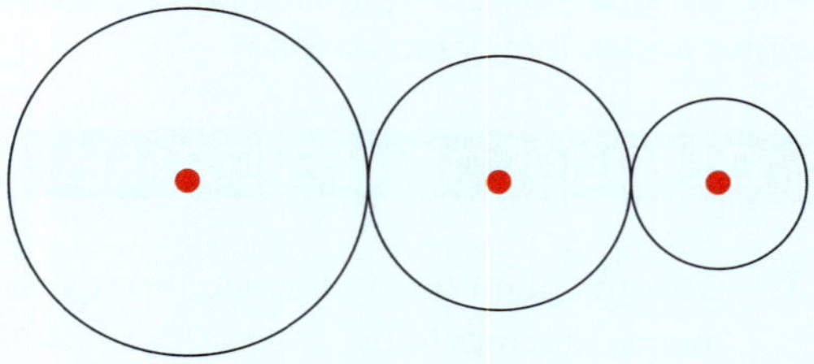

Ainda não foram escolhidas as cores que serão usadas para colorir cada círculo. O departamento de *marketing* sugeriu o uso de azul, laranja, verde, branco, vermelho ou gelo. Sabendo que cada círculo será pintado de uma cor diferente, determine:

a) o número de maneiras de colorir o logotipo.

b) o número de maneiras de colorir o logotipo, incluindo obrigatoriamente a cor laranja.

14. Resolva as equações seguintes:

a) $(n!)^2 - 100 \cdot n! = 2\,400$

b) $\dfrac{(n-1)!\,(n+1)!}{(n!)^2} = \dfrac{5}{4}$

c) $(n!)^3 = 3n^2 \cdot [(n-1)!]^3$

d) $\dfrac{A_{n,5}}{C_{n,6}} = 240$

15. O vencedor de um concurso de redação de um colégio poderá, como prêmio, escolher cinco livros, entre dez de Machado de Assis, sete de Érico Veríssimo e cinco de Clarice Lispector. De quantos modos distintos o vencedor poderá fazer a escolha de modo que:

a) sejam selecionados dois de Machado de Assis, dois de Érico Veríssimo e um de Clarice Lispector?

b) nenhum livro escolhido seja de Machado de Assis?

c) pelo menos quatro livros de Clarice Lispector sejam escolhidos?

d) Machado de Assis seja o único autor com mais livros escolhidos?

16. O volante da Mega-Sena contém 60 números, de 1 a 60. O resultado de um sorteio da Mega-Sena é formado por seis números sorteados entre os 60.

a) De quantos modos distintos pode ocorrer o resultado de um sorteio?

b) Quantos resultados formados por 4 números pares e 2 números ímpares são possíveis?

c) Quantos resultados contendo o número 1 são possíveis?

d) Quantos resultados não contêm o número 18?

e) Quantos resultados contêm o número 1 ou o número 60?

f) Quantos resultados não contêm múltiplos de 5 nem de 4?

17. (UF-GO) Os computadores digitais codificam e armazenam seus programas na forma binária. No código binário, que é um sistema de numeração posicional, as quantidades são representadas somente com dois algarismos: zero e um. Por exemplo, o código 101011001, no sistema binário, representa o número 345, do sistema de numeração decimal. Assim sendo, calcule quantos códigos binários podem ser escritos com exatamente nove algarismos, considerando que o primeiro algarismo do código binário é 1.

18. (U.E.Maringá-PR) Seja A o seguinte conjunto de números naturais: $A = \{1, 2, 4, 6, 8\}$. Assinale o que for correto.

(01) Podem ser formados exatamente 24 números ímpares com 4 algarismos escolhidos dentre os elementos do conjunto A.

(02) Existem exatamente 96 números de 5 algarismos formados com elementos distintos de A e terminados com um algarismo par.

(04) Podem ser formados exatamente 64 números pares de 3 algarismos com elementos do conjunto A.

(08) Existem exatamente 3 125 números menores do que 100 000 formados com elementos do conjunto A.

(16) Podem ser formados exatamente 49 números menores do que 350 com elementos distintos do conjunto A.

19. (UE-RJ) Considere a situação abaixo:

Em um salão há apenas 6 mulheres e 6 homens que sabem dançar. Calcule o número total de pares de pessoas de sexos opostos que podem ser formados para dançar.

Um estudante resolveu esse problema do seguinte modo:

A primeira pessoa do casal pode ser escolhida de 12 modos, pois ela pode ser homem ou mulher. Escolhida a primeira, a segunda pessoa só poderá ser escolhida de 6 modos, pois deve ser de sexo diferente da primeira. Há, portanto, $12 \times 6 = 72$ modos de formar um casal.

Essa solução está errada. Apresente a solução correta.

20. (Fuvest-SP)

a) Quantos são os números inteiros positivos de quatro algarismos, escolhidos sem repetição, entre 1, 3, 5, 6, 8, 9?

b) Dentre os números inteiros positivos de quatro algarismos citados no item a), quantos são divisíveis por 5?

c) Dentre os números inteiros positivos de quatro algarismos citados no item a), quantos são divisíveis por 4?

21. (Unesp-SP) Quantos números de nove algarismos podem ser formados contendo quatro algarismos iguais a 1, três algarismos iguais a 2 e dois algarismos iguais a 3?

22. (UE-GO) Na cantina "Canto Feliz", surgiram as seguintes vagas de trabalho: duas para serviços de limpeza, cinco para serviços de balcão, quatro para serviços de entregador e uma para serviços gerais. Para preencher essas vagas, candidataram-se 23 pessoas: oito para a função de limpeza, sete para a de balconista, seis para a de entregador e duas para serviços gerais. Considerando todas as possibilidades de seleção desses candidatos, determine o número total dessas possibilidades.

23. (UF-PE) Um escritório tem 7 copiadoras e 8 funcionários que podem operá-las. Calcule o número m de maneiras de se copiar simultaneamente (em máquinas distintas, sendo operadas por funcionários diferentes) 5 trabalhos idênticos neste escritório. Indique a soma dos dígitos de m.

24. (UF-CE) Um professor pretendia elaborar uma lista de exercícios com dez questões. Para isso, ele escolheu quatro problemas de Combinatória, sete problemas de Geometria e oito de Álgebra. Determine o número de listas distintas que o professor poderia elaborar (não considere a ordem de apresentação das questões), ao decidir que a lista teria duas questões de Análise Combinatória, cinco questões de Geometria e três questões de Álgebra.

25. (Vunesp-SP) A turma de uma sala de *n* alunos resolve formar uma comissão de três pessoas para tratar de um assunto delicado com um professor.

a) Explicite, em termos de *n*, o número de comissões possíveis de serem formadas com estes alunos.

b) Determine o número de comissões possíveis, se o professor exigir a participação na comissão de um determinado aluno da sala, por esse ser o representante da classe .

26. Seja $n \in \mathbb{N}$, com $n \geqslant 3$. Sabendo que $A_{n,3} = 3\,360$, qual é o valor de $C_{n,3}$?

27. (UF-MG) Um baralho é composto por 52 cartas divididas em quatro naipes distintos. Cada naipe é constituído por 13 cartas – 9 cartas numeradas de 2 a 10, mais valete, dama, rei e ás, representadas, respectivamente, pelas letras J, Q, K e A. Um par e uma trinca consistem, respectivamente, de duas e de três cartas de mesmo número ou letra. Um *full hand* é uma combinação de cinco cartas, formada por um par e uma trinca. Considerando essas informações, calcule:

a) de quantas maneiras distintas se pode formar um *full hand* com um par de reis e uma trinca de 2.

b) de quantas maneiras distintas se pode formar um *full hand* com um par de reis.

c) de quantas maneiras distintas se pode formar um *full hand*.

28. (Unifesp-SP) Numa classe há *x* meninas e *y* meninos, com $x, y \geqslant 4$. Se duas meninas se retirarem da classe, o número de meninos na classe ficará igual ao dobro do número de meninas.

a) Dê a expressão do número de meninos na classe em função do número de meninas e, sabendo que não há mais que 14 meninas na classe, determine quantos meninos, no máximo, pode haver na classe.

b) A direção do colégio deseja formar duas comissões entre os alunos da classe, uma com exatamente 3 meninas e outra com exatamente 2 meninos. Sabendo-se que, nessa classe, o número de comissões que podem ser formadas com 3 meninas é igual ao número de comissões que podem ser formadas com dois meninos, determine o número de alunos da classe.

29. (UF-PE) As pedras de um dominó usual são compostas por dois quadrados, com 7 possíveis marcas (de zero pontos até 6 pontos). Quantas pedras terá um dominó se cada quadrado puder ter até 9 pontos? Veja no desenho abaixo um exemplo de uma nova pedra do dominó.

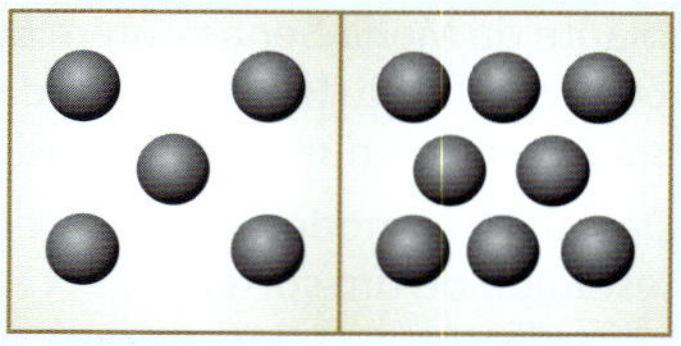

Interbits®

30. (UF-PE) Um casal está fazendo uma trilha junto com outras 10 pessoas. Em algum momento, eles devem cruzar um rio em 4 jangadas, cada uma com capacidade para 3 pessoas (excluindo o jangadeiro). De quantas maneiras os grupos podem ser organizados para a travessia, se o casal quer ficar na mesma jangada? Assinale a soma dos dígitos.

31. (UE-RJ) Um sistema luminoso, constituído de oito módulos idênticos, foi montado para emitir mensagens em código. Cada módulo possui três lâmpadas de cores diferentes – vermelha, amarela e verde. Observe a figura:

Considere as seguintes informações:

- cada módulo pode acender apenas uma lâmpada por vez;
- qualquer mensagem é configurada pelo acendimento simultâneo de três lâmpadas vermelhas, duas verdes e uma amarela, permanecendo dois módulos com as três lâmpadas apagadas;
- duas mensagens são diferentes quando pelo menos uma das posições dessas cores acesas é diferente.

Calcule o número de mensagens distintas que esse sistema pode emitir.

32. (UF-MG) Permutando-se os algarismos do número 123456, formam-se números de seis algarismos. Supondo-se que todos os números formados com esses seis algarismos tenham sido colocados numa lista em ordem crescente,

1. Determine quantos números possui essa lista.
2. Determine a posição do primeiro número que começa com o algarismo 4.
3. Determine a posição do primeiro número que termina com o algarismo 2.

33. (FGV-SP) Oito garotas chegam de férias a uma pequena cidade do litoral norte. Dirigem-se a um hotel onde somente estão disponíveis dois quartos triplos e um quarto duplo.

a) De quantos modos diferentes elas podem alojar-se no hotel?

b) As ruas da cidade interceptam-se em ângulos retos, como mostra a figura. Certo dia, elas decidem almoçar no único restaurante da cidade. Quantos caminhos diferentes elas podem escolher para ir do hotel ao restaurante? Elas caminham somente para o norte ou para o leste. A figura indica um possível caminho.

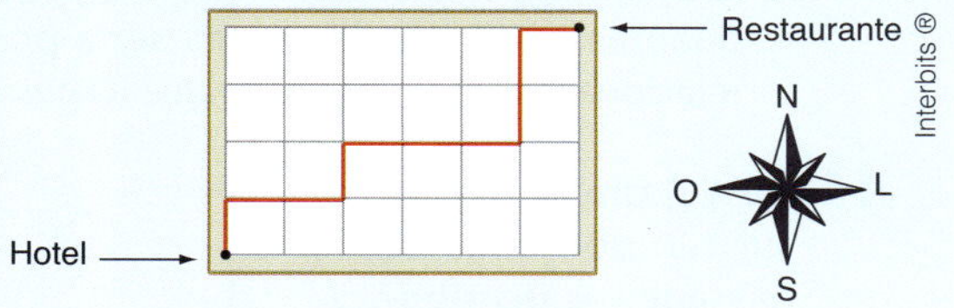

34. (UF-GO) Uma pessoa dispõe de R$ 800,00 para comprar camisas e calças, de modo a obter exatamente vinte trajes distintos. Cada traje consiste de uma calça e uma camisa, que custam R$ 110,00 e R$ 65,00, respectivamente. Considerando-se que cada peça pode fazer parte de mais de um traje, calcule o número de camisas e de calças que a pessoa comprará sem ultrapassar a quantia em dinheiro de que dispõe.

35. (Unesp-SP) Quantos são os números naturais que podem ser decompostos em um produto de quatro fatores primos, positivos e distintos, considerando que os quatro sejam menores que 30?

36. (UF-RN) O quadro de avisos de uma escola de ensino médio foi dividido em quatro partes, como mostra a figura a seguir.

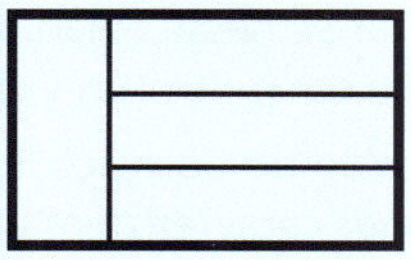

No retângulo à esquerda, são colocados os avisos da diretoria, e, nos outros três retângulos, serão colocados, respectivamente, de cima para baixo, os avisos dos 1º, 2º e 3º anos do ensino médio.

A escola resolveu que retângulos adjacentes (vizinhos) fossem pintados, no quadro, com cores diferentes. Para isso, disponibilizou cinco cores e solicitou aos servidores e alunos sugestões para a disposição das cores no quadro.

Determine o número máximo de sugestões diferentes que podem ser apresentadas pelos servidores e alunos.

37. (UF-PE) Um grupo com 3n rapazes e 2n moças participa de um torneio de jogo de damas (com *n* sendo um número natural). Cada participante enfrentará cada um dos demais uma única vez. Se o número de partidas entre participantes de sexos diferentes foi 96, quantas foram as partidas entre participantes do mesmo sexo?

38. (UE-RJ) Todas as *n* capitais de um país estão interligadas por estradas pavimentadas, de acordo com o seguinte critério: uma única estrada liga cada duas capitais. Com a criação de duas novas capitais, foi necessária a construção de mais 21 estradas pavimentadas para que todas as capitais continuassem ligadas de acordo com o mesmo critério.

Determine o número *n* de capitais que existiam inicialmente nesse país .

39. (UnB-DF)

Texto para a próxima questão:

O Google, mecanismo de buscas na Internet, indexa trilhões de páginas *web*, de modo que os usuários podem pesquisar as informações de que necessitarem usando palavras-chave e operadores. O funcionamento do Google é embasado em algoritmos matemáticos, que analisam a relevância de um sítio pelo número de páginas e pela importância dessas páginas. O nome Google é derivado de *googol*, número definido por 10^{100}, ou seja, o número 1 seguido de 100 zeros. A partir do *googol*, define-se o *googolplex*, correspondente a 10^{googol}, ou seja, o número 1 seguido de 10^{100} zeros.

De acordo com dados do Google, o sítio mais acessado atualmente é o Facebook, a maior rede social da Internet. De agosto de 2010 a agosto de 2011, o número de usuários dessa rede social passou de 598 milhões para 753 milhões. A previsão de receita do Facebook para 2011 é de 4,27 bilhões de dólares, um crescimento de 115% em relação a 2010.

A partir dessas informações, julgue os itens subsequentes.

a) A soma dos divisores naturais de $\frac{10^{100}}{2^{90} \times 5^{100}}$ é um número primo.

b) A quantidade de anagramas da palavra *googolplex* que começam por consoante é superior a 10^5.

c) De agosto de 2010 a agosto de 2011, a taxa de crescimento da quantidade de usuários do Facebook foi inferior a 25%.

40. (Unesp-SP) Em todos os 25 finais de semana do primeiro semestre de certo ano, Maira irá convidar duas de suas amigas para ir à sua casa de praia, sendo que nunca o mesmo par de amigas se repetirá durante esse período. Respeitadas essas condições, determine o menor número possível de amigas que ela poderá convidar.

Dado: $\sqrt{201} \cong 14{,}2$.

41. (U.E. Ponta Grossa-PR) Com base nas assertativas abaixo, assinale o que for correto. Indique a soma.

(01) Se $a_n = \frac{n!(n^2 - 1)}{(n + 1)!}$, então $a_{2000} = 1\,999$

(02) Se $C_{n,3} = 56$, então $A_{n,3} = 168$.

(04) Três casais podem ocupar 6 cadeiras dispostas em fila, de tal forma que as duas extremidades sejam ocupadas por homens, de 360 maneiras diferentes.

(08) O produto dos *n* primeiros números pares ($n \in N^*$) é igual a $2^n \cdot n!$.

(16) A solução da equação $\frac{(n + 2)!}{(n + 1)!} = 7$ é um número par.

42. (UF-ES) Três casais devem sentar-se em 8 poltronas de uma fileira de um cinema. Calcule de quantas maneiras eles podem sentar-se nas poltronas:

a) de modo arbitrário, sem restrições;

b) de modo que cada casal fique junto;

c) de modo que todos os homens fiquem à esquerda ou todos os homens fiquem à direita de todas as mulheres.

43. (Unicamp-SP) O perfil lipídico é um exame médico que avalia a dosagem dos quatro tipos principais de gorduras (lipídios) no sangue: colesterol total (CT), colesterol HDL (conhecido como "bom colesterol"), colesterol LDL (o "mau colesterol") e triglicérides (TG). Os valores desses quatro indicadores estão relacionados pela fórmula de Friedewald: $CT = LDL + HDL + \frac{TG}{5}$. A tabela a seguir mostra os valores normais dos lipídios sanguíneos para um adulto, segundo o laboratório SangueBom.

Indicador	Valores normais
CT	Até 200 mg/dℓ
LDL	Até 130 mg/dℓ
HDL	Entre 40 e 60 mg/dℓ
TG	Até 150 mg/dℓ

a) O perfil lipídico de Pedro revelou que sua dosagem de colesterol total era igual a 198 mg/dℓ e que a de triglicérides era igual a 130 mg/dℓ. Sabendo que todos os seus indicadores estavam normais, qual o intervalo possível para o seu nível de LDL?

b) Acidentalmente, o laboratório SangueBom deixou de etiquetar as amostras de sangue de cinco pessoas. Determine de quantos modos diferentes seria possível relacionar essas amostras às pessoas, sem qualquer informação adicional. Na tentativa de evitar que todos os exames fossem refeitos, o laboratório analisou o tipo sanguíneo das amostras e detectou que três delas eram de sangue O+ e as duas restantes eram de sangue A+. Nesse caso, supondo que cada pessoa indicasse seu tipo sanguíneo, de quantas maneiras diferentes seria possível relacionar as amostras de sangue às pessoas?

44. (UF-ES) Um avião possui 120 poltronas de passageiros distribuídas em 20 filas. Cada fila tem 3 poltronas do lado esquerdo (denotadas por A, B, C) e 3 do lado direito (denotadas por D, E, F), separadas pelo corredor do avião.

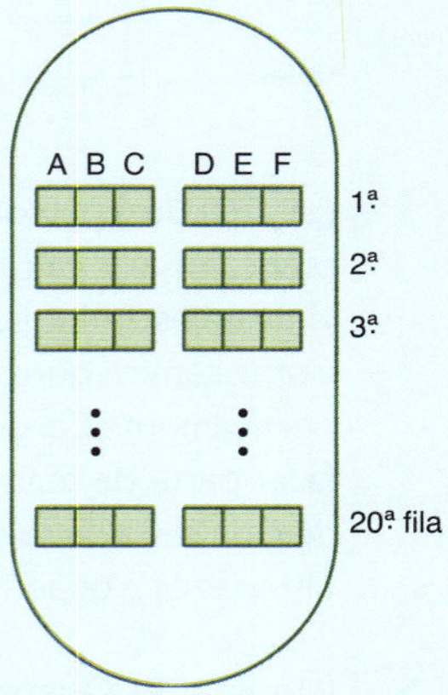

Considere que duas poltronas são vizinhas quando elas estão numa mesma fila e não há poltronas entre elas, exceto as de letras C e D, que não são consideradas vizinhas.

a) De quantas maneiras distintas dois passageiros podem sentar-se nesse avião, numa mesma fila?

b) De quantas maneiras distintas um casal pode sentar-se em poltronas vizinhas?

c) De quantas maneiras distintas dois casais podem sentar-se nesse avião, de modo que cada casal fique em poltronas vizinhas?

Obs.: A inversão de posição de um casal em poltronas vizinhas caracteriza maneiras distintas.

TESTES

1. (IF-SP) Dispõe-se de cinco cores para colorir o retângulo que está dividido em quatro outros retângulos menores, R_1, R_2, R_3 e R_4, de maneira que retângulos com um lado comum não devem ser coloridos com a mesma cor.

R_1	R_2
R_3	R_4

O número de modos diferentes de colorir os quatro retângulos com apenas duas cores é:

a) 8. b) 12. c) 15. d) 18. e) 20.

2. (PUC-RS) Para a escolha de um júri popular formado por 21 pessoas, o juiz-presidente de uma determinada Comarca dispõe de uma listagem com nomes de trinta homens e de vinte mulheres. O número de possibilidades de formar um júri popular composto por exatamente 15 homens é

a) $C_{30}^{15} \cdot C_{20}^{6}$

b) $A_{30}^{15} \cdot A_{20}^{6}$

c) $C_{30}^{15} + C_{20}^{6}$

d) $A_{30}^{15} + A_{20}^{6}$

e) C_{50}^{21}

3. (Udesc-SC) Uma turma de 25 alunos precisa escolher 6 representantes. Sabe-se que 28% dos alunos desta turma são mulheres, e que os representantes escolhidos devem ser 3 homens e 3 mulheres. Assim, o número de possibilidades para esta escolha é:

a) 28 560

b) 851

c) 13 800

d) 1 028 160

e) 5 106

4. (Fuvest-SP) Vinte times de futebol disputam a Série A do Campeonato Brasileiro, sendo seis deles paulistas. Cada time joga duas vezes contra cada um dos seus adversários. A porcentagem de jogos nos quais os dois oponentes são paulistas é

a) menor que 7%.

b) maior que 7%, mas menor que 10%.

c) maior que 10%, mas menor que 13%.

d) maior que 13%, mas menor que 16%.

e) maior que 16%.

5. (Mackenzie-SP) Euromillions é um jogo europeu de loteria. A figura representa um cartão de apostas.

O ganhador precisa acertar cinco números sorteados de 1 a 50 (setor A) e também dois números sorteados de 1 a 9 (setor B). O número de maneiras diferentes de se apostar, escolhendo 5 números no setor A e 2 no setor B, é:

a) $\dfrac{50!}{5!} \cdot \dfrac{9!}{2!}$

b) $\dfrac{50!}{5!} + \dfrac{9!}{2!}$

c) $\dfrac{50!}{5!\,45!} \cdot \dfrac{9!}{2!\,7!}$

d) $\dfrac{50!}{5!\,45!} + \dfrac{9!}{2!\,7!}$

e) $50! \cdot 9!$

6. (PUC-RJ) Rebeca tem uma blusa de cada uma das seguintes cores: branco, vermelho, amarelo, verde e azul. Ela tem uma saia de cada uma das seguintes cores: branco, azul, violeta e cinza. De quantas maneiras Rebeca pode se vestir sem usar blusa e saia da mesma cor?

a) 14 b) 18 c) 20 d) 21 e) 35

7. (UF-ES) Uma rede de lojas de eletrodomésticos tem 50 vendedores. Deseja-se escolher 3 desses vendedores para trabalhar em 3 lojas, uma no bairro Jardim da Santa, outra no bairro Praia da Beira e a outra no Centro. Cada uma das 3 lojas deverá ficar com um, e apenas um, dos 3 vendedores. O número de possíveis maneiras de fazer essa escolha é:

a) 300

b) 19 600

c) 39 200

d) 58 800

e) 117 600

8. (Enem-MEC) Um técnico em refrigeração precisa revisar todos os pontos de saída de ar de um escritório com várias salas.

Na imagem apresentada, cada ponto indicado por uma letra é a saída do ar, e os segmentos são as tubulações.

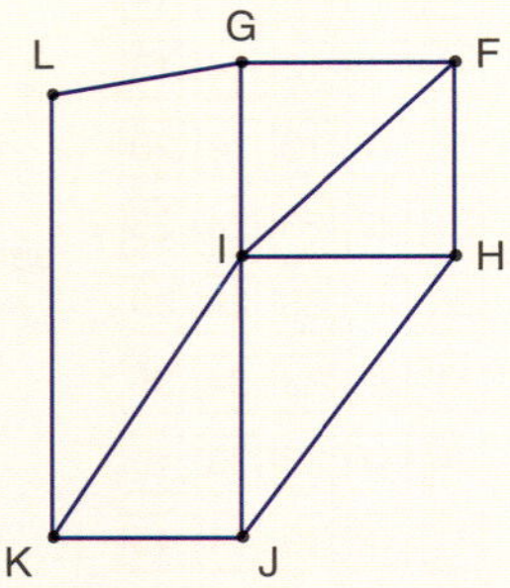

Iniciando a revisão pelo ponto K e terminando em F, sem passar mais de uma vez por cada ponto, o caminho será passando pelos pontos:

a) K, I e F.
b) K, J, I, G, L e F.
c) K, L, G, I, J, H e F.
d) K, J, H, I, G, L e F.
e) K, L, G, I, H, J e F.

9. (Enem-MEC) Um banco solicitou aos seus clientes a criação de uma senha pessoal de seis dígitos, formada somente por algarismos de 0 a 9, para acesso à conta-corrente pela internet.

Entretanto, um especialista em sistemas de segurança eletrônica recomendou à direção do banco recadastrar seus usuários, solicitando, para cada um deles, a criação de uma nova senha com seis dígitos, permitindo agora o uso das 26 letras do alfabeto, além dos algarismos de 0 a 9. Nesse novo sistema, cada letra maiúscula era considerada distinta de sua versão minúscula. Além disso, era proibido o uso de outros tipos de caracteres.

Uma forma de avaliar uma alteração no sistema de senhas é a verificação do coeficiente de melhora, que é a razão do novo número de possibilidades de senhas em relação ao antigo:

O coeficiente de melhora da alteração recomendada é:

a) $\frac{62^6}{10^6}$
b) $\frac{62!}{10!}$
c) $\frac{62!\,4!}{10!\,56!}$
d) $62! - 10!$
e) $62^6 - 10^6$

10. (UF-AM) Quantos anagramas distintos da palavra PSC2012 é possivel formar, de modo que comecem por uma letra e terminem por um número?

a) $9 \times \frac{5!}{2}$
b) $\frac{7!}{2}$
c) $\frac{6!}{2}$
d) $\frac{7!}{4}$
e) 6!

11. (UE-CE) Ao permutarmos, de todas as formas possíveis, os algarismos 1, 2, 3, 4, 5 e 6, obtemos números de seis dígitos diferentes. Ordenando estes números, em ordem crescente, o número que ocupa a 239ª posição é:

a) 265 431.
b) 265 413.
c) 265 314.
d) 264 531.

12. (Unicamp-SP) Para acomodar a crescente quantidade de veículos, estuda-se mudar as placas, atualmente com três letras e quatro algarismos numéricos, para quatro letras e três algarismos numéricos, como está ilustrado abaixo.

ABC 1234 | **ABCD 123**

Considere o alfabeto com 26 letras e os algarismos de 0 a 9. O aumento obtido com essa modificação em relação ao número máximo de placas em vigor seria:

a) inferior ao dobro.
b) superior ao dobro e inferior ao triplo.
c) superior ao triplo e inferior ao quádruplo.
d) mais que o quádruplo.

13. (Mackenzie-SP) Um juiz dispõe de 10 pessoas, das quais somente 4 são advogados, para formar um único júri com 7 jurados. O número de formas de compor o júri com pelo menos um advogado é:

a) 70 b) 7^4 c) 120 d) 4^7 e) 140

14. (U.E. Londrina-PR) Os clientes de um banco, ao utilizarem seus cartões nos caixas eletrônicos, digitavam uma senha numérica composta por cinco algarismos. Com o intuito de melhorar a segurança da utilização desses cartões, o banco solicitou a seus clientes que cadastrassem senhas numéricas com seis algarismos.

Se a segurança for definida pela quantidade de possíveis senhas, em quanto aumentou percentualmente a segurança na utilização dos cartões?

a) 10%
b) 90%
c) 100%
d) 900%
e) 1 900%

15. (Enem-MEC) O setor de recursos humanos de uma empresa vai realizar uma entrevista com 120 candidatos a uma vaga de contador. Por sorteio, eles pretendem atribuir a cada candidato um número, colocar a lista de números em ordem numérica crescente e usá-la para convocar os interessados. Acontece que, por um defeito do computador, foram gerados números com 5 algarismos distintos e, em nenhum deles, apareceram dígitos pares. Em razão disso, a ordem de chamada do candidato que tiver recebido o número 75 913 é:

a) 24. b) 31. c) 32. d) 88. e) 89.

16. (EsPCEx-SP) Se todos os anagramas da palavra ESPCEX forem colocados em ordem alfabética, a palavra ESPCEX ocupará, nessa ordenação, a posição:

a) 144 b) 145 c) 206 d) 214 e) 215

17. (Enem-MEC) Em um jogo disputado em uma mesa de sinuca, há 16 bolas: 1 branca e 15 coloridas, as quais, de acordo com a coloração, valem de 1 a 15 pontos (um valor para cada bola colorida).

O jogador acerta o taco na bola branca de forma que esta acerte as outras, com o objetivo de acertar duas das quinze bolas em quaisquer caçapas. Os valores dessas duas bolas são somados e devem resultar em um valor escolhido pelo jogador antes do início da jogada.

Arthur, Bernardo e Caio escolhem os números 12, 17 e 22 como sendo resultados de suas respectivas somas.

Com essa escolha, quem tem a maior probabilidade de ganhar o jogo é:

a) Arthur, pois a soma que escolheu é a menor.

b) Bernardo, pois há 7 possibilidades de compor a soma escolhida por ele, contra 4 possibilidades para a escolha de Arthur e 4 possibilidades para a escolha de Caio.

c) Bernardo, pois há 7 possibilidades de compor a soma escolhida por ele, contra 5 possibilidades para a escolha de Arthur e 4 possibilidades para a escolha de Caio.

d) Caio, pois há 10 possibilidades de compor a soma escolhida por ele, contra 5 possibilidades para a escolha de Arthur e 8 possibilidades para a escolha de Bernardo.

e) Caio, pois a soma que escolheu é a maior.

18. (UE-CE) Dentre um grupo de dez trabalhadores, deseja-se formar comissões, cada uma delas constituída de no mínimo duas pessoas e no máximo cinco pessoas. O número de comissões que podem ser formadas é

a) 50. b) 120. c) 252. d) 627.

19. (FGV-SP) O total de números naturais de 7 algarismos tal que o produto dos seus algarismos seja 14 é:

a) 14. b) 28. c) 35. d) 42. e) 49.

20. (PUC-RJ) Em uma sorveteria há sorvetes nos sabores morango, chocolate, creme e flocos. De quantas maneiras podemos montar uma casquinha com duas bolas nessa sorveteria?

a) 10 maneiras

b) 9 maneiras

c) 8 maneiras

d) 7 maneiras

e) 6 maneiras

21. (Cefet-MG) Um grupo de amigos, ao planejar suas férias coletivas, listou 12 cidades brasileiras que pretendem conhecer juntos, sendo que seis ficam no litoral e seis no interior do país. O critério estabelecido foi de alternar as férias, em cada ano, ora em cidades litorâneas, ora em interioranas, definindo-se que, nos próximos 12 anos, será visitada uma cidade diferente por ano. Desse modo, a quantidade de maneiras possíveis para atender a esse critério é:

a) $2 \cdot 3 \cdot 11$.

b) $2^2 \cdot 3 \cdot 11$.

c) $2 \cdot 3^2 \cdot 11$.

d) $2^8 \cdot 3^4 \cdot 5^2$.

e) $2^9 \cdot 3^4 \cdot 5^2$.

22. (UE-RJ) Na ilustração abaixo, as 52 cartas de um baralho estão agrupadas em linhas com 13 cartas de mesmo naipe e colunas com 4 cartas de mesmo valor.

Cristina Xavier/Finephoto

Denomina-se quadra a reunião de quatro cartas de mesmo valor. Observe, em um conjunto de cinco cartas, um exemplo de quadra:

Cristina Xavier/Finephoto

O número total de conjuntos distintos de cinco cartas desse baralho que contêm uma quadra é igual a:

a) 624 b) 676 c) 715 d) 720

23. (FGV-SP) O total de matrizes distintas que possuem apenas os números 1, 2, 3, 4, 5, ..., 15, 16 como elementos, sem repetição, é igual a:

a) $(4!)^4$

b) $16 \cdot 4!$

c) $5 \cdot 16!$

d) $(16!)^5$

e) 16^{16}

24. (UE-RN) Régis está em uma loja de roupas e deseja selecionar 4 camisas dentre 14 modelos diferentes, sendo essas 8 brancas e 6 azuis. De quantas maneiras ele poderá escolher as 4 camisas de forma que pelo menos uma delas tenha cor distinta das demais?

a) 748 b) 916 c) 812 d) 636

25. (UE-PA) Um profissional de *design* de interiores precisa planejar as cores que serão utilizadas em quatro paredes de uma casa, para isso possui seis cores diferentes de tinta. O número de maneiras diferentes que esse profissional poderá utilizar as seis cores nas paredes, sabendo-se que somente utilizará uma cor em cada parede, é:

a) 24 b) 30 c) 120 d) 360 e) 400

26. (UE-PB) Com os números naturais n, $1 \leq n \leq 9$, o total de números inteiros que podemos obter com três algarismos distintos, não divisíveis por 5, é:

a) 448 b) 446 c) 444 d) 348 e) 346

27. (UPE-SP) Rita tem três dados: um branco, um azul e um vermelho. Quantas são as formas de ela obter soma seis no lançamento simultâneo dos três dados?

a) 9 b) 10 c) 12 d) 18 e) 24

28. (U.F. Juiz de Fora-MG) Uma empresa escolherá um chefe para cada uma de suas repartições A e B. Cada chefe deve ser escolhido entre os funcionários das respectivas repartições e não devem ser ambos do mesmo sexo.

Abaixo é apresentado o quadro de funcionários das repartições A e B.

FUNCIONÁRIOS	REPARTIÇÕES	
	A	B
Mulheres	4	7
Homens	6	3

De quantas maneiras é possível ocupar esses dois cargos?

a) 12. b) 24. c) 42. d) 54. e) 72.

29. (UE-CE) Uma lanchonete serve suco de frutas, em copos padronizados para viagem, nos sabores uva, laranja e limão. O número de formas possíveis de adquirir-se cinco copos de suco é:

a) 19. b) 21. c) 23. d) 25.

30. (UFF-RJ) O total de números naturais pares de três dígitos formados por algarismos distintos do conjunto $S = \{1, 2, 3, 4, 5, 6, 7\}$ é igual a:

a) 35 b) 45 c) 90 d) 108 e) 210

31. (Insper-SP) Em cada ingresso vendido para um *show* de música, é impresso o número da mesa onde o comprador deverá se sentar. Cada mesa possui seis lugares, dispostos conforme o esquema a seguir.

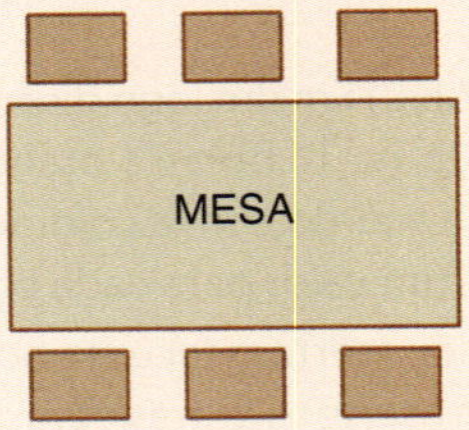

O lugar da mesa em que cada comprador se sentará não vem especificado no ingresso, devendo os seis ocupantes entrar em acordo. Os ingressos para uma dessas mesas foram adquiridos por um casal de namorados e quatro membros de uma mesma família. Eles acordaram que os namorados poderiam sentar-se um ao lado do outro. Nessas condições, o número de maneiras distintas em que as seis pessoas poderão ocupar os lugares da mesa é:

a) 96. b) 120. c) 192. d) 384. e) 720.

32. (U.F. Uberlândia-MG) Um projeto piloto desenvolvido em um curso de Engenharia Mecânica prevê a construção do robô "Eddie", cujos movimentos estão limitados apenas a andar para frente (F) e para a direita (D). Suponha que Eddie está na posição A e deseja-se que ele se desloque até chegar à posição B, valendo-se dos movimentos que lhe são permitidos. Admita que cada movimento feito por Eddie o leve a uma posição consecutiva, conforme ilustra o esquema a seguir, em que foram realizados 10 movimentos (as posições possíveis estão marcadas por pontos e o percurso executado de A até B é representado pela sequência ordenada de movimentos D F D D F F D F F D).

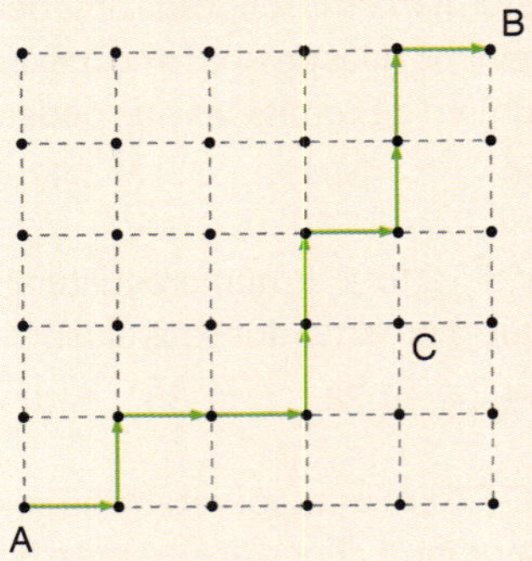

Com base nas informações acima, o número de maneiras possíveis de Eddie se deslocar de A até B, sem passar pelo ponto C, é igual a:

a) 192
b) 60
c) 15
d) 252

33. (Enem-MEC) Um artesão de joias tem à sua disposição pedras brasileiras de três cores: vermelhas, azuis e verdes. Ele pretende produzir joias constituídas por uma liga metálica, a partir de um molde no formato de um losango não quadrado com pedras nos seus vértices, de modo que dois vértices consecutivos tenham sempre pedras de cores diferentes.

A figura ilustra uma joia, produzida por esse artesão, cujos vértices A, B, C e D correspondem às posições ocupadas pelas pedras.

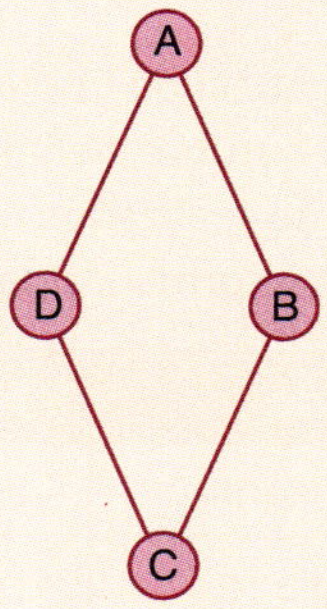

Com base nas informações fornecidas, quantas joias diferentes, nesse formato, o artesão poderá obter?

a) 6 b) 12 c) 18 d) 24 e) 36

34. (UPE-PE) Oito amigos entraram em um restaurante para jantar e sentaram-se numa mesa retangular, com oito lugares, como mostra a figura a seguir:

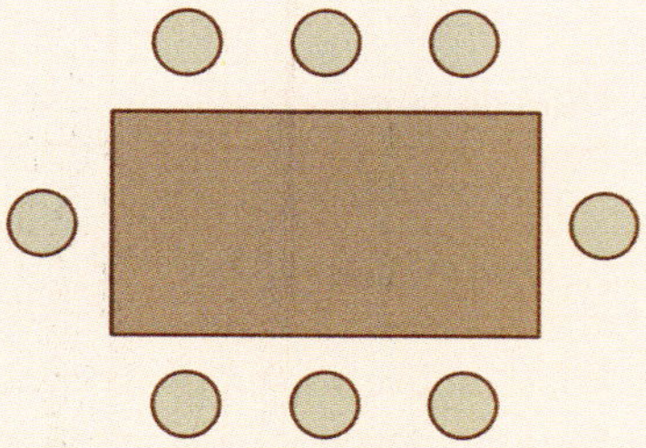

Dentre todas as configurações possíveis, quantas são as possibilidades de dois desses amigos, Amaro e Danilo, ficarem sentados em frente um do outro?

a) 1 440 c) 2 016 e) 5 760
b) 1 920 d) 4 032

35. (FGV-RJ) Cinco estudantes param para pernoitar em um hotel à beira da estrada. Há dois quartos disponíveis, um com duas camas e outro com três. De quantas maneiras eles podem se dividir em dois grupos, um com duas pessoas e outro com três, para se hospedar no hotel?

a) 80 b) 40 c) 20 d) 10 e) 5

36. (Fuvest-SP) Maria deve criar uma senha de 4 dígitos para sua conta bancária. Nessa senha, somente os algarismos 1, 2, 3, 4, 5 podem ser usados e um mesmo algarismo pode aparecer mais de uma vez. Contudo, supersticiosa, Maria não quer que sua senha contenha o número 13, isto é, o algarismo 1 seguido imediatamente pelo algarismo 3. De quantas maneiras distintas Maria pode escolher sua senha?

a) 551 b) 552 c) 553 d) 554 e) 555

37. (UE-CE) Bruno fez um jogo na Sena, apostando nos 6(seis) números 8, 18, 28, 30, 40 e 50. Automaticamente, Bruno também estará concorrendo à quina (grupo de 5 números), à quadra (grupo de 4 números) e ao terno (grupo de 3 números), a partir do grupo inicialmente apostado. Se *n* é o número de quinas, *q* o número de quadras e *p* o número de ternos incluídos na aposta de Bruno, então $n + q + p$ é igual a:

a) 12 b) 41 c) 60 d) 81

38. (U.F. Juiz de Fora-MG) De quantas maneiras podemos escolher 3 números naturais distintos dentre os inteiros de 1 a 20, de modo que a soma dos números escolhidos seja ímpar?

a) 100 b) 360 c) 570 d) 720 e) 1 140

39. (Fuvest-SP) Em uma classe de 9 alunos, todos se dão bem, com exceção de Andreia, que vive brigando com Manoel e Alberto. Nessa classe, será constituída uma comissão de cinco alunos, com a exigência de que cada membro se relacione bem com todos os outros.

Quantas comissões podem ser formadas?

a) 71 b) 75 c) 80 d) 83 e) 87

40. (UF-RS) Se uma partida de futebol termina com o resultado de 5 gols para o time A e 3 gols para o time B, existem diversas maneiras de o placar evoluir de 0×0 a 5×3. Por exemplo, uma evolução poderia ser

A	B
0	0

→

A	B
1	0

→

A	B
1	1

→

A	B
1	2

→

A	B
2	2

→

A	B
3	2

→

A	B
4	2

→

A	B
4	3

→

A	B
5	3

Quantas maneiras, no total, tem o placar de evoluir de 0×0 a 5×3?

a) 16 b) 24 c) 36 d) 48 e) 56

41. (U.F. Triângulo Mineiro-MG) Os seis números naturais positivos marcados nas faces de um dado são tais que:

I. não existem faces com números repetidos;

II. a soma dos números em faces opostas é sempre 20;

III. existem 4 faces com números ímpares e 2 faces com números pares.

O total de conjuntos distintos com os seis números que podem compor as faces de um dado como o descrito é:

a) 20. b) 28. c) 36. d) 38. e) 40.

42. (U. Caxias do Sul-RS) Um professor apresenta 10 questões, das quais os seus alunos poderão escolher 8 para serem respondidas. De quantas maneiras diferentes um aluno pode escolher as 8 questões?

a) 90 b) 80 c) 45 d) 40 e) 8

43. (UF-GO) Uma tradicional competição entre 24 times sempre foi organizada em três fases. Na primeira fase, os times são divididos em seis grupos de quatro times, em que cada time joga uma vez contra cada time do mesmo grupo. O último colocado de cada grupo é eliminado. Os times restantes vão para a segunda fase, na qual não há divisão em grupos e todos os times se enfrentam, cada par uma única vez. Os dois times com maior pontuação na segunda fase enfrentam-se, na terceira fase, em uma partida final que define o campeão.

No próximo ano, os times passarão a ser divididos em quatro grupos de seis times, e os dois últimos colocados de cada grupo serão eliminados ao final da primeira fase. O restante da competição continuará como antes. Nessa nova organização,

a) o número de partidas da primeira fase diminuirá.

b) o número de partidas da segunda fase aumentará.

c) o número total de partidas da competição diminuirá.

d) o número de partidas que um time precisa disputar para sagrar-se campeão aumentará.

e) o número de times eliminados na primeira fase diminuirá.

44. (Unicamp-SP) O grêmio estudantil do Colégio Alvorada é composto por 6 alunos e 8 alunas. Na última reunião do grêmio, decidiu-se formar uma comissão de 3 rapazes e 5 moças para a organização das olimpíadas do colégio. De quantos modos diferentes pode-se formar essa comissão?

a) 6 720.

b) 100 800.

c) 806 400.

d) 1 120.

45. (UE-PI) De quantas maneiras podemos enfileirar 5 mulheres e 3 homens de tal modo que os 3 homens permaneçam juntos?

a) 8! b) 6! c) 6!3! d) 7! e) 9!

46. (Insper-SP) A tabela da Copa do Mundo de 2014, divulgada em outubro, definiu as quantidades de jogos que serão realizados em cada uma das 12 cidades sedes, informadas parcialmente a seguir.

Cidade	Número de jogos
Belo Horizonte	???
Brasília	7
Cuiabá	4
Curitiba	4
Fortaleza	6
Manaus	4
Natal	4
Porto Alegre	5
Recife	5
Rio de Janeiro	7
Salvador	6
São Paulo	???

Na 1ª fase, houve oito grupos com quatro seleções em cada um, devendo cada seleção enfrentar uma única vez todos os integrantes do seu grupo. Na fase de oitavas de final, cada uma das 16 equipes classificadas jogará uma única vez, o mesmo ocorrendo nas quartas de final com as oito equipes classificadas. Depois disso, restarão ainda quatro jogos (semifinais, disputa de 3º lugar e final) para definir o campeão mundial. Sabendo que São Paulo e Belo Horizonte abrigarão o mesmo número de jogos, conclui-se que haverá em cada uma dessas duas cidades, um total de

a) 4 jogos.

b) 5 jogos.

c) 6 jogos.

d) 7 jogos.

e) 8 jogos.

20 BINÔMIO DE NEWTON

INTRODUÇÃO

Sejam n um número natural e a e b números reais.

Já conhecemos o desenvolvimento de $(a + b)^n$ para alguns valores de n:

- $n = 0 \rightarrow (a + b)^0 = 1$
- $n = 1 \rightarrow (a + b)^1 = a + b$
- $n = 2 \rightarrow (a + b)^2 = a^2 + 2ab + b^2$
- $n = 3 \rightarrow (a + b)^3 = a^3 + 3a^2b + 3ab^2 + b^3$

À medida que o expoente n aumenta, o desenvolvimento de $(a + b)^n$ torna-se mais complexo e as contas ficam mais trabalhosas. No entanto, por meio das técnicas de contagem estudadas em Análise Combinatória é possível obter o desenvolvimento de $(a + b)^n$ de maneira rápida e direta.

DESENVOLVIMENTO DE $(A + B)^3$

O desenvolvimento de $(a + b)^3$ pode ser obtido por meio do produto $(a + b) \cdot (a + b) \cdot (a + b)$. Nessa multiplicação, usamos a propriedade distributiva e somamos os termos semelhantes.

Vamos usar agora o princípio fundamental da contagem (PFC) para fazer essa multiplicação:

1º) Para cada um dos três fatores de $(a + b)^3$ escolhemos um dos termos — a ou b — para multiplicar:

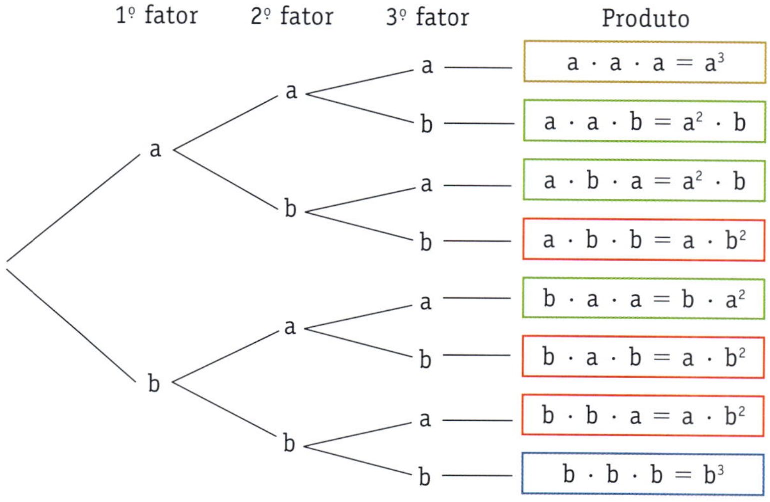

2º) Note que cada produto obtido contém três letras, cada qual podendo ser *a* ou *b*. Desse modo, os possíveis produtos são: a^3; a^2b; ab^2; b^3.

3º) Somamos os termos semelhantes e obtemos o desenvolvimento pedido:

$$(a + b)^3 = a^3 + 3a^2b + 3ab^2 + b^3$$

No desenvolvimento obtido é importante observar que:

I) O produto a^3 só ocorre quando escolhemos, em cada fator, a letra *a* para multiplicar. Isso só se observa uma única vez. Assim, o número de termos em a^3 é igual a $1 = \binom{3}{0}$.

II) O número de termos que contêm o produto $a^2 \cdot b$ corresponde ao número de sequências de três letras nas quais duas são iguais a *a* e a outra é igual a *b*, a saber:

$P_3^{(2,1)} = \dfrac{3!}{2!\ 1!} = 3 = \binom{3}{1}$ (Veja as três sequências em verde no diagrama da página anterior.)

III) O número de termos que contêm o produto $a \cdot b^2$ é, por analogia com II, $P_3^{(2,1)} = \dfrac{3!}{2!\ 1!} = 3 = \binom{3}{2}$. (Veja as três sequências em vermelho no diagrama da página anterior.)

IV) O número de termos que contêm o produto b^3 é, por analogia com I, igual a $1 = \binom{3}{3}$.

Podemos, então, escrever esse desenvolvimento como:

$$(a + b)^3 = \binom{3}{0} \cdot a^3 + \binom{3}{1} \cdot a^2b + \binom{3}{2} \cdot a \cdot b^2 + \binom{3}{3} \cdot b^3$$

DESENVOLVIMENTO DE (A + B)^N

Vamos, agora, repetir o raciocínio usado na expansão de $(a + b)^3$ para generalizar o desenvolvimento de $(a + b)^n$.

> Teorema binomial
>
> Sendo $n \in \mathbb{N}$ e *a* e *b* números reais, temos:
>
> $$(a + b)^n = \binom{n}{0} \cdot a^n + \binom{n}{1} a^{n-1} \cdot b + \binom{n}{2} a^{n-2} \cdot b^2 + \ldots + \binom{n}{n} \cdot b^n$$

Demonstração:

Temos: $(a + b)^n = \underbrace{(a + b) \cdot (a + b) \ldots (a + b)}_{n \text{ vezes}}$.

Para cada um desses *n* fatores, escolhemos um dos termos (*a* ou *b*) para multiplicar. Cada produto obtido terá exatamente *n* letras, cada uma delas podendo ser *a* ou *b*. Os possíveis produtos são:

$$a^n,\ a^{n-1} \cdot b,\ a^{n-2} \cdot b^2,\ \ldots,\ a^{n-p} \cdot b^p,\ \ldots,\ b^n$$

Vamos contar o número de vezes que cada produto ocorre:

- **a^n**

  Só é possível obter a^n ao multiplicarmos $\underbrace{a \cdot a \cdot \ldots \cdot a}_{n \text{ vezes}}$, isto é, o coeficiente de a^n é $1 = \binom{n}{0}$.

- **$a^{n-1} \cdot b$**

  Devemos contar o número de sequências de *n* letras, das quais $n - 1$ são iguais a *a* e uma é igual a *b*. Temos:

  $$P_n^{(n-1,\ 1)} = \frac{n!}{(n-1)!\ 1!} = \binom{n}{1}$$

- **$a^{n-2} \cdot b^2$**

  Devemos contar o número de sequências de *n* letras, das quais $n - 2$ são iguais a *a* e duas são iguais a *b*.

Temos:

$$P_n^{(n-2,2)} = \frac{n!}{(n-2)!\,2!} = \binom{n}{2}$$

⋮

- $a^{n-p} \cdot b^p$

Em geral, o número de sequências de *n* letras, das quais n − p são iguais a *a* e *p* são iguais a *b*, é:

$$P_n^{(n-p,\,p)} = \frac{n!}{(n-p)!\,p!} = \binom{n}{p}$$

⋮

- b^n

O produto b^n só ocorre uma única vez, quando escolhemos em cada fator a letra *b* para multiplicar: $\underbrace{b \cdot b \cdot \ldots \cdot b}_{n \text{ vezes}}$. Assim, o coeficiente de b^n é $1 = \binom{n}{n}$.

Segue, daí, que:

$$(a+b)^n = \binom{n}{0} \cdot a^n + \binom{n}{1} \cdot a^{n-1} \cdot b + \binom{n}{2} a^{n-2} \cdot b^2 + \ldots + \binom{n}{p} a^{n-p} \cdot b^p + \ldots + \binom{n}{n} \cdot b^n$$

Observação

No desenvolvimento de $(a + b)^n$, os coeficientes $\binom{n}{0}, \binom{n}{1}, \binom{n}{2}, \ldots, \binom{n}{n}$ são denominados **coeficientes binomiais.**

Para *n* e *p* naturais, com $n \geqslant p$, o **coeficiente binomial de *n* sobre *p*** é indicado por $\binom{n}{p} = C_{n,p}$. Dizemos que *n* é o "numerador" e *p* é o "denominador" do coeficiente binomial.

Exemplo 1

Vamos obter o desenvolvimento de $(a + b)^5$ usando o teorema binomial.

$$(a+b)^5 = \binom{5}{0} \cdot a^5 + \binom{5}{1} \cdot a^4 \cdot b + \binom{5}{2} \cdot a^3 \cdot b^2 + \binom{5}{3} \cdot a^2 \cdot b^3 + \binom{5}{4} \cdot a \cdot b^4 + \binom{5}{5} b^5$$

Calculando cada coeficiente acima, obtemos:

$$(a+b)^5 = a^5 + 5a^4b + 10a^3b^2 + 10a^2b^3 + 5ab^4 + b^5$$

EXERCÍCIOS RESOLVIDOS

1. Desenvolver $(3x + 2)^4$ usando o desenvolvimento binomial.

Solução:

Temos:

$$(3x+2)^4 = \binom{4}{0} \cdot (3x)^4 + \binom{4}{1} \cdot (3x)^3 \cdot 2^1 + \binom{4}{2} \cdot (3x)^2 \cdot 2^2 + \binom{4}{3} \cdot (3x)^1 \cdot 2^3 + \binom{4}{4} \cdot 2^4$$

isto é:

$$(3x+2)^4 = 81x^4 + 216x^3 + 216x^2 + 96x + 16$$

Observação

O desenvolvimento binomial continua válido se quisermos obter a expansão de $(a - b)^n$.

Basta notar que:

$$(a - b)^n = [a + (-b)]^n$$

Desse modo temos:

$$[a + (-b)]^n = \binom{n}{0} \cdot a^n + \binom{n}{1} \cdot a^{n-1} \cdot (-b)^1 + \binom{n}{2} \cdot a^{n-2} \cdot (-b)^2 + \ldots + \binom{n}{n} \cdot (-b)^n$$

Cada um dos termos acima contém potências do tipo:

$$(-b)^k = \begin{cases} b^k, \text{ se } k \text{ é par} \\ -b^k, \text{ se } k \text{ é ímpar} \end{cases}$$

Assim, os sinais dos termos do desenvolvimento de $(a - b)^n$ se alternam, a partir do 1º termo, que é positivo.

2. Desenvolver $(\sqrt{x} - 2)^5$, supondo $x \geqslant 0$.

Solução:

De acordo com o teorema binomial e com a observação anterior, podemos escrever:

$$(\sqrt{x} - 2)^5 = \binom{5}{0} \cdot (\sqrt{x})^5 - \binom{5}{1} \cdot (\sqrt{x})^4 \cdot 2 + \binom{5}{2} \cdot (\sqrt{x})^3 \cdot 2^2 - \binom{5}{3} \cdot (\sqrt{x})^2 \cdot 2^3 + \binom{5}{4} \cdot \sqrt{x} \cdot 2^4 - \binom{5}{5} \cdot 2^5$$

Assim:

$$(\sqrt{x} - 2)^5 = x^2\sqrt{x} - 10x^2 + 40x\sqrt{x} - 80x + 80\sqrt{x} - 32$$

3. Qual é a soma dos coeficientes dos termos no desenvolvimento de $(3x^2 + 2y)^4$?

Solução:

Como sabemos, o desenvolvimento binomial, para *x* e *y* reais quaisquer, é:

$$(3x^2 + 2y)^4 = (3x^2)^4 + 4 \cdot (3x^2)^3 \cdot 2y + 6 \cdot (3x^2)^2 \cdot (2y)^2 + 4 \cdot (3x^2) \cdot (2y)^3 + (2y)^4$$

Para sabermos a soma dos coeficientes desses cinco termos, não é necessário efetuar todos os cálculos. Basta notar que, no 2º membro da expressão acima, a soma dos coeficientes pode ser obtida fazendo-se $x = y = 1$. De fato:

$$\underbrace{(3 \cdot 1^2 + 2 \cdot 1)^4}_{5^4} = \underbrace{3^4 + 4 \cdot 3^3 \cdot 2 + 6 \cdot 3^2 \cdot 2^2 + 4 \cdot 3 \cdot 2^3 + 2^4}_{\text{soma dos coeficientes}}$$

Logo, a soma dos coeficientes é 625.

EXERCÍCIOS

1. Usando o teorema binomial, desenvolva:

a) $(3x + 2)^3$

b) $(3x + 4y)^4$

c) $(x^2 + 1)^5$

2. Utilizando a expansão binomial, desenvolva:

a) $\left(3b^2 - \frac{1}{b}\right)^4$; com $b \neq 0$

b) $\left(x + \frac{1}{x}\right)^5$; com $x \neq 0$

c) $\left(\sqrt{x} - \frac{1}{\sqrt{x}}\right)^4$; com $x > 0$

3. Considere o binômio $\left(x^2 - \frac{1}{x}\right)^4$, com $x \neq 0$.

a) Desenvolva-o.

b) Qual é o valor obtido para $x = 1$? E para $x = 2$?

4. Encontre o valor de:

$$99^5 + 5 \cdot 99^4 + 10 \cdot 99^3 + 10 \cdot 99^2 + 5 \cdot 99 + 1$$

5. Sabendo que $a > b$, resolva o sistema:

$$\begin{cases} a^4 - 4a^3b + 6a^2b^2 - 4ab^3 - b^4 = 81 \\ a^5 + 5a^4b + 10a^3b^2 + 10a^2b^3 + 5ab^4 + b^5 = 1024 \end{cases}$$

6. Qual é o valor de: $y = (1 + x)^4 + (1 - x)^4$?

7. Determine o valor da soma dos coeficientes do desenvolvimento de:

a) $(x + 3y)^5$

b) $(6x^2 - 4x^3)^8$

c) $(x^8 - 1)^{10}$

d) $\left(x + \frac{1}{x}\right)^4$

TERMO GERAL DE BINÔMIO

Muitas vezes estamos interessados em conhecer apenas um termo específico do desenvolvimento de $(a + b)^n$, sem precisar escrever todos os seus $n + 1$ termos. Para isso, é necessário encontrarmos uma expressão que possa representar um termo qualquer do desenvolvimento de $(a + b)^n$ e, a partir dela, determinarmos o termo procurado.

Já vimos que:

$$(a + b)^n = \binom{n}{0} \cdot a^n + \binom{n}{1} \cdot a^{n-1}b^1 + \ldots + \binom{n}{n} \cdot b^n$$

O termo $\binom{n}{k} \cdot a^{n-k} \cdot b^k$ é chamado **termo geral** do binômio, pois, atribuindo valores para *k* ($k = 0, 1, 2, \ldots, n$), obtemos todos os termos do desenvolvimento.

Observações

- Como $(a + b)^n = (b + a)^n$, vamos convencionar que o desenvolvimento é feito segundo potências decrescentes de *a*.

  Assim, em $(a + b)^n$, o 1º termo é $\binom{n}{0}a^n$; o 2º termo é $\binom{n}{1}a^{n-1} \cdot b^1$; ... o $(n + 1)$-ésimo termo é $\binom{n}{n} \cdot b^n$.
- Na expressão do termo geral, o expoente de *a* é sempre dado pela diferença entre o "numerador" e o "denominador" do coeficiente binomial, e o expoente de *b* é igual ao "denominador" desse coeficiente.
- Na expressão do termo geral, o 1º termo do desenvolvimento é obtido fazendo-se $k = 0$; o 2º termo é obtido fazendo-se $k = 1$; e assim por diante.

  Assim, se quisermos determinar o p-ésimo termo basta fazer $k = p - 1$.

Exemplo 2

No desenvolvimento de $\left(x^2 + \frac{3}{y}\right)^8$, segundo potências decrescentes de *x*, é possível sabermos qual é o termo que contém a potência x^{10} sem conhecermos todo o desenvolvimento.

O termo geral desse binômio é:

$$\binom{8}{k} \cdot (x^2)^{8-k} \cdot \left(\frac{3}{y}\right)^k = \binom{8}{k} \cdot x^{16-2k} \cdot \frac{3^k}{y^k}, \text{ para } k = 0, 1, 2, \ldots, 8 \qquad (*)$$

A fim de determinar o termo que contém x^{10}, basta fazer:

$$16 - 2k = 10 \Rightarrow k = 3 \text{ (convém em (*))}$$

Logo, o termo pedido é:

$$\binom{8}{3} \cdot \frac{x^{10} \cdot 3^3}{y^3} = \frac{1\,512x^{10}}{y^3}$$

Observe que esse termo ocupa a 4ª posição do desenvolvimento.

EXERCÍCIO RESOLVIDO

4. Determinar, se existir, o termo independente de *x* no desenvolvimento de $\left(\sqrt{x} - \frac{1}{x}\right)^9$, para $x > 0$.

Solução:

O termo geral é:

$$\binom{9}{k} \cdot (\sqrt{x})^{9-k} \cdot \left(-\frac{1}{x}\right)^k = \binom{9}{k} \cdot x^{\frac{9-k}{2}} \cdot (-1)^k \cdot \frac{1}{x^k} = \binom{9}{k} \cdot (-1)^k \cdot x^{\frac{9-3k}{2}}, \text{para } k = 0, 1, \ldots, 9$$

O termo independente de *x* é obtido atribuindo-se zero ao seu expoente, isto é:

$$\frac{9-3k}{2} = 0 \Rightarrow k = 3$$

Como $k = 3$ é natural e menor que 9, concluímos que existe termo independente de *x* (4º termo) e seu valor é:

$$\binom{9}{3} \cdot (-1)^3 = -84$$

EXERCÍCIOS

8. No desenvolvimento de $\left(x^2 + \frac{2}{x^3}\right)^{10}$, com $x \neq 0$, determine:

a) o número de termos do desenvolvimento
b) o termo que ocupa a posição central
c) o coeficiente do termo em *x*
d) o termo independente de *x*

9. No desenvolvimento de $\left(\frac{2x}{3} + y^2\right)^8$, segundo potências decrescentes de *x*, determine:

a) o 3º termo
b) o 8º termo

10. No desenvolvimento de $(1 + \sqrt{x})^{10}$, qual é o coeficiente de x^2?

11. No desenvolvimento de $\left(2x - \frac{1}{x}\right)^{22}$, determine:

a) o coeficiente do termo em x^{18};
b) o termo independente de x.

12. Dado o binômio $\left(x^3 + \frac{p}{x}\right)^n$, determine os valores de *n* e *p* a fim de que o termo central ocupe o 6º lugar e seja dado por $8\,064x^{10}$.

13. No desenvolvimento de $\left(x^2 - \frac{1}{\sqrt{x}}\right)^{12}$, determine o coeficiente do termo:

a) em x^{14}
b) em x^9
c) em x^{-6}
d) independente de x

14. Seja *p* um número natural. Para quantos valores de *p* o desenvolvimento de $\left(x + \frac{2}{x^p}\right)^{10}$ admite termo independente de *x*. Quais são esses valores?

TRIÂNGULO ARITMÉTICO

Um pouco de História

Os coeficientes binomiais podem ser dispostos em uma tabela conhecida como **triângulo aritmético.**

As primeiras aparições do triângulo aritmético provêm das civilizações orientais: da Índia, na obra de Pingala (aproximadamente 200 a.C.), e da China, nos trabalhos de Yang Hui, datados de aproximadamente 1250, e de Chu Shih-chieh, em cuja obra *Espelho Precioso* os coeficientes da expansão binomial são colocados até a oitava potência.

Vários matemáticos europeus do século XVI também trabalhavam com o triângulo aritmético, entre os quais o alemão Stifel, em 1544, e o italiano Tartaglia, em 1556.

Cem anos depois, o francês Blaise Pascal (1623-1662) ligou o estudo das probabilidades ao triângulo aritmético e descobriu algumas propriedades novas. A partir daí, o triângulo aritmético passou a ser conhecido (injustamente) no Ocidente como triângulo de Pascal.

Julien-Leopold Boilly. Retrato de Blaise Pascal, 1841/ Biblioteca de Artes Decorativas, Paris, França

Blaise Pascal retratado em uma litografia colorida de 1841 de Julien Leopold Boilly. O original está na Biblioteca de Artes Decorativas, em Paris, França.

Referências bibliográficas:

- Boyer, Carl B. *História da Matemática*. São Paulo: Edgard Blucher, 1996.
- <www.mat.ufrgs.br/~portosil/histo2b.html>. Acesso em: mar. 2014.

No triângulo aritmético, os coeficientes de mesmo "numerador" agrupam-se em uma mesma linha, e os coeficientes de mesmo "denominador" agrupam-se em uma mesma coluna.

$$
\begin{array}{lllllll}
\text{linha } 0 & \binom{0}{0} & & & & & \\
\text{linha } 1 & \binom{1}{0} & \binom{1}{1} & & & & \\
\text{linha } 2 & \binom{2}{0} & \binom{2}{1} & \binom{2}{2} & & & \\
\text{linha } 3 & \binom{3}{0} & \binom{3}{1} & \binom{3}{2} & \binom{3}{3} & & \\
\text{linha } 4 & \binom{4}{0} & \binom{4}{1} & \binom{4}{2} & \binom{4}{3} & \binom{4}{4} & \\
\cdots & \cdots & \cdots & \cdots & \cdots & \cdots & \cdots \\
\vdots & & & & & & \\
\text{linha } k & \binom{k}{0} & \binom{k}{1} & \binom{k}{2} & \binom{k}{3} & \binom{k}{4} & \cdots \binom{k}{k}
\end{array}
$$

Notemos que a expressão "linha k" significa a linha de "numerador" k.

Calculando os valores dos coeficientes, obtemos outra representação para o triângulo:

$$\begin{array}{ccccccc}
1 & & & & & & \\
1 & 1 & & & & & \\
1 & 2 & 1 & & & & \\
1 & 3 & 3 & 1 & & & \\
1 & 4 & 6 & 4 & 1 & & \\
1 & 5 & 10 & 10 & 5 & 1 & \\
1 & 6 & 15 & 20 & 15 & 6 & 1 \\
\vdots & \vdots & \vdots & \vdots & \vdots & \vdots & \vdots
\end{array}$$

Note que os elementos da linha *n* desse triângulo correspondem, ordenadamente, aos coeficientes obtidos no desenvolvimento binomial de $(a + b)^n$:

$n = 0 \rightarrow (a + b)^0 = 1;$	linha zero:	1
$n = 1 \rightarrow (a + b)^1 = 1a + 1b;$	linha um:	1 1
$n = 2 \rightarrow (a + b)^2 = a^2 + 2ab + b^2;$	linha dois:	1 2 1
$n = 3 \rightarrow (a + b)^3 = a^3 + 3a^2b + 3ab^2 + b^3;$	linha três:	1 3 3 1
etc.		

Propriedades do triângulo

O triângulo aritmético apresenta várias propriedades, algumas das quais permitem construí-lo sem a necessidade de se calcular todos os coeficientes binominais.

1ª) Toda linha começa e termina por 1.

Demonstração:

O primeiro elemento de uma linha qualquer é $\binom{p}{0} = \frac{p!}{0!\ p!} = 1, \forall p \in \mathbb{N}$, e o último elemento dessa linha é $\binom{p}{p} = \frac{p!}{0!\ p!} = 1, \forall p \in \mathbb{N}$.

2ª) Em uma mesma linha, os coeficientes binomiais equidistantes dos extremos são iguais.

Vejamos, alguns exemplos antes da demonstração:

- linha 5: $\binom{5}{0}\ \binom{5}{1}\ \binom{5}{2}\ \binom{5}{3}\ \binom{5}{4}\ \binom{5}{5}$

  $\quad = 1,\ 5,\ 10,\ 10,\ 5,\ 1$

  (10 e 10: iguais; 5 e 5: iguais)

- linha 7: $\binom{7}{0}\ \binom{7}{1}\ \binom{7}{2}\ \binom{7}{3}\ \binom{7}{4}\ \binom{7}{5}\ \binom{7}{6}\ \binom{7}{7}$

  $\quad = 1,\ 7,\ 21,\ 35,\ 35,\ 21,\ 7,\ 1$

  (35 e 35: iguais; 7 e 7: iguais)

Demonstração:

Sejam $\binom{n}{p}$ e $\binom{n}{n-p}$ dois coeficientes equidistantes dos extremos, na linha *n* do triângulo. Observe que $\binom{n}{p}$ é precedido de *p* termos: $\binom{n}{0}\binom{n}{1} \dots \binom{n}{p-1}$ e que $\binom{n}{n-p}$ é sucedido de *p* termos: $\binom{n}{n-p+1}\binom{n}{n-p+2} \dots \binom{n}{n}$.

Assim:

$$\binom{n}{p} = \frac{n!}{p!\,(n-p)!} = \frac{n!}{[n-(n-p)]!\,(n-p)!} = \binom{n}{n-p}$$

Observação

Dois coeficientes binomiais equidistantes dos extremos também são chamados de **coeficientes binomiais complementares**.

EXERCÍCIO RESOLVIDO

5. Qual é o valor de *p* que verifica a igualdade: $\binom{10}{p} = \binom{10}{4}$?

Solução:

Há duas possibilidades:

- $p = 4$

ou

- $\binom{10}{p} = \binom{10}{4}$ são equidistantes dos extremos, isto é, complementares. Daí:

$$p + 4 = 10 \Rightarrow = p = 6$$

3ª) A partir da linha 2, notamos que cada elemento X (com exceção do primeiro e do último) é igual à soma de dois elementos consecutivos da linha anterior, a saber: o elemento imediatamente acima de X e o anterior a este.

Observe um exemplo antes da demonstração:

1
1 + 1
1 2 1
1 3 + 3 1
1 4 6 4 1
1 5 10 10 5 1

Essa propriedade é conhecida como **relação de Stifel** e pode ser generalizada por:

$$\binom{n}{p} = \binom{n-1}{p} + \binom{n-1}{p-1},\ n \geqslant p$$

Perceba que o 1º membro da igualdade acima representa um elemento genérico (linha *n* e coluna *p*) do triângulo; o 2º membro representa a soma dos dois elementos da linha anterior (linha n − 1), um da mesma coluna *p* e o outro da coluna anterior p − 1.

Demonstração:

2° membro $= \binom{n-1}{p} + \binom{n-1}{p-1} =$

$$= \frac{(n-1)!}{p!\,(n-1-p)!} + \frac{(n-1)!}{(p-1)!\,(n-\cancel{1}-p+\cancel{1})!} = \frac{(n-1)!}{p!\,(n-1-p)!} + \frac{(n-1)!}{(p-1)!\,(n-p)!} =$$

$$= \frac{(n-1)!}{p(p-1)!\,(n-p-1)!} + \frac{(n-1)!}{(p-1)!\,(n-p)\,(n-p-1)!} = \frac{(n-1)!}{(p-1)!\,(n-p-1)!}\left(\frac{1}{p} + \frac{1}{n-p}\right) =$$

$$= \frac{(n-1)!}{(p-1)!\,(n-p-1)!} \cdot \frac{n}{p(n-p)} =$$

$$= \frac{\overbrace{n(n-1)!}^{n!}}{\underbrace{p(p-1)!}_{p!}\,\underbrace{(n-p)\,(n-p-1)!}_{(n-p)!}} = \frac{n!}{p!\,(n-p)!} = \binom{n}{p} = 1^{\text{o}} \text{ membro}$$

Por exemplo, o valor de $\binom{9}{3} + \binom{9}{4} + \binom{10}{5}$ pode ser obtido sem que seja necessário calcular o valor desses três coeficientes:

$\binom{9}{3} + \binom{9}{4} = \binom{10}{4}$, pela relação de Stifel, e $\binom{10}{4} + \binom{10}{5} = \binom{11}{5}$

Assim:

$$\binom{9}{3} + \binom{9}{4} + \binom{10}{5} = \binom{11}{5} = 462$$

4ª) A soma dos elementos da linha de numerador *n* é igual a 2^n.

Temos:

							soma dos elementos da linha
linha 0	1				→	1	$= 2^0$
linha 1	1	1			→	1 + 1	$= 2^1$
linha 2	1	2	1		→	1 + 2 + 1	$= 2^2$
linha 3	1	3	3	1	→	1 + 3 + 3 + 1	$= 2^3$
.....							
linha *n*	$\binom{n}{0}$	$\binom{n}{1}$	...	$\binom{n}{n}$	→	$\binom{n}{0} + \binom{n}{1} + \ldots + \binom{n}{n}$	$= 2^n$

Demonstração:

Consideremos o desenvolvimento de $(a + b)^n$, válido para *n* natural e *a* e *b* reais:

$$(a+b)^n = \binom{n}{0} \cdot a^n + \binom{n}{1} \cdot a^{n-1} \cdot b + \binom{n}{2} \cdot a^{n-2} \cdot b^2 + \ldots + \binom{n}{n} \cdot b^n$$

Fazendo $a = b = 1$, obtemos a soma dos coeficientes desse desenvolvimento:

$$(1+1)^n = \binom{n}{0} \cdot 1 + \binom{n}{1} \cdot 1 + \binom{n}{2} \cdot 1 + \ldots + \binom{n}{n} \cdot 1, \text{ isto é:}$$

$$2^n = \binom{n}{0} + \binom{n}{1} + \binom{n}{2} + \ldots + \binom{n}{n}$$

EXERCÍCIOS

15. Determine *m* que verifique:

a) $\binom{17}{2m} = \binom{17}{5m - 11}$

b) $\binom{15}{3m} = \binom{15}{m^2 + 5}$

16. Determine *n* a fim de que:

$$\binom{16}{n} = \binom{16}{3}$$

17. Aplicando a relação de Stifel, reduza cada soma seguinte a um único coeficiente binomial (não é necessário fazer o cálculo final):

a) $\binom{11}{3} + \binom{11}{4}$

b) $\binom{21}{8} + \binom{21}{9}$

c) $\binom{18}{3} + \binom{18}{4} + \binom{19}{5}$

d) $\binom{21}{8} + \binom{22}{10} + \binom{21}{9} + \binom{23}{11}$

e) $\binom{27}{21} + \binom{27}{5}$

18. Considere que as sequências de números abaixo correspondem a três linhas sucessivas do triângulo aritmético:

1	8	28	56	70	56	28	8	1	
a	9	b	84	c	d	84	e	9	1
		f			g				

a) Determine *a*, *b*, *c*, *d*, *e*, *f* e *g*.

b) Calcule a soma dos elementos da linha dada. Qual é essa linha?

19. Qual é o valor de:

a) $\binom{4}{0} + \binom{4}{1} + ... + \binom{4}{4}$?

b) $\binom{5}{0} + \binom{5}{1} + ... + \binom{5}{4}$?

c) $\binom{10}{0} - \binom{9}{0} + \binom{10}{1} - \binom{9}{1} + ... + \binom{10}{9} - \binom{9}{9} +$
$+ \binom{10}{10}$?

20. Qual é o valor de:

$$\binom{7}{2} + \binom{7}{3} + \binom{7}{4} + \binom{7}{5} + \binom{7}{6} + \binom{7}{7}$$

21. Sabendo que $\binom{p}{q + 1} = 15$ e $\binom{p + 1}{q + 2} = 21$, qual é o valor de $\binom{p}{q + 2}$?

DESAFIO

(Obmep) Dentre os números 712, 548 e 1 680, qual é o único que pode ser escrito como um produto de quatro números naturais consecutivos? Explique.

EXERCÍCIOS COMPLEMENTARES

1. Utilizando o teorema binomial, desenvolva, com $x > 0$:

$$\left(\sqrt{x} + \frac{1}{\sqrt{x}}\right)^4 \cdot \left(\sqrt{x} - \frac{1}{\sqrt{x}}\right)^4$$

2. Classifique cada uma das afirmações seguintes como verdadeira (V) ou falsa (F):

a) Para que o desenvolvimento de $\left(3x^2 + \frac{2}{x^4}\right)^n$ admita termo independente de *x*, *n* deve ser múltiplo de 3.

b) Para que o desenvolvimento de $\left(\sqrt[3]{x} + \frac{1}{x}\right)^n$ admita termo independente de *x*, *n* deve ser múltiplo de 4.

3. (Fuvest-SP) Lembrando que $\binom{n}{p} = \dfrac{n!}{p!\,(n-p)!}$:

a) calcule $\binom{6}{4}$.

b) simplifique a fração $\dfrac{\binom{12}{4}}{\binom{12}{5}}$.

c) determine os inteiros *n* e *p* de modo que

$$\frac{\binom{n}{p}}{1} = \frac{\binom{n}{p+1}}{2} = \frac{\binom{n}{p+2}}{3}.$$

4. Encontre o valor de:

$0{,}75^4 + 4 \cdot 0{,}75^3 \cdot 0{,}25 + 6 \cdot 0{,}75^2 \cdot 0{,}25^2 + 4 \cdot 0{,}75 \cdot 0{,}25^3$

5. Um conjunto A tem *n* elementos distintos. O número de subconjuntos de A com quatro elementos é igual ao número de subconjuntos de A formado por oito elementos. Qual é o valor de *n*?

6. Utilizando o teorema binomial, mostre que $(3{,}05)^8$ é maior que 7485.

7. No desenvolvimento de $\left(\sqrt{x} - \dfrac{1}{px^2}\right)^{12}$, para $x \in \mathbb{R}^*_+$ e $p \in \mathbb{R}^*$, o coeficiente do termo em x^{-14} vale $\dfrac{165}{2}$. Qual é o valor de p^8?

8. Uma empresa tem *n* diretores, entre os quais há um casal. Oito deles serão selecionados para participar de um treinamento no exterior. O casal, entretanto, só participará do treinamento se ambos forem convocados. Sabendo que o número de escolhas distintas que incluem o casal é igual ao número de escolhas que o excluem, determine o valor de *n*.

9. Os três primeiros coeficientes do desenvolvimento de $\left(x^2 + \dfrac{1}{2x}\right)^n$, segundo potências decrescentes de *x*, estão, nessa ordem, em P.A. Qual é o valor de *n*?

10. Qual é o número de termos racionais no desenvolvimento de $(2\sqrt{3} + \sqrt{5})^{10}$?

11. (UF-PE) No desenvolvimento binomial de $\left(1 + \dfrac{1}{3}\right)^{10}$, quantas parcelas são números inteiros?

12. (UF-PE) Encontre o inteiro positivo *n* para o qual o quinto termo da expansão binomial de $\left(\sqrt[3]{x} + \dfrac{1}{x}\right)^n$ seja independente de *x* na expansão em potências decrescentes de *x*.

13. (UF-CE) Poupêncio investiu R$ 1 000,00 numa aplicação bancária que rendeu juros compostos de 1% ao mês, por cem meses seguidos. Decorrido esse prazo, ele resgatou integralmente a aplicação. O montante resgatado é suficiente para que Poupêncio compre um computador de R$ 2 490,00 à vista. Explique sua resposta.

14. (UF-RJ) *"O binômio de Newton é tão belo como a Vênus de Milo. O que há é pouca gente para dar por isso.*

óóóó— óóóóó óó— óóóóóóó óóóóóóó

(O vento lá fora)"

(Álvaro de Campos)

Um capital é aplicado por doze anos e seis meses a juros compostos de meio por cento ao mês. Ao final desse período, o rendimento acumulado será igual, inferior ou superior a 100%? Justifique sua resposta.

TESTES

1. (PUC-RJ) O coeficiente de a^{13} no binômio $(a + 2)^{15}$ é:

a) 105
b) 210
c) 360
d) 420
e) 480

2. (UE-PB) Se o coeficiente de x^5 no desenvolvimento de $(x + k)^8$ é 7, o valor de 4k será:

a) $\frac{1}{2}$
b) 2
c) 4
d) $\frac{3}{2}$
e) 3

3. (FGV-SP) Desenvolvendo-se o binômio $P(x) = (x + 1)^5$, podemos dizer que a soma de seus coeficientes é:

a) 16
b) 24
c) 32
d) 40
e) 48

4. (U. E. Ponta Grossa-PR) Assinale o que for correto [e indique a soma].

(01) $\binom{n}{2} = \binom{n}{n-2}$

(02) $\binom{4}{1} + \binom{4}{2} + \binom{4}{3} + \binom{4}{4} = 15$

(04) A soma das soluções da equação
$\binom{11}{x} - \binom{10}{3} = \binom{10}{2}$ é 11.

(08) A equação $\binom{10}{x} = \binom{10}{2x-4}$ tem duas soluções distintas.

(16) $\binom{n}{1} + \binom{n}{2} = \binom{n+1}{2}$

5. (FGV-SP) O termo independente de *x* do desenvolvimento de $\left(x + \frac{1}{x^3}\right)^{12}$ é

a) 26
b) 169
c) 220
d) 280
e) 310

6. (UE-RN) Qual é o valor do termo independente de *x* do binômio $\left(\frac{2}{x^2} + x\right)^n$, considerando que o mesmo corresponde ao sétimo termo de seu desenvolvimento?

a) 435
b) 672
c) 543
d) 245

7. (IF-AL) No desenvolvimento $\left(x^2 + \frac{3}{x}\right)^n$, $n \in \mathbb{N}$, os coeficientes binominais de quarto e do décimo terceiro termos são iguais. Então, o termo independente de *x* é o:

a) décimo.
b) décimo primeiro.
c) nono.
d) décimo segundo.
e) oitavo.

8. (U. E. Ponta Grossa-PR) Considerando que, $a^5 + 5a^4b + 10a^3b^2 + 10a^2b^3 + 5ab^4 + b^5 = 32$ e $a - b = -1$, assinale o que for correto.

(01) $a > 1$.

(02) $b < 0$.

(04) $\frac{b}{a}$ é um número natural.

(08) $a^2 + b^2 = \frac{5}{2}$.

(16) $\frac{a}{b} = \frac{1}{3}$.

9. (UFF-RJ) Povos diferentes com escrita e símbolos diferentes podem descobrir um mesmo resultado matemático. Por exemplo, a figura a seguir ilustra o Triângulo de Yang Yui, publicado na China em 1303, que é equivalente ao Triângulo de Pascal, proposto por Blaise Pascal 352 anos depois.

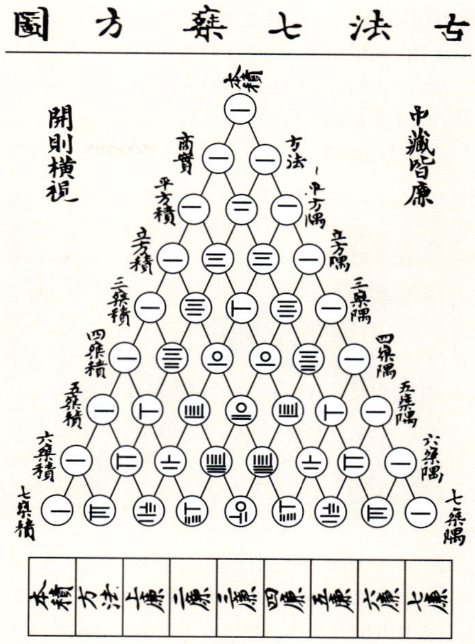

Na expressão algébrica:
$(x + 1)^{100} = a_0 + a_1 \cdot x + a_2 \cdot x^2 + ... + a_{99} \cdot x^{99} + a_{100} \cdot x^{100} = \sum_{n=0}^{100} a_n \cdot x^n$ o coeficiente a_2 de x^2 é igual a:

a) 2 b) 100 c) 4950 d) 9900 e) 2^{100}

10. (ITA-SP) A expressão $(2\sqrt{3} + \sqrt{5})^5 - (2\sqrt{3} - \sqrt{5})^5$ é igual a:

a) $2630\sqrt{5}$
b) $2690\sqrt{5}$
c) $2712\sqrt{5}$
d) $1584\sqrt{15}$
e) $1604\sqrt{15}$

11. (FGV-SP) Sendo *k* um número real positivo, o terceiro termo do desenvolvimento de $(-2x + k)^{12}$, ordenado segundo expoentes decrescentes de *x*, é $66x^{10}$. Assim, é correto afirmar que *k* é igual a:

a) $\frac{1}{66}$
b) $\frac{1}{64}$
c) $\frac{1}{58}$
d) $\frac{1}{33}$
e) $\frac{1}{32}$

12. (Fatec-SP) Para que o termo médio do desenvolvimento do binômio $(\text{sen } x + \cos x)^6$, segundo as potências [de expoentes] decrescentes de sen x, seja igual a $\frac{5}{2}$, o arco *x* deve ter sua extremidade pertencente ao:

a) primeiro ou segundo quadrantes.
b) primeiro ou terceiro quadrantes.
c) segundo ou terceiro quadrantes.
d) eixo das abscissas.
e) eixo das ordenadas.

13. (UE-CE) A arte de mosaico teve seu início aproximadamente em 3500 a.C. e seu apogeu no século VI d.C., durante o Império Bizantino. O mosaico consiste na formação de uma figura com pequenas peças (pedras, vidros etc.) colocadas sobre o cimento fresco de uma parede ou de um piso. No Brasil, o mosaico foi utilizado, entre outros, por Candido Portinari, Di Cavalcanti e Tomie Ohtake em diversas obras. Ele ainda é utilizado, principalmente na construção civil em imensos painéis, na decoração de piscinas e em pisos e paredes dos mais diversos ambientes.

Thinkstock/Getty Images

PRISMA ARCHIVO/Alamy/Glow Images

Thinkstock/Getty Images

Admirador desta arte, um famoso milionário contratou um renomado artista para decorar o piso de sua casa de campo com mosaicos. Inspirado nos trabalhos de Escher, o artista decidiu construir o mosaico colorindo os números do triângulo de Pascal (veja as figuras abaixo) que são múltiplos de dois. O triângulo de Pascal é constituído pelos termos binomiais $\binom{n}{p} = C_{n,p} = \dfrac{n!}{p!(n-p)!}$.

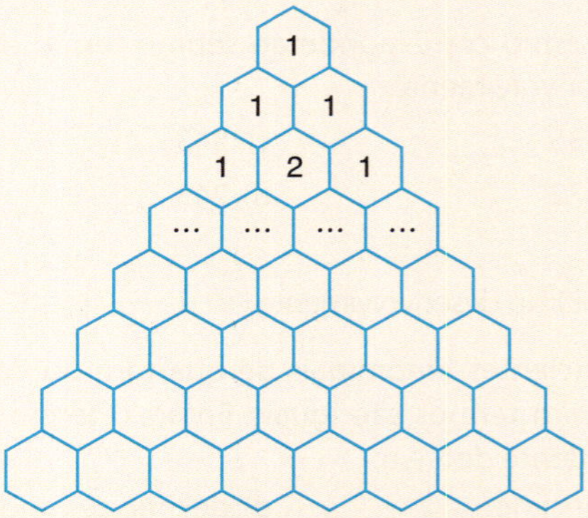

Completando o triângulo de Pascal [...] colorindo os múltiplos de 2, obtém-se a figura idealizada pelo artista, representada na alternativa:

a) 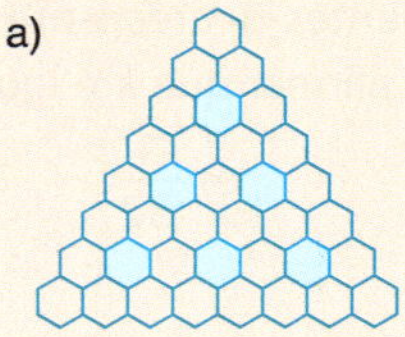

b) 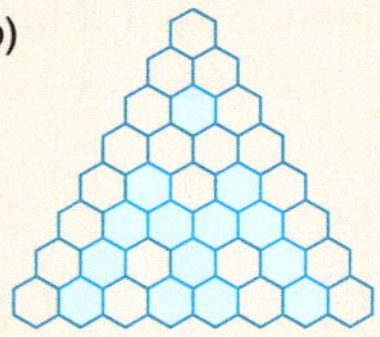

c) 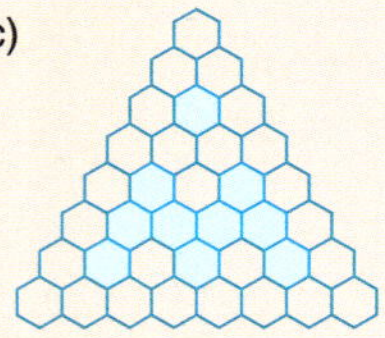

d) 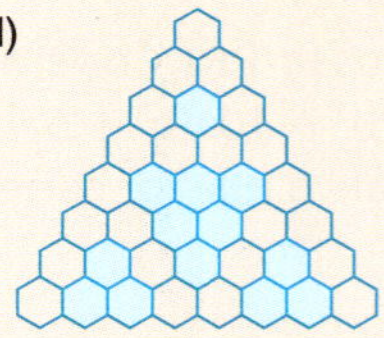

e) 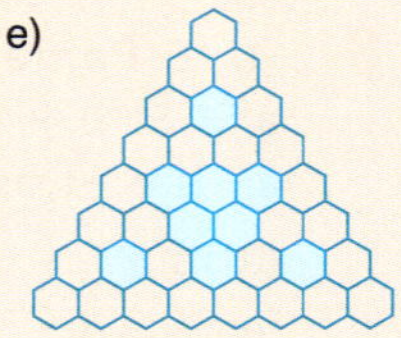

14. (UE-CE) O coeficiente de x^9 no desenvolvimento de $\left(x^3 + \dfrac{1}{x}\right)^7$ é:

a) 25 b) 30 c) 35 d) 40

15. (UE-PI) Qual o coeficiente de x^7 na expansão de $(2 + 3x + x^2)^4$?

a) 18 b) 16 c) 14 d) 12 e) 10

16. (PUC-MG) Calcule o valor da expressão

$$\sqrt{1320^4 - 4 \cdot 1320^3 \cdot 1318 + 6 \cdot 1320^2 \cdot 1318^2 - 4 \cdot 1320 \cdot 1318^3 + 1318^4}$$

a) E = 1 320 b) E = 1 318 c) E = 0 d) E = 4 e) E = 1

21 PROBABILIDADE

EXPERIMENTOS ALEATÓRIOS

Todas as quartas-feiras e sábados, um banco estatal federal promove o sorteio dos números – aqui chamados dezenas – da Mega-Sena. Na Mega-Sena, você pode escolher de 6 (aposta mínima) a 15 números (aposta máxima), dentre os 60 disponíveis. O resultado do sorteio consiste em 6 dezenas e você recebe prêmios, em dinheiro, ao acertar 4, 5 ou as 6 dezenas sorteadas – este último prêmio por acertar a sena é o sonho de milhões de brasileiros que lotam as casas lotéricas para fazer suas apostas. O brasileiro sabe, ainda que intuitivamente, que as chances de ele ganhar são muito pequenas. Mas, afinal, qual é essa chance?

Ao longo deste capítulo você saberá a resposta e terá a oportunidade de ler mais sobre a Mega-Sena, na seção Aplicações, na página 495.

O sorteio das dezenas da Mega-Sena é o que denominamos **experimento aleatório**: mesmo repetido um grande número de vezes (até janeiro de 2013 já haviam ocorrido mais de 1 460 sorteios), em condições idênticas, não é possível prever, entre os resultados possíveis, aquele que irá ocorrer. O resultado do sorteio depende exclusivamente do *acaso*. Dizemos que se trata de um **experimento de natureza aleatória** (ou **casual**).

Suponha, agora, que um dado não viciado seja lançado. Não é possível dizer, com certeza, qual o número que será obtido na face superior. Pode ser 1, 2, 3, 4, 5 ou 6. Trata-se, também, de um experimento aleatório cujo resultado, entre os possíveis, não pode ser previsto com certeza.

Podemos citar vários outros experimentos de natureza aleatória:

- lançamento de uma moeda honesta, em que se observa a face obtida;
- extração de uma carta de um baralho comum, em que se observa o naipe da carta;
- sorteio de uma carta entre as 50 000 enviadas a um programa de prêmios em um canal de televisão;
- sorteio dos cinco algarismos que formam o número premiado na Loteria Federal.

A teoria da probabilidade permite que se façam **previsões** sobre as chances de um acontecimento ocorrer, em certo experimento aleatório, a partir da análise dos resultados obtidos, quando esse experimento é repetido, nas mesmas condições, um grande número de vezes.

Um pouco de História

Os primeiros registros ligados à teoria da probabilidade aparecem na obra do italiano Girolamo Cardano (1501-1576), sobre jogos de azar. Cerca de cem anos depois, Blaise Pascal deu novo impulso ao desenvolvimento da teoria da probabilidade, por meio das cartas que trocou com Pierre de Fermat (1601-1665), em que discutiam problemas ligados a jogos. Em sua obra sobre o triângulo aritmético, datada de 1654, há também alguns tópicos sobre probabilidade.

Akg-Images/Latinstock

Retrato de Girolamo Cardano entalhado em cobre no século XVI. Colorido posteriormente, autoria desconhecida.

Akg-Images/Latinstock

No entanto, o primeiro artigo completo sobre o assunto só foi escrito em 1713, por Jacques Bernoulli, na obra *Ars Conjectandi* (*Arte de conjecturar*), que continha, inclusive, uma detalhada exposição sobre permutações e combinações. A partir de então, outros matemáticos dariam valiosas contribuições para o desenvolvimento da teoria das probabilidades, cujas aplicações em áreas como biologia, economia, saúde, tábuas atuariais etc. não tardariam a ser reconhecidas.

Ilustração de Jacques Bernoulli feita a partir de uma gravura histórica. Data e autoria desconhecidas.

ESPAÇO AMOSTRAL E EVENTO

Espaço amostral

O conjunto de todos os possíveis resultados de um experimento aleatório é chamado **espaço amostral** e é indicado pela letra grega Ω (lê-se "ômega").

- No lançamento de uma moeda, o espaço amostral é o conjunto $\Omega = \{K, C\}$, em que K representa a face cara e C representa a face coroa. Observe que $n(\Omega) = 2$, isto é, o número de elementos do conjunto Ω é igual a 2.
- No lançamento de um dado, o espaço amostral é $\Omega = \{1, 2, 3, 4, 5, 6\}$.
- Suponha que um dado seja lançado duas vezes, sucessivamente, e seja observada a sequência de números obtidos nas faces voltadas para cima.

  Usando o PFC (Princípio Fundamental da Contagem), o número de resultados possíveis de ocorrer nesse experimento é $6 \cdot 6 = 36$. Veja, a seguir, uma forma de representar os 36 pares ordenados:

lançamentos →

1º \ 2º	1	2	3	4	5	6
1	(1, 1)	(1, 2)	(1, 3)	(1, 4)	(1, 5)	(1, 6)
2	(2, 1)	(2, 2)	(2, 3)	(2, 4)	(2, 5)	(2, 6)
3	(3, 1)	(3, 2)	(3, 3)	(3, 4)	(3, 5)	(3, 6)
4	(4, 1)	(4, 2)	(4, 3)	(4, 4)	(4, 5)	(4, 6)
5	(5, 1)	(5, 2)	(5, 3)	(5, 4)	(5, 5)	(5, 6)
6	(6, 1)	(6, 2)	(6, 3)	(6, 4)	(6, 5)	(6, 6)

Assim, $\Omega = \{(1, 1), (1, 2), \ldots, (2, 1), \ldots, (3, 1), \ldots, (4, 1), \ldots, (5, 1), \ldots, (6, 1), \ldots, (6, 6)\}$; $n(\Omega) = 36$.

- Voltemos ao experimento "sorteio das dezenas da Mega-Sena". Escrever, um a um, todos os possíveis resultados do sorteio é inviável: teríamos que representar todos os possíveis subconjuntos de seis elementos que podem ser formados a partir de {1, 2, ..., 60}. Nesse caso, será necessário usar técnicas de contagem que estudamos no capítulo de *Análise Combinatória*: trata-se de escolher, sem importar a ordem, seis entre os sessenta números disponíveis. Temos:

$$\binom{60}{6} = C_{60,\,6} = \frac{60 \cdot 59 \cdot 58 \cdot 57 \cdot 56 \cdot 55}{6!} = 50\,063\,860$$

Assim, o número de resultados possíveis deste experimento aleatório é $n(\Omega) = 50\,063\,860$.
Observe que no sorteio da Mega-Sena não importa a ordem dos números sorteados.

Evento

Uma caixa contém 20 bolas, de mesmo "peso" e tamanho, numeradas de 1 a 20. Uma pessoa, com os olhos vendados, retira uma bola dessa caixa. Trata-se de um experimento aleatório cujo espaço amostral é $\Omega = \{1, 2, ..., 20\}$.

Vamos construir alguns subconjuntos de Ω:

- A: a bola sorteada contém um múltiplo de 4; $A = \{4, 8, 12, 16, 20\}$.
- B: a bola sorteada contém um número formado por dois algarismos; $B = \{10, 11, 12, ..., 20\}$.
- C: a bola sorteada contém um número primo; $C = \{2, 3, 5, 7, 11, 13, 17, 19\}$.
- D: a bola sorteada contém um número natural não nulo menor ou igual a 20; $D = \{1, 2, 3, 4, ..., 20\}$.
- E: a bola sorteada contém um número formado por três algarismos; $E = \varnothing$.

Cada um desses subconjuntos de Ω recebe o nome de **evento**.

Evento é qualquer subconjunto do espaço amostral (Ω) de um experimento aleatório.

Observações

- Quando o evento coincide com o espaço amostral, ele é chamado **evento certo**. É o caso do evento D.
- Quando o evento é o conjunto vazio, ele é chamado **evento impossível**. É o caso do evento E.

Exemplo 1

Vamos considerar o experimento "lançamento de um dado duas vezes, sucessivamente". O espaço amostral é $\Omega = \{(1, 1), (1, 2), ..., (6, 6)\}$, como vimos na tabela da página anterior. Qual é o evento E_1: "a soma dos pontos obtidos é maior que 8"?
Devemos analisar essa tabela e assinalar os pares de números cuja soma é 9, 10, 11 ou 12. Temos:

$$E_1 = \{(3, 6); (4, 5); (4, 6); (5, 4); (5, 5); (5, 6); (6, 3); (6, 4); (6, 5); (6, 6)\}$$

Já o evento E_2 "o produto dos números obtidos é igual a 12" é:

$$E_2 = \{(2, 6), (3, 4), (4, 3), (6, 2)\}$$

Evento complementar

Considere, novamente, o experimento que consiste em retirar uma bola entre as 20 que estão numa caixa e observar o número mostrado na bola.

Vamos representar ao lado o evento A: ocorre um número múltiplo de 4.

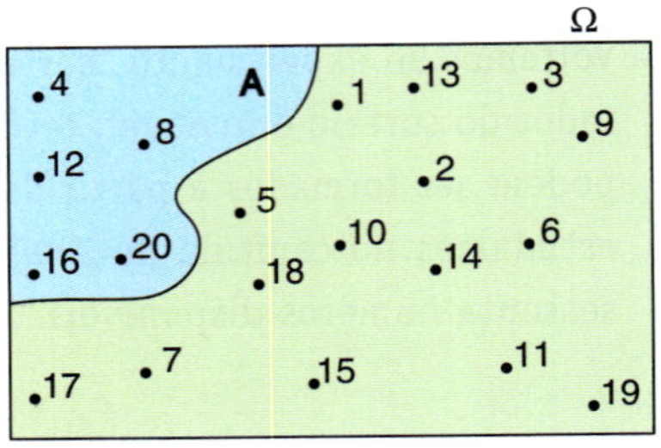

Os elementos de Ω que não pertencem a A correspondem aos números que não são múltiplos de 4. Eles formam o conjunto complementar de A (em relação a Ω), que pode ser representado por $\overline{A}$ ou A^C.

Seja E um evento de um espaço amostral Ω. Chamamos **evento complementar de E**, em relação a Ω (indica-se por $\overline{E}$ ou E^C), o evento que ocorre quando E não ocorre.

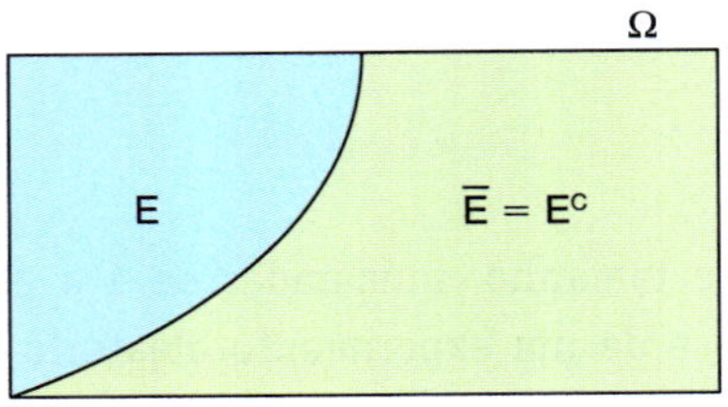

Note que: $\begin{cases} E \cup \overline{E} = \Omega \\ E \cap \overline{E} = \varnothing \end{cases}$

EXERCÍCIOS

1. Um dado é lançado e o número da face voltada para cima é anotado.

a) Descreva Ω.

b) Qual é o evento E_1 "o número obtido é múltiplo de 3"?

c) Qual é o evento E_2 "o número obtido não é primo"?

2. Suponha que todo ano, a Confederação Brasileira de Futebol (CBF) realize um sorteio para decidir em qual região do país será disputado um torneio internacional. Determine o espaço amostral do experimento a ser realizado em 2016.

3. Uma moeda é lançada duas vezes sucessivamente e observa-se a sequência de faces obtidas. Determine:

a) Ω;

b) o evento E "ocorre ao menos uma cara".

4. Um número natural de 1 a 100 é escolhido ao acaso. Seja o evento E "ocorre um número que é uma potência de base 2".

a) Determine E.

b) Qual é o número de elementos de E^C?

5. Um dado é lançado duas vezes sucessivamente e é anotada a sequência de faces obtidas. Determine:

a) n(Ω);

b) $n(E_1)$, sendo E_1 o evento "o primeiro número obtido nesses lançamentos é 3";

c) $n(E_2)$, sendo E_2 o evento "o produto dos números obtidos é ímpar";

d) $n(E_3)$, sendo E_3 o evento "a soma dos pontos obtidos é menor que 7".

6. Um dado é lançado duas vezes, sucessivamente. Seja o evento E "a soma dos pontos obtidos é menor ou igual a 9". Determine $\overline{E}$.

7. Um dado é lançado três vezes sucessivamente. Seja o evento E "pelo menos um dos números obtidos é diferente dos outros". Determine E^C.

O enunciado a seguir é válido para as questões **8** e **9**.

Uma classe tem 17 rapazes e 15 moças. Pretende-se formar comissões de *n* alunos, escolhidos ao acaso, para representar a classe perante a diretoria do colégio.

8. Determine o número de elementos do espaço amostral correspondente se:

a) $n = 1$

b) $n = 2$

c) $n = 3$

9. Se a comissão for composta por dois alunos, considere o evento E "há um rapaz e uma moça na comissão" e determine n(E).

10. Um experimento aleatório é composto de duas etapas: primeiro, uma moeda é lançada e, em seguida, um dado é lançado. Construa o espaço amostral desse experimento, utilizando a representação K (cara) e C (coroa).

FREQUÊNCIA RELATIVA E PROBABILIDADE

Foram feitos 80 lançamentos sucessivos de uma moeda honesta, dos quais 37 resultaram em cara (K) e 43 resultaram em coroa (C).

A razão $\frac{\text{número de caras}}{\text{número total de lançamentos}} = \frac{37}{80} = 0{,}4625$ representa a **frequência relativa** correspondente ao evento {K}; a razão $\frac{43}{80} = 0{,}5375$ representa a frequência relativa correspondente ao evento {C}.

Imagine que tenham sido feitos mais 120 lançamentos dessa moeda, gerando o seguinte resultado acumulado para os 200 lançamentos: 96 caras (K) e 104 coroas (C). Desse modo, a frequência relativa correspondente ao evento {K} passou a ser $\frac{96}{200} = 0{,}48$ e a frequência relativa correspondente ao evento {C} passou a ser $\frac{104}{200} = 0{,}52$.

À medida que se aumenta o número de lançamentos, verifica-se, experimentalmente, que as frequências relativas correspondentes às ocorrências de cara e coroa ficam cada vez mais próximas entre si, tendendo à igualdade, dada pelo valor 0,50. Quando isso ocorre, dizemos que o espaço amostral relativo ao lançamento de uma moeda é **equiprovável**.

O Conde de Buffon (1707-1788) — matemático com algumas incursões na teoria de probabilidades, no contexto de jogos — teria lançado uma moeda 4 048 vezes, obtendo a face "cara" 2 048 vezes, de modo que a frequência relativa do evento {K} é $\frac{2\,048}{4\,048} \cong 0{,}5059$. Naturalmente, a frequência relativa do evento {C} é $\frac{2\,000}{4\,048} \cong 0{,}4941$ — observe a proximidade dos valores.

Definição de probabilidade

Seja $\Omega = \{a_1, a_2, ..., a_k\}$ o espaço amostral finito de um experimento aleatório.

Para cada $i \in \{1, 2, ..., k\}$, consideremos o evento elementar ou unitário $\{a_i\}$. Vamos associar a cada um desses eventos um número real, indicado por $\mathbf{p(\{a_i\})}$ ou simplesmente $\mathbf{p_i}$, chamado **probabilidade** de ocorrência do evento $\{a_i\}$, tal que:

- $0 \leq p_i \leq 1, \forall i \in \{1, 2, ..., k\}$
- $p_1 + p_2 + ... + p_k = 1$

Essa associação é feita de modo que p_i $(i = 1, 2, ..., k)$ seja suficientemente próximo da frequência relativa do evento $\{a_i\}$, quando o experimento é repetido um grande número de vezes.

Exemplo **2**

No lançamento de uma moeda honesta, dizemos que a probabilidade (ou chance) de ocorrer cara é $\frac{1}{2}$, assim como a probabilidade de ocorrer coroa também é $\frac{1}{2}$, pois, como vimos, lançando-se a moeda um grande número de vezes, espera-se que a frequência relativa do evento {K} seja muito próxima de $\frac{1}{2}$, assim como a frequência relativa do evento {C}.

Exemplo **3**

De forma análoga à do exemplo anterior, se lançarmos um dado honesto um número arbitrariamente grande de vezes, é razoável supor que cada face tenha probabilidade $\frac{1}{6}$ de ocorrer, pois $\frac{1}{6}$ é o valor para o qual se aproxima a frequência relativa de cada um dos eventos: {1}, {2}, ..., {6}, à medida que o experimento é repetido um grande número de vezes.

Observe que o espaço amostral correspondente ao experimento "lançamento de um dado" também é **equiprovável**: todos os eventos unitários {1}, {2}, ..., {6} têm a mesma chance de ocorrer.

Observação

Em jogos de azar, deve-se considerar, eventualmente, a existência de algum fator que influencie o resultado — por exemplo, os chamados dados viciados: em vez de serem cubos perfeitos, podem ter pesos dentro, de modo que a frequência de ocorrência de uma face seja maior que a das outras. Outros truques podem ser feitos também em moedas, roletas etc.

Quando, no problema, não for feita qualquer menção, subentende-se que estamos diante de um jogo não viciado (ou honesto).

Veja um contraexemplo:

Imagine que uma moeda foi lançada um número muito grande de vezes e observou-se que a frequência da face cara (K) é o dobro da frequência da face coroa (C).

Nesse caso, é natural supor a seguinte distribuição de probabilidades para $\Omega = \{K, C\}$:

$$p(\{K\}) = \frac{2}{3} \text{ e } p(\{C\}) = \frac{1}{3}\text{; note, no entanto, que } p(\{K\}) + p(\{C\}) = \frac{2}{3} + \frac{1}{3} = 1.$$

Nesse caso, diz-se que o espaço amostral relativo ao lançamento dessa moeda é **não equiprovável**.

PROBABILIDADES EM ESPAÇOS AMOSTRAIS EQUIPROVÁVEIS

Seja Ω um espaço amostral finito:

$$\Omega = \{a_1, a_2, ..., a_k\}$$

Já vimos que, quando o espaço é equiprovável, $p(\{a_1\}) = p(\{a_2\}) = ... = p(\{a_k\})$, ou, ainda, $p_1 = p_2 = ... = p_k$.

Como $p_1 + p_2 + ... + p_k = 1$, para todo $i \in \{1, 2, ..., k\}$, tem-se: $p_i = \frac{1}{k}$.

Consideremos E um evento de Ω, formado por *r* elementos ($r \leqslant k$), isto é, $E = \{a_1, a_2, ..., a_r\}$. Temos:

$$p(E) = p_1 + p_2 + ... + p_r = \underbrace{\frac{1}{k} + \frac{1}{k} + ... + \frac{1}{k}}_{r \text{ vezes}} = \frac{r}{k}$$

Assim:

$$p(E) = \frac{r}{k} = \frac{\text{número de elementos de E}}{\text{número de elementos de } \Omega} = \frac{n(E)}{n(\Omega)}$$

Informalmente, podemos interpretar a razão acima como: "a probabilidade de ocorrer um determinado evento é dada pelo quociente entre o número de casos favoráveis (casos que nos interessam) e o número de casos possíveis (total de casos)".

Propriedades

Seja Ω um espaço amostral finito e equiprovável, correspondente a um experimento aleatório. Valem as seguintes propriedades:

1ª) A probabilidade do evento certo é igual a 1.

Basta notar que, quando $E = \Omega$, $n(E) = n(\Omega)$ e, portanto, $p(E) = \dfrac{n(E)}{n(\Omega)} = 1$.

2ª) A probabilidade do evento impossível é igual a 0.

Se E é um evento impossível, $E = \varnothing$, $n(E) = 0$ e, portanto, $p(E) = 0$.

3ª) Se E é um evento de Ω, distinto do evento impossível e também do evento certo, então $0 < p(E) < 1$.

Como $0 < n(E) < n(\Omega)$, dividimos todos os termos dessa desigualdade por $n(\Omega) > 0$:

$$\frac{0}{n(\Omega)} < \frac{n(E)}{n(\Omega)} < \frac{n(\Omega)}{n(\Omega)},$$

do que podemos concluir que $0 < p(E) < 1$.

4ª) Se E é um evento de Ω, então $p(\overline{E}) = 1 - p(E)$.

Como $E \cup \overline{E} = \Omega$ e $E \cap \overline{E} = \varnothing$, podemos escrever:

$$n(E) + n(\overline{E}) = n(\Omega)$$

Dividindo os dois membros dessa igualdade por $n(\Omega) \neq 0$, vem:

$$\frac{n(E)}{n(\Omega)} + \frac{n(\overline{E})}{n(\Omega)} = \frac{n(\Omega)}{n(\Omega)} \Rightarrow p(E) + p(\overline{E}) = 1$$

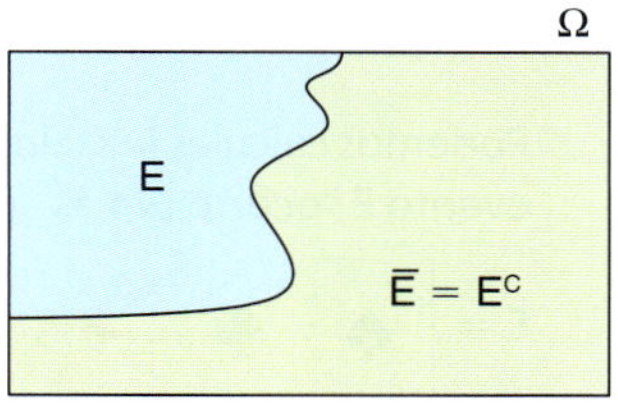

Observação

As propriedades citadas também são válidas para um espaço amostral finito não equiprovável.

EXERCÍCIOS RESOLVIDOS

1. Uma urna contém 15 bolas numeradas de 1 a 15. Uma bola é extraída ao acaso da urna. Qual a probabilidade de ser sorteada uma bola com número maior ou igual a 11?

Solução:

Temos:

- $\Omega = \{1, 2, 3, ..., 15\}$; observe que esse espaço amostral é equiprovável.
- Seja o evento E "o número da bola sorteada é maior ou igual a 11". Temos: $E = \{11, 12, 13, 14, 15\}$.

Assim:

$$p(E) = \frac{n(E)}{n(\Omega)} = \frac{5}{15} = \frac{1}{3} \cong 33{,}3\%$$

2. Um dado é lançado duas vezes sucessivamente. Qual é a probabilidade de:

a) ocorrer 5 no primeiro lançamento e um número par no segundo?

b) o produto dos pontos obtidos ser maior que 12?

Solução:

Como vimos, o conjunto dos resultados possíveis é formado por $6 \cdot 6 = 36$ pares ordenados, todos com a mesma probabilidade de ocorrer.

$$\Omega = \{(1, 1), (1, 2), ..., (6, 6)\}$$

a) O evento que nos interessa é $E = \{(5,2), (5,4), (5,6)\}$.

Assim, $p(E) = \dfrac{n(E)}{n(\Omega)} = \dfrac{3}{36} = \dfrac{1}{12}$.

b) O evento que nos interessa é $E = \{(3, 5), (3, 6), (4, 4), (4, 5), (4, 6), (5, 3), (5, 4), (5, 5), (5, 6), (6, 3), (6, 4), (6, 5), (6, 6)\}$.

Então, $p(E) = \dfrac{13}{36}$.

3. Na tabela a seguir está representada a distribuição por turno dos alunos do curso de Economia de uma faculdade.

	Manhã	Noite
Homens	20	23
Mulheres	25	12

Escolhendo ao acaso um aluno desse grupo, qual é a probabilidade de que seja:

a) mulher?

b) do curso noturno?

c) homem do curso diurno?

Solução:

Vejamos: o número total de alunos no curso é $20 + 23 + 25 + 12 = 80$; assim, $n(\Omega) = 80$.

a) O evento "ser mulher" possui $25 + 12 = 37$ elementos; assim, a probabilidade é $\frac{37}{80}$.

b) O evento "ser do curso noturno" possui $23 + 12 = 35$ elementos, e a probabilidade é $\frac{35}{80} = \frac{7}{16}$.

c) O evento "ser homem do curso diurno" tem 20 casos "favoráveis" e a probabilidade é $\frac{20}{80} = \frac{1}{4}$.

4. De um baralho comum, com 52 cartas, extraímos, ao acaso, uma carta. Qual é a probabilidade de **não** sair um ás?

Solução:

Podemos calcular, inicialmente, a probabilidade do evento E "ocorre um ás", pois

E = {  }

Setup

Temos $p(E) = \frac{4}{52}$ e, portanto, a probabilidade de não ocorrer um ás (evento complementar de E) é $1 - \frac{4}{52} = \frac{48}{52} = \frac{12}{13}$.

5. Em um grupo de 80 pessoas, todas de Minas Gerais, 53 conhecem o Rio de Janeiro, 38 conhecem São Paulo e 21 já estiveram nas duas cidades. Uma pessoa do grupo é escolhida ao acaso. Qual é a probabilidade de que ela tenha visitado apenas uma dessas cidades?

Fototeca

O Rio de Janeiro é um dos pontos turísticos mais famosos do mundo.

Solução:

Para facilitar o entendimento, acompanhe os cálculos observando os diagramas de Venn:

- Há 21 pessoas na interseção de São Paulo e Rio de Janeiro.

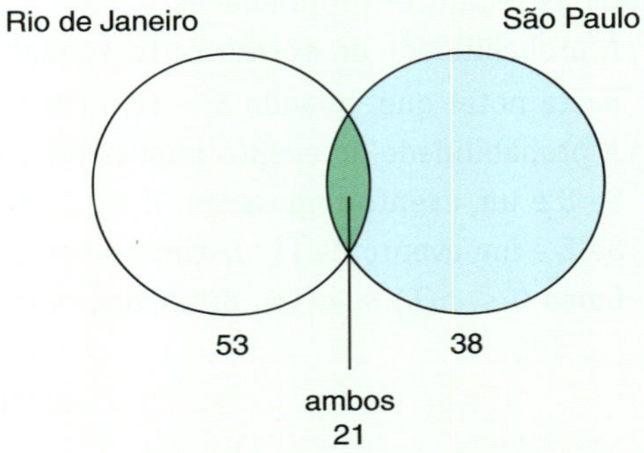

- O número de pessoas que conhecem exclusivamente São Paulo é $38 - 21 = 17$.

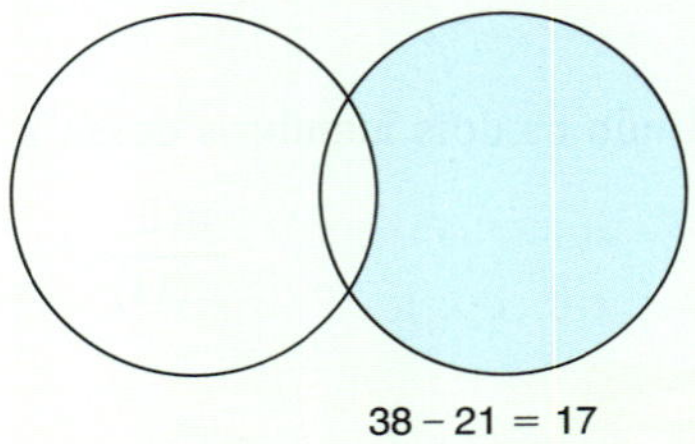

- O número de pessoas que conhecem exclusivamente o Rio de Janeiro é $53 - 21 = 32$.

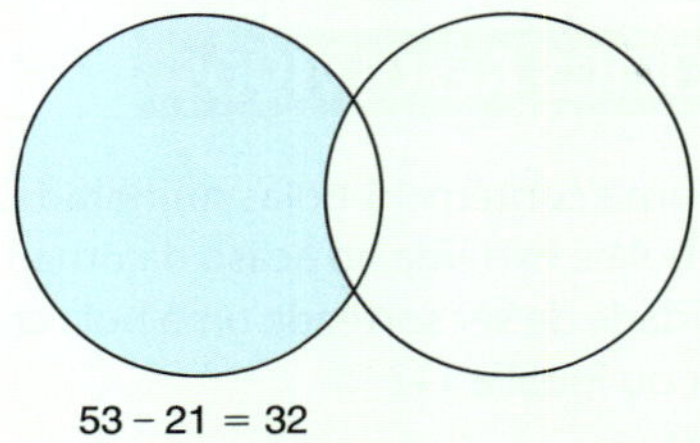

Note que $21 + 17 + 32 = 70$.

Assim, há $80 - 70 = 10$ pessoas que não conhecem qualquer uma das duas cidades.

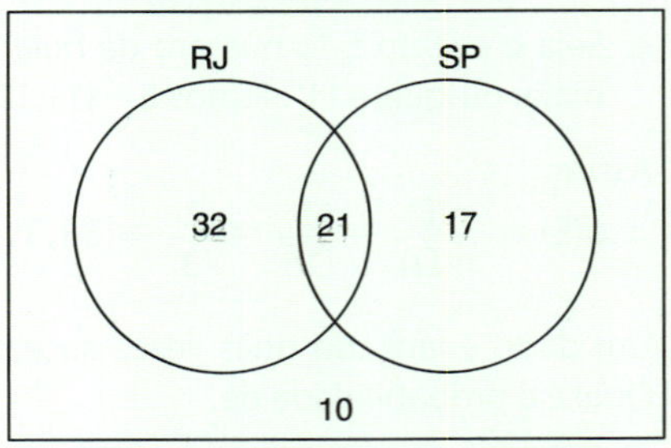

Temos:

- $n(\Omega) = 80$
- Considerando E o evento "a pessoa conhece apenas uma das duas cidades", então $n(E) = 32 + 17 = 49$.
- A probabilidade pedida é $\frac{49}{80} = 0,6125$ (61,25%).

EXERCÍCIOS

11. Uma urna contém 100 bolas numeradas de 1 a 100. Uma delas é extraída ao acaso. Qual é a probabilidade de o número sorteado ser:

a) 18?

b) 57?

c) maior que 63?

d) formado por dois algarismos?

e) um quadrado perfeito?

12. Uma caixa contém 10 letras: as cinco vogais e as cinco primeiras consoantes do alfabeto. Uma letra é sorteada ao acaso. Qual é a probabilidade de que a letra sorteada seja:

a) e?

b) c?

c) j?

d) consoante?

13. Ao lançarmos um dado duas vezes sucessivamente, qual é a probabilidade de que:

a) o número 1 ocorra em ao menos um lançamento?

b) a soma dos pontos obtidos seja 7?

c) os números obtidos sejam diferentes?

d) o módulo da diferença entre os pontos obtidos seja maior que 2?

14. Para formar uma senha bancária, Milu vai escolher um número de cinco algarismos. Já decidiu os quatro primeiros, que correspondem ao ano de nascimento de sua mãe: 1958. Se Milu escolher ao acaso o algarismo que falta, qual é a probabilidade de que seja formado um número:

a) com algarismos distintos?

b) múltiplo de 3?

c) múltiplo de 5, com algarismos distintos?

15. De um baralho de 52 cartas, uma é extraída ao acaso. Qual é a probabilidade de que a carta sorteada:

a) seja o sete de copas?

b) seja de ouros?

c) não seja o valete de espadas?

d) não seja de ouros nem de copas?

16. Na tabela seguinte aparece o resultado parcial do levantamento sobre hábitos alimentares realizado em uma comunidade de 200 pessoas:

	Nunca comem carne	Às vezes comem carne	Frequentemente comem carne	Total
Homens	17	a	55	94
Mulheres	b	49	26	c
Total	d	e	81	200

a) Determine os valores de *a*, *b*, *c*, *d* e *e*.

b) Escolhendo ao acaso um indivíduo da comunidade, qual é a probabilidade de que seja mulher e não consuma carne?

c) Escolhendo ao acaso um indivíduo da comunidade, qual é a probabilidade de que ele consuma carne frequentemente?

17. Uma pesquisa realizada com um grupo de fregueses de um supermercado revelou que 63% consomem a marca A de óleo, 55% consomem a marca B, e 32% consomem ambas as marcas. Uma pessoa do grupo é escolhida ao acaso. Qual é a probabilidade de que ela não consuma nenhuma dessas marcas?

18. Vinte esfirras fechadas, todas com a mesma forma e tamanho, são colocadas em uma travessa; são sete de queijo, nove de carne e quatro de escarola. Alguém retira uma esfirra da travessa ao acaso. Qual é a probabilidade de que seja retirada uma esfirra de carne?

Fernando Favoretto/Criar Imagem

19. Considere a expressão $E = \text{sen}(\pi j) \cdot \cos(\pi j)$, em que $j \in \{0, 1, ..., 20\}$. Escolhendo-se ao acaso um elemento do conjunto acima, qual é a probabilidade de que E resulte nulo?

20. Uma moeda é lançada três vezes sucessivamente. Qual é a probabilidade de sair cara mais de uma vez?

21. Numa prova com três questões (A, B e C), verificou-se que:

- 5 alunos acertaram as três questões;
- 15 alunos acertaram as questões A e C;
- 17 alunos acertaram as questões A e B;
- 12 alunos acertaram as questões B e C;
- 55 alunos acertaram a questão A;
- 55 alunos acertaram a questão B;
- 64 alunos acertaram a questão C;
- 13 alunos erraram as três questões.

Um aluno é escolhido ao acaso. Qual é a probabilidade de ele ter acertado:

a) pelo menos duas questões?

b) exatamente uma questão?

22. Sabe-se que 35% dos alunos de um curso de línguas são rapazes e, entre eles, 80% nunca foram reprovados. Escolhendo ao acaso um estudante do curso, qual é a probabilidade de que seja um rapaz que já tenha sido reprovado?

23. Uma moeda foi viciada de modo que, após um número suficientemente grande de lançamentos, constatou-se que a frequência relativa do evento coroa {C} era o quádruplo da frequência relativa do evento cara {K}.

Lançando-se a moeda uma única vez, qual é a probabilidade de sair coroa {C}?

24. Depois de um número suficientemente grande de lançamentos de um dado, constatou-se que, para cada dois resultados com faces ímpares, ocorrem três resultados com faces pares. Se todas as faces pares do dado ocorrem com a mesma frequência, o que acontece também com todas as faces ímpares, determine a probabilidade de em um único lançamento ocorrer:

a) face 1; b) face 6.

25. O termo independente *c* da equação $x^2 - 3x + c = 0$ é escolhido aleatoriamente entre os elementos de $\{-1, 0, 1, 2, 3\}$. Qual é a probabilidade de essa equação vir a ter raízes reais?

26. Considere a equação linear, na incógnita *x*:

$$(a - 2) \cdot x = 4$$

Se o coeficiente *a* for escolhido ao acaso entre os elementos de $\{0, 1, ..., 9\}$, qual é a probabilidade de que essa equação venha a ter:

a) uma única solução?

b) nenhuma solução?

c) uma solução inteira?

27. Seja *m* um número inteiro, positivo e menor ou igual a 100; considere a expressão $\log_3 m$.

Se *m* for escolhido ao acaso, qual é a probabilidade de que o valor da expressão resulte em um número inteiro?

Observação

Nos exercícios resolvidos e propostos a seguir, vamos usar as técnicas de contagem estudadas em Análise Combinatória a fim de determinar $n(\Omega)$ e $n(E)$.

EXERCÍCIOS RESOLVIDOS

6. Em um estado brasileiro, todas as placas de automóveis são formadas por três letras (entre as 26 do alfabeto) e quatro algarismos e começam pela letra M.

Uma placa será confeccionada completamente ao acaso. Qual é a probabilidade de que ela seja formada por letras distintas e algarismos também distintos?

Solução:

O número de maneiras de composição da placa pode ser calculado pelo PFC:

$$\text{M}\ \underset{26}{\square}\ \underset{26}{\square}\ \overbrace{\underset{10}{\square}\ \underset{10}{\square}\ \underset{10}{\square}\ \underset{10}{\square}}^{\text{algarismos}} \Rightarrow n(\Omega) = 26^2 \cdot 10^4$$

Vamos determinar, usando o PFC, o número de elementos do evento E "a placa tem letras e algarismos distintos". Temos:

$$\text{M}\ \underset{25}{\square}\ \underset{24}{\square}\ \underset{10}{\square}\ \underset{9}{\square}\ \underset{8}{\square}\ \underset{7}{\square} \Rightarrow n(E) = 25 \cdot 24 \cdot 10 \cdot 9 \cdot 8 \cdot 7$$

A probabilidade pedida é, portanto:

$$p = \frac{25 \cdot 24 \cdot \cancel{10} \cdot 9 \cdot 8 \cdot 7}{26 \cdot 26 \cdot \cancel{10} \cdot 10 \cdot 10 \cdot 10} \cong 0{,}447 = 44{,}7\%$$

7. Um ônibus de excursão com vinte brasileiros e seis estrangeiros é parado pela Polícia Federal de Foz do Iguaçu para vistoria da bagagem. O funcionário escolhe, ao acaso, três passageiros para terem as malas revistadas. Qual é a probabilidade de que todos sejam brasileiros?

Christian Rizzi/Folha Imagem

Solução:

O espaço amostral é formado por todos os grupos de três passageiros quaisquer que podemos formar com os 26 turistas. Temos, então:

$$n(\Omega) = C_{26,3} = \frac{26 \cdot 25 \cdot 24}{3!} = 2600$$

O evento E que nos interessa é formado pelos grupos de três turistas brasileiros que podemos formar. Temos:

$$n(E) = C_{20,3} = \frac{20 \cdot 19 \cdot 18}{3!} = 1140$$

Por fim, $p(E) = \frac{n(E)}{n(\Omega)} = \frac{1140}{2600} \cong 0{,}438 = 43{,}8\%$.

8. Oito pessoas, incluindo um casal e seu filho, são colocadas aleatoriamente em fila. Qual é a probabilidade de que os membros da família fiquem juntos?

Solução:

O número de resultados possíveis de ocorrer o experimento é $P_8 = 8! = 40320$, que corresponde ao total de filas que podem ser formadas com as oito pessoas, sem restrição de lugar.

O evento E que nos interessa corresponde ao número de filas em que os membros da família aparecem juntos. Devemos permutar o bloco "família" com cada uma das outras cinco pessoas, num total de $P_6 = 6! = 720$ maneiras. Porém, dentro do bloco, os três membros da família podem trocar de lugar entre si de $P_3 = 3 \cdot 2 \cdot 1 = 6$ maneiras distintas. Logo, $n(E) = 6! \cdot 6 = 4320$.

Daí, $p(E) = \frac{4320}{40320} \cong 0{,}107 = 10{,}7\%$.

EXERCÍCIOS

28. Um dos anagramas da palavra AMOR é escolhido ao acaso. Qual é a probabilidade de que no anagrama apareça a palavra ROMA?

29. Um anagrama formado a partir de CARDUME é escolhido ao acaso. Qual é a probabilidade de ele começar e terminar por vogal?

30. Um número de três algarismos é escolhido ao acaso. Qual é a probabilidade de ele ser formado por algarismos distintos?

31. Palíndromos são números inteiros que não se alteram quando lidos da esquerda para a direita e vice-versa. Por exemplo, 7 227, 535, 10 301 etc.

a) Com 0, 1, ..., 9 formam-se números de quatro algarismos. Um deles é escolhido ao acaso. Qual é a probabilidade de que seja formado um palíndromo?

b) Qual seria a resposta se o número fosse de cinco algarismos?

32. Uma caixa contém 60 bolas, numeradas de 1 a 60.

a) Escolhendo aleatoriamente uma bola da caixa, qual é a probabilidade de que o número obtido seja múltiplo de 5?

b) Escolhendo simultaneamente e ao acaso duas bolas da caixa, qual é a probabilidade de que, em ambas, apareça um múltiplo de 5?

33. Um partido político pretende organizar dois eventos no ano; três cidades do Sudeste, duas do Sul e cinco do Nordeste candidataram-se a sede desses eventos. Sabendo que uma mesma cidade não pode sediar os dois eventos e que as sedes devem ser sorteadas, ao acaso, entre as cidades candidatas, determine a probabilidade de que:

a) os eventos sejam feitos apenas em cidades do Nordeste;

b) nenhum evento ocorra no Sudeste.

34. Um banco enviou a seus clientes uma senha qualquer de acesso à Internet formada por 5 algarismos seguidos de 3 letras. Sabendo que foram usadas apenas as dez primeiras letras do alfabeto, determine:

a) o número de senhas distintas que podem ser formadas;

b) a probabilidade de um cliente receber a senha 12345ACE;

c) a probabilidade de um cliente receber uma senha formada pelos algarismos 1, 2, 3, 4 e 5 em qualquer ordem, seguidos pelas letras A, B e C em qualquer ordem;

d) a probabilidade de um cliente receber uma senha formada por algarismos distintos e por letras também distintas.

A figura a seguir refere-se aos exercícios **35** e **36**.

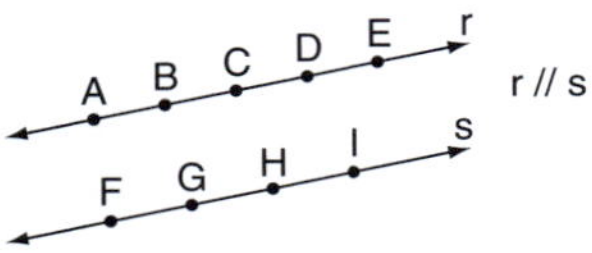

35. Escolhem-se, ao acaso, dois quaisquer dos nove pontos acima. Qual a probabilidade de escolhermos:

a) dois pontos de *r*?

b) dois pontos de *s*?

c) um ponto de *r* e um ponto de *s*?

36. Escolhem-se, ao acaso, três pontos quaisquer entre os nove pontos dados. Unindo-se os pontos escolhidos, qual a probabilidade de esses pontos serem vértices de um triângulo?

37. As placas de automóveis constam de uma sequência de três letras seguidas de quatro algarismos. Suponha que em um estado brasileiro as placas começam por B ou C. Uma placa desse estado é confeccionada ao acaso. Qual é a probabilidade de ela ser formada por:

a) letras distintas e algarismos também distintos?

b) letras iguais e algarismos também iguais?

Considere 26 letras no alfabeto.

38. Três cartas de um baralho são sorteadas simultaneamente. Qual é a probabilidade de que:

a) apareça o dez de ouros entre as cartas sorteadas?

b) todas as cartas sorteadas sejam de espadas?

39. Três casais de amigos foram ao cinema e ocuparam as seis cadeiras vagas, uma ao lado da outra, em uma certa fileira. Como chegaram um pouco atrasados, eles se distribuíram de maneira completamente aleatória. Qual é a probabilidade de que:

a) os homens tenham sentado lado a lado e que o mesmo ocorra com as mulheres?

b) cada homem tenha sentado ao lado de sua mulher?

40. Dois irmãos, Lico e Leco, dividem o mesmo quarto. Certo dia, seus 21 livros escolares (12 de Lico e 9 de Leco) estavam todos jogados no chão. Sua mãe colocou-os, de forma aleatória, lado a lado em uma mesma prateleira de uma estante. Qual é a probabilidade de que todos os livros de Lico tenham ficado juntos nessa arrumação e que o mesmo ocorra com os livros de Leco?

Alberto De Stefano

41. Unindo-se, aleatoriamente, dois vértices quaisquer de um pentágono convexo, qual é a probabilidade de que o segmento determinado corresponda a uma diagonal?

42. Os elementos *x* e *y* da matriz $M = \begin{pmatrix} 2 & x \\ y & -3 \end{pmatrix}$ serão escolhidos ao acaso, sorteando-se, sucessivamente e com reposição, dois elementos do conjunto $\{-3, -2, -1, 0, 1, 2, 3\}$.

a) Qual é a probabilidade de que a matriz M obtida seja simétrica, isto é, $M = M^t$?

b) Qual é a probabilidade de que o determinante de M seja não nulo?

43. Um paralelepípedo reto-retângulo tem dimensões 3 cm, 4 cm e 7 cm. Duas de suas arestas são selecionadas ao acaso. Qual é a probabilidade de que ambas tenham o mesmo comprimento?

44. Na figura, o hexágono regular ABCDEF está inscrito em uma circunferência de centro O.

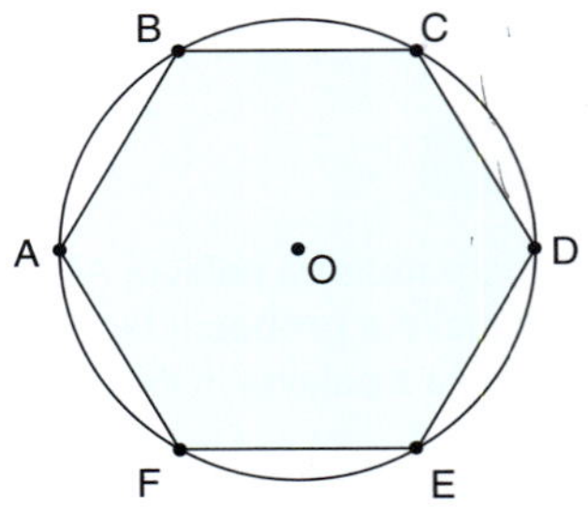

a) Escolhendo-se ao acaso três dos vértices do hexágono, qual é a probabilidade de que eles determinem um triângulo equilátero?

b) Escolhendo-se ao acaso três dos sete pontos destacados, qual é a probabilidade de que eles sejam os vértices de um triângulo equilátero?

45. Um dos anagramas da palavra MATEMÁTICA é escolhido ao acaso. Qual é a probabilidade de ele começar e terminar pela letra M? (Desconsidere o acento gráfico.)

46. Em um programa de prêmios de um canal de televisão, o participante deve escolher, simultaneamente e ao acaso, três dentre seis cartões disponíveis para abrir. Sabendo que há prêmios em apenas dois cartões, qual é a probabilidade de o participante não receber prêmio algum?

APLICAÇÕES

As chances da Mega-Sena

Vamos voltar à introdução do capítulo, na qual citamos a Mega-Sena.

O volante (formulário em que os números da aposta são anotados) da Mega-Sena contém 60 números, de 1 a 60. Para concorrer, pode-se apostar em seis números (aposta mínima), sete, oito, ..., até 15 números (aposta máxima). A cada rodada, são sorteados seis números entre os 60. Há prêmios em dinheiro para quem acertar quatro números (quadra), cinco números (quina) e os seis números (sena).

Mas, afinal, se alguém fizer a aposta mínima, que chance tem de ganhar?

- O resultado de um sorteio pode ocorrer de $C_{60,\,6} = 50\,063\,860$ modos distintos, pois são escolhidos, sem importar a ordem, seis entre os 60 números.
- O sortudo acertará a sena se os seis números apostados coincidirem com os seis números sorteados, havendo assim um único caso favorável.

Logo, a probabilidade pedida é $\dfrac{1}{50\,063\,860} \cong 0{,}000002\%$.

E quais são as chances de fazer uma quadra (isto é, acertar exatamente 4 números) com a aposta mínima?

- Em sua aposta, deverão constar exatamente quatro entre os seis números sorteados e dois entre os 54 não sorteados.
- O número de maneiras de acertar uma quadra é:

$$C_{6,\,4} \cdot C_{54,\,2}$$

- A probabilidade pedida é, portanto:

$$p = \frac{C_{6,\,4} \cdot C_{54,\,2}}{C_{60,\,6}} = \frac{21\,465}{50\,063\,860} \cong 0{,}043\%$$

Márcio Soares/Futura Press

Os prêmios sorteados nas loterias são milionários, porém apenas maiores de 18 anos podem apostar, conforme o artigo 81, inciso IV, da Lei n. 8.069/90.

Por raciocínio análogo, conclui-se também que a probabilidade de fazer uma quina (isto é, acertar exatamente 5 números) com a aposta mínima é:

$$\frac{C_{6,\,5} \cdot C_{54,1}}{C_{60,\,6}} = \frac{6 \cdot 54}{50\,063\,860} \cong 0{,}00065\%$$

Há, porém, outros números que premiam todo o Brasil a cada concurso: são os repasses sociais das loterias.

Para saber mais, pesquise em:

- <www1.caixa.gov.br/Loterias/Repasses_Sociais> Acesso em: 11 mar. 2014.

PROBABILIDADE DA UNIÃO DE DOIS EVENTOS

Sejam A e B eventos de um mesmo espaço amostral Ω finito, não vazio e equiprovável. Vamos encontrar uma expressão para a probabilidade de ocorrer o evento A ou o evento B, isto é, a probabilidade da ocorrência da união dos eventos A e B, ou seja, $p(A \cup B)$.

Consideremos dois casos:

- $A \cap B = \varnothing$

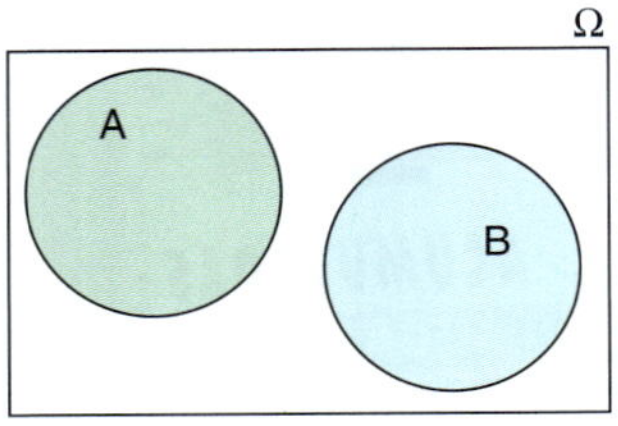

Temos:

$$n(A \cup B) = n(A) + n(B)$$

Como $n(\Omega) \neq 0$, podemos escrever:

$$\frac{n(A \cup B)}{n(\Omega)} = \frac{n(A)}{n(\Omega)} + \frac{n(B)}{n(\Omega)}$$

Logo:

$$p(A \cup B) = p(A) + p(B)$$

Nesse caso, A e B são chamados **eventos mutuamente exclusivos**.

Exemplo 4

Considerando o experimento aleatório "lançamento de um dado", como podemos calcular a probabilidade de que o número obtido na face superior seja múltiplo de 3 ou de 4?

Sejam os eventos:

- A: ocorre múltiplo de 3 $\Rightarrow A = \{3, 6\}$
- B: ocorre múltiplo de 4 $\Rightarrow B = \{4\}$

Queremos calcular $p(A \cup B)$.

Como $A \cap B = \varnothing$, $p(A \cup B) = p(A) + p(B) = \frac{2}{6} + \frac{1}{6} = \frac{1}{2}$.

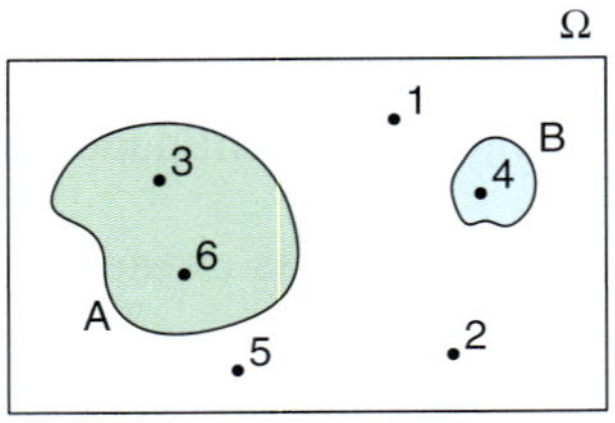

- $A \cap B \neq \varnothing$

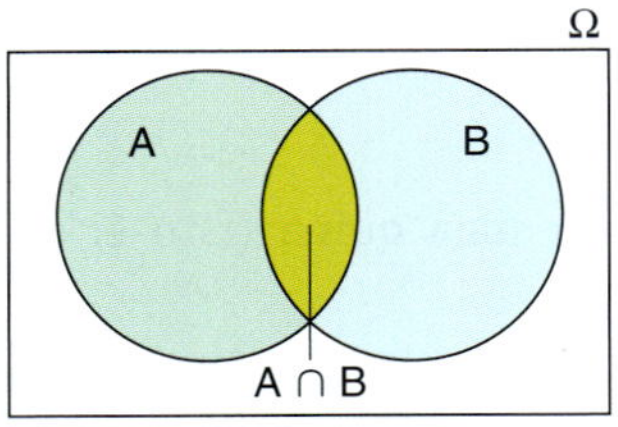

Da teoria dos conjuntos, temos que:

$$n(A \cup B) = n(A) + n(B) - n(A \cap B)$$

Dividindo membro a membro por $n(\Omega) \neq 0$, vem:

$$\frac{n(A \cup B)}{n(\Omega)} = \frac{n(A)}{n(\Omega)} + \frac{n(B)}{n(\Omega)} - \frac{n(A \cap B)}{n(\Omega)}$$

Daí:

$$p(A \cup B) = p(A) + p(B) - p(A \cap B)$$

O evento $A \cap B$ representa a ocorrência **simultânea** dos eventos A e B.

Exemplo 5

Vamos imaginar que uma urna contenha 25 bolas numeradas de 1 a 25 e que uma delas seja extraída ao acaso. Qual é a probabilidade de o número da bola sorteada ser múltiplo de 2 ou de 3?

Consideremos:

$\Omega = \{1, 2, ..., 25\}$

A: o número é múltiplo de 2; $A = \{2, 4, 6, 8, 10, 12, 14, 16, 18, 20, 22, 24\}$.

B: o número é múltiplo de 3; $B = \{3, 6, 9, 12, 15, 18, 21, 24\}$.

Queremos determinar $p(A \cup B)$.

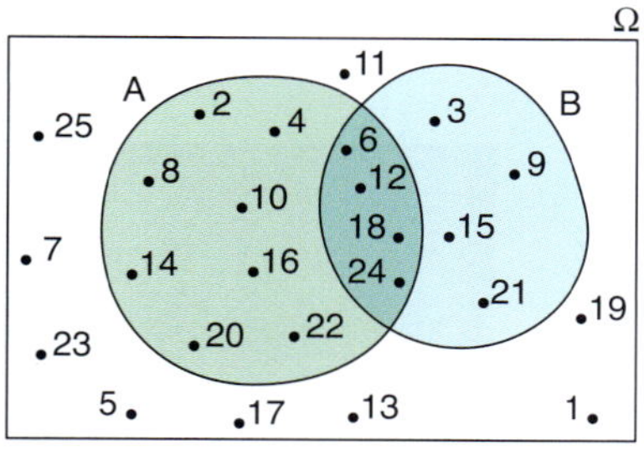

Observe que os números 6, 12, 18 e 24 são elementos comuns ao evento A e ao evento B. Assim, $A \cap B = \{6, 12, 18, 24\}$ é o evento formado pelos múltiplos de 2 e de 3, simultaneamente, isto é, seus elementos são os múltiplos de 6.

Temos:

$$p(A \cup B) = p(A) + p(B) - p(A \cap B)$$

$$p(A \cup B) = \frac{12}{25} + \frac{8}{25} - \frac{4}{25} = \frac{16}{25} = 0{,}64 = 64\%$$

EXERCÍCIOS

47. No lançamento de um dado, qual é a probabilidade de que o número obtido na face superior seja múltiplo de 2 ou de 3?

48. De um baralho de 52 cartas, uma é extraída ao acaso. Qual é a probabilidade de sair um valete ou uma carta de ouros?

49. Um dado é lançado duas vezes sucessivamente. Sejam os eventos:

A: a soma dos pontos obtidos é 10;

B: os números obtidos são distintos.

Calcule $p(A \cup B)$.

50. Para apresentar um trabalho, um professor sorteará ao acaso um aluno, entre os 30 da turma. O sorteio será feito de acordo com o número da chamada. Qual é a probabilidade de o número do aluno sorteado ser:

a) primo ou maior que 10?

b) múltiplo de 7 ou de 5?

c) quadrado perfeito ou divisor de 36?

51. Sejam A e B eventos de um mesmo espaço amostral, com $p(A \cup B) = 0{,}75$. Em cada caso, calcule p(B), admitindo que:

a) $p(A) = 0{,}35$ e A e B são mutuamente exclusivos.

b) $p(A) = 0{,}29$ e $p(A \cap B) = 0{,}09$.

52. Os dados da tabela seguinte referem-se a uma pesquisa realizada com 155 moradores de um bairro e revelam seus hábitos quanto ao uso de TV e Internet pagas.

	Só TV aberta	TV paga
Internet gratuita	76	44
Internet paga	14	21

Um dos entrevistados é selecionado ao acaso. Qual é a probabilidade de que ele use TV ou Internet pagas?

53. No cadastro de um cursinho pré-vestibular estão registrados 600 alunos assim distribuídos:

- 380 rapazes;
- 105 moças que já concluíram o Ensino Médio;
- 200 rapazes que estão cursando o Ensino Médio.

Um nome do cadastro é selecionado ao acaso. Qual é a probabilidade de o nome escolhido ser de:

a) uma moça?

b) um rapaz que já concluiu o Ensino Médio?

c) um rapaz ou alguém que está cursando o Ensino Médio?

54. (UF-BA) Os dados a seguir referem-se aos alunos matriculados nas três turmas de um curso de inglês:

	Turma A	Turma B	Turma C
Número de meninos	17	18	15
Número de meninas	23	22	25

Com base nesses dados, é correto afirmar (assinale as corretas):

(01) Em cada turma, a razão entre o número de meninos e o número de meninas é menor que $\frac{3}{4}$.

(02) O número de meninos do curso é igual a 40% do total de alunos matriculados.

(04) A média do número de meninas por turma é menor que 23.

(08) O número de duplas que podem ser formadas apenas com meninas é igual a 2 415.

(16) Sorteando-se um estudante do curso, a probabilidade de ser uma menina da turma A é igual a $\frac{23}{120}$.

(32) Sorteando-se um estudante do curso, a probabilidade de ser uma menina ou de ser da turma A é igual a $\frac{87}{120}$.

PROBABILIDADE CONDICIONAL

Um avião fretado por uma operadora turística de Minas Gerais partiu de Belo Horizonte com destino a Natal, no Rio Grande do Norte, com 140 passageiros. Durante o voo, cada turista respondeu a duas perguntas:

- Já voou antes?
- Já esteve em Natal?

Os dados obtidos a partir das respostas dos passageiros encontram-se organizados na tabela seguinte:

	Voando pela primeira vez	Já havia voado	Total
Não conhecia Natal	83	22	105
Já conhecia Natal	23	12	35
Total	106	34	140

Praia de Genipabu, a 25 km de Natal (RN).

Um passageiro é selecionado ao acaso e verifica-se que ele nunca havia viajado de avião. Qual é a probabilidade de que ele já conhecesse Natal?

Nesse caso, já temos um conhecimento parcial do resultado do experimento: "o passageiro estava voando pela primeira vez". Com isso, o número de casos possíveis se reduz a 106. Nesse novo universo, que é o espaço amostral reduzido, o número de passageiros que já conheciam Natal é 23.

Assim, a probabilidade pedida é $p = \frac{23}{106}$.

Esse número expressa a probabilidade de a pessoa escolhida conhecer Natal, sabendo que era a primeira vez que viajava de avião. Vamos denominar tal número de **probabilidade condicional** e indicá-lo por:

$$p(\text{já conhecer Natal} \mid \text{primeira vez de avião})$$

↑

(lê-se: "dado que" ou "sabendo que")

Do valor encontrado em $p = \frac{23}{106}$, podemos notar que:

- 23 corresponde ao número de passageiros que já estiveram em Natal e estavam voando pela primeira vez.
- 106 corresponde ao número de passageiros que voavam pela primeira vez.

Temos, então:

$$p(\text{já conhecer Natal} \mid \text{primeira vez de avião}) = \frac{\text{número de passageiros que já conheciam Natal e voavam pela primeira vez}}{\text{número de passageiros que voavam pela primeira vez}}$$

A situação anterior sugere a seguinte **definição**:

Sejam A e B eventos de Ω finito e não vazio. A probabilidade condicional do evento A, sabendo que ocorreu o evento B, é indicada por $p(A \mid B)$ e é dada por:

$$p(A \mid B) = \frac{n(A \cap B)}{n(B)} \quad (1)$$

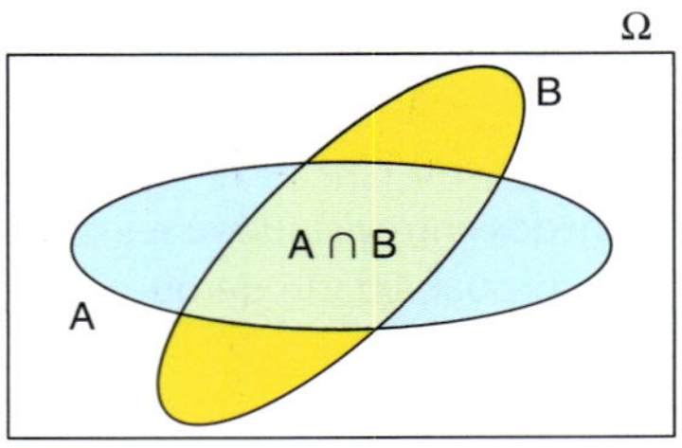

Podemos encontrar uma expressão equivalente a (1), dividindo o numerador e o denominador do 2º membro de (1) por $n(\Omega) \neq 0$:

$$p(A \mid B) = \frac{\dfrac{n(A \cap B)}{n(\Omega)}}{\dfrac{n(B)}{n(\Omega)}} \Rightarrow p(A \mid B) = \frac{p(A \cap B)}{p(B)} \quad (2)$$

Observação

Para resolver problemas de probabilidade condicional, em geral é mais prático seguir o raciocínio desenvolvido no problema dos turistas do voo fretado: reduz-se o espaço amostral e se calculam as probabilidades nesse novo espaço.

A fórmula (2), obtida para o cálculo da probabilidade condicional, tem importância mais teórica do que prática.

Por meio dela, introduziremos, no próximo item, conceitos importantes em probabilidade, como o de eventos independentes e o teorema da multiplicação.

EXERCÍCIO RESOLVIDO

9. Um dado é lançado duas vezes sucessivamente. Sabendo-se que a soma dos pontos obtidos é menor que 6, qual é a probabilidade de que em ao menos um lançamento ocorra a face 2?

Solução:

Vamos reduzir o espaço amostral.

Com a informação dada, o número de casos possíveis passa a ser 10:

$$\Omega^* = \{(1, 1), (1, 2), (1, 3), (1, 4), (2, 1), (2, 2), (2, 3), (3, 1), (3, 2), (4, 1)\}$$

Dos elementos de Ω^*, é preciso selecionar os pares em que pelo menos um dos resultados é 2.

Há 5 casos favoráveis: (1, 2), (2, 1), (2, 2), (2, 3) e (3, 2).

Assim, a probabilidade pedida é: $\frac{5}{10} = \frac{1}{2} = 50\%$.

EXERCÍCIOS

55. Uma das letras do alfabeto é escolhida ao acaso. Sabendo que ela é uma das dez primeiras letras, qual é a probabilidade de que seja uma vogal?

56. Se um dado é lançado duas vezes sucessivamente e os números obtidos são:

a) iguais, qual é a probabilidade de que a soma dos pontos seja um número par?

b) distintos, qual é a probabilidade de que a soma dos pontos seja 8?

57. Um dado é lançado e sabe-se que a face superior tem um número par.

a) Qual é a probabilidade de que o número obtido seja primo?

b) Qual é a probabilidade de que o número obtido seja um divisor de 5?

58. De um baralho comum, uma carta é retirada ao acaso. Se a carta escolhida:

a) não é valete nem dama, qual é a probabilidade de ser o rei de ouros?

b) não é de ouros, qual é a probabilidade de não ser de copas?

c) é de copas, qual é a probabilidade de ser o rei?

d) não é de copas, qual é a probabilidade de ser o valete de espadas ou o valete de ouros?

e) não é de copas, qual é a probabilidade de ser de ouros ou ser um rei?

59. As cidades seguintes candidataram-se a sede de um torneio internacional de futebol que será realizado no Brasil: Manaus, Belém, São Paulo, Rio de Janeiro, Belo Horizonte, Salvador, Recife, Fortaleza, Aracaju, Teresina, Vitória, Campinas e São Luís.

a) Sabendo que a cidade escolhida não fica na região Sudeste, qual é a probabilidade de que seja Teresina?

b) Se nem Salvador nem Fortaleza foram as cidades escolhidas, qual é a probabilidade de que a sede seja uma cidade do Sudeste?

60. Um casal e quatro pessoas são colocados em fila indiana. Sabendo que o casal não ficou junto, qual é a probabilidade de que as extremidades da fila tenham sido ocupadas pelo casal?

61. Num prédio residencial, há 2 blocos: A e B. No bloco A, há 80 apartamentos, dos quais 15% estão em atraso com o condomínio. No bloco B, há 50 apartamentos, 10% dos quais com taxas atrasadas. As fichas de todos os moradores estão reunidas, e uma delas é escolhida ao acaso.

a) Qual a probabilidade de que a ficha escolhida seja do bloco A e esteja quite com o condomínio?

b) Sabe-se que a ficha escolhida é de um condômino em atraso. Qual a probabilidade de que ele seja do bloco B?

PROBABILIDADE DA INTERSEÇÃO DE DOIS EVENTOS

Teorema da multiplicação

Seja Ω um espaço amostral finito e não vazio. A e B são eventos de Ω. Quando estudamos probabilidade condicional, vimos que, na expressão $p(A \mid B) = \dfrac{p(A \cap B)}{p(B)}$:

- $p(A \mid B)$ representa a probabilidade de ocorrer A dado que ocorreu o evento B.
- $p(A \cap B)$ representa a probabilidade de ocorrência simultânea dos eventos A e B (ou a probabilidade da interseção de A com B).
- $p(B)$ representa a probabilidade de ocorrer B.

De $p(A \mid B) = \dfrac{p(A \cap B)}{p(B)}$ segue, imediatamente, a relação:

$$p(A \cap B) = p(A \mid B) \cdot p(B)$$

Isso significa que, para se calcular a probabilidade de ocorrer a interseção dos eventos A e B (ocorrência simultânea de A e B), que é $p(A \cap B)$, é preciso multiplicar a probabilidade de ocorrer um deles ($p(B)$) pela probabilidade de ocorrer o outro, sabendo que o primeiro já ocorreu ($p(A \mid B)$).

No exemplo a seguir, ficará mais claro o uso dessa relação.

Exemplo 6

Em um cesto de roupas, há dez meias, das quais três estão rasgadas. Duas meias são retiradas sucessivamente e sem reposição do cesto. Qual é a probabilidade de que as duas meias retiradas não estejam rasgadas?

Podemos construir um diagrama de árvore para representar os resultados possíveis desse experimento, associando probabilidades a cada "galho".

Observe que as probabilidades referentes à segunda retirada estão condicionadas ao resultado da primeira.

Alex Argozino

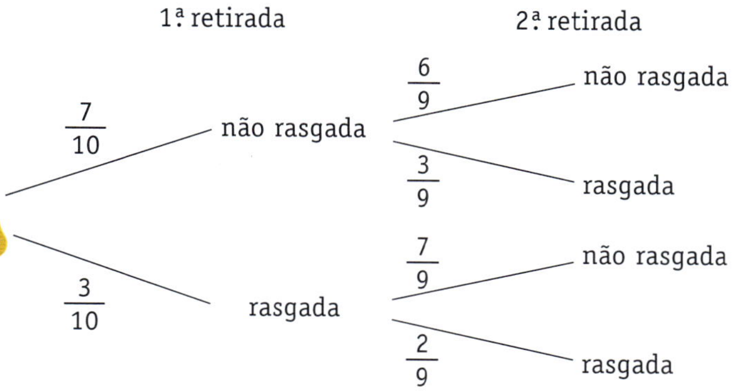

Estamos interessados em calcular:

$$p\left(\begin{matrix}\text{não}\\ \text{rasgada}\end{matrix} \cap \begin{matrix}\text{não}\\ \text{rasgada}\end{matrix}\right) = \frac{7}{10} \cdot \frac{6}{9} \quad \text{(observe o 1º galho)}$$

$\frac{7}{10}$: probabilidade de a 1ª meia não estar rasgada

$\frac{6}{9}$: probabilidade de a 2ª meia não estar rasgada, sabendo que a 1ª também não estava

Logo, a resposta é $p = \frac{42}{90} = \frac{7}{15}$.

EXERCÍCIO RESOLVIDO

10. Em uma caixa há vinte selos, sendo 12 nacionais e 8 importados. Retira-se ao acaso um selo da caixa e registra-se sua origem (procedência). A seguir, retira-se outro selo da caixa, sem que o primeiro seja reposto; e anota-se a origem. Qual é a probabilidade de saírem selos de origens diferentes?

Casa da Moeda do Brasil

Solução:

Vamos representar por N o selo nacional e I o selo importado.

Podem ocorrer dois casos:

- O primeiro selo é nacional e o segundo é importado.

$$p(N \cap I) = \frac{12}{20} \cdot \frac{8}{19} = \frac{24}{95}$$

$\frac{12}{20}$: probabilidade de o 1º selo ser N

$\frac{8}{19}$: probabilidade de o 2º selo ser I, dado que o 1º selo é N

ou

- O primeiro selo é importado e o segundo é nacional:

$$p(I \cap N) = \frac{8}{20} \cdot \frac{12}{19} = \frac{24}{95}$$

$\frac{8}{20}$: probabilidade de o 1º selo ser I

$\frac{12}{19}$: probabilidade de o 2º selo ser N, dado que o 1º é I

Assim, usando a adição de probabilidades, vem:

$$p = \frac{24}{95} + \frac{24}{95} = 2 \cdot \frac{24}{95} = \frac{48}{95}$$

EVENTOS INDEPENDENTES

Vamos considerar o seguinte problema:

12 CDs de MPB e 8 de música sertaneja (S), todos distintos entre si e sem identificação, estão guardados em uma caixa. Um estudante retira, ao acaso, sucessivamente e com reposição, dois desses CDs. Qual é a probabilidade de que os dois CDs retirados sejam de música sertaneja?

Observe o diagrama de árvore:

Alex Argozino

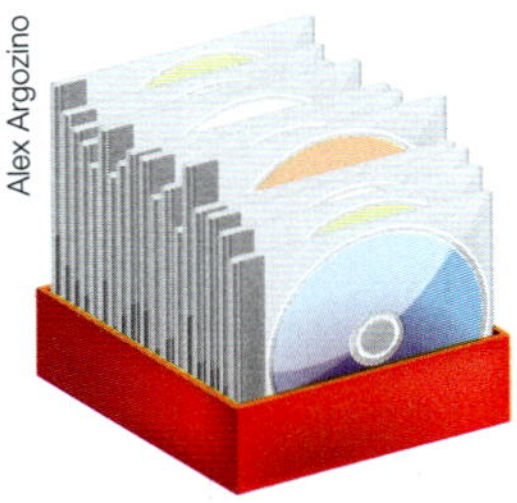

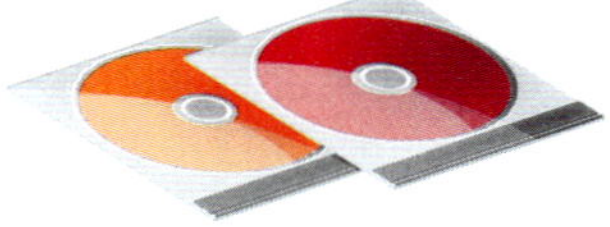

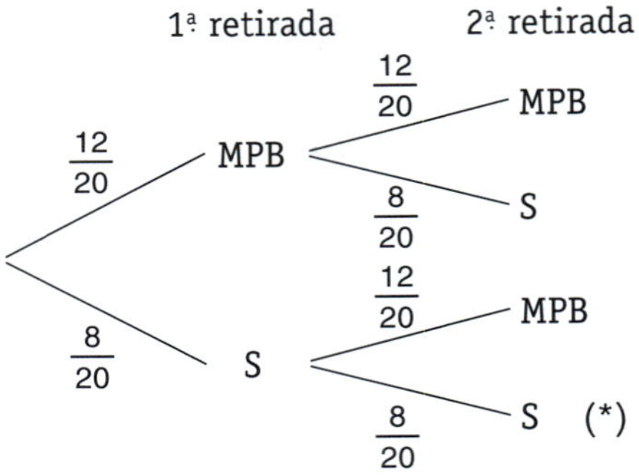

Estamos interessados em calcular $p(S \cap S)$. Utilizando o teorema da multiplicação, temos:

$$p(S \cap S) = p(\text{S na 1ª retirada}) \cdot p(\text{S na 2ª retirada} \mid \text{S na 1ª}); \text{ veja } (*)$$

Nesse caso, porém, como o CD extraído na 1ª retirada é reposto, no momento da 2ª retirada a caixa contém exatamente os CDs de antes da 1ª retirada.

Desse modo, o fato de ser escolhido um CD de música sertaneja na 1ª retirada não muda a probabilidade de extrair um CD de música sertaneja na 2ª retirada.

Dizemos que ocorre **independência entre os eventos.**

A probabilidade pedida é, portanto:

$$p = p(S \cap S) = \frac{8}{20} \cdot \frac{8}{20} = 0{,}16 = 16\%$$

De modo geral, quando $p(A \mid B) = p(A)$ — isto é, o fato de ter ocorrido o evento B não altera a probabilidade de ocorrer o evento A —, dizemos que A e B são **eventos independentes** e vale a relação:

$$p(A \cap B) = p(A) \cdot p(B)$$

Em geral, sendo $A_1, A_2, \ldots, A_n$ eventos independentes, temos:

$$p(A_1 \cap A_2 \cap \ldots \cap A_n) = p(A_1) \cdot p(A_2) \cdot \ldots \cdot p(A_n)$$

EXERCÍCIOS RESOLVIDOS

11. Um dado é lançado e é registrado o número obtido na face superior. Em seguida, uma moeda é lançada e é registrada sua face.

Qual é a probabilidade de obtermos número 5 e coroa?

Solução:

Os eventos "sair número 5" e "sair coroa" são independentes, pois o fato de sair número 5 no lançamento do dado não muda a chance de sair coroa no lançamento da moeda.

Desse modo, a probabilidade pedida é:

$$p = \underbrace{\frac{1}{6}}_{\text{sair nº 5}} \cdot \underbrace{\frac{1}{2}}_{\text{sair coroa}} = \frac{1}{12}$$

12. A probabilidade de um atirador X acertar um alvo é de 80%, e a probabilidade de um atirador Y acertar o mesmo alvo é de 90%.

Se os dois atirarem uma vez, qual é a probabilidade de que:

a) ambos atinjam o alvo?

b) pelo menos um atinja o alvo?

Solução:

Nesse problema é natural admitir independência entre os eventos.

a) $p(X \cap Y) = p(X) \cdot p(Y) = 0{,}80 \cdot 0{,}90 = 0{,}72 = 72\%$

b)

1º modo:

Sabemos que $p(X \cup Y) = p(X) + p(Y) - p(X \cap Y)$

Como há independência entre os eventos, podemos escrever:

$p(X \cup Y) = p(X) + p(Y) - p(X) \cdot p(Y) = 0{,}80 + 0{,}90 - 0{,}72 = 0{,}98 = 98\%$

2º modo:

Podem ocorrer três casos:

$$(\underbrace{\text{X acerta e Y erra}}_{\substack{0{,}80 \cdot 0{,}10 \\ 0{,}08}}) \text{ ou } (\underbrace{\text{X erra e Y acerta}}_{\substack{0{,}20 \cdot 0{,}90 \\ 0{,}18}}) \text{ ou } (\underbrace{\text{X acerta e Y acerta}}_{\substack{0{,}80 \cdot 0{,}90 \\ 0{,}72}})$$

Assim, a probabilidade pedida é $0{,}08 + 0{,}18 + 0{,}72 = 0{,}98$.

APLICAÇÕES

Matemática, futebol e loteria

Ale Vianna/Brazil Photo Press/Folhapress

Uma das loterias mais populares entre os brasileiros é a Loteca (antiga loteria esportiva).

A Loteca lista 14 partidas de futebol. O apostador arrisca um palpite para o resultado de cada partida: vitória de um dos times (coluna 1 ou coluna 2) ou empate (coluna do meio).

Há várias possibilidades de aposta. A aposta mínima é um duplo, isto é, em um único jogo assinalam-se duas opções: coluna 1 e coluna 2, coluna 1 e coluna do meio ou coluna 2 e coluna do meio. Há também apostas em um triplo, isto é, em um único jogo assinalam-se as três opções, garantindo, obviamente, o acerto do resultado daquele jogo.

Entre muitas opções de aposta, podemos citar: 2 duplos; 1 triplo e 1 duplo; 6 triplos; 3 triplos e 5 duplos (aposta máxima).

Ganha quem acertar os resultados de 13 ou 14 partidas.

Mas, afinal, quais são as chances de se ganhar nessa loteria com a aposta mínima?

A teoria de probabilidades nos ajuda a calcular tais chances, a partir da hipótese de que o espaço amostral é equiprovável, isto é, em cada uma das 14 partidas, cada possível resultado (coluna 1, coluna do meio e coluna 2) tem probabilidade $\frac{1}{3}$ de ocorrer.

Observe, também, que o resultado de um jogo não interfere no resultado dos demais jogos, garantindo, desse modo, independência entre os eventos (cada jogo está associado a um evento).

Imagine que você irá preencher um volante dos 14 jogos, concorrendo com a aposta mínima, isto é, você assinala um duplo em um jogo, digamos o primeiro, e nos demais jogos (2º ao 14º) um palpite simples (uma coluna por jogo).

A probabilidade de acertar os 14 jogos pode ser expressa por:

p(acertar o 1º jogo e acertar o 2º e acertar o 3º e ... e acertar o 14º jogo)

Usando o teorema da multiplicação e lembrando a independência dos eventos, vem:

$$p = p(\underbrace{\text{acertar o 1º jogo}}_{\text{duplo}}) \cdot p(\underbrace{\text{acertar o 2º jogo}}_{\text{simples}}) \cdot \ldots \cdot p(\underbrace{\text{acertar o 14º jogo}}_{\text{simples}})$$

$$p = \frac{2}{3} \cdot \underbrace{\frac{1}{3} \cdot \frac{1}{3} \cdot \ldots \cdot \frac{1}{3}}_{\text{13 jogos}} = \frac{2}{3^{14}} \cong 0{,}000042\%$$

Achou muito pequena a chance de ganhar?

Lembre-se, contudo, que esse é um modelo teórico em que são feitas previsões. Na prática, em alguns jogos, o apostador tem conhecimento prévio sobre os times e acompanha o desempenho das equipes no campeonato. Isso pode aumentar a chance de acerto do resultado de um jogo.

EXERCÍCIOS

62. Duas cartas, de um baralho de 52, são extraídas sucessivamente e ao acaso. Qual é a probabilidade de saírem duas cartas de copas, se a extração é feita:

a) sem reposição? b) com reposição?

63. Uma moeda e um dado são lançados simultaneamente. Qual é a probabilidade de ocorrer coroa e um número primo?

64. Em uma festa infantil, foram misturados, em uma caixa, 12 brindes para meninos e 15 para meninas. Dois brindes são retirados ao acaso, sucessivamente e sem reposição, da caixa. Qual é a probabilidade de que:

a) ambos sejam para meninos?

b) um seja para meninos e outro para meninas?

65. Refaça o exercício anterior, admitindo que a extração seja feita com reposição.

66. Em uma bandeja há dez pastéis, sendo três de palmito, quatro de carne e três de queijo, todos com o mesmo formato. Se Dudu retirar três deles ao acaso, sucessivamente e sem reposição, qual é a probabilidade de que:

Cícero Viégas/Isuzu Imagens

a) todos sejam de carne?

b) exatamente dois deles sejam de palmito?

67. A probabilidade de um nadador A queimar a largada em uma competição é de 18%; para o nadador B, essa probabilidade é de 12%. Se os dois nadadores estão disputando uma prova, qual é a probabilidade de que:

a) ambos queimem a largada?

b) nenhum deles queime a largada?

c) ao menos um queime a largada?

68. Uma caixa contém 10 etiquetas identificadas pelas letras A, B, C, ..., I, J. Duas delas são retiradas ao acaso, sucessivamente. Qual é a probabilidade de saírem duas vogais, se a extração é feita com reposição?

69. Dois estojos idênticos estão sobre uma mesa. Um deles tem 3 canetas pretas, 2 vermelhas e 3 azuis; o outro tem 2 canetas pretas, 4 azuis e 1 vermelha. Fabrício escolhe ao acaso um estojo e dele extrai, aleatoriamente, uma caneta. Qual é a probabilidade de Fabrício tirar uma caneta azul?

Alex Argozino

70. Sobre uma mesa há duas moedas: uma tem duas caras e a outra é normal. Uma delas é escolhida ao acaso e lançada. Qual é a probabilidade de obter cara?

71. Num baú estão espalhados 15 livros de Português, 10 de Matemática e 6 de Inglês. Três livros são retirados sucessivamente e ao acaso do baú. Qual a probabilidade de que seja retirado um livro de cada assunto, se a extração é feita sem reposição?

72. Um casal de matemáticos foi passar o fim de semana de verão na praia. Jorge havia lido as previsões meteorológicas na internet e disse a sua mulher: "A probabilidade de não chover no fim de semana é $\frac{17}{25}$ e a probabilidade de chover no domingo é $\frac{1}{5}$". A partir daí, perguntou a ela: "Qual é, então, a probabilidade de chover nos dois dias de viagem?"

LEI BINOMIAL DA PROBABILIDADE

Considere um experimento aleatório repetido n vezes em condições idênticas. O resultado do experimento em uma determinada vez não depende dos resultados ocorridos nas repetições anteriores.

Para calcularmos a probabilidade de um determinado evento ocorrer nenhuma vez, ou uma vez, ou duas vezes..., ou todas as vezes em que o experimento se repetir, utilizamos a chamada **lei binomial da probabilidade**.

Vamos considerar a seguinte situação: por falta de tempo, um aluno decide "chutar", completamente ao acaso, os oito últimos testes de um exame. Cada teste contém cinco alternativas e apenas uma deve ser assinalada.

Qual é a probabilidade de que esse aluno acerte cinco desses oito testes?

Cada repetição desse experimento corresponde ao aluno assinalar uma alternativa do teste, ao acaso.

Para cada repetição, temos que a probabilidade de acerto é $\frac{1}{5}$ — indicaremos por $p(A)$ — e a probabilidade de seu complementar (errar a questão) é $\frac{4}{5}$ — indicaremos por $p(\overline{A})$.

Vamos inicialmente calcular a probabilidade de ocorrerem 5 acertos (A) e 3 erros $(\overline{A})$ em uma determinada ordem, por exemplo: $(A, A, A, A, A, \overline{A}, \overline{A}, \overline{A})$. Temos:

$$p = \frac{1}{5} \cdot \frac{1}{5} \cdot \frac{1}{5} \cdot \frac{1}{5} \cdot \frac{1}{5} \cdot \frac{4}{5} \cdot \frac{4}{5} \cdot \frac{4}{5} = \left(\frac{1}{5}\right)^5 \cdot \left(\frac{4}{5}\right)^3 = \frac{64}{390\,625}$$

acertar a 1ª, acertar a 2ª, acertar a 3ª, acertar a 4ª, acertar a 5ª, errar a 6ª, errar a 7ª, errar a 8ª

Essas respostas, porém, podem ocorrer em várias outras ordens, como, por exemplo:

$$(A, \overline{A}, A, \overline{A}, A, \overline{A}, A, A)$$

A probabilidade de ocorrer essa sequência é:

$$\frac{1}{5} \cdot \frac{4}{5} \cdot \frac{1}{5} \cdot \frac{4}{5} \cdot \frac{1}{5} \cdot \frac{4}{5} \cdot \frac{1}{5} \cdot \frac{1}{5} = \left(\frac{1}{5}\right)^5 \cdot \left(\frac{4}{5}\right)^3 = \frac{64}{390\,625}$$

acertar a 1ª, errar a 2ª, acertar a 3ª .... acertar a 8ª

Qualquer outra sequência de resposta formada por 5 acertos e 3 erros tem probabilidade $\left(\frac{1}{5}\right)^5 \cdot \left(\frac{4}{5}\right)^3$ de ocorrer.

Precisamos, então, conhecer o número de sequências desse tipo. Da análise combinatória, sabemos que se trata de permutar 8 letras, das quais 5 são A e 3 são $\overline{A}$ (veja página 482 do capítulo Análise Combinatória). Temos:

$$P_8^{(5,\,3)} = \frac{8!}{5!\,3!} = \binom{8}{5} = 56$$

Desse modo, a probabilidade pedida é:

$$p = \binom{8}{5} \cdot \left(\frac{1}{5}\right)^5 \cdot \left(\frac{4}{5}\right)^3 = 56 \cdot \frac{64}{390\,625} \cong 0{,}92\%$$

Observação

A expressão numérica $\binom{8}{5} \cdot \left(\frac{1}{5}\right)^5 \cdot \left(\frac{4}{5}\right)^3$ representa um termo do desenvolvimento de $\left(\frac{1}{5} + \frac{4}{5}\right)^8$, conforme estudamos no Binômio de Newton (daí o nome lei binomial), em que:

- o expoente 8 representa o número de repetições do experimento;
- o termo $\frac{1}{5}$ representa a probabilidade de ocorrer o evento desejado (acerto) em qualquer repetição do experimento;
- o termo $\frac{4}{5}$ representa a probabilidade de não ocorrer o evento desejado (complementar de acerto, que é o erro) em qualquer repetição do experimento.

EXERCÍCIO RESOLVIDO

13. A probabilidade de um atirador acertar um alvo com um tiro é 60%. Fazendo sete tentativas, qual é a probabilidade de acertar o alvo três vezes?

Solução:

Para cada repetição do experimento "dar um tiro", a probabilidade de ocorrer o evento E "o alvo é acertado" é $p(E) = 0{,}6$. Assim, a probabilidade de não ocorrer E (errar o alvo) é $p(\overline{E}) = 0{,}4$.

A probabilidade de ocorrerem 3 acertos e 4 erros, em uma determinada ordem, é $0{,}6^3 \cdot 0{,}4^4$.

O número de ordens possíveis é dado por $P_7^{(3,\,4)} = \dfrac{7!}{3!\,4!} = \dbinom{7}{3}$.

Assim, a probabilidade pedida é:

$$\binom{7}{3} \cdot 0{,}6^3 \cdot 0{,}4^4 \cong 0{,}1935$$

Observe que a expressão numérica $\dbinom{7}{3} \cdot 0{,}6^3 \cdot 0{,}4^4$ corresponde a um dos termos do desenvolvimento de

$(0{,}6 + 0{,}4)^7$ ← número de repetições

↓ 0,6: probabilidade de ocorrer o evento E

→ 0,4: probabilidade de não ocorrer o evento E

De modo geral, se um experimento aleatório é repetido *n* vezes, em condições idênticas, com todas as repetições independentes entre si, a probabilidade de o evento E ocorrer *k* vezes ($0 \leqslant k \leqslant n$) é dada por:

$$\binom{n}{k} \cdot p^k \cdot (1 - p)^{n-k}$$

em que *p* é a probabilidade de E ocorrer em qualquer repetição e $1 - p$ é a probabilidade de E não ocorrer em qualquer repetição desse experimento.

Considerando o Exercício resolvido 13, temos que a probabilidade de o atirador acertar o alvo *k* vezes, em 7 tentativas ($k = 0, 1, ..., 7$), é dada por:

$$\binom{7}{k} \cdot 0{,}6^k \cdot 0{,}4^{7-k}$$

- Se quisermos conhecer a probabilidade de o atirador acertar o alvo seis vezes, basta substituir *k* por 6:

$$\binom{7}{6} \cdot 0{,}6^6 \cdot 0{,}4^1 \cong 0{,}13 \text{ ou } 13\%$$

- Já a probabilidade de ele acertar o alvo uma única vez é obtida trocando-se *k* por 1:

$$\binom{7}{1} \cdot 0{,}6^1 \cdot 0{,}4^6 \cong 0{,}017 \text{ ou } 1{,}7\%$$

EXERCÍCIOS

73. Uma moeda honesta é lançada oito vezes. Qual é a probabilidade de ocorrerem:

a) 4 caras e 4 coroas? b) 6 caras e 2 coroas?

74. A probabilidade de ocorrer defeito no teste final de um componente eletrônico é de 1%. Analisando um estoque com 20 componentes, qual é a probabilidade de que exatamente um apresente defeito?

75. Cada uma das dez questões de um exame apresenta cinco alternativas de resposta, das quais apenas uma é correta. Se um estudante chutar todas as respostas, qual é a probabilidade de que ele:

a) acerte três questões?

b) acerte seis questões?

c) erre todas as questões?

d) acerte ao menos uma questão?

76. Um casal planeja ter 6 filhos.

a) Qual é a probabilidade de nascerem só meninos?

b) Qual é a probabilidade de nascer igual número de meninas e meninos?

c) Qual é a probabilidade de nascerem mais meninas do que meninos?

77. (PUC-RJ) Jogamos cinco moedas comuns (cara de um lado e coroa do outro).

a) Qual a probabilidade de que todas caiam com a coroa para cima?

b) Qual a probabilidade de que exatamente 3 moedas caiam com a coroa para cima?

78. (UF-PE) Na população de uma cidade, 50% das pessoas têm sangue do tipo A, e as demais têm sangue dos outros tipos (B, AB ou O). Se 6 pessoas da cidade são escolhidas ao acaso, qual a probabilidade percentual de exatamente 3 delas terem sangue do tipo A? Indique o inteiro mais próximo do valor percentual obtido.

DESAFIO

(OBMEP)
Na multiplicação indicada na figura, os asteriscos representam algarismos, iguais ou não.
Qual é a soma dos números que foram multiplicados?

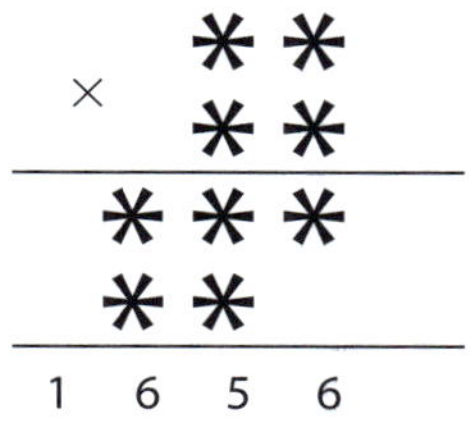

EXERCÍCIOS COMPLEMENTARES

1. Em um voo fretado, com 120 lugares disponíveis, ficou estabelecido que cada passageiro teria direito a despachar, na aeronave, uma única mala com, no máximo, 23 kg. Caso ultrapassasse esse limite, deveria pagar pelo excesso da bagagem o equivalente a R$ 80,00 por quilograma em excesso.

No gráfico abaixo, temos a distribuição de "peso" das bagagens dos 120 passageiros embarcados:

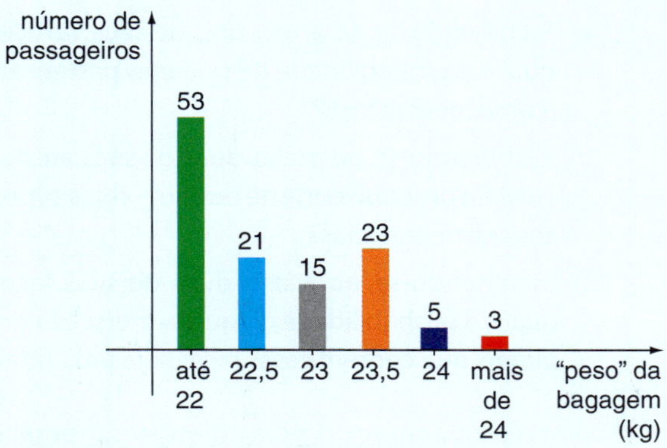

a) Um passageiro desse voo é escolhido ao acaso. Qual é a probabilidade de que ele não tenha pago por excesso de bagagem?

b) Dois passageiros desse voo são selecionados ao acaso. Qual é a probabilidade de que ambos tenham pago até R$ 80,00 por excesso de bagagem?

2. Laís comprou 5 pares de sapatos (todos distintos) para presentear seus familiares no Natal. Quando chegou em casa, ela percebeu que se esquecera de identificar cada embalagem com o nome do respectivo parente. Se todas as embalagens são idênticas e Laís decidiu distribuir, de forma aleatória, cada presente a um parente, qual é a probabilidade de que:

a) cada um receba corretamente o seu presente?

b) apenas dois parentes recebam corretamente os seus presentes?

3. Um heliporto tem a forma de um quadrado ABCD, como mostra a figura seguinte, sendo M, N, P e Q os pontos médios dos seus lados.

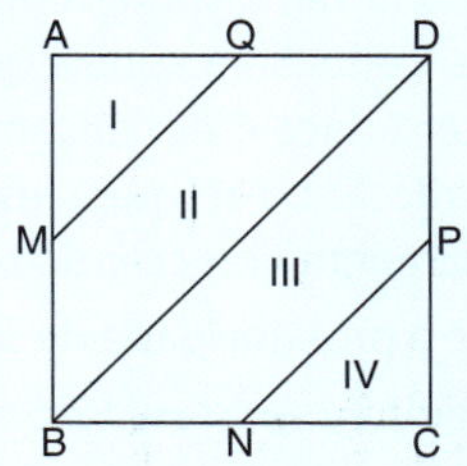

Admita que um helicóptero possa pousar aleatoriamente em qualquer uma das regiões identificadas por I, II, III e IV. Qual é a probabilidade de que o pouso:

a) seja feito na região II?

b) não seja feito na região IV?

4. Considere que os círculos abaixo podem ser pintados usando-se até três cores disponíveis.

Qual é a probabilidade de que:

a) seja usada exatamente uma cor?

b) círculos vizinhos não sejam pintados com uma mesma cor?

c) exatamente duas cores sejam utilizadas?

5. (UF-PE) Um teste para uma DST dá o resultado correto em 98% dos casos; ou seja, se uma pessoa tem a doença e faz o teste, este terá 98% de probabilidade de ser positivo; e, se uma pessoa não tem a doença e faz o teste, este terá 98% de probabilidade de ser negativo. Admita que, da população de uma grande cidade, 0,5% tem a DST. Se uma pessoa da cidade se submete ao teste e o resultado for positivo, qual a probabilidade percentual de ela ter a DST? Indique o valor inteiro mais próximo.

6. (Fuvest-SP) Um apreciador deseja adquirir, para sua adega, 10 garrafas de vinho de um lote constituído por 4 garrafas da Espanha, 5 garrafas da Itália e 6 garrafas da França, todas de diferentes marcas.

a) De quantas maneiras é possível escolher 10 garrafas desse lote?

b) De quantas maneiras é possível escolher 10 garrafas do lote, sendo 2 garrafas da Espanha, 4 da Itália e 4 da França?

c) Qual é a probabilidade de que, escolhidas ao acaso, 10 garrafas do lote, haja exatamente 4 garrafas da Itália e, pelo menos, uma garrafa de cada um dos outros dois países?

7. João e Maria vão disputar um jogo de dados em que o vencedor será aquele que primeiro conseguir obter a face 6 no lançamento de um dado não viciado. Sabe-se que eles jogarão os dados alternadamente, começando por Maria.

a) Qual é a probabilidade de João vencer o jogo?

b) Qual seria a resposta se João começasse jogando?

8. (UE-RJ) Os baralhos comuns são compostos de 52 cartas divididas em quatro naipes, denominados copas, espadas, paus e ouros, com treze cartas distintas de cada um deles. Observe a figura que mostra um desses baralhos, no qual as cartas representadas pelas letras A, J, Q e K são denominadas, respectivamente, ás, valete, dama e rei.

Thinkstock/Getty Images

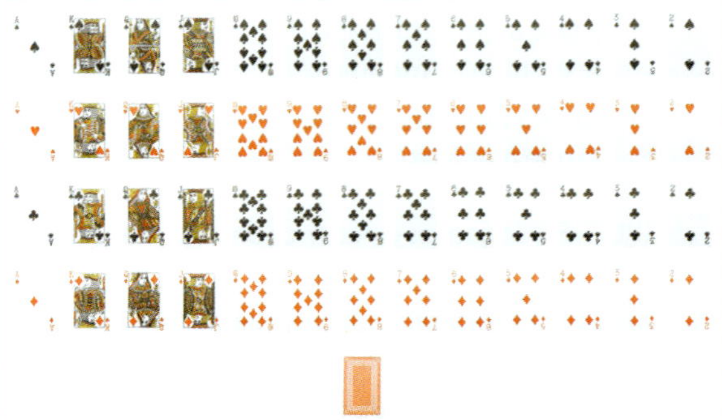

Uma criança rasgou algumas cartas desse baralho, e as *n* cartas restantes, não rasgadas, foram guardadas em uma caixa.

Os dados a seguir apresentam as probabilidades de retirar-se dessa caixa, ao acaso, as seguintes cartas:

carta	**probabilidade**
um rei	0,075
uma carta de copas	0,25
uma carta de copas ou rei	0,3

Calcule o valor de *n*.

9. Observe o cubo ABCDEFGH.

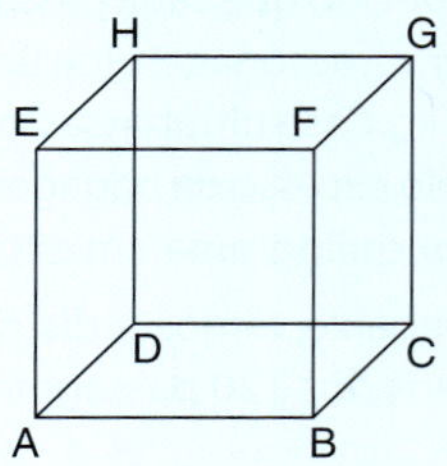

a) Escolhendo-se, ao acaso, dois de seus vértices, qual é a probabilidade de que eles pertençam a uma mesma face?

b) Escolhendo-se, ao acaso, duas de suas arestas, qual é a probabilidade de que suas retas suportes sejam paralelas?

c) Escolhendo-se, ao acaso, duas de suas faces, qual é a probabilidade de que a interseção dos planos que contêm essas faces seja uma reta?

10. Uma caixa contém *n* bolas idênticas, numeradas de 1 a *n* ($n \geqslant 3$). Três bolas são extraídas ao acaso sucessivamente e sem reposição. Qual é a probabilidade de saírem números consecutivos, não obrigatoriamente em ordem crescente ou decrescente?

Sugestão: Se preferir, comece analisando casos particulares (por exemplo, $n = 6$ e $n = 10$).

11. (U.E. Ponta Grossa-PR) Assinale o que for correto.

(01) A probabilidade de sair uma bola verde de uma urna com 6 bolas verdes e 5 pretas é superior a 50%.

(02) Jogando dois dados, a probabilidade de saírem números iguais nas faces voltadas para cima é maior que 20%.

(04) A probabilidade de sortear um múltiplo de 5 entre 30 cartões numerados de 1 a 30 é 20%.

(08) A probabilidade de ganhar um prêmio num sorteio de 50 números tendo comprado dois deles é 4%.

12. (UF-PE) Se *b* e *c* são naturais escolhidos aleatoriamente no conjunto {1, 2, 3, ..., 10}, qual a probabilidade percentual de as raízes da equação $x^2 + bx + c = 0$ não serem reais?

13. (FGV-RJ)

a) Em um laboratório, uma caixa contém pequenas peças de mesma forma, tamanho e massa. As peças são numeradas, e seus números formam uma progressão aritmética: 5, 10, 15, ..., 500

Se retirarmos ao acaso uma peça da caixa, qual é a probabilidade, expressa em porcentagem, de obtermos um número maior que 101?

b) Explique por que podemos afirmar que 101! + 19 não é um número primo.

14. (U.F. Uberlândia-MG) O Programa Nacional de Tecnologia Educacional do MEC financia e instala laboratórios de informática nas escolas públicas de Educação Básica. Suponha que, no processo de licitação para a compra dos computadores destinados aos laboratórios, o MEC tenha a sua disposição 15 consultores técnicos, sendo que 10 são consultores júnior e 5 são consultores sênior. Dois fabricantes de computadores, sendo um da marca *A* e outro da marca *B*, resolveram participar do processo de licitação. Para decidir qual marca comprar, uma equipe de consultores técnicos testou as duas marcas durante uma semana. Os técnicos concluíram que a probabilidade de que ocorra um problema em computadores da marca *A* é de $\frac{1}{2}$, da marca *B* é de $\frac{1}{4}$, e, em ambas, é de $\frac{1}{100}$.

Com base nessas informações, responda às seguintes perguntas:

a) Se o MEC deseja designar 5 consultores técnicos para compor a equipe de testes, sendo que 3 são consultores júnior e 2 são consultores sênior de quantas maneiras distintas podem ser escolhidos os 5 consultores?

b) Durante os testes realizados, qual a probabilidade de que nenhuma marca tenha apresentado problema?

15. (UF-MG) Numa brincadeira, um dado, com faces numeradas de 1 a 6, será lançado por Cristiano e, depois, por Ronaldo. Será considerado vencedor aquele que obtiver o maior número como resultado do lançamento. Se, nos dois lançamentos, for obtido o mesmo resultado, ocorrerá empate.

Com base nessas informações,

a) Calcule a probabilidade de ocorrer um empate.

b) Calcule a probabilidade de Cristiano ser o vencedor.

16. (UF-RN) Uma família é composta por cinco pessoas: os pais, duas meninas e um menino. No aniversário de casamento dos pais, uma foto foi "tirada" com os filhos em pé e os pais sentados à frente dos filhos. Mantendo-se os pais à frente dos filhos,

a) qual a quantidade máxima de fotos diferentes que podem ser tiradas, com relação à ordem de localização das pessoas na foto?

b) dentre as diferentes fotos obtidas, qual a probabilidade de o pai estar à esquerda da mãe e o menino ficar entre as duas meninas?

17. (Unicamp-SP) Considere a matriz $A = \begin{bmatrix} a_{11} & a_{12} & a_{13} \\ a_{21} & a_{22} & a_{23} \\ a_{31} & a_{32} & a_{33} \end{bmatrix}$ cujos coeficientes são números reais.

a) Suponha que exatamente seis elementos dessa matriz são iguais a zero. Supondo também que não há nenhuma informação adicional sobre *A*, calcule a probabilidade de que o determinante dessa matriz não seja nulo.

b) Suponha, agora, que $a_{ij} = 0$ para todo elemento em que $j > i$, e que $a_{ij} = i - j + 1$ para os elementos em que $j \leq i$.

Determine a matriz *A*, nesse caso, e calcule sua inversa, A^{-1}.

18. (UF-PR) Para verificar a redução de efeitos colaterais de um novo tratamento, pesquisadores ministraram a dois grupos distintos de voluntários o tratamento convencional e o novo tratamento. Os resultados obtidos estão descritos na tabela a seguir:

	Apresentou efeitos colaterais	
	sim	não
Tratamento convencional	54	41
Novo tratamento	51	34

a) Qual a probabilidade de um voluntário, escolhido aleatoriamente dentre os participantes dessa pesquisa, ter apresentado efeitos colaterais?

b) Qual a probabilidade de um voluntário ter sido submetido ao novo tratamento, dado que ele apresentou efeitos colaterais?

19. (UF-SC) Assinale a(s) proposição(ões) correta(s).

(01) Um número de três algarismos é chamado palíndromo quando o algarismo das unidades é igual ao algarismo das centenas. Por exemplo, o número 464 é um palíndromo. Escolhe-se aleatoriamente um número dentre todos os números de três algarismos formados pelos algarismos 1, 2, 3, 4 e 5. A probabilidade de o número escolhido ser um palíndromo é 25%.

(02) A figura representa o mapa de uma cidade fictícia na qual há nove ruas na direção vertical e cinco ruas na direção horizontal. Para ir do ponto A até o ponto B, os deslocamentos permitidos são sempre no sentido Oeste-Leste (D) e/ou Sul-Norte (C), como exemplificado na figura, respectivamente, pelas letras D (direita) e C (para cima). Nessas condições, existem 495 caminhos diferentes para ir do ponto A até o ponto B.

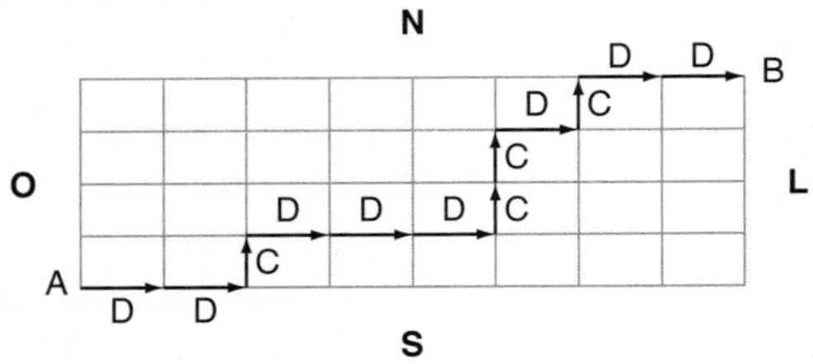

(04) Um número inteiro de 1 a 260 é escolhido aleatoriamente. A probabilidade de que esse número seja divisível por 7 é $\frac{9}{65}$.

(08) Com os algarismos 0, 1, 2, 3 e 4 podemos formar 24 números pares com três algarismos diferentes e 24 números ímpares com três algarismos diferentes.

20. (PUC-RJ) Em uma caixa, existem 10 bolas vermelhas numeradas de 1 a 10 e também 10 bolas verdes numeradas de 1 a 10.

a) Ivonete retira uma bola da caixa. Qual a probabilidade de que a bola retirada seja uma de número 3?

b) Marcos retira duas bolas da caixa. Qual a probabilidade de ele obter 2 bolas com o mesmo número?

c) Joana retira uma bola da caixa. Qual a probabilidade de que a bola retirada seja uma verde com um número par?

(Nota do autor: Considere, no item *b*, extrações sucessivas e sem reposição.)

21. (UFF-RJ) Dado um conjunto A, o conjunto das partes de A, denotado por P(A), é o conjunto cujos elementos são todos os subconjuntos de A.

Se A tem 10 elementos, determine:

a) o número de subconjuntos de A que possuem exatamente dois elementos;

b) a probabilidade de que, ao se escolher aleatoriamente um elemento de P(A), esse seja um subconjunto de A com exatamente dois elementos.

22. (U.E. Maringá-PR) Em determinado concurso vestibular de uma Universidade, há 25 000 inscritos, concorrendo a 2 000 vagas. Chamando os cursos mais concorridos de A, B e C, temos as seguintes concorrências:

– A: 200 candidatos/vaga;

– B: 70 candidatos/vaga;

– C: 40 candidatos/vaga.

Sabendo que o número de vagas para o curso A é 20 e para os cursos B e C é 40, para cada um, e que um candidato só pode concorrer à vaga em um único curso, assinale o que for correto.

(01) Escolhido, ao acaso, um dos inscritos, a probabilidade de ele não estar concorrendo a uma das vagas dos cursos A, B e C é maior do que 0,6.

(02) A probabilidade de um candidato, concorrendo ao curso A, passar é de 0,005.

(04) A probabilidade de escolher, ao acaso, entre os inscritos, um candidato aos cursos A ou C é de 0,2.

(08) Escolhido, ao acaso, um dos inscritos, a probabilidade de ele estar concorrendo a uma vaga para o curso B é de 0,1.

(16) Escolhido, ao acaso, um dos inscritos, a probabilidade de ele ser um dos aprovados para o curso C é de 0,0016.

23. (FGV-SP) Um médico atende diariamente, de segunda-feira a sexta-feira, os postos de saúde de quatro pequenos povoados próximos: A, B, C e D, indo de A a D e de volta a A. Em determinado dia, ele decide sortear o percurso que vai seguir. Qual é a probabilidade de ele ir e voltar pelo mesmo caminho assinalado na figura?

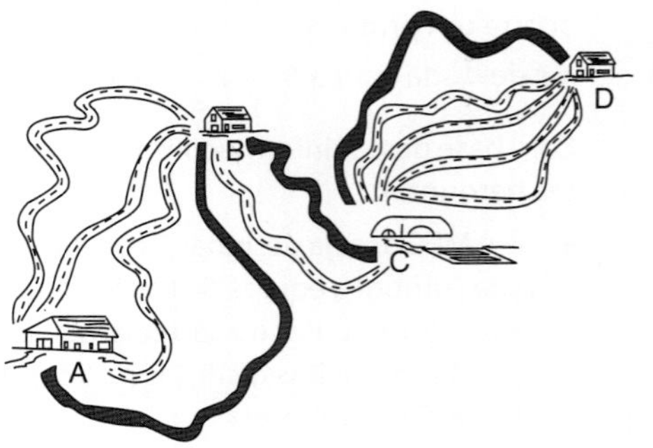

24. (Unicamp-SP) O diagrama abaixo indica a distribuição dos alunos matriculados em três cursos de uma escola. O valor da mensalidade de cada curso é de R$ 600,00, mas a escola oferece descontos aos alunos que fazem mais de um curso. Os descontos, aplicados sobre o valor total da mensalidade, são de 20% para quem faz dois cursos e de 30% para os matriculados em três cursos.

a) Por estratégia de *marketing*, suponha que a escola decida divulgar os percentuais de desconto, calculados sobre a mensalidade dos cursos adicionais e não sobre o total da mensalidade. Calcule o percentual de desconto que incide sobre a mensalidade do segundo curso para aqueles que fazem dois cursos e o percentual de desconto sobre o terceiro curso para aqueles que fazem três cursos.

b) Com base nas informações do diagrama, encontre o número de alunos matriculados em pelo menos dois cursos. Qual a probabilidade de um aluno, escolhido ao acaso, estar matriculado em apenas um curso?

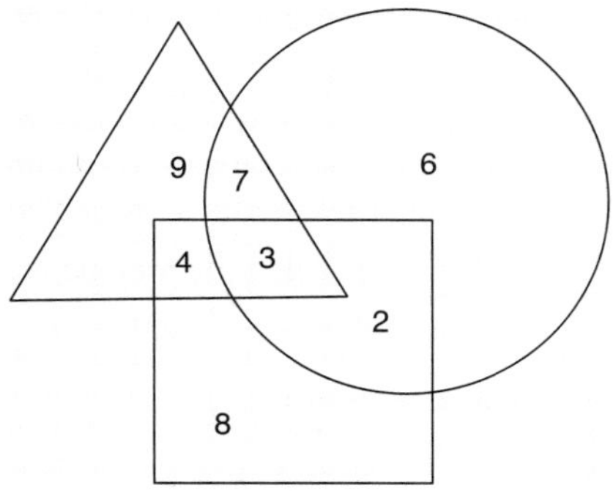

25. (UF-RN) Cada apresentação de um espetáculo humorístico consta da participação individual de cinco artistas — João, Maria, André, Caetano e Kátia —, cada um subindo ao palco uma única vez.

Ao planejar uma turnê, do início de março ao final de dezembro, eles decidiram evitar que a ordem de os artistas subirem ao palco, em cada *show*, fosse repetida.

Considerando que um ano tem 52 semanas, responda:

a) É possível eles não repetirem a ordem de subida ao palco, nessa turnê, fazendo três *shows* a cada semana? Justifique.

b) Qual a probabilidade de Maria ser a primeira a subir ao palco no primeiro *show*?

26. (PUC- RJ) Um baralho tem 26 cartas pretas e 26 cartas vermelhas. As cartas estão ordenadas ao acaso.

a) Retiramos uma carta do baralho completo: qual é a probabilidade de que a carta seja vermelha?

b) Retiramos simultaneamente três cartas do baralho completo: qual a probabilidade de que as três cartas sejam vermelhas?

c) Retiramos simultaneamente três cartas do baralho completo: qual a probabilidade de que duas cartas sejam vermelhas e uma preta?

27. (U.F. Juiz de Fora- MG) Um casal com 6 filhos mudará para sua casa nova que possui quatro quartos, sendo dois de frente e dois de fundos. O casal ocupará um dos quartos da frente e os demais serão ocupados, ao acaso e aos pares, pelos filhos. As idades dos filhos estão representadas no quadro abaixo:

Filho	Idade
André	2
Bernardo	3
Carlos	4
Daniel	5
Eduardo	7
Fernando	9

a) Determine a probabilidade de a soma das idades dos irmãos que ocuparão o quarto da frente ser menor que ou igual a 10.

b) Os pais resolveram que os dois filhos menores devem ocupar o mesmo quarto. Qual a probabilidade de a soma das idades dos dois filhos escolhidos para ocupar o quarto da frente ser menor que ou igual a 10?

28. (UF-PR) Uma caixa contém 7 lápis azuis, 5 vermelhos e 9 amarelos. Sabendo que a caixa contêm somente esses lápis, responda:

a) Qual o número mínimo de lápis que devemos retirar (sem olhar a cor) para que estejamos certos de haver retirado 4 lápis de uma mesma cor? Justifique sua resposta.

b) Se retirarmos ao acaso 3 lápis dessa caixa (sem olhar a cor), qual é a probabilidade de que todos sejam da cor amarela?

29. (Unifesp-SP) O quadro mostra o resultado de uma pesquisa realizada com 200 nadadores de competição da cidade de São Paulo, visando apontar o percentual desses nadadores que já tiveram lesões (dores) em certas articulações do corpo, decorrentes da prática de natação, nos últimos três anos.

Articulação	Percentual de nadadores
ombro	80%
coluna	50%
joelho	25%
pescoço	20%

Com base no quadro, determine:

a) quantos nadadores do grupo pesquisado tiveram lesões (dores) no joelho ou no pescoço, considerando que 5% dos nadadores tiveram lesões nas duas articulações, joelho e pescoço.

b) qual é a probabilidade de um nadador do grupo pesquisado, escolhido ao acaso, não ter tido lesões (dores) no ombro ou na coluna, considerando as manifestações de dores como eventos independentes.

30. (UF-MG) Considere três caixas: a primeira contém duas moedas douradas; a segunda, duas moedas prateadas; e a terceira, uma moeda dourada e uma prateada.

a) Escolhe-se, aleatoriamente, uma das três caixas e, dela, se retira uma moeda, também ao acaso.

Determine a probabilidade de essa moeda ser dourada.

b) Escolhe-se, aleatoriamente, uma das três caixas e, dela, se retiram as duas moedas.

Determine a probabilidade de essas duas moedas serem douradas.

c) Escolhe-se, aleatoriamente, uma das três caixas e, dela, se retira uma moeda, também ao acaso. Suponha que a moeda retirada seja dourada.

Determine a probabilidade de a outra moeda da mesma caixa ser, também, dourada.

31. (UF-PE) Um jornal inclui em sua edição de domingo um CD de brinde. O CD pode ser de rock ou de música sertaneja, mas, como está em uma embalagem não identificada, o comprador do jornal não sabe qual o gênero musical do CD, antes de adquirir o jornal. 40% dos jornais circulam com o CD de rock e 60% com o CD de música sertaneja. A probabilidade de um leitor do jornal gostar de rock é de 45%, e de gostar de música sertaneja é de 80%. Se um comprador do jornal é escolhido ao acaso, qual a probabilidade percentual de ele gostar do CD encartado em seu jornal?

32. (U.F- Uberlândia-MG) Considere o conjunto numérico U cujos elementos são todos os números naturais de dois algarismos e os subconjuntos A e B de U, satisfazendo:

I) A é formado por todos os elementos tais que para qualquer par de elementos distintos x e y, em A, tem-se que mdc $(x, y) = 33$;

II) B é formado por todos os elementos que são divisores de 132.

Nessas condições, faça o que se pede.

a) Determine quais são todos os elementos da interseção $A \cap B$.

b) Numerando cada uma das bolas idênticas de uma urna com um número correspondendo a cada um dos elementos do conjunto $U - (A \cup B)$ e escolhendo-se ao acaso uma delas, determine a probabilidade de a bola escolhida ter numeração ímpar.

33. (Fuvest-SP)

a) Dez meninas e seis meninos participarão de um torneio de tênis infantil.

De quantas maneiras distintas essas 16 crianças podem ser separadas nos grupos A, B, C e D, cada um deles com 4 jogadores, sabendo que os grupos A e C serão formados apenas por meninas e o grupo B, apenas por meninos?

b) Acontecida a fase inicial do torneio, a fase semifinal terá os jogos entre Maria e João e entre Marta e José. Os vencedores de cada um dos jogos farão a final. Dado que a probabilidade de um menino ganhar de uma menina é $\frac{3}{5}$, calcule a probabilidade de uma menina vencer o torneio.

34. (FGV-SP) O compositor A é réu em um processo de plágio. Ele criou uma melodia para um *jingle* de TV que consiste em uma sequência de 4 notas em ordem idêntica a uma melodia registrada anteriormente pelo compositor B. O compositor A declara que não conhecia o trabalho do compositor B e que as semelhanças entre as músicas foram fruto do acaso. Para decidir sobre a plausibilidade dessa explicação, um juiz solicitou o cálculo da probabilidade de que a melodia do compositor A tenha a mesma sequência de notas da melodia do compositor B por acaso, considerando que existem sete notas musicais e que cada nota é decidida aleatoriamente e de forma independente pelo compositor. Se a probabilidade *for menor que 0,1%*, o juiz considerará não ser plausível que tenha ocorrido por acaso, *condenando o réu*; em caso contrário, o compositor A *será considerado inocente*.

a) Qual é a probabilidade de que o compositor A tenha criado por acaso a melodia com a mesma sequência de 4 notas da melodia do compositor B? Com base no critério apresentado acima, o juiz considerará o compositor A inocente ou culpado?

b) Cada uma das sete notas musicais (Dó, Ré, Mi, Fá, Sol, Lá, Si) pode ter ou não uma alteração cromática (sustenido ou bemol). Assim, cada nota pode aparecer em três diferentes formas, por exemplo, Dó, Dó sustenido ou Dó bemol. Qual é o número mínimo de notas (com alteração cromática) que uma melodia deve ter para que se possa configurar plágio, de acordo com o critério do juiz (probabilidade de coincidência por acaso menor que 0,1%, considerando que cada nota e alteração cromática é escolhida aleatoriamente e independentemente pelo compositor)?

c) Considere que o juiz estabeleceu um novo critério – condenará o réu, se a probabilidade de que as melodias tenham os trechos observados em comum por acaso for menor que a probabilidade de ganhar em um jogo de loteria em que o apostador escolhe 7 números entre 20 possíveis, e se torna ganhador se estes números incluírem os 3 números sorteados. Qual é a probabilidade de que o apostador ganhe na loteria nessas condições?

35. (FGV-SP) No estande de vendas da editora, foram selecionados 5 livros distintos, grandes, de mesmo tamanho, e 4 livros distintos, pequenos, de mesmo tamanho. Eles serão expostos em uma prateleira junto com um único exemplar de *Descobrindo o Pantanal*.

a) De quantas maneiras diferentes eles podem ser alinhados na prateleira, se os de mesmo tamanho devem ficar juntos e *Descobrindo o Pantanal* deve ficar em um dos extremos?

b) No final da feira de livros, a editora fez uma promoção. Numerou os livros da prateleira de 1 a 10, e sorteou um livro para o milésimo visitante do estande. Qual é a probabilidade expressa em porcentagem de o visitante receber um livro cujo número seja a média aritmética de dois números primos quaisquer compreendidos entre 1 e 10?

36. (UF-BA)

Turma	Homens	Mulheres
I	10	25
II	35	30

Um colégio prepara duas turmas para uma olimpíada cultural e as avalia, periodicamente, através de provas simuladas, de desafios entre grupos competidores e de outros meios que estimulem a evolução dos estudantes. Considerando-se a distribuição do número de estudantes, por turma e gênero, dada na tabela, pode-se afirmar:

(01) Transferindo-se dez homens da Turma II para a Turma I, a razão entre o número de homens e de mulheres será a mesma nas duas turmas.

(02) É possível redistribuir os estudantes das duas turmas de modo que cada turma passe a ter tantos homens quanto mulheres.

(04) Para um debate, cada turma deve formar uma equipe com quatro de seus componentes, sendo dois homens e duas mulheres, portanto a Turma I pode formar, no máximo, 13 500 equipes distintas, assim constituídas.

(08) Sendo 9,0 e 6,0, respectivamente, a maior e a menor nota obtidas pelos homens da Turma I em uma prova simulada, a média das notas de todos os homens dessa turma é maior que 7,5.

(16) Escolhendo-se, ao acaso, um estudante dessas turmas, a probabilidade de ser mulher ou da Turma II é igual a 90%.

(32) Escolhendo-se, ao acaso e simultaneamente, um componente de cada turma, a probabilidade de serem do mesmo gênero é igual a $\frac{44}{91}$.

37. (U.E. Londrina-PR) Em uma determinada competição esportiva, uma comissão será formada para acompanhar o exame *antidoping*. Essa comissão será constituída, obrigatoriamente, por 3 preparadores físicos e 2 médicos escolhidos, respectivamente, dentre 12 preparadores fisicos e 10 médicos previamente selecionados do total de preparadores físicos e médicos das equipes participantes.

a) De quantas maneiras distintas essa comissão poderá ser formada?

b) Considere que, dos 12 preparadores físicos, 4 sejam mulheres e, dos 10 médicos, 3 sejam mulheres. Qual é a probabilidade de uma comissão, para acompanhar o exame *antidoping*, conter uma única mulher, sendo esta uma preparadora física?

38. (Unifesp-SP) Considere a distribuição de genótipos AA, aa, Aa em uma população de 500 animais jovens, todos com *x* anos de idade. Sorteando ao acaso um indivíduo dessa população, a probabilidade de que ele seja de genótipo AA é de 32%, e de que seja de genótipo Aa é de 46%.

Quando os membros dessa população envelhecem, ao atingirem *y* anos de idade ($y > x$), o gene *a* provoca a morte instantânea e, como A é dominante sobre *a*, os indivíduos AA e Aa permanecem sadios, enquanto que os indivíduos aa morrem.

a) Quantos indivíduos de genótipo aa teríamos que acrescentar à população dos 500 animais de *x* anos de idade para que o sorteio de um indivíduo nesse novo grupo pudesse ser feito com probabilidade de 50% de que o indivíduo sorteado tivesse o gene A em seu genótipo?

b) Sorteando-se ao acaso um indivíduo da população original dos 500 animais quando a idade de seus membros é de *y* anos, logo após a morte dos indivíduos de genótipo aa, qual é a probabilidade de que o indivíduo sorteado tenha um gene *a* em seu genótipo?

39. (UF-MG) Cinco times de futebol, de igual excelência, vão disputar oito edições seguidas de um torneio anual. Considerando essa informação:

a) Calcule a probabilidade de um mesmo time vencer as duas primeiras edições desse torneio.

b) Calcule a probabilidade de não haver vencedores consecutivos durante a realização das oito edições desse torneio.

40. (U.F. Juiz de Fora-MG) Nas quartas de final de um campeonato de futebol, 8 times, denominados A, B, C, D, E, F, G e H, serão divididos aleatoriamente em 4 grupos de 2 times. Em cada grupo, os 2 times se enfrentam sem possibilidade de empate. O perdedor é eliminado e o vencedor avança para a próxima fase.

a) O time A sempre vence os times B, C, D e E. Além disso, o time A sempre perde dos times F, G e H. Qual é a probabilidade de o time A avançar à próxima fase?

b) Já sabemos que o time B sempre perde para o time A. Além disso, a probabilidade de vitória do time B, quando este enfrenta os times C, D ou E, é sempre igual a $\frac{1}{4}$, e a probabilidade de vitória do time B, quando este enfrenta os times F, G ou H, é sempre igual a $\frac{2}{3}$. Qual é a probabilidade de o time B avançar à próxima fase?

41. (UF-GO) Observa-se empiricamente, em diversas séries estatísticas quantitativas, que é muito maior a frequência de dados cujo primeiro dígito (à esquerda) é 1 do que a frequência de dados cujo primeiro dígito é 9. Por exemplo, na série de população dos 5 565 municípios brasileiros publicada pelo IBGE em 2009, existem 1 619 municípios cuja população é expressa por um número iniciado por 1 (por exemplo: Goiânia, 1 281 975 habitantes), enquanto em apenas 209 municípios a população é expressa por um número iniciado por 9 (por exemplo: Itumbiara, 92 832 habitantes). Esse fato é conhecido como lei de Benford, e é expresso da seguinte maneira: em um conjunto de observações numéricas satisfazendo essa lei, a probabilidade de que o primeiro dígito seja D, em que D pode assumir os valores inteiros de 1 a 9, é dada por: $P_D = \log\left(1 + \frac{1}{D}\right)$.

De acordo com essas informações, para uma série de dados que satisfaz a lei de Benford, extraindo um dado ao acaso, qual é a probabilidade de se ter o primeiro dígito menor do que 5?

(Use $\log 2 = 0{,}3$.)

42. (UF-ES) Um dado tem cada uma de suas 6 faces numerada com inteiros diferentes, de 1 até 6. Após o dado ser lançado uma única vez sobre uma superfície plana, cada uma de suas faces tem a mesma probabilidade de aparecer voltada para cima.

Seja $p_{n,k}$ a probabilidade de se observar um número primo na face do dado voltada para cima em exatamente *k* de *n* lançamentos, com k = 1, 2, ..., n. Calcule:

a) o valor de $p_{1,1}$;

b) o valor de $p_{10,10}$;

c) o valor de $p_{10,1}$;

d) o valor de $p_{10,7}$;

e) os valores de *k* para os quais $p_{n,k}$ é máximo, quando *n* é fixado. Justifique.

43. (Fuvest-SP) Seja *n* um número inteiro, $n \geq 0$.

a) Calcule de quantas maneiras distintas *n* bolas idênticas podem ser distribuídas entre Luís e Antônio.

b) Calcule de quantas maneiras distintas *n* bolas idênticas podem ser distribuídas entre Pedro, Luís e Antônio.

c) Considere, agora, um número natural *k* tal que $0 \leq k \leq n$. Supondo que cada uma das distribuições do item *b* tenha a mesma chance de ocorrer, determine a probabilidade de que, após uma dada distribuição, Pedro receba uma quantidade de bolas maior ou igual a *k*.

Observação: Nos itens *a* e *b*, consideram-se válidas as distribuições nas quais uma ou mais pessoas não recebam bola alguma.

44. (PUC-RJ) Considere um polígono regular P inscrito em um círculo.

a) Assuma que P tenha 6 lados. Escolhem-se quatro vértices de P, formando um quadrilátero. Qual é a probabilidade de o quadrilátero ser um retângulo?

b) Assuma que P tenha 1000 lados. Escolhem-se quatro vértices de P, formando um quadrilátero. Qual é a probabilidade de o quadrilátero ser um retângulo?

c) Assuma que P tenha 1001 lados. Escolhem-se três vértices de P, formando um triângulo. Qual é a probabilidade de o triângulo ter um ângulo obtuso?

45. (UF-PE) Lançando-se dois dados perfeitos, qual a probabilidade percentual de o produto dos resultados obtidos ser maior que a soma? Indique o inteiro mais próximo do resultado calculado.

46. (Unifesp-SP) O recipiente da figura I é constituído de 10 compartimentos idênticos, adaptados em linha. O recipiente da figura II é constituído de 100 compartimentos do mesmo tipo, porém adaptados de modo a formar 10 linhas e 10 colunas. Imagine que vão ser depositadas, ao acaso, 4 bolas idênticas no recipiente da figura I e 10 bolas idênticas no recipiente da figura II.

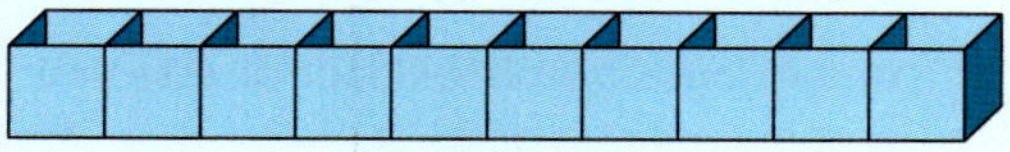

Figura I

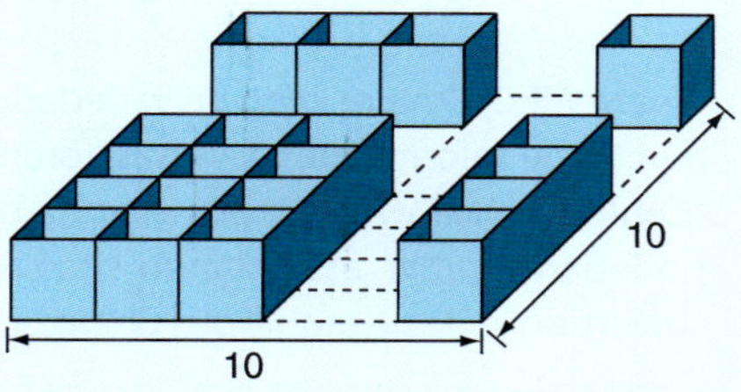

Figura II

Com a informação de que em cada compartimento cabe apenas uma bola, determine:

a) A probabilidade de que no primeiro recipiente as 4 bolas fiquem sem compartimentos vazios entre elas.

b) A probabilidade de que no segundo recipiente as 10 bolas fiquem alinhadas.

47. (UF-PR) Um cadeado com segredo possui três engrenagens, cada uma contendo todos os dígitos de 0 a 9. Para abrir esse cadeado, os dígitos do segredo devem ser colocados numa sequência correta, escolhendo-se um dígito em cada engrenagem. (Exemplo: 237, 366, 593 ...)

a) Quantas possibilidades diferentes existem para a escolha do segredo, sabendo que o dígito 3 deve aparecer obrigatoriamente e uma única vez?

b) Qual é a probabilidade de se escolher um segredo no qual todos os dígitos são distintos e o dígito 3 aparece obrigatoriamente?

TESTES

1. (Enem-MEC) Rafael mora no Centro de uma cidade e decidiu se mudar, por recomendações médicas, para uma das regiões: Rural, Comercial, Residencial urbano ou Residencial suburbano. A principal recomendação médica foi com as temperaturas das "ilhas de calor" da região, que deveriam ser inferiores a 31 °C. Tais temperaturas são apresentadas no gráfico:

Perfil da ilha de calor urbana

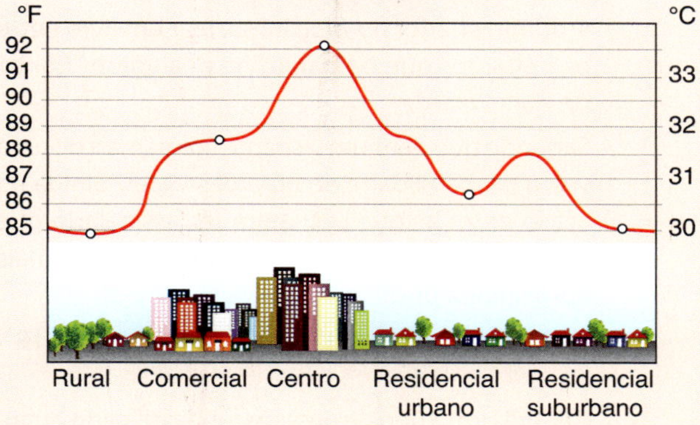

Fonte: EPA

Escolhendo, aleatoriamente, uma das outras regiões para morar, a probabilidade de ele escolher uma região que seja adequada às recomendações médicas é:

a) $\frac{1}{5}$

b) $\frac{1}{4}$

c) $\frac{2}{5}$

d) $\frac{3}{5}$

e) $\frac{3}{4}$

2. (Enem-MEC) Todo o país passa pela primeira fase de campanha de vacinação contra a gripe suína (H1N1). Segundo um médico infectologista do Instituto Emílio Ribas, de São Paulo, a imunização "deve mudar", no país, a história da epidemia. Com a vacina, de acordo com ele, o Brasil tem a chance de barrar uma tendência do crescimento da doença, que já matou 17 mil no mundo. A tabela apresenta dados específicos de um único posto de vacinação.

Campanha de vacinação contra gripe suína		
Datas de vacinação	Público-alvo	Quantidade de pessoas vacinadas
8 a 19 de março	Trabalhadores da saúde e indígenas	42
22 de março a 2 de abril	Portadores de doenças crônicas	22
5 a 23 de abril	Adultos saudáveis entre 20 e 29 anos	56
24 de abril a 7 de maio	População com mais de 60 anos	30
10 a 21 de maio	Adultos saudáveis entre 30 e 39 anos	50

Disponível em: <http://img.terra.com.br>. Acesso em: 26 abr. 2010 (adaptado).

Escolhendo-se aleatoriamente uma pessoa atendida nesse posto de vacinação, a probabilidade de ela ser portadora de doença crônica é:

a) 8% c) 11% e) 22%

b) 9% d) 12%

3. (FGV-SP) O quadrado ABCD está inscrito em uma circunferência de raio *r*. Marcando-se ao acaso um ponto na região interior dessa circunferência, a probabilidade de que esse ponto esteja na região interior do quadrado ABCD é igual a:

a) $\frac{2}{\pi}$ c) $\frac{3\sqrt{3}}{4\pi}$ e) $\frac{1}{2\pi}$

b) $\frac{\sqrt{2}}{\pi}$ d) $\frac{1}{\pi}$

4. (UF-GO) A delegação esportiva de um certo país participou de uma festa e, involuntariamente, quatro jogadores do time de basquetebol, cinco do time de voleibol e nove do time de futebol ingeriram uma substância proibida pelo comitê *antidoping*. Um jogador de cada time será sorteado para passar por um exame desse comitê. Considerando-se que o time de basquetebol tem 10 jogadores, o de voleibol, 12 e o de futebol, 22 e ordenando-se os times pela ordem crescente da probabilidade de ser "pego" um jogador que tenha ingerido a substância proibida, tem-se:

a) basquetebol, futebol, voleibol.

b) basquetebol, voleibol, futebol.

c) futebol, voleibol, basquetebol.

d) futebol, basquetebol, voleibol.

e) voleibol, futebol, basquetebol.

5. (UF-PA) Uma comissão é formada por 4 participantes de cada um dos municípios, Abaetetuba, Igarapé-Mirim, Cametá, Barcarena e Moju, totalizando 20 pessoas. Escolhendo-se aleatoriamente 5 pessoas deste grupo, a probabilidade de que exista um representante de cada município é:

a) $\frac{64}{969}$ c) $\frac{1}{2\,075}$ e) $\frac{1}{15\,504}$

b) $\frac{8}{14\,535}$ d) $\frac{5}{15\,504}$

6. (FGV-SP) Tânia e Geraldo têm, cada um, uma urna contendo cinco bolas. Cada urna contém uma bola de cada uma das seguintes cores: azul, verde, preta, branca e roxa. As bolas são distinguíveis umas das outras apenas por sua cor. Tânia transfere, ao acaso, uma bola da sua urna para a de Geraldo. Em seguida, Geraldo transfere, ao acaso, uma bola da sua urna para a de Tânia. Ao final das transferências, a probabilidade de que as duas urnas tenham sua configuração inicial é:

a) $\frac{1}{2}$ b) $\frac{1}{3}$ c) $\frac{1}{5}$ d) $\frac{1}{6}$ e) $\frac{1}{10}$

7. (Mackenzie-SP) Sempre que joga, um time tem probabilidade $\frac{2}{3}$ de vencer uma partida. Em quatro jogos, a probabilidade de esse time vencer, exatamente dois deles, é:

a) $\frac{4}{27}$ b) $\frac{16}{81}$ c) $\frac{8}{27}$ d) $\frac{4}{81}$ e) $\frac{16}{27}$

8. (Enem-MEC) Em um *blog* de variedades, músicas, mantras e informações diversas, foram postados "Contos de Halloween". Após a leitura, os visitantes poderiam opinar, assinalando suas reações em "Divertido ", "Assustador" ou "Chato".

Ao final de uma semana, o *blog* registrou que 500 visitantes distintos acessaram esta postagem.

O gráfico a seguir apresenta o resultado da enquete:

Contos de Halloween

Opinião de visitantes

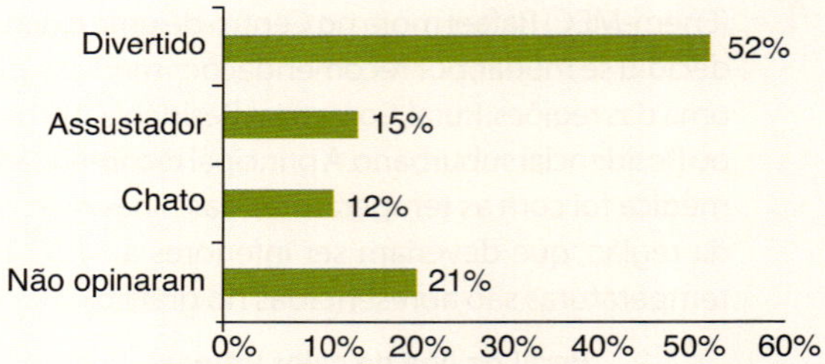

O administrador do *blog* irá sortear um livro entre os visitantes que opinaram na postagem "Conto, de Halloween".

Sabendo que nenhum visitante votou mais de uma vez, a probabilidade de uma pessoa escolhida ao acaso entre as que opinaram ter assinalado que o conto "Contos de Halloween" é "Chato" é mais aproximada por:

a) 0,09 b) 0,12 c) 0,14 d) 0,15 e) 0,18

9. (UF-PR) Um grupo de pessoas foi classificado quanto ao peso e pressão arterial, conforme mostrado no quadro a seguir:

Pressão	Peso			
	Excesso	Normal	Deficiente	Total
Alta	0,10	0,08	0,02	0,20
Normal	0,15	0,45	0,20	0,80
Total	0,25	0,53	0,22	1,00

Com base nesses dados, considere as seguintes afirmativas:

1. A probabilidade de uma pessoa escolhida ao acaso nesse grupo ter pressão alta é de 0,20.
2. Se se verifica que uma pessoa escolhida ao acaso, nesse grupo, tem excesso de peso, a probabilidade de ela ter também pressão alta é de 0,40.
3. Se se verifica que uma pessoa escolhida ao acaso, nesse grupo, tem pressão alta, a probabilidade de ela ter também peso normal é de 0,08.
4. A probabilidade de uma pessoa escolhida ao acaso nesse grupo ter pressão normal e peso deficiente é de 0,20.

Assinale a alternativa correta.

a) Somente as alternativas 1, 2 e 3 são verdadeiras.
b) Somente as alternativas 1, 2 e 4 são verdadeiras.
c) Somente as alternativas 1 e 3 são verdadeiras.
d) Somente as alternativas 2, 3 e 4 são verdadeiras.
e) Somente as alternativas 2 e 3 são verdadeiras.

10. (Unesp-SP) Um lote de um determinado produto tem 500 peças. O teste de qualidade do lote consiste em escolher aleatoriamente 5 peças, sem reposição, para exame. O lote é reprovado se qualquer uma das peças escolhidas apresentar defeito. A probabilidade de o lote não ser reprovado se ele contiver 10 peças defeituosas é determinada por:

a) $\frac{10}{500} \cdot \frac{9}{499} \cdot \frac{8}{498} \cdot \frac{7}{497} \cdot \frac{6}{496}$

b) $\frac{490}{500} \cdot \frac{489}{500} \cdot \frac{488}{500} \cdot \frac{487}{500} \cdot \frac{486}{500}$

c) $\frac{490}{500} \cdot \frac{489}{499} \cdot \frac{488}{498} \cdot \frac{487}{497} \cdot \frac{486}{496}$

d) $\frac{10!}{(10-5)!5!} \cdot \frac{10}{500}$

e) $\frac{500!}{(500-5)!5!} \cdot \frac{5}{500}$

11. (UF-PB) É comum, em aeroportos, a utilização de detectores de metais para vistoriar as bagagens dos passageiros. Em certo aeroporto, ao ser vistoriado um lote de 10 malas, o detector de metais acusou a presença de objetos metálicos em apenas duas. Um funcionário do aeroporto, que não estava presente no momento da vistoria dessas malas pelo detector, escolheu aleatoriamente duas delas e resolveu abri-las para fazer uma vistoria mais apurada.

Com base nessas informações, é correto afirmar que a probabilidade de ser encontrado objeto metálico em, pelo menos, uma das duas malas escolhidas por esse funcionário do aeroporto é de:

a) $\frac{6}{15}$
b) $\frac{7}{18}$
c) $\frac{50}{135}$
d) $\frac{35}{90}$
e) $\frac{17}{45}$

12. (UF-PR) Durante um surto de gripe, 25% dos funcionários de uma empresa contraíram essa doença. Dentre os que tiveram gripe, 80% apresentaram febre. Constatou-se também que 8% dos funcionários apresentaram febre por outros motivos naquele período. Qual a probabilidade de que um funcionário dessa empresa, selecionado ao acaso, tenha apresentado febre durante o surto de gripe?

a) 20%
b) 26%
c) 28%
d) 33%
e) 35%

13. (FGV-SP) Quatro pessoas devem escolher ao acaso, cada uma, um único número entre os quatro seguintes: 1, 2, 3 e 4. Nenhuma fica sabendo da escolha da outra.

A probabilidade de que escolham quatro números iguais é:

a) $\frac{1}{256}$
b) $\frac{1}{128}$
c) $\frac{1}{64}$
d) $\frac{1}{32}$
e) $\frac{1}{16}$

14. (EPCAr-MG) Um dado cúbico tem três de suas faces numeradas com "0", duas com "1" e uma com "2". Um outro dado, tetraédrico, tem duas de suas faces numeradas com "0", uma com "1" e uma com "2". Sabe-se que os dados não são viciados.

Se ambos são lançados simultaneamente, a probabilidade de a soma do valor ocorrido na face superior do dado cúbico com o valor ocorrido na face voltada para baixo no tetraédrico ser igual a 3 é de:

a) 12,5%
b) 16,6%
c) 37,5%
d) 67,5%

15. (UE-RJ) Em uma escola, 20% dos alunos de uma turma marcaram a opção correta de uma questão de múltipla escolha que possui quatro alternativas de resposta. Os demais marcaram uma das quatro opções ao acaso.

Verificando-se as respostas de dois alunos quaisquer dessa turma, a probabilidade de que exatamente um tenha marcado a opção correta equivale a:

a) 0,48
b) 0,40
c) 0,36
d) 0,25

16. (ITA-SP) Considere os seguintes resultados relativamente ao lançamento de uma moeda:

I. Ocorrência de duas caras em dois lançamentos.

II. Ocorrência de três caras e uma coroa em quatro lançamentos.

III. Ocorrência de cinco caras e três coroas em oito lançamentos.

Pode-se afirmar que:

a) dos três resultados, I é o mais provável.

b) dos três resultados, II é o mais provável.

c) dos três resultados, III é o mais provável.

d) os resultados I e II são igualmente prováveis.

e) os resultados II e III são igualmente prováveis.

17. (UFF-RJ) Em ciências atuariais, uma *tábua da vida* é uma tabela, construída a partir de censos populacionais, que mostra a probabilidade de morte de um indivíduo em uma certa faixa etária. Tábuas da vida são usadas em planos de previdência e seguros de vida.

A tábua da vida abaixo indica, por exemplo, que um indivíduo entre 1 ano (inclusive) e 2 anos (exclusive) tem 0,05% de chance de morrer.

Faixa etária [x, x + 1)	Probabilidade de morrer em %
[0,1)	0,69
[1,2)	0,05
[2,3)	0,03
[3,4)	0,03
[4,5)	0,02
[5,6)	0,02
[6,7)	0,02
[7,8)	0,01
[8,9)	0,01
[9,10)	0,01

Fonte: National Vital Statistics Reports, vol. 54, n. 14, 2006.

Supondo-se que existe um grupo de 1 000 000 pessoas que acabaram de completar 2 anos, segundo esta tabela, o número de pessoas deste grupo que farão aniversário de 3 anos é igual a:

a) 997 000

b) 999 500

c) 999 700

d) 999 950

e) 999 970

18. (U.F. São Carlos-SP) A figura mostra a vista superior de uma caixa quadrada aberta (vazia), que está dividida em seis compartimentos por divisórias de igual altura. Cada um dos retângulos D, E e F da base tem o dobro da área de cada um dos quadrados A, B e C. Uma bolinha é jogada aleatoriamente na caixa e cai em um dos seis compartimentos. Nesse caso, a probabilidade de ela cair no compartimento de base F é:

A	D
B	E
C	F

a) $\frac{1}{12}$ b) $\frac{1}{8}$ c) $\frac{1}{6}$ d) $\frac{2}{11}$ e) $\frac{2}{9}$

19. (UE-CE) Quatro pássaros pousam em uma rede de distribuição elétrica que tem quatro fios paralelos. A probabilidade de que em cada fio pouse apenas um pássaro é:

a) $\frac{3}{32}$ b) $\frac{1}{256}$ c) $\frac{1}{24}$ d) $\frac{1}{4}$ e) $\frac{3}{4}$

20. (FGV-SP) Sorteados ao acaso 3 dentre os 9 pontos marcados no plano cartesiano indicado na figura, a probabilidade de que eles estejam sobre uma mesma reta é:

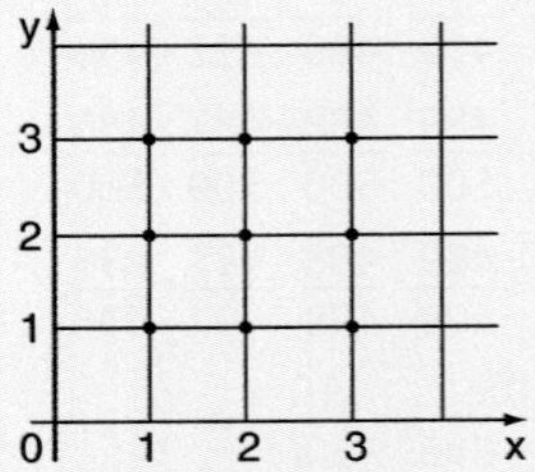

a) $\frac{1}{21}$ b) $\frac{1}{14}$ c) $\frac{2}{21}$ d) $\frac{1}{7}$ e) $\frac{2}{7}$

21. (UF-MS) A partir de duas retas paralelas, com distância de 2 cm entre elas, são marcados, em cada uma, três pontos, tais que a distância entre 2 pontos consecutivos é de 3 cm. Dentre todos os triângulos possíveis com vértices nos pontos dados, qual é a probabilidade de escolhermos ao acaso um triângulo de área medindo 3 cm^2?

a) $\frac{1}{2}$ b) $\frac{1}{3}$ c) $\frac{1}{4}$ d) $\frac{2}{3}$ e) $\frac{3}{4}$

22. (UE-RJ) Três modelos de aparelhos de ar-condicionado, I, II e III, de diferentes potências, são produzidos por um determinado fabricante. Uma consulta sobre intenção de troca de modelo foi realizada com 1000 usuários desses produtos. Observe a matriz A, na qual cada elemento a_{ij} representa o número daqueles que pretendem trocar do modelo *i* para o modelo *j*.

$$A = \begin{pmatrix} 50 & 150 & 200 \\ 0 & 100 & 300 \\ 0 & 0 & 200 \end{pmatrix}$$

Escolhendo-se aleatoriamente um dos usuários consultados, a probabilidade de que ele não pretenda trocar seu modelo de ar-condicionado é igual a:

a) 20%
b) 35%
c) 40%
d) 65%

23. (Fuvest-SP) Considere todos os pares ordenados de números naturais (a, b), em que $11 \leq a \leq 22$ e $43 \leq b \leq 51$. Cada um desses pares ordenados está escrito em um cartão diferente. Sorteando-se um desses cartões ao acaso, qual é a probabilidade de que se obtenha um par ordenado (a, b) de tal forma que a fração $\frac{a}{b}$ seja irredutível e com denominador par?

a) $\frac{7}{27}$
b) $\frac{13}{54}$
c) $\frac{6}{27}$
d) $\frac{11}{54}$
e) $\frac{5}{27}$

24. (UE-PI) Um corretor de seguros vendeu seguros para 5 pessoas. Suponha que a probabilidade de uma dessas pessoas viver mais trinta anos seja de $\frac{3}{5}$. Qual a probabilidade percentual de exatamente 3 das pessoas estarem vivas daqui a trinta anos?

a) 24,56%
b) 34,56%
c) 44,56%
d) 54,56%
e) 64,56%

25. (UE-RJ) Em uma sala, encontram-se dez halteres, distribuídos em cinco pares de cores diferentes. Os halteres de mesma massa são da mesma cor. Seu armazenamento é denominado "perfeito" quando os halteres de mesma cor são colocados juntos.

Nas figuras apresentadas, podem-se observar dois exemplos de armazenamento perfeito.

Arrumando-se ao acaso os dez halteres, a probabilidade de que eles formem um armazenamento perfeito equivale a:

a) $\frac{1}{5\,040}$
b) $\frac{1}{945}$
c) $\frac{1}{252}$
d) $\frac{1}{120}$

26. (UPE-PE) Em uma turma de um curso de espanhol, três pessoas pretendem fazer intercâmbio no Chile, e sete na Espanha. Dentre essas dez pessoas, foram escolhidas duas para uma entrevista que sorteará bolsas de estudo no exterior. A probabilidade de essas duas pessoas escolhidas pertencerem ao grupo das que pretendem fazer intercâmbio no Chile é:

a) $\frac{1}{5}$
b) $\frac{1}{15}$
c) $\frac{1}{45}$
d) $\frac{3}{10}$
e) $\frac{3}{7}$

27. (EsPCEx-SP) A probabilidade de se obter um número divisível por 2 na escolha ao acaso de uma das permutações dos algarismos 1, 2, 3, 4, 5 é:

a) $\frac{1}{5}$
b) $\frac{2}{5}$
c) $\frac{3}{4}$
d) $\frac{1}{4}$
e) $\frac{1}{2}$

28. (Unesp-SP) O mercado automobilístico brasileiro possui várias marcas de automóveis disponíveis aos consumidores. Para cinco dessas marcas (A, B, C, D e E), a matriz fornece a probabilidade de um proprietário de um carro de marca da linha *i* trocar para o carro de marca da coluna *j*, quando da compra de um carro novo. Os termos da diagonal principal dessa matriz fornecem as probabilidades de um proprietário permanecer com a mesma marca de carro na compra de um novo.

	A	B	C	D	E
A	0,6	0,1	0,2	0,1	0,0
B	0,3	0,5	0,0	0,1	0,1
C	0,2	0,2	0,4	0,1	0,1
D	0,3	0,2	0,2	0,3	0,0
E	0,2	0,3	0,1	0,2	0,2

A probabilidade de um proprietário de um carro de marca B comprar um novo carro da marca C, após duas compras, é:

a) 0,25
b) 0,24
c) 0,20
d) 0,09
e) 0,00

29. (Mackenzie-SP) *Tablets* serão distribuídos por sorteio em uma feira de utilidades domésticas. Para participar do sorteio, uma pessoa deve possuir um cartão-brinde em que estará inscrito um número de 1 a 9. O sorteio se dará da seguinte forma: de uma caixa contendo nove bolas do mesmo tamanho, numeradas de 1 a 9, será sorteado, ao acaso, um conjunto de 5 bolas. Ganharão um *tablet* todos os participantes que tiverem inscritos, em seus cartões, números maiores do que o maior número inscrito nas bolas que não estão no conjunto sorteado. Se você possui um cartão-brinde com o número 7, a probabilidade de você receber um *tablet* é:

a) 0
b) $\frac{1}{6}$
c) $\frac{1}{126}$
d) $\frac{1}{120}$
e) $\frac{15}{126}$

30. (Enem-MEC) Numa escola com 1 200 alunos foi realizada uma pesquisa sobre o conhecimento desses em duas línguas estrangeiras, inglês e espanhol.

Nessa pesquisa constatou-se que 600 alunos falam inglês, 500 falam espanhol e 300 não falam qualquer um desses idiomas.

Escolhendo-se um aluno dessa escola ao acaso e sabendo-se que ele não fala inglês, qual a probabilidade de que esse aluno fale espanhol?

a) $\frac{1}{2}$
b) $\frac{5}{8}$
c) $\frac{1}{4}$
d) $\frac{5}{6}$
e) $\frac{5}{14}$

31. (PUC-RJ) Jogamos cinco moedas comuns. Qual é a probabilidade de que três caiam cara e duas caiam coroa?

a) $\frac{10}{32}$
b) $\frac{11}{32}$
c) $\frac{9}{32}$
d) $\frac{13}{32}$
e) $\frac{8}{32}$

32. (FGV-SP) Uma urna contém quatro bolas de mesmo tamanho e peso, numeradas com os valores 2, 4, 6 e 8. Uma bola é sorteada da urna, tem seu número anotado e é reposta na urna; em seguida, outra bola é sorteada. A probabilidade de que a média aritmética dos dois números sorteados seja menor que 5 é:

a) 0,345
b) 0,355
c) 0,365
d) 0,375
e) 0,385

33. (Enem-MEC) O gráfico mostra a velocidade de conexão à Internet utilizada em domicílios no Brasil. Esses dados são resultado da mais recente pesquisa, de 2009, realizada pelo Comitê Gestor da Internet (CGI).

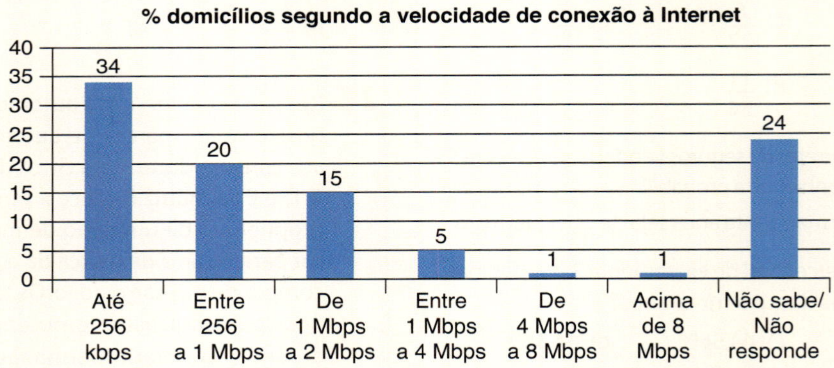

Disponível em: <http://agencia.ipea.gov.br>. Acesso em: 28 abr. 2010 (adaptação).

Escolhendo-se, aleatoriamente, um domicílio pesquisado, qual a chance de haver banda larga de conexão de pelo menos 1 Mbps neste domicílio?

a) 0,45
b) 0,42
c) 0,30
d) 0,22
e) 0,15

34. (Enem-MEC) Em um jogo, há duas urnas com 10 bolas de mesmo tamanho em cada urna. A tabela ao lado indica as quantidades de bolas de cada cor em cada urna. Uma jogada consiste em:

1º) o jogador apresenta um palpite sobre a cor da bola que será retirada por ele da urna 2;
2º) ele retira, aleatoriamente, uma bola da urna 1 e a coloca na urna 2, misturando-a com as que lá estão;
3º) em seguida ele retira, também aleatoriamente, uma bola da urna 2;
4º) se a cor da última bola retirada for a mesma do palpite inicial, ele ganha o jogo.

Cor	Urna 1	Urna 2
Amarela	4	0
Azul	3	1
Branca	2	2
Verde	1	3
Vermelha	0	4

Qual cor deve ser escolhida pelo jogador para que ele tenha a maior probabilidade de ganhar?

a) Azul.
b) Amarela.
c) Branca.
d) Verde.
e) Vermelha.

35. (Fuvest-SP) Um dado cúbico, não viciado, com faces numeradas de 1 a 6, é lançado três vezes. Em cada lançamento, anota-se o número obtido na face superior do dado, formando-se uma sequência (a, b, c). Qual é a probabilidade de que *b* seja sucessor de *a* ou que *c* seja sucessor de *b*?

a) $\frac{4}{27}$
b) $\frac{11}{54}$
c) $\frac{7}{27}$
d) $\frac{10}{27}$
e) $\frac{23}{54}$

36. (UF-PR) André, Beatriz e João resolveram usar duas moedas comuns, não viciadas, para decidir quem irá lavar a louça do jantar, lançando as duas moedas simultaneamente, uma única vez. Se aparecerem duas coroas, André lavará a louça; se aparecerem duas caras, Beatriz lavará a louça; e se aparecerem uma cara e uma coroa, João lavará a louça. A probabilidade de que João venha a ser sorteado para lavar a louça é de:

a) 25%
b) 27,5%
c) 30%
d) 33,3%
e) 50%

37. (PUC-MG) A representação de ginastas de certo país compõe-se de 6 homens e 4 mulheres. Com esses 10 atletas, formam-se equipes de 6 ginastas de modo que em nenhuma delas haja mais homens do que mulheres. A probabilidade de uma equipe, escolhida aleatoriamente dentre essas equipes, ter igual número de homens e de mulheres é:

a) $\frac{13}{19}$
b) $\frac{14}{19}$
c) $\frac{15}{19}$
d) $\frac{16}{19}$

38. (UF-RN) Uma escola do Ensino Médio possui 7 servidores administrativos e 15 professores. Destes, 6 são da área de Ciências Naturais, 2 são de Matemática, 2 são de Língua Portuguesa e 3 são da área de Ciências Humanas. Para organizar a Feira do Conhecimento dessa escola, formou-se uma comissão com 4 professores e 1 servidor administrativo. Admitindo-se que a escolha dos membros da comissão foi aleatória, a probabilidade de que nela haja exatamente um professor de Matemática é de, aproximadamente,

a) 26,7%
b) 53,3%
c) 38,7%
d) 41,9%

39. (Ibmec-RJ) Uma prova de Matemática contém oito questões, das quais quatro são consideradas difíceis. Cada questão tem quatro opções de resposta, das quais somente uma é correta. Se uma pessoa marcar aleatoriamente uma opção em cada uma das questões difíceis, é correto afirmar que:

a) a probabilidade de errar todas as questões difíceis é maior do que a probabilidade de acertar pelo menos uma questão difícil.
b) a probabilidade de errar todas as questões difíceis é maior que 0,5.
c) a probabilidade de errar todas as questões difíceis está entre 0,4 e 0,5.
d) a probabilidade de errar todas as questões difíceis está entre 0,3 e 0,4.
e) a probabilidade de errar todas as questões difíceis é menor do que 0,3.

40. (UE-PB) Inscreve-se em uma circunferência de raio 4 cm um hexágono regular, e escolhe-se aleatoriamente um ponto no interior da circunferência. A probabilidade deste ponto estar no interior do hexágono é:

a) $\frac{3\sqrt{3}}{2\pi}$
b) $\frac{2\sqrt{3}}{3\pi}$
c) $\frac{2\sqrt{3}}{\pi}$
d) $\frac{3\sqrt{3}}{\pi}$
e) $\frac{2\pi}{3\sqrt{3}}$

41. (UF-RS) Sobre uma mesa, há doze bolas numeradas de 1 a 12; seis bolas são pretas, e seis, brancas. Essas bolas serão distribuídas em 3 caixas indistinguíveis, com quatro bolas cada uma.

Escolhendo aleatoriamente uma caixa de uma dessas distribuições, a probabilidade de que essa caixa contenha apenas bolas pretas é:

a) $\frac{1}{33}$
b) $\frac{1}{23}$
c) $\frac{2}{33}$
d) $\frac{1}{11}$
e) $\frac{1}{3}$

42. (Enem-MEC) Uma loja acompanhou o número de compradores de dois produtos, A e B, durante os meses de janeiro, fevereiro e março de 2012. Com isso, obteve este gráfico:

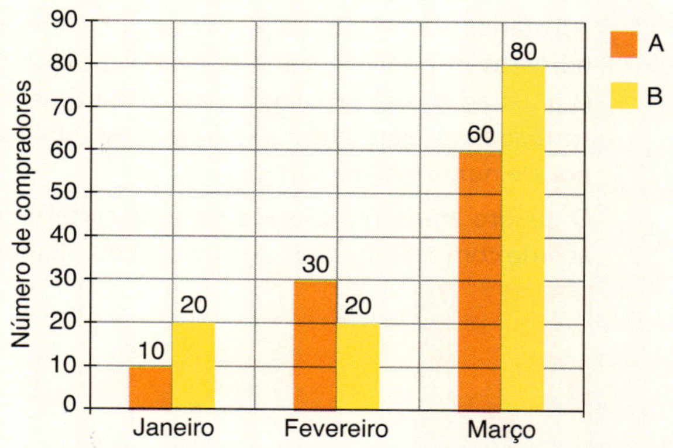

A loja sorteará um brinde entre os compradores do produto A e outro brinde entre os compradores do produto B.

Qual a probabilidade de que os dois sorteados tenham feito suas compras em fevereiro de 2012?

a) $\frac{1}{20}$ b) $\frac{3}{242}$ c) $\frac{5}{22}$ d) $\frac{6}{25}$ e) $\frac{7}{15}$

43. (UE-RJ) Em um escritório, há dois porta-lápis: o porta-lápis A com 10 lápis, dentre os quais 3 estão apontados, e o porta-lápis B com 9 lápis, dentre os quais 4 estão apontados.

Um funcionário retira um lápis qualquer ao acaso do porta-lápis A e o coloca no porta-lápis B. Novamente ao acaso, ele retira um lápis qualquer do porta-lápis B.

A probabilidade de que este último lápis retirado **não** tenha ponta é igual a:

(a) 0,64 (b) 0,57 (c) 0,52 (d) 0,42

44. (FGV-SP) Dois números distintos *m* e *n* são retirados aleatoriamente do conjunto $\{2, 2^2, 2^3, ..., 2^{10}\}$. A probabilidade de que $\log_{m}^{n}$ seja um número inteiro é:

a) $\frac{8}{45}$

b) $\frac{17}{90}$

c) $\frac{1}{5}$

d) $\frac{19}{90}$

e) $\frac{2}{9}$

45. (Enem-MEC) Considere o seguinte jogo de apostas:

Numa cartela com 60 números disponíveis, um apostador escolhe de 6 a 10 números. Dentre os números disponíveis, serão sorteados apenas 6. O apostador será premiado caso os 6 números sorteados estejam entre os números escolhidos por ele numa mesma cartela.

O quadro apresenta o preço de cada cartela, de acordo com a quantidade de números escolhidos.

Quantidades de números escolhidos em uma cartela	6	7	8	9	10
Preço da cartela (R$)	2,00	12,00	40,00	125,00	250,00

Cinco apostadores, cada um com R$ 500,00 para apostar, fizeram as seguintes opções:

Arthur: 250 cartelas com 6 números escolhidos;
Bruno: 41 cartelas com 7 números escolhidos e 4 cartelas com 6 números escolhidos;

Caio: 12 cartelas com 8 números escolhidos e 10 cartelas com 6 números escolhidos;

Douglas: 4 cartelas com 9 números escolhidos;
Eduardo: 2 cartelas com 10 números escolhidos.

Os dois apostadores com maiores probabilidades de serem premiados são

a) Caio e Eduardo.

b) Arthur e Eduardo.

c) Bruno e Caio.

d) Arthur e Bruno.

e) Douglas e Eduardo.

46. (UF-AM) Dois dados, sendo um de seis faces e outro de vinte faces, com faces enumeradas de 1 até 6 e de 1 até 20 respectivamente, são lançados simultaneamente.

Thinkstock/Getty Images

Qual a probabilidade de a soma dos resultados dos dois dados ser igual a 12?

a) 5% b) 8% c) 10% d) 12% e) 16%

47. (UF-RS) Uma forma de se jogar sinuca consiste em encaçapar 15 bolas numeradas de 1 a 15, assim distribuídas: uma bola preta, duas verdes, duas vermelhas, duas azuis, duas amarelas, duas rosas, duas roxas e duas laranjas. Para se iniciar o jogo, as bolas são dispostas em cinco linhas sobre uma superfície em forma de triângulo equilátero; a primeira linha deve conter uma bola; a segunda, duas; e assim sucessivamente, como se observa na figura abaixo.

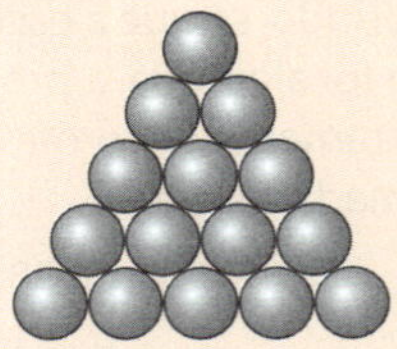

A probabilidade de que este triângulo tenha dois de seus vértices formados por bolas de uma mesma cor é de

a) $\frac{1}{8}$.

b) $\frac{1}{6}$.

c) $\frac{1}{5}$.

d) $\frac{1}{4}$.

e) $\frac{1}{3}$.

RESPOSTAS

Capítulo 1 A circunferência trigonométrica

Exercícios

1. a) $\frac{\pi}{6}$ rad

b) $\frac{\pi}{12}$ rad

c) $\frac{2\pi}{3}$ rad

d) $\frac{7\pi}{6}$ rad

e) $\frac{3\pi}{2}$ rad

f) $\frac{5\pi}{3}$ rad

g) $\frac{\pi}{9}$ rad

h) $\frac{5\pi}{6}$ rad

i) $\frac{7\pi}{4}$ rad

2. a) 60°

b) 90°

c) 45°

d) 36°

e) 28,66°, aproximadamente

f) 135°

g) 40°

h) 330°

i) 172°, aproximadamente

3. 60 m

4. $\frac{16\pi}{3}$ cm (aproximadamente 16,75 cm)

5. Ambos têm o mesmo comprimento.

6. a) São iguais.

b) O comprimento do primeiro arco é maior.

7. 3,925 cm

8. 30

9. a) 17,19 cm b) 18 cm

10. a) $\frac{\pi}{3}$ rad b) 2π cm

11. 125 m

12. a) 90°

b) 75°

c) 157°30′

d) 70°

e) 77°30′

13. 24,8 cm

14. $10 \cdot (4 + \pi)$ cm

15.

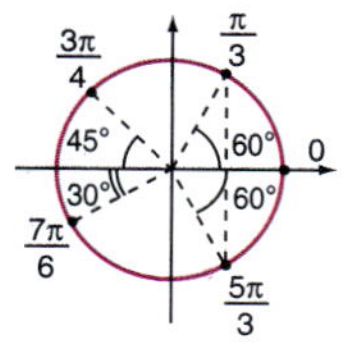

16. 1ºQ: $\frac{\pi}{6}, \frac{5\pi}{12}, \frac{2\pi}{7}, \frac{4}{3}$

2ºQ: $\frac{2\pi}{3}, 2, \frac{3\pi}{5}, \frac{5\pi}{9}, \frac{7\pi}{12}, \sqrt{7}$

3ºQ: $\frac{4\pi}{3}, \frac{15\pi}{11}, \frac{10}{3}, \frac{13}{4}$

4ºQ: $\frac{7\pi}{4}, \frac{15\pi}{8}, 5$

17. P: $\frac{\pi}{4}$; Q: $\frac{7\pi}{6}$; R: $\frac{5\pi}{4}$

18. A: $x = 0$; B: $x = \frac{\pi}{2}$; C: $x = \pi$; D: $x = \frac{3\pi}{2}$

19. A: $x = \frac{\pi}{2}$; B: $x = \frac{7\pi}{6}$; C: $x = \frac{11\pi}{6}$

20.

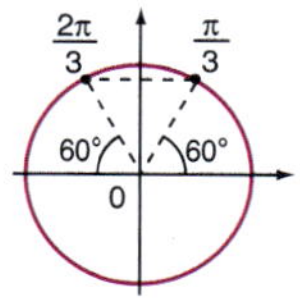

Simetria em relação ao eixo vertical.

21. a)

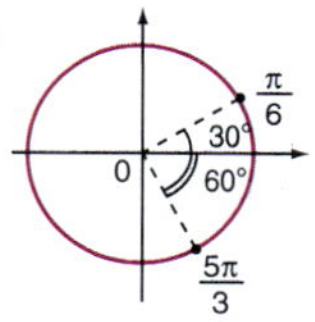

Não há simetria.

b)

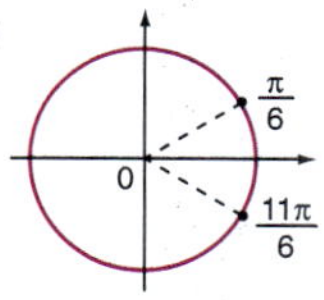

Simetria em relação ao eixo horizontal.

c)

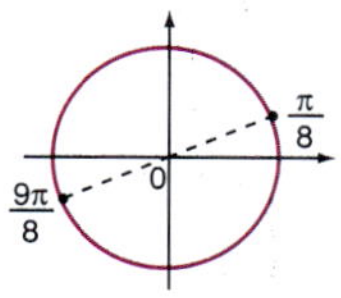

Simetria em relação ao centro da circunferência.

d)

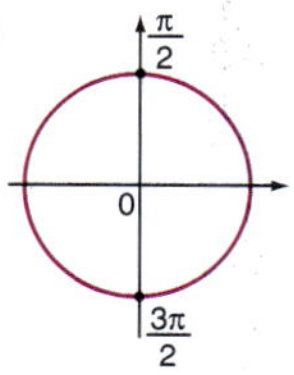

Simetria em relação ao eixo horizontal (ou em relação ao centro da circunferência).

22. a) 3º quadrante

b) Q: $\frac{9\pi}{10}$; S: $\frac{\pi}{10}$ e R: $\frac{19\pi}{10}$

23. a) A: 0; B: $\frac{\pi}{3}$; C: $\frac{2\pi}{3}$; D: π; E: $\frac{4\pi}{3}$; F: $\frac{5\pi}{3}$

b) perímetro: 6 unidades de comprimento

área: $\frac{3\sqrt{3}}{2}$ unidades de área

24. $0, \frac{\pi}{4}, \frac{\pi}{2}, \frac{3\pi}{4}, \pi, \frac{5\pi}{4}, \frac{3\pi}{2}$ e $\frac{7\pi}{4}$

Desafio

4 lobos

Exercícios complementares

1. a) 230,40 m

b) 460,80 m

c) 7,68 m

2. 141°

3. 13h24min

4. 95,5 m, aproximadamente

5. $\frac{\sqrt{2}}{2}$

6. a) 15 m

b) 8 coqueiros

7. $(\pi - 2)$ cm

8. $(2\pi + 6)$ cm

9. ponto Q

10. 120°

11. 5 cm

12. Não; α tem imagem no 1º Q e β, no 2º Q. O comprimento de α é $\frac{\pi}{90} \cong 0{,}034$ u.c. e o de β é 2 u.c.

13. 103 000 km/h

14. Aproximadamente 5 934 m

15. $(4 - \sqrt{2})\pi$ cm

16. a) PQ $= 4\sqrt{3}$ dm; sen (BPQ) $= \frac{\sqrt{13}}{3}$

b) 90º e 120 voltas.

Testes

1. b
2. c
3. b
4. d
5. c
6. b
7. b
8. c
9. b
10. d
11. c
12. d
13. b
14. a
15. b
16. e
17. e
18. e
19. c
20. c
21. b
22. a
23. a

Capítulo 2 Razões trigonométricas na circunferência

Exercícios

1. 2

2. a) – 1 b) 0 c) $\frac{\sqrt{3}}{2}$ d) $\frac{1}{2}$ e) $-\frac{\sqrt{2}}{2}$ f) $-\frac{\sqrt{3}}{2}$ g) 0 h) $-\frac{1}{2}$

3.

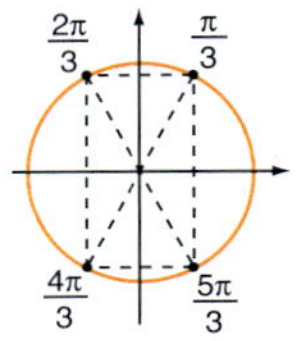

$$\text{sen}\,\frac{\pi}{3} = \text{sen}\,\frac{2\pi}{3} = \frac{\sqrt{3}}{2}$$

$$\text{sen}\,\frac{4\pi}{3} = \text{sen}\,\frac{5\pi}{3} = -\frac{\sqrt{3}}{2}$$

4. $\frac{2\pi}{3}$ rad e $\frac{\pi}{3}$ rad; $\frac{5\pi}{4}$ rad e $\frac{7\pi}{4}$ rad; $\frac{4\pi}{3}$ rad e $\frac{5\pi}{3}$ rad; $\frac{\pi}{4}$ rad e $\frac{3\pi}{4}$ rad

5. a) sen 75° $<$ sen 85°

b) sen 100° $>$ sen 170°

c) sen 250° $>$ sen 260°

d) sen 300° $>$ sen 290°

6. a) 0,76604

b) –0,76604

c) –0,64279

d) 0,58779

e) 0,95106

7. a) positivo

b) positivo

c) negativo

d) positivo

e) negativo

8. a) $a > 0$ b) $-a$

9. a) $S = \left\{\frac{\pi}{6}, \frac{5\pi}{6}\right\}$
b) $S = \{0, \pi\}$
c) $S = \left\{\frac{3\pi}{2}\right\}$
d) $S = \left\{\frac{5\pi}{4}, \frac{7\pi}{4}\right\}$
e) $S = \varnothing$
f) $S = \left\{\frac{\pi}{3}, \frac{2\pi}{3}, \frac{4\pi}{3}, \frac{5\pi}{3}\right\}$

10. A calculadora estava configurada em RAD, e não em DEG (o modo DEG fornece o valor do seno de um ângulo medido em graus).

11. a) $y = 2$ b) $x = -\frac{\sqrt{3}}{2}$

12.

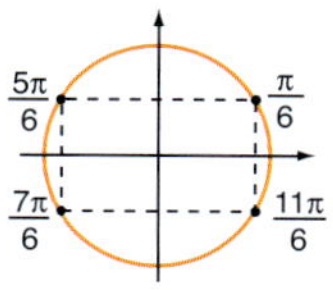

$\cos\frac{\pi}{6} = \cos\frac{11\pi}{6} = \frac{\sqrt{3}}{2}$;

$\cos\frac{5\pi}{6} = \cos\frac{7\pi}{6} = -\frac{\sqrt{3}}{2}$

13.

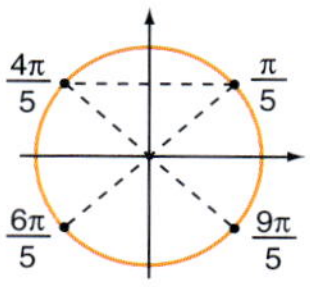

$\cos\frac{\pi}{5}$ e $\cos\frac{9\pi}{5}$: positivos

$\cos\frac{4\pi}{5}$ e $\cos\frac{6\pi}{5}$: negativos

14. a) $\frac{\sqrt{3}}{2}$
b) 0
c) $-\frac{1}{2}$
d) -1
e) 0
f) $-\frac{\sqrt{2}}{2}$
g) $\frac{1}{2}$
h) 1

15. a) $\cos 65° > \cos 85°$
b) $\cos 91° < \cos 89°$
c) $\cos 50° < \cos 340°$
d) $\cos 190° = \cos 170°$

16. 0

17. a) $m > 0$ b) $-m$

18. a) F; $\cos 90° - \cos 30° = -\frac{\sqrt{3}}{2}$; $\cos 60° = \frac{1}{2}$
b) V
c) V
d) F; $|\text{sen } 100°| > |\cos 100°|$
e) F; o número real 6 tem imagem no 4º Q.
f) F; o maior valor possível é 1.

19. perímetro: $\frac{3 + \sqrt{3}}{2}$ unidades de comprimento;
área: $\frac{\sqrt{3}}{8}$ unidades de área

20. $\frac{\text{sen } \alpha \cdot \cos \alpha}{8}$

21. a) $S = \left\{\frac{\pi}{2}, \frac{3\pi}{2}\right\}$
b) $S = \left\{\frac{\pi}{4}, \frac{7\pi}{4}\right\}$
c) $S = \{0\}$
d) $S = \left\{\frac{2\pi}{3}, \frac{4\pi}{3}\right\}$
e) $S = \varnothing$
f) $S = \left\{\frac{\pi}{6}, \frac{5\pi}{6}, \frac{7\pi}{6}, \frac{11\pi}{6}\right\}$

22. Uma possível saída é calcular inicialmente $\cos\frac{\pi}{5}$, pois $\cos\frac{4\pi}{5} = -\cos\frac{\pi}{5}$.

23. a) $\text{sen}^2\frac{\pi}{3} = \left(\frac{\sqrt{3}}{2}\right)^2 = \frac{3}{4}$ e $\cos^2\frac{\pi}{3} = \left(\frac{1}{2}\right)^2 = \frac{1}{4}$; $\frac{3}{4} + \frac{1}{4} = 1$
b) $\text{sen}^2\frac{\pi}{4} = \cos^2\frac{\pi}{4} = \left(\frac{\sqrt{2}}{2}\right)^2 = \frac{1}{2}$; $\frac{1}{2} + \frac{1}{2} = 1$

24. $-\frac{4}{5}$

25. não

26. $-\frac{5}{13}$

27. a) $\frac{7}{25}$
b) $\frac{7}{25}$
c) $\frac{24}{25}$
d) $-\frac{24}{25}$
e) $-\frac{24}{25}$

28. $\cos \alpha = \pm\frac{\sqrt{5}}{3}$

29. $m = 0$ ou $m = \frac{8}{5}$

30. Sim, pois sen 70° = cos 20°.

31. a) $S = \left\{\frac{\pi}{4}, \frac{3\pi}{4}, \frac{5\pi}{4}, \frac{7\pi}{4}\right\}$ b) $S = \left\{\frac{\pi}{3}, \frac{2\pi}{3}, \frac{4\pi}{3}, \frac{5\pi}{3}\right\}$

32. $\frac{\sqrt{10}}{5}$

33. a) $-\sqrt{3}$ c) $\frac{\sqrt{3}}{3}$ e) $\sqrt{3}$
b) 0 d) $\nexists$

34. a) $\nexists$ c) $-\sqrt{3}$ e) $-\frac{\sqrt{3}}{3}$
b) 0 d) -1

35. $y = 4 - 2\sqrt{3}$

36. a) positivo c) positivo e) positivo
b) negativo d) negativo

37. a) V

b) F

c) V

d) F

e) V

f) F

38. demonstração.

39. a) −0,4

b) 0,4

c) −0,4

40. $\text{tg}\,\alpha = -\frac{\sqrt{2}}{4}$

41. $-2\sqrt{6}$

42. a) $\frac{4\sqrt{17}}{17}$

b) $-\frac{\sqrt{17}}{17}$

43. a) $\frac{8\sqrt{89}}{89}$

b) $\frac{5\sqrt{89}}{89}$

c) $-\frac{8}{5}$

d) $-\frac{8}{5}$

44. a) positivo

b) negativo

c) negativo

d) negativo

e) negativo

f) positivo

g) positivo

h) positivo

45.

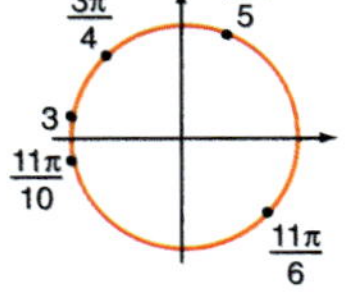

$\sec\frac{2\pi}{5} > 0, \text{cossec}\,\frac{2\pi}{5} > 0$ e $\text{cotg}\,\frac{2\pi}{5} > 0$

$\sec\frac{3\pi}{4} < 0, \text{cossec}\,\frac{3\pi}{4} > 0$ e $\text{cotg}\,\frac{3\pi}{4} < 0$

$\sec 3 < 0, \text{cossec}\,3 > 0$ e $\text{cotg}\,3 < 0$

$\sec\frac{11\pi}{10} < 0, \text{cossec}\,\frac{11\pi}{10} < 0$ e $\text{cotg}\,\frac{11\pi}{10} > 0$

$\sec\frac{11\pi}{6} > 0, \text{cossec}\,\frac{11\pi}{6} < 0$ e $\text{cotg}\,\frac{11\pi}{6} < 0$

46. a) $\frac{2\sqrt{3}}{3}$ c) 2 e) $-\sqrt{2}$

b) $-\frac{\sqrt{3}}{3}$ d) $-\frac{2\sqrt{3}}{3}$ f) 1

47. b, c, e, g, h

48. negativo

49. $\cos x = \frac{2}{5}$; $\text{sen}\,x = -\frac{\sqrt{21}}{5}$;

$\text{tg}\,x = -\frac{\sqrt{21}}{2}$; $\text{cotg}\,x = -\frac{2\sqrt{21}}{21}$; $\text{cossec}\,x = -\frac{5\sqrt{21}}{21}$

50. $-\frac{5\sqrt{2}}{4}$

51. $\frac{5}{12}$

52. a) $\frac{3+\sqrt{91}}{10}$

b) $\frac{91}{9}$

53. a) F

b) V

c) F

d) V

54. $\frac{2\sqrt{3}}{3}$ u.a.

55. a) sim

b) não

c) não

d) sim

56. $3\sqrt{11}$

57. a) 2º quadrante c) 3º quadrante e) não existe α

b) 3º quadrante d) 4º quadrante

58. demonstração.

59. negativo; negativo

60. −5

61. 1 ou $-\frac{7}{5}$

62. a) $\sqrt{3}$ b) $\frac{4\pi}{3}$

63. $\frac{16}{9}$

64. a) negativo b) negativo

65. demonstração

66. demonstração

67. demonstração

68. demonstração

69. demonstração

70. demonstração

71. demonstração

Desafio

7 números

Exercícios complementares

1. $-\frac{25}{7}$
2. a) $\frac{1}{\sqrt{1-a^2}}$
   b) a
   c) $\frac{1}{a}$
   d) $-\frac{1}{a}$
3. $S = \left\{\frac{\cos\alpha + 1}{\text{sen}\,\alpha}, \frac{\cos\alpha - 1}{\text{sen}\,\alpha}\right\}$
4. a) 40 m b) 200 m
5. a) demonstração
   b) $(\sqrt{3} + 1)$ u.c.
   c) $\frac{1}{2}$ u.a.
6. m = −1 ou m = 3
7. a) 1 ou $\frac{1}{2}$
   b) $\frac{\pi}{2}; \frac{\pi}{6}; \frac{5\pi}{6}$
8. $\left(\frac{30\sqrt{61}}{61}, \frac{15\sqrt{61}}{61}, 0\right)$
9. $\frac{1}{2}$
10. −1
11. 16
12. demonstração
13. demonstração
14. demonstração
15. demonstração
16. demonstração
17. demonstração
18. demonstração
19. $S = \{\sec\alpha - 1, \sec\alpha + 1\}$
20. a = 1
21. $\text{tg}\,x = -\frac{1}{2}$ ou $\text{tg}\,x = -2$
22. $K = \frac{15}{13}$
23. 0
24. a) $\left(10 + \frac{20\sqrt{3}}{3}\right)$ cm
    b) $\frac{K}{2} \cdot (3 - K^2)$
25. a) $\frac{2\sqrt{3}}{3} - 1$
    b) $-1 + \frac{1}{2\,\text{sen}\,\alpha \cdot \cos\alpha}$

Testes

1. d
2. c
3. d
4. a
5. b
6. b
7. c
8. b
9. d
10. d
11. c
12. b
13. b
14. d
15. d
16. d
17. c
18. d
19. a
20. d
21. e
22. b
23. b
24. b
25. c
26. e
27. e

Capítulo 3 Triângulos quaisquer

Exercícios

1. $4\sqrt{6}$ cm
2. AB ≅ 6,57 cm; BC ≅ 4,03 cm
3. $x = 3(\sqrt{2} + \sqrt{6})$ cm; $y = 6\sqrt{2}$ cm
4. Aproximadamente 407 metros.
5. 105°
6. 15 cm
7. a) 1 811 m, aproximadamente
   b) 1 170 m, aproximadamente
8. a) 12 m
   b) 23,6 m, aproximadamente
9. a) 743 m, aproximadamente
   b) 887 m, aproximadamente
   c) 498 m

10. a) 70 km

b) 42 km

11. a) 14 m

b) 5 cm

c) $\sqrt{13}$ cm

12. $(\sqrt{2} + 3 + \sqrt{5})$ cm

13. 8 cm

14. 2,8 km

15. 191,6 m, aproximadamente

16. a) $\frac{4}{5}$

b) 3 cm

c) 15 cm^2

17. $x = 1$ e $y = 60°$; $\triangle ABC$ é retângulo em C.

18. 36 minutos

19. $\frac{3\sqrt{7}}{8}$

20. $6 \cdot \sqrt{2 + \sqrt{3}}$ cm

21. a) 1,5 cm^2

b) $4\sqrt{2}$ cm^2

c) 17,5 cm^2

d) $5\sqrt{3}$ cm^2

22. a) $\frac{7}{8}$

b) $\frac{\sqrt{15}}{8}$

c) $\frac{3\sqrt{15}}{4}$ cm^2

23. 21,6 m^2; 7,6 m

24. a) $\frac{25}{4}$ cm^2

b) 90°

Desafio

quarta-feira

Exercícios complementares

1. $\cos \alpha = \frac{4}{5}$

2. a) 104°

b) $\frac{3\sqrt{15}}{8}$ km

3. $\sqrt{7}$ cm e $\sqrt{67}$ cm

4. a) 3,45 km

b) 1,25 km

5. a) $8 \cdot \sqrt{2 - \sqrt{2}}$ u.c. b) $2\sqrt{2}$ u.a.

6. 0,36

7. $10\sqrt{2}$ cm

8. $16 \cdot (1 + \sqrt{3})$ cm

9. 7,5 cm

10. $1\,000\sqrt{3}$ m

11. a) $5\sqrt{3}$ m

b) $5\sqrt{7}$ m

12. a) 21,2 cm

b) Não; $16 > 6 + 8$

13. 105°

14. perímetro $= 3 \cdot (4 + \sqrt{2})$ cm ou $(12 + \sqrt{130})$ cm;

área $= \frac{21}{2}$ cm^2

15. a) $\text{sen}\,\alpha = \frac{3}{5}$

b) $4 \cdot (10 + \sqrt{10})$ cm

16. a) $3 \cdot \sqrt{7 + 2\sqrt{3}}$ cm

b) $\frac{6 - \sqrt{3}}{11}$

17. a) $\text{sen}\,(O\hat{A}B) = \frac{\sqrt{3}}{4 \cdot AB}$

b) $AB = \frac{1 + \sqrt{13}}{6}$

18. a) 31,5 m

b) $b = 22 \cdot \sqrt{2 + \sqrt{3}}$ cm

19. $\sqrt{1{,}49 - 1{,}4 \cdot \cos 36°}$ cm

20. a) $\frac{1}{2}$

b) $\sqrt{7}$ u.c.

c) 2 u.c.

d) $\frac{\sqrt{3}}{2}$ u.a.

21. a) $\frac{3\sqrt{5}}{7}$

b) $300\sqrt{5}$ cm^2

22. a) $\frac{128\,000\,\pi}{3}$ km

b) $6\,400\sqrt{2}$ km

23. a) AB = 70 m e CE = 25 m

b) DE = 45 m; perímetro $= 15 \cdot (\pi + 6)$ m

24. a) $AE = \frac{1}{3}$ cm

b) $\text{tg}\,\theta = \frac{1}{7}$

Testes

1. a
2. b
3. c
4. c
5. b
6. d
7. d
8. d
9. a
10. c
11. c
12. b
13. d
14. c
15. d
16. b
17. e
18. b
19. e
20. a
21. b
22. c
23. e
24. a
25. (0-0)V (1-1)V (2-2)V (3-3)F (4-4)F
26. d
27. c
28. d
29. d
30. e
31. b
32. b

Capítulo 4 Funções trigonométricas

Exercícios

1. 1ºQ: $\frac{17\pi}{4}; \frac{41\pi}{5}; -\frac{11\pi}{3}$ 3ºQ: $-\frac{3\pi}{4}; \frac{22\pi}{3}; -\frac{49\pi}{10}; 10$
   2ºQ: $-\frac{5\pi}{4}; \frac{26\pi}{3}; -\frac{19\pi}{6}$ 4º Q: $-0,5; \frac{15\pi}{4}$
2. A: $40\pi, -14\pi$ e 800π C: $13\pi, -21\pi$ e -7π
   B: $\frac{17\pi}{2}$ e $-\frac{11\pi}{2}$ D: $-\frac{5\pi}{2}, \frac{7\pi}{2}$ e $-\frac{25\pi}{2}$
3. a)
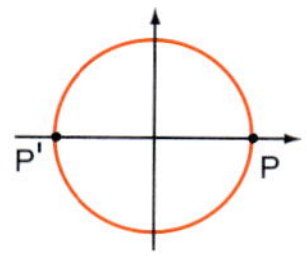

   b)
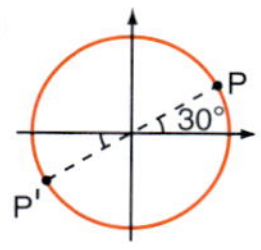

   c)
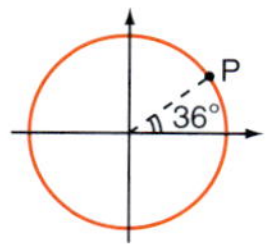

   d)
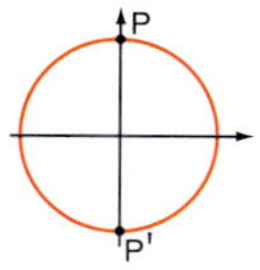

   e)
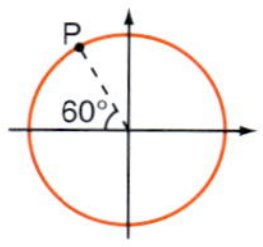

4. a) hexágono
   b) perímetro: 6 unidades de comprimento; área: $\frac{3\sqrt{3}}{2}$ unidades de área
5. a) negativo
   b) positivo
   c) negativo
   d) positivo
   e) negativo
   f) positivo
6. a) 0
   b) 1
   c) $\frac{\sqrt{3}}{2}$
   d) $-\frac{1}{2}$
   e) $-\frac{\sqrt{3}}{2}$
   f) $-\frac{\sqrt{2}}{2}$
7. a) V
   b) V
   c) F
   d) V
   e) F
8. $p = 2\pi$; $Im = [-2, 2]$
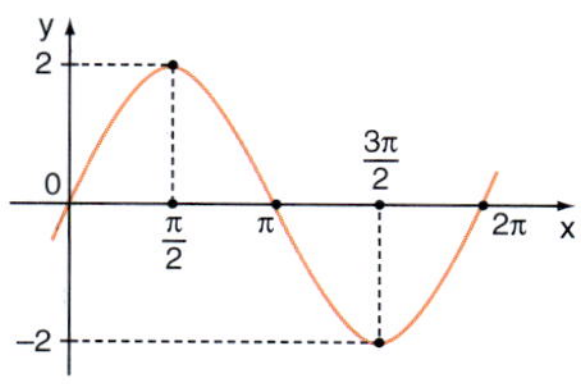

9. $p = 2\pi$; $Im = [-1, 1]$

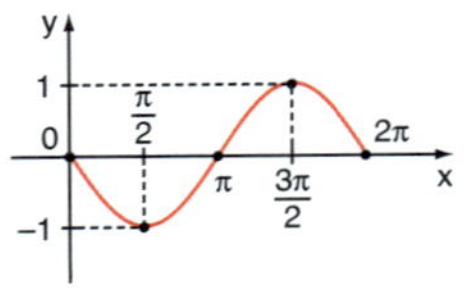

10. $p = \frac{2\pi}{3}$; $Im = [-1, 1]$

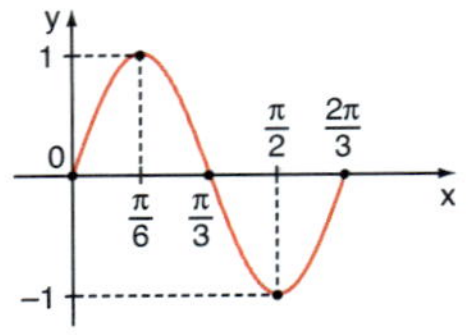

11. $p = 2\pi$; $Im = [2, 4]$

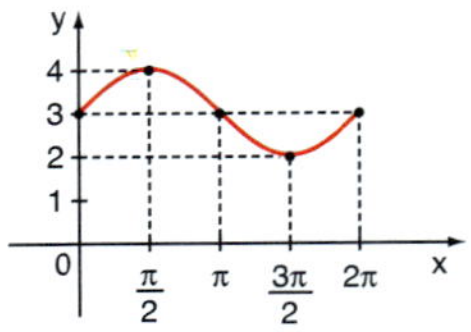

12. $p = 4\pi$; $Im = [1, 3]$

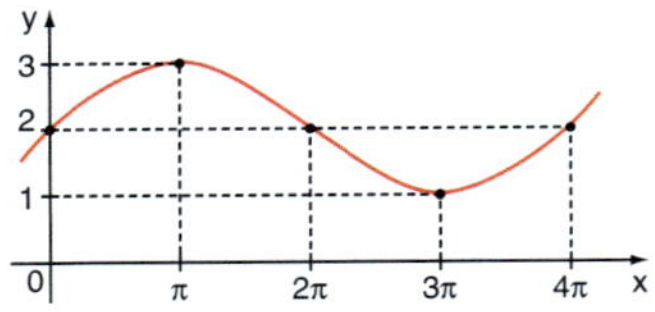

13. $\{t \in \mathbb{R} \mid -3 \leqslant t \leqslant 1\}$

14. $\left\{m \in \mathbb{R} \;\middle|\; \frac{3}{2} \leqslant m \leqslant 2\right\}$

15. a) $\frac{\pi}{2}$ b) 5

16. a) 6 m

b) 8,8 m

c) 2 m

d) 24 s

e) 11 voltas

17. a) -1

b) 1

c) 0

d) 0

e) $-\frac{1}{2}$

f) -1

18. a) $-\frac{1}{2}$

b) $\frac{\sqrt{2}}{2}$

c) $-\frac{\sqrt{3}}{2}$

d) $-\frac{1}{2}$

e) 0

f) $-\frac{\sqrt{2}}{2}$

19. $y = -\frac{\sqrt{2}}{4}$

20. $\left\{m \in \mathbb{R} \;\middle|\; -\frac{5}{2} \leqslant m \leqslant 0\right\}$

21. 0

22. $p = 2\pi$; $Im = [-2, 2]$

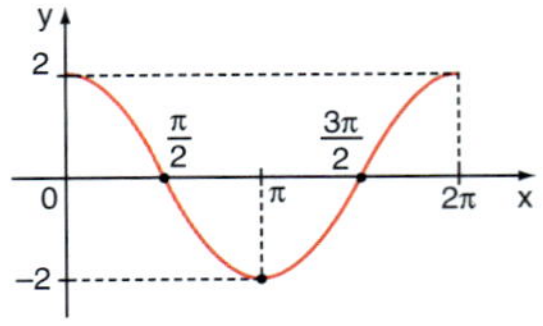

23. $p = 2\pi$; $Im = [1, 3]$

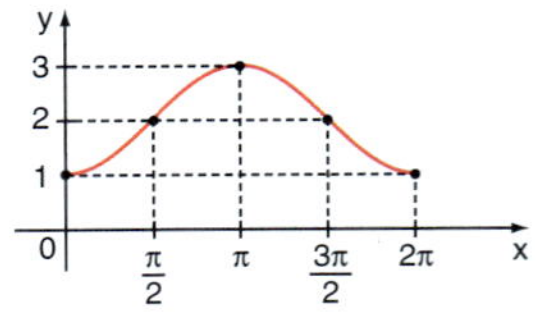

24. $p = 4\pi$; $Im = [-1, 1]$

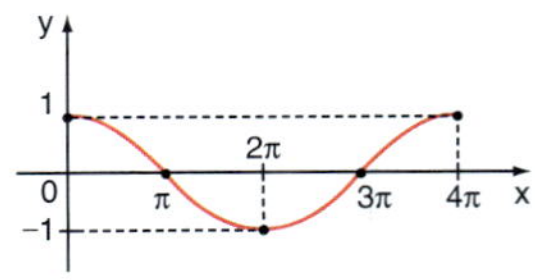

25. $p = \frac{2\pi}{3}$; $Im = [-1, 1]$

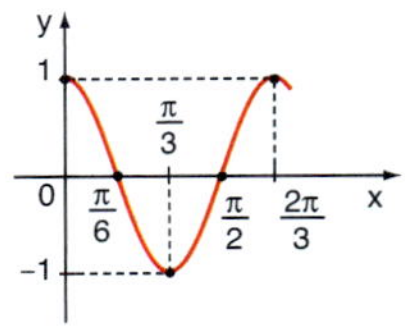

26. $p = \frac{2\pi}{3}$; $Im = [1, 3]$

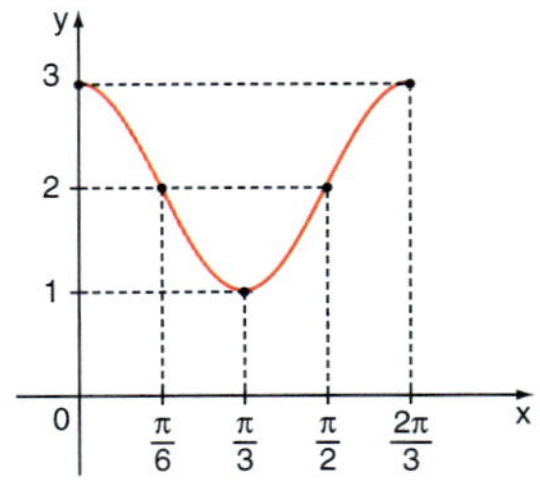

27. a) F; $\cos\left(\frac{\pi}{6} + k2\pi\right) = \cos\frac{\pi}{6} = \frac{\sqrt{3}}{2}$

b) V

c) F; o valor mínimo é -2

d) F; *f* é uma função afim

e) V

f) V

28. a) 2010: 418 (US$ milhões); 2015: 409 (US$ milhões); 2020: 391 (US$ milhões).

b) 3 vezes; 382 (US$ milhões)

29. a) $D = \mathbb{R}; Im = [-1, 1]; p = \frac{2\pi}{3}$

b) $D = \mathbb{R}; Im = [-3, 3]; p = 2\pi$

c) $D = \mathbb{R}; Im = [-3, 1]; p = 4\pi$

d) $D = \mathbb{R}; Im = \mathbb{R}$; f não é periódica

e) $D = \mathbb{R}; Im = [-4, 4]; p = \frac{\pi}{3}$

30. a)

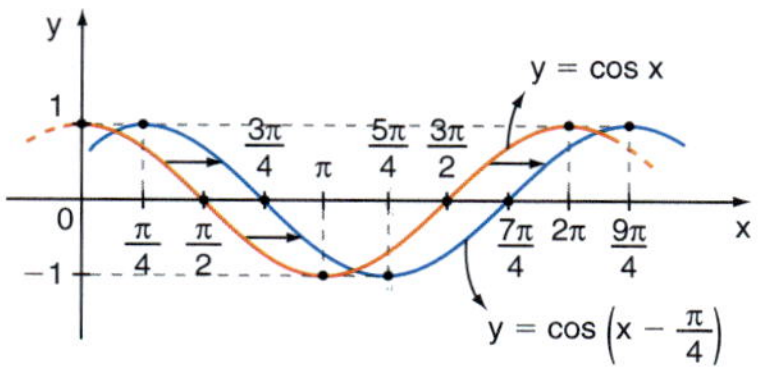

b)

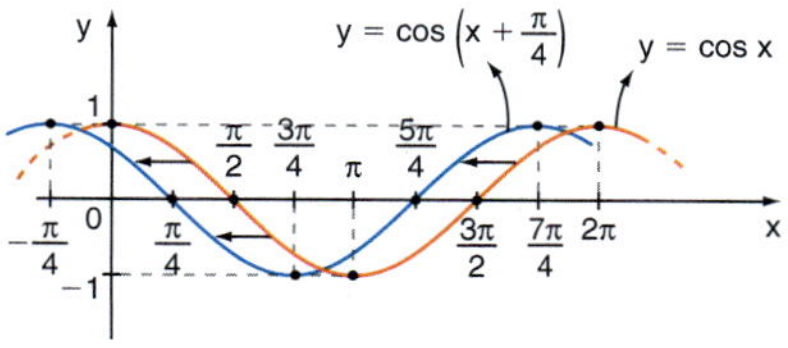

31. a) $D = \left\{x \in \mathbb{R} \mid x \neq \frac{\pi}{2} + k\pi; k \in \mathbb{Z}\right\}$; $p = \pi$

b) $D = \left\{x \in \mathbb{R} \mid x \neq \frac{\pi}{2} + k\pi; k \in \mathbb{Z}\right\}$; $p = \pi$

c) $D = \left\{x \in \mathbb{R} \mid x \neq \frac{\pi}{4} + \frac{k\pi}{2}; k \in \mathbb{Z}\right\}$; $p = \frac{\pi}{2}$

d) $D = \left\{x \in \mathbb{R} \mid x \neq \frac{\pi}{3} + k\pi; k \in \mathbb{Z}\right\}$; $p = \pi$

32. a) $D = \{x \in \mathbb{R} | x \neq k\pi; k \in \mathbb{Z}\}; Im = \mathbb{R}$

b) $p = \pi$

c)

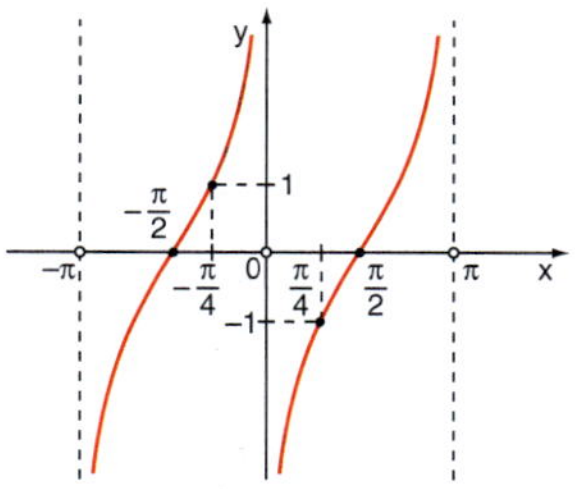

33. $D = \{x \in \mathbb{R} | x \neq (1 + 2k)\pi, k \in \mathbb{Z}\}$; $p = 2\pi$

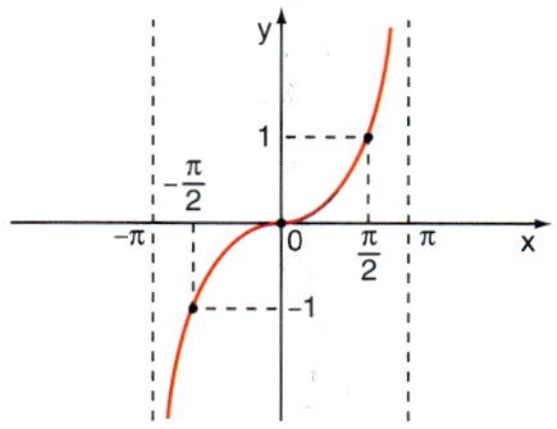

Desafio

2

Exercícios complementares

1.

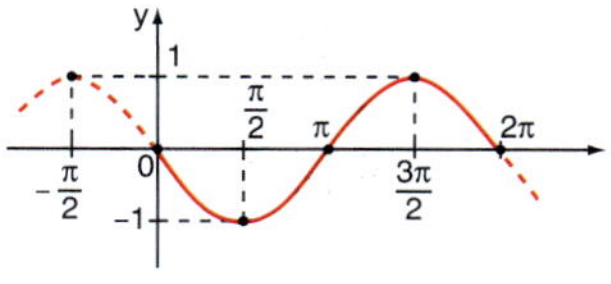

$p = 2\pi; Im = [-1, 1]$

2.

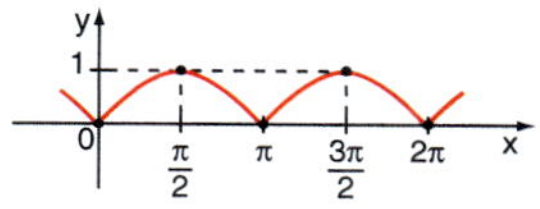

$p = \pi; Im = [0, 1]$

3.

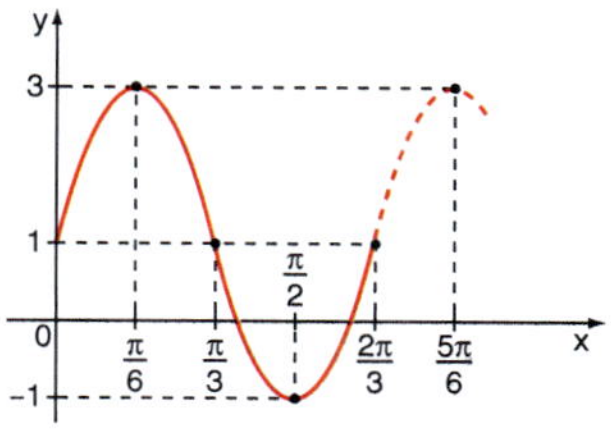

$p = \frac{2\pi}{3}; Im = [-1, 3]$

4.

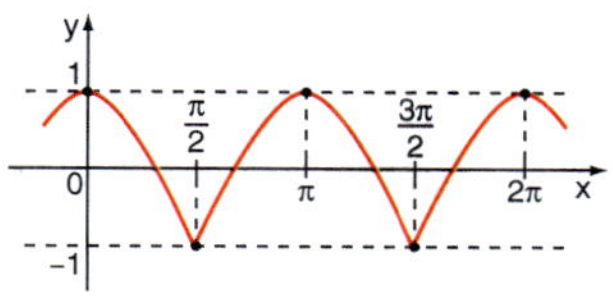

$p = \pi; Im = [-1, 1]$

5.

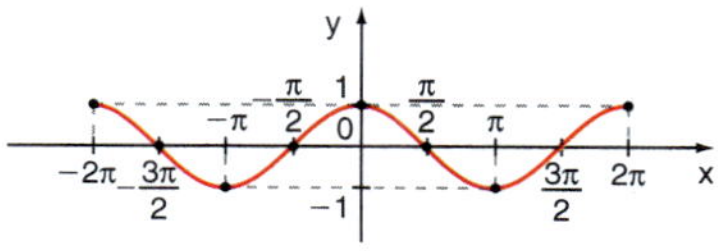

$p = 2\pi; Im = [-1, 1]$

6. $\left(a = 1, b = 1, m = 2 \text{ e } n = -\frac{\pi}{4}\right)$ ou $\left(a = 1, b = 1, m = -2 \text{ e } n = \frac{\pi}{4}\right)$

7. a) V

b) V

c) F

d) F

8. $\{x \in \mathbb{R} \mid x = \pi + k \cdot 2\pi; k \in \mathbb{Z}\}$

9. São corretas: *a*, *c*, *d*.

10. $\frac{1}{2}$

11. a) 100 mmHg; 80 mmHg

b) 0,75 s

12.

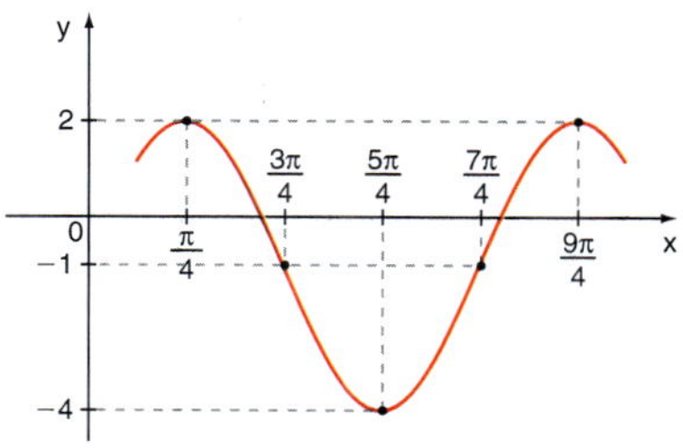

$p = 2\pi \quad Im = [-4, 2]$

13. (01) + (16) = (17)

14. a) V b) V c) F d) V e) V

15. $\pi \cdot \sqrt{2}$ meses.

16. a) A temperatura variou de 17 °C a 25 °C

b) 14:00 e 22:00

17. $a = 2, b = 1$ e $c = 3; (a + b + c)^2 = 36$

18. a) h máxima $= 8$ cm; h mínima $= 0$ cm
    b) 1 200 ciclos completos

19. 17 pontos.

20. 8 oscilações completas.

21. $\text{sen}\,\frac{\pi}{4} = \frac{3}{4}$; erro $= 0{,}045$

22. a) $y = \frac{4}{3\pi}x - 6$
    b) 12π u.a.

23. a) 3,2
    b) 0:00 e 12:00

24. Uma única solução real.

25. $\text{Im} = [0,4] = \{y \in \mathbb{R} \mid 0 \leq y \leq 4\}$

26. $\frac{1}{2} \leq m \leq 1$

27. $a = 5, \omega = \pm 2$ e $b = \frac{\pi}{3}$; 30

28. $P\left(\frac{4}{3}, 0\right); Q\,(2{,}0); R\left(\frac{8}{3}, 0\right); S\left(\frac{10}{3}, 0\right)$

29. $x = 10$; 260 toneladas de lixo.

30. a) V
    b) V
    c) V
    d) F
    e) F

31. a) V
    b) V
    c) V

Testes

1. a
2. b
3. c
4. b
5. a
6. a
7. (02) + (04) + (08) = 14
8. b
9. d
10. d
11. e
12. d
13. e
14. c
15. a
16. b
17. a
18. a
19. e
20. d
21. a
22. d
23. b
24. b
25. b
26. e
27. d
28. d
29. d
30. e
31. c
32. a
33. e

Capítulo 5 Transformações

Exercícios

1. a) $\frac{\sqrt{6} - \sqrt{2}}{4}$
   b) $\frac{\sqrt{6} - \sqrt{2}}{4}$
   c) $\frac{-\sqrt{6} - \sqrt{2}}{4}$
   d) $2 - \sqrt{3}$
   e) $\frac{\sqrt{6} - \sqrt{2}}{4}$
   f) $\frac{\sqrt{6} + \sqrt{2}}{4}$

2. $\frac{\sqrt{3}}{2}$

3. $\frac{56}{65}$

4. $5\sqrt{6}$ cm e $5\left(\sqrt{3} + 1\right)$ cm

5. $\frac{\sqrt{3}}{3}$

6. a) $\sqrt{16{,}3}$ (aproximadamente 4,04 km)
   b) 2,925 km

7. $-2 + \sqrt{3}$

8. $\frac{5}{9}$; 0

9. $\frac{15}{23}$

10. a) $\frac{\sqrt{3}}{2}$
    b) π
    c) 1
    d)

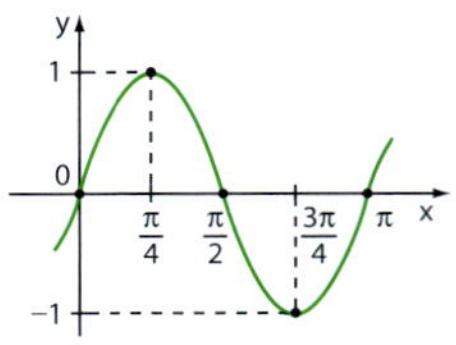

11. a) $-\frac{4\sqrt{5}}{9}$

b) $\frac{1}{9}$

c) $-4\sqrt{5}$

d) 2º Q

e) 4º Q

12. $\frac{24}{25}$

13. $\frac{\sqrt{2}}{2}$

14. a) $\frac{12}{5}$

b) $\frac{5}{13}$

15. 93,75 m

16. a) $\frac{2+\sqrt{2}}{2}$

b) $\frac{4+\sqrt{2}-\sqrt{6}}{4}$

17. a) 30°, 60° e 90°

b) 10 cm

18. 0,47

19. Porque teríamos $\cos\alpha > 1$.

20. a) F

b) V

c) F

d) F

e) V

21. $-\frac{7}{9}$

22. a) $\frac{2}{3}$

b) $\pm\frac{\sqrt{5}}{3}$

23. $\cos x = -\frac{2}{7}$ e $\operatorname{sen} x = \frac{3\sqrt{5}}{7}$

24. $\frac{3}{5}$

25. $\operatorname{sen} x = -\frac{1}{5}$ e $\cos x = -\frac{2\sqrt{6}}{5}$

26. a) $D = \mathbb{R}$; $p = \frac{\pi}{2}$; $Im = \left[-\frac{1}{2}, \frac{1}{2}\right]$

b) $\frac{\sqrt{6}-\sqrt{2}}{8}$

c)

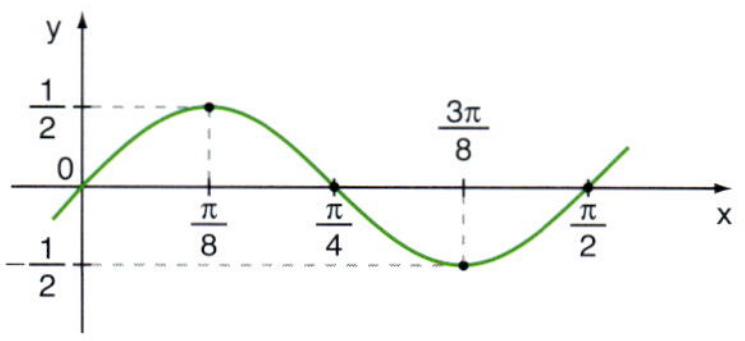

27. a) $\sqrt{3} \cdot \cos 20°$

b) $\cos 20°$

c) $\cos 20°$

d) $\sqrt{3} \cdot \cos 20°$

28. a) $2 \cdot \operatorname{cossec} 50°$

b) $2 \cdot \operatorname{tg} 40°$

29. $A = \sqrt{2} \cdot \operatorname{sen} 85°$ $B = \sqrt{2} \cdot \cos 85°$

$A > B$, pois $\operatorname{sen} 85° > \cos 85°$

30. a) $4 \operatorname{sen} x \cdot \cos^2 x$

b) $2 \cos x \cdot \cos 2x$

31. a) $\left(\cos\frac{x}{2} - \operatorname{sen}\frac{x}{2}\right)^2$ b) $\left(\cos\frac{x}{2} + \operatorname{sen}\frac{x}{2}\right)^2$ c) $2 \cdot \cos^2\left(\frac{x}{2}\right)$

32. a) $2 \cdot \operatorname{sen} 2x \cdot \cos 3x$

b) $4 \cdot \operatorname{sen} 2x \cdot \cos 3x \cdot \cos 4x$

c) $2 \cdot \cos 4x \cdot \cos x$

33. a) $\sqrt{2} \cdot \operatorname{sen}\left(x - \frac{\pi}{4}\right)$

b) 2π

c) $\sqrt{2}$

34. $\frac{-\sqrt{2}-2}{4}$

35. $-\left(\cos 10° + \sqrt{3} \operatorname{sen} 20°\right)$

36. $-\operatorname{tg} 3x$

37. $5° + k \cdot 360°$, com $k \in \mathbb{Z}$

38. $-\cos 4x$

39. demonstração

40. a) $\operatorname{sen} x \cdot \operatorname{sen} 3x$ b) $-\operatorname{sen} 4x \cdot \operatorname{sen} 2x$

41. ab

Desafio

66 660

Exercícios complementares

1. a) 3,12 m b) 25 m

2. $12 - 4\sqrt{3}$ cm

3. $\operatorname{sen}\frac{17\pi}{12} = \frac{-\sqrt{2}-\sqrt{6}}{4}$

$\cos\frac{17\pi}{12} = \frac{\sqrt{2}-\sqrt{6}}{4}$

$\operatorname{cossec}\frac{17\pi}{12} = -\sqrt{6}+\sqrt{2}$

$\sec\frac{17\pi}{12} = -\sqrt{2}-\sqrt{6}$

$\operatorname{tg}\frac{17\pi}{12} = 2+\sqrt{3}$

$\operatorname{cotg}\frac{17\pi}{12} = 2-\sqrt{3}$

4. $3 \cdot \left(\sqrt{2}+\sqrt{6}\right)$ cm

5. a) $\operatorname{sen} 3x = 3 \operatorname{sen} x - 4 \operatorname{sen}^3 x$

b) $\cos 3x = 4 \cos^3 x - 3 \cos x$

c) $p = \frac{\pi}{3}$ $Im = \left[-\frac{1}{2}, \frac{1}{2}\right]$

6. $\frac{\pi}{6}$ rad

7. demonstração

8. $\sqrt{6}-\sqrt{2}$ cm

9. AB = 8 cm e AC = 6 cm

10. 20 hm (hectômetros)

11. $\frac{3}{2}$

12. demonstração

13. a) $\frac{3}{4}$

b) $-\frac{\sqrt{7}}{4}$

c) $-\frac{3\sqrt{7}}{7}$

14. a) $\frac{1}{9}$

b) $\frac{\sqrt{10}-2\sqrt{2}}{6}$

15. $-\frac{\sqrt{15}}{7}$

16. a) $x=\frac{2\pi}{3}$

b) 0

17. (0-0)V (1-1)V (2-2)V (3-3)F (4-4)F

18. a) $(\text{sen}\,(P_2\hat{O}Q)=\frac{\sqrt{10}}{10}; \cos(P_2\hat{O}Q)=\frac{3\sqrt{10}}{10}$

b) 90° c) $\frac{3}{5}$

19. a) aproximadamente 46,81 m

b) 0,6674

20. a) $\cos x=\frac{4}{5}; \cos y=\frac{3}{5}$

b) $\text{sen}\,(x+y)=1; \cos\,(x-y)=\frac{24}{25}$

21. $\frac{b}{a}$

22. −32

23. a) $\frac{\sqrt{5}}{2}$

b) $\frac{3\sqrt{10}}{10}$

24. a) $h(x)=2-\text{sen}\,2x$ b) 3

25. 1

26. 22

27. a) $-\frac{3}{5}$

b) $\frac{120}{169}$

28. a) $\frac{3}{2}$

b) $r=\frac{2\pi}{3}$

29. (01) + (02) + (04) + (08) = (15)

30. (0-0)F (1-1)V (2-2)F (3-3)F (4-4)V

31. $\frac{2\pi}{3}$ ou $\frac{4\pi}{3}$

32. a) $\theta=30°; d=6400$ km b) $\frac{3}{8}$

33. a) $\alpha=30°$

b) $\left(100\sqrt{3}+1{,}6\right)$ m

34. a) 7,56 cm²

b) $-\frac{16}{65}$

35. $1-\frac{3\sqrt{5}}{5}$

36. a) 0

b) $\frac{1}{4}$

37. a) 15 minutos

b) $\left[50-\frac{25}{2}\left(\sqrt{6}-\sqrt{2}\right)\right]$m

38. a) $\frac{1}{2}$

b) $\frac{7}{17}$

Testes

1. d
2. e
3. d
4. b
5. d
6. a
7. e
8. b
9. a
10. d
11. c
12. c
13. c
14. e
15. a
16. a
17. d
18. d
19. a
20. a
21. d
22. a
23. d
24. a
25. d
26. b
27. c
28. e
29. d

Capítulo 6 Equações e inequações trigonométricas

Exercícios

1. a) $S = \left\{x \in \mathbb{R} | x = \frac{\pi}{5} + k2\pi \text{ ou } x = \frac{4\pi}{5} + k2\pi; k \in \mathbb{Z}\right\}$

b) $S = \left\{x \in \mathbb{R} | x = \frac{\pi}{6} + k2\pi \text{ ou } x = \frac{5\pi}{6} + k2\pi; k \in \mathbb{Z}\right\}$

c) $S = \left\{x \in \mathbb{R} | x = \frac{\pi}{2} + k2\pi; k \in \mathbb{Z}\right\}$

d) $S = \{x \in \mathbb{R} | x = k\pi; k \in \mathbb{Z}\}$

e) $S = \left\{x \in \mathbb{R} | x = \frac{\pi}{4} + k2\pi \text{ ou } x = \frac{3\pi}{4} + k2\pi; k \in \mathbb{Z}\right\}$

f) $S = \left\{x \in \mathbb{R} | x = \frac{7\pi}{6} + k2\pi \text{ ou } x = \frac{11\pi}{6} + k2\pi; k \in \mathbb{Z}\right\}$

g) $S = \left\{x \in \mathbb{R} | x = \frac{\pi}{9} + k2\pi \text{ ou } x = \frac{8\pi}{9} + k2\pi; k \in \mathbb{Z}\right\}$

2. a) $S = \left\{x \in \mathbb{R} | x = k\pi \text{ ou } x = \frac{\pi}{4} + \frac{k\pi}{2}; k \in \mathbb{Z}\right\}$

b) $S = \left\{x \in \mathbb{R} | x = \frac{\pi}{12} + k\pi \text{ ou } x = \frac{7\pi}{36} + \frac{k\pi}{3}; k \in \mathbb{Z}\right\}$

3. a) $S = \left\{x \in \mathbb{R} | x = \pm\frac{\pi}{7} + k2\pi; k \in \mathbb{Z}\right\}$

b) $S = \left\{x \in \mathbb{R} | x = \pm\frac{\pi}{6} + k2\pi; k \in \mathbb{Z}\right\}$

c) $S = \left\{x \in \mathbb{R} | x = \frac{\pi}{2} + k\pi; k \in \mathbb{Z}\right\}$

d) $S = \left\{x \in \mathbb{R} | x = \pi + k2\pi; k \in \mathbb{Z}\right\}$

e) $S = \left\{x \in \mathbb{R} | x = \pm\frac{3\pi}{4} + k2\pi; k \in \mathbb{Z}\right\}$

f) $S = \left\{x \in \mathbb{R} | x = \pm\frac{2\pi}{3} + k2\pi; k \in \mathbb{Z}\right\}$

g) $S = \left\{x \in \mathbb{R} | x = \frac{k\pi}{2}; k \in \mathbb{Z}\right\}$

h) $S = \left\{x \in \mathbb{R} | x = \frac{\pi}{12} + \frac{k\pi}{2} \text{ ou } x = -\frac{\pi}{18} + \frac{k\pi}{3}; k \in \mathbb{Z}\right\}$

4. a) $S = \left\{x \in \mathbb{R} | x = \frac{2\pi}{5} + k\pi; k \in \mathbb{Z}\right\}$

b) $S = \left\{x \in \mathbb{R} | x = \frac{\pi}{4} - k\pi; k \in \mathbb{Z}\right\}$

c) $S = \left\{x \in \mathbb{R} | x = \frac{\pi}{3} + k\pi; k \in \mathbb{Z}\right\}$

d) $S = \left\{x \in \mathbb{R} | x = \frac{5\pi}{6} + k\pi; k \in \mathbb{Z}\right\}$

e) $S = \left\{x \in \mathbb{R} | x = k\pi; k \in \mathbb{Z}\right\}$

f) $S = \left\{x \in \mathbb{R} | x = \frac{2\pi}{3} + k\pi; k \in \mathbb{Z}\right\}$

5. $S = \left\{x \in \mathbb{R} | x = \frac{\pi}{6} + k2\pi \text{ ou } x = \frac{5\pi}{6} + k2\pi; k \in \mathbb{Z}\right\}$

6. $S = \left\{x \in \mathbb{R} | x = \frac{\pi}{2} + k\pi; k \in \mathbb{Z}\right\}$

7. $S = \left\{x \in \mathbb{R} | x = k2\pi \text{ ou } x = \pm\frac{\pi}{3} + k2\pi; k \in \mathbb{Z}\right\}$

8. $S = \left\{x \in \mathbb{R} | x = \frac{\pi}{4} + k\pi; k \in \mathbb{Z}\right\}$

9. $S = \left\{x \in \mathbb{R} | x = k\pi \text{ ou } x = \frac{\pi}{4} + k\pi; k \in \mathbb{Z}\right\}$

10. $S = \left\{x \in \mathbb{R} | x = \pm\frac{\pi}{6} + k2\pi \text{ ou } x = \pm\frac{5\pi}{6} + k2\pi; k \in \mathbb{Z}\right\}$

11. $S = \left\{x \in \mathbb{R} | x = \frac{\pi}{4} + k\pi \text{ ou } x = \frac{3\pi}{4} + k\pi; k \in \mathbb{Z}\right\}$

12. $S = \varnothing$

13. $S = \left\{x \in \mathbb{R} | x = \frac{\pi}{4} + k\pi; k \in \mathbb{Z}\right\}$

14. $S = \left\{x \in \mathbb{R} | x = k2\pi \text{ ou } x = \frac{\pi}{6} + k\pi; k \in \mathbb{Z}\right\}$

15. $S = \left\{x \in \mathbb{R} | x = \frac{\pi}{2} + k \cdot 2\pi; k \in \mathbb{Z}\right\}$

16. $S = \left\{x \in \mathbb{R} | x = k\pi \text{ ou } x = \pm\frac{\pi}{4} + k \cdot 2\pi; k \in \mathbb{Z}\right\}$

17. $S = \left\{x \in \mathbb{R} | x = \pm\frac{\pi}{3} + k\,2\pi; k \in \mathbb{Z}\right\}$

18. $S = \left\{x \in \mathbb{R} | x = \pm\frac{\pi}{4} + k\,2\pi; k \in \mathbb{Z}\right\}$

19. $S = \left\{x \in \mathbb{R} | x = k \cdot 2\pi; k \in \mathbb{Z}\right\}$

20. $S = \left\{x \in \mathbb{R} | x = \frac{k\pi}{6} \text{ ou } x = \frac{\pi}{2} + k\pi; k \in \mathbb{Z}\right\}$

21. $S = \left\{x \in \mathbb{R} | x = \frac{\pi}{8} + \frac{k\pi}{4} \text{ ou } x = \frac{\pi}{4} + \frac{k\pi}{2}; k \in \mathbb{Z}\right\}$

22. $S = \left\{\frac{\pi}{6}, \frac{5\pi}{6}, \frac{3\pi}{2}\right\}$

23. $S = \left\{0, \frac{\pi}{4}, \pi, \frac{5\pi}{4}\right\}$

24. $S = \left\{\pi, \frac{2\pi}{3}, \frac{4\pi}{3}\right\}$

25. $S = \left\{\frac{\pi}{6}, \frac{2\pi}{3}, \frac{7\pi}{6}, \frac{5\pi}{3}\right\}$

26. $S = \left\{\frac{\pi}{6}, \frac{5\pi}{6}\right\}$

27. $S = \left\{\frac{\pi}{3}, \frac{2\pi}{3}, \frac{4\pi}{3}, \frac{5\pi}{3}\right\}$

28. $S = \left\{\frac{\pi}{6}, \frac{5\pi}{6}, \frac{3\pi}{2}\right\}$

29. $S = \{0, \pi\}$

30. $S = \left\{\frac{\pi}{3}, \frac{2\pi}{3}, \frac{4\pi}{3}, \frac{5\pi}{3}\right\}$

31. $S = \left\{\frac{\pi}{4}, \frac{5\pi}{4}\right\}$

32. $S = \left\{\frac{\pi}{6}, \frac{5\pi}{6}\right\}$

33. a) $S = \left\{x \in \mathbb{R} | x = \frac{\pi}{4} + k2\pi; k \in \mathbb{Z}\right\}$

b) $S = \left\{x \in \mathbb{R} | x = \frac{2\pi}{3} + k2\pi \text{ ou } x = \pi + k2\pi; k \in \mathbb{Z}\right\}$

c) $S = \left\{x \in \mathbb{R} | x = \frac{\pi}{4} + k2\pi \text{ ou } x = \frac{\pi}{4} + \frac{k2\pi}{3}; k \in \mathbb{Z}\right\}$

d) $S = \left\{x \in \mathbb{R} | x = \pm\frac{\pi}{6} + k\pi; k \in \mathbb{Z}\right\}$

34. $S = \left\{x \in \mathbb{R} | x = \pm\frac{\pi}{4} + k\pi \text{ ou } x = \frac{\pi}{2} + k\pi; k \in \mathbb{Z}\right\}$

35. a) 2 horas: 0,35 °C 9 horas: – 0,7 °C

b) 0 h, 8 h, 16 h e 24 h

36. $S = \left\{\frac{\pi}{6}, \frac{\pi}{2}, \frac{5\pi}{6}\right\}$

37. $S = \left\{\frac{\pi}{18}, \frac{5\pi}{18}, \frac{7\pi}{18}, \frac{11\pi}{18}, \frac{13\pi}{18}, \frac{17\pi}{18}, \frac{25\pi}{18}, \frac{29\pi}{18}, \frac{31\pi}{18}, \frac{35\pi}{18}\right\}$

38. $S = \left\{-\frac{\pi}{4}, -\frac{3\pi}{4}, -\frac{5\pi}{4}, -\frac{7\pi}{4}\right\}$

39. $S = \left\{-\frac{\pi}{3}, -\frac{5\pi}{6}, \frac{\pi}{6}, \frac{2\pi}{3}\right\}$

40. $S = \{0\}$

41. $S = \left\{0, \frac{\pi}{5}, \frac{3\pi}{5}, \pi, \right\}$

42. $S = \left\{\frac{\pi}{8}, \frac{3\pi}{8}, \frac{\pi}{4}\right\}$

43. $S = \left\{\frac{\pi}{10}, \frac{\pi}{2}, \frac{9\pi}{10}, \frac{\pi}{6}, \frac{5\pi}{6}\right\}$

44. $S = \left\{\frac{\pi}{2}, 0, -\frac{3\pi}{2}, -2\pi, 2\pi\right\}$

45. a) $S = \left\{x \in \mathbb{R} \mid \frac{\pi}{4} < x < \frac{3\pi}{4}\right\}$

b) $S = \left\{x \in \mathbb{R} \mid 0 \leq x \leq \frac{\pi}{3} \text{ ou } \frac{2\pi}{3} \leq x \leq 2\pi\right\}$

c) $S = \left\{x \in \mathbb{R} \mid 0 \leq x \leq \frac{\pi}{6} \text{ ou } \frac{11\pi}{6} \leq x \leq 2\pi\right\}$

d) $S = \left\{x \in \mathbb{R} \mid \frac{\pi}{2} < x < \frac{3\pi}{2}\right\}$

46. a) $S = \left\{x \in \mathbb{R} \mid \frac{\pi}{4} \leq x < \frac{\pi}{2} \text{ ou } \frac{5\pi}{4} \leq x < \frac{3\pi}{2}\right\}$

b) $S = \left\{x \in \mathbb{R} \mid \frac{\pi}{2} < x < \pi \text{ ou } \frac{3\pi}{2} < x < 2\pi\right\}$

c) $S = \left\{x \in \mathbb{R} \mid \frac{\pi}{2} < x \leq \frac{5\pi}{6} \text{ ou } \frac{3\pi}{2} < x \leq \frac{11\pi}{6}\right\}$

47. a) $S = \left\{x \in \mathbb{R} \mid k2\pi \leq x < \frac{4\pi}{3} + k2\pi \text{ ou } \frac{5\pi}{3} + k2\pi < x \leq 2\pi + k2\pi; k \in \mathbb{Z}\right\}$

b) $S = \{x \in \mathbb{R} \mid \pi + k2\pi \leq x \leq 2\pi + k2\pi; k \in \mathbb{Z}\}$

c) $S = \left\{x \in \mathbb{R} \mid k2\pi \leq x < \frac{3\pi}{4} + k2\pi \text{ ou } \frac{5\pi}{4} + k2\pi < x < 2\pi + k2\pi; k \in \mathbb{Z}\right\}$

d) $S = \left\{x \in \mathbb{R} \mid \frac{\pi}{3} + k2\pi < x < \frac{5\pi}{3} + k2\pi; k \in \mathbb{Z}\right\}$

48. a) $S = \left\{x \in \mathbb{R} \mid 2k\pi \leq x < \frac{\pi}{2} + k2\pi \text{ ou } \pi + k2\pi \leq x < \frac{3\pi}{2} + k2\pi; k \in \mathbb{Z}\right\}$

b) $S = \left\{x \in \mathbb{R} \mid \frac{\pi}{2} + 2k\pi < x \leq \frac{2\pi}{3} + k2\pi \text{ ou } \frac{3\pi}{2} + k2\pi < x \leq \frac{5\pi}{3} + k2\pi; k \in \mathbb{Z}\right\}$

49. a) $S = \left\{x \in \mathbb{R} \mid 0 \leq x < \frac{\pi}{3} \text{ ou } \frac{2\pi}{3} < x \leq \pi\right\}$

b) $S = \left\{x \in \mathbb{R} \mid \frac{\pi}{3} \leq x \leq \frac{5\pi}{6} \text{ ou } \frac{7\pi}{6} \leq x \leq \frac{5\pi}{3}\right\}$

c) $S = \left\{x \in \mathbb{R} \mid 0 < x < \frac{\pi}{3} \text{ ou } \pi < x \leq \frac{4\pi}{3}\right\}$

Desafio

900 mℓ

Exercícios complementares

1. $S = \left\{x \in \mathbb{R} \mid x = \frac{\pi}{4} + k\pi \text{ ou } x = \frac{3\pi}{4} + k\pi; k \in \mathbb{Z}\right\}$

2. $S = \left\{x \in \mathbb{R} \mid x = \frac{k\pi}{2} \text{ ou } x = \frac{\pi}{4} + \frac{k\pi}{2}; k \in \mathbb{Z}\right\}$

3. $S = \left\{x \in \mathbb{R} \mid x = \pm\frac{\pi}{3} + k2\pi; k \in \mathbb{Z}\right\}$

4. $S = \{x \in \mathbb{R} \mid x = k2\pi; k \in \mathbb{Z}\}$

5. $S = \left\{x \in \mathbb{R} \mid x = \frac{\pi}{12} + k\pi \text{ ou } x = \frac{5\pi}{12} + k\pi; k \in \mathbb{Z}\right\}$

6. $S = \left\{x \in \mathbb{R} \mid x = \frac{k\pi}{2}; k \in \mathbb{Z}\right\}$

7. $S = \left\{x \in \mathbb{R} \mid \frac{\pi}{2} \leq x \leq \frac{2\pi}{3} \text{ ou } \frac{4\pi}{3} \leq x \leq \frac{3\pi}{2}\right\}$

8. $S = \left\{x \in \mathbb{R} \mid \frac{\pi}{3} \leq x \leq \frac{2\pi}{3} \text{ ou } \frac{4\pi}{3} \leq x \leq \frac{5\pi}{3}\right\}$

9. $S = \left\{x \in \mathbb{R} \mid \pi \leq x \leq 2\pi \text{ ou } x = \frac{\pi}{2}\right\}$

10. a) De 3 em 3 anos.

b) 5 vezes; 3º, 15º, 39º, 51º e 75º meses contados a partir de hoje.

11. 4 soluções

12. a) $S = \left\{x \in \mathbb{R} \mid k\pi < x < \frac{\pi}{2} + k\pi \text{ ou } \frac{\pi}{2} + k\pi < x < \frac{3\pi}{4} + k\pi; k \in \mathbb{Z}\right\}$

b) $S = \left\{x \in \mathbb{R} \mid \frac{\pi}{2} + k2\pi \leq x \leq \frac{2\pi}{3} + k2\pi \text{ ou } \frac{4\pi}{3} + k2\pi \leq x \leq \frac{3\pi}{2} + k2\pi; k \in \mathbb{Z}\right\}$

13. a) $D = \left\{x \in \mathbb{R} \mid \frac{\pi}{2} + k2\pi \leq x \leq \frac{3\pi}{2} + k \cdot 2\pi; k \in \mathbb{Z}\right\}$

b) $D = \left\{x \in \mathbb{R} \mid x \neq \frac{3\pi}{2} + k2\pi; k \in \mathbb{Z}\right\}$

c) $D = \left\{x \in \mathbb{R} \mid \frac{7\pi}{6} + k2\pi \leq x \leq \frac{11\pi}{6} + k2\pi; \text{ou } x = \frac{\pi}{2} + k2\pi; k \in \mathbb{Z}\right\}$

14. a) $S = \left[\frac{\pi}{3}, \frac{2\pi}{3}\right] \cup \left[\frac{4\pi}{3}, \frac{5\pi}{3}\right]$

b) $S = [0, 2\pi] - \left\{\frac{\pi}{2}, \frac{3\pi}{2}\right\}$

c) $S = \left[\frac{\pi}{6}, \frac{\pi}{2}\right[\cup \left]\frac{\pi}{2}, \frac{5\pi}{6}\right] \cup \left[\frac{7\pi}{6}, \frac{3\pi}{2}\right[\cup \left]\frac{3\pi}{2}, \frac{11\pi}{6}\right]$

d) $S = \left[\frac{\pi}{3}, \frac{2\pi}{3}\right] \cup \left[\frac{4\pi}{3}, \frac{5\pi}{3}\right]$

15. a) $\left(1 + \frac{\sqrt{3}}{2}\right)$ u.a.

b) $S = \left\{\pm\frac{2\pi}{3} + k2\pi; k \in \mathbb{Z}\right\}$; área máxima $= \frac{3\sqrt{3}}{2}$ u.a.

16. (0-0)V (1-1)V (2-2)F (3-3)F (4-4)V

17. (01) + (02) + (04) + (08) + (16) = 31

18. $S = \left\{\frac{\pi}{6}, \frac{5\pi}{6}, \frac{7\pi}{6}, \frac{11\pi}{6}\right\}$

19. (02) + (08) + (16) = (26)

20. $S = \left\{\frac{\pi}{8}, \frac{\pi}{4}\right\}$

21. (02) + (04) = (06)

22. a) R$ 3,50; R$ 1,90

b) t = 131 ou t = 251

23. $S = \left\{\frac{\pi}{6}; \frac{5\pi}{6}\right\}$

24. $S = \left\{x \in \mathbb{R} \mid x = \frac{\pi}{3} + k2\pi \text{ ou } x = \frac{2\pi}{3} + k2\pi; k \in \mathbb{Z}\right\}$

25. a) $(200 \cdot \text{sen}\,\theta \cdot \cos\theta)\ m^2$

b) $5\sqrt{2}$ m e $10\sqrt{2}$ m

26. $S = \left\{x \in \mathbb{R} \mid x = k2\pi; k \in \mathbb{Z}\right\}$

27. a) sim

b) $S = \left\{x \in \mathbb{R} \mid x = \pm\frac{\pi}{6} + \frac{k\pi}{2}; k \in \mathbb{Z}\right\}$

28. a) (k = 2, m = 3 e n = ±2) ou (k = −2, m = −3 e n = ±2)

b) $x \in \left\{0, \frac{\pi}{4}, \frac{\pi}{3}, \frac{2\pi}{3}, \frac{3\pi}{4}, \pi\right\}$

29. $S = \left\{x \in \mathbb{R} | x = \frac{\pi}{4} + 2k\pi \text{ ou } x = \frac{3\pi}{4} + 2k\pi; k \in \mathbb{Z}\right\}$

30. $S = \left\{\frac{\pi}{4}, \frac{3\pi}{4}, \frac{5\pi}{4}, \frac{7\pi}{4}, \frac{\pi}{6}, \frac{5\pi}{6}, \frac{7\pi}{6}, \frac{11\pi}{6}\right\}$

31. $S = \left\{\left(\frac{\pi}{6}, \frac{\pi}{3}\right), \left(\frac{\pi}{6}, \frac{5\pi}{3}\right), \left(\frac{5\pi}{6}, \frac{\pi}{3}\right), \left(\frac{5\pi}{6}, \frac{5\pi}{3}\right)\right\}$

32. $\frac{21}{4}$

33. $S = \left\{\left(\frac{\pi}{2} + k2\pi, k\,2\pi\right); k \in \mathbb{Z}\right\}$

34. 80 soluções

35. $S = \left\{-\pi, \pi, -\frac{\pi}{3}, \frac{\pi}{3}, -\frac{5\pi}{3}, \frac{5\pi}{3}, \frac{7\pi}{3}\right\}$

36. 60 soluções

37. a) 12 horas e 48 minutos b) 181 dias.

Testes

1. a
2. e
3. c
4. c
5. a
6. c
7. b
8. c
9. c
10. d
11. b
12. a
13. d
14. a
15. d
16. c
17. d
18. e
19. c
20. c
21. e
22. e
23. b
24. e
25. c
26. e
27. a
28. a

Capítulo 7 Funções trigonométricas inversas

Exercícios

1. a) $-\frac{\pi}{4}$
   b) $\frac{\pi}{2}$
   c) $\frac{\pi}{3}$
   d) $-\frac{\pi}{2}$

2. 0, 1

3. $\frac{2\sqrt{2}}{3}$

4. $\frac{5}{12}$

5. $\frac{3\sqrt{5}}{5}$

6. $\frac{\sqrt{3}}{3}$

7. $\frac{16}{65}$

8. a) $\frac{1}{3}$
   b) $\frac{1}{9}$
   c) $\frac{4\sqrt{5}}{9}$

9. a) 0
   b) $\frac{2\pi}{3}$
   c) π
   d) Não existe, pois $\pi \notin [-1, 1]$.

10. $x = \frac{\sqrt{3} - 2}{2}$

11. $\sqrt{1 - 4x^2}$, com $|x| \leq \frac{1}{2}$

12. $-\frac{\sqrt{3}}{3}$

13. $\frac{4\sqrt{6} - \sqrt{21}}{25}$

14. a) $x = 1$ b) $x = -\frac{1}{2}$ c) $x = \frac{\sqrt{2}}{2}$ d) $x = \frac{\sqrt{2} - 2}{2}$ e) $x = 0$ f) $x = 0$

15. a) $\frac{253}{325}$ b) $\frac{\sqrt{14} + \sqrt{30}}{16}$

16. a) $-\frac{\sqrt{7}}{21}$ b) Não existe.

17. a) $\frac{\pi}{4}$ b) $\frac{\pi}{3}$ c) $-\frac{\pi}{4}$ d) $-\frac{\pi}{6}$

18. $\mathbb{R}$

19. a) $\cong 37°$ b) $\cong 82°$ c) $\cong 63°$

20. a) 5 b) $-\frac{5}{12}$ c) Não existe. d) 0

21. a) $\pm\frac{x}{\sqrt{1+x^2}}$ b) $\sqrt{1+x^2}$

22. $\pm\frac{\sqrt{6}}{3}$

Desafio

a) Se $p = 7$, então $2p + 1 = 15$, que não é primo.
b) Se $p = 17$, então $2p + 1 = 35$, que não é primo.
c) 18 não é primo.
d) Se $p = 19$, então $2p + 1 = 39$, que não é primo.
e) Se $p = 41$, então $2p + 1 = 83$, que também é primo, portanto, 41 é um número primo de Germain.

Exercícios complementares

1. a) V, pois $\text{arc sen}(-x) = -\text{arc sen}\,x, \forall x \in [-1, 1]$.
b) V, pois f(x) é a inversa de $g(x) = \text{sen}\,x$ e g(x) é a inversa de f(x).
c) F, pois $\text{arc sen}(-x) = \text{arc sen}\,x$ somente se $x = 0$.

2. $\frac{3+2\sqrt{14}}{12}$

3. a) $x = 0$ ou $x = 1$ ou $x = -1$ b) $x = \frac{\sqrt{2}}{2}$

4. a) F, pois $\text{arc cos}(-x) = \pi - \text{arc cos}\,x, \forall x \in [0, \pi]$.
b) F, pois f(x) não é definida para $x < 0$.
c) F, pois, por exemplo, $\left(\text{arc sen}\frac{\sqrt{2}}{2}\right)^2 + \left(\text{arc cos}\frac{\sqrt{2}}{2}\right)^2 =$
$= \left(\frac{\pi}{4}\right)^2 + \left(\frac{\pi}{4}\right)^2 = \frac{\pi^2}{8} \neq 1$

5. 1

6. a) α b) $\frac{\pi}{2} - \alpha$

7. 7

8. $x = \frac{\pi}{3}$ ou $x = \text{arc tg}\,2\sqrt{3}$

9. a) $\frac{\sqrt{3}}{2}$ c) impossível e) 9
b) $\frac{3}{4}$ d) ± 1

10. $x = 0$ ou $x = \frac{1}{2}$

11. $\text{sen}\,\theta = -\frac{4\sqrt{3}}{7}$ e $\cos\theta = \frac{1}{7}$

12. $x = 4$

13. a) π c) $\text{arc tg}\frac{1}{3}$ e) $\frac{\pi}{4}$
b) $\text{arc tg}\frac{17}{6}$ d) 1

14. 1

15. demonstração

Testes

1. e

2. c

3. d

4. b

5. d

6. d

7. b

8. a

9. d

10. d

11. b

12. d

13. c

14. d

15. b

16. c

Capítulo 8 Matrizes

Exercícios

1. a) 3×2 d) 3×3
b) 1×4 e) 3×1
c) 2×2 f) 3×4

2. a) 4 b) $\nexists$ c) 1 d) 1

3. $A = \begin{bmatrix} 1 & -1 \\ 4 & 2 \end{bmatrix}$

4. $B = \begin{bmatrix} 4 & 5 \\ 5 & 6 \\ 6 & 7 \end{bmatrix}$

5. 0

6. a) 1 b) 8 c) $\frac{5}{6}$

7. a) $A^t = \begin{bmatrix} 7 & 1 \\ -4 & 0 \end{bmatrix}$ e) $E^t = \begin{pmatrix} 0 & 1 & 0{,}5 & 3 \\ -2 & 11 & 7 & 4{,}1 \end{pmatrix}$

b) $B^t = \begin{bmatrix} 6 & 1 & 4 \\ 2 & 0 & -1 \end{bmatrix}$ f) $F^t = [5\ 7\ 1\ 0\ 3]$

c) $C^t = \begin{bmatrix} 0 & 0 \\ 3 & -1 \\ -9 & 5 \end{bmatrix}$ g) $G^t = \begin{bmatrix} 2 & -3 & 3 \\ 1 & 1 & -1 \\ -2 & 2 & 2 \end{bmatrix}$

d) $D^t = \begin{pmatrix} -8 \\ 7 \\ 5 \end{pmatrix}$

8. $A^t = \begin{bmatrix} 5 & 7 & 9 \\ 8 & 10 & 12 \end{bmatrix}$

9. 3

10. principal: 1, 4 e 9
secundária: 3, 4 e 3

11. a) 1 485 b) 190 c) R$ 27 135,00

12. a) X e Y: 15 km
Z e X: 27 km
Y e Z: 46 km
b) $D^t = D$

13. $A = \begin{pmatrix} 0 & 1 & 1 \\ 0 & 0 & 1 \\ 0 & 0 & 0 \\ 0 & 0 & 0 \end{pmatrix}$

14. a) $A = \begin{bmatrix} -1 & 0 \\ 1 & 1 \\ -1 & -1 \end{bmatrix}$ b) $A^t = \begin{bmatrix} -1 & 1 & -1 \\ 0 & 1 & -1 \end{bmatrix}$

15. a) $\frac{10}{3}$

b) Integral é o mais rico em minerais; pão doce é o mais pobre em proteínas.

c) ferro: 8,4 mg
fósforo: 357 mg

16. $a = 2, b = 1, c = 6$ e $d = 4$

17. $x = 4, y = 3$ e $z = 2$

18. a) Não existe $m \in \mathbb{R}$. b) $m = -3$

19. $p = q = 3$

20. $m = 0, n = 2$ e $p = -2$

21. $a = -3, b = -2, c = -1, d = 0, e = 5$ e $f = 0$

22. a) A e C b) 3

23. a) $\begin{pmatrix} 11 & 5 \\ 14 & 12 \end{pmatrix}$ c) $(-5 \; -1 \; -8 \; -3)$

b) $\begin{bmatrix} 11 & 16 \\ 2 & 7 \\ 1 & 5 \end{bmatrix}$ d) $\begin{bmatrix} 1 & 0 & -1 \\ 1 & 2 & 1 \\ 2 & 0 & 2 \end{bmatrix}$

24. a) $\begin{pmatrix} 22 & 16 \\ 22 & 18 \end{pmatrix}$ b) $\begin{pmatrix} 6 & -6 \\ 16 & 6 \end{pmatrix}$ c) $\begin{pmatrix} 2 & -14 \\ -4 & -8 \end{pmatrix}$

25. a) 21 b) 30

26. a) $X = \begin{pmatrix} 1 & -3 \\ 1 & 2 \\ 5 & 8 \end{pmatrix}$ b) $X = \begin{pmatrix} 0 & 6 & 18 \\ -5 & 9 & -2 \end{pmatrix}$ c) $X = \begin{pmatrix} 1 & 2 \\ 1 & 13 \end{pmatrix}$

27. a)

	P	M	B	H	F
Aluno A	3	3	0	5	5
Aluno B	1	1	3	4	2
Aluno C	8	5	5	4	5

b) C, C e A

28. a) Sim; não. b) Não existe $m \in \mathbb{R}$.

29. $X = \begin{bmatrix} -3 & 3 \\ -1 & 6 \\ -1 & -1 \end{bmatrix}$

30. a) $\begin{pmatrix} 4 & 8 & 12 \\ -12 & 20 & -4 \end{pmatrix}$ c) $\begin{pmatrix} -2 & -4 & -6 \\ 6 & -10 & 2 \end{pmatrix}$

b) $\begin{pmatrix} \frac{1}{3} & \frac{2}{3} & 1 \\ -1 & \frac{5}{3} & -\frac{1}{3} \end{pmatrix}$

31. a) $\begin{pmatrix} 9 & 10 \\ 2 & 21 \\ 9 & 29 \end{pmatrix}$ b) $\begin{pmatrix} -7 & 10 \\ 4 & -13 \\ -27 & -17 \end{pmatrix}$

32. a) $\begin{pmatrix} -1 & -4 & -25 \\ 10 & -5 & -11 \\ 15 & 12 & -9 \end{pmatrix}$ b) $\begin{pmatrix} 3 & 3 & -1 \\ 12 & 4 & 8 \\ 9 & 11 & 5 \end{pmatrix}$

33. $\begin{pmatrix} 9 & -1 & 1 \\ 1 & 4 & 4 \end{pmatrix}$

34. $X = \begin{pmatrix} 5 & 5 \\ 3 & 2 \end{pmatrix}$

35. $X = \begin{bmatrix} -3 & 1 \\ -1 & 2 \\ -4 & -1 \end{bmatrix}$

36. $X = \begin{pmatrix} 1 & 3 & -2 \\ 5 & -6 & 7 \end{pmatrix}$ e $Y = \begin{pmatrix} -4 & 2 & 0 \\ 7 & -1 & 6 \end{pmatrix}$

37. a) $\begin{bmatrix} -2 & 5 \\ -2 & 13 \end{bmatrix}$ e) $\begin{bmatrix} -15 & 10 \\ 0 & 17 \\ 4 & 3 \\ 8 & 6 \end{bmatrix}$

b) $\begin{bmatrix} 0 & 3 & 2 & 7 \\ -10 & 9 & 6 & -19 \end{bmatrix}$ f) $\begin{pmatrix} 12 & -4 & 16 \\ 18 & -6 & 24 \\ 30 & -10 & 40 \end{pmatrix}$

c) Não existe. g) Não existe.

d) $\begin{bmatrix} -2 \\ -4 \\ -6 \end{bmatrix}$ h) $\begin{pmatrix} 10 & -4 & 3 \\ 13 & -1 & 3 \\ 9 & 6 & 3 \end{pmatrix}$

38. a) $\begin{pmatrix} 11 & 4 \\ 4 & 2 \\ 10 & 3 \end{pmatrix}$ c) $\begin{pmatrix} 1 \\ 8 \\ -8 \end{pmatrix}$ e) $\begin{pmatrix} 5 & 4 & 2 \\ 6 & 6 & 1 \end{pmatrix}$

b) Não existe. d) $\begin{pmatrix} 5 \\ 3 \end{pmatrix}$

39. a) 3 b) 17 c) Não existe.

40. 22

41. $x = 2$ e $y = -4$

42. a) $\begin{pmatrix} 7 & 10 \\ 15 & 22 \end{pmatrix}$ b) $\begin{pmatrix} 11 & 12 & 2 \\ 20 & 33 & 12 \\ 5 & 18 & 34 \end{pmatrix}$

43. a) $\begin{pmatrix} 1 & 0 \\ 0 & 1 \end{pmatrix}$ c) $\begin{pmatrix} 1 & 0 \\ 0 & 1 \end{pmatrix}$ e) $\begin{pmatrix} 1 & 0 \\ 0 & 1 \end{pmatrix}$

b) $\begin{pmatrix} 1 & 1 \\ 0 & -1 \end{pmatrix}$ d) $\begin{pmatrix} 1 & 1 \\ 0 & -1 \end{pmatrix}$

44. $m = 3$

45. a) $\begin{pmatrix} 80 & 60 \\ x & 75 \end{pmatrix} \cdot \begin{pmatrix} 15 \\ 12 \end{pmatrix} = \begin{pmatrix} 1920 \\ 15x + 900 \end{pmatrix}$

b) 68

46. $\begin{pmatrix} -4 & 2 \\ -64 & 19 \end{pmatrix}$

47. $\begin{bmatrix} 4 & 6 & 7 \\ 9 & 3 & 2 \\ 7 & 8 & 10 \end{bmatrix} \cdot \begin{bmatrix} 7 \\ 6 \\ 5 \end{bmatrix}$

A = 99 B = 91 C = 147

48. $x = \frac{15}{2}$ e $y = \frac{2}{5}$

49. $x = \frac{3}{2}$ e $y = -\frac{3}{4}$

50. a) bicarbonato: 23,8 kg;
carbonato: 5 kg; ácido: 21,2 kg

b) $\begin{pmatrix} 2,3 & 2,5 \\ 0,5 & 0,5 \\ 2,2 & 2 \end{pmatrix} \cdot \begin{pmatrix} 6000 \\ 4000 \end{pmatrix}$

c) 9 500 envelopes na versão T e 5 500 envelopes na versão E.

51. a) $X = \begin{pmatrix} -3 \\ -1 \end{pmatrix}$ b) $X = \begin{pmatrix} -4 & -7 \\ 13 & 25 \end{pmatrix}$

52. 1ª semana: R$ 31,28
2ª semana: R$ 29,85

53. sim

54. $\begin{pmatrix} 0 & 1 \\ \frac{1}{2} & -\frac{1}{2} \end{pmatrix}$

55. Não existe.

56. $I_2 = \begin{pmatrix} 1 & 0 \\ 0 & 1 \end{pmatrix}$

57. a) $\begin{pmatrix} 1 & -1 \\ -4 & 7 \end{pmatrix}$ b) $\begin{pmatrix} 6 & -7 \\ -9 & 11 \end{pmatrix}$ c) $\begin{pmatrix} \frac{11}{3} & \frac{7}{3} \\ 3 & 2 \end{pmatrix}$

58. $x = 7$ e $y = 1$

59. a) $\begin{pmatrix} 8 & -6 \\ 4 & -8 \end{pmatrix}$ b) $\begin{pmatrix} 38 & 0 \\ 0 & 38 \end{pmatrix}$

60. a) $A^{-1} = \begin{pmatrix} 2 & -3 \\ -3 & 5 \end{pmatrix}$ b) $X = \begin{pmatrix} -5 & -16 \\ 12 & 28 \end{pmatrix}$

61. $\begin{pmatrix} -\frac{1}{3} & 0 & \frac{2}{3} \\ 0 & \frac{1}{3} & 0 \\ \frac{2}{3} & 0 & -\frac{1}{3} \end{pmatrix}$

62. $\begin{pmatrix} 1 & -2 & 5 \\ 0 & 1 & -4 \\ 0 & 0 & 1 \end{pmatrix}$

63. $A^{-1} = \begin{bmatrix} -2 & 1 \\ 1 & 0 \end{bmatrix}$

64. demonstração

Desafio

20 litros por minuto.

Exercícios complementares

1. $\begin{pmatrix} x & y \\ 0 & x \end{pmatrix}$, com $x \in \mathbb{R}$ e $y \in \mathbb{R}$.

2. a) $\begin{pmatrix} 1 & -2 \\ 0 & 1 \end{pmatrix}$ b) $\begin{pmatrix} -1 & 3 \\ 0 & -1 \end{pmatrix}$ c) $\begin{pmatrix} -1 & 17 \\ 0 & -1 \end{pmatrix}$ d) $\begin{pmatrix} 1 & -36 \\ 0 & 1 \end{pmatrix}$

3. a) $\left(x = 0, y = -\frac{\sqrt{2}}{2} \text{ e } z = \frac{\sqrt{2}}{2}\right)$ ou $\left(x = 0, y = \frac{\sqrt{2}}{2} \text{ e } z = -\frac{\sqrt{2}}{2}\right)$

b) demonstração

4. $x = 1$

5. a) $\begin{bmatrix} 0 & -1 \\ 1 & 0 \end{bmatrix}$

b) $\begin{bmatrix} 0 & 1 \\ -1 & 0 \end{bmatrix}$; $T\left(-\frac{\pi}{2}\right) = \left[T\left(-\frac{\pi}{2}\right)\right]^t$

c) demonstração

6. a) $X = B^{-1} \cdot A$ b) $X = A \cdot B^{-1} - I_n$ c) $X = A \cdot B^{-1}$

7. $X = \begin{pmatrix} \frac{3}{7} & -\frac{5}{7} \\ \frac{1}{7} & -\frac{4}{7} \end{pmatrix}$

8. a) Bruno

b) Antônio

c) R$ 4,80

d) R$ 2,40

e) Bruno

9. a) $C = \begin{bmatrix} 478 & 430 & 757 \\ 10{,}5 & 15{,}1 & 13{,}8 \end{bmatrix}$

b) O total de cálcio encontrado na receita II é de 430 mg.

c) O total de ferro encontrado na receita III é de 13,8 mg.

10. a) $P'\left(-\frac{1}{2} - \sqrt{3}, \frac{\sqrt{3}}{2} - 1\right)$ c) 150°

b) 90°

11. a) $A'(0,0)$; $B'(-4, 4\sqrt{3})$ e $C'(-8,0)$ b) $16\sqrt{3}$ u.a.

12. a) $c_{ij} = 2i^2 + 2j^2 + 2ij$; $C = \begin{bmatrix} 6 & 14 \\ 14 & 24 \end{bmatrix}$ b) $M = \begin{pmatrix} -\frac{13}{9} & -\frac{8}{9} \\ -\frac{2}{9} & -\frac{13}{9} \end{pmatrix}$

13. F, F, V

14. a) $\alpha = 3$ e $\beta = -2$ b) $A^{-1} = \begin{pmatrix} \frac{1}{2} & -\frac{3}{2} \\ 0 & 1 \end{pmatrix}$

15. a) $P \cdot Q = 1000 \cdot \begin{bmatrix} 130 & 95 & 135 \\ 100 & 70 & 100 \end{bmatrix}$

a_{13}: orçamento apresentado pela 1ª empresa para distribuir o produto C aos dois países.

b) $a_{21} = 100\,000$ reais

c) 2ª empresa, porque tem custo menor.

16. a) B; 30%

b) $P = \begin{bmatrix} 4 & 3 & 2 & 1 \\ 4 & 3 & 1 & 2 \\ 4 & 2 & 3 & 1 \\ 1 & 4 & 3 & 2 \\ 3 & 4 & 2 & 1 \\ 2 & 4 & 3 & 1 \\ 1 & 2 & 4 & 3 \\ 3 & 1 & 4 & 2 \\ 2 & 1 & 3 & 4 \end{bmatrix}_{9 \times 4}$; C > B > A > D (C: 1º lugar; B: 2º lugar; A: 3º lugar; D: 4º lugar)

17. SIGILO

18. $\begin{bmatrix} 1 & 0 \\ 0 & 1 \end{bmatrix}, \begin{bmatrix} 1 & 0 \\ 0 & -1 \end{bmatrix}, \begin{bmatrix} -1 & 0 \\ 0 & 1 \end{bmatrix}, \begin{bmatrix} -1 & 0 \\ 0 & -1 \end{bmatrix},$

$\begin{bmatrix} -\sqrt{1-n^2} & n \\ n & \sqrt{1-n^2} \end{bmatrix}$ e $\begin{bmatrix} \sqrt{1-n^2} & n \\ n & -\sqrt{1-n^2} \end{bmatrix}$, com $|n| \leq 1$

19. (01) + (02) + (16) = 19

20. a) $a = \frac{1}{2}$ e $b = 2$; $A^{11} = 1024 \cdot \begin{bmatrix} 1 & 1 \\ 1 & 1 \end{bmatrix}$

b) $[4 \quad 5 \quad 6] \cdot \begin{bmatrix} 1{,}00 & 1{,}20 \\ 2{,}50 & 2{,}00 \\ 3{,}00 & 3{,}00 \end{bmatrix} = [34{,}50 \quad 32{,}80]$ ou

$\begin{bmatrix} 1{,}00 & 2{,}50 & 3{,}00 \\ 1{,}20 & 2{,}00 & 3{,}00 \end{bmatrix} \cdot \begin{bmatrix} 4 \\ 5 \\ 6 \end{bmatrix} = \begin{bmatrix} 34{,}50 \\ 32{,}80 \end{bmatrix}$

21. a) $\begin{pmatrix} -1 & 1 & 1 \\ 1 & -1 & 1 \\ 1 & 1 & -1 \end{pmatrix}$ b) $\begin{pmatrix} -\frac{1}{2} & \frac{1}{2} & \frac{1}{2} \\ \frac{1}{2} & -\frac{1}{2} & \frac{1}{2} \\ \frac{1}{2} & \frac{1}{2} & -\frac{1}{2} \end{pmatrix}$

22. a) $C = \begin{pmatrix} 1 & 16 & 49 & 100 \\ 1 & 4 & 25 & 64 \\ 9 & 0 & 9 & 36 \end{pmatrix}; B^t = \begin{pmatrix} 2 & 3 & 4 \\ 3 & 4 & 5 \\ 4 & 5 & 6 \\ 5 & 6 & 7 \end{pmatrix}$

b) $X = \begin{pmatrix} 14 \\ 18 \\ 22 \end{pmatrix}$; x_{ij}: quantidade total (em milhares) de produtos transportados da fábrica *i* para as 4 lojas.

$Y = (746 \quad 912 \quad 1\,078)$; y_{ij}: custo total para se transportar produtos produzidos na fábrica *j* para as 4 lojas.

23. a) $a = \frac{2}{3}$ e $b = -\frac{1}{3}$

b) $X = \begin{bmatrix} 1 \\ 1 \\ -4 \end{bmatrix}$

24. BEATRIZ

Testes

1. c
2. b
3. c
4. c
5. e
6. a
7. b
8. c
9. c
10. d
11. c
12. c
13. c
14. a
15. b
16. c
17. a
18. b
19. c
20. e
21. F, V, F, V, V
22. a
23. e
24. a
25. b
26. e
27. a
28. c
29. e
30. c
31. d
32. a
33. b

Capítulo 9 Sistemas lineares

Exercícios

1. a, c, f, h
2. a) sim b) não c) sim
3. a) sim b) não c) não d) sim
4. $m = -8$
5. a) $6x + 15y = 99$

b) não

c) ($y = 1$ e $x = 14$) ou ($y = 3$ e $x = 9$) ou ($y = 5$ e $x = 4$)

6. $m = -\frac{15}{19}$
7. Entre outras, são soluções:

a) $\left(0, -\frac{5}{3}\right)$ ou $(-2, 1)$

b) $(0, 1, 1)$ ou $(1, 1, 2)$

c) $(0, 2)$ ou $(1, 1)$

d) $\left(0, 0, \frac{16}{5}\right)$ ou $(2, 2, 2)$

8. 8 modos
9. a) 18 maneiras b) 10 maneiras
10. a) $-4x + 3y = -1$, por exemplo. b) Resposta pessoal.
11. a) $S = \{(3, -1)\}$; S.P.D.

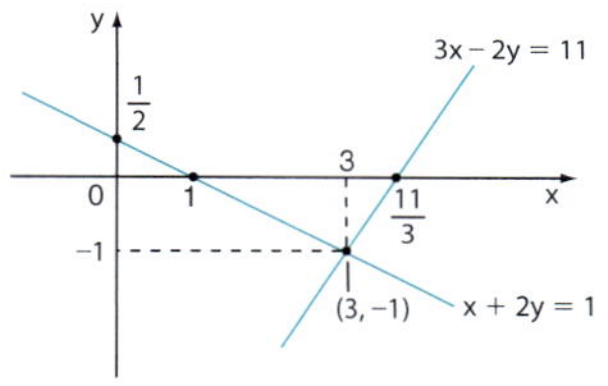

b) $S = \left\{\left(\frac{2}{3}, -\frac{1}{3}\right)\right\}$; S.P.D.

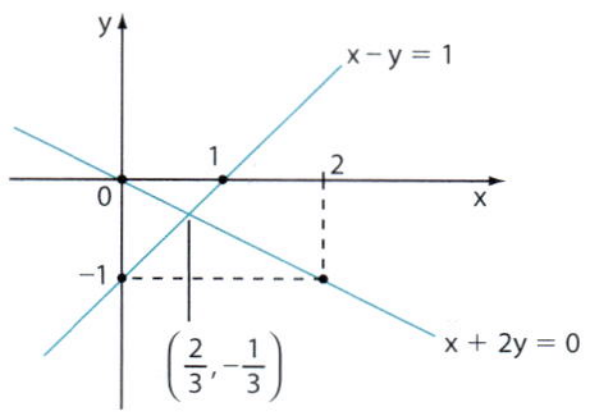

c) $S = \{(x, 5 - x); x \in \mathbb{R}\}$ ou $S = \{(5 - y, y); y \in \mathbb{R}\}$; S.P.I.

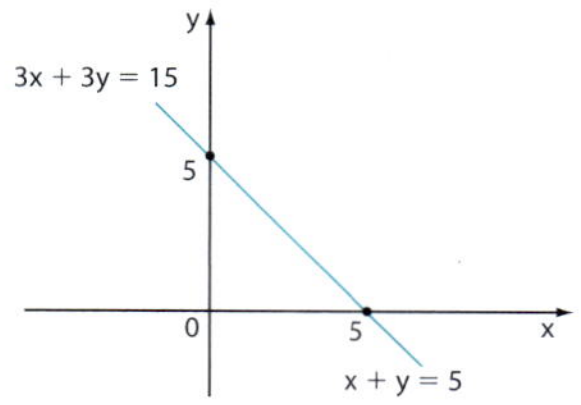

d) $S = \varnothing$; S.I.

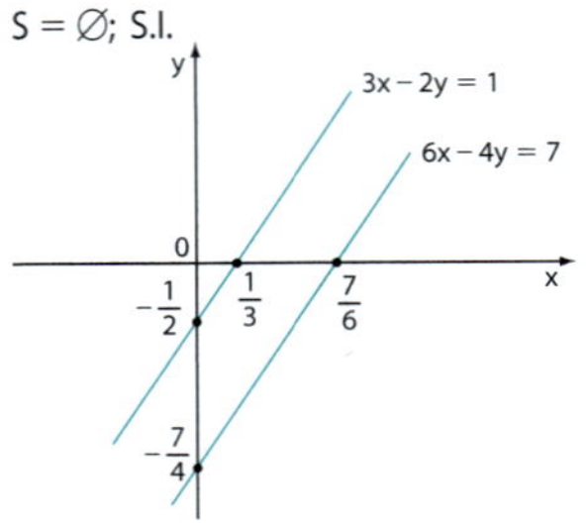

12. 34 motos; 45 carros

13. R$ 11,10

14. R$ 360,00

15. a) 51 pontos b) 11 questões c) Não é possível.

16. $m \neq \frac{5}{2}$

17. $m = 11$

18. $m = n = -2$

19. sim

20. b

21. a) $A = \begin{bmatrix} 1 & 1 & 0 \\ 1 & 0 & 1 \\ 0 & 1 & 1 \end{bmatrix}$ e $B = \begin{bmatrix} 1 & 1 & 0 & 7 \\ 1 & 0 & 1 & 8 \\ 0 & 1 & 1 & 9 \end{bmatrix}$

b) $A = \begin{bmatrix} 4 & -1 & 1 \\ 1 & 2 & -1 \\ 1 & 0 & -1 \end{bmatrix}$ e $B = \begin{bmatrix} 4 & -1 & 1 & -1 \\ 1 & 2 & -1 & -2 \\ 1 & 0 & -1 & -5 \end{bmatrix}$

c) $A = \begin{bmatrix} 3 & 2 \\ 1 & -1 \\ 4 & 1 \end{bmatrix}$ e $B = \begin{bmatrix} 3 & 2 & -4 \\ 1 & -1 & -7 \\ 4 & 1 & 2 \end{bmatrix}$

d) $A = \begin{bmatrix} 2 & 1 & 3 \\ -1 & 1 & 10 \end{bmatrix}$ e $B = \begin{bmatrix} 2 & 1 & 3 & -13 \\ -1 & 1 & 10 & 4 \end{bmatrix}$

22. a) $\begin{cases} 3x + 2y = 0 \\ 2x + 5y = 2 \end{cases}$ c) $\begin{cases} x + y + z = 3 \\ 2x - 4y + 3z = 11 \\ -3x - 3y - 3z = 10 \end{cases}$

b) $\begin{cases} 5x + 7y - 2z = 11 \\ x - y + 3z = 13 \end{cases}$

23. a) $m = 1$ b) $m = 3$ c) $m = 3$

24. a) $\begin{pmatrix} 1 & 2 & 1 \\ 2 & 3 & -1 \end{pmatrix} \cdot \begin{pmatrix} x \\ y \\ z \end{pmatrix} = \begin{pmatrix} 5 \\ 0 \end{pmatrix}$ c) verificação

b) verificação d) $p = -25$

25. *a*, *c* e *e* estão escalonados.

26. a) $S = \{(-3, 7)\}$; S.P.D.

b) $S = \{(3, 3, -4)\}$; S.P.D.

c) $S = \{(7 + \alpha, 2 + 3\alpha, \alpha); \alpha \in \mathbb{R}\}$; S.P.I.

d) $S = \{(6, 0, 3, 2)\}$; S.P.D.

e) $S = \{(15, 8 + 2\alpha, \alpha); \alpha \in \mathbb{R}\}$; S.P.I.

f) $S = \varnothing$; S.I.

g) $S = \left\{\left(1 - \frac{b}{2} - \frac{d}{3}, b, \frac{d}{3}, d\right); b, d \in \mathbb{R}\right\}$; S.P.I.

27. $\alpha = 3, \beta = 2, \gamma = -6$

28. a) $x - y = 8$ c) $S = \{(8 + \alpha, \alpha); \alpha \in \mathbb{R}\}$; S.P.I.

b) Resposta pessoal.

29. $S = \{(1 + \alpha, -1 + 2\alpha, \alpha); \alpha \in \mathbb{R}\}$

30. a) $S = \{(1, 3, 2)\}$; S.P.D.

b) $S = \{(-11, -6, -3)\}$; S.P.D.

c) $S = \varnothing$; S.I.

d) $S = \left\{\left(\frac{-1 + \alpha}{2}, \frac{5 - 3\alpha}{2}, \alpha\right); \alpha \in \mathbb{R}\right\}$; S.P.I.

31. a) $S = \left\{\left(\frac{-7\alpha + 13}{11}, \frac{8 + 5\alpha}{11}, \alpha\right); \alpha \in \mathbb{R}\right\}$ c) $S = \varnothing$

b) $S = \{(5, -2, -1)\}$ d) $S = \{(1, 1, 1)\}$

32. quibe: R$ 1,50; esfirra: R$ 0,80; suco: R$ 2,00.

33. 15 do médio; 20 do grande; 8 do super.

34. 14 questões.

35. a) $S = \{(7, 3)\}$ d) $S = \varnothing$

b) $S = \{(5 - \alpha, 2, \alpha); \alpha \in \mathbb{R}\}$ e) $S = \{(1, 5)\}$

c) $S = \varnothing$ f) $S = \{(-1, 2, 3, 1)\}$

36. a)

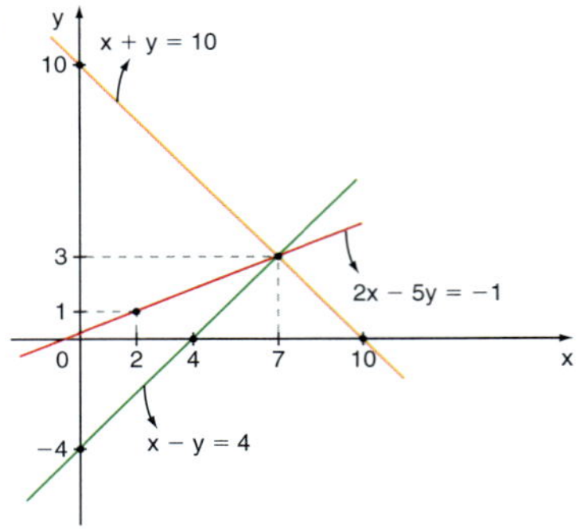

c)

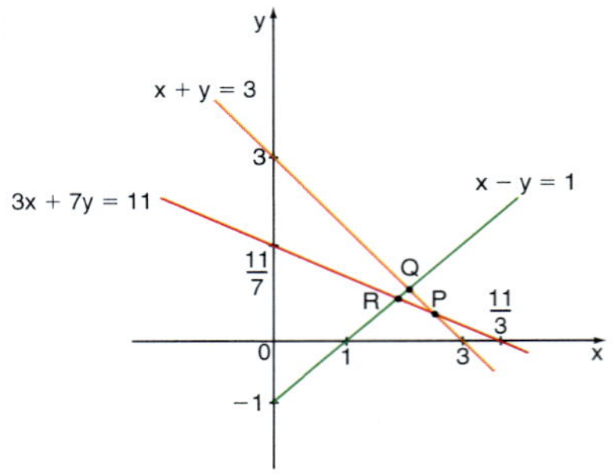

37. R$ 12,00

38. a) R$ 4,00 c) R$ 32,60

b) Não é possível determinar. d) Não é possível determinar.

39. arquibancada: R$ 80,00

numerada descoberta: R$ 120,00

numerada coberta: R$ 200,00

40. 50 trufas encomendadas.

41. a) −2 d) 6 g) −1

b) −13 e) 1 h) 1

c) 4 f) $-2a^2$

42. a) −11 d) −1 g) −12

b) 3 e) −13

c) −15 f) −33

43. 12

44. a) 22 b) 2 c) −1 d) −15

45. a) 8 b) 8

46. det A = 1; det B = −4

det (A + B) = 0; det (A · B) = −4

47. a) $S = \{1, -2\}$ c) $S = \{1\}$

b) $S = \{0, -\sqrt{3}, \sqrt{3}\}$

48. a) $S = \{x \in \mathbb{R} \mid x \geq -4\}$ b) $S = \{x \in \mathbb{R} \mid x > -1\}$

49. (m = 14 e n = 7) ou (m = −2 e n = −1)

50. a = 0 ou a = 1

51. a) $\begin{bmatrix} 2-k & 0 \\ -3 & 5-k \end{bmatrix}$ b) k = 2 ou k = 5

52. a) $S = \left\{\left(2, -\frac{1}{2}\right)\right\}$ b) $S = \left\{\left(\frac{3}{5}, -\frac{4}{5}\right)\right\}$

c) $S = \{(2, 1)\}$

53. a) $S = \{(1, 1, -1)\}$ c) $S = \{(2, -2, 1)\}$

b) $S = \{(-2, 3, 0)\}$ d) $S = \{(3, -2, 5)\}$

54. 48 rapazes e 60 moças

55. carro: R$ 4,00 ônibus: R$ 6,00 caminhão: R$ 7,00

56. a) $\begin{cases} m \neq 2 \rightarrow \text{S.P.D.} \\ m = 2 \rightarrow \text{S.P.I.} \end{cases}$

b) $\begin{cases} m \neq -1 \rightarrow \text{S.P.D.} \\ m = -1 \rightarrow \text{S.I.} \end{cases}$

c) $\begin{cases} m \neq -1 \text{ e } m \neq 3 \rightarrow \text{S.P.D.} \\ m = -1 \rightarrow \text{S.P.I.} \\ m = 3 \rightarrow \text{S.P.I.} \end{cases}$

d) $\begin{cases} m \neq -2 \text{ e } m \neq 2 \rightarrow \text{S.P.D.} \\ m = -2 \rightarrow \text{S.I.} \\ m = 2 \rightarrow \text{S.P.I.} \end{cases}$

57. a) $\begin{cases} m \neq -1 \rightarrow \text{S.P.D.} \\ m = -1 \rightarrow \text{S.I.} \end{cases}$

b) $\begin{cases} m \neq 13 \rightarrow \text{S.P.D.} \\ m = 13 \rightarrow \text{S.P.I.} \end{cases}$

c) $\begin{cases} m \neq 1 \text{ e } m \neq -4 \rightarrow \text{S.P.D.} \\ m = 1 \rightarrow \text{S.P.I.} \\ m = -4 \rightarrow \text{S.I.} \end{cases}$

58. k ≠ 1 e k ≠ −2

59. não; a = 3

60. m = 3 e n = 9

61. $\begin{cases} a \neq -2 \rightarrow \text{S.P.D.} \\ a = -2 \text{ e } b = 6 \rightarrow \text{S.P.I.} \\ a = -2 \text{ e } b \neq 6 \rightarrow \text{S.I.} \end{cases}$

62. $\begin{cases} a \neq -4 \rightarrow \text{S.P.D.} \\ a = -4 \text{ e } b = -2 \rightarrow \text{S.P.I.} \\ a = -4 \text{ e } b \neq -2 \rightarrow \text{S.I.} \end{cases}$

63. m = −4; a representação gráfica das duas equações são retas paralelas.

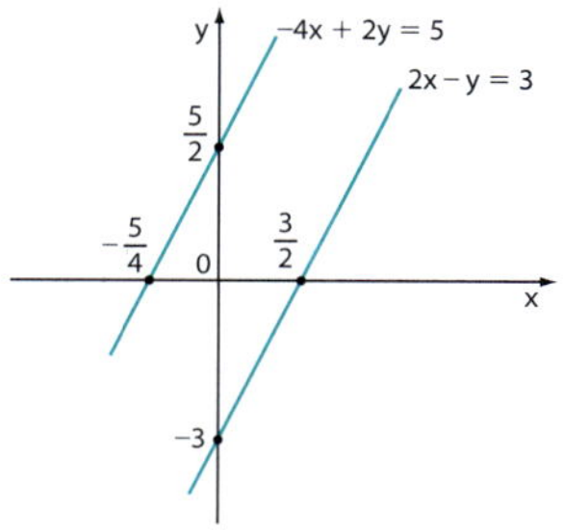

64. a) $S = \{(0, 0)\}$; S.P.D. c) $S = \{(0, 0, 0)\}$; S.P.D.

b) $S = \{(2\alpha, \alpha); \alpha \in \mathbb{R}\}$; S.P.I. d) $S = \{(-\alpha, \alpha, \alpha); \alpha \in \mathbb{R}\}$; S.P.I.

65. a) m = 2 b) $S = \{(-11\alpha, 9\alpha, 5\alpha); \alpha \in \mathbb{R}\}$

66. m ≠ −1

67. a) $S = \{(0, 0)\}$ b) $S = \left\{\left(-\frac{9\alpha}{7}, -\frac{2\alpha}{7}, \alpha\right); \alpha \in \mathbb{R}\right\}$

68. m = −1

69. $m \neq -\frac{1}{3}$ e $m \neq 1$

70. a) m ≠ −3

b) $S = \{(3\alpha, -\alpha, \alpha); \alpha \in \mathbb{R}\}$

71. $m \neq -\frac{1}{3}$ e $m \neq 1$; $\begin{pmatrix} 0 \\ 0 \\ 0 \end{pmatrix}$

Desafio

1º dia o rei entrega $\frac{1}{7}$ da barra.

2º dia o rei entrega $\frac{2}{7}$ da barra e pega de volta $\frac{1}{7}$.

3º dia o rei entrega $\frac{1}{7}$ da barra.

4º dia o rei entrega $\frac{4}{7}$ da barra e pega de volta $\frac{3}{7}$.

5º dia o rei entrega $\frac{1}{7}$ da barra.

6º dia o rei entrega $\frac{2}{7}$ da barra e pega de volta $\frac{1}{7}$.

7º dia o rei entrega $\frac{1}{7}$ da barra.

Exercícios complementares

1. a) V b) F c) F d) V e) V

2. $m < \frac{23}{12}$

3. $S = \{\sqrt{2}\}$

4. $S = \left\{\left(\frac{z}{2}, z, z\right); z \in \mathbb{R}\right\}$

menores inteiros:

x = 1, y = 2 e z = 2

5. a) menor salário: x

salário intermediário: 2 550 − 2x

maior salário: x + 400

b) (R$ 800,00; R$ 950,00 e R$ 1 200,00) ou (R$ 750,00; R$ 1 050,00 e R$ 1 150,00)

6. $a = 1; b = -1$ e $c = -1$

7. a) lápis: $z - 2$; borrachas: $-5z + 27$; canetas: z

b) (12 borrachas, 1 lápis e 3 canetas) ou (7 borrachas, 2 lápis e 4 canetas) ou (2 borrachas, 3 lápis e 5 canetas)

8. $N = 931$

9. a) 9,5 km

b) estrada: 96 km

cidade: 47,5 km

10. Alberto: 50 figurinhas

Bento: 40 figurinhas

César: 35 figurinhas

11. -3

12. educação: 84 milhões; saúde: 96 milhões

13. 25 partidas

14. a) $1; -1$ b) $x = \frac{\pi}{8} + \frac{k\pi}{2}; k \in \mathbb{Z}$

15. $\det X = 50$

16. a) $\det A = -4x + y$

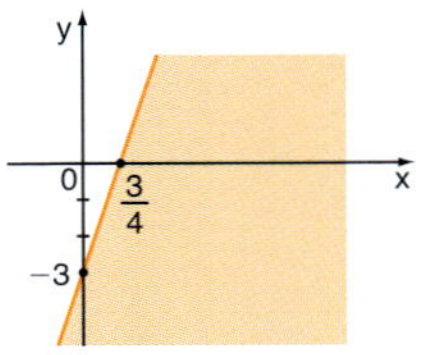

b) $x = 1$ e $y = 2$

17. a) V b) F c) V d) F e) F

18. $X = 5, Y = 9$ e $Z = 6$

19. a) Somando os números de dois círculos pequenos adjacentes, obtemos o número do círculo grande correspondente.

b) Possíveis respostas: ($a = 11, b = 1, c = 10$ e $d = 9$); ($a = 2, b = 10, c = 1$ e $d = 18$) etc.

20. a) 13 dias b) (150, 165, 180, ..., 600)

21. R$ 800,00

22. a) $m \neq 0$ e $m \neq -1$ b) $S = \{(0, \alpha, \alpha); \alpha \in \mathbb{R}\}$

23. 9 carros

24. a) R$ 6 500,00 b) R$ 1 250,00

25. (01) + (02) + (04) = 07

26. a) F b) F c) V d) V e) V

27. (01) + (02) + (08) = 11

28. a) $\{a \in \mathbb{R} \mid a \neq 9\}$ c) $a = \frac{18n - 3}{2n}; n \in \mathbb{Z}$

b) $x = \frac{9 - 2a}{18 - 2a}$ e $y = \frac{3}{9 - a}$

29. (01) + (04) + (16) + (32) = 53

30. light: 12 kg; simples: 10 kg; especial: 4 kg

31. (01) + (04) + (08) = 13

32. a) $\begin{bmatrix} -\frac{1}{2} & 0 \\ 0 & -\frac{1}{2} \end{bmatrix}$

b) $\alpha = 3$

33. a) $\begin{bmatrix} 1 & 4 & -4 & -1 & 0 \\ 1 & 0 & -1 & 0 & 0 \\ 0 & 8 & 0 & -2 & -3 \\ 0 & 1 & -1 & 0 & 0 \\ 0 & 2 & 0 & 0 & -1 \end{bmatrix} \cdot \begin{bmatrix} x \\ y \\ z \\ w \\ t \end{bmatrix} = \begin{bmatrix} 0 \\ 0 \\ 0 \\ 0 \\ 0 \end{bmatrix}$

b) $x = 1, y = 1, z = 1, w = 1$ e $t = 2$

34. R$ 4 820,00

35. 480 filmes; soma dos dígitos: 12

36. 40 e 60 ovos

Testes

1. d
2. b
3. d
4. d
5. c
6. a
7. d
8. (01) + (04) = 05
9. c
10. c
11. a
12. c
13. d
14. d
15. b
16. b
17. e
18. b
19. c
20. b
21. d
22. a
23. a
24. b
25. b
26. c
27. c
28. c
29. a
30. d
31. b
32. d
33. a

34. d

35. d

36. a

37. d

38. b

Capítulo 10 Complemento sobre determinantes

Exercícios

1. a) -452 b) 3 c) -60 d) 48

2. $x = -\frac{23}{4}$

3. $x = 2$

4. $3 \cdot (d - a)$

5. -225

6. a) 0 b) 0

7. a) 66 b) -44

8. a) -7 b) 35 c) 35 d) 175

9. 63

10. 29

11. a) $\frac{1}{2}$ b) 1 c) $-\frac{1}{2}$

12. -432

13. -72

14. B e C

15. $\det A = -10, \det A^{-1} = -\frac{1}{10}$

16. a) $x \neq 6$

b) $x \neq -\frac{2}{13}$

17. a) $x = 3$ b) $\frac{25}{3}$ c) 1

18. Não, $\det A = 0$.

19. $x \neq \frac{6 - 3y}{2}$

20. a) -2 b) 4 c) 1

21. a) 12 b) 112 c) $(x - y) \cdot (x - z) \cdot (z - y)$

22. demonstração

23. $S = \{a, -3a\}$

24. $S = \{2, -1\}$

25. $(b - a) \cdot (c - a) \cdot (c - b) \cdot (d - c) \cdot (d - b) \cdot (d - a)$

Desafio

120 pessoas

Exercícios complementares

1. $\{x \in \mathbb{R} \mid x < -1 \text{ ou } 0 < x < 1\}$

2. $f_{\text{mín.}} = 0; f_{\text{máx.}} = \frac{1}{2}$

3. a)

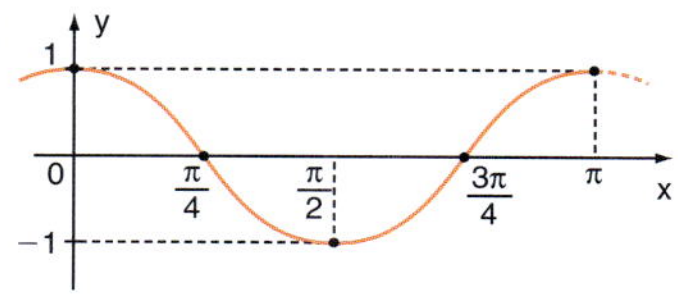

b) $\left\{x \in \mathbb{R} \mid x = k \cdot \pi \text{ ou } x = \frac{\pi}{2} + k \cdot \pi; k \in \mathbb{Z}\right\}$

4. (0-0) V (1-1) F (2-2) F (3-3) V (4-4) F

5. (01) + (02) = 3

6. Todas são verdadeiras.

7. $S = \{x \in \mathbb{R} \mid x \leq 0 \text{ ou } 2 \leq x < 3\}$

8. 33

9. a) $\left\{x \in \mathbb{R} \mid -\frac{5}{2} < x < 0 \text{ ou } x > \frac{5}{2}\right\}$

b) $\begin{pmatrix} 2 \\ -8 \\ 56 \end{pmatrix}$

10. 0

Testes

1. b
2. a
3. e
4. e
5. a
6. e
7. a
8. c
9. d
10. c
11. b
12. e
13. e
14. a
15. b
16. a
17. b
18. b
19. a
20. b
21. d
22. c
23. d
24. d
25. e
26. b
27. a
28. b

Capítulo 11 Áreas de figuras planas

Exercícios

1. a) $78\ cm^2$ b) $75\ m^2$ c) $192\ dm^2$ d) $36\ m^2$ e) $48\sqrt{3}\ dm^2$ f) $25\ mm^2$

2. $3\,600\ m^2$

3. 125 unidades de área

4. R$ 27,00

5. $48\ cm^2$

6. $40\ m^2$

7. 6 dm e 5 dm

8. $18{,}93\ m^2$

9. a) I, II e III b) Lucas; $2\,800\ m^2$

10. R$ 20 640,00

11. 43 200 pessoas

12. a) 480 ladrilhos b) $900\ cm^2$

13. a) $90\ cm^2$ b) $40\ cm^2$ c) $30\sqrt{3}\ cm^2$

14. $48\sqrt{3}\ m^2$

15. $2p = 6\left(\sqrt{3} + \sqrt{7}\right)$ cm; $A = 18\sqrt{3}\ cm^2$

16. a) $16\sqrt{3}\ m^2$ b) $32\sqrt{2}\ m^2$ c) $12\sqrt{2}\ m^2$ d) $72\sqrt{3}\ m^2$ e) $20\sqrt{2}\ m^2$

17. a) $48\ cm^2$ b) $16\sqrt{6}\ m^2$ c) $9\sqrt{3}\ dm^2$ d) $9\sqrt{15}\ m^2$ e) $8{,}64\ cm^2$ f) $36\sqrt{5}\ dm^2$ g) $63\sqrt{3}\ m^2$

18. $144\ cm^2$

19. $18\ cm^2$

20. $1{,}44\ m^2$

21. $96\ cm^2$

22. $32\ cm^2$

23. R$ 153,60

24. 56,25%

25. $12\sqrt{3}\ dm^2$

26. 3 cm

27. a) $96\ dm^2$ b) $6\sqrt{2}\ dm^2$ c) $64\sqrt{2}\ dm^2$

28. a) $24\sqrt{7}\ cm^2$ b) $96\ dm^2$ c) $\frac{225\sqrt{3}}{2}\ cm^2$ d) $150\ m^2$ e) $1\,944\ cm^2$

29. $12\,150\ km^2$

30. a) $204\ m^2$ b) $75\ m^2$ c) $35\ m^2$ d) $348\ m^2$ e) $60\ m^2$ f) $\left(9 + \sqrt{3}\right)6\ m^2$

31. R$ 75 600,00

32. $288\ m^2$

33. 4,5 dm e 7,5 dm

34. $2p = 6\left(2 + \sqrt{3}\right)$ cm; $A = 3\left(6 + \sqrt{3}\right)\ cm^2$

35. a) $96\sqrt{3}\ cm^2$ b) $162\sqrt{3}\ cm^2$ c) $15\ cm^2$ d) $756\ cm^2$

36. $0{,}96\sqrt{3}\ m^2$

37. $\frac{80}{3}\ cm^2$

38. a) $18\sqrt{3}\ cm^2$ b) $10\sqrt{3}$ cm

39. a) $121\pi\ dm^2$ b) $144\pi\ m^2$ c) $256\pi\ cm^2$

40. $36\pi\ dm^2$

41. $100\pi\ cm^2$

42. a) $25\pi\ m^2$ b) $52\pi\ m^2$ c) $36\pi\ m^2$ d) $81\pi\ m^2$

43. $0{,}7824\ m^2$

44. a) $4\pi\ dm^2$ b) $4(\pi - 2)\ dm^2$ c) $\frac{125\pi}{4}\ dm^2$

45. 30 184 pessoas

46. $893{,}5\ m^2$

47. a) $\frac{4\pi}{3}\ m^2$ b) $27\pi\ dm^2$ c) $18\pi\ m^2$ d) $9\pi\ cm^2$ e) $\frac{125\pi}{3}\ cm^2$ f) $\frac{10\pi}{3}\ km^2$

48. a) $3\pi\ m^2$ b) $20\pi\ m^2$ c) $9(\pi - 2)\ m^2$ d) $\frac{25}{2}(\pi - 2)\ m^2$ e) $25\pi\ m^2$ f) $48\pi\ m^2$

49. R$ 1 320,00

50. a) $2\left(\pi - 2\sqrt{2}\right)\ cm^2$ b) $\frac{16}{3}(\pi - 3)\ dm^2$ c) $(\pi - 2)\ m^2$ d) $12\left(4\pi - 3\sqrt{3}\right)\ cm^2$

51. 36 dm

52. $11{,}25\ cm^2$

53. $\frac{9}{16}$

54. 10 cm

Desafio

19 dias

Exercícios complementares

1. As duas regiões têm áreas iguais.

2. a) 30 b) 58

3. $2\sqrt{3}$ cm

4. a) 22,5° b) $\frac{x^2 \cdot \sqrt{2}}{4}$

5. R$ 868,00

6. $686\ cm^2$

7. a) 300 trabalhadores b) 120 trabalhadores

8. a) $48\ cm^2$ b) $A(x) = -\frac{2}{3}x^2 + 12x$ c) $A(x)_{máx} = 54\ cm^2$

9. 30 cm

10. a) $\frac{x^2\sqrt{3}}{2}$ b) $x = \frac{1}{5}$

11. 57%

12. A = B, pois cada pentágono da figura 2 é semelhante ao pentágono da figura 1 e a razão de semelhança é $k = \frac{L}{4L} = \frac{1}{4}$.

13. a) $49{,}515\ m^2$ b) $0{,}49515\ m^2$

14. 1

15. 98 m

16. $144\pi\ cm^2$

17. 12

18. razão $= \frac{1}{2}$ e $A_{OPQ} = \theta \cdot r^2$

19. a) $\frac{\sqrt{3}}{2}$ b) $\frac{5\pi}{6}$ e $\frac{19\pi}{6}$ c) $\frac{3\sqrt{3} + 6 + 5\pi}{6}$

20. $\frac{4\pi}{\pi - 2}$

21. a) $12{,}5\pi\ cm^2$ b) 210π cm

22. a) 3 b) $\sqrt{5}$ c) $5\pi - 9$

23. $19\ cm^2$

24. $\frac{3\sqrt{3}}{2}$

25. $83{,}75\ m^2$

Testes

1. d
2. d
3. b
4. b
5. b
6. c
7. c
8. b
9. a
10. b
11. a
12. b
13. a
14. c
15. c
16. c
17. c
18. d
19. d
20. c
21. e
22. a
23. d
24. a
25. a
26. d
27. c
28. e
29. d
30. b
31. d
32. e
33. d
34. a
35. e
36. a
37. c
38. b
39. a
40. a
41. b
42. d
43. e
44. a
45. b

Capítulo 12 Geometria espacial de posição

Exercícios

1. Um único plano ou três planos.
2. Nenhum, um único plano ou quatro planos.
3. Um único plano.
4. a) V b) V c) V d) V e) V
5. a) α e β; α e γ; α e δ b) β e γ; β e δ; γ e δ
6. a) F b) V c) V d) V e) V
7. a) paralelos b) secantes c) secantes d) secantes e) paralelos coincidentes
8. a) V b) V c) V d) F e) F
9. a) V b) V c) F d) V e) F f) V g) V h) V
10. a) concorrentes b) reversas c) paralelas d) secantes e) paralelas f) reversas
11. a) V b) F c) V d) F e) F f) V
12. a) F b) V c) V d) F e) V
13. a) Falsa, pois $\overleftrightarrow{AD}$ e $\overleftrightarrow{DC}$ são coplanares e concorrentes.
    b) Falsa, pois $\overleftrightarrow{EF}$ e $\overleftrightarrow{HG}$ são coplanares e paralelas.
    c) Falsa, pois $\overleftrightarrow{AB} \perp \overleftrightarrow{FG}$, $\overleftrightarrow{DC} // \overleftrightarrow{AB}$ e $\overleftrightarrow{DC} \perp \overleftrightarrow{FG}$.
14. a) V b) V c) F d) V e) F f) V g) V h) F i) V
15. a) $\overleftrightarrow{AM}$ é perpendicular aos planos (A, B, C) e (M, N, P)
    b) Plano (A, E, C): retas $\overleftrightarrow{AM}$, $\overleftrightarrow{BN}$, $\overleftrightarrow{CP}$, $\overleftrightarrow{DQ}$, $\overleftrightarrow{ER}$ e $\overleftrightarrow{FS}$
16. a) reta r b) reta s c) reta t d) 90° e) $r \perp \alpha$
17. a) F b) V c) F d) F e) F f) F g) V h) V i) F
18. a) V b) F c) F d) V e) V f) V g) F
19. a) F b) V c) V d) F e) V
20. a) $\overline{AE}$ b) $\overline{EF}$ c) $\overline{AD}$ d) $\overline{AB}$ e) $\overline{AE}$ f) $\overline{AE}$ g) $\overline{AB}$

Desafio

d

Exercícios complementares

1. Pelo postulado da determinação de planos, três pontos não colineares determinam um único plano, enquanto quatro pontos podem determinar quatro planos.
2. 7 planos
3. $\overleftrightarrow{PQ}$
4. 11 planos
5. d
6. paralelas ou reversas
7. concorrentes ou reversas
8. sim
9. 7
10. a) Entre outros: ($\overleftrightarrow{AE}$, $\overleftrightarrow{FJ}$), ($\overleftrightarrow{ED}$, $\overleftrightarrow{JI}$) e ($\overleftrightarrow{BC}$, $\overleftrightarrow{GH}$)
    b) Entre outros: ($\overleftrightarrow{AE}$, $\overleftrightarrow{ED}$), ($\overleftrightarrow{BE}$, $\overleftrightarrow{BC}$) e ($\overleftrightarrow{GH}$, $\overleftrightarrow{CH}$)
    c) Entre outros: ($\overleftrightarrow{AE}$, $\overleftrightarrow{IJ}$), ($\overleftrightarrow{ED}$, $\overleftrightarrow{IJ}$) e ($\overleftrightarrow{FG}$, $\overleftrightarrow{BC}$)
    d) Entre outros: ($\overleftrightarrow{AB}$, $\overleftrightarrow{DI}$), ($\overleftrightarrow{AE}$, $\overleftrightarrow{CH}$) e ($\overleftrightarrow{AF}$, $\overleftrightarrow{HI}$)

Testes

1. 08
2. e
3. d
4. 01, 02 e 04
5. a
6. (02) + (16) = 18
7. c

Capítulo 13 Prisma

Exercícios

1. a) $d = \frac{5\sqrt{3}}{2}$ cm; $A_t = 37{,}5$ cm²; $V = 15{,}625$ cm³

   b) $d = \frac{\sqrt{57}}{2}$ cm; $A_t = 28$ cm²; $V = 10$ cm³

   c) $d = \frac{\sqrt{61}}{2}$ cm; $A_t = 27$ cm²; $V = 9$ cm³

2. 140 dm³

3. $d = 4\sqrt{3}$ cm; $A_t = 96$ cm²; $V = 64$ cm³

4. $A_t = 4{,}32$ m²; $V = 0{,}432\sqrt{2}$ m³

5. a) $x = 7$ cm b) 128 cm³ c) 14 cm

6. 208 cm²

7. a) $x = 30$ cm b) $30\sqrt{3}$ cm c) $\frac{19}{18}$

8. a) Quadruplica; octuplica.

   b) Reduz-se a $\frac{1}{9}$ da área total do cubo original; reduz-se a $\frac{1}{27}$ do volume do cubo original.

   c) Reduz-se a $\frac{1}{4}$ da área total do cubo original; reduz-se a $\frac{1}{8}$ do volume do cubo original.

   d) Multiplica-se por k^2; multiplica-se por k^3.

9. $4\sqrt{34}$ cm

10. 12 m e 8 m

11. 3 456 cm², incluindo a tampa

12. a) $15\sqrt{2}$ cm b) 1 620 cm³

13. R$ 596,00

14. a) $\frac{1}{16}$ b) $10\sqrt[3]{87}$ cm

15. a) 2,585 ℓ b) 583 cm³

16. a) $A_\ell = 42$ cm²; $A_t = 54$ cm² e $V = 21$ cm³

    b) $A_\ell = 15$ cm²; $A_t = 3(5 + \sqrt{3})$cm² e $V = \frac{15\sqrt{3}}{4}$ cm³

    c) $A_\ell = 30\sqrt{3}$ cm²; $A_t = 6(3 + 5\sqrt{3})$cm² e $V = \frac{45\sqrt{3}}{2}$ cm³

17. $A_t = 56\sqrt{3}$ dm²; $V = 48$ dm³

18. a) 384 cm³ b) $\frac{8 - 2\sqrt{5}}{33}$

19. $A_t = 264$ cm²; $V = 288$ cm³

20. $A_t = 144(10 + 3\sqrt{3})$ dm²; $V = 4320\sqrt{3}$ dm³

21. R$ 12,60

22. $\ell = 4$ m; $H = 8$ m

23. a) $68\sqrt{3}$ dm²

    b) 60 dm³

24. $A_\ell = 864\sqrt{3}$ cm²; $V = 5184\sqrt{3}$ cm³

25. 936 m³

Desafio

1 500 km

Exercícios complementares

1. 3
2. $8\sqrt{2}$ u.a.
3. 50 cm³
4. 7 500 litros
5. 4h 30min
6. R$ 558,00
7. a) 120 dm³ b) $24 . \sqrt[3]{225}$ dm²
8. a) 25 horas b) 50 000 litros
9. $54\sqrt{3}$ cm³
10. $\frac{x^2}{6}$
11. $h \cong 7{,}5$ cm
12. a) 0,2 m b) 88 ℓ
13. a) 300 pedras; 11 caixas b) 2 250 cm³
14. $27\sqrt{2}$ cm³
15. a) 1 980 cm³ b) 1 650 cm³
16. a) $V = (-2x^2 + 0{,}4x)$ m³ b) $x_{máx} = 0{,}1$ m
17. 240 u.v.
18. a) 392 u.v. b) 336 u.a.
19. $12\sqrt{3}$ m³
20. a) q b) 216 m³
21. a) 15 000 litros b) $V(x) = \frac{15}{4} . x^2$
22. $HX = 4\sqrt{2}$ m
23. a) 7 200 m³ b) 800 viagens
24. a) 4,8 cm b) 80 g
25. 72 cm²

Testes

1. c	2. d	3. c
4. b	5. d	6. d
7. b	8. c	9. b
10. d	11. a	12. d
13. c	14. b	15. d
16. d	17. e	18. d
19. a	20. b	21. d
22. e	23. d	24. d
25. c	26. d	27. a
28. a		

Capítulo 14 Pirâmide

Exercícios

1. a) quadrangular c) triangular

   b) eneagonal d) octogonal

2. 12 vértices, 22 arestas e 12 faces

3. Figuras 2 e 5.

4. a) $72\ cm^3$ b) $36\ cm^3$

5. $8\ cm^3$

6. $120\ m^3$

7. a) $16\sqrt{3}\ cm^2$ b) $\frac{4\sqrt{6}}{3}$ cm c) $\frac{16\sqrt{2}}{3}\ cm^3$

8. a) $A_\ell = 25\sqrt{3}\ cm^2$; $A_t = 25(\sqrt{3}+1)\ cm^2$; $V = \frac{125\sqrt{2}}{6}\ cm^3$

b) $A_\ell = 48\sqrt{6}\ cm^2$; $A_t = 24\sqrt{3}(1+2\sqrt{2})\ cm^2$; $V = 48\sqrt{7}\ cm^3$

9. $64\sqrt{3}\ m^3$ 10. $192\ cm^3$ 11. $24\sqrt{3}\ cm^3$ 12. 65,52 g

13. a) $\frac{3\sqrt{2}}{2}$ u.c.

b) $V = \frac{9\sqrt{2}}{2}$ u.v. e $A_t = 9(\sqrt{3}+1)$ u.a.

14. $6(\sqrt{3}+\sqrt{7})\ cm^2$

15. 60%

16. $A_t = 108\sqrt{3}\ dm^2$; $H = 6\sqrt{2}$ dm; $V = 54\sqrt{6}\ dm^3$

17. $\frac{8\sqrt{3}}{375}\ m^3$

18. $6\ m^3$

19. Volume de plástico e vidros: $2\,000\ m^3$; $3\,600\ m^3$ a mais.

20. a) $108\ m^2$ b) $36\sqrt{3}\ m^3$ c) $\alpha = 60°$

21. x = 1 cm; y = 2,4 cm

22. não

23. a) 12 cm b) $6\ cm^3$

24. $472\ dm^2$

25. A altura mede 10 cm e o lado da base mede 6 cm.

26. $8\sqrt{6}\ cm^3$

27. $10\sqrt{3}\ cm^3$

28. $\frac{V}{P} = \frac{63}{64}$

29. a) 20 cm b) 9

30. 9,6 cm

31. a) $14\ cm^2$ b) $3(5\sqrt{3}+8)\ cm^2$

32. 9,072 ℓ

33. a) $(52\sqrt{3}+180)\ cm^2$ b) 6 cm

34. a) $0,042\ m^3$ b) R$ 103,60

35. $200\ dm^2$ 36. $336\ dm^3$

Desafio

32 bilhetes

Exercícios complementares

1. $48\ cm^3$

2. 8,64 cm

3. 10 horas e 30 minutos

4. $16 + 3\sqrt{2} + \sqrt{34}$

5. $V_s = 25\,900\ dam^3$

6. $2\sqrt{3}$

7. a) $36,72\ m^2$ b) $14,256\ m^3$

8. a) $20\sqrt{2}$ cm b) $\frac{2\,000\sqrt{6}}{3}\ cm^3$

9. $V(x) = \frac{x^3}{6}$

10. 83

11. a) $50\sqrt{3}\ cm^2$ b) $50(3+\sqrt{3})\ cm^2$ c) $\frac{500}{3}\ cm^3$

12. a) 14 faces b) $x = \frac{a}{2}$

13. a) $5,25\ m^3$ b) 2 m

14. $36\ cm^3$

15. a) $\frac{2\sqrt{3}}{3}$; verificação b) 3

16. 36

17. H = 22 dam

18. a) $625\ cm^3$ b) $\frac{16\,875}{13}\ cm^3$

19. a) $\frac{a^3}{6}$ b) $\frac{5a^2}{8}$ c) $\frac{5a\sqrt{41}}{41}$

20. a) 3 cm, 4 cm e 5 cm b) $V = 60\ cm^3$; $A_t = 94\ cm^2$

21. a) $2(\sqrt{2}+2)$ m b) $3(\sqrt{2}+3)\ m^3$

22. $\frac{3\sqrt{3}-\sqrt{6}}{21}$ cm 23. 198

24. $\frac{5}{6}\ m^3$ 25. $\frac{13\ell^2}{4}$

Testes

1. c	2. c	3. c
4. c	5. b	6. c
7. a	8. a	9. d
10. b	11. a	12. c
13. b	14. a	15. e
16. d	17. e	18. a
19. a	20. e	21. a
22. b	23. d	24. a

Capítulo 15 Complemento sobre poliedros

Exercícios

1. 4

2. Duas seções normais de um mesmo diedro são ângulos de lados paralelos.

3. Duas seções paralelas de um mesmo diedro são ângulos de lados paralelos.

4. 40°

5. 165°

6. a) convexos: I, II, IV e VI

b)

	V	F	A
I	8	6	12
II	10	7	15
III	16	10	24
IV	7	10	15
V	16	10	24
VI	12	20	30

c) todos

7. 6

8. A = 24 e V = 12

9. 11

10. 10

11. 4

12. 8 faces triangulares e 6 faces quadrangulares

13. a) V b) F c) F d) V e) F

14. a) 720° b) 2 160° c) 1 440° d) 6 480° e) 3 600°

15. a) tetraedro regular b) 30 c) 6

Exercícios complementares

1. 90 arestas e 60 vértices

2. 14 faces, 32 arestas e 20 vértices

3. 10 faces, 24 arestas e 16 vértices

4. 8 faces triangulares

5. F = 14, A = 36, V = 24, 6 faces hexagonais e 8 faces triangulares

6. F= 8, A = 18, V = 12, 4 faces hexagonais e 4 faces triangulares

7. demonstração

8. 6 480°

9.

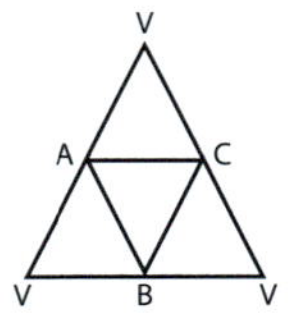

10.

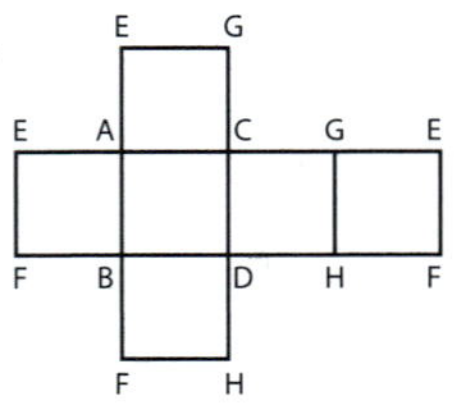

11. demonstração

Desafio

14 cm

Testes

1. d 2. e 3. a 4. a

5. (0 – 0) V
(1 – 1) F
(2 – 2) V
(3 – 3) F
(4 – 4) F

6. a 7. a 8. c e e

9. c

10. (0 – 0) V
(1 – 1) V
(2 – 2) V
(3 – 3) V
(4 – 4) F

11. (01) + (02) + (08) + (16) = 27

12. d

13. (0 – 0) V
(1 – 1) F
(2 – 2) F
(3 – 3) V
(4 – 4) F

14. d

15. (0 – 0) V
(1 – 1) V
(2 – 2) V
(3 – 3) V
(4 – 4) F

Capítulo 16 Cilindro

Exercícios

1. a) $A_\ell = 4\pi\ cm^2$; $A_t = 6\pi\ cm^2$; $V = 2\pi\ cm^3$

b) $A_\ell = 5\pi\ cm^2$; $A_t = 7\pi\ cm^2$; $V = 2{,}5\pi\ cm^3$

c) $A_\ell = 120(\pi + 2)\ mm^2$; $A_t = 8(23\pi + 30)\ mm^2$; $V = 480\pi\ mm^3$

2. $A_\ell = 24\pi\ cm^2$; $V = 24\pi\ cm^3$

3. $1\,250\pi\ cm^3$

4. 44 000 ℓ

5. $72\pi\ cm^3$ ou $96\pi\ cm^3$

6. a) 75 cm b) 1 507,2 ℓ

7. 21,352 kg

8. $62{,}5\pi\ dm^3$

9. $150\pi\ cm^2$

10. (58, 32 cm^2 e 30, 96 cm^3) ou (53, 80 cm^2 e 23, 20 cm^3)

11. 63,36 m^3

12. a) $\frac{4}{\pi}$ b) cubo: 1 000 cm^3; cilindro: $250\pi\ cm^3$

13. $\frac{1}{4}$

14. a) 2 993,6 cm^3 b) 2 784,048 g

15. 157 ℓ

16. A construção de C_2.

17. $\frac{4}{\pi}$ cm $\cong 1,27$ cm

18. O copo grande.

19. 8 cm

20. 5 cm

Desafio

58

Exercícios complementares

1. 58 caminhões

2. 450 caixinhas

3. 0,4125 m^3

4. a) x = 28,4 cm, y = 27,0 cm

   b) $V = \left(\frac{x}{4}\right)^2 \cdot \left(y - \frac{x}{4}\right) cm^3$

5. a) $28,9\pi$ m^3 b) 30 m^2

6. Sim

7. $\sqrt{10}$ m

8. 28%

9. 40 cm

10. 22,5 m^3

11. $\frac{60}{\pi}$ mm

12. 3 kg (aproximadamente)

13. 80 800 m^3

14. R$ 4,80

15. a) 64π cm^3 b) $48\pi\sqrt[3]{2}$ cm^2

16. a) 6 horas, 8 horas b) $v = 90\pi$ m^3 H = 2,5 m

17. a) $V_B = 6750\pi$ cm^3 b) $V_P = 2700\pi$ cm^3 c) $V_T = 450\pi$ cm^3

18. $\frac{\pi}{2}$

19. $\frac{52\sqrt{3}}{9}$ cm^3

20. 2,9472 m^3

21. $\ell = 2r\sqrt{3}$ cm

    $V = 10r^2(3\sqrt{3} - \pi)$ cm^3

Testes

1. d	2. d	3. b
4. a	5. c	6. a
7. e	8. d	9. c
10. c	11. d	12. d
13. d	14. d	15. c
16. d	17. c	18. a
19. a	20. d	21. d
22. e	23. d	24. a
25. c	26. b	

Capítulo 17 Cone

Exercícios

1. $\frac{80\pi}{3}$ cm^3

2. 64π cm^2

3. $A_t = 600\pi$ dm^2; $V = 1500\pi$ dm^3

4. $A_\ell = 200\pi$ cm^2; $V = \frac{1000\pi\sqrt{3}}{3}$ cm^3

5. a) $A_\ell = 242\pi$ cm^2; $A_t = 363\pi$ cm^2; $V = \frac{1331\pi\sqrt{3}}{3}$ cm^3

   b) $A_\ell = 50\pi\sqrt{53}$ cm^2; $A_t = 50\pi(\sqrt{53} + 2)cm^2$; $V = \frac{3500\pi}{3}$ cm^3

   c) $A_\ell = \left(\frac{24 + 15\pi}{2}\right)cm^2$; $A_t = 12(\pi + 1)$ cm^2; $V = 6\pi$ cm^3

6. $A_\ell = 96\pi$ cm^2; $V = 192\pi$ cm^3

7. $28,8\pi$ cm^3

8. 128π cm^3

9. 60°

10. a) 432π dm^3 b) 324π dm^3

11. 96π cm^3

12. 65π cm^2

13. a) $14\sqrt{3}$ cm b) 4,704 m^2

14. 17,6 ℓ

15. 5π m^2

16. 432π cm^3

17. 26 vezes

18. $\frac{520\pi}{3}$ cm^3

19. $3\sqrt{6}$ m

20. $A_t = [(\sqrt{53} + 2)\pi + 14]$ cm^2; $V = \frac{14\pi}{3}$ cm^3

21. $V = \frac{7\pi}{2}$ cm^3; $A_t = \pi\left(5 + \frac{3\sqrt{13}}{2}\right)cm^2$

22. 9100π cm^3

23. $A_\ell = 810$ cm^2; $A_t = 918$ cm^2; $V = 3477,6$ cm^3

24. a) $V_{líquido} = 16\pi$ cm^3 b) $V_{líquido} = \left(\frac{\pi}{108} \cdot x^3\right)cm^3$

25. 4 vasos

26. a) 225π cm^2

    b) 48π cm^3 e 750π cm^3

    c) 2,5

27. 544π cm^2

28. 12 dm

29. 4,8 m

30. a) 50 cm b) 40 cm

Desafio

Virgínio

Exercícios complementares

1. $259{,}2\pi\ cm^3$
2. $144\pi\sqrt{2}\ cm^3$
3. $5\ m\ell$
4. $\alpha = 120°$
5. $96\pi\ m^2$
6. a) $h = \frac{45}{\pi}$ cm b) $V = \left(45 - \frac{\pi}{3}\right) m\ell$
7. 5
8. $A_t = 32\pi\left(5 + 4\sqrt{10}\right) cm^2, V = 1\,664\pi\ cm^3$
9. a) $52\,812\pi\ cm^3$ b) $3\,951\pi\ cm^2$
10. $V_{correto} = 2{,}55\ m^3$
    erro de $0{,}09\ m^3$ (aproximadamente)
11. 2 dias
12. a) 48 copos b) $60\ m\ell$
13. $\frac{\left(4 + 3\sqrt{5}\right)\pi}{25}\ m^2$
14. $\frac{V_T}{V_C} = 1 + q + q^2$
15. 6 cm
16. a) $216\pi\ cm^2$ b) $720\pi\ cm^3$
17. $A_\ell = 54\pi\ cm^2$ $A_t = 99\pi\ cm^2$ $V = 63\pi\sqrt{3}\ cm^3$
18. a) $PO = 2\sqrt{3}$ b) $A\hat{O}B = 120°$ c) $A_{sombra} = 3\sqrt{3} - \pi$

Testes

1. e	2. e	3. d
4. e	5. a	6. a
7. b	8. c	9. a
10. c	11. d	12. a
13. a	14. d	15. b
16. d	17. c	18. c
19. d	20. e	21. b
22. b	23. e	

Capítulo 18 Esfera

Exercícios

1. área: $144\pi\ cm^2$; volume: $288\pi\ cm^3$
2. $2304\pi\ cm^3$
3. $\sqrt{15}$ cm
4. a) $8\pi\ cm^2$ b) $16\pi\ cm^2$ c) $64\pi\ cm^2$
5. $1{,}196\ \ell$
6. 18 vasos
7. a) $12\pi\ cm^2$ b) $4\pi\sqrt{3}$ cm
8. 2 cm
9. 8 cm
10. a) $140{,}8\ m^2$ b) $119{,}46\ m^3$
11. a) 5 cm b) 3,9 kg
12. $112\ cm^3$
13. a) área: 4A; volume: 8V
    b) área: $\frac{A}{9}$; volume: $\frac{V}{27}$
14. Não, só poderão ser derretidos 202 brigadeiros; do total, apenas 19,2% não são derretidos.
15. a) $\frac{25\pi}{3}$
    b) área total da cunha: 48π; volume da cunha: 24π
16. $50\pi\ cm^2$
17. 60°
18. $1\,540\ m^2$
19. a) $\frac{\pi R^2}{3}\ cm^2$ b) $\frac{4\pi R^2}{3}\ cm^2$

Desafio

e

Exercícios complementares

1. 2 600%
2. 3 cm
3. a) $38{,}4 \cdot 10^3$ km
   b) $1{,}05 \cdot 10^{12}\ km^3$ (aproximadamente)
   c) $2{,}048 \cdot 10^7\ km^2$
4. 2,31
5. $\frac{3}{16}$
6. $471\ cm^2$
7. a) $\frac{4\pi}{3}\ cm^3$ b) 12 bolinhas
8. a) $\frac{4\pi}{3} \cdot 50^3$ b) $\frac{4\pi}{3} \cdot 50^3$
9. 35 000 000
10. 38%
11. a) $1\,725\ cm^3$ b) $\frac{2}{3}$
12. $\frac{32}{9}(3\pi - 2\sqrt{3})\ cm^3$
13. D = 56 cm, h = 24 cm e $V = 71{,}84\ \ell$
14. $\frac{591\pi}{2}$
15. $23\,323{,}33\ cm^3$
16. a) $\frac{\pi R^3}{6}$ b) $4\pi r^2$
17. H = 40 cm

18. $V = \frac{\sqrt{3}}{4}(r^2 - h^2)h$

19. $\frac{r^3\sqrt{3}}{2}$

20. $\frac{\pi h}{3} \cdot (R^2 + Rr + r^2)$; 8,25 cm (aproximadamente)

21. $\frac{8\pi}{3}$ cm²

22. $\frac{26\pi}{3}$ cm³

23. a) $\frac{5}{2}$ cm b) $\frac{17\pi}{5}$ cm²

Testes

1. c 2. a 3. b
4. b 5. d 6. a
7. e 8. a 9. c
10. d 11. e 12. b
13. e 14. a 15. a
16. d 17. d 18. V, F, F, V e V
19. b 20. d 21. c
22. a 23. e 24. (01) + (16) = 17

Capítulo 19 Análise combinatória

Exercícios

1. 15 maneiras

2. 24

3. $3^{12} = 531\,441$ formas

4. 7 modos

5. a) 90 000 números c) 28 734 números
b) 45 000 números d) 3 024 números

6. a) 4 096
b) 2 048
c) 41,01% aproximadamente

7. a) 4; (K, K), (K, C), (C, K), (C, C), sendo K: cara e C: coroa
b) 16; 32; 1 024
c) n = 38

8. a) 840 opções b) 360 opções c) 1 680 opções

9. a) 88 583 040 placas c) 15 000 placas
b) 78 624 000 placas d) 37 515 625 placas

10. a) 6 números c) 48 números
b) 60 números d) 180 números

11. a) 168 números b) 105 números c) 220 números

12. a) 160 pares b) 736 pares

13. 16

14. a) 24 b) 6

15. a) 243 b) 48 c) 112

16.

Saias	Pares de sapatos
2	21
3	14
6	7
7	6
14	3
21	2

17. 132 maneiras distintas

18. a) 40 b) 8

19. 13

20. a) 81 b) 117 c) 6 d) 9

21. 605 horas e 20 minutos

22. a) 10 anos c) 168 semanas
b) 6 semanas d) 42 semanas

23. a) 720 d) 4
b) 24 e) 4 920
c) 2 f) 30

24. a) 56 d) 21
b) $\frac{1}{10}$ e) 190
c) $\frac{9}{20}$ f) $\frac{8}{7}$

25. a) $\frac{111}{10}$ c) $\frac{39}{1\,640}$
b) 0 d) $\frac{3\,570}{43}$

26. a) F d) V
b) F e) F
c) F f) V

27. a) n + 2 c) n + 2
b) $\frac{1}{n-2}$ d) $\frac{(n-1)^2}{n}$

28. a) S = {1} d) S = {4}
b) S = {5} e) S = {5, 6}
c) S = {7}

29. a) 6 d) 362 880
b) 24 e) 120
c) 720 f) 3 628 800

30. 24

31. a) 120 b) 5 040 c) 8 d) $\frac{1}{90}$

32. a) 362 880 d) 5 040
b) 161 280 e) 181 440
c) 100 800

33. a) 120 b) 24

34. a) 8 640 b) 201 600

35. 576

36. 103680

37. a) S = {4} b) S = {23}

38. a) 293ª b) SATORP

39. a) 120 b) 24 c) 216

40. a) 256 funções b) 24 funções bijetoras

41. 90

42. a) 32292000 b) 1723680

43. a) 210 b) 110 c) 5 d) 120

44. a) 720 b) 72 c) 504

45. a) 504

b) 729

c) A fórmula só é válida para os arranjos sem repetição de elementos (como no item *a*).

46. 84

47. 212 jogos

48. 252

49. a) 336 b) 60 c) 126 d) 180

50. a) 120 b) 30

51. a) 110 b) 6 c) 50

52. 126

53. a) 10 b) 6

54. a) 56 b) 56

55. 3150

56. a) 270725 b) 715 c) 1

57. a) 16 d) 6

b) 78 e) 1014

c) 169

58. a) 22308 c) 103776

b) 249900 d) 4560

59. a) 84 b) 28 c) 42

60. igual

61. 2160

62. a) S = {17} b) S = {5} c) S = {10}

63. 70

64. 99

65. a) 1225 b) $\frac{n^2 - n}{2}$ c) 39

66. a) 8145060 b) 105 c) 12285

67. 720720

68. 28 peças

69. a) 2520 d) 12

b) 60 e) 120

c) 60 f) 6720

70. a) 10080 d) 10080

b) 151200 e) 389188800

c) 30240 f) 75600

71. a) 1 b) 4 c) 12

72. 12600 números

73. a) 15120 b) 5040 c) 8400

74. n = 5

75. a) 35 b) 35

Desafio

6 irmãos

Exercícios complementares

1. 252

2. 291

3. a) 90 b) 17

4. 43758

5. 505

6. a) 15400 b) 2520

7. 20160

8. 15

9. 14480

10. a) 40 b) 18

11. a) 16 b) n = 6 c) 540

12. a) F b) V c) F d) V e) V

13. a) 120 b) 60

14. a) S = {5} b) S = {4} c) S = {3} d) S = {8}

15. a) 4725 b) 792 c) 86 d) 10692

16. a) 50063860 c) 5006386 e) 9588502

b) 11921175 d) 45057474 f) 1947792

17. 256 **18.** (02) + (16) = 18 **19.** 36 casais

20. a) 360 b) 60 c) 60

21. 1260 números

22. 17640

23. m = 141120;

soma dos dígitos = 9

24. 7056

25. a) $\frac{n \cdot (n^2 - 3n + 2)}{6}$ b) $\frac{n^2 - 3n + 2}{2}$

26. 560

27. a) 24 b) 288 c) 3744

28. a) y = 2x − 4; 24 meninos no máximo

b) 26

29. 55

30. 2800; soma dos dígitos: 10

31. 1680

32. 1) 720 2) 361ª posição 3) 34ª posição

33. a) 560 b) 210

34. 5 camisas e 4 calças

35. 210

36. 180

37. 94 partidas

38. $n = 10$

39. a) F b) F c) F

40. 8 amigas

41. (01) + (08) = (09)

42. a) 20 160 b) 480 c) 2 016

43. a)]112, 130]

b) 120 modos distintos; 12 possibilidades

44. a) 600 b) 160 c) 24 960

Testes

1. e	**2.** a	**3.** a
4. b	**5.** c	**6.** b
7. e	**8.** c	**9.** a
10. e	**11.** b	**12.** a
13. c	**14.** d	**15.** e
16. b	**17.** c	**18.** d
19. d	**20.** a	**21.** e
22. a	**23.** c	**24.** b
25. d	**26.** a	**27.** b
28. d	**29.** b	**30.** c
31. c	**32.** a	**33.** b
34. e	**35.** d	**36.** a
37. b	**38.** c	**39.** a
40. e	**41.** e	**42.** c
43. c	**44.** d	**45.** c
46. c		

Capítulo 20 Binômio de Newton

Exercícios

1. a) $27x^3 + 54x^2 + 36x + 8$

b) $81x^4 + 432x^3y + 864x^2y^2 + 768xy^3 + 256y^4$

c) $x^{10} + 5x^8 + 10x^6 + 10x^4 + 5x^2 + 1$

2. a) $81b^8 - 108b^5 + 54b^2 - \frac{12}{b} + \frac{1}{b^4}$

b) $x^5 + 5x^3 + 10x + \frac{10}{x} + \frac{5}{x^3} + \frac{1}{x^5}$

c) $x^2 - 4x + 6 - \frac{4}{x} + \frac{1}{x^2}$

3. a) $x^8 - 4x^5 + 6x^2 - \frac{4}{x} + \frac{1}{x^4}$ b) $0; \frac{2\,401}{16}$

4. 10^{10}

5. $S = \left\{\left(\frac{7}{2}, \frac{1}{2}\right)\right\}$

6. $2 + 12x^2 + 2x^4$

7. a) 1 024 b) 256 c) 0 d) 16

8. a) 11 termos c) Não existe termo em *x*.

b) $8\,064x^{-5}$ d) 3 360

9. a) $\frac{1\,792}{729}x^6y^4$ b) $\frac{16}{3}xy^{14}$

10. 210

11. a) $462 \cdot 2^{19}$ b) $-\binom{22}{11} \cdot 2^{11}$

12. $n = 10$ e $p = 2$

13. a) 495 b) 924 c) 1 d) Não existe.

14. 4; $p = 0$, $p = 1$, $p = 4$ ou $p = 9$

15. a) $m = 4$ b) $m = 2$

16. $n = 3$ ou $n = 13$

17. a) $\binom{12}{4}$ d) $\binom{24}{11}$

b) $\binom{22}{9}$ e) $\binom{28}{22}$

c) $\binom{20}{5}$

18. a) $a = 1$; $b = 36$; $c = 126$; $d = 126$; $e = 36$; $f = 45$ e $g = 252$

b) 256; linha de "numerador 8"

19. a) 16 b) 31 c) 512

20. 120

21. 6

Desafio

1 680, pois $1\,680 = 5 \cdot \underbrace{6}_{2 \cdot 3} \cdot 7 \cdot \underbrace{8}_{2^3}$

Exercícios complementares

1. $x^4 - 4x^2 + 6 - \frac{4}{x^2} + \frac{1}{x^4}$

2. a) V b) V

3. a) 15 b) $\frac{5}{8}$ c) $n = 14$ e $p = 4$

4. $\frac{255}{256}$

5. $n = 12$

6. demonstração.

7. $p^8 = 6$

8. $n = 16$

9. $n = 8$

10. 6

11. 2 parcelas

12. 16

13. sim

14. superior

Testes

1. d
2. b
3. c
4. (01) + (02) + (04) + (16) = (23)
5. c
6. b
7. b
8. (04) + (08) + (16) = (28)
9. c
10. b
11. e
12. b
13. e
14. c
15. d
16. d

Capítulo 21 Probabilidade

Exercícios

1. a) $\Omega = \{1, 2, 3, 4, 5, 6\}$ b) $E_1 = \{3, 6\}$ c) $E_2 = \{1, 4, 6\}$
2. Ω = {Sul, Sudeste, Centro-Oeste, Norte, Nordeste}
3. Para K: cara e C: coroa
   a) $\Omega = \{(K, K); (K, C); (C, K); (C, C)\}$
   b) $E = \{(K, K); (K, C); (C, K)\}$
4. a) $E = \{1, 2, 4, 8, 16, 32, 64\}$ b) 93
5. a) $n(\Omega) = 36$ b) $6n(E_1)$ c) $9n(E_2)$ d) $15n(E_3)$
6. $\bar{E} = \{(4, 6); (5, 5); (5, 6); (6, 4); (6, 5); (6, 6)\}$
7. $E^c = \{(1, 1, 1); (2, 2, 2); (3, 3, 3); (4, 4, 4); (5, 5, 5); (6, 6, 6)\}$
8. a) 32 b) 496 c) 4 960
9. 255
10. $\Omega = \{(k, 1); (k, 2); (k, 3); (k, 4); (k, 5); (k, 6); (c, 1); (c, 2); (c, 3); (c, 4); (c, 5); (c, 6)\}$
11. a) $\frac{1}{100}$ d) $\frac{9}{10}$
    b) $\frac{1}{100}$ e) $\frac{1}{10}$
    c) $\frac{37}{100}$
12. a) $\frac{1}{10}$ c) 0
    b) $\frac{1}{10}$ d) $\frac{1}{2}$
13. a) $\frac{11}{36}$ c) $\frac{5}{6}$
    b) $\frac{1}{6}$ d) $\frac{1}{3}$
14. a) 60% b) 30% c) 10%
15. a) $\frac{1}{52}$ c) $\frac{51}{52}$
    b) $\frac{1}{4}$ d) $\frac{1}{2}$
16. a) $a = 22; b = 31; c = 106; d = 48; e = 71$
    b) $\frac{31}{200}$
    c) $\frac{81}{200}$
17. 14%
18. 0,45
19. 100%
20. 50%
21. a) $\frac{17}{74}$ b) $\frac{101}{148}$
22. 7%
23. 80%
24. a) $\frac{2}{15}$ b) $\frac{1}{5}$
25. 80%
26. a) $\frac{9}{10}$ b) $\frac{1}{10}$ c) $\frac{1}{2}$
27. 5%
28. $\frac{1}{24}$
29. $\frac{1}{7}$
30. $\frac{18}{25}$
31. a) 1% b) 1%
32. a) $\frac{1}{5}$ b) $\frac{11}{295}$
33. a) $\frac{2}{9}$ b) $\frac{7}{15}$
34. a) 10^8 c) 0,00072%
    b) $\frac{1}{10^8} = 0{,}00000001\%$ d) 21,78%
35. a) $\frac{5}{18}$ b) $\frac{1}{6}$ c) $\frac{5}{9}$
36. $\frac{5}{6}$ (aproximadamente 83,3%)
37. a) $\frac{378}{845}$ (aproximadamente 44,7%)
    b) $\frac{1}{26^2 \cdot 10^3}$ (aproximadamente 0,000148%)
38. a) $\frac{3}{52}$ b) $\frac{11}{850}$
39. a) $\frac{1}{10}$ b) $\frac{1}{15}$
40. 0,00069%
41. 50%
42. a) $\frac{1}{7}$ b) $\frac{45}{49}$
43. $\frac{3}{11}$
44. a) $\frac{1}{10}$ b) $\frac{8}{35}$
45. $\frac{1}{45}$
46. $\frac{1}{5}$
47. $\frac{2}{3}$
48. $\frac{4}{13}$
49. $\frac{31}{36}$
50. a) $\frac{4}{5}$ b) $\frac{1}{3}$ c) $\frac{11}{30}$
51. a) 0,40 b) 0,55
52. $\frac{79}{155}$ (aproximadamente 51%)

53. a) $\frac{11}{30}$ b) $\frac{3}{10}$ c) $\frac{33}{40}$

54. são corretas: 08, 16 e 32

55. 30%

56. a) 100% b) 13,3%

57. a) $\frac{1}{3}$ b) 0

58. a) $\frac{1}{44}$ b) $\frac{2}{3}$ c) $\frac{1}{13}$ d) $\frac{2}{39}$ e) $\frac{5}{13}$

59. a) $\frac{1}{8}$ b) $\frac{5}{11}$

60. 10%

61. a) $\frac{34}{65}$ b) $\frac{5}{17}$

62. a) $\frac{1}{17}$ b) $\frac{1}{16}$

63. $\frac{1}{4}$

64. a) $\frac{22}{117} \cong 0{,}188$ b) $\frac{20}{39} \cong 0{,}5128$

65. a) $\frac{16}{81} \cong 0{,}1975$ b) $\frac{40}{81} \cong 0{,}4938$

66. a) $\frac{1}{30}$ b) $\frac{7}{40}$

67. a) 2,16% b) 72,16% c) 27,84%

68. 9%

69. $\frac{53}{112}$

70. $\frac{3}{4}$

71. aproximadamente 20%

72. 3%

73. a) 27,34% b) 10,94%

74. 16,52%

75. a) 20,1% b) 0,55% c) 10,74% d) 89,26%

76. a) $\frac{1}{64}$ b) $\frac{5}{16}$ c) $\frac{11}{32}$

77. a) 3,125% b) 31,25%

78. 31,25%; o inteiro mais próximo é 31.

Desafio

A soma é igual a 110.

Exercícios complementares

1. a) $\frac{89}{120}$ b) $\frac{63}{1\,190}$

2. a) $\frac{1}{120}$ b) $\frac{1}{6}$

3. a) 37,5% b) 87,5%

4. a) $\frac{1}{81}$ b) $\frac{16}{81}$ c) $\frac{10}{27}$

5. 20 aproximadamente

6. a) 3 003 b) 450 c) $\frac{95}{273}$

7. a) $\frac{5}{11}$ b) $\frac{6}{11}$

8. n = 40

9. a) $\frac{6}{7}$ b) $\frac{3}{11}$ c) $\frac{4}{5}$

10. $\frac{6}{n(n-1)}$

11. (01) + (04) + (08) = (13)

12. 38%

13. a) 80%
b) Observe que 19 é um fator de 101!

14. a) 1 200 b) 26%

15. a) $\frac{1}{6}$ b) $\frac{5}{12}$

16. a) 12 b) $\frac{1}{6}$

17. a) $\frac{1}{14}$ b) $\begin{bmatrix} 1 & 0 & 0 \\ -2 & 1 & 0 \\ 1 & -2 & 1 \end{bmatrix}$

18. a) $\frac{7}{12}$ b) $\frac{17}{35}$

19. 02

20. a) $\frac{1}{10}$ b) $\frac{1}{19}$ c) $\frac{1}{4}$

21. a) 45 b) $\frac{45}{1\,024}$

22. (01) + (02) + (16) = 19

23. $\frac{1}{1\,600}$

24. a) 40%; 50% b) $\frac{23}{39}$

25. a) Não, pois $120 < 132$ b) $\frac{1}{5}$

26. a) $\frac{1}{2}$ b) $\frac{2}{17}$ c) $\frac{13}{34}$

27. a) $\frac{8}{15}$ b) $\frac{4}{9}$

28. a) 10 b) $\frac{6}{95}$

29. a) 80 b) 10%

30. a) $\frac{1}{2}$ b) $\frac{1}{3}$ c) $\frac{2}{3}$

31. 66%

32. a) {33, 66} b) $\frac{42}{83}$

33. a) 47 250 b) $\frac{44}{125}$

34. a) $\frac{1}{2\,401}$; culpado
b) 3
c) aproximadamente 3,1%

35. a) 11 520 b) 60%

36. (04) + (16) + (32) = 52

37. a) 9 900 b) 23,75%

38. a) 280 b) $\frac{23}{39}$

39. a) $\frac{1}{5}$ b) $\left(\frac{4}{5}\right)^7$

40. a) $\frac{4}{7}$ b) $\frac{11}{28}$

41. 70%

42. a) $\frac{1}{2}$

b) $\frac{1}{1\,024}$

c) $\frac{5}{512}$

d) $\frac{15}{128}$

e) Se n é par, $k = \frac{n}{2}$

Se n é ímpar, $k = \frac{n-1}{2}$ ou $k = \frac{n+1}{2}$

43. a) $n + 1$

b) $\frac{(n+2) \cdot (n+1)}{2}$

c) $\frac{(n-k+2) \cdot (n-k+1)}{(n+2) \cdot (n+1)}$

44. a) $P = \frac{1}{5}$ b) $\frac{1}{332\,001}$ c) $\frac{499}{666}$

45. 67

46. a) $\frac{1}{30}$ b) $\frac{2 \cdot 11!\,90!}{100!}$

47. a) 243 b) 21,6%

Testes

1. e	2. c	3. a
4. a	5. a	6. b
7. c	8. d	9. b
10. c	11. e	12. b
13. c	14. a	15. a
16. d	17. c	18. e
19. a	20. c	21. d
22. b	23. e	24. b
25. b	26. b	27. b
28. d	29. e	30. a
31. a	32. d	33. d
34. e	35. c	36. e
37. d	38. d	39. d
40. a	41. a	42. a
43. b	44. b	45. a
46. a	47. c	

Significado das siglas dos vestibulares

Aman-RJ — Academia Militar de Agulhas Negras, Rio de Janeiro

Cefet-AM — Centro Federal de Educação Tecnológica do Amazonas

Cefet-MG — Centro Federal de Educação Tecnológica de Minas Gerais

Cefet-PR — Centro Federal de Educação Tecnológica do Paraná

Cefet-RJ — Centro Federal de Educação Tecnológica do Rio de Janeiro

Cefet-SC — Centro Federal de Educação Tecnológica de Santa Catarina

Enem-MEC — Exame Nacional do Ensino Médio, Ministério da Educação

EPCAr — Escola Preparatória de Cadetes do Ar

EsPCEx-SP — Escola Preparatória de Cadetes do Exército, São Paulo

ESPM-SP — Escola Superior de Propaganda e Marketing, São Paulo

Fatec-SP — Faculdade de Tecnologia de São Paulo

FEI-SP — Faculdade de Engenharia Industrial, São Paulo

FGV-RJ — Fundação Getúlio Vargas, Rio de Janeiro

FGV-SP — Fundação Getúlio Vargas, São Paulo

Fuvest-SP — Fundação para o Vestibular da Universidade de São Paulo

Ibmec-RJ — Ibmec, Rio de Janeiro

IF-AL — Instituto Federal de Alagoas

IF-BA — Instituto Federal da Bahia

IF-CE — Instituto Federal do Ceará

IF-PE — Instituto Federal de Pernambuco

IF-SC — Instituto Federal de Santa Catarina

IF-SP — Instituto Federal de São Paulo

Insper-SP — Instituto de Ensino e Pesquisa, São Paulo

ITA-SP — Instituto Tecnológico de Aeronáutica, São Paulo

Mackenzie-SP — Universidade Presbiteriana Mackenzie de São Paulo

Obmep — Olimpíada Brasileira de Matemática das Escolas Públicas

OCA-RJ — Organização Cultural Alternativa, Rio de Janeiro

PUC-MG — Pontifícia Universidade Católica de Minas Gerais

PUC-PR — Pontifícia Universidade Católica do Paraná

PUC-RJ — Pontifícia Universidade Católica do Rio de Janeiro

PUC-RS — Pontifícia Universidade Católica do Rio Grande do Sul

PUC-SP — Pontifícia Universidade Católica de São Paulo

U. Caxias do Sul-RS — Universidade de Caxias do Sul, Rio Grande do Sul

U. E. Londrina-PR — Universidade Estadual de Londrina, Paraná

U. E. Maringá-PR — Universidade Estadual de Maringá, Paraná

U. E. Ponta Grossa-PR — Universidade Estadual de Ponta Grossa, Paraná

U. F. Juiz de Fora-MG — Universidade Federal de Juiz de Fora, Minas Gerais

U. F. Lavras-MG — Universidade Federal de Lavras, Minas Gerais

U. F. Ouro Preto-MG — Universidade Federal de Ouro Preto, Minas Gerais

U. F. Pelotas-RS — Universidade Federal de Pelotas, Rio Grande do Sul

U. F. Santa Maria-RS — Universidade Federal de Santa Maria, Rio Grande do Sul

U. F. São Carlos-SP — Universidade Federal de São Carlos, São Paulo

U. F. Triângulo Mineiro-MG — Universidade Federal do Triângulo Mineiro, Minas Gerais

U. F. Uberlândia-MG — Universidade Federal de Uberlândia, Minas Gerais

U. F. Viçosa-MG — Universidade Federal de Viçosa, Minas Gerais

UCS-RS — Universidade de Caxias do Sul, Rio Grande do Sul

Ucsal-BA — Universidade Católica de Salvador, Bahia

Udesc-SC — Universidade do Estado de Santa Catarina

UE-CE — Universidade Estadual do Ceará

UE-GO — Universidade Estadual de Goiás

UE-PA — Universidade do Estado do Pará

UE-PB — Universidade Estadual da Paraíba

UE-PI — Universidade Estadual do Piauí

UE-RJ — Universidade do Estado do Rio de Janeiro

UE-RN — Universidade do Estado do Rio Grande do Norte

UE-SC — Universidade Estadual de Santa Catarina

UF-AL — Universidade Federal de Alagoas

UF-AM — Universidade Federal do Amazonas

UF-BA — Universidade Federal da Bahia

UF-CE — Universidade Federal do Ceará

UF-ES — Universidade Federal do Espírito Santo

UF-GO — Universidade Federal de Goiás

UF-MA — Universidade Federal do Maranhão

UF-MG — Universidade Federal de Minas Gerais

UF-MS — Universidade Federal de Mato Grosso do Sul

UF-MT — Universidade Federal do Mato Grosso

UF-PA — Universidade Federal do Pará

UF-PB — Universidade Federal da Paraíba

UF-PE — Universidade Federal de Pernambuco

UF-PI — Universidade Federal do Piauí

UF-PR — Universidade Federal do Paraná

UF-RN — Universidade Federal do Rio Grande do Norte

UF-RR — Universidade Federal de Roraima

UF-RS — Universidade Federal do Rio Grande do Sul

UF-SC — Universidade Federal de Santa Catarina

UF-SE — Universidade Federal de Sergipe

UFF-RJ — Universidade Federal Fluminense, Rio de Janeiro

UFT-PR — Universidade Tecnológica Federal do Paraná

UnB-DF — Universidade de Brasília, Distrito Federal

Unemat-MT — Universidade do Estado de Mato Grosso

Unesp-SP — Universidade Estadual Paulista, São Paulo

Unicamp-SP — Universidade Estadual de Campinas, São Paulo

Unifesp-SP — Universidade Federal de São Paulo

Unifor-CE — Universidade de Fortaleza, Ceará

Unit-AL — Universidade Tiradentes, Alagoas

Unit-SE — Universidade Tiradentes, Sergipe

UPE-PE — Universidade do Estado de Pernambuco

Vunesp-SP — Fundação para o Vestibular da Universidade Estadual Paulista, São Paulo